前沿科技研究

HUANAN YANHAI DIQU SHENBU DUANLIE XITONG YU QIANGZHEN GOUZAO

华南沿海地区
深部断裂系统与强震构造

任镇寰　叶秀薇

黄剑涛　乔计花　李运贵　孙崇赤　韦明昌　廖桂金　毕丽思　华卫　著

SPM 南方出版传媒

广东科技出版社｜全国优秀出版社

·广　州·

图书在版编目（CIP）数据

华南沿海地区深部断裂系统与强震构造/任镇寰等著. —广州：广东科技出版社，2016.11
（前沿科技研究）
ISBN 978-7-5359-6594-3

Ⅰ. ①华… Ⅱ. ①任… Ⅲ. ①沿海—断裂带—地震构造—研究—华南地区 Ⅳ. ①P316.2

中国版本图书馆CIP数据核字（2016）第238392号

Huanan Yanhai Diqu Shenbu Duanlie Xitong Yu Qiangzhen Gouzao
华南沿海地区深部断裂系统与强震构造

总 策 划：丁春玲
责任编辑：陈毅华
封面设计：林少娟
责任校对：蒋鸣亚　梁小帆　盘婉薇
责任印制：吴华莲
出版发行：广东科技出版社
地　　址：广州市环市东路水荫路11号
邮政编码：510075
http：//www.gdstp.com.cn
E-mail：gdkjyxb@gdstp.com.cn（营销中心）

E-mail：gdkjzbb@gdstp.com.cn（总编办）
经　　销：广东新华发行集团股份有限公司
排　　版：广东科电有限公司
印　　刷：广州市岭美彩印有限公司
（广州市荔湾区花地大道南海南工商贸易区A幢　邮政编码：510385）
规　　格：889mm×1 194mm　1/16　印张31.5　字数800千
版　　次：2016年11月第1版
2016年11月第1次印刷
定　　价：118.00元

本　书　承

广东省优秀科技专著出版基金会推荐并资助出版

广东省优秀科技专著出版基金会

“前沿科技研究”系列
出 版 说 明

科学研究的真谛是勇于创新，追求真理。技术创新在某种程度上是科学的一种应用，但是发展到现在，科学与技术已经密不可分。

科技创新是新时代背景下的第一驱动力，是现代化的发动机，是一个国家进步和发展最重要的因素之一。科技创新能力是社会活力的标志，是国家实力最关键的体现。科技创新或许只是诞生于某一领域，但它具有乘数效应，常常能辐射到与之相关的其他领域，通过渗透作用放大各生产要素的生产力，提高社会整体生产力水平。

“前沿科技研究”系列致力于打造一个权威的科技原创成果发布平台，将自然科学、工程技术领域达到国内外先进水平的学术专著汇聚出版，力争最大限度地将某一领域的创新成果迅速发布、多渠道传播和及时推广应用，产生聚集辐射效应，更好地发挥科技对经济建设、社会发展的支撑引领作用，促进科技成果转化为生产力，更好地推动中国原创科技成果走出国门，走上国际学术舞台，为全球领域的创新发展贡献一份来自中华儿女的聪明才智。

“前沿科技研究”系列分设医学、工业、农业等子系列，出版该领域的最新研究成果，既有原始创新成果，也有对现有技术进行集成创新，或者是对引进技术的消化吸收再创新。作为一个开放的科技专著出版系列，我们将高度关注科技研究的重点领域和关键技术，围绕新理论、新技术、新工艺的研究进展，分批规划新的学科系列，丰富出版内容，增强科技创新驱动发展的动力和活力。

书稿的推荐遴选秉承质量第一、科学严谨、精益求精的精神，引进广东省优秀科技专著出版基金20余年100多本优秀专著评审的成熟机制：两位同行专家推荐，专家委员会半数以上人员同意方可入选。同时实行关联评委回避制度，保证入选书稿的品质。

祈望“前沿科技研究”系列能够成为中国科研人员展示原创成果的优秀平台、中国科技走向世界的桥梁纽带。

殷切期待各专业优秀科技专著的加入。

广东科技出版社

2015年12月

本书为中国地震局地震监测与减灾技术重点实验室和广东省地震预警与重大工程安全诊断重点实验室项目

内 容 简 介

本书通过重磁资料多种方法的集成系统处理，研究了我国华南沿海地区地缘相连为一整体的珠江三角洲、粤闽赣交界和粤桂琼交界3个地震重点防御地区的深部断裂系统。精心地解释和详细地阐述每条断裂的深度判定依据，以及其展布、交切和组合等特征，编制了上述3个地区带深度量值（10、20、30、＞30 km）的深部断裂系统图和华南地区（北纬20°～28°，东经108°～120°）深部断裂系统图，目前国内外文献尚无这样大区域、每条断裂都有深度量值的深部断裂系统图。

书中还根据深部断裂系统与地震活动的关系，以及强震结构特征、断裂活动性等要素和标志，划出上述区内Ms≥5级强震构造。论证了华南沿海地区主要活动断裂、控震断裂和发震断裂都是北东东向断裂，主要动力源是来自台湾碰撞带和菲律宾板块向西的推挤，横向（北东东）构造是传递能量的主要通道，构造应力场是统一的北西西向。最后，书中对华南地区第Ⅳ地震活动幕震兆特征进行了研究，并据之对第Ⅴ活动幕地震危险性做出讨论性的预测。

序　　言

《华南沿海地区深部断裂系统与强震构造》一书的研究内容主要来自作者们的两个科研课题：珠江三角洲地区深部构造与地震危险性研究、广东省及其邻区强震构造与震例研究，我参加了这两个课题的验收评审，因此，对这本书内容相对比较熟悉。该书应用重、磁资料系统处理的优秀软件，取得了一系列精致的原始成果图，而后高质量地解释深部断裂，编制出带有深度量值的4幅深部断裂系统图。如此大范围的区域内每条断裂都有深度量值的深部断裂系统图，我至今在国内外文献资料中尚未发现，它具有明显的创新性，值得同行们重视和深入研究。

作者以深部断裂系统图为基础，研究、探讨了许多地质、地球物理、地震构造、构造应力场等问题，提出了一些新颖的认识，有理论问题，也有实际问题，如“新构造期深大断裂的概念”；“南海北缘（即东南沿海）地震带构造应力场是统一的北西西向，而非‘扇形’说”；“重、磁资料不仅反映地壳深部物质结构的不同，还反映了物质形成时代的差异性（有新有老）”；“华南主要活动断裂是北东东向和北西向，而非北东向”；“深部断裂区域特征决定了该区的地震强度；Ms≥6级的强震构造区，深部断裂系统必须是北东东向、北西向断裂系相交汇，且深度≥30 km”；等等。学术上不怕创新、不怕争论、不怕矛盾，只怕守旧、不上进。记得1984—1986年我参与主持琼北地震烈度复核项目工作时，任镇寰同志曾是一个子课题的负责人，他和他的合作者对华南多个强震构造进行研究解剖，提出了南海北缘主要活动构造是北东东向、北西向断裂，而非北东向断裂的认识，尤其是垂直差异运动很突出，在当时验收大会上引发热烈讨论，并得到了较高评价。现本书又从深部断裂系统角度进一步论证这一观点，这种不断进取、创新精神值得提倡。

书中还对华南第Ⅴ活动幕地震危险性进行预测，并给出包括开幕时间、地点、震级三要素在内的地震危险性预测意见，提出“以深部断裂系统为纲，在珠江三角洲、粤闽赣交界、粤桂琼交界地区划出了多个具体强震构造区”。这些都很贴切社会各界的关注，对当前监测预报的研究和实践有着重要参考意义。

总之，本书是一本优秀的学术著作，值得物探界、地震界、地质界以及地理界阅读和参考，以取得更多的优秀成果。

中国工程院院士　李坪

2014年1月

前　言

研究珠江三角洲地区暨华南重点地区深部断裂系统是一项繁杂而细致、艰辛又高端的科学研究。我们首先通过重、磁资料系统处理取得原创（始）成果图，然后精心对全区域进行深部断裂解释，编制出珠江三角洲地区深部断裂系统图和华南另外2个全国地震防御重点地区：粤闽赣交界地区深部断裂系统图、粤桂琼交界地区深部断裂系统图。为了让读者对前述3个重点地区深部断裂系统背景以及对华南地区整体深部断裂系统有所了解，我们还编制了华南地区深部断裂系统图。这4幅深部断裂系统图和以往的大地构造图以及其他地质图中的“深大断裂”不一样，我们在图中给出了每一条断裂的深度（分4档：10、20、30、>30 km）、规模和展布特征，且图中不会遗漏主干断裂。在珠江三角洲地区不会遗漏长20 km以上、深度超10 km 的断裂，在粤闽赣交界地区和粤桂琼交界地区不会遗漏长20 km以上、深度超20 km 的断裂，在华南地区不会遗漏长50 km 以上、深度超20 km的断裂。像这样带深度量值的大范围的区域深部断裂系统图，据许多地球物理探测和地质专家说，国内外文献中也尚未见到过，认为这是一项创新的科研成果，具有重要的理论应用和实践意义。

前述已知，这项深部断裂系统研究工作所采用的是重、磁资料系统处理方法。重、磁原始数据成果为全国联网、统一规划、统一规范、标准化严格地测量所取得，是数据连续扫描性网络，而不是单剖面的、零散的和局部的数据。这是研究区域深部构造最大的优势，特别是在表达线性构造方面多解性较少，准确度很高。我们经过详细的调研，与中国地质大学地球物理探测系合作，采用具有高水平的国家863项目——海洋深部探测技术专题的重、磁地震综合反演方法及软件系统中的软件进行数据系统处理。它包括许多种方法技术的匹配和各种方法互补，最大限度地减低了所谓“物探多解性”，保证了断裂解释的准确性和精度。

这项研究工作始于珠江三角洲地区，大大出乎我们意料，不仅取得预期的理想效果，其学术意义和应用价值远远超出地震学范畴，因此决定将它扩大到华南地区。我们在珠江三角洲地区有效获取123幅、华南地区86幅、粤闽赣交界地区86幅、粤桂琼交界地区86幅，共将近400幅原创成果图逐图反复地进行断裂解释，务求精确，编制成前述4幅深部断裂系统图。全部解释出≥10 km深断裂有60条，初估逐图解释断裂在10 000次以上，可见研究工作量之大。

深部断裂系统研究是本书的最重要内容，核心的核心，基础的基础。它具有公共性和工具性，对所有涉及地质方面的广大学科领域都是基础性资料，对地质构造、物探勘测、工程地震、工程地质、地质灾害、地质矿产、地质水文、地理环境等学科都有广泛的实用价值，具有永久性保留的意义。物探专家更知道，那些原创成果图还有可能应用于深部地质构造、地层解释、岩浆岩边界、矿体边界、地下水储水体边界的划分解释。

本书还提出了“新构造期深大断裂”的新概念（理论），补充和发展了传统的深大断裂的概念，这一新概念是在本书第一编研究珠江三角洲地区深部断裂系统时提出来的。

当珠江三角洲地区深部断裂系统分布图绘制出来以后，我们意外地发现，图中反映的断裂特征，特别是深度、规模和深部断裂格局与以往传统文献资料有许多差别。如许多过去认为是深大断裂，而在上述重、磁资料解释和编制的图上反映不是那么深，只是一般断裂（深度≤20 km）；一些重要断裂展布、连接也有重大改变，如著名的北东向莲花山大断裂，在传统认识上是从大埔进入广东省境内后，经海丰至深圳转为北东东向滨海而行。可是我们这次研究发现，莲花山大断裂在区内深度未超过20 km，大多数在10 km 左右，且明显地继续以北东45° 方向从惠东、惠阳和深圳进入珠江口地区，经香港一直伸展到万山群岛，图形图像很清楚。上述传统认识上的所谓转为北东东向那一部分断裂其实是规模巨大的新构造活动很强的北东东向滨海断裂带的一部分。这一结果的改变，势必使我们对地震活动、工程建设地震安全性评价带来很大影响。华南深部断裂系统分布图编制出来后，发现也存在类似情况。

如何解释上述深大断裂认识上的改变？我们在书中提出了“新构造期深大断裂”的概念（理论），从地质构造史的角度分析、理解和解释以往地质图、有关文献资料中所称的定性的深大断裂概念。

在新近纪开始以来的新构造运动，是一次独立的规模宏大的构造运动，它与各次老构造运动一样，深部物质运动必然改造甚至彻底改变老的深大断裂的格局、结构和物质成分分布。这些变化必定会在地壳重磁场鲜明反映出来，这就是新构造期深大断裂概念提出的物理基础。所以，这还引伸出来一个新的问题，就是重、磁资料反映的不只是地下物质结构问题，还有一个有新有老的地质时代问题，具有研究新构造的意义。本概念还解释了陆地上的北东向断裂伸展到滨海，均被北东东向滨海断裂截断，没有继续往海域延伸的原因。所以，新构造期深大断裂概念的提出，具有广泛应用的领域，也就是前面已提到过，对研究新构造及其相关的地震地质、工程地质、地质灾害、环境地质和找矿、找水以及其他有关方面都有重要的理论意义和实用价值。因为断裂的展布、规模和性质改变了，与之密切相关的学科自然随之而变，从而得出新的认识和新的实用方向、地域等。这里我们要郑重说明一点，书中并不反对传统深大断裂的概念，它是科学的理论，在找矿、研究大地构造和地球物理等各个科学领域发挥了巨大的作用。我们提出这个新概念是对传统认识的一个补充和发展。

以深部断裂系统为纲划分“强震构造”，并讨论华南构造应力场、动力源等问题，我们希望从一个新的角度和方法去探讨深部断裂系统与强震构造关系，从而划分强震构造，是本书最初设计的宗旨和目的。初步研究认为，至少有3点可以肯定：①区域深部断裂系统特征可决定区域地震活动强度，如珠江三角洲地区、粤闽赣交界地区、粤桂琼交界地区，它们的深部断裂系统各有自己的特征，从而地震活动强度也有所差异；②Ms≥6级地震构造区深部断裂系统必须是北东东向、北西向断裂系相交汇，且深度≥30 km；③各组断裂间存在切割关系，分析可得出断裂新老次序和活动强度。

根据上述初步认识，我们在划分确定强震构造时将之作为先决条件，或者说作为基本原则和标志，再结合宏观地质的断裂活动性，确定强震构造的地点、强度。在珠江三角洲地区划出了4个Ms5.5～6级强震构造；粤闽赣交界地区划出3个Ms≥6级强震构造区，并设立3个强震构造评论区（因重力资料不全或地质环境改变等原因）；粤桂琼交界地区划出3个Ms≥6级强震构造区，设立一个强震构造评论区。

根据强震构造、地震活动等特征，我们还研究了与之密切相关的构造应力场、动力源和发震构造机制，更有力地从深部断裂系统这一新角度证明华南构造应力场是统一的北西西向；动力源主要是台湾碰撞带和菲律宾板块向西的推挤；主要活动断裂为北东东向断裂，次为北西向断裂，二者大多数情况下共轭活动、孕震和发震。北东向断裂自上第三纪以来活动性就日趋减弱，不是主要活动断裂。

对华南第Ⅴ活动幕开幕震兆特征和地震危险性研究，作为地震工作者，我们经历过华南地震活动第Ⅳ活动幕全过程，很难得。虽然当前地震预测预报水平尚不高，特别是中、短期预报，时间和地点是最大难题，但是，从我们对第Ⅳ活动幕的研究，还是取得一些认识和经验，在之前课题研究的基础上，运用本书的一些学术思想，对华南地震活动和第Ⅴ活动幕的开幕震兆特征以及地震危险性做了进一步研究，并提出讨论意见。因为这是地震界和社会各界广泛关注的一件事，是我们必须做的事，而且也能让不久将来临的第Ⅴ活动幕对其检验，无论科学上、社会上，意义都很重大。

此外，本书还编制了首幅华南大陆架第四系等厚线图。在广州地理研究所编制的1：20万珠江三角洲地区第四系等厚线图的基础上，补充了2 000余个地震工程钻孔资料，重编了珠江三角洲地区第四系等厚线图，范围扩大了1倍（主要是狮子洋、珠江口和前海地区），这2幅图对研究第四纪地质、新构造、工程地质、水文地质都有实用和研究价值，也是有意义的科研成果。

在写本书之前，我们自1993年开始（至今已是20多年），开展了广东省科技厅下达的5个重点课题的研究：①粤闽赣交界地区近期地震危险性研究；②粤桂琼交界地区近期地震危险性研究；③莲花山断裂带西南段近期地震危险性研究；④珠江三角洲地区深部断裂系统与地震危险性研究；⑤广东省及邻区强震构造与震例研究。这些课题为本书积累了大量的宝贵的地震活动、地质基础、断裂活动，以及深部断裂资料，特别是后两个课题研究为深部断裂系统和第Ⅴ活动幕地震危险性研究打下了良好的基础。作为核心的深部断裂系统原创资料占本书内容80%以上，甚至研究断裂活动特别有说服力的地壳形变、流动重力测量资料，大部分也是在本书作者直接领导下并亲自参与测量和资料处理获得的原创资料（在全国地震系统年度质量评比中，均名列前茅）。

本书在结构上分为两编，第一编珠江三角洲地区深部断裂系统与强震构造，是一个完整的架构。从目录中可清楚看到，它分为6章。第二、三、四章是来自重、磁资料系统处理产生的原创成果图的解释，所以必需逐幅图、逐条断裂详尽解释，让读者熟悉解释过程，并可以自行判断断裂解释的准确性，也体现本书真实质量和作者们严谨的科学态度。

第二编华南重点地区深部断裂系统与强震构造，共3章，比第一编略简单一些，我们原本设想将它单独自成一书，考虑到第一作者任镇寰年事已高，担心其身体和精力不济，但科研工作已完成了，还是将它呈现出来，让读者对华南地区，特别是粤闽赣交界、粤桂琼交界国家地震防御重点地区的深部断裂系统和强震构造的核心内容有所了解，这就基本上达到目的了。根据上述2个重点地区地震活动、断裂活动和深部断裂特征，本编只划出Ms≥6级强震构造区，免去了Ms≥5级强震构造区的划分。尽管第二编略为精简，但资料仍然是充实的，内容是丰富的，讨论的问题是学界关注的。有些与第一编共同的学术问题，如震源机制、动力源、构造应力场等就安排在第二编中重点论述与讨论。

本书由任镇寰和叶秀薇主笔。任镇寰主持深部断裂系统与强震构造应力场、动力源等方面的撰写，叶秀薇主持有关地震活动、地震预测和预报方面的撰写，其他作者分别协助二位主笔工作和撰写，特别是在前期5个课题研究中都做了大量的工作，包括重、磁资料处理核心部分的工作。此外，参加本书撰写的还有杨芳、刘锦、刘特培、罗振暖、杨廉法。珠江三角洲地区重、磁资料系统处理由中国地质大学地球物理探测系主任刘天佑教授（博导）主持，华南地区重力资料系统处理由他的研究生乔计花高级工程师主持，魏伟、刘大为、张世晖、杨宇山、李媛媛和陈爱萍等研究生也参与了工作。

本书是中国地震局地震监测与减灾技术重点实验室和广东省地震预警与重大工程安全诊断重点实验室项目，在著书过程中，得到了姜慧主任和毕丽思、杨芳、薛铭的热情关心和帮助，并参与了不少具体业务工作。

我们不会忘记刘天佑教授和乔计花高级工程师为重、磁资料系统处理付出的艰辛劳动，他们热情的鼓励、无私的帮助、高度敬业和精益求精的精神给我们留下深刻印象，借此机会予以衷心的感谢！此外，还要感谢马浩明博士在百忙中为本书编了许多地质图，感谢广东省地球物理勘探院副院长刘培森和地球物理勘探院资料室提供了宝贵的重、磁原始图件和数据资料；广东省地震局郭钦华、吴业彪、黄新辉等提供了许多宝贵资料。感谢在前期5个科研课题的罗振暖、冯绚敏、钟贻军、陈仁法、余演波、秦乃岗、刘特培、刘锦、何晓灵、孙丽英、杨廉法、丁丽青、丰晓、黄文辉、黄日恒、潘海生、任明甫、闻坤娣、吕伟明等所做的工作。本书参考和引用了广东省地震局大量工程地震研究报告资料，尤其是钻井资料，未一一列入参考文献中，我们对辛勤劳动在第一线的专家学者们在此一并予以深深感谢！

本书由第一作者任镇寰统稿，统稿过程中难免会删去或修改了作者成员中某些原稿，所以书稿中的学术思想不完全代表每位作者的观点，所有问题皆由第一作者任镇寰和叶秀薇负责解释。

本书具有创新性和探索性，涉及面较广，难免有不周密或不透彻，甚至错误之处，欢迎广大读者提出宝贵意见，予以批评指正。

任镇寰

2014年元旦

目录

第一编　珠江三角洲地区深部断裂系统与强震构造

第一编

珠江三角洲地区深部断裂系统与强震构造

第一章　地 质 基 础

1.1　前第四纪地层简述

地层岩石不仅是研究地质构造发展的基础，作为介质，它是地震构造重要条件之一。就本书研究内容而言，它的重要意义还在于地层岩性与重、磁异常有密切的关系，是重、磁异常的构造、断裂和矿床解释重要根据之一。

珠江三角洲区域内前第四纪地层自元古界震旦系至第三系均有分布，见图1–1–1和附图Ⅰ[1-2]。

1.1.1　震旦系

在珠江三角洲腹地有零星出露，如广州白云山、帽峰山，以及顺德等地。在珠江三角洲外围有大片分布，如新兴、博罗、增城和东莞等地，岩性以青灰、灰白、褐黄色石英片岩、长石石英片岩及云母片岩为主，偶夹灰色大理岩薄层，出露总厚度达3 065 m以上，其层位相当于粤西云开群中的亚群。

1.1.2　寒武系

广泛分布于珠江三角洲周缘地区：东部博罗、惠阳，北部肇庆、四会、清远和龙门，西部新兴、云浮、高明、鹤山、开平、恩平和台山，南部江门一带均有出露，统称为八村群。岩性以石英砂岩为主，含铁砂岩较发育，与下奥陶统新厂组呈整合接触。清远、龙门一带八村群下亚群以灰、灰黑色粉砂岩及粉砂质页岩为主，夹泥质页岩及炭质页岩，局部见含磷结核及扁豆体。厚度各地稍有差异，厚者可达2 400 m，薄者亦在930 m以上。

1.1.3　奥陶系

出露于珠江三角洲周缘地区：高要、开平、台山、惠阳和河源等地，主要为浅海碎屑岩建造，下统称新厂组及黄坑组，中统称长坑水组，中上统称龙头寨群。岩性以粉砂质页岩、页岩、硅质页岩和炭质页岩为主，龙头寨群中部发育灰岩。各地厚度不一，总厚度大于1 000 m。

1.1.4　志留系

广东志留系地层极少，但本区西缘高要、云浮仍有出露，高要禄步一带的下志留统连滩组以黄色和黄褐色粉砂质页岩、灰黑色条带状页岩与粉砂岩组成的韵律为主，中部灰黄褐色含砾石英细砂岩及含砾粉砂岩，厚达1 866 m。中志留统在高要禄步为灰色厚层状石英细砂岩、薄层状页岩、砂质页岩构成的类复理石的韵律层，厚2 448 m，整合于莲滩组之上。上志留统为岭下群，出露于云浮南乡岭下，为浅海碎屑岩建造。主要为棕黄色薄层状粉砂质页岩、灰绿和棕黄色条带状粉砂质页岩、页岩等，厚度不足100 m。

1.1.5　泥盆系

泥盆系在区内及周缘有广泛分布。主要发育中统上部及上统。在广州、花都、肇庆、高要、中山、台山、恩平、新会、清远和龙门等地均有分布。

中泥盆统鼎湖山群，为河流–滨海和内陆山间盆地的碎屑建造，局部有火山喷溢的堆积物，主

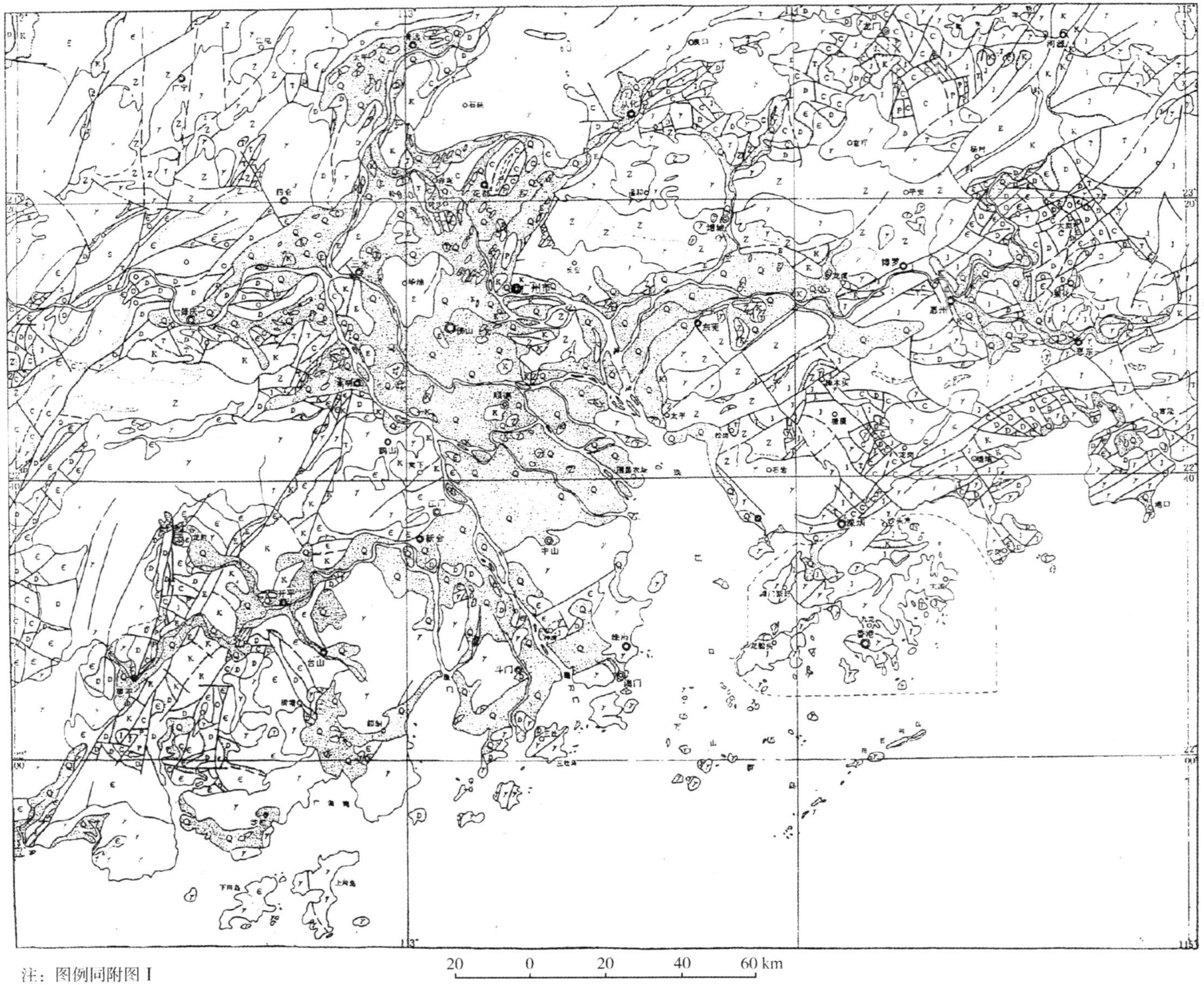

注：图例同附图 I

图1-1-1　珠江三角洲地区地质图

要岩性为粗细不一的砂岩，多呈紫红色，杂以灰白、浅灰、深灰或土黄等颜色，夹多层砾岩、砂砾岩及粉砂岩，偶夹页岩，局部有英安质火山岩或凝灰熔岩，具底砾岩，以角度不整合覆于前泥盆系之上，总厚度大于1 000 m。

上泥盆统有春湾组和大鸟石组、春湾组是晚泥盆世早期的滨岸浅相碎页岩、泥岩及碳酸盐岩，下部以紫红色细砂岩、粉砂岩及页岩为主，上部以灰褐、灰黄、土黄色粉砂岩、页岩夹灰岩及钙质砂岩为主，厚达500 m。

大鸟石组是上泥盆统晚期的浅海–潮坪相碳酸盐沉积，向上渐变为滨岸–湖沼相碎屑物沉积为特征。主要岩性为灰岩、砂质泥灰岩、钙质泥质粉砂岩、页岩及砂岩、夹砂砾岩、凝灰岩和炭质页岩等，总厚300～1 300 m。

1.1.6　石炭系

分布于广州及其北面相邻的花都（广花平原）、肇庆、三水、云浮、开平、恩平、龙门、新丰、从化、惠阳、博罗和深圳等地。大多出露比较零散，珠江三角洲腹地少见。

下石炭统分为下部岩关阶、上部大塘阶。岩关阶由龙江组和刘家塘组组成。龙江组岩性为浅灰色、浅黄色及紫红色砂岩、粉砂岩及页岩、夹钙质页岩和粉砂岩，底部砂岩含少量细砾，厚96～553 m；刘家塘组以灰岩为主，偶夹少量页岩及薄层砂岩。

下石炭统大塘阶由石磴子组、测水组及梓门桥组组成，石磴组分布较广，主要为纯灰岩，肇庆七星岩、高要蚬岗、高明三洲、广州近郊及南海等地出露的都是该组灰岩，厚度25～300 m。测水组、梓门桥组岩性有砂岩、页岩夹煤层、白云岩和灰岩等，变化较大，厚度27.3～243 m。

中上石炭统为壶天群，岩性以碳酸盐岩类为主，下部常有较多的白云岩，颜色较浅，上部以灰岩为主，颜色较深。厚度各地不一，一般在150～500 m，恩平横陂最薄，仅40 m。

1.1.7　二叠系

主要分布于广州、南海、花都、肇庆、三水、台山、开平、恩平、龙门和新丰等地，珠江三角洲腹地少有出露。分为上下两统，每统两阶。

下二叠统本区为栖霞阶栖霞组，俗称栖霞灰岩，岩性以正常的浅海相碳酸盐岩类为主，局部夹泥质岩或细碎屑岩，偶尔在该组底部有细碎屑岩夹薄层劣质煤或煤线，厚度一般在50～100 m，局部达350 m。

下二叠统茅口阶有文笔山组和童子岩组。文笔山组岩性为页岩、粉砂岩、夹细砂岩、硅质岩及硅质页岩和灰岩透镜体，底部常见硅质岩，下部常夹结核状磷矿、黄铁矿结核、硅质结核或砂质结核，厚度200～300 m，局部达400 m。

上二叠统本区为乐平阶沙湖组，岩性以灰绿、紫红、青灰色砂岩为主，夹长石石英砂岩、页岩和局部夹煤，常有蓝色铁质小斑点，底部常为一层鲕状铝土岩或凝灰质岩、中–粗粒长石石英砂岩，偶含小砾，厚度约200 m。

长兴阶，俗称“长兴灰岩”，本区为以滨岸湖沼相红色碎屑为主，称圣堂组，是一套红色砂岩夹泥岩，偶夹炭质页岩或煤线，岩石中常含较多的红色鲕状铁质小结核，厚200 m以上。

1.1.8　三叠系

三叠系划分下、中、上三统。

1.1.8.1　下三叠统

在本区主要分布在广州、南海、高要、高明和恩平等地。珠江三角洲腹地出露很少。地层称为大冶群，为浅海碳酸盐岩及碎屑岩建造。岩性为浅灰–灰色薄层灰岩、泥灰岩和泥岩互层。厚度

40 ~ 170 m。

1.1.8.2 中三叠统

区内没有该地层出露。

1.1.8.3 上三叠统

可分为小云雾山群和艮口群，小云雾山群为内陆山间盆地相或滨岸湖沼相。沿吴川—四会断裂带及其以西的断裂和佛冈山地前缘呈串珠状分布，以粗碎屑岩为主，夹砂质页岩、炭质页岩和薄煤层。总厚260 ~ 960 m。区内主要出露于西缘高要和四会等地。

艮口群为海陆交互相或海湾沼泽相，岩性及厚度变化较大，以含煤碎屑岩为特征，岩性上部为砂岩、页岩夹煤线，底部以不等粒砂岩或砾岩为标志，中部为主要含煤段，由砂岩、页岩夹砾岩及煤层组成。艮口群最厚在高要金利一带，达150 m。艮口群区内分布在广州、花都、高明、高要、三水、南海和增城等地。

1.1.9 侏罗系

侏罗系分为下、中、上三统。

1.1.9.1 下侏罗统

分为金鸡组和桥源组。区内主要为金鸡组，分布于广州、开平、恩平等地。以海相碎屑岩为主，岩性为灰白色、灰紫色长石石英砂岩、泥质粉砂岩、泥质页岩夹煤层等，厚度大于200 m。桥源组见于恩平、开平和惠东等地，为海陆交互相碎屑岩，岩性主要为浅灰色粗粒长石石英砂岩、石英砂岩、含砾砂岩夹薄层粉砂质泥岩，夹透镜状煤层，出露厚度大于380 m。

1.1.9.2 中侏罗统

分为漳平组和马梓坪群，但区内只出露漳平组，主要分布在东莞和惠州一带，以紫红色含凝灰质碎屑岩（细粒砂岩、粉砂岩和粉砂质泥岩等）为主，局部夹火山熔岩及凝灰角砾岩。总厚超过2 000 m。

1.1.9.3 上侏罗统

统称高基坪群，广泛分布于东莞、惠阳、深圳和香港等地区，属莲花山断裂带西南延续地段。从化亦有小面积分布。该群为一套复杂的陆相火山岩系，由中性、中酸性和酸性火山熔岩（安山岩、辉石角闪粗安岩类流纹岩、英安岩等）及其相应的火山碎屑岩和沉积岩夹层组成，含砾凝灰岩、火山角砾岩及凝灰质砂岩、粉砂岩、炭质页岩、铁矿层等，厚度巨大，总厚超过5 000 m。

1.1.10 白垩系

白垩系遍布广东全省，以断陷盆地形式沿主要断裂带展布，区内同样如此。在白垩纪时，珠江三角洲总体上是一个大盆地，具体可分为东莞、三水和新会3个盆地，地面广泛出露白垩系。第四系覆盖下的基底面积更是广大。

白垩系分为上、下两统。珠江三角洲及其周缘地区下白垩统由白鹤洞组、百足山群组成，上白垩统由大塱山组、三水组组成。

下白垩统百足山群出露于恩平、开平、鹤山、顺德、三水和广州等地，以内陆湖泊相红色碎屑建造为主，岩性以黄和浅紫色砾岩、紫色细粒砂岩夹粉砂岩和砖红色、黄色粉砂岩及粉砂质泥岩为主，夹青灰色钙质砂岩等，总厚约1 800 m。

白鹤洞组主要见于三水盆地东南缘的广州和顺德等地的井下。下部为黄褐色砾岩、砂砾岩、粗粒砂岩、紫红色细粒砂岩和粉砂岩，中部夹灰绿色砂质泥岩，上部为灰和深灰色灰岩、泥灰岩、粉砂质泥灰岩与粉砂岩，总厚660 ~ 960 m。

上白垩统三水组和大塱山组分布于高要—三水—广州、新会—顺德及东莞—惠阳—河源等地。较大的盆地有高要白土、三水、广州龙归、新会、东莞和河源等盆地。

三水组下段在三水盆地，以河流冲积相为主，由砾岩、砂砾岩、砂岩与粉砂岩和泥岩组成，厚258 m；在广州一带以洪积相粗碎屑岩为主，厚300 m；南海—顺德一带，粒度变细和厚度变薄，最薄仅83m。该组上段多为浅湖相沉积，由紫红色泥岩和粉砂质泥岩为主，夹灰色泥灰岩，含石膏团块及钙质豆状结核，厚143 ~ 442 m。

大塱山组在三水盆地总的特点是上段为湖相，以紫灰色及紫红色钙质、泥质粉砂岩、深灰及灰绿色钙质泥岩和泥灰岩为主，夹细粒砂岩；下段为河流相，以紫灰色及紫红色砾岩和砂砾岩为主。向东粒度变粗，广州石围塘一带夹数层灰绿色玄武岩，总厚200 ~ 500 m。

在高要白土盆地，该组下部以棕灰色砾岩、砂砾岩为主，夹粉砂岩和细粒砂岩，厚度530 m。上部以灰棕及棕红色泥质粉砂岩和细粒岩为主，夹砂、砾岩及含砾砂岩，厚1 135 m。

在新会盆地，该组下部以棕红色砾岩、砂砾岩、含砾砂岩和砂岩为主，夹粉砂岩和泥质粉砂岩，中部以棕红色粉砂质泥岩和不等粒砂岩为主，夹含砾砂岩；上部为棕及棕红色含砾砂岩和砂砾岩及砾岩，总厚达2 000 m。

东莞盆地的三水组为两个由粗至细的沉积旋回组成。下部以棕色砾岩、砂砾岩和含砾砂岩为主，向上粉砂岩和泥质粉砂岩增多。下段厚小于800 m，上段厚200 ~ 800 m。大塱山组为棕色砂砾岩、含砾砂岩、中粗粒砂岩夹泥质粉砂岩和粉砂质泥岩，厚141 ~ 400 m。

1.1.11 下第三系

分布亦较广泛，主要是继承白垩纪盆地发育，如三水盆地、龙归盆地、东莞盆地和新会盆地等。自下而上，由莘庄组、坊心组、宝月组和华涌组组成，莘庄组为古新世沉积，坊心组、宝月组、华涌组为始新世早、中、晚期沉积。各盆地岩性和厚度均有所差异。以三水盆地厚度最大，总厚度近4 000 m，发育最全，研究也最详细。其次是东莞盆地，厚近2 000 m，其他盆地沉积厚度小于500 m。

以三水盆地为代表，岩性主要是一套内陆湖泊相钙、砾、砂和泥质夹火山碎屑沉积，为紫红色砾岩、砂砾岩、钙质粉砂岩夹凝灰岩、凝灰质砂岩、凝灰角砾岩和火山角砾岩，亦夹有玄武岩。华涌组火山岩夹层的同位素年龄值为45 Ma（南海走马堂采石场）至51.3 Ma（紫竹岗水44#玄武粗面岩）。

在海域的珠江口盆地下第三系沉积称珠海组。依岩性从上到下可划分为4段：第4段为灰白色细砾岩、白云质含砾砂岩、浅灰色泥质细砂岩、黑灰色粉砂质泥岩夹粉砂岩和沥青质页岩，厚313 m；第3段为灰白色细砾岩、浅灰色泥质细砂岩、泥质粉砂岩，夹黑色粉砂质泥岩及油页岩、沥青质页岩，夹黑灰色粉砂质泥岩、油页岩、沥青质页岩和褐煤，厚304 m；第2段为灰白色白云质含砾砂岩、细砾岩及含白云质粉砂岩，厚84 m；第1段为灰白色细砾岩、浅灰色泥质细砂岩、黑灰色粉砂质泥岩及炭质页岩组成的韵律层，厚24.5 m，全组总厚210 ~ 730 m，不整合覆于下伏地层之上，含孢粉，时代定为晚渐新世。

1.1.12 上第三系

区内陆地没有发现上第三系，此时，珠江三角洲及其周缘地区处于广泛的侵蚀及剥蚀时期，而南部海域–珠江口盆地继续大幅度下沉，接受沉积，上第三系有广泛分布，划分出珠江组、韩江组、粤海组和万山组。

1.1.12.1 珠江组

由褐灰色粉砂质泥岩、泥质粉砂岩与灰色含砾砂岩、砂砾岩和砾岩组成韵律层，夹白云质砂岩、劣质油页岩、沥青质页岩及褐煤层，总厚665 ~ 924 m。时代定为早中新世。

1.1.12.2 韩江组

以灰色粉砂质泥岩、泥质粉砂岩为主，夹灰色砾岩、钙质砂岩、沥青质页岩和褐煤。构成两个较大的沉积韵律，总厚468 ~ 672 m，是一个明显的渐进序列。时代定为中新世中晚期。

1.1.12.3 粤海组

由灰白色粉砂质泥岩、泥质粉砂岩与砾岩组成，夹多层钙质砂岩，下部见薄层褐煤、沥青质页岩，厚408 ~ 604 m，向南增厚。时代定为晚中新世。

1.1.12.4 万山组

岩性及岩相变化较大。北部为灰色砾岩夹钙质粉砂质泥岩、泥质粉砂岩及少量钙质砂岩；南部为绿灰及灰色泥岩、钙质粉砂质及泥质粉砂岩夹砾岩，垂直方向为海退序列。总厚176 ~ 376 m，时代属上新世。

1.2 第四纪地层

第四纪地层及其沉积物在研究新构造运动、地震地质中有着非常重要的意义，尤其是珠江三角洲这样的平原地区，所以本书专辟一节阐述。

1.2.1 珠江三角洲平原区的第四纪地层

前人对珠江三角洲第四纪地层及其沉积物做过许多研究，提出不少方案（图1-2-2）。概述起

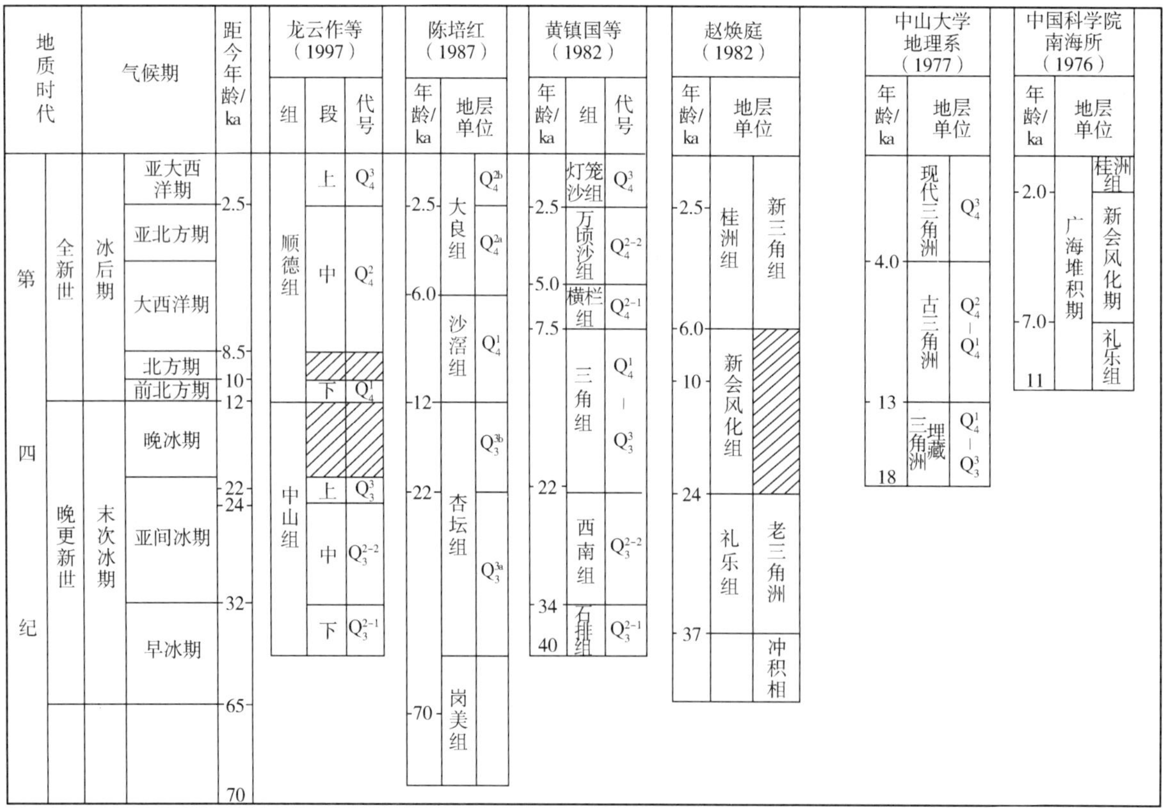

图1-2-1 珠江三角洲第四纪地层研究概况对比

来说，1980年以前，大多数学者认为珠江三角洲第四纪沉积物都是全新世产物。在全新世时代范围内，划分出不同的沉积相和给出相应的地层命名。随着绝对年龄测定方法的发展，主要是^{14}C和研究广泛应用，基本上肯定珠江三角洲沉积物是晚更新世以来的产物，最早的年龄为45 000 a B.P.[3]。在外围，有人提出，珠江三角洲在中更新世曾有过海侵[4]。在三水的贺岗、岗美、白坭等阶地沉积物中发现海相微生物，^{14}C和热释光测年为中更新世产物，最早的年龄为（55.935 ± 0.56）k a B.P.。但对这套地层还存在不同的意见，有人认为是河流冲积物，其地貌属河流二级阶地[5]。

龙云作等对前人各种方案和其他许多资料进行了综合性研究，并系统开展了许多新的工作，取得一批新的资料，提出一个新的方案[6]。下面予以介绍（表1–2–1）。

表1–2–1 珠江三角洲第四纪地层

地层			气候期		距今年龄/a	平均厚度/m	岩性	有孔虫	介形虫	硅藻	软体动物	地震层序		海侵层	沉积层
统	组	段										基本层序	结构特征		
全新统	顺德组	上（Q_4^3）	冰后期	亚大西洋期	2 500	2.2	黄褐色粘土 砂质粘土					R_0 层Ⅰ	平行、收敛		海陆过渡相
		中（Q_4^2）		亚北方期	4 000	1.5									
				大西洋期	7 500	9.4	黄色砂层 青灰色粉砂质粘土	*Ammonia beccarii* var. *Protelphidinm* （Cushman） *Florilus*	*Sinocytheridea latiovata Neomonocera-tina delicate*	*Cyclotella striata*	*Ostrea* sp.*Corbula* sp.*Renus* sp.		平行整一	1	海相
		下（Q_4^1）		北方期	10 000							R_1 层Ⅱ	凹谷充填		海陆过渡相
			末次冰期	前北方期	12 000		猪肝色含腐木粘土 河床滞留砾石层								
上更新统	中山组	上（Q_3^{2-3}）		晚冰期	22 000		杂色花斑粘土 棕黄色砂及砂砾层					R_2 层Ⅲ	波状或杂乱式充填顶部削蚀		陆相
		中（Q_3^{2-2}）		亚间冰期	32 000	14.9	褐色含砾中粗砂 青灰色粉砂质粘土	*Ammonia beccarii* var. *Protelphidinm granosum*	*Sinocytheridea latiovata Leguminocy thereis hodgii Sinocythere sinensis*	*Cyclotella striata*	*Corbicula* sp. *Renus* sp. *Ostrea* sp.		亚平行或波状	1	海相
		下（Q_3^{2-1}）		早冰期	65 000	17.2	杂色粉砂质粘土 灰白含砾中粗砂 底部杂色砾石层					R_3 层Ⅳ R_4	杂乱或凹形充填		陆相

1.2.1.1 上更新统中山组（Q_3）

（1）下段Q_3^{2-1}

钻孔资料表明，本段地层在区内分布不甚稳定，主要分布在珠江三角洲西北部及东部的山前地区以及珠江古河道的谷底。多呈洪积扇或碎石辫状河系分布，不整合覆于基岩风化壳之上。在地层发育较全的地区，可以见到由粗变细的沉积序列，底部为杂色砾石层，中部为白色及棕黄色含砾中粗砂层，上部为杂色粉砂质粘土层。沉积物分选较差，有时可见交错层理，无任何生物化石遗迹。在地震剖面中的反射结构特征为杂乱或凹谷充填（层Ⅳ）。

本段地层厚度变化较大，不少地段缺失。在东江三角洲地区，最大厚度为17.2 m，形成于距今3.2万a以前的末次冰期早冰期，属河道充填沉积物。

（2）中段Q_3^{2-2}

分布遍及全区，具同期异相特点。在西北江三角洲的西北部、东江二角洲地区东北部为河流相沉积。主要岩性为褐色含砾中粗砂及灰白色中细砂，下粗上细。在中山和顺德一带，具明显的溺谷湾相特点。主要岩性为青灰色粉砂质粘土层夹含砾中砂或砾石层，具波状层理和生物扰动构造。

本段含有一定数量的微体生物化石。有孔虫主要为毕克卷转虫（*Ammonia beccanii*）、颗粒先希望虫（*Protelphidium granosum*）组合。介形类为宽孵形中华美介（*Sinocytheridea latiovata*）、方地豆艳花介（*Leguminocythereis hodgii*）、中国中华花介（*Sinocythere sinensis*）组合。硅藻则为条纹小环藻（*Cyclotella striatc*）。另外，可见少量贝类动物蓝蛤（*Corbulla* sp.）、帘蛤（*Kenus* sp.）和牡蛎（*Ostrea* sp.）等。

在水下三角洲地区，地震剖面所反映的反射结构为亚平行状或波状（层Ⅲ）。

地层厚度平均为16.4 m，最大48 m，形成年代为距今3.2万 ~ 2.2万a，为末次冰期亚间冰期的海侵沉积。

（3）上段Q_3^{2-3}

本段地层保存零星，因在不少地段曾遭侵蚀，而保存下来的地层具明显的风化剥蚀现象。该层上部为杂色花斑粘土，含较多的铁质条带和壳块，具类水平层理和砂质透镜体，含少量植物碎屑。此外，在个别钻孔中还见有腐木层。其中、下部为棕黄色中细砂、中粗砂及砂砾层，分选磨圆差，与下伏地层呈轻微的侵蚀接触。

水下三角洲地区，本段地层所反映的反射结构特征为波状及杂乱式充填，连续性中等，振幅可变，顶部往往被削蚀，保存不全。

本段地层厚度变化更大，从0 ~ 44.0 m，上段测年数据为（20 975 ± 460）a，属末次冰期盛冰期以前的沉积物。

1.2.1.2 全新统顺德组（Q_4）

（1）下段Q_4^1

主要分布在末次冰期极盛期形成的侵蚀面上的低洼地段。岩性变化较剧烈，在山前地区主要是褐灰色含砾中粗砂及砾石层，呈洪冲积扇产出；在沟谷谷底一般均可以两分，底部为河床的滞留堆积砾石层，向上过渡为青灰色或猪肝色的含腐木碎屑粘土，有浅层沼气，为陆相沼泽或滨海沼泽相堆积。

浅层地震资料反映的反射结构特征为杂乱式或复式凹谷充填（层Ⅱ），连续性差，振幅中等，顶部有时整一，有时削蚀，底部上超。地质解释为由冲积河谷渐变为滨海沼泽，属海侵型河床充填层序。

本段厚度平均9 m，最大41 m（最大厚度根据海区物探剖面资料推算）。形成年代距今为1.2万 ~ 1万a末次冰期之后，本区恢复沉积作用，反映侵蚀基准面的相对抬升。

（2）中段Q_4^2

分布遍及全区，是晚第四纪以来区内最重要的一个沉积形成阶段。岩性分布具同期异相的特点，在海侵未达到的冲积平原区以河流作用为主，岩性变化较剧烈。在海水侵及的地区保留河口湾或湾内三角洲叶瓣相的特点。沉积类型多为青灰色粉砂质粘土或含砂的粘土质粉砂层，后者岩性变化较剧烈。

沉积物除底部发育局部的冲蚀构造外，透镜状层理、压扁层理和生物扰动构造十分发育。

本段微体生物化石十分丰富，蚝壳层分布广泛，有孔虫、介形虫和硅藻的组合面貌与中山组中段地层类似，但其种数、壳体丰度及复合分异度更高，并且含有海相性较强的分子。

地震剖面中以高连续性、振幅中等、席状披盖式平行整一反射结构为主，上部整一，下部平缓上超（层Ⅰ）。

本段厚度相对较为稳定。平均厚6.6 m，最大27 m，形成年代为距今7 500～2 500 a，属全新世高海面期的沉积物。

（3）上段Q_4^3

分布遍及全区，在冲积平原区，陆相冲积层或泛滥平原相的沉积特征较明显。岩性主要为黄色粘土或砂质粘土，个别钻孔见到细砂。在低洼地区，普遍含有一层腐木，或含有较多的植物碎屑。

在三角洲平原区自下而上，由青灰色粘土及粉砂质粘土逐渐过渡为灰褐色或灰黄色粘土质细砂，底部蚝壳、贝壳较多。向上含较多的腐木或植物碎屑，较好地反映了进积型三角洲的堆积序列。

本段的微体古生物的空间分布取决于环境变迁，即越靠近现代海岸线，其组合面貌越趋于现代海滨环境，而远离岸线微体古生物缺乏。

地震的反射结构与顺德组中段类同，二者均为整一的连续席状披盖式结构。

本段厚平均3 m，最大厚10 m。形成年代为距今2 500 a。

1.2.2　珠江三角洲平原周缘第四纪地层

珠江三角洲平原周缘（含内部的五桂山）分布丘陵、山地和河谷，也广泛分布着第四系，特别是紧邻的西部肇庆平原。第四系厚度还很大，在此分别予以阐述。

1.2.2.1 肇庆地区第四系

肇庆地区第四系分平原和山前两部分阐述。肇庆平原与珠江三角洲平原衔接连续，河水面连续，其间无跌水和瀑布，埋藏基座面除被基岩深槽分隔外也是连续的，基底以上的沉积物厚度也相应，因此，晚更新世以来受海平面升降影响发育的沉积史应是一致的。肇庆平原是由河漫滩与第一级阶地呈花斑状和斑带状分布组成。刘尚仁认为第一级阶地属半埋藏阶地，为晚更新世沉积物组成。河漫滩是由全新统组成。全新统是上更新统被侵蚀后的补偿性沉积[7]。

（1）上更新统

鼎湖区分布于广肇公路沿线的莲塘至旱峡一带（断续）。肇庆冲积平原基本上沿着梅亭—沙湖—景山岗—城中路—上黄岗一线以北分布。西江南岸大湾平原的龙涌、双金平原的茶岗、八联东万坳、岘岗也有分布。上部有一层花斑色粘土与河漫滩相全新统沉积相隔，一般厚2～7 m，最厚可达10 m，其下为灰及灰黑色泥炭土、淤泥质粘土（含少量植物碎屑）、浅黄-灰白色含粉砂粒粘土和含腐木多的灰色粘土。总的来说，河床相卵石、粗砂层不发育，说明与构造下沉沉积有关，而与河流侧蚀沉积作用不大。

沉积厚度与基底起伏有较大关系，基本上自南、北面山体向中部河道变厚，在主干河道发育深槽。一般厚度10～25 m，在沿西江、旱峡和双金河等3条河道附近的深槽带，厚度为25～50 m，最厚在旱峡6号孔达89.83 m。

据^{14}C测年，上更新统最大年龄为（39 200 ± 1 230）a B.P.，最小年龄为（16 290 ± 390）a B.P.（表1-2-2）。

（2）全新统

河漫滩沉积物均属全新统，挨着河道两侧分布，接近该平原下伏基岩深槽的位置。岩性一般为灰黑、灰褐、灰黄色粘土和砂、砾，常含植物碎片和腐木，一般厚10 ~ 25 m，在黄岗村148号孔最厚达35.35 m。

本统几个^{14}C年龄见表1-2-2。

表1-2-2　肇庆平原第四纪沉积物^{14}C年龄

地层	取样地点	深度/m	岩 性	年龄/a B.P.	资料来源
全新统	黄岗镇元嘴砖窑附近	0.5 ~ 0.6	灰色亚粘土	1 520 ± 75	刘尚仁
	睦岗镇外坑ZKD5孔	10.4	细砂层夹淤泥	7 920 ± 130	张维德等
	黄岗镇NWZKD35孔	4.0	淤泥含腐木	2 100 ± 30	张维德等
上更新统	肇庆旱峡大涌乡6号孔	27.4 ~ 27.6	泥炭土	16 290 ± 390	周明熺等
		56.1 ~ 56.2	泥炭土	39 200 ± 1230	周明熺等
	睦岗镇蕉园NW91号孔	6.72 ~ 6.87	淤泥	34 230 ± 920	周明熺等
	睦岗镇塘美村南149号孔	26.89 ~ 29.7	淤泥质粘土	30 840 ± 640	周明熺与刘尚仁
	高要金渡镇工万坳	7.80 ~ 7.85	腐木	36 389 ± 2 010	刘尚仁
	鼎湖区广利镇NW钻孔	9.3	腐木	36 170 ± 2 700	黄镇国等

肇庆地区山前第四纪紧挨着肇庆平原南北两侧分布，北部有北岭（高程759 m）、鸡笼山（高程1 000 m），南部有龙门山（高程615 m）、栏柯山（高程904 m）。山前分布着洪积和冲积物，组成3级洪冲积阶地（古洪冲积扇）。以北岭南麓发育最好，分布最广，长达20 km、宽达1 km以上，呈北东东向展布，反映一条断裂北升南降的活动。可以它为代表描述。

一、二级阶地洪积物属晚更新世沉积，三级阶地属中更新世沉积物（与西江阶地对比），组成阶地洪积物和冲积物，岩性多为红土（也有红、黄花斑粘土）、漂砾石和卵砾，该漂砾石与西江第二、三级阶地冲积卵砾很不一致：①直径大于20 cm漂砾石含量高，最大直径达1 m，而西江阶地冲积卵石大于10 cm者罕见，更无漂石。②岩性复杂，为北岭多种砂岩和泥岩。③漂砾石和卵砾石多已强风化，用手能将其掰开甚至捏碎，在广东省电力职工休养所半坡上的电线杆坑壁，见被铁铲切齐的一个大漂石横断面。④漂砾石多呈次棱状和次圆状，部分圆度较好，与其风化强和易磨圆有关。⑤分选性比西江冲积物差。

北岭东岗村西北侧高程26.2 m的高地（三级阶地），在深9.5 m的TL年龄为（13.94 ± 1.12）× 10^4a，属中更新世（在广东省电力职工休养所至禾枪岩北高程51 m高地的4处古地磁测量都属正极性，尚未发现下更新统），厚度在第二、三级阶地较薄，一级阶地最厚者可达43 m。

全新世冲积物和洪积物组成山前倾斜平原。岩性由灰、黄灰和褐灰色粘性土与属北岭岩性坚硬的漂、卵砾石组成，一般厚度小于10 m，主要分布在松岭至前村南、大坑口经西江大学至东岗南、坪石岗至狮岗北、林业科学研究所至狮岗西、党校经波海楼西侧至七星湖等溪流两侧。

在全新统下有时有晚更新世洪冲积物被埋藏。

1.2.2.2 珠江三角洲周缘山地和丘陵地区第四系

珠江三角洲周缘山地地带有许多河流，两岸发育着河谷冲积平原和阶地，如流溪河、沙河、车陂河、绥江（三水）、北江（三水和清远）、潭江（恩平和开平）、东江（惠州和增城）等，堆积了第四系沉积物，广花和清远平原沉积厚度较大，可达30 ~ 40 m，阶地沉积物厚度一般小于10 m，尤其是二级以上阶地，沉积物厚度只有几米，但它们对研究新构造运动均有重要意义。

据刘尚仁研究，一级阶地基本上属半埋藏阶地[7]，沉积厚度相对较大，一般在10 ~ 30 m，时代属晚更新世，二至三级阶地沉积物属中更新世，五至六级阶地沉积物属于早更新世晚期。

各级阶地沉积物基本上是二元结构，下部河床相为粗砂、卵石层，上部为砂、粉砂、砂质粘土，一级阶地以上沉积物多呈红及红褐色，河漫滩全新世沉积物多呈灰褐和棕褐色。

近年来，许多学者对阶地沉积物进行了年代学研究，积累了许多测年资料，现选部分列表如下（表1-2-3）。

表1-2-3 珠江三角洲地区周缘第四纪沉积物年代

河流	地点	平水期水位/m	沉积物年代/a B.P.，出露高度测试数据					备注
			Q_4	Q_3	Q_2			
			T_0沉积物/m	T_1沉积物/m	T_2沉积物/m	T_3沉积物/m	T_4沉积物/m	
西江	肇庆	3.4	4 ~ 11 1 250 ± 75 7 920 ± 130 2 100 ± 301	5 ~ 11 16 290 ± 500 39 200 ± 1 230 34 230 ± 920 30 840 ± 640	25 新兴江口上南岸	45 上南岸、自来水厂		西江在思贤窖以下，转化为三水埋藏阶地，该沉积物至少有13个测量数据，为（11 620 ± 330）~（30 440 ± 2 300）a
	三水白坭		0.5 ~ 3 白坭西岸	36 389 ± 2 010 36 170 ± 2 700	20 ~ 26 白坭27.2和21.4高地	30 ~ 36 18 000 ± 140 30 000 ± 2 400 54 400 ± 4 500 白坭镇北30.6高地		
北江	清远	9	2 ~ 6 9 770 ± 280 清城区、小市	4 ~ 8 16 440 ± 450 39 580 ± 710 清城区、三角	11 ~ 18 清远师范学校	26 七星岗、长岭	38 七星岗、油库	T_2的古地磁为正向极性世
	三水	3	1 ~ 5 6 300 ± 330 新沙村	1 ~ 5 28 240 ± 2 220 高丰四村		31 TL：3 252 ± 3.08 左田村公路堑		北江自三水以下，T_1转化为埋藏阶地
绥江	四会	3	2 ~ 6 鸠屎湖农科站		24 TL：31 003 ± 3 130 33 002 ± 3 300 岗美	31 TL：55 009 ± 5 600 贺岗		

续表

河流	地点	平水期水位/m	沉积物年代/a B.P.，出露高度测试数据					备注
			Q_4	Q_3	Q_2			
			T_0沉积物/m	T_1沉积物/m	T_2沉积物/m	T_3沉积物/m	T_4沉积物/m	
流溪河	吕田	202	1～3 吕田、新水埔小学	4～6 上围村南	8～15 鲤鱼塘、松柏塘、生口	20～25 高坪、堪下东	30～35 镇森林工作站、狮象岩北	正位于广州抽水蓄能电站下水库牛岭，高51m
	从化	20	2～5 街口镇、文献里	2～7 街口镇，江浦	10～18 九里步果场 从化矿泉饮品公司		28～33 三奇石矿有限公司	广花平原第一级阶地沉积至少有^{14}C和TL测年数据26个，距今（12 470±300）~（33 070±7 100）a，河漫滩至少有9个数据，距今（1 960±85）~（10 330±370）a
	钟落潭	11	3～5 钟落潭	4～6				
	乐平（官窑芦苞涌）	2	1～2 蚺蛇村南	25 410±530 大车庄		25 TL：31 006±2 500 42 064±3.84 蚺蛇村北		
车陂河			1～5 车陂河、沙河河谷地区6440±160，龙眼洞省林机厂深2.85	4～8 广布车陂、沙河谷地平原（33 890±1 800）、（16 090±280），深1.8 沙河—同和间，京溪村北（33 890±1 800） 下元岗（17 480±300） 深2.7 （29 730±1 100） 深3.3 华工吸水厂 深5 （29 800±1 200） 木陂村西南，深3，（30 230±1 200） 岑村竹山岗，深1.3 （1 520±754） 深3.1 （19 390±420） 车陂广氮厂 深2.9 （1 690±70） 长湴村东南 深1.6 （2 160±85） 华工吸水厂 深2.5 （16 090±280）				

续表

河流	地点	平水期水位/m	沉积物年代/a B.P.，出露高度测试数据					备注
			Q_4	Q_3	Q_2			
			T_0沉积物/m	T_1沉积物/m	T_2沉积物/m	T_3沉积物/m	T_4沉积物/m	
东江	惠州	8	5～7 惠州	5～9 广汕公路东平人工河道、汝湖农校乌石墩仔沥		20～26 乌石栋东北		东江自博罗龙溪镇白莲湖以下，T_1转化为埋藏阶地，该沉积物至少有6个^{14}C测年数据，为（16 760±250）～（40 108±4 011）a 在淡水上游22 km坪山汤坑的T_1沉积物距今年龄为（13 800±760）～（21 900±350）a
	淡水（淡水河）	13	5～8 淡水	6～9 淡水镇东北袜厂、山子顶	16 淡水镇东门丝花厂旁	20～26 淡水至秋来公路收费站附近		
	增城	3	3～6 增城	4～6 棠村附近		23 原县人民医院		
潭江	恩平	18	3～6 恩平	5～8 TL：3.83±0.36 南安里	10～15 TL：12.10±1.06			
	开平	1	1～3 开平	2～4 长沙看守所	15.30±1.01 塘洲洞			

1.2.2.3 五桂山地区第四系

五桂山是珠江三角洲南部的山地，珠江三角洲大片平原主要发育在本山地以北地区（西北江、东江和潭江三角洲平原），其山体南部的三角洲沉积呈花斑状分布，中间有许多山地和丘陵间隔，三角洲大片平原地貌的景象已荡然无存。

五桂山地区面积约200 km^2，最高峰五桂山530 m，南陡北缓。

五桂山地区有意义的第四纪地层是洪积–冲积物组成的地层，在山体周围几乎均有发育，但山体南麓发育更好，有一定规模，尤其神湾一带发育最好，表现出山体整体上升而南部山体上升较北部强的特征。五桂山前发育三期冲积–洪积沉积物。

（1）中更新统

分布于五桂山周围的龙塘、申塘和埔顶，以及月环等地，出露于冲沟底及槽坑内，为埋藏洪积阶地沉积物，岩性为深红及灰绿色花斑状含砾质粘土，砾径一般小于10 cm，磨圆度达Ⅲ级，砾石强烈风化，手捏即碎，厚度2 m。

（2）上更新统

分布在五桂山周围的金字山马溪、神湾、横屋、麻豆和深湾等地，为二级阶地沉积物，阶地相对高度8～15 m，已红土化，中、上部较粗，下部较细。泥质、铁质胶结，胶结较紧，锤击难开。砾石风化较强，形成明显的风化圈。申塘附近200个砾石测量数据：砾石长轴20～50 cm 者占38%，50～100 cm者占48%，大于100 cm者，占14%；磨圆度0级者占15%，Ⅰ级占38%，Ⅱ级占32%，Ⅲ级占15%。

（3）全新统

分布在申塘、埔顶和月环等地，为一级洪积阶地沉积物，相对高度5～7 m，有时上叠于二级洪积物之上，或镶嵌在二级洪积物之中，由黄色及灰黄色砂、砾组成。据106个砾石测量结果，砾径2～5 cm者占16.10%，5～10 cm者占54.24%，10～20 cm者占30.66%。按哈巴科夫分级方法求得平均算术磨圆度为1.6级，砾石多数风化很深，少数未受风化，泥质胶结，胶结较好，在申塘剖面可见厚度2 m。

现代冲积堆沉积物零星分布在冲沟口，由灰白色松散砂砾组成，前缘与河漫滩或海滩堆积物过渡。

1.2.3 珠江三角洲平原地区第四系厚度

第四纪地层沉积厚度是研究新构造运动重要方法，尤其是平原地区，第四纪沉积物覆盖了构造变动形迹，更有赖于第四纪沉积厚度的分析（包括不同沉积物和不同时代的沉积厚度）。

珠江三角洲地区地形较为复杂，平原上散布着许多岛丘，第四系厚度分布也相对复杂。随着经济建设发展，各种渠道积累了许多钻孔以及相应的测年资料，提供了研究条件。黄镇国于1982年根据1 100多个钻孔资料和204个电测深点，编制了1张1：20万的珠江三角洲第四系厚度图[8]，是目前最完善、最详细和比例尺最大的第四系厚度图。我们以此图为基础，将广东省地震局历年来在三角洲地区2 000多个工程地震钻孔资料和龙云作、省水文地质队等100多个钻井资料补充，并增加了广花平原、珠江口、前海地区、崖门—磨刀门口外海域等厚线，修编成一张较完整的新的珠江三角洲第四系等厚线图（图1–2–2）。并以等厚线走向形态特征为主要依据，参考水系展布，推测绘出珠江三角洲第四系等厚线及断裂推测图（图1–2–3）。在编图过程中，我们仍感地域辽阔，钻孔不足，许多等值线连接不踏实，还存在不少空白区域，有待今后不断补充、修正和完善。

珠江三角洲与其他三角洲相比较厚度不大，据黄镇国统计，75%的面积的第四系厚度小于30 m，其中42%面积的厚度小于20 m，西北江三角洲厚度大于东江三角洲，前者平均厚25.6 m，后者18.8 m。前者厚度大于40 m的所占面积不到10%，后者仅占2.1%，可见基底起伏是和缓的，按第四系相比较，最大高差约60 m。就目前资料，珠江三角洲第四系厚度最大在灯笼沙，达63.6 m，其次是港口，厚度为60 m。最近郭钦华收到的钻孔资料，在中山港口厚度达80 m，这就成为珠江三角洲迄今为止最厚的第四系沉积。

据图1–2–2分析，有几个明显特征：

（1）珠江三角洲第四系沉积厚度分布与古地形有较大关系。首先，北东东向五桂山北麓断裂以北至广州—黄埔（三水—广州）断裂以南，是珠江三角洲平原的主体，即主要沉积区，这是晚第三纪以来至晚更新世前所留下的古准平原地貌。而五桂山北麓断裂以南山体广泛分布，西江和潭江河道两岸平原穿插在丘陵山地间零星分布，从沉积学的角度属三角洲沉积，而无三角洲平原之地貌景观，只在沿海地区平原稍见宽阔。

（2）三角洲沉积中心大多沿着主干河道分布，顺德和中山一带曾是西江、北江、东江汇合出口处，那里是一个较大的沉积中心，可能就是三角洲古地形最低洼地区。西江、北江间有一条明显的北西向高地（岭）分开的古地形，沿河道沉积中心串珠状排列，与相应的断裂位置吻合。

（3）断裂对等厚线形态和展布以及河道水系有明显的控制作用，图1–2–3主要根据等厚线走向形态特征，参考水系展布，推测绘出断裂。图中北西向断裂很发育，分布最广泛，连续性也比较好，西江、北江两条古河道沉积等厚线及其沿河道的沉积中心受断裂控制外，其他北西向断裂与等厚线走向形态的一致性也是比较好的。近东西向断裂前文已提及广州—黄埔（三水—广州）断裂和五桂山北麓断裂对珠江三角洲南北沉积界限的控制，在等值线形态分布上也充分表现出来。其他一些平原中部的近东西向断裂，许多是摆脱地形控制，而有独立的东西向沉积等厚线展布形态，应当与断裂控制有关系。至于少数北东向断裂，主要分布在北部山地丘陵及其边缘，受地形制约比较多，那里本来就存在北东向断裂，唯独鱼窝头沉积中心的东侧北东向走向的等厚线，可能是受断裂活动的控制所致。

图1–2–3这些推测断裂，可以说在晚更新世以来，不同时期不同段落都分别有过活动。

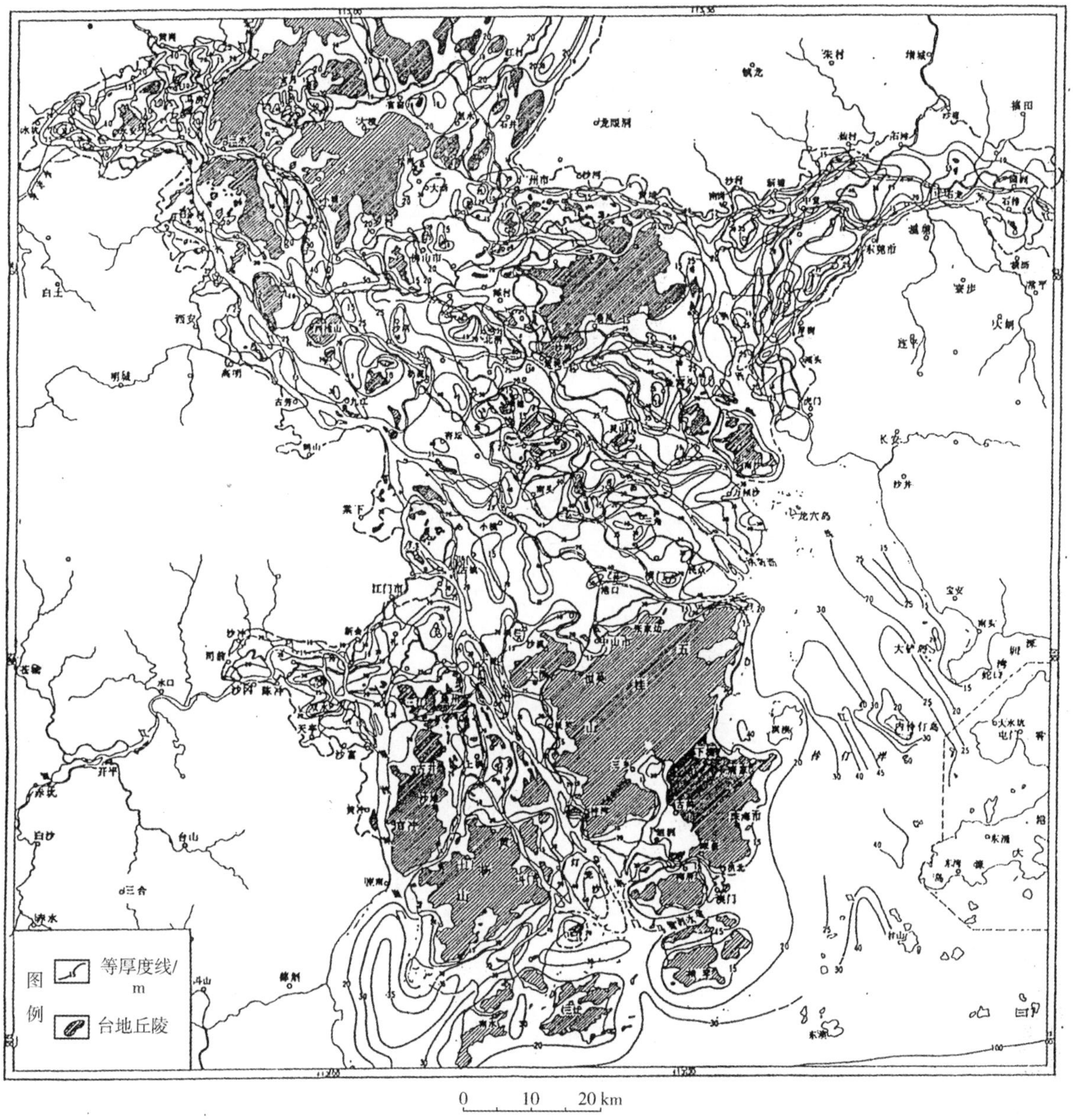

图1-2-2 珠江三角洲第四系等厚线图

龙云作按中山组（Q_3^2）、顺德组（Q_4）地层层序统计了厚度[6]，做了详细地研究，中山组地层厚度变化不均匀，最厚为28 m（中山民众附近），其次20 ~ 26 m，多分布在主河床谷地，其他地区均不超过20 m，多分布在古台地面上。顺德组在平原区分布面积最广的为0 ~ 15 m及15 ~ 30 m两级，西北江主干河道流经地区，其床底埋藏较深，如斗门灯笼沙为37.2 m，中山南头镇为30.6 m，在水下三角洲前缘地区为15 ~ 30 m，前三角洲地区均大于30 m，担杆列岛东南侧超过60 m。在平面分布上，古珠江主干流经地区普遍较厚，尤其是以桂山岛—三门岛—担杆列岛一带为最，最大厚度53 m，而万山群岛和担杆列岛以南地区明显减薄，一般均不超过10 m。

陈国能采用黄镇国地层划分方案（图1-2-1）按不同年龄段作出等厚线图[9]，即石排组40 000 ~ 32 000 a B.P.、西南组32 000 ~ 22 000 a B.P.、三角组22 000 ~ 7 500 a B.P.、横栏组7 500 ~ 5 000 a B.P.、万顷沙组5 000 ~ 2 500 a B.P.和灯笼沙组2 500 ~ 0 a B.P.。从这几张图分析得到以下几点认识：

图1-2-3　珠江三角洲第四系等厚线及断裂推测图

（1）等厚线基本上呈线状分布，主要是沿着河道的北西向和山前的北东东向两个方向，个别短距离呈北东向分布。

（2）距今40 000 ~ 32 000 a B.P.，沉积物显示本区五大河流（西江、北江、东江、流溪河和潭江）当时在中山三角一带汇合后从珠江口出海，古河道明显受断裂所控制，此时磨刀门、银洲湖、狮子洋和现代珠江水道均未打开。

（3）32 000 ~ 22 000 a B.P.，磨刀门水道形成，西江和潭江已取道磨刀门入海，陈国能认为这是由于西江断裂南段活动加强。

（4）22 000 ~ 7 500 a B.P.为低海面时期，整个珠江三角洲均无海侵，河流深切，狮子洋水道和银洲湖水道形成于这个阶段，现代珠江水道已具雏形。后期河谷堆积了厚度约5 m的砂砾层（最厚14.3 m）。

（5）7 500 ~ 5 000 a B.P.是珠江三角洲最大海侵期，此期等厚线明显看到五桂山北麓、珠江三角洲北缘（广州—石龙一线）等厚线呈北东东向展布，佛山—鹤山有一小段北东向等厚线带，西江河道则是最大的北西向等厚线带。

综上所述，龙云作、陈国能两位学者采用不同方案和方法对珠江三角洲第四系沉积特征的研究，与我们的总体认识（图1-2-2和图1-2-3）基本一致。

1.2.4 珠江三角洲近海第四纪地层

为了对珠江三角洲形成发展过程、新构造运动乃至地震活动背景有较全面的认识和研究，我们有必要对南部海域第四系地层有所了解，下面简要阐述。

近海区（主要是珠江口盆地）第四系发育较全，下更新统（Q_1）至全新统（Q_4）均有发育。地层划分采用岩石地层、生物地层、气候地层、同位素地层、磁性地层和年代地层划分原则，主要根据ZQ_1、ZQ_2、ZQ_3、ZQ_4 4个钻孔（见图1-2-4和附图）岩芯资料分析研究，适当参考地震反射特征资料而划分的地层划分方案和基本特征见图1-2-4[10-11]。关于各地层的详细阐述，请见参考文献10、11。下文古地理环境变化阐述中，会概略提及各地层沉积特征、岩性等。

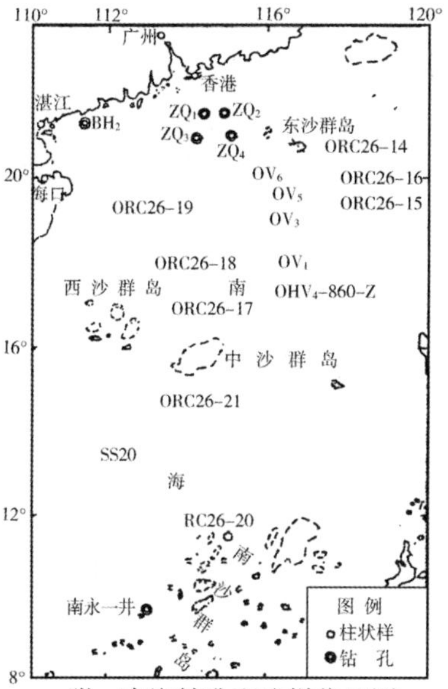

附　南海钻孔和取样位置图

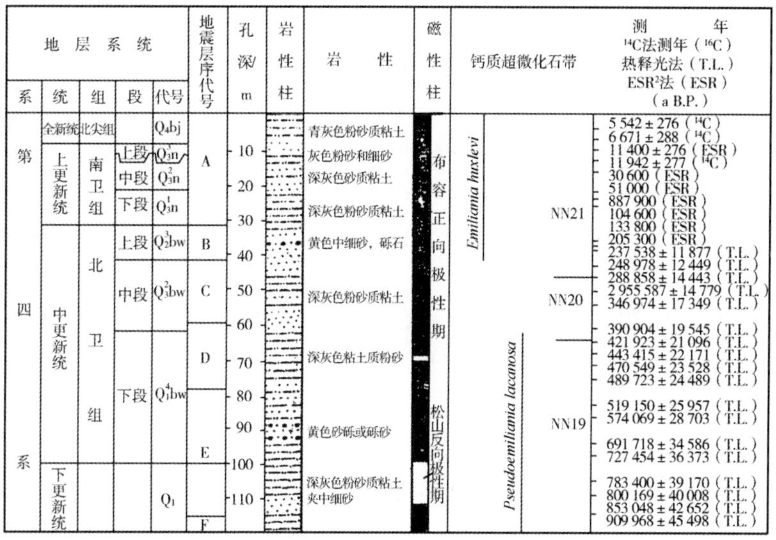

图1-2-4　珠江口盆地第四纪地层划分

根据地层各项资料研究，第四纪以来，近海乃至南海的古地理环境变化主要是由海平面变化引起的。

早更新世晚期气候比较寒冷，海面低于现今海面120 ~ 160 m，宽阔的南海大陆架成为滨海平原。内陆架为冲积平原相堆积，并有残丘与古河道散布其中，蛇曲河道和湖泊比较发育，外陆架多为三角洲平原相沉积，河流分汊，常见天然堤及决口扇等，向外则为近岸河网区，地势低洼，沼泽发育。陆架边缘则为三角洲前缘相堆积，单道地震揭示地层具有S形、S形与斜交层理组成的复合型三角洲前积相堆积层理。整个陆架以陆源碎屑堆积为主，沉积了一套粘土质粉砂与细砂为互层的粗碎屑沉积物。由于水动力条件经常变化，层理非常发育，沉积物中既有植物碎屑又有丰富的海相生物化石。

中更新世早期，根据地震相特征和钻探资料分析，古地理环境经历了一个复杂的演化过程。最初海面较高，陆架区普遍接受了灰绿色粘土质粉砂沉积，沉积物中富含海绿石和黄铁矿。随后海面大幅度下降，当时海面低于现今海面180 m左右，陆架和陆架外缘堆积了黄色及黄褐色砂砾、砾石等，未发现海相微体化石，有机质和$CaCO_3$含量低，表明它们是陆相强氧化环境下形成。后来海水又入侵，陆架区沦为滨海和浅海沉积环境，陆坡区成为半深海环境。ZQ_2孔（水深93.8 m）揭示当时沉积了一套深灰色粘土质粉砂，根据沉积磷酸盐计算当时的古盐度大于30‰，海相贝壳、自生黄铁矿、海绿石比较丰富。

中更新世中期是一个海面振荡运动时期，总的为高海平面期，但其海平面高度没有超过现今。陆架区水浅，水动力条件变化大，水平层理发育，地层连续性好。在现今内陆架或滨岸地区常见有古河道切割充填或上、下古河道叠置等现象。

中更新世晚期是一个大海退时期，古海岸线位于150 ~ 200 m，这时整个陆架都接受了河流相冲积砂砾石堆积，一般砾石粒径为5 ~ 8 mm，最大15 mm。未见到海相生物化石，有广阔的冲积平原和沿海的三角洲平原。冲积平原区单道地震反映了侵蚀充填型杂乱反射结构。三角洲平原河网化很典型，辫状河流更为普遍。上陆坡区发育三角洲相沉积。

晚更新世早期，相当于氧同位素5期，气候炎热而潮湿，海平面升高，陆架与陆坡都接受广海相沉积，据ZQ_4孔揭露该期沉积层厚度较大（约10 m），当时沉积环境与现代地理环境相似。ZQ_1孔揭示该期沉积厚度较小（约3 m），推测该处水深比现代略浅。在20 m水深的钻孔中未发现该期沉积物，故当时海面应低于现今海面20 ~ 60 m，浅层剖面测量发现南海南部和北部水深小于60 m，内陆架区有古河床，说明为陆相沉积。陆坡深海平原发育有浊流沉积。

晚更新世中期可分两个亚期。第一亚期相当于氧同位素4期，气候较干冷，海平面下降，ZQ_2孔和ZQ_3孔揭示该时期沉积物为滨海相沉积，ZQ_1孔揭示为陆相沉积，说明当时海面比现今海面低70 ~ 90 m，较大范围陆架成为陆地，河流作用较强，陆坡与深海平原发育浊流堆积与海底扇。第二亚期相当于氧同位素3期，气候暖湿，海平面上升。据ZQ_2、ZQ_3、ZQ_4孔的该期沉积物分析，其沉积环境与现今水深环境相似，只是据ZQ_1孔该期沉积物分析结果推知，海水浅于现今水深。BH_2孔（水深19.1 m）该期沉积物（孔深26.00 ~ 32.90 m）为灰或深灰色粉砂质粘土，含咸水–半咸水化石硅藻，推测为当时的滨海位置，^{14}C测年为（23 991 ± 1 014）a B.P.。KH_6孔（水深2.95 m）该期沉积物（孔深14.70 ~ 20.24 m）为黄色粉砂质粘土，含大量*Melosira granulata*、*Cymbella tumida*、*Cyclolella stylorum*等，表明当时为河口湾。^{14}C测年为（28 300 ± 3 200）a B.P.。由于海面上升，河流作用减弱，河口区形成三角洲。

晚更新世晚期相当于氧同位素2期，即末次冰期，海平面大幅度下降，ZQ_1、ZQ_2、ZQ_3孔揭示该期沉积物均为陆相堆积，ZQ_4孔揭示为滨海相沉积。据物探资料，当时海面低于现今海面约130 m。

全新世相当于氧同位素1期，为炎热潮湿气候，海平面升高。此时沉积的地层相当物探层序A_1层，一直分布至海岸附近，延伸至陆上。全新世高海面沉积发育普遍，如韩江三角洲的潮州组、珠江三角洲的顺德组中段、粤西沿海的海晏组、雷州半岛的灯楼角组。^{14}C测年为7 000 ~ 5 000 a B.P.，推测海面高于现今海面3 ~ 5 m。

1.2.5 南海北部第四系等厚线图的编制及其分析

南海北部在20世纪80年代以开发石油资源为目的进行了广泛的大面积的地质普查勘探工作，对南海北部地层、地质构造、储油构造、海洋工程地质等取得大量成果，也积累了丰富的第四纪地质资料，并进行了许多研究，如本节前文所述第四纪地层划分、地貌图的编制、海平面变化研究等等。但是，却没有编制一幅对研究新构造运动有重要意义的第四系等厚线图。为研究南海北部地震活动性及其相关的新构造运动，我们得到广州海洋地质局、地质部南海第二地质调查队、中科院南海研究所、驻湛江的广东省水文地质队等单位的大力支持，收集了多道地震资料和钻井资料以及其他分析研究成果，编制了南海北部第四系等厚线图（图1–2–5）[12]。

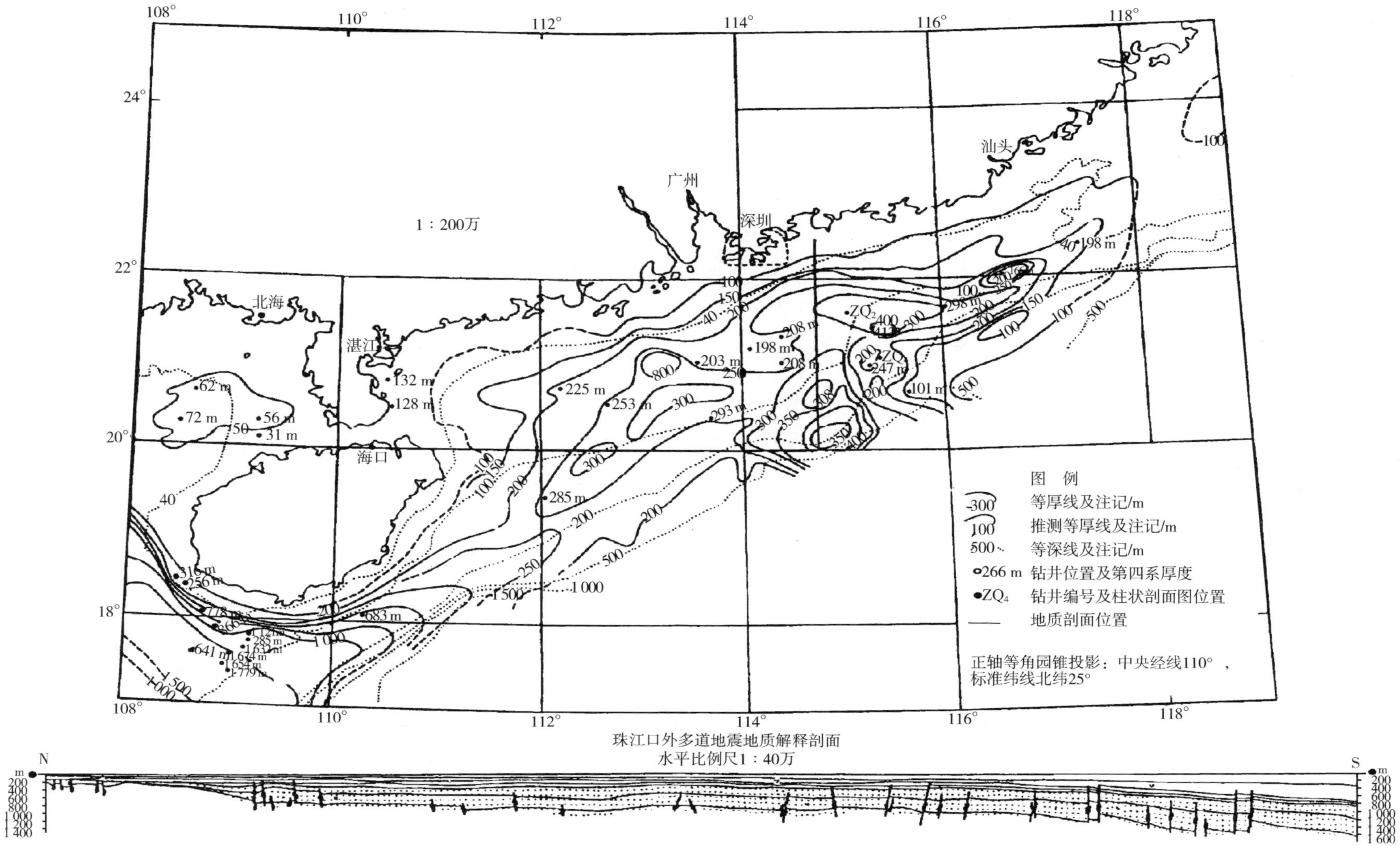

图1-2-5　南海北部第四系等厚线图

珠江口外（113°～117° E，20° N）海区调查精度较高，特别是珠江口盆地海洋工程地质调查项目中高分辨率多道地震调查，并与诸多钻井资料进行分析对比，较详细地揭示该区第四系厚度变化特征。

莺歌海和琼东南海域调查精度也较高，有大量多道地震调查资料和十几口钻井资料，较清晰地反映第四系厚度变化。粤西海域主要根据大量多道地震资料和部分钻井资料编绘。

北部湾虽然有大量多道地震调查资料和钻井资料，但因第四系厚度薄，多数钻井在钻探中第四系这一段岩样未取，我们感到资料不足，粤东汕头附近海域多道地震调查资料较少，给编图带来困难。

南海北部第四系等厚线主要特征如下：

（1）珠江口大陆架外第四系厚度大部分在100～400 m，上、下川岛及担杆列岛以北近岸带厚度小于100 m。琼东南、莺歌海区第四系地层厚度大，大部分在600～1 500 m，最厚处达1 778.60 m。北部湾第四系地层厚度最薄，大部分海区第四系厚度仅约50 m，近岸带最薄区仅7 m。湛江以东的广州湾厚度大于100 m，为局部增厚带。

（2）第四系等厚线总体走向呈北东东向，特别是珠江口外大陆架最明显，莺歌海、琼东南第四系等厚线呈北西–东西–北东向的弧形，在珠江口外大陆架南部存在次一级的北西向等厚线带，明显与海水等深线不一致。

（3）第四系等厚线分布形态明显受到断裂构造控制。珠江口盆地北缘大断裂控制了北缘第四系100 m等厚线的展布，而盆地南缘大断裂基本上控制南缘第四系100 m和200 m的等厚线，此线以南则进入大陆架斜坡带。第四系厚度大于300 m的区域基本上与珠江口盆地内部次一级盆地珠一坳陷、珠二坳陷的位置相吻合，并以北东东向延伸，这不仅说明北东东向断裂控制第四系的沉积，还说明第四纪断裂是继承南海扩张以来南海系断裂的活动，运动性质、沉积中心均未有很大变化。据海洋工程地质调查，发现该区形成于第四纪以前的断层，第四纪以来仍在活动的断层有200余条，证明前述认识是客观的、科学的[11-13]。

（4）北部湾第四系虽然较薄，但同样主体呈北东东向展布，与第三纪盆地基本一致。

（5）莺歌海、琼东南第四系厚度形态展布同样受断裂控制，莺歌海盆地第四系厚度线呈北西向展布，受著名的红河大断裂的控制，该断裂在莺歌海盆地内长度大于200 km，基底落差6 900 m，在早第三纪发生张裂，以裂谷形成盆地，开始了陆相湖盆沉积，到晚第三纪盆地仍在快速下沉过程中，到第四纪盆地下沉更快，导致了1 500 m以上的沉积。琼东南盆地北东向延伸，受北东向为主的断裂构造控制，其中最大一条断裂长度大于270 km，基底落差也达6 900 m，由于断裂活动，形成彼此分割的凹陷，沉积了很厚的下第三系，到晚第三纪与莺歌海盆地相连，两盆地交界处有琼南北东东向断裂加入活动下沉更深和更快，沉积了很厚的上第三系和第四系。

（6）珠江口盆地南部北西向厚度带则相应存在北西向断裂，以等厚线形态看，似乎未穿过盆地与大陆北西向断裂相通。

（7）图的西部等厚线转呈北东向展布，是一条巨大的北东向断裂控制等厚线的东部，该断裂似不与陆地断裂相连，应是南海系形成时的同期产物（可能与琼东海断裂是同一条断裂）。

1.2.6　关于珠江三角洲第四纪海平面升降问题

海平面升降问题是一个涉及面很广的问题，它关联着滨海平原地区第四纪沉积相的变化、第四纪地层的划分和新构造运动的识别，它还会直接与沿海城市、港口、航运和农业建设等有密切关系，从研究珠江三角洲新构造运动方面来说，区别水动型和地动型的沉积，确定海平面地质时期升降则是非常重要的环节。

研究珠江三角洲乃至南海海平面升降问题学者很多，历史悠久，由于珠江三角洲主要在晚更新世以后发育第四纪沉积，所以大多数学者着重讨论晚更新世以后的海平面升降问题。现把有代表性的观点汇集对比如下（图1–2–6）。

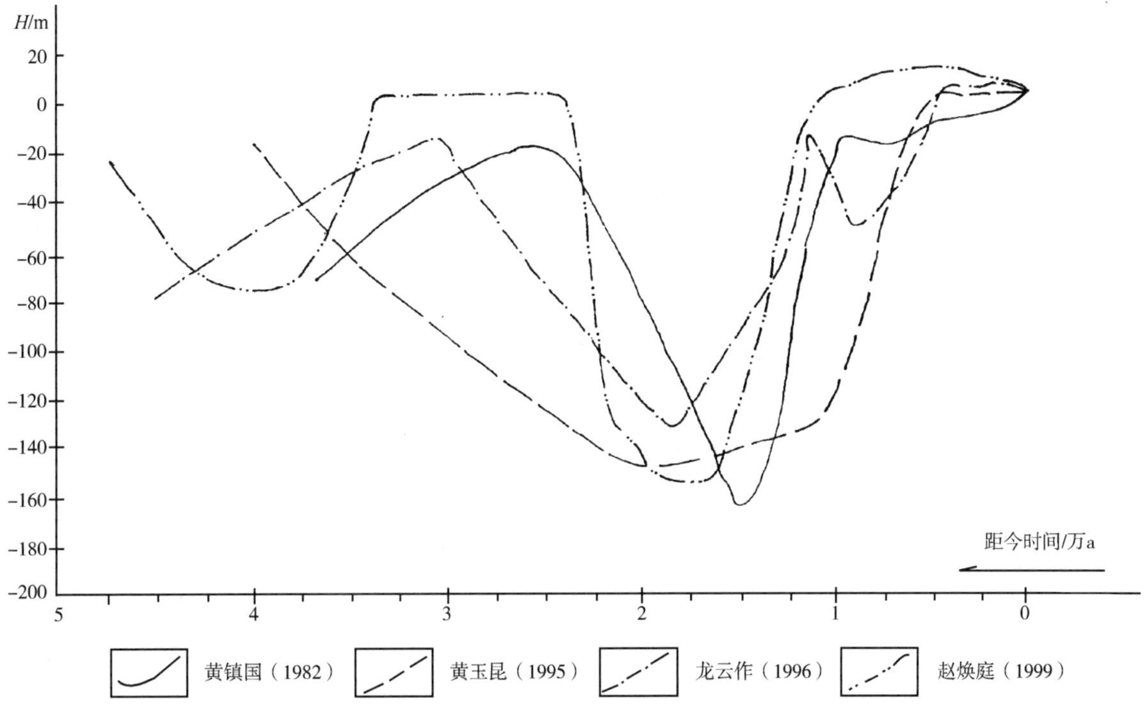

图1–2–6 珠江三角洲地区晚更新世以来海平面变化曲线对比

比较各家意见，除徐启浩认为晚更新世不存在–100 m以下海平面意见外，有几个共同点：

（1）珠江三角洲海平面变化是南海海平面变化的一部分，整体与南海海平面变化保持一致性。

（2）晚更新世中期Q_3^{2-1}有一次大海进，时间估算不完全一致，在2.5万～4.5万a B.P.。海平面高度与现今差不多或稍低一点。在此年代之前，曾有一次小海退，高度为–80～–60 m，时间估计在3.8万～4.8万a，珠江三角洲沉积最底部陆相砂砾层应是此期形成。

（3）在晚更新世末期Q_3^3有一次大海退，是玉木冰期盛冰期，海平面高低估算也不大一致，在–180～–100 m，大多数意见在–130 m左右，海退时间段估算在1.2万～2.2万a B.P.，大多数意见在1.8万a B.P.左右。

（4）全新世以来大海进，在中全新世达到最高海面，时间段为8 000～5 000 a B.P.。之后海面也有波动，但在上下几米之间，各家意见也不太一致，有的认为曾有高海面，高出现在海面5～6 m[14]。

综合研究上述各家观点和有关资料，我们的认识是：

（1）海进海退的时间序列应与冰川消退期一致。因此，南海乃至中国东部海域时间序列也应基本一致。剔除局部构造因素，升降幅度也大体差距不大，乃至南沙群岛区域也不例外。据南沙、西沙群岛若干地质钻孔资料分析。海进、海退乃至时间序列与珠江三角洲一致[15]。

从全球范围而言，时间序列也应大体相同，尽管世界许多学者作出许多海平面变化曲线，它们在升降幅度上有很大差异，但大的海进与海退基本上同步或稍稍前后拉开一些，作为某一区域而言，绝对海平面位置可能有较大差别，这是因为全球大区域间构造变动可以完全不同，在某一区域、在冰期时海平面下降，如它们构造下沉大，大于海平面下降，则它们仍可存海侵层位。

如末次冰期亚间冰期海侵是具世界性的，据J. D. Miliman等（1968）研究，在距今3万～3.5万a，美国大西洋陆架高海面与现今的相近，Shepard（1963）绘制过一条海平面升降曲线，在距今2.6万～3.3万a有过一次-11～12 m的高海面，国内对末次冰期亚间冰期的这次海侵也有广泛报道，在河北省东部的“沧州海进”（林景星，1977），“献县海侵”（赵松林等，1978）或“沧西海侵”（杨子赓等，1979），在江浙沿海叫“第二侵层”“假轮虫海侵”（汪品先 等，1981、1982），这与珠江三角洲该次海侵时间大体一致。这就是前文说到的晚更新世中期（Q_3^{2-1}）大海进，海侵层位的大量海相生物化石^{14}C测年得到广泛肯定[16]。

（2）晚更新世末期盛冰期最低海面达到-100 m以下基本上可以确认。近年来，我国学者据东海陆架边缘坡折情况，陆架中所含牡蛎、毛蚶和藤壶等滨岸潮间带附近的贝壳及形成的3道不同时期的淹没古贝壳堤，陆架中发现的淡水沼泽泥岩层和古土壤及相应的^{14}C测年数据，认为距今1.5万a前东海最低海面在现今水深150～160 m处，如朱永其（1979），刘敏厚等（1987），王清太等（1980），任美锷等（1980）；而赵杜龄等（1982）则认为玉木盛冰期时东海海面以低于现今海面130 m为宜，杨怀仁等（1985）认为，东海地区低海面，如果扣除水层厚度增加引起的水均衡下沉量，当时海面标高是-106 m。

珠江三角洲没有冰川，但气温降低，也曾有明显反映。在平原区钻孔剖面中，普遍存在一层杂色花斑粘土层，顶面风化剥蚀现象明显，地下水淋滤显著，具有成壤作用的明显证据。与此层位相当，在海区所作的浅层地震剖面中，有一个海侵蚀面，在相当大的范围内可以追踪，代表末次冰期海水退却后，有持续数千甚至1万a的强侵蚀间断。

在孢粉记录中，也反映植物类型为中亚热带北部混交林，气温较现代低5～6 ℃，为冷干气候，相当于现代长江、淮河和汉水流域一带气候，表明这种植物具有明显的南迁现象。

近年来，地质矿产部广州海洋地质调查局在珠江口外陆架上开展了系统海洋工程地质调查，在水深-130 m左右发现了相当于此次低海面的岸线一系列证据，提供了解决这一问题的重要材料。

从地形上说，在水深-130 m以内的一大型水下阶地，长68 km、宽28 km阶地上发育着浅槽、古河道、堆积扇、古沙堤和浅滩，至水深-130 m，地形出现明显波折，呈北东-南西向展布，在东南方向地形明显弯陡。

特别引人注目的是在水深-200～-130 m范围内，出现北东-北东东向延伸的长条状中砂及含砾粗中砂沉积带，其组成以粗碎屑为主，砾石径最大为12 mm，磨圆度好，但分选性差，含较多的生物贝壳，已发现生活在河口及潮间带的属种有：*Corbicula japonica*，*Ostrea gigas*，*Glaucomya chinensis*，*Anodara subcrenate*，*Arca inflata*，*Purpura luteostoma*。

砂带中含有一定数量的浅水有孔虫，有孔虫个体大，保存差，70%以上壳体已残破，并被氧化成铁锈色，反映为近岸高能环境。

硅藻以淡水种和半咸水种为主，已发现的属种有Cymbella。

陆架地区的钻孔资料（ZQ_2孔，孔位21° 35′ 28″ N，115° 04′ 35″ E，孔口标高为-93.8 m左右）也表明，表层岩性为灰色砂砾，砾石径一般为5～8 mm，最大砾径22 mm，微体古生物非常稀少，用沉积磷酸盐法换算的盐度值<15‰，应属残留高能冲积环境堆积。

此外，根据单道地震调查资料，在现代海面约-130 m处，开始出现三角洲前缘前积结构，表明当时当地由陆相堆积平原环境向河口三角洲前缘环境转变。

以上资料说明，在珠江口外南海北部陆架外缘确实存在一条水深-130 m左右的古海岸线（未扣除水压均衡下沉量），距离目前岸线平均距离220 km，形成时代为末次冰期极盛期（2.2万～1.3万a B.P.），当时珠江水下三角洲形成于水深-130 m以下的岸外，而与之相邻的岸内为缓倾斜的滨海堆积平原。

在南沙南暑礁，虽没有直接发现水深-130 m年龄直接证据，但水下150 m坡切台可能是这次低海面造成。

对于–130 m海平面存在问题，具有很重要意义，尤其在新构造运动、地震地质研究方面会得出不同的结论，如前述大多数人的意见，则珠江三角洲沉积主要是水动型。局部地区同年代不同高度的海侵层位则可能与地区间新构造运动有关。

（3）在大海退后，进入全新世冰后期，发生一次全球性的大海进，这是珠江三角洲第2个海侵层位沉积的时代。在0.5万～0.6万a B.P.达到最高位置，有人认为曾出现高海面，最高可在现今海面5 m以上，有的则认为不存在高海面，当海面达到现今海面之后，在此面下有小幅波动。所谓高海面证据，是海浪或高潮时可到达的地方，有的则认为是新构造运动的结果。有待更深入研究。

海平面变化的研究，主要是根据沉积物的测年资料研究、分析，由于涉及不同人、不同环境采样、不同实验室测年，所得结论存在差异，很难避免，很难完全统一。作者认为，求同存异，具体地区具体问题具体处理，因此，作者也不再提出一条海平面变化曲线。读者可参考图1–2–6，具体地区再作具体研究。

1.3 岩浆岩

1.3.1 花岗岩

花岗岩是区内主要的岩浆岩（图1–1–1和附图Ⅰ），且主要是燕山期的花岗岩，尤以燕山三期分布最广。三角洲中心地带少有分布，围绕在三角洲边缘地带，如北部的增城、从化、佛冈和四会，南部的中山、珠海、台山和斗门，东部的东莞和深圳，西部的江门、鹤山、开平和恩平等地均有大面积分布。

此外，在广州东北部帽峰山有加里东期花岗岩分布，呈小岩株产出，对围岩起强烈的变质作用和混合岩化作用。

1.3.2 喜山期岩浆岩类

零星分布于三水盆地中，如王借岗、紫洞、莲塘、走马营、丰岗、濑珠岗、太平、狮山和西樵山等地，岩石有玄武岩、粗面岩、安山岩、流纹岩等类型（附图Ⅰ）。

1.4 断裂构造

珠江三角洲地区断裂构造格局主要由北东、北东东（近东西）、北西向3组断裂组成。北东向断裂在地表分布最广、规模最大。北东东向断裂是深部主要构造，且是最主要的活动断裂。北西向断裂虽然比较浅，但也是最新活动的断裂。在本书下面章节将有详细阐述，这里不再赘述。

第二章　珠江三角洲地区重力资料解释的深部断裂系统

2.1　资料处理

本次资料处理的原始资料是采用广东省地矿局物探大队按国家统一规范实测和编制的1：100万布格重力图，并参考了国家测绘总局1：100万布格重力图和相应数据，作为对照。先用扫描仪扫描，再用Mapgis软件对扫描图形文件数字化处理和矢量化，取得纸质图上等值线的异常值，然后经过数据提取方法，将等值线上的离散点转换为文本文件，来获得研究区的布格重力异常值。本次共计取点19 781个，点距、线距均为2 km。形成图形范围：北纬21° 40′ ~ 24°，东经112° ~ 115°，东西宽300 km，南北长260 km的研究区，共有测线131条，每条测线151个点。

重力资料处理解释的数据格式是网格数据经过矢量化所取得的布格异常值呈离散状态分布，要进行异常处理。首先要对离散数据进行网格化，本次数据网格化的原则是新生的布格异常等值线图要尽可能和原始布格异常相同。本次网格化采用的方法是克里金网格方法，重新网络化所得到的异常等值线与原始布格异常等值线经过消除虚假异常（高频滤波和手工方法）后基本一致。

本次重力资料处理是采用国家863项目海洋深部地壳结构探测技术（820-01-03）专题“重磁地震综合反演方法技术及软件系统”中的软件。主要方法技术如下：

2.1.1　正则化稳定运算方法和重力异常分解

重力异常转换处理和反演通常采用波数域方法。重力异常的分解方法众多，如滑动平均法、延拓法和趋势分析法等，本次采用的是正则化滤波的方法，其原理如下：

假设重力场观测面为h=0的水平面，$\Delta g(x, y)$表示剩余异常，其频谱为$\Delta g(u, v)$。在波数域，为了在异常向下延拓、求导和界面埋深反演时压制局部异常干扰，实现稳定运算，需对重力异常频谱乘上一个稳定因子，如下面的正则化稳定因子：

$$W(u, v)=\frac{1}{\left\{1+2.75\cdot e^{\beta(f-f_0)\lambda x}\right\}}, f=\sqrt{u^2+v^2} \qquad ①$$

式中，λ_x为测区线距乘以线数，$\beta \geqslant 2$，$f_0=1/\lambda_0$，λ_0是由测区内不稳定的高波数异常成分合成的众多局部干扰异常中，沿垂直异常走向度量得到的包含正负异常段在内的最大长度，它相当于组成局部干扰异常的最小波数成分的波长，没有深度意义。正则化稳定因子的波数特性曲线具有理想低通滤波器特征，可以有效地压制干扰和保护有用信号。

正则化稳定因子也称为正则化滤波器，同样可用于重磁异常波数域低通、高通或带通等异常分解运算。例如，要校正波数位于［f_{01}，f_{02}］区间内的带通异常波谱，可取如下表达式：

$$\Delta g_{f_{01}f_{02}}(u, v)=\Delta g(u, v)\{1-W(\beta, f_{01})\}\cdot W(\beta, f_{02}) \qquad ②$$

经反傅里叶变换即可得到对应于该波段的空间域异常：

$$\Delta g_{f_{01}f_{02}}(x, y)=F^{-1}\{\Delta g_{f_{01}f_{02}}(u, v)\} \qquad ③$$

需要明确的是，对应于波谱中高波数成分的空间域异常是小尺度的局部异常，其异常源的深度一般较浅，但也有比区域异常源埋藏深的情况。而对应于低波数成分的空间域异常是大尺度的区域异常，其异常源在不同部位的埋藏深度不同，一般低值部分深度大，高值部分深度小，甚至出露地表，因此不能误认为局部异常一定是浅部异常，区域异常一定是深部异常，要视具体情况而定。采用正则化滤波器分解异常，就是采用尺度参数λ_0，在原观测面进行的能可靠地提取十分明显的局部异常。

一般说来，重、磁异常分为两部分：高通小尺度局部异常和低通大尺度区域背景异常。局部异常提取既容易又可靠，去掉局部异常的剩余异常，就是区域异常。

本次采用正则化滤波方法提取了局部异常和区域异常，其中局部异常主要反映了由于地下物质分布不均匀所引起的异常，如断裂、隐伏岩体、地层的分界面等。区域异常主要反演了研究区莫霍面的均衡状态，也是研究区莫霍面反演的基础数据。

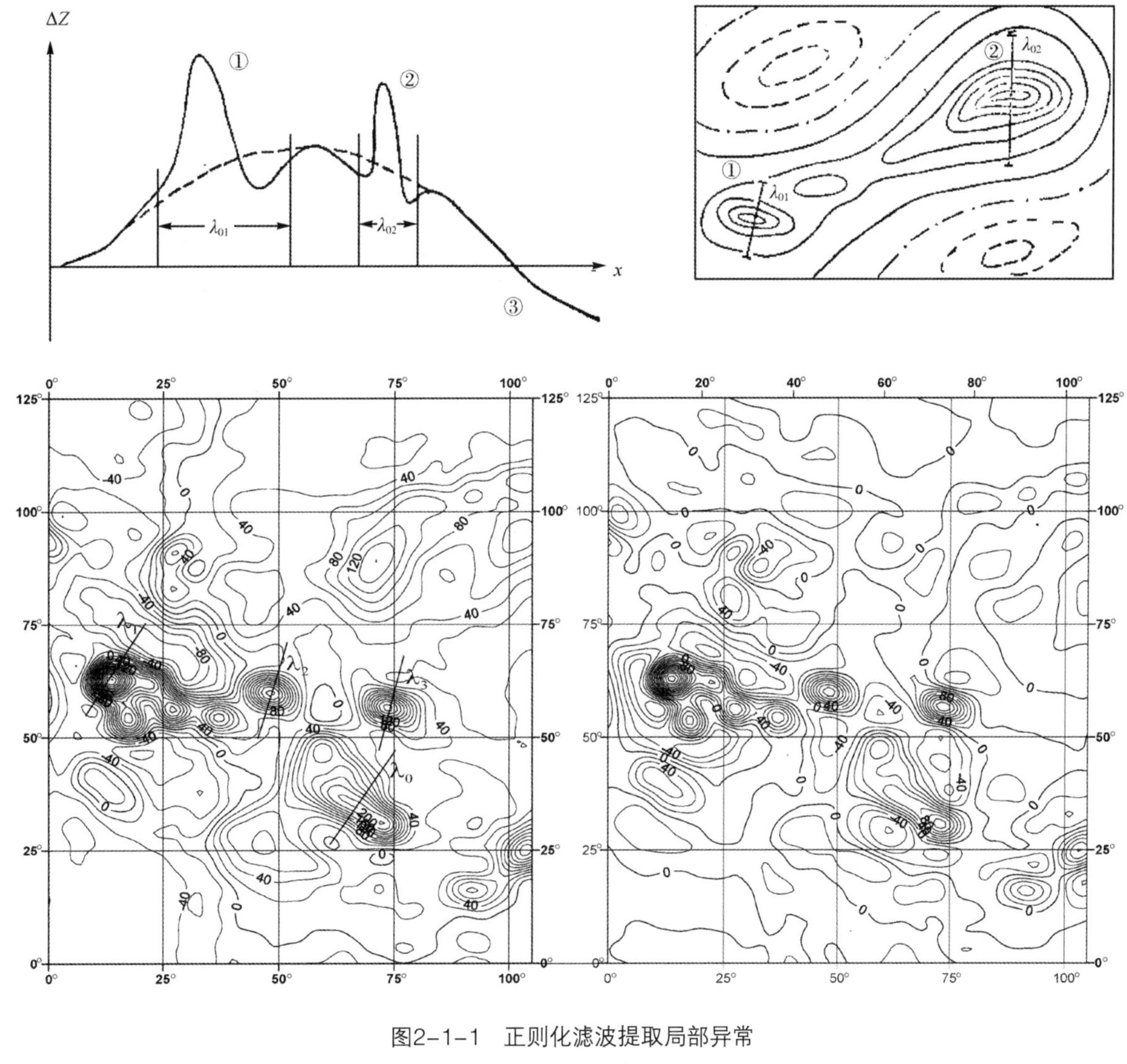

图2-1-1　正则化滤波提取局部异常

本次提取了尺度大于160的异常作为由莫霍面起伏引起的异常，尺度小于160的异常为异常体分布不均匀或断裂构造等引起的异常。

2.1.2 频率域重力场延拓

根据观测面上的实测重力异常值换算到上半空间的某一高度叫向上延拓。向上延拓压制浅表干扰异常或范围较小的局部异常，突出埋藏深度较大或规模较大的探测目标异常。

2.1.2.1 向上延拓的原理

向上延拓同样高度，对于浅表干扰形体和局部异常体来说，距离相对变化较大，异常衰减很快，而对于埋藏深和体积大的异常体，距离相对变化较小，异常衰减较慢，因而原来被干扰了的埋藏深度较大的探测目标异常就容易被突出来，但其缺点是造成尺度与埋深均相近异常体分离的异常叠加起来。

位场频率域向上延拓是一个狄里赫莱问题，通过求解已知边界条件的拉普拉斯方程，获得上半空间的延拓值，其做法是利用傅里叶变化，由布格重力异常值换算其频谱，再乘以延拓因子$\exp(2\pi z\sqrt{u^2+v^2})$，得到向上延拓后的频谱，然后通过傅里叶反变化，得到空间域的布格重力延拓值。把重力场向上延拓，可以压制浅部地质体的干扰，突出深部地质体的作用，利用不同高度的延拓值，可以用作研究断裂的规模和向下延深的情况，判断是否为深大断裂。一些文献资料常把向上延拓高度与断裂深度相等值来考虑。有一种观点认为，实际上断裂深度会比上延高度值稍大一些。但也还有一种重力位场理论认为，不存在“向上延拓H高度的异常是由深度$H/2$以下场源引起的理论”，更不存在“观测面以上高度为H_1和H_2的上延异常之差是由深度（H_2-H_1）/2范围内场源引起的理论”，不能说明延拓高度等于断裂深度，只能说明其深度随着延拓高度增高一个比一个大。本书采纳延拓高度大体相当于断裂深度的意见。在珠江三角洲地区分＜10、10、20、≥30 km四档次延拓高度处理，华南地区加多一档上延40 km，解释断裂深度相对应为10、20、30、＞30 km。其缘由是，在华南地区曾开展过许多人工（爆炸）地震、大地电磁测深等研究深部构造工作，如琼北—雷南、汕头—福州、连县—港口、英德—陆河、漳州盆地、福州盆地、厦门地区人工地震剖面探测和云浮、柳州等爆炸地震观测，以及粤东大地电磁测深等，它所取得的一些断裂深度数据，尤其是≥20 km以及超壳断裂（≥30 km）与本书重磁资料处理解释的深度基本一致[17-28]，相互印证了解释深部断裂的准确性。

2.1.2.2 向上延拓的基本公式

如果一个地质体在观测平面上产生的重力异常$\Delta g(\zeta, \eta, 0)$为已知，则可将这个观测平面看成一个无穷的单层物质面，其密度为：

$$\sigma(\zeta, \eta, 0)=\frac{1}{2\pi G}\Delta g(\zeta, \eta, 0) \quad ④$$

该物质面在其上方空间任意点产生的重力异常与面下方的地质体产生的重力异常等效，因此可以用这个等效的单层物质面代替地质体，用于计算观测面上方的重力异常，一个密度不均匀的无限大物质面在其上方任意点（$x, y, -z$）产生的重力场为：

$$\Delta g(x, y, -z)=G\int_{-\infty}^{+\infty}\int_{-\infty}^{+\infty}\frac{\sigma(\zeta, \eta, 0)\,\mathrm{d}\zeta\mathrm{d}\eta}{\left\{(\zeta-x)^2+(\eta-y)^2+z^2\right\}^{\frac{3}{2}}}=\frac{z}{2\pi}\int_{-\infty}^{+\infty}\int_{-\infty}^{+\infty}\frac{\Delta g(\zeta, \eta, 0z)\,\mathrm{d}\zeta\mathrm{d}\eta}{\left\{(\zeta-x)^2+(\eta-y)^2+z^2\right\}^{\frac{3}{2}}} \quad ⑤$$

上式是实现空间域各项处理的基本公式。采用上式实现三度异常向上延拓的算法是，以平面上网格化的观测数据点为中心，点距$\Delta x=2a$为宽度，线距$\Delta y=2a$为长度，把计算区划分成M个矩形小区，假定每个水平矩形小区上的密度均为常数，第k个小区的密度为σ_k，则上式变为：

$$\Delta g(x, y, -z)=\sum_{k-1}^{M}\Delta g_k(x,y,-z)=\sum_{k-1}^{M}\left\{\sigma_k\left\|-\arctan\frac{(-z\sqrt{(\zeta-x)^3+(\eta-y)^3+z^3}}{(\zeta-x)(\eta-y)}\right|_{\zeta t_1}^{\zeta t_2}\right|_{\zeta t_1}^{\zeta t_2}\right\} \quad ⑥$$

以上就是实现三度体重力异常向上延拓的计算公式。

2.1.3 重力场导数换算

导数换算是指将原布格重力异常换算为水平一次方向导数、垂向二阶导数，或异常的总梯度模、重力异常的解析信号等能更为形象地反映重力异常线性构造的一种数据处理方法。求取水平方向导数的目的是为了突出线性构造在重力场中的反映，通常做4个方向0°、45°、90°和135°的水平导数，目的是突出与之垂直方向的线性构造，即0°主要反映近东西向、45°主要反映北西向、90°主要反映南北向，135°主要反映北东向线性（断裂等）构造。

2.1.3.1 导数换算的优点和作用

不同形状地质体的重力异常导数具有不同的特征，这有助于对异常的解释和分类。重力异常的导数可以突出浅而小的地质体的异常特征而压制区域性深部地质因素的重力效应，在一定程度上可以分离不同深度和大小异常源引起的叠加异常，且导数的次数越高，这种分辨能力就越强。

重力高阶导数可以将几个互相靠近、埋藏深度相差不大的相邻地质体引起的叠加、异常分离开来。

重力异常导数分辨率高的主要原因是因为重力位导数的阶次越高，异常随所在测点与场源体距离的加大，或场源体的加深而衰减越快。在水平方向，基于同样道理，阶次越高的异常范围越小。

在重力异常的分离中，高次导数法的作用与图解法，以及平均场法等不同，它并非把叠加异常中的局部异常和区域异常分离开来，而是把重力异常换算为另一种位场要素，以突出某种场源体。

2.1.3.2 导数换算的基本方法

（1）一阶导数计算方法

对于个密度不均匀的无限大物质面在其上方任意点（x，y，$-z$）产生的重力场为：

$$\Delta g(x,y,-z)=G\int_{-\infty}^{+\infty}\int_{-\infty}^{+\infty}\frac{\sigma(\zeta,\eta,0z)\,\mathrm{d}\zeta\mathrm{d}\eta}{\left\{(\zeta-x)^2+(\eta-y)^2+z^2\right\}^{3/2}}=\frac{z}{2\pi}\int_{-\infty}^{+\infty}\int_{-\infty}^{+\infty}\frac{\Delta g(\zeta,\eta,0z)\,\mathrm{d}\zeta\mathrm{d}\eta}{\left\{(\zeta-x)^2+(\eta-y)^2+z^2\right\}^{3/2}} \quad ⑦$$

求其水平方向的导数，实质是求其在x方向的变化率，这一变化率可以近似地表示为：

$$(V_{xx})_0=\frac{\Delta g(\Delta x)-\Delta g(-x)}{2\Delta x} \quad ⑧$$

令$\Delta g(x)=\sum_{k-0}^{m}a_k x_k$，并对$x$求导，可得重力异常的一阶导数表达式：

$$V_{xz}(x)=\Delta g^{t}(x)=\sum_{k-0}^{m}ka_x x^{k-1} \quad ⑨$$

（2）水平二阶导数计算方法

先求水平一阶导数，再求其在x方向的变化率，即可得到水平二阶导数公式：

$$V_{xz}(x)=\Delta g^{n}(x)=\sum_{k-0}^{m}k(k-1)a_x x^{k-2} \quad ⑩$$

（3）垂向一阶导数计算方法

$$\Delta g(x,y,-z)=G\int_{-\infty}^{+\infty}\int_{-\infty}^{+\infty}\frac{\sigma(\zeta,\eta,0z)\,\mathrm{d}\zeta\mathrm{d}\eta}{\left\{(\zeta-x)^2+(\eta-y)^2+z^2\right\}^{3/2}}=\frac{z}{2\pi}\int_{-\infty}^{+\infty}\int_{-\infty}^{+\infty}\frac{\Delta g(\zeta,\eta,0z)\,\mathrm{d}\zeta\mathrm{d}\eta}{\left\{(\zeta-x)^2+(\eta-y)^2+z^2\right\}^{3/2}} \quad ⑪$$

求z的二次导数，可以得到原点上方P（0，0，h）点的V_{ZZ}表达式：

$$V_{ZZ}(0,0,-h)=\frac{1}{2\pi}\int_0^{2x}\mathrm{d}a\int_0^{+\infty}\Delta g(r,a,0)\frac{(r^2-2h^2)r}{(r^2+h^2)^{5/2}}\mathrm{d}r \quad ⑫$$

令$\Delta\overline{g}$（r，0）为半径r的圆周上重力异常平均值，即：

$$\Delta\overline{g}(r,0)=\frac{1}{2\pi}\int_0^{2x}\Delta g(r,a,0)\mathrm{d}a \quad ⑬$$

则V_{ZZ}的表达式为：

$$V_{ZZ}(0,0,-h)=-\int_0^{+\infty}\Delta\overline{g}(r,0)\frac{(r^2-2h^2)r}{(r^2+h^2)^{5/2}}\mathrm{d}r \quad ⑭$$

上式是利用地面上实测重力异常换算高于地面h处的垂向一阶导数计算公式，当h=0时，可得

$$V_{ZZ}(0,0,0)=-\int_0^{+\infty}\Delta\overline{g}(r,0)\frac{1}{r^2}\mathrm{d}r \quad ⑮$$

因为常数的高阶导数为零，为计算方便，在上式的被积函数中引进一个常数Δg（0，0，0），减去$\Delta\overline{g}$（r，0）再积分，上式变为：

$$V_{ZZ}(0,0,0)=-\int_0^{+\infty}\left[\Delta\overline{g}(0,0,0)-\Delta\overline{g}(r,0)\right]\frac{1}{r^2}\mathrm{d}r \quad ⑯$$

上式即为重磁位场一阶导数计算公式，该积分可以分为三段进行计算，然后求和。

（4）垂向二阶导数计算方法

三度体重力异常位函数满足拉普拉斯方程，因此有：

$$\frac{\partial^2\Delta g}{\partial z^2}=-\left(\frac{\partial^2\Delta g}{\partial x^2}+\frac{\partial^2\Delta g}{\partial y^2}\right) \quad ⑰$$

此式即为由Δg观测值换算其垂向二阶导数的众多数值算法的原理公式。用Δg（R，a）和$\Delta\overline{g}$（R）分别表示以坐标原点为中心、R为半径的圆周上的某一点重力值和重力异常平均值，则有：

$$\Delta\overline{g}(R)=\frac{1}{2\pi}\int_0^{2x}\Delta g(R,a)\mathrm{d}a \quad ⑱$$

将上式展开成坐标原点处重力异常的泰勒级数：

$$\Delta g(R,a)=\Delta g(x,y)=\Delta g(0,0)+\left(\frac{\partial\Delta g}{\partial x}\right)x+\left(\frac{\partial\Delta g}{\partial x}\right)y+\frac{1}{2!}\left\{\left(\frac{\partial^2\Delta g}{\partial x^2}\right)ax^2+\left(\frac{\partial^2\Delta g}{\partial y^2}\right)y^2+\left(\frac{\partial^2\Delta g}{\partial x\partial y}\right)xy\right\}+$$
$$\frac{1}{3!}\left\{\left(\frac{\partial^3\Delta g}{\partial x^3}\right)ax^2+\left(\frac{\partial^3\Delta g}{\partial y^3}\right)y^3+\cdots\right\}+\frac{1}{4!}\left\{\left(\frac{\partial^4\Delta g}{\partial x^4}\right)ax^4+\left(\frac{\partial^4\Delta g}{\partial y^4}\right)y^4+\cdots\right\} \quad ⑲$$

因为$x=R\cos a$，$y=R\sin a$，将上式积分后得到：

$$a_0=\Delta g(0,0),\quad a_1=\frac{1}{4}\left(\frac{\partial^2\Delta g}{\partial x^2}+\frac{\partial^2\Delta g}{\partial y^2}\right)=-\frac{1}{4}\frac{\partial^2\Delta g}{\partial z^2}$$

式中其他系数均不含二次以下的导数项，所以计算点为坐标原点，只要求得系数a_1，再乘上−4，就可得到计算点处的重力异常二阶导数值，即：

$$V_{ZZ}(0,0)=\frac{\partial^2\Delta g}{\partial z^2}=-4a_1 \quad ⑳$$

以不同的方法确定系数a_1时，就可得到不同的数值计算公式，如哈克公式、艾勒金斯3个公

式，以及罗森巴赫公式等。各方法的具体计算公式如下：

哈克（Healch）公式：$g_{zz}=\frac{4}{R^2}(g(0)-\bar{g}(R))$ ㉑

$$g_{zz}=\frac{1}{62R^2}\left[44g(0)-16\bar{g}(R)-12\bar{g}(\sqrt{2}R)-48\bar{g}(\sqrt{5}R)\right]$$ ㉒

艾勒金斯第Ⅰ公式：$g_{zz}=\frac{1}{60R^2}\left[64g(0)+8\bar{g}(R)-16\bar{g}(\sqrt{2}R)-40\bar{g}(\sqrt{5}R)\right]$ ㉓

艾勒金斯第Ⅱ公式：$g_{zz}=\frac{1}{28R^2}\left[16g(0)+8\bar{g}(R)-24\bar{g}(\sqrt{5}R)\right]$ ㉔

艾勒金斯第Ⅲ公式：$g_{zz}=\frac{1}{62R^2}\left[44g(0)-16\bar{g}(R)-12\bar{g}(\sqrt{2}R)-48\bar{g}(\sqrt{5}R)\right]$ ㉕

罗森巴赫（Rosenbach）第Ⅱ公式：

$$g_{zz}=\frac{1}{24R^2}\left[96g(0)-72\bar{g}(R)-32\bar{g}(\sqrt{2}R)+8\bar{g}(\sqrt{5}R)\right]$$ ㉖

上面各种公式的推导原理一致，都采用级数逼近的近似解，只是在处理方法上各不相同，从而计算的效果也不同。罗森巴赫公式在推导中因保留了四阶导数项，且是直接求出g_{zz}的，故具有精度较高的优点，同时对局部的高频干扰也十分敏感，故一般适用于精度较高情况的重力资料处理。而艾勒金斯公式只保留了R^2项，又用最小二乘法求解，起了平滑的作用，故计算结果精度较低，异常幅值衰减很大，但受局部干扰的影响也小，因而适应精度较低、较平缓异常的处理。

本次计算垂向二阶导数采用的罗森巴赫公式，布格重力异常垂向二阶导数可压制区域异常的影响，突出局部异常特征，可以反映剩余重力异常难以反映和区分的地质体界限。垂向二阶导数的零值线用作划分岩体边界。

（4）水平总梯度模计算方法

水平总梯度模是一个在数学上没有实际意义的量纲，是求x，y方向水平一次方向导数的模，计算公式如下：

$\Delta g_u=(V_{xz}{}^2+V_{yz}{}^2)^{1/2}$ ㉗

其中$V_{xz}{}^2$是重力异常沿x方向的一阶导数，$V_{yz}{}^2$是重力异常沿y方向的一阶导数。重力布格异常的水平总梯度模的作用也是用作突出线性构造如断裂或岩性接触面的位置（界线）的数据方法。

2.1.4 重力异常小波变换分析

小波变换分析是近年来发展起来的一种非线性的数学方法，主要是引入了多尺度的分析的思想，其作用是将不同频谱范围的信号分解开来，并通过信号的缩放和聚焦来获得不同尺度的细节，具有“数学显微镜”的作用。小波分析的这些特点使它成为地球物理数值分析的有效工具，利用它对重力异常进行划分，便可得到各种尺度意义的异常分解，从而对重力场进行断裂分析。本次将重力异常分解为一阶细节、二阶细节、三阶细节、四阶细节，表现了高频成分的信息，主要反映浅部或规模较小的断裂或异常地质体的信息。从功率谱分析，三阶细节反映深度6～12 km的断裂分布，四阶细节反映断裂切割深度约为20 km。

2.1.4.1 小波分析原理及Mallat算法

对信号$f\in L^2(R)$，其连续小波变换为：

$$W_f(b,a)=(f,\Psi_a,b)=|a|^{\frac{1}{2}}\int_{-\infty}^{+\infty}f(t)\overline{\Psi(\frac{t-a}{b})}\mathrm{d}t=\int_{-\infty}^{+\infty}f(t)\overline{\Psi a,b(t)}\mathrm{d}t$$ ㉘

其中，$\Psi(t)\in L^2(R)$称为小波母函数，$\Psi_{a,b}(t)$为由$\Psi(t)$生成依赖于参数a和b的连续小

波。在$\Psi(t)$的傅里叶变换$\Psi(\omega)$满足条件

$C_{\Psi}=\int_{-\infty}^{+\infty}\frac{\left|\hat{\Psi}(\varpi)\right|^{2}}{\left|\varpi\right|}\mathrm{d}\varpi<\infty$的前提下，有小波逆变换公式：

$$f(x)=\frac{1}{C\varpi}\int_{-\infty}^{+\infty}\int_{-\infty}^{+\infty}\left[(W_{\varpi}f)(b,a)\right]\Psi_{b,a}(x)\frac{\mathrm{d}a}{a^{2}}\mathrm{d}b \quad ㉙$$

取$a=a_0^m$，$b_0=b_0na_0^m$，$a_0>1$，$b_0>0$，则有小波变换离散形式：

$$W_f=(m,n)=\int_{-\infty}^{+\infty}f(t)\overline{\Psi_{m,n}(t)}\mathrm{d}t=\langle f,\Psi_{m,n}\rangle$$

$$\Psi_{m,n}(t)=a_0^{-m/2}\Psi(a_0^{-m}t-nb_0)\quad m,n\in\mathrm{Z} \quad ㉚$$

相应的小波逆变换为：

$$f(x)=\sum_{-\infty}^{+\infty}\sum_{-\infty}^{+\infty}W_f(m,n)\,\Psi_{m,n}(x) \quad ㉛$$

在多分辨分析理论基础上，Mallat提出了所谓的塔式分解算法，简述如下：

设$\{V_j\}$是一多分辨分析，φ和Ψ分别是相应的尺度函数和小波函数，对于整数$J_1<J_2\in\mathrm{Z}$，函数$f(x)\in V_j^1$，有以下分解：

$$f(x)=A_j^1f(x)=A_j^2f(x)+\sum_{j=J_1+1}^{J_2}D_jf(x) \quad ㉜$$

其中

$$A_jf(x)=\sum_{m=-\infty}^{+\infty}C_{j,m}\varphi_{j,m} \quad ㉝$$

$$D_jf(x)=\sum_{m=-\infty}^{+\infty}d_{j,m}\Psi_{j,m} \quad ㉞$$

而$C_{j,m}=\sum_{k=-\infty}^{+\infty}\left(\varphi_{j_1,k},\varphi_{j_1+1,m}\right)C_{j-1,k}=\sum_{k=-\infty}^{+\infty}\overline{h}_{k-2m}C_{j-1,k}$ ㉟

$$d_{j,m}=\sum_{k=-\infty}^{+\infty}\left(\Psi_{j_1,k},\Psi_{j_1+1,m}\right)C_{j-1,k}=\sum_{k=-\infty}^{+\infty}\overline{g}_{k-2m}C_{j-1,k} \quad ㊱$$

定义无穷矩阵地$H=(H_{m,k})=(\overline{h}_{k-2m})$和$G=(G_{m,k})=(\overline{g}_{k-2m})$，则㉟和㊱式可成矩阵形式

$$\begin{cases}C_j=HC_{j-1,}\\D_j=GC_{j-1,}\end{cases}j=J_1+1,\cdots,J_2 \quad ㊲$$

对㊲式两端同时与函数$\varphi_{j,k}(x)$作内积，则可得Mallat重构算法：

$$C_j=H\cdot C_{j+1}+G\cdot D_{j+1}=J_2-1,\cdots,J_1 \quad ㊳$$

上述一维空间的多分辨分析及Mallat算法可以很容易推广到二维空间[8]。

2.1.4.2 小波细节的微分特征与信号奇异性检测

在信号处理中，信号中的奇异点及不规则的突变部分是比较重要的信息，它是信号重要的特征之一。通常情况下，信号的奇异性分为两类：一类是信号在某一时刻内，其幅值发生突变；一类是信号幅值没有突变，但是信号一阶微分有突变产生。通常用李普西兹（Lipschitz）指数来描述函数的局部奇异性[8, 10]。小波变换具有空间局部化和频率局部化性质，因此，利用小波变换来分析信号的奇异性是比较有效的。

对一个信号f进行小波分解后，低频部分a是对信号轮廓的描述，而高频部分d则是对信号变化

的描述，信号变化大，d的值大；信号变化小，d的值小。在信号突变的位置上，小波变换后的系数具有模量极大值，因此，小波细节这一特征与一阶微分类似，本文称之为小波细节的微分特征。利用小波细节的微分特征及信号奇异性检测方法，则可进行重力场不同深度的断裂分析。它与传统的水平一阶导数方法相比，结果大致相同，但不必经向上延拓，直接利用不同阶的小波细节就能分析不同深度的断裂，没有向上延拓的模糊化的不足。

2.1.5 分形维数计算

分形（Fractal）理论是B.B.Mandelbrot于20世纪70年代初次提出的。近十几年来，随着计算机技术的迅猛发展，分形在地球物理数据处理中得到了应用。Spector等（1975）进行了航磁数据谱的统计分析，统计结果表明磁异常具有分形特征；M.E.Gregotski等（1991）对加拿大地盾的磁异常进行研究，研究表明近地表磁场的平均功率谱密度与径向波数3次方成反比；刘代志等（1996）通过计算鲁西西部区域重磁场分形维数，对该区域的构造进行解释，王霞等（1999）、李桐林等（1999）也分别对赣东北航磁异常和吉林东部重力异常进行类似的研究；乔计花等（2003）通过对珠江三角洲地区重力异常分形维数计算来解释断裂体系，并对该地区地壳的稳定性作出评价。

在沉积岩分布地区，由于沉积岩无磁性或磁性微弱，其产生的磁场为强度小、变化不大、平稳的弱磁场背景，而断裂、火成岩磁性较强，多期侵入，形态不规则，其产生的磁场为强度大、跳跃变化的中强磁场，两者的分形维数和分形特征存在较大的差异，通过对航磁资料分形维数的计算，从航磁分形的特征来分析断裂和火成岩的分布。

2.1.5.1 分形维数原理

普通的几何对象具有整数维数。零点的点、一维的线、二维的面、三维的立体，乃至四维的时空，是人们熟知的例子。然而最近十几年，具有不必是整数的分维（fractal dimension）的几何对象——分形（fractals），引起了自然科学工作者的广泛注意。

自然界中有许多复杂现象，如云的边缘、地形的形状、多姿多彩的植物形态、矿物的结构、岩石的断裂、地震的时空分布、厄尔尼诺现象、布朗运动、涡流等，如何描述这些不规则的形态呢？1977年，曼德尔勃罗特（B.B.Mandelbrot）引入了分形概念。

分形几何是用作描述这样的体系：当我们扩大观察范围时，增加的细节是重复出现的，这些新的在更大尺度上重复出现的结构与我们在小范围内观察到的结构是相似的。这种概念作为数学问题在很早以前就由彭加莱（Poincare）、豪斯道夫（Haued-orff）等定义过。然而，只有曼德尔勃罗特第一次意识到，自然界中的一类复杂的形状，从海岸线、树木、湍流、地表形状到闪电和星系等的确具有很强的自相似性（Self-similarity），可以用这种新型的几何方法来描述。我们从拉丁文fractus即“分形的”一词引入“分形”（fractal），这种概念的确是我们以前描述自然界中的复杂结构缺少的，折一段树枝把它放大以后我们就会发现它与原来的树非常相像，也就是说，树木具有很强的自相似性。用数学语言来说，所谓自相似性，就是集合S在一实数变换r的作用下映射为r（S），S中N个非重叠子集与r（S）是完全或统计意义上完全一样（除了位置的移动外）。

在物理学中我们最常用的一类函数是连续可导的函数（个别点除外）。如果这种函数描述的是曲线，那么我们可以对曲线上的点定义切线或导数，也就是说，曲线是光滑的。然而大家所熟悉的闪电的形状，就会发现传统的方法是不能描述这样的结构的。事实上，我们是不能定义像切线及导数之类的东西的。我们还可以看到，如果把图形的细枝末节拿来放大一下，它就与图形的更大的部分非常相像。因为可导性需要如下事实：在非常小的尺度上，一段弧线必然相当平，以至于可以被一段切线近似。而自相似所意味的正相反，当尺度越来越小的时候，新的结构却与整体结构具有同样的复杂性。分形几何为这种结构分析提供了一个合适的工具。

2.1.5.2 分形维数计算方法

首先对测点不规则的重磁数据$f(x, y)$进行网格化得到$f(n, m)$，再用$N \times N$大小的窗口在网格化后的数据$f(n, m)$中逐点逐线移动，并对窗口内的数据进行二维Fourier变换。变换式如下：

$$F(u,v)=(\frac{L}{N})^2\sum_{n=0}^{N-1}\sum_{m=0}^{N-1}f(n,m)\exp[-\frac{2\pi i}{N}(un+vm)] \quad ㊴$$

式中L是窗口的边长，u，v分别是x，y方向的径向波数（u，v=0，1，2，…，$N-1$）。定义径向$r=(u^2+v^2)^{\frac{1}{2}}$，根据Turcott对二维成像分形研究，航磁异常经二维Fourier变换后可求得其每个径向波数K_j（所对应的等效半径为j）的二维平均功率谱密度S_j，计算公式为：

$$S_j=(\frac{1}{L^2N_j})\sum_{1}^{N_j}\left|F(u\cdot v)\right|^2 \quad ㊵$$

其中，N_j是满足$j<r<j+1$的系数的数目，求和是对这个窗口内的$F(u, v)$进行的，在具有分形分布情况下，平均功率谱密度S_j与半径波数K_j满足如下关系：

$$S_j=R\cdot K_j^{-\beta-1} \quad ㊶$$

对㊶式两边取对数并用最小二乘拟合可求出β和R，再由关系式：

$$D=\frac{7-\beta}{2}$$

求出分维数D。

2.1.5.3 实现步骤

（1）设置$N \times N$的流动窗口在重磁数据区域中逐点逐线移动，用㊴式对窗口中的数据进行二维离散Fourier变换。

（2）取一系列的径向r_j（j=1，2，…，L），用㊵式求出r_j所对应的径向波数K_{rj}（$K_{rj}=2\pi r_j/L$）的二维平均功率谱密度S_{rj}，这样就得到L组（$\ln K_{rj}$，$\ln S_{rj}$）。

（3）对㊶式两边取对数得：$\ln S_{rj}=-(\beta-1)\ln K_{rj}+\ln R$。用步骤（2）所得到$L$组（$\ln K_{rj}$，$\ln S_{rj}$）对上式进行最小二乘拟合求出$\beta$，$R$。

（4）用㊷式求出分维数D，以此作为该窗口中心的分维数。

（5）移到一个滑动步长NL，重复（1）（2）（3）（4），直至算出整个测区所有窗口的分维数，这样便得到一系列的分维数，再用这一系列分维数绘制分维等值线图。

2.1.6 莫霍面计算

莫霍面深度计算是地球物理常规内容，它有许多方法，相关书籍一般都有介绍。通常采用帕克（Parker）密度界面快速反演方法和经验公式计算莫霍面深度。

由重力异常计算密度界面深度（如盆地变质岩基底、莫霍面起伏等）称为重力异常的反演。帕克采用连续模型，提出了频率域重磁位场正反演的理论公式，Oldenberg把它推广成迭代形式并做了二维计算，由于引入快速傅里叶变换，在相同精度条件下，帕克法比离散模型至少要快一个数量级以上，因此帕克法成为重磁异常定量计算的有力工具。

在莫霍面的深度计算中，也有人根据重力场与莫霍面起伏的相关性，根据已知的深度资料，用线性回归的方法得出一个地区的线性回归方程，由此来计算全区的莫霍面深度，这就是所谓经验公式法。本篇中莫霍面深度计算采用了以上两种方法，作出两张莫霍面深度图，以作比较。按广东省地矿局地球物理大队研究报告中提供的经验公式Hmoho=26.553-0.077×Δg（km）计算，两图结果大体一致。

2.1.7 综合解释

上述各种资料的处理方法，由于着重点和角度不同，所得资料结果和图形会有一定的差异，不可能由某一两张图或一两种方法图件取得区内所有深部断裂的信息，这就需要把资料系统处理的全部成果图件综合解释来确定一个客观结果，主要是断裂的边界和分布深度，这也就是使用系统软件的绝对优势所在。除了上述系统软件成果外，当遇到某些局部、特殊异常体，有必要时，参考各种地质图件，如地质图、水文地质图、矿产图和地质构造图等有关资料文献，以确定介质条件对重力异常及其边界的影响。

综合解释是一件很细微、复杂的工作，要尽可能客观，排除学术思想带来的偏见。但是，也难以完全去掉解释者的主观因素，为此，对每条断裂均逐张图件解释，对每张图件再作全面解释，提出综合解释意见，编制区内深部断裂系列图。

大家知道，应用重磁资料处理研究深部构造、断裂矿体、大型地下水体、地层、岩体等，本是一项传统的方法，但是，随着先进的软件、计算机、应用数学、物理技术快速发展，引入传统的方法，将之集成化、添加新的元素、软件系统化之后，传统的方法技术就焕然升华了，其识别各种信息功能大大提高、拓展，很大程度减低了物探多解性问题。

2.2 岩石密度

岩石密度与重力高低关系密切，所以在分析重力异常时，必须对区域岩石密度特征有所了解。

不同时代、不同岩石和不同构造区的岩石密度都可能有所差异。本区岩石密度特征与全省基本相同，如：①以地层系统的界为单元进行岩石密度统计，各界的岩石密度差异不大，平均密度一般在10^2kg/m^3。上古生界主要是碳酸盐类岩石，呈细晶质致密状，密度偏高。②沉积地层的岩石是泥岩、页岩，密度最小，平均密度为2.44×10^2kg/m^3。其次是各种砂岩、砾岩，平均密度在（2.51～2.57）$\times10^3$kg/m^3，最大是灰岩、白云岩和大理岩，平均密度在（2.70～2.79）$\times10^3$kg/m^3。③内陆构造区的花岗岩密度比较稳定，为（2.54～2.79）$\times10^3$kg/m^3，平均密度为2.55×10^3kg/m^3，而东南沿海岩浆活动带的花岗岩密度亦有增大，为（2.60～2.76）$\times10^3$kg/m^3，平均密度为2.66×10^3kg/m^3，辉长岩、玄武岩的密度比较大，为（2.69～2.93）$\times10^3$kg/m^3，火山岩（凝灰岩）的密度不高，平均为2.53×10^3kg/m^3。

现将收集到的区内有关岩石密度资料见表2-2-1至表2-2-3：

表2-2-1　广州地区同时代岩石密度

地层	大地构造单元	资料来源	标本块数	密度/［$\times10^3$（kg·m^{-3}）］	平均密度/［$\times10^3$（kg·m^{-3}）］
新生界	广州坳陷区	广东省地质局735地质队	6 297	2.48	2.47
中生界	广州坳陷区	广东省地质局735地质队	980	2.4	2.50
上古生界	广州坳陷区	广东省地质局735地质队	286	2.62	2.59
下古生界	广州坳陷区	广东省地质局735地质队	419	2.53	2.45

表2-2-2 广州地区同类岩石密度

地层	大地构造单元	资料来源	标本块数	密度/［$\times10^3$（kg·m^{-3}）］	平均密度/［$\times10^3$（kg·m^{-3}）］
砂岩	广州坳陷区	广东省地质局735地质队	439	2.57	2.51
灰岩	广州坳陷区	广东省地质局物探队	2 016	2.70	2.70
花岗岩	广州坳陷区	广东省地质局735地质队	1 081	2.55	2.55
玄武岩	广州坳陷区	广东省地质局735地质队	29	2.69	2.70

表2-2-3 广州坳陷地部分钻孔岩石密度

<table>
<tr><th colspan="2">采集地</th><th>岩石名称</th><th>采样深度/m</th><th>标本块数</th><th colspan="2">平均密度/［$\times10^3$（kg·m^{-3}）］</th><th>资料来源</th></tr>
<tr><td rowspan="6">东莞盆地</td><td>1号机</td><td>粉砂岩、泥岩、泥质砂岩</td><td>26.00 ~ 998.15</td><td>154</td><td>2.56</td><td rowspan="7">2.61</td><td rowspan="7">①东莞盆地钻孔岩石密度资料根据广东省地质局物探队1975年12月《广东省东莞盆地重力石油普查岩石密度测定记录表》整理
②新会盆地新1#岩石密度资料摘自735地质队1979年《广东省珠江三角洲重磁资料连片整理报告》</td></tr>
<tr><td>2号机</td><td>泥岩、砂岩</td><td>39.00 ~ 1 001.55</td><td>156</td><td>2.58</td></tr>
<tr><td>4号机</td><td>泥岩、砂岩</td><td>39.00 ~ 872.88</td><td>109</td><td>2.58</td></tr>
<tr><td>5号机</td><td>泥岩、砂岩、底部见有石英岩</td><td>21.00 ~ 684.00</td><td>112</td><td>2.64</td></tr>
<tr><td>6号机</td><td>泥岩、砂岩、砂砾岩</td><td>28.75 ~ 983.79</td><td>122</td><td>2.65</td></tr>
<tr><td>7号机</td><td>泥岩、砂岩、砂砾岩</td><td>8.60 ~ 912.00</td><td>167</td><td>2.65</td></tr>
<tr><td colspan="2">新会盆地（新1#）</td><td>粉砂岩、砂砾岩</td><td>0.00 ~ 1 000.00</td><td>439</td><td>2.57</td></tr>
</table>

2.3 深部断裂构造解释的基本原则与方法

资料系统处理得到一系列成果图件，这是生产成品，使用它们来研究深部构造、断裂以及其他有关问题时，必须人工予以解释。在总体构造格局基本一致的情况下，不同解释人员解释结果可能有一些差异，这是正常的，与解释人员对区域地质熟悉的情况、有意识和无意识的学术思想指导，对浅部构造既有概念、对复杂区域的主观判断有关。但一般需要遵循一定的原则和方法，主要原则和方法如下：

（1）重力等值线梯度带，这是基本的原则和方法，是最易识别解释的图像，解释一般都会一致和认同。

（2）重力等值线带和基本稳定在某一方向的等值线的展布，有时是稀疏一个带，有时只有一条线，有时可能是扭曲的，但是在某一狭窄的区间带内。

（3）重力等值线或带基本上稳定在一方向展布，常被其他方向等值线隔断，但它们是在比较狭窄的空间范围展布，水平错距不可太大，可判释为同一条断裂带，并常用于解释断裂间的切割关系。

（4）羽毛状或半羽毛状等值线图像，轴线和羽毛线常是两组不同构造线，轴线方向的线性构造（断裂）应是切断羽毛线方向构造的证据。

（5）串珠状等值线沿着某一方向带状展布。

（6）等值线低值带（谷状）沿着某一方向展布。

（7）正负方向等值线的分界带（0° 等值线带）大体稳定在某一方向展布。

（8）等值线带两侧等值线方向有较大差别。

（9）等值线同步拐弯带或同步拐弯带间断出现在某一稳定方向带，有的双向同步拐弯成稳定方向的弧形带。

（10）山脊形（高值）等值线带可能很弯曲稀疏，但总体沿着一方向展布，也应是反映某一线性构造的图像。

（11）如某一梯度带或等值线带沿某一方向伸展很长，其中某一段或多段与地层、岩体接触带一致，这一段或多段一般解释为断裂。

上述是等值线图的解释。灰度图解释总的原理和方法与等值线图相同，不过它是采用卫星遥感资料成图方式的灰阶反映表示。它的基础是等值线图的加工处理，但它更直观，对某些不同方向等值线圆滑混淆的构造识别更有效。

（1）灰阶反映构造强弱，色泽越深，构造愈强势，色泽愈浅，构造愈弱，与卫星遥感成图方式原理一致。

（2）粗浓黑色条带稳定在某一方向展布，常与梯度带一致，在许多时候常呈斜列影带展布，最易判定解释。

（3）色泽线性条带可能在某一方向被间断，但总体方向比较狭窄，可以连接对应，可视为一条构造（断裂）带，隔断地段一般是受另一组构造切断。

（4）在图像背景以某一方向为主体线性构造时，但在其横切面方向断断续续被截断，形成断头带。这一断头带一般是强势构造（断裂），它切断了图面主体构造，常与同步拐弯等值线带相符。

（5）等值线图中的稀疏段在灰度图中常无反映或呈浅淡灰色条带和模糊影带反映，该断裂构造一般解释为弱势，即可能存在，但形迹反映弱。

（6）等值线的低值谷带，0° 等值线在灰度图中常常得不到反映，总之灰度图常常反映强势构造，即规模比较大，利索、光滑切断面为主体，形迹清楚的线性构造。

（7）在主体影像条带中常出现直线穿过或使主体影带波折的另一条影像条带时，应是与另一构造交汇，相互切割或被切断的反映，视图像结构而定。

（8）影带常在某一方向成组成束出现宽幅条带，宽幅带两侧边界常视为主断裂带，中间可能出现明显空白带，常是次一级断裂反映。

（9）一条粗宽影带的两侧也可视为主断裂带的两条边界断裂带。

（10）影像条带弯曲无序区域可能是断裂构造复杂，聚集众多断裂区域，不必区分断裂组合结构。

（11）某一黑影带或斜列、平行束带沿某一方向延伸很长，其中一段或多段与地层、岩体接触带一致，应解释为断裂。

总之等值线图反映比较详细，灰度图直观，着重反映强势断裂，反映断裂切割关系更有独特之处。上述解释原则和方法，在后面解释具体断裂时均会有详细的应用阐述。

2.4 珠江三角洲地区布格重力异常基本特征

由布格重力异常图（图2-5-2、附图Ⅱ）可以看出，广州地区存在一个广东省最显目的重力高、异常走向东西，总体形态规则，内部起伏平缓。异常强度达$20\times10^{-5}m/s^2$（mgal），异常原因应是上地幔隆起的重力场显示。广州地区介质密度总体较低，时代较新的中新生代沉积层和广泛分布的下古生界（增城、东莞等地大面积出露寒武纪变质岩），以及结晶基底密度均较低（附图Ⅰ和表2-2-1、表2-2-2、表2-2-3），不应导致重力高。

在研究区南部近海地区也存在一个显著的北东东向重力高带，这里是南海大陆架北缘，与滨海断裂带位置大体一致，总体应属南海北缘大陆架重力高带的一部分。

在广州重力高与滨海重力高带之间的珠海、台山、广海湾一带存在一个微低重力带，最低值为$-10\times10^{-5}m/s^2$，走向亦是北东东方向。

上述重力异常近东西向两高一低的格局随着延拓高度增加，异常形态愈简单，愈显目，反映了珠江三角洲地区深部构造以近东西向为主体的格局。

在广州重力高的北侧存在规模巨大的负重力线性梯度带，最高值达$-40\times10^{-5}m/s^2$，与南岭南坡位置大体一致，北缘大体在河源、从化、广宁一线，显然，这应是一个构造单元的分界线，怀集—佛冈一线以北则是莫霍面的低凹带。

在广州重力高的西侧，也明显存在在一个总体北北东走向负重力线性梯度带，最高值为$-30\times10^{-5}m/s^2$，这里显然是三角洲构造单元的西界。

研究区的东侧不存在线性梯度带，参看广东省布格重力图，广州重力高向东缓斜，逐渐消失过渡到负重力地区，大体在海丰、河源一线以西。

概括起来说，珠江三角洲地区重力场自北而南具负、高、负、高的近东西向格局的特征，北、西、东侧为负异常围绕，南为巨大的南海北缘大陆架北东东向重力高带，珠江三角洲地区是南海北缘重力高向内陆伸展的一个舌状半岛形重力高地块，其总体上也未脱离北东东向（近东西向）展布的格局。

从重力场总体特征而言，研究区的北、南、西部边界地区线性变化较急，构造活动应相对活跃，而东侧变化平缓，构造活动相对应较弱。重力高的内部总体上形态平缓，构造活动相对也应低于北、西、南部。

2.5 深部断裂构造解释

解释确定区内每一条深部断裂的存在、展布途径、规模及其切割深度，是本项研究最基础的工作，也是主要内容，不仅对研究强震构造及其一系列相关问题是第一位的最基本的资料，也是研究地质构造、新构造、找矿、找水、工程地质和灾害地质等学科的基本资料，具有广泛应用性和工具性。有些断裂研究数十年了，还有不断的讨论和发现，说明确定断裂的重要意义。所以，在某种意义上来说，本项工作也是对区内断裂继续不断深入研究的一部分。

依照前述各种方法、原则，对重力系统资料处理所得到的49幅原创成果图，逐图解释断裂，再逐条断裂重复解释对应断裂的准确性，总体保持重力异常解释的独立性、先决性，只在必要时，再参考地质图、大地构造图、矿产图、水文地质图及其有关文献资料，综合地解释确认每一条断裂的展布、连接、深度，编制出珠江三角洲地区重力资料解释的深部断裂统图（图2-5-1）。凡与一般地质图上断裂展布大体一致的断裂，尽可能采用地质图惯用的名称，如吴川—四会断裂、广州—恩平断裂、肇庆—广州断裂等，方便读者对照使用阅读。要说明的是，深部断裂不可能完全与地表浅层断裂一致，重力资料处理是由各种方法软件组成，着重点不一致，反映的主题肯定存在差异。对于能共同接受的信息，如某一方向、某条断裂，也会出现耦合系数的差异。断裂一般产状都有倾角，随着深度的增大，还可能发生变化，有的变为产状断裂，无论华北、华南都得到肯定。[22, 29]何况，并非所有深部断裂在地表、浅部都有反映，也并非所有深部断裂与对应的浅部断裂是完全贯通的，这在本书重、磁解释成果和前述人工地震成果都能得到反映，也是许多地质、物探学者所共识的。所以，地表与深部断裂有一定的差距是正常的，作为重磁资料解释，主要分析深部与浅部断裂是否属于同一重、磁异常结构带。

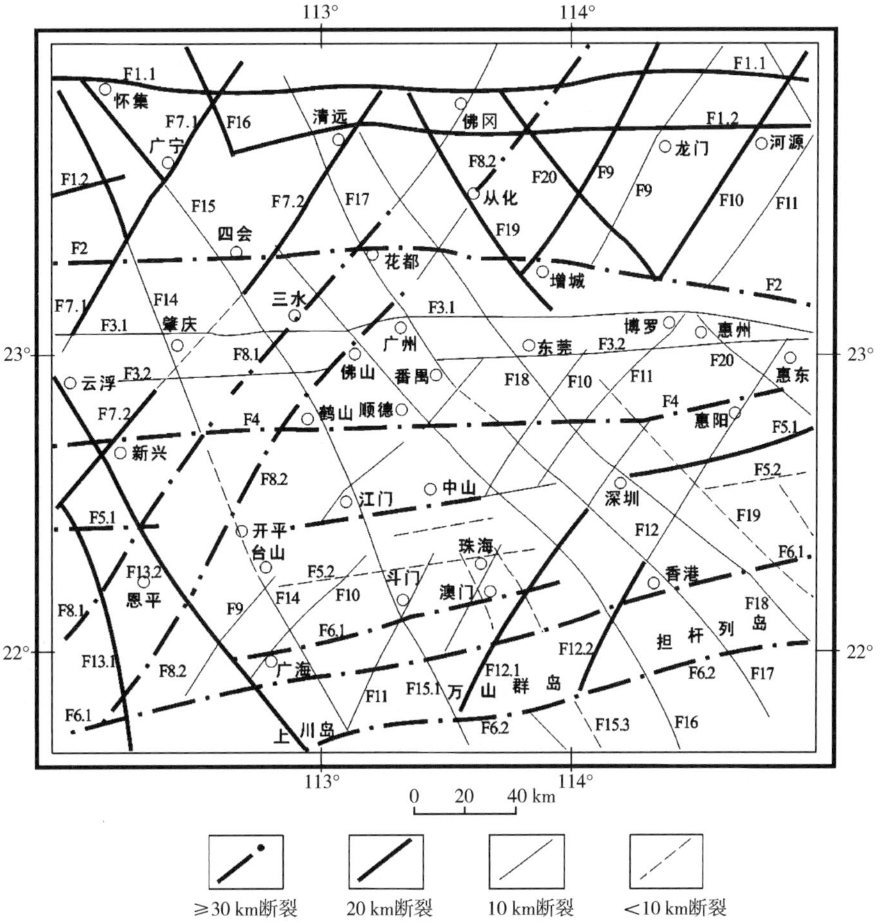

F1．佛冈—河源断裂　F2．四会—增城断裂　F3．肇庆—广州断裂　F4．鹤山—惠东断裂　F5．五桂山北麓断裂　F6．滨海（岸）断裂　F7．肇庆—四会断裂　F8．广州—恩平断裂　F9．增城—新会断裂　F10．河源—中山断裂　F11．博罗—斗门断裂　F12．莲花山断裂　F13．恩平—镇海湾断裂　F14．肇庆—镇海湾断裂　F15．江门—斗门（西江）断裂　F16．三水—担杆断裂　F17．狮子洋断裂　F18．东莞—大鹏湾断裂　F19．增城—从化断裂　F20．佛冈—惠州断裂

图2-5-1　珠江三角洲地区重力资料解释深部断裂系列图

图中断裂编序符号与书中文字阐述完全一致。

书中附有本次重力资料系统处理的原创成果图件，并画上解释的断裂。之所以如此构思著述，一是因为这些原创成果图非常宝贵，有广泛运用的基础和资料长久保留的价值，二是让读者了解解释出每一条深部断裂的具体过程与结果，完全是透明的，给读者一个自由思考的空间，不强加于读者，可以充分讨论和应用，以提高科学的可信度和应用度。下面逐条断裂予以解释。

2.5.1　近东西向断裂系

研究区自北向南分布有6条主干近东西断裂（图2-5-1）：①佛冈—河源断裂（F1）；②四会—增城断裂（F2）；③肇庆—广州断裂（F3）；④鹤山—惠东断裂（F4）；⑤五桂山北麓断裂（F5）；⑥滨海（岸）断裂（F6）。它们在重力资料处理的成果图像中均有较好的反映。

2.5.1.1　佛冈—河源断裂带（F1）

位于研究区的最北部，在布格重力异常图上，怀集—广宁—清远—佛冈—河源一线以南，总体上呈现一个近东西向负梯度带，其间由于北东或北西向断裂带的干扰，造成梯度带相应呈北东向（东侧吴川—四会断裂带F7）和北西向（从化—增城断裂带F19）的向北弧形的弯曲（图2-5-2至图2-5-5），随着上延高度的增加，弯曲度逐渐减少，即随着深度增加，近东西向梯度带平缓多了，反映北东、北西向断裂干扰力度减少，甚至基本消失（图2-5-6至图2-5-8），特别是上延20 km以高，叠加因素模糊化了，难以确定断裂带的具体位置，梯度带变得稀疏平缓，说明深处介质密度已比较均一，没有明显的断裂迹象。

在着重研究反映近东西向断裂的0°一阶方向导数等值线图（图2-5-9至图2-5-11），对该断裂反映更细致，梯度带的南北两侧可划为两条大体平行分断裂，即F1.1怀集—佛冈断裂、F1.2广宁—河源断裂，在上延30 km时（图2-5-12），断裂图像不明显。由此推测，该断裂切割深度在20 km以内。

在0°一阶方向导数灰度图（图2-5-13至图2-5-16），反映不明显，近东西向条带性、连续性均比较差，似是非是，说明该断裂非强势断裂。在上延20 km以下高度各图还有若干近东西向黑影可寻，上延30 km时，则些许近东西向条带影像形迹也见不到了，说明20 km的深度判断较为适宜。

该断裂在其他角度一阶方向导数图中，除90°方向外（与0°方向为直角，计算处理上互为屏蔽，其他互为直角的两组一阶方向导数图同理，后文不再重复阐述），基本上都有一定程度的反映，请详见各方向（45°、135°）一阶导数等值线图和灰度图（图2-5-25至图2-5-32、图2-5-17至图2-5-24），证明该断裂存在稳定性，它们反映断裂深度也均未超过20 km。

在垂向二阶导数图、总梯度模图、分形维数图以及小波分析细节灰度图（图2-5-41至图2-5-47）等反映浅部断裂为主的各图也都有局部微弱的反映。

总之，该断裂存在是肯定的，表现不强势，深度应不超过20 km，它是南岭南坡重力场和地貌景观的斜坡带的断裂，这从滑动平均区域重力场等值线图（图2-5-48）和莫霍面图（图2-5-49和图2-5-50）也可看出轮廓。本断裂与北东、北西向断裂多表现为互有切割和交汇关系，尤其在10 km以浅，在各类图上反映清楚。到20 km深度，本断裂则占优势地位。

2.5.1.2　四会—增城断裂带（F2）

该断裂带西起四会以西，经花都、增城，向东伸延至图外。在布格重力异常图（图2-5-2）为广州重力高北界梯度带，除花都东有北西向等值线弯曲（狮子洋断裂F17）的干扰外，梯度带是连续的。花都—增城—博罗—惠州北为北西西向，花都—四会为北东东向。随着上延高度增加，北东东—北西西向梯度形态更清楚，等值线更为平直。当布格重力异常上延20、30 km时（图2-5-2至图2-5-8），四会—花都—增城—惠州北显示为广州重力高北界的一条北西西向等值线，平直伸展，形态简单，所有北东、北西向等值线（断裂）带均消失，显示本断裂应是南岭南坡重力斜坡带的终止界限断裂。

该断裂在0°一阶方向导数等值线图（图2-5-9）反映最清楚。在上延10 km以浅图（图2-5-10），近东西向梯度带可分为二段，西段四会—花都段为北东东向梯度带，东段增城—博罗北段为北西西向，二段（花都—增城）间为北西向等值线带（F18、F19）间断，反映了10 km以浅深度内该断裂受到北西向断裂的切割。在上延20、30 km时（图2-5-11和图2-5-12），四会—花都—增城基本上连成一条完整的广州重力高梯度带的北侧边界线了。

0°一阶方向导数灰度图与等值线图稍有差别，在图2-5-13中，四会—花都段反映为一条北东东向黑影带，往东至博罗、惠州北黑影带转为北西西向，图像整体连接性好，花都—增城间未间断。在上延10、20 km（图2-5-14和图2-5-15），以四会为中点，一条粗黑影带呈北东东向展布，往西穿过吴川—四会断裂（F7），往东至从化西南存在一个由广州—从化的北东向黑影像边界、广州—增城的北东东向黑影像边界、从化—增城的北西向淡影边界组成的三角形空白区（其边界线分别为F8、F18、F2断裂之反映），由增城往东至博罗、惠州段反映F2的黑影带呈北西西向延伸，北侧边界整齐。与等值线图不同的是F2在20 km深度内受到北东向广州—从化断裂F8，北西向东莞—大鹏湾断裂F18的切割，说明切割深度可能达20 km。当上延30 km（图2-5-16）时，四会—花都—增城—惠州呈巨大东西向黑影体北部边界，花都东部的三角形空区基本消失，而使四会—花都—增城—惠州呈连接较好的一条巨大广州重力高黑影体北部边界。

由上述0°一阶方向导数等值线图和灰度图解释可知，本断裂（F2）图像清楚，深度在30 km以上，等值线紧密，影像浓黑粗线，显示断裂强势，但在20 km以浅，在花都—增城间为北西向F18、F19，北东向F8明显切断，致增城以东F2段南移（顺时针），形成一个三角形构造复杂区，从深部断裂系统的角度分析，这个区应给予更多的关注。

本断裂的强势还表现在其他方向（45°、135°）一阶方向导数图（图2-5-25至图2-5-32、图2-5-17至图2-5-24）普遍都有反映，且反映的深度均达30 km，甚至90°一阶方向导数图也未能完全屏蔽该断裂的信息，在上延10 km以浅（图2-5-34）也有一定程度的反映。

此外，在垂向二阶导数图（图2-4-41）、总梯度模图（图2-5-42）、分形维数图（图2-5-43）以及小波分析各阶细节图（图2-5-44至图2-5-47）上均有较好的反映，表明本断裂浅部也不逊其他各组断裂（北东、北西向）。

总之，四会—增城断裂几乎在所有成果图都得到较好的反映，无论是浅部（<5 km）或是深部（>10 km），等值线图或灰度图表现均强势，它应是珠江三角洲地区一条很重要的断裂，实际上它不仅是广州重力高的北缘断裂，也是构造地貌上珠江三角洲的北界断裂。该断裂以北，地理上已全部进入粤北山区，地貌上当属南岭南坡地带。

四会—增城断裂带在以往文献资料中未见有报道，是本次研究得出的一条新的断裂带，且是一条规模巨大、有重要地质构造意义的断裂带，请读者给予关注和讨论。

2.5.1.3 肇庆—广州断裂带（F3）

此断裂带是广州重力高内部的一条断裂带，也是读者比较熟悉的一条断裂带，涉及广州地区的地质文献资料中一般都会提及。名称比较多，如：肇庆—三水断裂、广州—三水断裂、高要—广州断裂等，断裂具体划法也不完全一致，不过总体差异不大，西起（图外）肇庆（高要）以西，经三水、广州、博罗、惠州，向东伸展出图外。

在布格重力异常图（图2-5-2至图2-5-5），该断裂可分为二段，三水以西至肇庆段反映为等值线同步向西拐弯弧形突出，东段为广州—惠州段，基本上为可连续的近东西向等值线带。广州与三水间为北西向等值线带间断，反映北西向断裂（F16三水—担杆断裂）对它的切割。当上延10 km时（图2-5-6），等值线同步拐弯现象勉强还可以判释断裂，但上延20、30 km时（图2-5-7和图2-5-8），只剩下以广州为中点的北西西向重力高核心部分的北缘等值线，很难确认为断裂。也就是说普通布格重力异常频率域上延方法判释该断裂为10 km切割深度。

在布格重力异常0°一阶方向导数等值线图（图2-5-9），广州以东，经博罗、惠州及其以西表现为一条连续的梯度带。虽然在增城西附近梯度带有弯曲，主要是受到北西向F18、F19断裂带的干扰，或许还受到北东向F9断裂带的干扰，但未见完全间断，可能属于断裂间互有切割关系。当上延10 km时（图2-5-10），本断裂反映为一条完整的连接很好梯度带，其南部云浮—佛山—番禺—东莞—惠州南或为本断裂梯度带的南缘部分，属同一梯度带（断裂带）。因此，本断裂带可解释为二条平行的分断裂组成（F3.1广州-肇庆断裂、F3.2云浮-东莞断裂）。当上延20、30 km时（图2-5-11和图2-5-12），本断裂梯度带融入一个大梯度带中，即北端为F2、南端为F4所界限的巨大梯度带。

在0°一阶方向导数灰度图（图2–5–13），肇庆、广州、惠州及其以东为多条弯曲的不太连接的黑影条带组成的带（总体看，四会—增城与高鹤—惠东间组成一巨大的近东西向黑影群带，肇庆—广州处其中部）。当上延10 km时（图2–5–14），肇庆—广州段为上述大型近东西向黑影带群中的一条边界线，在广州以东有一段黑影线模糊，似为F8断裂间隔。再往东，本断裂带图像已融入大黑影体中，当上延20、30 km时（图2–5–15和图2–5–16），本断裂带为广州巨大东西向黑影体所掩覆，融入其中。北界四会—花都—增城，南界鹤山（往西为新兴北、云浮南）—惠东组成巨大东西向黑影体，可见，20 km以下全为东西向构造所控制，组成一个统一的东西向构造块体。与前述等值线图（图2–5–11和图2–5–12）广州重力高梯度带是一致的。在广州以东似仍模糊存在北东向缺口边界线，可能是F8断裂对F2和本断裂F3的切割。

在其他一阶方向导数等值线图中，除90°外，45°、135°上延10 km（图2–5–25至图2–5–28、图2–5–17至图2–5–20）以浅，本断裂均有较好的反映，同样可解释出两条平行的分断裂，即F3.1肇庆—广州—惠州断裂，F3.2云浮—番禺—东莞断裂。当上延20、30 km时，无本断裂反映图像。

在其他一阶方向导数灰度图中对本断裂总体反映不太好，只有45°方向（图2–5–29和图2–5–30）、135°方向（图2–5–21和图2–5–22）上延10 km以浅，有断断续续的黑影带或模糊灰色影线，大体在肇庆、广州、惠州南一线，不能明显划出二条平行分断裂。

在垂向二阶导数图（图2–5–41），肇庆、三水、广州、博罗及以东，以串珠状或等值线带可连成一带，应是本断裂反映，其南部分断裂在云浮、番禺、东莞、惠州—线断断续续存在近东西向等值线。

水平总梯度模图（图2–5–42）存在本断裂反映的等值线，但不整齐和稀疏，连接性也不太好，总体有近东西向的框架。

分形维数图（图2–5–43）广州以西对本断裂反映尚可，亦可分出二条平行分断裂，但广州以东基本上无反映。

小波分析一、二阶细节灰度图（图2–5–44和图2–5–45）对本断裂有一定程度的反映，肇庆、三水、广州、博罗、番禺、东莞等段落近东西向黑灰影带错列分布成带，但三、四阶细节图对本断裂反映不清楚。

在滑动平均区域场图、莫霍面图（图2–5–48至图2–5–50），肇庆、广州、惠州存在向东同步突出弧形轴线，可能是本断裂的一种反映，或是它们形态分布受到本断裂影响。

总之，本断裂在绝大多数图上有反映，特别是0°一阶方向导数图梯度带很清楚，在它的南北两侧可划分出二条平行分断裂，但切割深度限于上延10 km以浅，上延20、30 km，无论何种方法的图件均无反映。

2.5.1.4 鹤山—惠东断裂带（F4）

该断裂带西起新兴以西，往东经鹤山、顺德、惠阳至惠东。在布格重力异常及其上延1、25 km图（图2–5–2至图2–5–5），新兴至鹤山段等值线同步向东拐弯成锐角弧形，自鹤山往东断断续续有东西向等值线同步弯曲至惠东。

在上延10 km布格重力异常图（图2–5–6），只有鹤山段存在东西向等值线，是广州重力高中心区的南缘等值线，往东至惠东存在同步弯曲等值线。往西至新兴，同步向东拐弯形成的弧形角度加大。当布格重力异常上延20、30 km时（图2–5–7和图2–5–8），东西向等值线完全消失。

在0°一阶导数等值线图（图2–5–9），对本断裂反映很清楚。在未上延图中，鹤山以西至新兴为连续东西向等值线带，鹤山以东至顺德、番禺间为北西向F15、F16、F17断裂等值线带间隔，说明浅部北西向断裂带很发育，且活动性明显，后期切割了F4断裂带，番禺以东至惠东梯度带完整。在上延10 km（图2–5–10），新兴—鹤山近东西向等值线仍被F15切断，却未被F16、F17切割，而是阻断了两断裂往南延伸，但在顺德的东部、中山的东北部地区，却被北东向F11断裂隔断，之后等值线向东同步拐弯呈锐角北东东向弧形带，应是本断裂带的反映。当上延20、30 km时（图2-5-11和图2-5-12），鹤山以东至惠东近东西向等值线、梯度带连续较好。

在0°一阶方向导数灰度图（图2-5-13），自新兴东至鹤山存在北东东向黑影带边界，鹤山东为北西向黑影截断（F15西江断裂），再往东存在一段空白（上文图2-5-9解释为F15、F16、F17 3条北西向断裂间隔带），然后以北东东向黑影带延至惠东。上延10 km（图2-5-14），新兴—鹤山段为粗黑影带南部边界（东西向），鹤山东仍为北西向F15黑影短边界线截断，似为逆时针（左旋）错移东部的东西向黑影带，往东黑影带直至惠东，为连续整齐的东西向黑影体南部边界带。0°一阶方向导数上延20、30 km（图2-5-15和图2-5-16），为广州重力高巨型黑影体南部边界，黑浓边界整齐，显示断裂的巨大规模。由此可以确定，本断裂切割深度在30 km以上。同时可清楚地看到，由北缘F2与南缘F4所限界的东西向广州重力高地质块体在20 km以深，物质密度内部分异不大，重力场结构比较简单，从这一角度分析，块体内部地质活动性应不是很强，要关注的是这两边界断裂与北西向、北东向活动断裂交汇的部位，以及前述花都、广州、增城所围限（F8、F3和F18为边界）的三角区域。

在45°、135°一阶方向导数等值线图（图2-5-25至图2-5-28、图2-5-17至图2-5-20），对本断裂带均有较好的反映，以东西向等值线或同步拐弯呈东西向展布，显然，较之0°一阶方向导数等值线图的连接续性，梯度带紧密度上要弱一些，但在资料处理中，未能消除掉本断裂的信息，很大程度上依然保留了该断裂的信息，说明该断裂的强大。

在45°、135°方向导数灰度图（图2-5-29至图2-5-32、图2-5-21至图2-5-24），对本断裂反映程度不如其等值线图，但是，还是没能完全消除本断裂的信息，在部分段落仍表现为平直、浓黑的东西向黑影带影像，如图2-5-22至图2-5-24。

垂向二阶导数图对本断裂反映不佳，但总梯度模图（图2-5-42）、分形维数图（图2-5-43）对本断裂反映却较好，小波分析一、二、三、四节细节图（图2-5-44至图2-5-47）对本断裂也有不同程度模糊的东西向灰度带反映。

综上所述，本断裂带是深度30 km以上很强势的近东西向深部断裂带，它是广州重力高核心部分的南界断裂，在重力异常滑动平均区域场图（图2-5-48）、莫霍面深度图（图2-5-49和图2-5-50）也可能得到一定程度的反映，或者说，它们的图像形态受到本断裂带的影响。

2.5.1.5 五桂山北麓断裂带（F5）

顾名思义，本断裂带位于五桂山北麓，以中山市城区为中心，向东西两个方向延伸，西可延至开平以西，东可延至深圳以东，但重力等值线或灰度条带反映连续性比较弱一些。本断裂在地表露头比较少，多掩覆于第四系堆积物下，所以过去对它专题系统论述的文献资料不多，近年来有些资料文献中提及该断裂，常将它归属北东向断裂。第一次系统专题论述该断裂并明确将它归属近东西方向断裂是任镇寰等人发表的文章。[30-31]广东省地震局《中山市城区地震小区划》作了大量地表钻探和物探工作，证明该断裂为北东东向展布，广东省地质区测队所作1∶25万江门幅区测图也得出同样的结论，明确指出它是五桂山和潭江平原的北界断裂。

在布格重力异常及其上延1、2、5、10 km图（图2-5-3至图2-5-6），本断裂为广州重力高南界，0值线西起开平，东至中山以东的横门，进入伶仃洋，北东东走向，开平以西为北东向梯度带（F8）间断，其南面即为以珠海—台山为轴心的东西向重力负值区。

深圳东存在北东东向等值线边界，与上述0值线同一纬度，可能是本断裂向东延续之反映，深圳与中山之间存在北东向等值线宽缓带（F11和F12展布地区）将之分隔，所以，该断裂分为东西两段，西段为中山段，是主段，东段为深圳段。

在布格重力异常上延20、30 km图（图2-5-7和图2-5-8），北东东向等值线仍是广州重力高南界，但长度已大大缩短，深圳东的东西向边界等值线表现更清楚，纬度与中山相当。

根据布格重力异常图解释可知，本断裂是广州重力高南界，即南缘0值线展布带，其南部即为珠海—台山微负重力区，断裂在中山段和深圳段深度均可达30 km，之间不能连接，为北东向宽缓重力谷地间隔开。

在0°一阶方向导数等值线图（图2-5-9至图2-5-12）反映本断裂的图像与前述重力异常图大体相似，多表现为梯度带的形式，更精细准确，中山与深圳之间同样为北东向等值线带间隔（F11和F12），在图2-5-9中，似划出两条分断裂（<10 km），即中山、深圳东西向梯度带的南北两侧边界。

在45°、135°一阶方向导数等值线图上对本断裂也有较好的反映。一阶45°方向导数等值线图（图2-5-25至图2-5-28），中山段反映更好一些，近东西向梯度带可延至开平以西，但深圳段反映较弱，上延20、30 km时，东西向等值线只存在很短的一段。东西两段间为北西向（F16和F17）和北东向（F12）等值线带间隔。在一阶135°方向导数等值线图（图2-5-17至图2-5-20），对本断裂反映较45°方向导数图好。在上延20、30 km时，中山、深圳两段均表现为梯度带或等值线带，两段间为北东向等值线带（F11和F12）间隔。

在0°一阶方向导数灰度图（图2-5-13至图2-5-16），对本断裂带反映不如等值线图清楚，连接性不好和色泽灰淡模糊，只有中山城区一小段色泽浓黑，说明断裂不够强势，但总体看，近东西向断裂形迹可辨认。

在45°、135°一阶方向导数灰度图（图2-5-29至图2-5-32、图2-5-21至图2-5-24），对本断裂反映也只是若明若暗，局部地段存在近东西向影带或边界带或断头带（图2-5-29），说明它存在的信息不能全部消除的事实。

在垂向二阶导数图（图2-5-41）和总梯度模图（图2-5-42），对本断裂反映较好，中山、深圳两段有比较连续的近东西向等值线带，两段间同样为北东向等值线带间隔。

分形维数图（图2-5-43）则反映更好，近东西向梯度带、等值线几乎可以连成一条完整的（断裂）带，各小段遇北东向等值线，略有间隔。

小波分析一、二、三、四细节图（图2-5-44至图2-5-47）对本断裂反映只是模糊的零星点点的东西向短线，总体上可感觉到有一东西向断裂带潜伏着。

平均区域重力场图（图2-5-48）和莫霍面图（图2-5-49和图2-5-50）均可判释本断裂的存在，对它们形态分布发生影响。

由上各图分析解释可知，本断裂存在的证据是充分的，完全可以肯定。它是广州重力高南缘断裂，深度可达30 km，基本上可分为深圳、中山两段，两段间主要是为北东向断裂间隔。在地貌上，本断裂是珠江三角洲腹地大平原的南界，断裂以南的三角洲平原则分割零散。

2.5.1.6 滨海（岸）断裂带（F6）

本断裂带位于珠江口外滨海（岸）地带（图2-5-1），北界大体在香港—澳门—广海一线，可称为滨岸断裂带（F6.1），南界在担杆列岛—万山群岛—上川岛一线，可称为滨海断裂带（F6.2），它应是南海北缘滨海断裂带一部分，即中段-珠江口外段[32]。

滨海断裂带是20世纪80年代中期提出来的一条断裂带，得到广大地质学界的认同，但至今它的展布途径却还存在各种版本，甚至有滥画现象。本次重磁资料处理解释出来的珠江口段的滨海断裂带，在分布范围、途径与其他方向断裂切割关系等方面应是清楚的。

本断裂在各成果图上均有较好的反映。我们在前文关于珠江三角洲地区布格重力异常基本特征中已指出，区域南部近海地区存在一个显著的北东东向重力高带（图2-5-2至图2-5-6），总体应属于南海大陆架北缘重力高带的一部分，这也就是本断裂带的位置。在布格重力异常上延20、30 km时（图2-5-7和图2-5-8），可能由于滨海地区深部多种因素的叠加影响，异常形态有所变化，但北东东向重力高总体形态依然清楚。

在0°一阶方向导数等值线图（图2-5-9），对本断裂带反映最清楚，北东东向梯度带形态完整。北侧香港—澳门—斗门—广海一线梯度带（F6.1）较稀疏，南侧担杆列岛—万山群岛一线梯度带（F6.2）紧密。在上延10 km以低时（图2–5–10），东部受到北东向等值线带（F12）间隔，但未见切穿担杆列岛梯度带。西部受到北西向梯度带（F13）间隔，明显切断了本梯度（断裂）带，上延20 km以高时（图2–5–11和图2–5–12），已无北东向、北西向梯度带间断本北东东向梯度带的情况，即北东、北西断裂带切割本断裂带限于10 km以浅的范围内，但F6.1分解为南北两条。

由于本断裂带的强势，在45°、135°一阶导数等值线图上反映本断裂的北东东向梯度带也很清楚。在45°方向一阶导数等值线图（图2–5–25至图2–5–28），北西向断裂（F13、F15和F16）与本断裂带互相切割图像明显，除西部F13在20 km深处可切割本断裂带外，其他北西向断裂基本上限于10 km切割深度范围内。

135°一阶方向导数等值线图（图2–5–17至图2–5–20），东部北东向断裂等值线带（F10、F11和F12）与本断裂梯度带相互间隔也很明显，但主要还是限于10 km深度范围内，西部F8的梯度带或切入本断裂北带30 km深度内（图2–5–19和图2–5–20）。

90°一阶方向导数图本来与0°一阶方向导数图在计算处理中是相互屏蔽的，但它对本断裂带也有一定程度的反映，显然不如其他方向导数图的图像完整，只是局部地段得到反映（图2–5–33至图2–5–37）。

在一阶方向导数灰度图中，对本断裂反映同样好，在许多图中较等值线图图像更漂亮、直观。

在0°一阶方向导数灰度图（图2–5–13），本断裂还不是特别突出，反映了地壳浅部的状况，许多北东、北西向断裂的信息未得到完全消除，图面黑影带分布掺杂或复合，只在最南缘一条近东西向黑影带完整显示出来，但区域上北东东向黑影带群体组成北东东向总体构造形体轮廓还是明朗的，也看到许多北西向黑影带切过本断裂带的黑影图像。

0°一阶方向导数上延10、20、30 km灰度图（图2–5–14至图2–5–16）表现出一条巨大的北东东向断裂带的黑影带，图像形态十分简单，界限十分清楚，上延10 km（图2–5–14）图中，F13黑影带似切割本断裂带，上延20、30 km图（图2–5–15和图2–5–16），不见有北西向断裂切过本断裂黑影图像。深圳东的北东东向灰黑影带明显与南部本断裂黑影带分离，应不归属于本断裂系（图2–5–14和图2–5–16）。

在上述图中，滨岸（香港—澳门）断裂带基本无反映，说明断裂弱势。

45°一阶方向导数灰度图（图2–5–29），近海东西向黑影条带虽然杂乱，但总体走向清楚，见北西向黑影带连续切过近东西向黑影带，似左旋。

45°一阶方向导数上延10 km灰度图（图2–5–30），北东东向黑影带在滨海仍表现清楚，仍见北西向黑影带切过北东东向黑影带。

45°一阶方向导数上延20、30 km灰度图（图2–5–31和图2–5–32），北东东向影带表现模糊，但仍可见到影象形迹，北西向影像条带则更模糊或完全消失了。

135°一阶方向导数灰度图（图2–5–21），对北东东向断裂反映较45°方向还好，在近岸北东东向条带杂乱，总体走向仍清楚，黑影带反差大，北东向黑影切割北东东向影带，似右旋，多数是汇而不切。

135°一阶方向导数上延10 km灰度图（图2–5–22），近海域北东东向粗黑影带很清楚，北东向黑影体切过北东东向影带，右旋。一阶135°方向导数上延20、30 km灰度图（图2–5–23和图2–5–24），北东东向黑影带清楚，再不见北东向影带切过北东东向影带图像，说明只是浅部切割。

垂向二阶导数图（图2–5–41），存在数条北东东向梯度带，北西向恩平—镇海湾梯度带（F13）明显切过北东东向本断裂梯度带。北东向梯度带多与之交汇，也存在相互切割现象。总梯度模图（图2–5–42）上，本断裂北东东向梯度带清楚，同样也见到北西向F13和F15切过本断裂带，而北东向F10也切过本断裂带北界。

在分形维数图（图2-5-43），本断裂带北东东向梯度带图像清楚，可见到北东向F8梯度带为本断裂梯带截断，却又为北东向F10和F11断裂梯度带切割现象。北西向断裂在本图中反映不明显，F13和F15似为本断裂分割，而与北东向断裂（F9和F10）交汇。

小波分析一、二、三、四阶细节图（图2-5-44和图2-5-47），对本断裂反映不如前面所述诸种成果图，近东西向黑影带分布比较零散，但北东东向总体轮廓可辨。

至于平均区域场、莫霍面图乃常规图，内容不是专为线性构造编制的，但它的等值线一定程度上与本断裂带近东西向等值线一致，可能受到本断裂带的影响，或者说也是本断裂带的一种反映。

总之，本断裂带可划分出大体平行的两条主干分断裂：F6.1和F6.2，它们切割深度均可达30 km以上。特别是F6.2滨海断裂带的巨大规模和其展布方向的独立性在前述各成果图上得到充分反映，它与北东向、北西向断裂的关系也很清楚，是相互切割和交汇的关系。有一些资料文献认为北东向莲花山断裂带（F12）过深圳、香港后渐转为北东东向，即所指区域正是本断裂（F6）分布范围，现在看来是不准确的。

2.5.2 北东向断裂系

北东向断裂系是珠江三角洲地区乃至华南地区地表出露最广泛、规模最大的断裂系，被称为深大断裂系、深断裂系者也为数最多。但是，经重磁资料系统处理后解释研究所得的结果与以往资料或认识概念上有许多差异，许多被称为深大断裂的深度很浅，只有10 km，甚至某些段落小于10 km。本次重力资料系统处理得到的区内北东向深部断裂系有：F7，肇庆—四会（吴川—四会）断裂；F8，广州—恩平断裂；F9，增城—新会断裂；F10，河源—中山（河源—邵武）断裂；F11，博罗—斗门（紫金—博罗）断裂；F12，莲花山（深圳—万山、惠东—香港）断裂等6条断裂（图2-5-1），下面逐条断裂予以解释、阐述。

2.5.2.1 肇庆—四会断裂（F7）

位于区域西北部，是著名的吴川—四会断裂带的东北段，在布格重力异常图上，四会—广宁间有明显的梯度带（图2-5-2和图2-5-5）。四会东南为广州重力高区边界，西北则为异常负值区。在梯度带广宁一侧，往南遇F2东西向梯度带截断，在四会一侧，往南以北东向等值线带延至肇庆以南，遇F3东西向同步拐弯等值线带和F13、F14北西向等值线带的干扰，在新兴以南继续呈北东向梯度带呼应。上延20 km（图2-5-7），仍有表现。上延30 km（图2-5-8），北东向等值线形态、梯度带基本消失。

在135°一阶方向导数等值线图（图2-5-17）上，广宁—四会间根据梯度带可划分出3条平行分断裂。当上延10、20、30 km时（图2-5-18至图2-5-20），北东向梯度带依然存在，只是上延30 km的梯度带已稀疏，可分为广宁—云浮和清远—四会两条平行断裂。但本断裂在四会—花都一线（F2梯度带）明显被截断，北东向广宁梯度带西缘也阻截了F2向西延伸。

135°一阶方向导数灰度图（图2-5-21），断裂图像很清楚，上延10、20 km（图2-5-22和图2-5-23），同样，在四会一线为F2 东西向影体截切，粗黑影带异常体影像很清楚。上延30 km（图2-5-24），则边界模糊，难以定论。

在0°、90°一阶方向导数等值线图（图2-5-9和图2-5-12、图2-5-33至图2-5-36）上对该断裂均存在北东、北北东向等值线或梯度带的图像反映，只是断裂走向角度上有些差异，特别是90°方向，多为北北东向，这与资料处理计算角度相适应。

在0°、90°一阶方向导数灰度图上，对本断裂反映程度不如相应的等值线图好。特别是0°一阶方向图，只有上延10 km（图2-5-14）以低存在本断裂的影线条带图像，上延20、30 km（图2-5-15和图2-5-16），本断裂影像极为模糊或基本消失。

90° 一阶方向在上延20 km以低灰度图（图2-5-37和图2-5-39），对本断裂带反映图像清晰，黑影粗浓，但上延30 km（图2-5-40），该断裂反映图像边界很模糊，所以，由灰度反映图像分析，该断裂上延30 km时，表现比较弱，且限于北段，南段云浮、新兴一带图像基本消失。

布格重力垂向二阶导数图（图2-5-41），在四会西侧反映清楚，展示梯度带，至四会遇东西向梯度带（F2）阻截。

布格重力异常总梯度模图（图2-5-42），图形与图2-5-41类似，较好地反映断裂边界与近东西向构造关系。

分形维数图（图2-5-43），对本断裂南北两段均有北东向等值线反映，明显为F2、F3 东西向梯度带间断。

小波分析二、三、四阶细节图（图2-5-45至图2-5-47），对本断裂北段反映为北东向浓黑影条带，南段基本上无反映。

布格重力异常滑动平均区域场等值线图（图2-5-48），广宁—四会间北东向宽疏梯度带可认为是本断裂的反映，或受本断裂影响而形成区域场分布形态。四会—肇庆段呈北东向边界线，或许此断裂是珠江三角洲地区构造、物质分界线，肇庆以南等值线转为北西走向，当不是此断裂反映，而可能是北西向断裂（F14）的介入。

莫霍面深度图（图2-5-49和图2-5-50）基本图形与图2-5-48类似，肇庆以北的地壳层厚度、分布形态或许有此断裂影响成分。

综上所述，四会—肇庆断裂带可分为2条北东向断裂，位于其梯度带的两侧，西侧为F7.1广宁—云浮断裂，东侧F7.2为四会—肇庆（清远—四会）断裂。同时，断裂带为近北西向F2、F3断裂带分隔为南北两段。断裂带深度在重力异常上延20 km以低，图像清晰，边界明确，灰度图反差大。上延30 km时，图像、边界均较模糊，灰度反差小，说明已是断裂带末梢或影响带，因此本断裂定为20 km较准确，定为30 km矛盾较多，主要是所有灰度图均反映较差或完全无反映。

2.5.2.2 广州—恩平断裂（F8）

广州—恩平断裂是一条很著名的深大断裂，在资料文献中有许多名称，常把它分为几条断裂命名，如广州—从化断裂、广州—阳江断裂、广州—开平断裂、苍梧—恩平断裂、开平—金鸡断裂等。我们从重力异常体的角度将之归纳为一条统一的断裂带，可分为两条平行的分断裂：东侧一条（F8.2）展布在从化—广州—鹤山—开平—上川岛西侧海域，西侧一条（F8.1）展布在花都—三水—高明—恩平—阳江—海陵岛及其以南海域。西侧断裂以西主要是负重力异常带，其北段高明以北伸入广州重力高核心区域（西界），东侧断裂基本上是正重力异常区，穿过广州重力高核心区域东界（图2-5-1和图2-5-2）。梯度带总体宽度大于30 km。

布格重力异常上延20、30 km等值线图（图2-5-7和图2-5-8）对该断裂毫无反映，为东西向形态展布的重力高异常体所掩没，说明东西向构造在本区深部是主体构造。

着重反映北东向断裂构造的135° 一阶方向导数图对该断裂反映最好。在其等值线图（图2-5-17至图2-5-20）中，浅部（图2-5-17）虽 然北东向梯度带或等值线带反映该断裂的展布轮廓清楚，但在多处为东西向断裂梯度带（F1佛冈南，F3、F4佛山、鹤山间，F5开平北）和北西向等值线带（F20、F19、F18）间断。当上延10、20、30 km时，该断裂北东向梯度带结构反映很完整，断裂连接性很好，只有从化南有一小空段不能连接，所以断裂规模巨大，深度在30 km以上。

在135° 一阶方向导数灰度图（图2-5-21至图2-5-24）对该断裂带反映也很好，图像直观、显目。在浅部（图2-5-21），北段表现为三水、佛山两条北东向黑影带，往北受阻于F2的北东东向黑色条带，往南断头于F4，南段表现为恩平北东向黑影带，东侧开平条带则比较模糊，显示恩平带强势于开平带。当上延10、20、30 km（图2-5-22至图2-5-24）时，该断裂带反映非常强势，北东向浓粗黑影图像在珠江三角洲地区最为突出、耀眼，整体表现为一条宽粗黑影带，但在鹤山处存在明显为东西向F4切断迹象，往北却明显切断F2、F3的东西向黑影带，致其间断，不能连续，证明该断裂带是最强势、规模最大的北东向断裂带，切割深度在30 km以上。

在0°一阶方向导数等值线和灰度图上，本断裂带南段恩平段反映较好，等值线图（图2-5-9至图2-5-12）表现为北东向同步拐弯，灰度图表现为北东向黑影带图像，深度均可及30 km，北段基本上没有反映，因为0°方向导数主要反映近东西向构造，而东西向断裂F2、F3、F4又特别强势，北东向断裂反映不明显。

90°一阶方向导数等值线和灰度图对该断裂都有一定程度的反映。等值线图（图2-5-33至图2-5-36），表现为北东向梯度带或同步拐弯带，灰度图（图2-5-37至图2-5-40）反映更好，特别是上延10、20、30 km时，北东向黑影带浓粗图像在珠江三角洲地区也是最显目的，与135°方向图比较，只是角度小一些，这与计算处理角度有关，它与135°方向导数图一致反映本断裂的宏伟。

垂向二阶导数图（图2-5-41），水平总梯度模图（图2-5-42），小波分析二、三阶细节图（图2-5-45和图2-5-46）对本断裂带也有一定程度的反映。

根据上述各图分析，可以认为广州—恩平断裂（F8）是珠江三角洲地区规模最大、最宏伟的北东向断裂，深度切割和宽度均在30 km以上，它反映为一条巨大的北东向梯度带，比较完整的重力结构体，F8.1三水—恩平、F8.2广州—开平断裂位于梯度带东、西两侧边界，构成本断裂带的两条主干断裂。

2.5.2.3 增城—新会断裂（F9）

增城—新会断裂北东向斜贯研究区中部（图2-5-1），北起龙门以北，往南西经增城、番禺、江门（新会）、台山、广海湾西侧，并可能斜穿那扶溺谷，止于滨海断裂带（F6），北段与以往资料称之为番禺—新会断裂分布大体一致，但南段有较大的差异，以往资料认为该断裂延至新会附近渐转为北东东向，是潭江平原北界断裂，这一问题在前文中已指出，F5五桂山北麓断裂（图2-5-1）才是潭江平原北界断裂，与1：25万江门幅区测图一致，不谋而合。

增城—江门断裂在布格重力异常图中反映不太明显，只是在增城以北存在北东向梯度带（图2-5-2和图2-5-6）。上延20 km以高（图2-5-7和图2-5-8），北东向梯度带等值线基本上消失。

135°一阶方向导数等值线图对本断裂反映较好，在基准等值线图（图2-5-17）上，北段龙门—增城表现为北东向梯度带，增城以南多表现为单一的断续的北东向等值线，止于上川岛西侧，为滨海断裂带（F6）截止。当上延10、20 km时（图2-5-18和图2-5-19），南北段均反映为北东向梯度带或等值线带，虽遇F2、F3、F5、F6的东西向断裂梯度带间断，但整体北东向断裂带图像清楚，但上延30 km时（图2-5-20），北东向梯度带、等值线图形基本消失。

135°一阶方向导数灰度图（图2-5-21），增城北段有多条短粗黑影带斜列，增城以南可见淡黑影带延经番禺、顺德、新会至台山，进入滨海，也是斜列式排列，虽断断续续，但连接性较好。一般地质图上，只有中段番禺—顺德—新会，常称为市桥—新会断裂，没有增城北和台山南段，从本图看来，南、北段存在应可肯定，没有在江门（新会）附近向西拐入潭江平原北界，而是被F5东西向黑影带间断后，继续往南延伸，图像很清楚。前述经黄布的北东向断裂，应是本断裂南延的南段组成部分。上延10 km（图2-5-22），增城北仍见北东向黑影像带，增城南为F2东西向黑影宽带间断，番禺、顺德、江门又见北东向黑影边界断续延伸，台山段影像色泽较暗，但仍可辨认，可延伸到滨海，为F6 北东东向黑影构造带阻截。上延20 km（图2-5-23），增城北东向灰色影带基本上清楚可辨，番禺、顺德、江门段北东向影体隐隐约约，似有非有，台山至滨海段北东向影带消失。上延30 km（图2-5-24），本断裂带影像基本消失。

根据上述135°一阶方向导数等值线图反映，本断裂带深度可达20 km，等值线反映较好。灰度图在上延20 km时，增城以南图像模糊，很难辨认，可见，增城以北段相对比台山南段强势，南段规模小，从灰度图考虑，它的深度10 km较妥。

在0°一阶方向导数系列图中（图2-5-9至图2-5-12），无论是等值线图还是灰度图，对本断裂带反映均不好，只在上延10 km以低图（图2-5-9和图2-5-10）中，增城北段略有反映，其他各图均无明显形迹显示。

在90°一阶方向导数系列图（图2-5-33和图2-5-40），增城北的龙门段在上延20 km以低等值线图（图2-5-33和图2-5-34）和灰度图（图2-5-37和图2-5-38）都有反映，在上延20 km以高（图2-5-35和图2-5-39），无论是等值线图还是灰度图，图像都已很模糊。上延30 km（图2-5-36和图2-5-40），反映消失。

垂向二阶导数图（图2-5-41）、总梯度模图（图2-5-42）对本断裂南北两端均有一定程度的反映，中段反映不明显。

分形维数图（图2-5-43），对本断裂全段有较好的反映，主要表现为北东向连续等值线或串珠状形式。

小波分析各图（图2-5-44至图2-5-47）总体反映不很理想，增城北段存在北东向淡灰色条带。

据上述各图综合分析，着重反映北东向构造的135°一阶方向导数图，无论是等值线图还是灰度图，在上延10 km以低都反映很清楚，但上延20 km时，只有等值线图反映清楚，灰度图反映模糊，其他各图对增城北段反映均较好，但对增城以南各段反映不清楚，说明北段较南段强势。总的看来，大多数图对本断裂带有反映，存在是肯定的，且增城以北反映更清楚。深度上，只有135°一阶方向导数等值线图反映全断裂深可达20 km，灰度图增城以北段对20 km深度反映已边界模糊，增城以南基本无反映，可见断裂整体在深10 km比较强势，深20 km则比较弱势，规模小。其他各图只反映增城以北深达20 km，以南各段上延20 km时，基本上无反映，所以本断裂增城北段肯定深达20 km，增城以南定20 km较勉强，10 km则是肯定的，由于大多数图反映较弱，似是10 km较有把握，即使全断裂均定为深20 km，南段显然规模小。

2.5.2.4 河源—中山断裂（F10）

河源—中山断裂是著名的河源—邵武断裂带的南段，在研究区内北起河源以北，经博罗西、东莞东和中山抵达广海湾，止于滨海断裂（F6）。

本断裂带在布格重力异常图（图2-5-2）上并无突出反映，无梯度带，自河源始，有北东向等值线在博罗附近为F2 东西向高重力区北缘边界间断，再往南西在广州高重力场区东部又有北东向等值边界线接着延伸至中山东，再为广州重力高南部边界F5阻截。广东省地矿局编《广东省区域地质志》所画河源断裂带与上述重力等值线位置大体一致，因此，可认为该断续延伸的北东向等值线是本断裂带的反映。再往南西，在斗门西，有北东向圈闭等值线图像相呼应，直通广海湾，为F6滨海北东东向梯度带所截，未入海域，它可能是河源断裂延伸的反映。布格重力异常上延1、2、5、10、20、30 km时（图2-5-3至图2-5-8），仅中山之北有北东走向的等值线，距离短，很难判定为本断裂局部地段的反映。

135°一阶方向导数等值线图对本断裂反映较好，在上延20 km以低各图（图2-5-17至图2-5-19）表现为梯度带，虽各段受到F2、F3、F4、F5 东西向梯度带的间断，但北东向梯度带轮廓清晰。上延30 km（图2-5-20），河源—博罗段仍存在北东向等值线，但博罗以南各段北东向等值线不明显，这就是说，本断裂带深度可达20 km。

135°一阶方向导数灰度图（图2-5-21），河源段北东向黑影带图像明显，边界整齐，往南西，在增城东似为F2 东西向黑影带构造错移（顺时针），继续见浅灰色北东向影带经东莞东延至中山北，往南，在中山段反映为黑影带图像，再往南，可见很浅的北东向灰色带延至滨海，广海以南北东向影带反差大，由此可认为，河源段、中山段、广海段断裂表现较强，其余各段较弱。上延10 km（图2–5–22），河源段影像黑白反差大，往南为F2东西向黑影带切割，中山段再度呈浓黑影带，中山以南影带消失，无形迹反映。广海段黑影带似切入F6 东西向影带。上延20 km（图2–5–23），河源段北东向影像黑白反差已淡，边界不清楚，往南为强大的F2 东西向黑影构造带阻断，之后在中山段色泽淡，边界模糊，中山以南无影带反映，消失。上延30 km（图2–5–24），全断裂无影像反映。所以，从灰度分析，河源断裂深度以20 km为限，甚至小于20 km，且局限于河源、中山和广海段。

90° 一阶方向导数系列图对本断裂带也有一定程度的反映，上延10 km以低等值线图（图2–5–33和图2–5–34）反映较好，以梯度带和等值线带构成本断裂图形清楚。上延20、30 km时（图2–5–35和图2–5–36），全断裂无反映。

90° 一阶方向导数灰度图对本断裂反映不是太好，上延10 km以低图（图2–5–37和图2–5–38）上，河源段、中山段存在北东向黑色细条带，其他各段图像模糊、灰暗，很难判释。上延20、30 km（图2–5–39和图2–5–40），本断裂图像已完全消失。

0° 一阶方向导数系列图（图2–5–9和图2–5–16）无论是等值线图或灰度图对本断裂反映不佳。等值线图仅原张图（图2–5–9）在北部河源段、南部广海段有梯度带或等值线带反映，中部基本上无本断裂形迹。上延10、20 km（图2–5–10和图2–5–11），仅北部河源段存在北东向等值线带。上延30 km（图2–5–12），全断裂无图像反映。灰度图上延20 km以低（图2–5–13至图2–5–15）只有北部河源段存在北东向影像带，其他各段全无反映。上延30 km（图2–4–16），全断裂无图像反映。

垂向二阶导数图（图2–5–41），0值线西部边界走向北东，自河源延至增城东北，增城东南—中山北段存在0° 等值线不规则圈闭的串珠状块体，北东向排列。中山段无反映，广海段存在北东向等值线带。

总梯度模图（图2–5–42），河源、中山段存在北东向等值线，广海近海域段存在北东向梯度带，终端为强大的滨海F6 东西向梯度带截断。

分形维数图（图2–5–43），北起博罗北，经中山—广海—上川岛西存在北东向等值线带，连接性好，F2东西向等值线带以北之河源段北东向等值线偏离角度太大，应不属本断裂之反映。

小波分析一、二、三、四阶细节图（图2–5–44至图2–5–47）对本断裂反映都只限于局部，总体北东向带状图像不清楚。

综上所述，本断裂在135° 一阶方向导数等值线图反映较好，全断裂可确定为20 km深度，但135° 一阶方向导数灰度图只能反映河源段深达20 km，其他各段只有10 km深度，如考虑0° 、90° 一阶方向导数系列图和二阶导数、总梯度模、小波分析等图，对本断裂反映均欠佳，深度10 km以内，所以本断裂深度确定河源段20 km，其他各段为10 km。

2.5.2.5 博罗—斗门（紫金—博罗）断裂（F11）

本断裂北起区外紫金，经博罗、斗门至上川岛东，止于滨海断裂带（F6），以往资料中常称紫金—博罗断裂，是一条一般的断裂。该断裂在布格重力异常图（图2–5–2至图2–5–8）中基本上无反映。

135° 一阶方向导数等值线图（图2–5–17），本断裂存在3段北东向等值线带：博罗北段、博罗南段和斗门段，各段间分别为F2、F3、F5和F6 东西向断裂梯度带间断，在上川岛东可能切过F6。上延10 km（图2–5–18），斗门段缩短，并明显地为强大的F6 东西向梯度带截断，上延20 km以高（图2–5–19和图2–5–20），本断裂信息已全部消失。

135° 一阶方向导数灰度图（图2–5–21），河源东南侧有北东向的黑影带断断续续西南延伸，表现为远距离斜列，直至珠海西和斗门，颜色时淡时浓，进入滨海，受阻于F6近东西向黑影带。上延10 km（图2–5–22），惠州以北段，北东向黑影带边界清楚，往西南消失，在珠海西南出现很淡的影像，入海时变黑，明显为F6近东西向黑影带截阻。上延20、30 km（图2–5–23和图2–5–24），本断裂全段无图像反映。

0°一阶方向导数及其上延10 km等值线图（图2–5–9和图2–5–10），本断裂只在F2梯度带以北和F3梯度带以南存在北东向等值线带图像，南部斗门段全无反映。当上延20、30 km时（图2–5–11和图2–5–12），已全无本断裂信息。

0°一阶方向导数灰度图（图2–5–13），F2以北、F4以南、F5（珠海西）以南似有很淡的北东向灰色影带，可能是本断裂的反映。上延10 km（图2–5–14），灰度更浅，但连接性似较上图还好一些，明显为F6近东西向（北东东）粗黑影带截断，说明本断裂在此深度（10 km）形迹已非常弱。上延20、30 km（图2–5–15和图2–5–16），本断裂形迹已全无反映。

90°一阶方向导数及其上延10 km等值线图（图2–5–33和图2–5–34），对本断裂反映相对较好，因为大大减弱了东西向梯度带的干扰，断裂的连接性好一些。上延20、30 km（图2–5–35和图2–5–36），很难判释本断裂。

90°一阶方向导数灰度图（图2–5–37），北段（惠州段）黑影边界清楚，角度北北东向，往南在深圳西北有一黑影带（同135°），再往南影像较乱，很难分辨哪一条边界属本断裂形迹。上延10 km（图2–5–38），除了北段可判断为本断裂影像外，其余各段由于角度变化较大，很难判断哪一条黑影带属本断裂影像，图上所注F11只供参考。上延20、30 km（图2–5–39和图2–5–40），断裂反映图像全部消失。

垂向二阶导数图（图2–5–41），河源东南侧存在北东向0值线，止于F2 东西向梯度带，F3南部有北东向同步弯曲等值线断断续续至珠海西，可达海域，在近海段存在北东向梯度带，在广海湾受阻于北东东向和北西向梯度带。

总梯度模图（图2–5–42），仅在东莞东至深圳西一段存在北东向等值线，应为本断裂反映，其余各段反映不明显。

分形维数图（图2–5–43），在博罗、惠州间存在北东等值线带，止于F4，在中山东、珠海西、斗门西和上川岛北存在北东向等值线带，为F6 东西向等值线带截断。

综上所述，可判定紫金—斗门断裂存在，但连续性比较差，斜列式分布，在布格重力图一阶0°、90°、135°方向导数图及垂向二阶导数图、分形维数各图表现基本一致，各上延10 km图反映本断裂图像都已很模糊，上延20、30 km，影像全部消失，因此判断本断裂切割深度应在10 km左右。是一条规模小的弱势断裂。

2.5.2.6 莲花山断裂带（F12）

莲花山断裂带是广东乃至华南著名的一条断裂带，又称政和—海丰断裂带。自福建延伸至广东大埔后称为莲花山断裂带，在华南沿海地质史上有着极为重要的意义。它由两条平行的断裂带组成，北西侧一条称为五华—深圳断裂（F12.1），东南侧一条称为海丰—香港断裂（F12.2），自惠东进入本研究区已是断裂带的西南段末端。下面具体解释重力资料处理结果。

布格重力异常图（图2–5–2），自深圳始，北东向等值线带往南西延伸，西侧止于澳门东，东侧一条止于万山群岛F6北东东向断裂梯度带，深圳北东方向至惠东毫无反映。上延10 km（图2–5–6），等值线在深圳东南呈北东走向，延入滨海时，转为北东东向，据前文对F6的图像分析，北东东向部分应属F6的成分。上延20、30 km（图2–5–7和图2–5–8），深圳东侧虽有0值线北东走向，但角度大，非本断裂反映。

上述各图，在深圳—惠东段均无北东向等值线等图形反映。

135°一阶方向导数等值线图（图2–5–17）对本断裂反映较佳，北东向等值线自惠东经惠阳延至深圳，深圳以南反映为比较强大的北东向梯度带，可解释多条分断裂，延至万山群岛，为F6近东西向梯度带截断，但其中有一条切过了F6，并使F6有短距离间断。上延10、20 km（图2–5–18和图

2-5-19），惠东—惠阳段等值线反映为同步拐弯带，为F5间断，F5以南，在深圳与香港间，本断裂反映为宽阔的梯度带，往南为F6梯度带截断。上延30 km（图2-5-20），无图像反映。

135°一阶方向导数灰度图（图2-5-21），自惠东有北东向灰影带延至深圳东，在澳门东侧、香港西侧之间有数条不太规则的北东向黑影带或灰影带斜列，组合成北东向F12体系，至滨海时，同样为北东东向F6黑影带阻截，个别有切过F6黑影带的现象，似北东东向断裂右旋，北东向断裂左旋，此图看出深圳南段较北段断裂清楚。上延10 km（图2-5-22），自惠东至深圳隐约可见到北东向灰色模糊影像带，但连续性较前图好，可视为影响带，深圳东南有北东向浓黑的影带，伸至海滨，明显为巨大的北东东向黑影带阻截，北东东向黑影带锯齿状，可能反映北东向断裂带有过活动，但未能切过北东东向带的强大构造体。由上看出，本断裂可分为南北二段，南段比北段强大。上延20 km（图2-5-23），惠东—深圳段北东向影带全部消失，深圳东南侧仍可见淡黑影带，在滨海为F6北东东向黑影带阻截。上延30 km（图2-5-24），无明显反映本断裂的图像。

0°一阶方向导数等值线图（图2-5-9）与图2-5-16图像相似。上延10 km（图2-5-10），北东向同步拐弯等值线在深圳与香港间组成一条宽阔北东向带，初受阻于北西（F16）同步拐弯带，往南再受阻于F6东西向梯度带。上延20 km（图2-5-11），惠东与深圳间存在北东向同步拐弯等值线带，在香港北西部为北东东向（F6）梯度带截断。上延30 km（图2-5-12），无本断裂图像反映。

0°一阶方向导数灰度图（图2-5-13），惠东—深圳存在一条浅灰色北东向条带，其南侧还存在一条与之平行的黑色条带，似乎一直延伸至广海湾，才为F6黑影带截断。上延10 km（图2-5-14），仅深圳东南有一小段北东向淡黑影带。上延20 km（图2-5-15），深圳东南存在北东向极淡灰色模糊影像，其他各段图像均消失。上延30 km（图2-5-16），各段全无踪可寻。

90°一阶方向导数等值线图（图2-5-33），深圳北，惠东—惠阳—深圳西存在同步拐弯北东向等值线；深圳南，存在3条北东向等值线带延至滨海，为F6近东西向同步拐弯等值线带截断。上延10 km（图2-5-34），深圳与香港间存在北东向等值线带，惠东—惠阳—香港为东侧，深圳—万山为西侧，其中，惠东—惠阳段为同步拐弯带，等值线稀疏，深圳南为梯度带。上延20 km（图2-5-35），惠东—惠阳为单一的北东向拐弯等值线，受北西向等值线带阻断，深圳南为北东向等值线椭圆体，可划分出3条分断裂，往南延伸时，西侧2条断裂受F6等值线带截断，而东侧，香港—万山带切过了F6梯度带。上延30 km（图2-5-36），已无本断裂反映图像。

90°一阶方向导数灰度图（图2-5-37），惠东—深圳北东向影像较淡，深圳东南，黑影带很浓，有多条分叉，在滨海处似有北西向黑影带阻断或相交，总体方向为北北东，角度向小，但反映断裂形迹很清楚。上延10 km（图2-5-38），惠东—深圳段影像带较淡，淡黑色，边界较模糊，深圳以南为单一粗浓黑影像带，一直可延伸至滨海。上延20 km（图2-5-39），惠东—深圳段虽有淡灰色模糊影像带，但很难判断为本断裂带形迹，深圳以南存在粗黑色影带，应属本断裂带反映。上延30 km（图2-5-40），难辨本断裂形迹。

垂向二阶导数图（图2-5-41），惠东—深圳存在0值线围限的北东向带，可能属本断裂带反映，深圳东南侧有一较密集狭长的北东向斜列或串珠状梯度带，应是本断裂的反映，在万山群岛海域显然为F6北东东向梯度带阻断，但在澳门东侧、香港西侧等多处有间断F6东西向梯度带现象。

总梯度模图（图2-5-42），对本断裂总体反映不明显，难辨认形迹。

分形维数图（图2-5-43），在惠东、惠阳、香港、深圳这一区间内，存在零星的北东向同步拐弯等值线，南北呼应，应属本断裂形迹。

小波分析一、二、三、四阶细节图（图2-5-44至图2-5-47），以二、三阶细节图反映较好，表现为斜列北东向黑影条带。

滑动平均区域场图（图2-5-48），对本断裂带反映不明显。

莫霍面深度图（图2-5-49和图2-5-50），从莫霍面深度分布图像分析，似也受到本断裂分界的影响。

综上所述，本断裂深圳、香港以南段表现比较强，切割深度应在20 km左右，而惠东—深圳段表现比较弱，切割深度在10 km左右。全段呈北东45° 走向，不存在北东东转向图像。

2.5.3 北西向断裂系

北西向断裂系是珠江三角洲地区乃至华南地区分布比较广泛的断裂系，一般认为它规模不大，延续不长，断断续续地展布，是一组形成地质时代最新活动的断裂系。本次重力资料处理得到的认识有许多认同之处，即比较浅，大多数在10 km左右，规模不太大，从断裂切割关系分析，它应是一组比较活动的断裂。区内北西向断裂系骨干断裂有F13恩平—镇海弯断裂、F14肇庆—广海断裂、F15江门—斗门断裂、F16三水—担杆断裂、F17狮子洋断裂、F18东莞—大鹏湾断裂、F19增城—从化断裂、F20佛冈—惠州断裂（图2–5–1）。

2.5.3.1 恩平—镇海湾断裂（F13）

又名恩平—那扶溺谷断裂、那扶—镇海湾断裂，它由恩平东（F13.2）、西（F13.1）两侧两条平行的分断裂组成，自恩平往北西方向延出区外，往南东方向切入F6滨海断裂带。各图的反映情况如下：

布格重力异常图（图2–5–2），恩平以南存在明显的北西向等值线带，沿那扶溺谷、镇海湾伸向海域，受阻于F6东西向梯度带。往北西方向，自新兴至云浮以北，存在北西向等值线带呼应，可能是本断裂带北延部分，中间为F8北东向梯度带间断。上延1、2、5 km（图2–5–3至图2–5–5），北西向等值线带消失，只沿那扶溺谷存在北西向边界等值线。新兴—云浮以北的北西向等值线带仍存在。上延10、20、30 km（图2–5–6至图2–5–8），恩平南北西向等值线已全部消失。

0° 一阶方向导数等值线图（图2–5–9），恩平以南存在北西向梯度带，恩平以北为F8北东向梯度带截断，往南，东侧分断裂为F6滨岸东西向梯度带截断，西侧分断裂又明显截断了F6滨岸断裂梯度带，也似切过了F6滨海断裂梯度带。上延10 km（图2–5–10），基本图像与图2–5–9类似，只是梯度带缩短。上延20、30 km（图2–5–11和图2–5–12），北西向梯度带基本上消失。

0° 一阶方向导数灰度图（图2–5–13），恩平至镇海湾存在北西向黑影带，细影条，淡黑，角度变大，止于F6 北东东向黑影带，未见切过，可能与0° 方向突出东西向构造有关。上延10 km（图2–5–14），北西向淡黑影带止于F6 北东东向黑影带。上延20 km（图2–5–15），北西向影带基本上消失，在入海处，有一小段极淡的北西向边界止于F6北东东向黑影带。上延30 km（图2–5–16），北西向影带已消失。

45° 一阶方向导数等值线图（图2–5–25），恩平东西两侧均存在北西向梯度带，可解释出3条平行分断裂，其中中间一条北可伸展至云浮以北，南经恩平、那扶溺谷至镇海湾、上川岛西侧海域，明显分断F6近东西向同步拐弯等值线带。断裂整体连接性很好，重力场结构北西向条带性完整，规模（宽度）较大。上延10 km（图2–5–26），北西向梯度带图形变得复杂，云浮—上川岛梯度带在恩平处为F8 北东向等值线带间隔，在上川岛西侧又为F10 北东向同步拐弯等值线带分断。上延20 km（图2–5–27），云浮—上川岛梯度带在恩平北为F5 东西向梯度带小距离间断，在上川岛西北侧为F10 北东向同步拐弯等值线带截断。上延30 km（图2–5–28），无本断裂形迹反映。

45° 一阶方向导数灰度图（图2–5–29），由恩平经那扶、镇海湾直至海域，斜列两条反差很大的黑影带，在入海处明显切断F6北东东向影带。上延10 km（图2–5–30），恩平以北有数条斜列淡黑影带，恩平上川岛西侧以南黑影带黑白反差大，边界整齐，明显切过北东东向影带。新兴—云浮北西向影带淡灰，边界模糊。上延20 km（图2–5–31），恩平以南黑影带存在，北西向边界不太整齐，但仍可辨认，依稀可见通过北东东向淡影带（F6），恩平以北，北西向黑影带和边界很模糊。上延30 km（图2–5–32），恩平以南黑影带已很模糊，淡灰色影体，可认为是影响带，证明此断裂可深及20 km以上，在30 km深度已不明显；恩平以北，北西向条带已全消失。

90° 一阶方向导数等值线图（图2-5-33），自恩平至上川岛西侧存在北西向梯度带，明显切断F6滨海东西向同步拐弯等值线带，往北为F8北东向梯度带截断，F8梯度带北侧存在新兴—云浮北西向等值线带呼应。上延10、20 km（图2-5-34和图2-5-35），基本图像与图2-5-33相似，角度变小而已。上延30 km（图2-5-36），本断裂梯度带图像基本消失。

90° 一阶方向导数灰度图（图2-5-37），自恩平至海域，北西向黑影带很清楚，反差大，亦可见到切断模糊的北东东向影带。往北，云浮—新兴存在北北西向影带呼应。上延10 km（图2-5-38），北西向黑影带反差大，直入海；往北，云浮—新兴北西向边界已模糊。上延20 km（图2-5-39），一条粗黑影带由恩平北北西向直至海域，应为本断裂表现。上延30 km（图2-5-40），北北西向的影带已消失。

垂向二阶导数图（图2-5-41），恩平以南存在北西向梯度带，并明显切过F6滨岸断裂北东东向梯度带，又止于F6滨海断裂梯度带。恩平往北，遇F8 北东向梯度带截断，但在云浮—新兴有北西向同步拐弯等值线带呼应。

总梯度模图（图2-5-42）基本图像与图2-5-41类似。

分形维数图（图2-5-43），恩平以南存在北西向同步拐弯等值线，往北，云浮—新兴段则无北西向等值线呼应。

小波分析一、二、三、四阶细节灰度图（图2-5-44至图2-5-47），一、二阶细节图云浮—新兴、恩平—上川岛西存在北西向灰黑色条带。三阶细节图中，云浮—新兴无反映，恩平—上川岛西存在灰黑色北西向条带，它们均切过F6滨岸东西向黑影带。四阶细节图对本断裂基本上无反映。

综上所述，本断裂带在各种重力图件中均有一定程度的反映，表现突出、强大，深度可及20 km，切断F6.1滨岸断裂带北东东向断裂的图像很清晰，似为左旋，但可能未切穿F6.2滨海断裂带，它是北西向断裂系中应给予关注的一条活动断裂。

2.5.3.2 肇庆—广海湾断裂（F14）

该断裂文献资料中称开平（台山）—广海湾断裂，是以断裂的南段命名的，北段开平—肇庆段罕见有报道，本次重力资料处理中发现其存在证据充分，将南、北两段连起来命名为“肇庆—广海湾断裂”（图2-5-1）。

布格重力异常图（图2-5-2）总体反映不很明显，怀集西侧、肇庆西侧、广海东侧分别存在北西向同步拐弯等值线，相互呼应。上延5 km（图2-5-5），怀集西侧存在北西向拐弯等值线，肇庆—开平段存在北西向等值线带，广海南存在北西向同步拐弯等值线，相互呼应。上延10 km（图2-5-6），肇庆—开平段存在北西向同步拐弯等值线，广海南存在北西向拐弯等值线，怀集西侧、开平—台山段北西向等值线消失。上延20、30 km（图2-5-7和图2-5-8），只保留肇庆—开平段北西向等值线，但此等值线能否解释为断裂，尚待综合研究，有可能属于平均重力场类型，与莫霍面结构有关，或断裂给予了影响。

0° 一阶方向导数等值线图（图2-5-9），除北端怀集—广宁北西向等值线带西侧属本断裂反映外，其以南各段均无明显反映。上延10 km（图2-5-10），只有怀集—广宁北西向梯度带西侧、开平—台山段北西向同步拐弯带反映本断裂带形迹，其他各段无明显反映。上延20、30 km（图2-5-11和图2-5-12）无反映。

0° 一阶方向导数灰度图及其上延10、20 km图（图2-5-13至图2-5-15），只有本断裂北西端，即怀集—广宁黑影带西侧是本断裂反映，其以南各段全无反映。上延30 km（图2-5-16），无反映。

45° 一阶方向导数等值线图（图2-5-25），怀集西侧、肇庆西侧存在北西向等值线带，往南受F3 东西向等值线带间断，开平北存在北西向等值线呼应，并直达台山南，受F6滨岸东西向同步拐弯等值线带截切后，紧挨着存在一个北西向重力体带，可划分出3条平行分断裂，与F6东西向滨海同步拐弯等值线带互有截切，整体北西向图像带状清楚，但重力体结构则不甚完善。上延10 km

（图2–5–26），怀集西侧存在同步拐弯北西向等值线带，受F2东西向梯度带阻截，之后，广海以南存在短距离北西向同步拐弯带，受F6东西向梯度带截断。上延20 km（图2–5–27），除怀集西存在北西向等值线带外，全断裂基本上无本断裂反映图像。上延30 km（图2–5–28），本断裂北西向图像全部消失。

45°一阶方向导数灰度图（图2–5–29），肇庆—开平段有北西向影带，颜色虽淡，但可辨认，开平—台山段存在北西向淡灰色影带，边界模糊，入海湾后，北西向浓黑影带极显目，与F6北东东向滨海黑影带交汇，相互切割。肇庆北西方向仍有淡灰色斜列影带延续至图边，怀集—广宁北西向浓黑影带西侧属本断裂带反映。上延10 km（图2–5–30），肇庆—开平段北西向影带已很模糊，难以辨认，开平—台山段为很淡灰色影带，边界模糊，至海域有浓黑影带，粗短，汇入F6北东东向滨海黑影带，似相互切割，怀集—广宁浓黑影带西侧仍显目。上延20、30 km（图2–5–31和图2–5–32）各段均无图像反映。

90°一阶方向导数等值线图及其上延10 km图（图2–5–33和图2–5–34）。怀集西侧、肇庆南、广海南3段存在北西向等值线带或同步拐弯等值线，开平—台山段无反映。上延20 km（图2–5–35），怀集西侧存在北西向同步拐弯带，广海南存在北北西向同步拐弯带，肇庆、开平和台山各段均无反映。上延30 km（图2–5–36），全无本断裂信息。

90°一阶方向导数灰度图（图2–5–37），肇庆—开平段存在北北西向淡黑色影带，开平—台山段北西向边界模糊，广海湾海域黑影反差大，可见切断F11北东向黑影带（紫金—斗门断裂）。北西端怀集西侧存在黑影带，往南有淡灰色北西向黑影带与肇庆连接。上延10 km（图2–5–38），肇庆—开平段黑影带已模糊，但仍可辨认，开平以南至海域段不清楚，海域的北北西向影带粗黑，当是本断裂反映，北西端粗黑影带西侧边界整齐，但与肇庆连接模糊。上延20 km（图2–5–39），怀集—广宁黑影带西侧和海域淡黑影带呈北北西向，应是本断裂反映。上延30 km（图2–5–40），断裂全段无反映。

135°一阶方向导数等值线图及其上延10 km图（图2–5–17和图2–5–18），135°和45°互成直角，一般在计算处理过程中，45°方向断裂构造信息会被消除，但在这两张图上本断裂北西端却反映有北西向等值线带，说明信息未能完全消除掉，该段断裂信息强大。上延20、30 km（图2–5–19和图2–5–20），无本断裂图像反映。

135°一阶方向导数灰度图及其上延10、20、30 km图（图2–5–21至图2–5–24），对本断裂基本上无反映。

垂向二阶导数图（图2–5–41），在怀集西侧存在北西向等值线，肇庆西—开平存在北西向同步拐弯等值线呼应，广海湾海域存在北西向同步拐弯等值线带。

总梯度模图（图2–5–42），怀集西侧、肇庆、开平—台山段存在北西向等值线，相互呼应，广海段存在同步拐弯呈向南东方向突出的弧形等值线带。

分形维数图（图2–5–43）对本断裂带无明显反映。

小波分析一阶细节图（图2–5–44），怀集西侧存在北北西向黑色条带，肇庆—开平—台山存在灰色北北西向条带，广海湾存在北北西向黑色条带。小波分析二、三、四阶细节图（图2–5–45至图2–5–47），对本断裂反映不明显。

平均区域场图（图2–5–48），肇庆—开平—台山段是北西向等值界面线，往南至海域均无反映。

莫霍面深度图（图2–5–49和图2–5–50），自肇庆—开平—台山—广海—上川岛海域，存在北西向等值线同步弯曲，因此，可确认为地壳厚度展布方向和界线，此地段存在断裂可以理解。

综上所述，本断裂在各图均有一定程度的反映，但全断裂连接只有45°一阶方向导数等值线图（图2–5–25）和灰度图（图2–5–29）较好，断裂北西端（怀集西）可深达20 km，其他各段深度在10 km左右。

2.5.3.3 西江断裂（江门—斗门断裂）（F15）

西江断裂是珠江三角洲一条很著名的断裂，一些学者认为它是珠江三角洲的西界断裂。北段常称怀集—广宁断裂、绥江断裂、鹤山断裂，南段常称江门—斗门断裂，全断裂合称为西江断裂，地质图上通常画出两条平行的断裂组成，重力资料对该断裂有一定程度的反映，但规模并不是很大，展布途径也不全是与西江河道一致。

布格重力异常图（图2–5–2），怀集—广宁段存在北西向封闭椭圆形等值线，东侧密集，西侧缓（F14），本断裂位于东侧。广宁南为F7 北东向梯度带间断。四会以南，肇庆以东、鹤山以西，存在一条宽阔的北西向梯度带，肇庆以西为负值带（F14），东侧为正值带（广州重力高的西部边界），即为本断裂所经位置。往东南方向（江门—斗门段）无等值线反映。上延10 km（图2–5–6），北西向梯度带表现于怀集东侧，止于广宁，为F7北东向梯度带阻截。广宁以南，除鹤山附近仍存在北西向等值线外，基本上无图形反映。上延20 km（图2–5–7），等值线形态简单化，怀集东侧北西向等值边界线已不达广宁，鹤山西仍存在北西向等值线，距西江位置已有一段距离，不一定是西江断裂反映。上延30 km（图2–5–8），反映本断裂图像消失。

0° 一阶方向导数等值线图（图2–5–9），怀集—广宁存在北西向等值线带，往南受阻于F1 东西向同步拐弯梯度带，广宁—四会存在北西向轴线的羽毛状带，四会以南受F2东西向梯度带阻断，之后在三水佛山西侧、鹤山东侧存在同步拐弯北西向等值线，在鹤山处遇F4 东西向梯度带阻截，鹤山、江门、斗门一线似存在北西向弧顶向南东的大弧形带，但不能确切判定为断裂反映。斗门往南不见有本断裂形迹。上延10 km（图2–5–10），怀集—广宁段依旧存在北西向等值线带，广宁处与北东向F7等值线带交汇，广宁—四会存在北西向同步拐弯带，四会南只在鹤山东侧存在北西向同步拐弯等值线带，鹤山南直至滨海均不见本断裂形迹。上延20 km（图2–5–11），怀集—广宁段存在北西向等值线带，广宁处为北东向F7梯度带截断，广宁南至滨海均无本断裂形迹。上延30 km（图2–5–12）无本断裂反映图像。

0° 一阶方向导数灰度图（图2–5–13），北西向影像普遍表现角度增大，斜列，连接性远不如45° 方向，判释时主要根据45° 成像而推断。怀集—广宁段存在北西向黑影带，四会南、鹤山北有北西向影像，角度大，斜列，往南再无踪迹可寻。上延10 km（图2–5–14），怀集—广宁段存在北西向黑影带，边界不甚整齐，鹤山西北有短浓北西向边界线，往南再无踪迹。上延20 km（图2–5–15），怀集—广宁段存在北西向模糊淡黑影带，尚可辨认，四会以南无踪迹可寻。上延30 km（图2–5–16），全段无表现。

45° 一阶方向导数等值线图（图2–5–25），怀集—广宁—四会一线位于北西向宽阔梯度带的东侧（西侧为F14），为F2 东西向梯度带间断，F2之南继续存在北西向等值线带至鹤山、江门（串珠形），在鹤山处明显截断F4 东西向等值线，在江门处为F5 东西向等值线分断，往南自珠海西、斗门东，继续存在北西向等值线，直至F6滨海东西向梯度带被截断，再往南在F6东西向梯度带内部继续存在北西向等值线带群，可说明它与F6滨海断裂带交汇互切关系，整体反映本断裂带格局清楚，连接性也较好，与各东西向断裂切割关系也明了。上延10 km（图2–5–26），怀集—广宁—四会北西向梯度带依然清晰，在四会处明显为F2 东西向梯度带截断，之南以北西向同步拐弯等值线带形式经鹤山至江门，又明显受F5 东西向梯度带阻断，往南等值线同步呈北西向大角度弧形至斗门，可能是本断裂形迹反映，再往南，已无北西向等值线呼应，只是在斗门东侧存在北西向等值线同步拐弯带，且切过F6 东西向滨海梯度带，可解释为本断裂之支断裂。除斗门南段外，本断裂整体带性反映清楚。上延20 km（图2–5–27），怀集—广宁北西向梯度带未能延伸至四会，往南，鹤山—江门—斗门段存在较大角度北西向同步拐弯带，或可解释本断裂带的影响带。上延30 km（图2–5–28），怀集—广宁段存在北西向等值线带，但四会以南的宽幅大角度的北西向梯度带，很难判断为本断裂带的反映。

45° 一阶方向导数灰度图（图 2-5-29），怀集—广宁段黑影体粗浓，此段与绥江段河道大体一致，在四会西南，鹤山东北和西北存在2条斜列北西向短黑影体带，紧邻鹤山黑影带与西江河道一致，再往南存在北西向影体，色泽时灰时黑，断断续续，在斗门及以南滨海地带存在几条短黑影图像，与磨刀门、泥湾门等西江入海河道一致。上延10 km（图2-5-30），怀集—广宁段黑影体粗浓，边界整齐，鹤山—四会存在北西向斜列黑影体，东部较粗浓，西部较短（鹤山），与西江位置大体一致，再往南，江门—斗门两侧存在一条淡淡的灰色影带，与西江位置（泥湾门河道）大体一致，应是西江断裂反映，至海域，斗门南粗黑影带明显切断F6北东东向黑影带。上延20 km（图2-5-31），怀集—广宁段北西向黑影体已不存在，但尚有模糊北西向影线，只能算是断裂影响带所致图像，广宁以南再无任何北西向影体。上延30 km（图2-5-32），全段无影像反映该断裂存在。因此，据灰度图解释本断裂带一般在10 km以内，在怀集段存在20 km影响带。

90° 一阶方向导数等值线图（图2-5-33），怀集—广宁北西向梯度带明显为F7北东向梯度带截断，四会以南，鹤山、江门存在北西向同步拐弯等值线，滨海海域（万山群岛）存在北西向等值线带，与F6 东西向同步拐弯带交汇。上延10 km（图2-5-34），怀集—广宁北西向梯度带依然明显为F7北北东向梯度带截断，四会—鹤山—江门存在北西向等值线带，万山群岛海域存在短距离北西向等值线带。上延20 km（图2-5-35），怀集—广宁存在北西向等值线带，仍然为F7北东向梯度带截断，广宁以南很难判释本断裂形迹。上延30 km（图2-5-36），全带难以判释本断裂存在。

90° 一阶方向导数灰度图（图2-5-37），怀集—广宁段黑影体存在，角度变小，鹤山东北则存在短黑影带，与西江河道大体一致，其西北侧存在近南北向细黑影带，亦应是本断裂之反映，往南有淡影带。在斗门南，珠海南存在细浓黑影带，与磨刀门、泥河湾门入海河道一致。上延10 km（图2-5-38），怀集—广宁段呈浓粗黑影体，在鹤山一带存在较图2-5-37更清楚的北西向黑影体边界。珠海西侧，斗门南存在北西向影带，海域北北西向黑影体很浓。上延20 km（图2-5-39），怀集—广宁段黑影体仍存在，但边界是已不整齐、模糊，四会南亦存在北西向反差不大的模糊的边界，再南为淡影，北西向线性不清楚，难辨。上延30 km（图2-5-40），全段北西向影带消失。

垂向二阶导数图（图2-5-41），怀集—广宁段存在北西向0值圈闭线，鹤山西北存在北西向0值线和短0值圈闭线（与西江河道一致），斗门南存在北西向0值线（与西江位置吻合）。

总梯度模图（图2-5-42），怀集—广宁段存在北西向圈闭梯度带，鹤山存在北西向等值线，斗门东侧存在北西向等值线同步拐弯梯度带，并切入F6滨海梯度带。

分形维数图（图2-5-43）对本断裂反映不佳，仅斗门西侧存在同步拐弯北西向等值线带，与F11北东向等值线带可能互相交切，而后受阻于F6滨岸等值线带，往南以北西向封闭等值线体形式切入F6等值线带，将其分割开。

小波分析图（图2-5-44至图2-5-47）总体对本断裂反映不佳，各细节图存在不太明显的北西向淡灰色条带，勉强可以解释。

综上所述，本断裂在45° 一阶方向导数等值线图、灰度图在上延10 km以低反映较好，北段怀集—广宁段上延20 km图像仍清楚，其他各段则反映不佳或毫无反映，难予判释，所以本断裂可判释北段深20 km，以南为10 km。

2.5.3.4　三水—担杆断裂（F16）

以往地质资料中，在西江断裂（F15）与狮子洋断裂（F17）间有一条白坭—沙湾断裂，始于花都白坭，经广州西、番禺西沙湾，于蕉门水道或洪奇沥水道注入珠江口。但也有一些资料在阐述该区断裂时未提及该断裂，也有些学者，如潘建雄等撰文否认该断裂的存在。近年来也有一些地质资料应用“白坭—沙湾”名称，但断裂展布具体途径却有较大差别，主要是沙湾以南，断裂经香港西侧进入南海，多数是用虚线表示为推测断裂。本次重力资料所得结论是：在F15与F17间肯定存在一条北西向断裂，我们称之为“三水—担杆断裂（F16）”，下面逐图解释。

布格重力异常及其上延30 km以高图（图2-5-2至图2-5-8），对本断裂几乎全无图像反映，可能受到多种叠加因素影响而致其信息被屏蔽。

0° 一阶方向导数等值线图（图2-5-9），怀集—广宁东侧存在同步拐弯北西向等值线，F2东西向梯度带南，在三水东—佛山东—顺德东、中山东存在同步拐弯北西向等值线，往南不见本断裂形迹，在担杆岛F6东西向梯度带内似存在北西向同步拐弯带，较难判断。上延10 km（图2-5-10），佛山—顺德，中山东侧—担杆列岛F6东西向梯度带北侧存在北西向等值线带。上延20、30 km（图2-5-11和图2-5-12），对本断裂无图像反映。

0° 一阶方向导数灰度图（图2-5-13）及其上延10、20、30 km灰度图（图2-5-14至图2-5-16），对本断裂基本上无反映，可见本断裂不强势，规模小。

45° 一阶方向导数等值线图（图2-5-25），怀集—广宁东侧存在北北西向等值线带，往南东方向受到F7北东向和F2东西向等值线带阻截，自四会东始，经三水、佛山、顺德、中山东侧注入珠江口西侧、香港西侧，直至担杆列岛，为F6东西向梯度带截断。上延10 km（图2-5-26），怀集—广宁东侧存在北西向梯度带和同步拐弯等值线带，往南东受F2东西向同步拐弯等值线带阻断，自四会南东方向经三水、佛山、顺德、中山东侧、珠江口西侧、香港西侧存在同步拐弯北西向等值线带，在担杆列岛西北侧显示间断F6东西向梯度带，左旋。上延20、30 km（图2-5-27和图2-5-28），全带虽有北西向同步拐弯带，但综合图形，特别是45° 一阶方向导数灰度图和其他图件分析，可能此深度东西向断裂信息特别强大，导致出现非构造性梯度带，应非本断裂反映。

45° 一阶方向导数灰度图（图2-5-29），四会以北存在淡灰色北西向细影条，四会以南存在北西向斜列式黑影带或灰色影带，止于F6东西向黑影带，担杆列岛南侧又出现一小段北西向黑影带呼应。上延10 km（图2-5-30），整体北西向断裂黑影带图像不明显，只是在四会南东存在一巨大北西向黑影体，其西侧边界可认为是本断裂之反映，在中山东侧（洪奇门附近）存在北西向黑影体边界，担杆列岛西北侧存在北西向黑影带与F6东西向黑影体交汇，当是本断裂之图像。上延20、30 km（图2-5-31和图2-5-32），已全无图像反映。

90° 一阶方向导数等值线及灰度图（图2-5-33至图2-5-40）无本断裂图像反映。等值线图中存在的南北向、北西向、北北东向等值线（图2-5-34至图2-5-36）很难确认为本断裂形迹，它们可能是北东向、北西向断裂混淆信息造成，难予判释。

135° 一阶方向导数等值线及灰度图（图2-5-17至图2-5-24）对本断裂无反映。

垂向二阶导数图（图2-5-41），三水和佛山、顺德间的0值串珠状等值线北西向排列，中山东侧北西向等值线带，担杆列岛F6东西向梯度内南部存在北西向弧顶带，可能属本断裂之反映。

总梯度模图（图2-5-42），中山东侧、澳门东侧（珠江口）、担杆列岛南侧等地段的北西向同步拐弯等值线或是本断裂之反映。

分形维数图（图2-5-43）对本断裂基本上无反映。

小波分析一、二、三、四阶细节图（图2-5-44至图2-5-47）对本断裂基本上无反映。

由上述各图分析可知，只有45° 一阶方向导数等值线图对本断裂反映较全面，整体格局较好，深度可及10 km。45° 一阶方向导数灰度图对本断裂反映远不如等值线图，整体断裂格局不明显。0° 一阶方向导数图等值线图、垂向二阶导数图、总梯度模图对本断裂局部地段有不同程度的反映，而有一小部分图件对本断裂无反映，可见本断裂至少不是强势断裂而且规模小，但存在应是肯定的，深度10 km。

2.5.3.5 狮子洋断裂（F17）

又名珠江口断裂、狮子洋—伶仃洋断裂，它的主干断裂与珠江口河道一致。本次重力资料处理结果显示，它展布的范围远超过珠江口河道，北起清远以北，经花都和广州入珠江口河道，直抵香港并穿过担杆列岛入南海（图2-5-1），各图反映如下：

布格重力异常图（图2-5-2），清远南东方向、花都—广州—番禺—顺德东存在北西向同步拐弯等值线，两段间为F2间断，再往南无明显反映图像。上延1、2、5 km（图2-5-3至图2-5-5），清远南东方向、花都—广州存在同步拐弯等值线。上延10、20、30 km（图2-5-6至图2-5-8），全无图像反映。

0°一阶方向导数等值线图（图2-5-9）对本断裂反映不明显，仅广州、番禺东侧、担杆列岛F6东西向梯度带内部存在同步拐弯的北西向等值线，可能属断裂局部段落反映。上延10 km（图2-5-10），广州—番禺—深圳西侧、担杆列岛F6东西向梯度带南侧存在北西向同步拐弯等值线带或北西向大弧形带（深圳西侧），或是本断裂带反映。上延20、30 km（图2-5-11和图2-5-12），对本断裂带无反映。

0°一阶方向导数灰度图（图2-5-13）及其上延10、20、30 km灰度图（图2-5-14至图2-5-16）对本断裂带无反映。

45°一阶方向导数等值线图（图2-5-25），清远西侧、花都—广州—番禺东侧存在北西向同步拐弯带，深圳（宝安）西侧珠江口—香港—担杆列岛存在北西向同步拐弯等值线，其中担杆列岛F6东西向梯度带内明显存在北西向梯度带，可判释二者是相互交切性质，但F17北西向梯度带似未完全切过F6东西向梯度带。上延10 km（图2-5-26），清远西侧存在北西向梯度带，花都—广州存在同步拐弯北西向等值线或弧形图像，番禺东侧珠江口河道存在北西向同步拐弯等值线，香港以南无明显图像反映。上延20、30 km（图2-5-27和图2-5-28），四会、花都间存在北西向梯度带，可能属计算过程中内插非构造性连线形成，并非本断裂之反映，其灰度图可证明。

45°一阶方向导数灰度图（图2-5-29），清远西侧—花都西侧—广州东侧存在北西向淡灰色条带，其中广州段色泽浓黑，广州以南顺珠江河道存在隐约的北西向条带，直至香港，担杆列岛F6东西向黑影带群内，存在北西向转折黑影带，但未完全穿过F6黑影带整体，北西向条带不太显目。上延10 km（图2-5-30），清远西侧、花都西侧、广州东侧存在北西向浓黑影带之边界，珠江口河道无明显图像，直至深圳西侧才出现北西向灰影带边界线，担杆列岛F6东西向黑影带明显存在北西向浓黑影带切过，说明该段断裂强势。上延20、30 km（图2-5-31和图2-5-32），无本断裂带图像反映。

90°一阶方向导数等值线图（图2-5-33），清远—花都、广州—番禺、香港—担杆列岛等段存在北西向梯度带或同步拐弯带，担杆列岛F6东西向与F17北西向梯度带明显呈交汇特征，即相互交切，香港至番禺段（珠江河道段）却无反映。上延10 km（图 2-5-34），清远—花都存在北西向梯度带，广州—番禺存在北西向等值线，担杆列岛F6东西向梯度带南存在北西向等值线带，应是本断裂之局部反映，珠江河道段无明显反映。上延20、30 km（图2-5-35和图2-5-36），四会—鹤山与清远—广州间存在一条宽阔巨大的北西向梯度带，内部构造复杂，难确认本断裂反映图像，可能是计算程序内插非构造性连线图形，往南也无形迹反映。

90°一阶方向导数灰度图（图2-5-37），清远、担杆列岛内存在北西向黑影带外，珠江口河道至香港似存在一条模糊的北西向淡灰色条带。上延10、20、30 km（图2-5-38至图2-5-40），无图像反映。

135°一阶方向导数等值线和灰度系列图（图2-5-17至图2-5-24）对本断裂基本上无反映。

垂向二阶导数图（图2-5-41）、总梯度模图（图2-5-42）、分形维数图（图2-5-43）、小波分析系列图（图2-5-44至图2-5-47）对本断裂反映不明显。

由上述各图解释可知，本断裂只是45°一阶方向导数等值线图反映较好，上延10 km以低，整体断裂格局清楚，连接性尚好，上延20、30 km基本上无反映。其他各图对本断裂反映整体格局和连接性均欠佳，常常是局部地段有反映，南（担杆列岛）、北（清远—广州）段反映较好，其他各段反映不佳，尤其是狮子洋河道反映常常缺失。总的来说，本断裂是一条弱势断裂，重力场结构不完整，规模小，深度约10 km。

2.5.3.6 东莞—大鹏湾断裂（F18）

又名东莞—深圳断裂，北起东莞以北，经深圳和大鹏湾入海至担杆列岛东部（图2-5-1）。现逐图解释如下：

布格重力异常图（图2-5-2），花都东北侧存在北西向拐弯等值线，深圳东也存在北北西向同步拐弯等值线相呼应，东莞西侧存在弧顶向北西的大弧形等值线带，可能是本断裂之反映。

布格重力异常上延1、2、5、10、20、30 km图（图2-5-3至图2-5-8）对本断裂全无反映。

0° 一阶方向导数等值线图（图2-5-9），清远东侧—花都东北侧—东莞存在同步拐弯的北西向等值线带，深圳以南没有明显图像反映。上延10 km（图2-5-10），清远—花都东侧存在北西向同步拐弯等值线带，呈半羽毛状图形，东莞南存在北西向等值线，深圳以南无明显图像反映。上延20、30 km（图2-5-11和图2-5-12），无明显图像反映。

0° 一阶方向导数灰度图（图2-5-13），清远东、花都东和东莞东存在同步拐弯北西向黑影条带，往南再无明显图像反映。上延10 km（图2-5-14），清远—花都东侧存在北西向淡黑影带西界线（东界线为F19），往南无明显图像反映。上延20、30 km（图2-5-15和图2-5-16），无明显图像反映。

45° 一阶方向导数等值线图（图2-5-25），清远东南、花都东、东莞东存在北西向同步拐弯等值线带，连接佳；东莞南至深圳存在串珠状等值线带，深圳南大鹏湾、香港东、担杆列岛存在同步拐弯北西向等值线带，上述北西向等值线带整体格局清楚和连接性亦可，相对F17、F18重力场结构带形完整。在与F6 东西向等值线带交汇时，具有相互交切特征。上延10 km（图2-5-26），清远东—花都东、东莞南东方向，深圳北西方向存在北西向同步拐弯等值线，其他各段无明显反映。上延20、30 km（图2-5-27和图2-5-28），无图像反映。

45° 一阶方向导数灰度图（图2-5-29），自清远东和花都东始，经东莞有4条北西向黑影带斜列，似右旋，往南东继续以淡灰色模糊影带延伸至深圳东和大鹏湾，受阻于F5北东东向灰黑色影带，往担杆列岛似仍存在模糊北西向影带。上延10 km（图2-5-30），清远—花都—东莞段仍反映清楚，3段黑影带斜列，似右旋，东莞以南，深圳东至大鹏湾反映为浅灰色模糊影带，北段明显强于南段。上延20、30 km（图2-5-31和图2-5-32），基本上无影像反映。

90° 一阶方向导数等值线图（图2-5-33），清远东—花都东—东莞存在同步拐弯北西向等值线带，香港东北侧存在北西向等值线，担杆列岛F6 东西向梯度带内存在北西向椭圆体等值线。上延10 km（图2-5-34），清远东—花都东存在同步拐弯北西向等值线，往南至东莞存在北西向弧形带，深圳东北、香港东侧存在北西向等值线带，并间断F6东延。上延20、30 km（图2-5-35和图2-4-36），无图像反映。

90° 一阶方向导数灰度图（图2-5-37），清远东、花都东和东莞存在北西向黑影带边界，东莞东南、深圳东北和香港东似存在很模糊的北西向灰影带，直至担杆列岛海域。上延10 km（图2-5-38），清远东、花都东、东莞、深圳东存在北西向断头带（切断了北东向F7、F8、F9、F10、F11和F12黑影带），花都以北色泽浓黑，以南则渐变为淡灰色和模糊边界。上延20、30 km（图2-5-39和图2-5-40），无图像反映。

135° 一阶方向导数等值线图（图2-5-17），清远东—花都东—东莞存在北西向同步拐弯等值线带，间隔了北东向F8、F9和F10断裂等值线带的连接，深圳以南，无明显图像反映。上延10 km（图2-5-18），清远东—花都东存在北西向同步拐弯等值线带，间隔了北东向F8断裂等值线带的连接。上延20、30 km（图2-5-19和图2-5-20），无图像反映。

135° 一阶方向导数灰度图和上延10、20、30 km图（图2-5-21至图2-5-24），基本上无本断裂图像反映。

垂向二阶导数图（图2-5-41），清远、花都和东莞似存在0值线断断续续的北西向同步弯曲，连起来似与本断裂位置大体一致，止于东莞南东不远处，未通达大鹏湾。

总梯度模图（图2-5-42），清远东—花都东—东莞存在北西向同步拐弯等值线带，往南无明显等值线反映。

分形维数图（图2-5-43）无明显等值线反映。

小波分析一、二、三阶细节图（图2-5-44至图2-5-46），清远东、花都东、东莞东、深圳东、香港东、担杆列岛东断断续续存在北西向黑灰、淡灰色模糊条带，勉强可判释为本断裂之反映。四阶细节图（图2-5-47）无图像反映。

综上所述，本断裂在一阶导数45° 方向图上反映最清楚，应判定存在10 km深度，本断裂东莞以北段，少见资料文献报道，却明显强于南段。

2.5.3.7 从化—增城断裂（F19）

该断裂是本次重力资料处理判释的一条断裂，未见有文献资料报道。从化—增城段图像很清楚，往北可延至佛冈以北，往南可能延至大鹏湾东侧附近。

布格重力异常图（图2-5-2至图2-5-4），从化—增城北，在总体近东西向等值线的背景下出现北西向同步转弯梯度带，增城南，广州重力高东界出现北西向等值边界线相呼应。上延5、10、20、30 km（图2-5-5至图2-5-8），均无北西向等值线反映，断裂地段全为近东西向等值线覆盖。

0° 一阶方向导数等值线图（图2-5-9），从化—增城段存在同步拐弯等值带，增城南存在北西向弧顶向北突出的弧形等值线带，止于F3 东西向等值线带。上延10、20 km（图2-5-10和图2-5-11），从化—增城存在北西向等值线带，止于F2 东西向等值线带。上延30 km（图2-5-12），无图像反映。

0° 一阶方向导数灰度图（图2-5-13），从化段存在北西向断头边界，切断东西向F1之南侧小断裂。上延10、20 km（图2-5-14和图2-5-15），从化—增城段有北西向淡黑影带反映，增城南侧为东西向黑影带覆盖。上延30 km（图2-5-16），基本上无影带反映。

45° 一阶方向导数等值线图（图2-5-25），北起区域边界（图外），经从化、增城，存在北西向等值线带，带性结构好，增城南断续存在北西向等值线，明显为F3、F4、F5和F6所间断。同时，它也间断了F2、F3和F4的连续。上延10 km（图2-5-26），增城以北，北西向梯度带明显，增城南反映图像不明显，大鹏湾东侧存在北西向等值线，勉强可推测为本断裂之反映形迹。上延20 km（图2-5-27），从化—增城存在北西向椭圆形等值线，等值线带宽疏。增城以南无明显等值线反映，大鹏湾东侧附近存在单一北西向等值线，很难判定是否为本断裂之反映。上延30 km（图2-5-28），从化—增城东侧存在北西向梯度带，属其西侧边界（东侧边界为F20）。深圳东侧大约为大鹏湾东侧位置，存在北西向同步拐弯等值线，是否为本断裂之反映，尚难判释。

45° 一阶方向导数灰度图（图2-5-29），从化—增城段反映为北西向浓黑影带，边界整齐、清楚，增城南有北西向淡影带，似有很淡的灰色北西向影带通向大鹏湾东侧。上延10 km（图2-5-30），从化—增城段断裂反映为一条粗黑影带，北西方向至佛冈有淡影带相连。上延20 km（图2-5-31），从化—增城存在北西向黑影模糊不整齐边界，止于F2东西向影带，应视为本断裂存在，至少是影响带，因此本断裂从化—增城段应深于10 km，可定为20 km。上延30 km（图2-5-32），反映本断裂带的北西向图像消失。

90° 一阶方向导数等值线图（图2-5-33），从化—增城段存在北西向等值线带，往北有北西向等值线呼应，可能连接区外，往南存在北西向等值线延至东莞东。上延10、20 km（图2-5-34和图2-5-35），从化—增城段存在北西向等值线带，往北存在北西向弧顶向南等值线带，往南大鹏湾东侧附近存在弯曲的北西向等值线带。上延30 km（图2-5-36），无影像反映。

90° 一阶方向导数灰度图（图2-5-37），佛冈西—从化—增城段，断裂带反映为明显的斜列北西向黑影带，色泽时浓时淡，依斜列图式应是左旋（逆时针）。上延10 km（图2-5-38），佛冈—

从化—增城连成一黑影带，增城东南则消失。上延20、30 km（图2-5-39和图2-5-40），基本上无影像反映。

135°一阶方向导数等值线图（图2-5-17），从化北（佛冈西）—增城存在同步拐弯北西向等值线带，增城南无等值线反映。上延10 km（图2-5-18），从化北存在北西向等值线带，以南无等值线反映。上延20、30 km（图2-5-19和图2-5-20），从化以北的北西向等值线带应非断裂反映，可能与区域重力场和多组断裂构造线复合影响有关。

135°一阶方向导数系列灰度图（图2-5-21至图2-5-24）无影带反映。

垂向二阶导数图（图2-5-41），佛冈西—从化—增城存在北西向排列的串珠状0值线带。

总梯度模图（图2-5-42），从化—增城段存在北西向等值线。

分形维数图（图2-5-43），无等值线图形反映。

小波分析一阶细节图（图2-5-44），从化—增城段处于北西向黑影带之西侧。二阶、三阶细节图（图2-5-45和图2-5-46），从化—增城存在北西向淡灰影带。四阶细节图（图2-5-47），无图像反映。

由上述各图分析可知，大多数图件对本断裂有反映，45°一阶方向导数图反映最全面，尤其是增城以北段，各图都反映清楚，深可达20 km，增城以南，各图反映有差异，由45°一阶方向导数等值线和灰度图判释，增城以北段20 km深度是无疑的，增城南—大鹏湾东侧段以判定为10 km或小于10 km为宜。

2.5.3.8 佛冈—惠州断裂（F20）

常称惠州断裂，位于惠州盆地西侧。本次重力资料处理结果显示，它往北还可延至佛冈东侧，往南可伸至大亚湾一带。各图反映如下：

布格重力异常及其上延1、2、5 km（图2-5-2至图2-5-5），佛冈—增城东北方向存在同步拐弯北西向等值线带，止于F2 东西向梯度带，南段惠东西侧（大亚湾）一带存在北西向拐弯等值线，或是该断裂之反映，南北两段为F2 东西向断裂梯度带间隔。上延10、20、30 km（图2-5-6至图2-5-8），虽存在北西向等值线，但角度系统偏大与缩短，应属于重力平均场的反映。

0°一阶方向导数等值线图（图2-5-9），佛冈东侧存在北西向等值线带，角度偏大，往南无明显等值线反映。上延10 km（图2-5-10），佛冈—博罗段存在北西向梯度带，往南无明显等值线反映。上延20 km（图2-5-11），博罗北侧存在北西向等值线带，往南无明显等值线反映。上延30 km（图2-5-12），无反映。

0°一阶方向导数灰度图（图2-5-13），佛冈存在北西向黑影条带，往南各段无反映。上延10 km（图2-5-14），佛冈存在淡灰色比较模糊的北西向灰影带，往南无明显图像反映。上延20、30 km（图2-5-15和图2-5-16），无图像反映。

45°一阶方向导数等值线图（图2-5-25），佛冈东侧—博罗北侧存在北西向梯度带，往南为F2 东西向断裂梯度带间断，惠州东侧—惠东西侧存在北西向拐弯等值线。上延10 km（图2-5-26），佛冈—惠州存在北西向梯度带，止于F3 东西向梯度带，往南经惠东西侧至大亚湾存在北西向同步拐弯等值线带。上延20 km（图2-5-27），佛冈—博罗存在北西向梯度带，止于F2 东西向断裂梯度带，往南无明显北西向图形反映。上延30 km（图2-5-28），佛冈—博罗北虽存在北西向梯度带，可能属区域重力场平均值非构造数据连线，而非本断裂反映。

45°一阶方向导数灰度图（图2-5-29），佛冈以南存在北西向黑影条带，惠州—惠东西侧存在短距离北西向黑色条带，可以呼应，惠东西南似有很模糊的北西向灰条带。上延10 km（图2-5-30），无图像反映。上延20 km（图2-5-31），佛冈—博罗是一条北西向粗黑影带的东侧边界线（西界线为F19位置），边界模糊，往南无图像反映。上延30 km（图2-5-32）无明显图像反映。

90°一阶方向导数等值线图（图2-5-33），佛冈—博罗北西方向存在北西向等值线带，往南无明显等值线反映。上延10 km（图2–5–34），佛冈—博罗北存在北西向梯度带，博罗—大亚湾存在宽疏的北西向等值线带。上延20 km（图2–5–35），佛冈—博罗存在北西向等值线带，博罗—大亚湾存在北西向等值线。上延30 km（图2–5–36），佛冈—博罗存在北西向梯度带，可能属非构造数据连线，博罗以南北西向等值线偏离角度太大，不能确认。

90° 一阶方向导数灰度图（图2–5–37），佛冈存在北西向短距离北西向黑影带，往南似有模糊的北西向灰影条带通向惠州、大亚湾。上延10 km（图2–5–38），佛冈—从化—增城北西向粗黑色条带的东侧边界不整齐、模糊，很难定位，其东侧存在北西向灰色边界影像，或可认为是本断裂之反映，往南影像模糊，宏观上似有北西向灰影带自惠州西至大亚湾。上延20、30 km（图2–5–39和图2–5–40），影像模糊，难予确认。

135° 一阶方向导数等值线图（图2–5–17），佛冈—博罗存在北西向同步拐弯等值线带，往南似有断断续续北西向（博罗、惠州、惠阳、大亚湾）等值线，但线短，较难确认。上延10 km（图2–5–18），佛冈存在北西向等值线，往南无反映。上延20、30 km（图2–5–19和图2–5–20），无反映。

135° 一阶方向导数系列灰度图（图2–5–21至图2–5–24）无图像反映。

垂向二阶导数图（图2–5–41），佛冈—博罗存在北西向等值线带或同步拐弯带，往南无明显等值线反映。

总梯度模图（图2–5–42），佛冈段、惠州—惠阳段存在北西向等值线。

分形维数图（图2–5–43），无图像反映。

小波分析一、二、三、四阶细节图（图2–5–44至图2–5–47），无图像反映。

综上各图解释，该断裂在45°、90° 一阶方向导数等值线图中反映较好，可以肯定是存在的，尤其是北段，但灰度图则反映欠佳，其他各图主要对北段佛冈—博罗段有一定程度的反映，对南段博罗—大亚湾基本上无反映，所以该断裂是一条规模较小的弱势断裂，可判定北段深20 km，南段深10 km。对大亚湾核电站安全无碍。

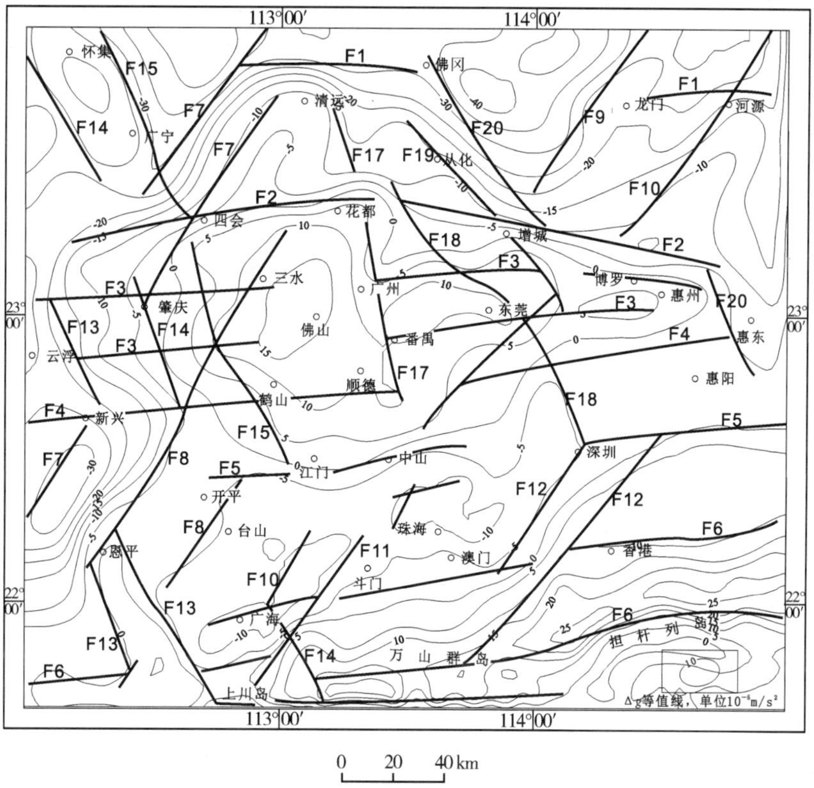

图2–5–2　珠江三角洲地区布格重力异常图

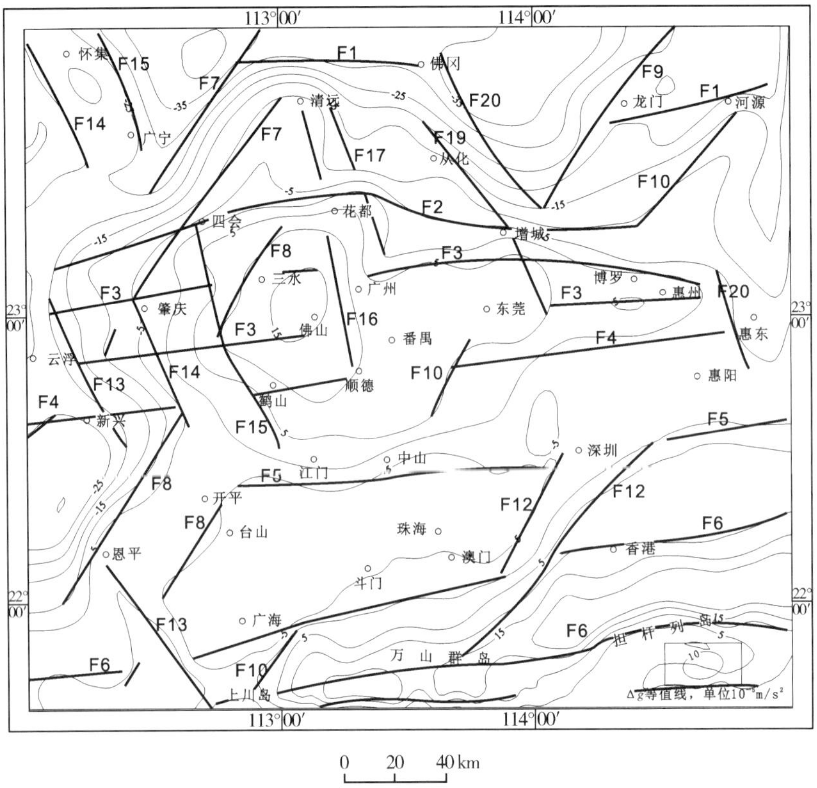

图2-5-3　珠江三角洲地区上延1 km布格重力异常图

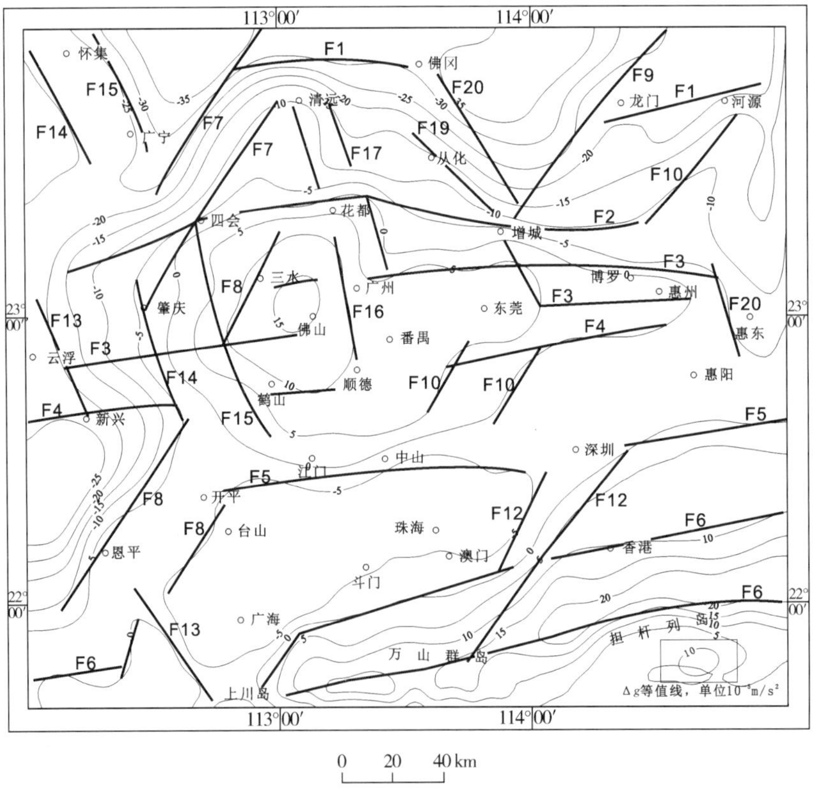

图2-5-4　珠江三角洲地区上延2 km布格重力异常图

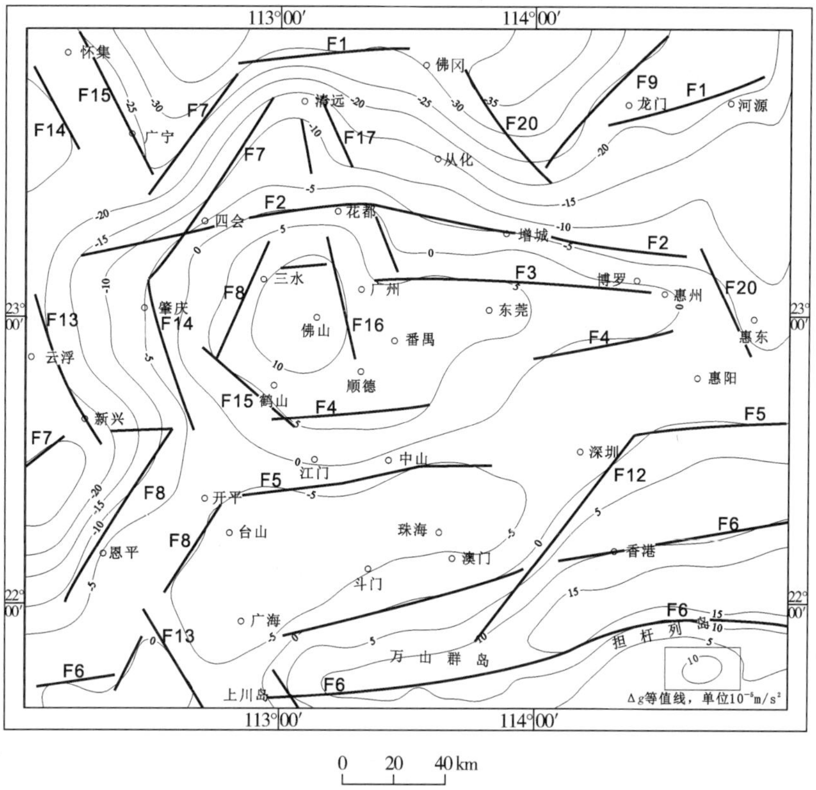

图2-5-5 珠江三角洲地区上延5 km布格重力异常图

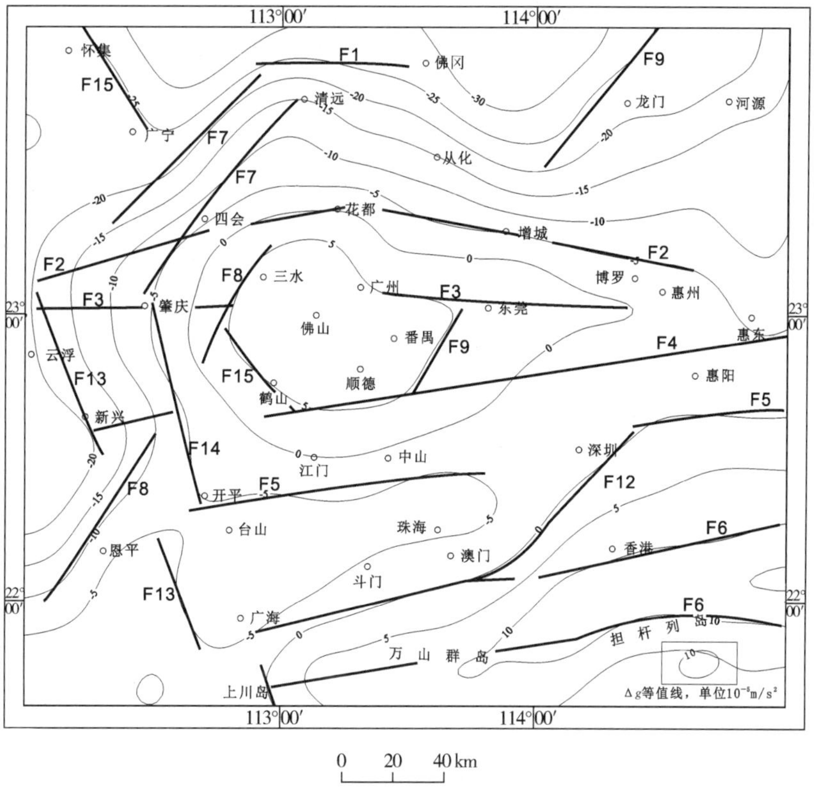

图2-5-6 珠江三角洲地区上延10 km布格重力异常图

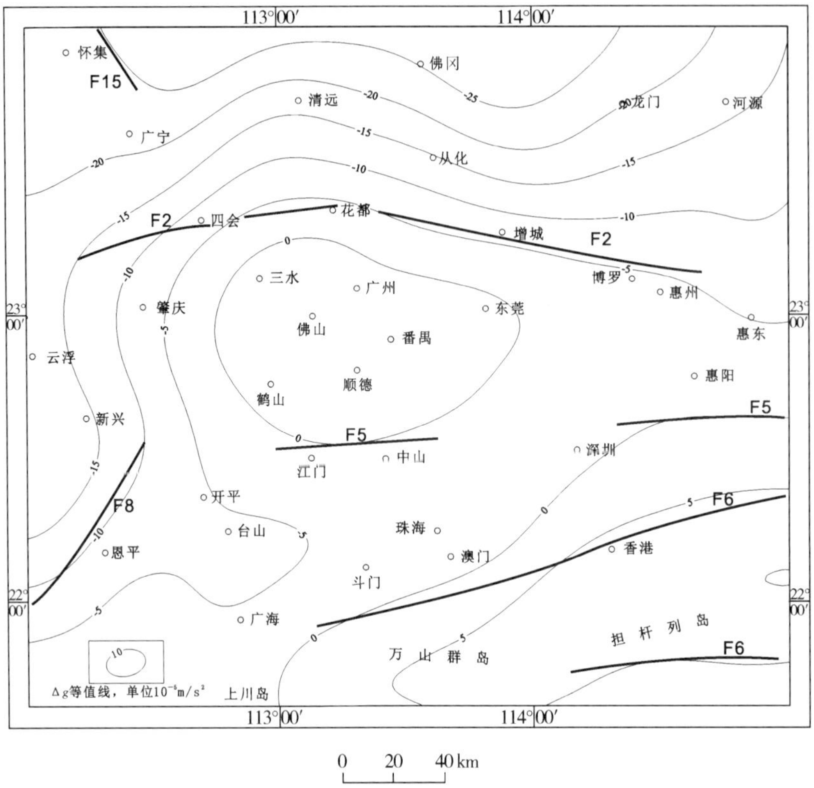

图2-5-7　珠江三角洲地区上延20 km布格重力异常图

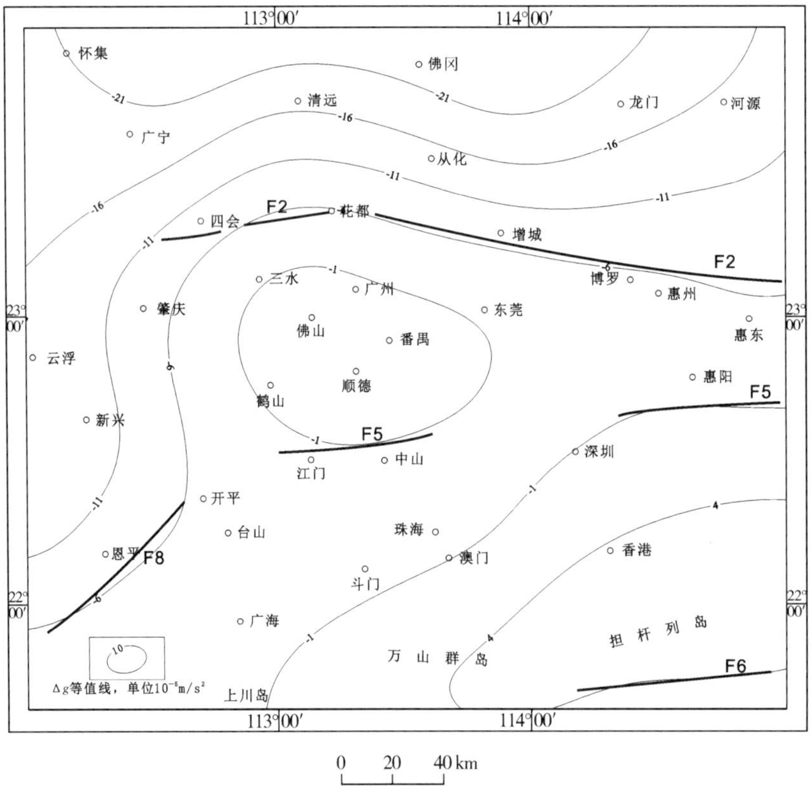

图2-5-8　珠江三角洲地区上延30 km布格重力异常图

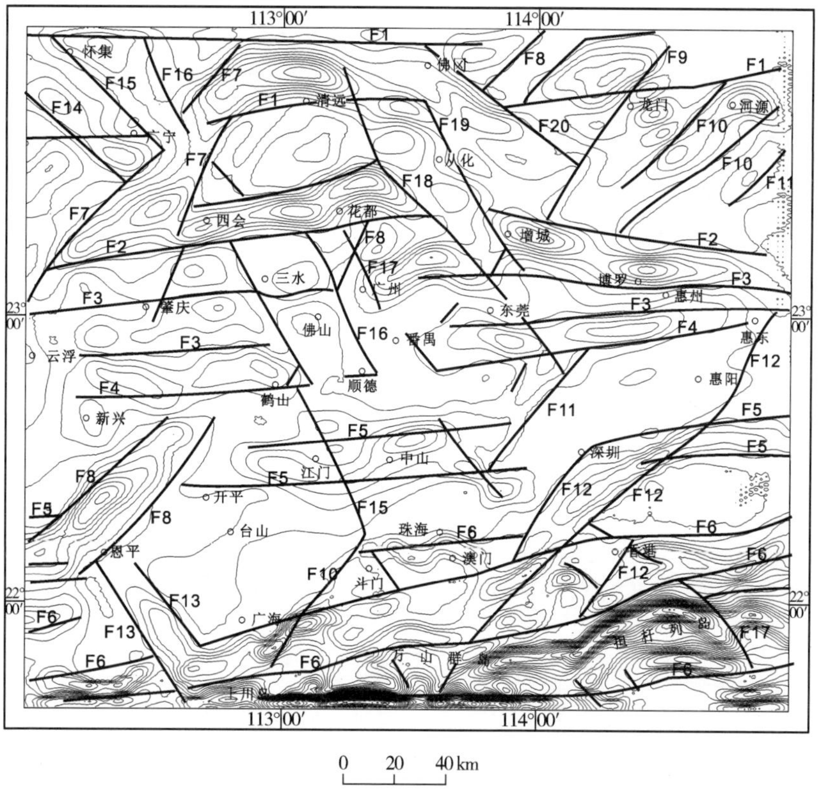

图2-5-9 珠江三角洲地区布格重力异常0° 一阶方向导数等值线图

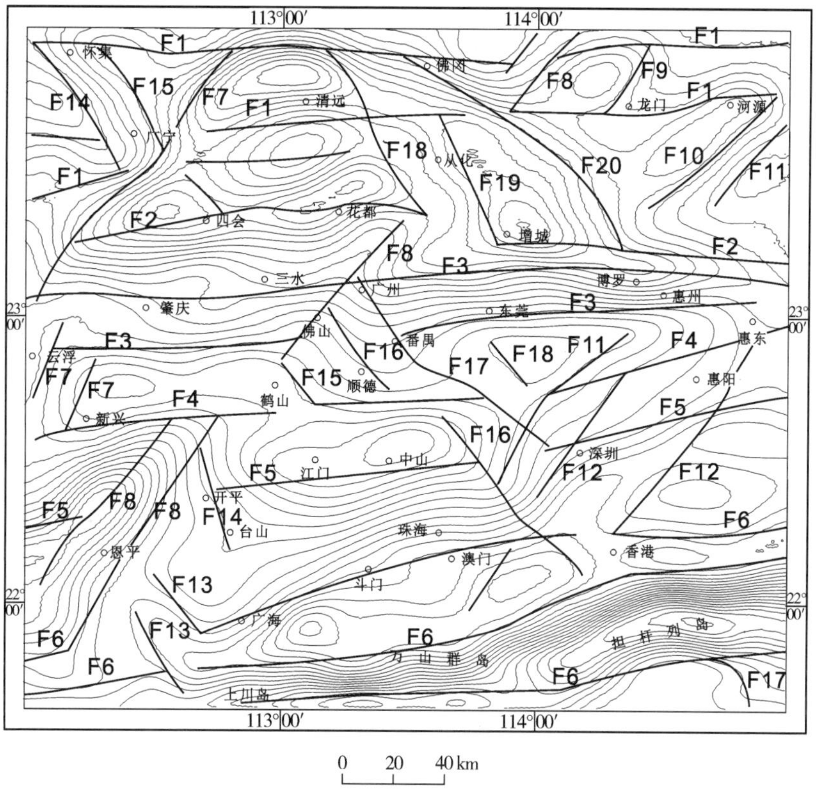

图2-5-10 珠江三角洲地区布格重力异常上延10 km 0° 一阶方向导数等值线图

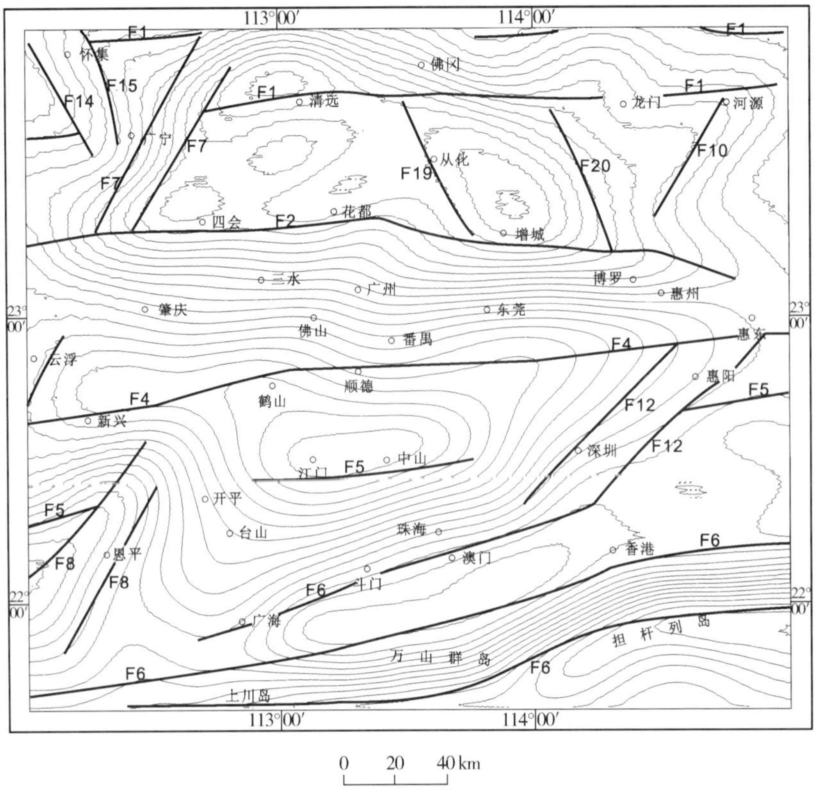

图2-5-11　珠江三角洲地区布格重力异常上延20 km 0° 一阶方向导数等值线图

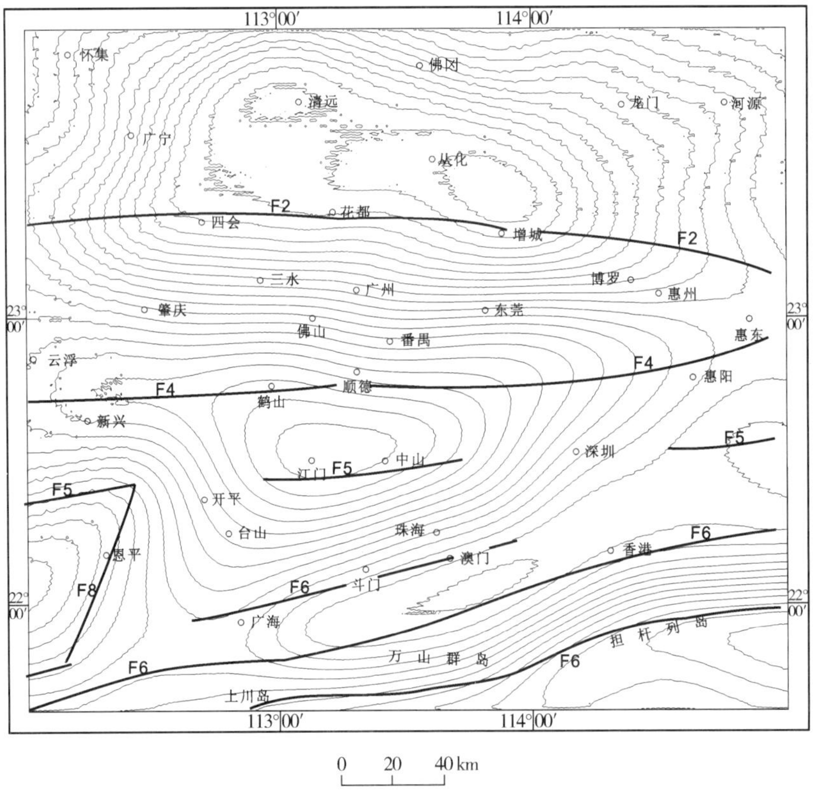

图2-5-12　珠江三角洲地区布格重力异常上延30 km 0° 一阶方向导数等值线图

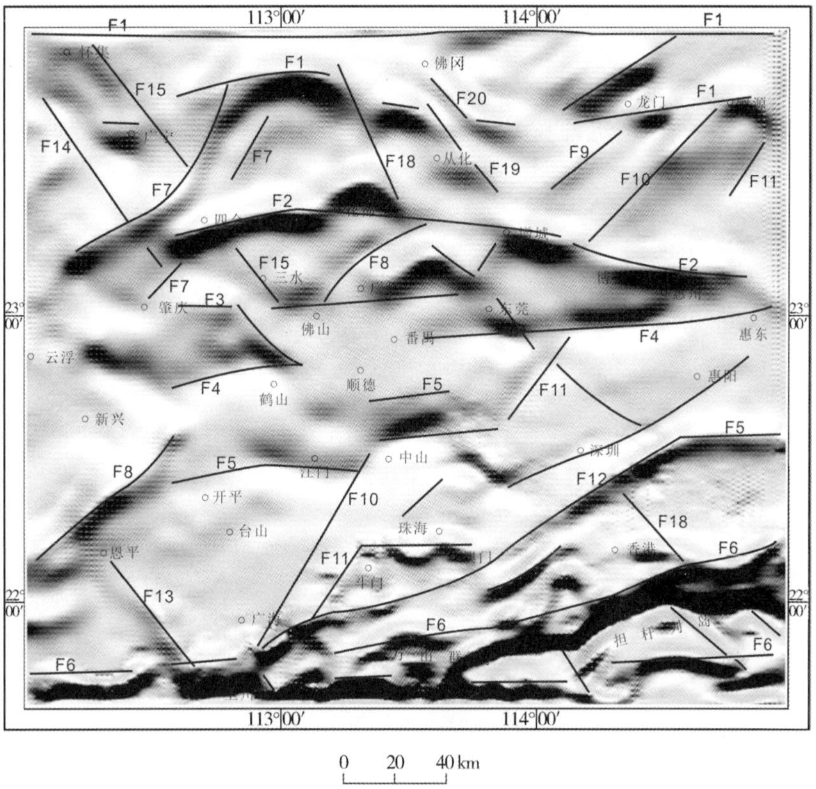

图2-5-13 珠江三角洲地区布格重力异常0° 一阶方向导数灰度图

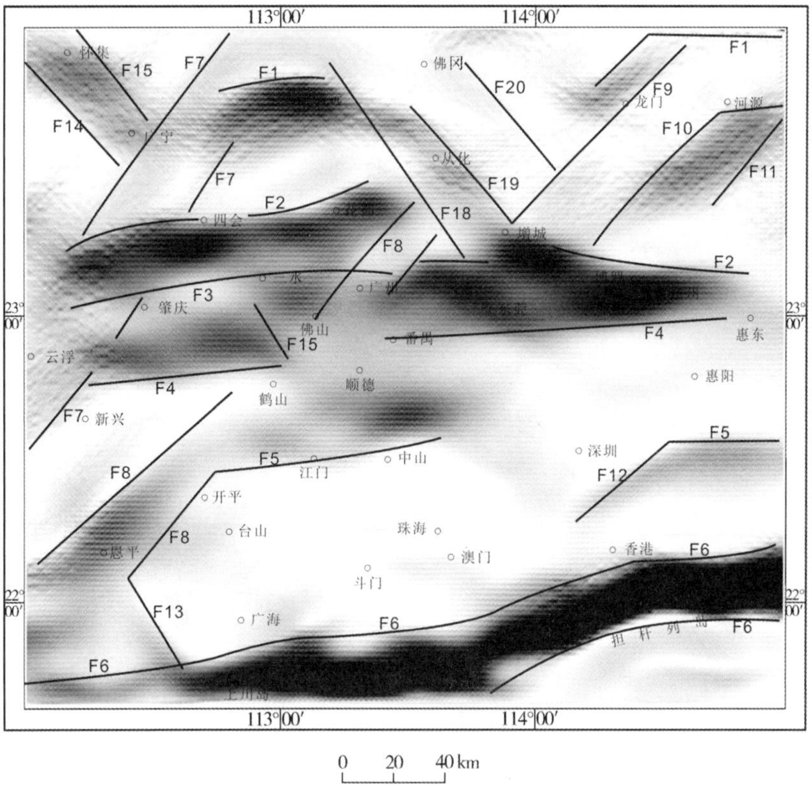

图2-5-14 珠江三角洲地区布格重力异常上延10 km 0° 一阶方向导数灰度图

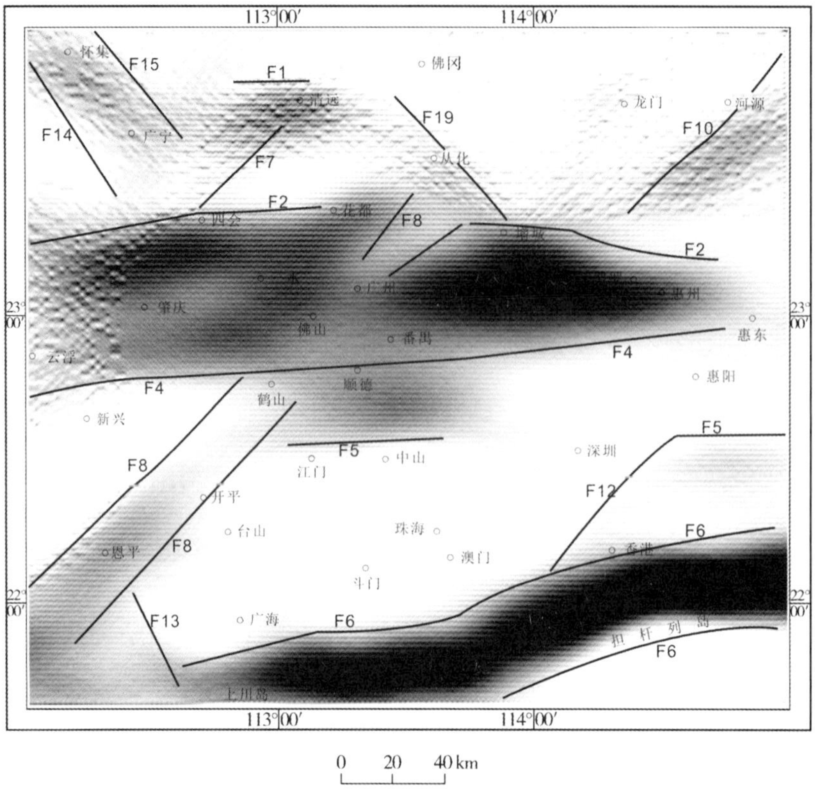

图2-5-15　珠江三角洲地区布格重力异常上延20 km 0° 一阶方向导数灰度图

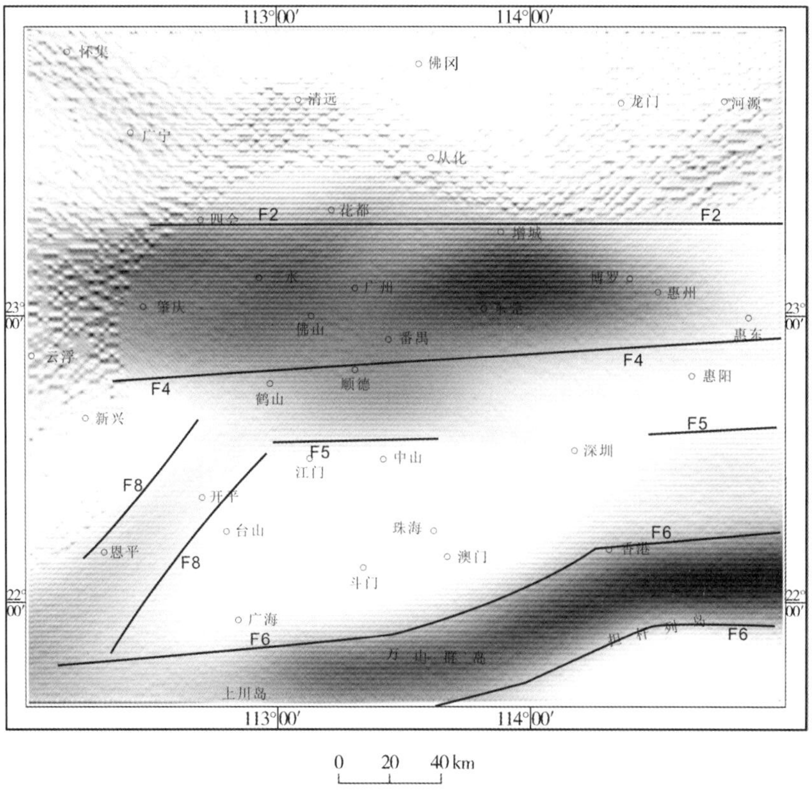

图2-5-16　珠江三角洲地区布格重力异常上延30 km 0° 一阶方向导数灰度图

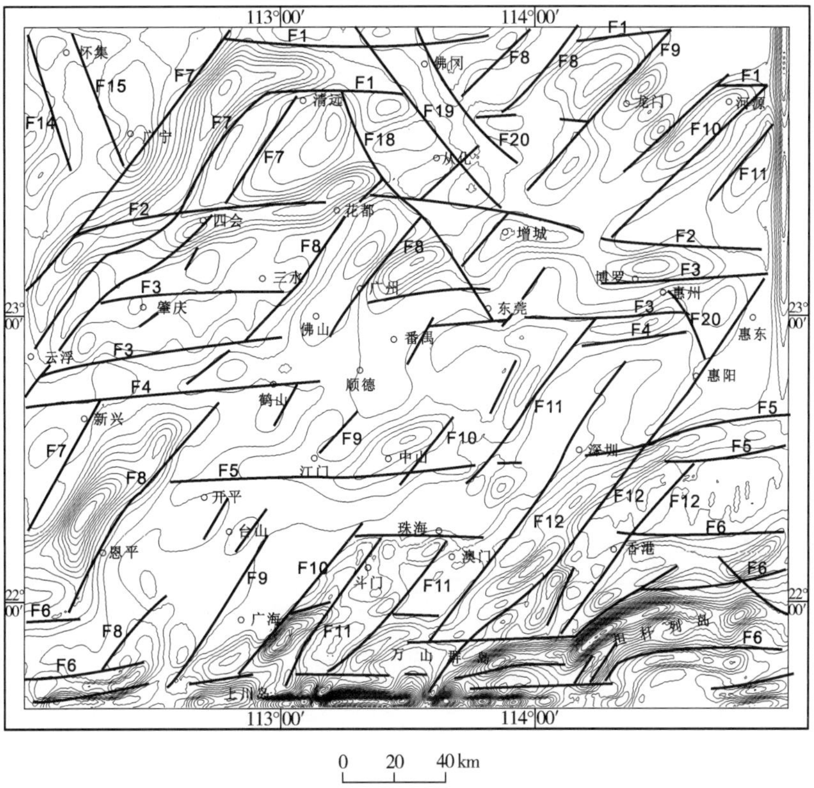

图2-5-17　珠江三角洲地区布格重力异常135° 一阶方向导数等值线图

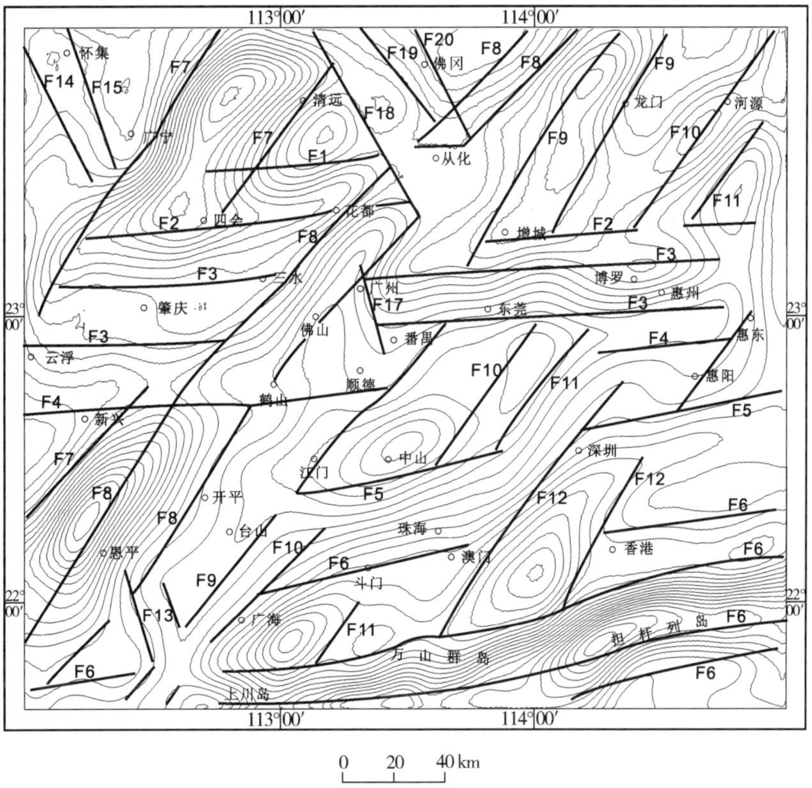

图2-5-18　珠江三角洲地区布格重力异常上延10 km 135° 一阶方向导数等值线图

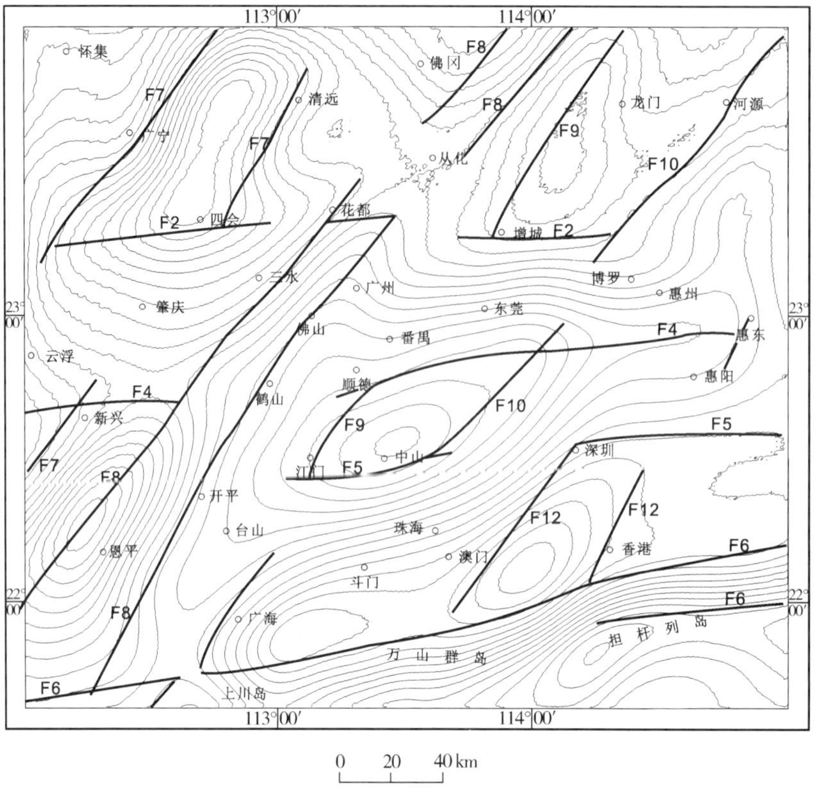

图2-5-19　珠江三角洲地区布格重力异常上延20 km 135° 一阶方向导数等值线图

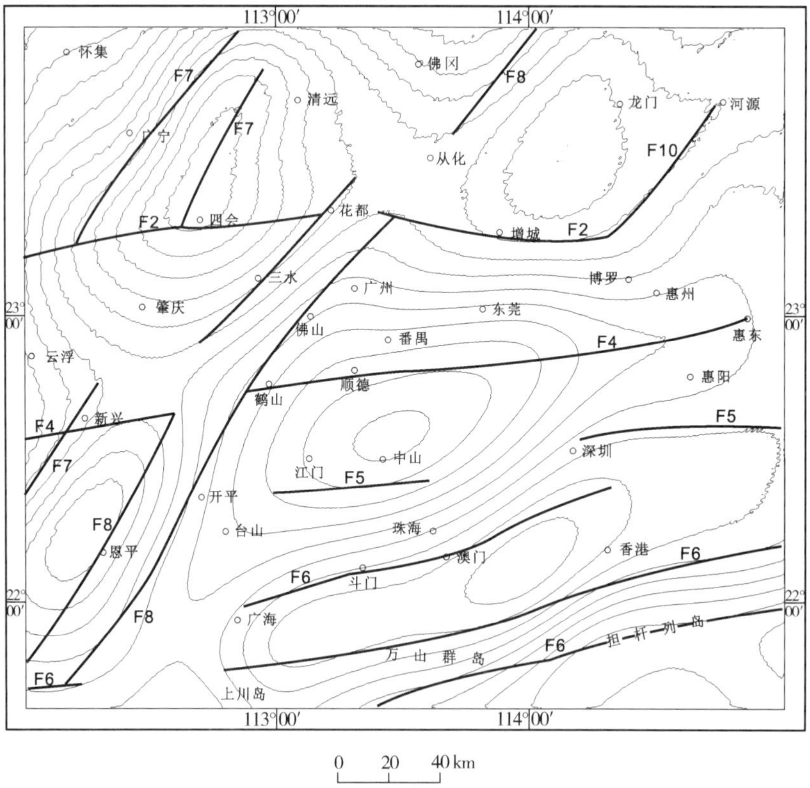

图2-5-20　珠江三角洲地区布格重力异常上延30 km 135° 一阶方向导数等值线图

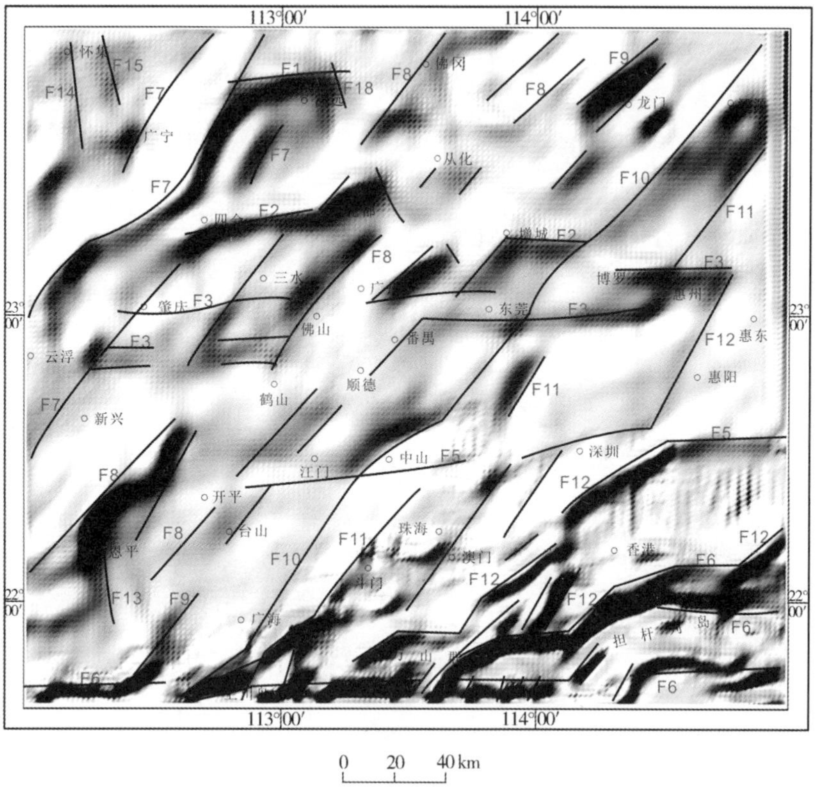

图2-5-21 珠江三角洲地区布格重力异常135° 一阶方向导数灰度图

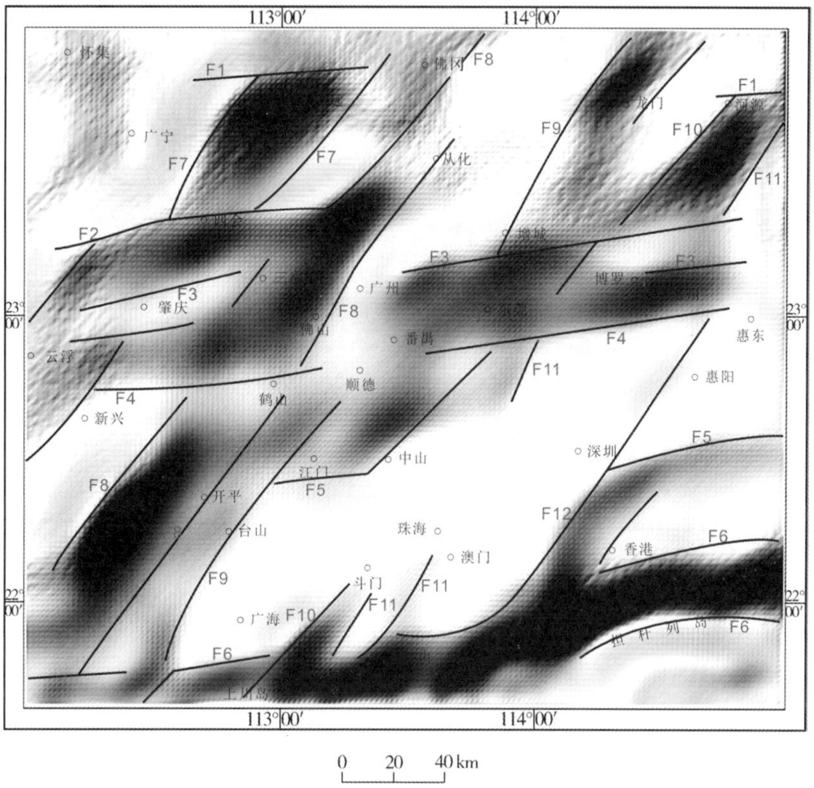

图2-5-22 珠江三角洲地区布格重力异常上延10 km 135° 一阶方向导数灰度图

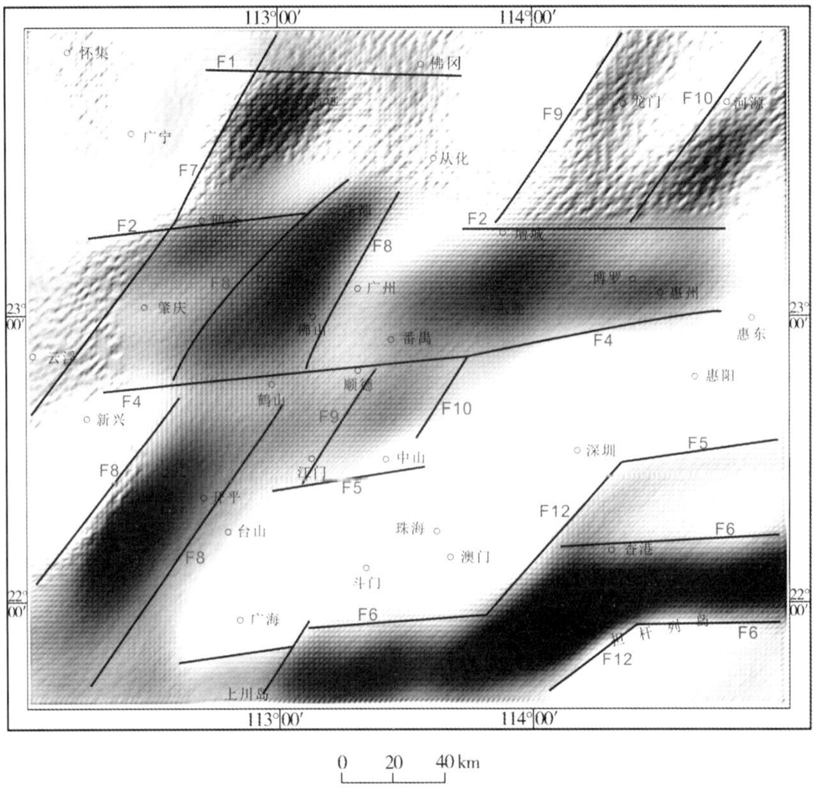

图2-5-23　珠江三角洲地区布格重力异常上延20 km 135° 一阶方向导数灰度图

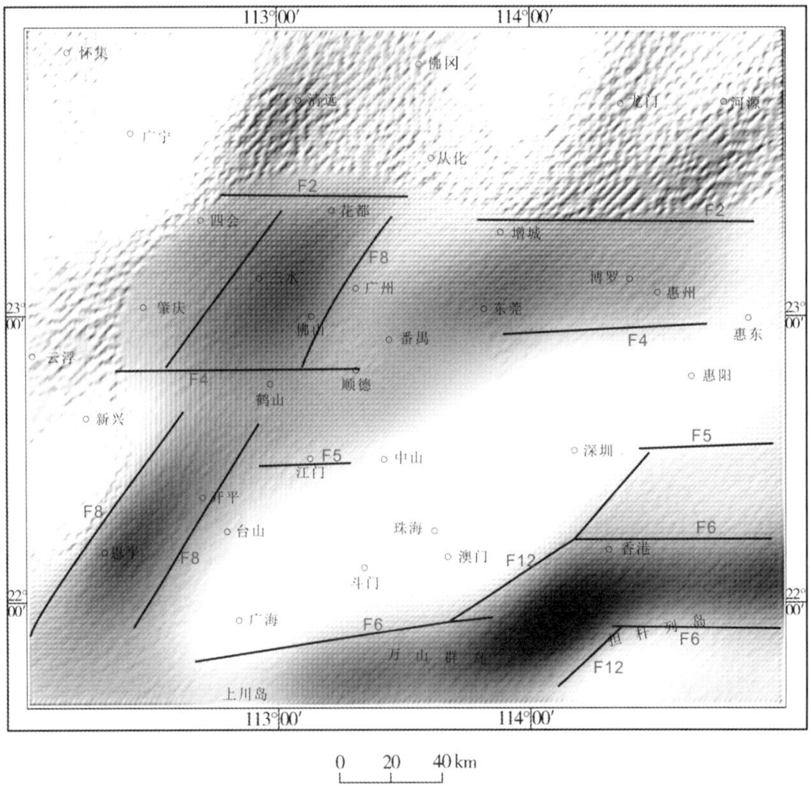

图2-5-24　珠江三角洲地区布格重力异常上延30 km 135° 一阶方向导数灰度图

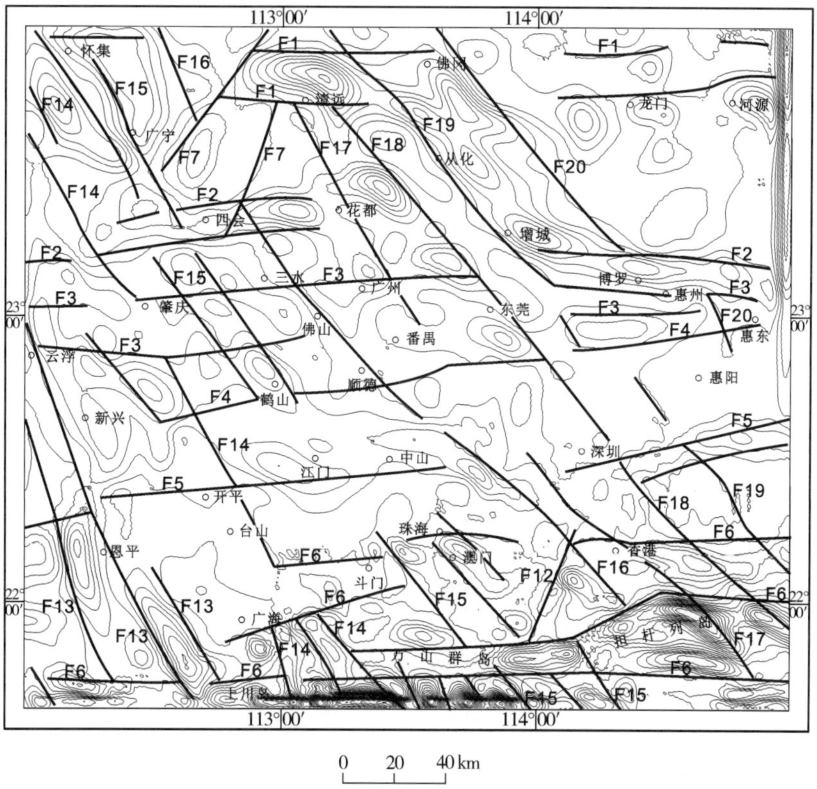

图2-5-25 珠江三角洲地区布格重力异常45° 一阶方向导数等值线图

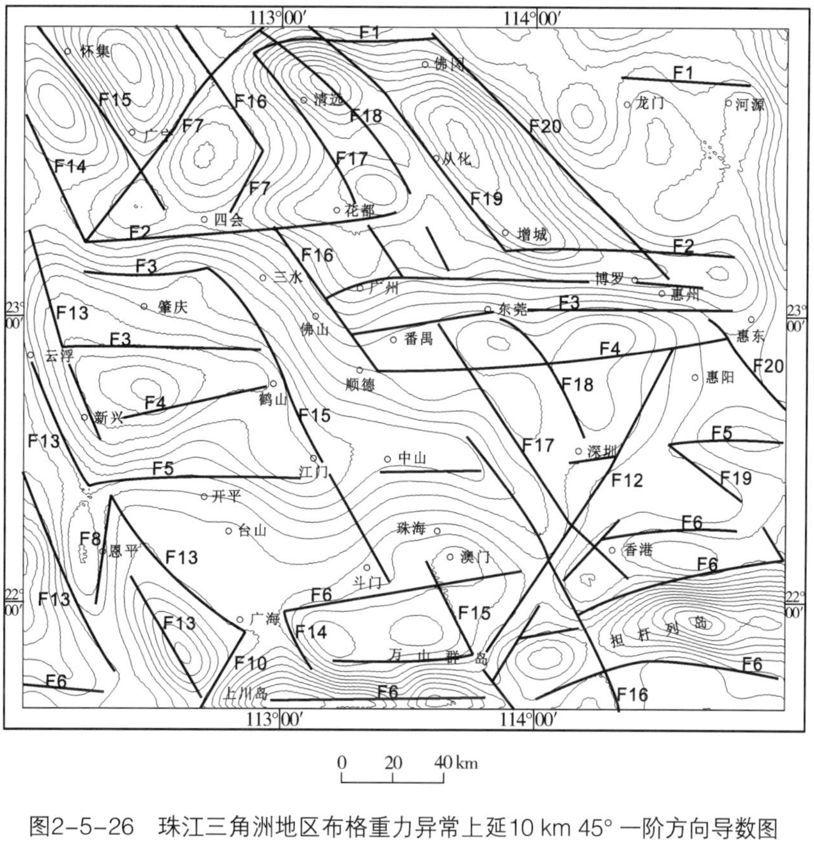

图2-5-26 珠江三角洲地区布格重力异常上延10 km 45° 一阶方向导数图

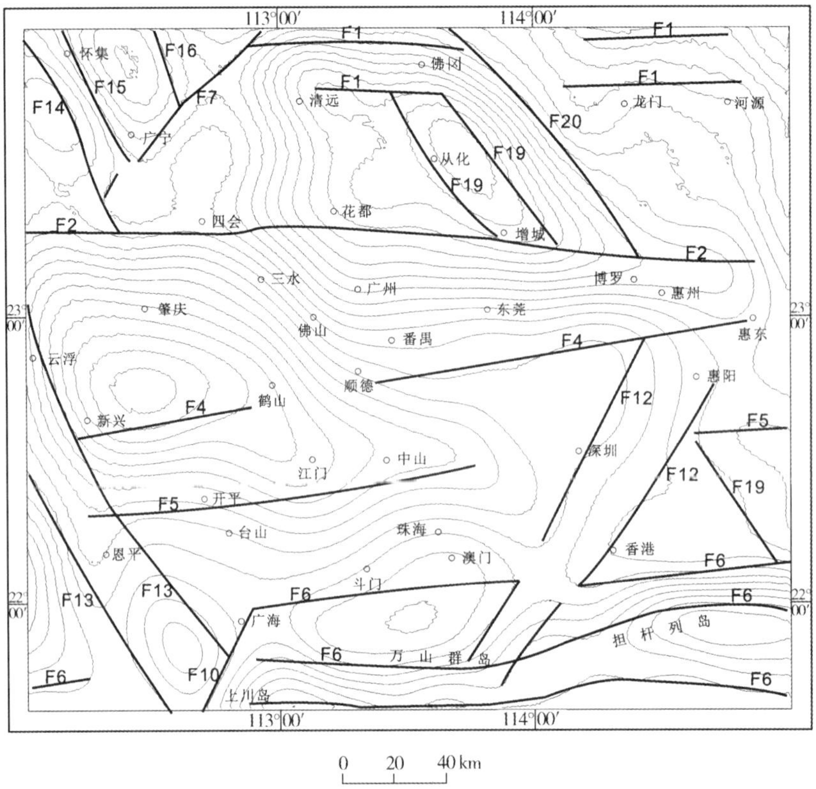

图2-5-27　珠江三角洲地区布格重力异常上延20 km 45° 一阶方向导数等值线图

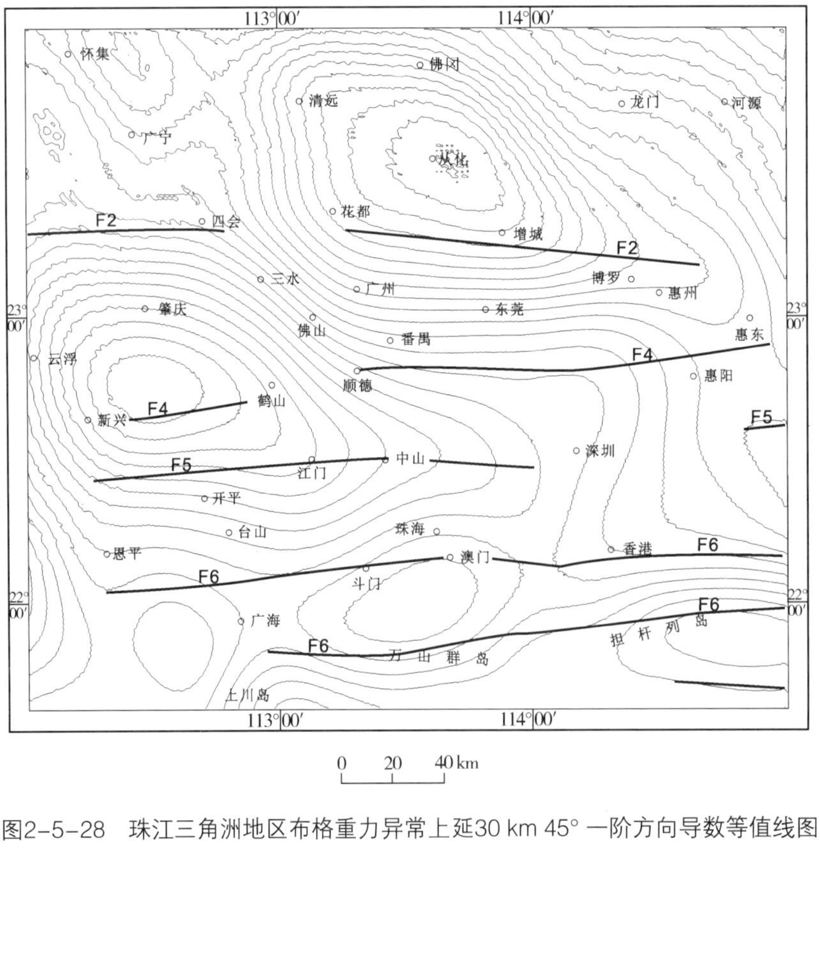

图2-5-28　珠江三角洲地区布格重力异常上延30 km 45° 一阶方向导数等值线图

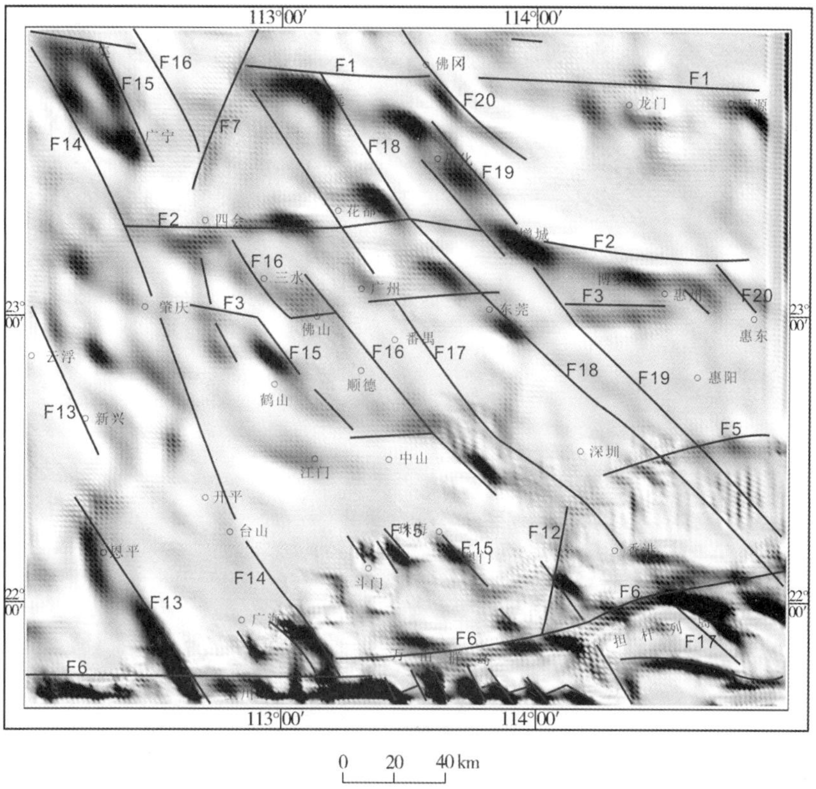

图2-5-29 珠江三角洲地区布格重力异常45° 一阶方向导数灰度图

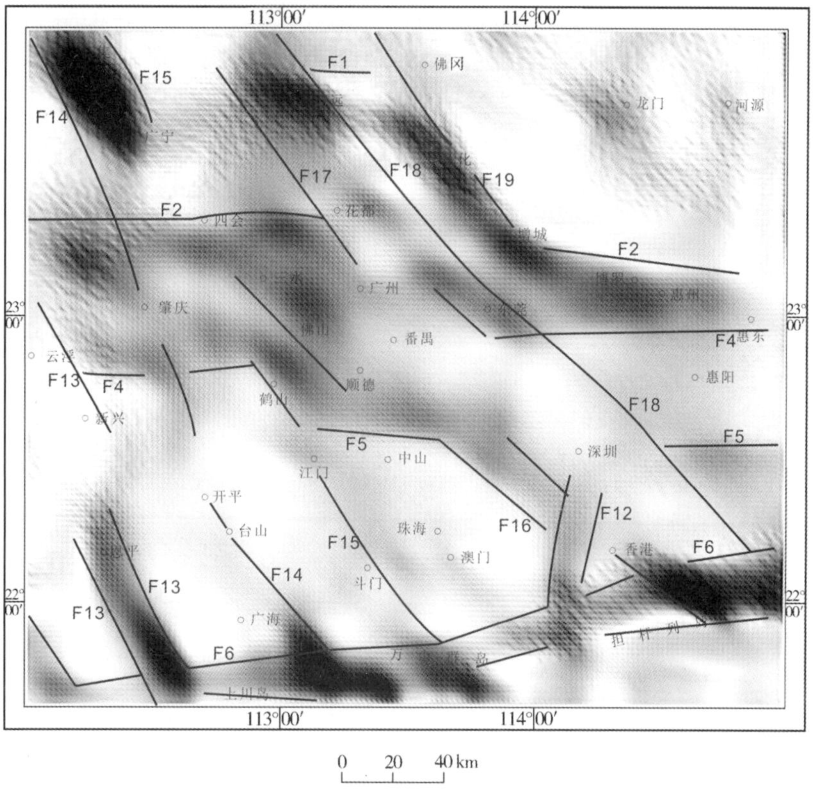

图2-5-30 珠江三角洲地区布格重力异常上延10 km 45° 一阶方向导数灰度图

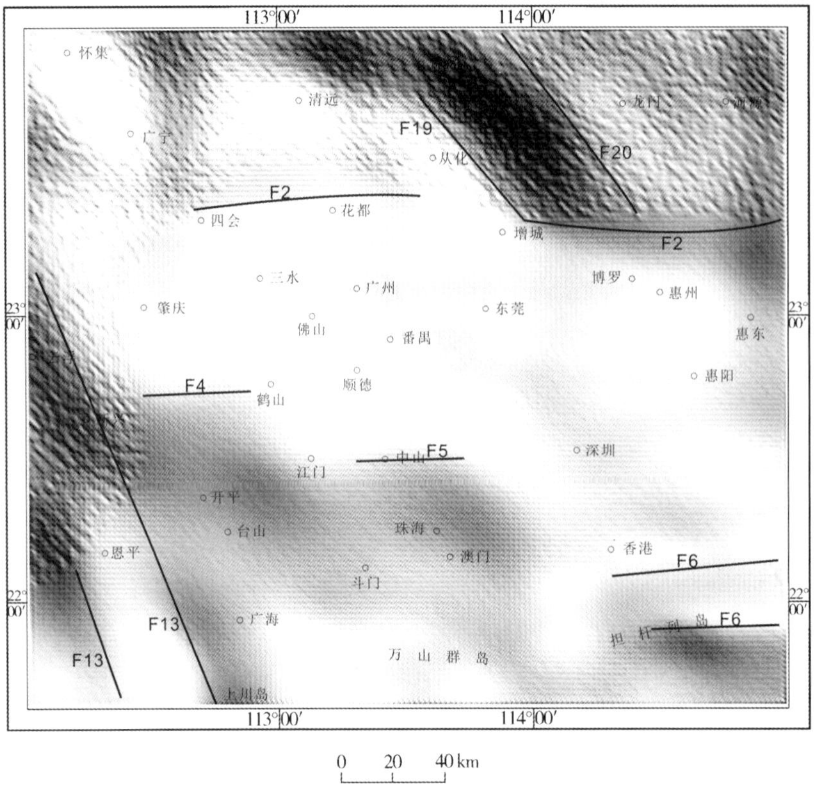

图2-5-31 珠江三角洲地区布格重力异常上延20 km 45° 一阶方向导数灰度图

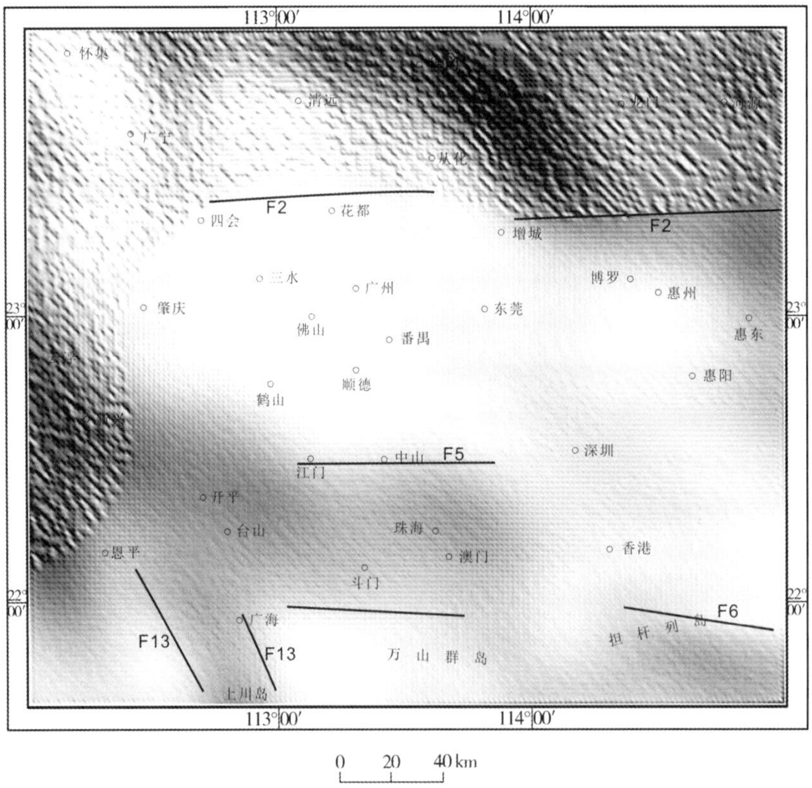

图2-5-32 珠江三角洲地区布格重力异常上延30 km 45° 一阶方向导数灰度图

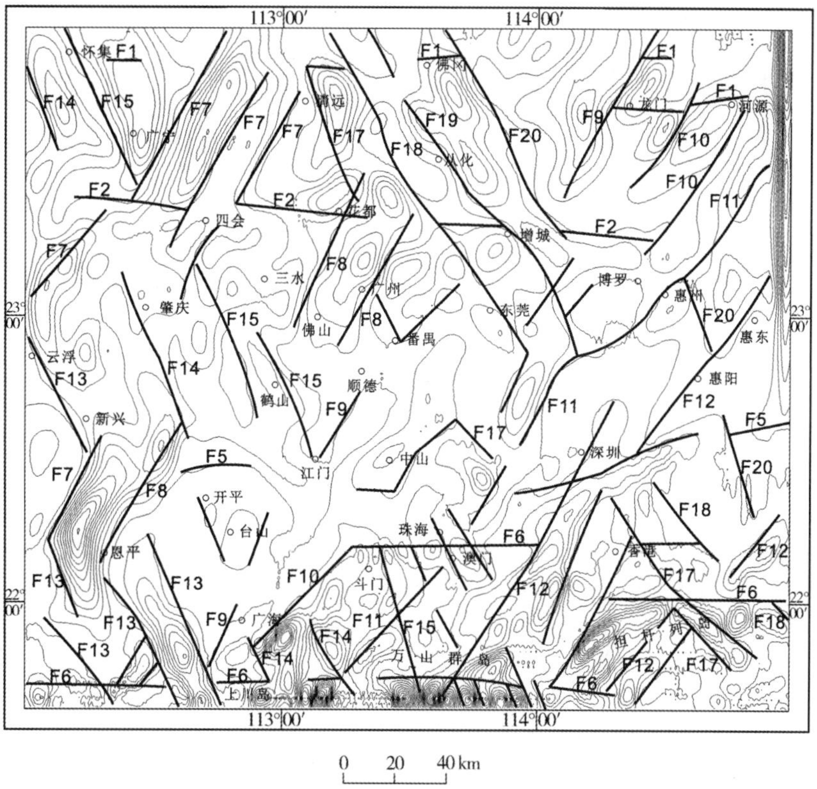

图2-5-33 珠江三角洲地区布格重力异常90°一阶方向导数等值线图

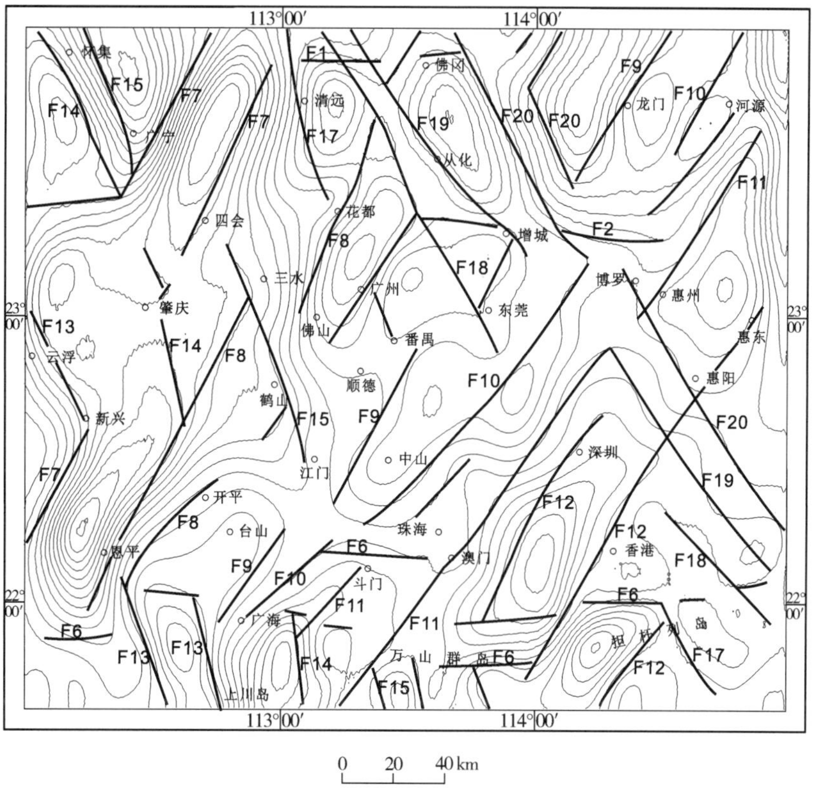

图2-5-34 珠江三角洲地区布格重力异常上延10 km 90°一阶方向导数等值线图

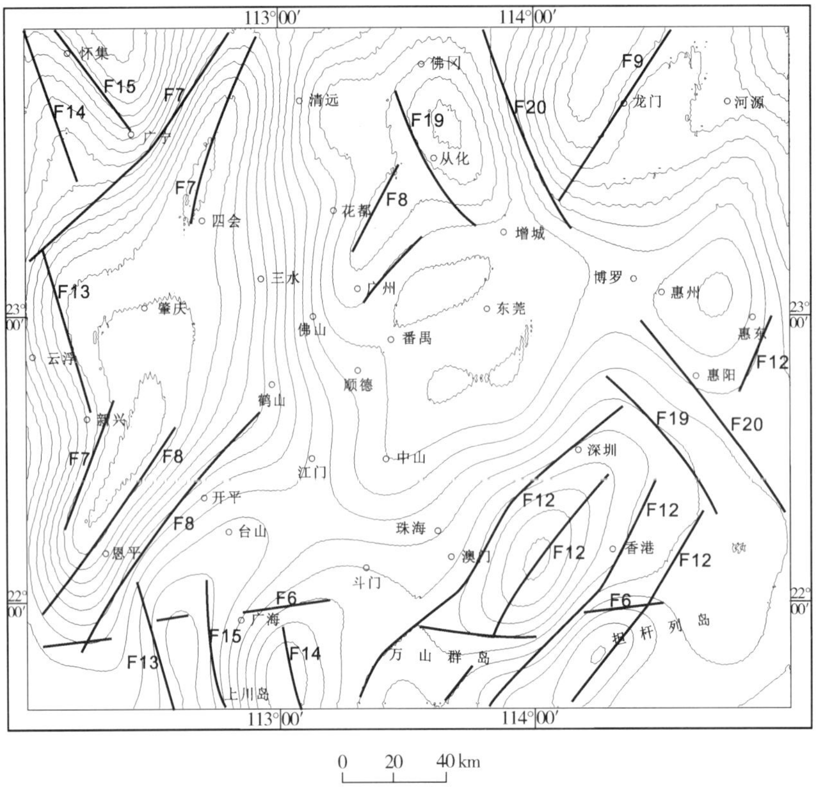

图2-5-35 珠江三角洲地区布格重力异常上延20 km 90°一阶方向导数等值线图

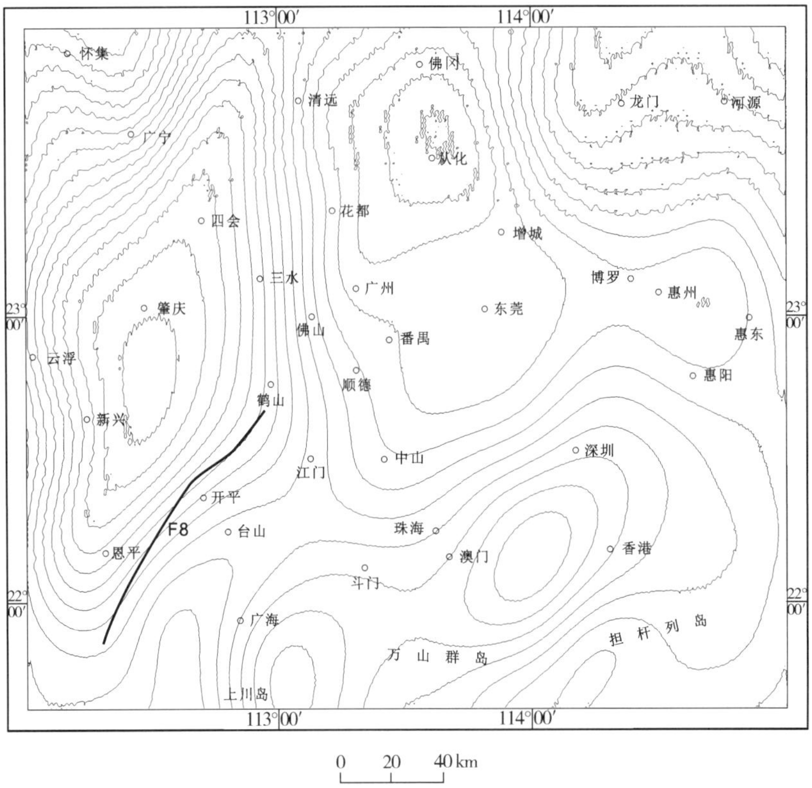

图2-5-36 珠江三角洲地区布格重力异常上延30 km 90°一阶方向导数等值线图

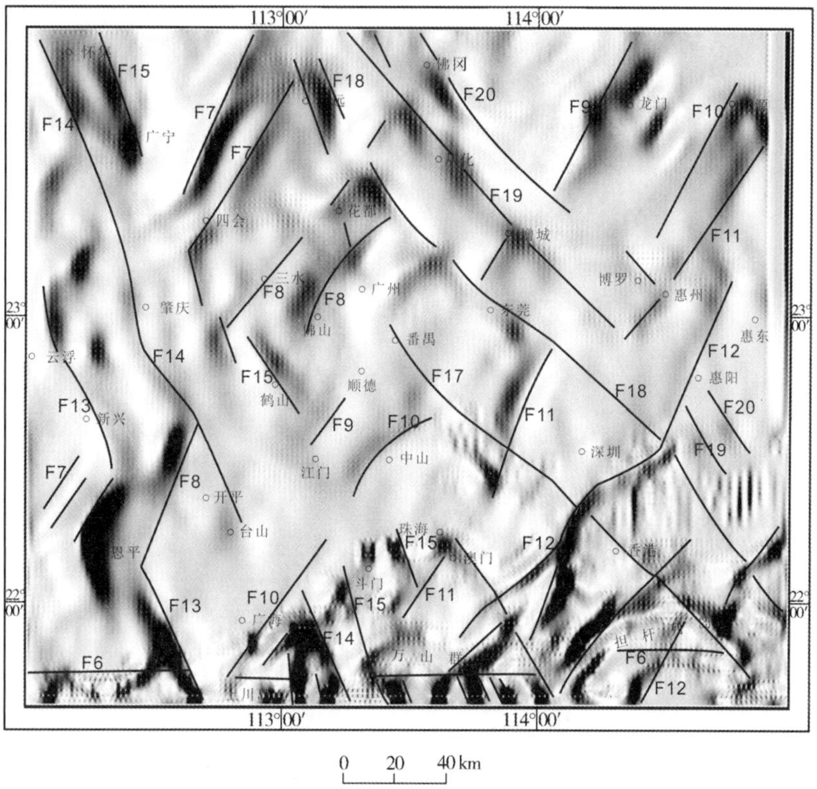

图2-5-37　珠江三角洲地区布格重力异常90° 一阶方向导数灰度图

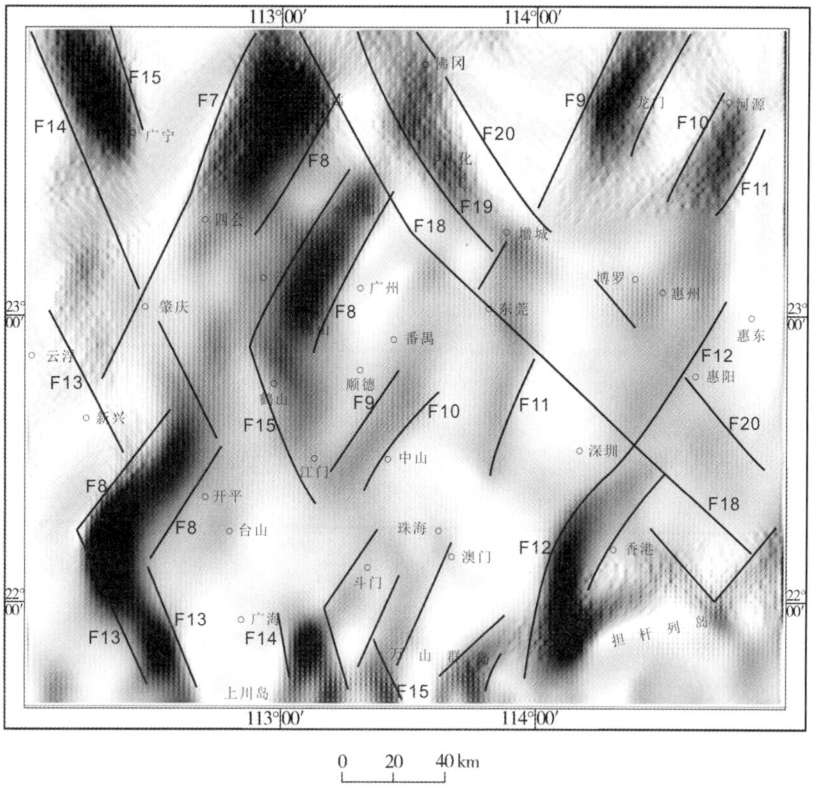

图2-5-38　珠江三角洲地区布格重力异常上延10 km 90° 一阶方向导数灰度图

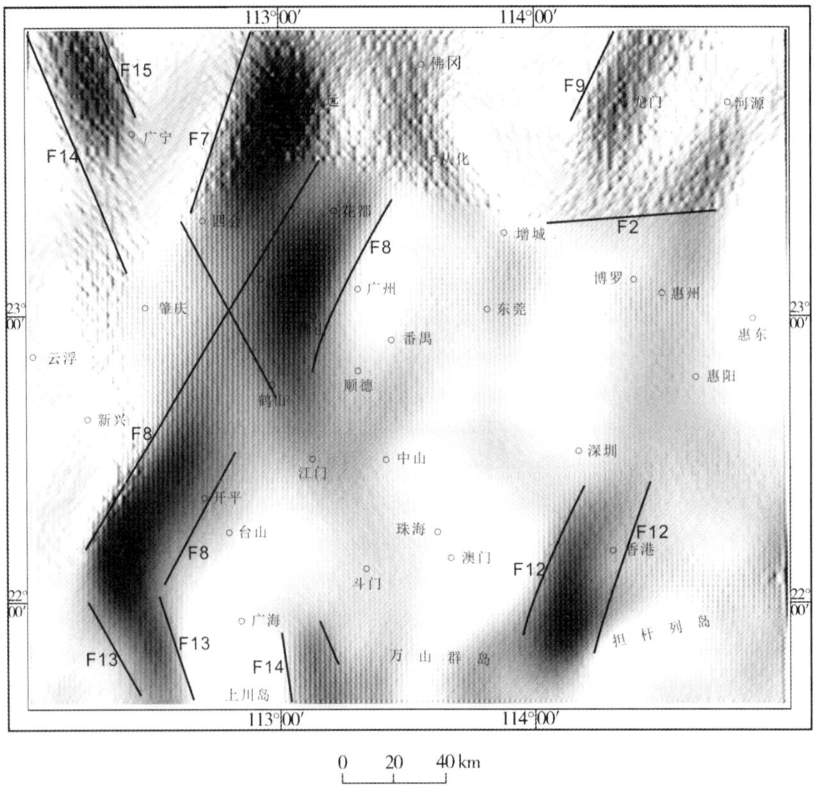

图2-5-39　珠江三角洲地区布格重力异常上延20 km 90° 一阶方向导数灰度图

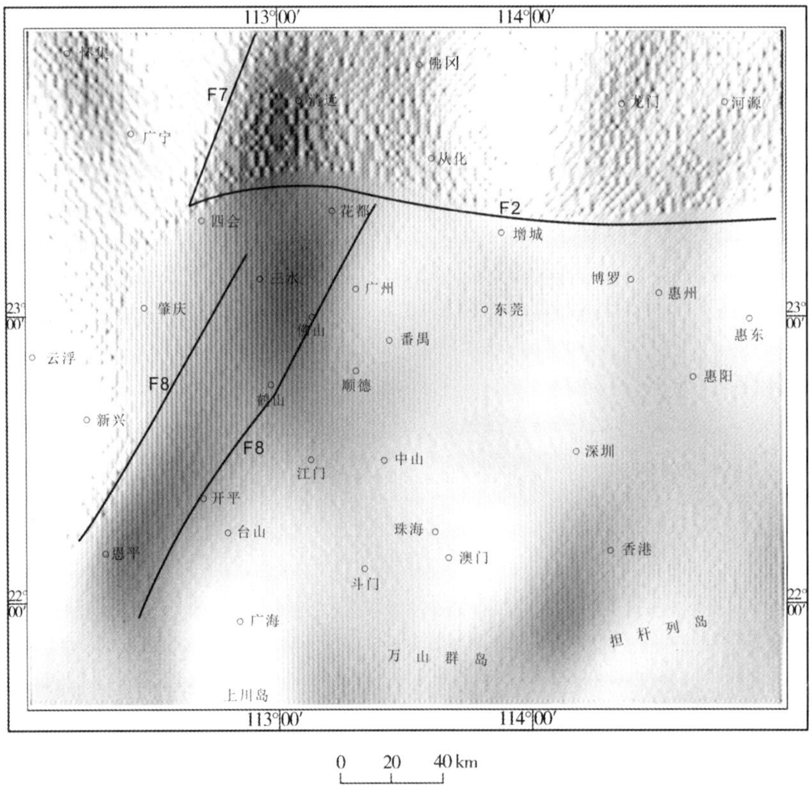

图2-5-40　珠江三角洲地区布格重力异常上延30 km 90° 一阶方向导数灰度图

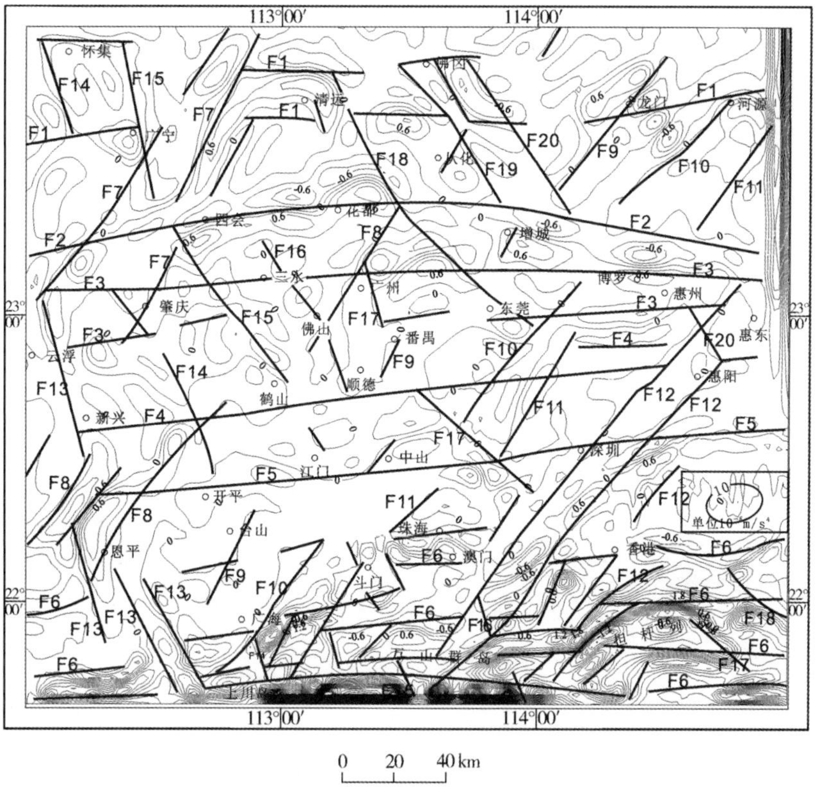

图2-5-41 珠江三角洲地区布格重力异常垂向二阶导数等值线图

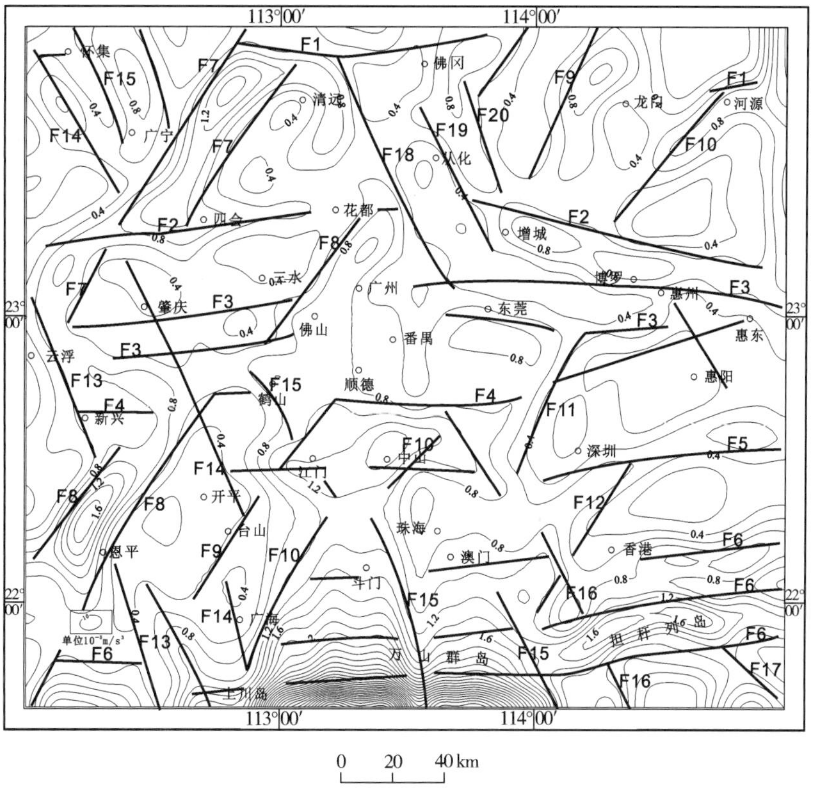

图2-5-42 珠江三角洲地区布格重力异常水平总梯度模等值线图

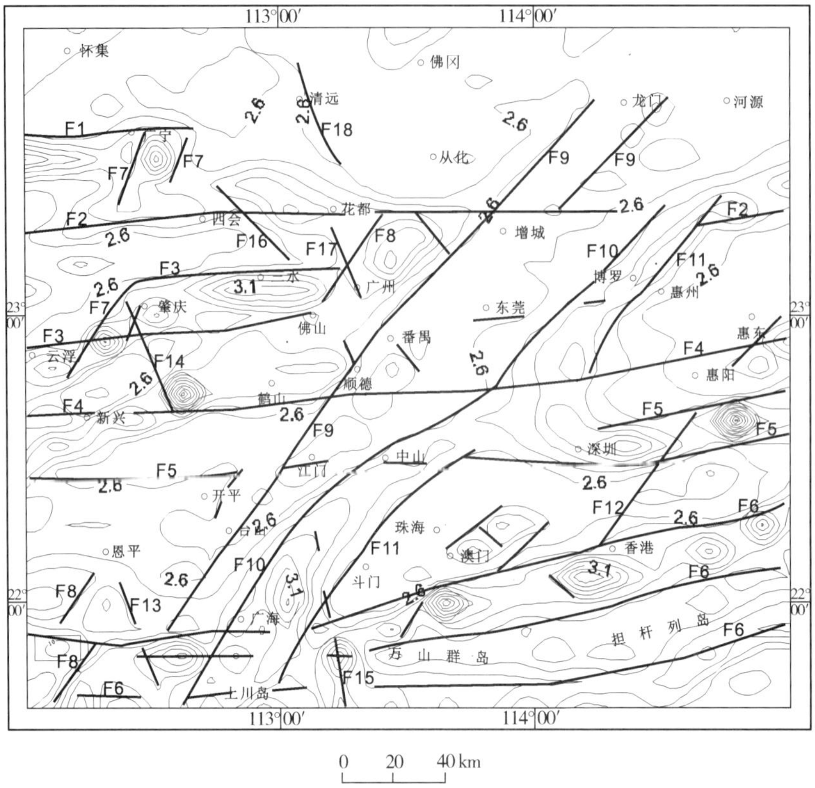

图2-5-43　珠江三角洲地区布格重力异常分形维数平面等值线图

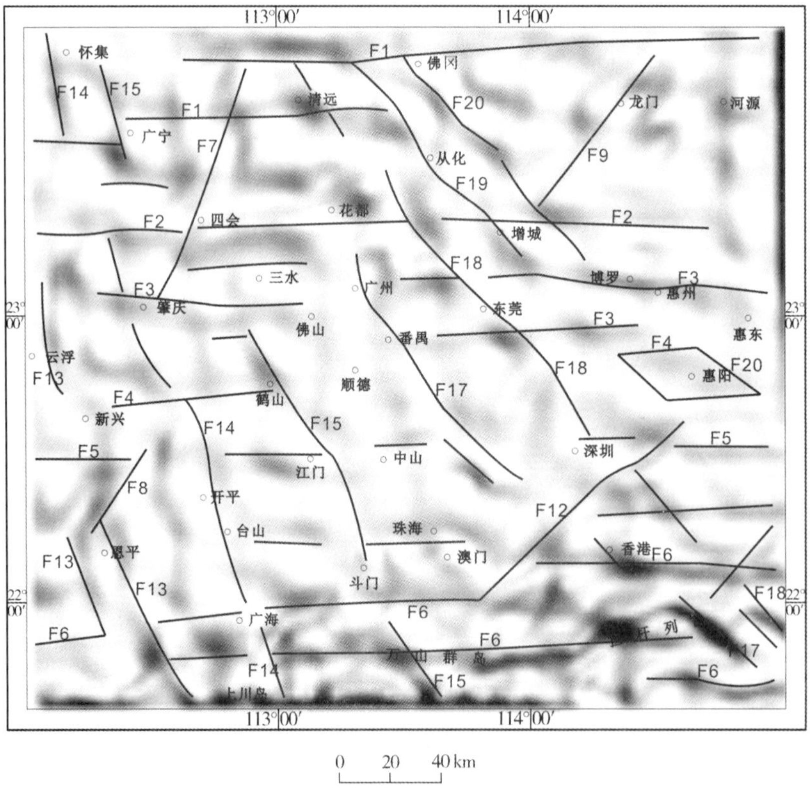

图2-5-44　珠江三角洲地区布格重力异常小波分析一阶细节灰度图

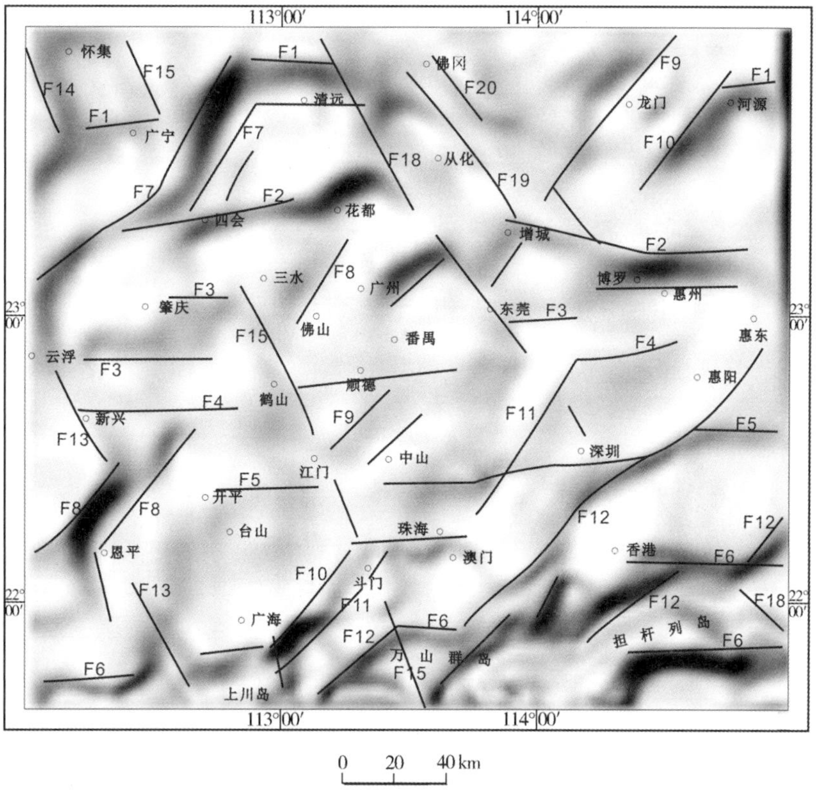

图2-4-45　珠江三角洲地区布格重力异常小波分析二阶细节灰度图

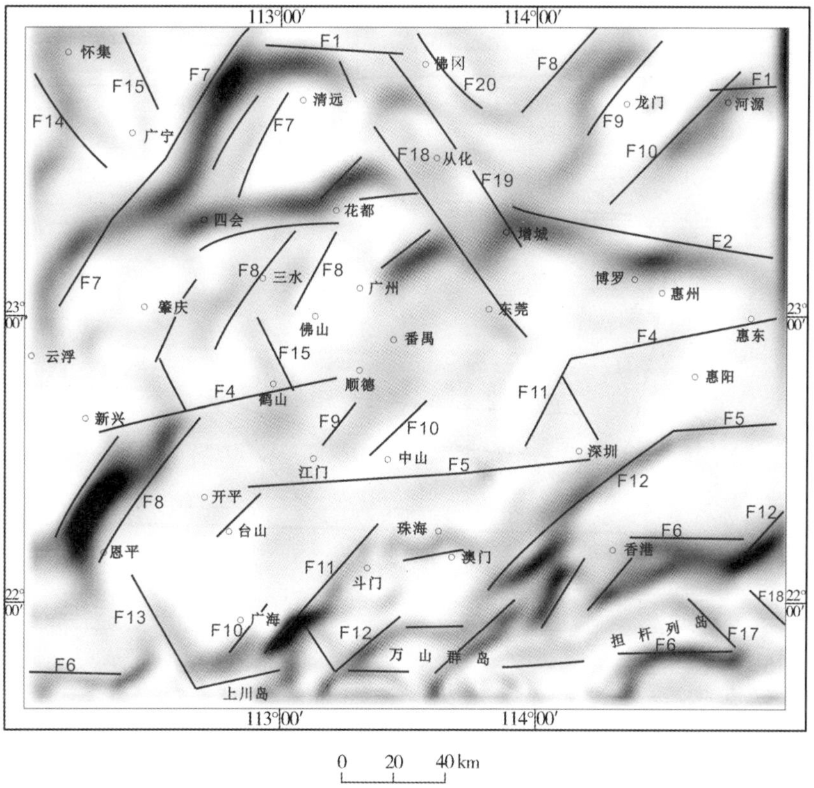

图2-4-46　珠江三角洲地区布格重力异常小波分析三阶细节灰度图

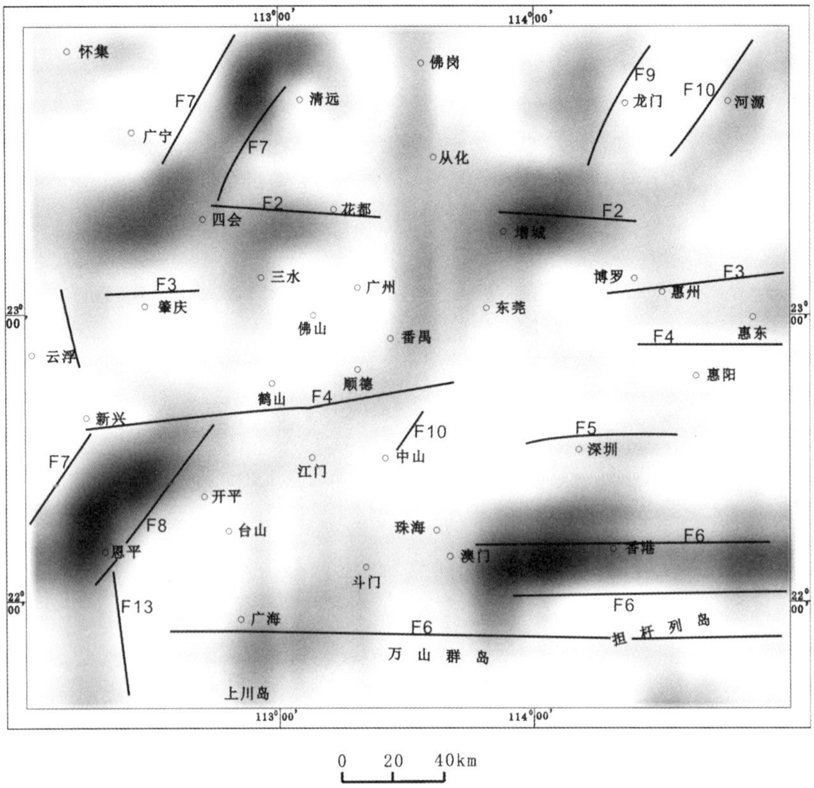

图2-5-47 珠江三角洲地区布格重力异常小波分析四阶细节灰度图

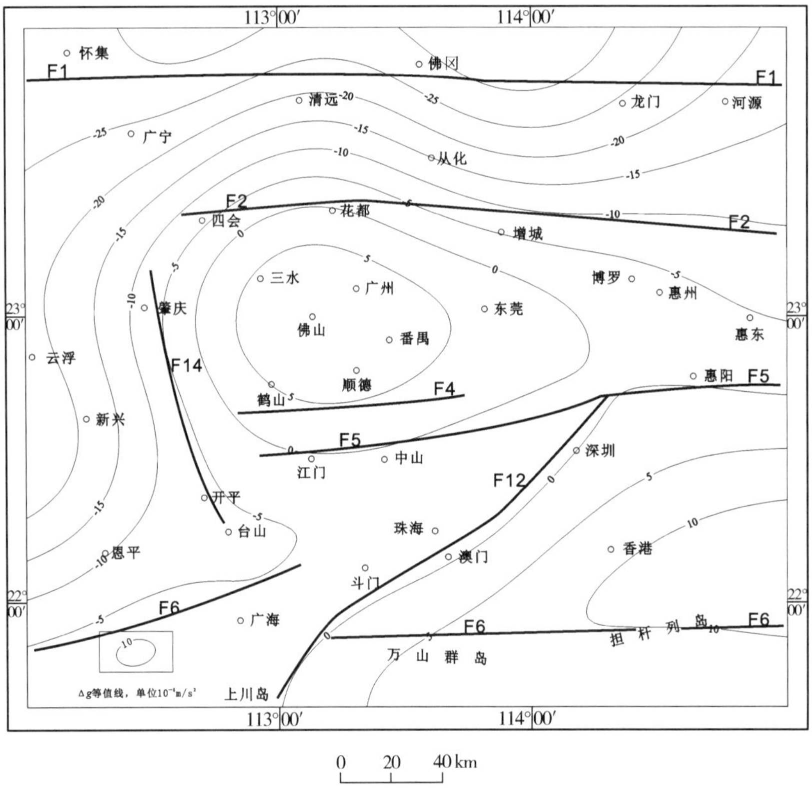

图2-5-48 珠江三角洲地区布格重力异常滑动平均区域场等值线图

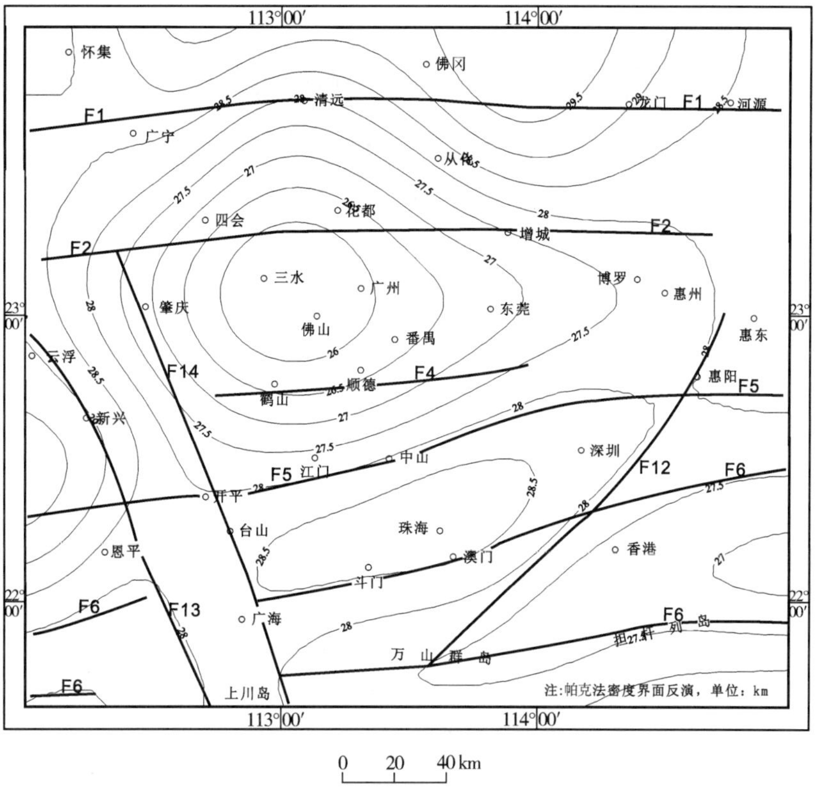

图2-5-49 珠江三角洲地区帕克法反演莫霍面深度图

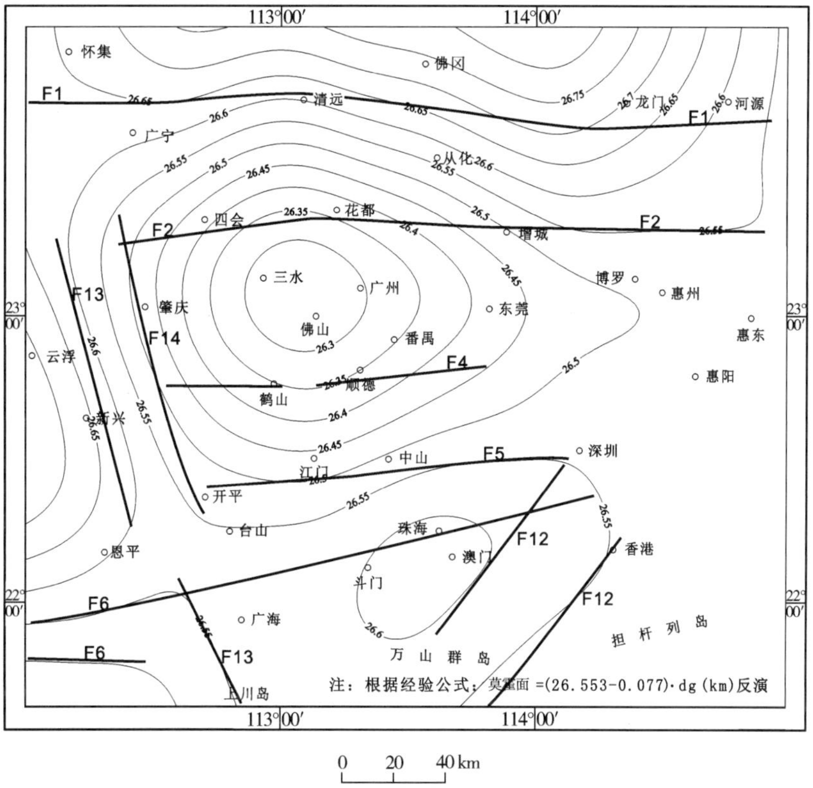

图2-5-50 珠江三角洲地区经验公式反演莫霍面深度图

第三章　珠江三角洲地区航磁特征及其断裂构造分析

航磁资料处理是分析、研究深部构造的重要地球物理方法之一，与重力资料配合分析，相辅相成，对深部构造尤其是对断裂构造的研究，将会更深入，更准确，能提高整体研究水平。

3.1　资料处理

本次航磁资料处理所采用的原始资料是广东省地矿局物探大队根据全国统一规范和统一部署编制的广东省1∶50万航磁图及其有关资料，同时，还参考了地质矿产部航空物探大队编制的1∶100万中国航空磁力异常图（1983）、地质矿产部第二海洋地质大队编制的1∶200万南海北缘磁力异常图（1986）。

研究区范围与重力资料处理范围相同，为东经112°～115°，北纬21°40′～24°，研究区共有测线131条，每条测线15个测点，点距均为2 km，共19 781个数据。

资料处理方法与重力资料处理基本相同，即采用国家863项目海洋深部地壳结构探测技术（820-02-03）专题重磁地震综合反演方法技术及软件系统中的软件进行处理。其中主要的方法技术有：

（1）频率域磁场向上延拓。

（2）0°、45°、90°、135°水平一阶方向导数并采用等值线图和灰度图两种图式表达。

（3）总梯度模。

（4）垂向二阶导数。

（5）小波分析。

（6）分形维数。

（7）航磁ΔT化极。

上述这些方法在前章重力资料处理方法、技术中已有较详细阐述，本节不再赘述。航磁资料处理，增加了航磁化极方法，这里简要阐述。

化极也称化到地磁极，因为在地磁极处，如北磁极，磁化方向是垂直向下的，对于直立板、水平圆柱体等，其化极后的曲线是以纵轴为对称的，比斜磁化时好解释，所以对磁异常解释时，人们喜欢作化极处理来简化解释过程。总磁场异常ΔT化极过程分两步，第一步首先把ΔT转换成ΔZ，这一步相当于分量换算，然后把斜磁化ΔZ转化为垂直磁化ΔZ，这一步称磁化方向转换。化极之后，一般而言磁异常的正值部分扩大了，负值部分缩小了。化极时一定要首先计算好剖面的有效磁化倾角is，它与地磁倾角I、测线磁方位角A有关，但是重力资料不必做化极处理，因为重力的方向是垂直向下的。

3.2　岩石磁性

广东省地矿局物探大队对全省岩石磁性作了统计，结果见表3-2-1。

表3-2-1 岩石磁性实测数据

岩性	岩石名称	标本块数	$K/\times10^{-6}$GGsM		$J/\times10^{-6}$GGsM		备注
			变化范围	平均值	变化范围	平均值	
基性	辉绿石	375	0 ~ 85 800	2 660	0 ~ 81 700	1 940	
	辉石岩	95	0 ~ 505 000	36 300	0 ~ 1 884 550	97 000	
	辉长岩	253	0 ~ 9 400	3 060	0 ~ 23 500	6 990	
	辉长玢岩	9	530 ~ 9 610	1 630	120 ~ 740	300	
中性	闪长岩	1 422	0 ~ 17 700	2 210	0 ~ 84 000	1 860	
	石英闪长岩	2 218	0 ~ 35 870	870	0 ~ 40 000	4 300	
	云煌岩	30	630 ~ 69 400	6 600	2 720 ~ 22800	30 000	
中酸性	花岗闪长岩	4 790	0 ~ 53 000	700	0 ~ 56 900	670	
酸性	花岗岩	5 270	0 ~ 4 400	60	0 ~ 10 400	70	
火山岩	玄武岩	769	0 ~ 44 000	1 790	0 ~ 50 000	3 970	
	安山玢岩	882	0 ~ 126 600	1 000	0 ~ 128 400	2 850	
	流纹岩	216	0 ~ 22 000	790	0 ~ 50 000	2 660	
	安山岩	174	0 ~ 18 900	3 380	0 ~ 46 100	1 420	
	凝灰岩	173	0 ~ 13 700	550	0 ~ 13 950	260	
	粗面岩	210	0 ~ 640	250	0 ~ 1 100	250	
沉积岩	混合岩	414	0 ~ 49 500	230	0 ~ 21 400	107	
		730	0	0	0	0	
	变质砂岩	203	0 ~ 12 000	550	0 ~ 11 400	1 520	部分含铁砂岩
		828	0	0	0	0	
	砂岩	783	0 ~ 14 000	450	0 ~ 28 000	340	
		8 489	0	0	0	0	
	页岩	361	0 ~ 44 400	460	0 ~ 54	9	
		1 366	0	0	0	0	
	灰岩	449	0 ~ 3 180	220	0 ~ 3 980	640	
		1 190	0	0	0	0	
	角岩	140	0 ~ 60 000	2 900	0 ~ 48 700	3 580	
		364	0	0	0	0	
	板岩	75	0 ~ 16 000	3 090	0 ~ 4 000	2 650	
		243	0	0	0	0	
	大理岩	528	0	0	0	0	

同时，该队为编制1：50万航磁图，又专门对和平县古寨岩体、 乌石坑岩体、惠东羊草岗岩体、坪地圩岩体、佛冈岩体、新兴岩体及粤西高州地区混合岩采集了455块岩石标本作了磁性测定，以补充新的资料，结果见表3-2-2。

表3-2-2　岩石磁性统计

地区	岩石名称	标本块数	$K/\times10^{-6}$GGsM		$J/\times10^{-6}$GGsM		备注
			变化范围	平均值	变化范围	平均值	
古寨岩体	花岗闪长岩	53	0	0	0	0	
	花岗斑岩	10	0	0	0	0	
乌石坑岩体	中粗粒花岗岩	52	0	0	0	0	
	粗粒花岗岩	2	—	70	—	260	
羊草岗岩体	粗粒（斑状）花岗岩	10	0 ~ 160	70	0 ~ 70	40	珠江三角洲地区岩体
	二长花岗岩	39	0 ~ 1 400	580	0 ~ 90	40	
坪地圩岩体	中粗粒花岗岩	56	0	0	0	0	
新兴岩体	斑状花岗岩	49	0	0	0	0	
	中细粒花岗岩	62	0 ~ 810	480	0 ~ 1 050	150	
	蚀变花岗斑岩	5	430 ~ 840	590	70 ~ 150	110	
佛冈岩体	中粗粒花岗岩	51	0 ~ 400	180	0 ~ 240	80	
	花岗岩	2	0	0	0	0	
粤西（高州）地区	阴影状混合岩	35	0	0	0	0	
	条痕状混合岩	9	80 ~ 510	300	0 ~ 160	80	
	条带状混合岩	20	0	0	0	0	

从上述两表可得知：基性、中性侵入体磁性较强，磁化率一般为$n\cdot10^3\sim n\cdot10^4$单位（单位为$10^{-6}$CGsM，以下同），剩余磁化强度一般为$n\cdot10^3\sim n\cdot10^4$单位；中酸性侵入岩一般具中等磁性，磁化率和剩余磁化强度为$n\cdot10^2\sim n\cdot10^3$单位，而部分中酸性岩体磁性较微弱或无磁性；酸性侵入岩一般为弱磁性或无磁性，局部具中等磁性，磁化率和剩余磁化强度为$n\cdot10^2$单位；火山岩具不均匀磁性，一般基性、中性火山岩磁性较强，而酸性流纹斑岩、凝灰岩较微弱；各种变质岩、混合岩具弱磁性或无磁性，沉积岩一般无磁性，局部磁铁矿化岩石具磁性。

不同岩体、地层反映的航磁特征有所差异。据广东省区域资料，基性和中性岩类在航磁图上反映为明显的局部异常，强度300 ~ 700 γ，梯度陡和规模小，区内无此类岩性。中酸性花岗闪长岩、二长花岗岩往往反映为明显的磁场，强度200 ~ 300 γ，梯度较缓和规模稍大。此类岩性在区内有分布，如广州市萝岗一带，从化吊里、腊圃岩体和清远源潭岩体、台山新洲和灯心坑岩体、香港大埔圩岩体等，主要为花岩闪长岩、二长花岗岩，尤以后者居多。酸性花岗岩在区内有广泛分布，主要为燕山三期黑云母花岗岩，如广州九佛、佛冈、河源新丰江、白石岗、新兴、惠东石牌岭、平海所、台山那琴、古斗山、广海、石花山、胡蒂顶、中山五桂山、深圳王母墟、珠海万山群岛、香港九龙等岩体，以及博罗七娘坛、惠东五峰林、从化恶鸡脑（霞石正长岩）岩体等。其磁场反映的特征可细分为三类：①具磁性花岗岩往往反映较明显的磁异常，其规模与岩体大小相当，形态规则，强度为100 ~ 200 γ，梯度缓。②弱磁性花岗石反映磁场一般呈现为平稳正磁场，强度为20 ~ 30 γ。③无磁性花岗岩在航磁上一般都无明显磁场反映。火山岩反映的磁场强度变化大，形态不规则。火山岩在区内有广泛分布，从早古生代至新生代几乎都有出露，尤以中新生代分布最广，如三水盆地（新生代）、开平、恩平、惠阳、惠东、博罗、河源、深圳、花县、香港、从化和东莞等地均有分布。沉积岩在航磁上一般无异常反映，它们多数是受区域性磁场控制。

3.3 磁场基本特征

研究区磁场大体上可分为两个磁场区（附图Ⅲ、图3-3-1），新兴—开平—江门—中山—深圳一线以北为平缓正负磁场区。它的特征是在正磁场的背景下，花斑状分布一些负磁场。总体强度不大，在±（100～200）γ，最大正磁场为240 γ，位于从化，岩性以花岗岩为主；最低负磁场在博罗南、惠阳潼湖一带，最低值为160 γ，岩性以侏罗系火山岩为主。梯度缓，磁场较宽缓，具明显的方向性，说明磁性体埋藏较深，其发育受一定的构造方向控制，因此它反映了沉积层较厚，其内可能发育局部构造盆地。

在磁场方向上，明显以近东西向（北东东、北西西）为主体，南部更为显著，中部四会、花都、从化、增城、肇庆、佛山、东莞、博罗、惠东等地常表现为北东东、北西西向串珠状磁场体排列为一近东西向磁场带。在总体近东西向磁场体的背景下，局部也发育有北东向、北西向磁场体，同样是构造控制的反映。

在全区总体近东西向磁异常场发育的背景下，可分出几个东西向异常带，自北向南为：怀集—佛冈—新丰带；广宁—清远—龙门—河源带；以从化为中心的东西向延伸带；四会—花都—增城带；肇庆—三水—广州—博罗—惠州带；云浮—佛山—番禺—惠东带；新兴—鹤山—顺德—潼湖—惠阳带；新兴南—开平北—中山北—深圳带。这些带有些是与浅部岩石的磁性体有关，有些则是与深部磁性体有关，不管何种原因，它们都是由新老构造控制发育的。

上述东西向磁异常带总体上与布格重力东西向异常带大体一致，特别是四会—花都—增城带与开平北—江门北—中山北—深圳（以东）带之间界限的东西向区域，也是广州重力高的区域带，与地质上称为高要—惠来断裂（西段）一致。其间的肇庆—三水—广州—博罗和鹤山—顺德—惠阳磁异常带也与重力带大体一致，北部的广宁—清远—龙门—河源与怀集—佛冈—新丰两条磁异常带，在布格重力图上则组成为一个大的带，为负重力带，可见地球物理场（重磁）比较一致客观反映了构造带的结构特征和规律。

区内的第二磁场区位于前一个磁场区的南部，即开平—江门—中山—深圳一线以南至海域的地区，为正负磁场变化区，其北部以负磁场为主，南部以正磁场为主。

磁场区总体仍以近东西向展布为特征，同样，也存在北东向、北西向局部磁场体，北部负磁场北界线呈整齐的东西向梯度带与其北侧的正磁场交界，是正负不同性质磁场的分界线，深圳一段东西向不明显，其东侧再度出现近东西向梯度线相呼应，中山以西以花岗岩分布区为主，间或出现泥盆系、白垩系、石炭系、寒武系地层，这些地层属无磁性或弱磁性岩石，为何呈负磁场？新兴为一大花岗岩体，为何却有南北正负磁异常之分？这可能与深部隐伏无磁性岩体有关，为后期沿深断裂贯入。航磁上延10、20、30、40 km后，深圳一段磁异常体也明显成东西向，说明其深部存在无磁性岩体贯入，与西部成一体。这条断裂就是五桂山北麓断裂带，也是重力场的正负异常的分界带，北为正重力场，南为负重力场。

北部负磁场的南界虽仍呈东西走向，但不甚整齐，这一界线位于广海—斗门—澳门—香港北及以东，其中介入一部分正异常场，这界线基本上分布在花岗岩区，西端涉及少量寒武纪地层，东端涉及侏罗系火山岩，除火山岩磁性不稳定或高或低外，花岗岩和寒武纪属无磁性或弱磁性，出现这一界线可能与深部含磁性体有关。航磁上延10、20、30、40 km，这条界线的东西向就很整齐了，化极以后这条界线更整齐，证明上述推测是有根据和合理的。

磁场总体平缓，梯度不大，最大值在中山板芙可达-300 γ，只是局部现象，可能与深部隐伏岩体二长花岗岩或花岗闪长岩体有关。

南区大部分为正磁场，在担杆列岛—万山群岛一线磁场梯度较大，而西部上川岛以西以及此线以北，磁场变化平缓，梯度不大，在东西两段之间夹有小范围负磁场，面积小，强度小，万山群岛、担杆列岛最大磁场强度为280 γ。这一线以南海域则分布一条巨大的负磁异常带（图外），这一正负磁性交界地区应存在深大断裂带，常称滨海断裂带，这与重力异常的图像亦十分相似。这一负磁场区广泛分布花岗岩，应无磁性或弱磁性，可能与深部贯入强磁性体有关，是深大断裂的标志。

在本区内正、负磁场之间亦存在一条断裂带，从磁场平缓程度看，深度不是很大，规模亦较小。

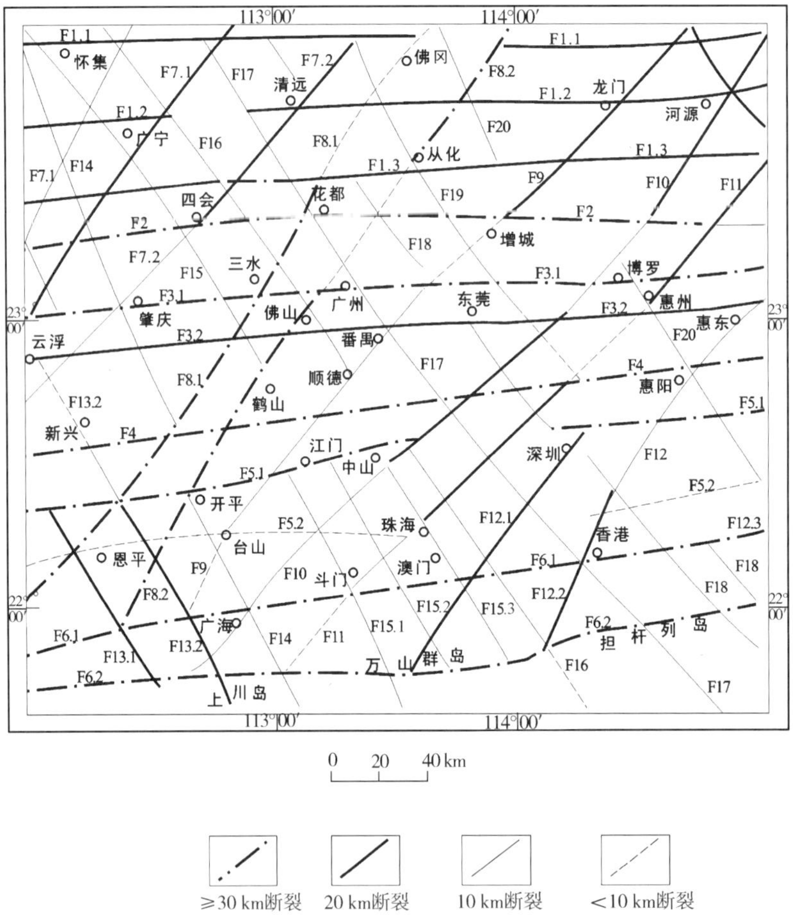

F1．佛冈—河源断裂　F2．四会—增城断裂　F3．肇庆—广州断裂　F4．鹤山—惠东断裂　F5．五桂山北麓断裂　F6．滨海（岸）断裂　F7．肇庆—四会断裂　F8．广州—恩平断裂　F9．增城—新会断裂　F10．河源—中山断裂　F11．博罗—斗门断裂　F12．莲花山断裂　F13．恩平—镇海湾断裂　F14．肇庆—镇海湾断裂　F15．江门—斗门（西江）断裂　F16．三水—担杆断裂　F17．狮子洋断裂　F18．东莞—大鹏湾断裂　F19．增城—从化断裂　F20．佛冈—惠州断裂

图3-3-1　珠江三角洲地区航磁资料解释深部断裂系列图

3.4　深部断裂系统解释

据前述重磁资料处理的各种方法（第二章）对区域航磁资料进行系统处理，取得88幅有效成果图（因航磁化极0°、45°、90°、135°方向一阶导数系列图与未化极一阶方向导数系列图反映断裂基本一致，所以，对化极图未列入书中解释，避免重复，节省篇幅），并参照对比第二章重力资料处理成果图以及编制的珠江三角洲地区重力资料解释的深部断裂系列图（图2-5-1），编制出珠江三角洲地区航磁资料解释深部断裂系列图（图3-3-1），现逐图（航磁70幅成果图）解释。

3.4.1 近东西向断裂

研究区自北而南分布有6条主干近东西向断裂（图3-3-1），分别是：①佛冈—河源断裂（F1）；②四会—增城断裂（F2）；③肇庆—广州断裂（F3）；④鹤山—惠东断裂（F4）；⑤五桂山北麓断裂（F5）；⑥滨海（岸）断裂（F6）。这与我们用重力资料处理解释结果基本一致。

3.4.1.1 佛冈—河源断裂（F1）

位于研究区的最北部，可解释出3条大体平行的分断裂：F1.1怀集—佛冈断裂、F1.2清远—河源断裂、F1.3从化断裂。

航磁ΔT及其上延1、3、5 km平面等值线图（图3-4-1至图3-4-4），可分为3条近东西向等值线带：北带，西起怀集，为近东西向梯度带，往东至佛冈则为同步拐弯东西向等值线带，佛冈以东至新丰表现为等值线近东西向同步拐弯。中带，西起广宁，至清远，表现为连续的被北东或北西向梯度带隔断的东西向等值线带，龙门至河源段东西向等值线不连续，为同步拐弯组成。南带，从化以西表现为断续的东西向梯度带或等值线。上延10 km（图3-4-5），怀集段仍表现为东西向梯度带，佛冈以东、龙门、河源反映为弯曲的东西向等值线，广宁—清远、龙门—河源存在宽缓的东西向梯度带，从化段存在东西向梯度带。上延20 km（图3-4-6），怀集段表现为宽缓的东西向梯度带，佛冈以东，龙门、河源似存在同步东西向拐弯等值线，广宁—清远、从化还存在东西向等值线，佛冈段无反映。上延30、40 km（图3-4-7和图3-4-8），怀集存在东西向等值线带，或是本断裂反映，清远以东无本断裂反映。

航磁ΔT 0°一阶方向导数等值线图（图3-4-9），初看等值线较零散，但总体上看，从化以北呈近东西向块体轮廓，仔细分析，怀集—佛冈、清远—河源、从化3条断断续续的东西向等值线带平行展布。上延5、10、20 km（图3-4-10至图3-4-12），3条分断裂均展示出清楚的近东西向梯度带或同步拐弯东西向等值线带。上延30 km（图3-4-13），东西向梯度带很明显，但很难具体划分出3条梯度带或等值线带，而是融入F2四会—花都—增城以北一个巨型东西向梯度带块内，兼之北东、北西向梯度带渗入其内，令其结构复杂化。

航磁ΔT 45°一阶方向导数等值线图（图3-4-14至图3-4-18），由于45°方向的计算，致东西方向的断裂反映等值线总体呈北西西方向，以及区内北东、北西向断裂的干扰，使反映本断裂的等值线连续性不佳，常呈零散状态，但断裂毕竟存在，仍可找到它的形迹，在怀集、佛冈、清远、龙门、河源、广宁北、从化存在北西西向等值线、同步拐弯等值线带和梯度带。但上延30 km（图3-4-18），从化以东所反映的东西向梯度带可能不是本断裂的反映，而是数据的内插连接线或深部介质磁性体的整体反映。

航磁ΔT 45°一阶方向导数灰度图（图3-4-19），怀集以东、佛冈以东存在不甚明显的断断续续截断北西向黑影带的东西向断头带。广宁北—清远比较清楚地存在北东东向断头黑影带，依稀可延伸至龙门、河源，同样是北西向黑影带被断头，反映北东东向本断裂切断了北西向断裂。从化以西存在不太明显的东西向断头带，以东存在东西向黑影带及稀稀拉拉的断头带。上延5、10、20、30 km（图3-4-20至图3-4-23），对本断裂基本上无反映。那些北西西向黑影带偏离角度较大，很难判定为本断裂带的反映，需综合研究其他诸成果图后方可确认。

航磁ΔT 90°一阶方向导数等值线图（图3-4-24），对本断裂带基本上无反映。上延5 km（图3-4-25），怀集以东存在东西向羽毛状轴线，佛冈以东存在东西向等值线呼应，清远以西同样存在东西向羽毛状轴线，反映它们切断了北东和北西向断裂，指示后期一定程度的新活动性。从化段无明显反映。上延10、20 km（图3-4-26和图3-4-27），怀集以东存在东西向同步拐弯带或梯度带，佛冈存在东西向等值线呼应。上延30 km（图3-4-28），基本上无反映。

航磁ΔT 90°一阶方向导数系列灰度图（图3-4-29至图3-4-33），对本断裂无反映。

航磁ΔT 135°一阶方向导数等值线图（图3–4–34），怀集东、佛冈段、广宁南、清远南、河源段、从化存在弯曲的近东西向等值线带，或是本断裂反映。上延5 km（图3–4–35），佛冈段的广宁北、清远存在北东东向等值线带，东部河源反映不明显，从化段存在东西向梯度带。上延10 km（图3–4–36），佛冈段的广宁—清远存在近东西向等值线带，从化段存在东西向梯度带。上延20 km（图3–4–37），佛冈段无明显反映，清远以东、从化段存在北东东向梯度带。上延30 km（图3–4–38），对本断裂基本上无反映。

航磁ΔT 135°一阶方向导数灰度图（图3–4–39）在怀集、广宁、清远、佛冈、龙门和从化等地段，存在北东向黑影带断头，呈东西向排列，应是本断裂反映，还反映东西向断裂切断北东向断裂。上延5、10 km（图3–4–40和图3–4–41），广宁、清远、佛冈和从化段存在北东东向黑影带。上延20 km（图3–4–42），清远—佛冈南与从化间存在东西向黑影边界。上延30 km（图3–4–43），对本断裂反映不清楚。

航磁ΔT总梯度模上延1、3、5 km平面等值线图（图3–4–44至图3–4–46），怀集—佛冈西、佛冈东、广宁北、清远、龙门存在不规则的东西向等值线。上延10、20、30 km（图3–4–47至图3–4–49），对本断裂无反映。

航磁ΔT垂向二阶导数图（图3–4–50），怀集、佛冈、新丰存在近东西向等值线，广宁北—清远、龙门和河源明显存在北东东向梯度带或等值线，应是本断裂反映。

航磁ΔT小波分析一、二、三阶细节图（图3–4–51至图3–4–53），对本断裂基本无反映。四阶细节图（图3–4–54），怀集、广宁、清远、佛冈南、河源和从化等地段存在东西向短黑影带，断断续续排列成3带，应是本断裂反映。

航磁ΔT分形维数平面等值线图（图3–4–55），3条分断裂均反映较好，表现为近东西向等值线带，整体性完好。

航磁ΔT化极平面等值线图（图3–4–56），由多条东西向梯度带组成：北带，怀集—佛冈—新丰带，其中怀集段等值线密集。中带，广宁北、清远、龙门西呈东西向梯度带，河源东西向等值线稍缓。南带，从化、广宁南东西向梯度带可延伸至河源南。上延1、3、5 km（图3–4–57至图3–4–59），上述3带可以分辨，表现为东西向等值线宽缓带。上延10、20、30 km平面等值线图（图3–4–60至图3–4–62），怀集—佛冈以南、四会—增城以北、增城—龙门以西为一东西向巨型块体构造。本断裂之中带（广宁北—清远）、南带（广宁南—从化）均融入东西向巨型块体中。

由上述各化极图的展示可知，化极处理对展示东西向构造更突出，上延愈高，东西向构造反映愈突出，而掩盖了其他方向（45°、135°，即北东、北西向）构造。

综合以上各图分析，本断裂分为3条平行分断裂是清楚的，龙门以西连续性比较好，深度不超过20 km，但它切割北东、北西向断裂，可见仍有一定的活动性。

3.4.1.2　四会—增城断裂（F2）

该断裂西起四会以西至区外，往东经花都、增城以东延出区外，是一条规模较大的断裂，在构造和地貌上都是一条分界断裂，断裂以北是南岭南坡构造和地貌区，以南是珠江三角洲地区北缘分界断裂，在绝大多数航磁成果图上反映均较好。

航磁ΔT及其上延1、3、5 km平面等值线图（图3–4–1至图3–4–4），西起四会以西，经花都、增城，东延至区外，存在近东西向梯度带或等值线边界，多处分断北东、北西向断裂等值线带，也有为北西、北东向断裂等值线带间断处。上延10 km（图3–4–5），四会段东西向边界线弯曲，四会东为北西向等值线带阻截，花都—增城梯度带宽缓，仍可东延至图外。上延20 km（图3–4–6），四会段已无东西向等值线反映，花都—增城段仍有东西向等值线存在，但已不能东延至图边。上延30、40 km（图3–4–7和图3–4–8），增城段见北东东向等值线。

航磁ΔT 0°一阶方向导数等值线图（图3–4–9），四会以西、四会、花都及其以东存在弯曲的东西向等值线，增城段缺失等值线，以东似存在串珠状等值线东西向排列。上延5 km（图3-4-10），四会—花都—增城以及以东存在近东西向梯度带、串珠或等值线带。上延10 km（图3-4-11），四会—花都—增城及其以东存在近东西向梯度带或等值线带。上延20、30 km（图3-4-12和图3-4-13），四会—花都—增城及其以东存在近东西向梯度带，连续性较好，也较整齐。

航磁ΔT 45°一阶方向导数及其上延5、10 km等值线图（图3-4-14至图3-4-16），在四会、花都、增城一线有北西西等值线带存在。上延20 km（图3-4-17），四会、花都、增城存在近东西向等值线带。上延30 km（图3-4-18），四会、花都、增城存在东西向梯度带。

航磁ΔT 45°一阶方向导数及其上延5、10 km灰度图（图3-4-19至图3-4-21）对本断裂反映不太明显。上延20、30 km（图3-4-22和图3-4-23），花都—增城段存在不整齐的灰黑影东西向边界线，四会段存在东西向灰黑影边界线。

航磁ΔT 90°一阶方向导数等值线和灰度图（图3-4-24至图3-4-33）对本断裂均无明显反映。

航磁ΔT 135°一阶方向导数等值线图（图3-4-34），对本断裂反映不明显，四会、花都存在短距离东西向等值线。上延5 km（图3-4-35），四会、花都、增城存在近东西向梯度带或等值线带。上延10 km（图3-4-36），四会、花都、增城存在近东西向串珠状同步拐弯等值线带。上延20 km（图3-4-37），花都、增城存在东西方向梯度带或等值线带。上延30 km（图3-4-38），花都、增城存在近东西向梯度带或向东西方向突出弧形等值线带。

航磁ΔT 135°一阶方向导数灰度图（图3-4-39），四会东、西两方向均见北东东向黑影带，至花都则表现为北东向黑影带被截断，断头呈东西方向排列，反映近东西向断裂截切F8北东向断裂（广从断裂），增城段为若隐若现的东西向灰色影迹，往东可延至图边。上延5 km（图3-4-40），四会、花都、增城及增城东延部分存在不连续的近东西向黑影带。上延10 km（图3-4-41），四会西、四会、增城东、西延线均存在东西向黑影带边界线。上延20 km（图3-4-42），四会段、花都—增城段存在整齐的近东西向灰黑影条带边界。上延30 km（图3-4-43），四会、花都—增城存在近东西向灰黑影边界图像。

航磁ΔT总梯度模上延1 km平面等值线图（图3-4-44），四会段、花都段、增城段及其东延部分存在近东西向梯度带或等值线。上延3、5 km（图3-4-45和图3-4-46），四会、花都、增城存在些许东西向等值线，增城以东则消失。上延10、20、30 km（图3-4-47至图3-4-49），对本断裂基本上无反映。

航磁ΔT垂向二阶导数图（图3-4-50），四会、花都、增城存在近东西向梯度带或等值线带。

航磁ΔT小波分析一、二阶细节图（图3-4-51和图3-4-52），对本断裂反映不甚明显。三阶细节图（图3-4-53），四会、花都、增城东部存在近东西向黑影带，增城段影带色泽灰淡。四阶细节图（图3-4-54），四会—花都段为北东东向黑影带，花都—增城及其东延部分为北西西向黑影带，比较清楚。

航磁ΔT分形维数平面等值线图（图3-4-55），四会—花都—增城近东西向等值线带形态完整，连接性好。

航磁ΔT化极及其上延1、3、5 km平面等值线图（图3-4-56至图3-4-59）近东西向等值线带自四会以西，经四会、花都、增城以东，延出图外，形态完整。上延10 km（图3-4-60），四会以西、花都以东、增城以东，存在近东西向等值线，应是本断裂反映。上延20、30 km（图3-4-61和图3-4-62），图面东西向等值线连成一体，很难分辨本断裂位置。

综上所述，本断裂在大多数图上反映较好，磁场结构完整，连接性好，是一条规模较大的断裂，深度可达30 km以上。

3.4.1.3 肇庆—广州断裂（F3）

又称肇庆—三水断裂、三水—广州断裂及高要—广州断裂等。它西起肇庆以西、云浮北，经肇庆、三水、广州至博罗及其以东，延出区外，是珠江三角洲地区北部最著名的一条断裂，涉及广州地区与地质方面有关系的文献资料几乎都要重点论述。在本次航磁资料处理图中，它也得到很好的反映。

航磁Δ*T*及其上延1、3、5 km平面等值线图（图3-4-1至图3-4-4），肇庆北、广州北、博罗、惠州北段均存在近东西向梯度带，各段间多为北西向或北东向梯度带（断裂）隔开。另外，在南面云浮、佛山、番禺、东莞、惠州也存在近东西向较宽缓的梯度带或等值线，从航磁结构分析，可考虑为同一带。上延10 km（图3-4-5），肇庆、三水、广州、博罗东西向梯度带仍可连成一线，而南部梯度带在东莞—惠州段梯度带反映仍清楚，其西部各段云浮、肇庆南、佛山、番禺断断续续存在东西向等值线。上延20 km（图3-4-6），肇庆—三水、博罗—惠州两段东西向梯度带仍明显，广州段无表现，南部云浮、佛山、番禺一线已无反映。在广州、东莞间为两条北东向等值线（F8、F9）截断东西向梯度带，后两者也间断前者南、北连接，反映北东向断裂与东西向断裂是互切关系。上延30 km（图3-4-7），肇庆—佛山（三水）、东莞—博罗—惠州存在近东西向等值线。上延40 km（图3-4-8），对本断裂基本上无反映。

航磁Δ*T* 0°一阶方向导数等值线图（图3-4-9），肇庆北—三水—广州—博罗北一线存在近东西向等值线。上延5、10 km（图3-4-10和图3-4-11），肇庆—三水—广州—博罗—惠州一带存在东西向梯度带，其南面云浮、肇庆南、佛山、广州南（番禺）、东莞、惠州存在近东西向等值线带，与北东向或北西向等值线带互有间隔。上延20 km（图3-4-12），肇庆—三水—广州—博罗—惠州存在密度较大的梯度带，南部云浮、佛山、番禺、东莞—惠东亦存在近东西向梯度带。上延30 km（图3-4-13），肇庆—三水—广州—博罗—惠州一线存在梯度带，且将南部云浮—佛山—东莞—惠东一线的梯度带融合在一个带内，说明这一近东西向磁异常带规模较大，深度较大，至少可达30 km。

航磁Δ*T* 45°一阶方向导数等值线图（图3-4-14），肇庆北—三水—广州—博罗—惠州一线存在弯曲的东西向等值线。上延5、10 km（图3-4-15和图3-4-16），肇庆北—三水—广州—博罗—惠州一线存在弯曲的近东西向梯度带。上延20 km（图3-4-17），肇庆—三水—广州—博罗—惠州存在近东西向梯度带。上延30 km（图3-4-18），对本断裂反映不明显。

航磁Δ*T* 45°一阶方向导数灰度图（图3-4-19），肇庆—三水间的北西向影带被断头排列为东西向，广州—博罗、惠州段亦存在类似影像，说明近东西向影带（断裂）切割了北西向影带（断裂）。多处东西向影带也为北西向影带阻截，说明北西向与东西向断裂互有切割。上延5 km（图3-4-20），肇庆、三水、博罗、惠州地段有断续东西向黑影条带或断头影像。上延10 km（图3-4-21），肇庆—三水段、广州—东莞段存在近东西向黑影边界线，博罗、惠州东似为东西向串珠状图像。上延20、30 km（图3-4-22和图3-4-23），肇庆—三水、广州—博罗段存在模糊的近东西向影像边界，多处与北西向影带交汇、叠加。

航磁Δ*T* 90°一阶方向导数等值线图（图3-4-24），肇庆、三水、广州、博罗、惠州零零星星地存在弯曲的近东西向等值线。上延5、10 km（图3-4-25和图3-4-26），肇庆、三水、广州、博罗、惠州等地存在近东西向等值线，大多数为北东或北西向等值线带同步拐弯构成，反映东西带断裂对北东、北西带断裂的阻截效果。上延20、30 km（图3-4-27和图3-4-28），对本断裂基本上无反映。

航磁Δ*T* 90°一阶方向导数灰度图及其上延5、10、20、30 km（图3-4-29至图3-4-33），对本断裂无明显反映。

航磁Δ*T* 135°一阶方向导数等值线图（图3-4-34），三水—广州—博罗存在近东西向弯曲的等值线。上延5、10 km（图3-4-35和图3-4-36），肇庆—三水—广州—博罗—惠州存在近东西向等值线，南部云浮、佛山、番禺、东莞、惠州一线也存在近东西向等值线带。上延20、30 km（图

3-4-37和图3-4-38），云浮—肇庆—三水—广州、东莞—博罗—惠州反映为一近东西向梯度带。

航磁Δ*T* 135°一阶方向导数灰度图（图3-4-39），肇庆—三水存在北东东向灰影边界，三水—广州—博罗—惠州北存在北东向影像被断头，排列呈东西向，云浮、佛山、东莞和惠州存在东西向细影带或东西向断头带。上延5、10 km（图3-4-40和图3-4-41），云浮、肇庆、广州、东莞、博罗和惠州隐约可见东西向影迹斜列。上延20、30 km（图3-4-42和图3-4-43），肇庆—三水、广州—博罗段模糊存在近东西向灰色影带边界。

航磁Δ*T*总梯度模上延1、3、5 km平面等值线图（图3-4-44至图3-4-46），肇庆—三水段、广州—博罗—惠州及其以东段存在东西向梯度带，南部云浮—佛山也存在微弯曲的北东东向等值线。上延10 km（图3-4-47），肇庆—三水、广州、博罗—惠州以东以及南部云浮—佛山存在北东东向等值线。上延20 km（图3-4-48），肇庆—三水、博罗—惠州存在近东西向等值线。上延30 km（图3-4-49），肇庆—三水段存在近东西向等值线。

航磁Δ*T*垂向二阶导数图（图3-4-50），肇庆—三水段、广州段、博罗—惠州段存在北东东向梯度带或等值线，南部云浮亦有北东东向等值线反映。

航磁Δ*T*小波分析一、二阶细节图（图3-4-51和图3-4-52），对本断裂反映不甚明显。三阶细节图（图3-4-53），肇庆—三水存在东西向细影带，广州段存在东西向短影带，东莞—博罗存在北东东向影带束。四阶细节图（图3-4-54），肇庆—三水—广州—博罗—惠州存在北东东向黑影束，云浮—佛山—东莞—惠州亦可见北东东向黑影带束，共同组成一北东东向黑影束带，对本断裂反映较清楚。

航磁Δ*T*分形维数等值线图（图3-4-55），肇庆北—三水—广州—博罗及其以东为一北东东向梯度带，云浮—佛山、东莞—惠州亦呈北东东向梯度带。

航磁Δ*T*化极平面等值线图（图3-4-56），西起肇庆以西，经三水、广州、博罗、惠州北，可连成一条很显目的东西向梯度带，似与北部四会—增城梯度带为同一磁异常体，位于南侧，南部云浮、佛山、番禺、东莞、惠州亦可连成一东西向梯度带，只是等值线不如前者密集，但仍属同一磁场体。上延1、3、5、10 km（图3-4-57至图3-4-60），肇庆—三水—广州—博罗、惠州北存在近东西向等值线，从连接整体性分析，较四会—花都—增城东西向带反映更好，南部云浮、佛山—番禺、东莞—惠州南亦存在东西向梯度带或等值线带。上延20、30 km（图3-4-61和图3-4-63），肇庆南—三水南—广州南—博罗西、惠州段存在近东西向梯度带，南部云浮、佛山、番禺、东莞、惠州南亦存在近东西向梯度带。

据上述各图解释、分析，该断裂在大多数图件上反映较好，磁场结构完整，连接性好，是一条规模较大的断裂，可分为南、北两条分断裂，深度均可达30 km以上。

3.4.1.4 鹤山—惠东断裂（F4）

该断裂西起新兴以西，经新兴、鹤山、顺德、惠阳北、惠东南，向东延出图外，是横过珠江三角洲平原腹地中心地带的一条断裂，以往文献资料定位为一般断裂，关注度不大，甚至忽略。本次航磁资料处理结果，认为是一条深度可达30 km以上、有一定规模的断裂。下文逐图解释。

航磁Δ*T*及其上延1、3、5、10 km平面等值线图（图3-4-1至图3-4-5），西起新兴，经鹤山、顺德至惠东，北东东向梯度带或等值线反映明显，带性连续性好，磁场结构完整，绝大多数北东、北西向等值线带（断裂）被间断，成为一个重要特征。上延20、30 km（图3-4-6和图3-4-7），新兴东经鹤山、顺德、惠阳北、惠东南，存在北东东向等值线带，在顺德东为F10 北东向等值线带间隔，上延40 km（图3-4-8），对本断裂已无反映。

航磁Δ*T* 0°一阶方向导数等值线图（图3-4-9），新兴、惠阳西存在近东西向等值线，新兴东—顺德东缺失近东西向等值线。上延5 km（图3-4-10），新兴—鹤山—顺德、惠阳西存在近东西向等值线带，遇北西向F16间断后，继续以东西向梯度带延至惠东。上延10 km（图3-4-11），新兴—鹤山—顺德—惠阳—惠东存在近东西向梯度带。上延20 km（图3-4-12），新兴—鹤山—顺德—惠阳—惠东一线存在近东西向（北东东）梯度带，连续性好和整齐，梯度更陡。上延30 km（图3-4-13），新兴—鹤山—顺德—惠阳西—惠东分别存在近东西向梯度带。

航磁Δ*T* 45°一阶方向导数等值线图（图3-4-14），惠阳西存在一段弯曲的近东西向等值线，虽然形态单薄，但也间断了北西向断裂的连续性。上延5、10 km（图3-4-15和图3-4-16），新兴、鹤山—顺德、惠阳西—惠东存在近东西向等值线带或梯度带。上延20、30 km（图3-4-17和图3-4-18），新兴—鹤山—顺德、惠阳北存在近东西向梯度带。

航磁Δ*T* 45°一阶方向导数灰度图及其上延5、10、20、30 km（图3-4-19至图3-4-23），对本断裂反应不太明显，有一些模糊的暗灰色近东西向边界影线和断头带（北西向影带断头），难以确切判释。

航磁Δ*T* 90°一阶方向导数等值线图及其上延5、10 km（图3-4-24至图3-4-26），对本断裂无明显反映。上延20、30 km（图3-4-27和图3-4-28），新兴、顺德东南、惠阳各段存在近东西向梯度带。

航磁Δ*T* 90°一阶方向导数灰度图及其上延5、10、20、30 km（图3-4-29至图3-4-33），无图像反映。

航磁Δ*T* 135°一阶方向导数等值线图（图3-4-34），新兴、惠东西存在近东西向等值线带。上延5、10 km（图3-4-35和图3-4-36），新兴—鹤山—顺德段存在近东西向弯曲的等值线，往东为北东向F9等值线间断后，继续东延至惠东西（潼湖）存在近东西向梯度带。上延20、30 km（图3-4-37和图3-4-38），新兴—鹤山—顺德段、惠东段分别存在北东东向梯度带，在顺德为北东向梯度带间断。

航磁Δ*T* 135°一阶方向导数灰度图（图3-4-39），顺德—惠东存在北东东向断头影带，顺德以西反映不明显，基本上无图像反映。上延5 km（图3-4-40），新兴—鹤山段、顺德—惠东段存在近东西向灰影或黑影带边界线，连续不好。上延10 km（图3-4-41），新兴—鹤山段、顺德、惠东段存在近东西向黑影带边界，中间有隔断。上延20 km（图3-4-42），新兴、鹤山、顺德、惠东，存在东西向黑影边界，连续性欠佳。上延30 km（图3-4-43），近东西向灰黑影边界线出现在新兴—鹤山—顺德南，惠东段亦存在近东西向边界影像。

航磁Δ*T*总梯度模上延1、3、5 km平面等值线图（图3-4-44至图3-4-46）3个图件图像基本格局大同小异，新兴、鹤山、顺德、惠东存在北东东向等值线。上延10、20 km（图3-4-47和图3-4-48），新兴—鹤山—顺德—惠阳一线存在近东西向等值线。上延30 km（图3-4-49），新兴—鹤山—顺德存在北东东向等值线，惠阳以东存在近东西向等值线。

航磁Δ*T*垂向二阶导数图（图3-4-50），顺德以东至惠东存在北东东向等值线或梯度带，以西则无反映。

航磁Δ*T*小波分析一、二阶细节图（图3-4-51和图3-4-52）对本断裂无反映。三、四阶细节图（图3-4-53和图3-4-54），顺德以东至惠东存在北东东向斜列黑影带。

航磁Δ*T*分形维数平面等值线图（图3-4-55），新兴、鹤山、顺德、惠阳北和惠东南存在北东东向等值线带或梯度带，连续性较好，带性佳。

航磁Δ*T*化极平面等值线图（图3-4-56），新兴—鹤山—惠阳、惠阳北、惠东南为一北东东向梯度带，新兴、惠阳段梯度带较陡，中部等值线较疏、宽缓，带性、连续性佳。上延1、3、5、10 km（图3-4-57至图3-4-60），新兴、鹤山、惠阳、惠东存在近东西向等值线，新兴、鹤山—顺德形成两个0°等值线封闭的东西向磁体，带性、连续性佳。上延20 km（图3-4-61），新兴、鹤山—顺德存在近东西向梯度带，惠阳北、惠东南存在同步拐弯东西向梯度带。上延30 km（图3-4-62），鹤山—顺德段为一近东西向椭圆体，惠阳北、惠东南为同步拐弯近东西向等值线带，鹤山西、新兴段表现为一东西向谷地。

综上所述，本断裂在大多数图上反映良好，深度可达30 km以上。

3.4.1.5 五桂山北麓断裂（F5）

顾名思义，五桂山北麓断裂位于五桂山之北，是珠江三角洲腹地平原之南缘断裂，该断裂之南的珠江三角洲平原则零星分散。断裂以中山市城区为中心位置，向东经张家边，横过珠江水道、深圳北，延至区（图）外；往西，经新会潭江平原北界、江门、开平、恩平北，伸出区外。它既是研究区两磁场区之分界线，也是广州重力高之南缘界限（见前文）。因此，本断裂是在地质构造上、地貌第四纪地质上有重要意义的断裂，但以往对它关注度比较低，并将它列入北东向断裂系。本次重磁资料处理研究，对它的展布、断裂性质提出新的讨论意见。下文逐图解释。

航磁ΔT及其上延1、3、5 km平面等值线图（图3-4-1至图3-4-4），西起恩平北，经开平、江门、中山，东延至惠阳东南，为一基本连续的北东东向梯度带，与北部F4共同构成一条北东东向磁异常结构带。上延10、20 km（图3-4-5和图3-4-6），恩平北、江门北、开平北、中山为一基本连续的东西向梯度带，中山至深圳北间为北东向和北西向等值线间断，深圳东、惠阳东南再存在东西向梯度带与之相呼应。上延30 km（图3-4-7），开平西—开平—江门—中山、深圳—深圳西存在北东东向等值线。上延40 km（图3-4-8），开平—江门—中山—深圳存在近东西向等值线。

航磁ΔT 0°一阶方向导数等值线图（图3-4-9），开平西、开平、江门—中山、深圳北、惠阳东南似断断续续存在近东西向等值线。上延5 km（图3-4-10），恩平北、开平北—江门—中山存在东西向等值线，往东为北西、北东向等值线间断后，惠阳南有北东东向梯度带呼应。在恩平、开平、珠海、香港北还断断续续地存在一条近东西向梯度带。在此深度内，应存在两条大体平行的断裂，带性与磁场结构均较佳。上延10 km（图3-4-11），恩平北、开平、江门—中山存在东西向等值线，深圳—惠阳南东西向等值线。上延20 km（图3-4-12），恩平北、开平、江门—中山、深圳东存在近东西向等值线。上延30 km（图3-4-13），恩平北、开平、江门—中山—深圳、深圳东各段存在近东西向等值线。

航磁ΔT 45°一阶方向导数等值线图（图3-4-14），开平西、江门、中山、深圳各段似存在不整齐、弯曲的近东西向等值线。上延5 km（图3-4-15），开平西、开平—江门、中山、深圳东存在近东西向等值线带。上延10 km（图3-4-16），开平西、开平—江门—中山、深圳东存在近东西向等值线带。上延20、30 km（图3-4-17和图3-4-18），开平西—开平—江门—中山、深圳东存在近东西向梯度带，两段之间为北西向梯度带分割开。

航磁ΔT 45°一阶方向导数灰度图（图3-4-19），开平西（恩平北）、开平、中山、深圳北存在比较整齐的断头影像，呈北东东向排列，惠阳东南亦有近东西向影迹反映，反映本断裂切断北西向断裂。上延5 km（图3-4-20），恩平北、开平、江门、中山、惠阳东南断续存在北东东向断头带。上延10、20、30 km（图3-4-21至图3-4-23），恩平北、开平、江门—中山段模糊存在北东东向影像边界。

航磁ΔT 90°一阶方向导数等值线图（图3-4-24），开平西、开平、江门、中山、深圳及以东各段，存在北东东向等值线，延续形态较好。上延5 km（图3-4-25），开平及其江门—中山为一近东西向等值线带，深圳东存在北东东向等值线带。上延10、20 km（图3-4-26和图3-4-27），开平—江门—中山、深圳西呈一北东东向等值线带，向西、向东延伸均超出图界，中山、深圳间为北西向梯度带分割。上延30 km（图3-4-28），开平、江门、中山为一北东东向梯度带，深圳以东存在近东西向梯度带，深圳、中山间为北东、北西向同步拐弯梯度带隔断。

航磁ΔT 90°一阶方向导数灰度图系列（图3-4-29至图3-4-33），对本断裂基本上无反映。

航磁ΔT 135°一阶方向导数等值线图（图3-4-34），开平西、开平—江门、中山、深圳、深圳东各段存在不整齐、弯曲的北东东向等值线。上延5、10 km（图3-4-35和图3-4-36），开平西（恩平北），经开平、江门、中山存在北东东向梯度带，深圳东存在北东东向梯度带，中部深圳段为北东向稀疏等值线间断。上延20、30 km（图3-4-37和图3-4-38），开平西（恩平北）经开平、江门、中山、深圳及其以东，存在北东东向梯度带，向东、西方向均延伸出图外，连续性佳，带性强。

航磁ΔT 135° 一阶方向导数灰度图（图3-4-39），开平西、开平、中山、深圳北、惠阳东南存在不太整齐的北东向影带断头，呈北东东向排列，也反映北东东向断裂切割了北东向断裂。上延5、10 km（图3-4-40和图3-4-41），基本对本断裂无反映，但在开平西、惠阳东南存在北东东向黑影带，或是本断裂局部反映。上延20 km（图3-4-42），恩平北、开平—中山段存在不整齐的东西向影带边界。上延30 km（图3-4-43），对本断裂反映不明显。

航磁ΔT总梯度模上延1、3、5 km平面等值线图（图3-4-44至图3-4-46），西起开平西，经开平、江门、中山呈北东东向梯度带，深圳北为北东东向等值线，惠阳东南为近东西向梯度带，带性明显。上延10 km（图3-4-47），恩平北、开平、江门—中山、深圳存在近东西向梯度带，尤以开平—中山梯度大。上延20、30 km（图3-4-48和图3-4-49），恩平北—开平—江门—中山存在近东西向等值线，深圳东有东西向等值线呼应。

航磁ΔT垂向二阶导数图（图3-4-50），恩平北、开平—江门、中山存在北东东向梯度带，中山东至深圳为空段，深圳东有近东西向梯度带呼应。

航磁ΔT小波分析一、二、三阶细节图（图3-4-51至图3-4-53），开平西（恩平北）、开平、中山断续存在近东西向黑影图像，深圳东亦存在近东西向阶梯图像，带性明显，深圳北空段，无图像反映。四阶细节图（图3-4-54），开平西（恩平北）、开平、江门、中山存在清晰的近东西向黑影带，大体可连成一体，带性明显，深圳影像灰淡，深圳东存在北东东向黑影带束。

航磁ΔT分形维数平面等值线图（图3-4-55），恩平北（开平西）—开平—江门—中山—深圳及其以东存在北东东向等值线。

航磁ΔT化极平面等值线图（图3-4-56），恩平北（开平西）经开平、江门、中山为一北东东向梯度带，往东在深圳北存在北东东向等值线或梯度带相呼应，带性完整。上延1、3、5、10 km（图3-4-57至图3-4-60），江门西经江门、中山、深圳及其以东，存在北东东向等值线，为一负磁场体的北界。上延20 km（图3-4-61），恩平北、开平、江门、中山至深圳北，存在北东东向等值线。上延30 km（图3-4-62），西起恩平北，经开平、江门、中山至深圳北，存在北东东向等值线。

综上各图解释，本断裂在大多数图上反映良好，带性佳，但恩平（开平西）至中山段梯度带更突出，深圳北段常成空段，深圳东至图框边一段也多呈梯度带反映，本断裂深度应在30 km以上。

3.4.1.6 滨海（岸）断裂（F6）

滨海断裂带是20世纪80年代初才公认的南海北缘的一条近东西向（北东东向为主体）断裂带，是南海石油普查、地质调查的一项重大成果。它西起北部湾，向东大体沿南海北缘延伸，经珠江三角洲口外、潮汕三角洲外缘、台湾浅滩，可能与义竹断裂相连而抵达台湾西海岸，是一条规模巨大的主要是新构造期形成的很活动的断裂带。但是众多的文献资料、地质图中，它展布的具体位置却有不同，实际资料也多有不足。本次重磁资料处理的滨海（岸）断裂带（F6，图3-3-1）是珠江三角洲口外地区的一段。在总体为一个结构完整的北东东向磁异常体的大背景下，可分为南、北两条平行的北东东向断裂，北侧西起广海以西区（图）外，经广海、斗门、澳门、香港及其以东，延出图外，称之为滨岸断裂（F6.1），南侧一条西起上川岛北侧以西延出图外，往东经万山群岛、担杆列岛，延出图外，称之为滨海断裂（F6.2）；南北两侧所限内部还存在一些次一级的断裂。

航磁ΔT及其上延1、3 km平面等值线图（图3-4-1至图3-4-3），总体来说，北东东向梯度带很明显，但常被北东向和北西向磁异常体分隔为多个北东东向磁异常带，各北东东向磁异常带宽度、走向也常有变化。北部一条即广海湾以西（图边）经广海至斗门南、澳门南、香港东比较清楚，南部一条即从担杆列岛北经万山群岛至上川岛，明显存在一条梯度带，担杆列岛南部可能还有一条北东东向梯度带，往西延伸出图外。上延5、10 km（图3-4-4和图3-4-5），广海西北东东向梯度带往东经斗门南、澳门南、香港东延出图外，第二条北东东向梯度带是担杆列岛与万山群岛一带，往西为北西向广海湾空段所截，广海西南北东东向梯度带西延出图外。上延20 km（图3-4-6），东西向等值线带变得稀疏，在总体一个滨海（岸）梯度带下，勉强划分出南北两带，内部多弯曲变化。上延30、40 km（图3-4-7和图3-4-8），广海以西至香港，梯度带由北西西转为北东东，总体近东西向梯度带仍然清楚。

航磁ΔT 0° 一阶方向导数等值线图（图3-4-9），南侧：上川岛以西、上川岛、万山群岛和担杆列岛呈一东西向等值线带；北侧：广海以西、斗门南、澳门南和香港南也存在近东西向等值线带，上述两带总体合组为一大东西向等值线带。上延5 km（图3-4-10），南侧：上川岛西—上川岛、万山群岛、担杆列岛存在形态较复杂的东西向梯度带，其间有北东或北西向梯度带间隔；北侧：广海、斗门南、澳门南和香港南一线东西向梯度带或等值线也属这一大东西向梯度带内，内部还可分出多条次一级梯度带，反映断裂组合的细节。上延10 km（图3-4-11），上川岛以西、万山群岛、担杆列岛近东西向磁异常带清楚。上延20、30 km（图3-4-12和图3-4-13），上川岛以西、万山群岛—担杆列岛组成一条巨大的近东西向梯度带，在广海湾和香港南遇北西向梯度带分割，破坏了东西向梯度带的整体性，北侧界线已不明朗。

航磁ΔT 45° 一阶方向导数等值线图（图3-4-14），广海西、斗门、澳门、香港及其以东存在弯曲的断断续续的东西向等值线，上川岛以西、万山群岛、担杆列岛存在近东西向等值线。上延5 km（图3-4-15），上川岛及其以西、万山群岛、担杆列岛存在近东西向梯度带，与其北侧广海、斗门南、澳门南、香港明显组成一条宽阔的东西向梯度带。上延10 km（图3-4-16），上川岛、万山群岛、担杆列岛为一近东西向梯度带，三岛之间有北西向梯度带间隔，其北侧梯度带不明显。上延20 km（图3-4-17），上川岛以西近东西向梯度带明显，万山群岛和担杆列岛东西向梯度带已不明显，但宏观上东西向带性可辨。上延30 km（图3-4-18），对本断裂带反映不明显，已为北西向带性格局控制。

航磁ΔT 45° 一阶方向导数灰度图（图3-4-19），北侧：广海西经广海、澳门南和香港南，存在北西向影带整齐断头，呈北东东向排列，应是本断裂反映。南侧：上川岛西、上川岛、万山群岛、担杆列岛北、担杆列岛南海域也存在北西向断头，呈北东东向排列图像，应是本断裂切割北西向断裂有力证据。上延5 km（图3-4-20），广海西段、万山群岛北和担杆列岛北存在短距离近东西向边界，担杆列岛南海域存在近东西向黑影带，香港东、斗门亦存在近东西向黑影带。上延10 km（图3-4-21），仅广海西段、香港东存在北东东向黑影带，担杆列岛南海域也有一小段北东东向灰影带。上延20、30 km（图3-4-22和图3-4-23），广海以西存在近东西向黑影带，万山群岛存在北西西向淡灰影带。

航磁ΔT 90° 一阶方向导数等值线图（图3-4-24），上川岛以西、万山群岛以西、万山群岛、担杆列岛及以东存在北东东向等值线，北侧广海湾以西、斗门、澳门和香港东南似也存在弯曲的北东东向等值线。上延5 km（图3-4-25），上川岛以西、万山群岛、担杆列岛存在近东西向梯度带或等值线，北侧广海以西、斗门南、澳门南、香港东存在北东东向梯度带。上延10 km（图3-4-26），香港东、上川岛以西、万山群岛、担杆列岛存在近东西向等值线或同步拐弯等值线。上延20 km（图3-4-27），上川岛—万山群岛—担杆列岛存在近东西向梯度带，三岛之间有北西向梯度带分隔，但东西向梯度带整体性表现仍较好。上延30 km（图3-4-28），广海南（上川岛北）、万山群岛和担杆列岛存在近东西向梯度带，三岛之间同样有北西向梯度带分隔。

航磁ΔT 90°一阶方向导数灰度图（图3-4-29），广海以西、斗门南、澳门南存在北东、北西向影带一齐断头排列成近东西向，其他各段反映不明显，很难判释。上延5 km（图3-4-30），广海以西存在近东西向黑影带。上延10、20、30 km（图3-4-31至图3-4-33），广海以西、斗门东南、香港东南存在近东西向灰影带边界。

航磁ΔT 135°一阶方向导数等值线图（图3-4-34），广海西、斗门南、澳门南、香港东、上川岛以西、上川岛和担杆列岛存在近东西向等值线。上延5、10 km（图3-4-35和图3-4-36），广海西、斗门南、澳门南和香港东、上川岛以西、上川岛和担杆列岛存在近东西向梯度带，内部遭遇北西或北东向梯度带间隔。上延20 km（图3-4-37），广海西、斗门南、澳门南、香港东；上川岛西近东西向磁异常体反映明显，而其东部东西向梯度带反映不明显，与北东和北西向梯度带干扰有关。上延30 km（图3-4-38），广海（上川岛）以西为近东西向磁异常梯度带，万山群岛、担杆列岛东西向磁异常带受到北东向和北西向梯度带干扰，图像形态复杂。

航磁ΔT 135°一阶方向导数灰度图（图3-4-39），广海西、广海、斗门南、澳门南和香港东南存在北东向影带断头排列呈北东东向，万山群岛、上川岛、万山群岛南和担杆列岛南亦存在同样现象。上延5 km（图3-4-40），仅广海西段存在北东东向黑影带。上延10、20、30 km（图3-4-41至图3-4-43），广海西、斗门—澳门、香港东存在近东西向灰黑影带。

航磁ΔT水平总梯度模上延1 km平面等值线图（图3-4-44），广海以西、广海湾、斗门南、澳门南和香港东南存在近东西向梯度带或等值线，担杆列岛和万山群岛也存在北东东向或东西向梯度带彼此呼应。上延3 km（图3-4-45），广海以西、万山群岛和担杆列岛存在北东东向梯度带或等值线。上延5 km（图3-4-46），广海以西、万山群岛和担杆列岛存在澳门—香港近东西向梯度带或近东西向等值线同步拐弯。上延10 km（图3-4-47），广海以西、澳门—香港存在近东西向梯度带，万山群岛—担杆列岛存在等值线同步弯曲呈近东西向。上延20 km（图3-4-48），广海以西、澳门—香港存在北西西向梯度带，万山群岛—担杆列岛等值线存在同步拐弯呈北西西向，或是本断裂反映。上延30 km（图3-4-49），广海以西、澳门—香港存在北西西向等值线带，万山群岛和担杆列岛存在近东西向等值线。

航磁ΔT垂向二阶导数图（图3-4-50），广海以西、斗门南、澳门南和香港东南存在北东东向梯度带或等值线；担杆列岛、万山群岛存在北东东向斜列梯度带。

航磁ΔT小波分析一、二、三阶细节图（图3-4-51至图3-4-53），在南、北两带主要表现为北东向影带断头排列成近东西向。航磁ΔT小波分析四阶细节图（图3-4-54），广海以西、广海、斗门南、香港南存在北东东向阶梯状黑影带系列，担杆列岛、万山群岛亦存在北东东向黑影带系列，角度偏小，总体看，是北东东向磁异常斜列巨带。

航磁ΔT分形维数平面等值线图（图3-4-55），广海以西、斗门、澳门、香港一线以南，上川岛、万山群岛和担杆列岛组成一巨大的东西向梯度带。

航磁ΔT化极平面等值线图（图3-4-56），北东东向梯度带非常明显，广海西向东经广海、斗门南、澳门南和香港南延出图外，此线以南是上川岛、万山群岛、担杆列岛一带海域组成一北东东向巨大梯度带。上延1、3、5、10 km（图3-4-57和图3-4-60），上川岛及其以西（图外）、万山群岛和担杆列岛为一北东东向梯度带，其北面广海、斗门、香港一线北东东向等值线形态总体存在，但不连续、不整齐、多弯曲。上延20、30 km（图3-4-61至图3-4-62），广海、斗门和香港一线以南，上川岛、万山群岛和担杆列岛一线以北为一整体近东西向（北东东）梯度带，磁场结构佳，规模巨大。

综上各图解释，本断裂两条分断裂（F6.1滨海岸断裂，F6.2滨海断裂）在各种图上反映均很清楚，是一条规模巨大的北东东向断裂，深度在30 km以上，它切断了北东、北西向断裂，并阻截北东向断裂继续往南海延伸，致南海北缘大陆架见不到大陆延伸过去的北东向断裂，但在本断裂带浅部，也见到北东、北西向断裂与本断裂互切现象。

3.4.2 北东向断裂系

区内解释出5条北东向主干断裂，它们是：F7，肇庆—四会（吴川—四会）断裂；F8，广州—恩平断裂；F9，增城—江门断裂；F10，河源—中山（邵武—河源）断裂；F11，博罗—斗门（紫金—博罗）断裂；F12，莲花山（惠东—深圳）断裂。下文逐条断裂解释：

3.4.2.1 肇庆—四会断裂（F7）

本断裂位于研究区西北部，是吴川—四会断裂的北段。

航磁Δ*T*平面等值线图（图3-4-1），四会北—清远西存在同步扭曲的北东向同步拐弯和串珠状等值线带，自此往西，还有平行的2条北东向扭曲带，一条在广宁东，一条在广宁西，可将这一宽阔北东向磁异常带视为吴川—四会断裂组成部分，宽度（规模）在40 km以上。在四会为F2东西向梯度带阻截，四会南存在北东向弧顶向南的大角度弧形带至肇庆。上延1、3 km（图3-4-2和图3-4-3），四会—清远西2条北西向等值线带较图3-4-1更清晰。上延5、10 km（图3-4-4和图3-4-5），广宁—云浮存在北东向等值线。上延20、30、40 km（图3-4-6至图3-4-8），对本断裂无明显反映。

航磁Δ*T* 0°一阶方向导数等值线图（图3-4-9），对本断裂反映不明显。上延5 km（图3-4-10），初看，在清远、广宁间围限的区域等值线带方向杂乱，近东西向、北西向等值线带似更清楚，但细分析，在清远—四会东西两侧，广宁以北，存在两条北东向羽毛状、半羽毛状等值线带轴线，反映本断裂对东西向断裂有切割。上延10 km（图3-4-11），清远—四会东西两侧仍存在北东向等值线带。上延20、30 km（图3-4-12和图3-4-14），基本上无北东向等值线反映。

航磁Δ*T* 45°一阶方向导数等值线图和灰度图及其上延5、10、20、30 km（图3-4-14至图3-4-23），对本断裂基本上无等值线和图像反映。

航磁Δ*T* 90°一阶方向导数等值线图（图3-4-24），清远—四会一线、广宁一线分别断断续续存在北东向等值线，常为北西向等值线带分隔。上延5 km（图3-4-25），清远—四会一线与广宁一线间存在3条北东向等值线带，常为北西向或近东西向等值线带分隔，但北东向带状性仍明显。上延10 km（图3-4-26），清远—四会存在不规则北东向峡谷带，广宁北东向一线存在弯曲等值线，二者总体呈北东向异常体，但中部小异常体多为近东西向排列，与东西两侧东西向梯度带呼应。上延20、30 km（图3-4-27和图3-4-28），对本断裂无明显反映。

航磁Δ*T* 90°一阶方向导数灰度图（图3-4-29），清远—四会—肇庆一线以西，广宁北东向黑影图像一线以东组成一宽阔的北东向磁异常带，之间有北西向影带介入，构成网格。上延5 km（图3-4-30），清远—广宁间总体仍呈现一北东向磁异常带，但内部影带排序则比较乱，线段不整齐，弯折，不太连续。上延10、20、30 km（图3-4-31至图3-4-33），对本断裂基本上无反映。

航磁Δ*T* 135°一阶方向导数等值线图（图3-4-34），清远—四会一线以西，广宁一线以东反映为北东向组合等值线带，宏观可辨，内部曲线多变。上延5 km（图3-4-35），清远—四会存在明显北东向弯曲梯度带，广宁亦存在弯曲的北东向梯度带，上述二梯度带间还有一条北东向弯曲梯度带共同组成一宽阔的北东向梯度带。南部肇庆有北东向等值线呼应，之间为F2、F3近东西向梯度带分隔。上延10 km（图3-4-36），清远—四会存在北东向梯度带，肇庆有北东向等值线呼应，广宁亦存在北东向弯曲等值线，二者间仍组合为一北东向等值线带总体图像。上延20 km（图3-4-37），清远—四会存在北东向梯度带，往南为F2东西向梯度带截断。上延30 km（图3-4-38），清远—四会存在北东向梯度带，但不处于边界部位，其边界在其东部佛冈—三水一线，应不是本断裂反映，而可能是F8断裂（恩平—三水断裂）的反映。

航磁ΔT 135°一阶方向导数灰度图（图3-4-39），四会—清远北东向黑影条带图像清楚，往南为四会F2 东西向影像带阻截后，有北东向淡影带至肇庆以南，此带之西广宁同样存在一条与之平行的黑影带图像，上述两带之间为零零散散、断断续续的北东向黑影带，共同组成一个宽阔的磁体异常带，磁异常结构清楚，可视为吴川—四会断裂带磁异常的宽度。上延5 km（图3-4-40），上述北东向黑影带为F1北东东向黑影带截断或交汇，方向也时有角度变化，四会以北为北北东向，北端出现北东向黑影条带斜列（清远西），广宁北东向影带被分成3段：北为北东向，中为北北东向，南为北北东向，广宁—清远间北东向整体磁异常带已不太明显，主要是北东东向黑影带格局明显组合进来。上延10 km（图3-4-41），四会—清远图像为北东转北北东向，广宁西侧表现为北北东向短条黑影图像，仍然为F1北东东向黑影带阻截或交汇。上延20 km（图3-4-42），四会—清远、四会—肇庆、云浮以北均存在北东向短黑影条带，应是本断裂局部反映，由于存在东西向黑影带分割，组成网状图形。上延30 km（图3-4-43），对本断裂反映不太明显。

航磁ΔT水平总梯度模上延1 km平面等值线图（图3-4-44），北东向等值线不清晰，广宁东似有一条北东向缓梯度带，清远—四会北东向等值线不连续。上延3 km（图3-4-45），广宁一线可见一条北东向边界等值线。上延5 km（图3-4-46），广宁一侧依旧可见北东向等值线。上延10、20、30 km（图3-4-47至图3-4-49），对本断裂无反映。

航磁ΔT垂向二阶导数图（图3-4-50），清远—四会与广宁间由串珠状磁异常体组成宽阔北东向带，其内可分清远—四会、广宁串珠条带。

航磁ΔT小波分析一、二阶细节图（图3-4-51和图3-4-52），清远—四会—肇庆—云浮为东部北东向影带边界，广宁为西部北东向影带边界，之间出现许多北东向黑影条带图像，组成一宽阔的、显目的北东向磁异常带。三阶细节图（图3-4-53），总体图像北东向宽带无变化，但内部结构则有变化，即不是平齐的北东向黑影条带，多弯曲。四阶细节图（图3-4-54），北东向黑影条带角度变大，在已知断裂存在情况下才可勉强解释为本断裂反映。

航磁ΔT分形维数平面等值线图（图3-4-55），无等值线反映。

航磁ΔT化极平面等值线图（图3-4-56），清远西—四会存在北东向梯度带，在四会明显为F2东西向梯度带阻断，广宁一侧也断断续续地存在北东向等值线带，多处为F1东西向梯度带间断。上延1、3、5、10、20、30 km（图3-4-57至图3-4-62），对本断裂全无反映，为东西向等值线体覆盖。

综上所述，吴川—四会断裂在本研究区北部是存在的，大多数图件均有一定程度的反映，表现为在清远—四会与广宁间存在一个宽阔的磁异常带，宽度在40 km以上。东、西两侧为两条主干断裂（F7.1，清远—四会断裂、F7.2广宁断裂），内部还存在次一级的多条断裂。根据向上延拓高度和小波分析表现特征，推断其切割深度约20 km。

3.4.2.2　广州—恩平（广州—从化）断裂（F8）

航磁ΔT平面等值线图（图3-4-1），恩平段存在北东向等值线带，在鹤山南为F4 北东东向等值线带阻断，往北在广州—从化段存在等值线半羽毛状北东向排列，三水、花都存在北东向同步拐弯等值线，可释为本断裂反映。上延1、3 km（图3-4-2和图3-4-3），仅恩平、广州段有北东向等值线反映。上延5 km（图3-4-4），恩平、广州段勉强可解释北东向等值线。上延10 km（图3-4-5），广州段仍存短距离北东向边界等值线，从化北也存在北东向等值线。上延20 km（图3-4-6），广州东侧、从化西侧存在北东向边界等值线，或许是本断裂反映。上延30、40 km（图3-4-7和图3-4-8），对本断裂无反映。

航磁ΔT 0°一阶方向导数等值线图（图3-4-9），对本断裂基本上图像反映。上延5 km（图3-4-10），恩平—开平段存在北东向等值线带，佛山、广州段断断续续存在北东向等值线。带性不明显。上延10 km（3-4-11），仅恩平—开平段存在短距离北东向等值线。上延20、30 km（图3-4-12和图3-4-13），对本断裂无反映。

航磁ΔT 45°一阶方向导数等值线图（图3-4-14）对本断裂无图像反映。上延5 km（图3-4-15），恩平段、佛山—广州—花都段存在等值线同步扭曲似羽毛状的北东向带，应是本断裂反映，可能反映本断裂切断了F2、F3近东西向断裂，但是又为F14、F15、F16 北西向等值线间断，可能反映了本断裂又被北西向断裂切割。上延10、20、30 km（图3-4-16和图3-4-18），对本断裂无图像反映。

航磁ΔT45°一阶方向导数灰度系列图（图3-4-19和图3-4-23），对断裂无图像反映。

航磁ΔT 90°一阶方向导数等值线图（图3-4-24），北东向带性不明显，恩平、三水、花都、广州北和佛冈东存在零星的北东向等值线，或是本断裂局部反映。上延5 km（图3-4-25），恩平—开平段、鹤山—佛山段、三水—花都段、广州段断断续续存在北东向等值线，北东向带性依然不太明显。上延10 km（图3-4-26），恩平—开平间存在北东向等值线带，开平以北无本断裂反映等值线图形。上延20 km（图3-4-27），广州—从化段存在北京向等值线带，开平西、恩平南、花都—三水段存在北东向等值线带。上延30 km（图3-4-28），恩平—开平—鹤山西、广州—从化及其以北存在北东向等值线带或梯度带，南、北两段在三水—顺德一线为北西向梯度带间隔。

航磁ΔT 90°一阶方向导数灰度图（图3-4-29），南部恩平西北与恩平—开平间、北部广州—从化及三水—花都间均存在北东向黑影条带束，南、北段为F4 东西向新兴—鹤山影带隔开，整体北东向宽阔巨型带性有所显示。上延5 km（图3-4-30），恩平段北东向黑影带图像清楚，但角度变大，广州—从化、花都—三水段北东向黑影带边界不连续、不整齐，勉强可辨，从化以北有两条短影北东向排列。上延10 km（图3-4-31），恩平西侧存在北东向黑影斜列带，边界整齐，广州段西侧略有北东向短边界，应是本断裂局部反映。上延20、30 km（图3-4-32和图3-4-33），广州—鹤山—开平—恩平段依稀可见北东向淡影带叠加在其他影带内，应是本断裂存在反映。

航磁ΔT 135°一阶方向导数等值线图（图3-4-34），恩平—开平段呈北东向等值线带，往北各段北东向等值线不明显，鹤山、广州、从化和从化北，断断续续存在短北东向等值线，或是本断裂局部反映。上延5、10 km（图3-4-35和图3-4-36），恩平—鹤山段呈现北东向梯度带，广州—佛山东存在北东向等值线边界，往北基本上无反映。上延20、30 km（图3-4-37和图3-4-38），清远东北东向梯度带、恩平北东向等值线或是本断裂局部反映。

航磁ΔT 135°一阶方向导数灰度图（图3-4-39），恩平东、西两侧存在北东向黑影带，广州—从化段同样存在北东向黑影带，往北，遇F1 东西向影带阻截，再往北有模糊北东向影带直到图边。三水、花都及其以北也断断续续存在北东向短黑影带束。上延5 km（图3-4-40），恩平段东西两侧均存在黑影带，广州、从化间西侧存在北东向黑影带束，并以淡影束延至从化以北，鹤山—佛山段北东向影带不明显。上延10 km（图3-4-41），恩平—鹤山—广州段北东向影带基本上可连接，在鹤山明显为F4 东西向影带阻截，广州北、从化南存在北东向黑影带。上延20 km（图3-4-42），广州—佛山段存在北东向淡影图像，恩平北存在短北东向边界，总体反映不明显。上延30 km（图3-4-43），广州、鹤山、开平、恩平存在北东向淡黑影带，在新兴—鹤山—顺德一线为F4 东西向影体叠加、覆盖，但仍可辨认本断裂影带。

航磁ΔT总梯度模上延1、3 km平面等值线图（图3-4-44和图3-4-45），恩平—开平、三水—花都、广州段存在不规则的北东向等值线。上延5 km（图3-4-46），恩平段、三水—花都段、广州段存在北东向等值线，可达从化南。上延10 km（图3-4-47），从化—广州段、花都—三水段存在北北东向等值线带，恩平西存在北东向短距离等值线。上延20 km（图3-4-48），从化—广州段仍可见北北东向等值线。上延30 km（图3-4-49），对本断裂无反映。

航磁ΔT垂向二阶导数图（图3-4-50），花都—三水段、恩平段均存在等值线同步拐弯成北东向边界形态，并构成北东向宽带。

航磁ΔT小波分析一、二阶细节图（图3-4-51和图3-4-52），恩平西侧、开平西侧、广州—从化与花都—三水间由杂乱的影条组成一宽阔的北东向黑影带，鹤山—佛山段也有北东向淡灰影带与南、北两段相连。三阶细节图（图3-4-53），恩平西见北东向黑影带，角度偏大，广州西北见东向黑影斜列图像，花都—三水存在北东向黑影细条带，从化北北东向不连续影像应是本断裂反映。四阶细节图（图3-4-54），花都东、开平与恩平间存在近东西向黑影带断头排列成北东向带。

航磁ΔT分形维数平面等值线图（图3-4-55），对本断裂无反映。

航磁ΔT化极平面等值线图（图3-4-56），仅恩平、开平间存在北东向等值线，或是本断裂带反映，其余各段基本上无反映。上延1、3、5、10、20、30 km（图3-4-57至图3-4-62），对本断裂无反映。

据上述各图分析，大多数图件对本断裂有反映，可分出F8.1、F8.2两条平行分断裂，但是远不如布格重力图反映好，只有135°、90°一阶方向导数灰度图，小波分析一、二、三阶细节图对本断裂总体轮廓、带性反映较好，中部佛山—鹤山段图像比较模糊，北段广州—从化南与花都—三水间，南段恩平西与开平间可判释30 km深度，中段鹤山—佛山段只可判释20 km深度，之所以与重力图反映存在差异，可能与这一断裂带范围内介质磁性强度低有关（附图Ⅰ和表3-2-1）。

3.4.2.3 增城—新会（市桥—新会）断裂（F9）

航磁ΔT平面等值线图（图3-4-1），番禺—顺德存在等值线北东向同步拐弯带，往南为F4东西向等值线阻断，增城北龙门存在北东向拐曲等值线。上延1、3、5 km（图3-4-2至图3-4-4），番禺东西两侧仍存在北东向梯度带，龙门北东方向存在等值线带。上延10 km（图3-4-5），番禺东西侧仍存在宽缓的北东向等值线带，龙门西侧存在北东向弧形等值线。上延20、30、40 km（图3-4-6至图3-4-8）各段北东向等值线图形基本消失。

航磁ΔT 0°一阶方向导数等值线图（图3-4-9），番禺—顺德段存在北东向等值线，似是分断了F3、F4近东西向等值线，北部龙门段存在北东向同步拐弯等值线。上延5 km（图3-4-10），番禺—顺德、龙门西侧存在北东向等值线，番禺—增城段存在半羽毛状北东向轴线。上延10 km（图3-4-11），番禺—顺德存在北东向等值线，龙门亦存在北东向等值线。上延20、30 km（图3-4-12和图3-4-13），对本断裂基本上无反映。

航磁ΔT 45°一阶方向导数等值线图（图3-4-14），对本断裂基本上无反映。上延5 km（图3-4-15），增城—番禺—顺德存在羽毛状北东向同步扭曲带（大部分为北西西向梯度带等值线同步扭曲）。上延10、20、30 km（图3-4-16至图3-4-18），对本断裂基本上无反映。

航磁ΔT 45°一阶方向导数系列灰度图（图3-4-19至图3-4-23），对本断裂无反映。

航磁ΔT 90°一阶方向导数等值线图及其上延5、10 km（图3-4-24至图3-4-26），顺德以北对本断裂有一定程度的反映，但带性不明显，等值线在南北方向上变化大（北北东、北东向），很难作出准确判释。江门—台山存在弯曲的北东向等值线。上延20、30 km（图3-4-27和图3-4-28），增城—番禺—顺德—江门—台山存在一条北北东向梯度带，但结合其他图件分析，这条梯度带是否反映本断裂，值得质疑。

航磁ΔT 90°一阶方向导数灰度图（图3-4-29），番禺以北北东向影体清楚，可直至增城南，龙门段存在北东向黑影带呼应。顺德—江门段北东向呈灰影边界，江门—台山存在不连续北东向黑影边界，中间为北西向影体隔断，F6 东西向断头带南似还存在一条北东向细影带，可能是本断裂之反映。上延5 km（图3-4-30），龙门北、增城北、增城南—番禺—顺德—江门为一条不连续的北东向黑影带。上延10 km（图3-4-31），基本图像同图3-4-30，但影迹较之模糊或连续性更弱一些。上延20、30 km（图3-4-32和图3-4-33），对本断裂反映不清楚。

航磁ΔT 135°一阶方向导数等值线图（图3-4-34），番禺—顺德、龙门南段存在不整齐的北东向等值线。上延5、10、20 km（图3-4-35至图3-4-37），番禺—顺德、龙门西侧存在北东向等值线带。上延30 km（图3-4-38），增城—东莞—番禺—顺德东侧存在北东向梯度带，但与其他图件比较，本断裂偏东，从等值线形态分析，似属非构造连线。龙门西侧存在北东向等值线。

航磁ΔT 135°一阶方向导数灰度图（图3-4-39），顺德—番禺存在北东向黑影带，淡影带至增城、龙门以北存在北东向黑影带，往南江门—台山存在不整齐的北东向黑影带，止于F6东西向断头影带。上延5、10 km（图3-4-40和图3-4-41），番禺—顺德段北东向黑影带清楚，台山西侧北东向边界可能属本断裂带南延部分。上延20、30 km（图3-4-42和图3-4-43），对本断裂基本无反映。

航磁ΔT总梯度模上延1 km平面等值线图（图3-4-44），龙门西—增城西—番禺—顺德基本上存在北东向等值线边界，其中增城—番禺为北东向半羽毛状轴（管）线。上延3、5 km（图3-4-45和图3-4-47），龙门、增城—番禺—顺德、江门、台山北东向边界等值线清楚。上延10 km（图3-4-47），增城—番禺段、台山—广海西存在北东向梯度带，其他各段基本上无反映。上延20 km（图3-4-48），增城—番禺段仍存在北东向等值线边界。上延30 km（图3-4-49），对本断裂反映不明显。

航磁ΔT垂向二阶导数图（图3-4-50），增城—番禺—顺德为半边羽状北东向边界线（管线）。

航磁ΔT小波分析一阶细节图（图3-4-51），龙门、增城、番禺、顺德、江门、台山及其以南，断续可连成一北东向黑影带，有些段色泽较浅，带性清楚。二阶细节图（图3-4-52），龙门、番禺、顺德、江门、台山断续可见北东向黑影带。三阶细节图（图3-4-53），龙门、番禺、江门、台山断断续续可见北东向细黑影线，但角度变大，在不熟悉地质情况下，容易发生连接错误。四阶细节图（图3-4-54），对本断裂基本上无反映。

航磁ΔT分形维数平面等值线图（图3-4-55），对本断裂无反映。

航磁ΔT化极平面等值线图（图3-4-56），龙门段存在北北东向等值线，增城—番禺—顺德存在不太整齐的（锯齿状）羽毛状的北东向边界线，或是本断裂反映，顺德以南则无反映。上延1、3、5、10、20、30 km（图3-4-57至图3-4-62），对本断裂均无反映。

据上述各图解释，大多数图对本断裂有一定程度的反映，番禺—顺德反映最佳，龙门段普遍有反映，也有一部分图反映江门、台山及其以南可与北段相连或呼应，如135°、90°一阶导数灰度图以及小波分析一、二、三阶细节图。总体分析，本断裂带性不佳，规模较小，深度约10 km。

3.4.2.4 河源—中山断裂（F10）

航磁ΔT及其上延1、3 km平面等值线图（图3-4-1至图3-4-3），河源、博罗、珠海北一线与龙门东、东莞东、中山东、广海一线界限的北东向等值线带均视为河源—中山断裂带范围。从北向南遭遇F1、F2、F3、F4、F5等几条东西向等值线带分断，因此，北东向等值线断断续续，也时有东西向错位，但总体看来，应属河源断裂的反映，可认为东西向断裂带切断本断裂带。上延5 km（图3-4-4），北东向等值线连续性和方向性依稀可辨，已不是很清楚。河源、博罗、东莞、龙门东、中山、广海南东各段断断续续存在北东向等值线边界线，可判释为本断裂反映。上延10、20 km（图3-4-5和图3-4-6），除东莞东侧一段出现北东向等值线外，其他各段基本上无反映。上延30、40 km（图3-4-7和图3-4-8），对本断裂基本上无反映。

航磁ΔT 0°一阶方向导数等值线图（图3-4-9），对本断裂反映不明显，东莞东半羽毛状北东向小管线（轴）、中山西南北东向等值线或是本断裂局部反映。上延5 km（图3-4-10），河源—博罗—中山北东向呈同步拐弯等值线带。上延10 km（图3-4-11），博罗西、中山东等处可见北东向同步拐弯等值线。上延20、30 km（图3-4-12和图3-4-13）由于近东西向等值线带的强烈干扰，很难判释本断裂。

航磁ΔT 45°一阶方向导数等值线图（图3-4-14），对本断裂无反映。上延5 km（图3-4-15），河源—博罗、博罗—中山可见北东向等值线带，以同步弯曲为特征，或可认为是本断裂与近东西向断裂互相切割。上延10、20、30 km（图3-4-16至图3-4-18），对本断裂基本上无反映。

航磁Δ*T* 45°一阶方向导数灰度系列图（图3-4-19至图3-4-23），各图对本断裂均无反映。

航磁Δ*T* 90°一阶方向导数等值线图（图3-4-24），河源—博罗、中山东侧、广海东侧存在北东向等值线。上延5 km（图3-4-25），河源—博罗—中山、广海东侧存在北东向等值线带。上延10 km（图3-4-26），河源、博罗、中山、广海东侧存在北东向等值线带。上延20、30 km（图3-4-27和图3-4-28），对本断裂基本上无反应。

航磁Δ*T* 90°一阶方向导数灰度图（图3-4-29），河源、博罗、东莞、中山、广海断断续续组成一个北东向黑影带，各段黑影带有宽窄之分，边界亦不整齐，但总体异常带清楚。上延5 km（图3-4-30），河源、博罗、东莞、中山、广海一线北东向边界形迹断断续续仍可分辨，但组合已不是很清楚。上延10 km（图3-4-31），河源、博罗、东莞、中山一线北东向影迹仍可分辨，广海以南却有明显北东向黑影入海。上延20、30 km（图3-4-32和图3-4-33），对本断裂反映不明显，北东向图像很模糊，或无图像。

航磁Δ*T* 135°一阶方向导数等值线图（图3-4-34），河源—博罗、中山—广海、龙门东、东莞东等各段存在弯曲的不连续的北东向等值线，总体呈一北东向带，但带性不强。上延5 km（图3-4-35），河源、博罗、中山、广海南东各段存在北东向等值线，多弯曲和间断。上延10 km（图3-4-36），河源西侧、博罗—中山、广海南东存在北东向等值线。上延20 km（图3-4-37），河源西、博罗西、东莞东—中山东存在北东向等值线带，增城北遇F2东西向梯度带阻隔，在中山亦遇F5东西向梯度带，呈自然过渡状。上延30 km（图3-4-38），对本断裂无反映。

航磁Δ*T* 135°一阶方向导数灰度图（图3-4-39），东侧河源—博罗—中山—斗门西一线存在北东向黑影带，边界与连接虽不整齐，但清楚显示出一个构造带的形态。西侧龙门东存在一条断断续续黑影带，中山西—广海及其以南穿过F6东西向断头带，是一宽阔的北东向黑影带。上延5 km（图3-4-40），河源、博罗、中山、广海及其以南，存在一北东向黑影带组合，应是本断裂反映，带性良好。上延10 km（图3-4-41），河源、博罗、东莞、中山、广海一线，仍可见一北东向断断续续黑影带。磁异常体走向连接时，可能具有不确定性，有时很难判断是哪条断裂反映，可能插入了其他方向磁异常体，混淆了组合，或许这是真实反映了含磁岩体侵入实际状态。宏观看，北东向带状影像仍清楚。上延20 km（图3-4-42），河源段存在灰色北东向条带图像，东莞东侧至中山东侧存在北东向模糊黑影带，往南至广海北东向条带已很模糊。上延30 km（图3-4-43），对本断裂基本上无反映。

航磁Δ*T*总梯度模上延1 km平面等值线图（图3-4-44），河源、博罗、东莞、中山组成一个北东向等值线带，几处遇东西向等值线阻隔，中山以南则无等值线反映。上延3 km（图3-4-45），河源—博罗段北东向等值线不成带，博罗段西侧、中山段存在北东向梯度带，往南无反映。上延5 km（图3-4-46），博罗—东莞段为北东向梯度带，中山段有短距离北东向梯度带，广海东侧南北向等值线带或是本断裂反映，河源段则不太明显。上延10 km（图3-4-47），东莞东侧、广海东侧存在北东向梯度带，其他各段无反映。上延20 km（图3-4-48），东莞东侧仍存在北东向等值线，其他各段无反映。上延30 km（图3-4-49），对本断裂基本上无反映。

航磁Δ*T*垂向二阶导数图（图3-4-50），河源、博罗、东莞东、中山东和广海东，可辨认北东向等值线。

航磁Δ*T*小波分析一、二阶细节图（图3-4-51和图3-4-52），河源、博罗、中山、广海存在一组北东向黑影带，带的宽窄虽有变化，但带性结构完整。三、四阶细节图（图3-4-53和图3-4-54），由于北东向黑影条带角度变大，很难判释本断裂确切位置。

航磁Δ*T*分形维数平面等值线图（图3-4-55），对本断裂无反映。

航磁ΔT化极平面等值线图（图3–4–56），河源东、博罗西、中山存在北东向等值线，其间每逢近东西向梯度带必被间断。上延1、3、5、10、20、30 km（图3–4–57至图3–4–62），这些图都强势地反映了近东西向断裂，对本断裂基本上无反映。

据上述各图解释，大多数图对本断裂有不同程度的反映，尤以135°、90°一阶方向导数灰度图反映更佳，带性结构清楚，小波分析一、二阶细节图对带性、连续性、结构反映也很好，所以本断裂存在是肯定的，有一定的规模（宽度），判定河源、中山段深度为20 km，其他段深度10 km，它每经近东西向断裂时就被间断，无疑受近东西向断裂的切割。

3.4.2.5 博罗—斗门（紫金—博罗）断裂（F11）

航磁ΔT及其平面等值线图上延1、3 km（图3–4–1至图3–4–3），河源东南方向、惠州、珠海东侧、斗门东侧断断续续存在北东向同步拐弯等值线带，每逢近东西向（F2、F3、F4、F5）等值线带必被间断。上延5、10、20、30、40 km（图3–4–4至图3–4–8），对本断裂基本上无反映。

航磁ΔT 0°一阶方向导数等值线图及上延5、10、20、30 km（图3–4–9至图3–4–13），对本断裂反映不明显。

航磁ΔT 45°一阶方向导数等值线图和灰度图系列（图3–4–14至图3–4–23），无等值线和影像反映本断裂，与计算处理角度有关。

航磁ΔT 90°一阶方向导数等值线图（图3–4–24），河源东南—惠州、珠海东侧存在北东向等值线。上延5 km（图3–4–25），河源东南—惠州、珠海东侧—斗门存在北东向等值线带。上延10、20、30 km（图3–4–26至图3–4–28），无等值线反映。

航磁ΔT 90°一阶方向导数灰度图（图3–4–29），河源东南—惠州—珠海—斗门存在一束北东向细影带束，带性明显，连接性亦较好。上延5 km（图3–4–30），河源东南—惠州—珠海存在北东向断头带，珠海、斗门存在北东向黑影带。上延10 km（图3–4–31），河源东南—惠州、惠州—珠海存在北东向黑影带。上延20、30 km（图3–4–32和图3–4–33），影像模糊，难以判释本断裂。

航磁ΔT 135°一阶方向导数等值线图（图3–4–34），河源东南方向、惠州、珠海—斗门一线存在北东向等值线。上延5 km（图3–4–35），河源东南方向、惠州、珠海、斗门存在北东向等值线。上延10 km（图3–4–36），河源东南方向、惠州、珠海存在北东向等值线。上延20 km（图3–4–37），惠州段存在北东向等值线带，其他各段基本上无反映。上延30 km（图3–4–38），对本断裂无反映。

航磁ΔT 135°一阶方向导数灰度图（图3–4–39），河源东南侧—惠州—珠海—斗门存在北东向黑影细条带束，带性好，连接也比较好，东西向影带与北东向影带相遇时，多表现为交汇性质，互相切割。上延5 km（图3–4–40），河源东南—惠州，存在北东向斜列黑影带，珠海以北、斗门存在北东向黑影带。上延10 km（图3–4–41），河源东南—惠州、珠海以北、斗门存在北东向黑影带，时淡时浓。上延20 km（图3–4–42），河源东南—惠州、珠海以北—斗门存在北东向黑影带。上延30 km（图3–4–43），对本断裂基本上无反映。

航磁ΔT总梯度模上延1、3 km等值线图（图3–4–44和图3–4–45），河源东南、惠州、珠海东存在北东向同步拐弯等值线，珠海东侧存在北东向梯度带。上延5、10、20、30 km（图3–4–46至图3–4–49），对本断裂基本上无反映。

航磁ΔT垂向二阶导数图（图3–4–50），河源东南、珠海东、斗门存在几段北东向同步拐弯等值线，可能是本断裂局部反映。

航磁ΔT小波分析一、二阶细节图（图3–4–51和图3–4–52），河源东南—惠州—珠海—斗门—万山群岛海域存在北东向细影条带束，带性佳，连续性好，磁异常结构完整，是两幅反映本断裂最全面的图像。三、四阶细节图（图3–4–53和图3–4–54），由于北东向影带偏离角度过大，完全改变了本断裂和许多其他北东向断裂实际位置，不能判释本断裂。

航磁ΔT分形维数等值线图（图3–4–55），对本断裂无反映。

航磁ΔT化极等值线系列图（图3–4–56至图3–4–63），无本断裂之等值线反映。

由前述各图解释可知，135°、90°一阶方向导数灰度图以及小波分析一、二阶细节图对本断裂反映较好，其他各图大多数连接性欠佳，带性不明显。因此，本断裂是一条规模较小的断裂，其深度约10 km。

3.4.2.6 莲花山（惠东—香港）断裂（F12）

航磁ΔT及其上延1、3 km平面等值线图（图3–4–1至图3–4–3），惠东—惠阳—香港为半羽毛状北东向轴（管）线，往南为担杆列岛F6.2近东西向梯度带阻截，西侧深圳—万山群岛东还存在一条北东向梯度带边界线，二者围限一个北东向磁异常带，这个带应是本断裂带范围。上延5 km（图3–4–4），惠阳—香港东存在北东向同步拐弯和往南凸出的弧形带，深圳—万山东存在北东向梯度带，显然南部较北部强。上延10 km（图3–4–5），只有深圳南—万山存在北东向梯度带。上延20 km（图3–4–6），香港西仍存在稀疏北东向梯度带，为F6.2截断，其他各段北东向等值线均消失。上延30、40 km（图3–4–7和图3–4–8），对本断裂已无反映。

航磁ΔT 0°一阶方向导数等值线图（图3–4–9），惠东—惠阳—香港—担杆列岛西，深圳—澳门东存在北东向零乱等值线带。上延5 km（图3–4–10），惠东—惠阳—香港—担杆列岛西存在同步北东向拐弯等值线带，深圳—澳门东—万山群岛存在北东向等值线带。上延10 km（图3–4–11），惠东—惠阳—香港—担杆列岛西存在一条同步拐弯的等值线带，深圳—澳门东—万山群岛存在北东向等值线带，但均受阻于万山群岛—担杆列岛F6东西向等值线带。上延20、30 km（图3–4–12和图3–4–13），对本断裂基本上无反映。

航磁ΔT 45°一阶方向导数等值线图（图3–4–14），对本断裂基本上无反映。上延5 km（图3–4–15），惠东—惠阳—香港存在近东西向梯度带同步拐弯的北东向（半羽毛状）边界带轴线。上延10、20、30 km（图3–4–16至图3–4–18），对本断裂基本上无反映。

航磁ΔT45°一阶方向导数灰度图及其上延5、10、20、30 km（图3–4–19至图3–4–23），对本断裂无反映。

航磁ΔT 90°一阶方向导数等值线图（图3–4–24），惠阳—香港一线与其西部深圳—澳门东一线间围限一条宽阔的北东向磁异常带，内部结构复杂，北端止于F4东西向等值线带，南端大体止于F6东西向等值线带。上延5、10 km（图3–4–25和图3–4–26），惠阳—香港—担杆列岛北为北东向同步拐弯等值线，深圳—万山群岛为断续的北东向等值线，香港东侧也存在北东向等值线带。上延20、30 km（图3–4–27和图3–4–28），对本断裂基本上无反映。

航磁ΔT 90°一阶方向导数灰度图（图3–4–29），惠东—惠阳—香港—万山群岛东存在北东向影带，香港东侧和担杆列岛存在多条北东向黑影带图像，深圳—万山群岛西也存在北东向影带。上延5、10 km（图3–4–30和图3–4–31），惠东、惠阳、香港、万山群岛存在北东向影带，进入万山群岛，影色变浓，担杆列岛存在北东向浓黑影带。上延20、30 km（图3–4–32和图3–4–33），惠东—惠阳—香港东模糊存在北东向影带，深圳—万山群岛存在北东向灰黑影边界图像。

航磁ΔT 135°一阶方向导数等值线图（图3–4–34），惠东—惠阳—香港—担杆列岛西、深圳—澳门东—万山群岛两条北东向等值线带应是本断裂的反映。上延5 km（图 3–4–35），惠东—惠阳—香港—担杆列岛西、深圳—澳门东—万山群岛西仍有两条主要北东向等值线带，南部海域为梯度带，且切过了F6.2，反映较北部强。上延10 km（图3–4–36），基本图形同图3–4–35，但南部海域未穿过担杆列岛和万山群岛，是否可说明此深度本断裂已为南部担杆列岛、万山群岛一带F6北东东向断裂截断。上延20 km（图3–4–37），仅香港、深圳—澳门东段有北东向梯度带反映，其南、北方向均为近东西方向梯度带阻断。上延30 km（图3–4–38），对本断裂基本上无反映。

航磁Δ*T* 135°一阶方向导数灰度图（图3-4-39），惠东—惠阳为浓黑斜列影像组成北东向影体，往南香港段仔细分析，可见一组北东向细线影带，然后又以浓黑影带伸入万山群岛东。西侧与东侧图像一样，深圳至澳门东，北部是细线，南部也以粗黑影带伸入万山群岛。上延5 km（图3-4-40），惠东—惠阳—深圳东北东向黑影边界清楚，整齐，香港西存在北东向浓黑影带通万山群岛，其东南尚有数条黑影带平行入海，可能是莲花山断裂向南撒开的反映。上延10 km（图3-4-41），惠东—惠阳—香港北东向灰色影带，香港—万山群岛浓黑影带，香港东南尚有一条北东向浓影带。上延20 km（图3-4-42），惠东—惠阳—深圳东—万山群岛存在北东向灰色影带，香港、担杆列岛亦存在北东向图像。上延30 km（图3-4-43），惠东—惠阳—深圳东—香港—万山群岛存在北东向灰黑影带图像，担杆列岛亦存在北东向灰黑影带图像。

航磁Δ*T* 总梯度模上延1 km平面等值线图（图3-4-44），惠阳—香港—担杆列岛西存在北东向边界线，西部深圳、万山群岛东有北东向等值线互相呼应。上延3 km（图3-4-45），惠阳—香港—担杆列岛西段存在北东向等值线边界，万山群岛东存在北东向梯度带。上延5 km（图3-4-46），惠东—惠阳—香港段存在北东向梯度带。上延10 km（图3-4-47），惠东—惠阳—深圳东—香港东存在北东向等值线带。上延20 km（图3-4-48），香港东存在北东向等值线带。上延30 km（图3-4-49），香港以北存在北东向等值线，或仍是本断裂反映。

航磁Δ*T* 垂向二阶导数图（图3-4-50），可见多条弯曲的北东向等值线：香港—担杆列岛西，惠东—惠阳—万山群岛，深圳—澳门东，以香港一线反映较好。

航磁Δ*T* 小波分析一、二、三阶细节图（图3-4-51至图3-4-53），可见4条平行的北东向磁异常带：担杆列岛东带、担杆列岛西带、香港带、惠东—惠阳—深圳—万山群岛带，构成一宽阔的北东向磁异常带，磁场结构完整，带性佳，应是莲花山断裂带向西南撒开的反映。四阶细节图（图3-4-54），对本断裂带基本上无反映。

航磁Δ*T* 分形维数平面等值线图（图3-4-55），对本断裂无反映。

航磁Δ*T* 化极及其上延1、3、5 km平面等值线图（图3-4-56至图3-4-59），惠阳—香港北，香港至万山群岛段北东向等值线或是本断裂反映。上延10、20、30 km（图3-4-60至图3-4-63）对本断裂无反映。

由上述各图解释，可知本断裂有2条主干断裂：西侧一条为F12.1深圳—万山群岛，东侧一条为F12.2惠东—惠阳—香港—担杆列岛西（万山群岛东），二者围限一条北东向宽阔的磁异常体，深圳以北段（惠东—惠阳）相对较弱，深圳以南，尤其是香港以南显示断裂规模比较大，主要表现在宽度上，主干断裂在深圳以北（惠东—惠阳）10 km，香港以南可达20 km，在香港以南10 km以浅存在多条北东向断裂，尤其在5 km左右表现最为突出。本断裂大多数图反映未切过F6，为之截断，与北西向断裂互有间断。

3.4.3 北西向断裂系

区内解释出北西向主干断裂有8条，它们是：F13 恩平—上川岛断裂、F14 肇庆—开平断裂、F15 西江断裂、F16 三水—担杆断裂、F17 狮子洋断裂、F18 东莞—大鹏湾断裂、F19增城—从化断裂、F20 佛冈—惠州断裂。下文逐条断裂解释。

3.4.3.1 恩平—上川岛断裂（F13）

航磁Δ*T*及其上延1、3、5 km平面等值线图（图3-4-1至图3-4-4），恩平东、西两侧存在北西向磁异常组合带，为广海F6 北东东向梯度带阻截，往南东在上川岛西侧有北西向梯度带呼应。上延10 km（图3-4-5），恩平东、西两侧存在北西向等值线，东侧，上川岛似存在北西向同步拐弯形态，可能仍是本断裂反映。上延20、30、40 km（图3-4-6至图3-4-8），对本断裂无反映。

航磁Δ*T* 0°一阶方向导数等值线图（图3-4-9），恩平东、西两侧均存在不太明显的同步拐弯北西向等值线。上延5 km（图3–4–10），恩平东侧存在北西向半羽毛状管线图形，东南可抵上川岛，西侧存在不太明显的北西向同步拐弯等值线。上延10 km（图3–4–11），恩平东侧仍存在不整齐的北西向等值线，西侧则不明显。上延20 km（图3–4–12），恩平西侧仍存在北西向梯度带，为东西向F6.1梯度带截断。上延30 km（图3–4–13），对本断裂基本上无反映。

航磁ΔT 45°一阶方向导数等值线图（图3–4–14），恩平西侧存在北西向等值线，不整齐，或是本断裂反映，恩平东侧亦存在一条断断续续的北西向等值线带，南可达上川岛。上延5 km（图3–4–15），恩平西侧存在北西向等值线带，隔着F6 东西向梯度带，上川岛西侧存在北西向等值线呼应。恩平东侧北西向等值线可自新兴—广海西—上川岛往海域延伸。上延10 km（图3–4–16），恩平西侧存在北西向等值线，越过F6 东西向梯度带，在上川岛存在北西向梯度带呼应。恩平东侧亦存在北西向等值线，北可抵新兴，南可延至上川岛东侧梯度带。上延20 km（图3–4–17），恩平西侧存在北西向梯度带，往东南延伸受F6 东西向梯度带阻截，在上川岛经广海至恩平东存在梯度较大的北西向梯度带，似是北西向构造切断F6 东西向构造带的反映。上延30 km（图3–4–18），对本断裂带基本上无反映，但恩平东—广海—上川岛仍似存在北西向梯度带，是否为本断裂反映，待综合解释。

航磁ΔT 45°一阶方向导数灰度图（图3–4–19），恩平东、西两侧存在北西向黑影条带边界，围限一个北西向磁异常带组合体，上川岛东、西侧有北西向磁异常带呼应，往北西方向灰影点点似可隐隐约约至新兴、云浮。恩平西侧有一条北西向浓黑条带穿过广海F6东西向断头带，反映它对东西向断裂构造的切割。上延5 km（图3–4–20），恩平东、西侧各存在一条北西向黑影带，西侧一条往南遇F6 东西向黑影带间断阻截，东侧一条却截断F6 东西向黑影带往东南延伸。上延10 km（图3–4–21），恩平东侧存在新兴、广海北西向黑影带，西侧也存在北西向黑影带，为F6近东西向黑影带阻截后又见北西向黑影，二者（断裂带）应属交汇型或互切割关系。上延20、30 km（图3–4–22和图3–4–23），恩平—广海、恩平西侧似仍存在北西向黑影带，或是本断裂形迹，影像模糊，边界不整齐。

航磁ΔT 90°一阶方向导数等值线图（图3–4–24），恩平东、西两侧均存在弯曲的或同步拐弯的北西向等值线。上延5 km（图3–4–25），恩平东、西两侧仍存在北西向弯曲的或同步拐弯的北西向等值线，西侧插入F6 东西向等值线带内部，东侧往南分别受到F6 东西向和F10 北东向等值线带间断，至上川岛再现北西向梯度带呼应。上延10 km（图3–4–26），恩平东、西两侧存在弯曲的北西向等值线，往南受到F8、F10 北东向梯度带截断，上川岛存在北西向梯度带呼应。上延20 km（图3–4–27），仅恩平东侧存在北西向梯度带，往南为F6 东西向梯度带截断。上延30 km（图3–4–28），对本断裂基本上无反映。

航磁ΔT 90°一阶方向导数灰度图（图3–4–29），恩平东、西两侧黑影细条带围限组合一个北西向磁异常体，往南东空段后，在下川岛有北西向黑影边界呼应。上延5 km（图3–4–30），恩平东、西两侧有两条北西向短黑影带，在下川岛有北西向黑影带呼应，可判定是本断裂的反映。上延10 km（图3–4–31），恩平东西侧存在模糊的北西向影带，上川岛存在北西向黑影带。上延20、30 km（图3–4–32和图3–4–33），对本断裂反映不明显，影像很模糊。

航磁ΔT 135°一阶方向导数等值线图和灰度图及其上延5、10、20、30 km（图3–4–34至图3–4–43），对本断裂基本上无反映。

航磁ΔT总梯度模上延1、3、5 km平面等值线图（图3–4–44至图3–4–46），恩平东侧、上川岛存在北西向等值线或梯度带。上延10、20、30 km（图3–4–47至图3–4–49），对本断裂反映不明显。

航磁ΔT垂向二阶导数图（图3–4–50），恩平东侧、上川岛存在同步拐弯或北西向等值线。

航磁ΔT小波分析一、二、三、四阶细节图（图3–4–51至图3–4–54），基本上对本断裂无反映。

航磁ΔT分形维数平面等值线图（图3–4–55），对本断裂无反映。

航磁ΔT化极及其上延1、3、5、10、20、30 km平面等值线图（图3-4-56至图3-4-62），对本断裂无反映。

据上各图解释，本断裂有两条大体平行的分断裂：F13.1恩平西侧断裂，F13.2恩平—镇海湾断裂。一阶方向导数等值线图和灰度图对本断裂反映均较好，磁异常体结构和带性亦佳，与F6 东西向断裂存在互切关系，深度约20 km，从磁异常体宽度分析，应有一定规模。

3.4.3.2 肇庆—广海湾断裂（F14）

航磁ΔT及其上延1 km平面等值线图（图3-4-1和图3-4-2），肇庆以北为同步拐弯式北西向边界线，肇庆南为北西向宽缓梯度带，隔着F4、F5 东西向梯度带之南，是与之呼应的开平至广海湾北西向磁异常带，它可划出2条北西向边界线，与F6北东东向梯度带相互间断，应为本断裂的反映。上延3、5 km（图3-4-3和图3-4-4），肇庆南东方仍存在北西向梯度带，其北部反映不明显，台山—广海湾存在北西向等值边界线。上延10 km（图3-4-5），肇庆南存在宽缓北西向等值线，台山—广海湾北西向谷地形状，断裂反映清楚。上延20、30、40 km（图3-4-6至图3-4-8），反映基本消失。

航磁ΔT 0°一阶方向导数等值线图（图3-4-9），开平—台山—广海东侧似存在北西向等值线同步拐弯散乱等值线，反映不甚明显，肇庆西北存在东西向同步拐弯等值线，或是本断裂反映。上延5 km（图3-4-10），开平—台山—广海东侧存在北西向羽毛（同步拐弯）边界线，往北怀集—肇庆存在同样状况，拐弯者均系近东西向梯度带，应可证明北西向断裂切割东西向断裂。上延10 km（图3-4-11），基本图形同图3-4-11，断裂为F3、F4、F6东西向梯度带间断。上延20、30 km（图3-4-12和图3-4-13），对本断裂基本上无反映。

航磁ΔT 45°一阶方向导数等值线图（图3-4-14），开平—台山—广海东、肇庆北西段存在弯曲不规则的北西向等值线。上延5 km（图3-4-15），开平—台山—广海东存在北西向同步拐弯等值线带，肇庆西北侧与东南侧均存在北西向等值线带，但角度偏离，又往南撒开。上延10 km（图3-4-16），开平—台山—广海东侧存在北西向梯度带，肇庆西侧存在北西向等值线带。上延20 km（图3-4-17），肇庆存在北西向梯度带，广海湾东侧存在弧顶向北的等值线带，应是本断裂局部反映。上延30 km（图3-4-18），对本断裂基本上无反映。

航磁ΔT 45°方一阶向灰度图（图3-4-19），肇庆北存在斜列式北西向影带，开平—台山—广海湾存在北西向黑影组合带。上延5 km（图3-4-20），肇庆北开平、台山、广海存在斜列式黑影带。上延10、20、30 km（图3-4-21至图3-4-23），北西向黑影带方向有较大变化，影带界线较模糊，是否反映了深部的北西向断裂构造格局尚待研究。

航磁ΔT 90°一阶方向导数等值线图（图3-4-24），开平—台山—广海一带存在北西向不整齐等值线，肇庆西北存在北西向同步拐弯等值线，或是本断裂局部形迹。上延5 km（图3-4-25），开平—台山—广海一带存在北西向等值线，肇庆西北与东南存在北西向同步拐弯等值线，与南部开平—台山段的连接受到F8 北东向等值线间断，也间断其往北的延伸，即互有间断。上延10 km（图3-4-26），开平—台山东—广海湾，存在北西向等值线，往北西方向肇庆—怀集存在北西向等值线，可与开平—台山北西向等值线呼应，带性明显。上延20、30 km（图3-4-27和图2-4-28），图中北西向梯度带很发育，但结构复杂和规模巨大，与各北西向断裂位置偏离较大，初步判释为非构造连线，即非断裂图像反映。

航磁ΔT 90°一阶方向导数灰度图（图3-4-29），肇庆北北西向黑影细条边界较模糊，勉强可见，开平、台山、广海一线存在北西向黑影组合，但肇庆段与开平—台山段不能连接。上延5 km（图3-4-30），肇庆北存在北西向边界线，开平、台山、广海一带北西向黑影带表现为斜列式。上延10 km（图3-4-31），肇庆北段，几个串珠状影体可连成北西向，或是本断裂反映，开平、台山、广海湾、万山群岛西存在北西向黑影带，但角度偏离稍大。上延20、30 km（图3-4-32和图

3-4-33），图像模糊，难予判释。

航磁ΔT 135°一阶方向导数等值线图（图3-4-34），对本断裂基本无反映。上延5 km（图3-4-35），怀集—肇庆、开平—台山—广海西侧存在北西向同步拐弯带，基本上都是近东西向梯度带同步作北西向拐弯。上延10 km（图3-4-36），开平—台山—广海存在北西向同步拐弯带。上延20、30 km（图3-4-37和图3-4-38），对本断裂基本上无反映。

航磁ΔT 135°一阶方向导数灰度图及其上延5、10、20、30 km（图3-4-39至图3-4-43），对本断裂无反映。

航磁ΔT水平总梯度模上延1、3、5 km平面等值线图（图3-4-44至图3-4-46），肇庆北存在北西向组合边界线，开平、台山、广海湾存在北西向等值线组合带。上延10 km（图3-4-47），怀集—肇庆段存在北西向梯度带，南部开平—台山—广海段存在北西向梯度带呼应，中部由F3、F4、F5近东西向梯度带隔开，证明近东西向断裂带切割了北西向断裂带。上延20、30 km（图3-4-48和图3-4-49），怀集—肇庆存在北西向等值线，是否本断裂反映尚待研究，南部开平—广海北西向等值线形态不明显。

航磁ΔT垂向二阶导数图（图3-4-50），肇庆西侧、开平—广海湾东侧存在北西向等值线边界线。南北两段为近东西向F4间开，北段也间断近东西向F3，南段间断F6和北东向F10。

航磁ΔT小波分析一阶细节图（图3-4-51），开平—广海湾段、肇庆北西方存在北西向影体组合带，边界模糊，不整齐，均属截断北东向影带的断头带。二阶细节图（图3-4-52），肇庆北似存在半羽毛状北西向影像，开平—广海湾存在不规则北西影体组合带和空谷带。三、四阶细节图（图3-4-53和图3-4-54），北西向影带全段不明显，反映很差，难辨释。

航磁ΔT分形维数平面等值线图（图3-4-55），无明显北西向等值线或边界线反映。

航磁ΔT化极平面等值线图（图3-4-56），肇庆北段存在北西向羽毛状轴线，开平南段亦呈一条北西向半羽毛状轴线而不是一个带，开平西侧至广海存在羽毛状北西向边界线。上延1、3、5、10、20、30 km（图3-4-57至图和图3-4-62），对本断裂无反映，图面全为东西向等值线覆盖。

综上所述，本断裂在大多数图上有较好的反映，明显分为南北两段：北段肇庆段，南段开平—台山—广海湾段，二段之间为F4、F5近东西向断裂间断，但本断裂在许多地段也切割近东西向F3、F4、F5、F6断裂，具体反映在众多的羽毛状、半羽毛状图形和北西向切过近东西向影带的断头影像，本断裂带性基本清楚，但规模不太大，深度10 km，个别地段可能达20 km。

3.4.3.3 西江（江门—斗门）断裂（F15）

航磁ΔT及其上延1、3 km平面等值线图（图3-4-1至图3-4-3），江门（F5 东西向梯度带）南存在北西向磁异常体边界：在斗门东、西两侧，北西向边界等值线围限一个北西向磁异常体，其西侧北西向等值线为F14肇庆—广海湾断裂一部分（南段），东侧北西向等值线即为本断裂（南段）。北段，鹤山东侧存在北西向等值线或梯度带，再往北，在四会西、怀集西均有北西向等值线断断续续呼应，间断部分，基本上是近东西向梯度带。上延5 km（图3-4-4），南段，江门南、斗门东，北段，鹤山东、四会西 、广宁西，存在北西向等值线，断断续续，大体在一北西向带上。上延10、20、30、40 km（图3-4-5至图3-4-8），对本断裂无反映。

航磁ΔT 0°一阶方向导数等值线图及其上延5、10、20、30 km（图3-4-9至图3-4-13），对本断裂反映不明显，局部短距离北西向等值线难予判定。

航磁ΔT 45°一阶方向导数等值线图（图3-4-14），江门—斗门—万山存在不整齐北西向等值线，北段，鹤山、四会西、广宁、怀集断续存在北西向等值线。上延5 km（图3-4-15），斗门—江门东西两侧至万山群岛存在北西向梯度带，东侧中山—珠海—澳门—万山群岛东侧存在北西向同步拐弯带，北段，鹤山—肇庆东存在北西向梯度带。上延10 km（图3-4-16），江门—斗门—万山群岛存在北西向磁异常带，两侧为本断裂反映，中山—澳门—万山群岛东存在北西向梯度带，北段，鹤山—怀集亦存在北西向不整齐等值线带，或是本断裂北延反映。上延20、30 km（图3-4-17和图3-4-18），对本断裂无明显反映。

航磁ΔT一阶45°方向导数灰度图（图3-4-19），南段江门—斗门—万山群岛存在北西向黑影体组合带的西部边界，江门东—珠海—澳门段北西向影带可作为上述北西向磁异常组合体东部边界，可视为本断裂分支。北段，鹤山至四会西、广宁西、怀集存在北西向影体组合带西部边界，整体北西向带性清楚，F4、F5 东西向断裂带，将其分断，不能连接。上延5 km（图3-4-20），江门—斗门万山群岛北，北西向黑影带粗浓，北段怀集—广宁—四会存在北西向断头边界线。上延10 km（图3-4-21），江门—斗门存在北西向黑影带边界（东界）线，北段怀集、广宁、四会为北西向斜列黑影带。上延20、30 km（图3-4-22和图3-4-23），江门—斗门段和北段怀集—四会西均存在北西向灰影带，但图像很模糊，判释很勉强。

航磁ΔT 90°一阶方向导数等值线图（图3-4-24），南段江门—斗门存在两条同步拐弯的北西向等值线，界限一条狭窄的北西向磁异常带。上延5 km（图3-4-25），江门—斗门—万山群岛存在两条北西向等值线，北段，鹤山—广宁—怀集东存在不整齐的北西向等值线带。上延10 km（图3-4-26），江门—斗门存在北西向等值线带，北段，鹤山—广宁存在北北西向等值线带。上延20 km（图3-4-27），江门—斗门—万山群岛存在北西向等值线带，北段，鹤山—四会西存在北北西向等值线带。上延30 km（图3-4-28），对本断裂反映不明显，难判释。

航磁ΔT 90°一阶方向导数灰度图（图3-4-29），江门西侧—斗门西侧与江门—珠海—澳门间围限一个北西向磁异常组合体，本断裂分居东西侧边界，北段，广宁西—四会西—鹤山存在相呼应的北西向影带，可认为是本断裂东部边界。上述两条北西向边界线围限的磁异常带可解释为西江断裂磁异常带，但在鹤山与江门间仍为F4、F5 东西向断裂间断。上延5 km（图3-4-30），江门西—斗门与江门—珠海—澳门间北西向影带是本断裂反映，北段，鹤山东北、四会西、广宁西、怀集西的北西向黑影带为本断裂带反映。上延10 km（图3-4-31），江门—斗门东侧北西向边界和江门—珠海—澳门北西向边界所构成的浓黑影带是本断裂带反映。北段，鹤山东北和怀集—广宁—四会北西向黑影带应是本断裂之反映。上延20、30 km（图3-4-32和图3-4-33），图像很模糊，难予判释本断裂存在。

航磁ΔT 135°一阶方向导数等值线图和灰度图及其上延5、10、20、30 km（图3-4-34至图3-4-43），对本断裂基本上无反映。

航磁ΔT总梯度模上延1 km平面等值线图（图3-4-44），江门西—斗门西存在北西向磁异常带，江门东、珠海、澳门一线断续存在北西向同步拐弯等值线，北段，鹤山西北存在北西向等值线。上延3 km（图3-4-45），江门—斗门存在北西向梯度带，珠海—澳门西亦存在北西向等值线带，二者共同围限一个北西向磁异常体。上延5 km（图3-4-46），西侧江门—斗门存在北西向梯度带，东侧珠海—澳门亦存在北西向梯度带。上延10 km（图3-4-47），江门—斗门段存在北西向梯度带，怀集—肇庆东存在北西向等值线带，中部为F4、F5 东西向梯度带阻隔。上延20、30 km（图3-4-48和图3-4-49），对本断裂反映不明显。

航磁ΔT垂向二阶导数图（图3-4-50），江门、斗门存在北西向等值线，北段对本断裂反映不明显。

航磁ΔT小波析一、二、三阶细节图（图3-4-51至图3-4-53），江门—斗门存在不整齐的北西向羽毛状边界，江门—珠海—澳门亦存在北西向羽毛状边界，北段无明显反映。四阶细节图（图3-4-54），各段反映均不明显。

航磁ΔT分形维数平面等值线图（图3-4-55），对本断裂反映不明显。

航磁ΔT化极平面等值线图（图3-4-56），斗门东北侧至江门存在北西向同步拐弯等值线梯度带，鹤山北部存在北西向等值线边界线。上延1、3、5、10、20、30 km（图3-4-57至图3-4-62），对本断裂无反映。

综上各图解释，大多数图对本断裂有图形或影像反映，鹤山以北之北段规模比较小，江门以南之南段可分出2～3条平行支断裂，宽度较大，带性也好，显然强于北段，深度绝大多数反映为10 km，不超20 km。

3.4.3.4 三水—担杆断裂（白坭—沙湾断裂）（F16）

该断裂北起怀集东侧，经四会东、三水东、佛山、顺德、中山，伸入万山群岛东部和担杆列岛西部，顺德以北与以往称之为白坭—沙湾断裂大体相符，南段展布途径则是本次航磁解释结果。下文逐图解释。

航磁ΔT及其上延1 km平面等值线图（图3-4-1和图3-4-2），北起广宁东，经四会东、三水东、佛山东、顺德东至中山，遇F5 东西向等值线阻截后，在澳门东、担杆列岛西北侧继续有北西向等值线呼应，宏观带性不强。上延3 km（图3-4-3），广宁、四会、佛山、顺德、澳门东等处有局部北西向等值线，总体反映不太明显。上延5 km（图3-4-4），广宁东、四会北西、佛山、顺德、澳门东北侧、担杆列岛南北两侧断断续续有北西向等值线反映。上延10 km（图3-4-5），广宁东、三水、佛山、顺德、澳门东有北西向等值边界线外，其他各段无明显反映。上延20、30、40 km（图3-4-6至图3-4-8），各段均无明显反映。

航磁ΔT 0°一阶方向导数等值线图（图3-4-9），对本断裂反映不明显。上延5 km（图3-4-10），广宁、四会、三水、佛山、顺德、中山一线以东存在北西向同步拐弯等值线带。上延10、20、30 km（图3-4-11至图3-4-13），对本断裂反映不明显。

航磁ΔT 45°一阶方向导数等值线图（图3-4-14），广宁、四会、佛山、顺德、中山一线存在北西向断断续续的等值线带，带性不明显。上延5、10 km（图3-4-15和图3-4-16），四会及其以北、三水、佛山、顺德、中山一线以东存在北西向等值线带，直至担杆列岛西，带性较明显。上延20、30 km（图3-4-17和图3-4-18），怀集、四会、三水、顺德、中山、澳门一线以东直至担杆列岛西，为一连续性较好的北西向梯度带，带性佳。综合研究，似非构造连线，非本断裂反映。

航磁ΔT 45°一阶方向导数灰度图（图3-4-19），广宁、四会、三水、佛山和顺德之东可连接一条比较整齐的北西向黑影边界线，往南可直下至中山东，在担杆列岛北西端有北西向黑影带呼应。上延5 km（图3-4-20），怀集、广宁、四会东、三水、佛山、中山东和担杆列岛北西端，黑影带不规则斜列，可连成一北西向影带。上延10 km（图3-4-21），怀集东、四会东、三水、佛山、顺德、中山、担杆列岛西端，存在一北西向浓黑影带，带性强。上延20、30 km（图3-4-22和图3-4-23），广宁东—四会—三水—佛山—顺德—中山—澳门—万山群岛是一条北西向黑影带，本断裂带位居西侧，影像稍模糊，宏观带性佳。

航磁ΔT 90°一阶方向导数等值线图（图3-4-24），广宁、四会、三水、佛山、顺德、中山一线以东存在不连续、多弯曲和垭口的北西向等值线，带性不明显。上延5 km（图3-4-25），四会—三水—佛山、顺德一线以东存在北西向等值线带。上延10 km（图3-4-26），广宁、四会—佛山—顺德一线以东存在北西向等值线带。上延20、30 km（图3-4-27和图3-4-28），四会—三水—佛山—顺德一线以东、中山东、澳门东存在北西向梯度带，判释为假异常，非本断裂反映。

航磁ΔT 90°一阶方向导数灰度图（图3-4-29），广宁、四会、三水、佛山、顺德、中山东和担杆列岛西北端，存在北西向黑影带，四会以北连线较好，以南常有间断。上延5 km（图3-4-30），广宁、四会、三水、佛山、顺德、中山东，仍可辨认北西向黑影带，担杆列岛东略有北西向黑影断头带反映。上延10 km（图3-4-31），怀集东、广宁、四会、三水、佛山、顺德、中山东存在北西向黑影条带，担杆列岛北西侧仍存在北西向黑影边界线。上延20、30 km（图3-4-32和图3-4-33），怀集东、广宁、顺德、中山东、担杆列岛西北侧存在模糊北西向影像。

航磁ΔT 135°一阶方向导数等值线图和灰度图及其上延10、20、30 km（图3-4-34至图

3–4–43），对本断裂基本上无反映。

航磁ΔT总梯度模上延1、3、5 km平面等值线图（图3–4–44至图3–4–46），怀集东、广宁—四会、三水—佛山、顺德可见北西向等值线，带性强。上延10 km（图3–4–47），怀集东、广宁、四会、佛山、顺德、中山等段断断续续存在北西向等值线，应是本断裂局部反映，多为近东西向断裂（F3、F4、F5、F6）间断。上延20、30 km（图3–4–48和图3–4–49），对本断裂基本无反映。

航磁ΔT垂向二阶导数图（图3–4–50），怀集东、广宁、四会、佛山、顺德、中山一线以东，担杆列岛西可连成北西向等值线带。

航磁ΔT小波分析一、二、三、四阶细节图（图3–4–51至图3–4–54），对本断裂反映不明显。

航磁ΔT分形维数平面等值线图（图3–4–55），对本断裂无反映。

航磁ΔT化极平面等值线图（图3–4–56），广宁、四会、佛山、顺德断续存在北西向等值线。

航磁ΔT化极上延1、3、5、10、20、30 km平面等值线图（图3–4–57至图3–4–62），对本断裂基本上无反映。

据上述各图解释，本断裂在大多数图上有一定程度的反映，尤其是45°一阶方向导数等值线图和灰度图反映较好，带性强，反映其深度可达30 km以上，但是其他图深度只有10 km，且连续性不佳，带性不强，似乎存在明显的矛盾，所以对45°一阶方向导数图所反映的30 km深度持有疑问，与一般认为珠江三角洲地区北西向断裂较浅的概念也不相符，作者初步认为，其属非构造连线，本断裂实际深度定为10 km较妥。

3.4.3.5 狮子洋断裂（F17）

该断裂北起花都北，经广州、番禺，顺珠江河道（狮子洋）出珠江口，至香港并穿过担杆列岛进入南海。故该断裂又名珠江断裂。下文逐图解释。

航磁ΔT及其上延1、3 km平面等值线图（图3–4–1至图3–4–3），花都以北存在同步拐弯北西向等值线，往南遇F2东西向梯度带间断。之后，广州—番禺存在北西向同步拐弯等值线，南部香港东侧存在北西向等值线呼应，遇F6担杆列岛北侧东西向梯度带阻断，往南，在F6东西向梯度带内切入北西向同步拐弯等值线，反映本断裂与F6互有切割。上延5 km（图3–4–4），花都、广州北西方向存在同步拐弯北西向等值线带，香港东侧存在北西向弧顶向北的弧形等值线，并与北东向F12等值线带交汇，担杆列岛F6东西向梯度带内部仍然存在北西向同步拐弯等值线带切入，全线带性不明显。上延10 km（图3–4–5），花都—广州—番禺存在北西向同步拐弯等值线，香港北西向弧形等值线带、担杆列岛F6东西向梯度带内部的北西向等值线带仍然存在。上延20、30、40 km（图3–4–6至图3–4–8），对本断裂基本上无图像反映。

航磁ΔT 0°一阶方向导数等值线图（图3–4–9），花都以北存在北西向弯曲的等值线，香港北西方向存在北西向串珠状带，其他各段无图像反映。上延5 km（图3–4–10），花都、广州、番禺、香港、担杆列岛内存在北西向断断续续的北西向同步拐弯等值线，带性不明显。上延10 km（图3–4–11），广州、番禺、香港、担杆列岛内存在短促的北西向同步拐弯等值线。上延20、30 km（图3–4–12和图3–4–13），对本断裂基本上无反映。

航磁ΔT 45°一阶方向导数等值线图（图3–4–14），花都北西方向直抵北面图框存在北西向同步拐弯等值线带，广州—番禺存在北西向同步拐弯等值线，香港东侧北西方向存在北西向串珠状带，担杆列岛南西南方向存在北西向等值线呼应，断裂连接性稍好，带性仍不明显。上延5、10 km（图3–4–15和图3–4–16），花都西北方向直至北部图框，往南经广州、番禺、香港西侧、担杆列岛南部呈现一条带性清楚的北西向等值线带或同步拐弯带，带内虽也有间隔，但距离短，体现出连续性较佳，明显地将F16以西的磁异常体划分出来。上延20、30 km（图3–4–17和图3–4–18），本断裂与西侧F16组成一北西向巨型梯度带，可能并非断裂反映，而是非构造性数字连接线。

航磁ΔT 45°一阶方向导数灰度图（图3–4–19），花都北西方向直至北部图框，往南经广州、番禺、香港，直抵担杆列岛出南海，存在一条北西向黑影带斜列，影带时有粗细、间断，但总体带性明显，连续性好，间断者多是东西向断裂（影带），但也切过了F6 东西向影带，似乎F6以南的活动性要强于其北部。上延5 km（图3-4-20），番禺、广州、花都以北存在两条北西向黑影斜列带，番禺以南至香港都无图像反映，直至担杆列岛内有北西向黑影带呼应。上延10 km（图3-4-21），广州以北、花都直至北部图框存在北西向黑影斜列带，南部只有担杆列岛内有北西向黑影带呼应。上延20、30 km（图3-4-22和图3-4-23），基本上无图像反映。

航磁ΔT 90° 一阶方向导数等值线图（图3-4-24），花都北西方向、花都、广州—番禺、香港北西方向、担杆列岛东部存在弯曲不整齐的同步拐弯北西向等值线，带性不强，但南北呼应排列关系明显。上延5 km（图3-4-25），花都北西方向、花都—广州—番禺、香港北西方向、担杆列岛东南部存在北西向同步拐弯等值线带或梯度带，狮子洋段却无北西向等值线反映。上延10 km（图3-4-26），花都北西方向、花都—广州、香港北西方向、担杆列岛东南部存在北西向同步拐弯等值线带，呈带性，但番禺以南珠江河道无等值线反映。上延20、30 km（图3-4-27和图3-4-28），基本上无图像反映。

航磁ΔT 90° 一阶方向导数灰度图（图3-4-29），花都西北—花都—广州—番禺、香港西北—香港—担杆列岛北侧、担杆列岛东南部存在北西向斜列黑影带或细影条带，呈带性，但番禺以南珠江河道无明显北西向图像显示。上延5 km（图3-4-30），花都西北方向—花都—广州—番禺、珠江河道、担杆列岛东南部存在不整齐的北西向斜列黑影带，香港段影像模糊，难予辨释。上延10 km（图3-4-31），花都北西方向—花都—广州—番禺—珠江河道—香港、担杆列岛东南部，呈北西向浓黑影带，带性佳，连续性好，多处见本北西向影带与北东向黑影带交汇、叠加图像。上延20、30 km（图3-4-32和图3-4-33），基本上无本断裂图像反映。

航磁ΔT135° 一阶方向导数等值线系列图（图3-4-34至图3-4-38），对本断裂无反映。

航磁ΔT 135° 一阶方向导数灰度图（图3-4-39），广州—番禺段存在北东向黑影带被切断成北西向断头带。上延5、10、20、30 km（图3-4-40至图3-4-43），无本断裂图像反映。

航磁ΔT 水平总梯度模上延1 km平面等值线图（图3-4-44），花都北西方向、花都、广州—番禺、香港北西方向、担杆列岛东南部存在北西向同步拐弯等值线。上延3 km（图3-4-45），花都—广州—番禺存在北西向等值线带，香港、担杆列岛东南部存在北西向等值线或等值线带。上延5 km（图3-4-46），花都—广州—番禺、香港、担杆列岛东南部存在北西方向等值线带。上延10 km（图3-4-47），花都—广州—番禺、香港西北方向、担杆列岛东南部存在北西向等值线带。上延20、30 km（图3-4-48和图3-4-49），对本断裂无反映。

航磁ΔT 垂向二阶导数等值线图（图3-4-50），花都北西方向、广州—番禺、香港、担杆列岛东南部存在北西方向等值线。

航磁ΔT 小波分析一、二、三阶细节图（图3-4-51至图3-4-53），花都北西方向、花都—广州—番禺、香港北西方向—香港—担杆列岛东南部存在北西方向断头带（北东向影带被断头），四阶细节（图3-4-54）对断裂反映不明显。

航磁ΔT 分形维数平面等值线图（图3-4-55），对本断裂反映不明显

航磁ΔT 化极平面等值线图（图3-4-56），广州—番禺、香港北西方向、担杆列岛东南部存在北西向等值线。上延1、3、5、10、20、30 km（图3-4-57至图3-4-62），对本断裂基本上无图像反映。

据以上各图解释可知，本断裂北起花都北西方向至花都，经广州、番禺、担杆列岛东南部，整条断裂规模较小，只在45°、90° 一阶方向导数上延5 km以浅等值线和灰度图呈较好的带性和连接性，其他各图带性和连接性都不佳，但南北呼应关系清楚。大多数图对番禺以南的狮子洋（珠江）河道反映不佳或无反映，担杆列岛东南部段表现较突出，较其他各段均强。全断裂深度10 km左

右，狮子洋（珠江）段不深于5 km。

3.4.3.6 东莞—大鹏湾断裂（F18）

航磁ΔT及其上延1、3 km平面等值线图（图3-4-1至图3-4-3），东莞—深圳存在北西向同步弯曲等值线，往南，在香港东至担杆列岛东亦存在北西向半羽毛状管线相呼应。上延5 km（图3-4-4），清远、花都东、东莞、深圳、香港、担杆列岛东有不明显的北西向同步拐弯等值线存在，彼此可呼应，亦认为是本断裂的反映。上延10 km（图3-4-5），东莞、深圳、香港东侧存在角度变大的北西向等值线。上延20、30、40 km（图3-4-6至图3-4-8），无本断裂反映图像。

航磁ΔT 0°一阶方向导数等值线图及其上延5、10、20、30 km（图3-4-9至图3-4-13），对本断裂基本上无反映。

航磁ΔT 45°一阶方向导数等值线图（图3-4-14），东莞、深圳、香港东，北部清远、花都东存在北西向不整齐的等值线。上延5 km（图3-4-15），东莞西、深圳东—香港东、担杆列岛东仍存在北西向等值线或北西向同步拐弯，应是本断裂反映。上延10 km（图3-4-16），清远、花都东、东莞、深圳—香港、担杆列岛存在北西向等值线。上延20、30 km（图3-4-17和图3-4-18），东莞、深圳、香港存在北西向梯度带，可能属非构造性数据连线。

航磁ΔT 45°一阶方向导数灰度图（图3-4-19），清远、花都东、东莞至深圳、大鹏湾、香港东和担杆列岛东存在斜列式北西向黑影带和北西向带影体组合，带性佳，从北西向影带斜列形式分析应具有左旋（反时针）性质。上延5 km（图3-4-20），清远、花都东、东莞、深圳、香港、担杆列岛隐约存在北西向黑影斜列带。上延10 km（图3-4-21），东莞、深圳存在北西向影带，东莞以北很难判断。上延20、30 km（图3-4-22和图3-4-23），东莞西、深圳—香港、担杆列岛东存在北西向模糊灰色边界，但角度变化太大，与实际断裂走向和位置有较大偏离，很难判释为本断裂的图像或是深部构造格局组合变化，有待研究。

航磁ΔT 90°一阶方向导数等值线图（图3-4-24），清远、花都东、东莞—深圳—大鹏湾—香港东存在不整齐的北西向等值线，连续性相对较好。上延5 km（图3-4-25），东莞、深圳、香港东、担杆列岛以东存在北西向同步拐弯等值线带。上延10 km（图3-4-26），东莞、深圳、大鹏湾、香港东、担杆列岛东间断存在北西向同步拐弯等值线，东莞西北方向至清远东也断续有北西向等值线呼应。上延20、30 km（图3-4-27和图3-4-28），对本断裂基本上无反映。

航磁ΔT 90°一阶方向导数灰度图（图3-4-29），东莞、深圳、大鹏湾、香港东侧和担杆列岛东，自东莞往北至清远东均有北西向不规则影带相连，带性和连接性均可。上延5 km（图3-4-30），清远、东莞、深圳、香港和担杆列岛东存在不规则北西向影带或边界线相呼应，不甚明显，已知断裂存在和参考其他图件才可解释。上延10、20、30 km（图3-4-31至图3-4-33），图像模糊，边界不清，对本断裂无明显反映。

航磁ΔT 135°一阶方向导数等值线图（图3-4-34），对本断裂基本上无反映。上延5 km（图3-4-35），清远、东莞、深圳、大鹏湾、香港和担杆列岛一线存在北西同步拐弯带，但连续性不太好。上延10、20、30 km（图3-4-36至图3-4-38），对本断裂带基本上无反映。

航磁ΔT 135°一阶方向导数灰度图及其上延5、10、20、30 km（图3-4-39至图3-4-43），对本断裂无反映。

航磁ΔT总梯度模上延1 km平面等值线图（图3-4-44），东莞、香港东和担杆列岛东间断存在北西向等值线垭口带或梯度带。上延3、5、10、20、30 km（图3-4-45至图3-4-49），对本断裂基本上无反映。

航磁ΔT垂向二阶导数图（图3-4-50），东莞、深圳存在北西向等值线，香港东和担杆列岛东存在北西向羽毛状边界，其他各段无明显反映。

航磁ΔT小波分析一阶、二阶、三阶、四阶细节图（图3–4–53至图3–4–54），对本断裂无明显反映。

航磁ΔT分形维数平面等值线图（图3–4–55），对本断裂基本无反映。

航磁ΔT化极及其上延10、20、30 km平面等值线图（图3–4–56、图3–4–60至图3–4–62），对本断裂基本上无反映。

综上各图解释，多数图对本断裂均有一定程度的反映，但只有45°、90°一阶方向导数等值线图和灰度图在上延10 km以低的情况下反映较好，呈一定的带性，连续性较好，断裂规模小，深度在10 km以内。它在担杆列岛内发育较稳定，与F6近东西向断裂至少是互切关系，证明此段断裂活动性较强。

3.4.3.7 从化—增城断裂（F19）

该断裂在各类成果图上反映不佳，仅在原张航磁等值线图（上延3 km以浅）、45°一阶方向导数图及灰度图上延5 km以浅、90°一阶方向导数等值线图及灰度图上延10 km以浅、总梯度模图上延5 km以浅等图有北西向等值线、灰度条带反映，其他各图无反映，所以本断裂应存在，但规模小，深度大多数为5 km，且主要反映在从化—增城一段，增城以南较难解释。

3.4.3.8 惠州断裂（F20）

位于区域最东部的一条北西向断裂，下面逐图解释。

航磁ΔT及其上延1、3 km平面等值线图（图3–4–1至图3–4–3），惠州—惠阳存在北西向等值线带；惠州的北西方向，自最北的佛冈往东南断断续续存在北西向等值线，或是本断裂向北延伸的形迹。上延5、10 km（图3–4–4和图3–4–5），惠州—惠阳—大亚湾存在北西向同步拐弯等值线带，惠州北西方向断断续续存在北西向同步拐弯等值线至佛冈，北西方向等值线多间断北东向等值线。上延20、30、40 km（图3–4–6至图3–4–8），无图形反映。

航磁ΔT 0°一阶方向导数等值线图（图3–4–9），无等值线反映。上延5 km（图3–4–10），惠州—惠阳存在北西向同步拐弯等值线。上延10 km（图3–4–11），惠州东南方向存在北西向同步拐弯等值线。上延20、30 km（图3–4–12和图3–4–13），对本断裂无反映。

航磁ΔT 45°一阶方向导数等值线图（图3–4–14），惠州、惠阳、大亚湾以及惠州西北方向至佛冈断断续续存在北西向弯曲的等值线带，稍有带性。上延5 km（图3–4–15），惠州—惠阳—大亚湾存在北西向同步拐弯等值线带，惠州西北方向至佛冈存在同步拐弯等值线。上延10 km（图3–4–16），惠州东南方向北西向等值线基本上消失，而其西北方向至佛冈却存在北西向同步拐弯等值线。上延20、30 km（图3–4–17和图3–4–18），对本断裂无反映。

航磁ΔT 45°一阶方向导数灰度图（图3–4–19），惠州—惠阳—大亚湾以及惠州西北方向至佛冈存在北西向斜列式黑影带，带性尚可，如扩大它的东、西两侧观察，西侧博罗南东方向、东侧龙门南东方向都存在北西向黑影带，与之共同组成一条较宽的北西向磁异常体带，不过带内北西向条带比较稀疏。上延5 km（图3–4–20），惠州—惠阳—大亚湾，东侧龙门西南方向存在北西向斜列式黑影带。上延10、20、30 km（图3–4–21至图3–4–23），图上北西向影带格局发生较大变化，很难解释本断裂形迹。

航磁ΔT 90°一阶方向导数等值线图（图3–4–24），惠州及其北西方向、惠阳—大亚湾存在北西方向等值线或串珠状图形。上延5 km（图3–4–25），惠州及其北西方向、惠阳—大亚湾存在北西向同步拐弯等值线带，惠州西侧、博罗—惠阳存在北西向等值线带。上延10 km（图3–4–26），惠州北西方向、惠阳东南方向存在北西向同步拐弯等值线带。上延20、30 km（图3–4–27和图3–4–28），无等值线图形反映。

航磁ΔT 90°一阶方向导数灰度图（图3–4–29），惠州—惠阳—大亚湾存在北西向黑影带，惠州北西方向至佛冈东断断续续存在北西向黑影带，图像较模糊。上延5 km（图3–4–30），惠州、惠阳、大亚湾存在北西向影条，佛冈东侧存在边界较模糊的北西向黑影带。上延10、20、30 km（图3-4-31至图3-4-33），对本断裂无图像反映。

航磁ΔT 135°一阶方向导数等值线图（图3-4-34），对本断裂无反映。上延5 km（图3-4-35），惠州—惠阳、北部佛冈东侧存在北西向同步拐弯等值线。上延10、20、30 km（图3-4-36至图3-4-38），对本断裂基本上无反映。

航磁ΔT 135°一阶方向导数灰度系列图（图3-4-39至图3-4-43），对本断裂无反映。

航磁ΔT水平总梯度模上延1 km平面等值线图（图3-4-44），惠州东侧、惠阳东南方向（大亚湾）、北部佛冈东侧存在北西向同步拐弯等值线带。上延3、5 km（图3-4-45和图3-4-46），惠州东侧、惠阳东南方向、大亚湾、北部佛冈东南方向存在北西向等值线。上延10、20、30 km（图3-4-47至图3-4-49），对本断裂无反映。

航磁ΔT垂向二阶导数等值线图（图3-4-50），惠州、惠阳存在北西向同步拐弯等值线。

航磁ΔT小波分析一、二、三阶细节灰度图（图3-4-51至图3-4-53），惠州—惠阳—大亚湾以及西侧博罗—惠阳西存北西向断头黑影带，四阶细节灰度图（图3-4-54），对本断裂无反映。

航磁ΔT分形维数平面等值线图（图3-4-55），对本断裂基本上无反映。

航磁ΔT化极平面等值线系列图（图3-4-56至图3-4-63），对本断裂无反映。

综上所述，本断裂主带是惠州—惠阳—大亚湾一线，惠州以北、佛冈以南也有图像呼应，但是连接性稍差，深度绝大多数反映为5 km，少数图反映为10 km，其带性和连接性均欠佳。所以，本断裂规模不大，深度5 km为宜，不超过10 km，该断裂西侧（博罗—惠阳西）在一部分图出现北西向图像，深度也未超过5 km，可考虑为本断裂平行分断裂。

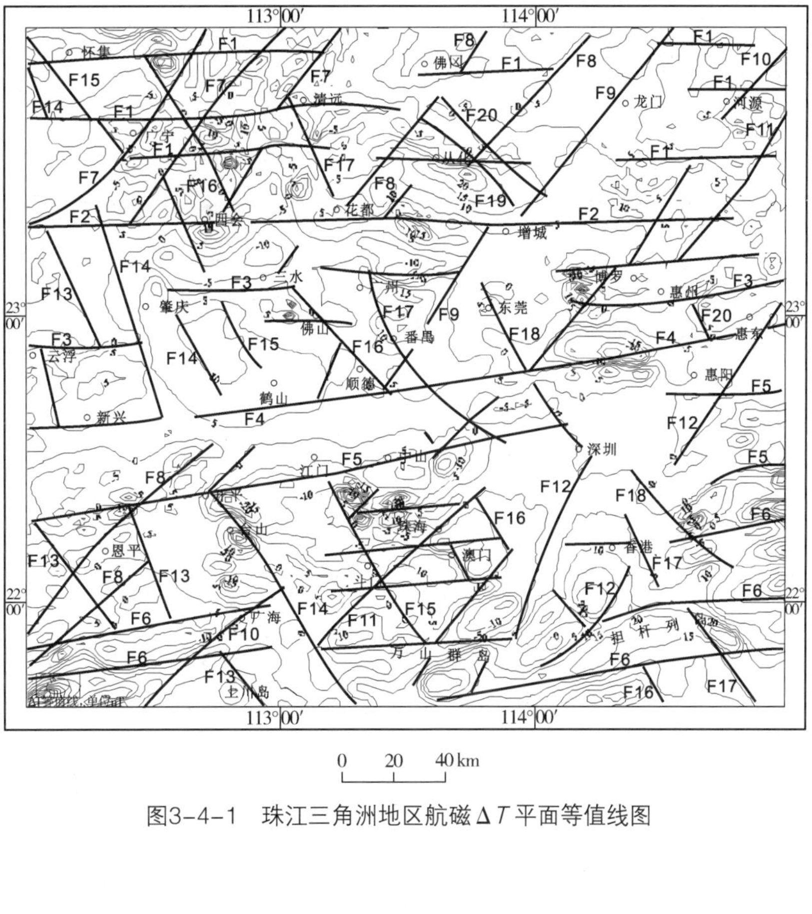

图3-4-1 珠江三角洲地区航磁ΔT平面等值线图

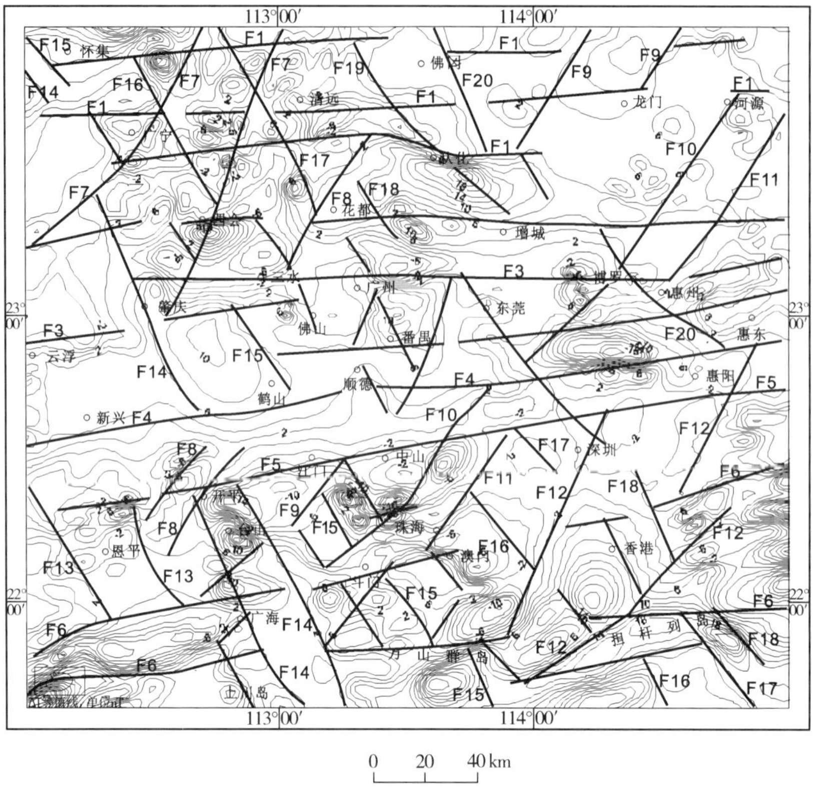

图3-4-2　珠江三角洲地区航磁ΔT上延1 km平面等值线图

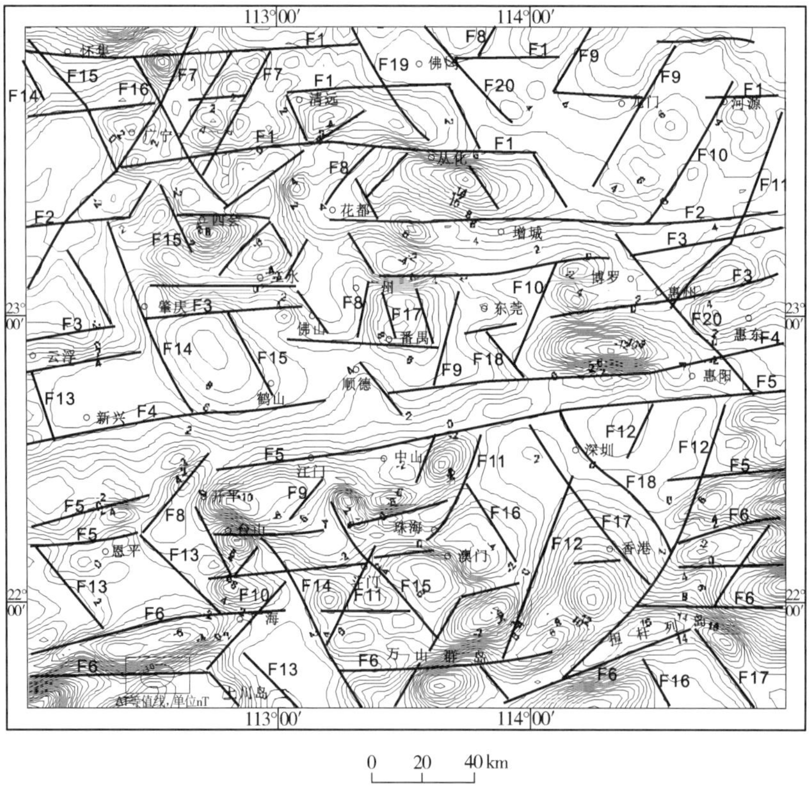

图3-4-3　珠江三角洲地区航磁ΔT上延3 km平面等值线图

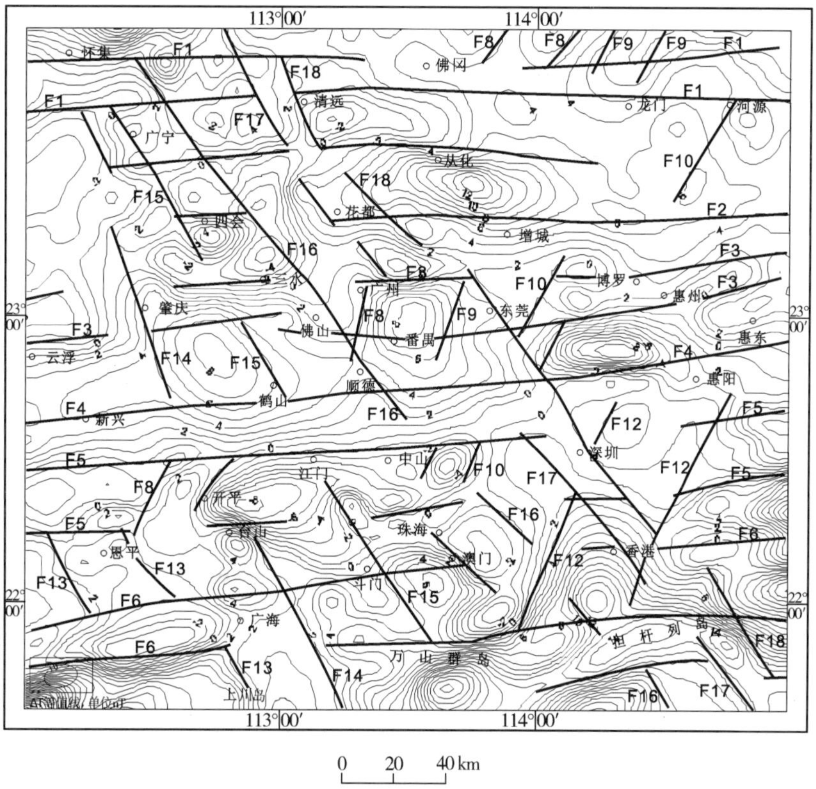

图3-4-4　珠江三角洲地区航磁ΔT上延5 km平面等值线图

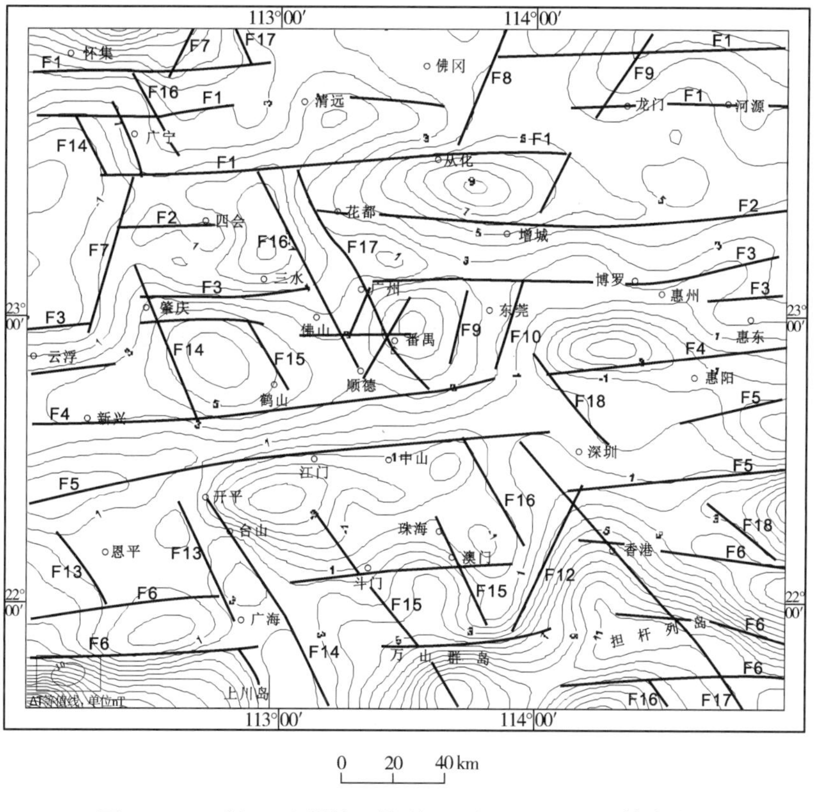

图3-4-5　珠江三角洲地区航磁ΔT上延10 km平面等值线图

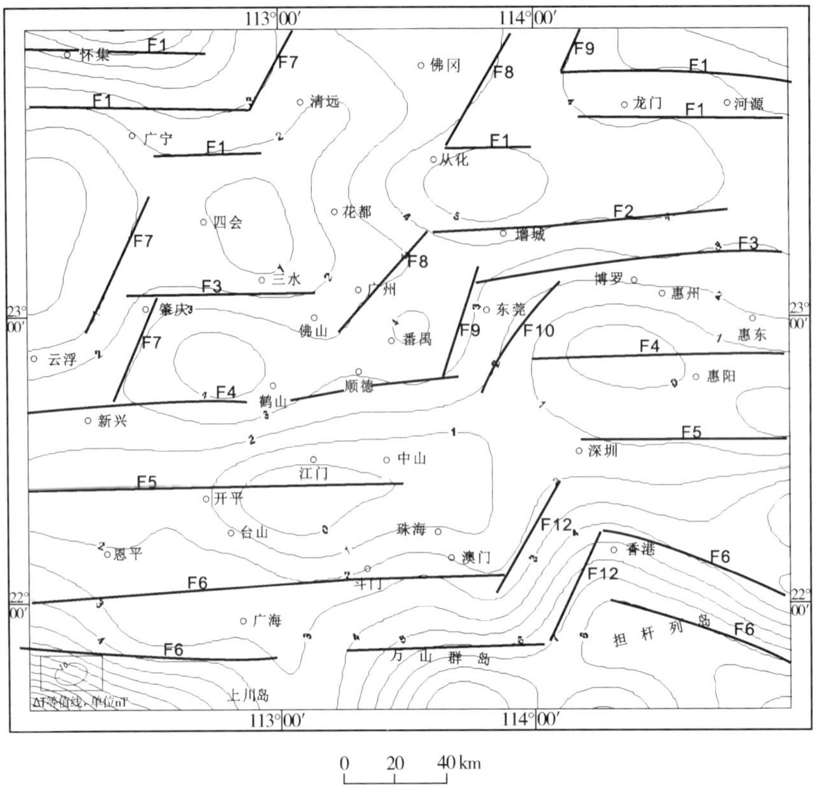

图3-4-6　珠江三角洲地区航磁ΔT上延20 km平面等值线图

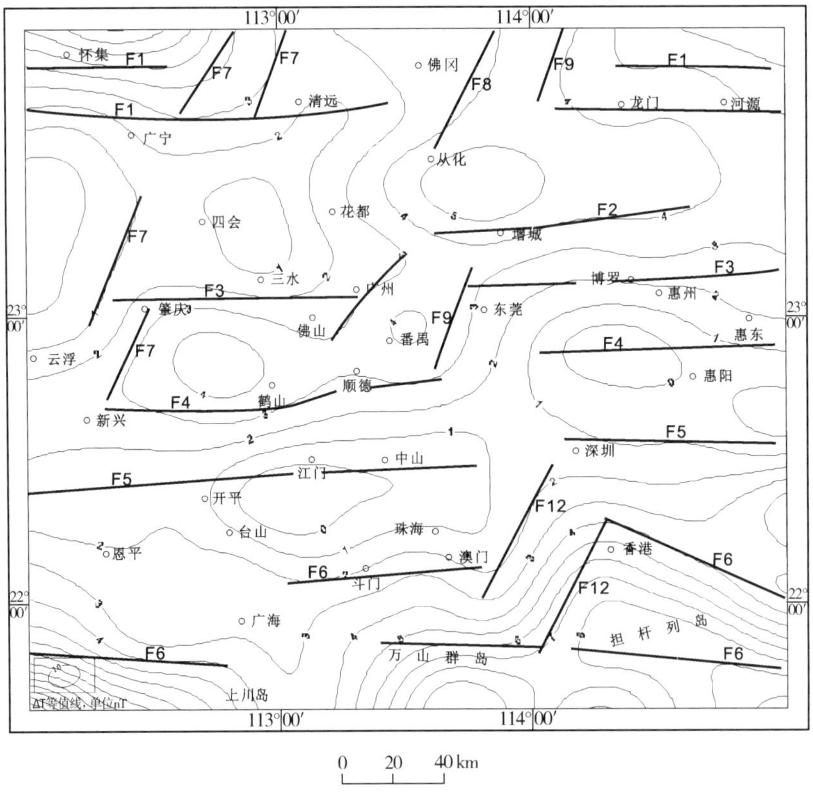

图3-4-7　珠江三角洲地区航磁ΔT上延30 km平面等值线图

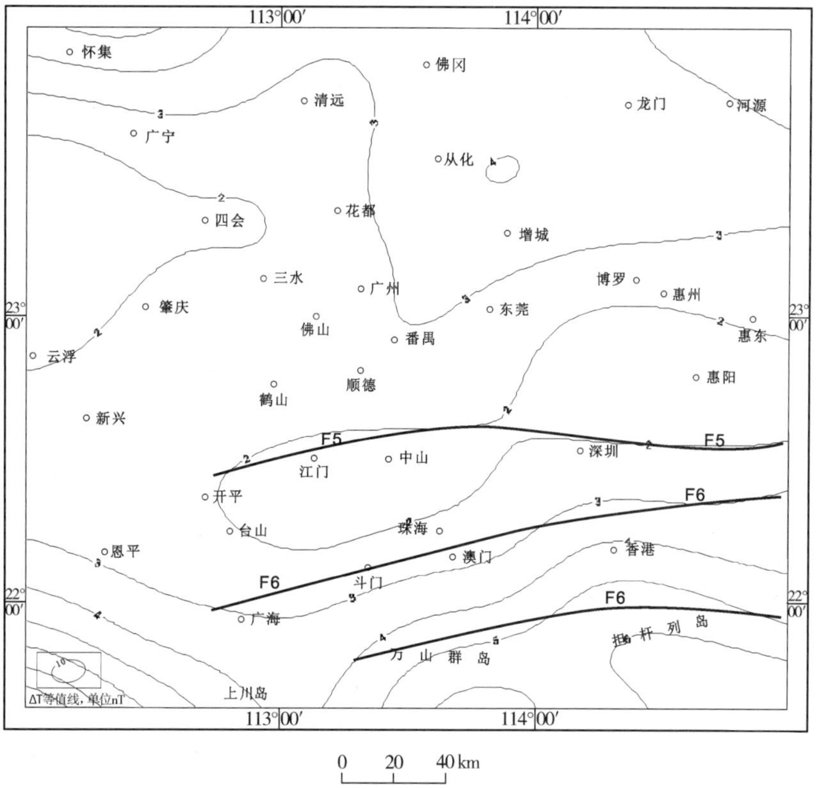

图3-4-8 珠江三角洲地区航磁ΔT上延40 km平面等值线图

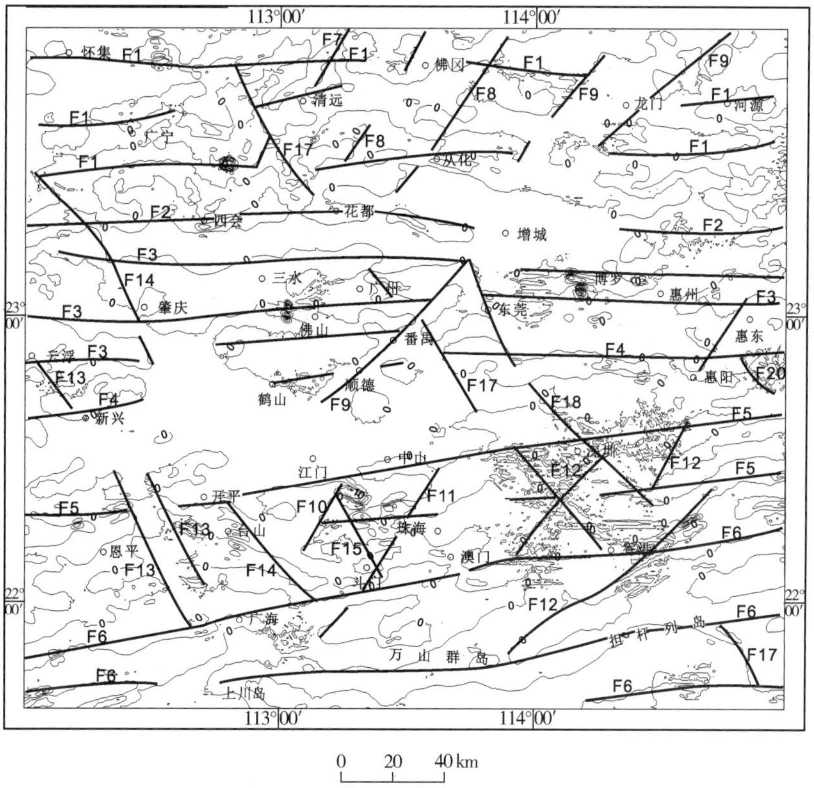

图3-4-9 珠江三角洲地区航磁ΔT 0° 一阶方向导数等值线图

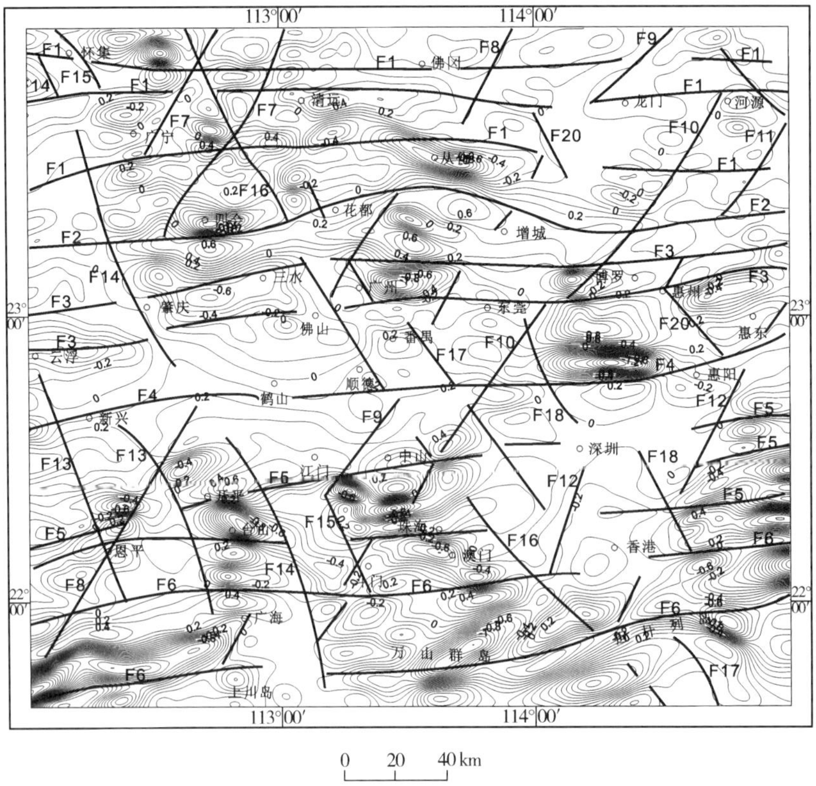

图3-4-10　珠江三角洲地区航磁ΔT 0°一阶方向导数等值线上延5 km图

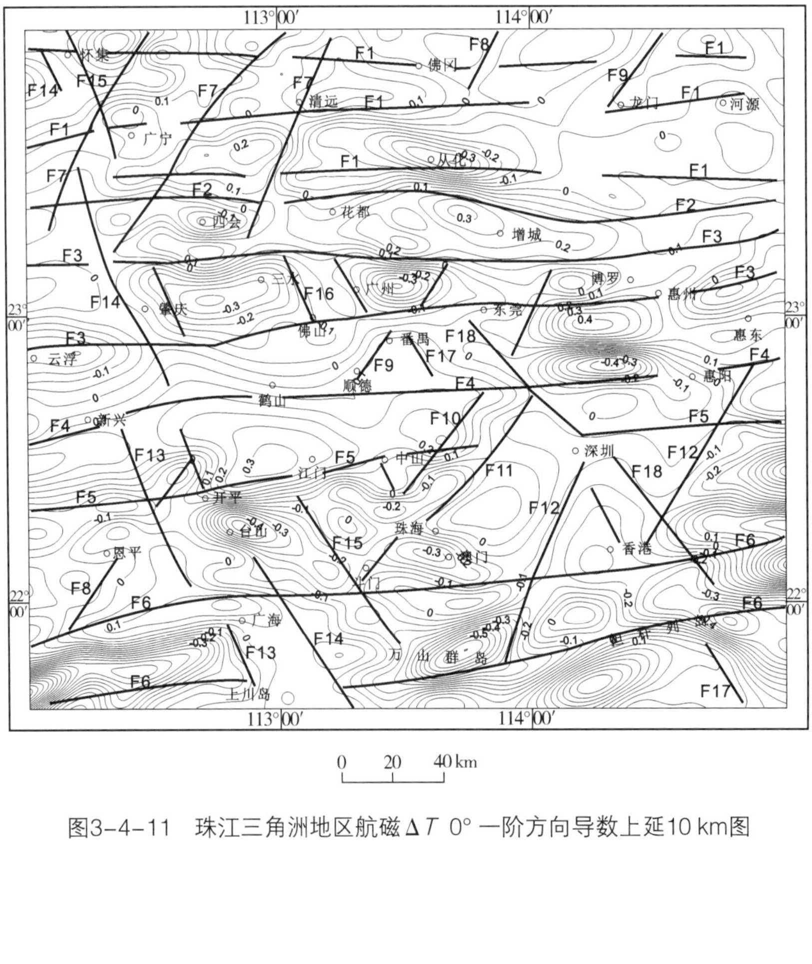

图3-4-11　珠江三角洲地区航磁ΔT 0°一阶方向导数上延10 km图

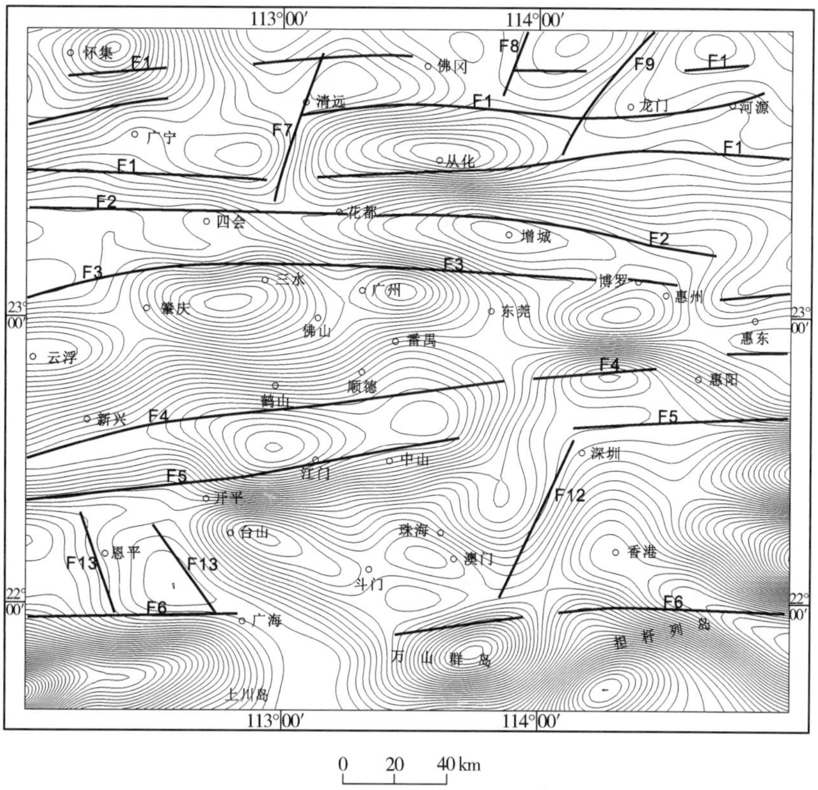

图3-4-12　珠江三角洲地区航磁ΔT 0°一阶方向导数等值线上延20 km图

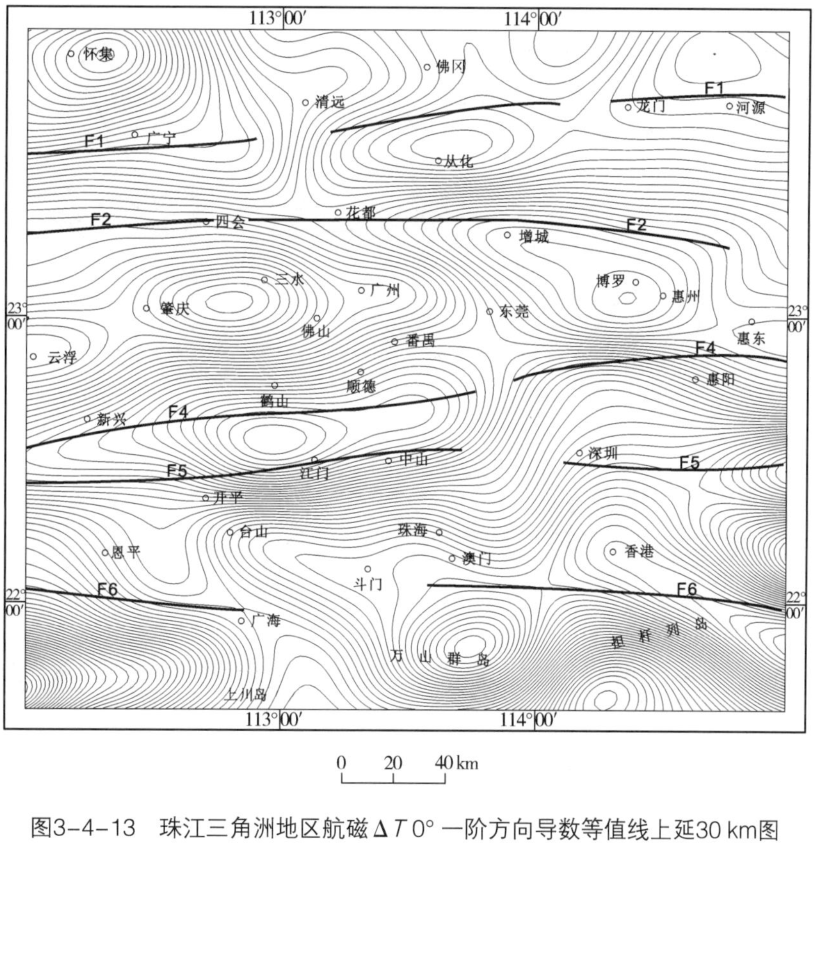

图3-4-13　珠江三角洲地区航磁ΔT 0°一阶方向导数等值线上延30 km图

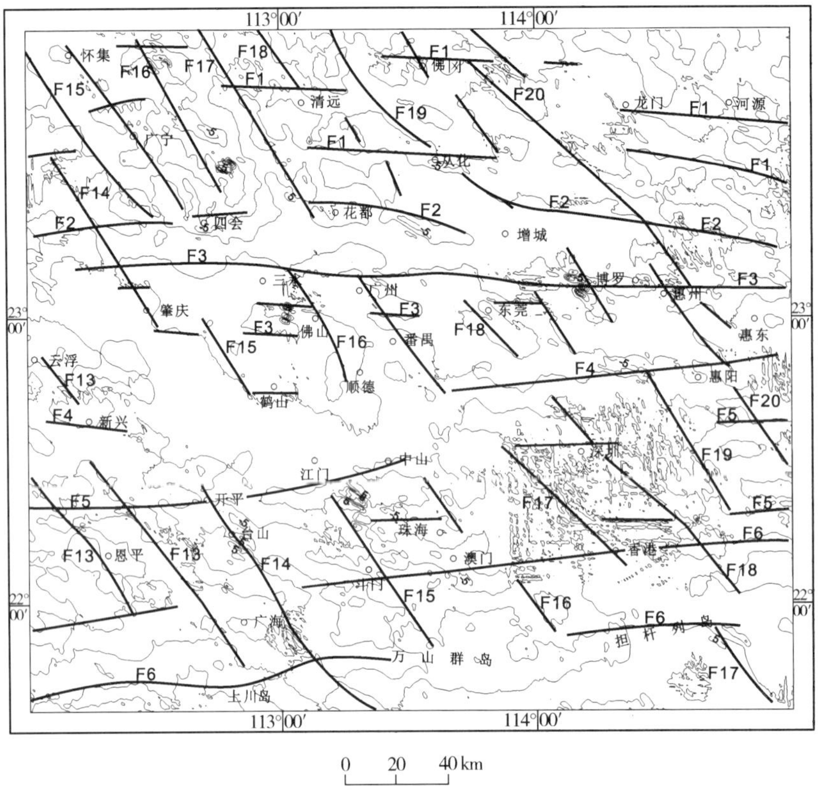

图3-4-14　珠江三角洲地区航磁ΔT 45° 一阶方向导数等值线图

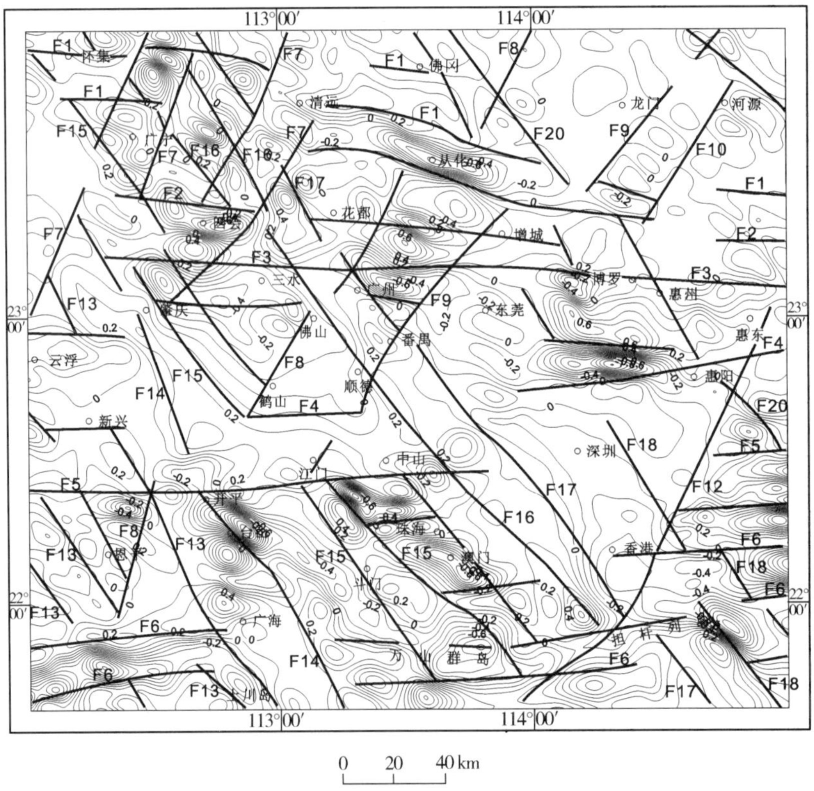

图3-4-15　珠江三角洲地区航磁ΔT 45° 一阶方向导数等值线上延5 km图

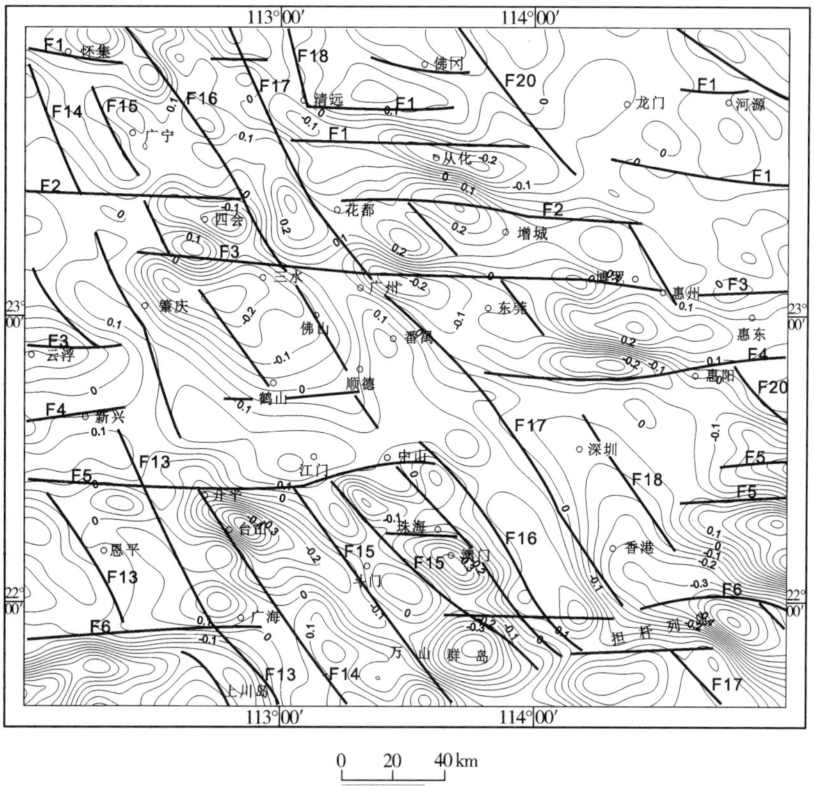

图3-4-16 珠江三角洲地区航磁ΔT 45°一阶方向导数等值线上延10 km图

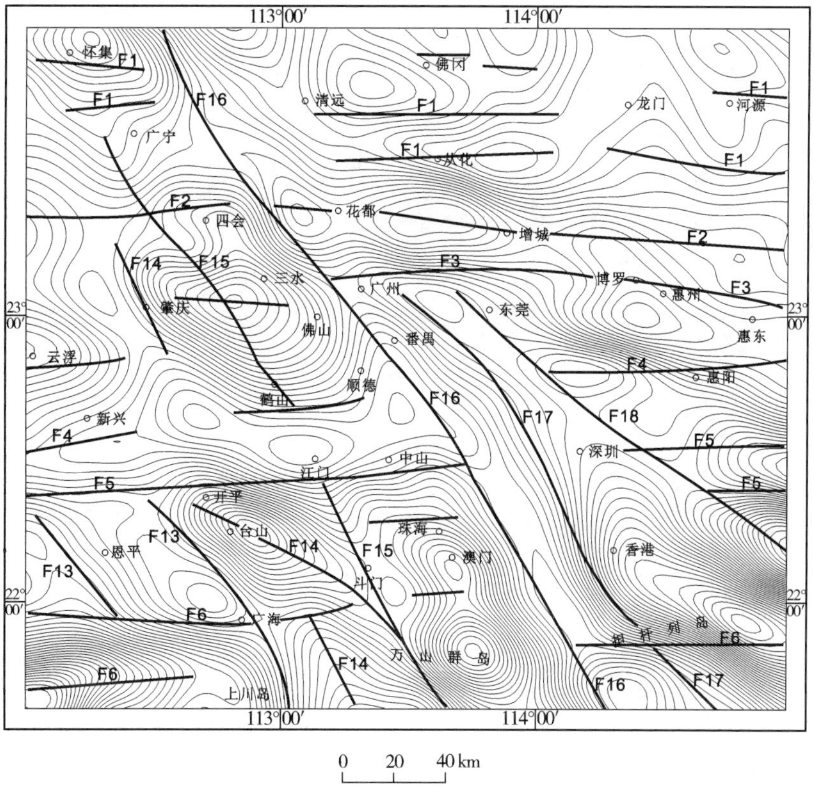

图3-4-17 珠江三角洲地区航磁ΔT 45°一阶方向导数等值线上延20 km图

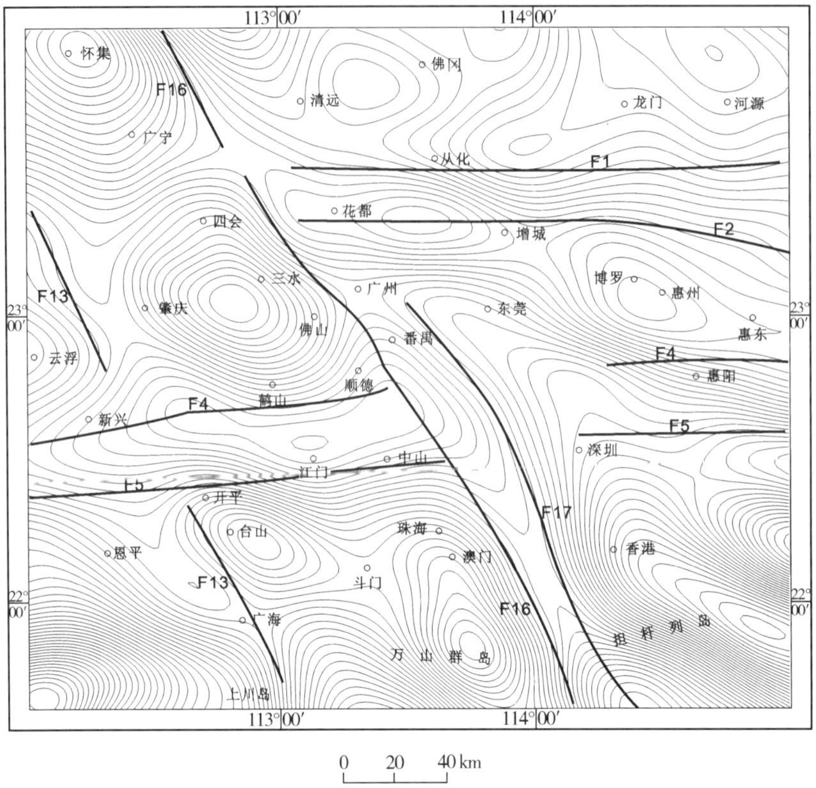

图3-4-18　珠江三角洲地区航磁ΔT 45°一阶方向导数等值线上延30 km图

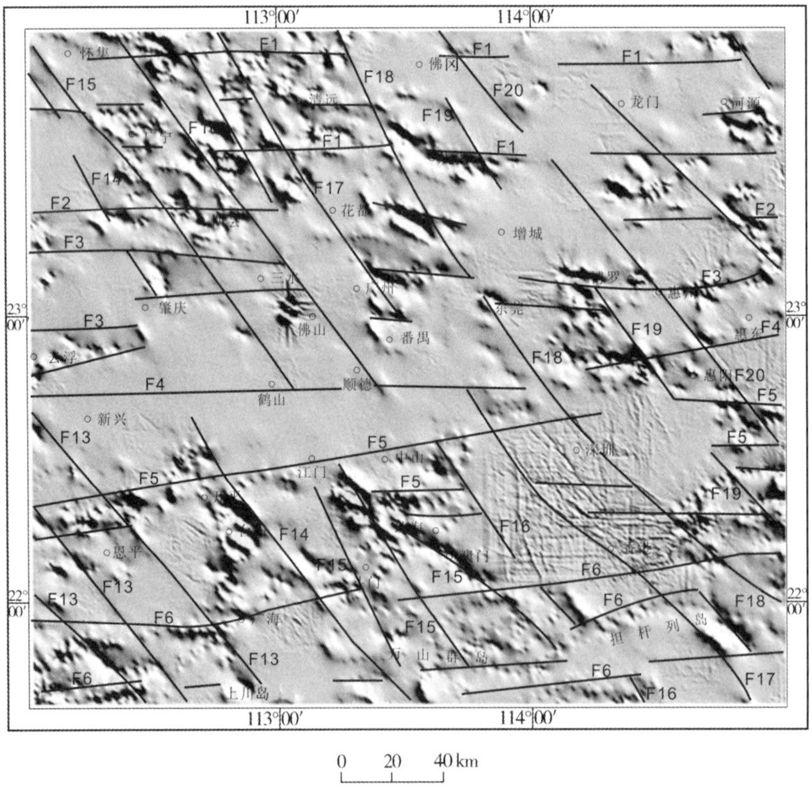

图3-4-19　珠江三角洲地区航磁ΔT 45°一阶方向导数灰度图

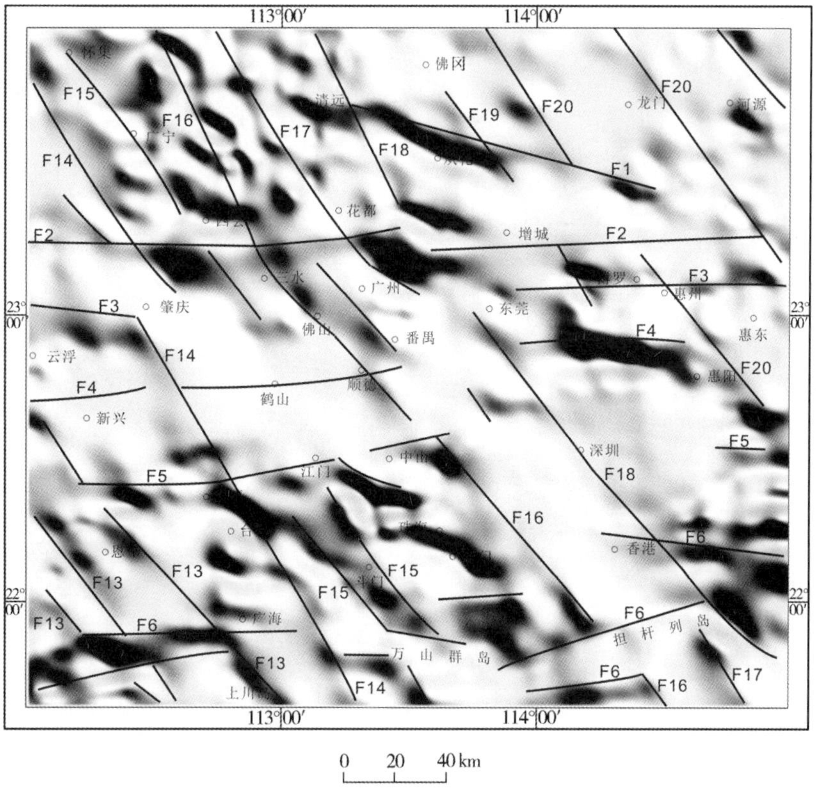

图3-4-20 珠江三角洲地区航磁ΔT 45°一阶方向导数灰度上延5 km图

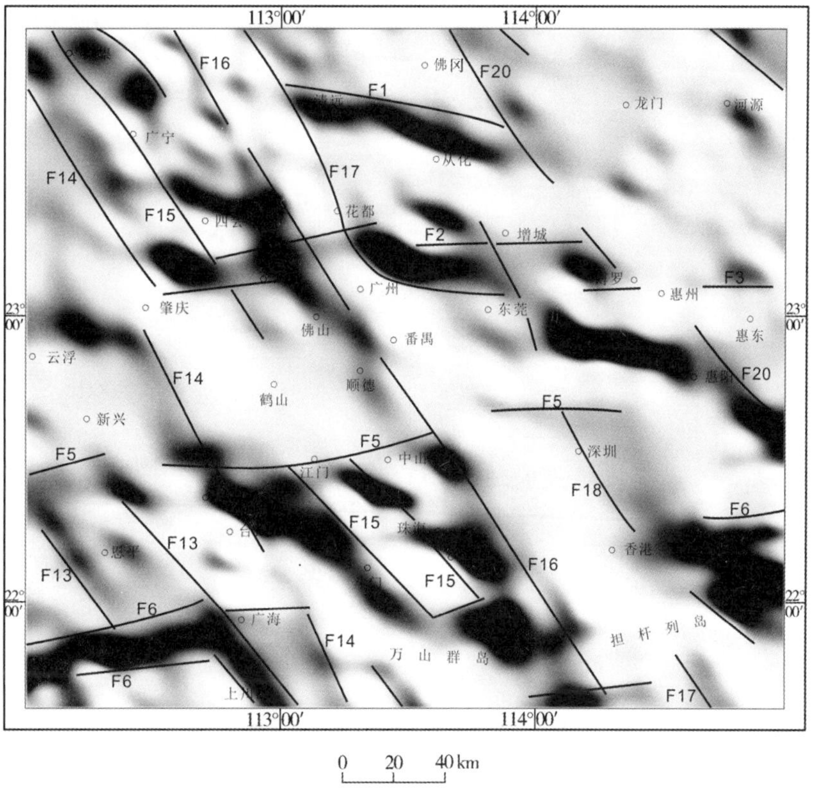

图3-4-21 珠江三角洲地区航磁ΔT 45°一阶方向导数灰度上延10 km图

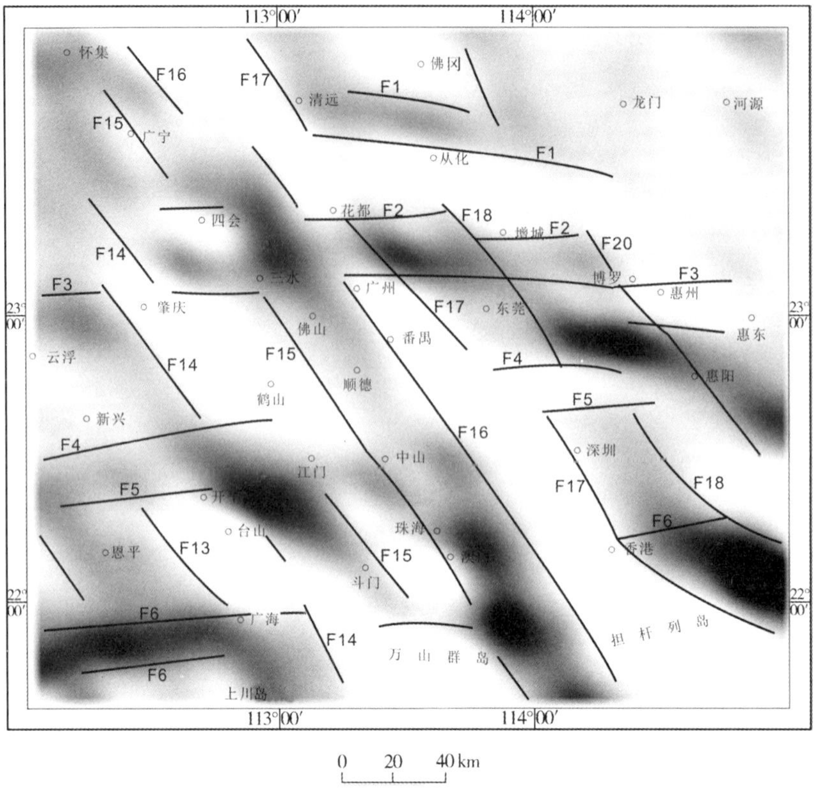

图3-4-22　珠江三角洲地区航磁ΔT 45°一阶方向导数灰度上延20 km图

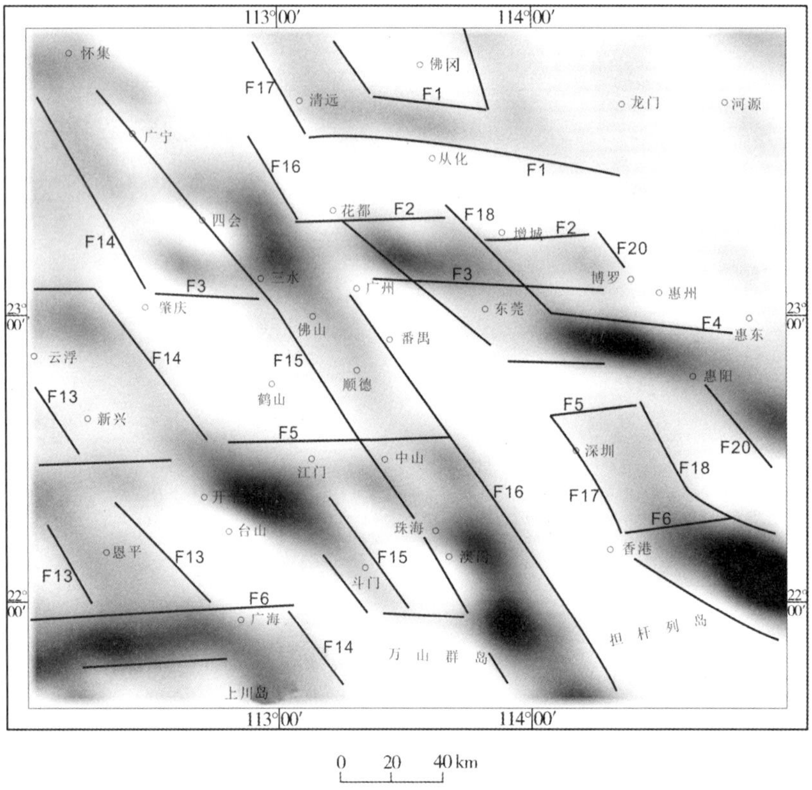

图3-4-23　珠江三角洲地区航磁ΔT 45°一阶方向导数灰度上延30 km图

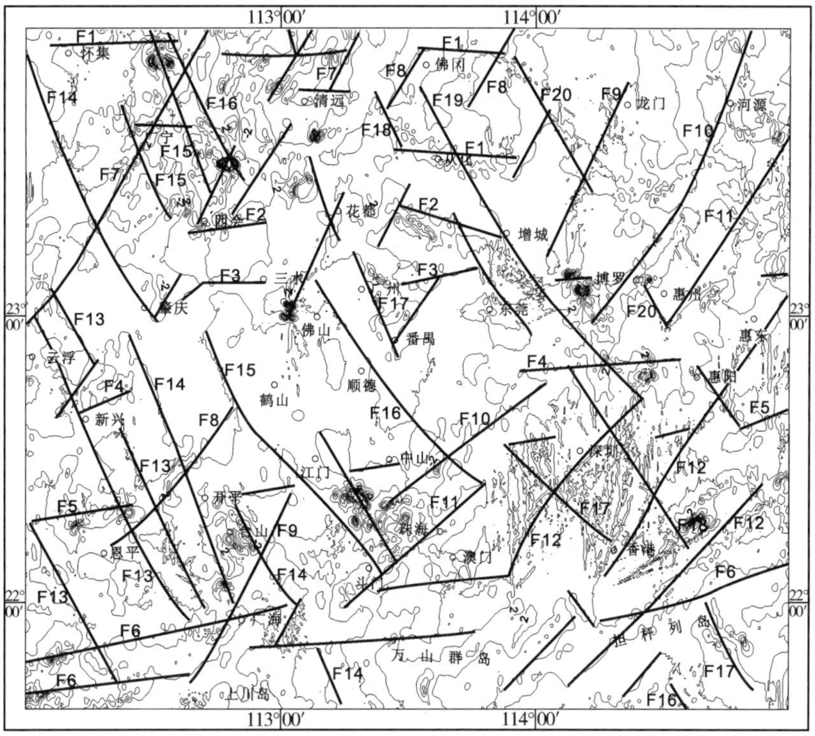

0 20 40 km

图3-4-24 珠江三角洲地区航磁ΔT 90° 一阶方向导数等值线图

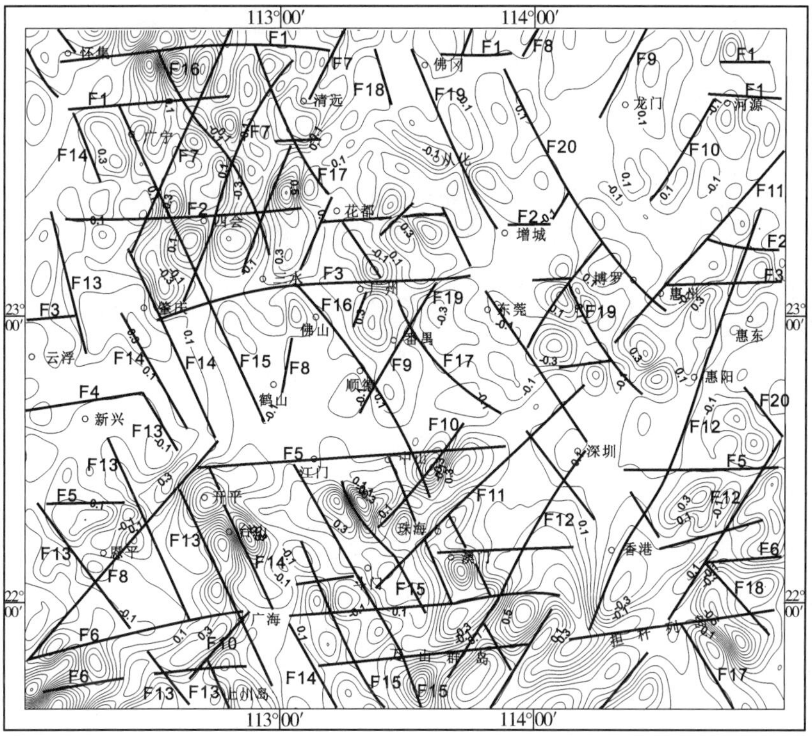

0 20 40 km

图3-4-25 珠江三角洲地区航磁ΔT 90° 一阶方向导数等值线上延5 km图

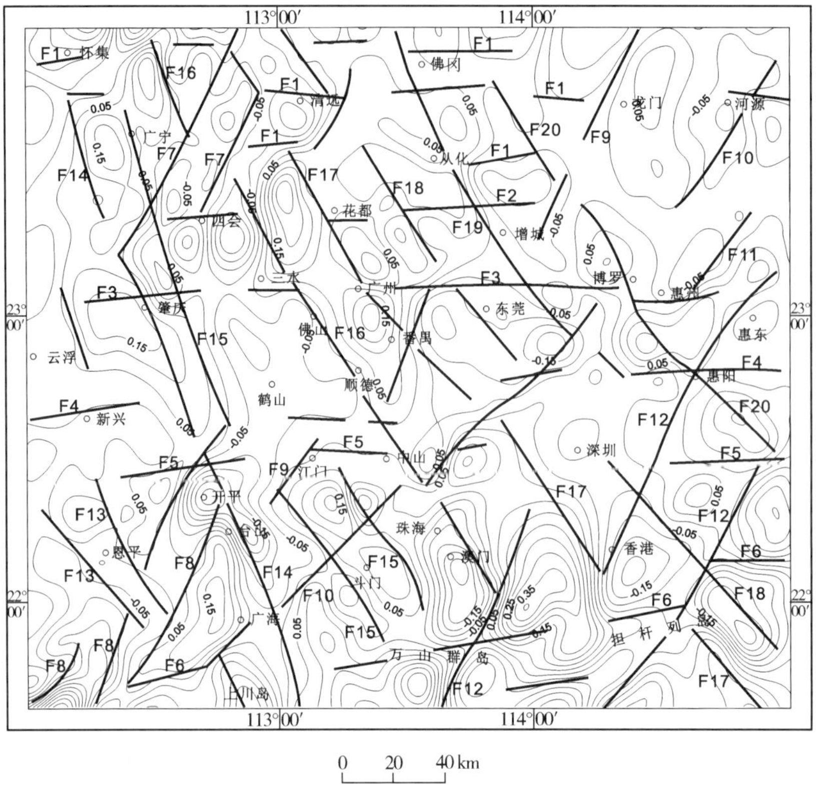

图3-4-26 珠江三角洲地区航磁ΔT 90°一阶方向导数等值线上延10 km图

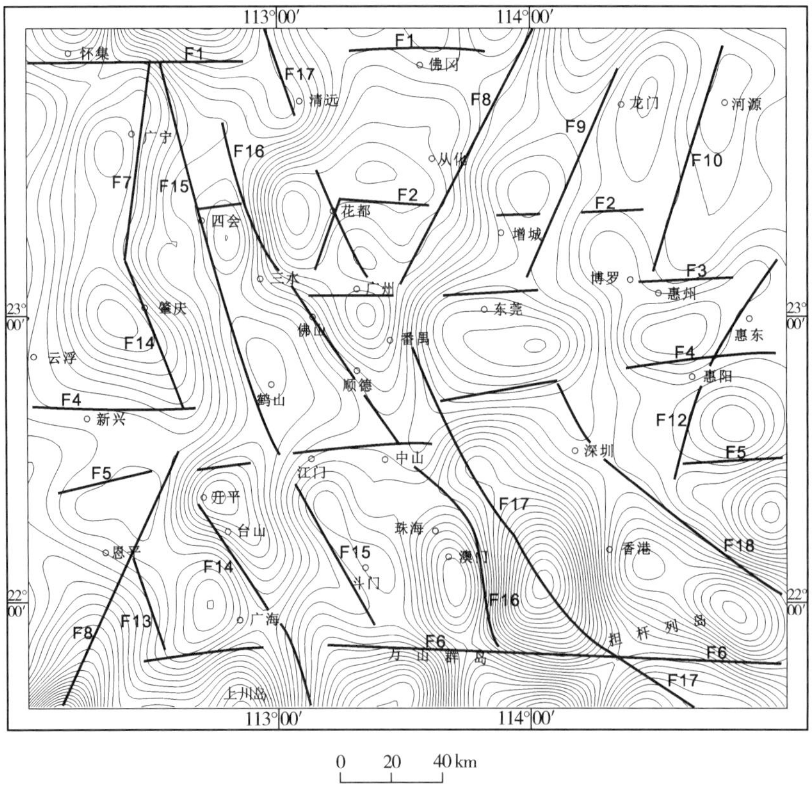

图3-4-27 珠江三角洲地区航磁ΔT 90°一阶方向导数等值线上延20 km图

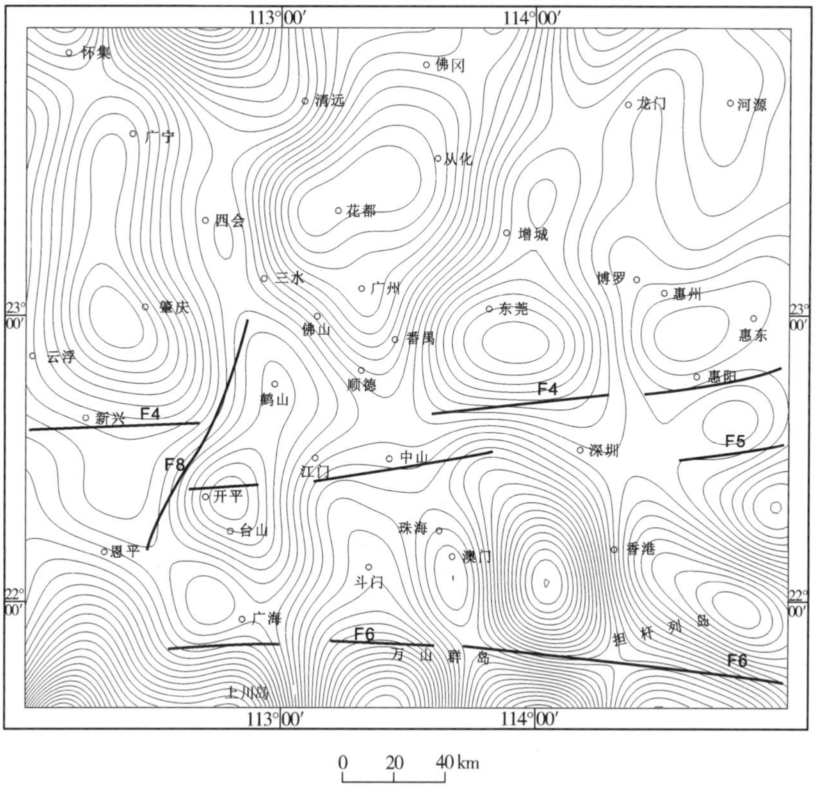

图3-4-28 珠江三角洲地区航磁ΔT 90°一阶方向导数等值线上延30 km图

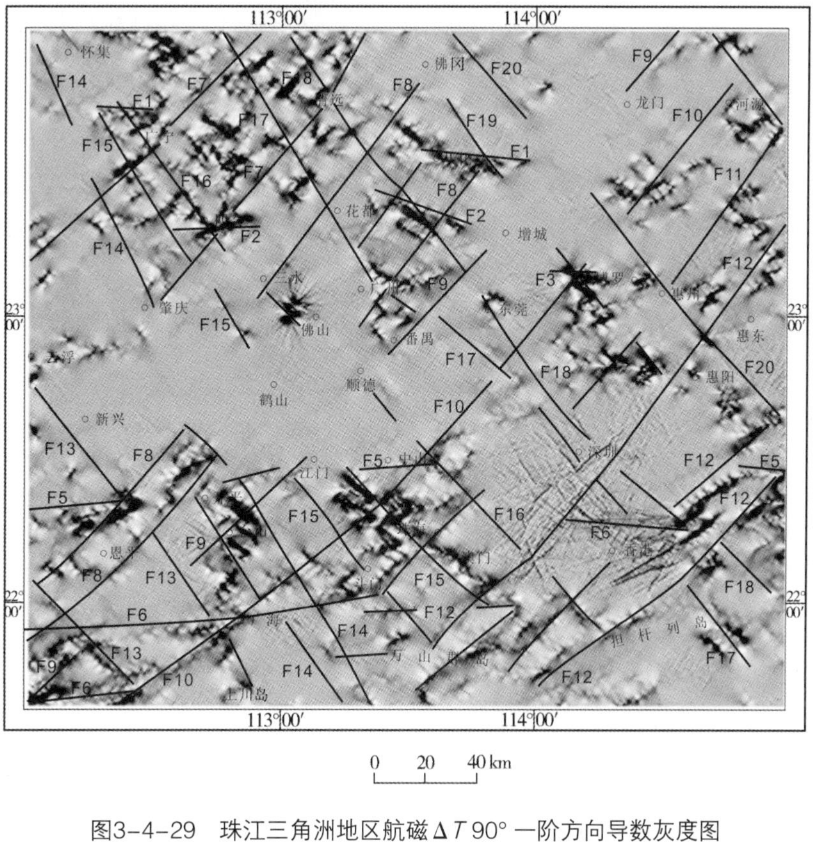

图3-4-29 珠江三角洲地区航磁ΔT 90°一阶方向导数灰度图

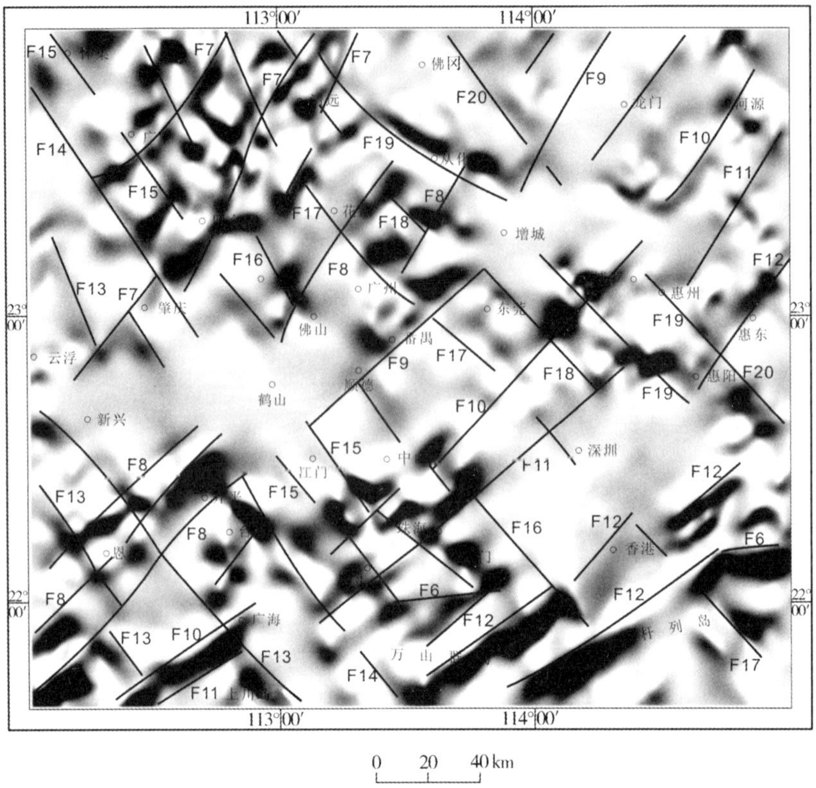

图3-4-30　珠江三角洲地区航磁ΔT 90°一阶方向导数灰度上延5 km图

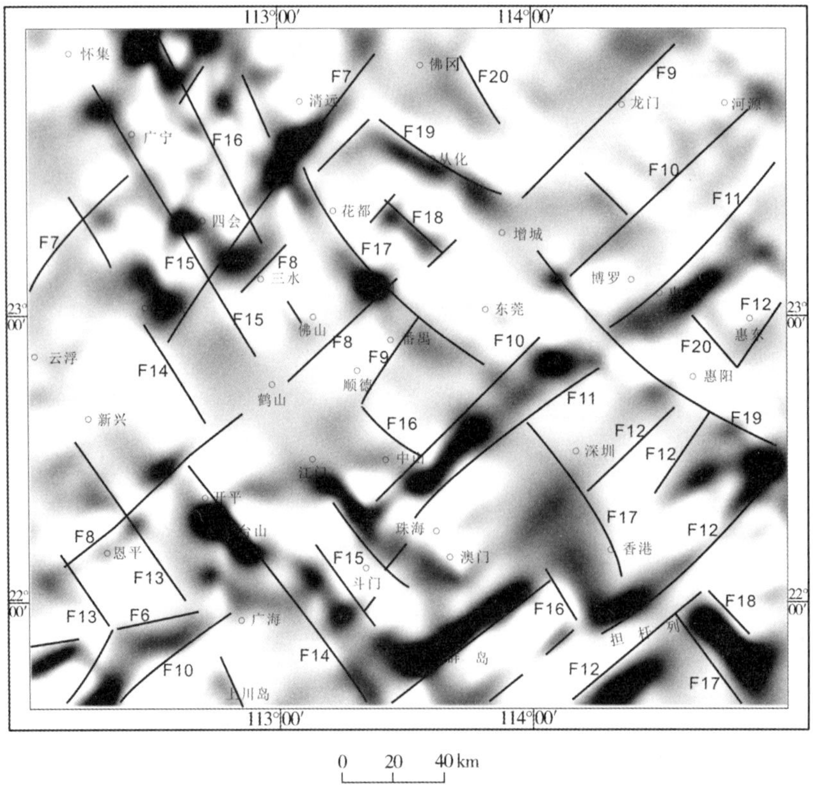

图3-4-31　珠江三角洲地区航磁ΔT 90°一阶方向导数灰度上延10 km图

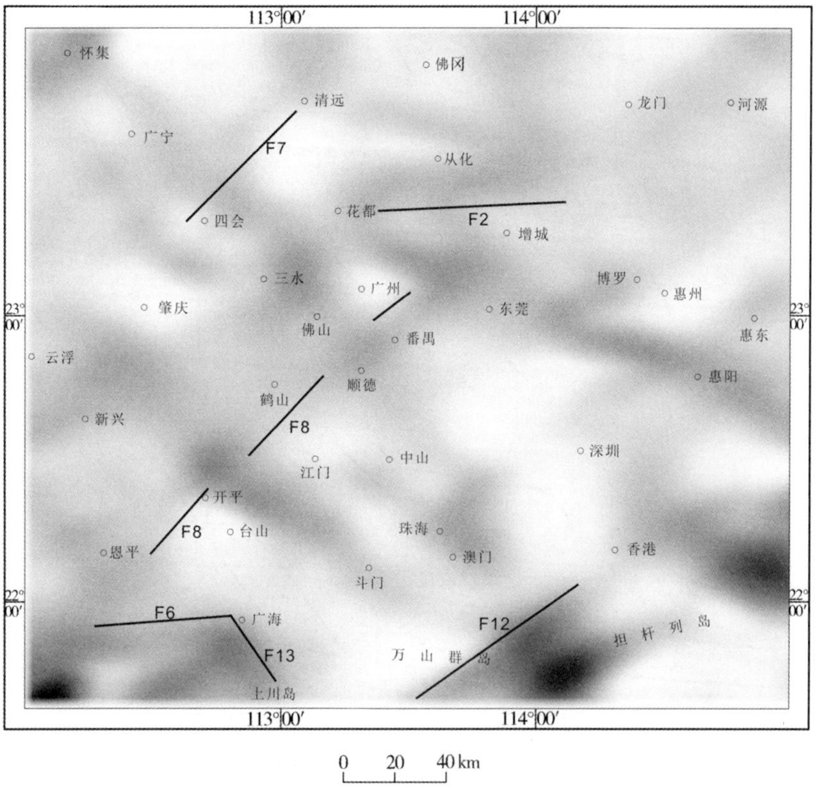

图3-4-32　珠江三角洲地区航磁ΔT 90°一阶方向导数灰度上延20 km图

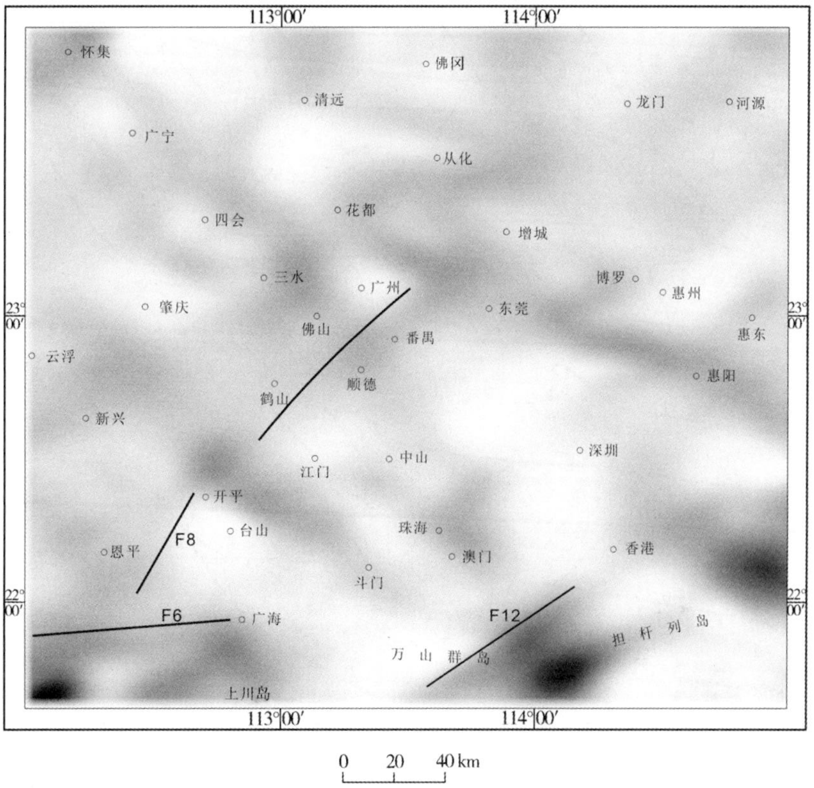

图3-4-33　珠江三角洲地区航磁ΔT 90°一阶方向导数灰度上延30 km图

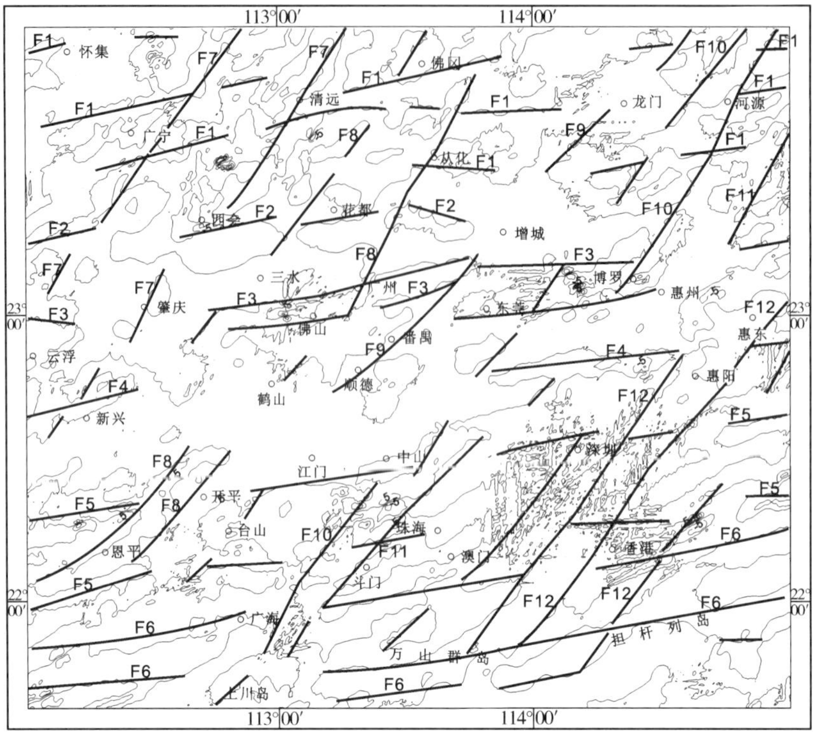

图3-4-34 珠江三角洲地区航磁 ΔT 135° 一阶方向导数等值线图

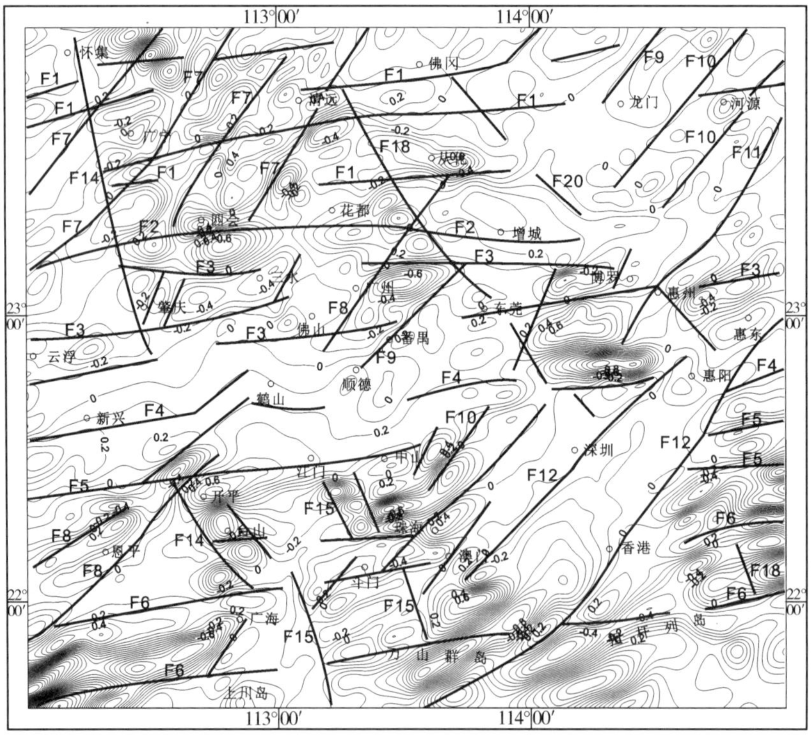

图3-4-35 珠江三角洲地区航磁 ΔT 135° 一阶方向导数等值线上延5 km图

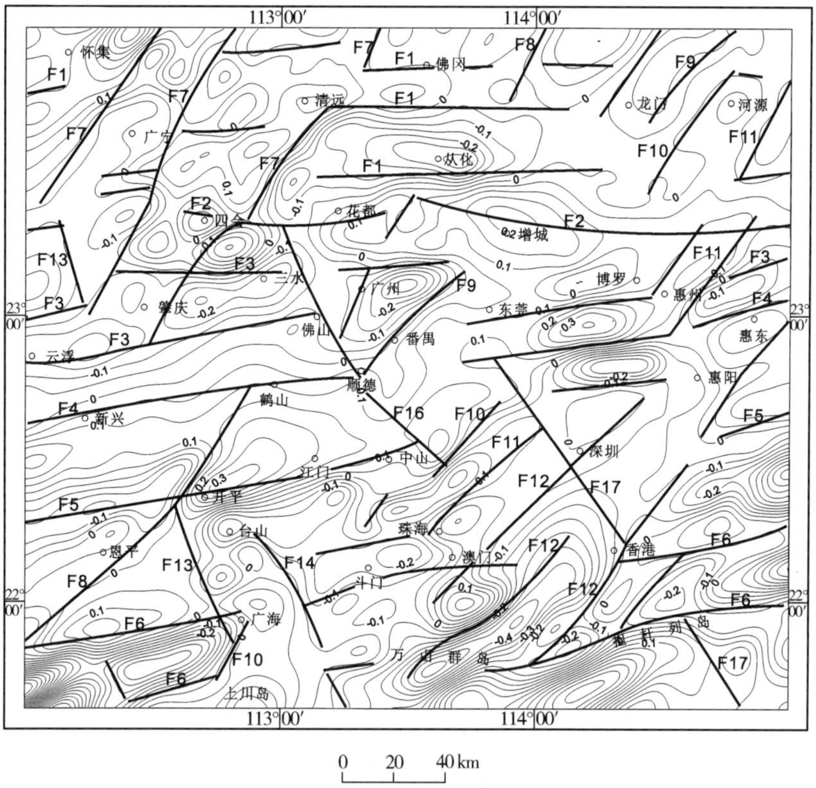

图3-4-36　珠江三角洲地区航磁ΔT 135°一阶方向导数等值线上延10 km图

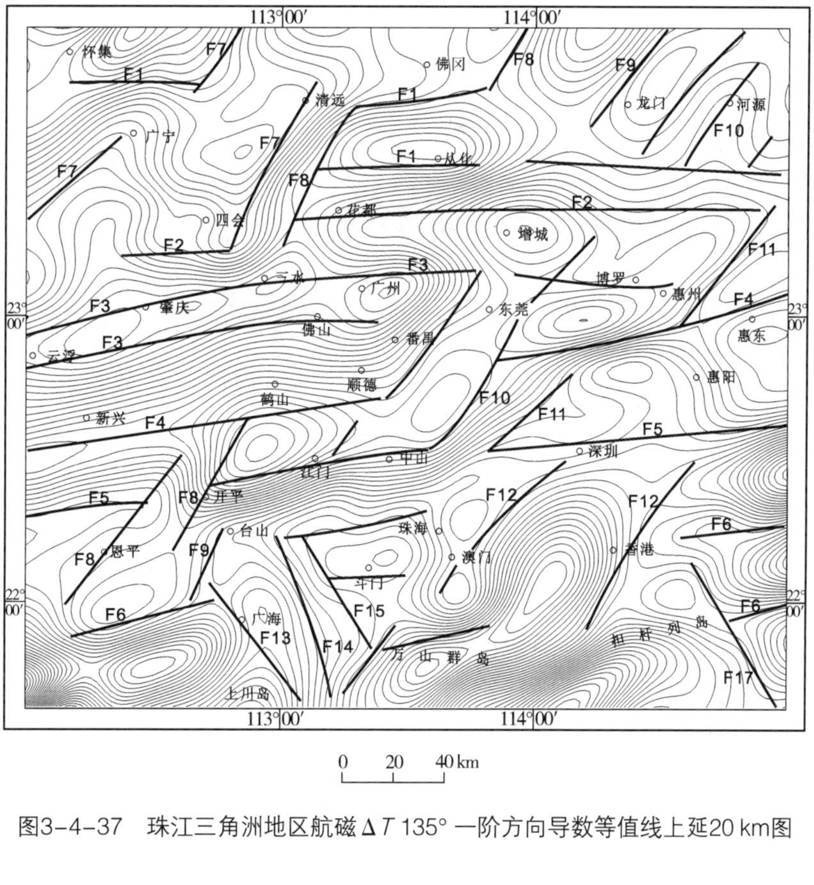

图3-4-37　珠江三角洲地区航磁ΔT 135°一阶方向导数等值线上延20 km图

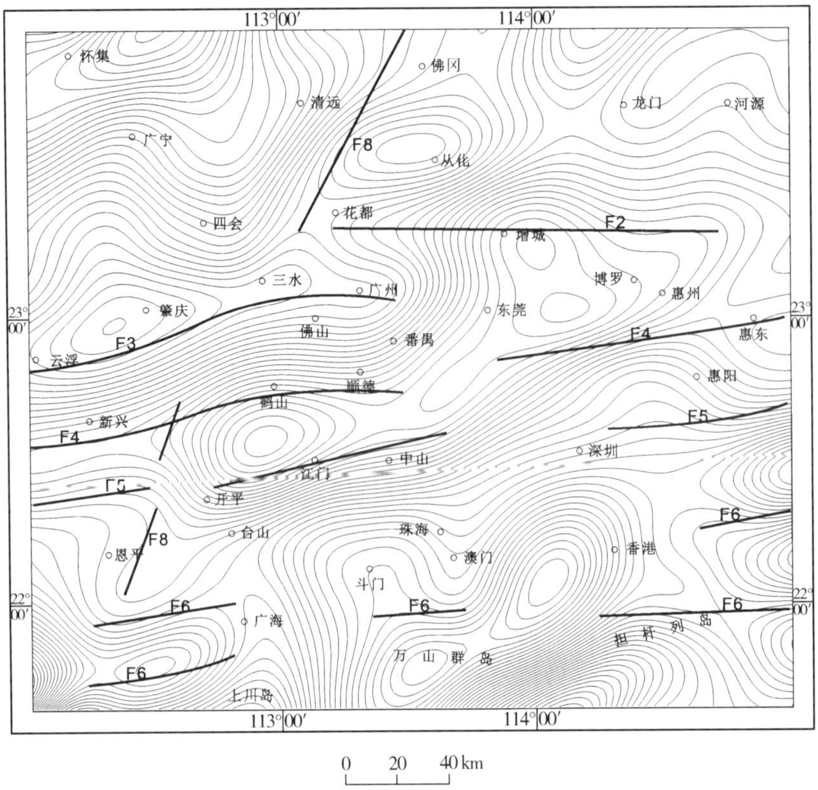

图3-4-38　珠江三角洲地区航磁ΔT 135°一阶方向导数等值线上延30 km图

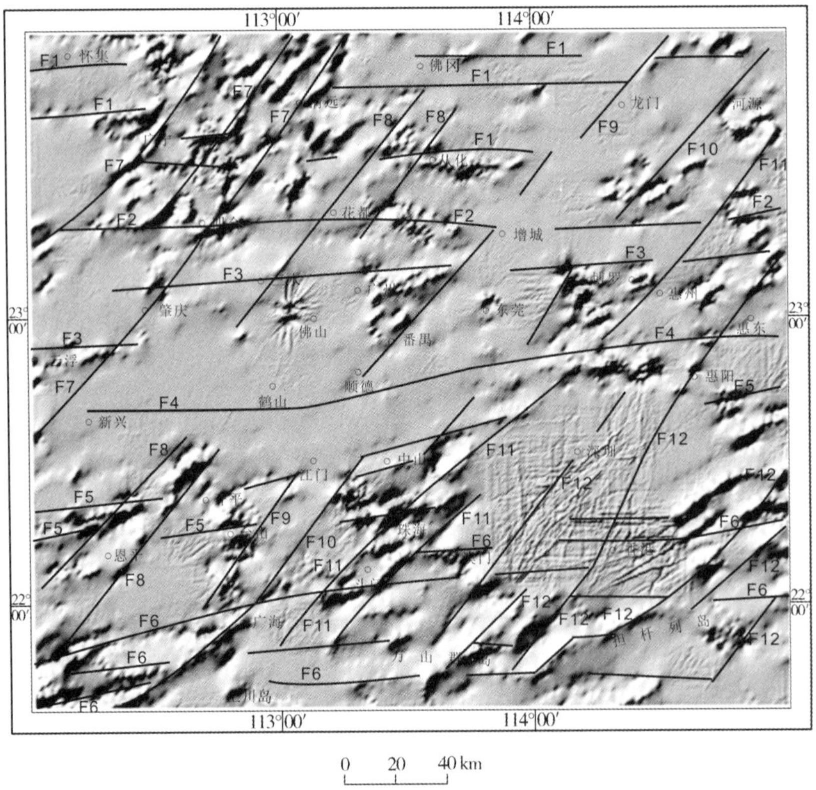

图3-4-39　珠江三角洲地区航磁ΔT 135°一阶方向导数灰度图

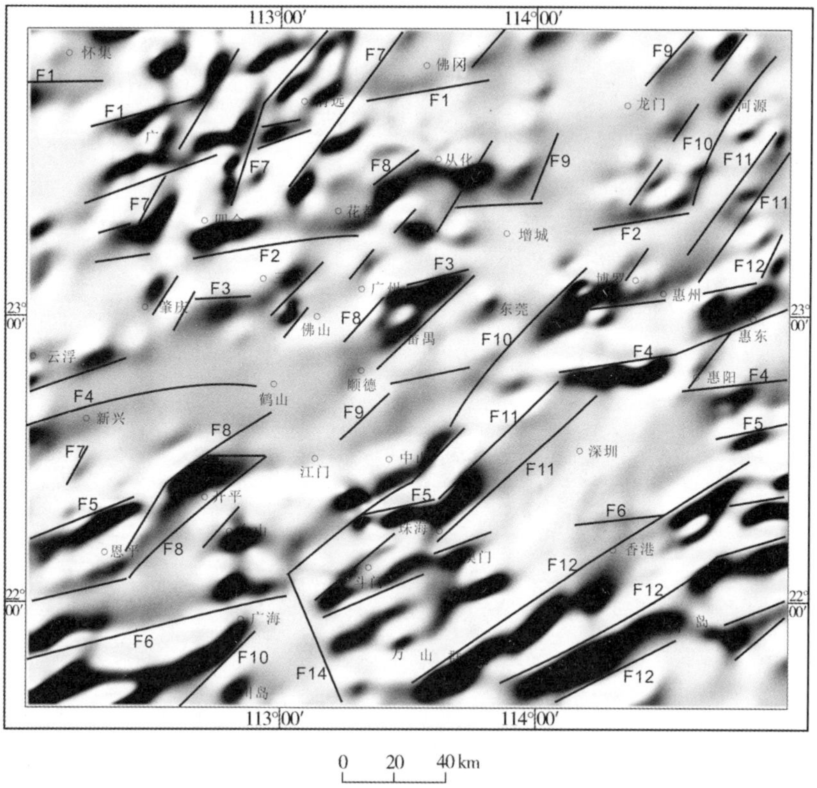

图3-4-40　珠江三角洲地区航磁 ΔT 135° 一阶方向导数灰度上延5 km图

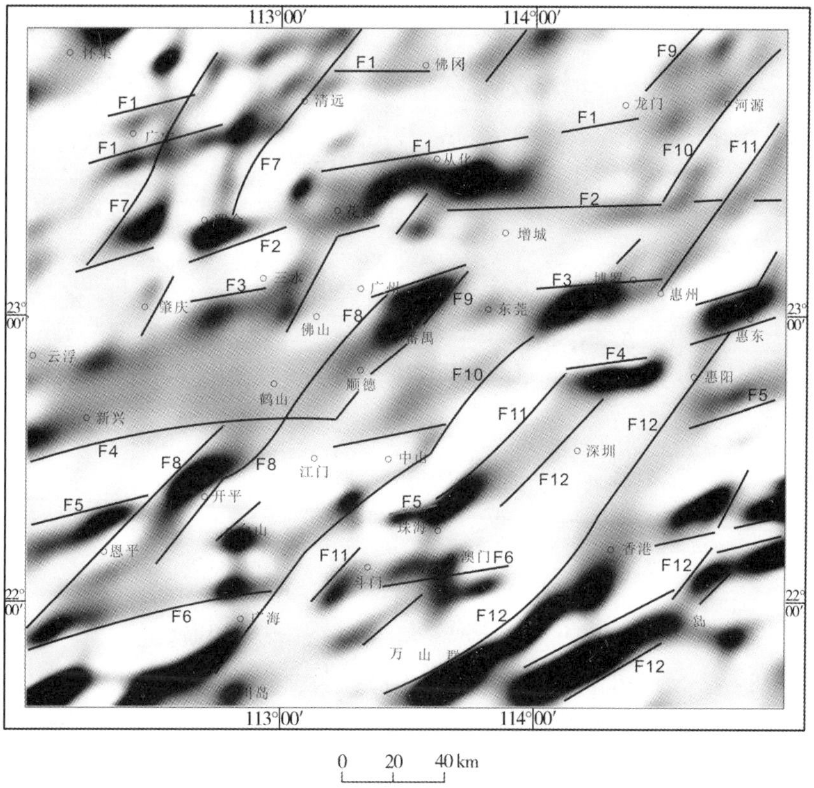

图3-4-41　珠江三角洲地区航磁 ΔT 135° 一阶方向导数灰度上延10 km图

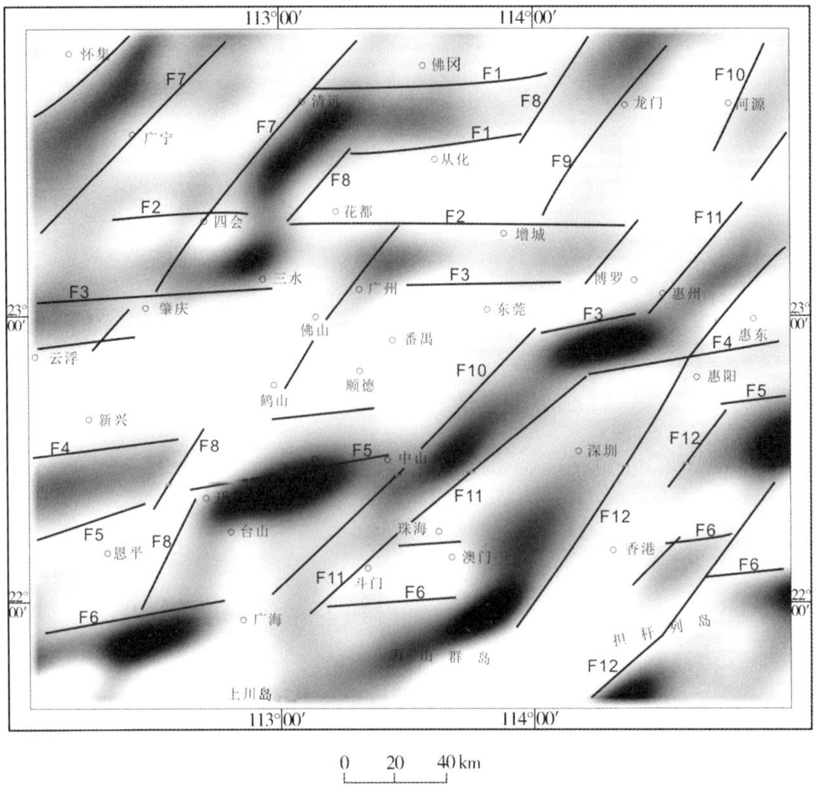

图3-4-42 珠江三角洲地区航磁ΔT 135°一阶方向导数灰度上延20 km图

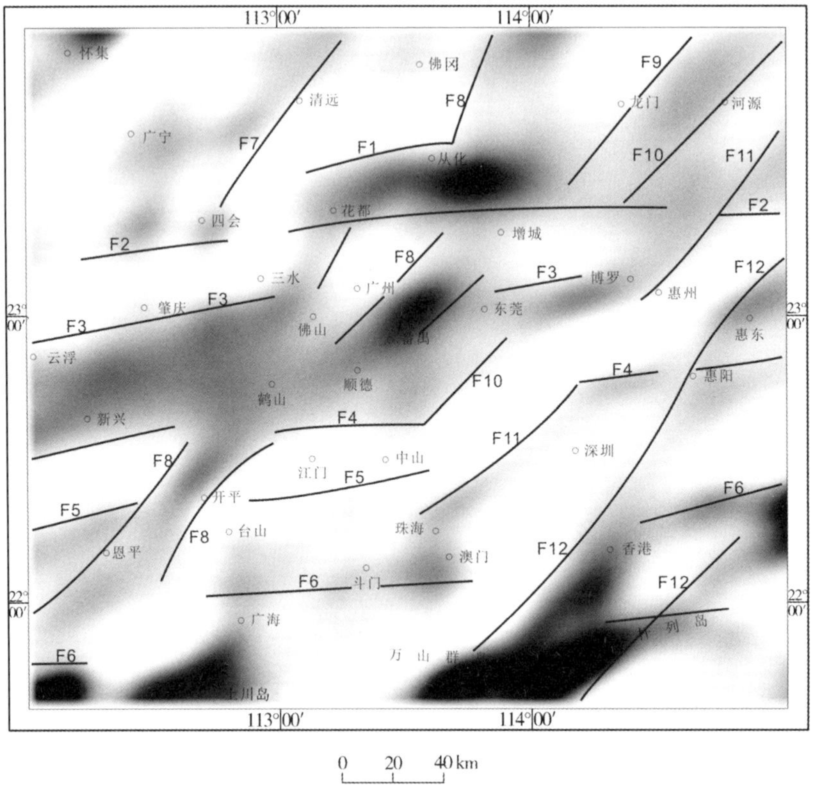

图3-4-43 珠江三角洲地区航磁ΔT 135°一阶方向导数灰度上延30 km图

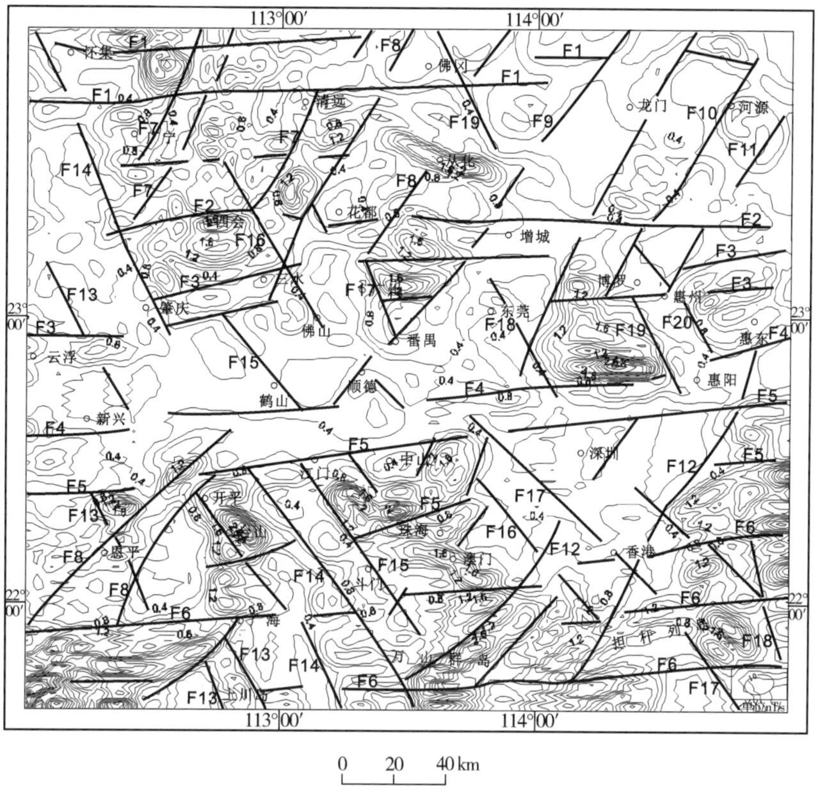

图3-4-44　珠江三角洲地区航磁ΔT水平总梯度模上延1 km平面等值线图

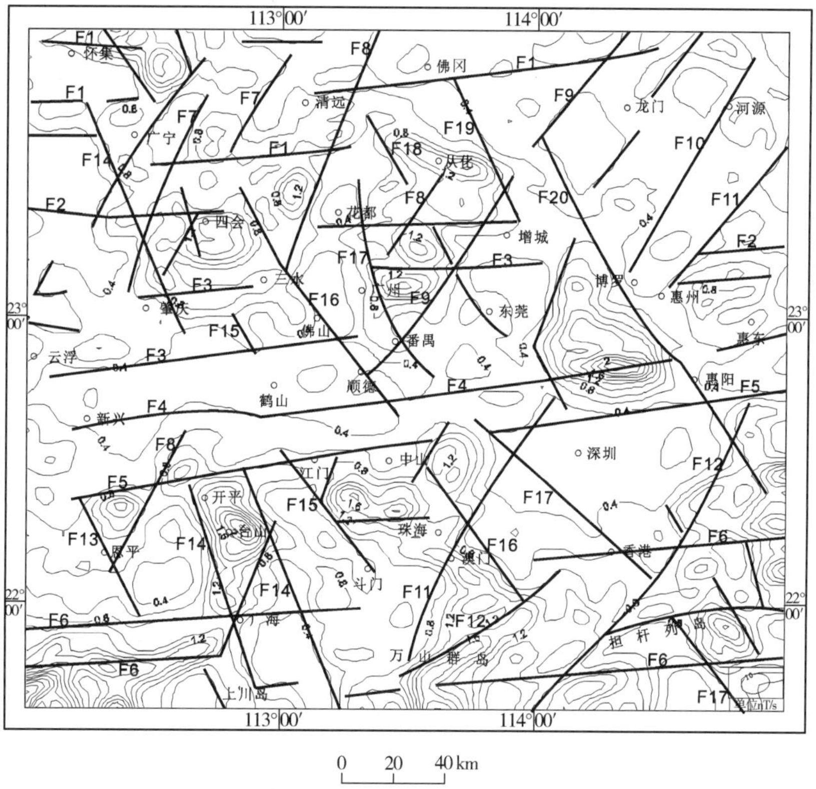

图3-4-45　珠江三角洲地区航磁ΔT水平总梯度模上延3 km平面等值线图

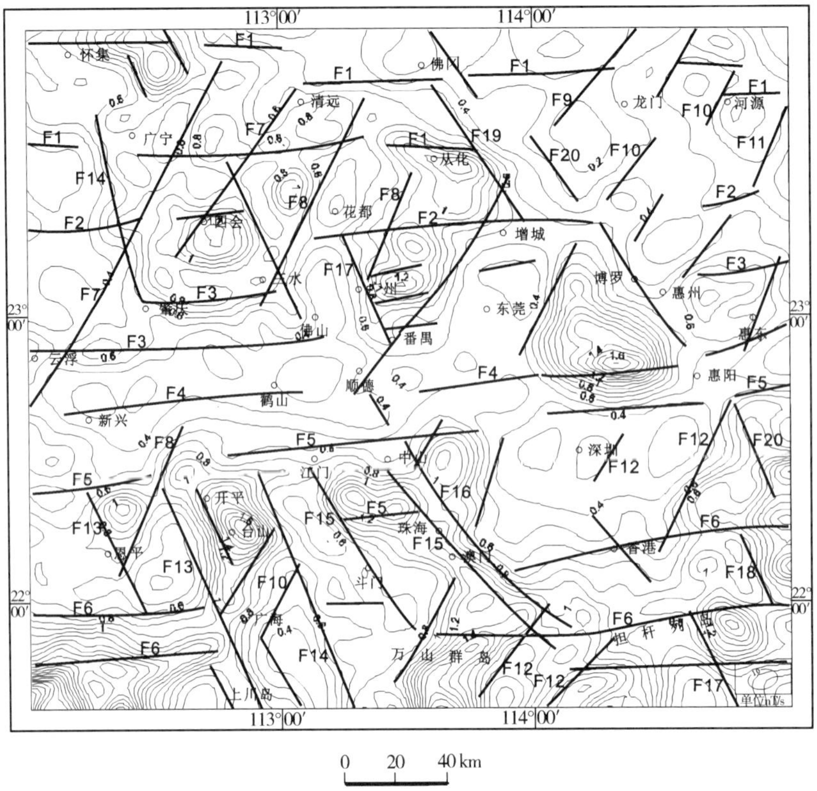

图3-4-46　珠江三角洲地区航磁Δ*T*水平总梯度模上延5 km平面等值线图

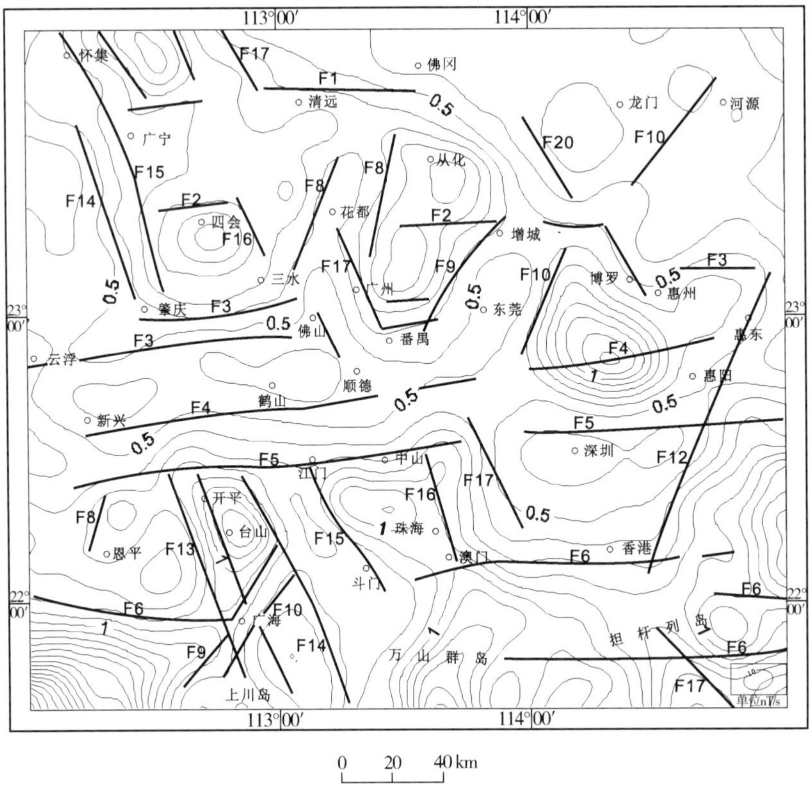

图3-4-47　珠江三角洲地区航磁Δ*T*水平总梯度模上延10 km平面等值线图

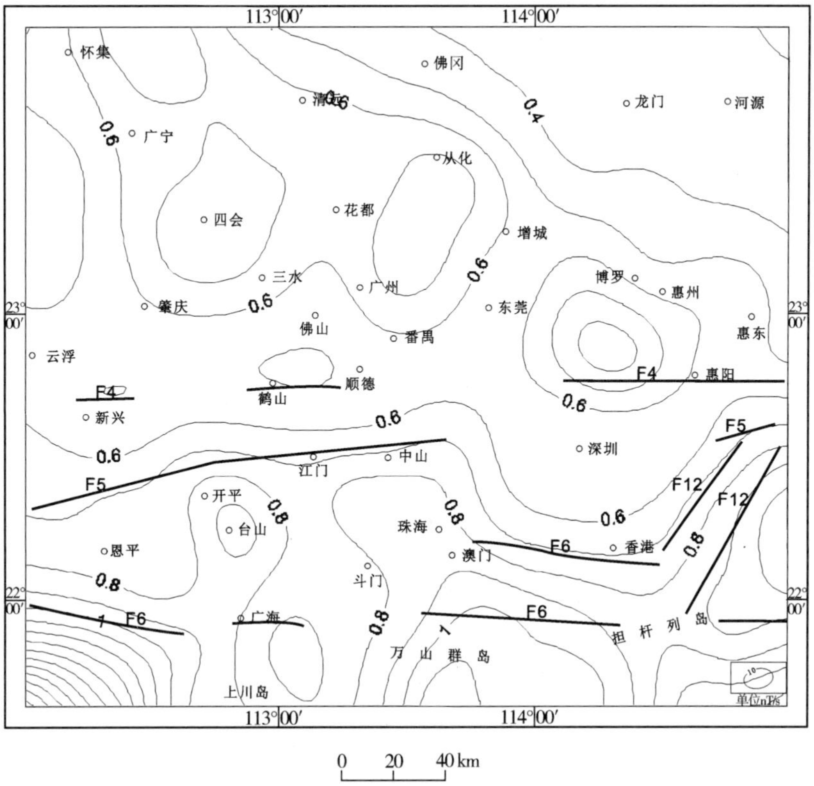

图3-4-48 珠江三角洲地区航磁ΔT水平总梯度模上延20 km平面等值线图

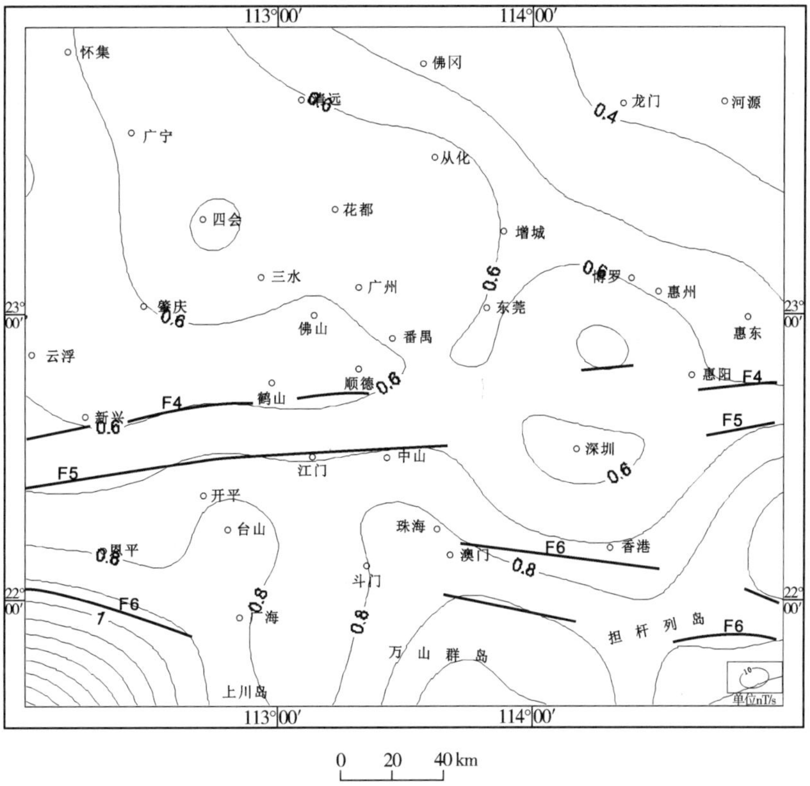

图3-4-49 珠江三角洲地区航磁ΔT水平总梯度模上延30 km平面等值线图

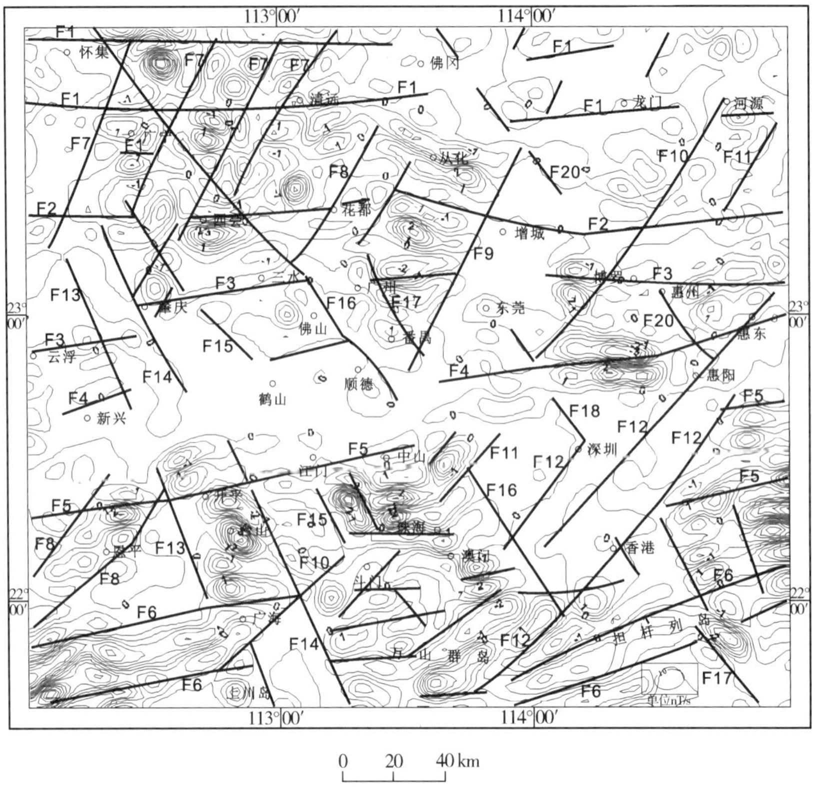

图3-4-50 珠江三角洲地区航磁ΔT垂向二阶导数图

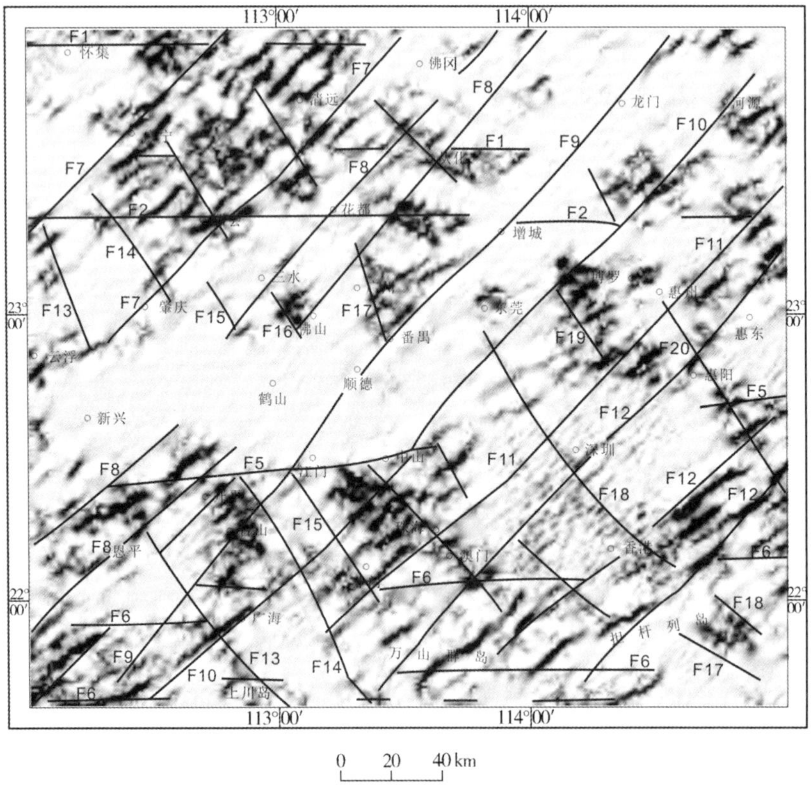

图3-4-51 珠江三角洲地区航磁ΔT小波分析一阶细节图

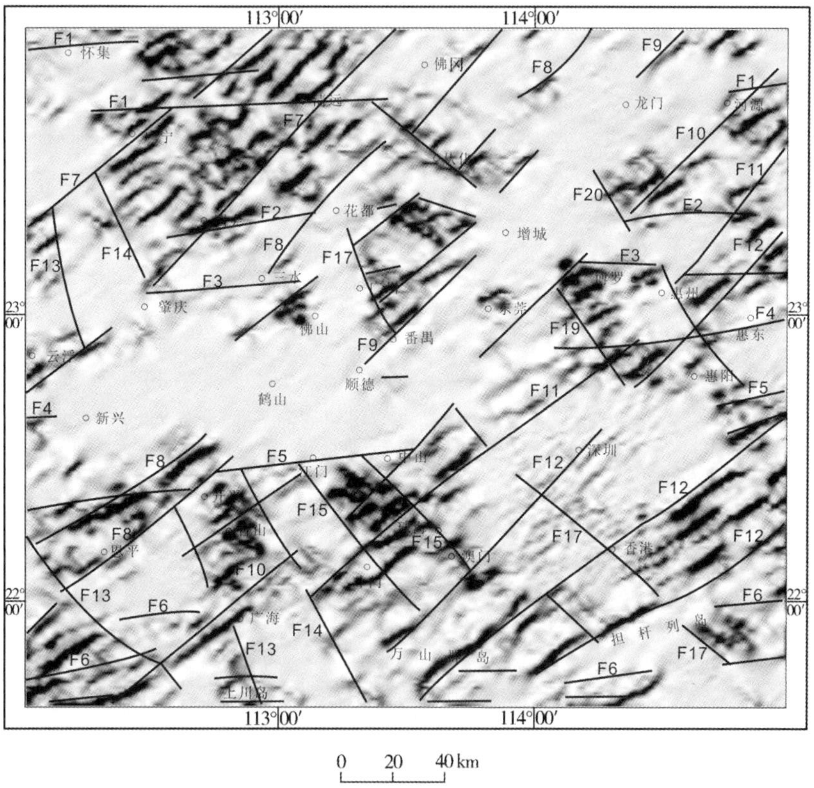

图3-4-52 珠江三角洲地区航磁 ΔT 小波分析二阶细节图

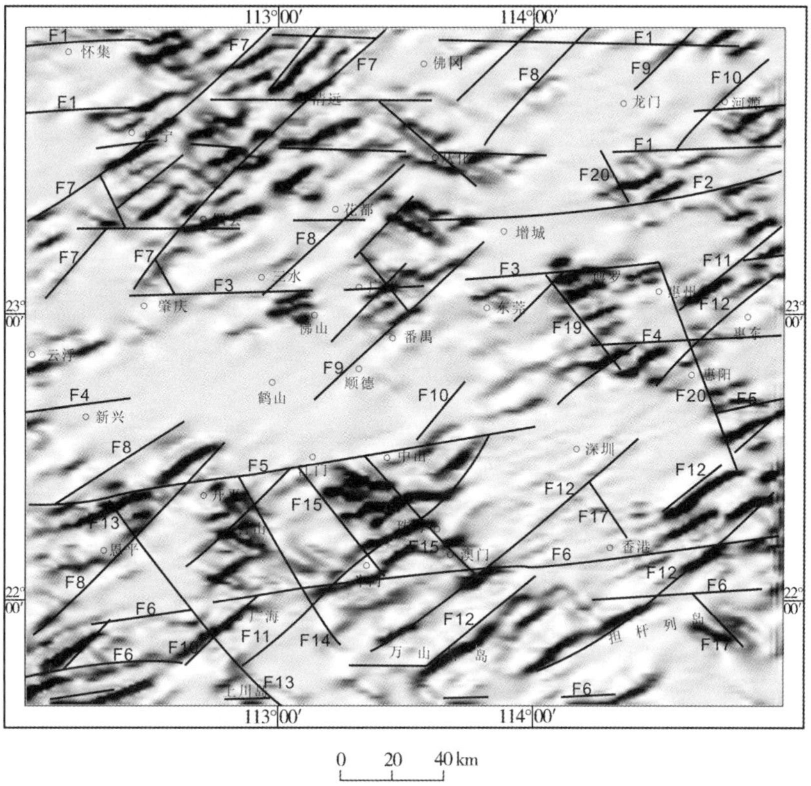

图3-4-53 珠江三角洲地区航磁 ΔT 小波分析三阶细节图

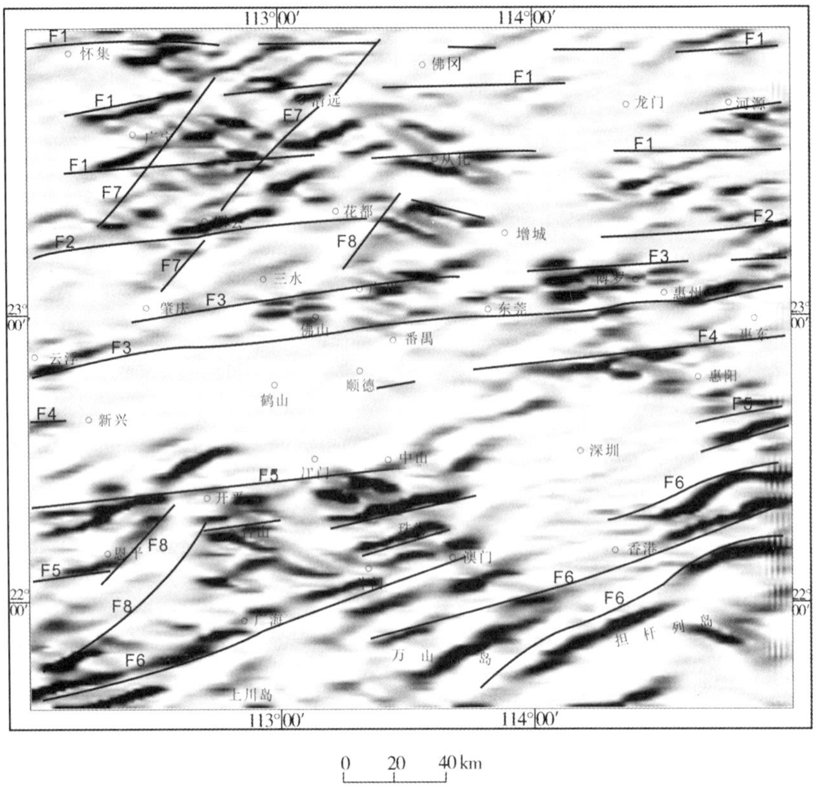

图3-4-54　珠江三角洲地区航磁Δ*T*小波分析四阶细节图

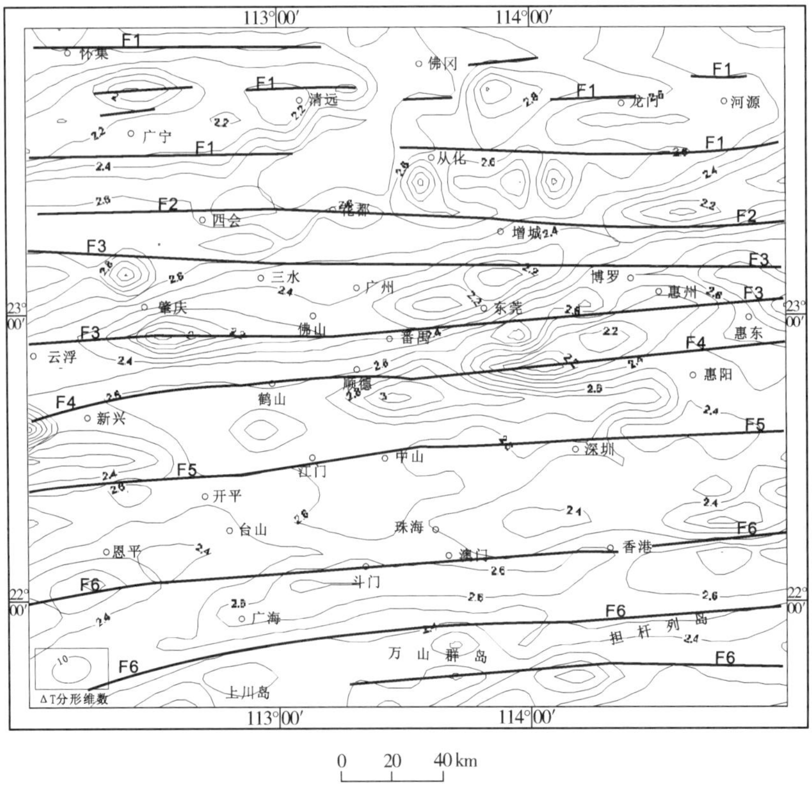

图3-4-55　珠江三角洲地区航磁Δ*T*分形维数平面等值线图

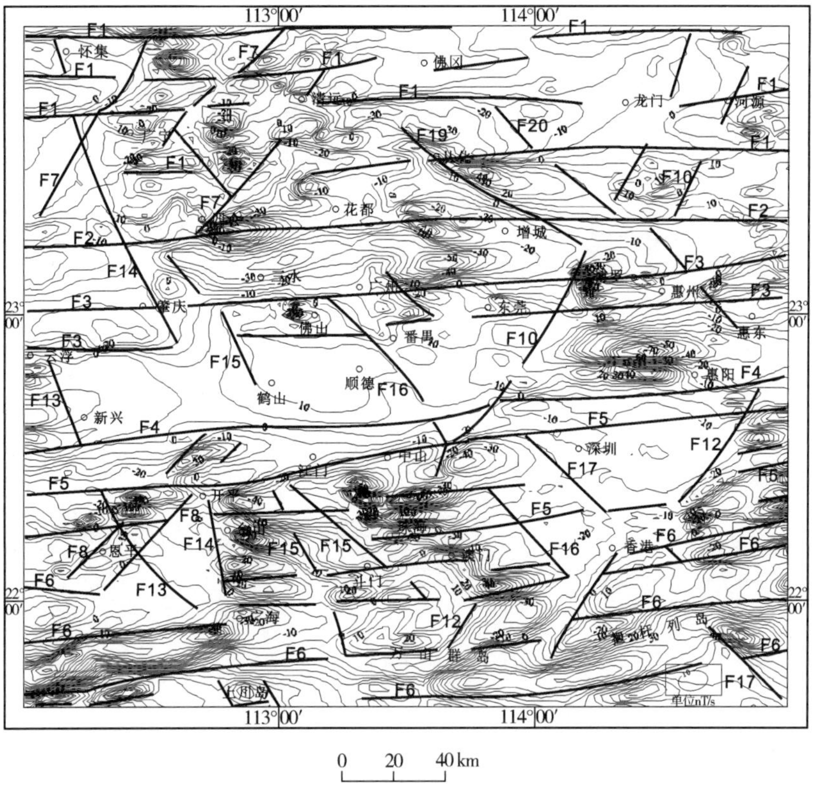

图3-4-56 珠江三角洲地区航磁ΔT化极平面等值线图

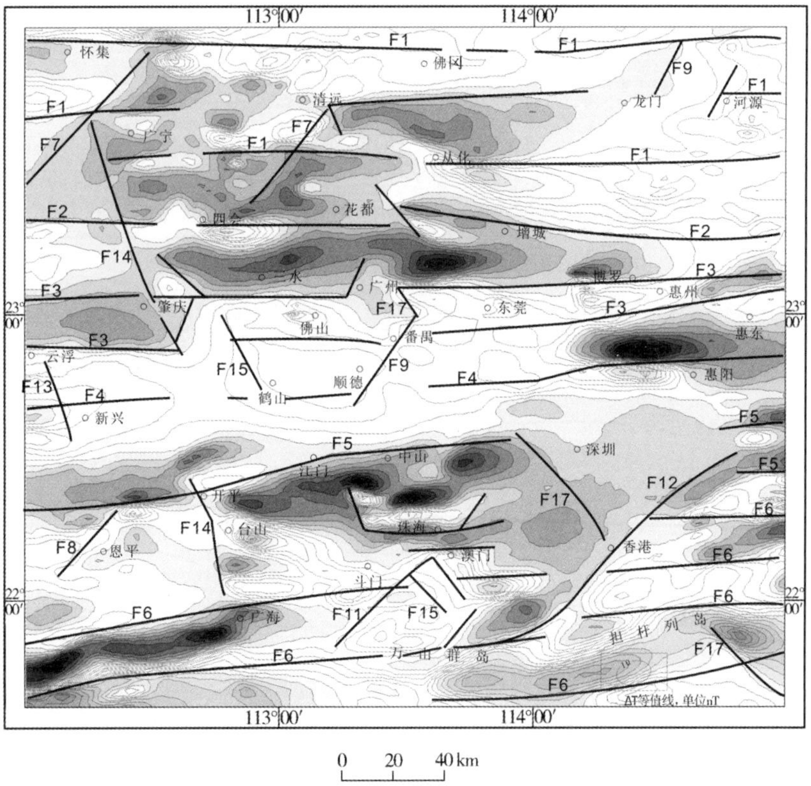

图3-4-57 珠江三角洲地区航磁ΔT化极上延1 km平面等值线图

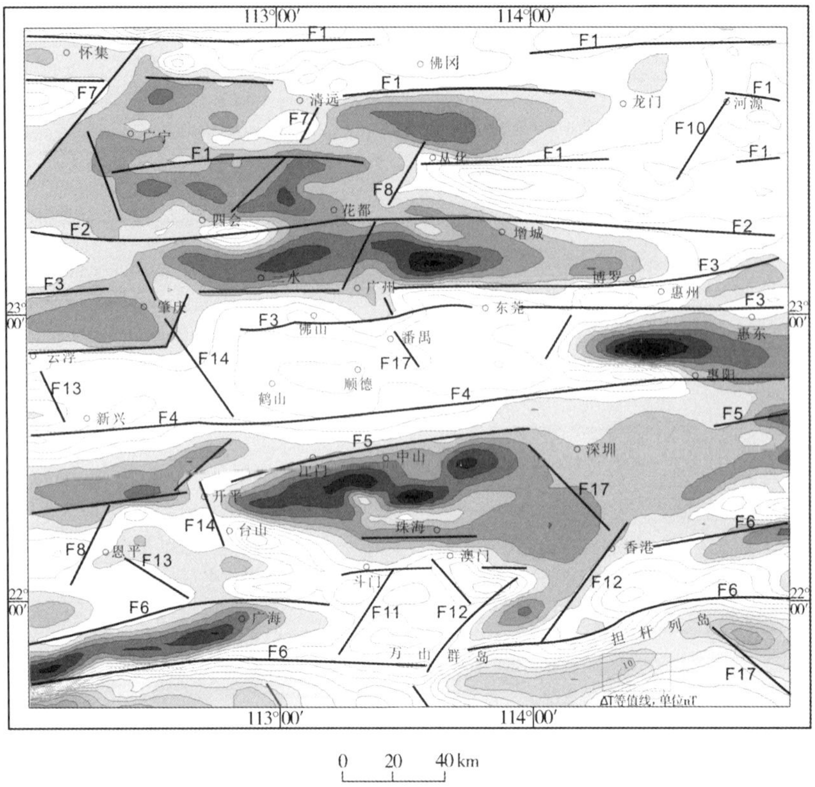

图3-4-58　珠江三角洲地区航磁ΔT化极上延3 km平面等值线图

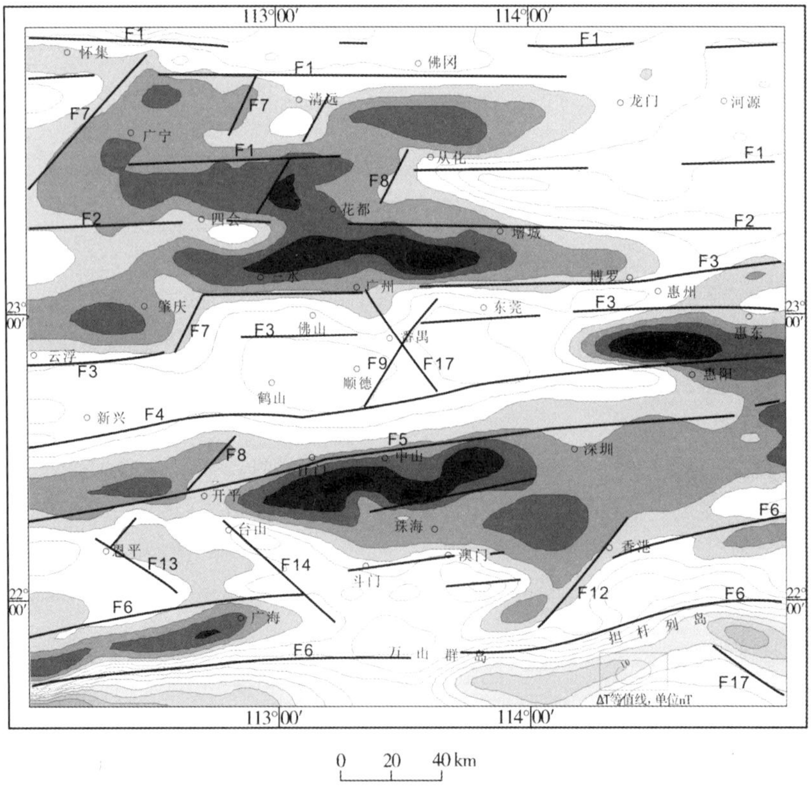

图3-4-59　珠江三角洲地区航磁ΔT化极上延5 km平面等值线图

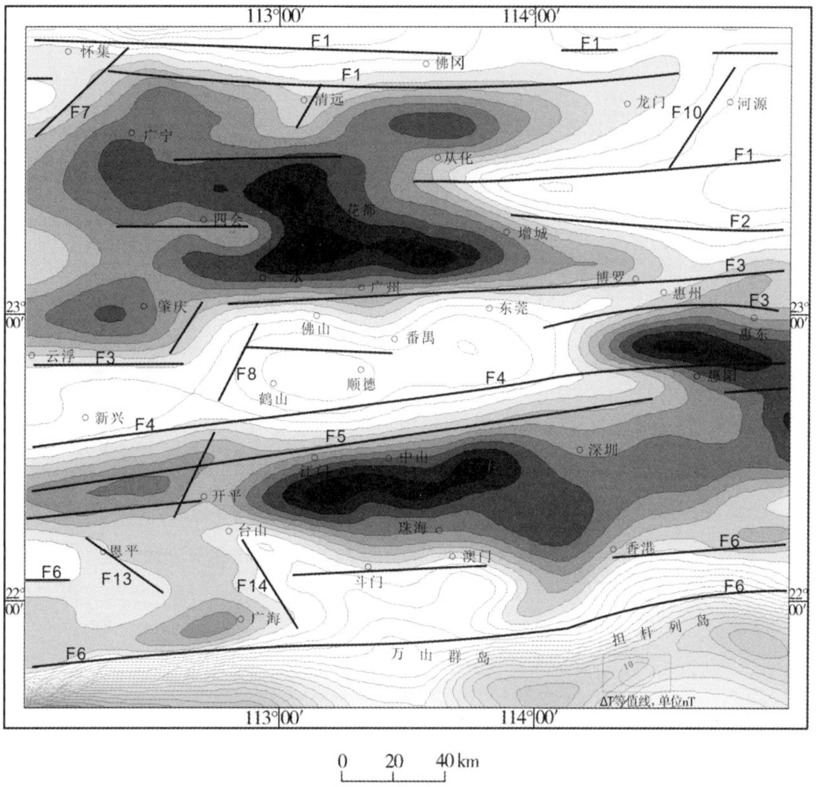

图3-4-60 珠江三角洲地区航磁ΔT化极上延10 km平面等值线图

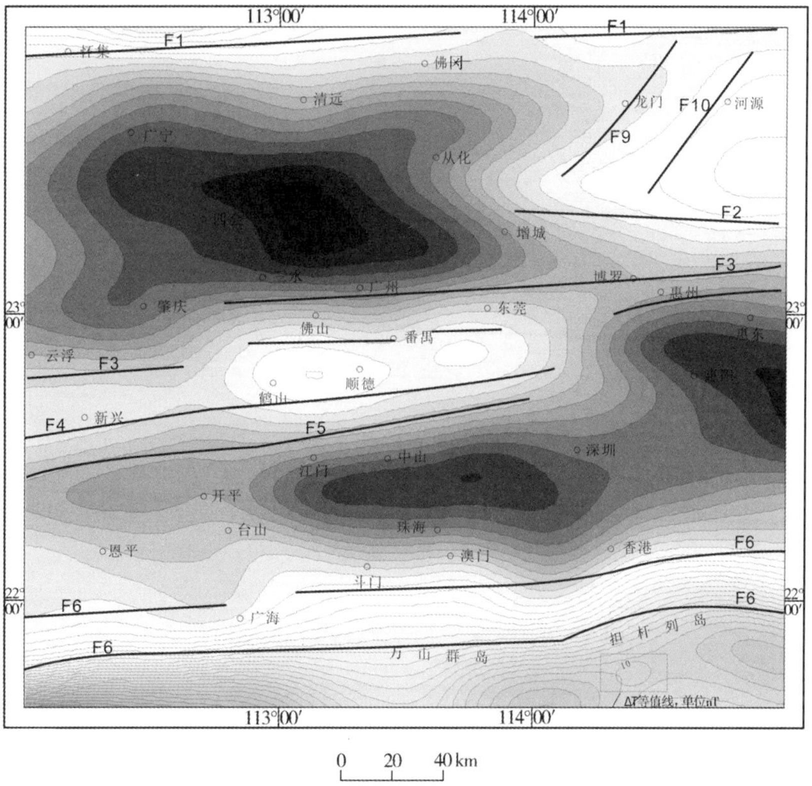

图3-4-61 珠江三角洲地区航磁ΔT化极上延20 km平面等值线图

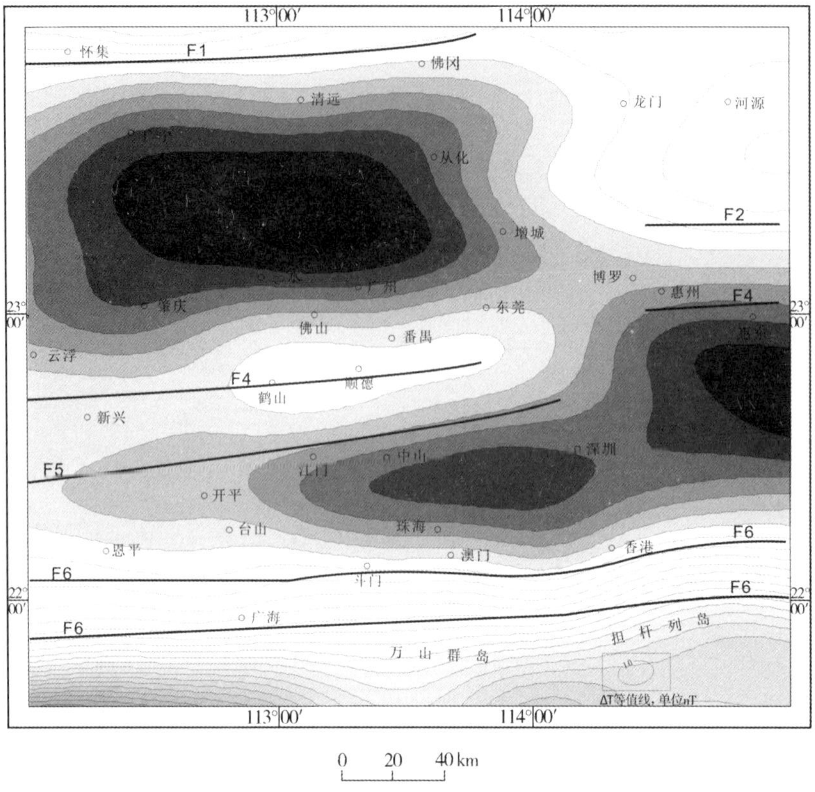

图3-4-62　珠江三角洲地区航磁 Δ*T* 化极上延30 km平面等值线图

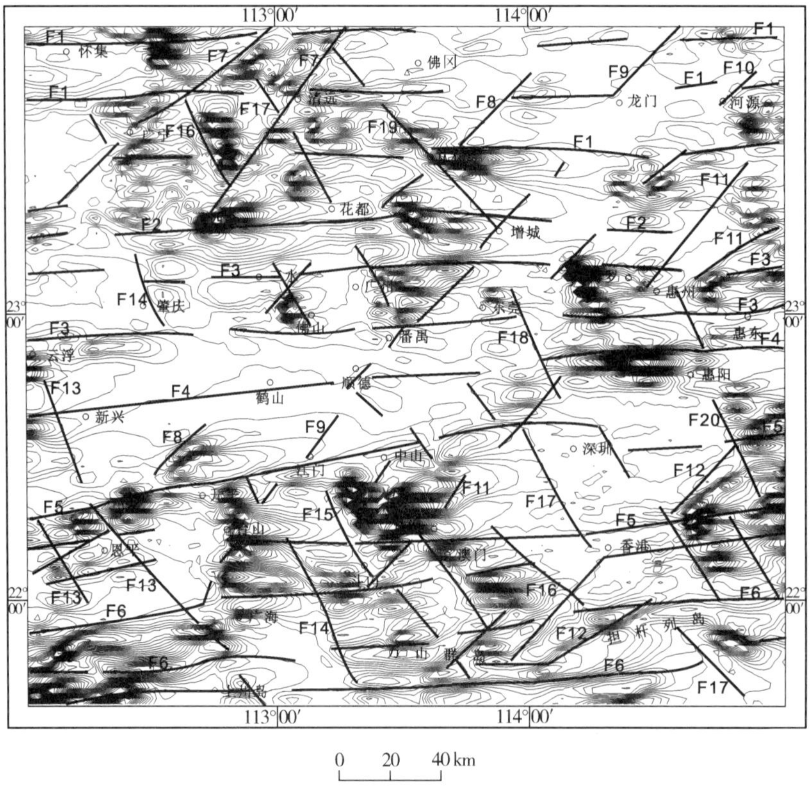

图3-4-63　珠江三角洲地区航磁 Δ*T* 化极0° 一阶方向导数等值线图

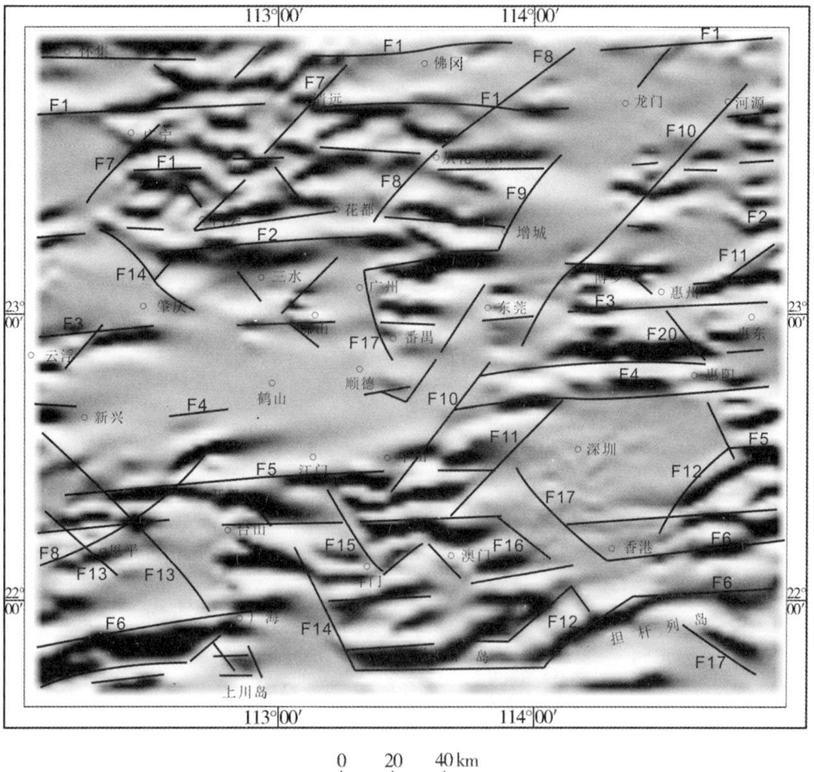

图3-4-64　珠江三角洲地区航磁ΔT化极0°一阶方向导数灰度图

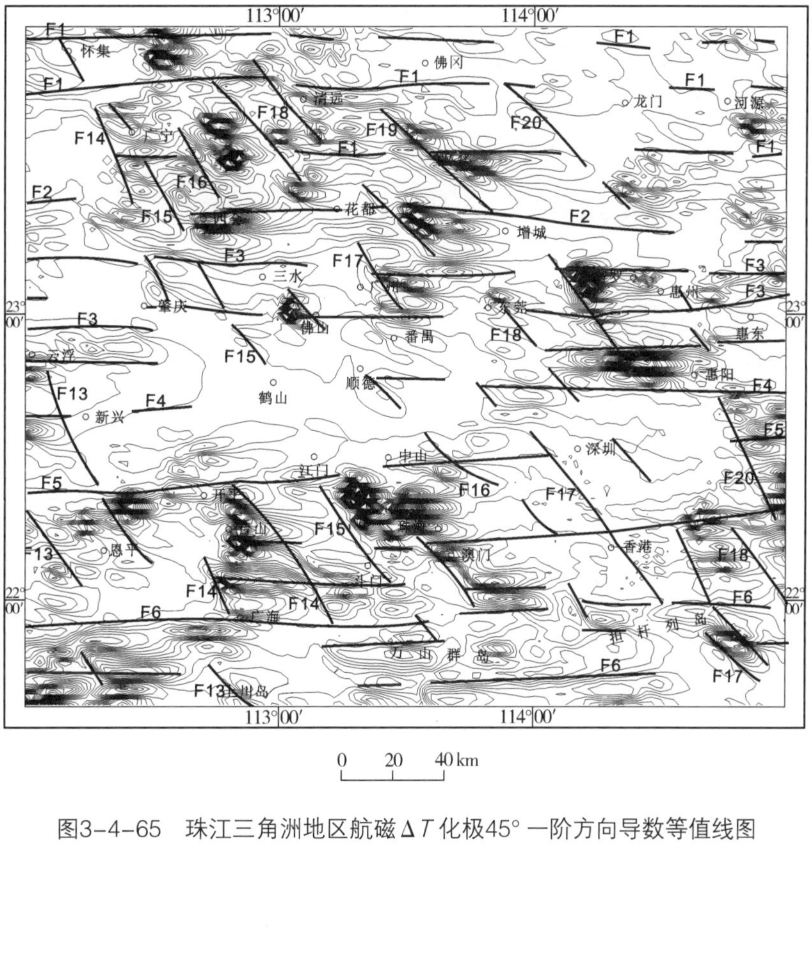

图3-4-65　珠江三角洲地区航磁ΔT化极45°一阶方向导数等值线图

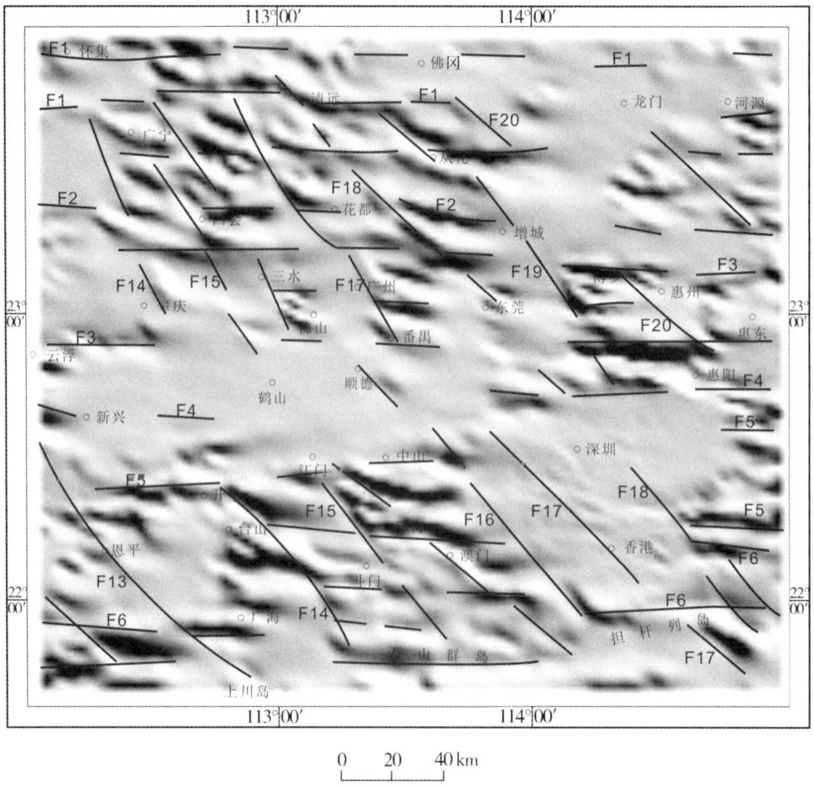

图3-4-66　珠江三角洲地区航磁ΔT化极45°一阶方向导数图

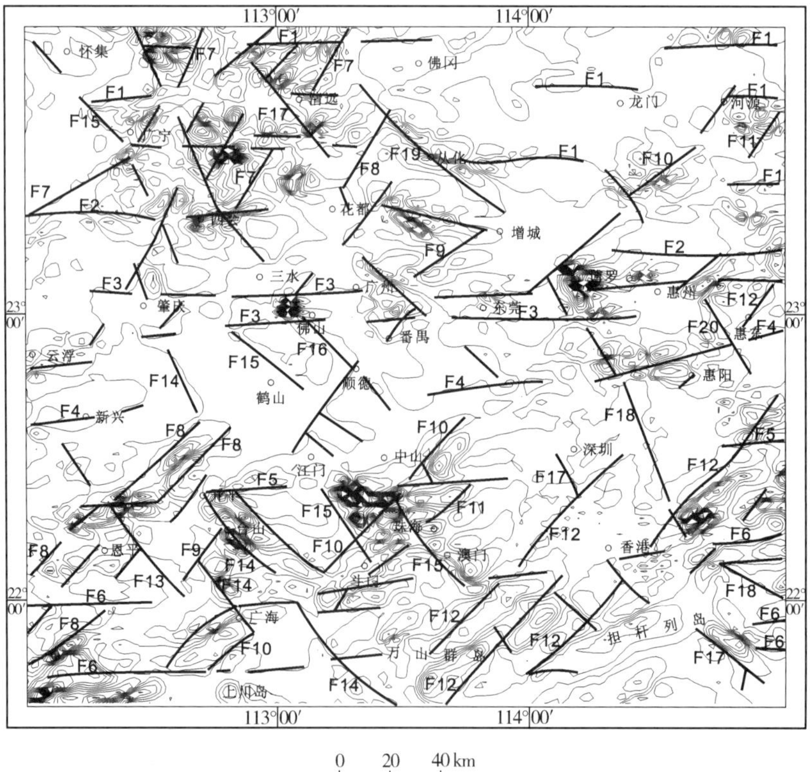

图3-4-67　珠江三角洲地区航磁ΔT化极90°一阶方向导数等值线图

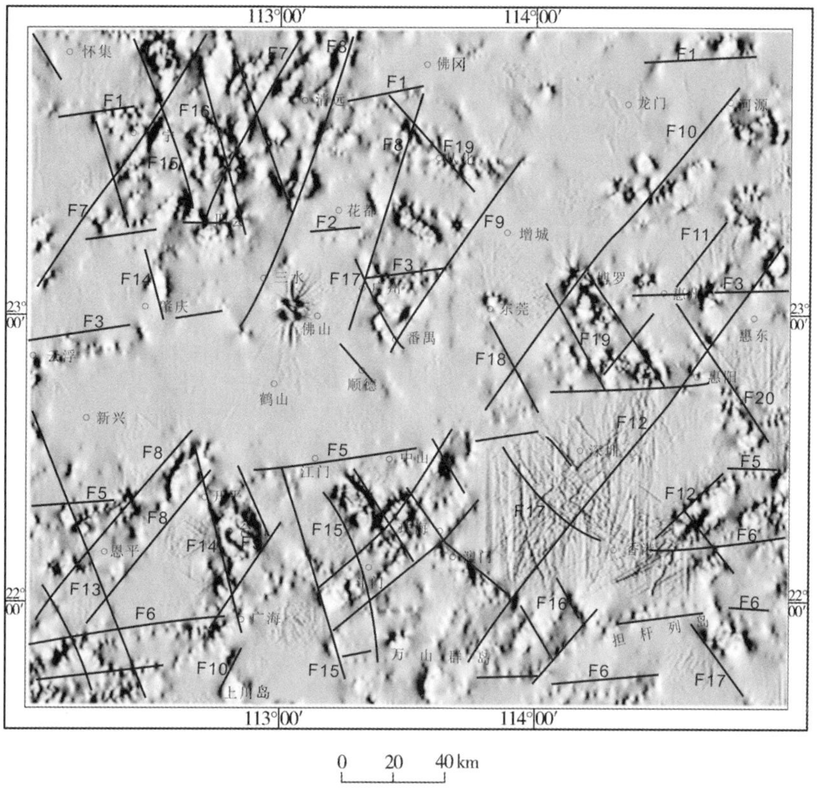

图3-4-68 珠江三角洲地区航磁Δ*T*化极90°一阶方向导数灰度图

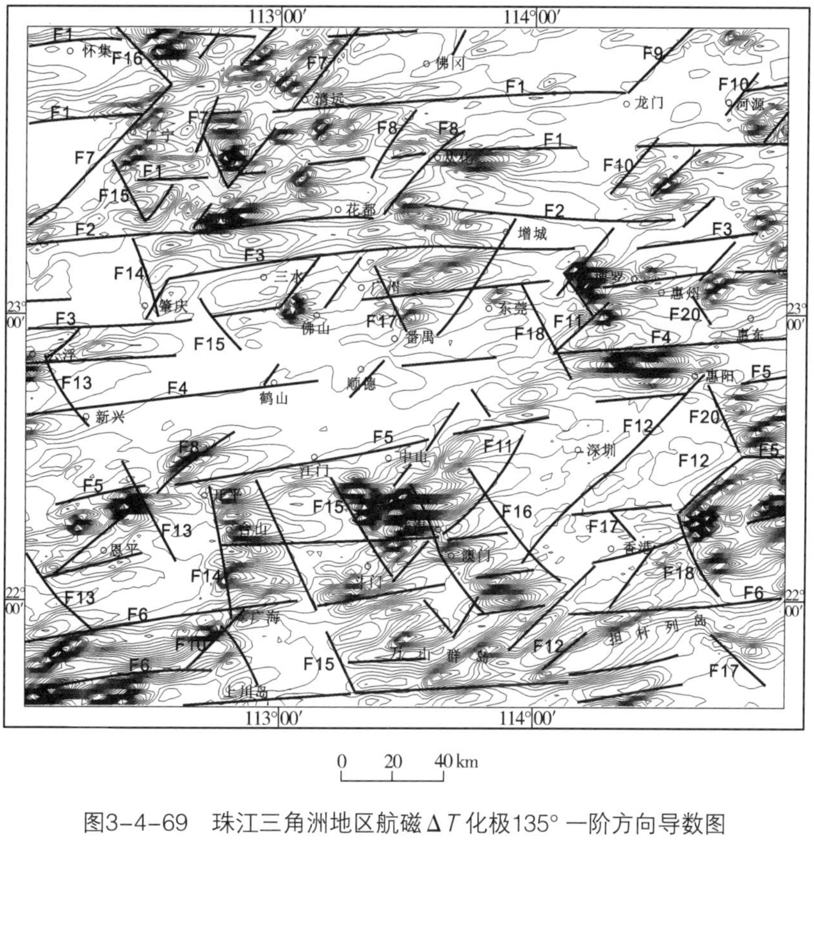

图3-4-69 珠江三角洲地区航磁Δ*T*化极135°一阶方向导数图

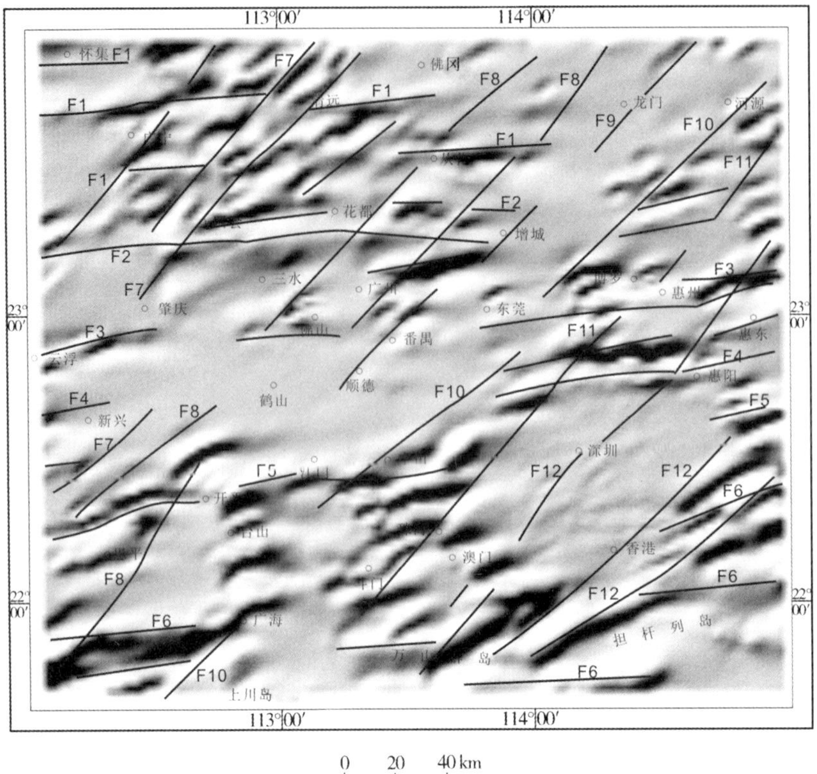

图3-4-70　珠江三角洲地区航磁ΔT化极135°一阶方向导数图

第四章　珠江三角洲地区深部断裂系统与新构造期深大断裂概念

4.1　珠江三角洲地区重磁资料联合解释深部断裂系统图的编制

4.1.1　重力与航磁资料解释深部断裂系统结果比较

对比图2-5-1重力资料解释的深部断裂系统和图3-4-1航磁资料解释的深部断裂系统图，可以看到两幅图吻合度较高，不仅分别解释的20条断裂一致（其中近东西向断裂6条，北东向断裂6条，北西向断裂8条），且每条断裂的走向、展布途径以及断裂间相互切割、组合关系也基本一致，如地质图上常见的，特别是著名的断裂都一致和清楚地解释出来，以往地质资料报道很少或者基本上未见报道的一些断裂也一致地解释出来。这至少说明两个问题：其一，重磁资料所解释的断裂是客观存在的；其二，处理资料的软件系统、处理方法与程序是正确和科学的。众所周知，重力场和磁场是地球体两个重要的固有独立的物理特征，地壳重力异常是地质体密度差异的反映，磁异常是地质体磁性差异的反映，彼此相关性、制约性和依赖性并不是很大，而分别应用它们实际测量资料解释引起它们发生变化的断裂却相当一致，由此可以确信，所解释的断裂地质现象是客观存在的。

但是，图2-5-1和图3-3-1两幅图也有不一致的方面，主要是部分断裂深度不完全一致（表4-1-1），经过对系统资料处理的原创成果图（重力49幅、航磁88幅）对比和反复研究，认为重力原创成果图所反映的断裂深度层次更清楚、合理和准确，虚假信息和假异常出现率较低，49幅图一致性较高、互补性较强，而航磁原创成果图中，一部分图反映深度层次（指各组断裂深浅概念）比较混淆，各种图相对重力图而言矛盾稍多一些，有些可能存在虚假信息，还有些可能是由于观测点不足而导致非构造的数字连线（如内插法），其原因尚待进一步研究。有些学者认为，重力测量过程中干扰因素较少，局部可能受岩体、矿产和地下水源集中地等出现突出异常和较易识别，地质物探专家对这方面很有研究。大多数情况下，断裂活动破坏岩体介质产生的密度差异变化线性异常而得到反映，断裂规模愈大切割愈深，破坏力度和速度越大，异常更突出，形成梯度带，线性、带性结构更好。在磁异常方面，众所周知，磁性测量过程中会受到更多、更敏感的干扰因素，如分布广泛的且无规律的电、铁磁性高的人为建筑物常常出现虚假异常，特别是测点比较疏的情况下，更难识别虚假异常和难以处理。在珠江三角洲地区建筑密度很大，问题就会更突出一些。此外，珠江三角洲地区岩石介质大多数磁性很弱甚至无磁性（表3-2-1、表3-2-2）断裂活动破坏岩体介质时，相应产生的磁性差异性可能也会较小，或者磁性接近平均化，出现大规模似梯度带的等值线带。由于测点稀疏，造成更多的内插非构造连线，从而线性断裂得不到充分反映，或者出现虚假的规模较大的带性反映（如原创成果图一阶方向导数上延所反映的某些北西向梯度带，可能存在这类问题）。

表4-1-1　重力与航磁资料解释的断裂深度对比

断裂代号		断裂名称	深度/km			备注
			重力	航磁	重磁联合	
F1	F1.1	佛冈—河源断裂	20（2条）	20（3条）	20（3条）	重力少F1.3从化分断裂
	F1.2					
	F1.3					
F2		四会—增城断裂	30	30	30	航磁F11以西为10 km
F3	F3.1	肇庆—广州断裂	10（2条）	30	10（2条）	航磁F3.1 30 km、F3.2 20 km
	F3.2			20		
F4		鹤山—惠东断裂	30	30	30	
F5	F5.1	五桂山北（南）麓断裂	30（北）	30（北）	30（北）	
	F5.2		5（南）	5（南）	5（南）	
F6	F6.1	滨海（岸）断裂	30（10条）	30（2条） 10	30（2条） 10	
	F6.2					
	F6.3					
F7	F7.1	肇庆—四会断裂	20（2条）	20（2条）	20（2条）	重磁联合多1条，10 km
	F7.2				10（1条）	
F8	F8.1	广州—恩平断裂	30（10、5）	30（5）	30（10、5）	航磁F8.1、F8.2北部有5 km段重磁一致，北部有10.5 km段
	F8.2					
F9		增城—新会断裂	20（北）	20（北）	20（北）	
			10（南）	10（南）	10（南）	
F10		河源—中山断裂	20（北）	20（北）	20（北）	
			10（南）	10（南）	10（南）	
F11		博罗—斗门断裂	20（北）	20（北）	20（北）	
			10（南）	10（南）	10（南）	
F12	F12.1	莲花山断裂（南段）	10（北）	10（北）	10（北）	重力少F12.3，10 km
	F12.2		20（南）	20（南）	20（南）、10	
F13	F13.1	恩平—镇海湾断裂	20（2条）	20（2条） 10	20（2条）	航磁F13.2北段10 km
	F13.2					
F14		肇庆—广海湾断裂	20（北）	10	20（北）	
			10（南）		10（南）	
F15	F15.1	江门—斗门（西江）断裂	20（北）	10（3条）	20（北）	F15.2、F15.3均在江门、中山以南
	F15.2		10（南）		10（南）	
	F15.3		5（南）			
F16		三水—担杆断裂	20（北）	10	20（北）	
			10（南）		10（南）	
F17		狮子洋断裂	10	10	10	
F18		东莞—大鹏湾断裂	10	10	10	

续表

断裂代号	断裂名称	深度/km			备注
		重力	航磁	重磁联合	
F19	增城—从化断裂	20（北）	10	20（北）	
		5（南）		5（南）	
F20	佛冈—惠州断裂	20（北）	10	20（北）	
		10（南）		10（南）	

注：为减少图面注记负担，表中未注分断裂代号序次，近东西向断裂序次自北而南，北东、北西向断裂序次自西而东。

4.1.2 几条重要断裂深度判定的解释

从表4-1-1分析，重力和航磁分别解释的断裂深度总体差异也不是很大，除F3肇庆—广州断裂外，其他断裂只是细节上或短距离的量值差异在10 km以下，不必强求一致，也不影响大局。下面要解释的是几条较重要断裂或者深度差异较大断裂，需要向读者阐明、讨论。

4.1.2.1 肇庆—广州断裂（F3）

肇庆—广州断裂是一条很重要的断裂（图4-1-1），凡涉及广州地区的地质及其相关问题，如地震，各种工程建设，地下水、矿床等都会较大篇幅和重点论述，不仅它通过广州这个大都市，且通常认为它是一条深大断裂，还是一条相对较活动的断裂，是珠江三角洲地区北部Ms≥4.75级地震集中的地带。肇庆地区发生过4次（含云浮5级地震），广州发生过4次，共8次，占珠江三角洲地区Ms≥4.75级地震（共13次）60%以上（河源6.2级地震及其一系列5级地震除外，它属水库诱发型地震，地域和构造上也不归属珠江三角洲区域），所以对地震和工程地震是不可忽视的一条断裂，它的深度和活动性更是引人关注。

这条断裂无论在重力或是航磁资料处理的原创成果图上均有明显的反映，重力图各种方法一致地反映为10 km深度，上延20 km以上即没有反映了，如图2-5-5、图2-5-6、图2-5-9、图2-5-10、图2-5-13、图2-5-14、图2-5-17、图2-5-18、图2-5-21、图2-5-22、图2-5-25、图2-5-26、图2-5-29、图2-5-30、图2-5-46、图2-5-47、图2-5-49，将该断裂深度定为10 km，根据是充分的。此外，布格重力异常图（图2-5-2和附图Ⅰ）反映，在广州重力高的内部起伏平缓，等值线稀疏，一般不应出现深达30 km的断裂带。而航磁资料处理图上一些方法的等值线图反映可达30 km深度（图3-4-7、图3-4-23、图3-4-38和图3-4-43），一些图可达20 km深度（图3-4-12、图3-4-17和图3-4-27），上述这些图同一方法的等值线图和灰度图深度不一致，一般灰度图连线比较模糊。总梯度模图上延≥20 km即无反映（图3-4-48和图3-4-49），而多种方法上延10 km均一致得到较好的反映。

由上所述，重磁联合解释，根据重力资料判定10 km深度较为稳妥。

4.1.2.2 从化断裂（F1.3）

从化断裂属近东西向F1佛冈—河源断裂最南部的第3条分断裂（图4-1-1），重力资料处理的各原创图均无反映，而航磁大多数图上延20 km均有反映，图形、图像清晰，磁异常结构以梯度带为主，边界整齐，判定为F1的一条分断裂毫无疑义。从化地区有一个花岗岩小岩体（图1-1-1和附图Ⅰ），当属佛冈大岩体一部分。以粗粒花岗岩为主的从化小岩体对该断裂各图反映更突出，或许与它的磁性稍强有关（表3-2-2）。但宏观分析，带性远超从化岩体范围，应不属磁性局部异常的反映，航磁对东西向构造反映敏感，虽重力图上无反映，我们仍确定为一条断裂，深度定为20 km

（图3-4-10至图3-4-13）。

4.1.2.3 三水—担杆断裂（F16）和狮子洋断裂（F17）

航磁图3-4-17、图3-4-18、图3-4-22和图3-4-23，分别为上延20 km、30 km的45°一阶方向导数等值线图和灰度图，等值线反映为北西向宽阔梯度带，灰度图则反映为斜列式北西向灰黑色带，虽斜列式不标准，但总体北西向带形是清楚的，F16、F17位居梯度带和灰度带两侧，边界整齐和稳定，据此应将该二断裂深度定为≥30 km。但综合研究后，却判定为10 km。理由如下：①航磁绝大多数图反映只有上延10 km深度，如图3-4-6、图3-4-7、图3-4-12、图3-4-13、图3-4-32、图3-4-33、图3-4-37、图3-4-38、图3-4-42、图3-4-43、图3-4-48、图3-4-49、图3-4-54、图3-4-61、图3-4-62；②一般上延越高，等值线相对渐疏，灰度图则灰度渐淡，色泽反差渐低，但图3-4-17和图3-4-18（等值线），图3-4-22和图3-4-23（灰度图）却相反，这很不正常，不符合一般规律。③对比重力图上延10 km的各种方法技术图一致性很高。所以判定图3-4-17和图3-4-18为非构造连线，为虚假构造信息。重磁联合解释统一判定为10 km。

4.1.3 重磁资料联合解释深部断裂系统图的编制

上文已指出，重力和航磁两幅图（图2-5-1和图3-3-1）复合度较高，各断裂走向、展布途径和切割关系等基本一致，只是细节上或短距离的偏离，这是正常的、允许的，也无碍大局。深度方面，表4-1-1较详细地列出了差异，也就主要问题做了分析。但是毕竟是两门学科、两种方法、两幅图，要联合解释统一为相对更准确、更科学的一幅图，必须遵循一定的原则和标准。编图原则如下：

4.1.3.1 总纲

重力图相对航磁图具备更多的优点，特别是断裂深度方面更合理和准确，因此编图以重力图（图2-5-1）为基础，即为总纲，对比重力、航磁各原创成果图进行更科学地协调，调整各条断裂的走向、展布途径、深度、连接和切割关系等。

4.1.3.2 断裂的切割（间断）连接

断裂在重磁图上同一地段出现间断者，联合解释则确定为间断，如F1.2清远—河源断裂西段，在广宁以东为F15—F16的间断。重磁图中其中有一图在某一地段间断（被切割），另一图未被间断（是连接的），则确定为连接，如F5五桂山北麓断裂，重力图在开平以西F13—F14间断（被切断），而航磁图是连接的，则判定为连接。

4.1.3.3 断裂走向和展布途径

总体两图复合度较高，只是细节上的调整，主要通过比较重磁原创成果图的合理性而确定，也偶有参考某些图书和文献资料中的地质图（如1：20万区测图，1：50万地质图），以及作者对该地区的了解情况而确定，如重力图F16三水—担杆断裂的中山以南弯曲度较大，做了适当的走向拉直，没有完全按照重力图画。

4.1.3.4 断裂深度

绝大部分断裂是依照重力图，但个别也有采纳航磁图的深度而修正重力图，主要是分析和对比原创成果图的合理性。如F15江门—斗门（西江）断裂的南段F15.2、F15.3两条断裂，采纳航磁图全线连接，且深度均定为10 km。

4.1.3.5 原创图断裂解释相对宽松

相对宽松一些目的是尽可能不漏掉较重要的断裂，重磁联合解释相对严谨一些，经过重磁原创图等值线与灰度图以及各种方法图统一综合研究而最后确定前述4个方面的要素。

根据上述5条基本原则，编制了本书最重要一幅图：珠江三角洲地区重磁资料解释的深部断裂系统图（图4-1-1中断裂编号与文字阐述完全一致）。

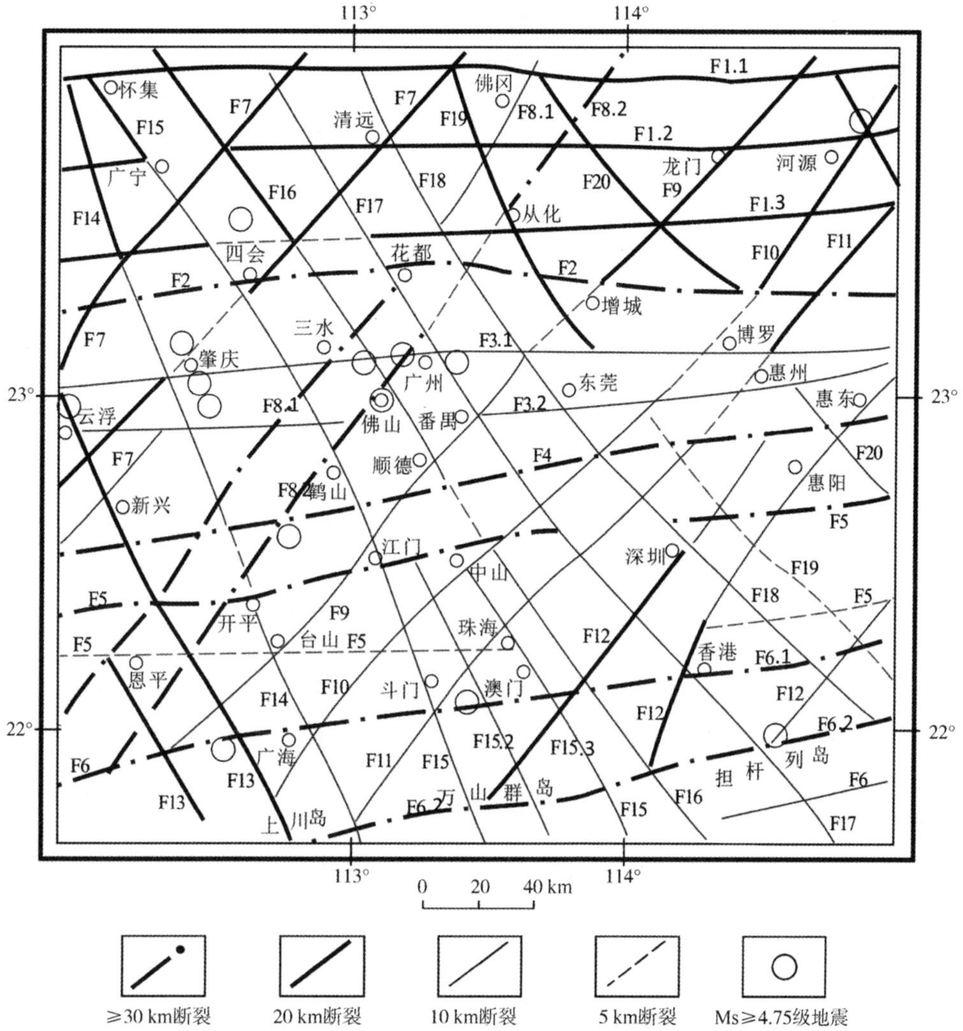

F1．佛冈—河源断裂　F2．四会—增城断裂　F3．肇庆—广州断裂　F4．鹤山—惠东断裂　F5．五桂山北（南）麓断裂　F6．滨海（岸）断裂　F7．肇庆—四会断裂　F8．广州—恩平断裂　F9．增城—新会断裂　F10．河源—中山断裂　F11．博罗—斗门断裂　F12．莲花山断裂（南段）　F13．恩平—镇海湾断裂　F14．肇庆—广海湾断裂　F15．江门—斗门（西江）断裂　F16．三水—担杆断裂　F17．狮子洋断裂　F18．东莞—大鹏湾断裂　F19．增城—从化断裂　F20．佛冈—惠州断裂

图4-1-1　珠江三角洲地区重磁资料解释深部断裂系统

4.2　珠江三角洲地区深部断裂系统格局概述

珠江三角洲地区深部断裂系统格局在图4-1-1中一目了然：近东西向、北东向、北西向3组断裂交织成网，覆盖全区。

近东西向断裂有6条。F1佛冈—河源断裂有3条平行的分断裂，分别是F1.1怀化—佛冈断裂、F1.2清远—河源断裂、F1.3从化断裂，深度均为20 km。F1是南岭南坡断裂带，无论是重磁结构上还是地貌地形上都自成一体，在原张重力异常图上因受北东、北西向断裂的干扰而弯曲（图2-5-1和附图Ⅱ），航磁图等值线也较杂乱（图3-4-1和附图Ⅲ）。F2四会—增城断裂深度为30 km，它是珠江三角洲重力高区的北缘断裂，无论在重磁结构上还是地貌上都是一条重要的界限断裂带。F3肇庆—广州断裂有两条平行的分断裂，分别是F3.1肇庆—广州断裂、F3.2云浮南—惠州断裂。F4鹤山—惠东断裂是广州重力高核心区域的南界断裂。F5五桂山北（南）麓断裂有两条平行分断裂：F5.1五桂山北麓（开平—中山）断裂，它是广州重力高的南缘断裂，无论是重磁结构上还是地貌上都是一条重要的界限断裂，深30 km；F5.2五桂山南麓（恩平—珠海）断裂，仅5 km，它是珠海微低重力异常区内部的一条断裂。两者均未连接成一条断裂，为北西向断裂或北东向断裂间断。F6滨海（岸）断裂有3条平行分断裂：F6.1滨岸（香港—广海）断裂，F6.2滨海（担杆—上川岛）断裂，两者深度均达30 km以上，是重力北东东向重力高两侧的主干断裂。F6.3担杆南断裂深10 km。F6是一条规模巨大的、宽阔的重磁近东西向结构带，内部结构比较复杂，还可以细划分出许多短距离和平行或斜列的断裂。事实上，许多深大断裂带内部及两侧均存在类似的情况，在研究具体任务时必须注意这一问题，不要因小或浅而忽视大的背景。这些小和浅的未贯通的断裂是新生的活断裂，是正欲打通、便于应力集中的闭锁区或闭锁段。

北东向断裂也是6条。F7肇庆—四会断裂（吴川－四会断裂带北段），分布在研究区内西北部，各原创图均反映重磁结构是一条很宽阔的、规模很大和内部结构较复杂的断裂带。F7.1广宁—云浮断裂、F7.2四会—肇庆断裂是两侧主干断裂，但它们的切割深度在区内只有20 km，往南西延伸情况在第二编图7-3-1将会有介绍。F8广州—恩平断裂是区内北东向断裂切割深度唯一一条≥30 km的断裂，规模很大，重力异常结构完整，而磁异常结构反映不如重力，可能与这一带的岩性介质大多数为低磁性或无磁性有关（图1-1-1和附图Ⅰ，表3-2-1和表3-2-2）。F8.1三水—恩平断裂、F8.2广州—开平断裂为分居重磁结构造带两侧的主干断裂。F8以东的4条北东向断裂：F9增城—新会断裂、F10河源—中山断裂、F11博罗—斗门断裂、F12莲花山（F12.1深圳—万山和F12.2惠东—香港）断裂，规模都较小，切割深度浅，大都在10 km左右，重力异常结构虽断断续续，每每被近东西向断裂间断（图3-4-16），但带性清楚，航磁异常结构相对形态稳定性弱一些（图3-4-34和图3-4-36），唯莲花山断裂（南段）F5以南，进入滨海区域时等值线图有变强的形迹，深度可达20 km（图3-4-17和图3-4-37），而灰度图（图3-4-22和图3-4-42）也有相应的反映。

北西向断裂有8条，分布较近东西向、北东向断裂密度更大一些，但它们普遍浅，除F13可达20 km以外，其他断裂（F14、F15、F16、F19、F20）只在北段（主要是南岭南坡F2以北）可达20 km，F2以南均在10 km深度以内，规模相对较小，航磁异常带性结构较稳定（图3-4-16和图3-4-17），重力异常结构带性稍弱一些，但F13恩平—镇海湾断裂（F13.1恩平西侧断裂和F13.2恩平—镇海湾断裂）无论是重力或航磁都表现出强势，结构较完整，宽度也有一定规模，是北西向8条断裂中唯一深度≥20 km的断裂。

如上所述，珠江三角洲地区深部断裂系统格局可概括为几要点：

1）存在近东西向、北东向、北西向3组深部断裂系统，交织成网。

2）近东西向断裂是深部主控断裂，规模最大，6条主干断裂中有4条达30 km深度，其中F6.1和F6.2两条分断裂均为30 km，实际上是5条30 km深度的断裂，1条20 km深度的断裂（其3条分断裂均为20 km），仅2条10 km深度的断裂（F3.1、F3.2、F6.3），这是北东向、北西向断裂无可比拟的。图4-3-1和图4-3-2更清楚认识这一点，大有“一览众山小”的直观感觉。图4-3-1是20 km深度断裂系统分布图，图中20 km深度除区域北部几段短短的北东向、北西向断裂和西南角F13、东南角F12以外，只有东西向断裂自北至南平行横贯全区，另有北东向F8以30 km深度斜贯西部。图4-3-2就更简单明了，整个图面只剩下近东西向断裂和北东向F8断裂。

3）北东向F8广州—恩平断裂一枝独秀。图4-3-2中看到，特别突出，研究区30 km地壳深部，只有F8单一的与众多的布满全区的近东西向断裂展布在图面上了。其他北东向断裂大都只有10 km深度，规模较小，因此，它应当是格局中一条很重要的断裂。

4）北西向F13恩平—镇海湾断裂是北西向断裂系中规模最大、最强势的断裂，图4-3-1中南部只剩F13和北东向F12镜向对称的断裂，但无论以重磁结构完整性或规模，F13均胜于北东向F12

（图2-5-10、图2-5-24、图2-5-28、图2-5-31、图2-5-32、图3-4-17、图3-4-18、图3-4-22、图3-4-37和图3-4-38）。

5）北部山区，如南岭南坡，F2以北东西向、北东向、北西向3组断裂，断裂（17条，含分断裂）深度普遍在20 km以上，有别于F2以南珠江三角洲地区的格局（图4-3-1），究其原因，或与动力源、能量传递、新构造运动类型有关，在第二编中将讨论这一问题。

4.3 新构造期深大断裂概念

4.3.1 传统深大断裂与重磁解释的深大断裂对比

在以往的地质文献资料和各种地质图中，与本章所述及的断裂系统基本观点是一致的，即珠江三角洲地区存在近东西向、北东向、北西向3组断裂交织成网。但涉及具体断裂（系）时却有一些差异。不只是断裂展布途径的差异，主要是断裂深度、规模、力学性质和活动性等核心问题有差异，甚至差异很大。以往资料多数认为，北东向断裂规模最大，活动性最强，是华南地区主控活动断裂。北西向断裂最浅，规模最小，形成年代最新，有一定的活动性，东西向断裂是最古老的断裂，有一部分学者认为它是地壳深部最主要的断裂，也有一部分学者认为它是不太活动或活动性不强的断裂。传统文献资料公认的（引用最多、最普遍者）深大断裂主要集在北东向断裂：F7四会—肇庆（吴川—四会）断裂，F8广州—恩平（恩平—新丰）断裂，F10河源—中山（河源—邵武）断裂，F11博罗—斗门（紫金—博罗）断裂，F12惠东—深圳（莲花山）断裂。此外，东西向断裂有：F1佛冈—河源（佛冈—丰良）断裂，F2肇庆—广州（高要—惠来）断裂，F6滨海断裂；北西向断裂有：F15西江（江门—斗门、三洲—西樵）断裂，F16三水—担杆（白泥—沙湾）断裂，F17狮子洋（珠江）断裂。总计共10条深大断裂。如果将全断裂深度>20 km、长度>200 km、宽度>20 km作为深大断裂的标准的话，对比本章重磁资料联合解释的断裂（图4-1-1、图4-3-1和图4-3-2）有较多的差异（表4-3-1）。

首先，北东向断裂，本章解释只有F8广州—恩平断裂符合上述标准，属深大断裂。扩大到20 km深度，也只有F7吴川—四会（肇庆—四会）断裂，且在本研究区西北角的南岭南坡山地。F12莲花山断裂（深圳—万山）滨海一小段勉强可符合条件（图2-5-19、图2-5-23、图3-4-37和图3-4-43），如果严格解释，深度以10 km最稳妥。其他几条北东向断裂除山区部分为深20 km外，往南至珠江三角洲直至滨海均只有约10 km深度，达不到深大断裂的标准。

东西向断裂，F1佛冈—河源断裂3条分断裂均深达20 km，如果扩大到30 km深度的标准，也就不符合了，F2四会—增城断裂在以往资料中很少见有报道，实际上是本次解释的一条近东西向的重要断裂。以往资料冠名高要—惠来深大断裂，实际上是与本次解释的F3肇庆—广州两条分断裂相对应，可本次解释只有10 km深度，不过它是广州重力高内部的一条断裂，从重磁结构整体系统考虑，可列入深大断裂系统。F4鹤山—惠东断裂在以往许多文献资料中提及这条断裂，证据并不多，可能与被第四系覆盖有关，西部花岗岩中的一般性断裂常作为代表性断裂列举。但也有一些重要文献资料缺少该断裂。本次解释深达30 km，横贯珠江三角洲大平原的中部，是广州重力高核心部位的南界断裂（图2-5-2和附图Ⅱ），F5五桂山北麓断裂在前文献资料中虽有提及，但大多数将它归属于北东向断裂系，其展布途径除五桂山前有一小段北东东走向外，往西折转呈北东向，经展布后有多种版本，这里不再细述。把它确认为近东西向断裂系是本次重磁解释的成果，作者曾发表文章予以论证[30-31]。郭钦华等做中山城区地震小区划时，通过开挖、打钻、物化探等工作，发现大量北东东向断裂，规模（宽度和长度）均很大。省地质区测队1：25万江门幅地质区测图，与我们的解释基本一致，断裂往西是潭江平原的北界。在五桂山南部还有一条F5.2珠海—恩平断裂，约5 km

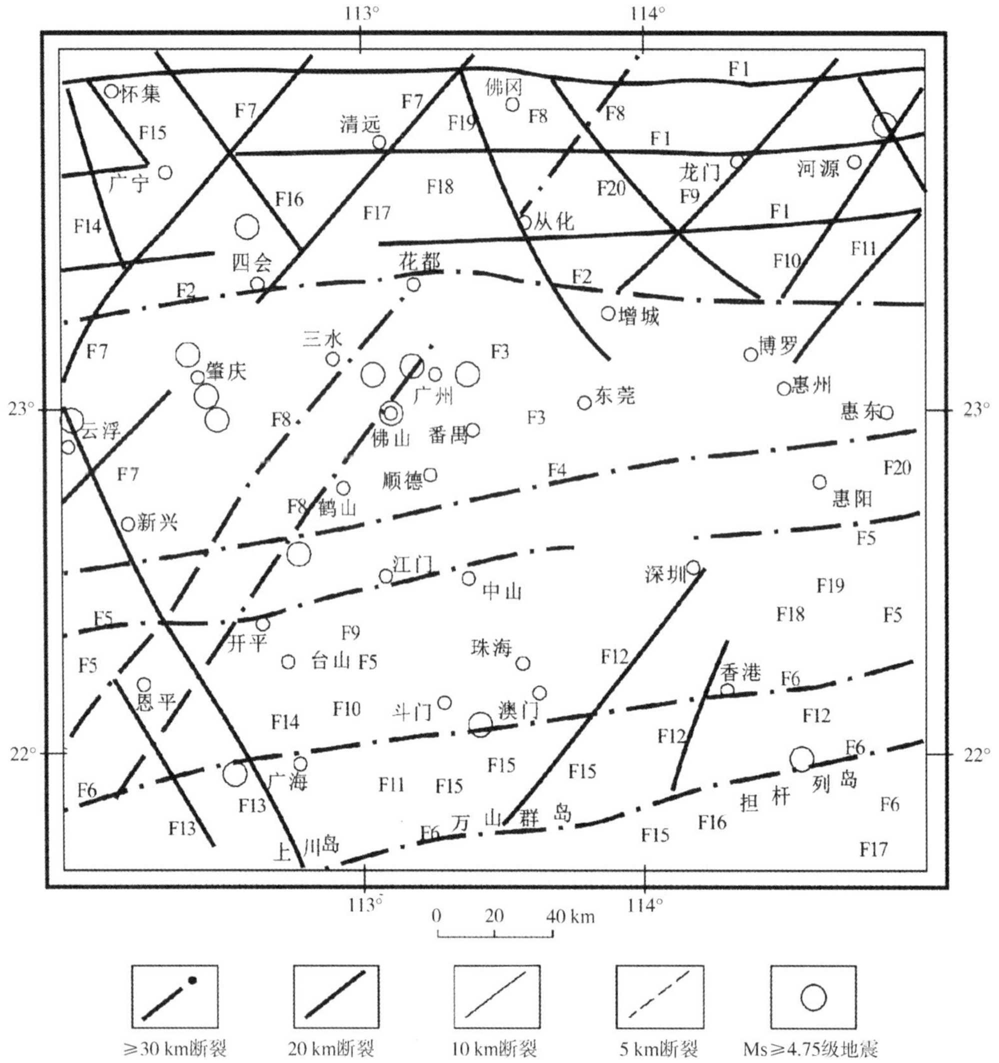

F1．佛冈—河源断裂　F2．四会—增城断裂　F3．肇庆—广州断裂　F4．鹤山—惠东断裂　F5．五桂山北（南）麓断裂　F6．滨海（岸）断裂　F7．肇庆—四会断裂　F8．广州—恩平断裂　F9．增城—新会断裂　F10．河源—中山断裂　F11．博罗—斗门断裂　F12．莲花山断裂（南段）　F13．恩平—镇海湾断裂　F14．肇庆—镇海湾断裂　F15．江门—斗门（西江）断裂　F16．三水—担杆断裂　F17．狮子洋断裂　F18．东莞—大鹏湾断裂　F19．增城—从化断裂　F20．佛冈—惠州断裂

图4-3-1　珠江三角洲地区重磁资料解释≥20 km深部断裂系统图

深度，断裂是珠海微低重力异常区内部的一条断裂，从重磁场结构看，它自成一体，往南是F6所在的滨海重力高异常区，往北是广州重力高异常区。在文献中很少见有报道，但在该区域工程生产报告中，常有近东西向断裂的阐述，证明这条断裂的解释是客观的。F6滨海（岸）断裂是20世纪80年代在南海石油地质调查中提出来的，原意是珠海新生代盆地的北界断裂，是地质构造的含义，而非地球物理概念。后来被许多文献资料记载成向西、向东延伸很远，其展布途径彼此有较大的不确定性，实际资料记载并不太多。本章解释的F6滨海（岸）断裂是珠江口外的一段，以重磁场结构为基础，是北东东向高重力异常梯度带和航磁近东西向梯度带两侧边界的主干断裂，北侧基本是沿海岸展布，称滨岸断裂（F6.1），南侧基本在海域，称滨海断裂（F6.2），意义非常明确。一些文献资料常把这一区域的北东东向断裂归属北东向断裂系，认为是莲花山断裂带自深圳入海后转为北东东向，以推测性断裂表示。现在看来，这种意见可能不妥。实际上，莲花山断裂带自惠东进入区域，

经深圳仍以北东45° 方向直奔担杆和万山群岛，为F6截断，许多原创图有清楚的显示（图2-5-9、图2-5-17、图2-5-18、图2-5-22和图2-5-23）。所以，F5和F6不仅有断裂展布方向和途径的差异，且有更重要的断裂归属体系、力学性质、活动性的一系列差异。

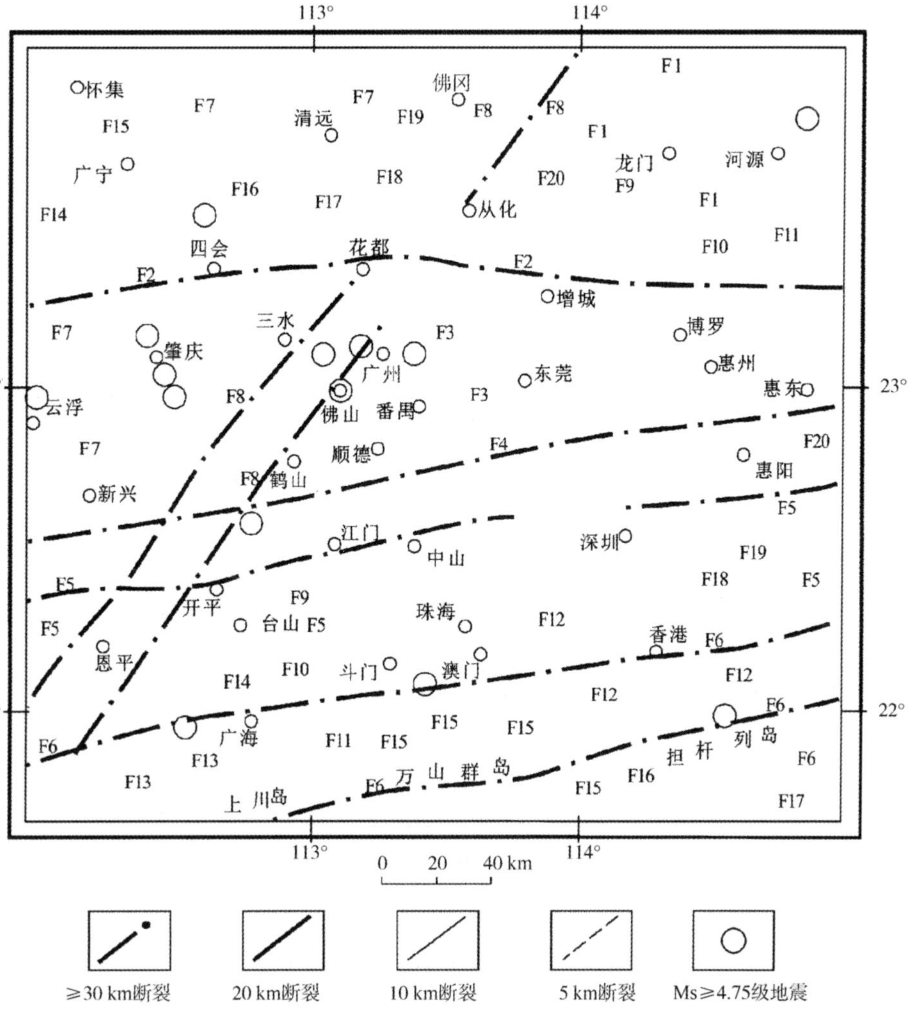

F1. 佛冈—河源断裂 F2. 四会—增城断裂 F3. 肇庆—广州断裂 F4. 鹤山—惠东断裂 F5. 五桂山北（南）麓断裂 F6. 滨海（岸）断裂 F7. 肇庆—四会断理 F8. 广州—恩平断裂 F9. 增城—新会断裂 F10. 河源—中山断裂 F11. 博罗—斗门断裂 F12. 莲花山断裂（南段） F13. 恩平—镇海湾断裂 F14. 肇庆—镇海湾断裂 F15. 江门—斗门（西江）断裂 F16. 三水—担杆断裂 F17. 狮子洋断裂 F18. 东莞—大鹏湾断裂 F19. 增城—从化断裂 F20. 佛冈—惠州断裂

图4-3-2 珠江三角洲地区重磁资料解释≥30 km深部断裂系统图

表4-3-1 重磁资料解释的断裂深度对比

断裂代号		重磁断裂名称与深度/km		对应传统断裂与规模（深大、一般）		备注（传统断裂对应情况）
F1	F1.1	佛冈—河源断裂	20	佛冈—丰良断裂	深大	对应F1.1、F1.2，缺F1.3
	F1.2					
	F1.3					
F2		四会—增城断裂	30	无	无	新增

续表

断裂代号		重磁断裂名称与深度/km		对应传统断裂与规模（深大、一般）		备注（传统断裂对应情况）
F3	F3.1	肇庆—广州断裂	10	高要—惠来断裂	深大	可并入F2
	F3.2					
F4		鹤山—惠东断裂	30	鹤山—惠东断裂	一般	
F5	F5.1	五桂山北（南）麓断裂（归属近东西向系）	30	五桂山北麓断裂（归属北东向系）	一般	传统归属北东向断裂系，且将两段转为北东向与F9连接混淆
	F5.2					
F6	F6.1	滨海（岸）断裂	30	滨海断裂	深大	对应F6.2，展布位置不确定，有文献归属北东向莲花山断裂，北东向系
	F6.2					
	F6.3		10			
F7	F7.1	肇庆—四会断裂	20	吴川—四会断裂（北段）	深大	
	F7.2					
F8	F8.1	广州—恩平断裂	30	广州—阳江断裂	深大	
	F8.2					
F9		增城—新会断裂	10	市桥—新会断裂	一般	只对应中段，缺北段，南段转北东东向，实际上为F5之西段
F10		河源—中山断裂	20（北）	河源—邵武断裂（南段）	深大	
			10（南）			
F11		博罗—斗门断裂	10	紫金—博罗断裂（南段）	深大	
F12	F12.1	莲花山断裂（南段）	10	莲花山断裂（南段）	深大	
	F12.2		≤20			
F13	F13.1	恩平—镇海湾断裂	20	恩平—那扶断裂	一般	
	F13.2					
F14		肇庆—广海湾断裂	10	台山—广海湾断裂	一般	对应南段，缺肇庆—开平段
F15	F15.1	江门—斗门（西江）断裂	10	西江断裂	深大	
	F15.2					
	F15.3					
F16		三水—担杆断裂	10	白坭—沙湾断裂（北段）	一般	只对应北段，缺南段，有新资料对应南段，展布大体相符
F17		狮子洋断裂	10	狮子洋断裂	深大	
F18		东莞—大鹏湾断裂	10	东莞—深圳断裂	一般	
F19		增城—从化断裂	20（北）	无	无	新增
			10（南）			
F20		佛冈—惠州断裂	20（北）	惠州断裂	一般	缺北段，对应南段
			10（南）			

北西向断裂系，大多数学者意见是一致的，即规模比较小，形成时代比较新，具活动性或很活动性，至于将F15西江断裂和F17狮子洋断裂归属为深大断裂似欠妥，重磁解释它们的深度只有10 km，且规模（宽度）并不大，重磁结构也非梯度带或浓黑条带产出，这两条断裂定为珠江三角洲东、西界断裂，是单纯从地貌角度考虑，而以重磁反映的结构考虑，还有商讨的余地。

概括起来说，传统概念的一些深大断裂，根据重磁解释，深度很浅，不应属深大断裂，如大多数北东向断裂和两条北西向断裂。而有的本次重磁解释的深大断裂，以往文献资料只认为是一般断裂，如F4鹤山—惠东断裂和F5五桂山北麓断裂。还有解释新增的深大断裂，如F2四会—增城断和F6滨海（岸）断裂等。总之，本次重磁资料解释的断裂与传统深大断裂对比存在较大格局的改变。

4.3.2 新构造期深大断裂概念

现在的问题是，我们如何解释上述传统的深大断裂与重磁解释的深大断裂的差异和改变？我们认为，从地质构造运动史的角度来分析，可找到问题的答案。众所周知，一般地质图上或与地质有关的文献资料中，所称深大断裂概念是指地质时期规模很大、切割很深的断裂，长度常在数百千米甚至数千千米，深度常切穿基底甚至地壳。有的学者提出以切穿硅铝层、硅镁层作为具体标准。通常以控制大的断陷盆地、巨大山脉走向、火山喷发、大型岩浆体分布以及矿物类型、成分等为标志。而事实是，这些深大断裂的标志，并非一次构造运动形成，而是历次构造运动的产物。每次构造运动，首先是深部物质运动，都会对前期构造物质进行破坏和改造，甚至彻底改变，但常常也会改造不彻底，会在不同地段或同一地段地表浅部或某一深度上保留下各次活动物质变动的物质遗迹，应该说，这就是地质历史时期深大断裂活动的证据。众所周知，一条深大断裂带上不同地段会有不同证据，可恢复这条断裂发展的历史过程、规模和运动物质特征等。所以，前述那些标志，只是各次运动的残留物，并不代表断裂新构造期的深度、规模和力学特征等。关于前述那些传统和公认度高的深大断裂地质变动史例证，在广东省地质矿产局经典著作《广东省区域地质志》中有详细的论证阐述[1]，本书就不再重复赘述。

同样，在新构造期也就是喜山期新构造运动中，会有新的各种方式的深部物质运动，改变老的地质时期的物质构造格局，创造新的首先是深部物质构造格局。在新构造运动时期，在新的物质运动中，原来深大断裂的活动性、方式均会有所改变。物质结构改变了，特别是深部物质成分及其结构被改造了，就不再维持地质史时期原有深大断裂的物质结构，只保留部分浅部物质结构，所以它们有的不再是深大断裂。自然，在新构造运动中，新的深部物质运动可以形成新的深大断裂，也可以继承原来深大断裂或改浅为深的断裂，这无疑会在近代测量的重磁场鲜明反映出来。这就是本次重磁解释深部断裂构造格局与传统认识的深大断裂格局有较大差别的物理基础。进一步说，重磁场反映的不仅仅是地壳物质密度、磁性、结构，且还有一个新老地质时代问题，赋有“新构造期”概念。20世纪80年代初，随着南海地质调查开展，发现陆地上的北东向断裂伸展到滨海，均被北东东向滨海断裂带截断，没有继续往海域延伸，那么被截断了的原来连接陆地的南海大陆架的北东向断裂怎么不见了？哪里去了？我们认为，南海大陆架原来的北东向断裂，在随着南海形成、迅速下沉的强烈的新构造运动中，深部物质运动将原来的物质成分及其结构彻底改造了。原来的物质结构荡然无存。滨海断裂带（F6）也是这次新构造运动中形成的。前文中提到的四会—增城断裂（F2）、鹤山—惠东断裂（F4）、五桂山北麓断裂（F5）或是新构造运动中深部物质运动改造而成的。它们不是变浅，而是变深了。所以，我们提出“新构造期”深大断裂概念。这一概念提出，对研究新构造、地震地质、地质构造、工程地质、找矿、找水、地质灾害或有重要的理论意义和实用价值。这里，我们不反对老构造的概念，它无论在理论上，在找矿、找水等诸多实际应用领域中都发挥了基石的作用，应继续研究、发展、维持地质史期的深大断裂概念。但用于研究与新构造运动有关的领域时，则不宜盲目应用老概念的深大断裂，那样，可能会误导认识。

4.4 断裂间切割关系及其活动性

4.4.1 断裂间切割关系

地质工作者都很注意断裂间的切割关系，因为它能反映断裂新老活动序次，并推论最新活动的断裂及其活动方式乃至构造应力场等问题。从本次重磁资料系统处理的成果图分析，在一定程度上也可较好地反映区内近东西向、北东向、北西向3组断裂相互切割的关系。

首先，宏观上可以确认，30 km以上，除北东向F8广州—恩平断裂外，不存在东西向断裂与其他北东向、北西向断裂的切割关系（图4–3–2）；20 km以上，除了北部山区外，近东西向F2四会—增城断裂以南，只与北西向F13恩平—镇海湾断裂、北东向F12莲花山断裂滨海段存在切割关系，与其他北东向、北西向断裂无相互切割关系（图4–3–1）。问题很简单，近东西向断裂绝大多数在≥30 km深度，北东向、北西向断裂大多数在10 km左右，也就是说，在10 km以深地壳区，基本上不存在北东向、北西向断裂切割近东西向断裂问题，3组断裂间切割关系主要发生在10 km深度以浅的地壳区。

图4–1–1有一个突出的现象，所有北东向断裂未切过近东西向（北东东向）F6滨海断裂，被F6.2截断，不再往远海大陆架延伸，但北西向断裂却有许多断裂切过F6.2海滨断裂并与之交汇，有向大陆架延伸的趋势（图4–1–1外），在重磁许多原创成果图上都可以看到这一现象。F6特别是F6.2是新构造期运动形成、发展的断裂，由此推定，在新构造运动中，北东东向断裂和北西向断裂是活动的，而北东向断裂却截止在内陆区域。北东东向和北西向断裂至少在滨海区域较北东向断裂活动新，活动性更强。

图4–1–1还有一个地质现象，在近东西向F2以南，即进入珠江三角洲中心区（平原区），无论是北东向断裂或北西向断裂，绝大多数变浅至10 km以内。F2以北是南岭南坡，为山区，不仅是地貌类型的分界线，很可能是新构造运动不同类型的分界断裂。

再仔细分析重磁各原创成果图，无论是北西向还是北东向断裂，往南延伸时，每每遇到近东西向断裂时受阻，被短距离间断，北西向和北东向断裂也有间隔（断）近东西向断裂者，但频次相对较低。这就是说，近东西向断裂不仅较北东向断裂活动较新、较强，且较北西向断裂也更活跃一些，从规模上分析，近东西向断裂活动远远强于北西向断裂。这在前文重磁资料解释断裂时，已有许多阐述。

在45°、135°一阶方向导数灰度图上，经常可看到近东西向断头带，即使在与0°一阶方向导数直角相交的90°方向一阶导数灰度上也可看到，如重力图图2–5–22和图2–5–23（135°图），图2–5–29和图2–5–30（45°图），图2–5–37和图2–5–38（90°图）。航磁图图3–4–20至图3–4–23（45°图），图3–4–40至图3–4–43（135°图），图3–4–30（90°图）。但在0°一阶方向导数图上却很难见到北东向、北西向的断头带，这不仅说明近东西向断裂的强度大的信息，也说明近东西向方向断裂频频切断北东向、北西向断裂的地质现象。至于北西向与北东向两组断裂，则北西向断裂切断（间断）北东向断裂的频次要高一些，如重力图图2–5–37和图2–5–38，航磁图也同样反映这一现象，如图3–4–26和图3–4–27（90°等值线图），图3–4–30至图3–4–32（90°灰度图），图3–4–47和图3–4–48（总梯度模图）等。

总之，各种图比较一致地反映了近东西向断裂地壳深部不仅深、规模大，且是活动最新、最强的断裂，北西向断裂与东西向断裂可能是同期活动的断裂，但规模、强度要低于近东西向断裂，而北东向断裂相对活动性较弱，活动时间也可能相对较早，近时期也有活动，但活动频次相对较低。

4.4.2 断裂活动性的地表观测

断裂切割关系反映了断裂活动次序、新老、强弱。推理而论，北东东（近东西）向、北西向断裂既然是最新的活动次序，它也就是现代构造运动的主体，这方面，还可从现代地面观测得到证明。

4.4.2.1 地形变观测

大地形变测量，特别是大范围水准网的重复测量，是研究地壳现代构造运动的重要方法，它的变化速率不仅常反映构造运动的强弱，且能很好地反映现代构造运动区、带的状况，长期的重复累积测量速率变化图常常能反映活动构造带或断裂带。

图4-4-1是珠江三角洲地区地壳垂直形变速率图，近东西向、北东向、北西向3组构造带在图上有较好的反映：近东西向构造带，大体北自F1佛冈—河源一线以南，南自澳门—香港一线以北，西自清远—三水一线以东，东自惠州—深圳一线以西，基本上是近东西向构造主体的范围，内部可分出清远—从化—河源、肇庆—三水—广州—增城、顺德—惠州、开平—澳门—香港几个小带。这个区自从化以南基本上为负值区，即地壳以下降的构造运动为主，是珠江三角洲平原的主要区域。北东向构造带主要展布在西部，也就是F7肇庆—四会（吴川—四会）断裂、F8广州—恩平断裂带的范围，是正速率上升带，它的东部就是珠江三角洲下降区。东北部是河源—中山以负速率为主的地带，而北西向构造带主要反映在以江门为中心的负速率带，与西江河道大体一致，应是受到F15西江断裂活动的控制，恩平—开平南等值线向南东同步拐弯，或许是F13恩平—镇海湾断裂活动的反映（往南已是海域，无地形观测点）。图4-4-1存在以河源为中心的北西向负速率带，那里本来就存在一条很活动的北西向断裂带，1962年发生过Ms 6.2级地震，是水库诱发型构造地震。大震后还一直不断地发生多次M_L 5级左右地震，与此北西向断裂参入活动有直接关系。第二编将有阐述。

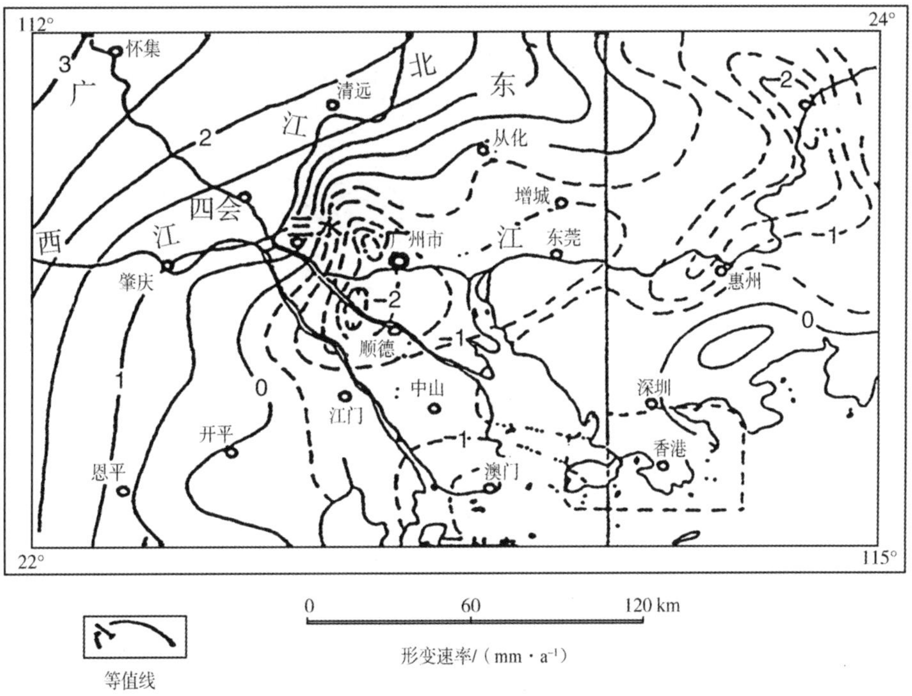

图4-4-1 珠江三角洲地区地壳垂直形变速率（据广东省地震局测量队）

4.4.2.2 流动重力观测

为了监测广东省粤东汕头地区、粤西湛江—阳江地区、粤中珠江三角洲地区3个国家级重点地震监视防御区的地震活动趋势，广东省地震局地震工程勘测中心（原测量物探大队）每年定期进行流动重力网观测（本书部分作者是领队，一直参与测量及数据处理和分析），这是一种速度快、效率高和精度高的方法技术，不仅从每期重力变化速率值判断和预测地震活动，且可从所得区域重力场变化图形研究构造（断裂）活动，提供地震预测和工程建设方面所需宝贵的科学资料。图4-4-2和图4-4-3是两组珠江三角地区流动重力场变化图，其中，第一组图（图4-4-2）是20世纪第Ⅳ地震活动幕（1986—1999年）时间段内观测的一部分重力场变化图，第二组图（图4-4-3）是自1999年开始的至今未结束的地震平静期时间段内观测的一部分重力场变化图。在第Ⅳ活动幕中，珠江三角洲地区虽然未发生过Ms≥5级破坏地震（详见第五章），不及粤闽赣交界、粤桂琼交界地区活跃，但在南海北缘地震带北西西向统一应力场加强的背景下，它也有相应的加强，构造带的活动应大体与之一致，即近东西向构造带和北西向构造带活动相对明显，第一组图体现这一特征，近东西向和北西向梯度带比较突出，北东向梯度带相对少一些，弱一些。第二组图反映则没有那么有序，量值变化相对也比较小。平静期应力场处于调整阶段，应力作用方向和变化频度常会发生变化，构造活动不仅弱，且无序，据此，当重力场、形变场持续有序时，可能已面临活跃期，或已在活跃期中，则要加强戒备。

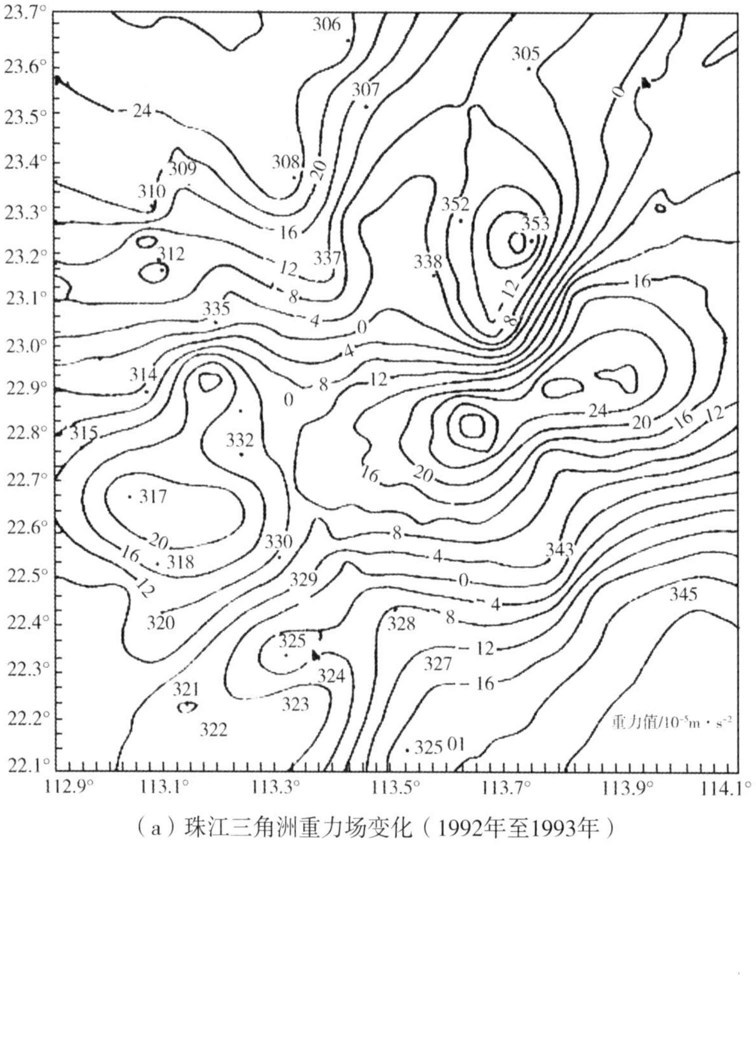

（a）珠江三角洲重力场变化（1992年至1993年）

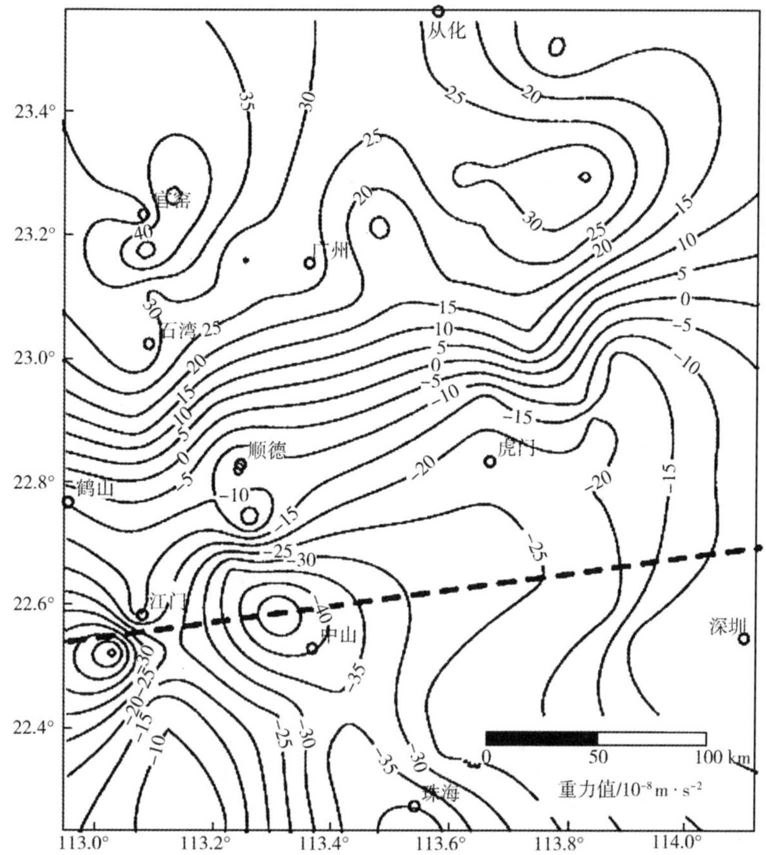

（b）珠江三角洲重力场变化（1996年3月至1997年5月）

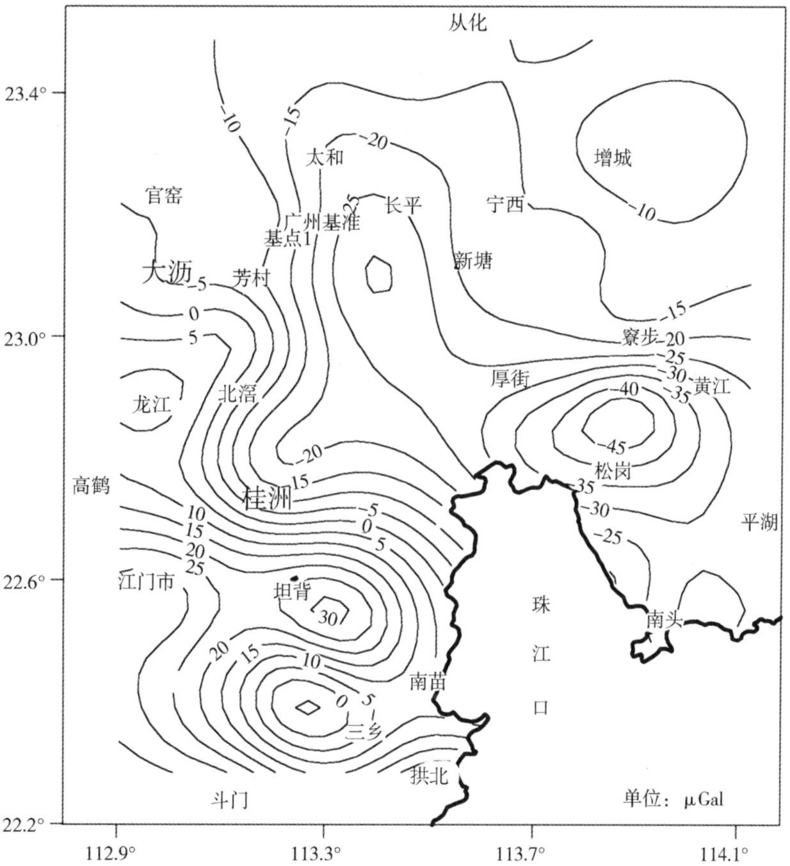

（c）珠江三角洲重力场变化（1988年至1993年）

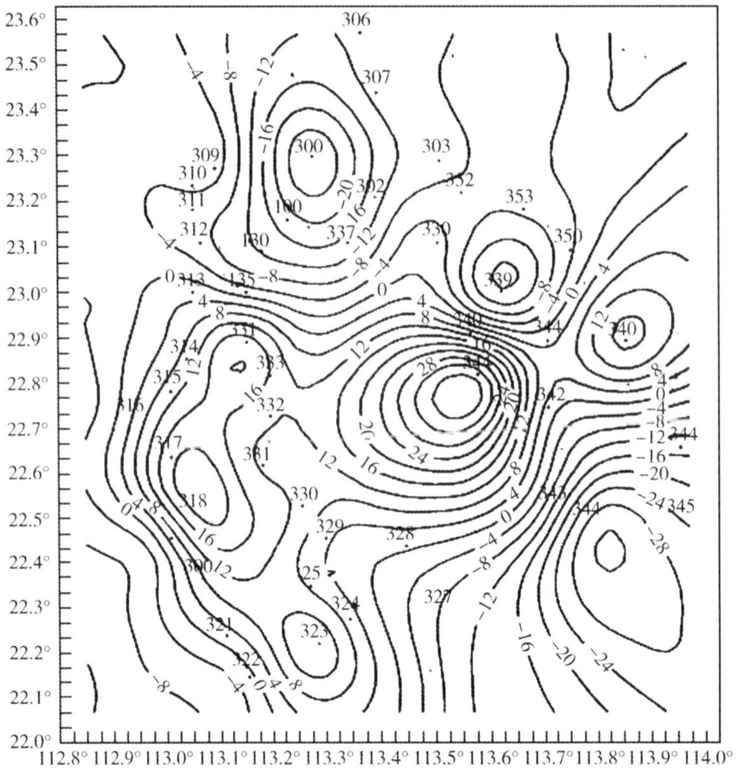

（d）珠江三角洲重力点值变化（1997年9月至1998年4月）

图4-4-2　地震活跃期珠江三角洲重力场变化

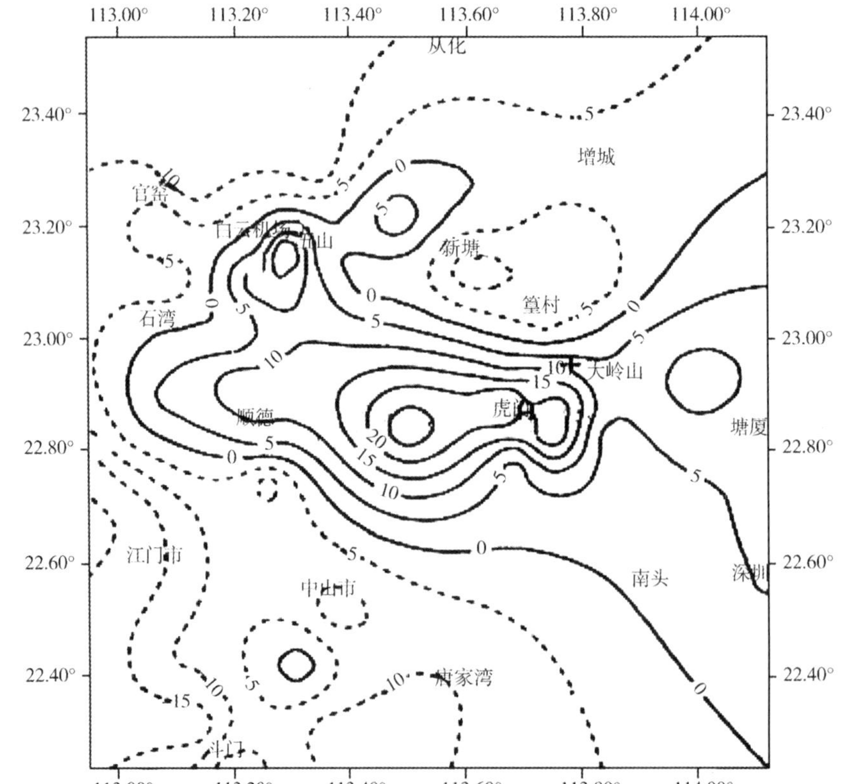

（a）珠江三角洲测区重力场期变化平面图（2000年1月至2000年9月）

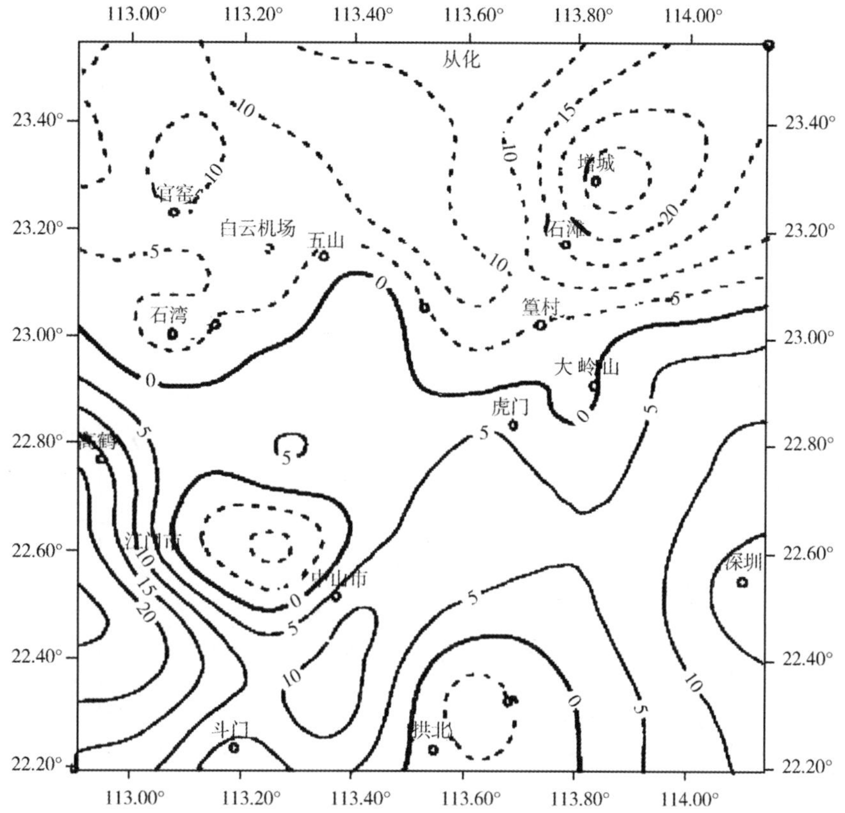

（b）珠江三角洲重力场期变化平面图（1999年9月至2000年1月）

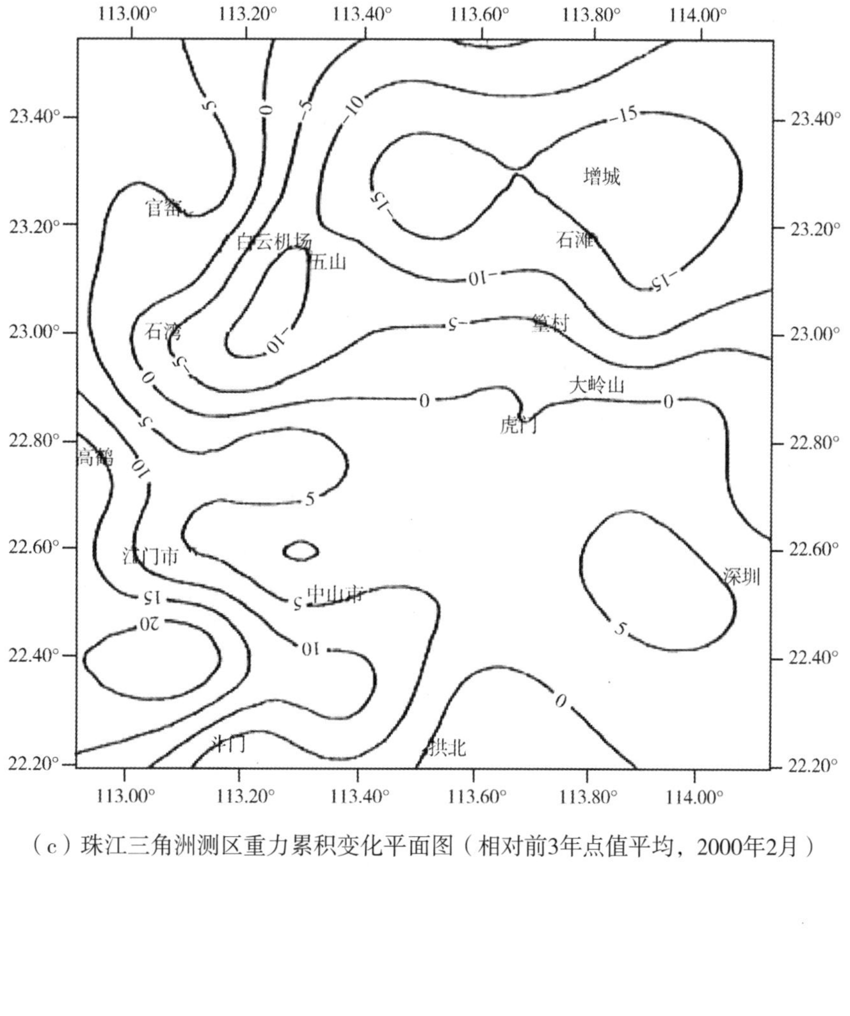

（c）珠江三角洲测区重力累积变化平面图（相对前3年点值平均，2000年2月）

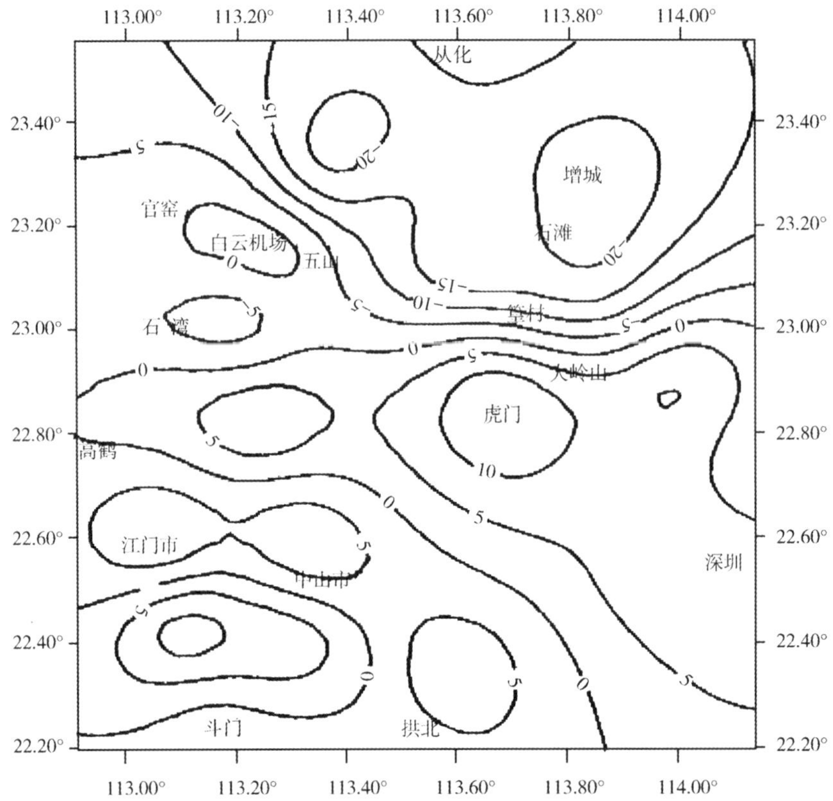

（d）珠江三角洲测区重力累积变化平面图（相对前3年点值平均，2000年9月）

（e）珠江三角洲重力场期变化平面图（2003年3月）年3月）3月）月）

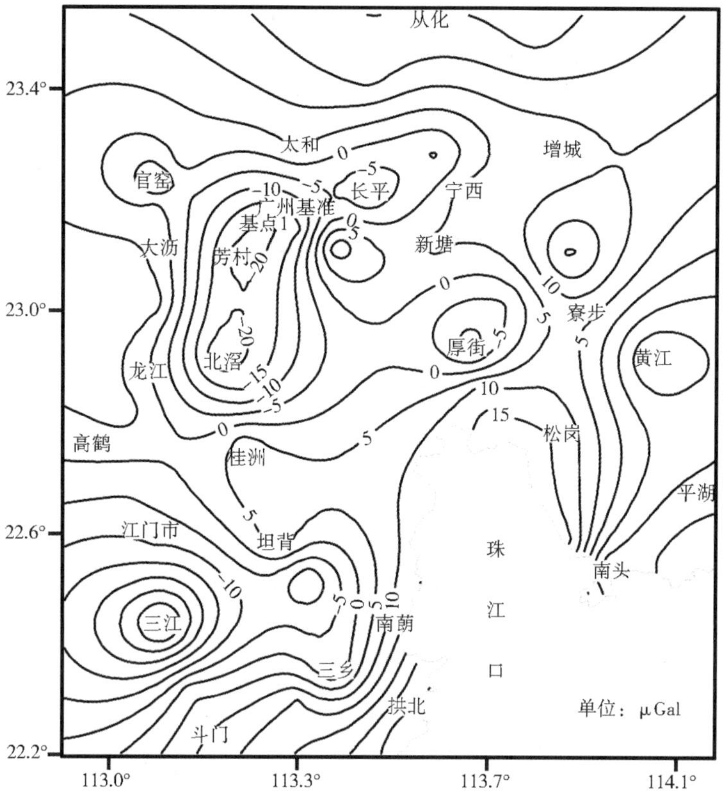

（f）珠江三角洲测区重力场期变化平面图（2004年3月至2004年10月）

图4-4-3　地震平静期珠江三角洲重力场变化

4.4.2.3　第四系等厚线图的编制与分析

在第一章“珠江三角洲平原地区第四纪地层厚度”和“南海北部第四系等厚线图及其分析”二节中，已对第四系分布厚度与断裂活动作了分析[12]。经过重磁资料的断裂解释（第二章、第三章），就更清楚了，它们所得认识（解释）基本一致，即近东西向断裂和北西向断裂主导了第四系沉积的分布（图1-2-3），也就是说，是新构造（第四纪时段：Q_3以来）运动主要的活动方式、表征。许多断裂展布也基本一致，将图1-2-3与图4-1-1作比较，就清楚不过了。这里要说明的是，第四系等厚线图，尤其是珠江三角洲地区的第四系等厚线图，只是反映新构造期最晚的一段时期（上更新世Q_3以来），即4万多年以来的地质事件[3-8]，所解释的断裂只是深部断裂的浅部表现（反映），而重磁资料解释的断裂是新构造期以来的断裂构造格局。两者断裂活动格局一致，或可说明新构造运动总体保持一致的构造应力场。

4.4.2.4　断层气测量（Hg、Rn）

对断裂带上覆土层中含汞（Hg）、氡（Rn）气量测量，可反映该断裂测量段活动状况，断裂开启裂缝大，即活动量大，泄出在上覆土层中含量亦大，重复测量，则可了解断裂活动变化的动态，它是监测和预测地震活动的一种方法[33]。广东省地震局和中山大学地质系等单位为监测地震活动或工程地震评价，曾对珠江三角洲地区和全省其他地区的一些断裂做过一些Hg、Rn气的测量。作者也曾在赣南、潮汕、河源、珠江三角洲、阳江、雷州半岛、琼北、广西灵山等地区做过Hg、Rn气的测量。1994年在寻乌三标等地段（北西向寻乌—三标断裂）测Rn时，发现Rn含量达3 700脉冲/L，是高背景值区的数十倍，陪同我们测量的江西省地震局郑栋处长当即向江西省地震局通报，3个月后（1995年1月24日）在三标即发生了4.3级地震，当地有强烈震感，说明断层气测量对断裂活动乃至地震活动状况的监测是一种相对比较可行的方法。但要注意断裂地段选择、剖面设计、测线、测点密度要合理，测点地下水、土壤有无可能受到污染。我们将珠江三角洲地区有关断裂的Hg、Rn测量数据列入表4-4-1，以供参考。

从表4-4-1中可知，珠江三角洲地区Hg、Rn数值普遍不是太高，个别点Rn超出背景值30倍，如F11东莞—虎门—三马测点，据调查与地下水污染有关。可推测，珠江三角洲地区近期各断裂活动性比较弱。

表4-4-1　珠江三角洲地区部分断层气测量数据

断裂编号和名称	地点	测线方向	跨越分断裂	采样环境	峰值		背景值		资料来源
					Hg/(ng·L^{-1})	Rn/(Bq·L^{-1})	Hg/(ng·L^{-1})	Rn/(Bq·L^{-1})	
F3肇庆—广州断裂	新溪南路	北西	广三断裂	冲积物		135*		60	郭钦华
	南海	北西	广三断裂	冲积物	1.012		0.15		吴业彪
	大德路	北西	广三断裂	冲积物	0.608	15.06	0.15	10	吴业彪
	仓头	北西	广三断裂	冲积物	0.2		0.15		郭钦华
	广州军区干休所	北东	瘦狗岭断裂	冲积物	0.8				林美
	五山	北东	瘦狗岭断裂	残积物	0.7				林美
	鸡笼岗	北东	瘦狗岭断裂	残积物		29.18			林美
	沙河干休所	北东	瘦狗岭断裂	残积物	0.78		0.3		梁致荣
	鸡笼岗	北东	瘦狗岭断裂	残积物		159*		60	梁致荣
	湖镇	北东	瘦狗岭断裂	残积物		331*		25	梁致荣
	温泉	北东	瘦狗岭断裂	残积物		209*		25	梁致荣
	肇庆北山林场	北西	北山断裂	洪冲积物		63.6		12	罗振暖
	肇西江大学	北北西	北山断裂	洪冲积物		68.8		12	罗振暖
	肇庆鼎湖山南麓	北北西	北山断裂	洪冲积物		58.2		12	罗振暖
F5五桂山北麓断裂	信联	北西	顺景台断裂	风化土	0.138	52.64	0.09	5	梁致荣
	紫米大街	北东	华侨新村	风化土	0.283	62.41	0.09	5	梁致荣
	商检局	北东	沙岗断裂	风化土				37*	梁致荣
F8广州—恩平断裂	白云冷冻厂（景泰坑）	北西	广州—从化断裂		0.132	145.77			魏柏林
	羊城汽车厂	北西	广州—从化断裂		0.392	15.84	0.2	15	黄河生
	羊城汽车厂	北西70°	广州—从化断裂		0.377	130.36	0.2	15	黄河生
	羊城汽车厂	北西	广州—从化断裂		0.215	28.11	0.2	15	黄河生
	龙归永泰村	北西	广州—从化断裂		0.2				林美
	良口	北西	广州—从化断裂		0.021	36.8	0.026	79.44	魏柏林

续表

断裂编号和名称	地点	测线方向	跨越分断裂	采样环境	峰值		背景值		资料来源
					Hg/(ng·L^{-1})	Rn/(Bq·L^{-1})	Hg/(ng·L^{-1})	Rn/(Bq·L^{-1})	
F8广州—恩平断裂	良口北	北西	广州—从化断裂		0.3	185.1	0.15		魏柏林
	景泰坑	北西	广州—从化断裂			17.55		9.58	梁致荣
	雷岗	北西	雷岗断裂			156			梁致荣
F9增城—新会断裂	江门外海	北西	新会断裂	平原		180			梁致荣
	江门D线	北西	新会断裂	平原		189		30*	梁致荣
	江门E线	北西	新会断裂	平原		228			梁致荣
F10河源—中山断裂	河源测量站	北西	河源断裂	硅化带	0.86		0.1		魏柏林
	河源火辣山	北西	河源断裂	硅化带	2.7		0.1		魏柏林
	河源高埔	北西	河源断裂	硅化带	2.1		0.1		任镇寰
	河源火辣山	北西	河源断裂	硅化带	2.6		0.1		任镇寰
	新城区	北西	河源断裂	红色砂岩	1.2		0.1		任镇寰
F11博罗—斗门断裂	博罗温泉	北西	博罗断裂			209		25	赵红梅
	博罗小金口	北西	博罗断裂			326		30	赵红梅
	博罗小金口北					245		65	罗振暖
	东莞—虎门—三马	北西	博罗断裂			910		30	罗振暖
	东莞横沥	北西	博罗断裂			120		20	罗振暖
	东莞龙眼	北西	博罗断裂			75		30	赵红梅
F12莲花山断裂	沙头	北西	九尾岭断裂	风化壳		137		65	赵红梅
F15江门—斗门（西江）断裂	白水带	北东	西江断裂	冲积层	0.27	15.2	0.2	17	魏柏林
	白水带	北东	西江断裂	冲积层		33.64	0.2		魏柏林
	横坑里	北东	西江断裂	冲积层	0.195		0.2		魏柏林
	外海	北东	西江断裂	冲积层		362		30	魏柏林
	外海	北东	西江断裂	冲积层		199		30	魏柏林
	外海码头	北东	西江断裂	冲积层	0.75	88.12	0.2	17	魏柏林
	断头围	北东	西江断裂	冲积层	0.4	35	0.2	17	魏柏林
F16三水—担杆断裂	番禺沙湾	北西	白泥—沙湾断裂	冲积	0.69		0.06	175	魏柏林
	番禺沙湾	北西	次级断裂	冲积	0.2		0.06		魏柏林
	番禺沙湾	北西	次级断裂	冲积	0.17		0.06		魏柏林

注：由于本表数据绝大部分来自地震安全性评价报告，资料互相引用，测量人名可能有误，请见谅！

*单位为脉冲/min。

4.4.2.5 断裂绝对年龄测定

在广东断裂绝对年龄测定多采用热释光法（TL），极少数采用电子自旋共振（ERS）、裂变迳迹和扫描电子显微镜（SEM）法，罕有在断裂剖面上采到^{14}C样品（腐木或泥炭等），随着珠江三角洲地区经济发展，工程建设项目与日俱增，兼之社会防震抗震意识大大提高，地震安全性评价工作也随之增多，该项工作必须开展断裂活动性研究，因此，广泛对断裂进行绝对测年工作，积累了一批测量数据。由于各地工程项目不均衡，所以测点分布也不均衡，现将收集到的数据，按图4-1-1断裂编号顺序列于表4-4-2中。

从表4-4-2可知，330个数据中除西江磨刀门^{14}C、从化水口三水某钻孔TL各一个数据在1万年（全新世）以下外，其余数据都在2万年以上，其中小于13万年的数据有107个，小于10万年的数据有55个，也就是说，2/3以上的数据属于中更新世时代，1/3的数据属于晚更新世时代。显然，全新世断裂活动的数据基本没有取得。前述第四系等厚线图分析、形变测量、流动重力测量以及地震活动（第五章）都说明珠江三角洲地区的断裂在全新世、晚更新世，乃至现代均有过活动，只是绝对测年项目（TL、ERS、SEM、裂变径迹和^{14}C）未采到这些测验样品而已。这主要在于，采样存在较多问题[34-35]，全新世样品采集非常困难，加之众多的绝对年龄测定实验室良莠不齐，很难得到全新世，特别是现代断裂活动的样品。但是，这些数据仍有重要价值，至少说明，中更新世珠江三角洲的断裂有过强烈活动，晚更新世相对减弱，为研究全新世，乃至现代断裂活动打下较好的基础，功不可没。

表4-4-2　珠江三角洲地区部分断裂绝对测年数据

断裂编号和名称	断裂名称	采样地点	断裂物质	测年数据/10^4 a B. P.	采样人	测年方法
F1佛冈—河源断裂	水口断裂	从化水口附近	构造岩	18.19 ± 1.3	黄日恒	TL
	水口断裂	从化水口附近	构造岩	0.79 ± 0.058	黄日恒	TL
	大罗山前断裂	清远水厂北	断层泥	28.90 ± 2.25	黄日恒	TL
F3肇庆—广州断裂	广州—三水断裂	黄埔螺壳山西侧	构造岩	5.09 ± 0.35	潘建雄	TL
		南海	构造岩	56.6 ± 0.33	吴业彪	TL
	广州—三水断裂	黄埔螺壳山西侧	构造岩	2.27 ± 0.16	潘建雄	TL
	广州—三水断裂	仓头MDKC3-G-60	构造岩	15.65 ± 1.09	潘建雄	TL
	广州—三水断裂	狮山北黎边一带	构造岩	20.25 ± 1.48	潘建雄	TL
	广州—三水断裂	白鹤洞大桥附近	构造岩	11.2	郭钦华	TL
	广州—三水断裂	江南大道沙溪	构造岩	44.52	郭钦华	TL
	广州—三水断裂	新窑南路钻孔			郭钦华	TL
		XJ-23孔4.7 m	沉积物	0.663 ± 0.04	郭钦华	TL
		XJ-23孔7.3 m	沉积物	1.726 ± 0.19	郭钦华	TL
		XJ-23孔9.7 m	沉积物	2.54 ± 1.90	郭钦华	TL
		XJ-23孔35.7 ~ 36.7 m	沉积物	12.02 ± 0.94	郭钦华	TL
		XJ-4孔26.0 m	构造岩	13.058 ± 0.9	郭钦华	TL
		XJ-7孔26.0 m	构造岩	7.08 ± 0.53	郭钦华	TL
		B60孔26.4 m	构造岩	6.18 ± 0.46	郭钦华	TL
		XJ-23孔35.7 ~ 36.7 m	构造岩	12.9 ± 1.96	郭钦华	TL

续表

断裂编号和名称	断裂名称	采样地点	断裂物质	测年数据/10^4 a B. P.	采样人	测年方法
F3肇庆—广州断裂		X J-7孔36 ~ 40 m	构造岩	6.28 ± 0.43	郭钦华	TL
		XJ-3孔48.6 ~ 60.2 m	构造岩	14.69 ± 1.10	郭钦华	TL
		XJ-23孔50.2 ~ 50.3 m	构造岩	14.329 ± 1.0	郭钦华	TL
	瘦狗岭断裂	南岗	构造岩	8.55 ± 0.59	吴业彪	TL
	瘦狗岭断裂	黄埔庙头	构造岩	8.38 ± 0.67	吴业彪	TL
	瘦狗岭断裂	广园路	构造岩	26.3	吴业彪	TL
	瘦狗岭断裂	广园路	构造岩	31	吴业彪	TL
	瘦狗岭断裂	广园路	构造岩	8.4	吴业彪	TL
	瘦狗岭断裂	瘦狗岭干休所	构造岩	44.07 ± 3.5	吴业彪	TL
	瘦狗岭断裂	瘦狗岭干休所	构造岩	28.0 ± 2.35	吴业彪	TL
	瘦狗岭断裂	广园路园林研究所	构造岩	9.1 ± 0.72	吴业彪	TL
	瘦狗岭断裂	广园路园林研究所	构造岩	22.4	吴业彪	TL
	瘦狗岭断裂	黄埔—南岸	构造岩	8.5	吴业彪	TL
	瘦狗岭断裂	黄埔—南岸	构造岩	7.65	吴业彪	TL
	瘦狗岭断裂	小鸡笼岗MCZ2-A047			吴业彪	TL
		深3.05 m	断层泥	6.54 ± 0.49	郭钦华	TL
			断层泥	12.92 ± 0.90	郭钦华	TL
		深50.45 m	断层泥	6.68 ± 0.5	郭钦华	TL
	瘦狗岭断裂	农科院西	断层泥	81.17 ± 6.08	郭钦华	TL
	瘦狗岭断裂	省科技干部学院南门	断层泥	28.89 ± 2.16	郭钦华	TL
	瘦狗岭断裂	新塘木沟山	断层泥	11.8 ± 0.7	陶夏新	TL
	瘦狗岭断裂	瘦狗岭	断层泥	7.06 ± 0.5	陶夏新	TL
	瘦狗岭断裂	瘦狗岭	断层泥	3.2 ± 0.2	陶夏新	TL
	瘦狗岭断裂	瘦狗岭	断层泥	22.4 ± 1.5	陶夏新	TL
	罗浮山断裂	白石南石啃	构造岩	22.45 ± 1.68	郭钦华	TL
	罗浮山断裂	仙塘白石岗	构造岩	36.68	潘建雄	TL
	罗浮山断裂	长宁下石下村	构造岩	46.21 ± 3.20	郭钦华	TL
	罗浮山断裂	湖镇石麟墟	构造岩	23.45 ± 1.82	潘建雄	TL
	罗浮山断裂	汤泉	构造岩	29.04 ± 2.41	郭钦华	TL
	罗浮山断裂	惠州市北农科所	构造岩	15.49 ± 1.16	郭钦华	TL
	罗浮山断裂	小金口	构造岩	286.71 ± 21.0	郭钦华	TL
	罗浮山断裂	横沙新村	构造岩	30.68 ± 3.02	潘建雄	TL
	罗浮山断裂	仙塘白石岗	构造岩	34.68 ± 3.02	潘建雄	TL

续表

断裂编号和名称	断裂名称	采样地点	断裂物质	测年数据/10^4 a B. P.	采样人	测年方法
F5.1五桂山北麓断裂	沙岗—窈窕断裂	沙岗立交桥	方解永	12.10 ± 0.90	郭钦华	TL
	沙岗—窈窕断裂	沙岗村南神仙井	构造岩	11.84 ± 0.80	郭钦华	TL
	沙岗—窈窕断裂	沙岗村南神仙井	构造岩	10.70 ± 0.80	郭钦华	TL
	沙岗—窈窕断裂	商检局	构造岩	28.50 ± 1.30	郭钦华	TL
	沙岗—窈窕断裂	商检局	构造岩	35.20 ± 2.40	郭钦华	TL
	沙岗—窈窕断裂	南光广场ZK38孔	构造岩	18.50 ± 1.29	郭钦华	TL
	沙岗—窈窕断裂	南光广场ZK34孔	构造岩	28.30 ± 1.98	郭钦华	TL
	沙岗—窈窕断裂	南光广场ZK5孔	构造岩	22.40 ± 1.56	郭钦华	TL
	沙岗—窈窕断裂	南光广场ZK2孔	构造岩	18.88 ± 1.32	郭钦华	TL
	沙岗—窈窕断裂	南光广场ZK13孔	构造岩	17.11 ± 1.2	郭钦华	TL
	沙岗—窈窕断裂	协和广场	碎裂岩	28.50 ± 1.90	郭钦华	TL
	沙岗—窈窕断裂	协和广场	碎裂岩	23.50 ± 1.6	郭钦华	TL
	沙岗—窈窕断裂	协和广场	碎裂岩	28.10 ± 1.90	郭钦华	TL
	沙岗—窈窕断裂	协和广场	碎裂岩	35.95 ± 2.50	郭钦华	TL
	沙岗—窈窕断裂	华丰广场	断层泥	10.75 ± 0.75	郭钦华	TL
	沙岗—窈窕断裂	华丰广场ZK12孔	构造角	22.50 ± 1.50	郭钦华	TL
	顺景台—竹苑断裂	人民银行	构造岩	35.74 ± 2.50	郭钦华	TL
	顺景台—竹苑断裂	人民银行	构造岩	10.60 ± 0.70	郭钦华	TL
	顺景台—竹苑断裂	竹苑ZK7孔	构造岩	12.08 ± 0.80	郭钦华	TL
	顺景台—竹苑断裂	竹苑ZK8孔	构造岩	13.1 ± 0.90	郭钦华	TL
	顺景台—竹苑断裂	竹苑ZK18孔	构造岩	12.40 ± 0.82	郭钦华	TL
	顺景台—竹苑断裂	中山广场	碎裂岩	24.20 ± 1.6	郭钦华	TL
	顺景台—竹苑断裂	顺景台	碎裂岩	20.83 ± 1.45	郭钦华	TL
	顺景台—竹苑断裂	信联	构造角	10.80 ± 0.85	郭钦华	TL
	顺景台—竹苑断裂	信联	断层泥	17.50 ± 1.25	郭钦华	TL
	顺景台—竹苑断裂	信联	断层泥	22.30 ± 1.50	郭钦华	TL
	顺景台—竹苑断裂	信联	断层泥	13.80 ± 1.10	郭钦华	TL
	顺景台—竹苑断裂	信联	断层泥	16.26 ± 1.20	郭钦华	TL
	顺景台—竹苑断裂	信联	断层泥	11.84 ± 0.80	郭钦华	TL
	顺景台—竹苑断裂	信联	断层泥	10.70 ± 0.80	郭钦华	TL
	永胜—富豪断裂	富豪山庄	断层泥	16.50 ± 1.15	郭钦华	TL
	永胜—富豪断裂	富豪山庄	断层泥	16.87 ± 1.18	郭钦华	TL
	永胜—富豪断裂	富豪山庄	断层泥	17.60 ± 1.30	郭钦华	TL
	永胜—富豪断裂	富豪山庄	断层泥	16.98 ± 1.20	郭钦华	TL
	永胜—富豪断裂	富豪山庄	构造岩	22.45 ± 1.60	郭钦华	TL
	永胜—富豪断裂	富豪山庄	构造岩	12.40 ± 0.80	郭钦华	TL

续表

断裂编号和名称	断裂名称	采样地点	断裂物质	测年数据/10^4 a B. P.	采样人	测年方法
F5.1五桂山北麓断裂	永胜—富豪断裂	莲峰山公园	断层泥	24.95 ± 1.70	郭钦华	TL
	永胜—富豪断裂	永胜广场	构造角	10.20 ± 0.6	郭钦华	TL
	华侨新村—工商局	华侨新村	碎裂岩	31.92 ± 2.50	郭钦华	TL
	华侨新村—工商局	银河大厦	构造岩	12.70 ± 0.90	郭钦华	TL
	华侨新村—工商局	天海城	构造岩	35.03 ± 0.28	郭钦华	TL
	华侨新村—工商局	天海城	构造岩	31.37 ± 0.25	郭钦华	TL
F5.2五桂山南麓断裂	五桂山南麓断裂	逸仙水库	构造岩	91.50 ± 8.42	吴业彪	TL
	五桂山南麓断裂	逸仙水库	构造岩	12.83 ± 1.0	吴业彪	TL
	五桂山南麓断裂	逸仙水库	构造岩	45.9	李运贵	TL
	五桂山南麓断裂	逸仙水库	构造岩	35.9	李运贵	TL
	五桂山南麓断裂	猫山北	构造岩	11.27 ± 0.88	李运贵	TL
	五桂山南麓断裂	猫山北	构造岩	Q_2^3	李运贵	SEM
	五桂山南麓断裂	翠亨	构造岩	45.9	李运贵	ESR
	五桂山南麓断裂	西竹仔岭	构造岩	35.93	李运贵	ESR
	五桂山南麓断裂	虎跳崖	构造岩	13.6 ± 1.06	李运贵	TL
	五桂山南麓断裂	猪母潭水库	构造岩	7.39 ± 0.5	李运贵	TL
	五桂山南麓断裂	猪母潭水库	构造岩	28.45 ± 8.53	李运贵	ESR
	五桂山南麓断裂	猪母潭水库	构造岩	41.78 ± 12.53	李运贵	ESR
F6滨海岸断裂	横琴岛—下川岛断裂	大襟岛狮子湾	断层泥	17.28	陈定国	TL
	横琴岛—下川岛断裂	大襟岛狮子湾	石英粒	Q_3	陈定国	SEM
	横琴岛—下川岛断裂	珠海田心	构造岩	10.24 ± 0.91	陈定国	TL
	横琴岛—下川岛断裂	珠海东嘴金泽花园	构造岩	3.23	陈定国	TL
	吉大—白藤山断裂	珠海白沙头	构造岩	12.08 ± 0.4	李运贵	TL
	吉大—白藤山断裂	珠海西南段	构造岩	5.95 ± 0.40	李运贵	TL
F7肇庆—四会（吴川—四会）断裂	高要断裂	水下钻孔（ZK237）（肇庆大桥）	方解石脉	14.22 ± 1.03 15.25 ± 1.14 16.92 ± 1.27	魏柏林	TL
	高要断裂	高要羚羊峡南口左岸	断层泥	45.21 ± 3.40 48.95 ± 3.63	魏柏林	TL
	高要断裂	松柏镇石井村	方解石表层	11.33 ± 0.2	梁致荣	TL
	高要断裂	松柏镇石井村	方解石	36.40 ± 2.8	梁致荣	TL
	高要断裂	松柏镇石井村	断层泥	13.55 ± 0.9	梁致荣	TL
	高要断裂	鼎湖山水坑北	糜棱岩	18.26 ± 1.2	任镇寰	TL
	四会讴坑断裂	四会		14.25 ± 1.55	潘建雄	TL
	兰源—江屯动力变质带	四会		55.19 ± 3.8	潘建雄	TL
	古水断裂	四会		24.25 ± 1.7	潘建雄	TL

续表

断裂编号和名称	断裂名称	采样地点	断裂物质	测年数据/10^4 a B. P.	采样人	测年方法
F7肇庆—四会（吴川—四会）断裂	长安—都平断裂	四会		46.22 ± 3.4	潘建雄	TL
	运塘—三屋排—龙文肚断裂	罗定、罗阳西、电白、东华	方解石脉、方解石被膜	40.50 ± 3.44 35.08 ± 2.59	邹和平	TL
	黄岭顶—合水口断裂	阳春石合	断层泥	38.70 ± 3.75 22.81 ± 1.76	邹和平	TL
	大陈墟—分水坳—吴川断裂	阳春八甲鹅颈	断层泥	49.30 ± 2.46	邹和平	TL
	陂面—石菉断裂	阳春石井	压碎方解石	11.33 ± 0.8	邹和平	TL
	湾边墟—城桐—织贡断裂	阳西长山岭	断层泥	35.09 ± 3.19	邹和平	TL
	上库北东向断裂	阳春八甲蓄能站	断层泥	18.30 ± 1.28	郭钦华	TL
	下库北东向断裂	阳春八甲蓄能站D27孔（深8.1 m处）	第四系砂砾	2.23 ± 1.60	郭钦华	TL
	北东向断裂	地下厂房D23（52 ~ 56 m深处）	花岗岩滑动面物质	24.80 ± 1.73	郭钦华	TL
	北东向断裂	下库D27孔（22 ~ 32.2 m处）	方解石	14.38 ± 1.00	郭钦华	TL
	北东向断裂	阳春河口镇铸钢厂	糜棱岩	21.43 ± 1.58	郭钦华	TL
	北东向断裂	阳春织贡	硅质角砾岩	40.50 ± 2.84	郭钦华	TL
	北东向断裂	阳春八甲镇鹅颈	硅质岩	53.15 ± 3.70	郭钦华	TL
	东西向断裂	电白县那霍镇	断层滑动面物质	51.15 ± 3.70	郭钦华	TL
	阳春市石篆	石篆断裂	腐木（上覆冲洪层）	3.429 8 ± 0.221 9	中国地震局地质所	TL
F8广州—恩平断裂	广从断裂	良口		30.33 ± 2.28	郭钦华	TL
	广从断裂	岐岭采石场	断层泥	12.64 ± 0.63	佛山区测队	TL
	广从断裂	同和		8.11 ± 0.56	梁致荣	TL
	广从断裂	马鞍山（太和）		2.65 ± 0.18	梁致荣	TL
	广从断裂	马鞍山（太和）		约35.93	梁致荣	TL
	广从断裂	大金钟水库		58.20 ± 4.7	黄河生	TL
	广从断裂	柯子岭		35.94 ± 2.66	黄河生	TL
	广从断裂	象岗山		23.42 ± 1.60	郭钦华	TL
	广从断裂	象岗山		58.16 ± 4.7	郭钦华	TL
	广从断裂	广州新体育馆		64.57 ± 4.84	郭钦华	TL
	广从断裂	良口北	残坡积物	0.79 ± 0.05	郭钦华	TL
	广从断裂	良口北		18.19 ± 1.30	郭钦华	TL

续表

断裂编号和名称	断裂名称	采样地点	断裂物质	测年数据/10^4 a B. P.	采样人	测年方法
F8广州—恩平断裂	广从断裂	同和采石场	断层泥	22.382 ± 1.248	梁致荣	裂变径迹
	广从断裂	大黄楼采石场	断层泥	64.6 ± 0.47	梁致荣	裂变径迹
	广从断裂	板隆采石场	断层泥	25.75 ± 13.81	梁致荣	裂变径迹
	石碣断裂	石碣		28.29 ± 1.98	吴业彪	TL
	石碣断裂	石碣		39.09 ± 2.70	郭钦华	TL
	蠕岗断裂	广佛地铁K15孔下		76.43 ± 5.7	郭钦华	TL
	蠕岗断裂	广佛地铁MGF2-A107孔	碎裂岩	47.56 ± 3.30	郭钦华	TL
	蠕岗断裂	广佛地铁18.2 m	构造角砾岩	45.10 ± 3.16	郭钦华	TL
	蠕岗断裂	南桂东路A09孔	断层泥	14.89 ± 1.04	郭钦华	TL
	蠕岗断裂	南桂东路A09孔	断层泥	9.76 ± 0.68	郭钦华	TL
	苍梧—恩平断裂	鹤山朱六合南猪脊		33.68 ± 3.19	吴业彪	TL
	苍梧—恩平断裂	鹤山江华塘		15.23 ± 4.6	吴业彪	ESR
	苍梧—恩平断裂	鹤山江华塘		16.68 ± 5.04	吴业彪	ESR
	苍梧—恩平断裂			15.33	吴业彪	TL
	苍梧—恩平断裂	鹤城鹿子坑	压碎砾岩	33.67 ± 3.19	吴业彪	TL
	苍梧—恩平断裂			200	吴业彪	TL
	苍梧—恩平断裂			350	吴业彪	TL
	苍梧—恩平断裂			17.26 ± 1.29	吴业彪	TL
	苍梧—恩平断裂			15.33	吴业彪	TL
	苍梧—恩平断裂			17.26	吴业彪	TL
	苍梧—恩平断裂			23.86	吴业彪	TL
	苍梧—恩平断裂		断层泥	64	彭承光	TL
	苍梧—恩平断裂		断层泥	15	彭承光	TL
	苍梧—恩平断裂	苍城		33	吴业彪	TL
	苍梧—恩平断裂	金鸡南		17	吴业彪	TL
	苍梧—恩平断裂			17.26	吴业彪	TL
	苍梧—恩平断裂	苍城百足山林场	压碎石黄脉	13.52 ± 12.7	杨廉法	TL
	苍梧—恩平断裂	高明附近	断层泥	24.52	杨廉法	TL
	金鸡断裂	台山官冲水库	断层泥	64.09 ± 4.68	杨廉法	TL
	金鸡断裂	金鸡高明村	断层泥	17.26 ± 1.29	杨廉法	TL
	苍梧—恩平断裂	海陵岛闸坡	断层泥	66.3	彭承光	TL

续表

断裂编号和名称	断裂名称	采样地点	断裂物质	测年数据/10^4 a B. P.	采样人	测年方法
F8广州—恩平断裂	苍梧—恩平断裂	海陵岛闸坡		28	彭承光	TL
	苍梧—恩平断裂	海陵岛闸坡		35	吴业彪	TL
	苍梧—恩平断裂	海陵岛闸坡		11.17	吴业彪	TL
F9增城—新会断裂	潮连—奇榜断裂	会城	构造岩	10.6 ± 0.76	黄日恒	TL
	潮连—奇榜断裂	会城	构造岩	15.88 ± 1.19	黄日恒	TL
	潮连—奇榜断裂	江门外海江边工地	构造岩	11.15 ± 0.78	郭钦华	TL
	江门江翠路断裂	江门麦园村	构造岩	10.05 ± 0.70	郭钦华	TL
	江门建设路断裂	江门建设路	构造岩	21.56 ± 1.50	郭钦华	TL
	顺德南江断裂	南江	断层泥	26.30 ± 1.84	郭钦华	TL
	顺德容山断裂	容山	构造岩	35.92 ± 2.50	郭钦华	TL
F10河源—中山断裂	东莞—厚街断裂	自来水厂	构造岩	21.15 ± 1.69	潘建雄	TL
	东莞—厚街断裂	金山灵塔园	构造岩	7.31 ± 0.62	潘建雄	TL
	东莞—厚街断裂	赖家庄		60.95 ± 4.57	郭钦华	TL
	东莞—厚街断裂	赖家庄	构造岩	27.69	潘建雄	TL
	东莞—厚街断裂	赖家庄		23.05	潘建雄	TL
	东莞—厚街断裂	东莞水厂		27.69 ± 2.68	郭钦华	TL
F11博罗—斗门（紫金—博罗）断裂	博罗断裂	惠州市农科所北	断层泥	15.49 ± 1.6	吴业彪	TL
	博罗断裂	惠州温泉	构造岩	29.04 ± 2.41	吴业彪	TL
	博罗断裂	小金口	构造岩	286.71 ± 21.5	吴业彪	TL
	博罗断裂	寮步蛇头湾	构造岩	14.12 ± 1.16	吴业彪	TL
	博罗断裂	虎门三马	构造岩	5.25 ± 0.43	薛佳谋	TL
	博罗断裂	虎门三马	构造岩	6.79 ± 5.3	薛佳谋	TL
	博罗断裂	虎门三马	构造岩	11.03 ± 0.86	薛佳谋	TL
	博罗断裂	寮步蛇头湾	构造岩	31.56 ± 2.65	陈国能	TL
	博罗断裂	虎门黄屋村	构造岩	35.16 ± 2.64	陈国能	TL
	博罗断裂	惠州温泉	构造岩	33	吴业彪	TL
	博罗断裂	惠州金鸡西南	构造岩	17	吴业彪	TL
	樟木头断裂	观音山水库	构造岩	12.87 ± 1.13	吴业彪	TL
	樟木头断裂	观音山水库	构造岩	2.5 ± 0.21	吴业彪	TL
	唐家湾—南屏断裂	唐家湾	构造岩	10.6	李运贵	TL
	唐家湾—南屏断裂	南屏	构造岩	11.3	李运贵	TL
	新村断裂	柠溪村	构造岩	10.68	李运贵	TL
	湾仔断裂	银坑	构造岩	18.43	李运贵	TL
	湾仔断裂	西瓜铺	构造岩	54	李运贵	ERS

续表

断裂编号和名称	断裂名称	采样地点	断裂物质	测年数据/10^4 a B. P.	采样人	测年方法
F11博罗—斗门（紫金—博罗）断裂	石花山断裂	珠海度假村	构造岩	12.17	李运贵	TL
	石花山断裂	边防检查站	构造岩	12.67	李运贵	TL
F12惠东—深圳（莲花山）断裂	九尾岭断裂	蛇口山	断层泥	15.05 ± 1.05	郭钦华	TL
	九尾岭断裂	蛇口山	残坡积物	1.17 ± 0.08	郭钦华	TL
	九尾岭断裂	蛇口山	构造岩	26.162	杨廉法	TL
	横岗—罗湖断裂	六段（上复Q层）	构造岩	1.939 ± 0.051	核工部	TL
	横岗—罗湖断裂	龙岗炳坑村（上复Q层）	构造岩	1.96 ± 0.13	郭钦华	TL
	横岗—罗湖断裂	龙岗炳坑村	构造岩	88.62 ± 6.5	郭钦华	TL
	横岗—罗湖断裂	黄贝岑	构造岩	30.89	李运贵	TL
	横岗—罗湖断裂	黄贝岑	构造岩	57.8	李运贵	TL
	横岗—罗湖断裂	大望新田仔采石场	构造岩	31.9	李运贵	TL
	横岗—罗湖断裂	大望新田仔采石场	构造岩	20.70 ± 1.45	李运贵	TL
	横岗—罗湖断裂	大望新田仔采石场	构造岩	91.5 ± 6.4	杨廉法	TL
	横岗—罗湖断裂	大望新田仔采石场	构造岩	18.10 ± 1.45	杨廉法	TL
	横岗—罗湖断裂	香港上白坭	构造岩	58.05 ± 4.64	郭钦华	TL
	横岗—罗湖断裂	铜锣径水库	构造岩	42.15	核工部	TL
	横岗—罗湖断裂	铜锣径水库	构造岩	20.59	核工部	TL
	横岗—罗湖断裂	铜锣径水库	构造岩	31.489	核工部	TL
	横岗—岁湖断裂	铜锣径水库	构造岩	13.188	核工部	TL
		铜锣径水库（上复Q层）		1.69	核工部	TL
	盐田—沙头角断裂	葵冲	断层泥	20.24 ± 1.415	叶洪	TL
	盐田—沙头角断裂	钓神山	构造岩	22.07 ± 1.083	叶洪	TL
F13恩平—镇海湾断裂	镇海湾断裂	赛门墟	构造岩	24 ± 4.2	吴业彪	TL
F15江门—斗门（西江）断裂	西江断裂	九江大桥（钻孔）	断层泥	4.42 ± 0.34	彭承光	TL
	西江断裂	鹤山了哥山	构造岩	4.95 ± 0.43	吴业彪	TL
	西江断裂	鹤山了哥山	构造岩	9.77 ± 0.76	吴业彪	TL
	西江断裂	鹤山了哥山	构造岩	14.66 ± 1.2	吴业彪	TL
	西江断裂	六乡水鬼岩	构造岩	20.08 ± 2.02	吴业彪	TL
	西江断裂	江门潮莲大桥江中	断层泥	8.586 ± 0.50	郭钦华	TL
	西江断裂	江门潮莲大桥江西岸	断层泥	9.5 ± 0.55	郭钦华	TL
	西江断裂	江门潮莲大桥江西岸	断层泥	24.54 ± 1.84	郭钦华	TL
	西江断裂	江门胜利路	断层泥	11.31 ± 0.80	郭钦华	TL
	西江断裂	江门岐祥里	构造岩	9.50 ± 0.53	郭钦华	TL
	西江断裂	江门岐祥里	构造岩	10.06 ± 0.81	郭钦华	TL

续表

断裂编号和名称	断裂名称	采样地点	断裂物质	测年数据/ 10^4 a B. P.	采样人	测年方法
F15江门—斗门（西江）断裂	西江断裂	江门横坑里	构造岩	28.5 ± 2.56	郭钦华	TL
	西江断裂	磨刀门大桥（钻孔）	断层泥	2.34 ± 0.5	黄日恒	TL
	西江断裂	磨刀门	有机物	0.75 ± 520	张虎男	^{14}C
	西江断裂	磨刀门	有机物	2.03 ± 0.13	张虎男	^{14}C
	泥门湾断裂	睦州北侧	构造岩	11.28 ± 0.75	潘建雄	TL
	泥门湾断裂	睦州北侧	构造岩	11.76 ± 0.82	潘建雄	TL
	西江断裂	四会谢桥头—乌石间	构造岩	13.45 ± 0.48	潘建雄	TL
	西江断裂	四会石涧东南	构造岩	12.45 ± 0.36	潘建雄	TL
	西江断裂	四会乌石—牛眠山间	构造岩	12.51 ± 0.87	李运贵	TL
	银洲湖断裂	蟾蜍头采石场	构造岩	12.35 ± 0.86	杨廉法	TL
	银洲湖断裂	牛头水闸	构造岩	51.56 ± 4.69	梁致荣	TL
	银洲湖断裂	茶坑	构造岩	150	地质所	ESR
	银洲湖断裂	茶坑	构造岩	51.65	黄日恒	TL
F16三水—担杆断裂	白泥—沙湾断裂	灵山大岗后山	方解石脉	7.13 ± 0.49	陈国能	TL
	白泥—沙湾断裂	灵山大岗后山	方解石脉	5.66 ± 0.44	陈国能	TL
	白泥—沙湾断裂	灵山大岗后山	压碎方解石	5.40 ± 0.35	陈国能	TL
	白泥—沙湾断裂	大岗镇人民公司	构造岩	22.45 ± 1.68	郭钦华	TL
	白泥—沙湾断裂	大岗镇人民公司	构造岩	19.48 ± 1.46	郭钦华	TL
	白泥—沙湾断裂	市桥商贸城ZK5	滑动面	8.05 ± 0.50	郭钦华	TL
	白泥—沙湾断裂	市桥商贸城ZKI2	滑动面	7.95 ± 0.50	郭钦华	TL
	白泥—沙湾断裂	市桥商贸城ZKII	裂隙充填物	7.95 ± 0.55	郭钦华	TL
	白泥—沙湾断裂	市桥商贸城ZK4	构造岩	7.70 ± 0.48	郭钦华	TL
	白泥—沙湾断裂	南沙镇	断层泥	32.30 ± 2.58	郭钦华	TL
	顺德马头岗断裂	凤翔路南	断层泥	16.35 ± 1.14	郭钦华	TL
	顺德马头岗断裂	开关厂	断层泥	17.80 ± 1.25	郭钦华	TL
	顺德马头岗断裂	卫生材料厂	断层泥	28.10 ± 1.90	郭钦华	TL
	顺德红岗断裂	红岗	断层泥	29.40 ± 2.05	郭钦华	TL
	顺德顺峰山断裂	太平塔	断层泥	15.70 ± 1.09	郭钦华	TL
	顺德顺峰山断裂	国际村场地	断层泥	32.6 ± 2.2	郭钦华	TL
	顺德看守所断裂	看守所	断层泥	28.20 ± 1.9	郭钦华	TL
	顺德燕子岗断裂	燕子岗	断层泥	28.5 ± 1.95	郭钦华	TL
	顺德燕子岗断裂	燕子岗	断层泥	16.8 ± 1.17	郭钦华	TL
	顺德青步公园断裂	太平台	断层泥	16.30 ± 1.14	郭钦华	TL

续表

断裂编号和名称	断裂名称	采样地点	断裂物质	测年数据/10^4 a B. P.	采样人	测年方法
F16三水—担杆断裂	顺德大吉断裂	大吉村石场	断层泥	17.60 ± 1.23	郭钦华	TL
	中山葫芦山断裂	葫芦山南麓	构造岩	13.80 ± 1.10	郭钦华	TL
	中山马山断裂	马山北坡	构造岩	35.0 ± 2.8	郭钦华	TL
	中山新安断裂	石岐南2 km采石场	构造岩	16.26 ± 1.20	郭钦华	TL
	中山员峰山断裂	员峰山东麓	构造岩	31.40 ± 2.5	郭钦华	TL
F17狮子洋断裂	狮子洋断裂	文冲船厂	构造岩	13.20 ± 0.80	陶夏新	TL
	狮子洋断裂	石化厂	构造岩	18.20 ± 0.90	陶夏新	TL
	狮子洋断裂	虎门威远炮台	构造岩	18.86 ± 1.12	黄日恒	TL
	狮子洋断裂	文冲船厂	构造岩	34.90 ± 2.70	黄日恒	TL
	狮子洋断裂	广州科学城	构造岩	23.82 ± 1.97	郭钦华	TL
	狮子洋断裂	石化医院	构造岩	17.50 ± 1.4	黄河生	TL
	狮子洋断裂	化龙	构造岩	25.73 ± 1.93	郭钦华	TL
	狮子洋断裂	南沙黄山鲁林场	构造岩	19.71 ± 1.68	黄河生	TL
	狮子洋断裂	南沙黄山鲁林场	构造岩	17.4	黄河生	TL
	狮子洋断裂	南沙黄山鲁林场	构造岩	10.2	黄河生	TL
	狮子洋断裂	南沙黄山鲁林场	构造岩	28.3	黄河生	TL
	狮子洋断裂	沙尾码头	构造岩	11.86	黄河生	TL
	狮子洋断裂	山塘采石场	构造岩	19.2 ± 0.19	黄河生	TL
	狮子洋断裂	马蹄岗	构造岩	9.63	黄河生	TL
	狮子洋断裂	马蹄岗	构造岩	11.87	黄河生	TL
	狮子洋断裂	马蹄岗	构造岩	34.61 ± 2.8	黄河生	TL
	狮子洋断裂	虎门	构造岩	3.0 ± 0.27	吴业彪	TL
	狮子洋断裂	虎门	构造岩	5.88 ± 0.48	吴业彪	TL
F18东莞—大鹏湾断裂	樟木头—大鹏湾断裂	大鹏湾飞鼠岩	构造岩	19.06 ± 1.58	黄日恒	TL
	樟木头—大鹏湾断裂	大鹏湾飞鼠岩	构造岩	20.18 ± 1.61	黄日恒	TL
	樟木头—大鹏湾断裂	大鹏湾飞鼠岩	构造岩	17.75 ± 1.33	黄日恒	TL
	樟木头—大鹏湾断裂	大鹏湾飞鼠岩	构造岩	23.45 ± 2.04	黄日恒	TL
	樟木头—大鹏湾断裂	莲塘佛里坳	构造岩	17.8	杨廉法	TL
	樟木头—大鹏湾断裂	莲塘佛里坳	构造岩	19.1	杨廉法	TL
	樟木头—大鹏湾断裂	大芬	构造岩	27.9	杨廉法	TL
	观澜—马蹄岗断裂	马蹄岗收费站	构造岩	9.6	杨廉法	TL
	观澜—马蹄岗断裂	马蹄岗收费站	构造岩	11.87	杨廉法	TL
	观澜—马蹄岗断裂	寮步西南状元笔	构造岩	34.61 ± 2.8	杨廉法	TL
	葵冲—坪山断裂			23.62	杨廉法	TI

续表

断裂编号和名称	断裂名称	采样地点	断裂物质	测年数据/10^4 a B. P.	采样人	测年方法
F20佛冈—惠州断裂	惠州断裂		构造岩	5.99 ± 0.45	黄日恒	TL
	惠州断裂		构造岩	6.23 ± 0.48	黄日恒	TL
	惠州断裂		构造岩	6.21 ± 0.46	黄日恒	TL
	惠州断裂		构造岩	6.77 ± 0.50	黄日恒	TL
	惠州断裂		构造岩	29.50 ± 2.20	梁致荣	TL
	惠州断裂		构造岩	31	梁致荣	TL
	惠州断裂		构造岩	45.02 ± 3.28	梁致荣	TL
	惠州断裂		构造岩	46.51 ± 3.48	梁致荣	TL
	惠州断裂	马庄上黎村	上覆坡积	3.84 ± 0.29	梁致荣	TL
	惠州断裂	横光村南	构造岩	8.40 ± 0.58	郭钦华	TL
	惠州断裂	横光村南	上覆砂砾	12.53 ± 0.87	郭钦华	TL

4.4.3 第四纪断裂活动的地质观测

本节所指的地质观测包括：断裂剖面露头的观测，地貌形态和第四纪地质特别是山前地貌的观测，平原第四系沉积厚度变化的观测，温泉、第四纪火山的观测，基本上属于现场宏观的观测，是非常重要的，其他方法不可替代。对于断裂活动程度、强震构造的确定具有特殊意义，它需要深厚的第四纪地质和地貌学基础。

在以往珠江三角洲地区有关资料文献中常常见到将非构造现象视为构造现象或者反之，例如将平原第四纪沉积厚度直接计算为断裂下降速率（幅度），而不考虑海平面变化和沉积物压实值；将河道松散堆积物中的沟槽视为断裂活动证据，而不知这是不可能的，忽视了潮流、紊流运动的规律和力量；在断裂上覆薄层坡、残积物中未见断裂延伸上去，就认为全新世断裂不活动，未考虑在南方多雨和多暴流环境下，那些坡、残积物是不稳定的；平原中某一第四纪地层短距离突然厚度较大变化（珠江三角洲的Q_3与Q_4间）或缺失，视为断裂标志，未考虑晚更新世末有一次大海退，对Q_3地层有严重的侵蚀，而Q_4^1又发生大海侵，发生Q_4沉积物回填Q_3原来被侵蚀的空间；把阶地的非对称分布，常简单视为断裂活动造成，未分析河道深浅水区左右摆动的正常运动规律；将冲沟的正常顺势转弯，简单视为断裂平移的证据；将山前洪积阶地视为坡积物，把V形谷、悬崖、瀑布一概视为新构造运动证据，而未考虑许多是由于岩性坚硬、抗蚀能力强，乃前期构造运动留下的遗迹；一些由于山前坡积物滑动造成的同层物质错位当作第四纪断裂；等等，凡此种种因素，常导致不准确结论，提高了或降低了工程稳定性评价，其后果可想而知。例如肇庆北山及其南部平原第四纪断裂活动肯定强于广州地区，但是对肇庆地区地震安全性关注度显然不够。

关于具体的第四纪断裂活动的地质观测方面，我们将在第六章划分和论证强震构造时将分别阐述，本章中不置文字，避免重复。

第五章　珠江三角洲地区地震活动特征

5.1　珠江三角洲地震活动背景

珠江三角洲地区是广东省3个国家级地震重点防御区之一。图5–1–1是1970年1月1日至2012年8月31日广东省地震台网所记录到的M_L≥2级地震的震中分布图，本文所指珠江三角洲地区如图5–1–1方框所示，大体是北纬20° 40′～24°，东经112°～114°，不包括河源地区，这是由于河源新丰江地区地震属水库诱发地震，不在本篇研究范围。为对该区地震活动背景有定量的了解，以下分别用1970年以来地震目录进行能量及频度扫描。

5.1.1　地震能量空间扫描分析

地震能量空间扫描分析的计算采用如下的数学模型：每一次地震事件释放的总能量由古登堡-里克特公式确定，即：

$\log E=11.8+1.5M$

式中，E为以尔格为单位的能量，M为面波地震震级。在所选定的区域范围内（北纬20°～26°，东经109°～119°），统计扫描单元（扫描窗口为1°×1°，滑动步长为0.5°×0.5°）内释放的地震能量总和。由于研究区地震活动水平差异性很大，我们对计算出的地震能量还要取对数，在此基础上进一步得出全区的地震能量空间分布等值线图。

所用地震资料为中国地震台网中心提供的全国历史地震目录（Ms≥$4\frac{3}{4}$级中强地震）和1970年1月至2012年8月广东省现今地震目录（M_L≥2级），做出地震能量空间分布等值线图（图5–1–2和图5–1–3）。

从图5–1–2和图5–1–3可看出，广东省地震活动水平在空间上可以大致分为3个层次。东部的粤闽赣交界及沿海地区（含河源地区）地震活动最强，西部的粤西地区（含阳江老震区）次之，中部的珠江三角洲地区地震活动水平相对较低，珠江三角洲的显著地震主要集中在F6北东东向滨海（岸）断裂带附近。

5.1.2　地震频度空间扫描分析

图5–1–4是1970年至2012年广东及邻区（北纬20°～26°，东经109°～119°）M_L≥2级地震频度空间分布等值线图，空间扫描窗长均为1°，步长均为0.5°。由图5–1–4可以看出，在地震活动水平较高的粤闽赣交界及沿海地区（含河源地区）和西部的粤西地区（含阳江老震区）之间，明显有一个地震活动频度相对较弱的地区，该范围和本文所确定的珠江三角洲地区范围基本一致。

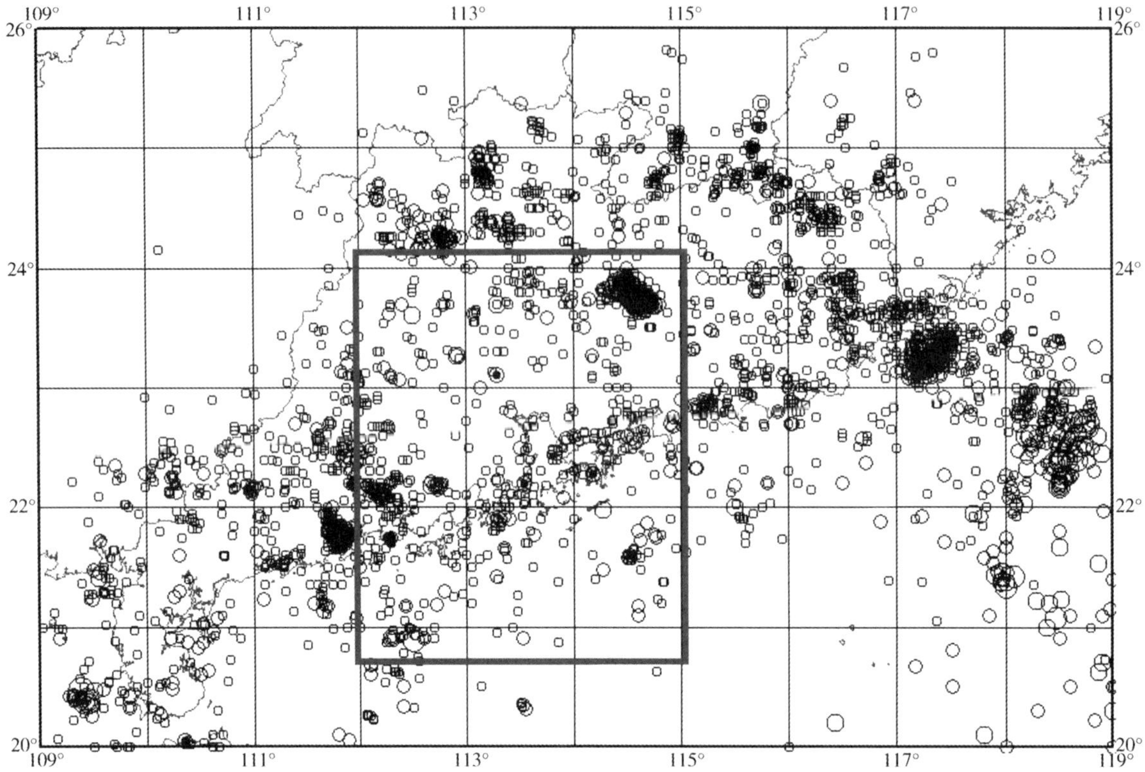

图5-1-1　广东省及邻近地区M_L≥2级地震震中分布（1970年1月至2012年8月）

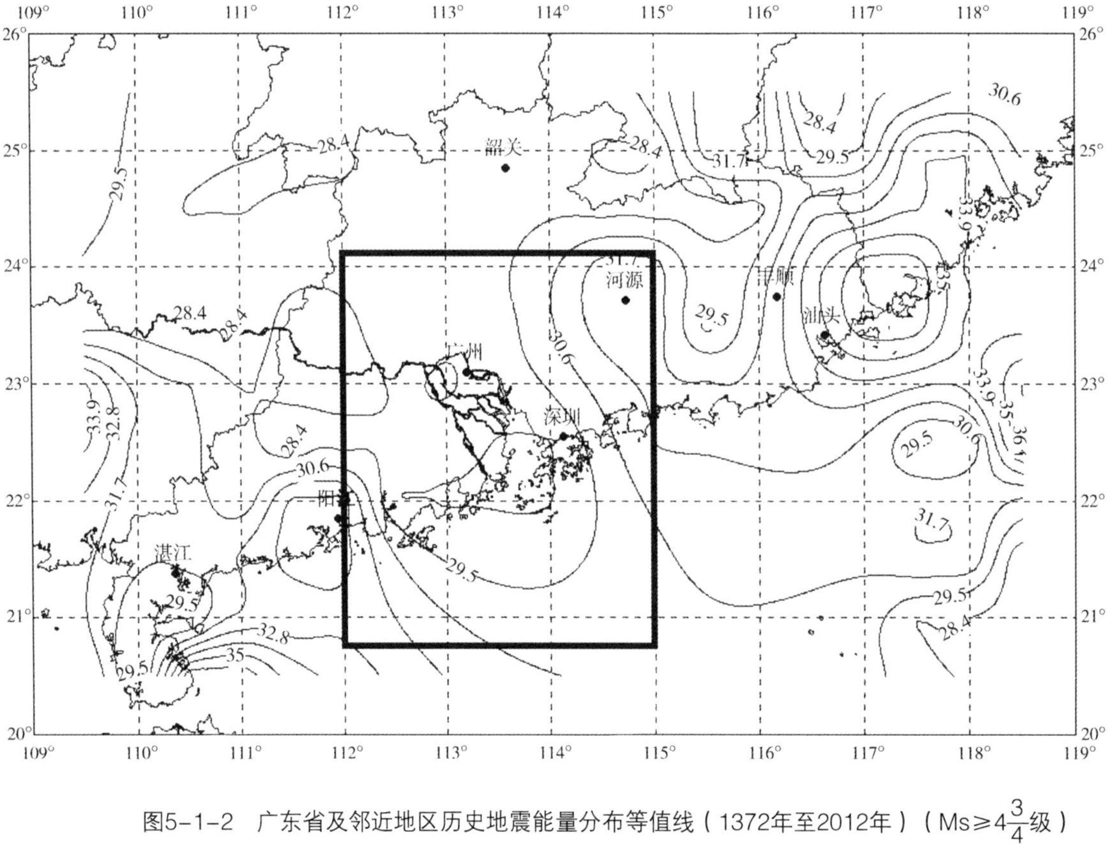

图5-1-2　广东省及邻近地区历史地震能量分布等值线（1372年至2012年）（Ms≥4$\frac{3}{4}$级）

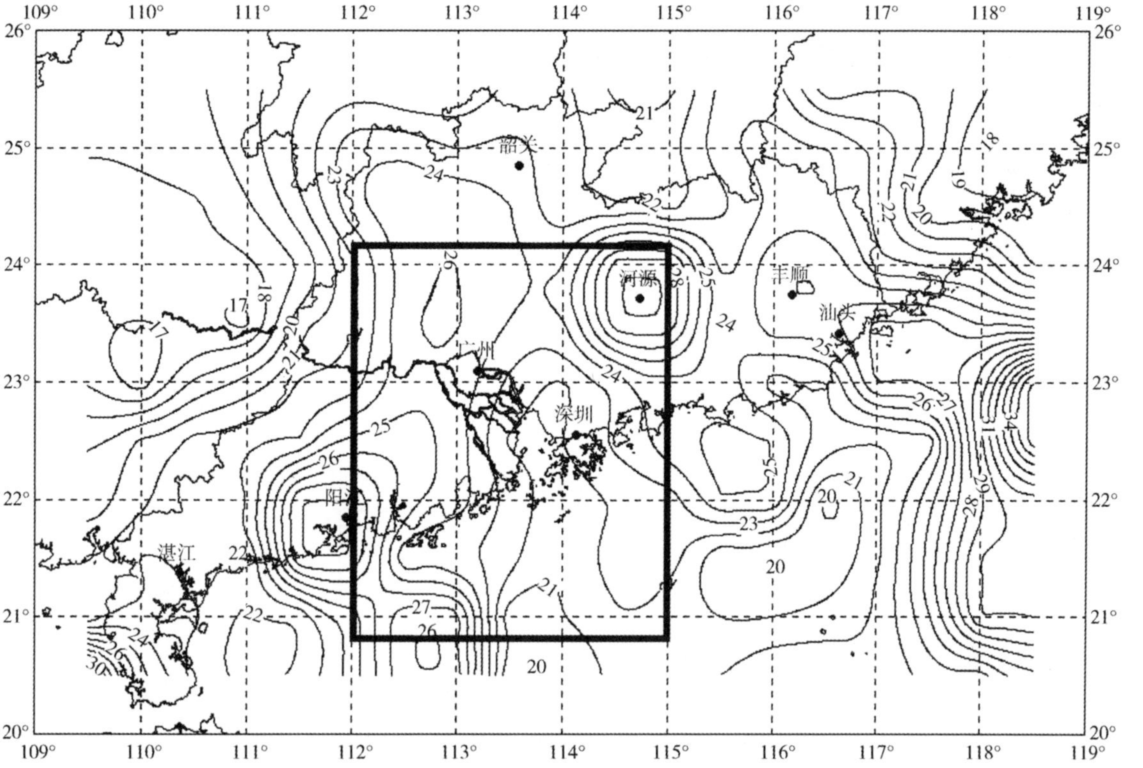

图5-1-3　广东省及邻近地区历史地震能量分布等值线（1970年1月至2012年8月）（M_L≥2级）

图5-1-4　广东省及邻近地区现今地震频度空间扫描（1970年1月至2012年8月）（M_L≥2级）

5.2 珠江三角洲地震活动特征

5.2.1 历史地震活动及其时空分布特征

5.2.1.1 空间分布特征

图5-2-1是北纬20.5°～24.0°，东经112.0°～115.0°所包括的范围内破坏性地震震中分布图，该范围历史上总共发生了13次Ms≥$4\frac{3}{4}$级地震，地震目录见表5-2-1。

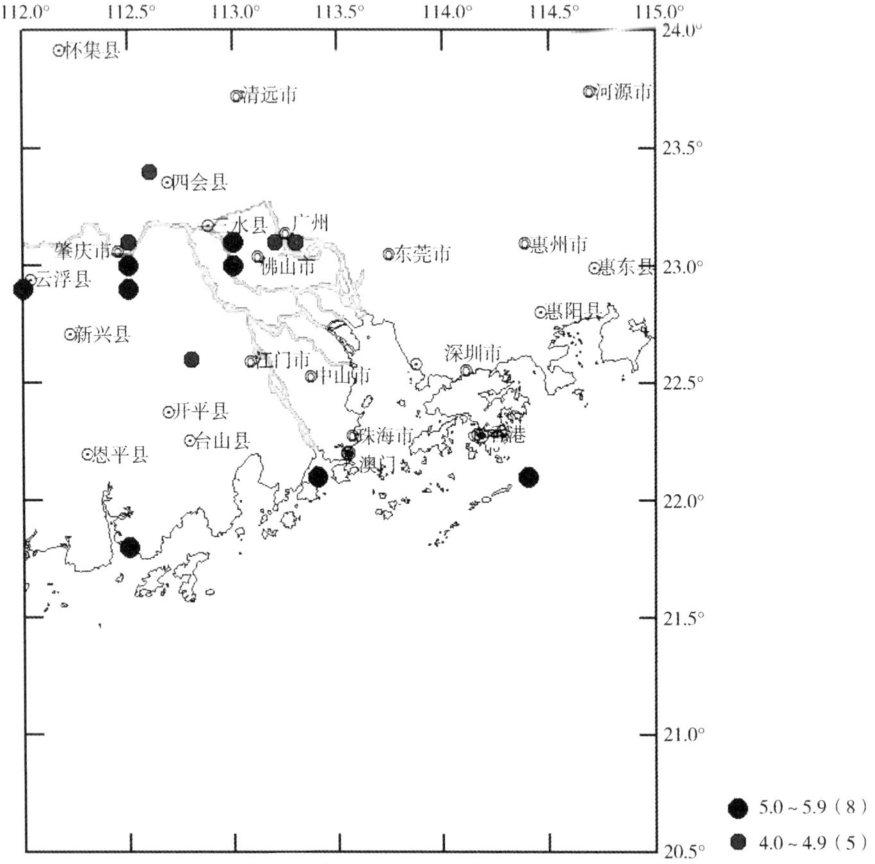

图5-2-1 珠江三角洲地区（不含河源）Ms≥$4\frac{3}{4}$级地震震中分布

表5-2-1 珠江三角洲及邻近地区历史地震目录（Ms≥$4\frac{3}{4}$级）

序号	年	月	日	北纬	东经	震级Ms	地点
1	1372	9	25	23° 06′	113° 18′	$4\frac{3}{4}$	广州
2	1445	—	—	23° 24′	112° 36′	$4\frac{3}{4}$	四会
3	1584	7	8	23° 00′	112° 30′	5	高要
4	1584	8	6	22° 54′	112° 30′	5	高要

续表

序号	年	月	日	北纬	东经	震级Ms	地点
5	1656	3	21	22° 36′	112° 48′	4.75	鹤城
6	1664	9	30	22° 18′	112° 48′	5	镇海湾
7	1683	10	10	23° 06′	113° 12′	5	南海
8	1749	2	28	22° 54′	112° 00′	5	云浮
9	1824	8	14	23° 00′	113° 18′	5	番禺
10	1874	06	23	22° 06′	114° 24′	$5\frac{3}{4}$	担杆岛东
11	1905	8	12	22° 12′	113° 36′	5	磨刀门
12	1909	8	11	23° 06′	112° 30′	$4\frac{3}{4}$	肇庆
13	1915	—	—	23° 06′	113° 12′	$4\frac{3}{4}$	广州

珠江三角洲地区地震活动水平总体不高，总共发生过13次Ms≥$4\frac{3}{4}$级地震，最强地震为1874年6月23日发生在担杆列岛东的$5\frac{3}{4}$级地震。从现有的历史中强地震目录来看，最近一个中强地震距今已超过100年，可以说，近百年来，珠江三角洲地区地震活动水平是较弱的。

珠江三角洲地区历史地震主要分布在陆地上，海域地震较少。当然，这可能同历史地震的记录主要是由地震志得来的有关，因为这个原因，海域由于缺乏地震记载所以少了很多地震记录。陆地上，历史地震主要集中在珠江三角洲南北两端，南端主要沿F6北东东向滨海（岸）断裂带分布，北端呈近东西向展布，地震沿F3近东西向肇庆—广州断裂分布。地震空间分布与围限珠江三角洲的南、北两缘的近东西向深断裂一致。

5.2.1.2 时间分布特征

图5-2-2是珠江三角洲地区历史地震M-*t*图和应变释放曲线图。由于历史地震个数太少，讨论珠江三角洲地区地震活动周期有点勉强。从图5-2-2可看出，大致有3个丛（1372—1445年，1584—1683年，1824—1915年）。自1400年以来，东南沿海地震区经历了两个大的活动周期。第一周期为1400—1700年，第二周期为1701—2030年（有学者认为至2050年）。第一周期的活动高潮时段为1600—1605年，第二周期的第一个活动高潮时段在1918—1921年前后。因此，如果参考东南沿海地震活动周期的划分，按两个活动周期来划分的话，那么可将1683年以前划分为第一个活动周期，之后划分为第二个活动周期。从地震应变释放的角度来看，珠江三角洲地区两个活动周期似乎有一个共同的特征，那就是，前面有一个较大的地震，后面有一个持续时间相对较长的一丛地震。在第一个活动周期，能量释放有1584年（高要两个5级地震）和1656—1683年（持续27年）两个高潮；而第二个活动周期，能量释放有1874年（担杆岛东的$5\frac{3}{4}$级地震）和1905—1915（持续10年）两个高潮。需要指明的是，珠江三角洲地区地震活动的高潮时段，似乎比东南沿海地区的高潮时段要早，这个现象在第二个活动周期更为突出。1584年高要两个5级地震比1600—1605年东南沿海第一周期的活动高潮时段提前了6年；1905—1915年第二个高潮时段比东南沿海第二周期的第一个活动高潮时段（1918—1921年）提前了3年。由此推断，当珠江三角洲未来连续发生几个5级左右地震时，华南地区有可能出现7级以上地震活动高潮期。

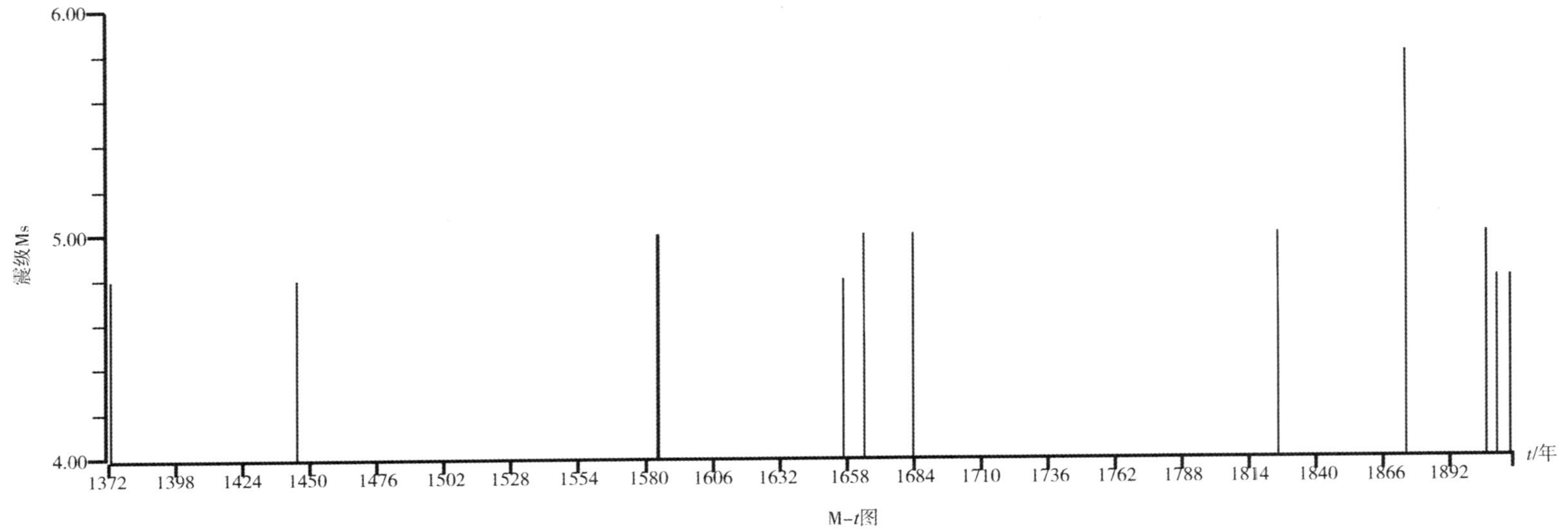

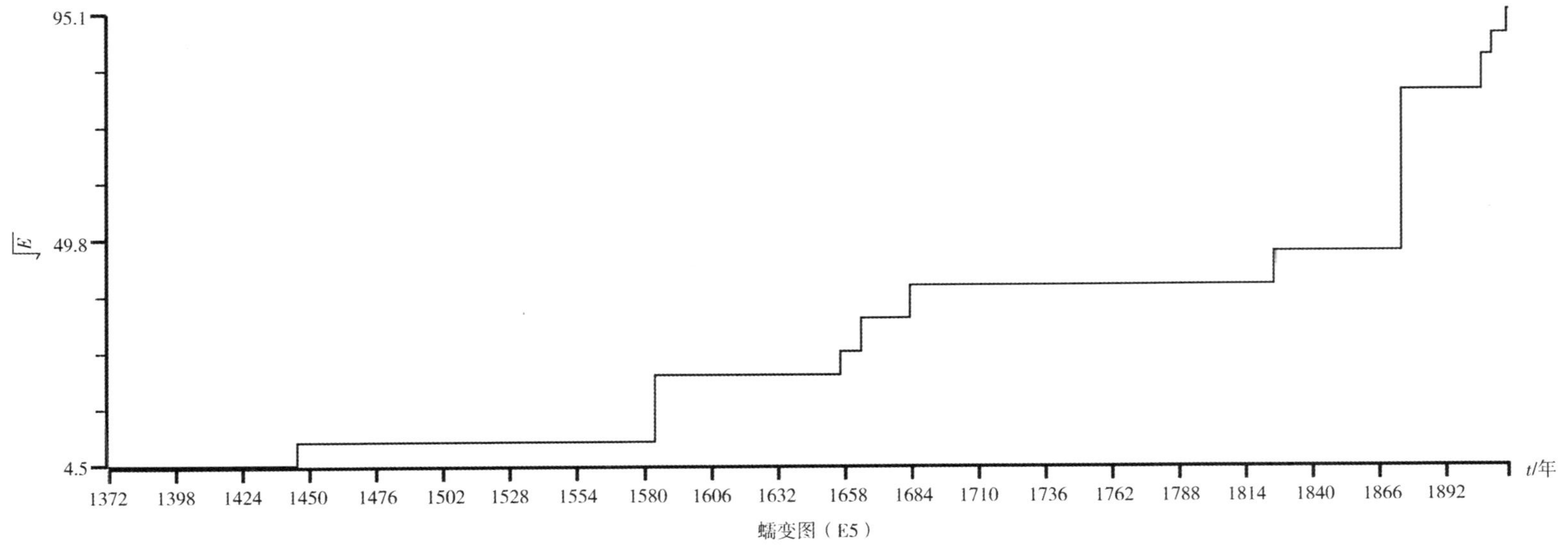

图5-2-2 珠江三角洲地区历史地震M-t和应变释放曲线

5.2.2 现今地震活动及时空分布特征

1970年1月1日至2012年12月31日，珠江三角洲地区共记录到M_L≥2级地震895次，M_L≥3级地震127次，M_L≥4级地震9次，M_L≥5级地震1次，最大震级为1995年3月26日发生在下川岛以南海域的M_L 5.2级（Ms 4.8级）地震（图5-2-3和表5-2-2）。

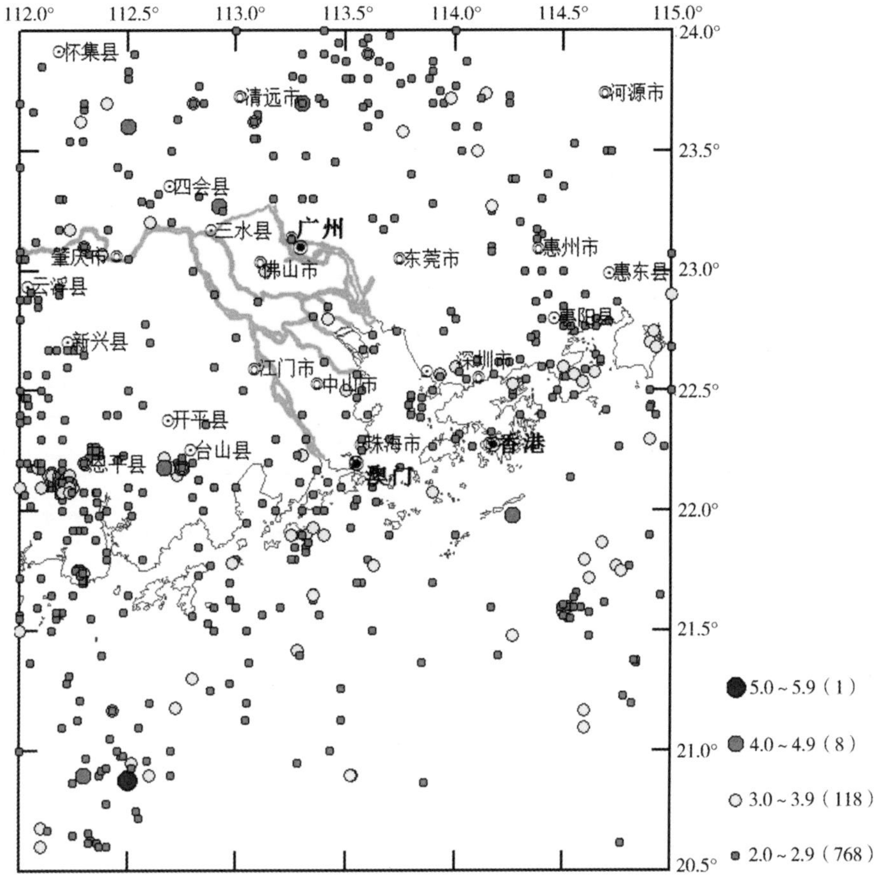

图5-2-3 珠江三角洲地区地震震中分布（1970年1月至2012年12月）（不含河源，M_L≥2级）

表5-2-2 珠江三角洲地区地震目录（1970—2012年）（M_L≥3.6级即Ms≥3级）

序号	年	月	日	时	分	秒	北纬/(°)	东经/(°)	震级M_L	参考震中
1	1970	7	4	4	34	0	22.18	112.75	4	台山县
2	1970	12	21	6	2	0	20.90	112.60	3.6	下川岛以南海域
3	1972	5	29	1	15	16	23.90	113.60	3.7	清远市
4	1973	4	6	9	34	22	23.60	112.50	4.0	广宁县
5	1974	3	4	12	18	28	23.7	113.3	4	清远市
6	1975	8	5	17	2	57	21.10	114.60	3.6	担杆岛以南海域
7	1976	11	20	9	50	56	23	113.13	3.9	佛山市

续表

序号	年	月	日	时	分	秒	北纬/(°)	东经/(°)	震级M_L	参考震中
8	1978	10	29	2	46	52	21.50	112.00	3.7	闸坡以南海域
9	1980	6	1	5	48	22	21.30	112.80	3.8	下川岛以南海域
10	1989	8	28	11	25	3	20.90	112.30	4.3	下川岛以南海域
11	1989	9	18	12	53	17	22.13	112.22	4.5	恩平县
12	1995	3	26	11	23	51	20.88	112.50	5.2	下川岛以南海域
13	1997	6	16	13	45	46	22.1	112.1	3.9	恩平县
14	1997	9	23	11	19	58	23.27	112.92	3.7	三水县
15	1997	9	26	13	26	50	23.27	112.92	4.4	三水县
16	1997	12	3	4	29	1	22.18	112.67	4.2	台山县
17	1999	9	30	13	24	17	22.57	114.55	3.9	大亚湾
18	2001	2	15	19	53	44	20.68	112.10	3.6	下川岛以南海域
19	2006	9	14	19	52	59	21.98	114.27	4.0	担杆岛海域
20	2010	7	9	5	28	4	21.74	112.30	3.9	阳东县
21	2010	11	19	14	42	3	22.57	113.93	3.8	深圳市

5.2.2.1 时间分布特征

图5-2-4是珠江三角洲地区地震活动M-*t*图、频度图和蠕变图。由图5-2-4可见，珠江三角洲地区地震最为活跃的时段是1970年和1997年，最活跃的两个时段里在台山都出现了小震群的活动（图5-2-5和表5-2-2），且这两个时段都处于东南沿海地震带由活跃幕向平静幕过渡的阶段，其中1970年是第Ⅲ活跃幕结束，平静幕开始的年份；1997年是第Ⅳ活跃幕接近尾声的年份。其余时间段珠江三角洲地区地震活动水平较低，时间上分布均匀。

从珠江三角洲地区1970—2012年的应变释放曲线（图5-2-4）来看，应变释放总体上呈快慢相间的节律，先有一个释放速度相对较快的时段，接着有一个变缓的时段，在释放曲线出现突跳上升后（相应于发生一个较大震级地震），再进入下一个相对较快的时段，周而复始。从1970年至今已经历了3个快慢相间的周期，目前正处于第4个周期的开始时段，可以预计，未来若干年珠江三角洲地区发生M_L>4级地震的可能性较大。但总体看，应变能累积速率和释放速率基本持平，未出现加速现象，因此未来几年珠江三角洲地区发生强震的可能性很小。

5.2.2.2 平面分布特征

图5-2-3和图5-2-6是1970—2012年8月珠江三角洲地区M_L≥2级和M_L≥3级地震活动分布图，从图可看出，肇庆—广州一线以南，恩平—台山一线以北围限的三角洲中部地区地震活动相对更弱一些。这正是广州重力场内部平缓地区。佛冈—惠州—惠阳一线似存在一条北西向地震带，该地震带走向与北西向F20佛冈—惠州断裂一致。历史上4.7级以上地震主要分布在云浮—肇庆—广州和镇海湾—磨刀门滨海两条线上，与围限三角洲的南、北两缘的近东西向深断裂一致（图5-2-1）。

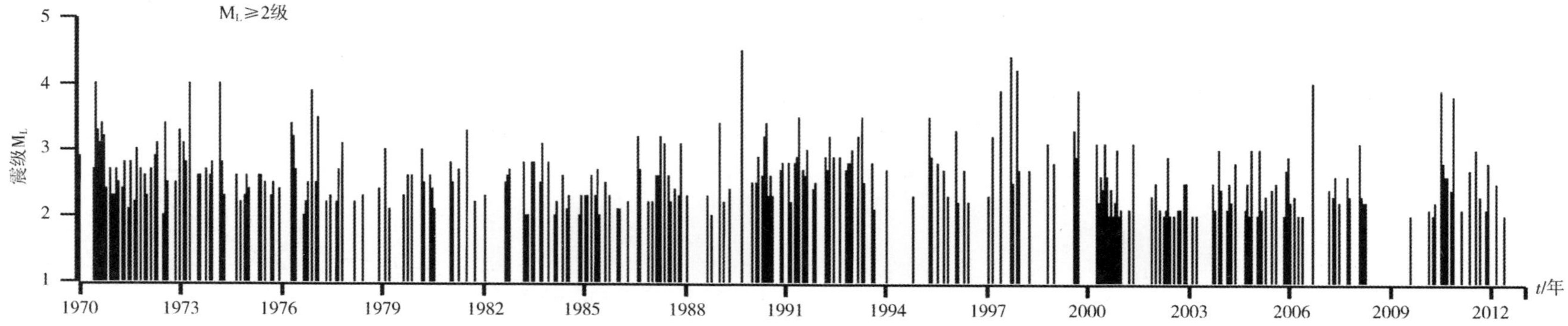

M_L≥2级
震级M_L
5
4
3
2
1
1970
1973
1976
1979
1982
1985
1988
1991
1994
1997
2000
2003
2006
2009
2012
t/年

M–t图

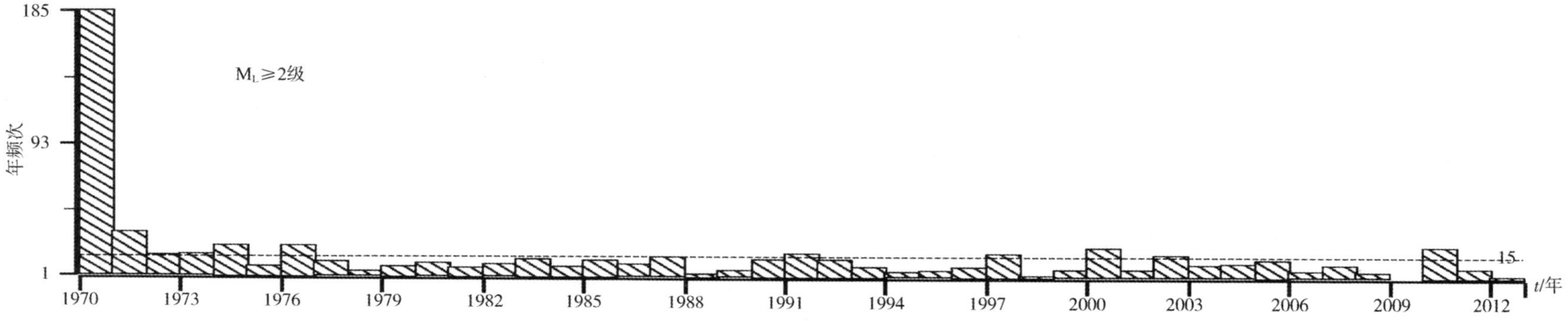

M_L≥2级
年频次
185
93
1
15
1970
1973
1976
1979
1982
1985
1988
1991
1994
1997
2000
2003
2006
2009
2012
t/年

频度图

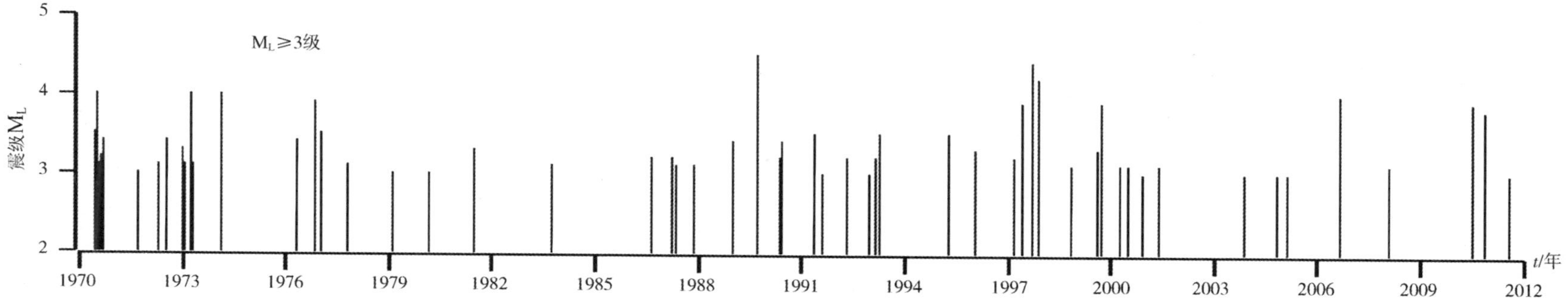

M_L≥3级
震级M_L
5
4
3
2
1970
1973
1976
1979
1982
1985
1988
1991
1994
1997
2000
2003
2006
2009
2012
t/年

M–t图

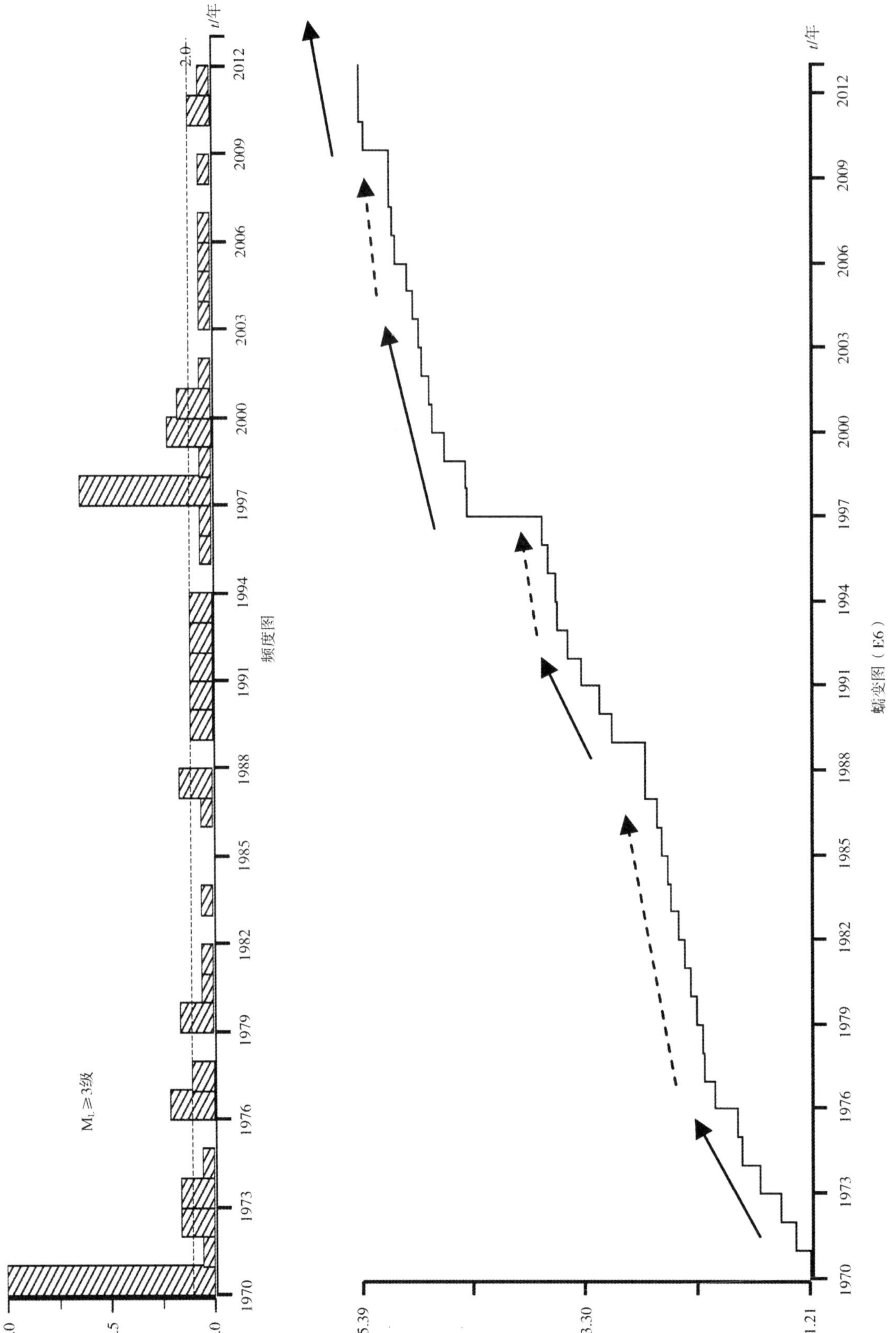

图5-2-4　珠江三角洲地区地震活动M-t、频度和蠕变（1970年至2012年）（M_L≥2级）

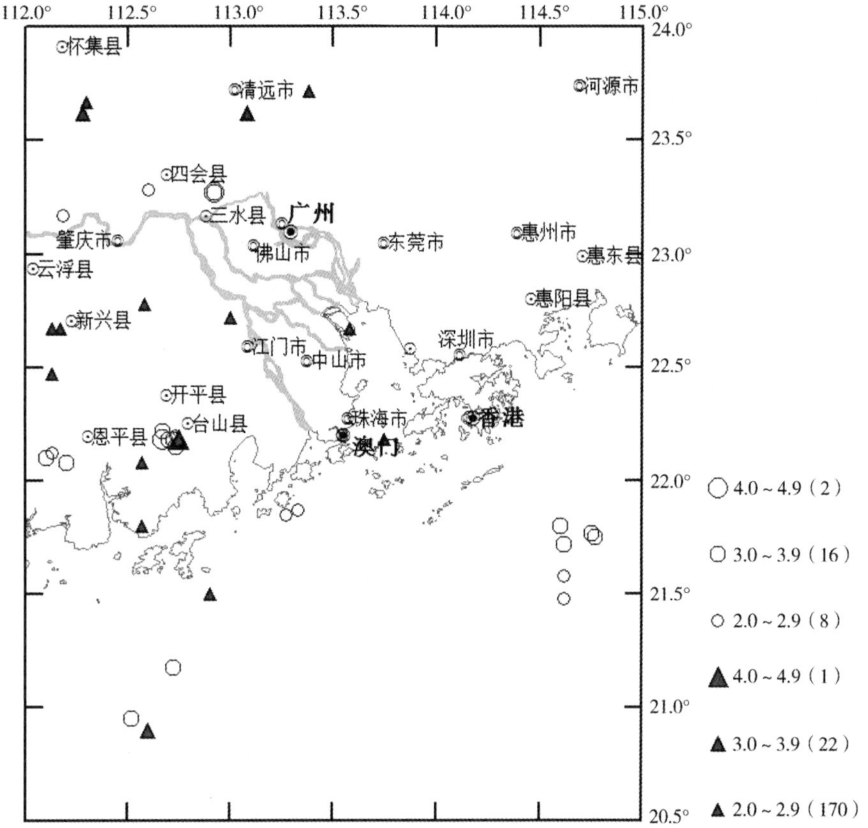

图5-2-5　珠江三角洲地区地震空间分布（M_L≥2级。空心圆：1997年；三角形：1970年）

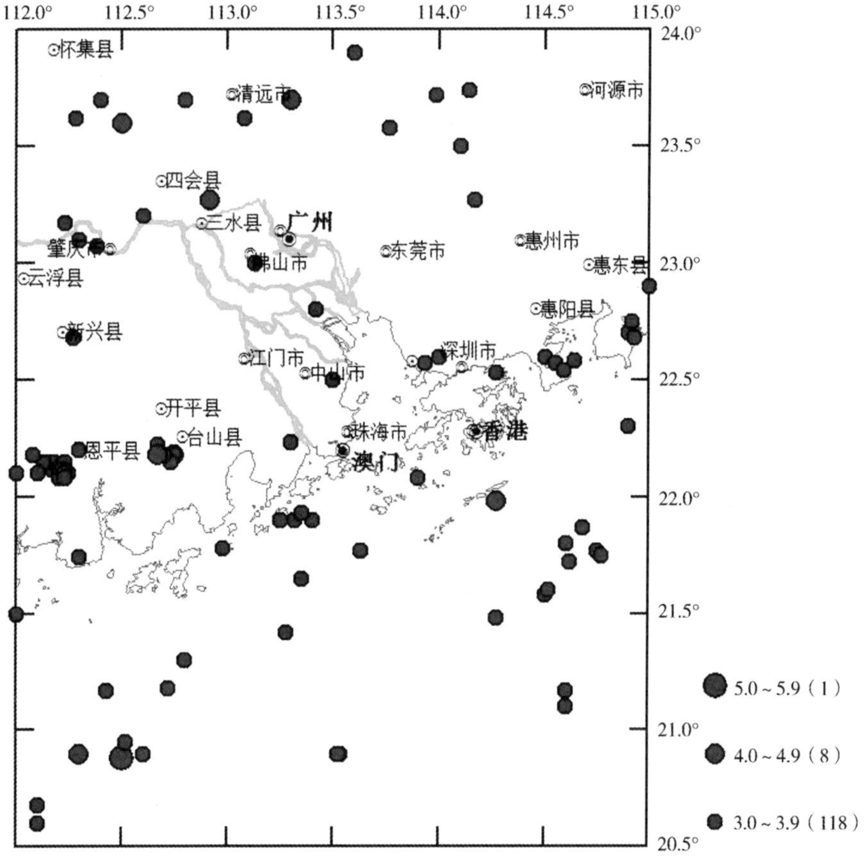

图5-2-6　珠江三角洲地区地震震中分布（1970年至2012年）（M_L≥3级）

5.3 震源深度分布特征

在1970—2012年8月珠江三角洲地区895个小震目录中，只有243个地震有震源深度资料，占27.2%。不过，仍有一定的代表性，图5-3-1是珠江三角洲地区震源深度空间分布图，有如下特征：

1）总体上深度比较浅，主要集中在5 ~ 10 km，最深为28 km。震源深度空间分布和华南强震深度分布相似。震源破裂主要在硅铝层或沉积盖层与基底接触带。

2）震源深度以中山、番禺、东莞、从化和花都所包围的地区震源深度较深，将整个珠江三角洲地区分隔为东、西两个部分。

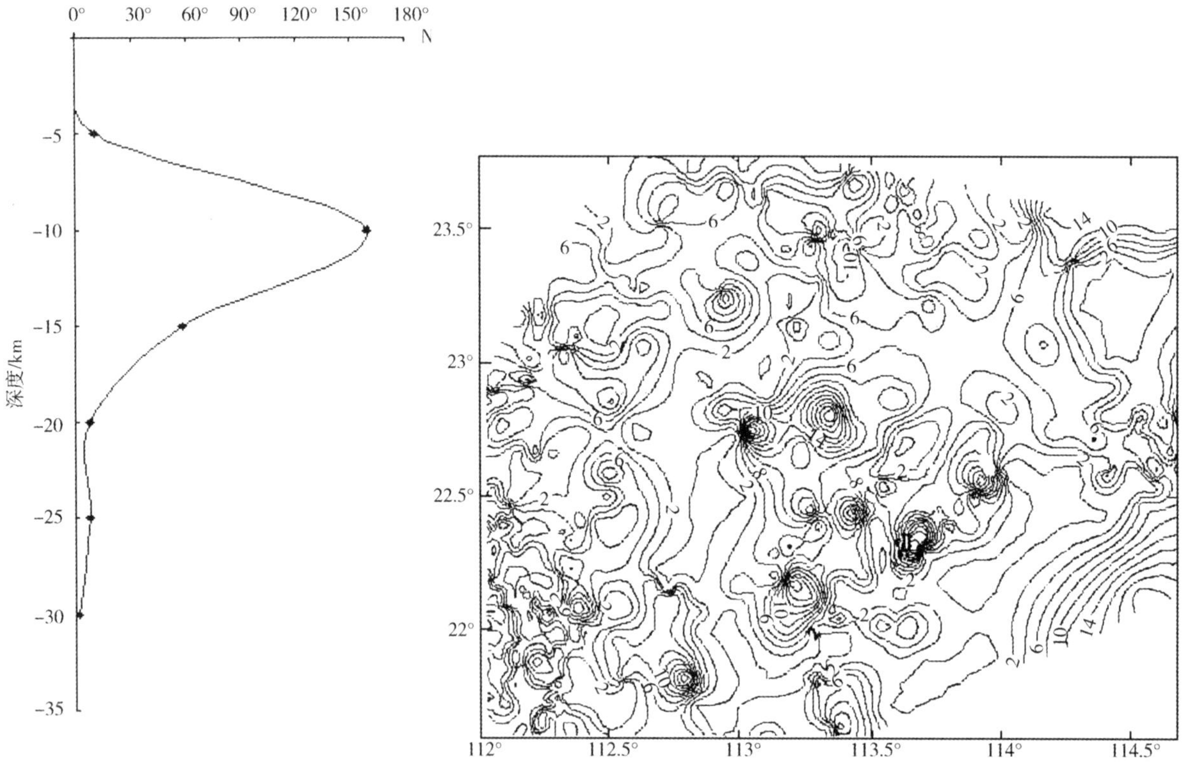

（a）震源深度统计　　（b）震源深度平面分布图（1970年1月至2012年8月）

图5-3-1　珠江三角洲地区震源深度空间分布

5.4 震源应力场与构造应力场

研究珠江三角洲地区的现代构造应力场的方向有很大的困难，其原因在于这个地区中强以上地震活动很少，能够求出震源机制解的地震资料不多。特别是1970年以来未发生过M_L≥5级地震。

从现有资料分析，大多数学者对珠江三角洲地区震源应力场认识基本一致[36-42]，即主压应力场为北西西向。本报告收集1971年以来区内小地震的单个机制解和几十次小震资料所作出的综合机制解，其结果列于表5-4-1和表8-1-6。

众所周知，小震的机制解不可避免会受到震源附近局部地质构造等因素影响，且由于多种主观或客观因素，不同人做出结果常常有差异（即使强震也有类似情况），但是，数量较多的小震平滑机制解结果，在某种程度上可弥补其不足，所以，在分析震源应力场时，综合分析可能客观一些。

从表5–4–1结果综合分析，基本上可认为，珠江三角洲地区震源应力场为北西西向。

从地震地质和新构造学者来说，常常更看重机制解的两条节面，它们反映震源破裂面，与发震断裂联系更密切。从表5–4–1分析，北西向、近东西向节面占有较大比重，在一定程度上反映近东西向和北西向断裂是主要发震断裂。

有个问题需要提出，以往的研究中，区域应力场的方向往往用该地区震源机制解的*P*轴的平均方向来近似。但我们知道，*P*轴和*T*轴反映的是地震前后震源区应力状态的变化，而不是震源区构造应力本身（陈运泰 等，2004）。也就是说，*P*轴的方向并不代表区域主压应力场方向，它们之间是有差别的。*P*轴、*T*轴和断层面严格地成45°夹角，区域最大主压应力和断层面夹角为θ，因此*P*轴、*T*轴和区域最大主应力之间的夹角应是$45°-\theta$的角度。由于地震发生时断层面除了受区域最大主应力的影响之外，还受地质等方面原因的影响，造成一个地区*P*轴、*T*轴比较零乱，但区域最大主应力的方向在一段时间内应该是比较稳定的。目前，震源机制解资料中*P*轴的方向相差20°是很正常的，因此用平均*P*轴方向反映出的区域应力场的方向也是有一定误差的。

前面几章已阐述，研究区主要活动构造和发震构造为近东西（北东东为主）向和北西向断裂，在北西西向区域构造应力场作用时，最易引起北东东向断裂右旋和北西向断裂左旋滑动而共轭活动，导致地震发生。区内上述两组断裂力学性质正具备这样的特征，因此，从构造力学推论，本区构造应力场主压应力场应是北西西向，与上述小震的震源机制做出的震源应力场总体一致。

关于华南地区构造应力场，在第二编中将有较详细的阐述和讨论。

表5-4-1 珠江三角洲地区小震震源机制解结果

发震时间	震中			震级		节面A			节面B			*P*		*T*		*N*		资料来源
	北纬	东经	地区	Ms	M_L	走向	倾向	倾角	走向	倾向	倾角	方位	倾角	方位	倾角	方位	倾角	
1972年5月29日	23.8	113.6	佛冈	3.1	3.7	22	南东	50	104	北东	80	159	19	55	33	273	49	广州地震大队预报室
1972年7月26日	23.2	112.7	肇庆东北	2.8	3.4	32	南东	88	320	北东	43	104	32	357	28	204	14	广州地震大队预报室
1973年1月26日	24.3	113.1	洽光		2.9	66	北西	70	146									广州地震大队预报室
1973年1月28日	23.1	112.3	肇庆西北	2.4	3.2	356	南西	65	98	北东	70	47	4	317	34	132	36	广州地震大队预报室
1973年4月5日	23.7	112.4	广宁西北	2.6	3.3	48	南东	73	294	北东	35	103	57	342	23	239	30	广州地震大队综合队
1973年4月6日	23.6	112.3	广宁东南	3.3	4.0	69	南东	66	293	北东	32	124	61	333	19	257	19	广州地震大队综合队
1973年4月20日	22.3	113.5	中山北	2.4	3.2	42	北西	35	266	南	45	134	5	253	66	60	24	广州地震大队预报室
1974年3月4日	23.7	113.3	清远东	3.4	4.0	30	北西	55	166	北东	58	19	51	107	3	197	39	广州地震大队预报室
1976年11月20日	22.9	113.1	佛山	3.3	3.9	14	南东	55	87	北西	68	143	8	43	43	241	46	广州地震大队预报室
1971—1986年	小震综合					83	南东	32	327	北东	74	89	27	215	25	319	53	广州地震大队预报室
1970—1993年	小震综合（广东）											74	28					陈益民
1989年9月18日	22.1	112.0	恩平		4.5	20	北西	70	278	南西	60	147	70	242	36	48	53	陈定国
1997年9月23日	23.3	113.0	三水		3.7	304	南西	52	340	北东	45	144	70	52	2	321	18	魏柏林
1997年9月26日	22.3	113.0	三水		4.4	304	南西	44	322	北东	46	132	80	224	2	3.4	10	魏柏林
1997年12月3日	22.1	113.0	台山		4.1	70	北北西	54	344	北东东	78	286	14	30	21	180	54	康英
2000年4月23日	22.1	112.0	恩平		3.1	26	−20	88	117	−178	70	339		73	12	202	70	康英
2000年7月7日	23.3	114.0	博罗		3.1	300	−55	60	49	−145	60	264		12	6	110	50	康英
2007年10月23日	23.7	114.2	龙门		3	230	40	−90	50									康英
2008年2月11日	23.6	113.8	从化		3	80	40	90	260									康英
1962年3月19日	23.7	114.7	河源	6.1		332	南西	88	62	北西	80	287	9	17	6	141	80	林纪曾等
1969年7月26日	21.7	118.8	阳江	6.4		340	南西	70	74	北西	80	299	22	206	7	100	67	广州地震大队综合队

第六章　珠江三角洲地区强震构造

6.1　基本特征

6.1.1　强震分布在重力场急变梯度带，特别是正负场急变带

图4-1-1和图5-2-1清楚地展示，珠江三角洲地震Ms≥$4\frac{3}{4}$级地震的分布，从地域上主要集中在北部肇庆—广州一线和南部镇海湾—澳门—担杆列岛沿海一线，都呈近东西向展布，即珠江三角洲南、北两个狭窄带上。从东西方向看，主要集中在四会—广州—担杆一线以西地区，中、东部区域没有历史记录，可认为它比较稳定，没有发生Ms≥$4\frac{3}{4}$级地震。

从重力场结构角度分析，珠江三角洲地区是一个重力高地区，北部地震分布带正是重力场正负分界的梯度带，南部地震分布带正是南海北缘的一个北东东（近东西）向巨大高重力梯度带。与广州重力高区之间相隔一个珠海微低负重力场，广州重力高内部重力场起伏不大，相对平稳，与地震活动相对平稳区吻合。珠江三角洲西部（四会—肇庆—恩平一线以西）是一个北东向、北西向交替的重力负异常梯度带（图2-4-1和附图Ⅱ），而东部却无梯度带出现，是一个敞开的、平稳的图像，这正好也与西部地震活动相对活跃、东部地震活动较弱相对应。

航磁对北东向、北西向构造反映不如重力，但东西向航磁场与重力场的特征一致，即南、北两缘东西向梯度带明显，中部地区也相对形态缓和（图3-4-2和附图Ⅲ）。

6.1.2　近东西（北东东）向断裂是强震构造的主控断裂，是强震构造必备条件

近东西（北东东）向断裂系是珠江三角洲地区深部乃至浅部的主控断裂，在第四章中已有阐述，图4-4-1同样反映了它对地震活动特别是强震活动的控制，南北两条东西向地震分布带正是处在近东西向断裂带（系）上，虽然F3肇庆—广州断裂较浅，但它是规模大的同一重磁场东西向结构带内部断裂系的一条断裂，我们在第四章已指出，它或许更活跃，在“肇庆强震构造区”“广州强震构造区”两节中将具体例证（详后）。这里要说明的是，单一的、规模小的、深度浅的东西向断裂不具备对强震的控制，也就是说不具备强震构造特征（条件），如F5.2珠海—恩平断裂，它是珠海微重力低的一条单一的、很浅的断裂，可能许多小地震活动与它的活动有关，但不足以形成强震构造的条件。

6.1.3　北西向断裂与近东西向断裂交汇是强震构造的突出特征

北西向断裂在区域内虽然规模不大和深度浅，大多数在10 km左右，只有F13恩平—镇海湾断裂≥20 km，但活动时代新和活动性较强。在第四纪等厚线图、流动重力观测图、大地形变图上均有明显的反映，它控制某些水系流向，港湾和溺谷形态以及与北东东向断裂切割关系，均反映它明显的活动性。它在北西西向构造应力场作用下，常常与北东东向断裂共扼活动而发生强震。图4-4-1也反映区内Ms≥$4\frac{3}{4}$级地震均处于北东东向与北西向断裂交汇区或附近（同一北西向断裂系主干断

裂的旁侧），这一特征非常突出。

6.1.4 北东向断裂穿过强震区，与北东东向、北西向断裂交汇的概率很高

北东向断裂系在区内除F8广州—恩平断裂带规模巨大，深度≥30 km，F7肇庆—四会断裂深度20 km以外，其他北东向断裂重磁场结构都较单薄，规模不大，深度在10 km以内，活动性相对较弱，但强震构造区常有它的存在，与北东东向、北西向断裂交汇，如F8广州—恩平断裂带上集中了6个Ms≥$4\frac{3}{4}$级地震，F7肇庆—四会断裂带上集中了5个Ms≥$4\frac{3}{4}$级地震，这2条北东向断裂重磁结构规模大和深度大，穿过强震区也最多，所以北东向断裂的规模、深度是重要因素。其他南部东西向F6滨海（岸）断裂带上3个地震构造区，也有北东向断裂成分。客观地分析，不能因为活动性较弱而忽视它的存在，可以不将它列入必具条件，但是至少是参考条件之一。究竟北东向断裂在地震孕震过程中发挥何种作用，尚待研究。

6.1.5 近东西向和北西向断裂都具有显著的活动标志，尤其是垂直差异运动

近东西向和北西向断裂构造交汇的情况是很多的，但并非交汇处都能发生强震，关键在于交汇地段均有明显的地质活动，两者都是它们断裂带中真正活动段，有显著的地质活动标志可寻，在某种程度上这些标志是确定活动构造乃至地震构造的“向导”，其活动强度往往是类比震级大小的重要标准[41]。

珠江三角洲地区几个5级地震构造区基本上符合这一特征，北东东向和北西向断裂均有显著的地质活动标志，最突出的是垂直差异运动形迹，以肇庆地震构造区最典型。当然，各强震构造区断裂表现出来的运动形式不完全一样，在后文强震构造一节中将逐个阐述。

6.1.6 地震构造区有花岗岩分布，震源或处于花岗岩体内

将图1-1-1（附图Ⅰ）与图4-4-1对照可以发现，图4-4-1中的地震几乎都坐落在图1-1-1（附图Ⅰ）的花岗岩体中，这不是偶然或巧合的现象，而是有一定的物理机制。花岗岩是刚性岩体，有利于积累大量应变能，是孕育和发生强震的重要条件，应作为珠江三角洲地区强震构造的一项特征。珠江三角洲地区除了花岗岩外，再没有大面积分布、体积宏伟、强度刚性可与之相比拟的岩石。

6.1.7 地震发生在地壳深部10 km以内

第五章图5-3-1给出了珠江三角洲地区小震震源深度分布状况，总体上深度比较浅，均在10 km以内，极个别地震达15 km。Ms≥$4\frac{3}{4}$级地震的深度一般也不会超出10 km，参考邻近地区河源、阳江等地震震源深度即可知之（第二编）。可认为，这与断裂密集交汇深度区有关，分析图4-1-1至图4-1-3，断裂密集交汇区在10 km左右，20 km深度断裂交汇区只在F2四会—增城断裂以北的南岭南坡山区和西南区F13、F8、F6交汇区，30 km深度断裂交汇仅F8与近东西向各断裂的交汇点，且不存在活动的北西向断裂参入。断裂交汇，尤其是北东东（近东西向）与北西向断裂交汇是强震构造基本条件，单一的断裂很难发生强震，这是地质力学机制决定的，李四光[43-44]等许多学者都曾有论述过。震源浅和地表破坏力度大，这是珠江三角洲地区近年来发生的小震已证明的。1976年11月20日顺德M_L 3.3级，1997年9月26日三水M_L 3.3、4.4级地震，地震烈度竟达到Ⅵ度，造成民居破坏，财产损失，这是特别值得警惕的事情。

当然，随着深度增大，地温也随之增高，岩石软化度增强和刚性减弱，对发生强震要求的力度更大，这也是地震多属浅源地震，发生在10 km以内的一方面因素。一些学者研究发现，浅源地震

的发生与10 km存在低速高导层有关[29]，在第二编再予讨论。

6.2 强震构造

“强震构造”一词在地震预测预报中常称“地震危险区”，后者的含义比较简单一些，主要是发震地点（区）的概念，地震构造的学术性含义不明确，在具体划分的实施过程中，大多数是根据地震前兆异常相对集中区来确定的。所以，严格地说，它虽都是强震发生地点的意义，但又不是同一个概念，它所划分的危险区常常与地震构造位置不一致。这是常规地震预测预报实践中一个需要重视的问题。

划分强震构造是地震预报三要素之一，是防震减灾最重要的一个环节，也是最困难的一个环节。强震活动常常声东击西，指南撞北，很难捕捉（预报）。所以地震地质研究是准确地划分强震构造区，缩小地震监测预报范围，为常规中、短、临地震预报提供最基础资料和预报实效。

6.2.1 地震构造划分原则

首先一个原则就是地震构造特征（条件）类比，找出研究区范围内符合前文强震构造（危险区）特征的地区，对号入座，不符合者或部分符合者则暂且搁置，待研究资料更充分时再作取舍（如有更多较准确的形变测量、断层气测量、断裂两盘地质年龄测量等微观量化资料）。

第二是活动强度类比原则，这一原则包括上述构造特征的类比，这里着重说明震级上限（最高震级）的确定原则或方法。确定最高震级的方法很多，如断裂长度、震源体积计算等方法，但这些方法涉及不确定因素和主观因素很多，加之区域特征差别，应用时困难很多，各人计算结果常常差别很大。最实际的还是构造类比法。由于地震构造、地震活动有很强的区域性特征，因此，一般应在同一地震构造带范围内类比。华南沿海地震构造带内强震构造区可以类比震级度量。最常使用的方法前文已述及山前地貌研究、阶地结构及其形变、河谷形态（类型）及其变形、位移、水系分布形态、河流袭夺、第四系厚度及其分布形态、第四纪断裂、温泉、冷泉、喜山期（特别是第四纪）基性、超基性岩分布等，以及形变测量、断层气测量、GPS测量、地质测年等。将上述观测到反映断裂活动强度的现象与已知强震构造区加以类比，衡量待确定的强震构造区震级。在下文论述强震构造区时，将具体讨论确定震级的方法和内容，这里不再举例，避免太多的重复。

构造类比并不是一件很容易的事，它需要深厚的第四纪地质和地貌学、新构造学基础。以往很少开展以新构造为主题的区域性、实地考察性研究，因此，新构造方面的资料十分匮乏。中山大学、华南师范大学地理系和广州地理研究所曾合作编制过广东省1：20万地貌图，中科院南海海洋研究所也曾作过华南沿海1：20万第四纪地质调查，贡献很大，但由于多种原因，新构造研究未能列入重点研究内容，不能不感到遗憾。建议政府有关部门加强这方面专业人才的培养和课题的研究。

6.2.2 强震构造区划分

依据上述划分强震构造区的原则，在珠江三角洲地区划分4个Ms≥5级的强震构造区（图6-2-1）。

（1）肇庆≤6级强震构造区。

（2）广州5.5级强震构造区。

（3）镇海湾≤6级强震构造区。

（4）“三门”5.5级强震构造区。

（5）关于担杆列岛—万山群岛强震构造问题。

（6）关于$4\frac{3}{4}$级地震构造问题。

我们在下文将依次阐述。

6.2.2.1 肇庆强震构造区（≤6级）

肇庆强震构造区位于珠江三角洲西北部（图6-2-1），历史记录发生过2次5级地震（1584年7月8日和1584年8月6日，如把1749年2月28日云浮5级地震归属进来，则是3次5级地震）和1次$4\frac{3}{4}$级地震（1909年8月11日），是珠江三角洲地区陆地上发生破坏性地震较多的地区。它的范围大体是：北界为北山—鼎湖山以南，南界在白土盆地以北，小湘、三榕峡以东，大沙盆地（广利、罗隐）以西的山前平原地区。大体包括肇庆平原、广利平原、罗隐平原、烂柯山南侧的双金平原（图6-2-1和图6-2-2），在图6-2-2中，1584年2个地震震中位置，根据构造位置较前人资料稍向南东方向作了短距离挪动，经纬度不超过2′）。

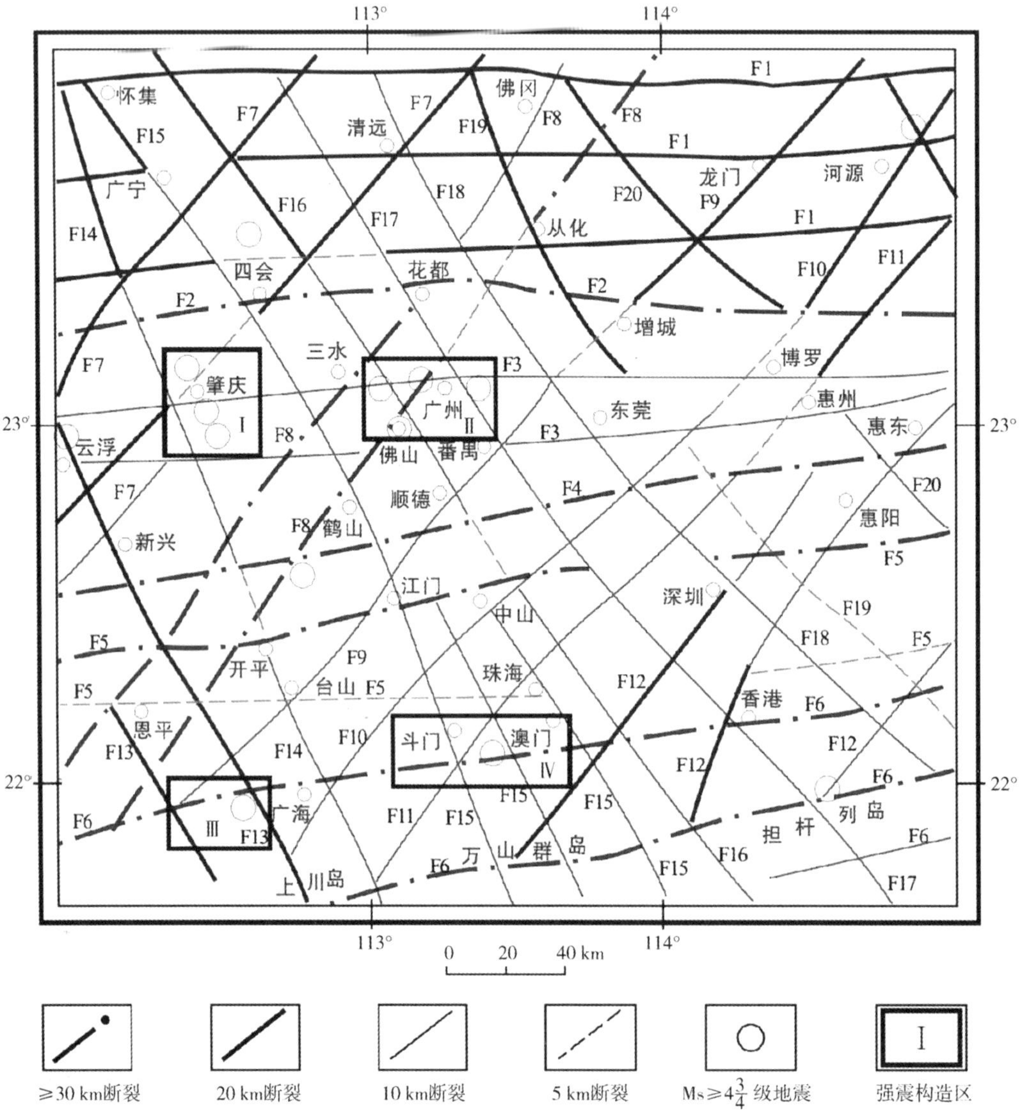

F1．佛冈—河源断裂　F2．四会—增城断裂　F3．肇庆—广州断裂　F4．鹤山—惠东断裂　F5．五桂山北（南）麓断裂　F6．滨海（岸）断裂　F7．肇庆—四会断裂　F8．广州—恩平断裂　F9．增城—新会断裂　F10．河源—中山断裂　F11．博罗—斗门断裂　F12．莲花山断裂（南段）　F13．恩平—镇海湾断裂　F14．肇庆—镇海湾断裂　F15．江门—斗门（西江）断裂　F16．三水—担杆断裂　F17．狮子洋断裂　F18．东莞—大鹏湾断裂　F19．增城—从化断裂　F20．佛冈—惠州断裂

图6-2-1　珠江三角洲地区重磁资料解释深部断裂系统及强震构造区

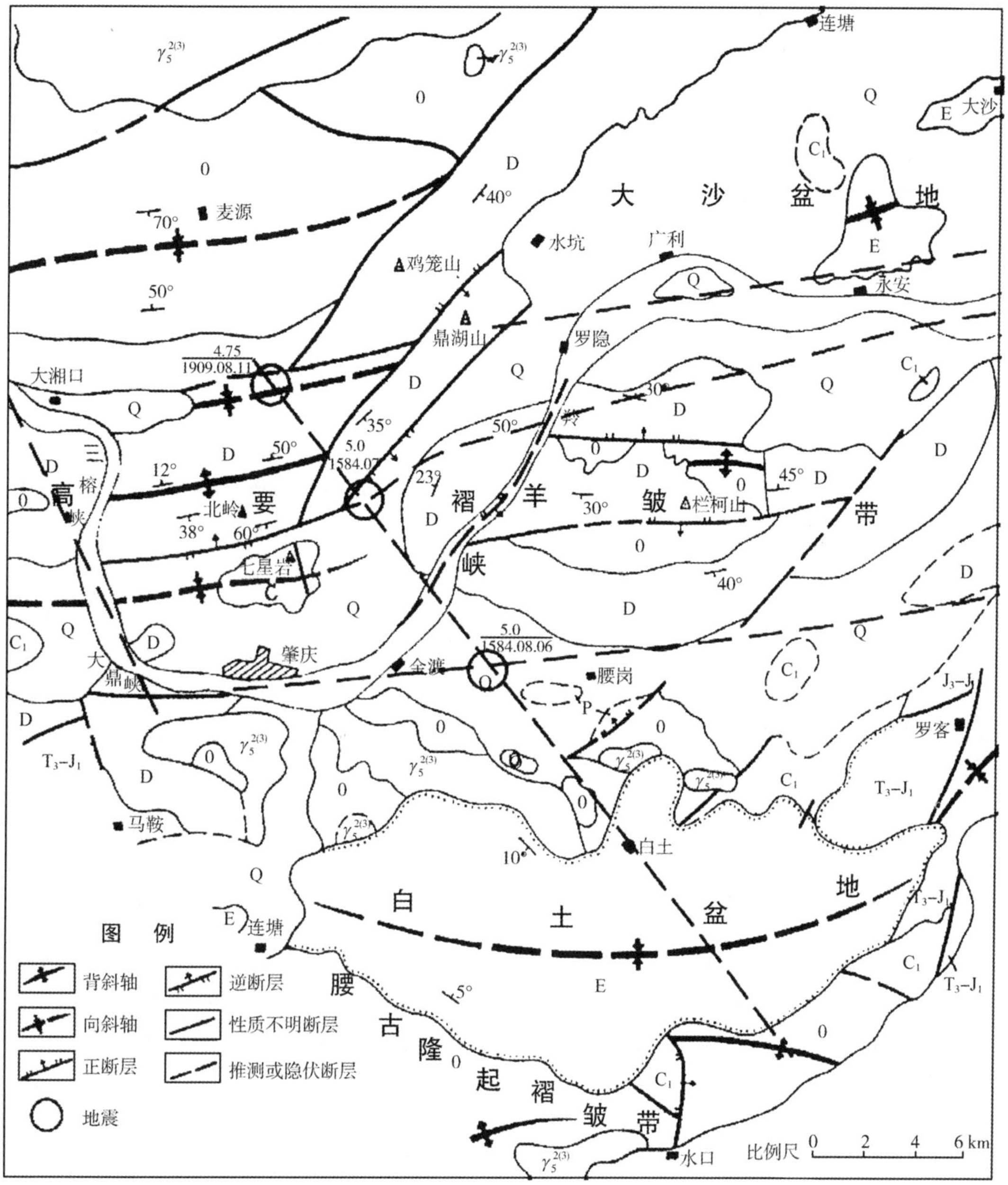

（据黄德民，略有补充）

图6-2-2 高要附近构造纲要

（1）深部断裂系统

区内有3条断裂通过（图4-1-1和图6-2-1），且相交汇。

1）近东西向肇庆—广州断裂（F3） 航磁ΔT对该断裂带反映最清楚，常反映为近东西向梯度带，尤其是一阶方向导数图。如图3-4-11，F3近东西（北东东）向梯度带西起云浮北，经肇庆、三水至广州，向东可延伸至区外的博罗、惠州东，图中东西向梯度带存在北西向的间隔，那是F14 北西向断裂切割的反映。此外，在其他许多图件中对该断裂也有较好的反映，如航磁ΔT平面等值线图（图3-4-2至图3-4-4），分形维数图，小波分析三、四阶细节，化极系列图件，总梯度模，垂向二阶导数等。即使一阶45° 方向导数（主要反映北西向断裂构造的方法）、135° 一阶方向导数（主要反映北东向断裂构造的方法）、90° 一阶方向导数（主要反映南北向断裂构造的方法）等图件也不能完全消除该断裂强大的信息，仍然有一定程度的反映（详见第三章各图）。

重力图件对肇庆—广州断裂带也有一定程度的反映。上延10 km 0° 一阶方向导数灰度图（图2-5-13）中，肇庆—三水—广州反映为近东西向黑影带，但上延20 km、30 km（图2-5-14和图2-5-15）后，该断裂与其北面四会—增城断裂（F2）和南面新兴—鹤山断裂（F4）融为一个巨大的东西向黑影体，这是高要—惠来断裂带（系）整体反映范围，它主要与深部物质成分密度差异小有关[42, 45]。同样，布格重力异常图，分形维数，垂向二阶导数，总梯度模，小波分析一、二、三阶细节等多种方法成果图像对该断裂均有所反映，45° 一阶方向、135° 一阶方向导数图中也有一定程度的反映（见第二章各图）。

2）北西向肇庆—开平断裂（F14）　在以往文献资料中，很少报道肇庆地区存在北西向断裂。近年魏柏林根据地层缺失情况提出存在一条北西向白土断裂[46]。作者本次重磁资料处理、解研工作中，多项方法证明该地区存在北西向断裂，命名为肇庆—开平断裂（F14）[42, 47]。

航磁对该断裂有较好的反映。如图3-4-1至图3-4-5，肇庆往东南方向存在明显的梯度带，往西北方向，在广宁西也有梯度带呼应。图3-4-50垂向二阶导数图，是反映浅部断裂构造组合图像，不难看到，该断裂表现为等值线同步拐弯北西向带。45° 一阶方向导数图反映更清楚，如图3-4-19中北西向影束历历在目，图3-4-14至图3-4-16和图3-4-20至图3-4-21也反映很好，其他90° 一阶方向导数图（图3-4-25、图3-4-29至图3-4-31）、0° 方向导数图（图3-4-9至图3-4-11）中北西向断裂也得到较好的反映，肇庆北，近北西向等值线（梯度带）同步拐弯为北西向羽毛状图像。此外，总梯度模，化极系列，小波分析一、二、三阶细节等图件均有一定程度的反映（见第二章各图），可见该断裂存在是肯定的。但所有图件作上延20 km处理后，反映都不清楚了，可以判断该断裂切割深度在10 km，或稍深一些（小波分析四阶细节反映的断裂构造深度在12 km左右，而本断裂在四阶细节图像中已无反映）。

重力图像对本断裂也有一定程度的反映。重力45° 一阶方向导数灰度图图像反映为北西向黑影带（图2-5-28），当上延10 km时，北西向黑影带已不是很清楚。布格重力异常图中（图2-5-2至图2-5-5），肇庆一带明显的存在宽疏的北西向梯度带，直抵开平才转为近东西向等值线。此外，在重力小波分析一、二阶细节，垂向二阶导数，总梯度模，滑动平均区域场等成果图件中也不同程度地有所反映（见第二章有关各图）。在莫霍面深度图中（图2-5-48和图2-5-49），肇庆—开平段存在明显的北西向速变带（梯度带），在地壳厚度速变带存在断裂是符合解释原理的。

3）北东向肇庆—四会（吴川—四会）断裂（F7），航磁对该断裂反映较清楚，总体呈现一个宽阔的北东向航磁异常带，东侧边界大体在四会、肇庆、云浮和新兴一线，西侧边界大体在广宁西南一线（图3-4-39）。从规模分析，这一围限的磁异常带向东北和西南应延伸很远，宽度在40 km以上，其东、西两条边界解释为吴川—四会断裂的主干断裂，实际上内部断裂组合系统较复杂。对航磁ΔT作上延10 km135° 一阶方向导数处理，基本上维持图3-4-39图像格局，但是，当上延20 km时，无论是灰度图还是等值线图，图像均有较大变化，东支主干断裂在肇庆北为近东西向梯度带阻断（图3-4-37和图3-4-42），上延30 km（图3-4-38）时，北东向梯度带基本上消失。即是说，吴川—四会断裂带在区内深度最多20 km，不如广州—恩平断裂（F8）深度（图4-4-3）。

此外，本断裂在航磁小波分析一、二、三阶细节有清晰的反映，在平面等值线图、90° 一阶方向、总梯度模、垂向二阶导数，甚至45° 一阶方向、0° 一阶方向导数反映浅部（≤10 km）的图件中也有一定程度的反映（见第三章有关各图）。重力成果图像对该断裂也有一定程度的反映，总体轮廓与航磁图像基本一致，以135° 方向导数图反映最好（图2-5-17至图2-5-19、图2-5-21至图2-5-23）。在布格重力异常图（图2-5-2至图2-5-7）、0° 一阶方向导数图（图2-5-9至图2-5-11、图2-5-13和图4-2-13）、90° 一阶方向导数图（图2-5-33至图2-5-35、图2-5-37、图2-5-39）反映也较好，即使与之成直角的45° 一阶方向导数图（图2-5-25至图2-5-27、图2-5-29）也有一定程度的反映，说明该断裂比较强势。

此外，在重力垂向二阶导数，总梯度模，小波分析二、三、四阶细节等图件，对该断裂均有一定程度的反映（见第二章有关图件）。

概括起来，重磁解释结果基本一致，本断裂规模较大（重磁异常宽度、长度），但从本区资料解释结果，深度约20 km。

（2）浅部地质资料及其断裂活动性分析

图6-2-2基本上反映了肇庆地区地质构造格局[48]，与前述深部断裂构造格局是一致的，说明本区深部断裂在地面浅部有一定程度的反映。东西向构造是主要构造成分，横贯全区，北东向断裂构造主要分布在区域的西北部。北西向断裂斜切区域中部。现就各组断裂构造简述于下：

1）近东西向断裂及其活动性　本区近东西向断裂属肇庆—广州断裂（F3）的一部分，出露形迹明显，自北而南，主要有小湘（大湘口）断裂、北岭断裂、西江南岸断裂和栏柯山断裂，其中以北岭断裂活动最显著。

a. 北岭断裂　位于北岭南侧。北岭最高海拔759 m，南侧地形陡峻，断层崖和三角面清晰、整齐，北东东向延伸长达17 km。往东，据地貌分析，可能隐伏于肇庆平原，穿过旱峡而至栏柯山（龙门山）北麓、罗隐之西江南岸一带。

北岭南麓断层崖下发育规模颇大的洪积阶地和现代冲洪积扇，组成山前倾斜平原，逐渐过渡到肇庆冲积平原。洪积阶地有三级，相对高度为50 m、30 m、14 m，可与西江南岸三级河流阶地对比（图6-2-3）。据古地磁测定，第二、三级阶地属松山正向极世，年代为中更新世[49-50]。表明至少自中更世以来，断裂北侧北岭山体不断抬升。

在断裂南侧是肇庆平原，下沉特征明显。在山前倾斜平原与平原之间，有成带沼泽、湿地和湖泊分布①，在七星岩一些地下溶洞中见有水下小石笋。肇庆平原与珠江三角洲一样，是晚更新世中后期形成的平原。目前所知，最早沉积物^{14}C绝对年龄是（39 200 ± 1 230）a B.P.，沉积物中埋藏有多层腐木层，最晚的腐木层^{14}C年龄为（1 520 ± 75）a B. P.。另外，从阶地和平原沉积相分析，河床相发育很差，也显示上更新统形成主要靠区域构造下沉，而不是靠西江干流的侧蚀展宽。

上述资料充分证明，北岭断裂自中更新世以来，活动性比较明显，北侧北岭山地上升，南侧肇庆平原下沉。

b. 西江南岸断裂　位于肇庆城区西江南岸高要南岸镇一带，顺西江展布，其南侧是 150～300 m的丘陵，临江仍保留有三级河流阶地（图6-2-3），相对高度与北岭洪积阶地可对比，刘尚仁根据邻区阶地TL测年资料，认为第二、三级阶地TL年龄为（55.9 ± 5.6）～（31.3 ± 3.13）a B. P.，应为中更新世形成，反映断裂南侧丘陵不断上升。断裂北侧是下沉的肇庆平原。一级阶地属半埋藏阶地，在高要八联东万坳测得TL年龄为（36 389 ± 2 010）a B. P.，属晚更新世中晚期。说明晚更新世中晚期阶地形成后，又下沉而半埋藏于肇庆平原Q_4下。

该断裂沿肇庆（南岸）西江段存在基岩深槽带，平均50 m，最深达85 m，应为断裂活动形成。根据地貌和沉积物分析，该断裂可能沿西江往东延伸至腰岗和栏柯山南麓。栏柯山南麓也发育有洪积阶地和现代冲积扇，组成山前倾斜平原。不过规模不如北岭南麓。但可以说明，本断裂晚更新世以来是活动的。

c. 小湘（大湘口）断裂　该断裂发育于北岭北麓，顺着大湘口西江北岸平原和小湘水近东西向展布，往东隐伏于罗隐平原，顺西江至永安以东（图6-2-3）。该断裂活动性表现在对水系和谷地走向的控制。如西江在大湘口一带突然由北西向转折为东西流向，并在北岸形成大湘口东西走向的河谷平原和小湘水谷地，控制长度达15 km，隔着北西向的小垭口（坑尾），往东又有东西向东蕉水相呼应，在罗隐附近注入东西向的西江。

①沈灿燊．肇庆地区低朗田调查报告．中山大学，1958.

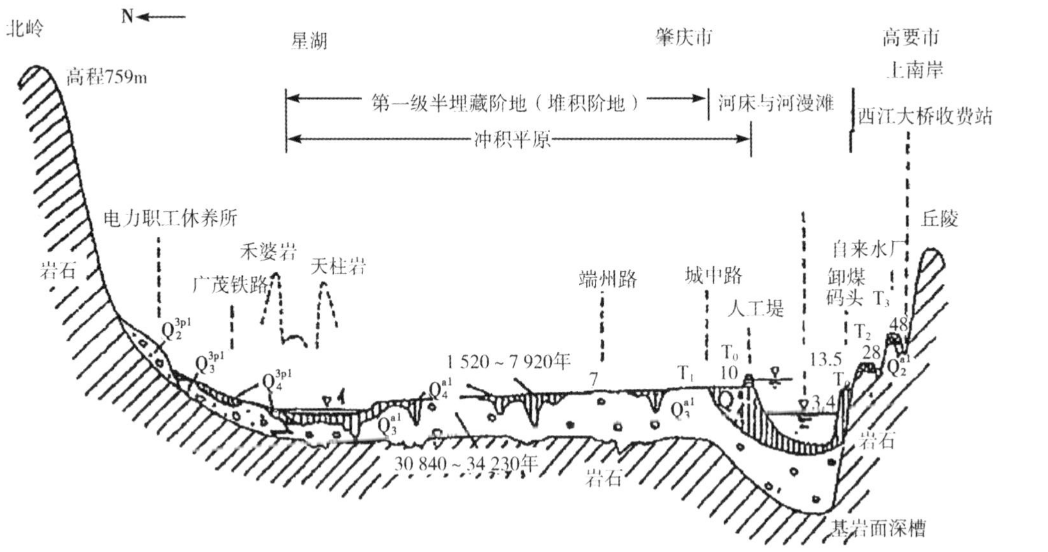

（据刘尚仁）

图6-2-3　肇庆市西江河谷地貌与第四纪地质横剖面示意图

d. 栏柯山断裂　在栏柯山中部有两条平行的东西向断裂。分居栏柯山背斜南、北两侧。北侧的一条断裂又称田螺断裂。这两条断裂的新构造活动性不甚清楚。栏柯山的顶峰903 m，山体发育多级夷平面和肩膊地形，南、北两麓发育较大的洪积扇和倾斜平原。这种上升地貌特征或可间接反映它们的活动性。

2）北西向断裂及其活动

a. 宋隆何断裂　前文已指出，研究区很少见有北西向断裂出露。魏柏林根据地层缺失情况，推测南部存在一条北西向白土断裂。我们实地考察，这条推测断裂正好与西江支流宋隆河道大体一致，故称之为宋隆河断裂。宋隆河是西江小支流，谷虽不宽，仅10余米，河底与平原高差仅2～3 m，但晚更新世末期以来的堆积厚度却达22 m，显然这与淙淙细流是很不相称的。在0.8～1.5 m深处，有腐木埋藏。在宋隆河上游经回龙之源头几乎可与高明河北西向支流相接。在水口村附近还存在北西向抢水现象。这些现象应与北西向断裂活动有关。即河流曾沿断裂破碎带深切入22 m，后来地壳下沉和堆积，形成埋藏谷地，并在入西江口形成宋隆河平原。此外，在宋隆河断裂东侧的都万坳，是晚更新世后期堆积物组成的小分水岭，高12 m左右，东侧水流向金利平原，西侧水流向宋隆河平原，可能与北西向宋隆河断裂活动有关。宋隆河入西江口处，往北西方向对岸正好也有一条北西向小支流注入西江，其往北西方向延伸至北岭南麓松岭，源头正好在前述小湘谷地东端坑尾附近的北西向垭口（坳地），这可能是宋隆河断裂北段。这条宋隆河断裂应是重磁图像中肇庆—开平断裂的主干断裂在地面上的反映。

b. 三榕峡断裂　研究区西部西江河道由东西向突然拐弯北西向切过山地，形成著名的三榕峡，长达5 km，水深78 m。我们推测除了水动力作用外，与羚羊峡一样（详后），如此深切的峡谷，断裂活动也是其形成主要原因之一。

3）北东向断裂　研究区北东向断裂属四会—肇庆（吴川—四会）断裂带的一部分。出露的主要支断裂有鸡笼山断裂、鼎湖山断裂、羚羊峡断裂（图6-2-2）。大家最关注的是羚羊峡断裂，因为它涉及羚羊峡成因和一些重要工程建设，本节也着重阐述该断裂。

a. 羚羊峡断裂　自20世纪30年代始，学者们对羚羊峡形成问题就展开了广泛的讨论，认为羚羊峡为断裂谷，断裂活动起到重要作用。但全新世断裂是否活动，还有不同意见。羚羊峡深切在栏柯山中（其西侧山地又称龙门山），长7.5 km，宽200～400 m，水深83 m。羚羊峡左岸的南、北出口附近崖壁上出露断裂剖面，TL测年数据为（45.21 ± 3.40）万a B. P.、（48.45 ± 3.63）万a B. P.[51]。广东省地矿局地球物理勘察院、化工部广州地质工程勘察院在河道中钻探和物探资料，也完全证实断裂的存在和展布特征。并在ZK237孔岩芯取3个样品作TL测年，数据分别为（14.22 ± 1.03）万a B. P.、（15.25 ± 1.14）万a B. P. 和（16.92 ± 1.27）万a B. P.。从上述测年结果分析，断裂明显活动年代应是中更新世中后期。

吴继远认为，根据河道钻孔资料，河床部沉积物主要由砂砾、中细砂夹粘土层组成，属全新世，无晚更新世以前沉积。因此，羚羊峡是全新世断裂活动形成的[52]。我们曾多次在研究区实地考察，赞成羚羊峡是先成谷①，并认为羚羊峡断裂在全新世活动不明显，河床只有全新世沉积，那是因为在晚更世末期、全新世初期，海平面有一次大幅度下降（−130 m），河流向下强烈侵蚀，极为狭窄的峡谷中的晚更新世沉积被侵蚀殆尽，应是在理的[47]。

b. 鼎湖山断裂　位于鼎湖山东、西两侧，山形陡峻，地貌上常有瀑布、跌水和V形谷，这是早期构造运动造成的地形高差和坚硬的泥盆纪石英砂岩抗腐蚀作用保留的地貌景观。但全新世乃至现代活动并不明显，如山前冲洪积扇发育不好，我们曾在鼎湖山水坑北取TL样测得年龄为（18.26 ± 1.2）万a B. P.，属中更世中晚期。

c. 鸡笼山断裂　位于鸡笼山西北侧，地质现象同鼎湖山断裂，地形陡峻，形成深邃的V形谷，属非全新世活动断裂。

（3）发震构造的讨论

从前文阐述可知，研究区内近东西向断裂是主要成分，虽然深只有10 km，但属高要—惠来深大断裂带重磁结构内部的断裂系统（主干断裂在30 km以上深度），规模巨大，是肇庆—广州断裂带的一部分。尤其是它的活动性在区内是几组断裂中最强的，标志最明显。北岭断裂和南岸西江断裂地堑式控制肇庆平原的发育（图6-2-3）。

北西向宋隆河断裂（白土断裂），是肇庆—开平断裂的北段，虽然切割深度较浅（约10 km），但表现出全新世仍有一定的活动性，切过区内中部，与近东西向断裂系多处交汇。

北东向断裂系在地面出露规模也较大，是吴川—四会断裂带的一部分，深度可达20 km，但晚更新世以来活动性不明显或者说较弱，羚羊峡断裂研究较详细，足以证明。

据以上分析，我们认为近东西向断裂系是主要发震断裂。它与北西向宋隆河断裂或共同（轭）活动，其交汇部位应是发震的具体构造部位。从活动性和断裂规模考虑，北岭断裂与宋隆河断裂交汇部位是最值得关注的强震构造。

将北岭断裂南麓和栏柯山南北两麓发育的冲洪积阶地、山前倾斜平原规模以及西江南岸断裂形成的基岩深槽带等新构造运动标志强度，与同一地震带和断裂带上的灵山、漳州地区新构造活动标志对比，应低于灵山、漳州地区，加之北西向断裂仅10 km（见第二编），所以，确定本强震构造区震级上限为Ms≤6级，即最高可达6级，不超过6级。

6.2.2.2　广州强震构造区（5.5级）

广州是我国南方最大的城市，经济繁荣，现代化程度高，人口达1 000多万。历史记载，广州地区发生过2次5级地震（1372年9月25日、1824年8月14日），2次$4\frac{3}{4}$级地震（1372年9月25日、1915年），所以地震活动是政府和人民群众很关注的问题。

广州地震构造区位于珠江三角洲地区的北部居中位置，与肇庆地震构造区处于同一深部断裂带：肇庆—广州断裂带（F3），也即同一近东西向重磁结构带上（图6-1-1）。具体范围（图6-2-4）大体是近东西向瘦狗岭断裂（f1）以南，或者说萝岗花岗岩岩体以南，北西向F17狮子洋断

---

①李见贤，王鸿寿．高要附近地形调查报告．中山大学，1959.

裂（f7.1、f7.2）（番禺）以西，F16三水—担杆断裂北段的白坭—沙湾断裂（f6）以东，近东西向F3.2云浮—东莞断裂（佛山—番禺段）以北所围限的地区（图6-1-1和图6-2-4）。

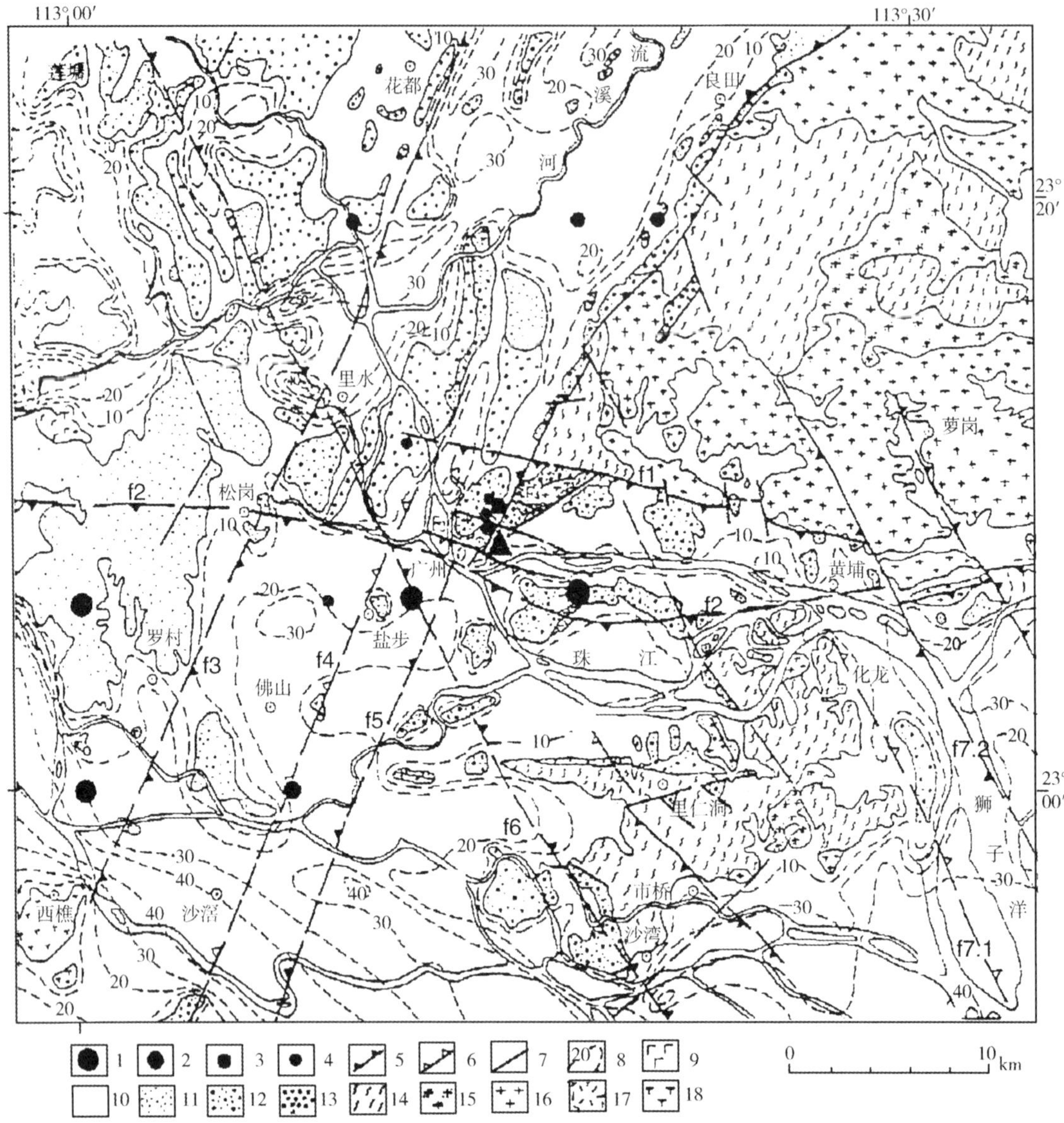

1. $4\frac{3}{4}$ ~ 5级地震（历史地震） 2. M_L 3.0 ~ 3.9级 3. M_L 2.0 ~ 2.9级 4. M_L 1.0 ~ 1.9级 5. 晚第四纪活动断裂 6. 早第四纪活动断裂 7. 活动时代未明断裂 8. 第四系等厚线（m） 9. 喜山期玄武岩 10. 第四系分布区 11. 喜山期（R）构造层 12. 燕山期构造层（T_3–K） 13. 印支期构造层（D–T_1） 14. 加里东期构造层褶皱基底 15. 加里东期花岗岩 16. 燕山期花岗岩 17. 燕山期流纹岩 18. 喜山期粗面岩 f1. 瘦狗岭断裂 f2. 广州—三水断裂 f3. 石碣断裂 f4. 蠕岗断裂 f5. 广从—从化断裂 f6. 白坭—沙湾断裂 F17. 狮子洋断裂

（据郭钦华 等，略有变动）

图6-2-4 广州地区地质

该区北部（东北部）是白云山—帽峰山隆起区，其他地区基本上是平原区。

近东西向瘦狗岭断裂（f1）和广州—三水断裂（f2）都是F3肇庆—广州断裂带的组成部分，依照重磁资料解释的意见，其北部F2四会—花都—增城断裂，南部鹤山—惠东断裂都归属于高要—惠来断裂带（西段）范畴。四会—花都断裂带是重力正负异常分界的梯度带，其南为省内陆地很著名的广州重力高地区。按照常规，危险区应划在四会—花都一线以南，但四会—花都段第四纪特别是全新世以来活动证据不多，而瘦狗岭断裂和广州—三水断裂表现出一定的活动性，故此将强震构造区北部界线南移了。

（1）深部断裂系统

区内有4条深部断裂通过：近东西向F3肇庆—广州断裂，北东向F8广州—恩平断裂，北西向F16三水—担杆断裂（白坭—沙湾断裂），F17狮子洋断裂。F3、F8各有2条分断裂，实际上是6条断裂（图6–1–1）[54]。

1）近东西向F3肇庆—广州断裂　在区内通过的是断裂的中段。该断裂在布格重力异常图（图2–5–2至图2–5–5）上反映不是很明显，广州以东存在近东西向等值线，是本断裂F3.1的反映。F3.2云浮—东莞断裂在番禺、东莞也基本上为可连续的等值线，在花都—广州—番禺一线以西，为北西向等值线带间断，这是F17对本断裂的切割。

在重力0°一阶方向导数及其上延10 km等值线图上，2条分断裂反映为整齐的梯度带，但上延20 km以高，本断裂无独立梯度带而是被包含在一个大梯度带中（图2–5–9至图2–5–12），其灰度图上，可见肇庆、三水、广州几段不连续的近东西向黑影带（图2–5–13和图2–5–14）在上延20 km、30 km图（图2–5–15和图2–5–16）中，已难区分本断裂形迹，全融入广州东西向重力高地质构造（黑影）块体中。

在135°、45°一阶方向导数等值线图和灰度图2条分断裂都反映很好，同样，上延20 km以高则无反映了（图2–5–17至图2–5–32）。

此外，在垂向二阶导数图，总梯度模图，分形维数图，小波分析一、二阶细节图对本断裂均有一定程度的反映（见第二章有关各图）。

在莫霍面、滑动平均区域场图（图2–5–48至图2–5–50）上，广州、惠州存在向东同步突出弧形轴线，可能也是本断裂的一种反映。

总之，构造区内本断裂在绝大多数图上有反映，特别是0°一阶方向导数图梯度带很清楚，在它的南、北两侧可划分出2条平行分断裂，但切割深度限于上延10 km以浅，上延20 km、30 km，无论何种方法的图件均无反映。即融入F2与F4合成的一个深30 km、宽40 km以上的巨型梯度带结构中了。

由上所述，这条断裂在重力系列图上反映其深度在10 km左右。

航磁Δ*T*数据系统处理结果，对本断裂反映也较清楚。航磁Δ*T*及其上延3 km、5 km、10 km图（图3–4–1至图3–4–5）中广州和惠州北存在东西向梯度带，上延20 km、30 km，断裂在区内基本上无反映。在航磁Δ*T*45°、135°一阶导数灰度图上存在北东向或北西向影带断头东西向排列，反映本断裂强势存在（图3–4–9、图3–4–20、图3–4–21、图3–4–31、图3–4–39至图3–4–41），其相应的等值线图也有一定程度的反映。

在航磁Δ*T*0°一阶方向导数等值线图均有较好的反映（图3–4–9至图3–4–13），在45°、135°一阶方向系列等值线图上，也得到相当程度的反映。在航磁Δ*T*垂向二阶导数、总梯度模、小波分析各图件反映亦较好，如小波分析四阶细节图（图3–4–54）上，本断裂自肇庆以东，经三水、广州、东莞、惠州以细节黑线东西向延伸至图外。

航磁Δ*T*化极系列图件均有一定程度的反映。

综上所述，从布格重力和航磁Δ*T*资料处理图像分析，该断裂存在是肯定的，不过，航磁反映与重力反映稍有不同。重力反映该断裂10 km深度，而航磁一些图件反映可达30 km以上，这在第四章已作解释，可能属非构造连线的虚假信息，所以本断裂深度仍依据重力资料确定为10 km。但它的地位、活动性与同重磁结构带的其他主干断裂同等看待[53]。

2）北东向广州—恩平断裂（F8）　区内的F8广州—恩平断裂是其北段，称广州—从化断裂，属F8.2广州—开平分断裂，斜贯区内中部。F8.1三水—恩平分断裂只在区内西北角斜穿一小段。无论是F8.1还是F8.2在布格重力异常图上反映不明显（图2-5-2至图2-5-8）。135°一阶方向导数等值线和灰度图反映最好，表现为梯度带或粗浓黑色条带，深可达30 km，显示规模巨大（图2-5-17至图2-5-24），但图中也看到，广州以北有一小段等值线上延10 km以高有缺空（间断），灰度图则图像模糊不清，即是说这一小段较浅，深度在10 km以内。深度骤然变浅，又是为近东西向F3.1截断，且有北西向F16、F17交汇之区，有几个Ms≥$4\frac{3}{4}$级地震在这里扎堆（图6-2-1）。在0°、90°一阶方向导数系列等值线和灰度图，以及垂向二阶导数，总梯度模，分形维数，小波分析二、三阶等图上也都有一定程度上的反映（见第二章有关各图件）。

3）北西向白坭—沙湾断裂（F16三水—担杆断裂北段）　重力系列图件对该断裂反映不明显，在布格重力异常图（图2-5-2至图2-5-5）中，花都—广州—番禺—顺德一线以西一带的北西向等值线或是本断裂之反映，上延10 km即无反映。45°一阶方向导数及上延10 km灰度图上，在广州西北方向存在北西向黑影条带（图3-4-28和图3-4-29），其等值线图（图2-5-25和图2-5-26）上三水与广州间存在北西向等值线或梯度带，上延20 km以高已全无断裂图像形迹。其他图件均无明显反映。

航磁ΔT系列图对该断裂则反映较好。以45°一阶方向导数灰度图最典型。在其原张图及上延5、10、20、30 km图上反映都很清楚（图3-4-19至图3-4-23），浓黑影带自花都西北侧，进入广州、番禺西侧区内，经东南方向可直延至担杆列岛西侧，以此分析，本断裂深可及30 km。在45°一阶方向导数等值线系列图上也同样有较好的反映，图像类似（图3-4-14至图3-4-18）。

不过，第四章分析，该断裂仍判为10 km深度，20 km以上图像可能属非构造连线。

在航磁ΔT总梯度模、垂向二阶导数等值线图上反映也明显。但它们上延20 km后，已无断裂图像。

由上所述，本断裂是存在的，尤其是航磁反映较好。深度10 km比较可靠。

4）狮子洋断裂（F17）　在布格重力异常图上反映为花都东、广州东、番禺一线存在等值线北北西向同步拐弯，应是本断裂之反映（图3-4-1至图3-4-4），上延10 km即无反映。

布格重力45°一阶方向导数灰度图反映比较清楚（图2-5-29和图2-5-30），自花都东北始，至番禺存在北西向斜列黑影带，上延10 km，图像边界整齐，上延20 km图像消失。其上延10 km以浅的等值线图呈北西向同步拐弯带（图2-5-25和图2-5-26）。上延20 km即无反映。

在0°（图2-5-9和图2-5-10）、90°（图2-5-33和图2-5-34）、垂向二阶导数（图2-5-41）、总梯度模（图2-5-42）、分形维数（图2-5-43）等值线图只有单一的北西向等值线反映，相应灰度图却基本上无反映，其他各重力图像反映不明显或无反映。总之，重力系列图像对本断裂反映不太好。

航磁ΔT系列图像反映本断裂则比较明显一些。

航磁ΔT及其上延1、3、5 km平面等值线图（图3-4-1至图3-4-5）上，广州东至番禺存在北西向等值线同步拐弯带，上延20 km、30 km也无反映。

航磁ΔT45°一阶方向系列等值线图（图3-4-14至图3-4-16），广州至番禺北西向等值线带明显，其相应的灰度图存在黑影条带。

航磁ΔT0°、90°一阶方向导数图，二阶导数图，总梯度模图等，对本断裂都有某种程度的反映，一般上延10 km后即不清楚或消失（见第二章各相关图）。所以，本断裂切割深度定为10 km左右较妥。

（2）浅部断裂及其活动性

前述区内4条深部断裂在地面浅部有一定程度的表现（图6-2-4），其中，近东西向断裂有：f1瘦狗岭断裂、f2广州—三水断裂，它们归属于F3.1肇庆—广州断裂。F3.2云浮—番禺断裂在地表无反映，因为这一带全为第四系覆盖，断裂应隐伏在地下。北东向断裂有：f3石碣断裂、f4蠕岗断裂、f5广州—从化断裂，它们归属于F8广州—恩平断裂之北段（细分，f3归属于F8.1三水—恩平断裂的北段，f4、f5归属于F8.2广州—开平断裂的北段，即广州—从化断裂）。北西向断裂有：f6白坭—沙湾断裂，归属于F16三水—担杆断裂的北段，f7.1化龙—南沙断裂、F7.2文冲—狮子洋断裂归属于F17狮子洋断裂的北段。

1）f1近东西向瘦狗岭断裂　位于珠江三角洲的北缘，在区内呈北西西走向，北部为丘陵山地，为上升区，南部为珠江三角洲平原，为下沉区，沉积等厚线呈近东西向展布，受断裂的控制（图1-2-2和图1-2-3），但下沉幅度不是太大，晚更新世以来，最大沉积厚度在20 m以内，大多数在10 ~ 15 m，全新世以来在7 m左右。北部上升还表现在沙河、车陂河抢水风口下元岗（沙河）、洪山庙（车陂河）处于同一纬度位置，以及二级阶地的发育，阶地相对高度不大（表1-2-3）。广州地理研究所（黄镇国、李平日）大量^{14}C测年资料证明，平原内部第四纪沉积层几乎没有什么位移[4, 8]，所以，从宏观地貌、第四纪地质分析，该断裂活动量不大。广东省地震局1992年始在该断裂带上五山鸡笼岗布设跨断裂短水准测量，20年来高差累积变化较稳定，相邻两期变化量绝大部分都在 ± 0.5 mm。在断裂上还做了大量断层气（Hg，Rn）测量，变化量也不大（表4-4-1）。1995年2—3月黄玉昆等在广州军区干休所断裂上与测氡同一剖面上，利用高灵敏度金属气体收集器，收集断裂溢出的多种金属气体来测量，包括金、银、铜、铁、镍、钛、铬、锌等10多种元素气体，并采用高灵敏度的非碱性、非接触性的中子活化分析技术测定断裂溢出的金属气体浓度，结果显示许多金属气体异常，其异常位置与氡气异常位置一致，金属气体异常值很低。另外，广东省地震局每年在珠江三角洲地区进行二期流动重力观测，沿断裂带附近变化值不大（图4-4-2）。宏观和微观综合分析，瘦狗岭断裂晚更新世以来乃至现代的活动量较弱。从大量绝对测年资料分析（表4-4-1），该断裂主要活动的时代在中更新世。

2）f2近东西向广州—三水断裂　该断裂是肇庆—广州断裂东延部分，经三水后，进入区内松岗、大沥至广州，基本上沿着近东西向珠江河道展布，直至黄埔本区的西界还可继续东延。在黄埔河道转北西向，已是狮子洋河道。该断裂北盘上升，地貌上多台地或低丘陵，也有二级阶地发育（表1-2-3）。水系河涌较少。南盘下降，不仅控制珠江河道发育，且河涌水系、平原洼地也多，第四系等厚线（图1-2-2和图1-2-3）以及晚更新世以来各期等厚线也基本上呈近东西向展布[9]，说明该断裂晚更新世乃至全新世有一定活动性。垂直形变速率图（图4-4-1），在广州—东莞段也基本上呈东西向，流动重力观测，自佛山—广州及其以东明显地存在一个北东东向或近东西向梯度带（图4-4-2），即使非地震活跃幕（1999年后），这段近东西向等值线形态也基本维持，珠江三角洲另外一些地区则等值线图形多变化（图4-4-3），说明该断裂现代也是活动的。只是，它们的时段差以及累积变化值比较小，但毕竟能控制地壳形变带的变化绝非偶然，而是地壳应力场的控制。再者，沿该断裂带，特别是与北西向F16白坭—沙湾断裂、F17狮子洋断裂以及与F8的北段广州—从化断裂（f5）交汇区发生过Ms≥4级地震（图4-4-1、图6-2-1和图6-2-4）。在该断裂带上做过许多断层气（Rn，Hg）测量，量值虽不大，但过断裂时基本上会出现异常峰值。还有，近年也有小震发生，这不能不说是断裂的活动，只是断裂活动强弱和时段的问题。该断裂也做过许多绝对年龄测定，数据显示中更新世比较集中（表4-4-1和表4-4-2），这段时期可能是本断裂最活跃时期。

3）f3 北东向石碣断裂　该断裂位于区内西北角，实际只有一小段经过区内（图6-2-4的范围较图6-2-1要大，特别是南、北两个方向，是为了扩大视野，便于分析研究）。重磁解释的深部断裂系可能归属于F8.1三水—恩平断裂，习惯上将它纳入广州—从化断裂（f3、f4、f5）一体。

断裂北起花都以北，往南自里水进入区内，经松岗、石碣、罗村、王借岗，延出区外至西樵以南。地貌上西北侧为高程40 ~ 50 m侵蚀台地，东南侧为三角洲平原，断裂很长一段潜伏于第四系下，航片上反映为北北东向明显的色带界面，前人在沙堤一带做了4条物探剖面，断裂有很好的反映，在王借岗一带出露有始新世的次碱性橄榄玄武岩（上地幔岩浆分异产物），说明是一条切割很深的断裂，新构造期继承了断裂特征，重磁解释花都以南的广州—恩平断裂（F8.1、F8.2）深度≥

30 km。

本断裂晚更新世以来仍有一定的活动性，表现在厚20 m左右的平原第四系等厚线呈北东向形态展布，受断裂控制（图1-2-3），地壳垂直形变速率图（图4-4-1）和流动重力场在地震活跃幕期间变化图等值线也都呈北东向展布（图4-4-2），尽管变化量值不大，但说明断裂在现代仍有一定的活动。

在石碣采2个样品做断裂绝对年龄测定，数值均为中更新世中晚期（表4-4-2）。

4）f4蠕岗断裂　位于石碣断裂东侧，它与其东侧的广州—从化断裂（f5）同归属于F8.2广州—开平断裂。习惯上也是广州—从化断裂的组成部分，在其主干断裂（f5广州—从化断裂）中南段西侧。它北起江高镇东北，往南西经石井、槎头、盐步至蠕岗，延伸至区外沙滘以南。蠕岗以南全部隐伏于第四系下。在广佛地铁钻探工作得知，朝安北路与佛山涌之间，断裂裂隙中有玄武岩脉冲填，是深断裂之证据，重磁资料解释断裂深≥30 km，说明喜山构造期继承了老断裂的活动特征。该断裂晚更新世乃至现代也是有一定活动性的，与主干断裂——广州—从化断裂（f5）和西侧石碣断裂共处于一条北东向形变速率带（图4-4-1）、流动重力场形变带（图4-4-2）中，在蠕岗做过断层Rn气测量，量值为156脉冲/min，与瘦狗岭断裂（f1）不相上下（表4-4-1）。断裂带所测5个绝对年龄数值都属中更新时代（表4-4-2）。

5）广州—从化断裂　是主干断裂，f3、f4均归属于它的组成成分，是旁侧的次一级断裂。区内广州—从化断裂只是广州—从化断裂的南段，其北段已划在区外，重磁资料解释中只有深约5 km，是断裂突然变浅的一段（图6-2-1）。从化以北断裂又深达30 km，所以，是一个很特殊的段界。

深部断裂系统（含f3、f4），它应归属于F8.2广州—开平断裂（图4-1-1和图6-2-1），深度≥30 km，在重磁大多数图中都有很好的反映，尤其是重力图，在重力135°一阶方向导数原张等值线图及其上延10、20、30 km图中均表现为宽达20 ~ 30 km的北东向巨型梯度带的东侧边界（图2-5-17至图2-5-20），相应的灰度图表现为反差很大的粗黑影带的东侧边界，边界整齐（图2-5-21至图2-5-24）。往北骤然被截断、终止。90°一阶方向导数上延20、30 km灰度图（图2-5-38和图2-4-38），同样反映为北东向巨型浓黑影带。往北也突然被终止截断。其他图如0°一阶方向导数等值线图、灰度图（图2-5-9、图2-5-10、图2-5-13至图2-5-16），垂向二阶导数图（图2-5-41）、总梯度模图（图2-5-42）、分形维数图（图2-5-43）、小波三阶细节（图2-5-47）都有一定程度的反映，所以，该断裂在区内的深度可肯定为≥30 km，是深大断裂的一部分。

航磁对该断裂的反映不如重力，可能与岩石介质磁性较弱有关（表3-2-1和表3-2-2）。但是，还是可解释出断裂的存在，且深达≥30 km。135°一阶方向导数等值线图反映为等值线同步拐弯的北东向等值线带或梯度带（图3-4-34至图3-4-38）。灰度图则反映为北东向条带束或斜列黑影带、粗浓影带图像（图3-4-39至图3-4-43），90°一阶方向导数等值线图在上延20、30 km图（图3-4-27和图3-4-28）中反映为梯度带，灰度图则表现为斜列黑影带，上延20、30 km边界较模糊。航磁原张等值线图及其上延10、20、30 km，0°一阶方向导数图，总梯度模图，垂向二阶导数图，小波分析一、二、三阶细节等图都有不同程度的反映（见第三章有关各图件）。

关于该断裂的新构造活动，明显的较其他北东向断裂活动性强一些。

该断裂位于广州西部，广州—三水断裂（f2）将其分为南、北两部分，北部东侧由白云山、帽峰山、观音山等组成丘陵和山地，海拔多在100 ~ 200 m，西侧为广花平原，为第四纪堆积区，沉积厚度10 ~ 20 m，个别达30 m。等厚线大体呈现北东向（图1-2-2和图1-2-4）。白云山东、西麓均有冲洪积扇发育和倾斜平原，但坡度不大，仅1° ~ 2°，与冲积物犬牙交错，说明是同期产物。断裂控制地下热水分布，沿断裂带出露温泉17处，最高温度达83 ℃（良口57 ℃，温泉61 ℃，龙归竹仔园38.3 ℃，三元里32 ℃、石围塘24 ℃），据广东省水文地质二队资料，龙归地热区200 m、300 m深度的温度等值线展布方向受该断裂控制。著名的从化温泉位于此带，热水来源于断裂深处的循环水。广东省地震局在陈田附近有跨广州—从化断裂的短水准测量点，据1992—2012年测量数据计算，断裂两盘垂直位移速率很稳定，平均速率均<0.23 mm/a。

据大地形变速率图分析（图4–4–1），本断裂在形变速率等值线上有一定程度的反映，在总体北东东向下沉的大背景下，广州南、北方向出现等值线北东向转折，可能是本断裂现代活动性的表现。广东省地震局每年定期流动重力测量资料显示，大多数图件存在与本断裂走向一致的重力变化等值线（图4–4–2）。

在该断裂带上还进行了许多断层气（Hg、Rn）测量，在断裂附近基本上都出现峰值，显示它有一定的活动性，不过，超出背景值不大（表4–4–1）。

由上所述，广州—从化断裂区内段晚更新以来乃至现代具有一定的活动性，但量值不是很大。在断裂带采集了许多绝对测年样品，测值绝大部分集中在中更新世中期，极少数为晚更新世时期（表4–4–2）。

广州以南（f2之南）的广州—从化断裂为第四系覆盖，对第四系等厚线控制不明显，它的活动强度应低于北段。

6）f6 北西向白坭—沙湾断裂　位于区域的中部（图6–2–1和图6–2–4），重磁资料解释为10 km，它是F16三水—担杆断裂的中北段。往北在F2以北至怀集东侧，可达20 km（图6–2–4），往南经番禺西、顺德东和中山东，切过担杆列岛西侧至海域。全段10 km深度。

重力图45°一阶方向导数上延10 km等值线图，三水—佛山—顺德段表现为北西向梯度带（图2–5–26），上延20 km、30 km梯度带变形，不应是本断裂反映，上延10 km的灰度图北西向黑影带图像边界不太清楚，但可辨认，上延20 km、30 km则全无北西向图像。在原张布格重力异常图及其上延1 km、2 km、5 km图中存在北西向等值线，上延10 km以高则无反映。0°、90°一阶方向导数等值线图，灰度图对本断裂反映是零星不全的图形，均不是太好，垂向二阶导数图、总梯度模图、分形维数图也基本如此（见第二章有关各图件），所以本断裂规模不大，但区内段较区外其他段反映要好一些，特别是上延10 km的45°方向一阶方向导数图，其梯度带较宽、边界整齐，表现出强势。

断裂是三水盆地的东侧边界，它自和顺附近经里水进入区内，往南延至沙湾以南出区外。晚更新世以来有一定的活动性。首先，是对里水河道和第四系等厚线有明显的控制（图1–2–2和图1–2–3），佛山—沙湾—灵山以东，市桥（番禺）—鱼窝头一线以西之间地带20～40 m深度的北西向等厚线受本断裂控制（白坭—沙湾断裂的东侧有一条北西向小断裂称市桥断裂）。

陈国能等据第四系沉积物研究，在3.2万～4万a B. P.，本断裂有明显活动[9]。黄玉昆等根据第四系^{14}C测年及其埋深估算，该断裂北段南海松岗断块升降率为1.64 mm/a，中段（番禺—灵山一带）断裂块升降率为1.91 mm/a，南段（番禺万顷沙），断裂块升降率为2.65 mm/a。宋方敏等根据北东盘广州黄沙桥头H24孔海拔–8 m处淤泥TL样品年龄为（15.11±5.10）万a B. P.，南西盘南海平洲夏都PK15孔海拔–13.9 m处淤泥层^{14}C样品年龄为（15±0.55）万a B. P.，依据样品年龄测试结果，它们属同一时代的堆积。两钻孔当时所处地貌位置也相同，故该层位堆积当时其海拔高度在断裂两侧应相当，现却有5.9 m差距，应是断裂15万a B. P. 以来的垂直位移量，计算位移速率为0.39 mm/a[54]。

垂直形变速率图（图4–4–1）中，广州以西的北西向负带可能是本断裂的反映。流动重力观测图（图4–4–2）中的北西向等值线同步拐弯弧顶带和［图4–4–2（d）］图的北西向等值线带或是本断裂的表现。

在断裂带测断层气Hg值见表4–4–1，反映断裂有一定的活动性，个别点可达背景值的10倍。在断裂采集许多绝对年龄样品，数值见表4–4–2，测值相对较晚，绝大部分为晚更新世，少数为中更新世晚期。

7）F17狮子洋断裂　位于本区的东侧（图6–2–1和图6–2–4），断裂名称很多，各家划法多有差异，但基本认识渐趋一致，即它是控制狮子洋—伶仃洋的珠江口出口河道的一条断裂，故又多称珠江口断裂。一些学者将之分为东、西两支，东支称化龙—南沙断裂f7.2（南岗—太平断裂），西支称文冲—狮子洋断裂f7.1（化龙—黄阁断裂）。两断裂构成狮子洋—伶仃洋地堑式河道。f7.2东支断裂北起广州黄埔文冲河谷，向南东经文冲船厂入狮子洋河道，过威远入伶仃洋，有资料认为断裂继续穿过香港大屿山及大担尾水道进入南海。总体走向北西320°～340°，倾向南西，倾角80°，全长达160 km以上，在虎门水道东侧，法国地基建筑公司在BH23孔的位置，于水下21 m处打出断层角砾岩。在虎门大桥桥址区，合和高捷达公司根据声呐及地震测深资料在虎门河道划出一条北北西走向断裂，为本断裂的一部分。水深测量资料证实离沙尾码头沿岸线50～70 m存在一条北北西向延伸的水下陡坡带，几乎成直线状。依据声呐和地震测深资料编绘的基岩埋藏深度图上也有反映，同样表现为等值线密集带，其延伸方向与在岸坡上的北北西组断裂平行。在卫星影像上，珠江下游河道东岸存在一条明显的线性影像。在陆上岸边也见到北北西向断层。

在香港大屿山以南水域，广州海洋地质调查局证实，该断裂从大担尾水道通过，并继续向东南方向延伸50 m，形成一个北西向的含浅层天然气地带。

f7.1西支断裂位于狮子洋西岸，北起黄埔吉山附近，经珠江南岸化龙延至南沙黄阁，断层西侧为震旦系变质岩构成的残丘地貌，东侧则为狮子洋下沉地貌。

在化龙—沙亭间，断层产状北西337°，倾向北东，倾角60°～70°。见构造碎裂岩、硅化石英岩以及透镜状石英脉。在珠江北岸茅岗—蟹山一带亦见硅化构造岩，西南盘为下古生界变质岩，北东盘为白垩系红色碎屑岩。

断裂深部在重磁各种方法图上有一定程度的反映，但总体反映却很意外，不如其他北西向断裂理想。重力45°一阶方向导数等值线图，区内广州—番禺段存在北西向等值线，上延10 km却被F3东西向梯度带间断，灰度图虽有北西向影带，边界却模糊（图2–5–25、图2–5–26、图2–5–29和图2–5–30），0°一阶方向导数等值线图在10 km以浅，等值线图反映尚可，广州—番禺段存在同步拐弯等值线（图2–5–9和图2–5–10），灰度图反映不明显。布格重力原张图及其上延1 km、2 km、5 km存在北西向等值线，上延10 km以高即无反映（图2–5–2至图2–5–6）。垂向二阶导数、总梯度模、分形维数、小波分析一阶细节等图有一定程度的反映，其他图则基本上反映不明显（见第二章各有关图件）。

观F17狮子洋断裂整体，重力各图反映图像也是断断续续的，连接性不是太好，不应是深大断裂。

航磁反映似乎较重力稍好一些，45°一阶方向导数等值线图，在上延5 km、10 km时，广州—番禺直至区外，等值线带连接未断，带性好（图3–4–16和图3–4–17），灰度图斜列影带尚清楚（图3–4–19至图3–4–21）。在0°、90°一阶方向导数等值线图及灰度图，在区内广州—番禺段均反映较好，灰度图影带斜列清楚（图3–4–9至图3–4–11、图3–4–24至图3–4–26、图3–4–29至图3–4–31）。航磁平面等值线上延10 km以浅各图，总梯度模上延10 km以浅各图，垂向二阶导数图，小波分析一、二、三阶细节，化极平面等值线等各图均有良好反映（见第三章各有关图件），也比较一致地反映本断裂在区内为10 km深度，全断裂也应是10 km深度。

概括重磁资料解释，本断裂在区内存在是肯定的，深度10 km可以确定。

本断裂的活动性，在宏观地质上最明显的就是控制水系的流向，在北段沿着文冲河谷发育，自广州近东西向流来的珠江河道在黄埔港附近转入狮子洋后，方向突转为北西向，一直流向南海。最初就是根据这种河道地貌形态而推测断裂存在，之后得到卫星影像线性图案分析的支持。第四系等厚线形态分布，也明显受河道两侧断裂（f7.1、f7.2）控制（图4–1–1）。据陈国能对第四系沉积物的分析，本河道是在距今22 000～7 500 a时期才形成的，即Q_3^3～Q_4^3时期，说明本断裂是一条新活动断裂[9]。据广州海洋地质调查局在小铲岛附近用浅层人工地震探查方法，发现该断裂已切割R1界面，相当于全新统淤泥层底界。薛佳谋等人在狮子洋东岸沙尾码头断裂东侧Q_3^3～Q_4^3三角组地层被抬升高出海面3 ~ 5 m的一级阶地上，说明本断裂在全新世仍有活动形迹[55]。在玉树村附近，地球物理资料显示，本断裂错动了（1.63 ± 0.113）万a B. P. 地层的底部。

吴业彪等人在虎门镇发现该断裂切割上盖的TL测年为距今（3.00 ± 0.27）万a和（5.88 ± 0.48）万a的地层。

有一些资料将内伶仃洋水道中的川鼻水道、矾石水道、伶仃水道的深槽沟认为是狮子洋断裂新活动的证据，但据中山大学、南海海洋研究所、广州海洋地质调查局等学者们专题调查研究，认为它们乃潮流活动形成[56–58]。断裂活动要控制河道中的松散堆积物，长期形成深槽，排除河水或潮流作用，理论上几乎是不可能的，即使天天人工动力或机械清沙，恐怕也难长期维持深槽形态，抵挡不住潮流巨大能量的作用。

垂直形变速率图（图4–4–1）、流动重力变化图（图4–4–2）在广州以东呈北西向负等值线展布，说明断裂现代仍有一定活动性。

本断裂在重磁资料系统处理图件上，图像反映反而不如其他北西向断裂好，可能本断裂是珠江三角洲北西向断裂系活动最晚的一组，新而浅，新断裂活动易为河流取道，而断裂却未能完全打通连接。

在狮子洋断裂带上采集了较多的绝对测年样品，测试数值见表4–4–2，集中活动时代相对晚一些，大多数在中更新世晚期—晚更新世早期。

关于广州地震构造区发震机制问题值得大家讨论，因为近东西向瘦狗岭断裂（f1）、广州—三水断裂（f2）、北东向广州—从化断裂系（f3、f4、f5）、北西向f6白坭—沙湾断裂、F17狮子洋断裂系（f7.1、f7.2）自晚更新世以来乃至现代均具有一定的活动性。这是肯定的，$M_s \geqslant 4\frac{3}{4}$级地震也较集中分布在这3组断裂交汇部位。客观地说，这3组断裂都掺入了地震孕震过程，它们的交汇应是本强震构造区构造基本特征。从断裂间切割关系分析，3组断裂互有交切，比较复杂。但总体看，近东西向截断（间隔）北东向、北西向断裂频度更高一些，如反映北西向断裂方法为主的45°一阶方向导数图（图2–5–25、图2–5–26、图2–5–29和图2–5–30）中，北西向F16、F17在三水—广州以北明显地被东西向广州—三水断裂截断。着重反映北东向断裂的135°一阶方向导数图（图2–5–21）中，北东向F8.2 广州—从化断裂（f5）在广州附近也为广州—三水断裂间断。但是，在着重反映近东西向断裂方法的0°一阶方向导数图中，见到广州—三水断裂间断北东向广州—从化断裂（f5），和北西向断裂（图 2–5–13和图2–5–14），却少见被北东向、北西向断裂间断广州—三水断裂。北西向断裂也有间断近东西向广州—三水断裂者，如图2–5–2，广州与西侧三水之间明显为北西向F16、F17间开，在图2–4–8也如是，北东向断裂间断东西向广州—三水断裂情况如图2–5–9、图2–5–42和图2–5–43，至于北东与北西断裂间相互切割也是存在的，如图2–5–2和图2–5–3，北西向F17断裂截断北东向F8.2（f5），如图2–5–9和图2–5–10，北东向广州—从化断裂截断北西向F17狮子洋断裂等，许多图上均有表现。

航磁图同样反映了上文所述现象。图3–4–3中，广州—三水断裂既截断了F8广州—从化断裂，又截断了F16白坭—沙湾断裂（f6）和F17狮子洋断裂（f7），同时也为F16、F17间开，如图3–4–3至图3–4–5，可见到3组断裂相互截切现象。图3–4–24、图3–4–25、图3–4–29至图3–4–31等90°一阶方向导数等值线图及灰度图中，区内北东向、北西向断裂互切现象频繁出现。在45°、135°一阶方向导数等值线图中，可屡屡见到f2广州—三水断裂切断北东向广州—从化断裂和北西向f6白坭—沙湾断裂、F17狮子洋断裂。

概上所述，近东西向断裂F3（f1、f2）活动度高于北东向（F8）、北西向（F16、F17）断裂。

从断裂活动地质现象与仪器观测情况而论，前文分述时也清楚了解到广州—三水断裂较北东向、北西向断裂活动量要强一些，北西向断裂较北东向断裂又强一些，北东向广州—从化断裂相对弱一些，如陈田短水准测量2003年后活动幅度已减少到0.081 mm/a。

关于孕震和发震机制，我们认为，近东西向广州—三水断裂是主要孕震断裂和发震断裂，从断裂的活动性、强震的东西向分布（图4-1-1、图6-2-1、图5-2-1）以及它在西段肇庆强震构造区的地位都可得出这个结论。这一点与潘建雄见解是一致的[59]，在北西西构造应力场作用下，右旋滑动而发震。北西向f6白坭—沙湾断裂、f7狮子洋断裂仍然是与近东西向断裂共轭活动性质，这一点潘先生在文章中未涉及，他认为北东向断裂也掺入了发震活动，其活动机制是近东西向f1、f2活动，导致近东西向的附加挤压应力场促使广州—从化断裂（f5）发生右旋剪切变动而活动，作者赞同这一观点。但他认为广州—从化断裂是最重要的发震动力这一点，尚值得商讨。

由于3组断裂活动量均不大，不能与肇庆近东西向断裂，尤其是北山断裂相比拟，所以本地震构造区定为5.5级较妥，也不能再低，它毕竟位于广东内陆唯一重力高的边缘活动地带。是正负重力场巨型界限地带。且在珠江三角洲平原地区，特别是盆地边界地区，由于水动型和地动型运动常存在耦合效应，难于识别断裂活动[60]，要更加谨慎。

6.2.2.3　镇海湾强震构造区（≤6级）

位于研究区西南部（图6-2-1），具体范围大体是：那扶溺谷上源那扶镇以南，上下川岛、漭洲岛之北，葵阳山之东侧，上川岛—笠帽山一线西侧（图6-2-5）。历史记载，1664年9月30日在镇海湾口（那扶溺谷出口）发生过Ms 5.0级地震。

（1）深部断裂系统

区内北东东向、北东向、北西向3组断裂俱全，共有5条断裂：F6.1北东东向滨岸断裂，F8.2北东向广州—开平断裂，F9增城—新会断裂，F13北西向恩平—镇海湾断裂（F13.1恩平西侧断裂、F13.2恩平—镇海湾断裂）。

1）F6.1北东东向滨岸断裂　各种方法重力图对区内该断裂均有较好的反映。0°一阶方向导数等值线图反映为梯度带，但自广海向西延至F13时，被间断为东西两段（图2-5-9和图2-5-10），上延20、30 km，似为F8.2间断，也间断F8.2向南继续延伸（图2-5-11和图2-5-12）。0°一阶方向导数灰度图中，北东东向黑影带同样为F13黑影带间断（图2-5-13至图2-5-15），却不见为F8间断。上延30 km，北东东向粗黑带明显间断F8.2南延，更不见F13踪迹。

在45°一阶方向导数等值线图和灰度图上，该断裂虽同样为F13间断，但却切断F14向北延伸（图2-5-25和图2-5-26），特别是灰度图，近东西向断头图像显示它的强势（图2-5-29和图2-5-30）。

135°一阶方向导数等值线图，它仍然表现为梯度带图形（图2-5-17至图2-5-20），灰度图与北东向F8、F9相互交切景象十分清楚（图2-5-21和图2-5-22），上延20 km、30 km，还有图像显示。

其他如原张布格重力异常图（图2-5-2至图2-5-5），垂向二阶导数图（图2-5-41），总梯度模图（图2-5-42），小波分析一、二、三和四阶细节图（图2-5-44至图2-5-47），甚至90°一阶方向导数图（图2-5-33至图2-5-35）、平均区域场图（图2-5-48）、莫霍面图（图2-5-49和图2-5-50）均有一定程度的反映，有些图反映非常好。各图有一个共同特征，几乎一致反映为F13截为东、西两段，相对而言，不如断裂东段（F13以东）连续性好和强大。

航磁图对该断裂反映亦很好，它与重力图不同的是，区内大多数图中未被北西向F13截断，反而是连续地截断F13，只是在区外被北西向F14断裂分为东、西两段，区内是其西段，多呈北东东向梯度带（等值线图）或黑影条带、断头带图像。究其与重力图差别的原因，可能还是岩石介质磁性强度问题，南部为花岗岩，磁性稍强，而北部那扶溺谷段北西向F13断裂两侧岩石多为古老沉积岩或变质岩（图1-1-1、附图Ⅰ和图6-2-5），磁性强度低或无磁性（表3-2-1）所致。

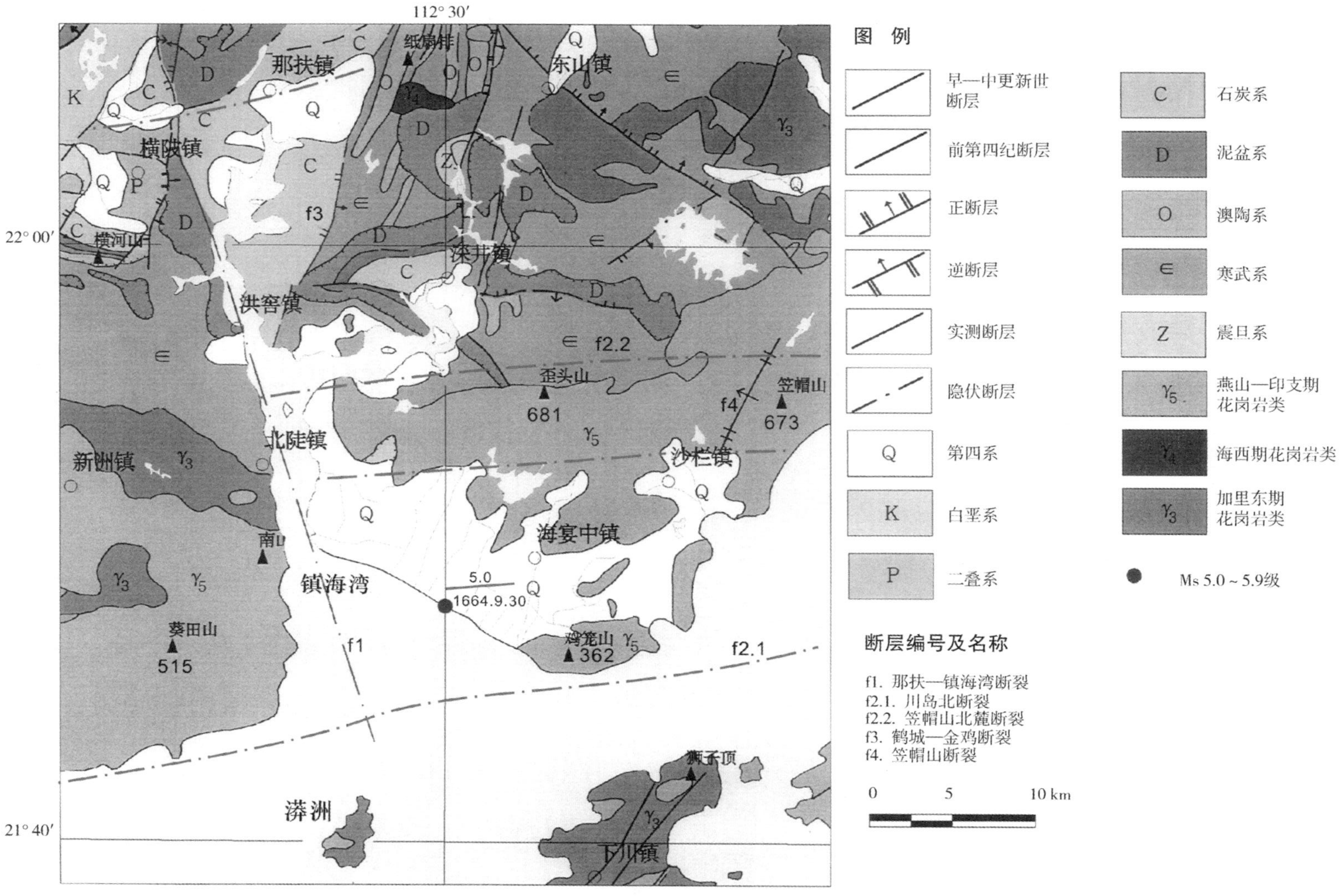

（马浩明编，略有补充）

图6-2-5　镇海湾地质图

2）F8.2 北东向广州—开平断裂　展布在区内西北角。重力图大多数对本断裂反映很好，尤其是135°、90°一阶方向导数等值线图和灰度图。等值线图表现为北东向巨型梯度带的东侧整齐边界，灰度图则表现为粗浓黑影带边界，分别上延30 km，图形图像均很清楚，判释断裂在区内深30 km应可肯定。但断裂都没有切过F6近东西向断裂，90°一阶方向导数等值线图见其梯度带阻断北西向F13往北延伸（图2-5-17至图2-5-24、图2-5-33至图2-5-40）。布格重力异常原张图及其上延1、2、5 km图（图2-5-2至图2-5-5），0°一阶方向导数等值线图，灰度图，二阶导数图，总梯度模图均有较好的反映（图2-5-9至图2-5-16、图2-5-41和图2-5-42）。

航磁图对该断裂反映不太好，很大部分图无反映或稍有反映，即使135°一阶方向导数等值线图、灰度图也只是少数图有局部反映。如图2-5-38上延20 km等值线图，上延10、20、30 km灰度图；90°一阶方向导数上延10 km等值线图，上延5、30 km灰度图；总梯度模上延1 km图，小波分析一、四阶细节图，原张航磁化极等值线图等有局部反映（见第二章相关各图件）。其原因可能还是与那扶溺谷北段沉积岩、变质岩磁性弱或无磁性有关。

3）F9 北东向增城—新会断裂　整条断裂规模小，重磁结构不太好，深度≤10 km。

区内重力图只在135°一阶方向导数等值线图（图2-5-17和图2-5-18）、灰度图（图2-5-21和图2-5-22）反映较好，表现为北东向等值线、梯度带或灰影带。90°一阶方向导数等值线图（图2-5-33和图2-5-34）、垂向二次导数图（图2-5-41）、总梯度模图（图2-5-42）、分形维数图（图2-5-43）存在北东向单一的等值线，可判释为本断裂的反映。其他的图则反映不明显或无反映。

航磁对区内本断裂反映更差。只有135°、90°一阶方向导数等值线图和相应的灰度图（图3-4-24、图3-4-29、图3-4-34和图3-4-40），总梯度模上延5、10 km等值线图（图3-4-46和图3-4-47），垂向二阶导数图（图3-4-50），小波分析一阶细节图（图3-4-51）等有反映，存在单条的北东向同步拐弯等值线或细条斜列灰影带。

总之，本断裂在区内深部较其北段更弱。

4）F13 北西向恩平—镇海湾断裂　是区内深部主要断裂系，多数重磁图反映有两条平行的分断裂：F13.1恩平—镇海湾断裂，F13.2恩平西侧断裂，平行斜穿区内的东、西部（图6-2-1），深度均可达20 km，是珠江三角洲内北西向断裂系规模最大、切割最深的一条断裂。

重力大多数图反映很好，45°一阶方向导数等值线图在上延10 km以浅图中（图2-5-25和图2-5-26），可划分3条平行分断裂：以恩平—镇海湾断裂为中心，另外两条分居东、西两侧，均以梯度带形式产出。上延20 km，梯度带反映为2条平行断裂（图2-5-27），上延30 km，断裂图形消失。相应的灰度图，图像十分清晰，特别是上延10 km以浅，粗黑影带切过F6近东西向断裂带（图2-5-29和图2-5-30），上延20 km，影带边界则相对模糊（图2-5-31），上延30 km，图像基本消失。

90°一阶方向导数等值线图及相应灰度图，其梯度带与黑影图像类似45°一阶方向导数图，反映本断裂很强势。

0°一阶方向导数等值线图和灰度图上延10 km以浅反映本断裂亦清楚，上延20 km则不甚明显。

其他，原张布格重力异常图及其上延10 km以浅图（图2-5-2至图2-5-6），垂向二阶导数图（图2-5-41），总梯度模图（图2-5-42），分形维数图（图2-5-43），小波分析一、二、三和四阶细节图，莫霍面深度图（图2-5-49和图2-5-50）等对本断裂均有一定程度的反映。

航磁图对该断裂反映虽不如重力图利索整齐，但各种方法图基本上都有反映。

45°一阶方向导数等值线图主要反映为同步拐弯呈北西向等值线带，上延20 km时，可分出3条平行断裂，不过遭遇F6东西向滨岸断裂的阻截（图3-4-14至图3-4-17）。灰度图表现为北西向斜列黑影带图像。同样，受到F6东西向黑影带（断裂）间隔，上延20 km，灰影边界已很模糊。90°一阶方向导数图类似，但上延20 km时，等值线或灰度图都只反映出一小段（图3-4-24

至图3-4-32）。0° 方向导数等值线图反映断裂亦可达20 km，只是图形不太规则（图3-4-9至图3-4-12）。航磁原张等值线图及其上延1、3、5、10 km图，都可划出2条平行分断裂，各图基本上都为F6间隔为南、北两段（图3-4-1至图3-4-5），总梯度模（图3-4-44至图3-4-47），垂向二阶导数（图3-4-50），小波分析一、二、三阶细节等图（图3-4-51至图3-4-53）对断裂也有一定程度的反映。

航磁图反映不如重力好，其缘由应还是岩性磁性弱、干扰因素较多的问题。

总结区内深部断裂特征，北西向F13恩平—镇海湾断裂应是最强势的断裂。次为F6.1近东西向滨岸断裂，重力图反映F6.1明显地为F13分为东、西两段（图6-2-1中的区内F6.1未体现这一特征，是从全幅图整体着眼编制的，忽略、简化了细节）。至于北东向F8.2断裂虽然强势，但因其位于西北角，只一小段在区内，影响可能有限，F9断裂规模小。

（2）浅部断裂及其活动性

镇海湾地区地层相对较复杂，各时代地层（元古界—新生界）和岩浆岩（加里东期—燕山期）均有分布。断裂地表出露的却比较单调，基本上为北东向断裂，规模不是很大。据地貌推测，区内应存在近东西向和北西向断裂，其规模远远超过北东向断裂（图6-2-5）。

1）f1 北西向那扶—镇海湾断裂　断裂北起恩平，经那扶溺谷而南入镇海湾，可能经下川岛西南侧继续向海域延伸，控制那扶溺谷的发育，沿带断层陡壁地貌著目。以前该断裂主要根据地貌形态推测，现今在溺谷两岸和河道工程钻孔也找到一些地质剖面证据，两侧地层受到错动，为张剪性左旋断裂。断裂总体走向北北西10° 左右，长度60 km以上。在北陡镇北约200 m的公路边，断裂发育在寒武系变质云母砂岩内，由两条破碎带组成，破碎带早中期侵入的石英岩强烈片理化。在寨门墟赤路，断裂破碎带宽约10 m，由片理化及硅化岩组成。在石基咀附近，见硅化糜棱岩发育，断面产状走向北西10°，倾向北东，倾角75°，可见多组擦痕和阶步，后期充填石英脉和花岗岩被错断两次。从断裂两侧寒武系产状显示，断裂也呈左旋剪切性质。断裂卫星影像线性清楚。

关于溺谷的形成、发展，许多学者做过研究，认为那扶溺谷上游存在河流袭夺现象。早在20世纪30年代，据吴尚时研究，那扶河上游分3支，即丹竹迳、响水迳和白麻迳，它们会合于网山村以后，穿过金钟山流入那扶平原，而在白麻水源头的西南侧，另有一河注入阳江，推断上述的三江原是阳江上游，由东北向西南注入阳江下游。之后由于上游山地（金钟山一带）抬升，那扶河溯源侵蚀而发生抢水现象[61]。据应秩甫研究[62]，那扶溺谷与东岸另一支溺谷——深井溺谷（东西向）均是断头谷，是为潭江上游支流锦江和白沙水所袭夺，故认为那扶溺谷过去是潭江支流入海的通道之一。后期近东西向山体抬升而形成今日水系形态。那扶溺谷东邻台山—广海（斗山河）谷地平原原是潭江主流入海河道，也是由于同一原因，同时被山地上升而分断之后才取道银洲湖入海。在台山四九墟存在横断河谷的20 ~ 30 m阶地，就是有力证据之一。不管哪一种观点，那扶溺谷的发展与镇海湾断裂的加强活动，促进了河道下切的侵蚀力度有关。冰后期海平面上升，海水入侵更助溺谷壮观。

沿那扶水见有3级基座阶地（T_3：35 ~ 40 m；T_2：20 m；T_1：7 ~ 10 m），溺谷内沉积物不厚，在小江、陡门和汶村一带钻孔资料显示，最厚不超过10 m，其下埋藏有10多米厚的红色风化土，进一步证明北部山地上升与河道下切而形成溺谷之发展过程以及本断裂的强烈活动性。

寨门墟附近绝对测年数据为中更世晚期，说明断裂此时代就有过活动（表4-4-2）。

2）f2 近东西向断裂　区内近东西向活动断裂均为推测断裂，地表未见有地质剖面出露。在北部深井南黄竹坑一带见18 km长的东西向逆断层，应属古老的东西向断裂形迹，为泥盆系地层与寒武系地层接触带，断裂活动迹象不明显。

图6-2-5中推测的近东西向活动断裂主要有2条：f2.1川岛北断裂和f2.2笠帽山北麓断裂。此外，笠帽山南麓和那扶盆地北缘也可能存在近东西向活动断裂。

3）f2.1 川岛北断裂　该断裂位于川岛北与镇海湾之间，推测理由是：①重磁资料解释的区内

F6.1应从这一地带通过；②断裂往东延伸，有一条“横琴岛—下川岛断裂与之相连（详见“三门”强震构造区）；③镇海湾一带海湾、海岸呈北东东向形态展布，与之相望的上下川岛—漭岛间呈狭窄的北东东向海峡形态，应是受该断裂活动控制有关；④镇海湾口东侧神岛一带历史记录发生过多次强有感地震，并随之有井泉高喷，清雍正十三年（公元1735年）2月，《新宁县志》卷十四14页就记载“那扶山醴泉，17夜，海宴那扶坝洋峒心田户，响声过后，有气腾天，开一池，圆6丈6尺，水清味甘，浅9尺，深1丈3尺”。1664年9月30日镇海湾5级地震也发生在附近，此外，还有海底温泉、上升泉和红树林区淡水化等断裂活动迹象[①]。这一地带正是该断裂与北西向f1那扶—镇海湾断裂交汇地区。

4）f2.2 笠帽山北麓断裂　位于区内中部笠帽山北麓，据1：5万、1：20万地形图，笠帽山东西方向横亘于那扶溺谷东岸，北麓峻峭，北东东向展布整齐，往东延出区外，往西止于那扶溺谷，并位于东西向深井支溺谷南岸，可能受到本断裂活动控制。据地形图、航空照片和卫星影像解释，山前可能存在2～3级冲洪积扇，应是其活动的依据。

此外，在笠帽山南麓汶村—大边山一线，可能也存在近东西向活动断裂，山坡虽然较北麓缓，但山麓北东东走向整齐。从地形图分析，似发育多级冲洪积扇阶地和现代冲洪积锥（扇），或有倾斜平原存在，表征它的活动性。在北部那扶盆地北缘新庄一带，虽然丘陵地不高，山麓却也呈北东东向排列，山前发育约20 m、12～18 m、6～10 m 3级冲洪积阶地，由此推测，也可能存在一条北东东向活动断裂。

上述几条北东东向（近东西向）活动断裂都是深部F6.1滨岸断裂在地表的反映。

5）f3 北东向鹤城—金鸡断裂　该断裂是F8.2广州—开平断裂在地表的反映，它自那扶盆地东侧进入区内，以北北东走向抵那扶溺谷东岸洪窖镇南（图6-2-5和附图Ⅰ），可能为近东西向f2.2笠帽山北麓断裂截断，这与深部断裂解释是一致的。也有资料认为，它穿过那扶溺谷，可能延至区外，但区内无地面资料证实。断裂活动性不明确，那扶溺谷源头北东流向段以及那扶盆地东侧可能受其控制。

6）f4北东向笠帽山断裂　该断裂可能是F9增城—新会断裂南延段的表现，它发育在燕山期花岗岩体内，地貌上为笠帽山西侧的垭口地段，往南西方向延伸可能被第四系掩覆抵达镇海湾，为近东西向f2.1川岛断裂截断，这与深部断裂解释也是一致的。它的活动性不明确，或隐伏段北东走向的谷地平原发育受其影响。

（3）发震构造讨论

区内深部与地面均分布近东西向、北西向、北东向3组断裂，交汇在一个小的范围内，从断裂活动性分析，以北西向f1（F13）那扶—镇海湾断裂最强。首先从深部断裂分析，重磁资料解释已指出，F13恩平—镇海湾断裂将近东西向F6.1滨岸断裂在区内切割断开成东、西两段，并在上川岛西侧切过F6.2滨海断裂带，说明它在区内活动性最新。在区外，至少也与近东西向断裂（F6.2）相互切割，同期活动。北东向F8.2广州—开平断裂、F9增城—新会断裂，明显地受近东西向F6.1断裂阻截，也就是说，它的活动晚于F6.1。推理，更晚于北西向F13断裂。其实，这3组断裂切割关系在原张布格重力异常图（图2-5-1）上就一目了然，F13还可能将F6.1左旋错开一段距离。90° 一阶方向导数图一般可较好地看到北东向与北西向断裂的关系，如重力图（图2-5-32和图2-5-33）就反映很清楚。从等值线图的梯度带紧密度、灰度图的浓黑度（反差度）认识到F13在区内活动的强势和大力度，如重力图图2-5-24、图2-5-25、图2-5-28和图2-5-29，这是区内F6.1、F8.2、F9等断裂不可及的。

从地面浅部断裂分析，同样是北西向的f1（F13）那扶—镇海湾断裂最活动、最强势。它不仅以

①应秩甫．那扶溺谷形成与发展的初探．中山大学地质地理系，1962.

突出的长达60 km以上断层陡壁、地堑式溺谷地貌形态反映出来，且在镇海湾口一带与f2.1川岛北断裂交汇部位分布有海底温泉和上升泉，历史记载多次发生有感地震、强震。1995年3月26日在本断裂向南西延伸的川岛南又发生了Ms 5.0级地震。近代小震分布也不少，呈北西向带状（图5-2-3）。

此外，区内北东向、近东西向断裂都为北西向f1（F13）断裂截断在溺谷岸东，再者，北西向F13是珠江三角洲地区唯一一条切割深度可达20 km，规模、宽度达20 km以上的断裂。

近东西向断裂活动性次于北西向f1（F13）。f2.1川岛北断裂虽见不到断裂形迹，但从镇海湾口与川岛北水道北东东向形态展布，与f1湾口一带交汇处分布温泉、上升泉，以及地震活动，都能说明它的活动性。F2.2笠帽山北麓断裂山前冲洪积阶地以及西段对溺谷东支流深井东西向水道发育的控制，说明它有一定的活动性。笠帽山南麓和那扶盆地北缘所发育的冲洪积阶地以及近代冲洪积扇，不仅说明断裂存在的可能性，还说明这组近东西向断裂均具有一定程度的活动性。

北东向f3（F8.2）鹤城—金鸡断裂、f4（F9）笠帽山断裂存在是肯定的，但各方面分析，它的活动性不明确。

由上所述，我们认为，本强震构造区在大区域统一的北西西向构造应力场作用下，北西向f1（F13）那扶—镇海湾与近东西向断裂f2.1川岛北断裂、f2.2笠帽山北麓断裂等（F6.1）共轭活动下孕震，而具体发震断裂应是f1那扶—镇海湾断裂。据f1（F13）断裂的强活动性、规模以及F6.1滨海断裂带的规模和活动性，可确定本强震构造区震级为≤6级，同肇庆强震构造区比较，本区北西向断裂规模、活动性更强，或可震级再提高一些，但考虑到F6.1滨岸断裂在区内规模有限，且f1（F13）虽活动性较强，但深度未达30 km，故确定震级上限为≤6级较妥。

6.2.2.4 “三门”强震构造区（5.5级）

位于珠江三角洲地区滨海地带是镇海湾强震构造区的东邻，之间隔了一个广海湾（图6-2-1）。

所谓“三门”，指的是磨刀门、崖门和澳门，这3个门地震构造上的共同特征是：北东东向F6.1滨岸断裂带横过它们，串联在一个带上。大体范围是：北部珠海—台山一线以南，也就是F5.2珠海—台山断裂以南，北邻五桂山。东部伶仃洋以西，西部在崖西—大襟岛一线（黄茅海）以东，南部在大襟岛—高栏岛一线海域以北地带（图6-2-6）。

（1）深部断裂系统

1）近东西向F6.1滨岸断裂　区内属F6.1的澳门—斗门段（图6-2-1、f1），是该断裂带最完整的一段，深切30 km以上，重力和航磁各种方法图都反映很好，在第二、三、四章对它的解释很详细，本节不再重复。

2）北西向断裂　重磁资料解释区内约10 km深度断裂有3条，将它均归属于西江断裂系：F15.1江门—斗门断裂（泥门湾断裂）、F15.2西江断裂（磨刀门断裂）、F15.3中山—澳门断裂（前山水道断裂）。实际上还有许多规模更小、切割深度更浅的北西向断裂未在图4-1-1和图6-2-1中反映出来，如银洲湖断裂、鸡啼门断裂等。

航磁45°一阶方向导数等值线图和灰度图对该组西江北西向断裂系反映最好，如图3-4-15和图3-4-16中，在F5.1五桂山北麓断裂以南，有一个宽幅的北西向梯度带，其中江门—中山间依次可分出3条北西向梯度分带，自西至东为F15.1江门—斗门（泥湾门）断裂、F15.2西江（磨刀门）断裂、F15.3中山—澳门（前山水道）断裂。在灰度图图3-4-19至图3-4-21中，同样见到3条深度约10 km的灰影细条束或斜列影带，在图3-4-19中还可见到一系列北西向细影条带平行或斜列展布在区内，越接近万山群岛越密集，说明北西向断裂相当发育，但都浅，小于5 km。图3-4-20（上延5 km）中就不存在这一现象了，这就是区内比较著名的银洲湖（崖门）断裂、鸡啼门断裂没能在图4-4-1和图6-2-1中反映出来的原因。要说明的是，断裂浅、短，但属同一断裂带重磁结构系统的断裂，其活动性是同等的。

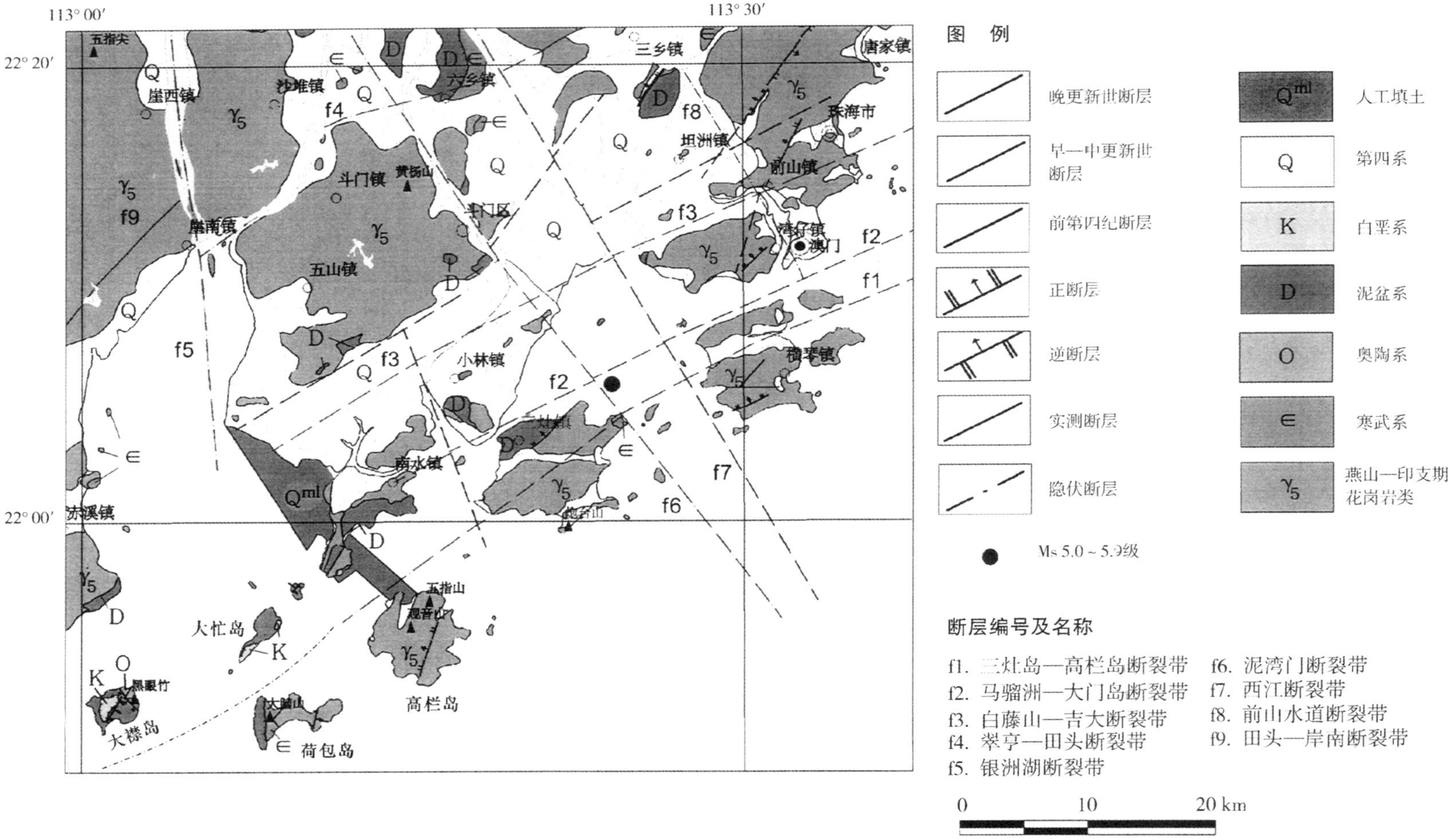

（马浩明编，略有补充和修改）

图6-2-6 “三门”地区地质图

在0°、90°一阶方向导数图，甚至135°一阶方向导数图，以及原张航磁图及其上延10 km以浅图、垂向二阶导数图、总梯度模上延10 km以浅图，小波分析一、二、三和四阶细节图对这一北西向（西江）断裂系均有较好或一定程度的反映（详见第三章各相关图）。

重力图对区内北西向西江系断裂的反映不如航磁图全面，但是还能将断裂解释出来，45°一阶方向导数等值线图和灰度图反映最佳，图2-5-25、图2-5-26、图2-5-29和图2-5-30可综合解释出3条北西向断裂，只是梯度带、等值线不完整，灰度条带不清晰。有一点与航磁图是完全一致的，就是越接近万山群岛特别是万山群岛以南，浅部北西向断裂系特别密集，无论是半羽毛状梯度带或黑影图像都与航磁图非常一致，有左旋错动现象（图2-5-25和图2-5-29）。

90°一阶方向导数等值线图和灰度图对本组断裂反映也较好（图2-5-33、图2-5-34、图2-5-36和图2-5-38）。垂向二阶导数图，总梯度模图，分形维数图，小波分析一、二阶细节图也有一定程度的反映（详见第二章相关各图件）。

概括地说，重磁资料解释，区内北西向西江系断裂很发育，特别是浅部，能解释约10 km的断裂只有3条，从浅部断裂分析，具有左旋错动动力学特征。

3）北东向断裂　通过区内的北东向断裂只有F11博罗—斗门断裂。F10河源—中山断裂从西北擦角而过，F12莲花山断裂从西南角挂角而行，对区内地震构造影响不大，排除在地震构造成员之外（图6-2-1）。

重力图135°一阶方向导数等值线图（图2-5-16），在澳门—斗门间存在北东向同步拐弯的等值线带，两侧可解释为F11两条分断裂，但上延10 km时，则只在斗门南有短距离北东向同步拐弯等值线（图2-5-17）。灰度图（图2-5-21）中两条北东向黑影带虽不整齐，但浓黑，上延10 km也有两条灰影带，黑白反差度较低，可解释10 km深度。断裂在南、北两端均为近东西向断裂截断。90°一阶方向导数等值线图和灰度图反映与之类似（图2-5-33、图2-5-34、图2-5-37和图2-5-38），垂向二阶导数图（图2-5-41），分形维数图（图2-5-43），小波分析二、三阶细节图（图2-5-45和图2-5-46）也有一定程度的反映。

原张布格重力异常图、0°一阶方向导数图、总梯度模图却没有断裂图形图像反映，可能属于弱势断裂，深度在10 km以内。

航磁图对F11的反映较重力图似乎还单薄一些，135°一阶方向导数图北东向等值线单一（图3-4-34），上延5、10 km（图3-4-35和图3-4-36），北东向等值线带为北西向等值线（断裂）截断，灰度图反映稍佳，上延5 km存在两条北东向影带（图3-4-39和图3-4-40），上延10 km也只有一条灰影带而已。90°一阶方向导数等值线图和灰度图反映尚可，上延10 km以浅，存在北东向等值线和黑色条带，上延10 km时，明显受到北西向断裂的间断。0°一阶方向导数等值线图，原张航磁等值线图，总梯度模图，垂向二阶导数图，小波分析一、二、三阶细节图，化极平面等值线图对本裂也有不同程度的反映（见第三章相关各图件）。

总之，重磁图件解释本断裂上延5 km以浅，存在2条分断裂，上延10 km断裂则断断续续，受北西向和东西向断裂间隔。是一条深度10 km以内、规模不大的断裂。

（2）浅部断裂及其活动性

本区浅部断裂也有近东西向、北西向、北东向3组断裂分布（图6-2-6）：①近东西向：f1横琴—下川岛断裂带、f2马骝洲—大门岛断裂带、f3白藤山—吉大断裂带、f4五桂山南麓断裂带。②北西向断裂：f5银洲湖（崖门）断裂带、f6泥湾门断裂、f7西江（磨刀门）断裂带、f8前山水道（澳门）断裂带。③北东向断裂：f9田头—崖南断裂带。

1）近东西向断裂　近东西（北东东）向断裂有4条，其中f1、f2、f3属同一组断裂，应是F6.1在地表浅部反映的断裂，因为大部分段落在海域（f1、f2）或滨海平原，出露剖面点很少，主要是根处少数出露在岛屿的露头剖面和局部地段物探测量以及航片、卫片、地貌形态等而推测连接起来的，如f1横琴—下川岛断裂带在大横琴岛北侧石山、三灶岛东北角斜尾村一带、大襟岛西北侧狮子头湾等地的断裂剖面；f2马骝洲—大门岛断裂在大门岛一带，f3白藤山—吉大断裂在白藤山至广生围、板樟山麓至烟墩山北侧一带、白沙头南侧一带、挂定角北缘均昌围西侧山嘴一带的断裂剖面等。这组断裂走向均在北东东60°～80°，属右行正断层性质。它们的活动性主要表现在地貌形态上，如岛屿及其山体、海峡、水道呈北东东向排布。这一带经济建设发展快，工程项目多，在平原和海域积累了许多钻孔资料，编出了第四系等厚线图（图1–2–2和图1–2–3）。等厚线呈近东西向展布，晚更新世以来，中心沉积厚度30～35 m，据之推测的断裂与图6–2–6的北东东向断裂基本一致，不仅证明这些断裂的存在，且说明它们晚更世以来的活动性，控制了这一带海岸形态的发展和沉积物的分布。

此外，在坦洲以北的山麓，月环、龙塘、老方村一带发育二级冲洪积扇阶地和现代冲积锥，说明北部山地抬升，坦洲一带的滨海平原的下沉特征。

这里要特别阐明一个重要的问题。往昔一些文献资料，将前述这一组北东东向断裂归属于北东向断裂系，与东部深圳一带的F12北东向莲花山（惠东—深圳、五华—香港）断裂相连，视为同一断裂带。本次重磁资料处理解释结果，得到一个新的认识，这一组北东东向断裂归属于新构造期南海系，它与北东向莲花山断裂带在方向、力学性质、活动性都有本质上的区别，F6北东东向滨海断裂带与F12莲花山断裂带锐角相交，且将之截断，不再向远海大陆架伸展。在第二、三章中有大量图解，作者还有专文论证[32]，此处不再赘述。

这组断裂做过一些绝对年龄测定和断层气测量，数据集中年龄段为晚更新世，说明时代较新（表4–4–2）。

图6–2–6中还有一条北东东向断裂是f4五桂山南麓断裂的西段。区内分布在三乡—六乡一带。在图6–2–1中，该断裂已是区外的一条断裂，因为它在稍扩大了一点范围的图6–2–6中出现，加之有一定的背景意义，又与北东向f9田头—崖南断裂有一些关系问题，特作单独阐述。

断裂位于五桂山南麓，东北段起于珠江口西岸，往南西沿五桂山南麓经翠亨、逸仙水库和斗门北，可能继续穿过西江至六乡，从区域水系地貌和卫星影像分析，推测断裂可西延至台山一带。在重磁资料解释中，它应是图4–1–1和图6–2–1中F5.2珠海—台山断裂的地面表现，深度仅5 km。重磁结构归属珠海微负重力场和F5.1五桂山负磁场，既不归属南部F6.1北东东向滨岸断裂系，也不归属五桂山北的广州重力高、近东西向断裂系。

本断裂走向在北东东60°～70°，倾向南东，倾角50°～60°，界限五桂山南麓走向。与五桂山北麓比较，则是坡急，走向平直，断层地貌显著，断层崖、断层三角面、断层沟谷、槽地发育、横向跌水屡见不鲜，山前洪积扇阶地常连片分布，因此，构造地貌宏观上即可判定断裂存在，且具有一定的活动性。

洪积扇阶地，一般有两级洪积阶地和近代冲积锥，二级洪积阶地相对高度为8～15 m，一级洪积阶地相对高度为5～7 m，近代冲积锥切过一级、二级洪积阶地，前缘与河漫滩堆积物逐渐过渡。洪积阶地和现代冲积锥在麻斗站、马溪、金竹山等地分布典型。在某些地段出现埋藏的老洪积扇阶地，如龙塘、申塘、埔顶、月环等地。洪积阶地和冲积锥的存在，不仅反映断裂的新构造活动性，且反映了它的正断层性质。

在三乡竹园西采石场发现了一个直接错断，可能属于Q_2堆积的晚第四纪断层剖面，该剖面位于五桂山基岩山区与山前冲洪积倾斜平原的交界上，地貌上为明显的坡度折线，花岗岩与南西的洪积层间呈断裂接触关系，断层面上见摩擦镜面，细砂砾层因断层活动呈斜弯曲，同时在花岗岩中见北东东向密集节理面。

断裂带绝对测年数据自早更新世至晚更新世均有过活动（表4–4–2）。

有一些资料文献将本断裂与崖门口（黄茅海）西岸的走向北东30°～40°的f9田头—崖南断裂连

接为同一断裂，称之为“翠亨—田头断裂”。这一认识值得商讨。根据第二、三章重磁图像和卫星影像，地貌、水系等资料分析，田头—都斛（崖南）断裂应属F10河源—中山断裂南延部分（图4–1–1和图6–2–1），且断裂力学性质、活动性与五桂山南麓断裂截然不同。断裂从五桂山南麓北东东70° 左右走向突然在田头村附近转折为北东35° 走向，确也令人费解。

2）北西向断裂　区内比较著名的北西向断裂有4条：f5银洲湖（崖门）断裂、f6泥湾门断裂、f7西江（磨刀门）断裂、f8前山水道（澳门）断裂。最初，这几条断裂基本上是根据水系展布形态、地貌、第四纪沉积等资料推测的，近年随着经济发展，特别是大桥、管道建设等工程项目增多，在河道两岸基岩地区开展地质工作，找到一些断裂出露剖面，在河道中与工程场地打了许多钻孔以及局部地段的物探测量，发现了许多断裂的证据，而今可以肯定这些断裂存在是无疑的。如以往认为f8前山水道断裂依据不足，后来在古鹤—翠微一带花岗岩中发现一些北西向破碎带和密集节理，山丘西侧是海积—冲积平原，等厚线北西向，厚达20 m以上，在拱北海关ZK3号孔揭露风化壳厚达27 m，底板深42 m，拱北银海新村（西瓜铺）36号孔风化土底板深达53.4 m，风化土厚34.5 m，拱北东亚大酒店BJ30号孔风化土层厚55.4 m，其底板深达74.6 m，上述风化带靠近拱北岸边，呈北西向展布，应与本断裂破碎有关。

这几条断裂共同特征是：①控制河道出口段地貌形态和第四纪沉积的发育，呈北西向伸展。②所有河道均具有溺谷性质，在晚更新世末期（Q_3^3），华南沿海有一次大海退（图1–2–6），此时北西向断裂也很活动，使得河道岩石破碎大大促进了河道溯源深切的力度，形成深邃的河道。全新世以来，发生大海浸而成为溺谷。③所有断裂都较其北段（F5.1五桂山北麓断裂以北）活动时代新。如银州湖断裂在五桂山抬升前，潭江、东江、西江和北江均汇集在港口、三角和民众一带出口入伶仃洋，Q_3^1五桂山抬升，加之北西向断裂活动，潭江一改沿五桂山北麓流向，该沿断裂打开银洲湖出口河道。其他河道也由于这组北西向断裂的活动而加深了河道。其实，这组断裂活动与北东东向南海系的活动有关系，它们具有共轭活动性质。④大都具左旋性质，无论在岩石露头剖面中，还是重磁资料处理图像，结论基本上是一致的。⑤第四系等厚线呈北西向形态，受断裂控制（图1–2–2和图1–2–3）。⑥小震活动，除了沿滨海断裂带呈北东东向分布外，也有北西向分布条带，不过，不如北东东向密集（图5–2–3）。

在这组北西向断裂中，西江（磨刀门）断裂活动性似更强一些。如磨刀门西侧灯笼沙沉积最厚，Q_3^2以来达60 m以上，其中全新世达30 m以上。磨刀门东侧五桂山神湾一带，山前冲洪积扇很发育，呈北西向排布，表征断裂东侧山体上升，西侧河道下沉。1905年8月12日澳门5.0级地震实际上是发生在磨刀门西侧，与北东东向断裂交汇的部位。绝对测年数据中磨刀门段是最新的（表4–4–2），最小年龄是（7 500 ± 520）a，属全新世，这是珠江三角洲地区断裂活动年龄最可靠和最小的一个。各断裂的Rn、Hg测量数据见表4–4–1。

在磨刀门西侧还有一个小门——泥湾门，是西江泥湾河道出口，乃西江断裂带西支的南端。区外西邻鸡啼门也发育北西向断裂，钻探至花岗岩断层泥，TL测年为7.93万a B. P.，上覆第四纪沉积^{14}C年龄自下而上为（35 097 ± 2 625）a B. P.、（25 028 ± 769）a B. P.、（7 820 ± 170）a B. P.，层位间有过错位活动[63]。可供本区北西向断裂活动分析参考。

3）北东向断裂　区内无规模较大的北东向断裂。在西北角f9田头—崖南（田头—元山头）断裂，自崖门西侧，经崖南、元山头、都斛、田头和入广海湾，区内只有沿黄茅海西岸一小段。该断裂主体走向在北东30° ~ 40°，在田头东北猪潭水库与内右侧可见产状走向北东35° 倾向南东倾角80°，宽达8 ~ 10 m的压碎石英脉化带。前文已指明，据重磁资料解释，该断裂应是F10河源—中山断裂南延部分（图4–1–1和图6–2–1），不应是f4五桂山南麓断裂西延组成成员，即不是同一断裂，此处不再重复阐述。该断裂活动性不明显。

区内在三乡—斗门、下珊—坦洲、珠海—前山一带也发育一些北东向断裂，断裂规模不大，活动性不明显，它们或是F11博罗—斗门断裂在地面的反映，因F11本身规模不大，断断续续，深度在10 km以内，故地表反映的断裂规模也有限。

（3）发震构造的讨论

综前所述，区内深部断裂主要是北东东向F6.1滨岸断裂，北西向F15江门—斗门（西江）断裂（两条平行分断裂），两组断裂重磁结构均完整，有一定的规模，相对而言，北东东向F6.1规模更大，深达30 km，北西向F15断裂整体宽度可观，深度却浅，只有10 km，两组断裂相互交切的图像也很显著，北东东向断裂右旋，北西向断裂左旋，具共轭活动性质。

区内北东向F9增城—新会断裂南段重磁结构均不太完整，规模小，深度也在10 km以内，它既被北东东向F6.1截切，也为北西向F15切断，应是活动次序相对较早的断裂。

从地面浅部断裂分析，北东东向主要断裂有4条，北西向主要断裂也有4条，分布比较密集，在区内相交切成网。从宏观及微观资料分析，均有一定的活动性，相对而言，北东东向断裂应强一些，如仪器记录的小震北东东向沿断裂分布较北西向条带密度更高一些。北东向f9田头—崖南断裂在区域西北角边界，虽与北西向f5在崖门口相汇，但其活动性不明显，其他北东向断裂散布在区内东北部，规模短、小，活动性有限。

由上所述，区内孕震过程应是北东东向F6.1断裂与北西向F15断裂的共轭活动，而发震构造最大可能是F6.1断裂。1905年8月12日5.0级地震也正是处于北东东向f1横琴—下川岛断裂、f2马骝洲—大门岛断裂与北西向f6泥门湾断裂、f7西江（磨刀门）断裂交汇部位，所以，未来具体强震构造发震部位应特别关注区内北东东向断裂与北西向断裂交汇区。

6.2.2.5 关于担杆列岛—万山群岛强震构造问题

担杆列岛—万山群岛位于珠江三角洲地区最南端，是海岛密布的近海区，F6.2滨海断裂将担杆列岛与万山群岛串联起来。担杆列岛史载1874年6月23日发生过$5\frac{3}{4}$级地震，是珠江三角洲地区内最强的一次地震。第二、三、四章重磁资料处理解释结论很明确，F6.2滨海断裂带是一条规模巨大的新构造期形成的北东东向断裂带，向东、西两个方向还延伸很远，沿带发生过许多强震，南海北缘4次7级地震都发生在这一断裂带上，是大家很关注的一条断裂。区内许多活动的北西向断裂与之相交切，自西至东有F13恩平—镇海湾断裂、F14肇庆—广海湾断裂、F15西江断裂、F16三水—担杆断裂、F17狮子洋断裂。北东向F11博罗—斗门断裂、F12莲花山断裂被它截断在内陆，没有再向南海北缘大陆延伸。所以，从深部断裂系统构造分析，它具备发生强震的条件。但是这一地区主要是海域，工程建设项目较少，地质与新构造研究也相对不多。第一章编制的图1-2-5南海北部第四系等厚线图等值线沿断裂带北东东向展布，在第四系沉积物中发育许多北东东向断裂，第四系沉积厚度超过100 m，最厚可达200 m。有一个反常的情况是，全新统顺德组沉积厚度在担杆列岛—万山群岛以北最大厚度达53.0 m，而其以南地区明显减薄，一般不超过10 m[6]，可解释为全新世以来，担杆列岛—万山群岛北部下沉幅度大，其以南海域反而下沉幅度小，甚至上升。在担杆列岛上有多级海蚀穴，最高者可达70 m，这是比较可靠的上升证据。

据上所述，串联担杆列岛—万山群岛的F6.2新构造期乃至现代的活动性是勿可置疑的，它的发震构造是北东东向与北西向交切地区，北东东向与北西向断裂共轭活动孕震、北东东向F6.2断裂是主要发震断裂也是可以确定的，它的总体活动强于内陆各北东东向断裂，最高震级也应高一些。由于北西向断裂深度较浅，仅10 km，所以也不宜太高，与华南地区东西两端—粤闽赣交界地区、粤桂琼交界地区有别（见第二编有关阐述），发生7级以上地震的可能性可以排除，定为≤6级。

6.2.2.6 关于$4\frac{3}{4}$级地震构造问题

学者们常把$4\frac{3}{4}$级地震定为破坏性地震的震级下限，因为这个震级烈度影响也常可达到Ⅵ度。

但从地震构造分析，很难把握它的特征，特别是新活动的形迹常不明显。因此本报告没有划出$4\frac{3}{4}$级地震构造区。分析珠江三角洲地区$4\frac{3}{4}$级地震区的地质特征，以及近年在恩平、台山、三水等地有感震群分析，某些震中似也有一些活动的蛛丝马迹，它们也是近东西向断裂与北西向断裂交汇地区，也有些地质活动形迹，如：

（1）清远地区

近东西向F1佛岗—河源断裂向西延伸至清远，在清远城北大帽山（778 m）、大罗山（957 m）南麓通过，山前地貌发育，存在多级洪积阶地和冲积锥，延伸长达10余千米，但其规模、活动强度（如冲沟切割深度、洪积扇坡度等）不如肇庆地区北山断裂。

北江河道自清城至飞来峡为近东西流向，两端均是由北北东向突然转折为东西流向，可能为东西向断裂控制，它应与大罗山前断裂为同一断裂带组成成分。清城北江两岸（特别是南岸）为平原，第四系沉积厚度达30余米，与珠江三角洲平原平均厚度基本一致，沉积物年代也一致（$Q_3 \sim Q_4$）。根据地貌、水系、航空、卫星和重磁图像分析，银盏坳—清城—珠坑存在一条北西向断裂，明显控制滨江（北段）和银盏河流发育，另外，北东向吴川—四会断裂也在区内经过，清城以南的北北东向北江河道可能是断裂谷，应与该断裂有关。综上所述，本区也存在近东西向、北西向、北东向3组断裂交汇区，常有小震和有感地震发生，因此，在这一地区发生$4\frac{3}{4}$级，甚至更强一点的地震完全是有可能的。

（2）五桂山北麓（中山—新会）地区

近东西（北东东）向F5.1五桂山北麓断裂带是一条深超30 km、宽10 km以上的断裂带，它的北侧是珠江三角洲大平原，也是西段潭江平原北界，南侧是五桂山，将珠江三角洲分为南、北两部分。它是广州重力高南界，航磁场表现为一巨型梯度带，断裂北侧珠江三角洲平原第四系沉积厚度平均超过30 m，最厚达81.4 m，是目前所知沉积最厚之处，等厚线沿断裂带北东东向形态分布，晚更新世中晚期潭江河道还沿断裂带流向珠江口出海，直到晚更新世晚期才改道银洲湖入海。

垂直形变速率图0值线与断裂带一致，北面负值区沉降速率为 -1 mm/a（图4-1-4），每年数次的流动重力测量所编平面图常沿断裂带出现近东西向梯度带或等值线（图4-1-5），断层气（Rn、Hg）测量对该断裂也有一定程度的反映（表4-4-1），以上观测资料说明，该断裂带现代仍有一定的活动性。

本区还有几条北西向、北东向断裂与五桂山北麓断裂交汇，北西向断裂有银洲湖断裂带、F15西江断裂带、F16三水—中山—担杆断裂带，北东向断裂带有F9增城—新会断裂带、F10河源—中山断裂带。上述3组断裂带在新会、中山（石岐）附近交汇。本区历史上未发生过$4\frac{3}{4}$级地震（1995年版《中国强震目录》[64]和2010年版《中国地震目录》都记载1936年在中山小榄发生过Ms 5.0级地震，但广东一些学者撰文予以否定[66]，因此，《广东省地震目录》中取消了这次地震，本书赞成否定意见。现今小震也不多，但从地震构造角度分析，发生$4\frac{3}{4}$级地震的可能性是存在的。

比较上述两个或可发生$4\frac{3}{4}$级地震区，在珠江三角洲地区的佛岗、四会、 三水、鹤山、台山、恩平等地均具有类似构造条件，今后发生同级地震的可能性是存在的。

珠江三角洲地区是我国的南大门，经济繁荣，人口密集，对华南乃至国家都具有举足轻重的地位，所以，对它的地震防御、安全性，也应加倍重视，不可掉以轻心。

第二编

华南重点地区深部断裂系统与强震构造

第七章　深部断裂系统的重力资料系统处理与解释

7.1　深部断裂系统资料处理解释程序与图的编制

本次华南地区深部断裂系统研究采用布格重力资料处理方法，研究区范围是：北纬20°～26°，东经108°～120°，即南岭以南。本编未采用航磁资料。其原因是，在第一编珠江三角洲地区深部断裂系统的重力与航磁资料系统处理结果表明，两种方法处理结果所得深部断裂系统基本一致，复合度较高，不影响大的格局，且重力资料干扰少，特别是断裂深度较可靠，这是宝贵的经验。华南地区面积很大，增加一项航磁资料，工作量将大幅度增加，限于时间、人力和财力等诸多因素制约，考虑到既然影响不大，放弃航磁方法相对合理、可行。更可以让我们集中精力提高重力资料处理、解释和研究的质量。另外，还采取了加强的方法：扩大重力资料处理范围，从研究区向北扩至北纬28°，即实际资料处理范围为北纬20°～28°至东经108°～120°。这样既可提高资料处理精度，又大大地扩展研究的宏观视野，其效果比增加航磁的方法有过之而无不及，之后的实践也证明这一点。

本次重力资料处理和解释分两步进行。第一步是对泛华南地区（北纬20°～28°、东经108°～120°）重力资料系统处理与解释，编制华南地区深部断裂系统图（附图Ⅴ和图7-1-1）。其目的是让读者对华南地区深部断裂系统格局和特征有一个整体概念。对3个重点地区（珠江三角洲地区、粤闽赣交界地区、粤桂琼交界地区）深部断裂系统在华南深部断裂系统格局中的位置（图7-1-1）、内在联系、共同特征和差异，以及特殊性，理论上和应用上具有更多的研究和讨论空间，对划分强震构造更有扎实的基础。

我们对华南深部断裂系统完全按第一编的原则和方法逐图逐条断裂解释，并编制成图（附图Ⅴ和图7-1-1），但对每条断裂不作文字阐述。

第二步是分别编制粤闽赣交界地区、粤桂琼交界地区深部断裂系统图（图7-3-1和图7-4-1），其成图比例尺较华南地区大，断裂系统相对详细一些（一些重力结构单薄、深度浅短的断裂在华南地区图上可能被删减或合并），对每一条断裂都将作文字解释和阐述。因为在第一编中，我们已对解释断裂方法和原则作了阐述，又对珠江三角洲地区深部断裂系统逐图逐条断裂作了详细文字解释，足可以作为解释断裂范例让读者明白解释断裂过程、方法、原则是科学的，所解释的每条断裂是透明的，确实存在和正确的，所以，在粤闽赣交界地区、粤桂琼交界地区深部断裂系统的解释，只作重点提示性解释，读者应该可以读懂和判别。

关于资料处理方法与第一编重磁资料处理方法完全相同。华南地区岩石分布地质概况见附图Ⅵ。

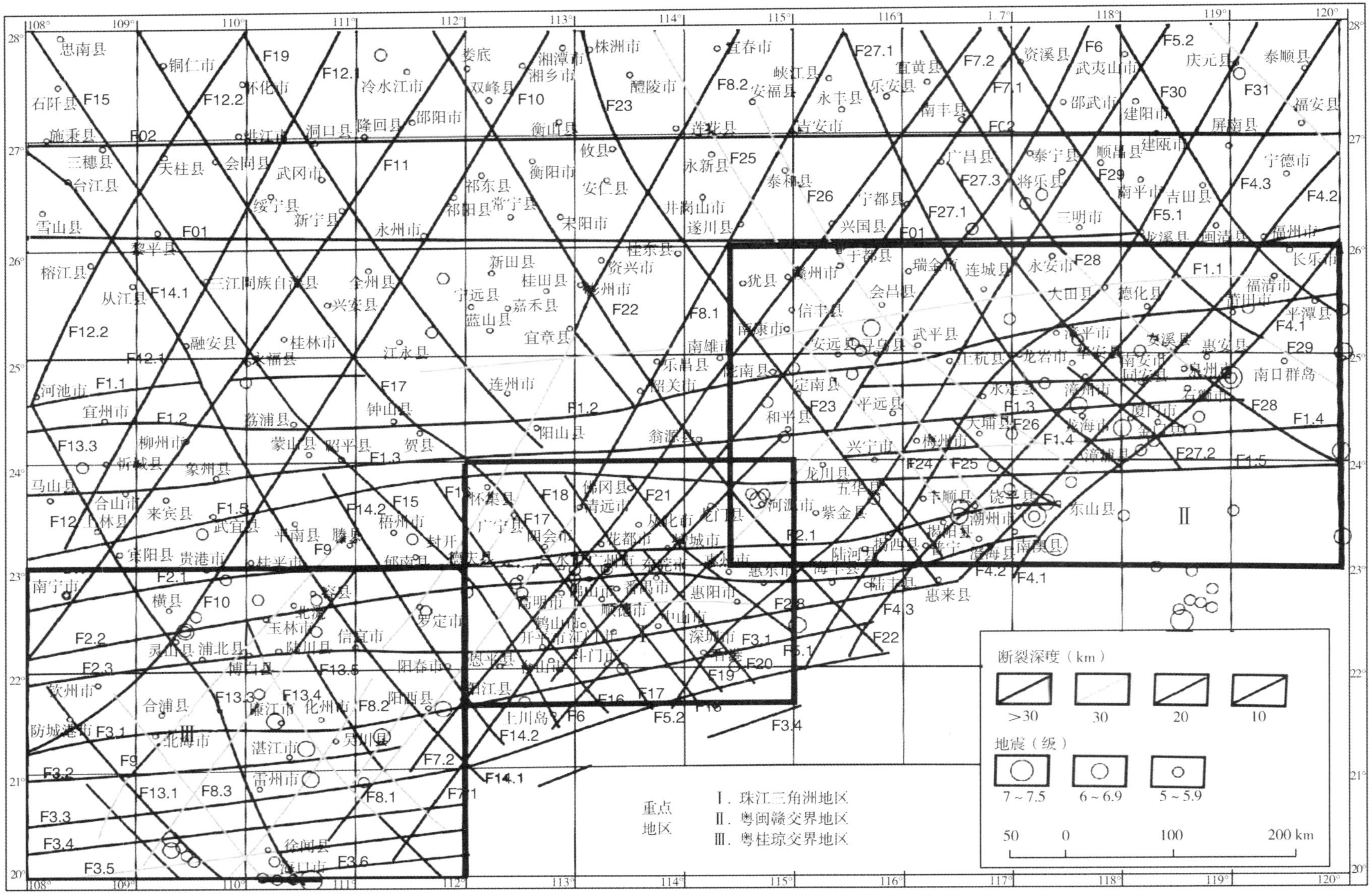

图7-1-1　华南地区深部断裂系统与地震防御重点地区位置分布

附图Ⅴ与图7-1-1　华南地区深部断裂系统名称及编号

一、近东西向断裂带

F1．南岭南坡断裂带（系）

F1.1．河池—乐昌—福清断裂带

F1.2．荔浦—韶关—莆田断裂带

F1.3．马山—和平—石狮断裂带

F1.4．梅州—漳浦—金门断裂带

F1.5．上林—河源—台湾海峡断裂带

F．华南中部断裂带（系）

F2.1．南宁—花都—东山断裂带

F2.2．灵山—广州—南澳断裂带

F2.3．钦州—五桂山—惠来断裂带

F3．滨海（岸）断裂带（系）

F3.1．北海—阳江—汕尾断裂带

F3.2．涠洲岛—湛江断裂带

F3.3．雷州—万山—担杆列岛断裂带

F3.4．北部湾—六极岛断裂带

F3.5．北部湾—徐间断裂带

F3.6．琼州海峡断裂带

F0．南岭北坡断裂带（系）

F01．雷山—永州—尤溪断裂带

F02．三穗—攸县—建瓯断裂带

二、北东向断裂带

F4．长乐—南澳断裂带（系）

F4.1．平潭滨海断裂带

F4.2．长乐—南澳断裂带

F4.3．闽清—潮州断裂带

F5．政和—海丰（莲花山）断裂带

F5.1．庆元—龙岩—海丰断裂带

F5.2．连城—五华—深圳断裂带

F6．邵武—河源断裂带

F7．广昌—广州—阳江断裂带（系）

F7.1．广昌—广州—开平断裂带

F7.2．赣州—恩平—阳江断裂带

F8．吉安—四会—吴川断裂带（系）

F8.1．吉安—四会—阳西断裂带

F8.2．莲花—吴川—徐间断裂带

F8.3．信宜—廉江断裂带

F9．北流—合浦断裂带

F10．湘乡—灵山—钦州断裂带

F11．邵阳—桂林—南宁断裂带

F12．洞口—融安断裂带

F12.1．洞口—融安断裂带

F12.2．天柱—河池断裂带

三、北西向断裂

F13．巴马—灵山—东寨港断裂带（系）

F13.1．防城—临高断裂带

F13.2．钦州—海口断裂带

F13.3．河池—灵山—东寨港断裂带

F13.4．博白—广州湾断裂带

F14．台江—容县—洋边海断裂带

F14.1．台江—容县—洋边海断裂带

F14.2．藤县—阳江断裂带

F15．三穗—永福—镇海湾断裂带

F16．肇庆—广海湾断裂带

F17．铜仁—江门—斗门（西江）断裂带

F18．三水—担杆列岛断裂带

F19．洞口—狮子洋断裂带

F20．东莞—大鹏湾断裂带

F21．佛冈—惠州断裂带

F22．娄底—河源—海丰断裂带

F23．株洲—龙南—揭西断裂带

F24．信丰—丰顺—揭阳断裂带

F25．永新—寻乌—汕头断裂带

F26．安福—会昌—漳浦断裂带

F27．乐安—连城—漳州断裂带

F27.1．乐安—连城—漳州断裂带

F27.2．厦门—华安断裂带

F27.3．广昌—漳平—金门断裂带

F28．宜黄—永安—晋江断裂带

F29．邵武—莆田—南日岛断裂带

F30．武夷山—福州—平潭断裂带

F31．庆元—福安断裂带

7.2 华南布格重力场基本特征

从布格重力异常图（图7-1-2和附图Ⅳ）明显看出，研究区布格重力异常总趋势由北西方向向南东方向逐渐升高。在西北部雷山地区，重力值最低值达到-130×10^{-5} m/s^2，在东南部金门东部达到最大值60×10^{-5} m/s^2。最引人注目的有两条带，一条是东南沿海重力高带，西起北部湾广西防城以西（图外），合浦一带，往东至汕尾遮浪的区，为南海滨海（岸）近东西向梯度带，在担杆列岛附近重力值最高为25×10^{-5} m/s^2。在汕尾、陆丰间明显的存在一段重力高降低带，呈北西向，陆丰以东重力高梯级带有一个突出的转变，转为北东向为主体，至福建东山以北变为闽东南巨型北北东向重力高梯度带，梯度陡而整齐。在前述南海滨海近东西向重力高梯度带中，等值线带内部有一定的弯曲，常出现北西向同步拐弯带，如雷州半岛西侧，阳江—阳西一带，上川岛附近，担杆列岛西部等，也有一些地段出现北东向同步拐弯带，但规模较少，不甚明显。如湛江东、上川岛东和深圳东。要特别提出的是珠江三角洲的腹地出现一个广州重力高，内部等值线总体成近东西向，整体呈舌状由南海海域伸入珠江三角洲内陆（附图Ⅳ），最高值在佛山南海附近达20×10^{-5} m/s^2。

另一条是南岭南坡东西向梯度带，南界大体在北纬23.5°，以南岭南坡中心（怀集、佛冈、河源一带），向西伸至广西象州、马山以西，向东伸至五华、大浦、漳浦以西，再往东就是闽东南北北东向巨型梯度带了。此带宽度也很大，纬度横跨2°（北界大体在北纬25.5°，以乐昌为中心，向西延至河池以北，向东延至德化、福清一带），重力值一般为-40×10^{-5} m/s^2，此带以南以重力正值为主，等值线以东西向为主。此带以北以重力负值为主，等值线带则多方向变换复杂。且在延拓不同高度这一特征仍有反映，说明这一梯度带南北方向构造不同，应是构造区分界带。

此外，还要提及两条北西向带，一条是在区域中部，北起江西井冈山一带，往南西至前文提及的汕尾—陆丰地段存在一条明显的重力值分界带，或说重力谷值带。另一条是西侧马山—灵山—东寨港（海口东）等值线同步拐弯带，在上延不同高度时也都能反映出来。

据上述几条梯级带，结合重力值区域特征，将研究区划为几个重力场区（图7-2-1）。

（1）东南沿海重力高区：闽粤沿海重力高区，粤桂琼滨海重力高区。

（2）闽赣湘重力场变化区。

（3）桂湘低重力区。

（4）粤桂重力场变化区。

上述重力场特征是未经资料系统处理的原始自然环境下测量的叠加了许多影响重力值的原张布格重力异常图分析的，这些特征告诉人们，即使有许多叠加因素，它仍能体现出某些鲜明特征，那些分界线（带）一定是强大的、有重大地质意义的、不可忽视的特征。对新老地质构造、矿床、地下水和地震活动区域分布或同样存在区域价值。如Ⅰ区是华南地震最活跃的区域，Ms≥7级地震、大部分6级地震分布在这个区域内。

经系统资料处理后，会得到更多的信息，从线性构造角度分析，全区存在的近东西向、北东向、北西向3组重力异常结构区（带）的面貌轮廓就更全面了。

7.2.1 东西向结构区（带）（图7-2-2）

横向贯通全区，这4条带是：

Ⅰ. 南岭南坡东西向结构区（带）；Ⅱ. 华南中部东西向过渡结构区（带）；Ⅲ. 南海滨海（岸）东西向结构区（带）；Ⅳ. 南岭北坡东西向结构区（带）。

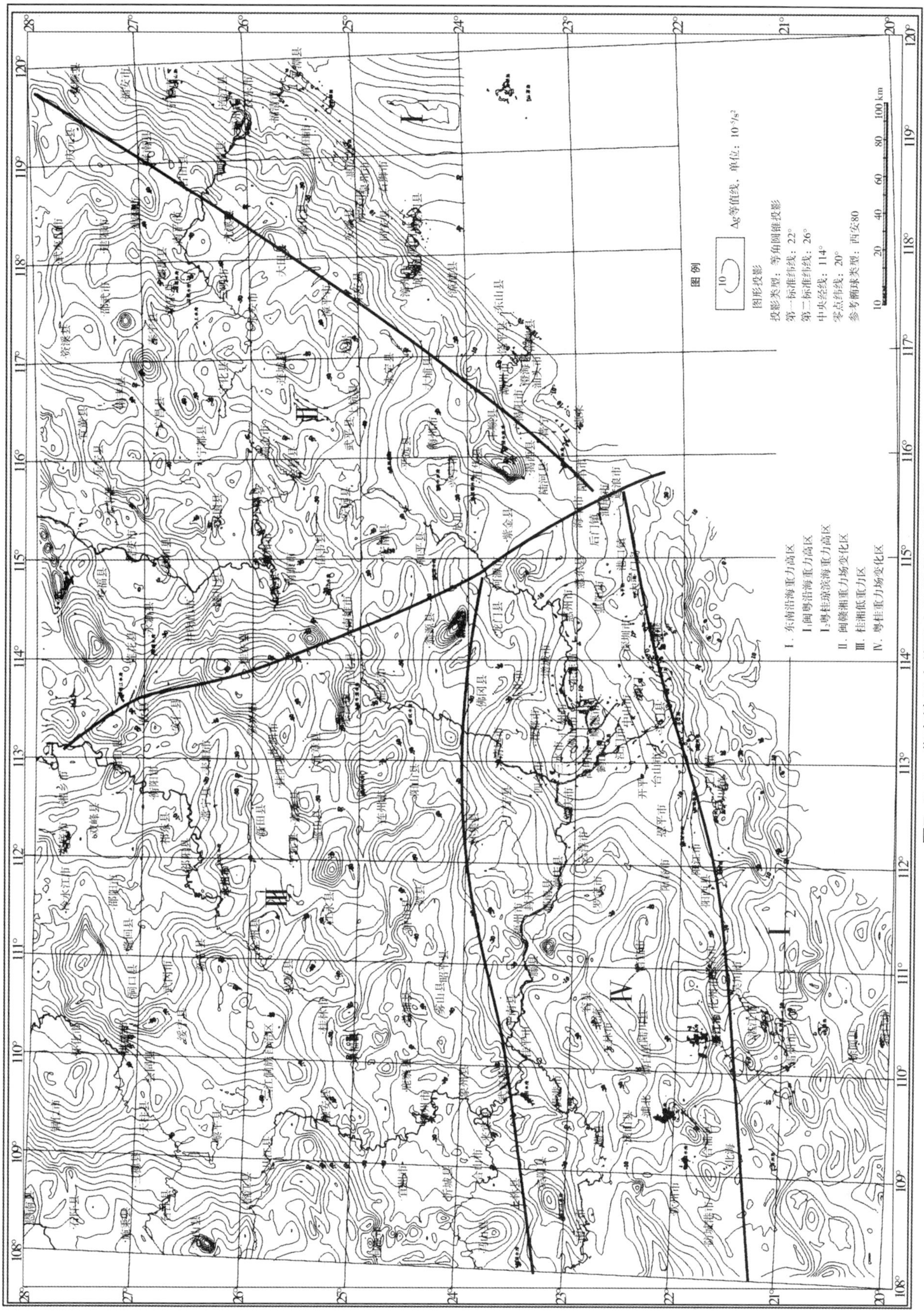

图7-2-1 华南地区布格重力异常等值线和分区

7.2.2 北东向结构区（带）（图7-2-3）

北东—南西方向斜贯全区，这6条带是：

Ⅰ. 闽东南北东向巨型结构区（带）；Ⅱ. 粤闽赣北东向宽平型结构区（带）；Ⅲ. 湘赣粤北东向紧密型结构区（带）；Ⅳ. 湘粤桂北东向宽散型结构区（带）；Ⅴ. 湘桂北东向结构区（带）；Ⅵ. 湘黔桂北东向巨型结构区（带）。

7.2.3 北西向结构区（带）（图7-2-4）

研究区断裂共33条主干断裂，东西向5条，北东向9条，北西向19条，占全区总断裂数1/2以上，可见北西向断裂分布密集（附图Ⅴ和图7-1-1）。上延30 km后，45°一阶方向导数图反映它的异常结构带却表现宽平。北西—南东方向斜贯全区。北西向结构区有6区（带）：

Ⅰ. 晋江—武夷山北西向宽疏结构区（带）；Ⅱ. 湘赣闽粤（井冈山东部）北西向宽疏结构区（带）；Ⅲ. 井冈山紧密型北西向结构区（带）；Ⅳ. 湘粤珠江三角洲均匀型北西向结构区（带）；Ⅴ. 红河系西缘（黔桂粤）北西向结构区（带）；Ⅵ. 桂东南—北部湾北西向结构区（带）。

我们曾试用英国Geosoft公司软件做出布格重力异常和一阶方向（0°、45°、90°、135°）导数三维视图，主要断裂和分区结构与本书重力资料系统处理结果基本一致，立体感清晰，近东西向南岭结构区（带）南缘断裂非常明显地阻挡了北东向构造（结构体），其南部北东向结构体影像规模小、不清晰（因未取得该公司软件使用权，只能试用，图件不能公开发表）[①]。

①广东及邻区重力资料处理说明．广东省地震局．2010.

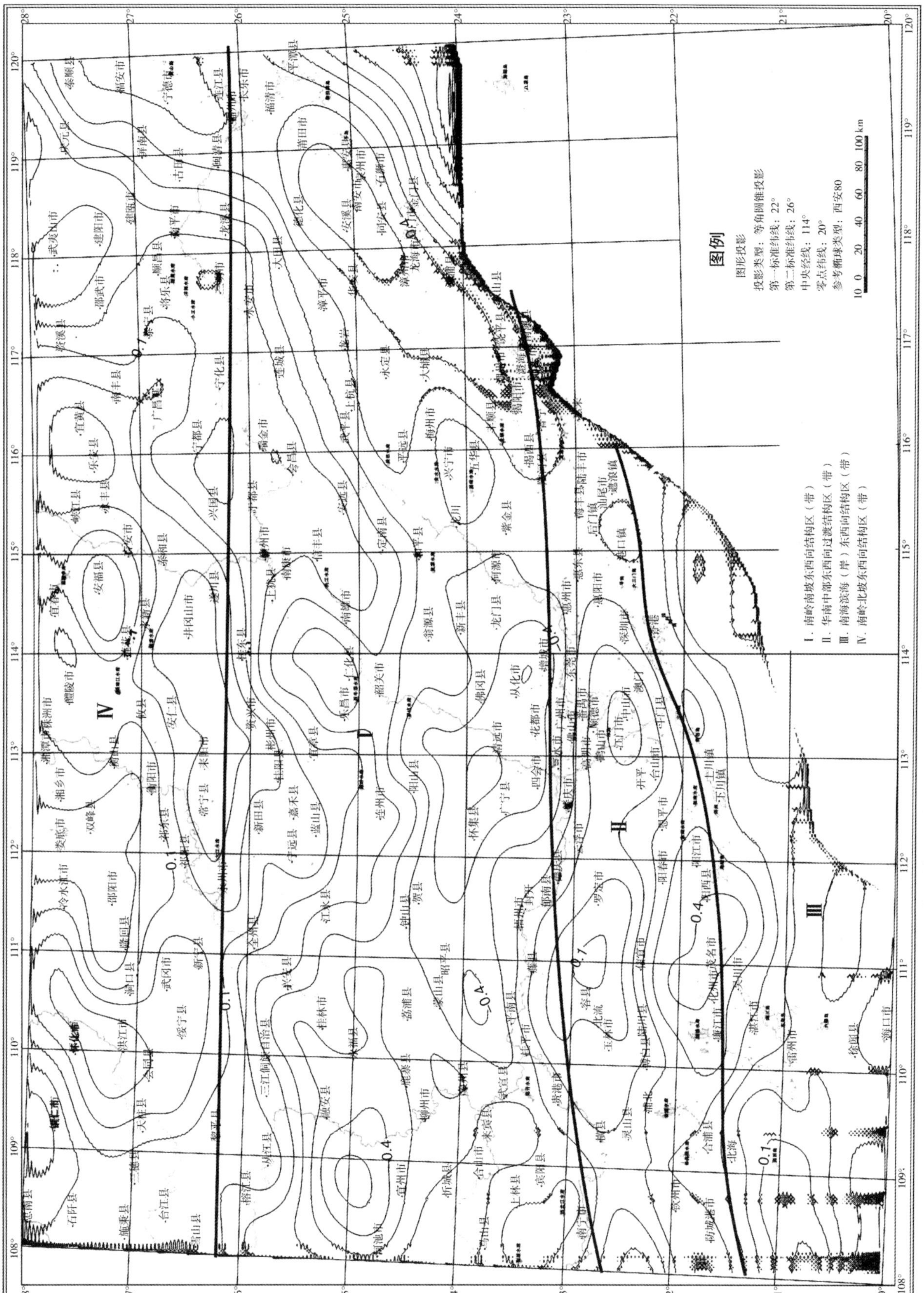

图7-2-2 华南地区布格重力异常上延40 km 0°一阶方向导数等值线和东西向结构分区

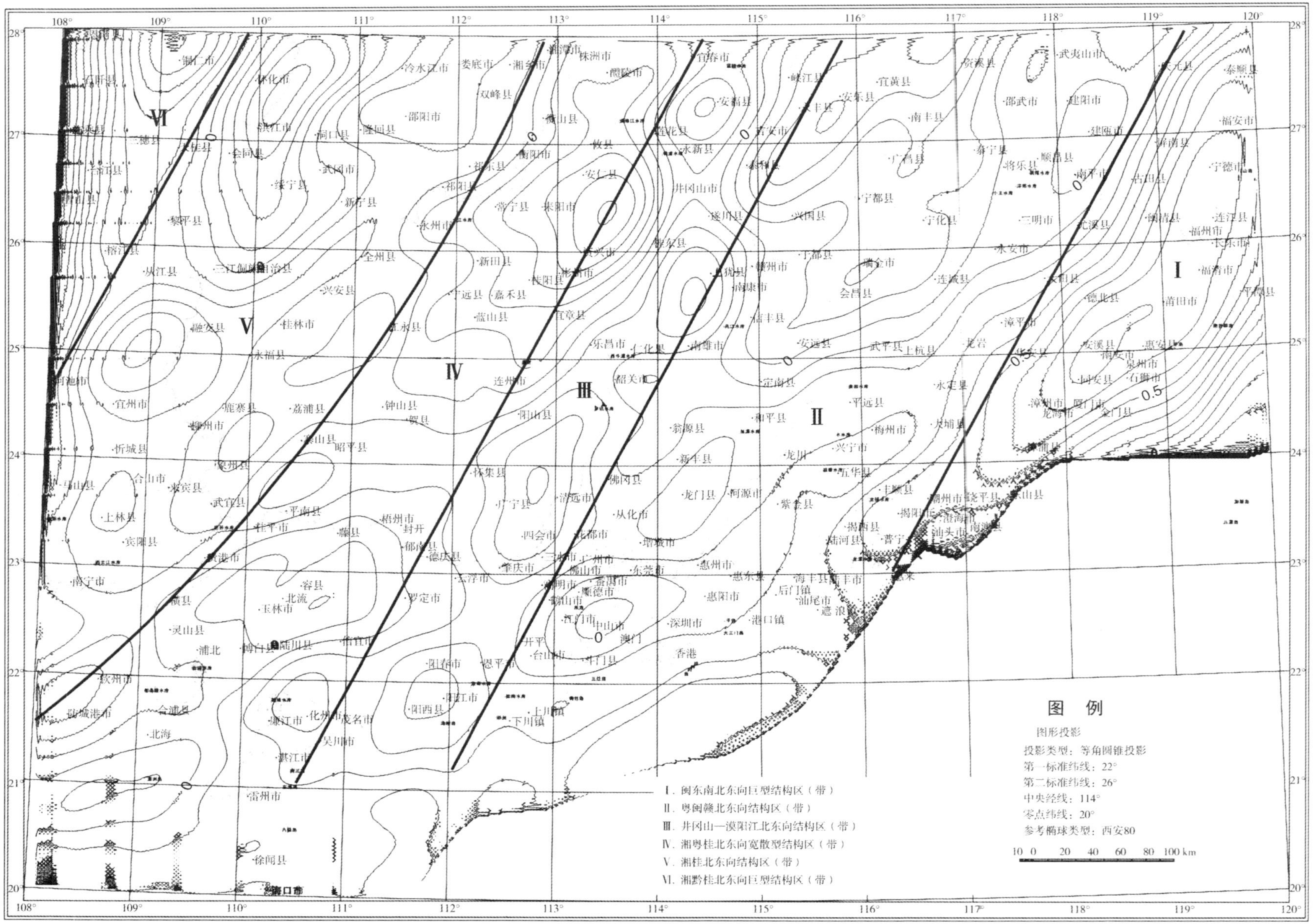

图7-2-3 华南地区布格重力异常上延40 km 135°一阶方向导数等值线和北东向结构分区

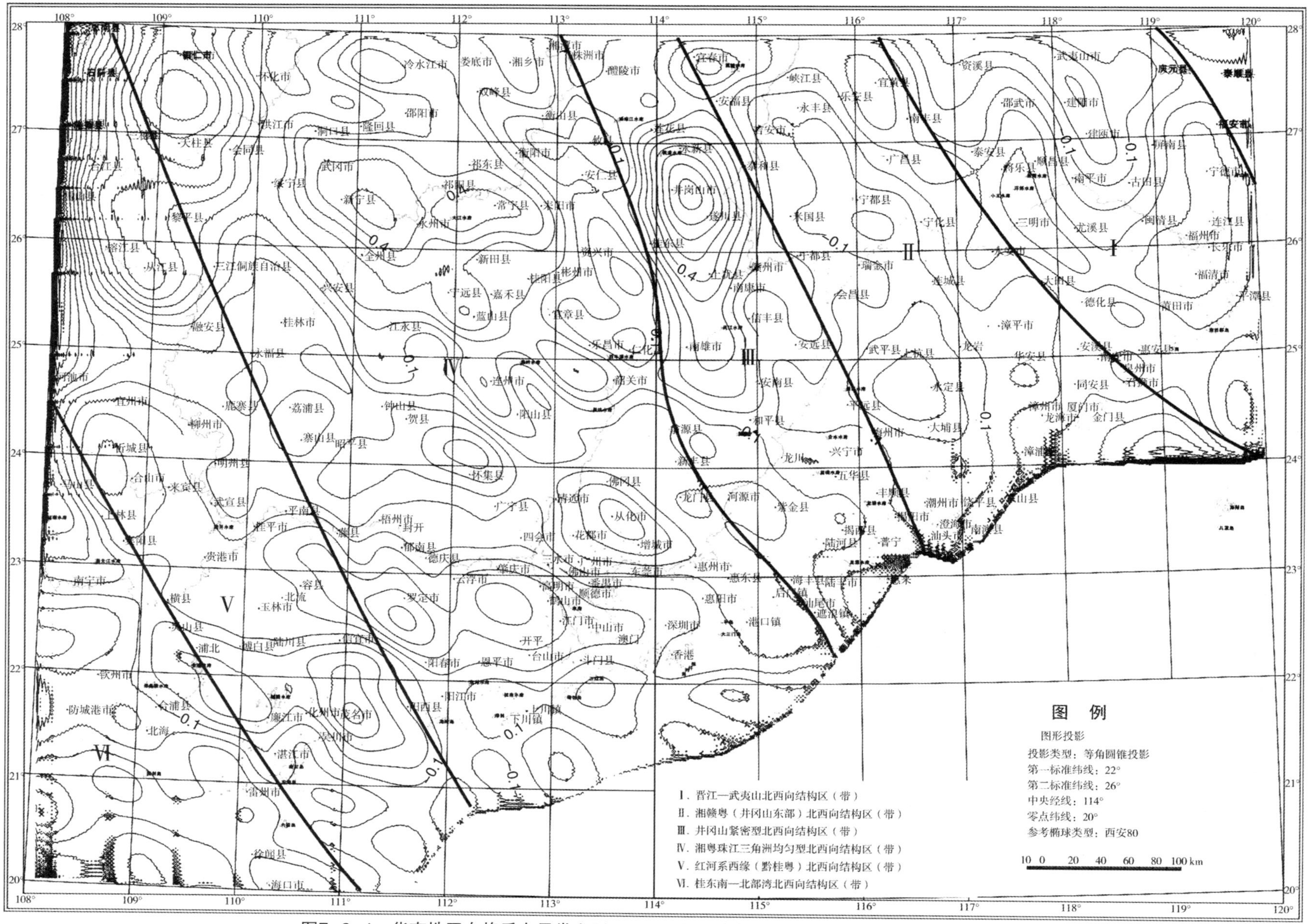

图7-2-4 华南地区布格重力异常上延30 km 45° 一阶方向导数等值线和北西向结构分区

7.3 粤闽赣交界地区深部断裂系统的重力资料解释

粤闽赣交界地区是华南地震活动最强和最活跃的地区，历史记载曾发生过4次Ms≥7级大震，其中1604年泉州海外7.5级地震，有些学者认为震级应是8级[67-69, 79]。很遗憾的是，这些地震震中处于近海，缺乏完整的大比例尺重力图资料（据报道，国家现正在进行航空重力测量），无法对这几个Ms≥7级强震震中区开展资料处理，期盼后来者将来有机会补上这一工作，对华南强震构造的深部断裂系统以及一系列构造动力学问题将是很大的贡献。

粤闽赣交界地区范围是：北纬23°～26°、东经114.5°～120°，地理位置西邻珠江三角洲地区，东至台湾海峡，北界大体在南岭南坡北缘（F1.1以南），南抵南海滨海（岸）地带（图7-3-1）。

由上可知，这个范围确定既有地理、地质上的概念，也有地震活动的概念。此范围以西的珠江三江角洲地区（陆地）和北邻的南岭北坡地区没有Ms≥6级地震的记载，地震活动频度相对较低。本区则是华南Ms≥6级地震活动最集中的地区，Ms≥7级地震也是最多的地区，可作为华南的一个相对独立的地震活动统计单元。下面就本区深部断裂系统逐条断裂解释。

7.3.1 近东西向断裂

本区近东西向断裂有两个带（系），一是F1南岭南坡断裂带（系），二是F2华南中部断裂带（系）。

7.3.1.1 F1南岭南坡断裂带（系）

顾名思义，本断裂带（系）分布于南岭南坡地带，是一条很宽阔的巨型断裂带（系），地理位置大体在广东乐昌坪石一带为标志地以南地带，大体在北纬24°～26°，向东可能跨过台湾海峡，向西经闽、赣、粤、桂4省区，还有往西延伸的态势，分布在本区的是其东段（图7-1-1和附图Ⅴ），有5条大体平行的分断裂（图7-3-1）。

（1）F1.1会昌—福清断裂

位于华南F1.1河池—乐昌—福清断裂的东段，各种方法成果图上都有较好的反映，以0°一阶方向导数图反映最清楚，上延20 km、30 km，断裂呈北东东向宽疏梯度带结构，会昌以西有一小段北东向等值线（F6.1）间隔外，全断裂基本上连成一线。在大田以东逼着F5.1、F4.3等值线同步向东拐弯呈近东西向，表明对北东向断裂的强烈切割（图7-3-12和图7-3-13）。在上延10 km以浅，则与北西向、北东向断裂相互间（切）断，断断续续，但东西向带性方向和结构均清楚（图7-3-9至图7-3-11）。上延40 km，等值线畸形，不应是本断裂反映（图7-3-14），说明断裂切割深度为30 km。

有一个现象特别值得关注，本断裂在东端明显切入巨型的北东向F4闽东南梯度带内，不限于0°一阶方向导数图，在许多成果图上都有明显的反映，最说明问题的是135°一阶方向导数图，上延20 km、30 km，同样自大田以东，北东向梯度带明显同步向东拐弯为东西向（图7-3-24和图7-3-25），而0°一阶方向导数图上，上述北东向梯度带、等值线基本上为东西向等值线带取代，北东向梯度带结构荡然无存。这一现象在其他方向（90°例外）一阶导数图，二阶导数图，小波分析一、二、三、四阶图，即使局部重力图都存在同样现象，充分反映了本断裂不仅存在，且强势切入F4梯度带内，应说明它较北东向断裂活动期新而强。以往资料文献很少提到这一问题。

（2）F1.2龙南—莆田断裂

本断裂是华南F1.2荔浦—韶关—莆田断裂带的东段，在各种成果图上均有反映，以0°一阶方向导数图连续性最好，上延30 km、40 km，宽疏梯度带或同步拐弯带自龙南至莆田无间断（图7-3-13和图7-3-14），断裂深度应判释为>30 km。往东断裂可通至平潭，但只在上延10 km以浅有表现（图7-3-10和图7-3-15），这一段深度不超过10 km。

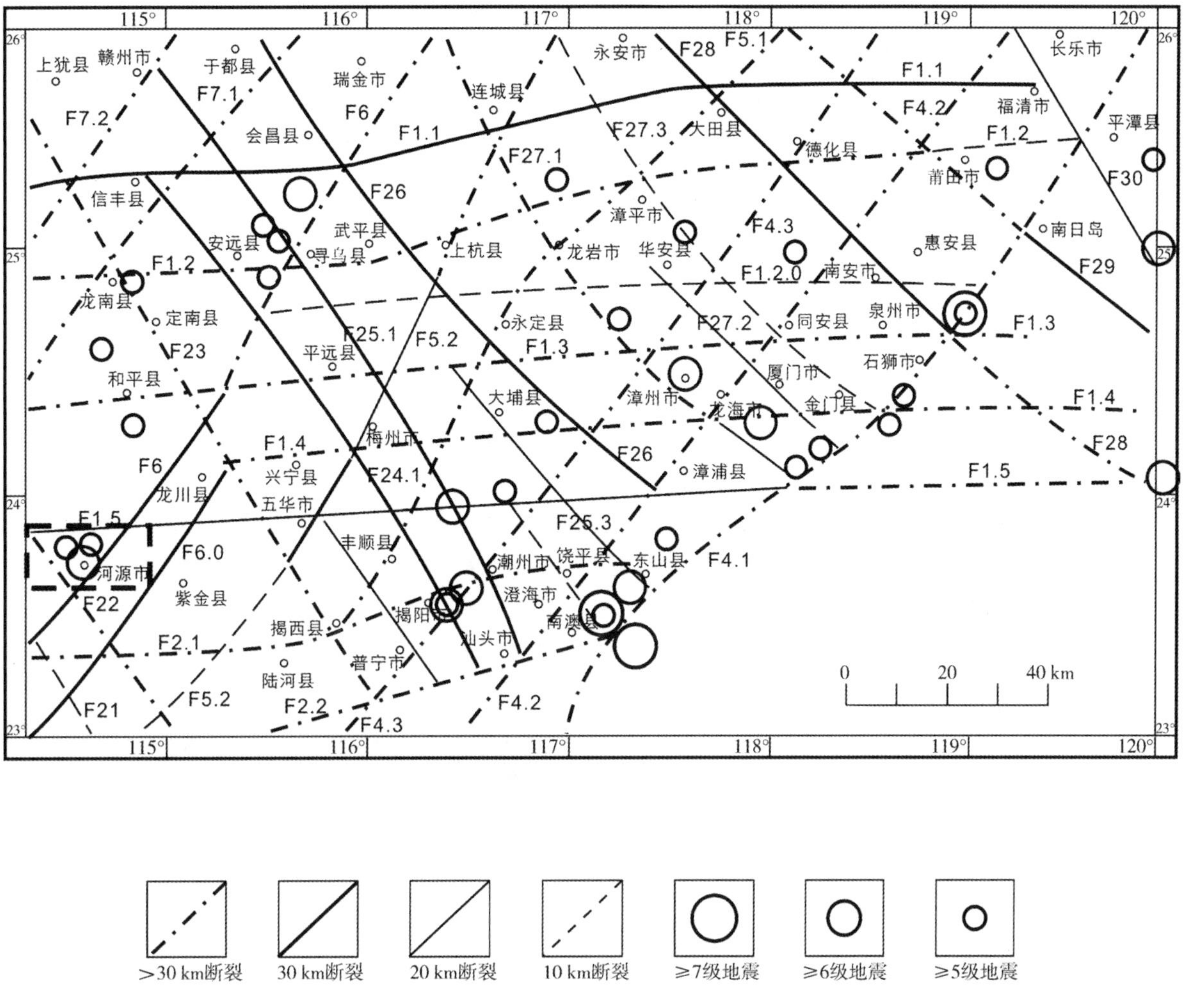

F1.1．会昌—福清断裂　F1.2．龙南—莆田断裂　F1.2.0．南安—华安断裂　F1.3．泉州—平远断裂　F1.4．金门—梅州断裂　F1.5．漳浦—河源断裂　F2.1．东山—揭阳断裂　F2.2．南澳—海丰断裂　F4.1．平潭—滨海断裂　F4.2．长乐—汕头断裂　F4.3．德化—潮州断裂　F5.1．大田—大埔断裂　F5.2．连城—五华断裂　F6．寻乌—河源断裂　F6.0．龙川—紫金断裂　F7.1．信丰—龙南断裂　F7.2．赣州—南雄断裂　F21．惠州断裂　F22．河源—海丰断裂　F23．龙南—揭西断裂　F24.0．五华—普宁断裂　F24.1．丰顺—揭阳断裂　F25.1．寻乌—汕头断裂　F25.2．饶平—南澳断裂　F25.3．大埔—东山断裂　F26．会昌—漳浦断裂　F27.1．连城—漳州断裂　F27.2．厦门—华安断裂　F27.3．金门—漳平断裂　F28．永安—晋江断裂　F29．莆田—南日岛断裂　F30．福州—福清断裂

图7–3–1　粤闽赣交界地区深部断裂系统与强震分布

同样，该断裂也切入了F4巨型北东向梯度带内，这在原张布格重力图上就清楚看到，德化—莆田段本来是整齐的北东向梯度带，硬是被同步拐弯为近东西向（图7–3–4至图7–3–5）。135°一阶方向导数图上从浅部到深部都见到该断裂横过了F4梯度带（图7–3–21至图7–3–32），甚至北东向梯度带被压缩到F4.1（图7–3–23至图7–3–25），即使90°一阶方向导数图也有一定程度的表现（图7–3–45至图7–3–50），局步重力图反映很清楚（图7–3–85），可见断裂信息强大。

该断裂南侧还存在一条次一级F1.2.0南安—华安断裂，深度浅，10 km以内。许多图上均有反映，它的重要性在于其东端恰好位于泉州海外7.5级地震震中区之北缘（图7–3–1）。它的规模和活动性应等同于F1（更亲近F1.2、F1.3），同属一个重力结构带内的断裂。

（3）F1.3泉州—平远断裂

该断裂是华南F1.3马山—和平—石狮断裂带的东段（附图Ⅴ和图7–1–1），自广东和平县进入区内，经平远、同安、泉州南、石狮以东海域，可能是泉州海外7.5级地震震中区的一条断裂带。遗憾的是，海域中缺乏完整的1：100万或更大的比例尺的重力测量资料。

该断裂在各类图上反映较好，图形多种多样，如近东西向梯度带、等值线带、串珠状、同步拐弯带等，在同安—石狮一带主要反映为F4北东向梯度带被强行拐弯为北东东向，0°一阶方向导数最典型，从浅部至深部≥30 km均具此特征（图7-3-9至图7-3-14）。如前一样，135°一阶方向导数图也不例外，总梯度模图反映该断裂很整齐（图7-3-71至图7-3-73）。上延10 km以浅的0°一阶方向导数图还反映该断裂切过F4.1，向西达到台湾海峡中部。

（4）F1.4金门—梅州断裂

这是一条只发育在区内的断裂，西起广东兴宁以西，止于北西向F23断裂，向东经梅州、大埔南、漳州南、龙海南和金门南，到达台湾海峡。

该断裂在0°一阶方向导数图上延10 km以浅，断断续续和连接性差，带性结构不强。上延20 km以高，带性结构完整，与F1.3一致，其西部与之平行共同组成东西向长弧形等值线带，东部将F4北东向梯度带同步拐弯成北东东向，力度较大，形似F1.3的底板，并穿过F4.1到达台湾海峡。图7-3-13和图7-3-14更典型（上延30 km、40 km图），F4.1背后（东部）如同坐椅的靠背，底座是被F1.3、F1.4组成的东西向同步拐弯带形成的。从这种深部断裂系统图结构考虑，作者大胆推测，1604年泉州海外7.5级地震震中位置南移至F1.3与F4.1相汇部位或更为合理。深＞30 km的北西向F28断裂恰恰也从这一相汇区域通过（详后）。

135°一阶方向导数图对该断裂反映也很好，特别是F4同步拐弯成北东东向这一段与0°一阶方向图基本一致，证明近东西向断裂切入北东向断裂铁的事实。

其他各类图件对本断裂均有一定程度的反映，尤其是总梯度模图、局部重力图反映佳，深度都＞30 km。

（5）F1.5漳浦—河源断裂

该断裂是南岭南坡断裂带（系）一条很特殊的断裂。从地理和地貌位置来说，它居近南岭南坡的中心地带（附图Ⅴ和图7-1-2），即位于乐昌一线（F1.1，与南岭北坡交界带）与花都一线（F2.1，与珠江三角洲平原地区交界，如将F2.1定为F1.6也无可非议）之间。从地质构造上说，原张布格重力图上反映它的北部构造较复杂，重力等值线方向比较多变，其南部以东西向为主，它可能是构造的重要区界断裂。从深度上来说，却一反常态，始于西部广西上林，经象州及广东怀集、佛冈、河源、五华至福建漳浦，全线深度只有20 km，在华南东西向主干断裂中独一无二，有些令人意外。在漳浦以东进入台湾海峡，深度突变，＞30 km。

从布格重力图（图7-3-2至图7-3-8），0°（图7-3-9至图7-3-14）、135°（图7-3-24至图7-3-26）一阶方向导数图上都可看到，F4北东向巨型梯度带在漳浦处变“薄”，等值线依次转为近东西向梯度带或等值线带被截断，明显地反映了近东西向断裂在这一断裂以南更发育、活跃，是东南沿海构造自北东向转为近东西向的开始地段，形似靠椅的底座板区域。未经资料系统处理的原张布格重力图随着上延增高（图7-3-2至图7-3-8），北东向等值线由北东向渐转为北东东向、东西向的弧形图像。有些学者可能以此为根据而产生不同的认识，有的认为北东向转北东东向是自然转向的同一条断裂，用北东-北东东向断裂形式表示，有的学者认为是北东向断裂与东西向断裂复合构造的反映。经过本次华南重力资料系统处理后，作者的观点更明确：北东向和北东东向断裂是两组动力学性质完全不同的断裂体系，前文已有较多阐述，后文还将进一步论证、分析，因为这是一个涉及面很广的、重要的学术思想问题。

漳浦往东是台湾海峡，重力资料不完整，但根据大多数图形推测，如图7-3-4至图7-3-9、图7-3-14、图7-3-21至图7-3-26、图7-3-33至图7-3-38、图7-3-46至图7-3-50、图7-3-57至图7-3-62、图7-3-69至图7-3-74、图7-3-76、图7-3-77、图7-3-86。本断裂继续向东延伸，且深＞

30 km，或可成立的。

概括前述5条南岭南坡断裂带（系）的突出的共同特征是，它们都切割了巨型北东向F4闽东南长乐—南澳断裂带（系），且明显地表达了右旋力学性质。

7.3.1.2 F2 华南中部断裂带（系）

位于华南东西向断裂带（系）中部地带，北为F1南岭南坡断裂带（系），南为F3滨海断裂带（系）。北界以四会—花都—增城为中心地带，向西延至南宁以西，向东延至饶平—东山以东的台湾海峡。南界以五桂山北麓为中心，向西延伸至钦州以西，向东伸至惠来以东的台湾海峡。大体在北纬22°～23°，北东东向展布，含3条近东西向断裂，本区只分布F2.1、F2.2两条，处其东段（附图Ⅴ、图7–1–1和图7–3–1）。

（1）F2.1东山—揭阳断裂

本断裂是华南F2.1南宁—花都—东山断裂带的东段，前文已述，F2.1其实是F1南岭南坡断裂的南界断裂，将它列入F1系列也是可以的，现将它列入华南中部断裂带系（F2），无论重力场还是地理地貌，它都是一条分界断裂。它是重力场正负梯度带分界带，以中段珠江三角洲地区为代表，断裂南部是著名的广州重力高地区。地貌上，南岭南坡山地基本上在该断裂以北，以南是珠江三角洲平原，而本断裂基本上也是本区韩江三角洲的北界断裂，这不是巧合，或与新构造活动有关。由布格重力图上可见（图7–3–2至图7–3–8），本断裂的东西向等值线跟随F1.5平行分布，乃F4北东向梯度带同步拐弯而成，继续保持前面近东西向断裂特征。0°一阶方向导数图（图7–3–9至图7–3–14）中，几乎全为近东西向等值线分布带，F4北东向梯度带被挤到靠近东山海滨留下很窄的空间，可见，越往南近东西向发育越强大。135°一阶方向导数图对本断裂反映与0°一阶方向导数图几乎一致，其他各种方法图件对本断裂反映均较好，如总梯度模图（图7–3–73）、小波分析四阶逼近图（图7–3–79）等，深度为40 km。该断裂自东山往西经过饶平、潮州和揭阳一带，是地震活跃带，曾发生多次5级和6级地震，至今小震仍频繁活动。

（2）F2.2南澳—海丰断裂

本断裂在区内只有一小段，位于华南F2.2灵山—广州—南澳断裂带的东端。它的各种重力图形反映与F2.1大体一致，深度为40 km，不必多述。不过这条断裂在地震活动上很重要，东端南澳地区曾发生过两次Ms≥7级地震和许多6级地震，F2.1与F2.2间的北西向F24以东，F25以西，4条断裂所围限的一个小区域，即潮汕—南澳地区，是粤闽赣交界地区，也是华南地区地震活动最强的区域。

从华南F2全断裂带来说，F2.2也是地震最活跃的一条断裂带，除本断裂带（东段）外，中段珠江三角洲地区的广州、肇庆和云浮，西段罗定、容县、玉林和灵山等地都发生过Ms≥5级地震，其中灵山地区还发过6.8级地震，是华南内陆最强的一次地震（附图Ⅴ和图7–1–1）。

7.3.2 北东向断裂带

北东向断裂带是本区地表出露规模最大、最显目的断裂带。华南地区北东向断裂带自东至西涉及本区的有：F4长乐—南澳断裂带、F5政和—海丰（莲花山）断裂带、F6寻乌—河源断裂带、F7广昌—广州—阳江断裂带。

7.3.2.1 F4长乐—南澳断裂带

这是非常著名的一条断裂带（系）。本断裂带在前人文献资料中有许多名称，如泉汕断裂带、长乐—诏安断裂带、平潭—南澳断裂带等，总体认识基本一致，但具体展布范围、支断裂划分还存在一些差异。

在华南布格重力异常等值线图（附图Ⅳ、图7–1–2和图7–3–2）上明显地看到，它为一宽阔、紧密和巨大的梯度带，呈北北东向，主要展布在闽东南地区。东界在平潭—南日岛一线以西，据梯度带延伸趋势，可能至兄弟屿东侧一带（图外，已无海域重力测量资料），这应是一条东部边界断裂，称之为平潭—滨海断裂带（F4.1），是否延伸至兄弟屿以南，尚待更多资料证实。据一些文献资料，在兄弟屿—澎湖列岛一线，存在近东西向重力等值线带。

梯度带西侧边界在泰顺—闽清—德化一线，往南多处受到近东西向等值线阻挠，在潮州北—揭阳—普宁—惠来一线有北东向等值线带呼应，这条北东向边界带称为闽清—潮州断裂（F4.3）。

在梯度带中部存在一条正负重力值分界带（即0值线带），大体沿长乐—莆田—泉州—龙海—漳浦—饶平—南澳一线展布，称之为长乐—汕头断裂带（F4.2），福建多称之为长乐—诏安断裂带。

概括来说，断裂带可分为大体平行的3条断裂：平潭—滨海断裂（F4.1）、长乐—汕头断裂（F4.2）和德化—潮州断裂（F4.3）。在这一巨型北北东向重力梯度带内部，还存在一些平行的小一些规模的支断裂。该断裂带（系）绝大部分展布在本区范围内。

该巨大重力梯度带，在德化—莆田、南安—泉州、云霄—漳浦、潮州—饶平等地段存在等值线同步拐弯为近东西向（北东东向）带，应是前述南岭南坡断裂带系（F1）汇入或切入有关。这在前文东西向断裂带解释中已有阐述。

长乐—汕头断裂带（F4.2）是华南规模最大的断裂带（系）。又因为沿带分布着许多强震，其中Ms≥7级地震3次，还有众多的5级、6级地震，所以是学者们和地方政府部门很关注的一条断裂带。

7.3.2.2 F4.1平潭—滨海断裂

它是F4的东界断裂，往东是台湾海峡北东向梯度带，绝大多数成果图类均有显示，为重力高带，最高值在平潭—南日岛段，达40×10^{5} m/s^{2}，也是华南最高值。上延40 km图形仍十分清晰。断裂北起平潭以北，往南从东山、南澳岛东部海域通过。135°一阶方向导数图反映最完整（图7-3-24至图7-3-26）。区内Ms≥7级地震全部分布在该断裂带附近。

7.3.2.3 F4.2长乐—汕头断裂

它是F4北东向梯度带重力值正负分界带，东部F4.1重力高带，西部是F4.3负重力带。区内北起长乐，往西南经泉州西、厦门西、龙海、漳浦进入广东境内的饶平、南澳和汕头一带入海。大多数图类上延40 km均有明显图形反映。

7.3.2.4 F4.3德化—潮州断裂

它是F4北东向梯度带的西界，自福建闽清南进入区内，经德化、漳州西及广东潮州、揭阳、普宁，再往南出区外，可能在滨海断裂带（F3.3）被截断（附图Ⅴ和图7-1-2）。此断裂梯度带以西，北东向等值线渐次稀疏，结构松散，如图7-3-2至图7-3-8、图7-3-21至图7-3-26、图7-3-78至图7-3-79等，同样，本断裂梯度带上延40 km，各类图形迹依然清楚。

总之，本断裂带规模巨大，重力结构完整，且是正负重力异常组合一体的北东向梯度带。深度均达40 km，宏观上是华南的一个强震分布集中地带。

7.3.2.5 F5政和—海丰（莲花山）断裂

依照地质资料，本断裂带北起浙江政和以北，经福建建瓯、南平、尤溪、漳平、南靖和永定入广东省境内，分为2支，东支经由大埔、丰顺、揭西、海丰延入南海，西支由大埔经五华、惠东和深圳延入南海，甚至还有文献资料认为，断裂自深圳北东东转向延至上、下川岛一带。

但原张布格重力图和经系统资料处理后的成果图与上述地质文献资料稍有差异。该断裂确实可划分为2条支断裂（附图Ⅴ，图7-1-1中的F5.1、F5.2），却不是从广东大埔开始分支的，根据重力结构，大埔以北进入华南区内就是大体平行的2条断裂，其重力结构是同一体系。原张布格重力图（附图Ⅳ、图7-1-2和图7-3-2）自F4巨型北东向梯度带以西，庆元—建瓯—尤溪—大田—漳平—永定—大埔—丰顺—揭西—陆丰—汕尾一线与武夷山以东将乐—连城—上杭—梅州—五华—

惠东—深圳—香港一线，两线（带）间组成一个大体围限的，宽疏弯曲，时而有北西向、东西向等值线（带）间断的重力结构体。这就是F5的重力结构体，两侧的边界即解释为F5.1大田—大埔断裂、F5.2连城—五华断裂（图7-3-1）。它们最南端均被滨海（岸）北东东向梯度带（断裂）截断。

莲花山断裂带（广东名称）在地质史上是一条有过激烈活动的、具有很重要地质意义的断裂带，但新构造活动不太强，运动形式也有所变化（详后）。

从原张布格重力图上看到，F4巨型北东向梯度带以西等值线骤然散乱、宽疏，北东向等值线只是在某些段落断断续续存在，上延越高，反映程度越低，说明重力场的区域影响力不大。

135°一阶方向导数图对本断裂反映清楚，从基础图渐次上延至30 km、40 km，初始虽然等值线零乱，但北东向带性整齐清楚，上延愈高，梯度带形态愈好（图7-3-21至图7-3-26）。F5.1等值线或梯度带的反映比F5.2整齐，连续性强，F5.1上延40 km梯度带自大田至揭西梯度带很整齐，而F5.2梯度带单薄，上延40 km等值线图上只有连城至上杭段有表现（图7-3-25和图7-3-26），故F5.1大田—揭西段可定为40 km深度，F5.2只有连城—上杭段能确定40 km深度，南段只能定是30 km深度。灰度图反映与等值线图基本一致，北东向灰黑带状明显，越浅反差越大，越深越灰暗，只有揭西一小段反差大，乃断裂强弱的表现程度。

其他各类成果图对该断裂也都有一定程度的反映，90°一阶方向导数图、总梯度模图、局部重力图反映更好。

在各类成果图上同样存在本断裂北东向等值线向东同步拐弯为北东东向和受到近东西向等值线（断裂）的间隔，都反映了近东西向断裂切割本断裂的事实，在上延10 km以浅图中，也可见到本断裂与近东西向断裂互相间隔的现象，但近东西向断裂间隔（断）本断裂的频度更多一些。

7.3.2.6　F6寻乌—河源断裂

地质文献资料中华南F6邵武—河源断裂是一条著名的深大断裂（附图Ⅴ和图7-1-1），在该断裂的会昌、寻乌、河源等地附近发生过多次5级和2次6级地震，有文献资料冠名为邵武—河源地震断裂带。断裂北起邵武以北，经泰宁、瑞金、会昌、寻乌、龙川、河源、惠州、中山、斗门和广海湾，往南为北东东向滨海（岸）断裂带截断。其南段河源—广海湾在第一编中已有详细阐述。本区该断裂处其中段：瑞金—会昌—寻乌—河源段（图7-3-1）。

本断裂在各种重力图上反映都不是太好，结构较松散，即使135°一阶方向导数图也是如此，只有局部重力异常图（图7-3-85）反映相对较完整，但各图均有不同程度、不同段落的反映，特别是瑞金—会昌段，一致的反映>30 km深度。135°一阶方向导数图，断断续续（为近东西向等值线带间隔），可反映达30 km（图7-3-25）。相对灰度图结构较好，条带较整齐（图7-3-31）。综合分析，瑞金—寻乌段定为>30 km，以南至河源段定为30 km深度。

据各成果图解释，本主断裂东侧还存在一条次一级的F6.0龙川—紫金断裂，深度30 km。

7.3.2.7　F7广昌—广州—阳江断裂

该断裂在本区西北角经过，有2条平行的分断裂（附图Ⅴ、图7-1-1和图7-3-1），东支F7.1广昌—广州—开平断裂，西支F7.2断裂，F7.1断裂北东向自江西资溪入华南境内（北纬28°），经南丰、宁都进入本区于都、信丰和龙南，然后出本区入广东新丰南，就是第一编所述的珠江三角洲地区了，经从化、广州、开平、金鸡，于镇海湾东侧入海，为北东东向滨海断裂带（F3.6）截断。西支自江西宜黄入境内，经兴国入本区赣州，过广东南雄，在佛冈进入珠江三角洲研究区范围，往南西经花都、高明、恩平和阳江，于海陵岛西侧一带入海，为北东东向F3.3滨海（岸）断裂带截断。

该断裂称广州—恩平断裂（图4-1-1），在广东境内很著名，是珠江三角洲研究区规模最大和切割最深的一条断裂，第一编已有详述。

在本区西北角经过的2条分断裂为F7.1信丰—龙南断裂、F7.2赣州—南雄断裂（图7–3–1），虽然过境段不长，但各类成果图上都有一定程度的反映，围限成北东向重力场结构。在龙南附近明显与近东西向断裂（F1.2）和北西向断裂（F23）交汇、切割。在原张布格重力图（图7–3–2）上，即使135°一阶方向导数图上都显示很清楚（图7–3–21至图7–3–26），局部重力异常图（图7–3–85）也有明确的反映。龙南地区1983年曾发生5级地震，或与这种断裂结构有关。

各种图上反映本区这两条分断裂切割深度均可达40 km。

7.3.3 北西向断裂

北西向断裂是华南地区乃至本区分布最密集的一组断裂（系），华南主干断裂（系）除去南岭北坡2条东西向断裂外，共计有31条。其中，东西向断裂3条（含13条分断裂），北东向断裂9条（含16条分断裂），北西向断裂19条（含33条分断裂），占总断裂（系）60%以上。如果按具体分断裂数计，3组断裂共计60条，北西向分断裂也占53%以上。还有些北西向10 km左右的断裂因密度太大，图面负担太重而被删去，而未计在内（如潮汕平原地区）。就本区而言，东西向断裂2条（含7条分断裂），北东向断裂4条（含分断裂7条），北西向断裂11条（含分断裂16条），共计17条，按实际分断裂计，3组断裂共计30条，北西向分断裂占56%以上。可见北西向断裂分布密度远远高于东西向、北东向断裂（附图Ⅴ、图7–1–1和图7–3–1）。

往常地质文献资料对华南地区北西向断裂的描述大多数是：规模小，距离短，分布断断续续。从本次华南地区重力资料系统处理结果看，尤其是往北扩大了2°（纬度），增广了视野，认识上有所改变。从断裂规模而言，它确实不如北东向F4、F7、F8，东西向F1、F3那样巨大，但并不比其他东西向、北东向断裂逊色，如F13、F14、F25、F27、F28，规模也是可观的，重力结构也很完整，长度并不亚于东西向、北西向断裂。其他北西向断裂也是如此，普遍结构比较好、条带性清楚，它们不仅不短，北西向向山区延伸很远，都是有“根”的，可证明李祖武《中国东部北西向构造》一书[70]关于华南北西向断裂某些示意性图和某些论述的确定性。

7.3.3.1 F21惠州断裂

位于本区南东角，只有一小段，是华南F21佛冈—惠州断裂的南东末段。大部分展布在珠江三角洲研究区范围内，在第一编已有详述。它往东南延伸不远，即为F3.1滨岸断裂带截断。

7.3.3.2 F22河源—海丰断裂

该断裂位于华南F22娄底—河源—海丰断裂带的东南尾段（附图Ⅴ、图7–1–1和图7–3–1）。后者自湖南娄底，经衡阳—耒阳—郴州进入广东境内韶关和翁源，然后到达本区河源—海丰，东南延入汕尾—遮浪红海湾东侧海域，全断裂重力带状结构良好，深度均>30 km。在汕尾—红海湾东侧一带明显间断了北东向F4.3断裂，使F3北东东向滨海重力高带骤然大转折呈北北东向F4高重力带，所以本断裂具有重力场分界带重要意义，也是将它作为本区西部边界带的依据（图7–1–2）。该断裂往北延伸的郴州—娄底以北段，恰与湖南的一条北西向小震带相对应。

河源—海丰断裂（F22）分布于本区西南角，延伸不长，在大多数成果图上有反映，有北西向等值线带、北西向同步弯曲等图形。灰度图有北西向黑色条带、斜列带和断头带等图像。小波分析四阶细节图反映最典型（图7–3–83）。该断裂或通过河源6.2级地震、红海湾6级地震震源区。

7.3.3.3 F23龙南—揭西断裂

本断裂是华南F23株洲—龙南—揭西断裂的南段（附图Ⅴ、图7–1–1和图7–3–1），后者北起湖南株洲以北，往南东经攸县和桂东，从北西向巨型井冈山重力结构体西侧通过，由江西犹县西进入本区，过龙南、定南，广东五华西、揭西，到达惠来。断裂遇东西向断裂时常有间断，但总体北西向带状结构明朗，全断裂深度均>30 km。

本区龙南—揭西断裂，在各类成果图上都有一定程度的反映，即使135°一阶方向导数图也反映较好（图7-3-22至图7-3-25），其中图7-3-22至图7-3-24呈半羽毛状图形，图7-3-28至图7-3-31中，北东向影带断头呈北西向断头带，指示北西向断裂强势切断北东向断裂。45°一阶方向导数图无论是等值线还是灰度图自然最清楚（图7-3-34和图7-3-44），小波分析四阶细节图（图7-3-83）上所示的北西向浓粗黑色条带一目了然，局部重力等值线图中北西向等值线同步拐弯，整齐划一，说明本断裂发育强势和完善。它与东西向断裂相汇时，互有间断现象，大多数图上都可以见到。在本区内龙南和五华等地发生过5级地震。

本断裂东南端或是第四纪潮汕平原（盆地）之西界断裂。

7.3.3.4 F24丰顺—揭阳断裂

断裂北起江西信丰，往南经梅州、丰顺、揭阳和牛田洋到汕头西与潮阳东间入海。广东地质文献资料称之为榕江断裂和牛田洋断裂，它是潮汕平原的一条很重要的断裂，实际上是井冈山重力结构体南延的支断裂，在华南布格重力异常上延30 km，45°一阶方向导数图上反映很清楚。二阶导数图（图7-3-59、图7-3-63至图7-3-65）、总梯度模图（图7-3-69）均有一定程度的反映。综合分析，该断裂深度为30 km。

潮汕平原上尚有几条10 km左右的断裂：练江断裂、桑浦山断裂、炮台断裂等（图7-3-35、图7-3-41、图7-3-63至图7-3-65、图7-3-75）。由于图面负担太重，未在综合图（图7-3-1）中反映出来。

7.3.3.5 F25寻乌—汕头断裂

该断裂位于华南F25永新—寻乌—汕头断裂的中南段（附图Ⅴ、图7-1-1和图7-3-1），往北为南岭北坡F02间断，再往北，莲花东，醴陵东，东经114°以西似有北西向等值线带呼应，是通过井冈山核心之陡峻东坡的一条断裂，在永新—遂川段北西向梯度带急陡，进入本区赣州境内重力结构渐趋松散，经安远—平远、梅州，通向潮汕平原的潮州、澄海，至汕头东和南澳西。在广东潮汕地区常称韩江断裂，乃第四纪潮汕盆地的东界主干断裂。45°一阶方向导数图（图7-3-34、图7-3-41至图7-3-43）带性结构清楚，其他许多图上均有一定程度的反映，如0°、90°一阶方向导数图、二阶方向导数图，小波分析图，局部重力异常图等。其北西向等值线带常为近东西向带间断，但也时有间断东西向等值线带的现象，说明二者互有切割。这一现象在F23与F25之间，北纬24°以南的潮汕平原地区尤为清楚。

综合分析，全断裂深度为30 km，区外井冈山段或可判读为40 km。

本断裂东侧还分布有2条平行分断裂，即F25.2饶平—南澳断裂，F25.3大埔—东山断裂，应属次一级断裂，许多图上均有一定程度的反映。

F24—F25与F2.1—F2.2以及F4三者所围限的小区域（潮汕—南澳区域）是华南地震最强区域，北段寻乌一带也是地震多发地区。

7.3.3.6 F26会昌—漳浦断裂

该断裂位于华南F26安福—会昌—漳浦断裂的中南段，从重力场结构分析，后者是井冈山北西向结构体东侧边界断裂带。北带安福—泰和—于都段紧依井冈山东缘梯度带，与F25永新—遂川—赣州段共同组成井冈山重力体东坡带，自此往东再未出现如此规模和陡急的北西向梯度带（图7-2-3）。所以，该断裂带是一条北西向结构类型的分界断裂带（井冈山重力结构带西界断裂是华南F22娄底—河源—海丰断裂带，将F22至F26所围限的井冈山北西向重力结构体为核心的重力带，可称之为井冈山北西向断裂带系）。区内该断裂自江西于都入境，经会昌、武平、永定和云霄止于漳浦西，似为近东西向F1.5断裂和北东向F4.1断裂阻断。断裂在各种方法成果图上都有一定程度的反映。原张布格重力图上就有较好的形迹（图7-3-2），上延30 km高度以浅45°一阶方向导数图（图7-3-33至图7-3-37、图7-3-39至图7-3-43）北西向带性很整齐。小波分析一阶至四阶细节图形表现也不亚于45° 一阶方向导数图（图7-3-80至图7-3-83）。

在许多成果图上，该断裂切割北东向断裂的图形，图像比比皆是，屡见不鲜，北东向断裂间隔（切过）本断裂现象也有，但很少。该断裂在遇到近东西向断裂时被间断现象很多，不只是在0° 一阶方向导数图上表现出来，在原张布格重力图、二阶方向导数图、总梯度模图、小波分析图、局部重力图等均有反映，即使45° 一阶方向导数图反映也很明显（图7-3-33至图7-3-37）。但间断近东西向断裂现象也常见，45° 一阶方向图则更多见。许多图在北西向等值线（断裂）遇到近东西向等值线时，一方面受间隔，另一方面东西向等值线被拖曳为北西西向同步转向，如图7-3-2至图7-3-5，标志该断裂的左旋力学性质。

本断裂带在与近东西向和北东向断裂交汇部位多处发生过5级地震。

7.3.3.7 F27.1连城—漳州断裂

该断裂是华南F27乐安—连城—漳州断裂带的中南段（附图Ⅴ、图7-1-1和图7-3-1），福建境内多称九龙江断裂。主断裂北起江西乐安以北（出图），往南经本区连城、龙岩、漳州西、龙海西和漳浦东，上延40 km 45° 一阶方向导数图上仍带性良好，区内本断裂除主断裂F27.1外，其东侧还有2条分断裂，F27.2厦门—华安断裂和F27.3金门—漳平断裂，其深度分别为20 km、10 km，它们应属同一北西向结构带（图7-3-33至图7-3-44）。

在其他许多成果图上对本断裂也有一定程度的反映，如0°、90° 一阶方向导数图、二阶方向导数图，总梯度模图，局部重力图等，尤以小波分析图反映最突出，带性强，连接性好，与近东西向、北西向断裂关系也易辨认解释，即切断北东向断裂，与近东西向断裂互相间断（切割）等现象很清楚（图7-3-75至图7-3-78、图7-3-80至图7-3-83），其中小波四阶灰度图（图7-3-83）更是直观。

这一组断裂也是强震比较集中的区带，尤其是漳州（F1.2.0）以南区域，发生过2次Ms≥6级地震和多次Ms≥5级地震。

7.3.3.8 F28永安—晋江断裂

该断裂是华南F28宜黄—永安—晋江断裂带的中南段（附图Ⅴ、图7-1-1和图7-3-1），后者北起江西宜黄以北（出图），往南经南丰，进入区内福建永安、大田、德化、安溪、泉州、晋江，直入台湾海峡。可能受阻于F1.5，在福建境内该断裂就是著名的晋江断裂。它在各类成果图均有一定程度的反映。带性结构强，45° 一阶方向导数图反映非常好，上延10 km以浅，反映出存在2条平行断裂，随着上延高度增加就成为一条主干断裂。它与F27、F29平行排列，界限标志很清楚（图7-3-33至图7-3-43）。小波分析四阶细节灰度图表现直观著目（图7-3-83）。

在通往台湾海峡的东部边界带时，明显受到北东向F4.1、东西向F1.2的间断（图7-3-33至图7-3-37、图7-3-46、图7-3-47、图7-3-51、图7-3-52、图7-3-75至图7-3-78、图7-3-80至图7-3-83、图7-3-85），可见北东向F4.1的活动性新而强。据45° 一阶方向导数图，F4.1以西者深30 km，以东的台湾海峡段深>30 km。

该断裂在泉州海外通过7.5级地震震源区。

7.3.3.9 F29莆田—南日岛断裂

该断裂是华南F29邵武—莆田—南日岛断裂的中南段，北起江西资溪以北（出图），南经福建邵武、顺昌和尤溪，进入区内仙游、莆田，受东西向F1.2阻间后，继续往南延伸至南日群岛以南，抵台湾海峡（附图Ⅴ、图7-1-1和图7-3-1）。是武夷山北西向重力结构带的西侧断裂，福建常称兴化湾断裂或笏石半岛东侧断裂。

该断裂在各类成果图上大都有一定程度的表现，在45° 一阶方向导数、二阶方向导数，小波分析各图上北西向带性结构反映最是良好。南日岛以北段上延40 km，北西向等值线整齐。断裂受到F4.1截断，未通达台湾海峡。

它与F28平行伸展，构成完好的带状结构（图7-3-33至图7-3-37），同样，进入台湾海峡边界时，受到F4.1、F1.2的间断（图7-3-37），F28、F29、F30北西向等值线结构带呈半羽状（图7-3-33至图7-3-35），在灰度图上则表现为北东向断头带（图7-3-42和图7-3-43），显示被北东向F4.1的强势切断。这一区域虽然无太多太强的强震历史记载（莆田附近有1次5级地震），但还是一个值得关注的地区，应加强新构造研究。

7.3.3.10 F30福州—福清断裂

本断裂是华南F30武夷山—福州—平潭断裂带的南段，它自武夷山以北（图外）入境，经古田东、闽清东、福州、长乐、福清和我平潭延伸至台湾海峡（附图Ⅴ、图7-1-1和图7-3-1）。乃武夷山北西向重力结构带的东侧断裂带，因为它在闽清、福州、长乐段与闽江下游河道大体一致，也有文献资料称之为闽江断裂。其实，在武夷山中部崇安、建阳、建瓯一线还有一条北西向闽江支流崇溪，也存在北西向重力梯度带，深度只有10 km，它已在区外，所以不予赘述。

这里有一个问题要说明：武夷山西南侧是著名的北东向F6邵武—河源断裂的起点，东北侧庆元、建瓯一带也是著名的北东向F5.1庆元—龙岩—海丰（莲花山）断裂带，北东向走向的武夷山被围限在两条北东向著名断裂之中，竟出现一个规模不小的北西向重力结构体，细观察山形地貌应大体也如此轮廓。武夷山是一个有名的风景区，容易引起读者误会，但是重力图上确是这般事实。

本断裂在区内分布不长（图7-3-1），各类成果图上都有一定程度的反映，福州以北段可达30 km深度，以南段即区内段则只有20 km深度。

7.3.3.11 F31庆元—福安断裂带

该断裂从华南地区西北角通过，是研究区外的一条断裂，路径也短，但在多类图上均有反映，深度可达30 km（附图Ⅴ和图7-1-1）。

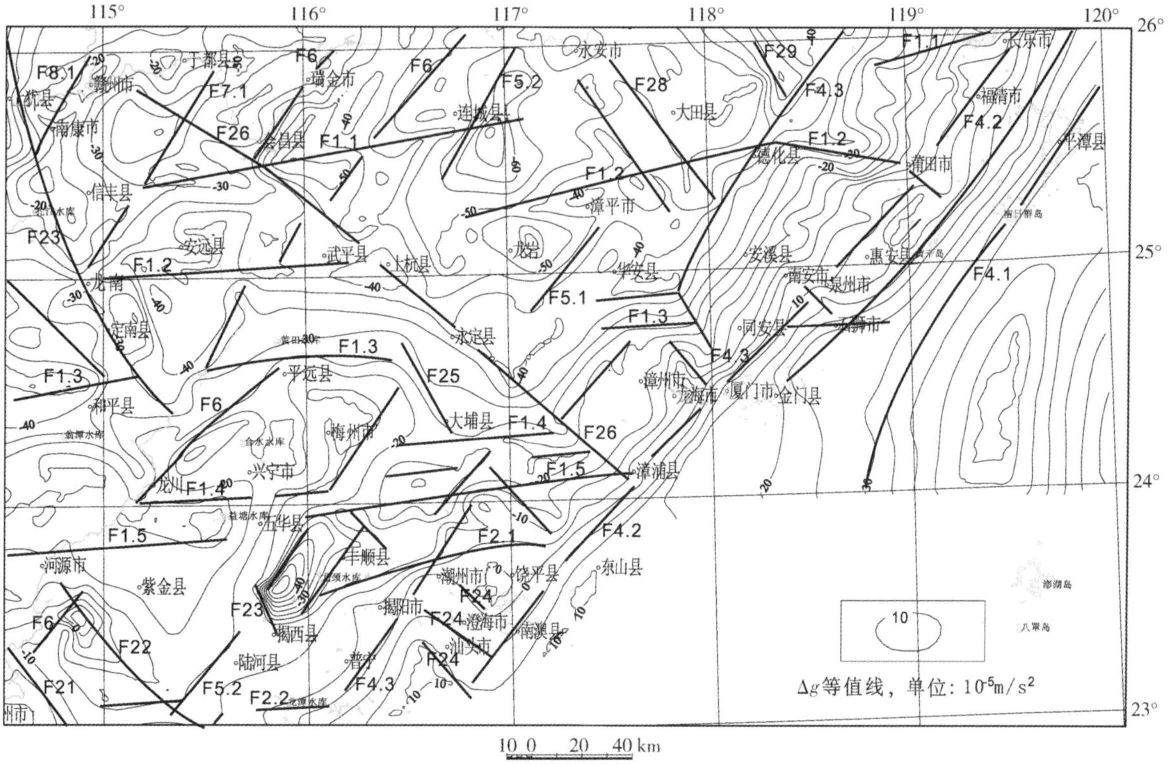

图7-3-2 粤闽赣交界地区布格重力异常等值线图

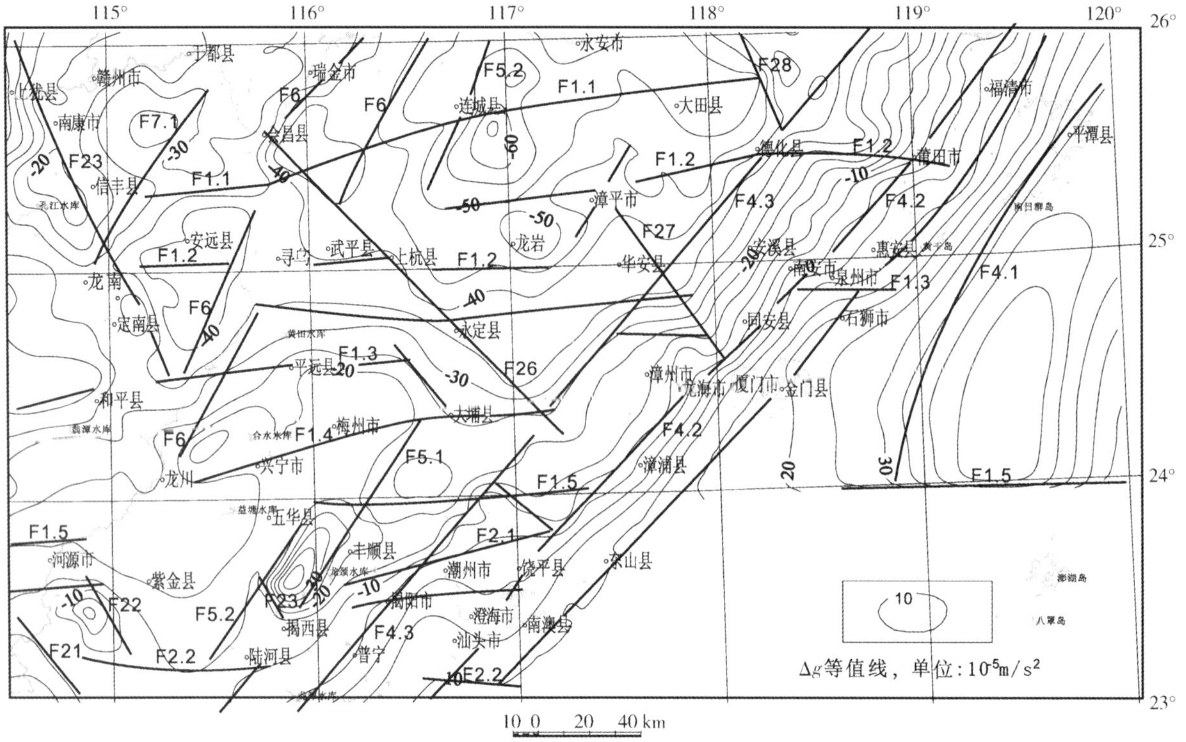

图7-3-3 粤闽赣交界地区布格重力异常上延2 km等值线图

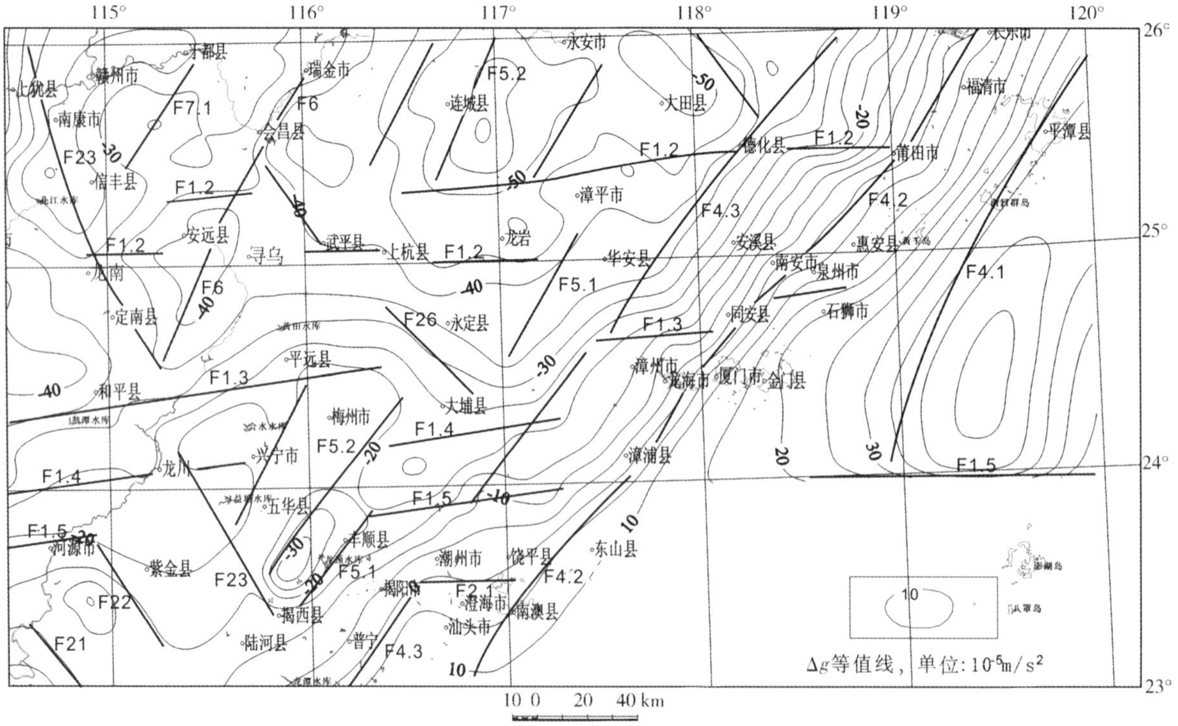

图7-3-4 粤闽赣交界地区布格重力异常上延5 km等值线图

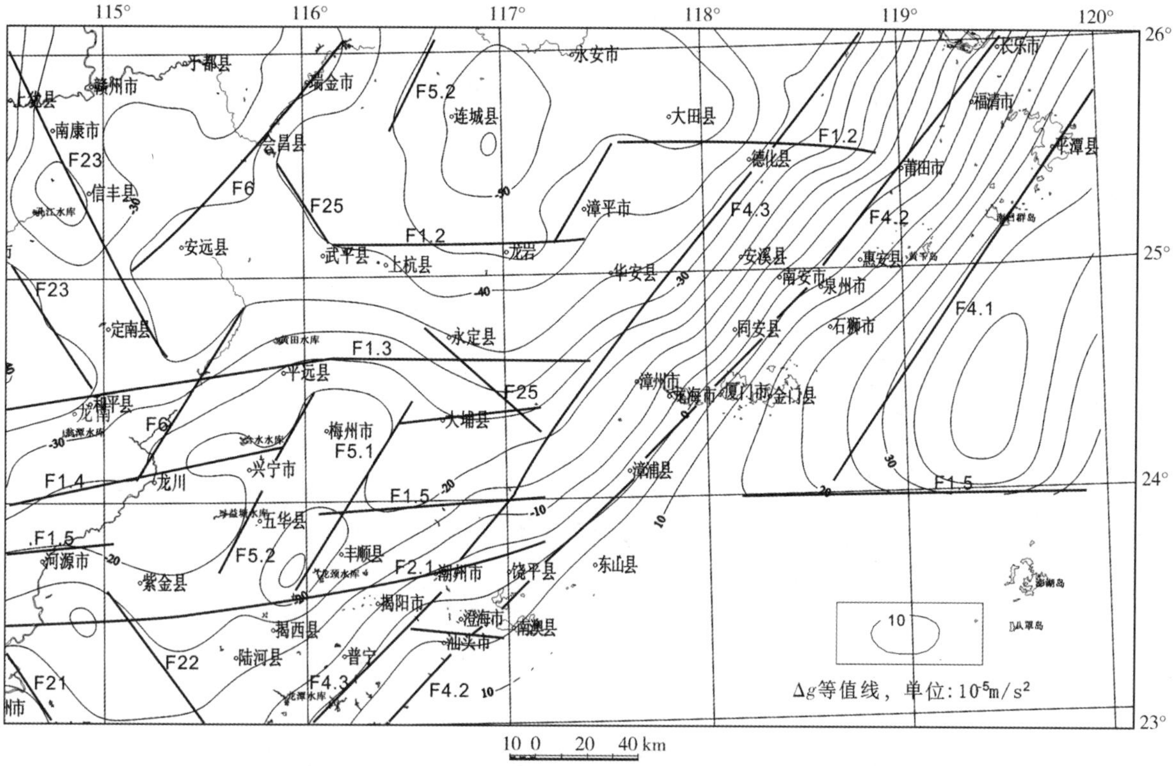

图7-3-5 粤闽赣交界地区布格重力异常上延10 km等值线图

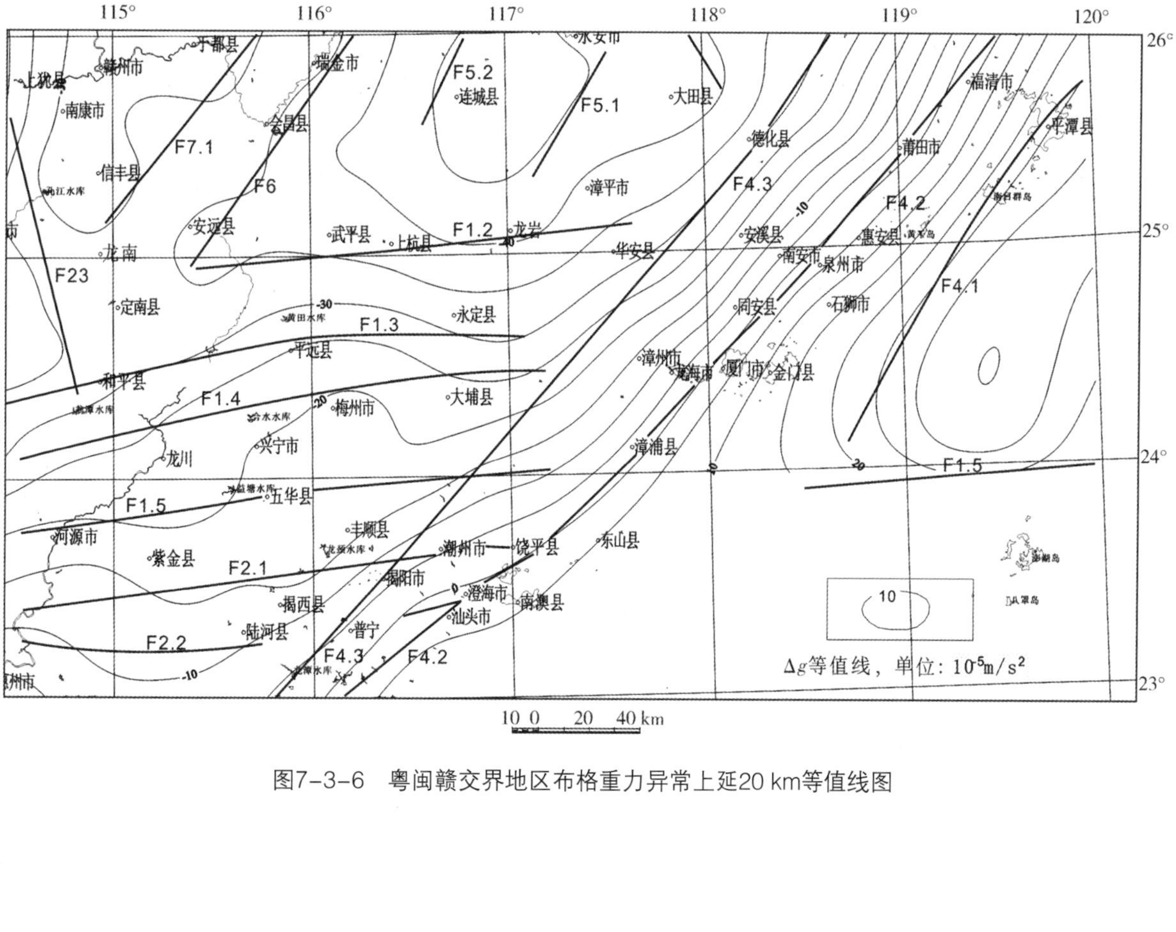

图7-3-6 粤闽赣交界地区布格重力异常上延20 km等值线图

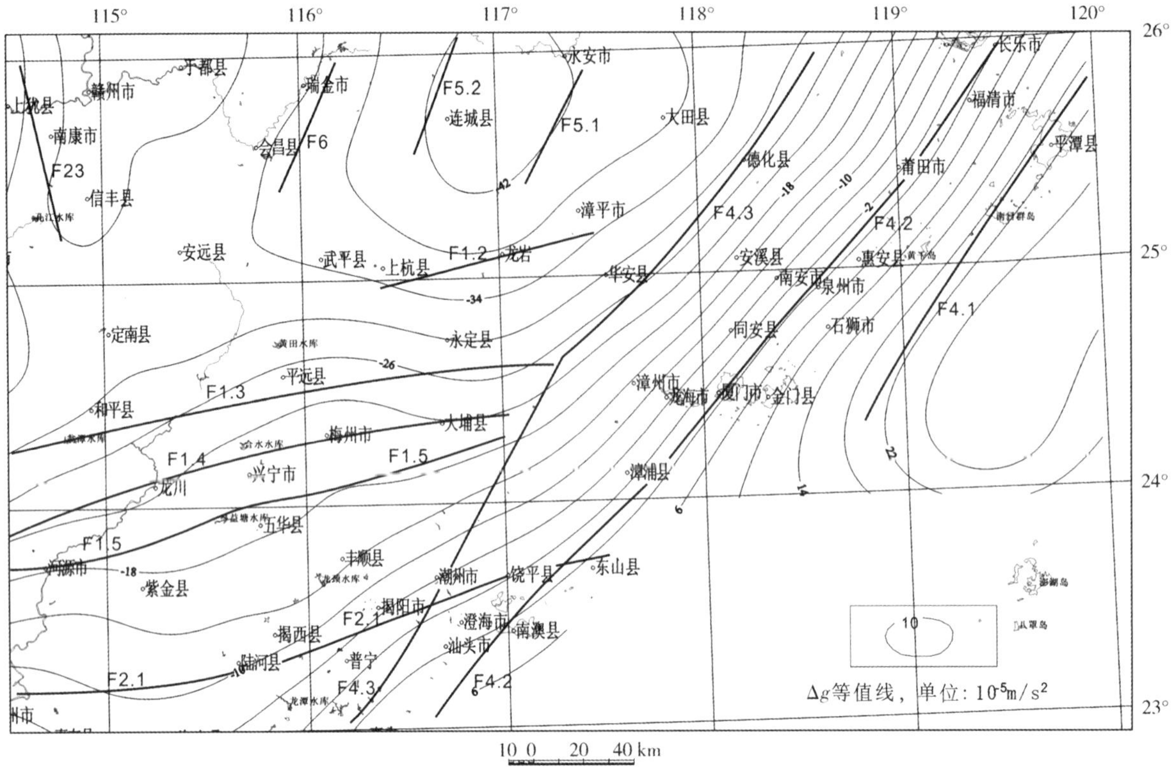

图7-3-7 粤闽赣交界地区布格重力异常上延30 km等值线图

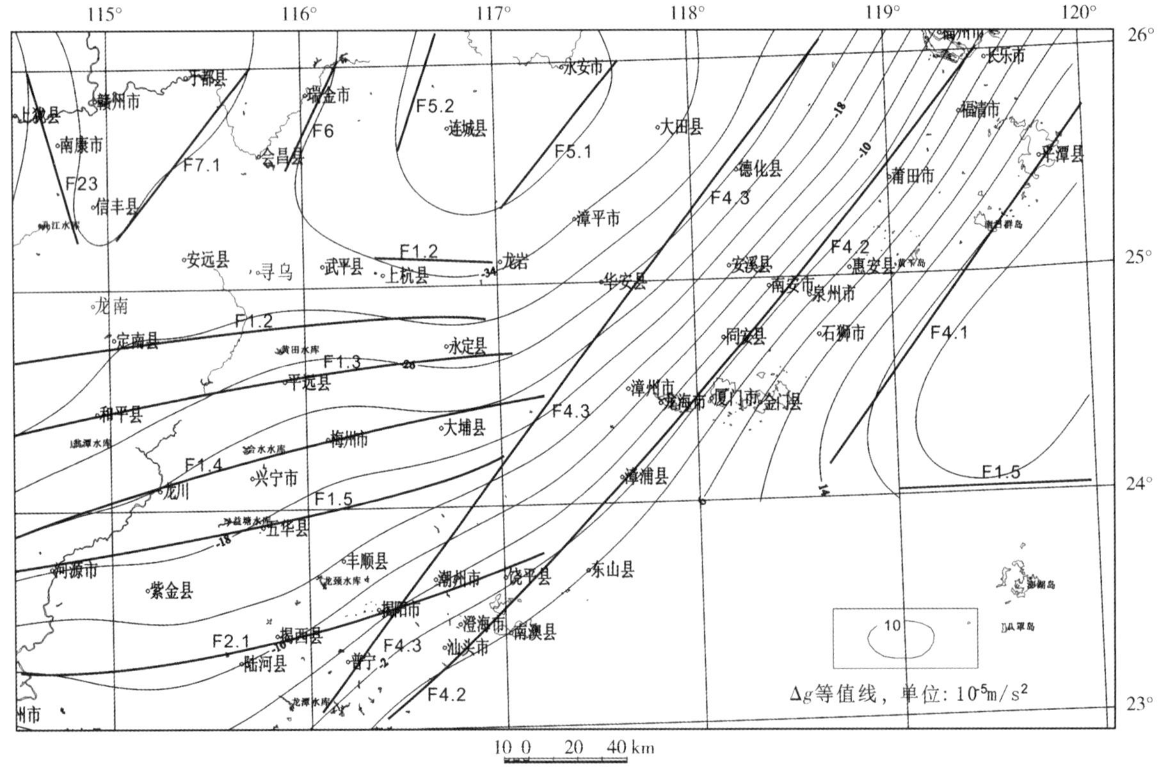

图7-3-8 粤闽赣交界地区布格重力异常上延40 km等值线图

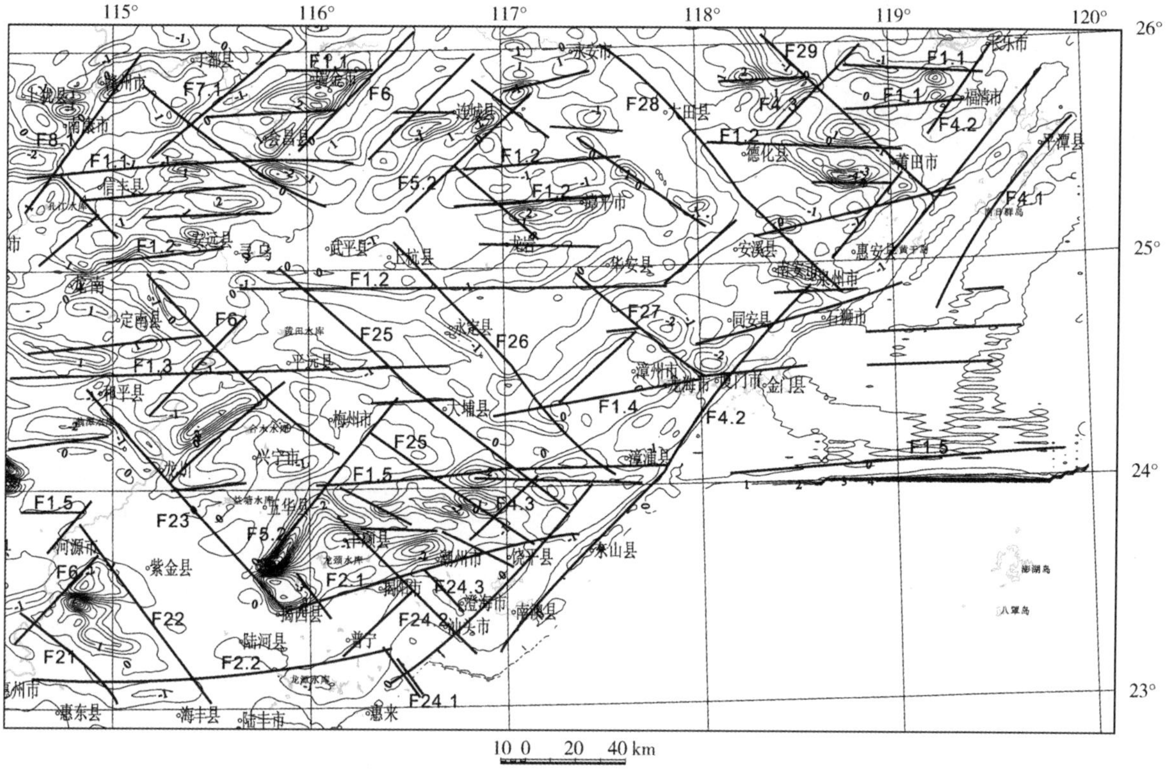

图7-3-9 粤闽赣交界地区布格重力异常0° 一阶方向导数等值线图

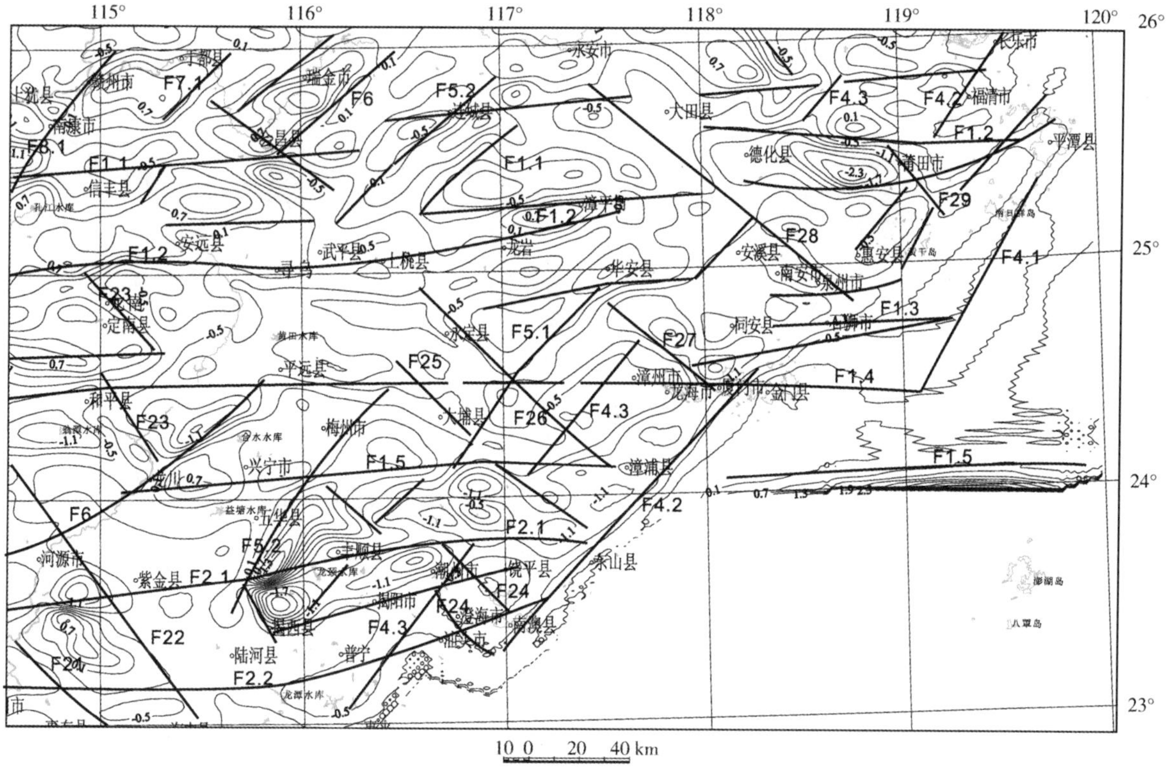

图7-3-10 粤闽赣交界地区布格重力异常上延5 km 0° 一阶方向导数等值线图

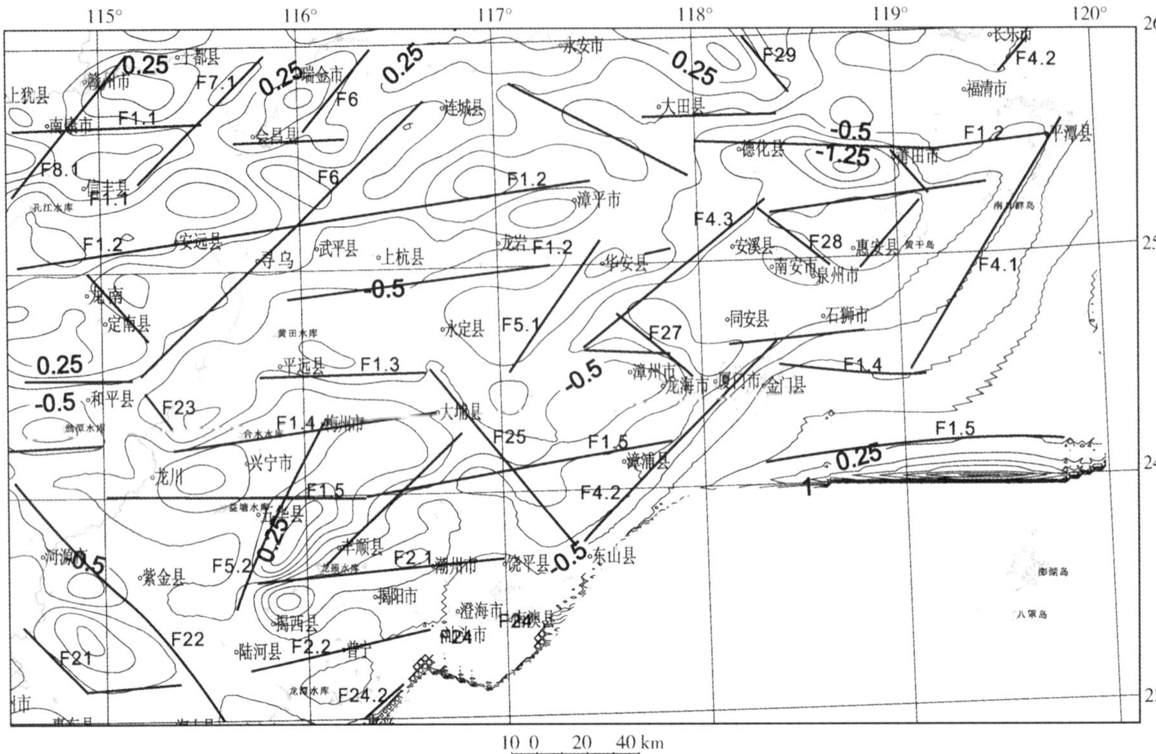

图7-3-11　粤闽赣交界地区布格重力异常上延10 km 0° 一阶方向导数等值线图

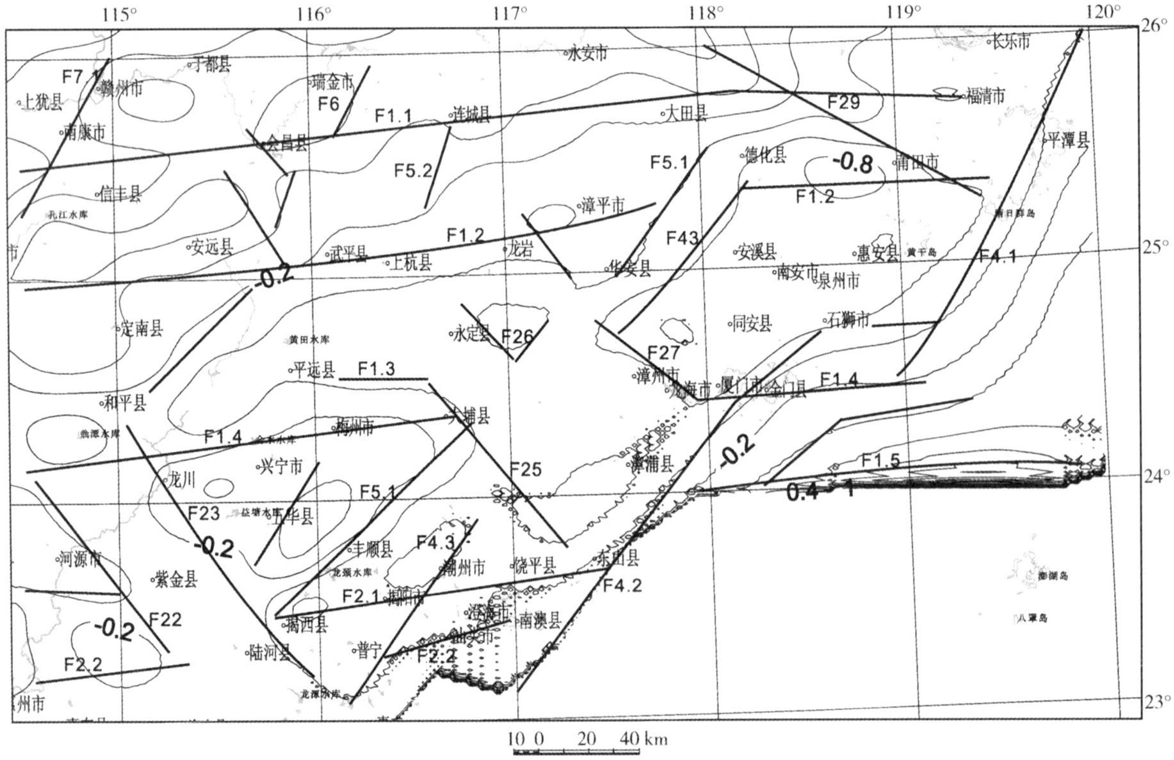

图7-3-12　粤闽赣交界地区布格重力异常上延20 km 0° 一阶方向导数等值线图

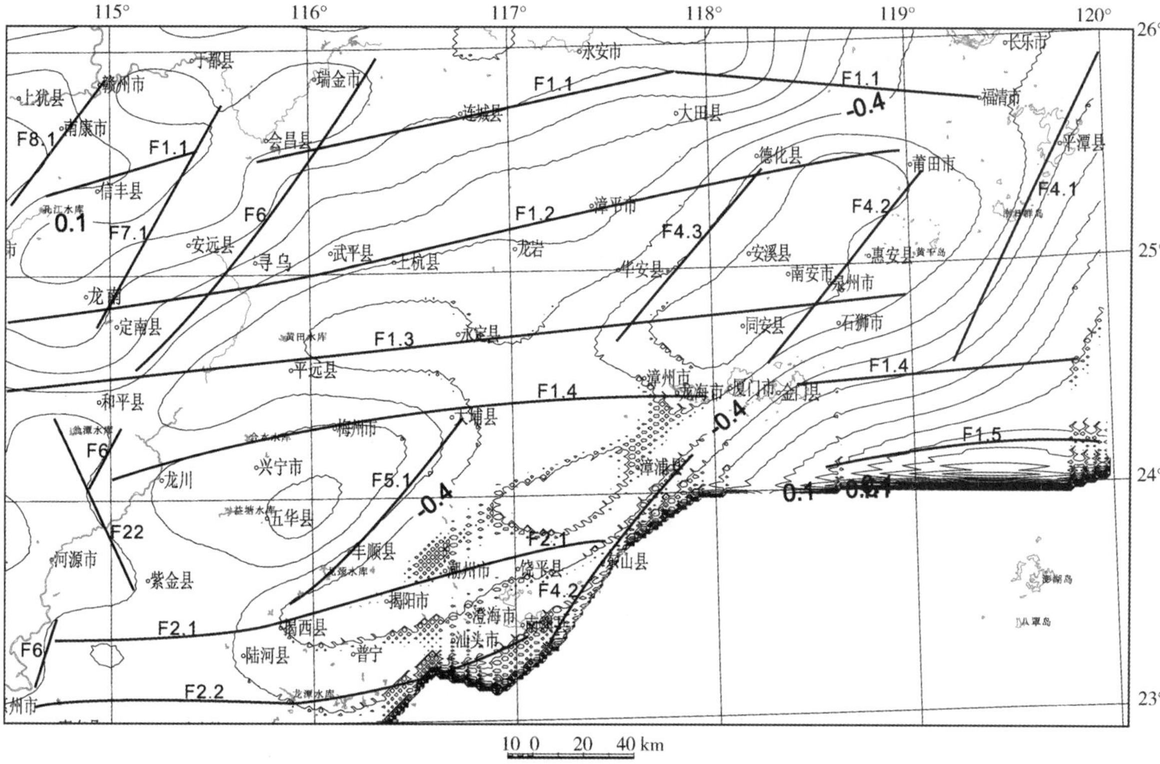

图7-3-13　粤闽赣交界地区布格重力异常上延30 km 0° 一阶方向导数等值线图

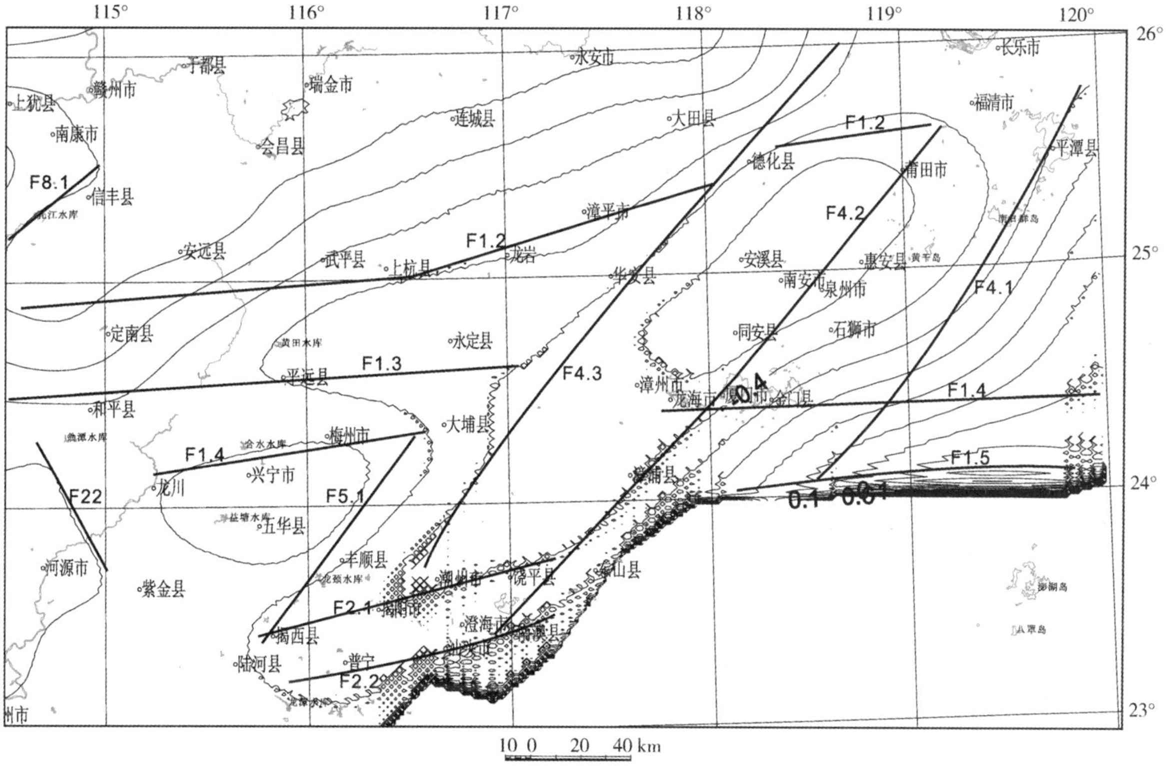

图7-3-14　粤闽赣交界地区布格重力异常上延40 km 0° 一阶方向导数等值线图

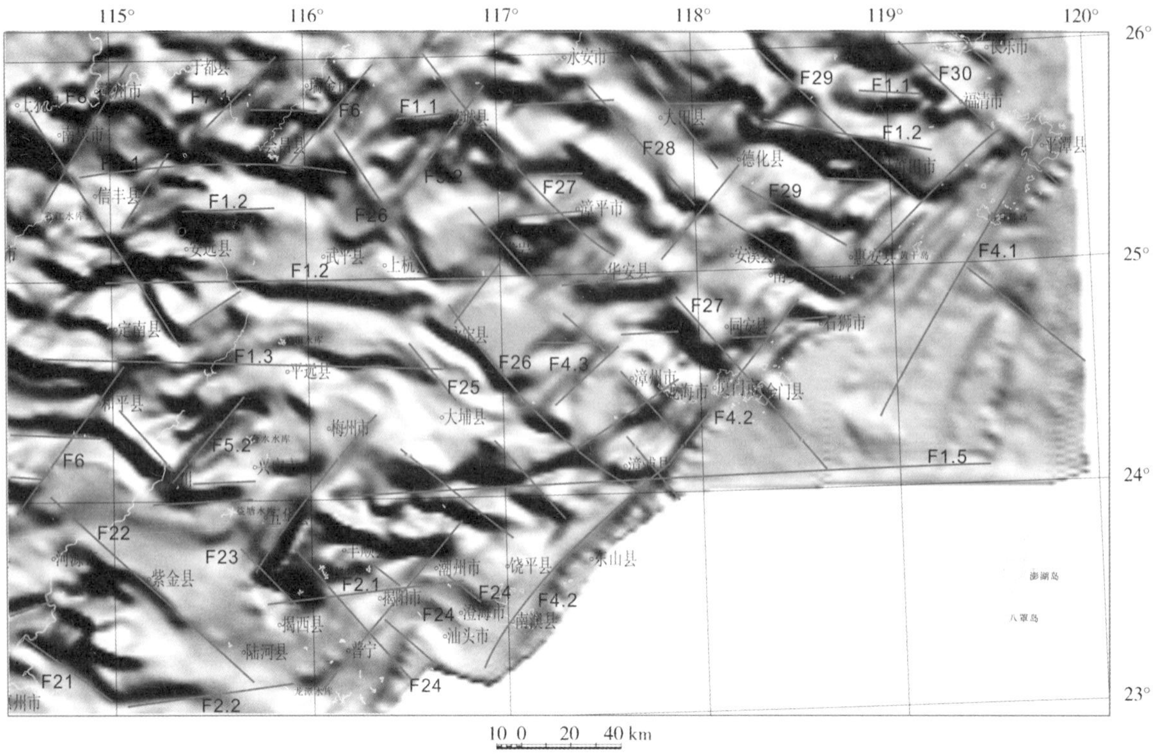

图7-3-15　粤闽赣交界地区布格重力异常0° 一阶方向导数灰度图

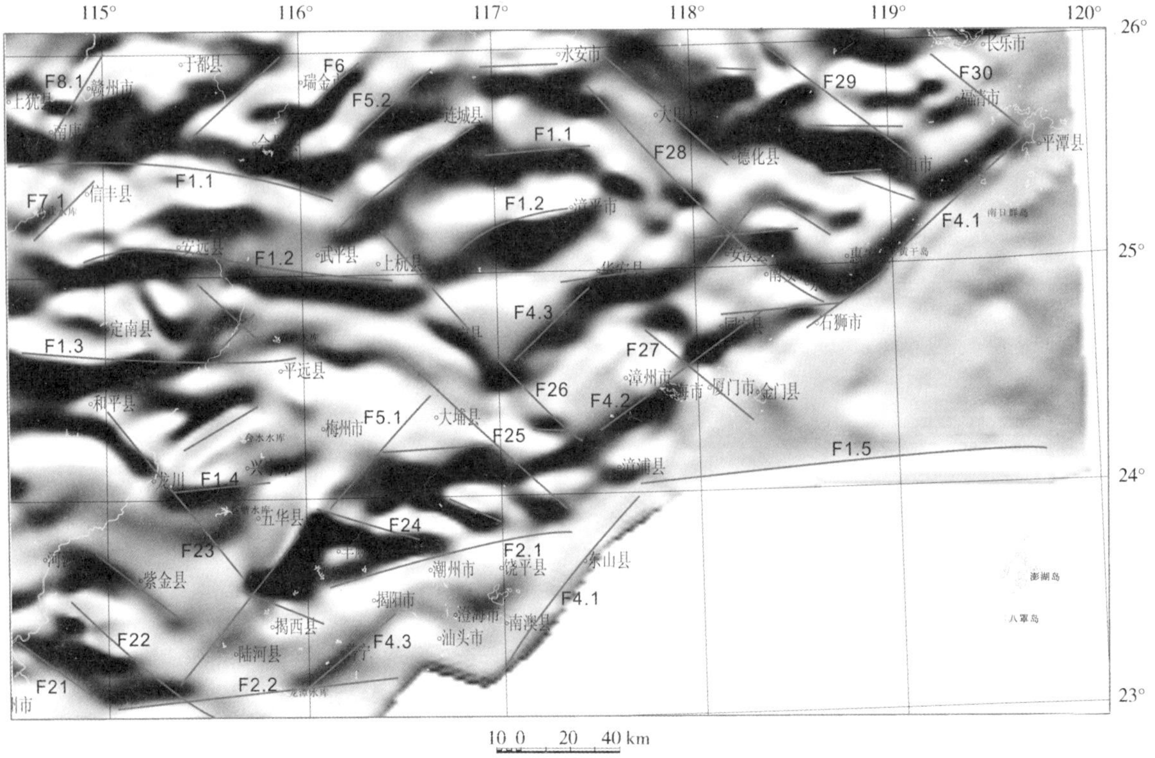

图7-3-16　粤闽赣交界地区布格重力异常上延5 km 0° 一阶方向导数灰度图

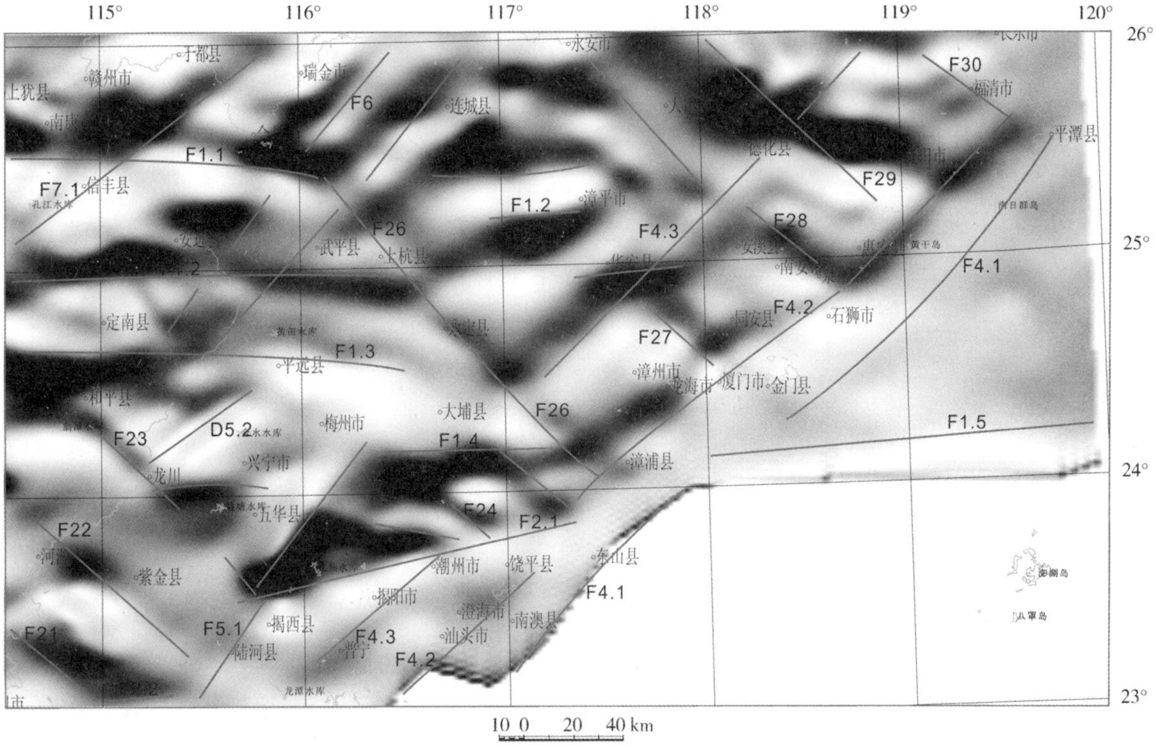

图7-3-17 粤闽赣交界地区布格重力异常上延10 km 0° 一阶方向导数灰度图

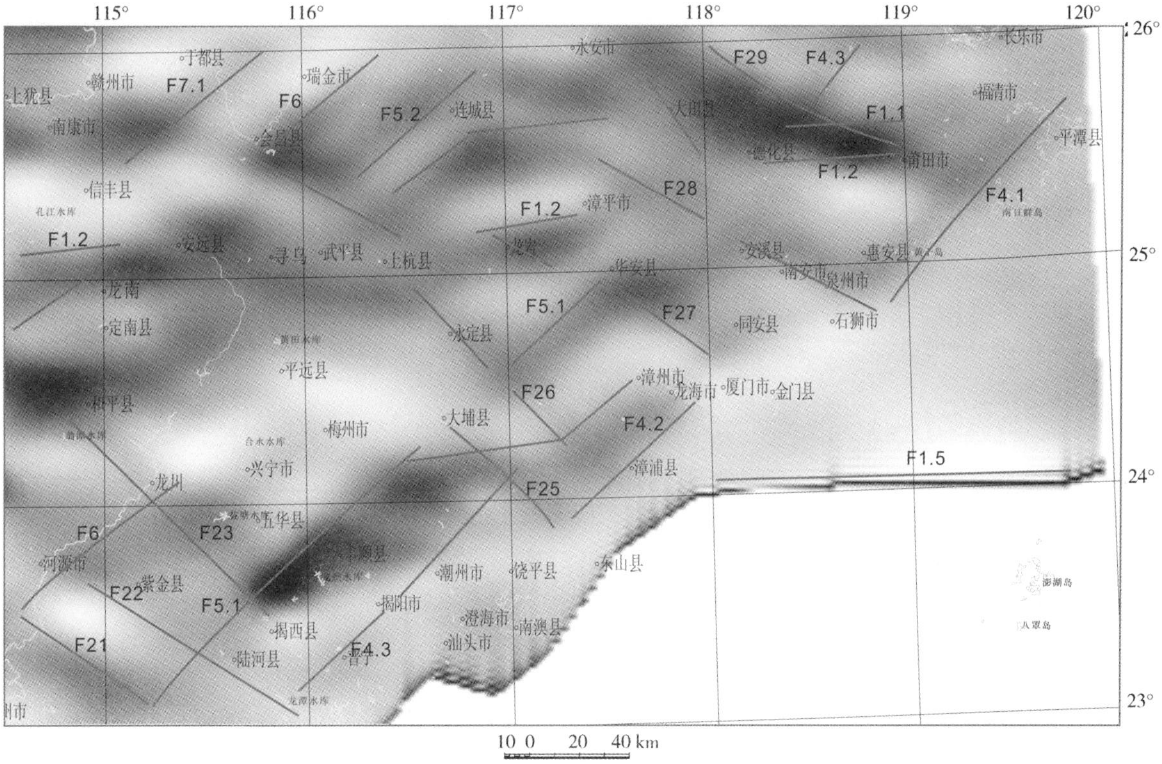

图7-3-18 粤闽赣交界地区布格重力异常上延20 km 0° 一阶方向导数灰度图

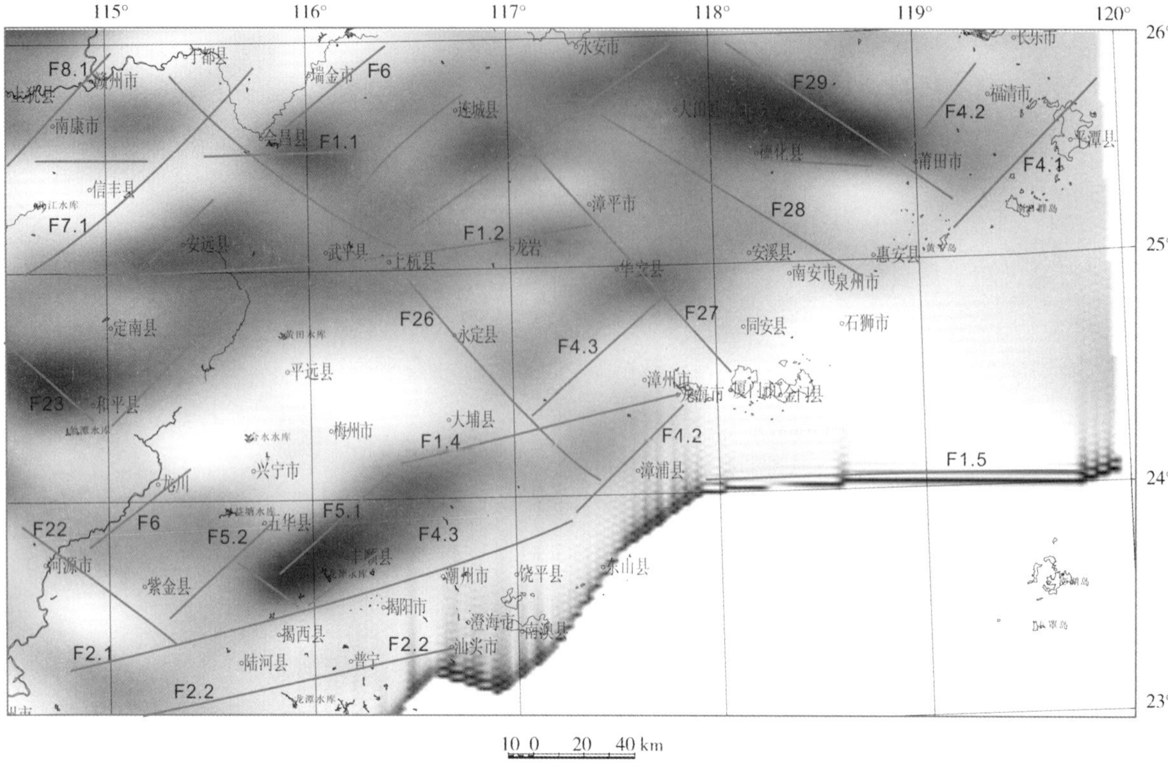

图7-3-19　粤闽赣交界地区布格重力异常上延30 km 0° 一阶方向导数灰度图

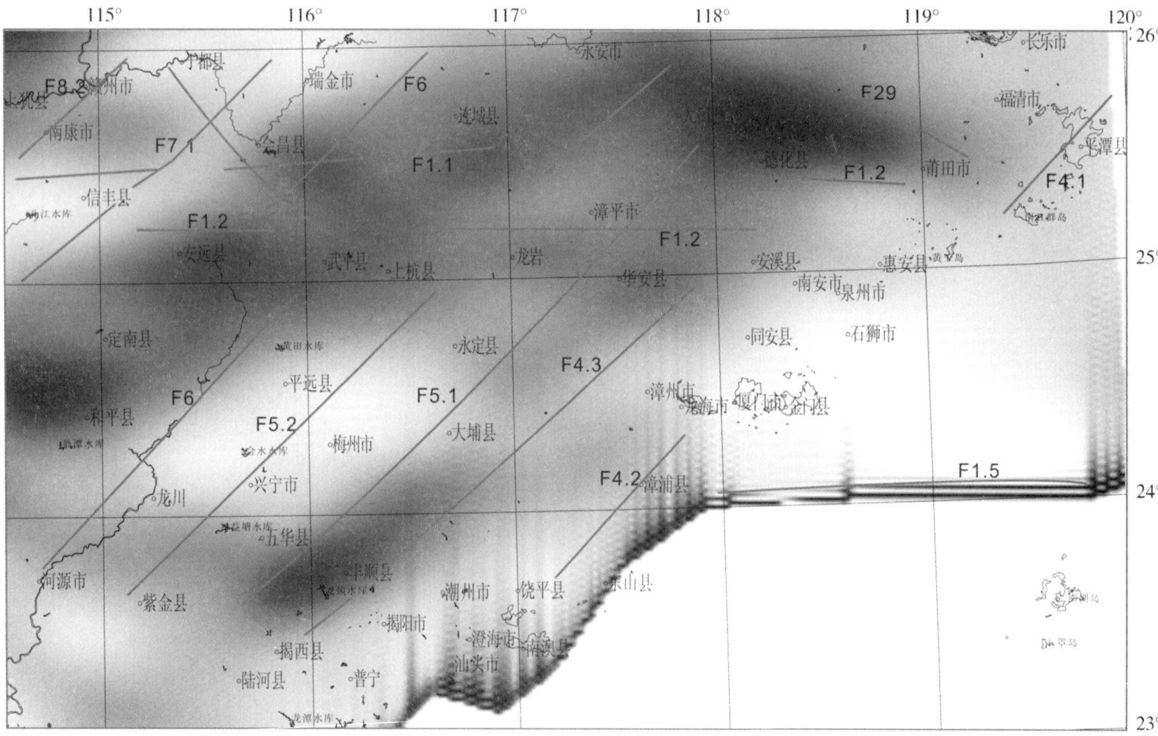

图7-3-20　粤闽赣交界地区布格重力异常上延40 km 0° 一阶方向导数灰度图

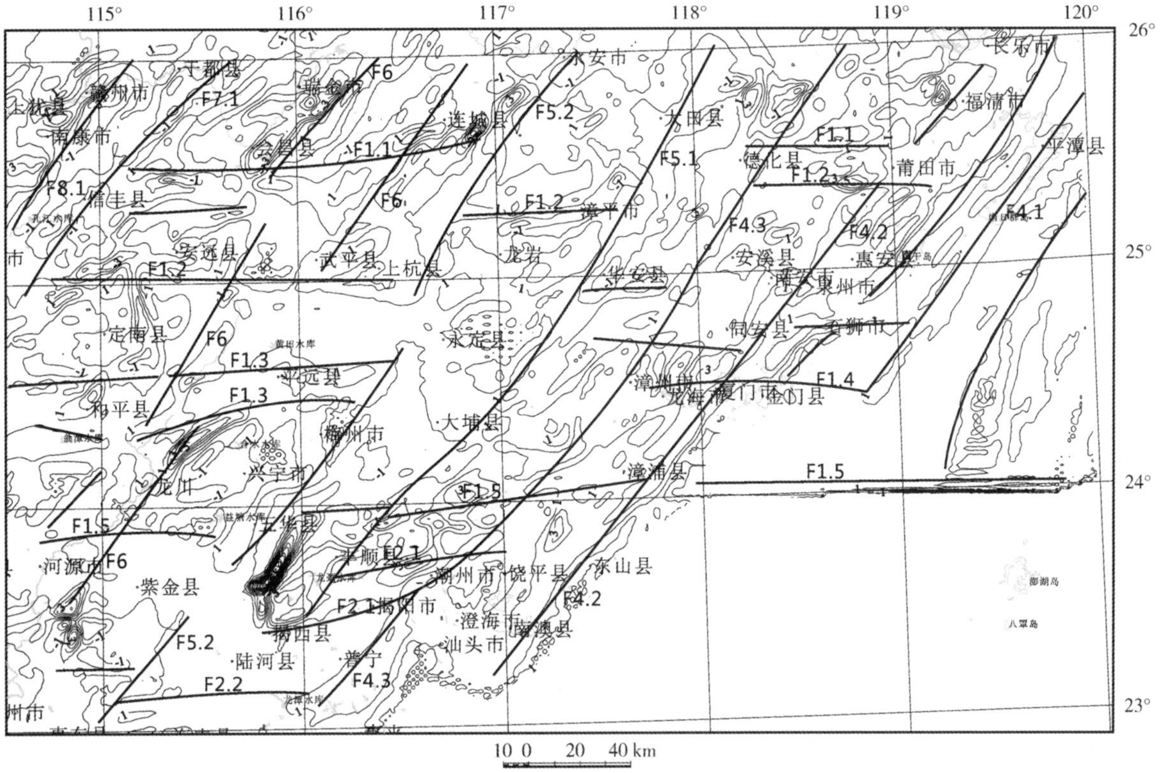

图7-3-21 粤闽赣交界地区布格重力异常135° 一阶方向导数等值线图

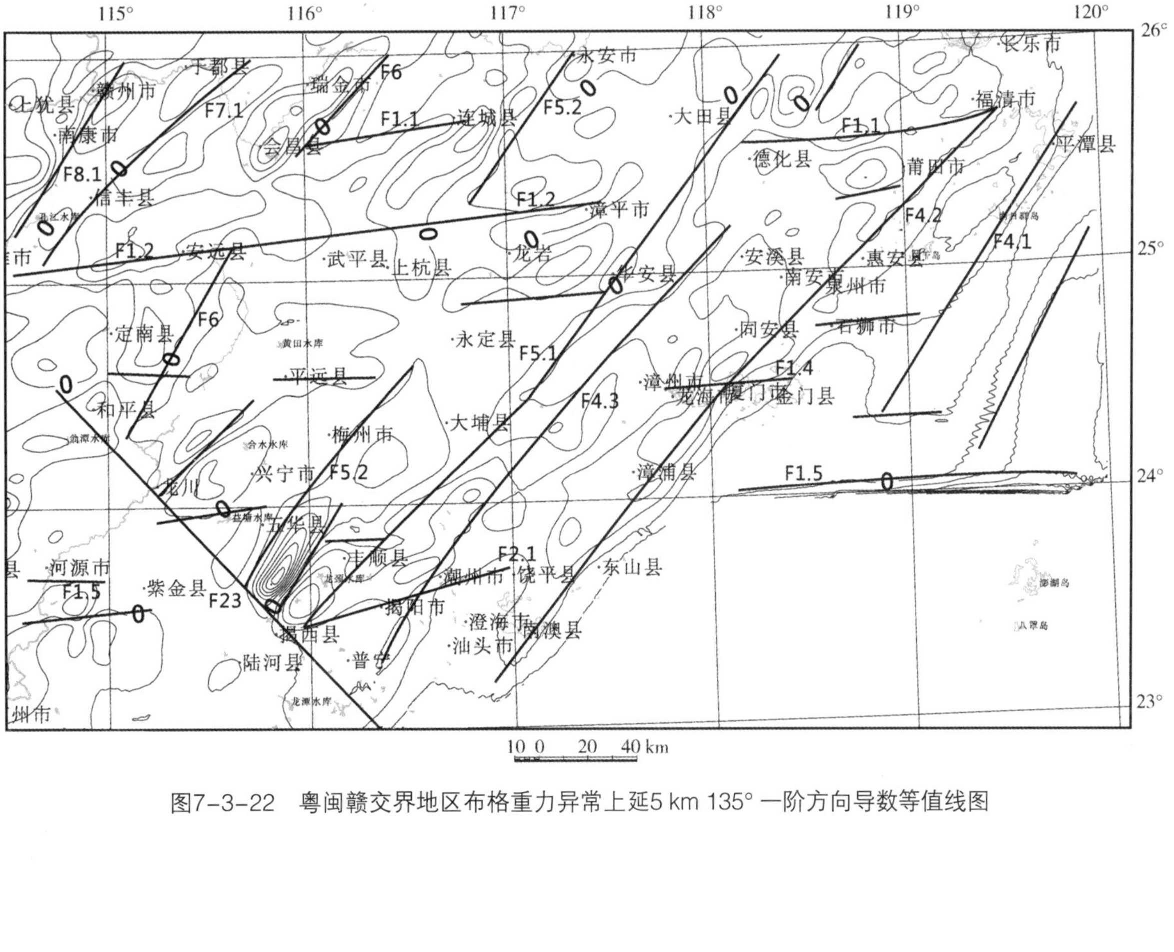

图7-3-22 粤闽赣交界地区布格重力异常上延5 km 135° 一阶方向导数等值线图

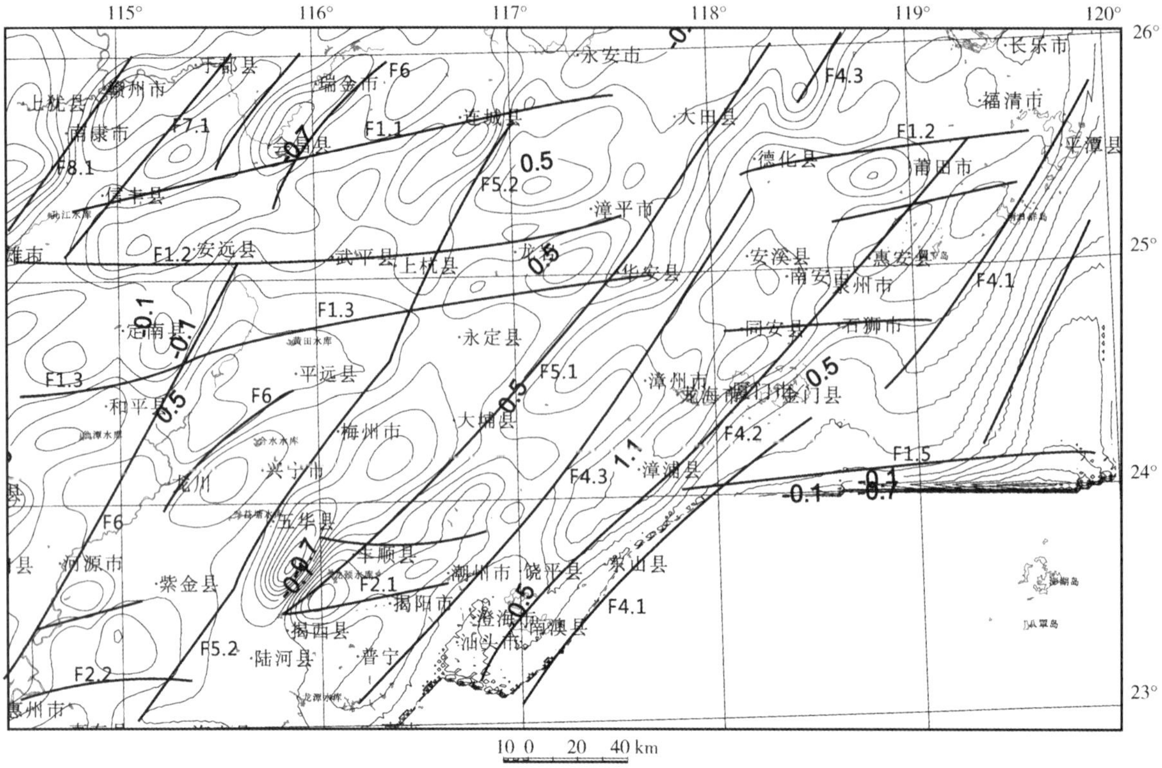

图7-3-23 粤闽赣交界地区布格重力异常上延10 km 135° 一阶方向导数等值线图

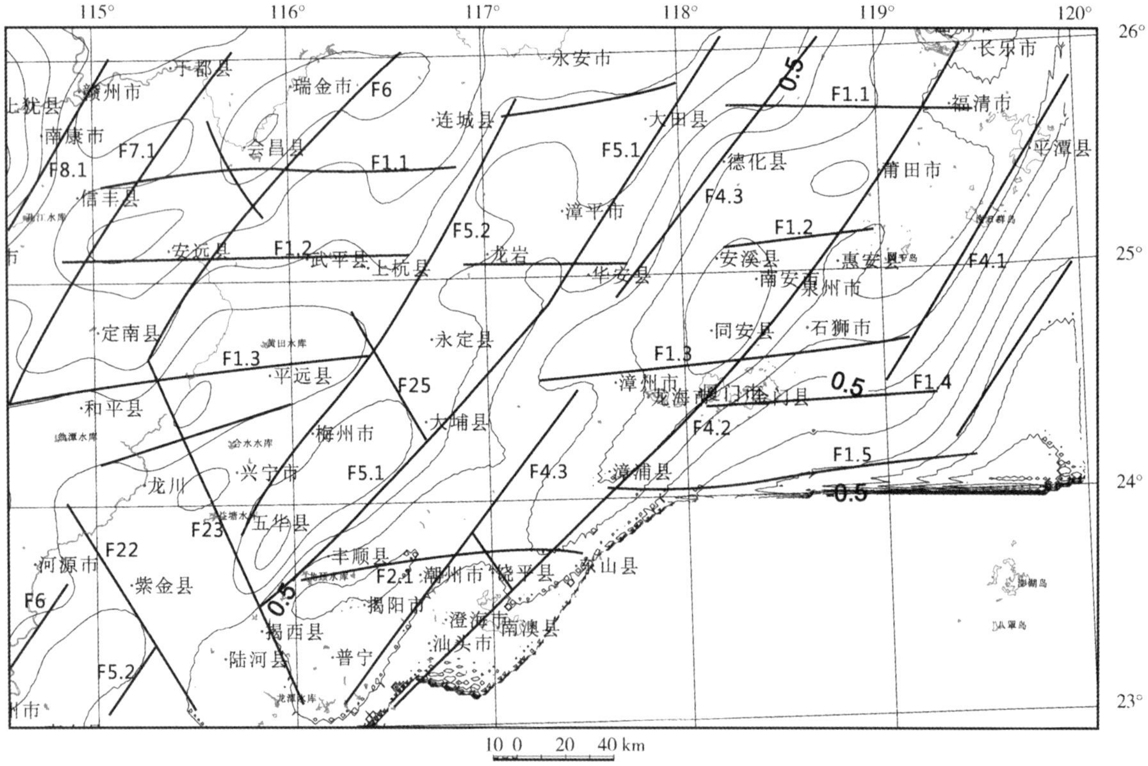

图7-3-24 粤闽赣交界地区布格重力异常上延20 km 135° 一阶方向导数等值线图

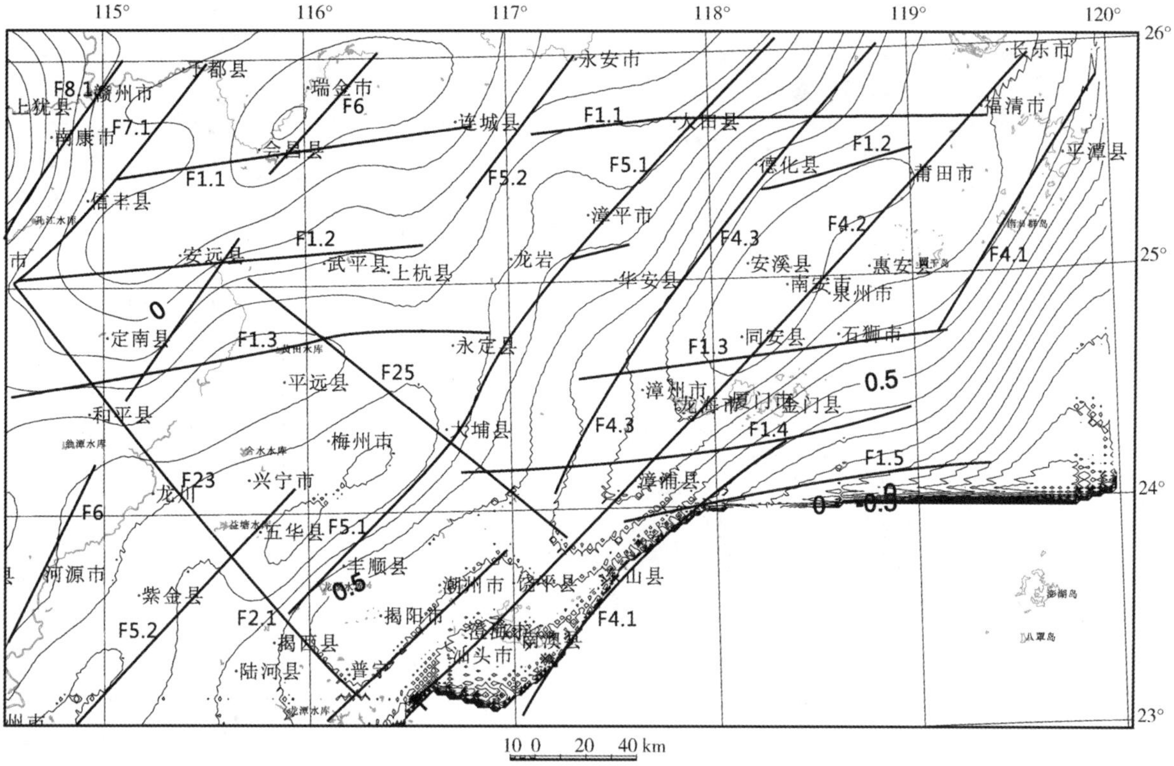

图7-3-25 粤闽赣交界地区布格重力异常上延30 km 135° 一阶方向导数等值线图

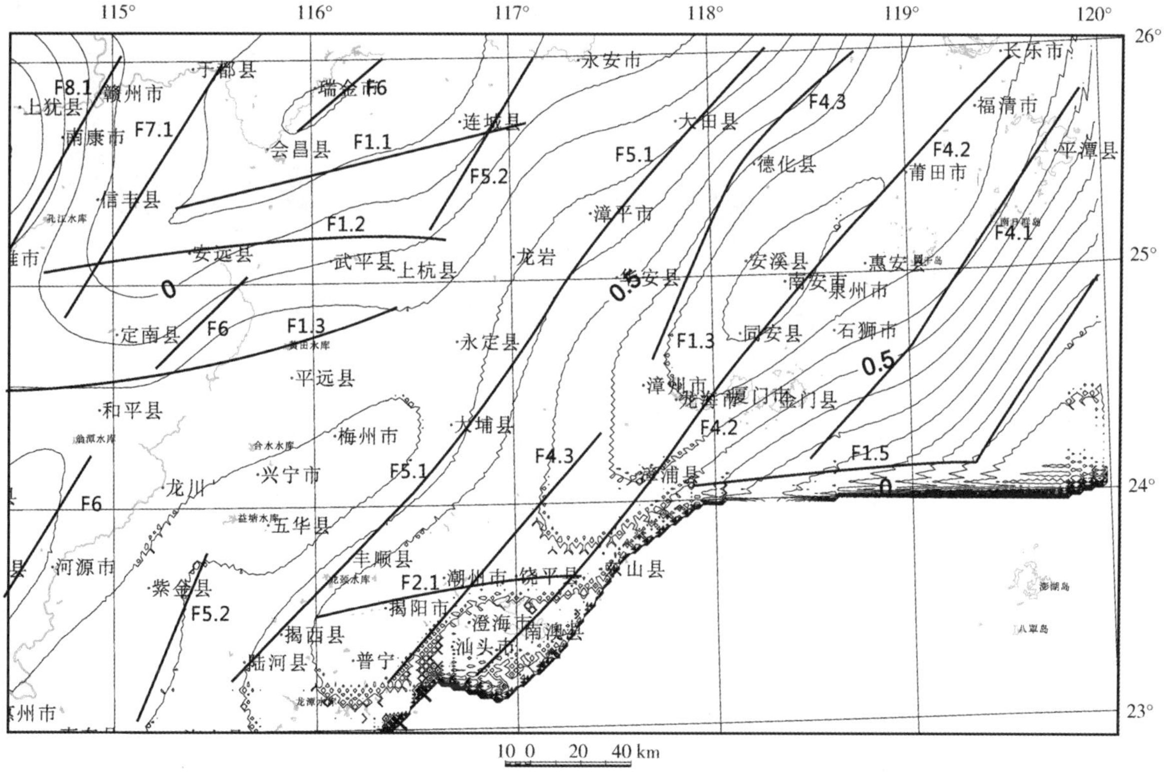

图7-3-26 粤闽赣交界地区布格重力异常上延40 km 135° 一阶方向导数等值线图

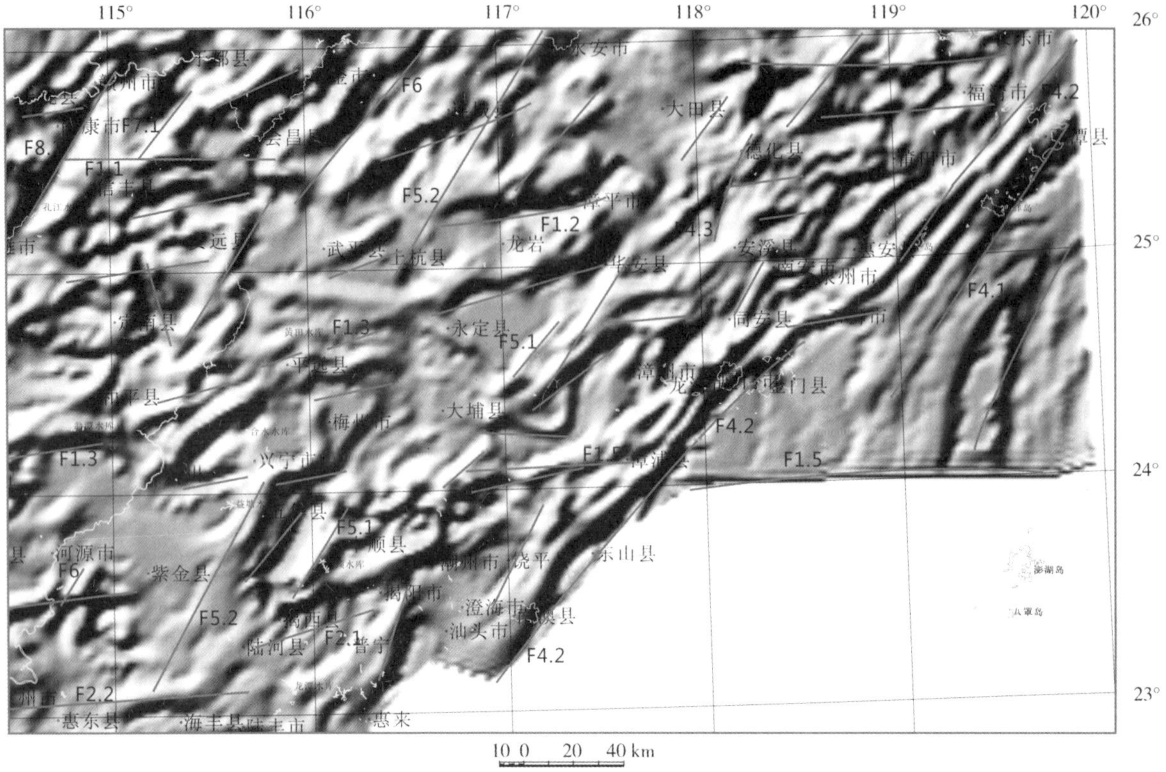

图7-3-27　粤闽赣交界地区布格重力异常135°一阶方向导数灰度图

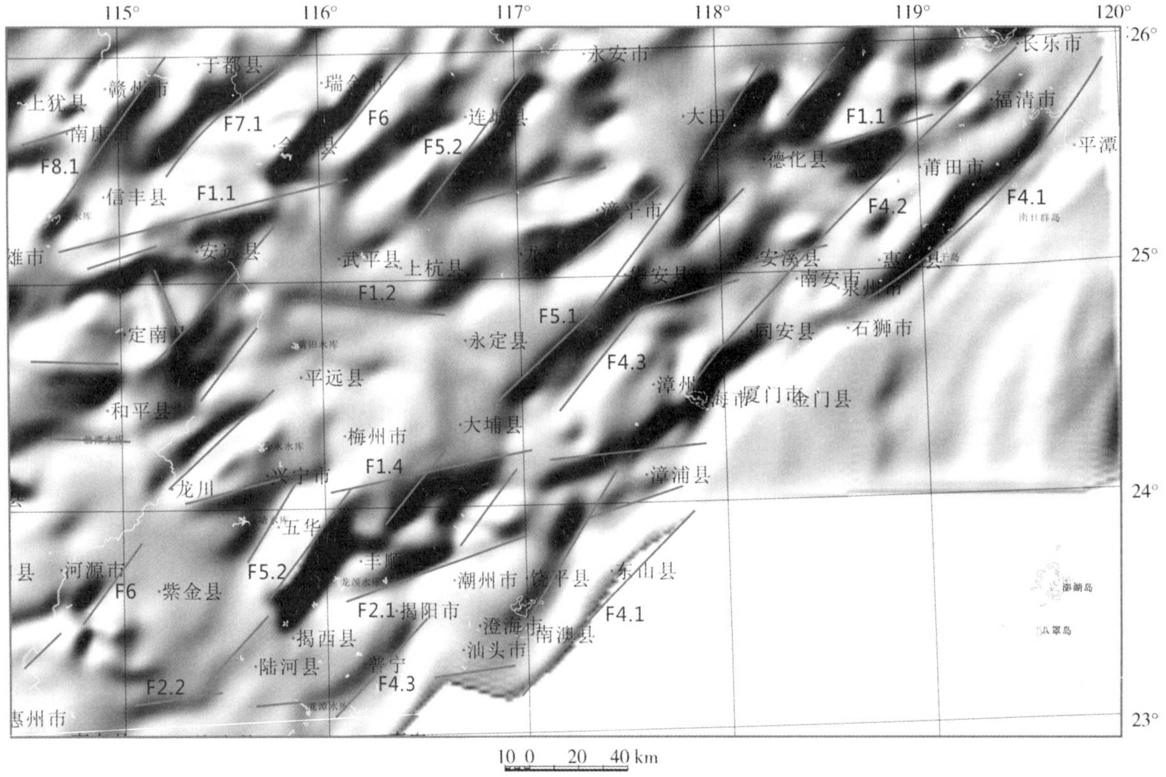

图7-3-28　粤闽赣交界地区布格重力异常上延5 km 135°一阶方向导数灰度图

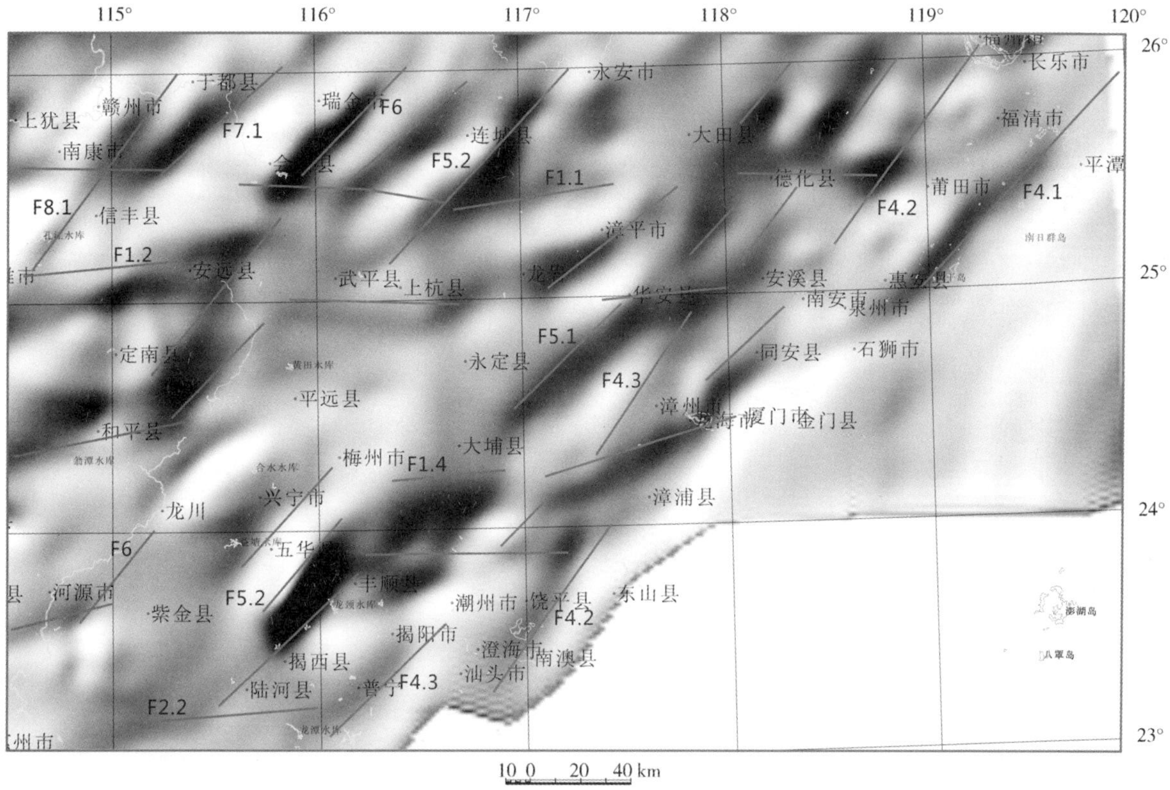

图7-3-29 粤闽赣交界地区布格重力异常上延10 km 135° 一阶方向导数灰度图

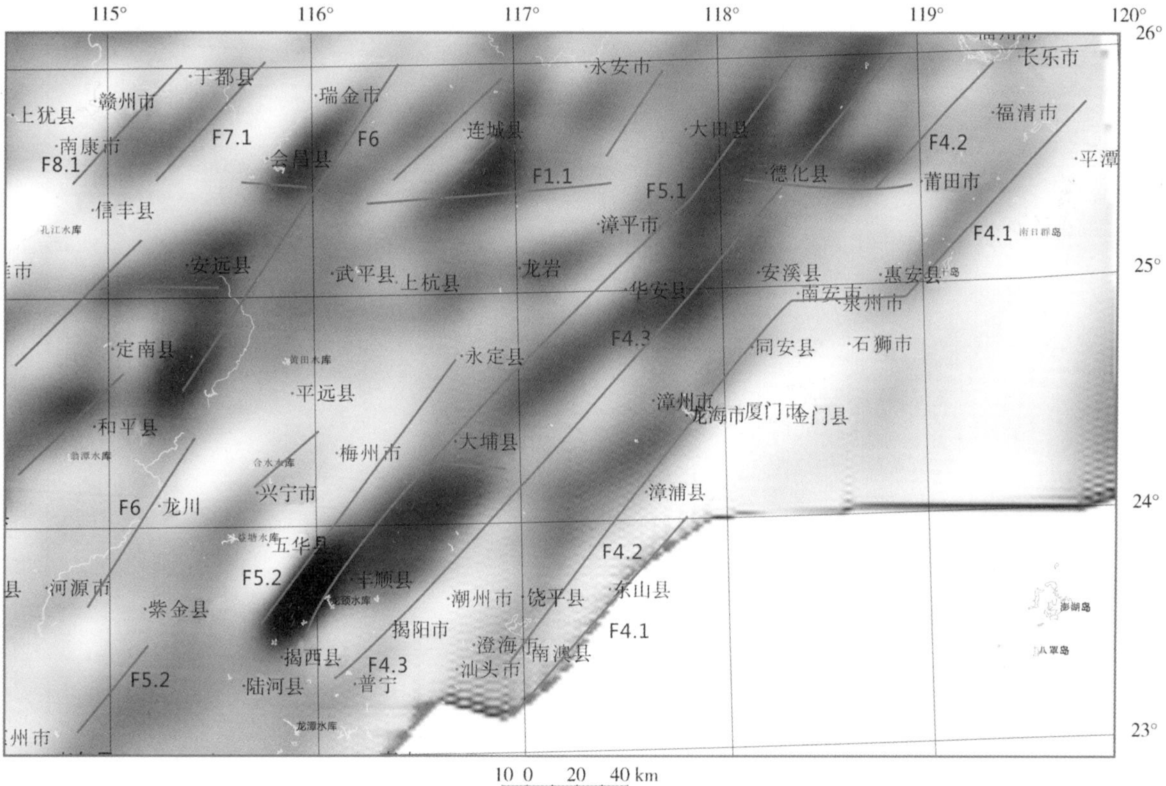

图7-3-30 粤闽赣交界地区布格重力异常上延20 km 135° 一阶方向导数灰度图

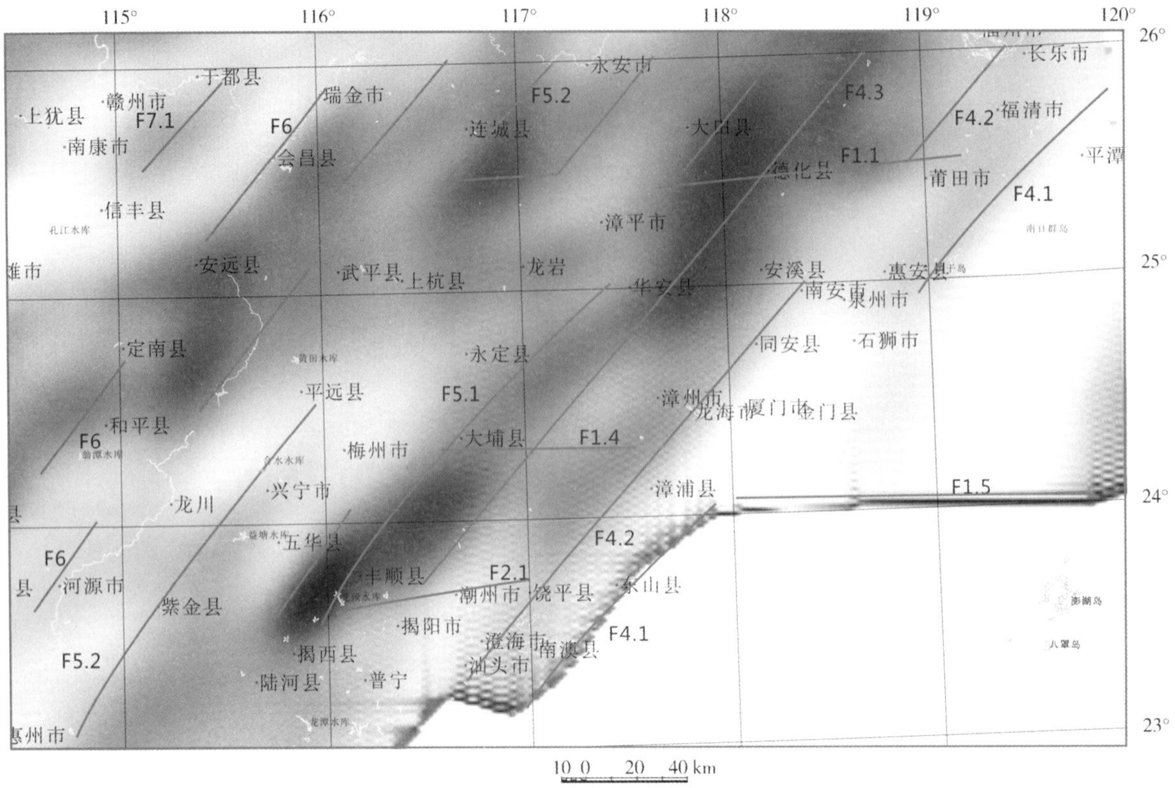

图7-3-31　粤闽赣交界地区布格重力异常上延30 km 135° 一阶方向导数灰度图

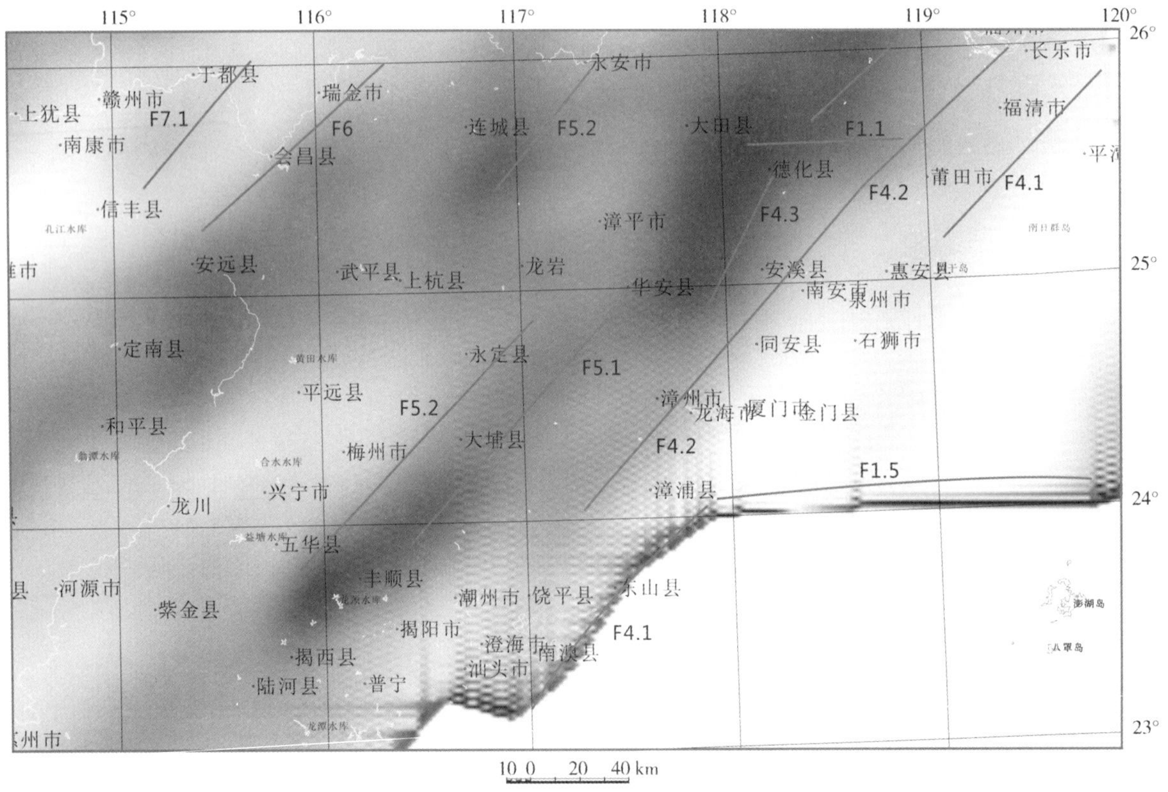

图7-3-32　粤闽赣交界地区布格重力异常上延40 km 135° 一阶方向导数灰度图

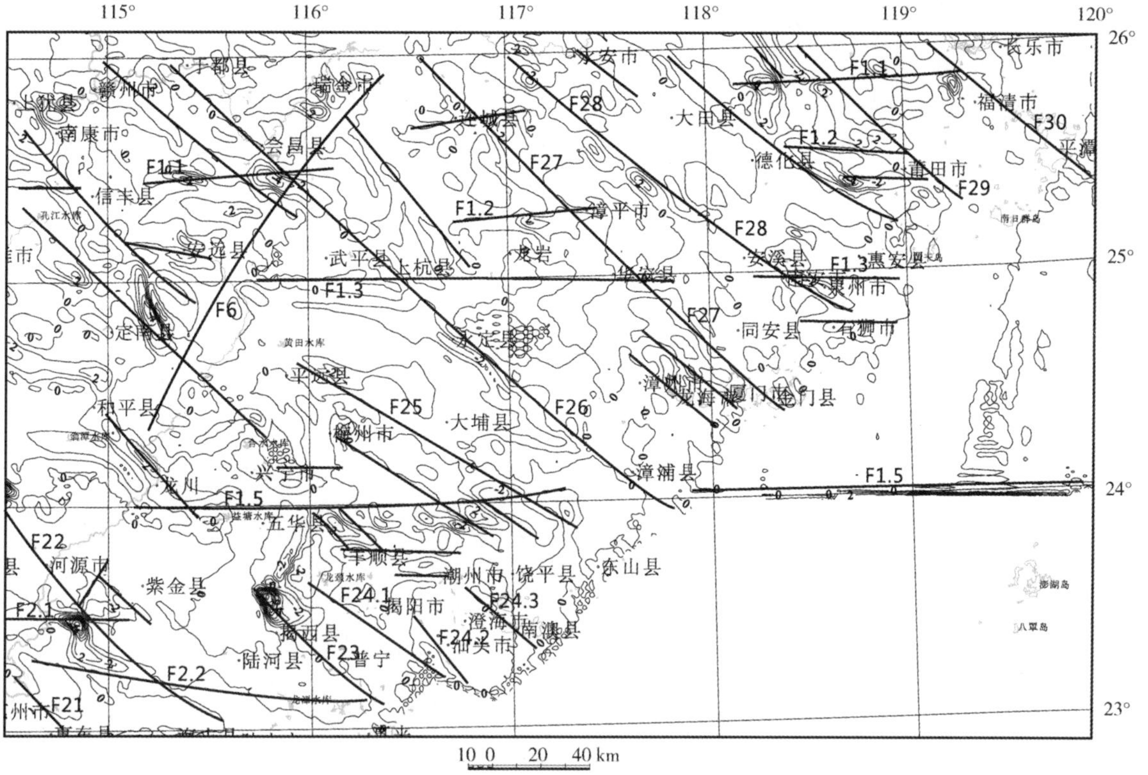

图7-3-33　粤闽赣交界地区布格重力异常45° 一阶方向导数等值线图

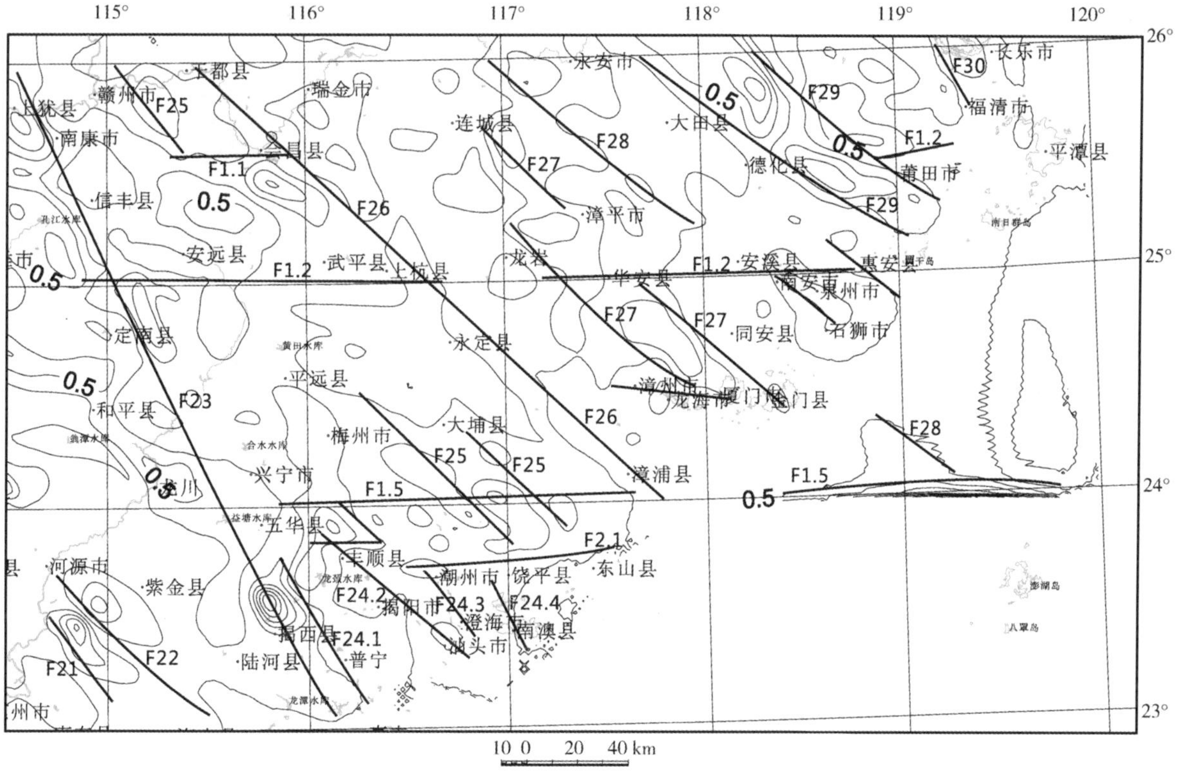

图7-3-34　粤闽赣交界地区布格重力异常上延5 km 45° 一阶方向导数等值线图

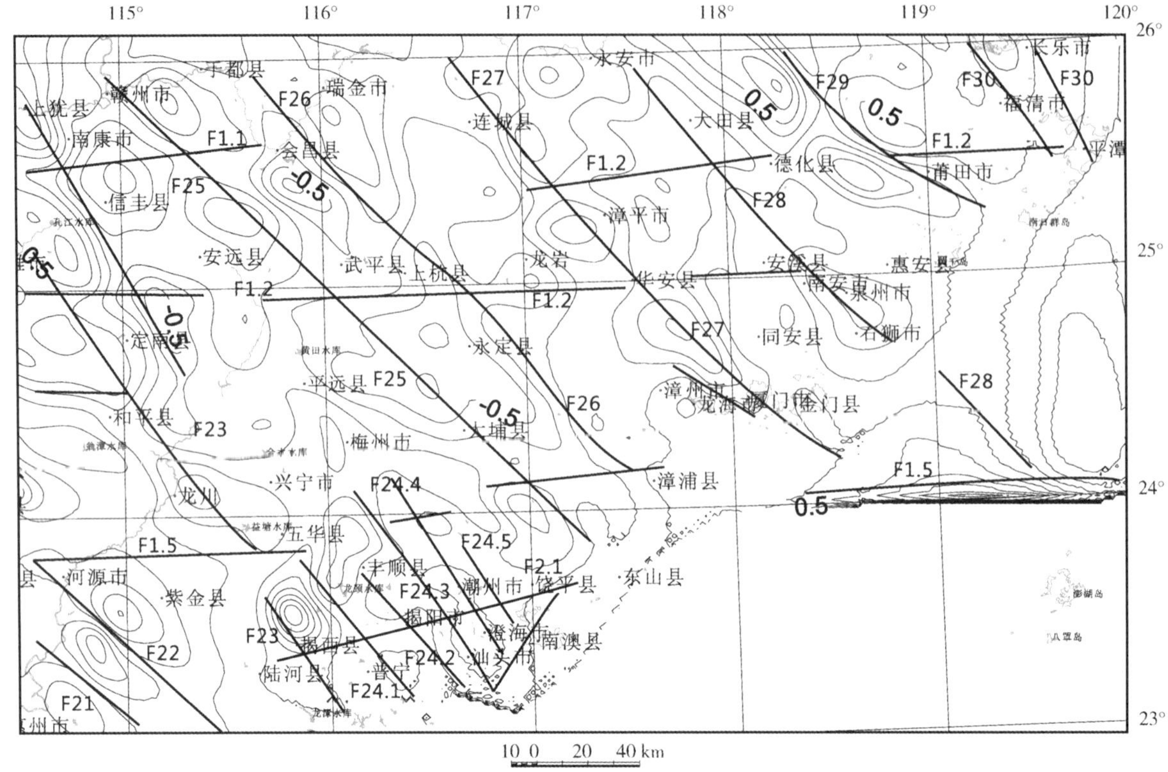

图7-3-35 粤闽赣交界地区布格重力异常上延10 km 45° 一阶方向导数等值线图

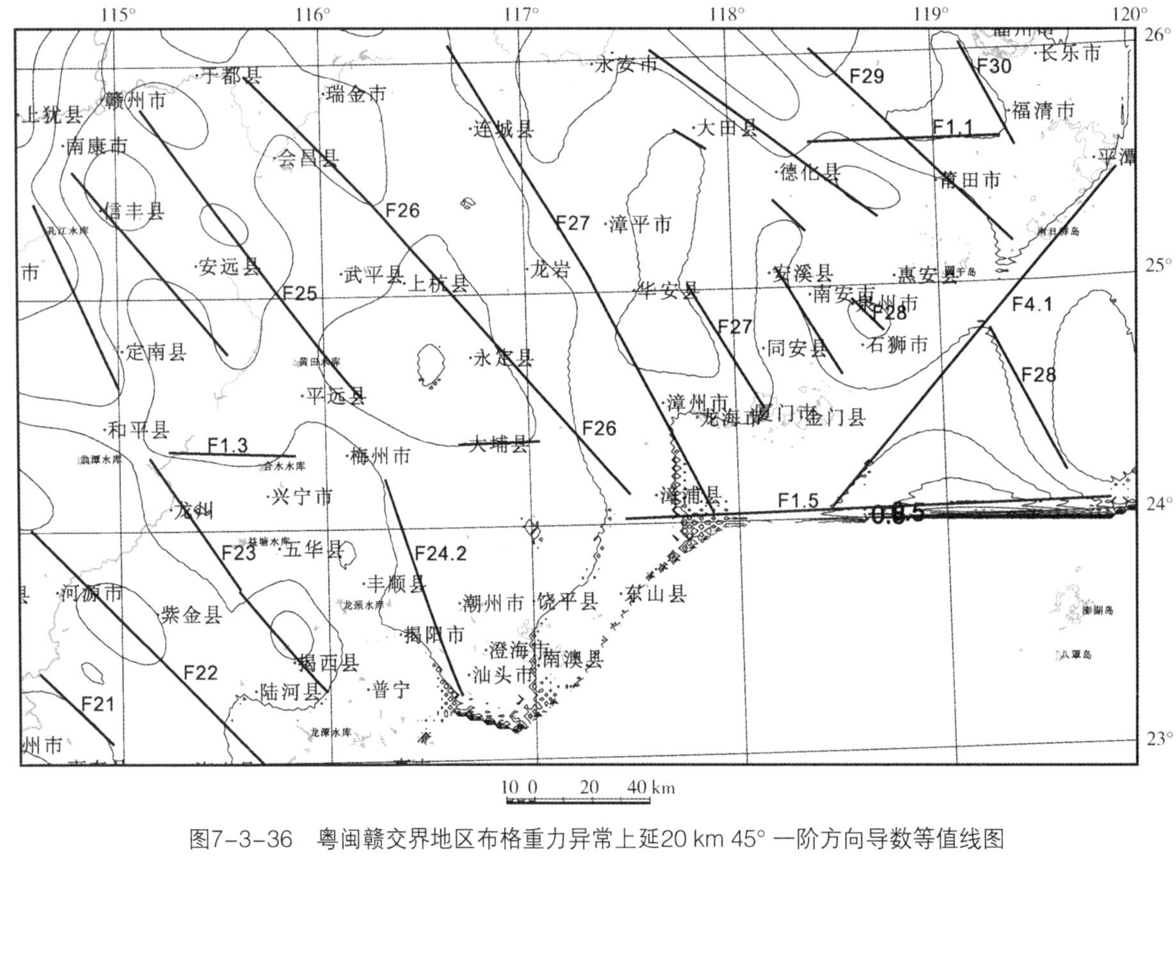

图7-3-36 粤闽赣交界地区布格重力异常上延20 km 45° 一阶方向导数等值线图

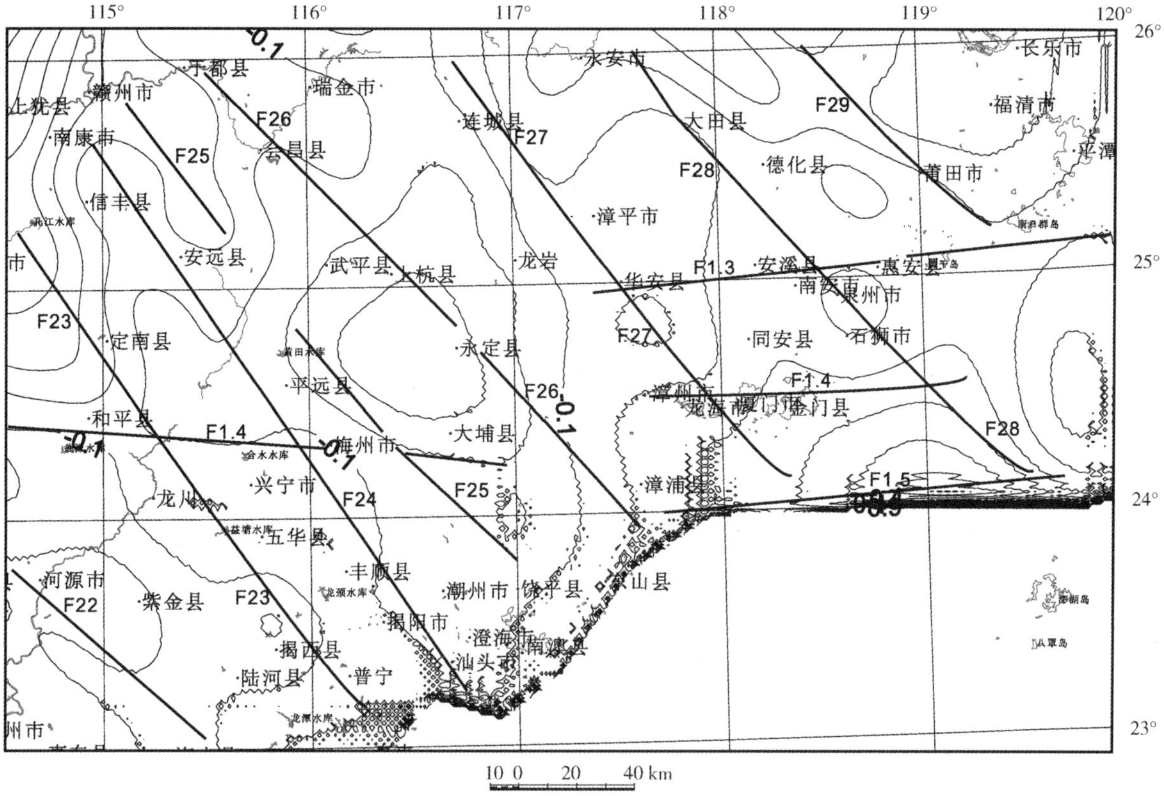

图7-3-37　粤闽赣交界地区布格重力异常上延30 km 45° 一阶方向导数等值线图

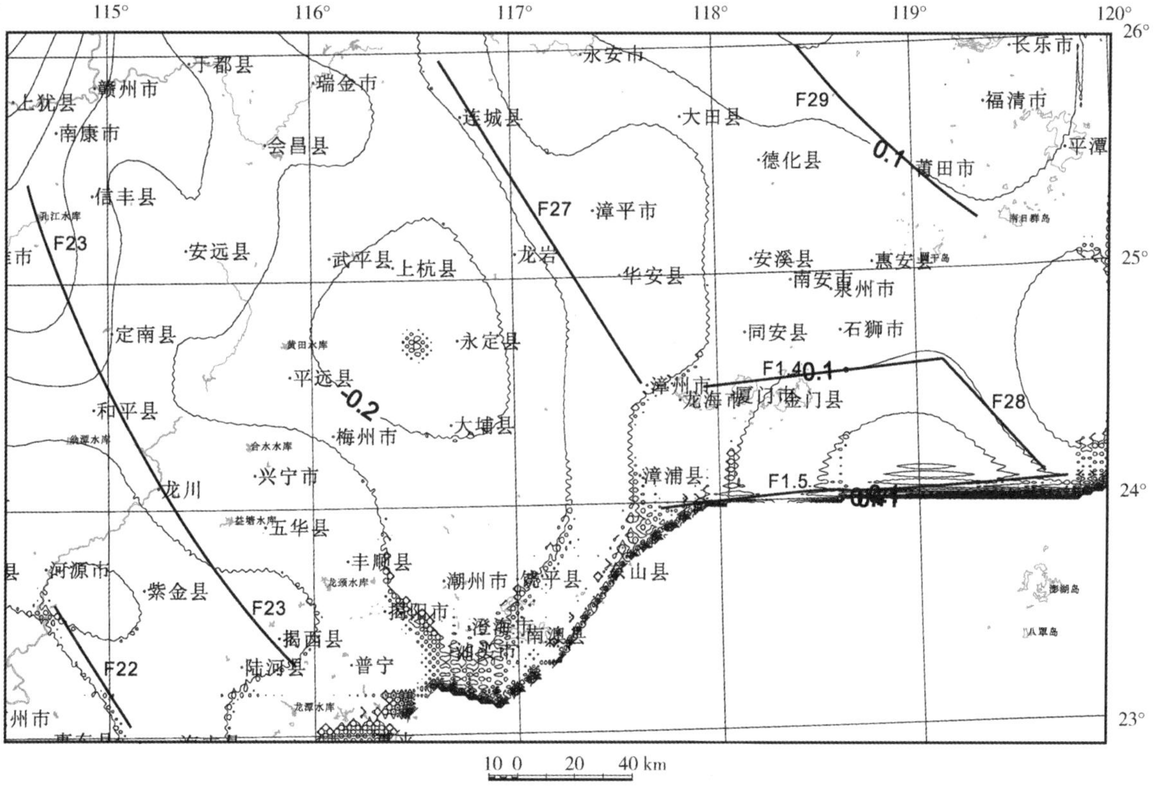

图7-3-38　粤闽赣交界地区布格重力异常上延40 km 45° 一阶方向导数等值线图

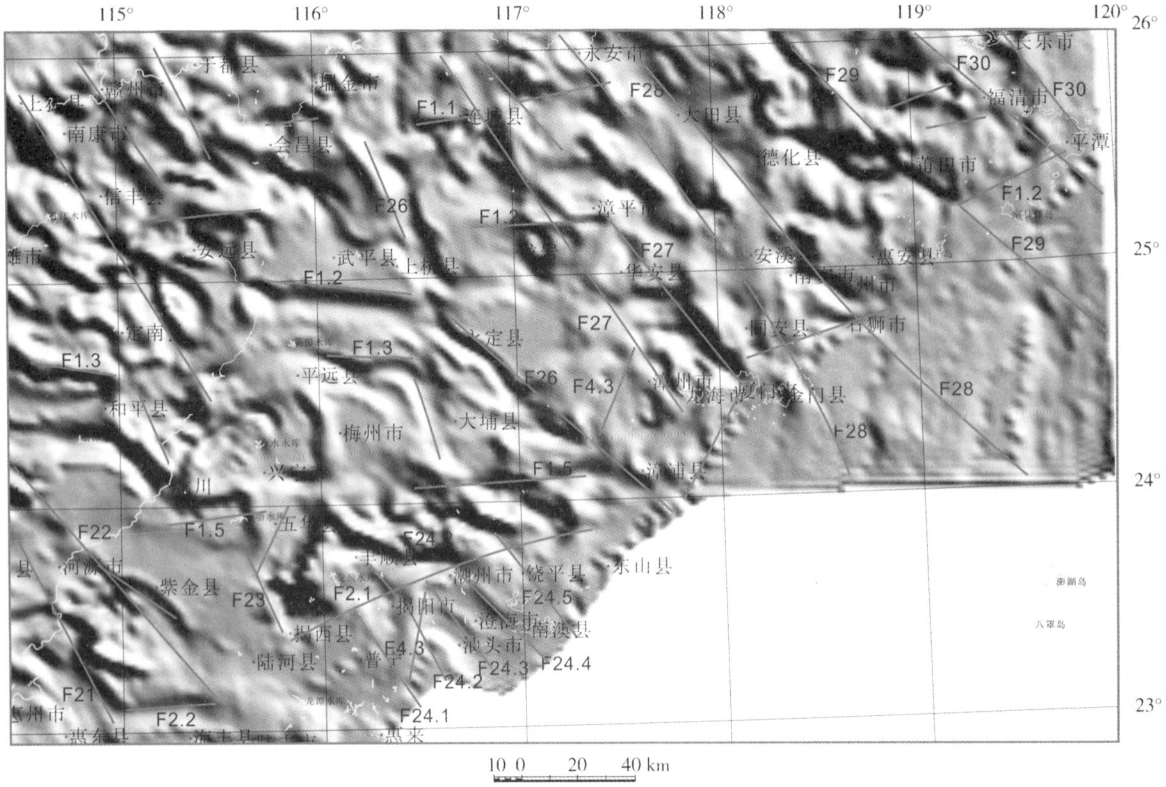

图7-3-39　粤闽赣交界地区布格重力异常45°一阶方向导数灰度图

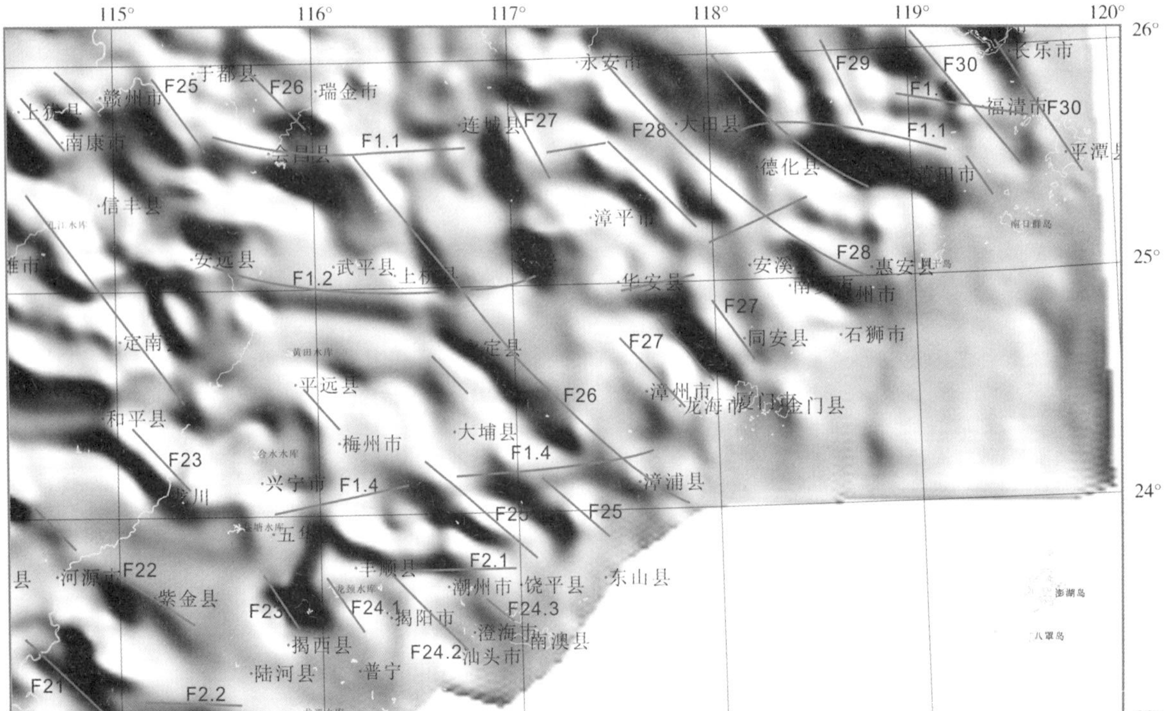

图7-3-40　粤闽赣交界地区布格重力异常上延5 km 45°一阶方向导数灰度图

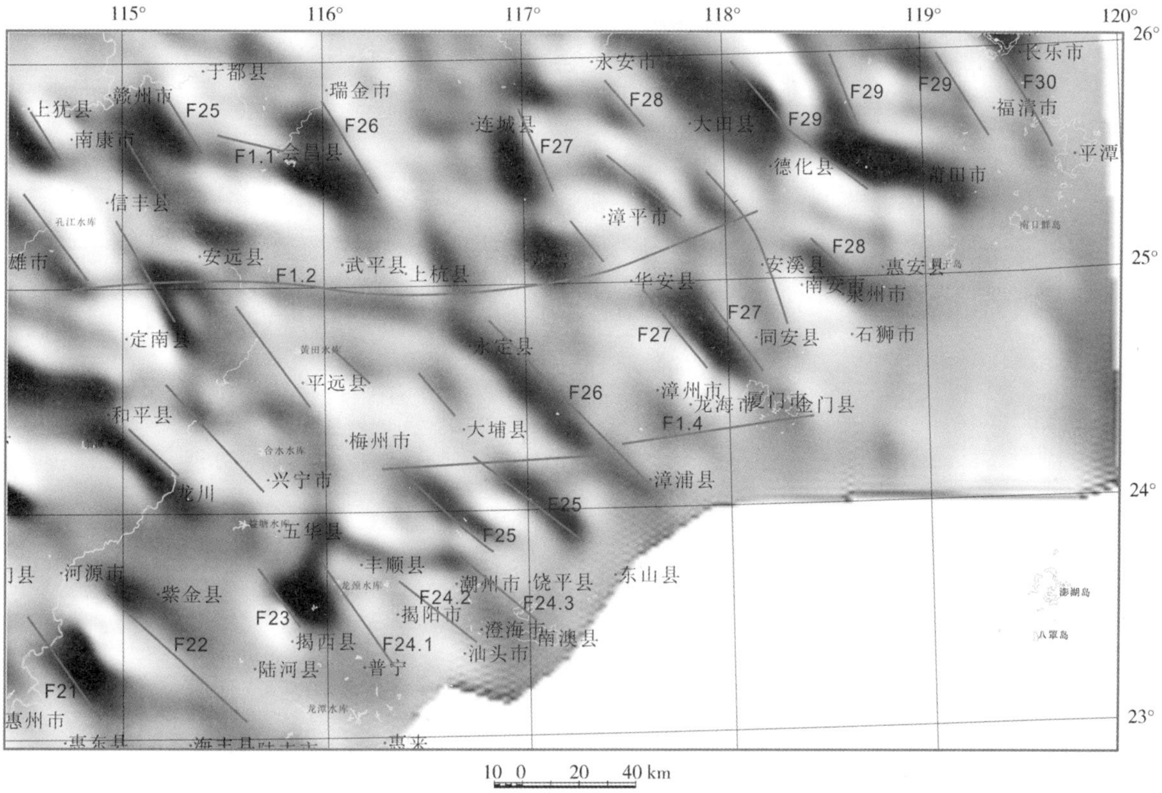

图7-3-41 粤闽赣交界地区布格重力异常上延10 km 45° 一阶方向导数灰度图

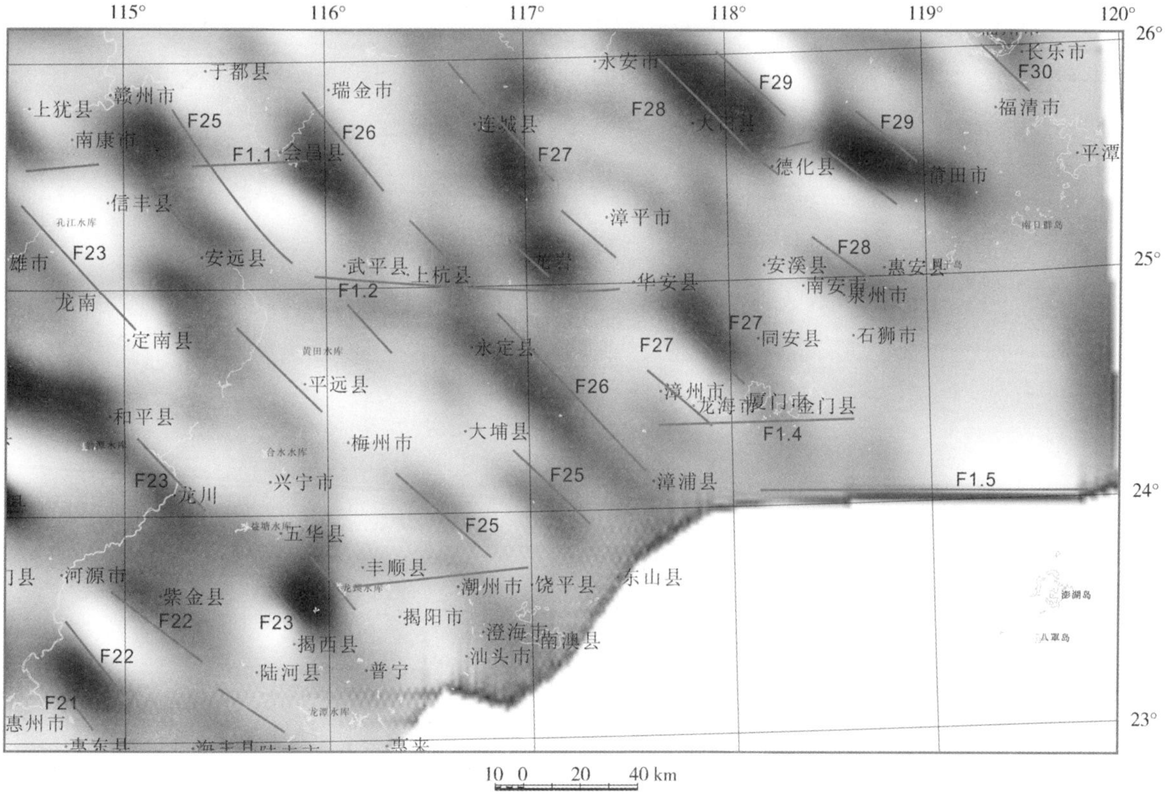

图7-3-42 粤闽赣交界地区布格重力异常上延20 km 45° 一阶方向导数灰度图

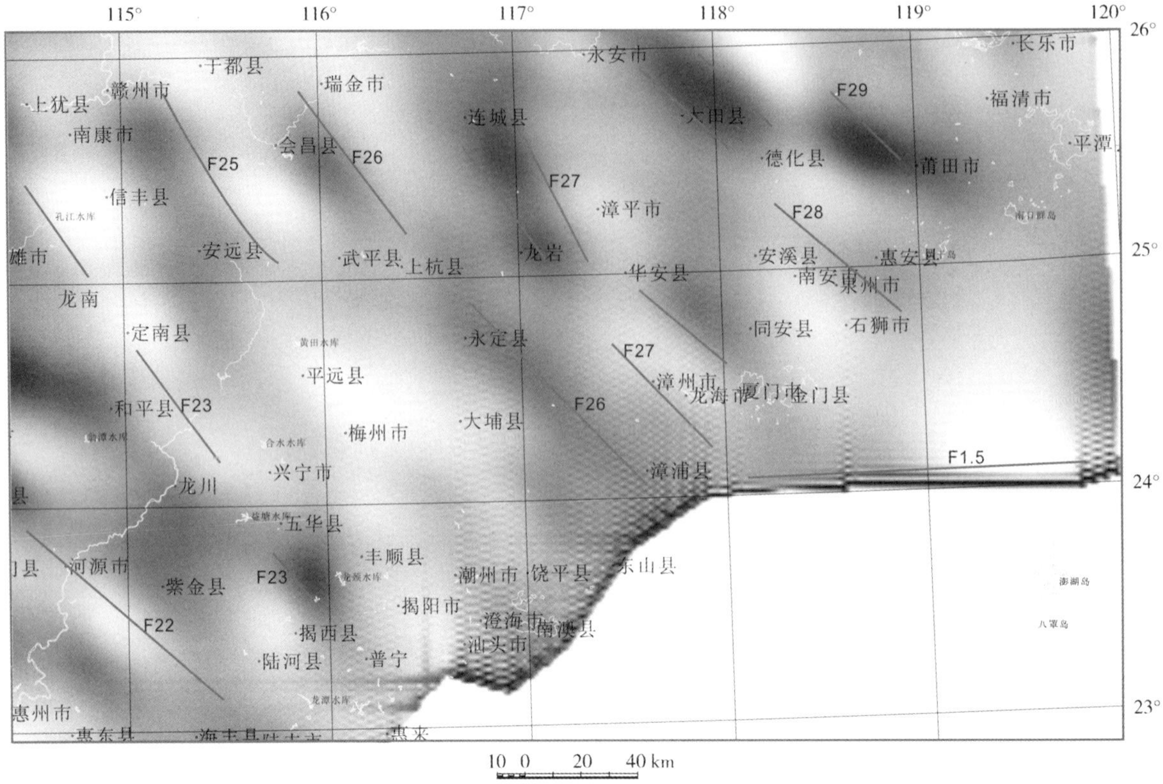

图7-3-43　粤闽赣交界地区布格重力异常上延30 km 45° 一阶方向导数灰度图

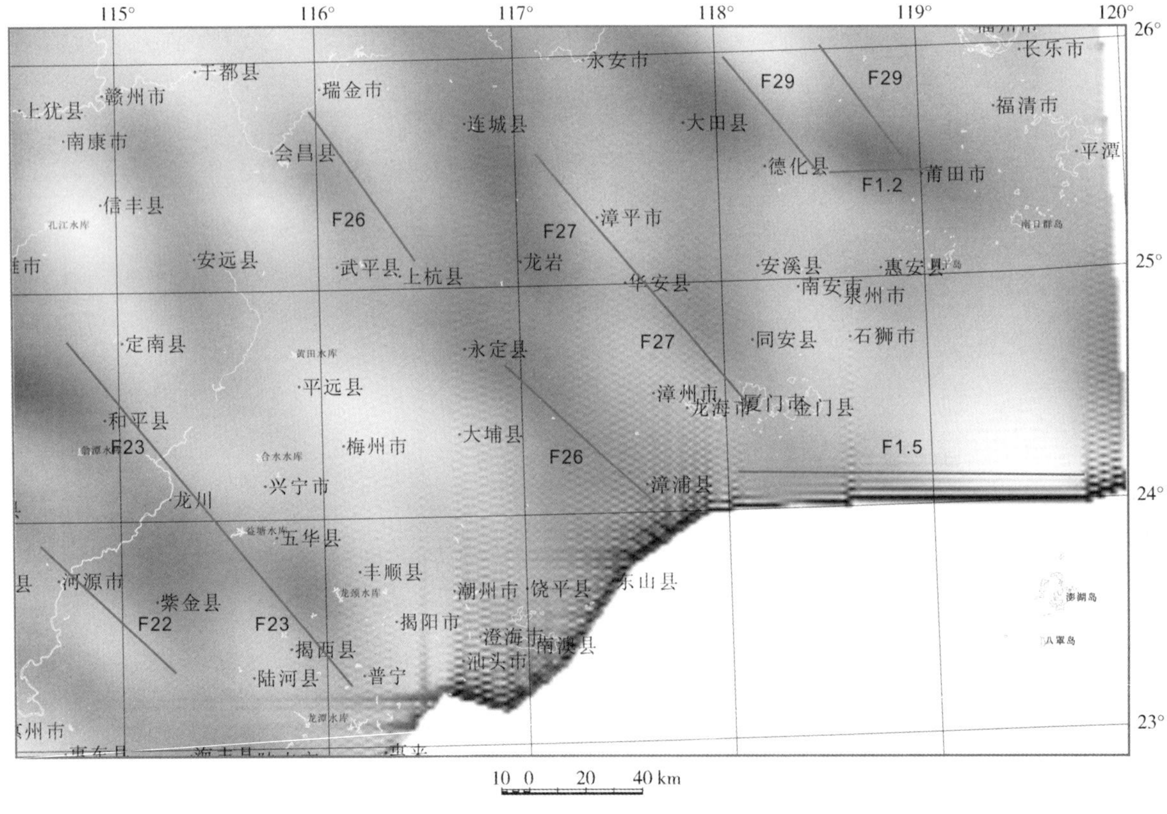

图7-3-44　粤闽赣交界地区布格重力异常上延40 km 45° 一阶方向导数灰度图

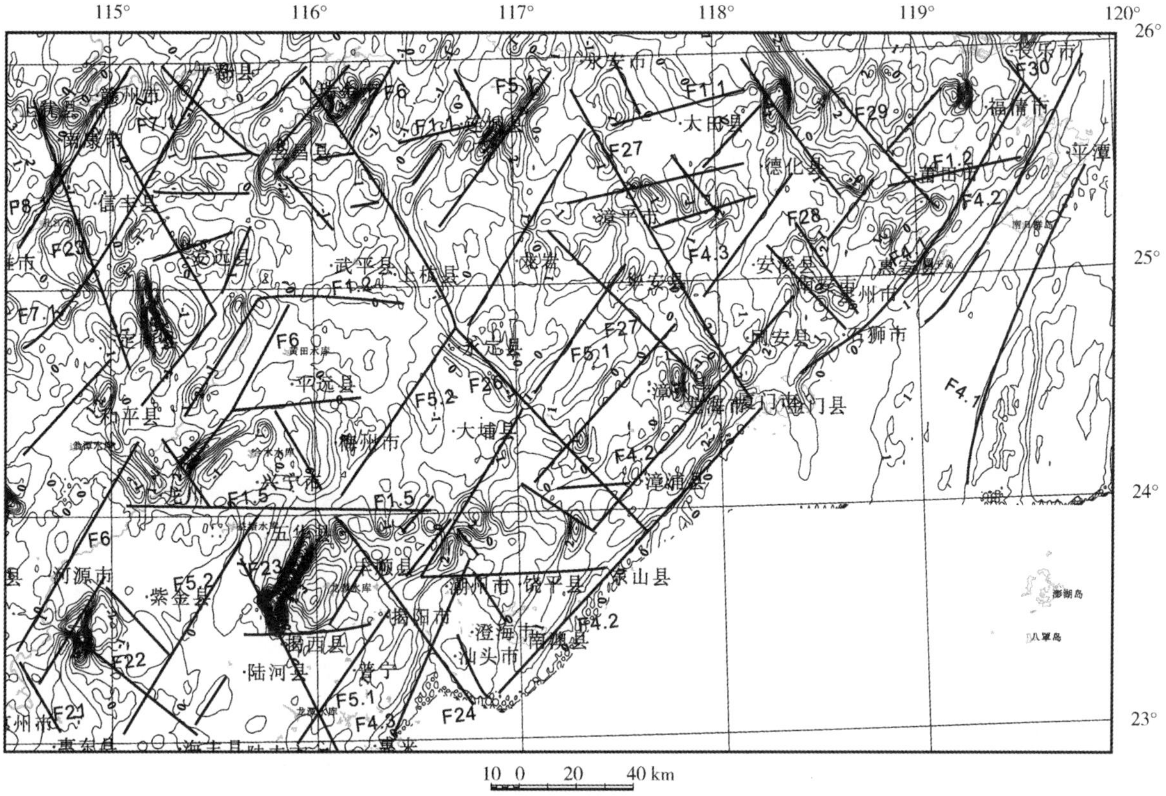

图7-3-45 粤闽赣交界地区布格重力异常90° 一阶方向导数等值线图

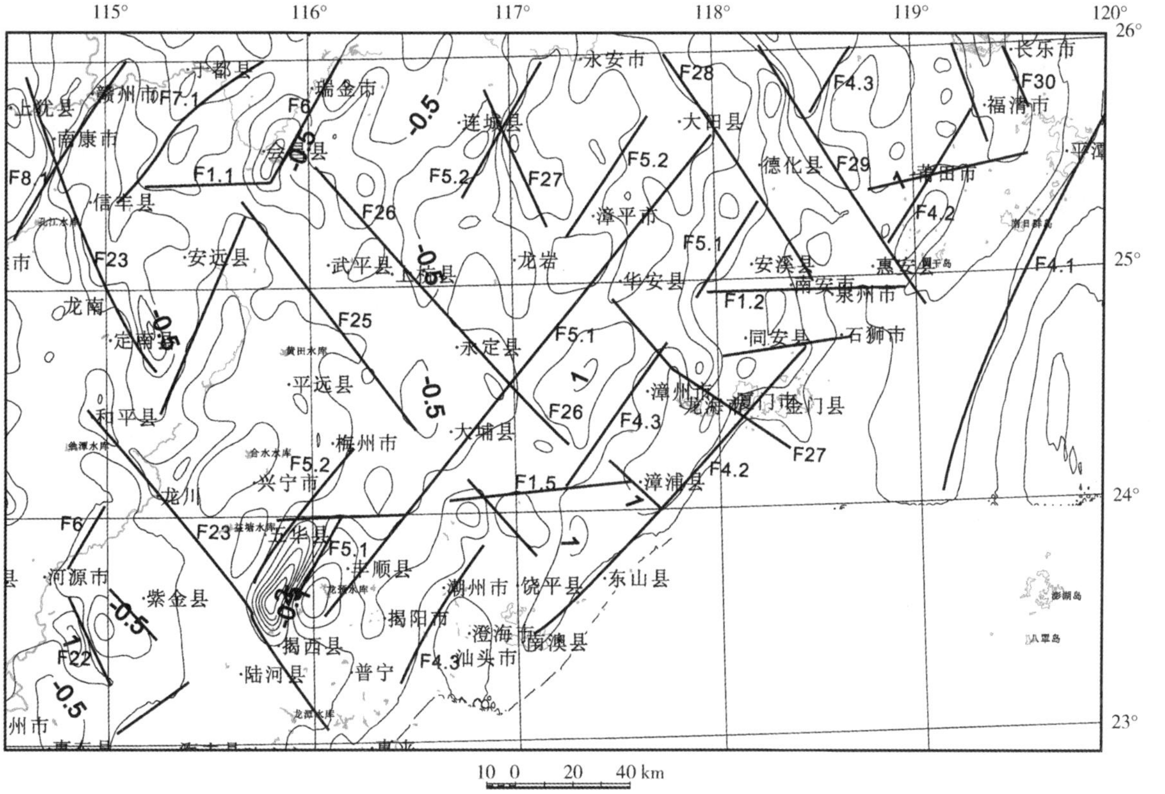

图7-3-46 粤闽赣交界地区布格重力异常上延5 km 90° 一阶方向导数等值线图

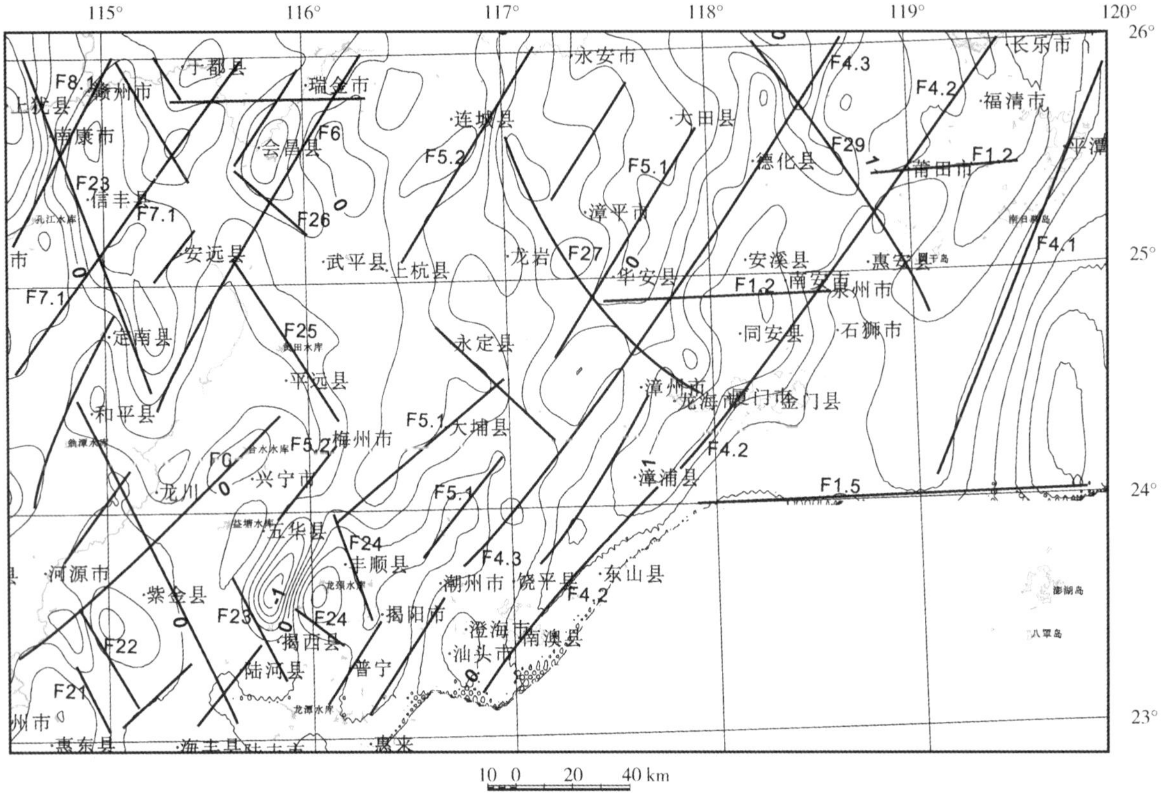

图7-3-47　粤闽赣交界地区布格重力异常上延10 km 90° 一阶方向导数等值线图

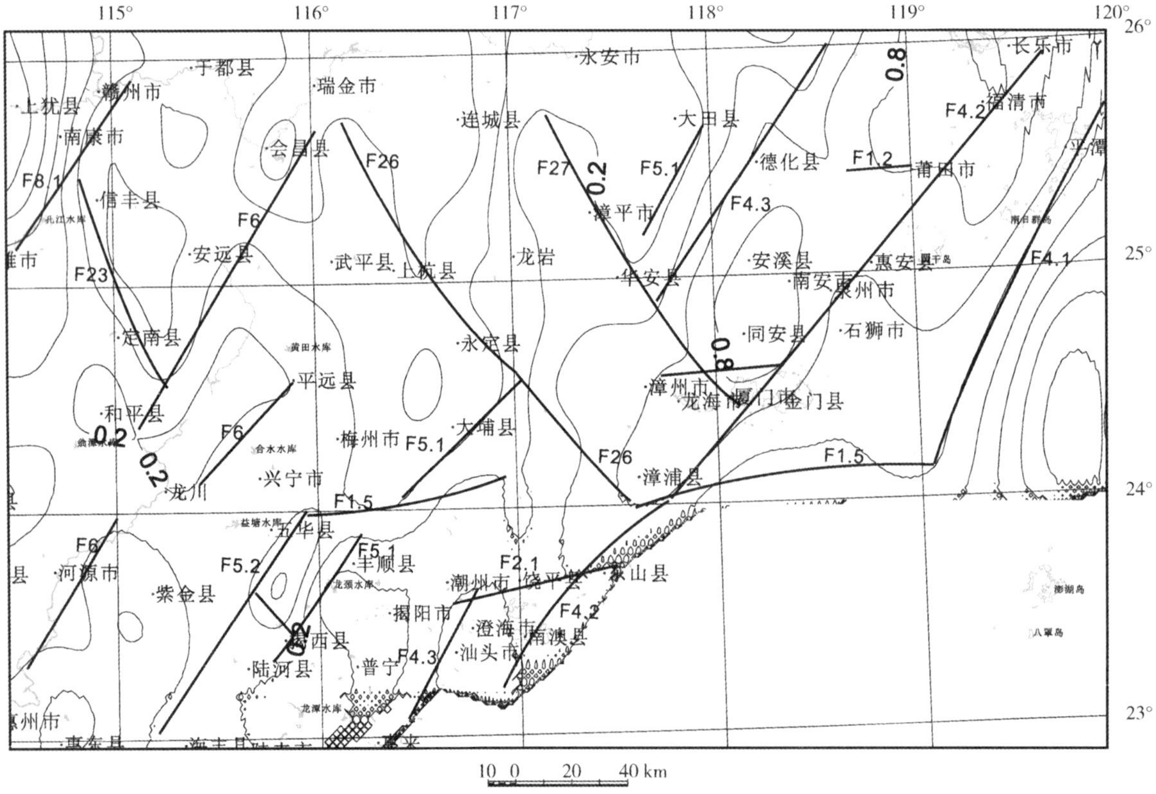

图7-3-48　粤闽赣交界地区布格重力异常上延20 km 90° 一阶方向导数等值线图

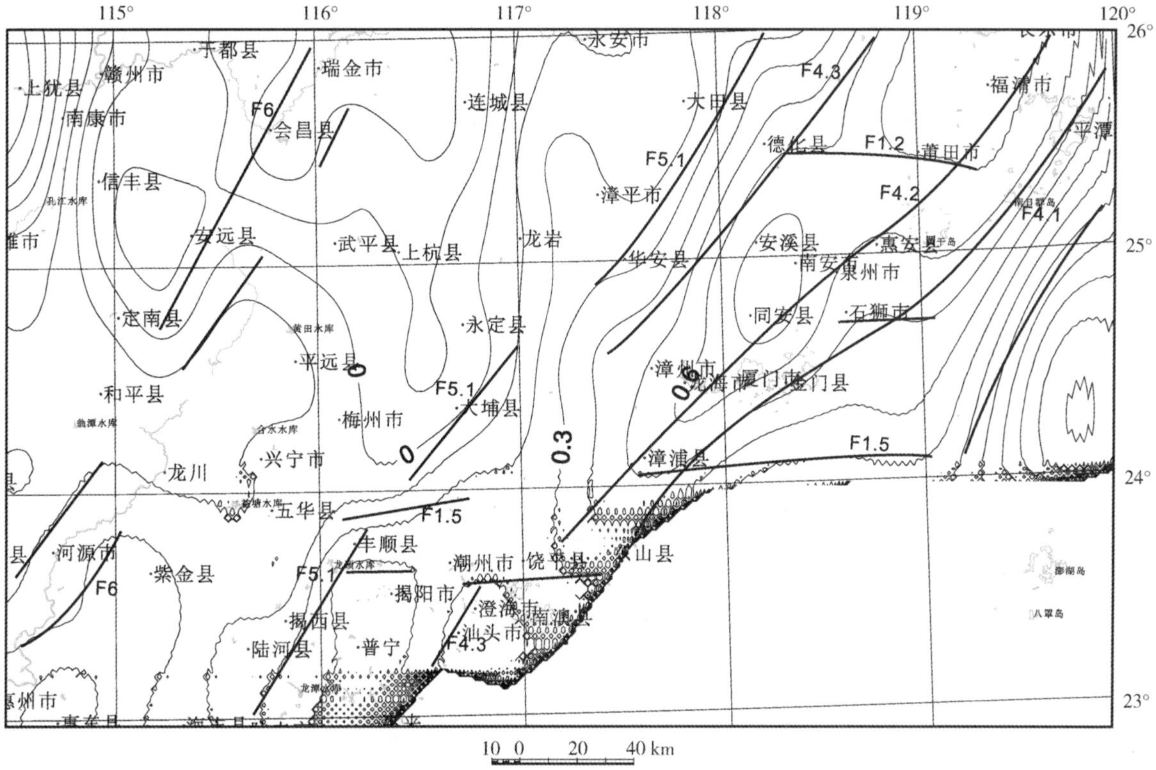

图7-3-49 粤闽赣交界地区布格重力异常上延30 km 90° 一阶方向导数等值线图

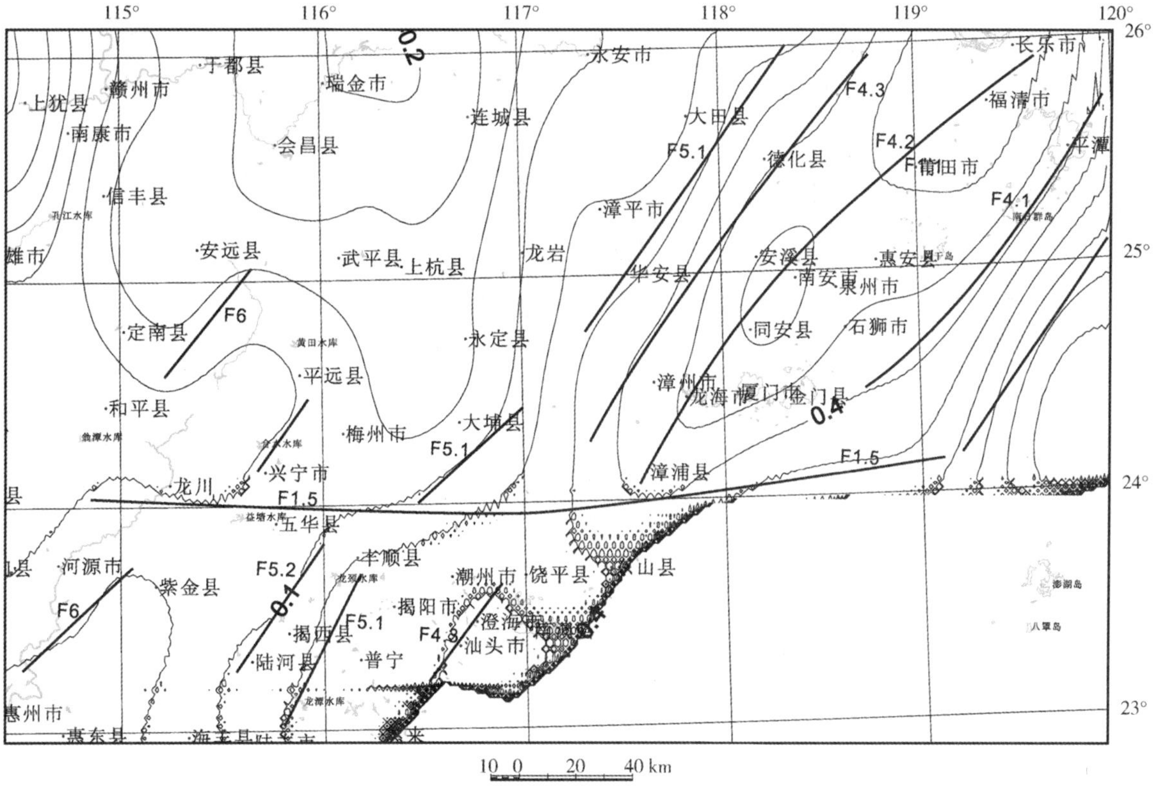

图7-3-50 粤闽赣交界地区布格重力异常上延40 km 90° 一阶方向导数等值线图

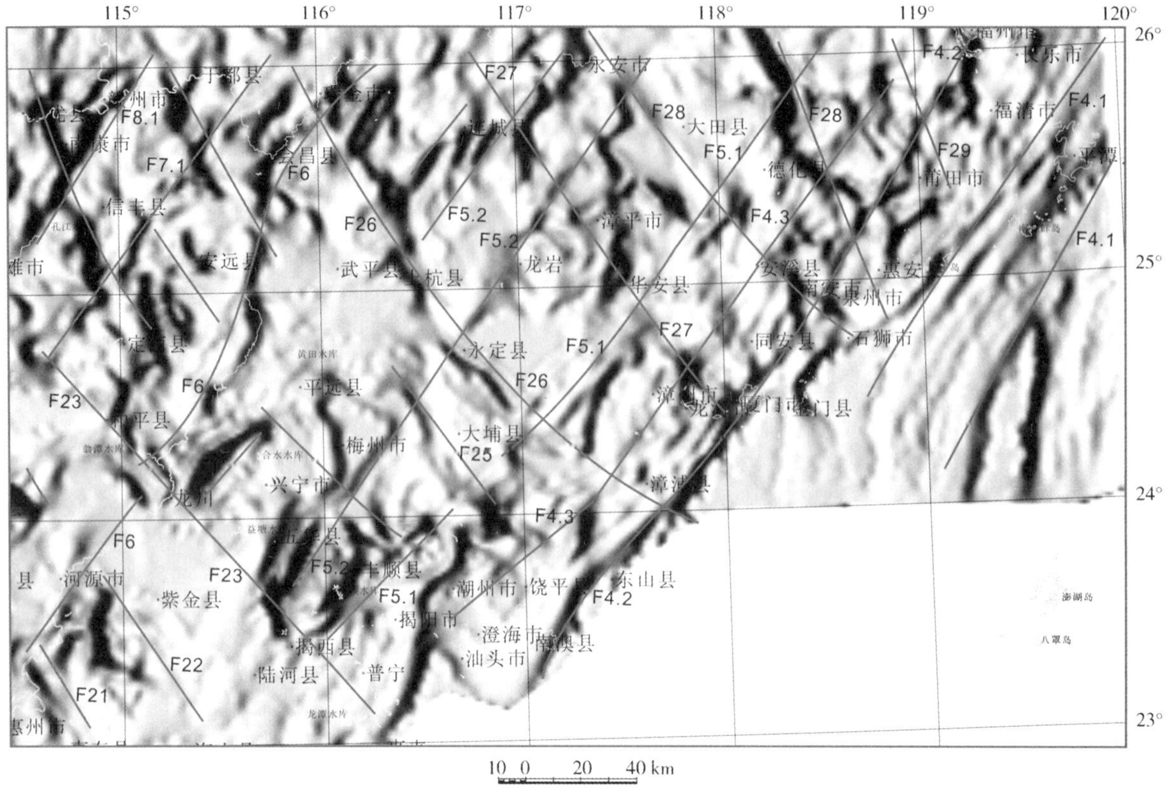

图7-3-51　粤闽赣交界地区布格重力异常90°一阶方向导数灰度图

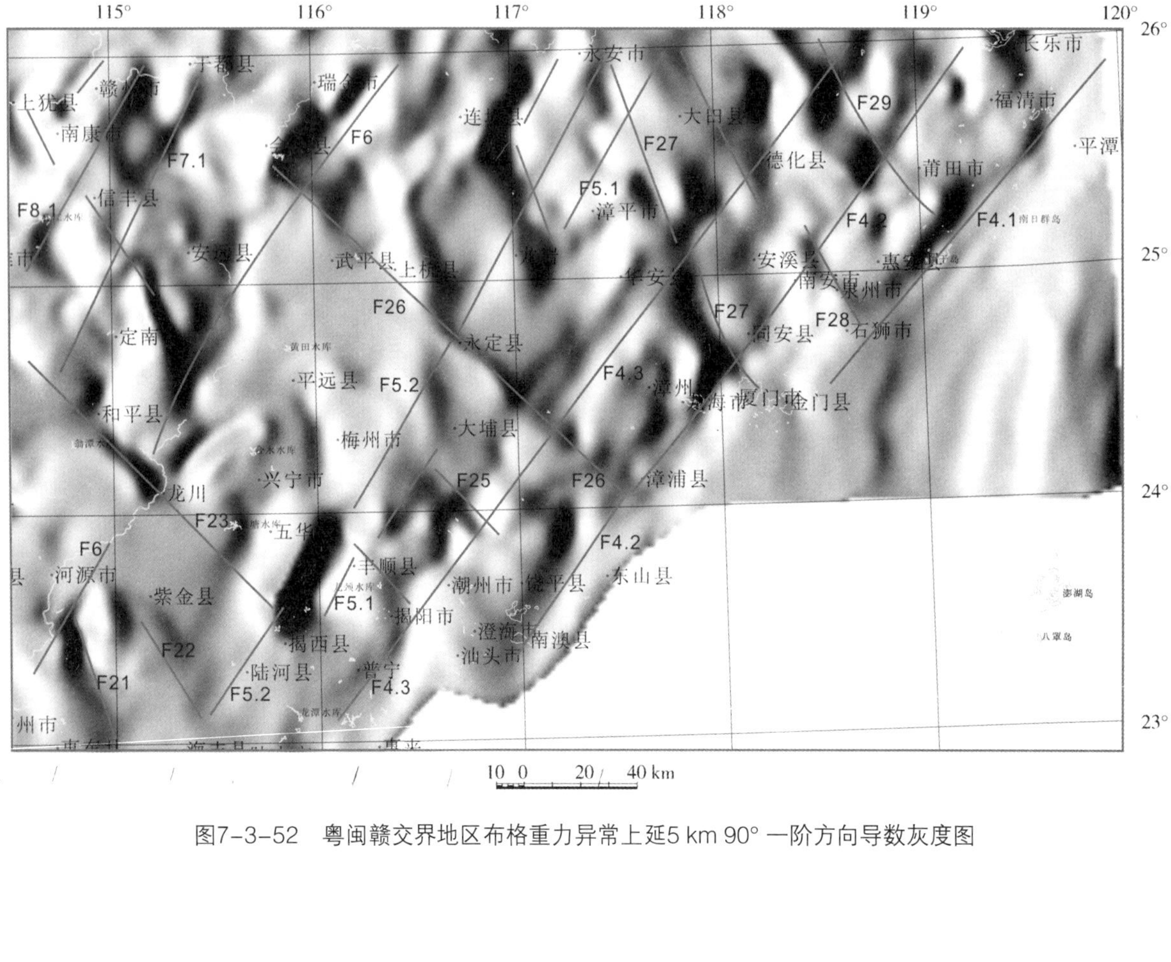

图7-3-52　粤闽赣交界地区布格重力异常上延5 km 90°一阶方向导数灰度图

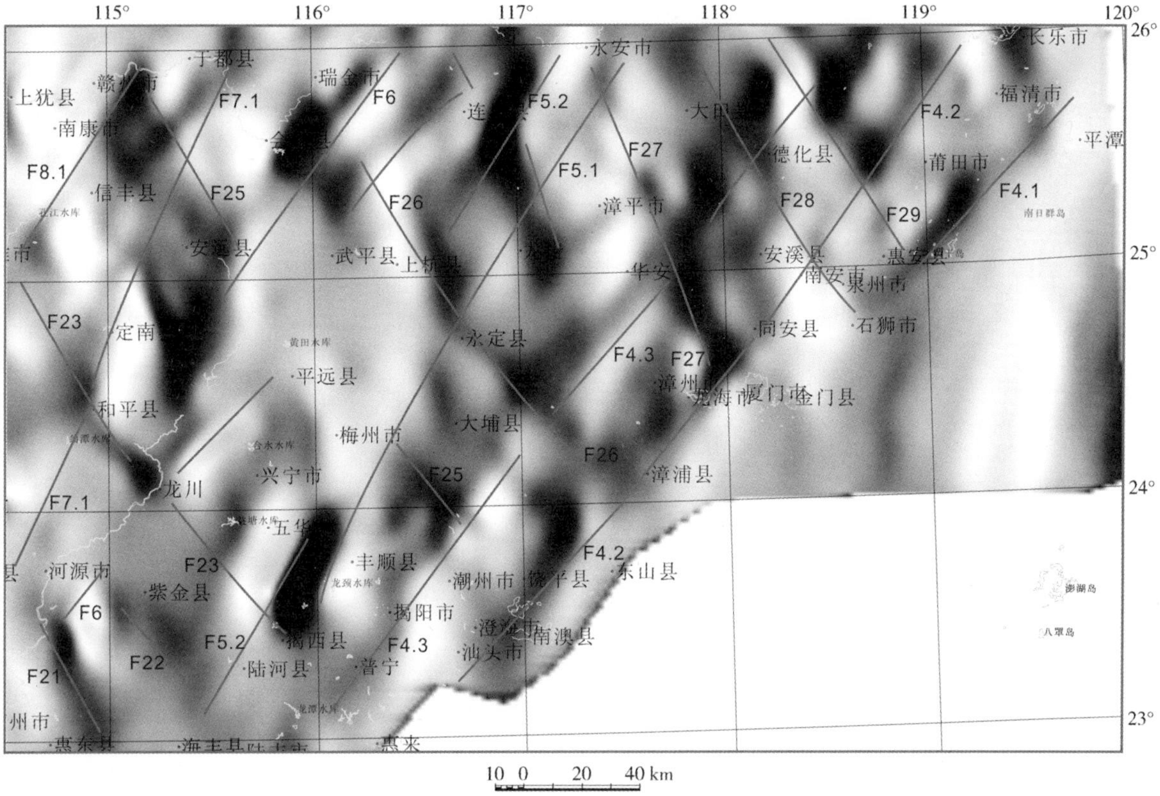

图7-3-53　粤闽赣交界地区布格重力异常上延10 km 90° 一阶方向导数灰度图

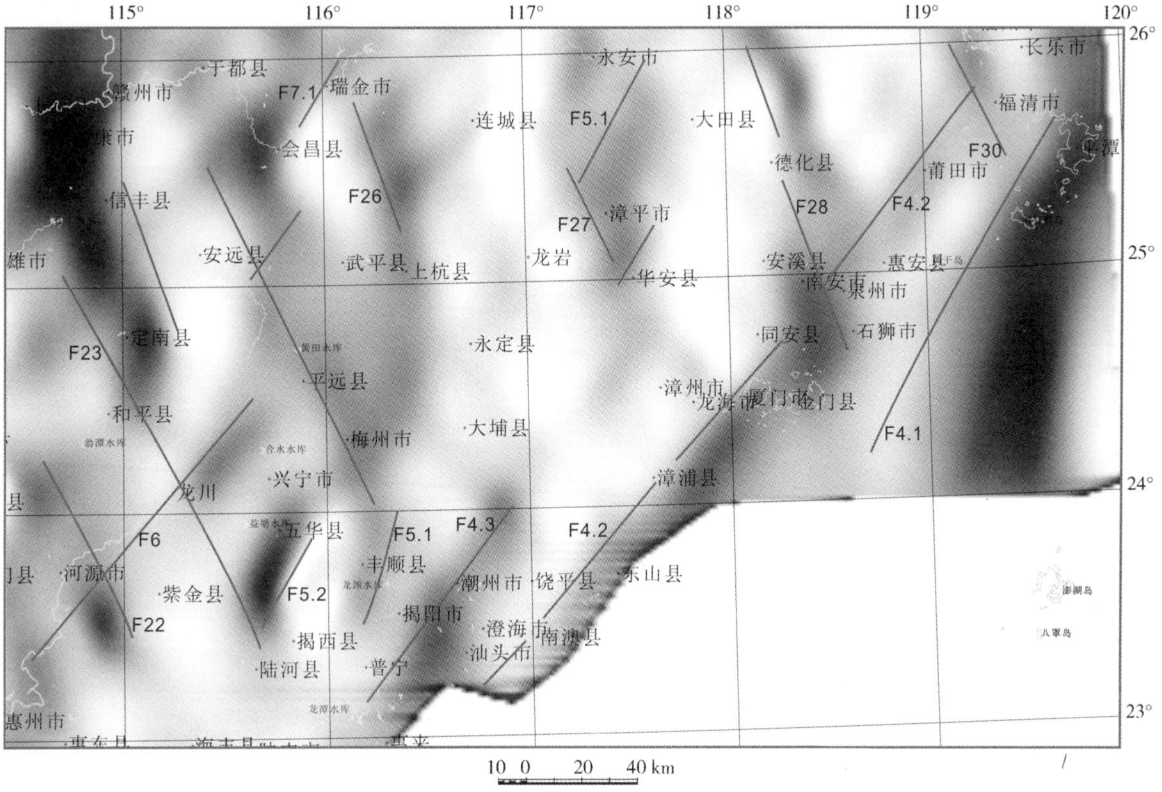

图7-3-54　粤闽赣交界地区布格重力异常上延20 km 90° 一阶方向导数灰度图

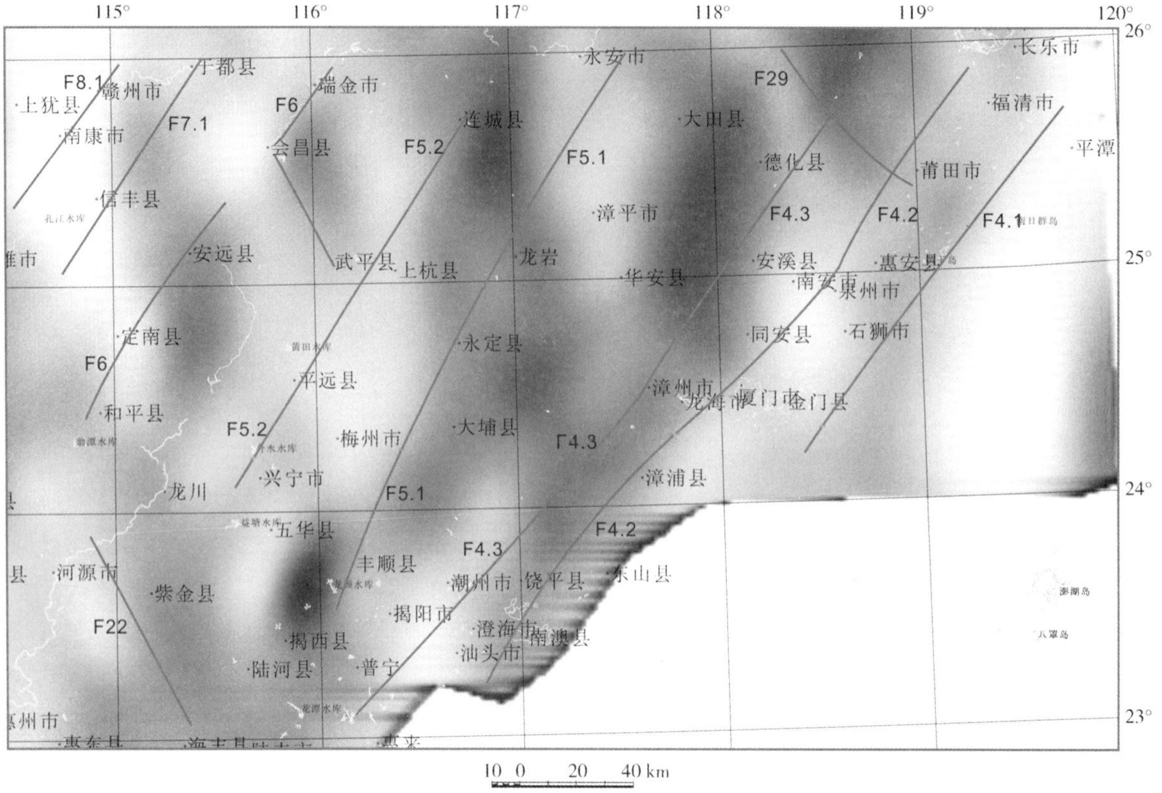

图7-3-55 粤闽赣交界地区布格重力异常上延30 km 90° 一阶方向导数灰度图

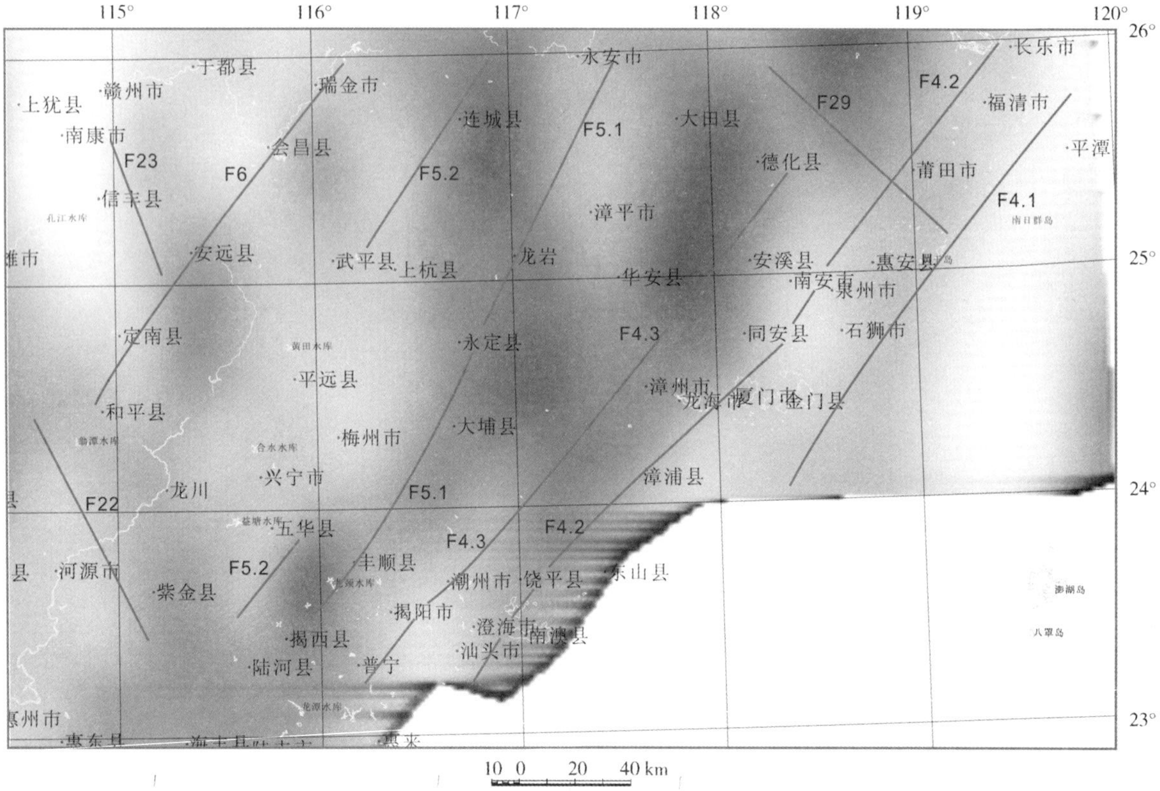

图7-3-56 粤闽赣交界地区布格重力异常上延40 km 90° 一阶方向导数灰度图

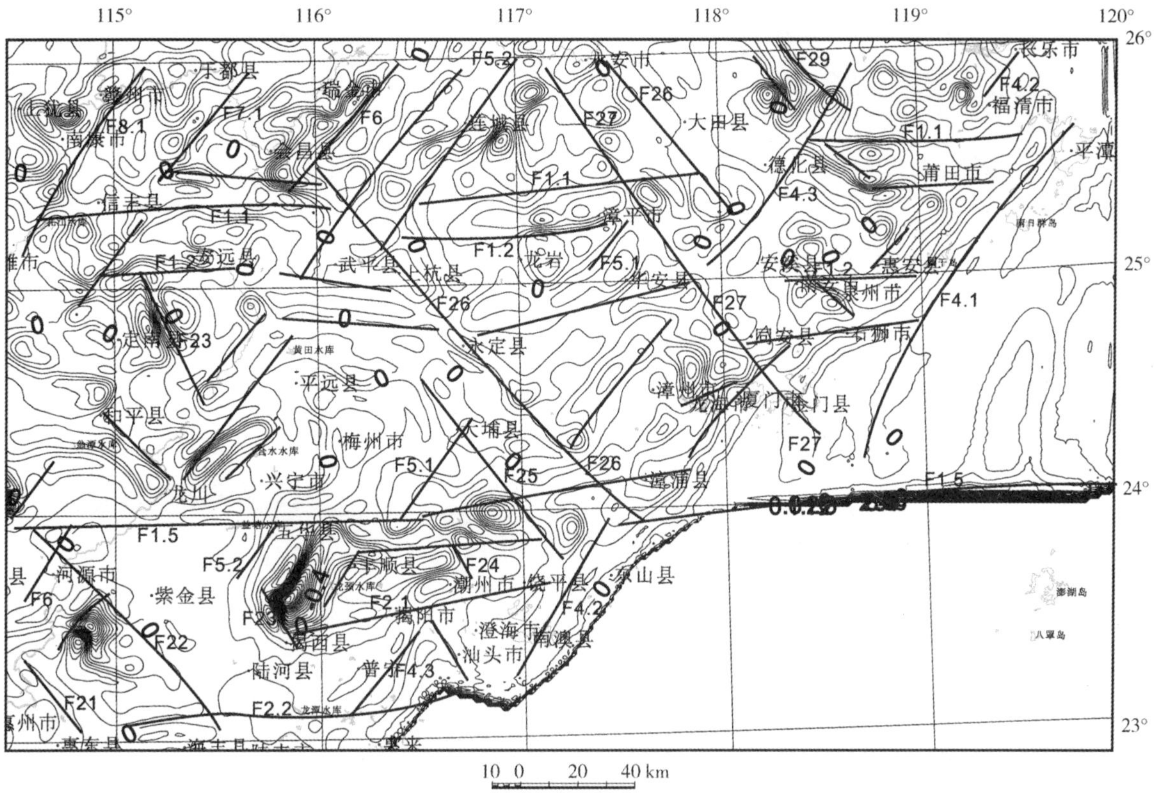

图7-3-57 粤闽赣交界地区布格重力异常垂向二阶导数等值线图

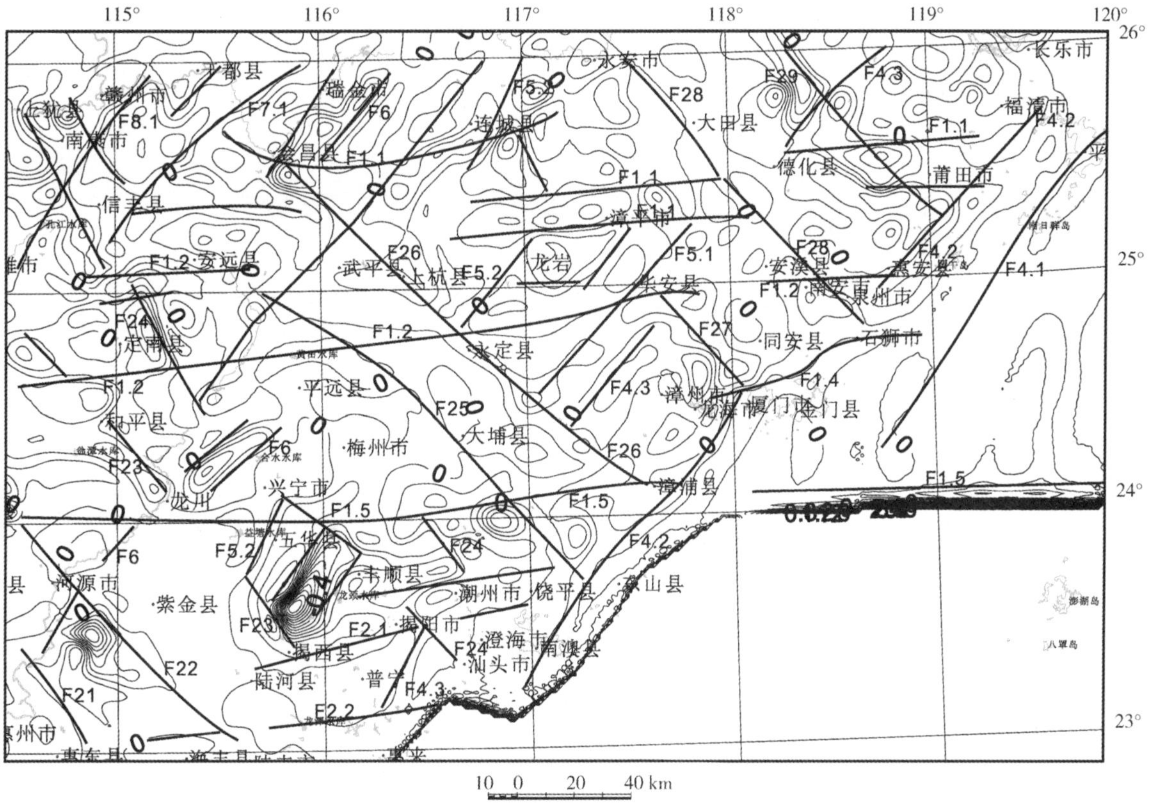

图7-3-58 粤闽赣交界地区布格重力异常上延5 km垂向二阶导数等值线图

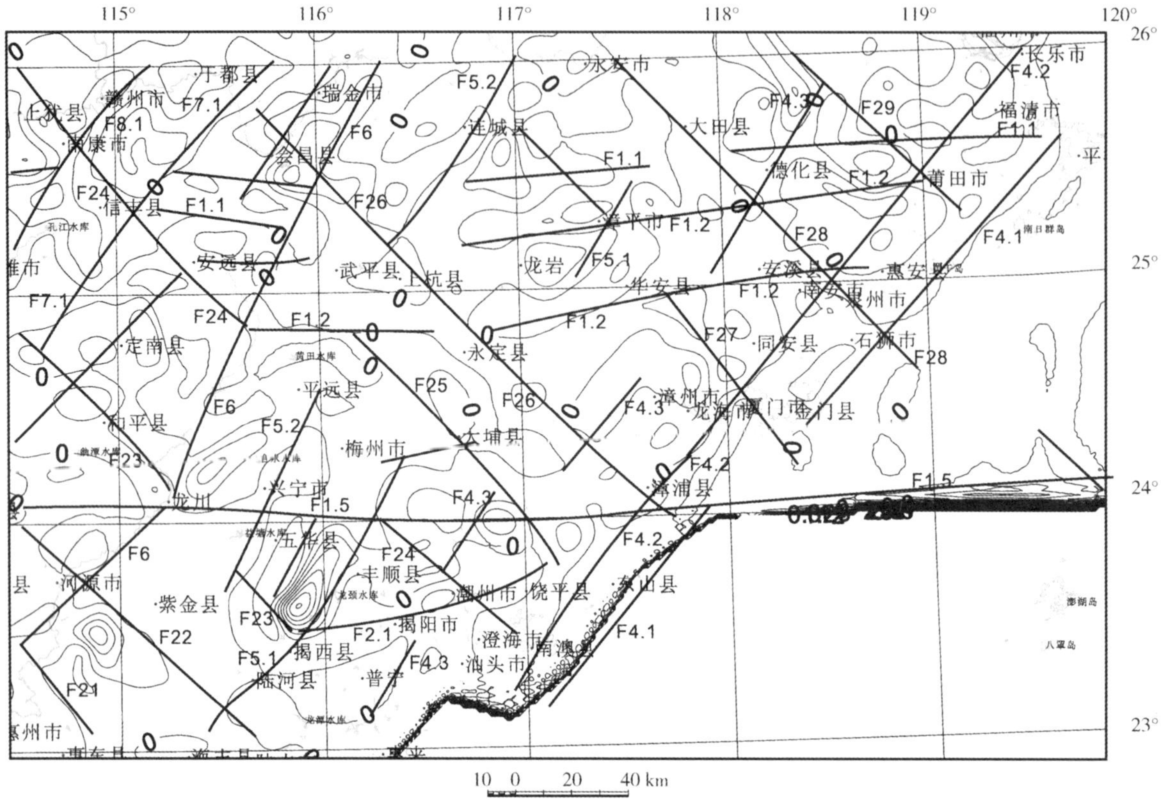

图7-3-59　粤闽赣交界地区布格重力异常上延10 km垂向二阶导数等值线图

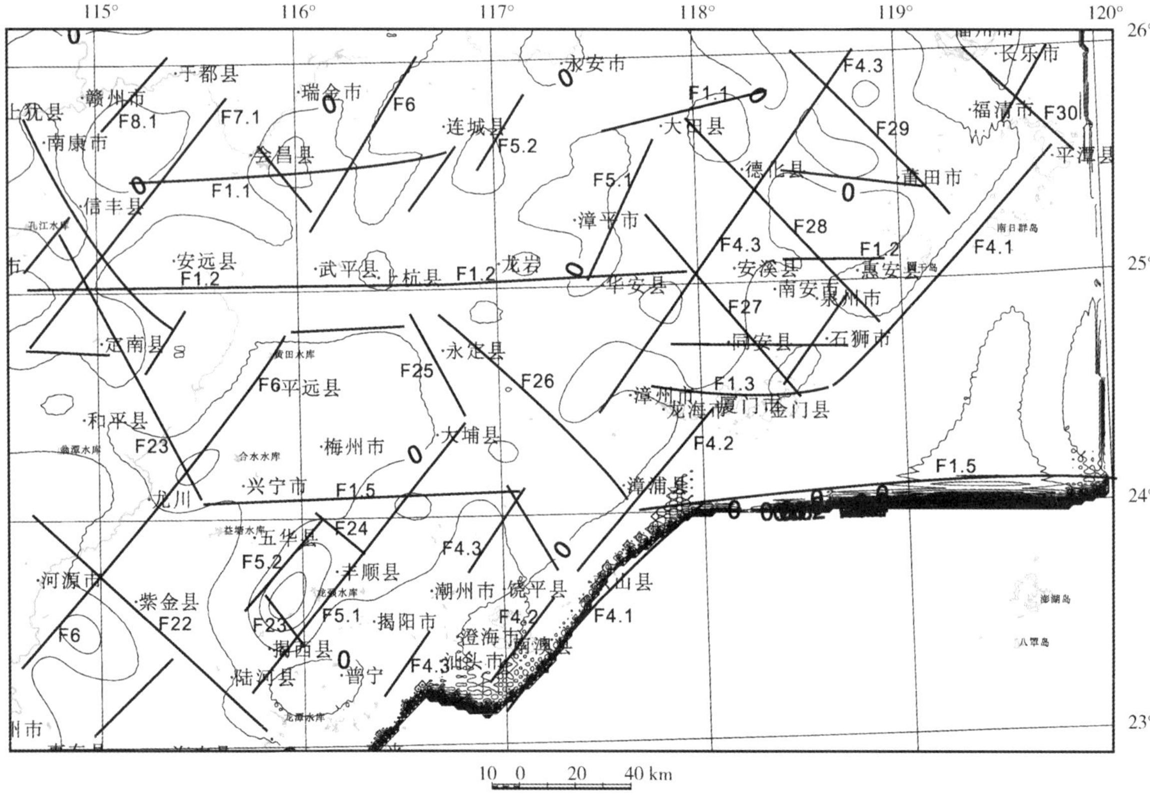

图7-3-60　粤闽赣交界地区布格重力异常上延20 km垂向二阶导数等值线图

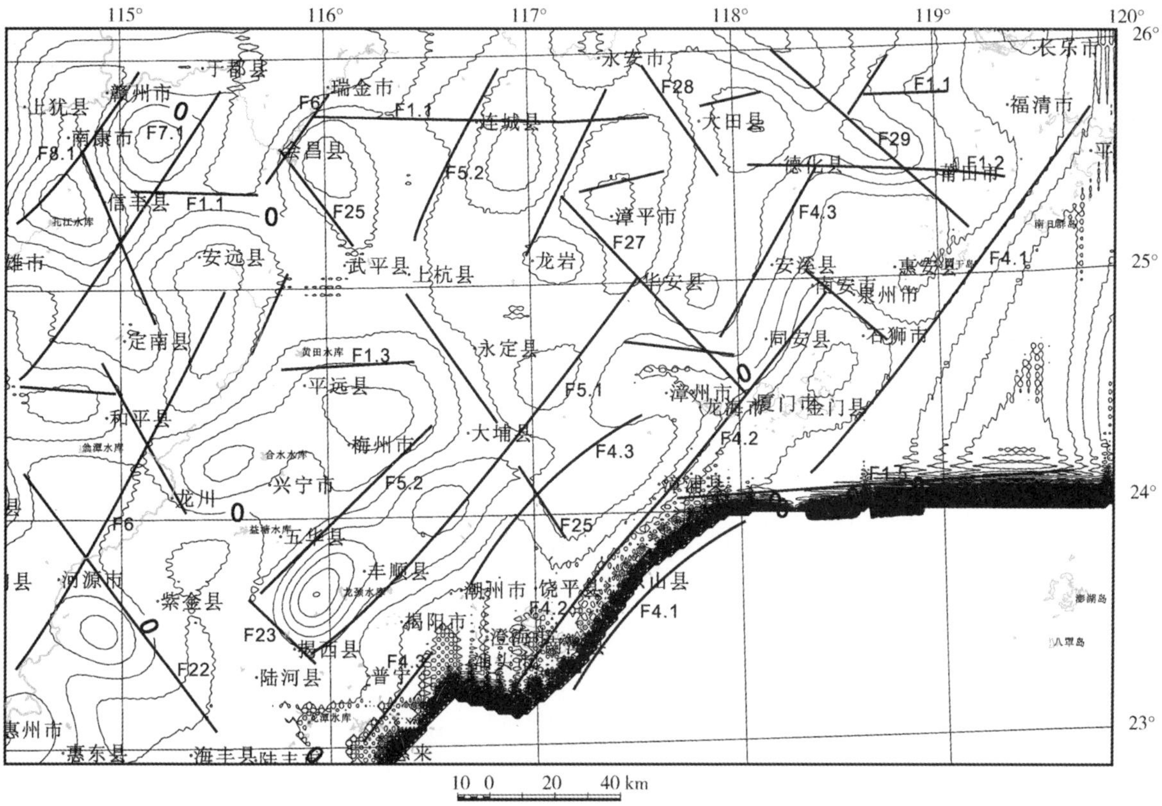

图7-3-61　粤闽赣交界地区布格重力异常上延30 km垂向二阶导数等值线图

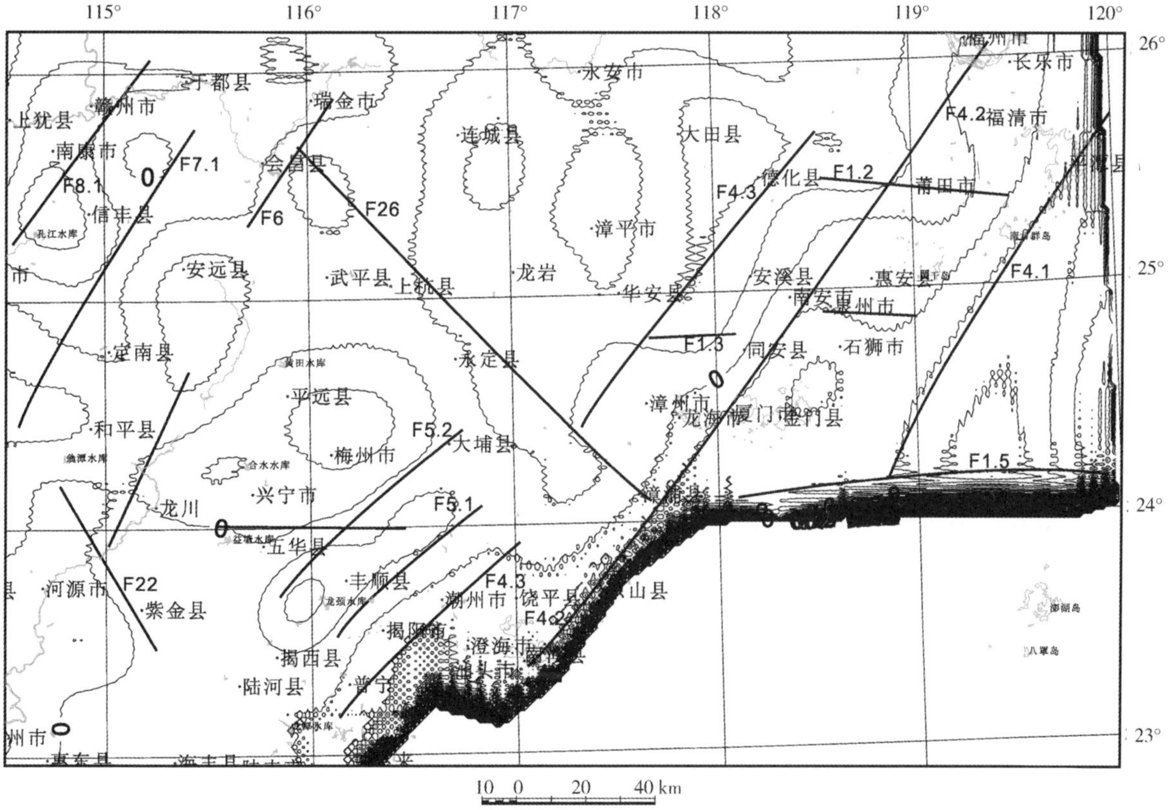

图7-3-62　粤闽赣交界地区布格重力异常上延40 km垂向二阶导数等值线图

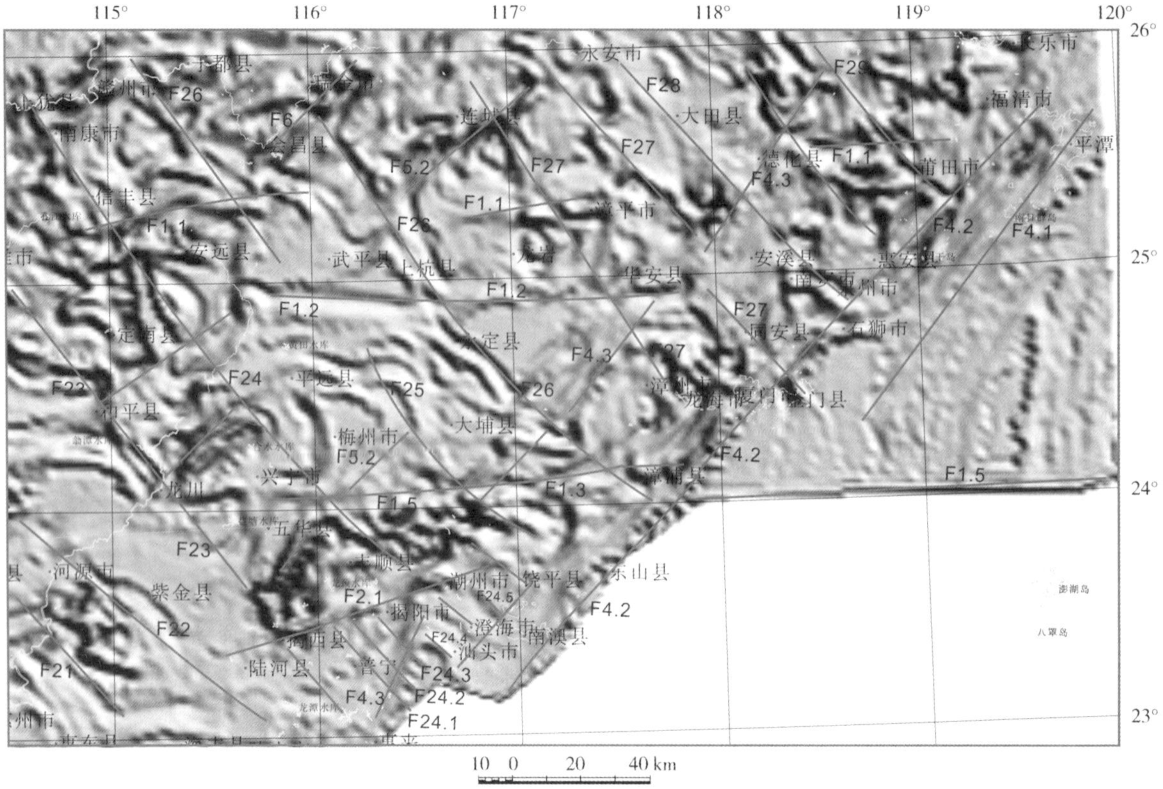

图7-3-63　粤闽赣交界地区布格重力异常垂向二阶导数灰度图

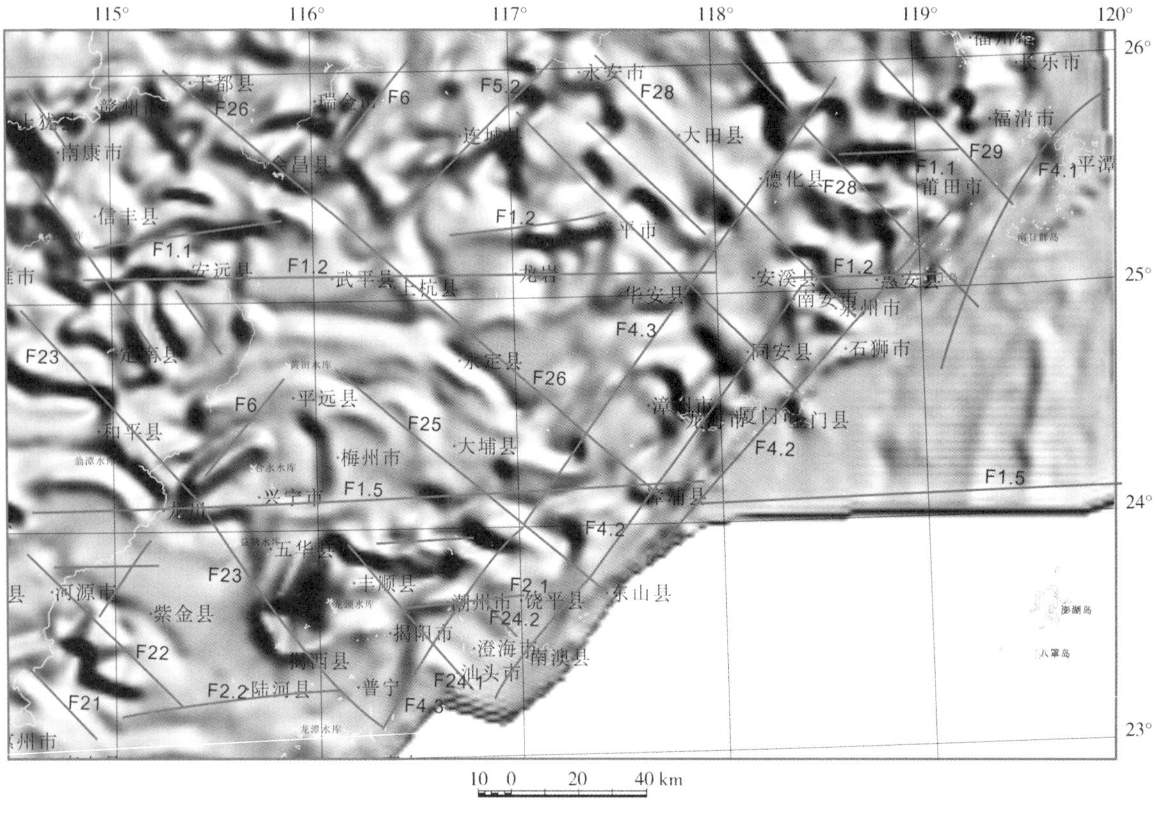

图7-3-64　粤闽赣交界地区布格重力异常上延5 km垂向二阶导数灰度图

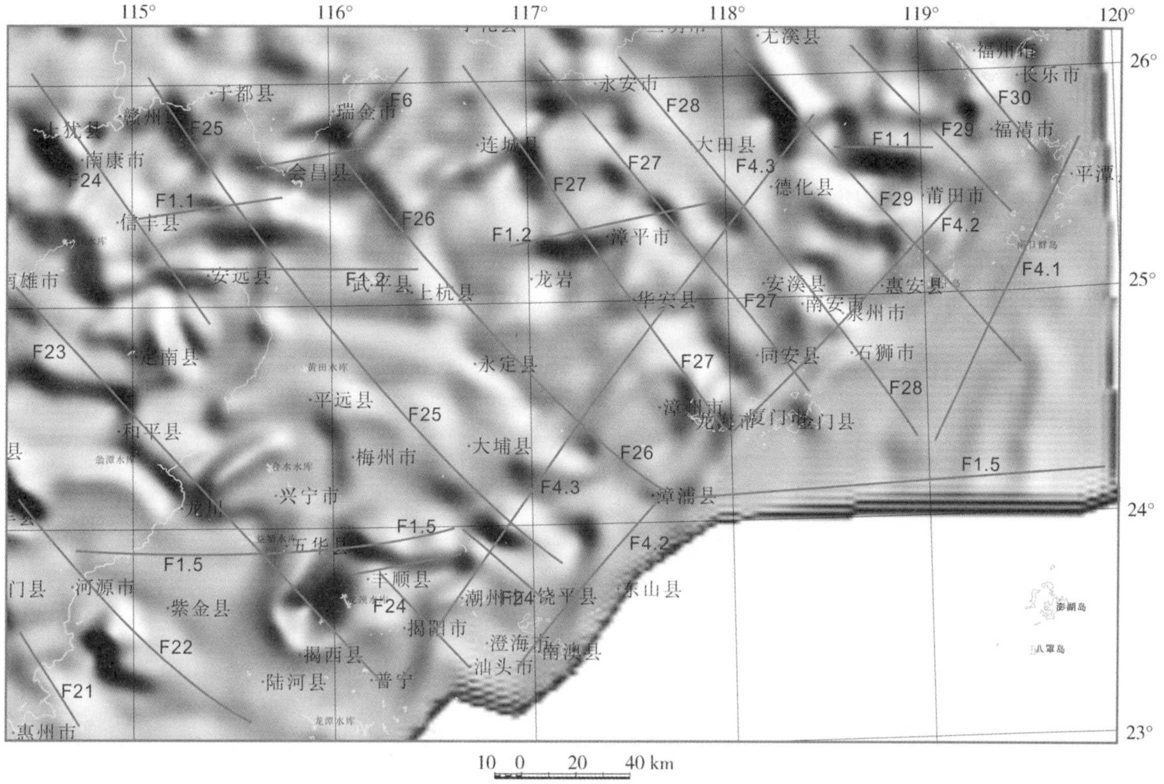

图7-3-65 粤闽赣交界地区布格重力异常上延10 km垂向二阶导数灰度图

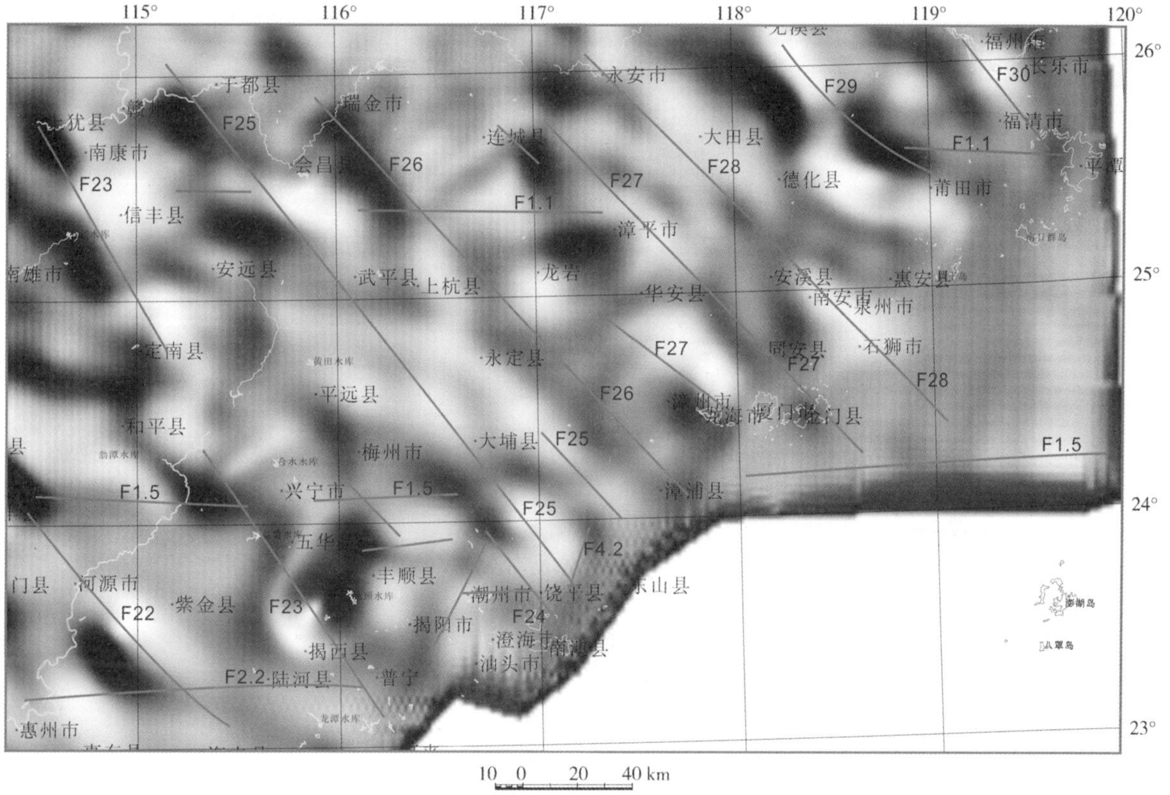

图7-3-66 粤闽赣交界地区布格重力异常上延20 km垂向二阶导数灰度图

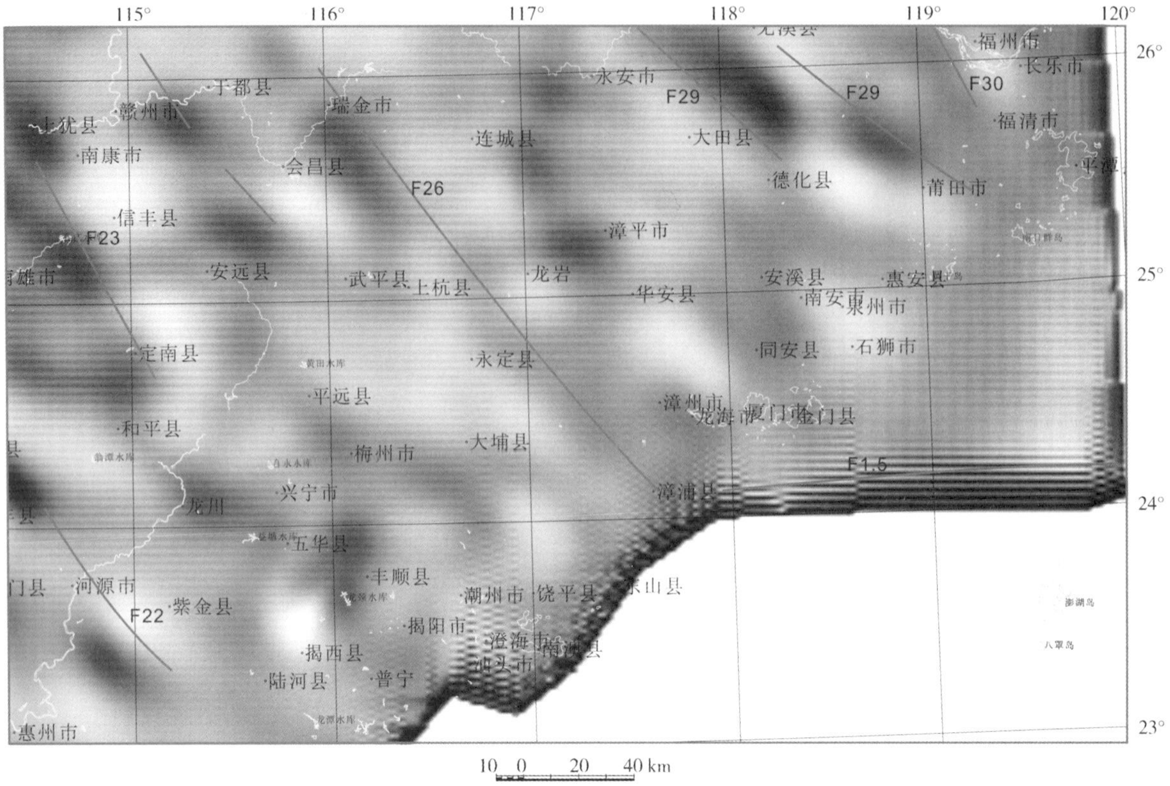

图7-3-67　粤闽赣交界地区布格重力异常上延30 km垂向二阶导数灰度图

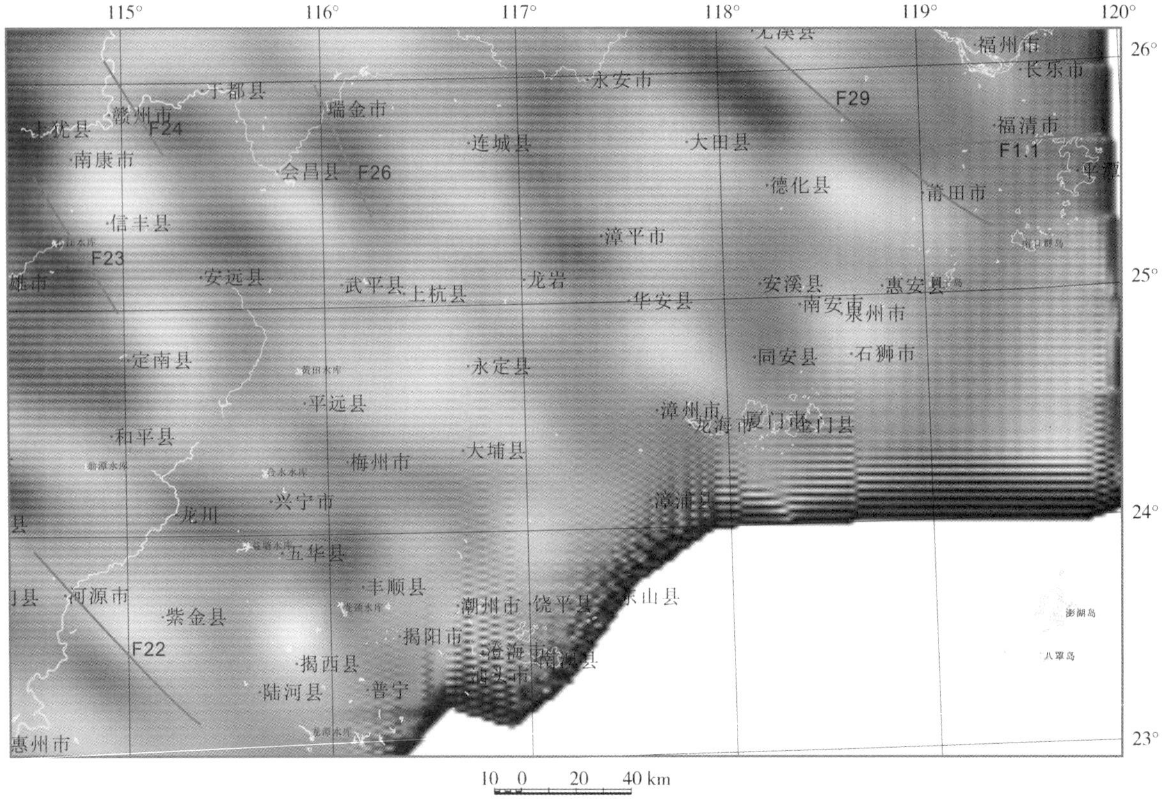

图7-3-68　粤闽赣交界地区布格重力异常上延40 km垂向二阶导数灰度图

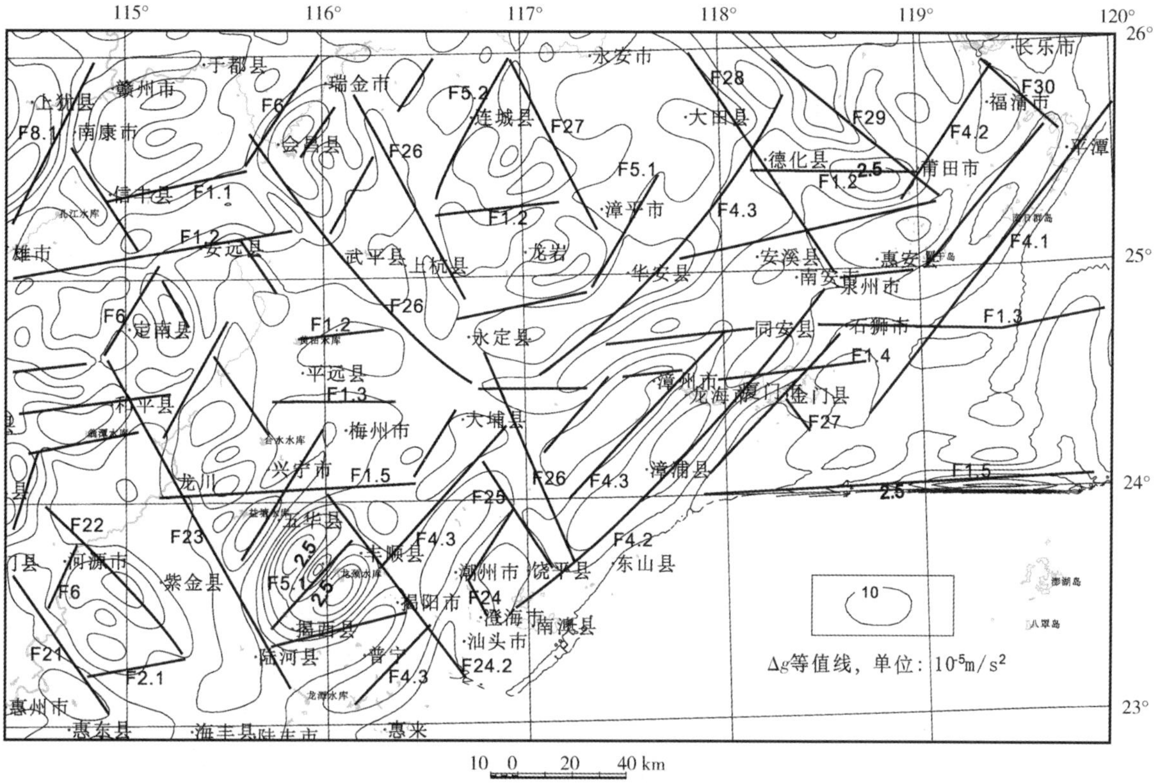

图7-3-69 粤闽赣交界地区布格异常水平总梯度模等值线图

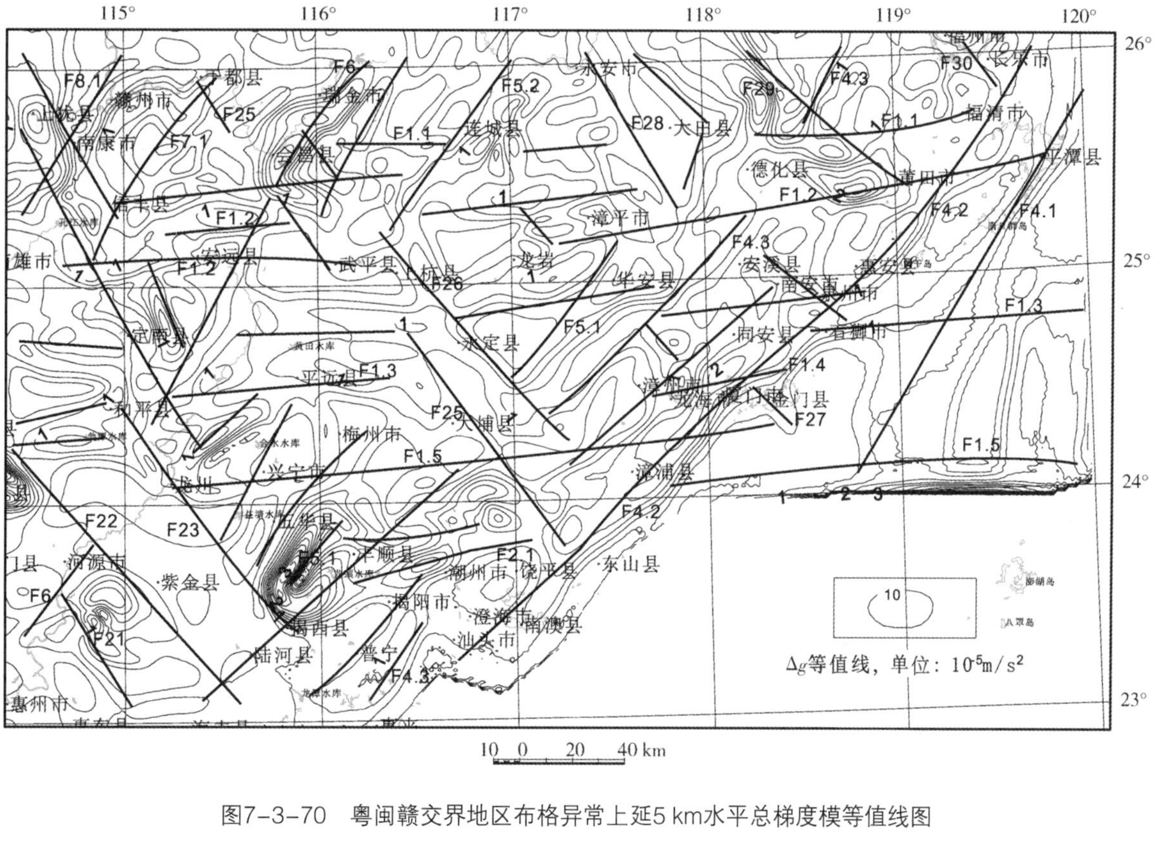

图7-3-70 粤闽赣交界地区布格异常上延5 km水平总梯度模等值线图

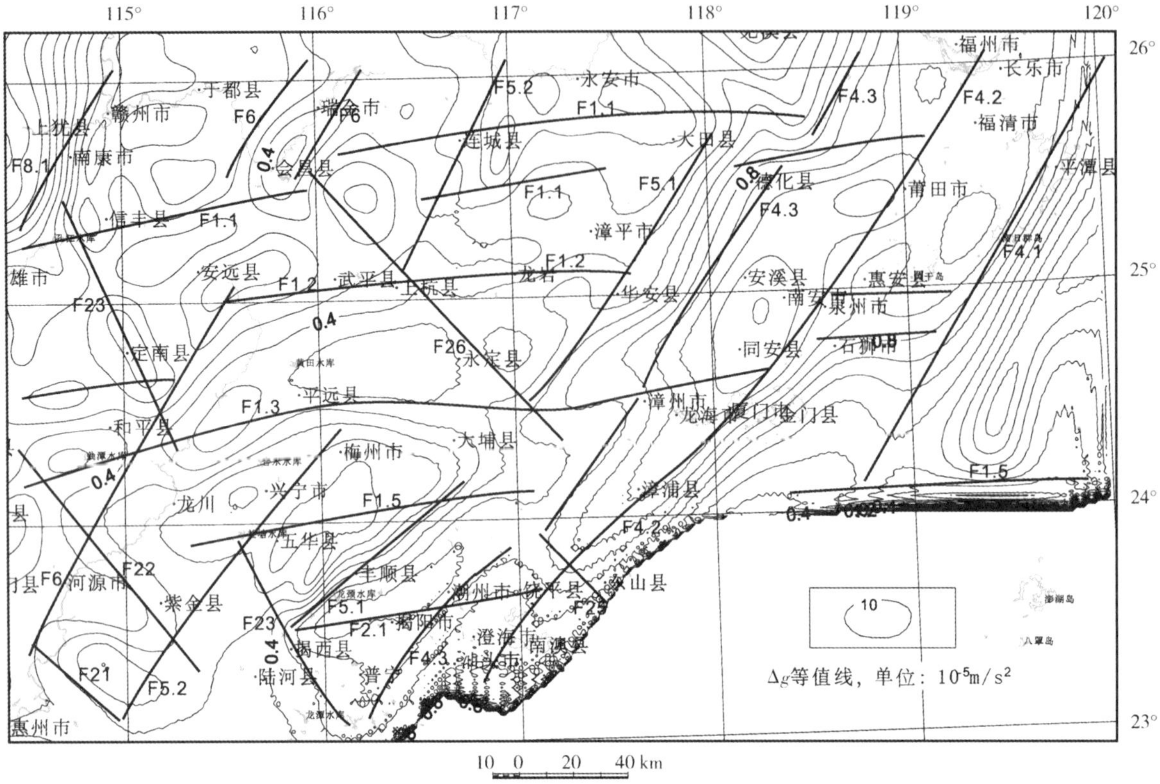

图7-3-71 粤闽赣交界地区布格异常上延10 km水平总梯度模等值线图

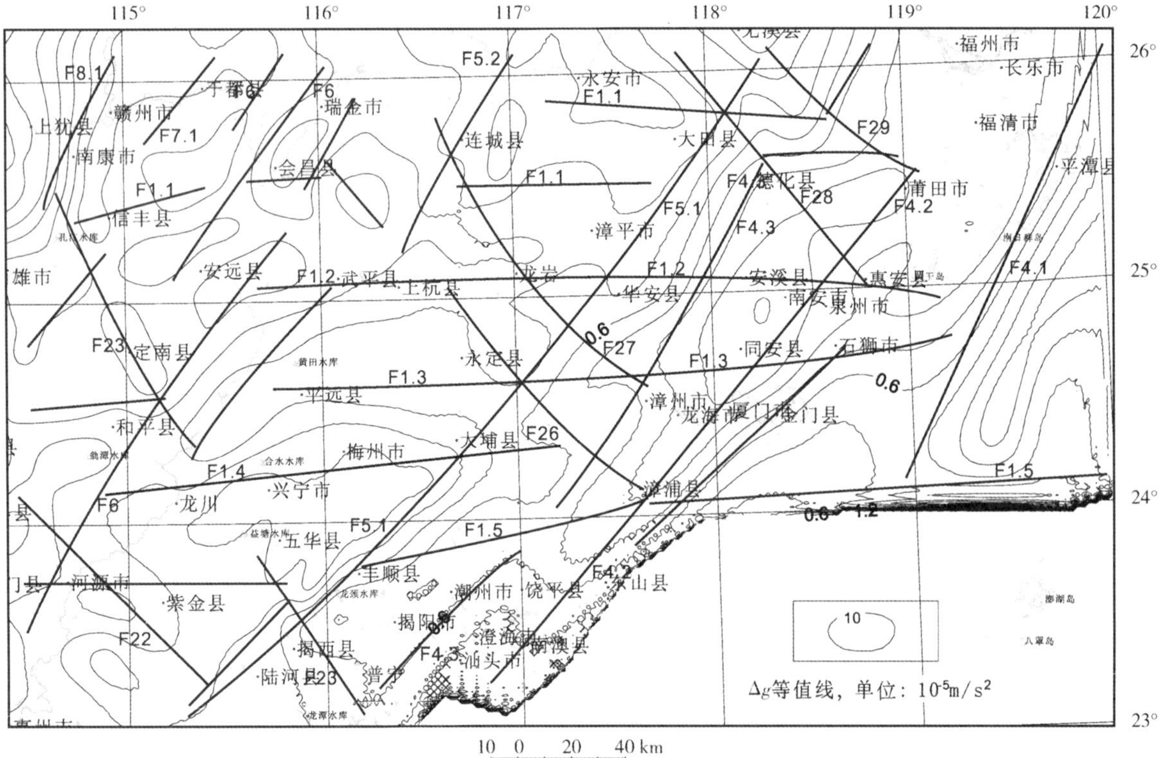

图7-3-72 粤闽赣交界地区布格异常上延20 km水平总梯度模等值线图

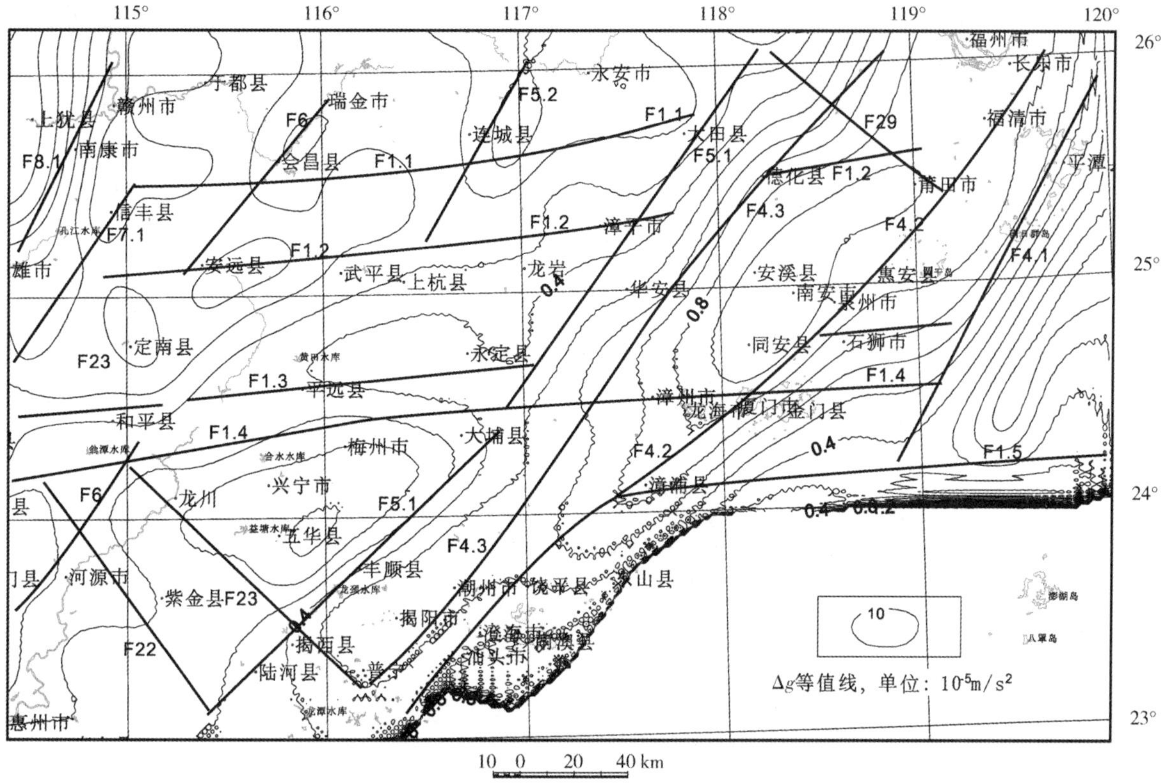

图7-3-73 粤闽赣交界地区布格异常上延30 km水平总梯度模等值线图

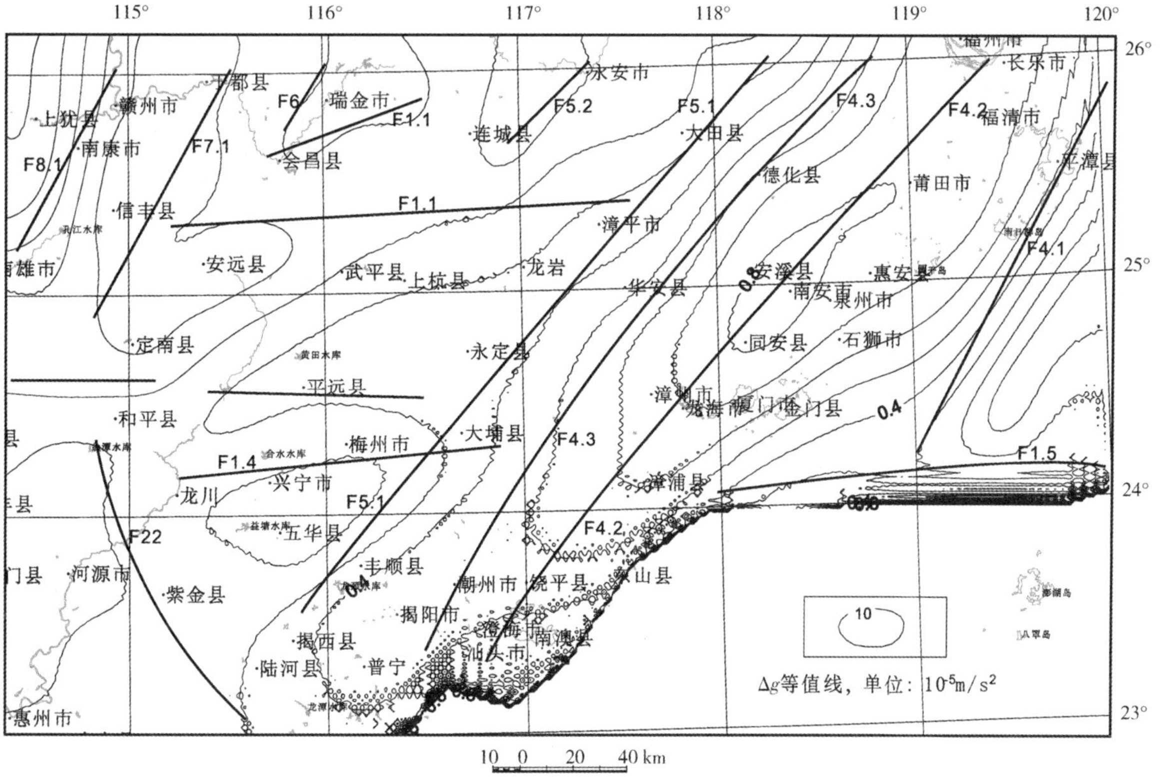

图7-3-74 粤闽赣交界地区布格异常上延40 km水平总梯度模等值线图

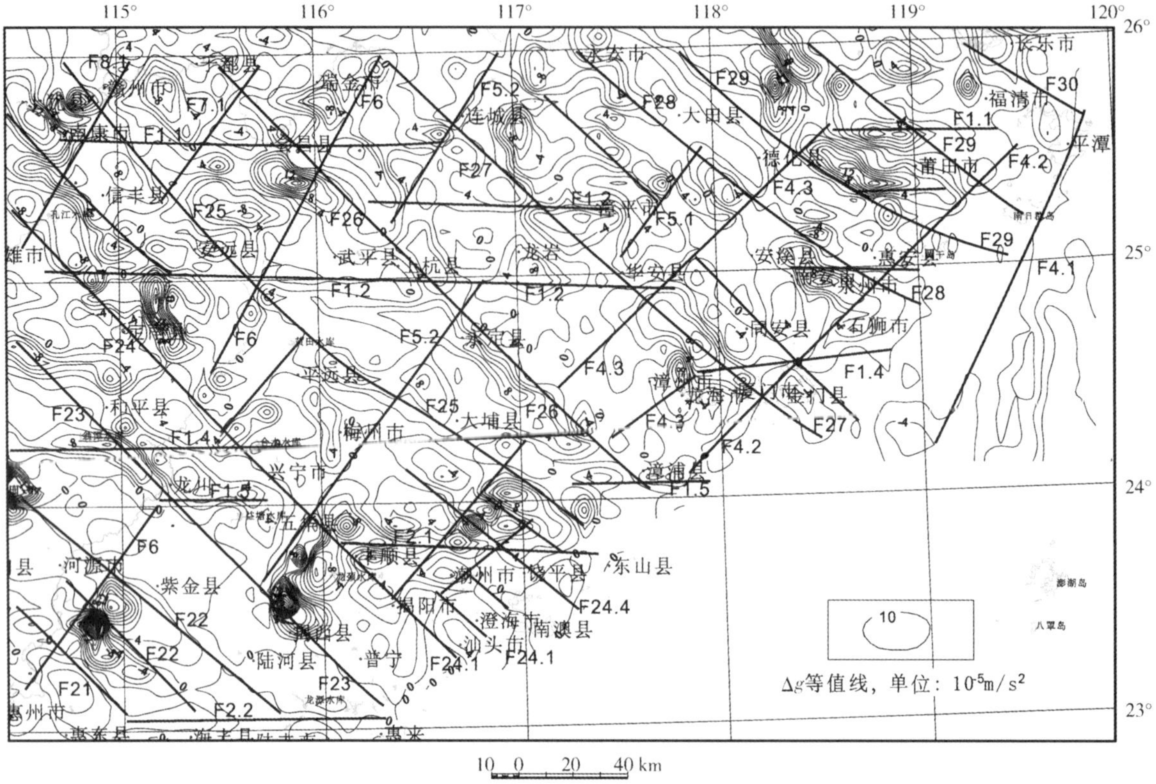

图7-3-75　粤闽赣交界地区布格重力异常小波分析一阶细节等值线图

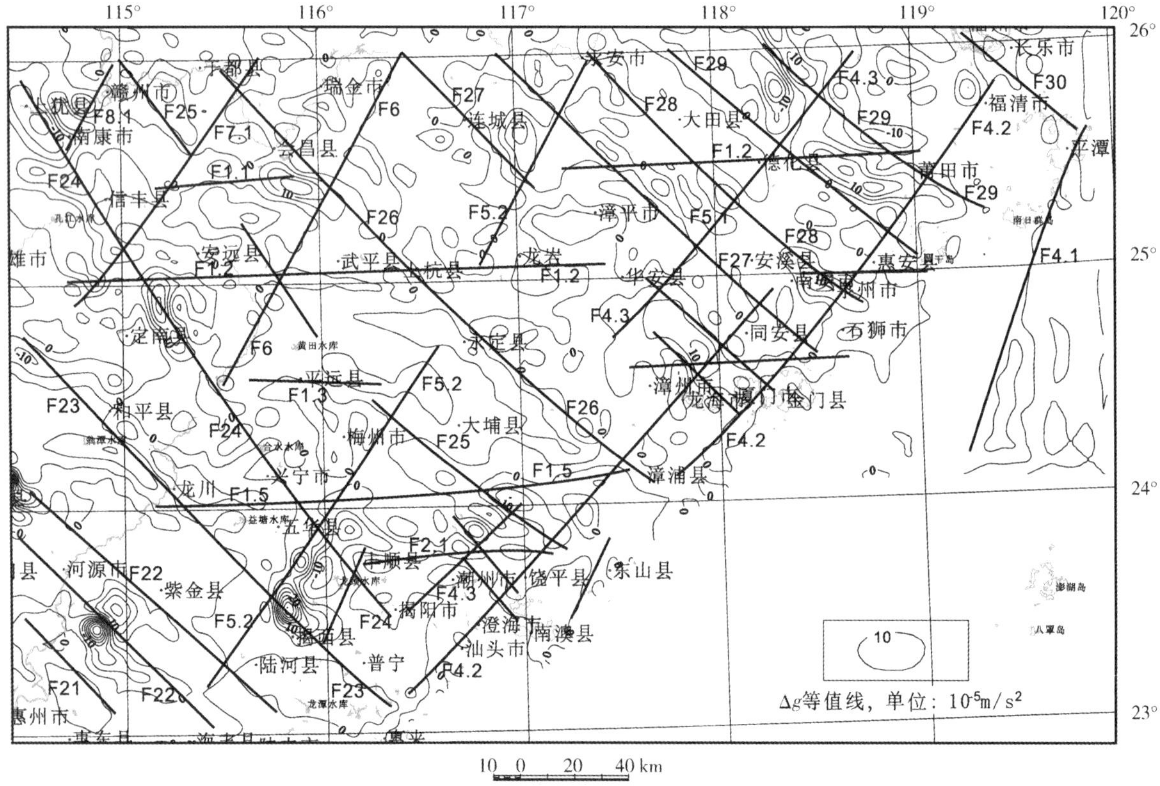

图7-3-76　粤闽赣交界地区布格重力异常小波分析二阶细节等值线图

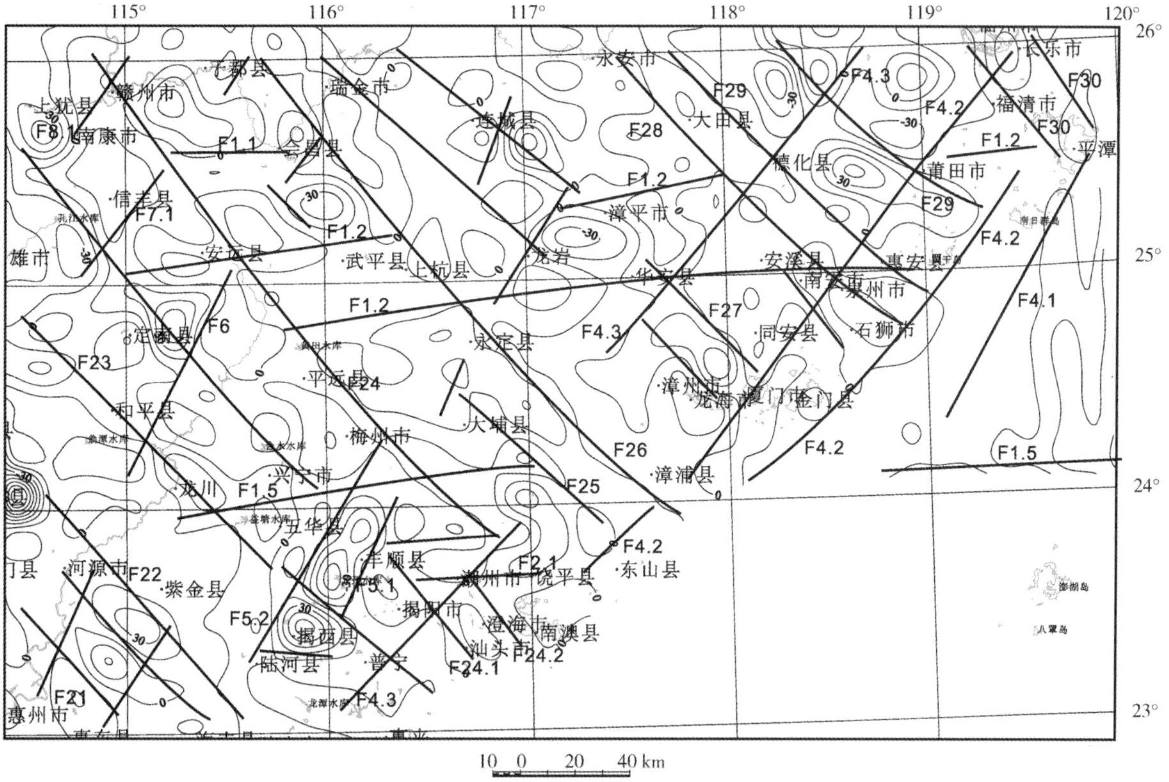

图7-3-77 粤闽赣交界地区布格重力异常小波分析三阶细节等值线图

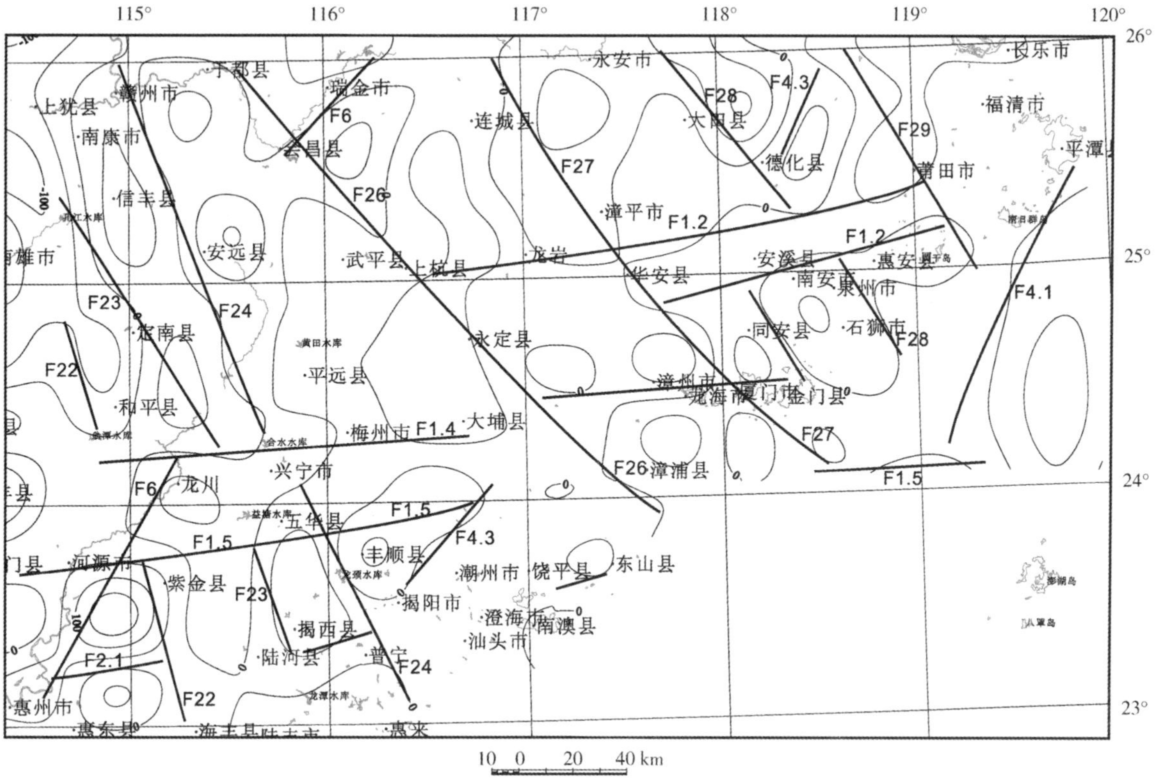

图7-3-78 粤闽赣交界地区布格重力异常小波分析四阶细节等值线图

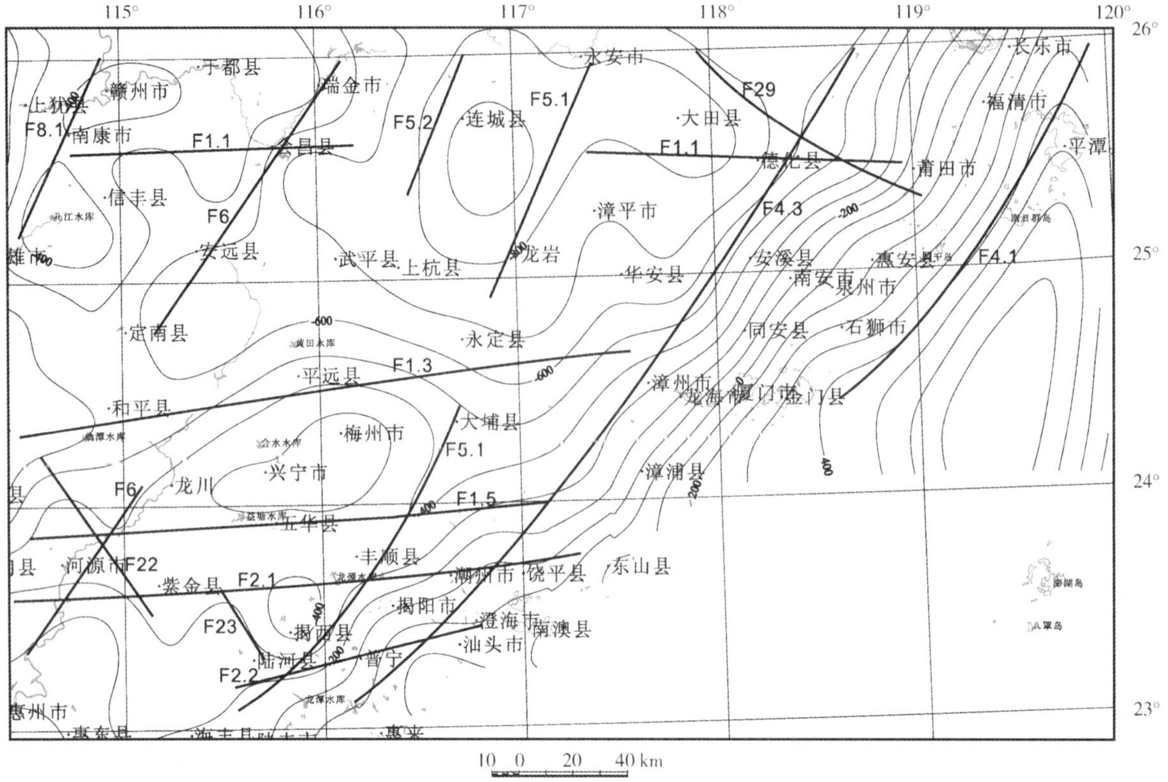

图7-3-79　粤闽赣交界地区布格重力异常小波分析四阶逼近等值线图

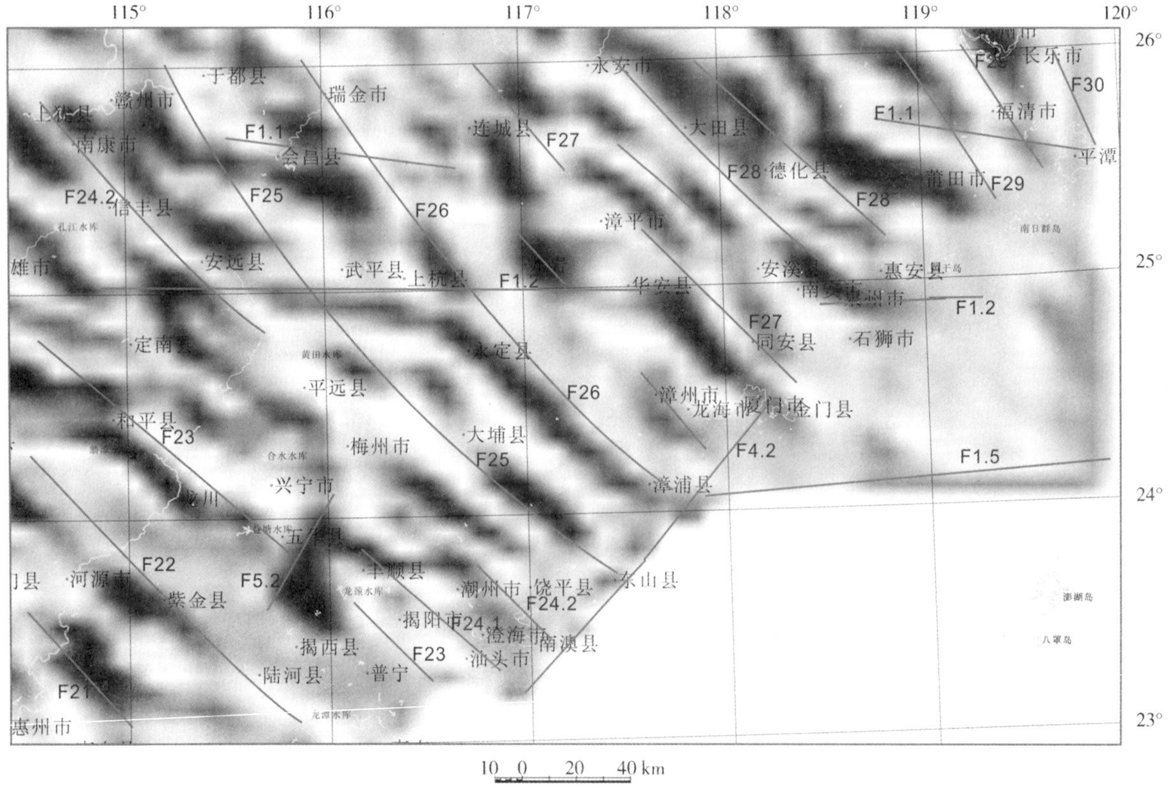

图7-3-80　粤闽赣交界地区布格重力异常小波分析一阶细节灰度图

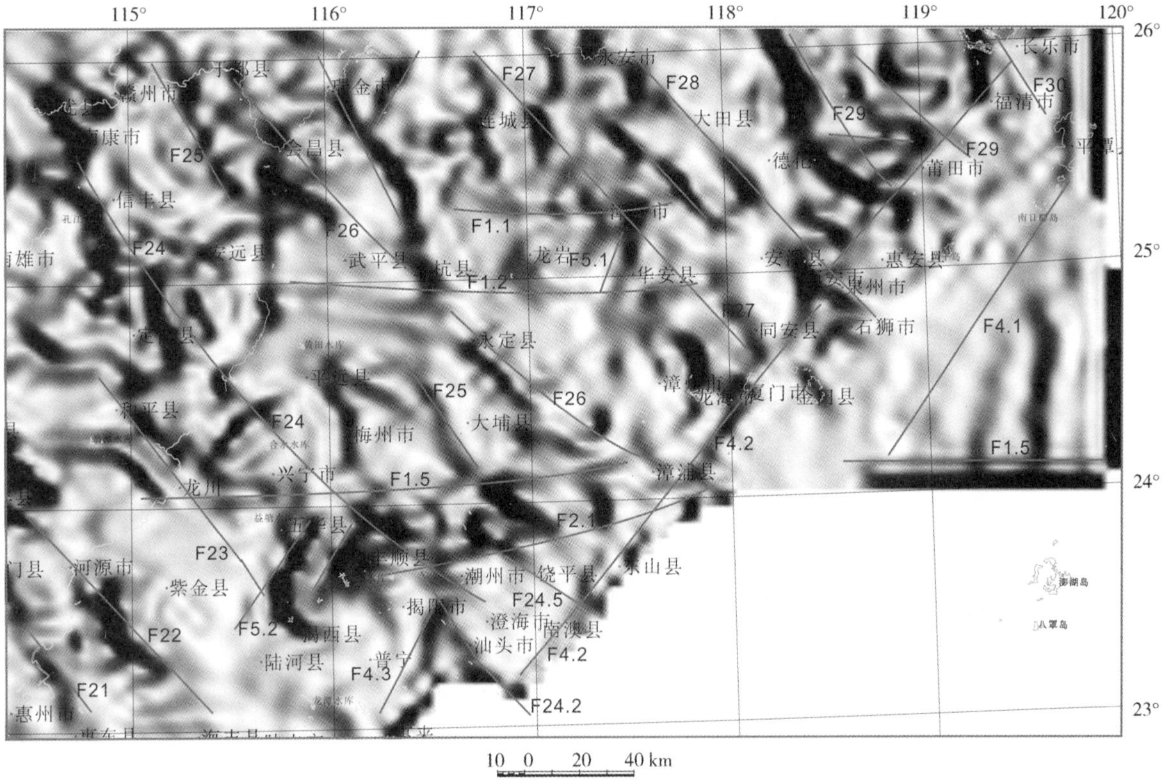

图7-3-81 粤闽赣交界地区布格重力异常小波分析二阶细节灰度图

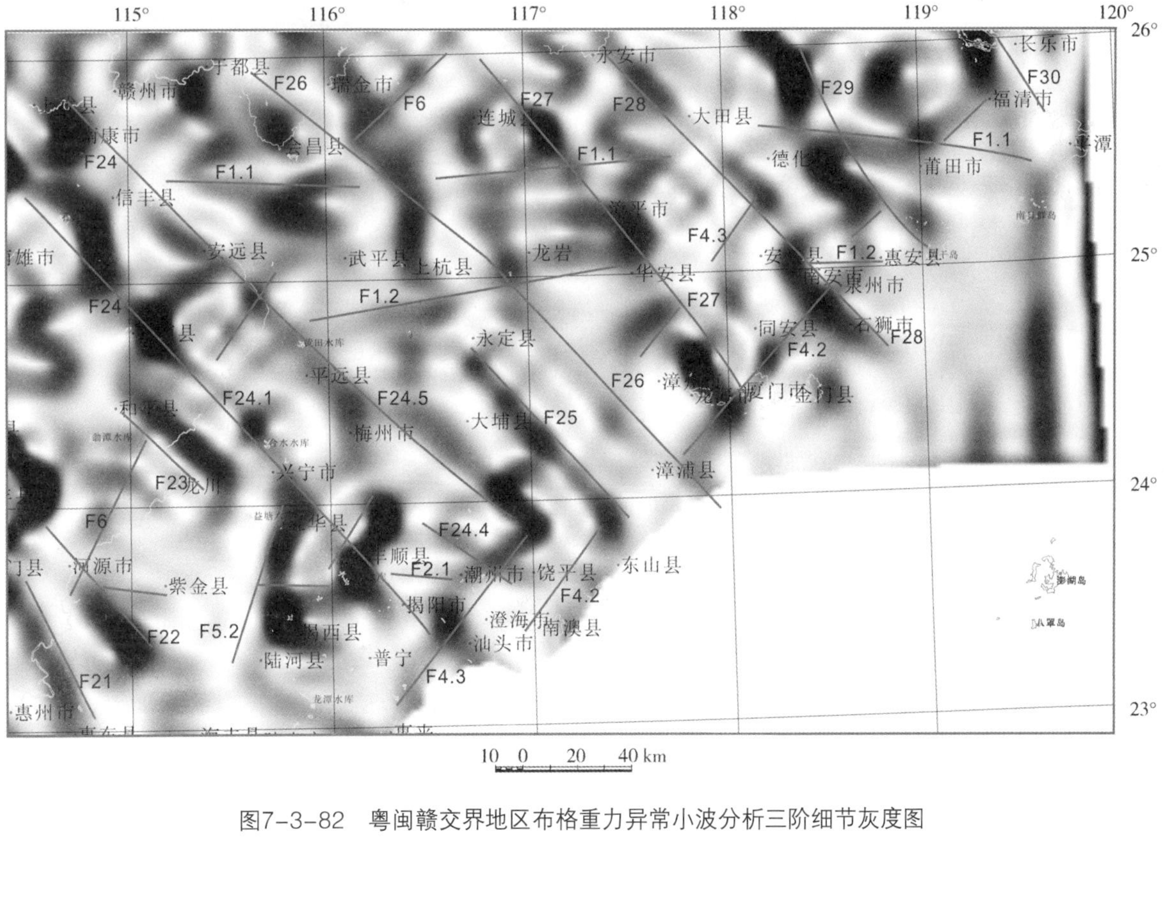

图7-3-82 粤闽赣交界地区布格重力异常小波分析三阶细节灰度图

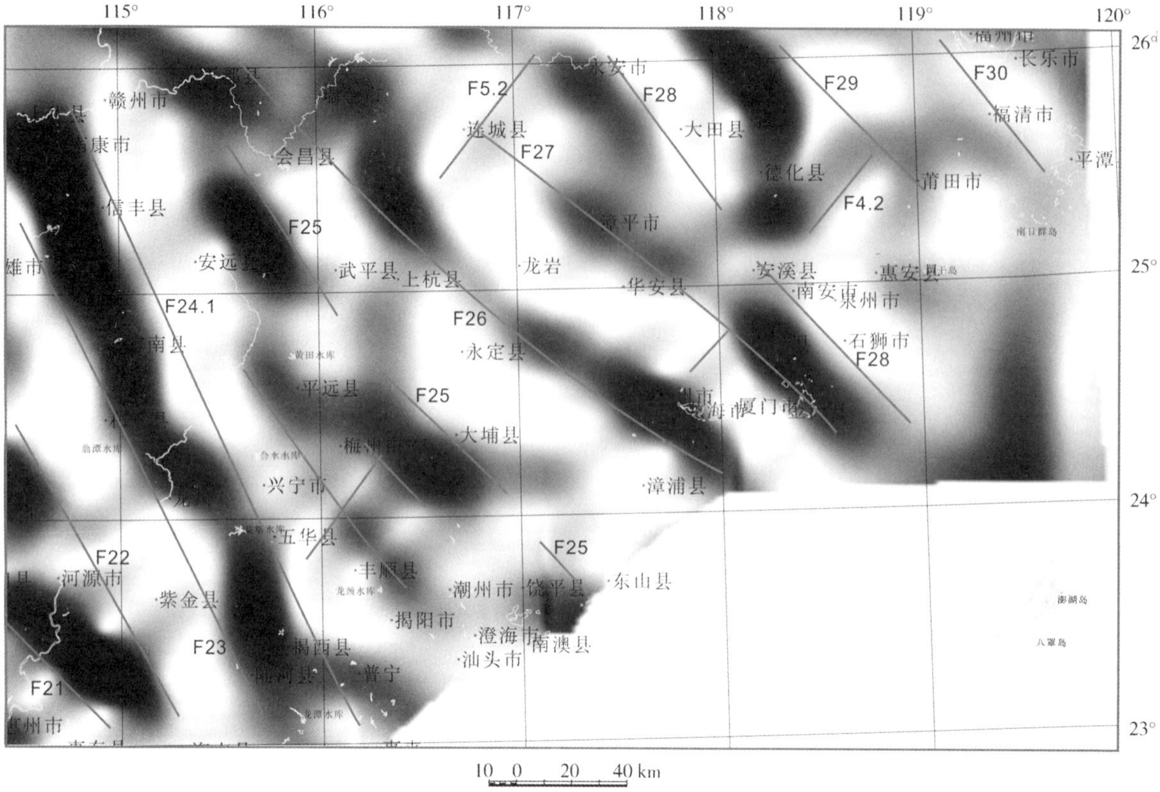

图7-3-83 粤闽赣交界地区布格重力异常小波分析四阶细节灰度图

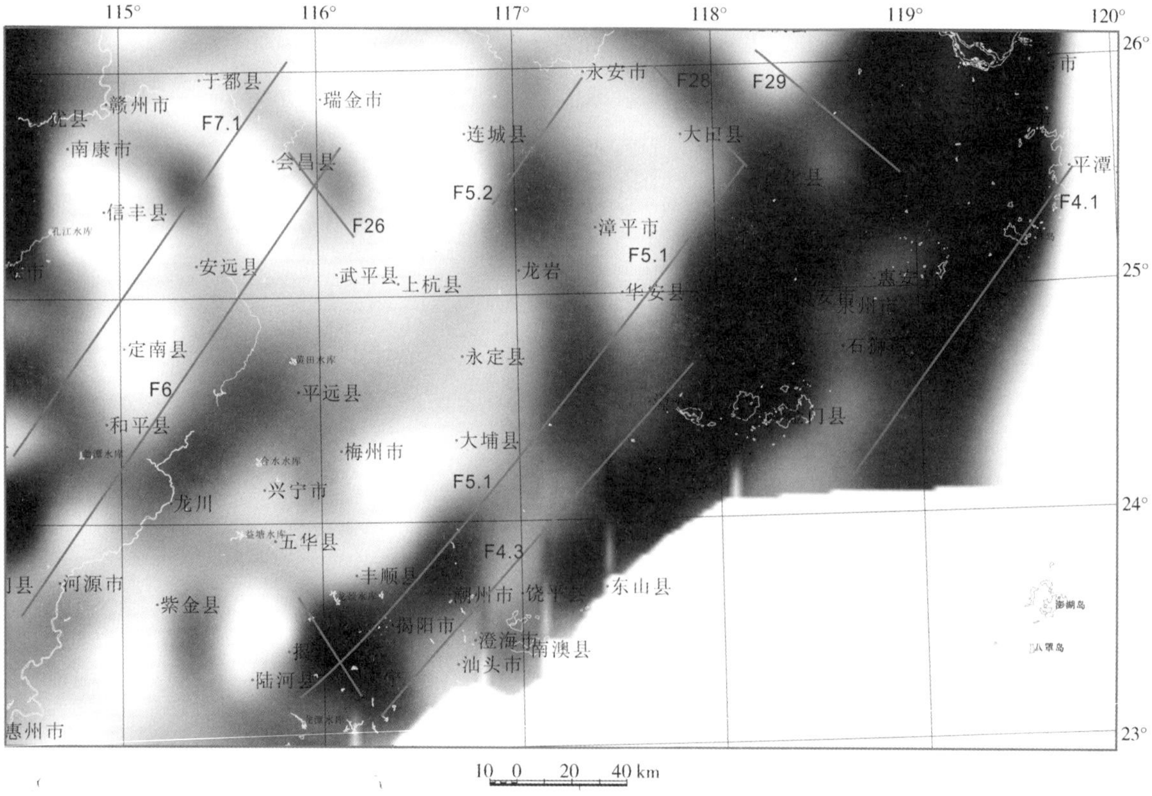

图7-3-84 粤闽赣交界地区布格重力异常小波分析四阶逼近灰度图

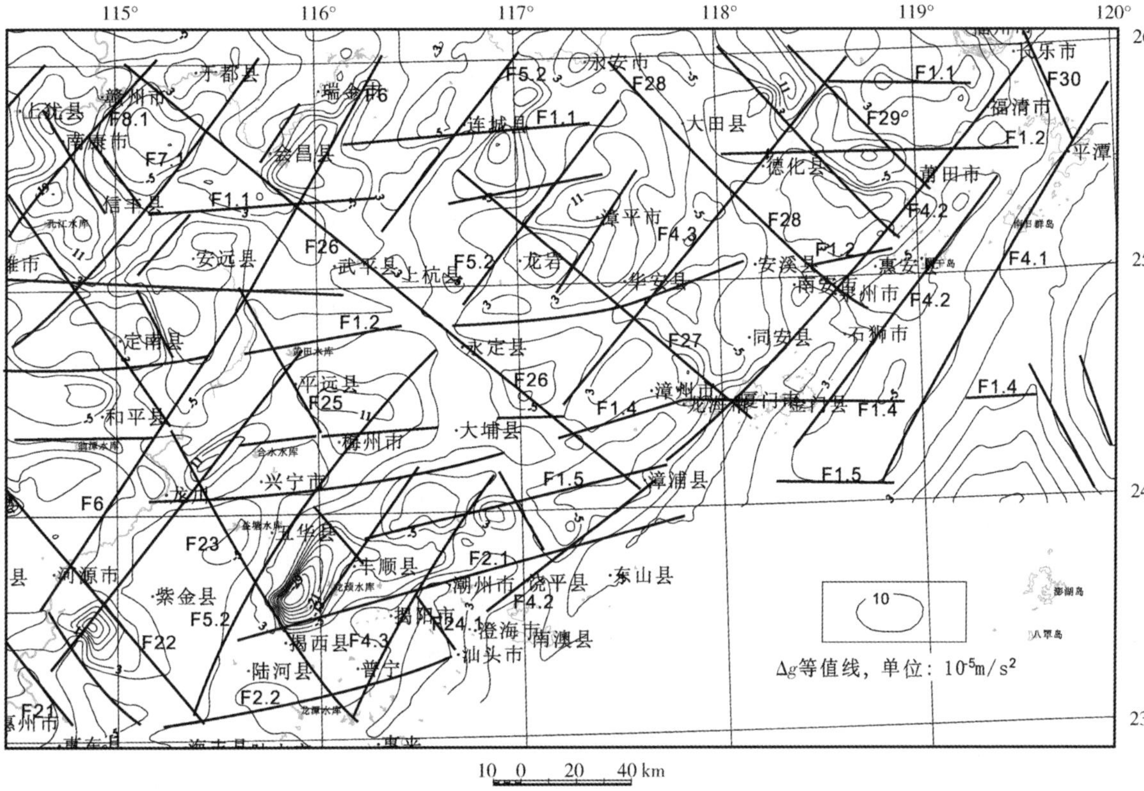

图7-3-85 粤闽赣交界地区局部重力异常等值线图

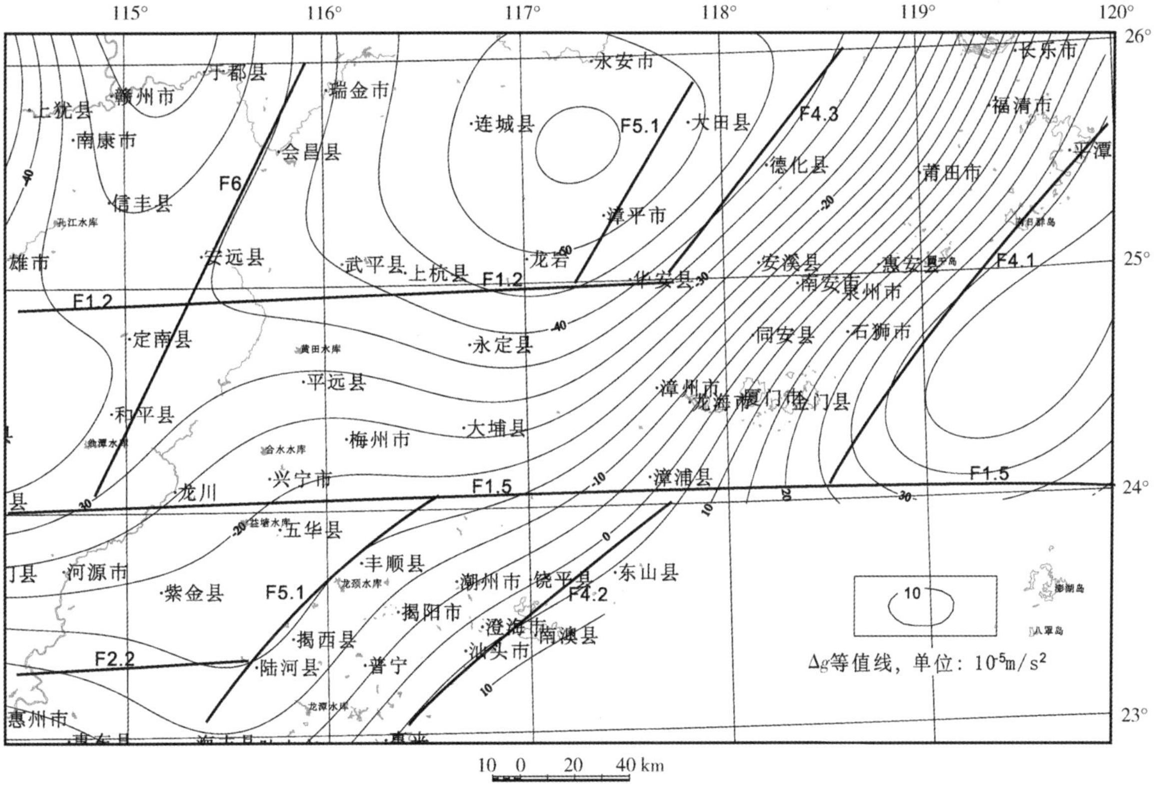

图7-3-86 粤闽赣交界地区区域重力异常等值线图

7.4 粤桂琼交界地区深部断裂系统的重力资料解释

粤桂琼交界地区是华南西部的一个强震区，历史记载曾发生1次琼山Ms7.5级大震（也有学者认为是8级）[71-73]和多次6.5级地震。1994年底至1995年初，近岸北部湾还发生过6.1级和6.2级大震，它是稍次于粤闽赣交界地区的华南第二个强震区。1984—1986年国家地震局组织广东省地震局等几个单位在琼北开展了“琼北地震烈度复核工作”，经全国地震学界精英多学科综合研究，其中也包括人工地震、重磁资料处理解释等方法研究深部构造，其他学科还有地震地质、形变测量、卫片解读、模拟实验、数理计算、地震危险性分析、地震活动研究等方面，最高峰时曾聚集300多科技人员现场研究，规模空前，并取得了丰硕成果，出版了《海南岛北部地震研究文集》，之后还陆陆续续地有文章发表，可谓“琼北地震大全”。所以本次研究重力资料系统处理未包括琼北地区，只涉及琼北琼山7.5级大震震中区域北部边缘。所以粤桂琼交界地区实际上绝大部分是粤桂交界地区，但它并不妨碍将它作为相对独立的地震统计单元（图中已包括琼北绝大部分强震）。如此，我们确定的粤桂琼交界地区范围是：北纬20°～23°、东经108°～112°，其地理位置东邻珠江三角洲地区，西为桂东南地区，南邻海南岛，北界则大体在泛南岭南坡南缘地带。它的地理概念分明，地震活动单元独立，基本上与国家地震局划分的粤桂琼交界地区地震重点防御区范围一致，下文将对本区深部断裂系统逐条断裂进行解释（图7-4-1）。

7.4.1 近东西向断裂带（系）

区内有两条近东西向断裂带（系），即F2华南中部断裂带（系）与F3滨海（岸）断裂带（系）。

7.4.1.1 F2华南中部断裂带（系）

（1）F2.1南宁—贵港断裂

它是华南F2.1南宁—花都—东山断裂带的西段。分布于区内西北角边界地带，虽长度短，但各类成果图上都有很好的反映，如原张布格重力异常图及上延40 km，北东东向等值线带都很清楚（图7-4-2至图7-4-8），即使90°一阶方向导数图在浅部（上延10 km以浅）也有反映。各类图上共同反映它间断了北东向F11的延伸，135°一阶方向导数图的反映更说明问题（图7-4-22至图7-4-25）。与北西向断裂切割关系则不明确，各图反映大多数互有切割。从45°一阶方向导数图分析，在深部似有被北西向F13间断的现象（图7-4-35至图7-4-37）。

（2）F2.2灵山—容县断裂

它是华南F2.2灵山—广州—南澳断裂带的西段，西起灵山以西，延出区外，向东经玉林、容县和罗定北，依次进入珠江三角洲地区和粤闽赣交界区，与F3肇庆—广州断裂（中段）、F2.2南澳—海丰断裂（东段）为同一条断裂带。这是一条很活跃的地震断裂带（附图Ⅴ和图7-1-1），在本区灵山、玉林、容县，在中段罗定、云浮、肇庆、广州，以及在东段潮汕地区均发生过许多Ms≥5级地震，其中西段和东段发生过6级甚至7级地震，是近东西向断裂南岭南缘的一条地震断裂带，在此断裂以北再没有一条横贯华南东西的地震如此密集的地震断裂带。

区内F2.2灵山—容县断裂在各类方法成果图上均有不错的反映，0°一阶方向导数图反映最佳，图形主要表现为东西向等值线带、同步东西向拐弯带，与北西向F13等值线带互有间断（图7-4-9至图7-4-14），但在灵山地区明显地间断北东向F10的连接，在135°一阶方向导数图中不仅表现了这一特征（图7-4-21至图7-4-26），且对本东西向断裂反映很好。在玉林、北流附近，常遭遇北东向F9的间隔，但在另外一些图上，也有表现本断裂对F9的间断，如图7-4-73、图7-4-75、图7-4-76和图7-4-79。本断裂在局部重力图（图7-4-85）、区域重力图（图7-4-86）有完整的表现，说明它在区域重力场中占有较高的权重。

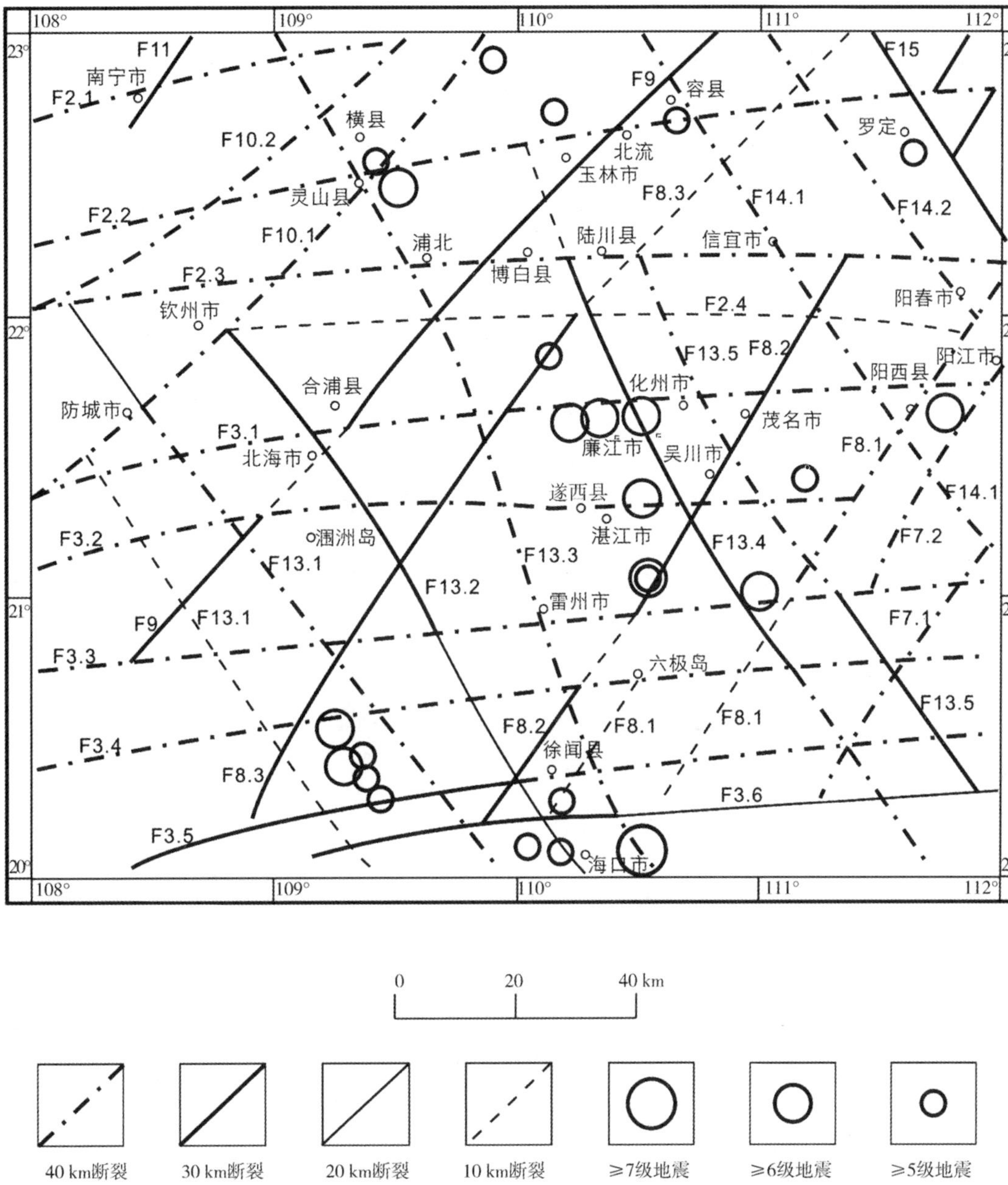

F2.1. 南宁—贵港断裂 F2.2. 灵山—容县断裂 F2.3. 浦北—信宜断裂 F2.4. 钦州—阳春断裂 F3.1. 廉江—阳西断裂 F3.2. 涠洲—湛江断裂 F3.3. 北部湾—雷州断裂 F3.4. 北部湾—六极岛断裂 F3.5. 北部湾—徐闻断裂 F3.6. 琼州海峡断裂 F7.1. 海陵岛断裂 F7.2. 恩平—阳江断裂 F8.1. 阳西—琼山断裂 F8.2. 吴川—徐闻断裂 F8.3. 陆川—北部湾断裂 F9. 北流—合浦断裂 F10.1. 灵山—钦州断裂 F10.2. 横县—沙坪断裂 F11. 南宁—宾阳断裂 F13.1. 防城—临高断裂 F13.2. 钦州—海口断裂 F13.3. 灵山—铺前港断裂 F13.4. 博白—广州湾断裂 F13.5. 陆川—吴川断裂 F14.1. 容县—阳西断裂 F14.2. 阳春—阳江（漠阳江）断裂 F15. 罗定—上川岛断裂

图7-4-1 粤桂琼交界地区深部断裂系统与强震分布图

本断裂通过的灵山地区发生过6.8级地震，这是华南内陆最高震级的一次地震，在它的附近苏村发生过5.8级地震，北邻发生过5级地震，所以本断裂是区内很重要的一条断裂，第八章还会有较详细的阐述。

（3）F2.3 浦北—信宜断裂

本断裂是华南F2.3钦州—五桂山—惠来断裂带的西段。在区内，它西起钦州以西出图外，东经浦北、博白、陆川、信宜和阳春，往东出区外，依次进入珠江三角洲研究区和粤闽赣交界地区，与五桂山北麓断裂（中段，珠F5）、F2.3陆丰—惠来段（东段）是同一条断裂（在粤闽赣交界区南缘，图7-3-1未能得到反映）。

浦北—信宜断裂在各种方法成果图上都有一定程度的反映，特别是博白—陆川—信宜段大都呈东西向梯度带，浦北以西段反映稍弱，只有在0°一阶方向导数图上反映清晰，越深越佳（图7-4-9至图7-4-20）。该断裂似与其他近东西向断裂有一个明显的差别，就是在上延30 km以浅深度，总是为北东向、北西向断裂间断，偶尔一些图上反映出间断北东向或北西向断裂的现象。只有上延40 km，0°一阶方向导数图上本断裂间断了北东向F10和北西向F13.3断裂，所以这条断裂性质很难确定。信宜是低重力区（附图Ⅳ），该断裂自地壳隆起中心通过，或对断裂性质发生影响。

7.4.1.2 F3滨海（岸）断裂带（系）

华南F3滨海（岸）断裂带（系）是一条规模巨大的北东东向断裂带（系），以重力高梯度带为特征，在前文“重力场特征”一节中已有阐述（图7-1-2和附图Ⅳ），据已获取的重力资料，重力高梯度带的北缘界限是清楚的，但南部海区则无完整资料，在第一编阐述的珠江三角洲研究区滨海断裂带，实际上是一条最北的规模最大的分断裂（珠F6.2）。华南F3向东海区已无重力资料，据小比例尺（1：200万）重力航磁图以及其他资料推测，可能从南澳岛南侧通过延向台湾海峡乃至台湾西岸[2, 74-76]。往西延伸就是本区范围了，它有5条分断裂，下面分述之。

（1）F3.1廉江—阳西断裂

该断裂位于华南F3滨海（岸）断裂带（系）的西段北界断裂，即滨海断裂的西段，西起防城港以西，出图可能延至越南北部湾沿岸一带，向东经钦州湾、北海、广东廉江、化州、电白、阳西和阳江南出图至珠江三角洲研究区，与珠F6.1滨海断裂带连接。在广西境内主要沿北部湾近岸展布，往东跨过雷州半岛后沿南海北缘近岸地带展布（图7-1-1、图7-4-1和附图Ⅴ），地理位置上是陆地与海域的分界地带。

该断裂带在各类图上反映较好，0°一阶方向导数图尤佳，主要表现为等值线带，上延40 km更是清晰（图7-4-9至图7-4-14），在深部似为北西向F13.3间断，上延10 km以浅图，却又间断F13.3。在其他图上多表现互有间断或互相交切特征，如二阶方向导数图（图7-4-57至图7-4-62），总梯度模图（图7-4-69至图7-4-74），与其他几条北西向断裂关系也大体如此。在与北东向断裂关系上，各图多数表现为切断北东向断裂，特别是深部（图7-4-7、图7-4-11至图7-4-14、图7-4-25、图7-4-61、图7-4-62、图7-4-72至图7-4-74）。在浅部互有交切，但总体还是本断裂切割北东向断裂者更多。

本断裂在雷州半岛以东曾发生过廉江、阳江等多次6级和5级地震。在东部珠江三角洲也曾发生过2次5级地震，红海湾6级地震也位于该断裂带附近。所以这是一条重要的地震断裂带。

（2）F3.2涠洲—湛江断裂

本断裂从重力结构上分析，它是F3.1与F3.3之间的一个次一级结构，在上延20 km、30 km、40 km，0°一阶方向导数图中（图7-4-12至图7-4-14）才能看清楚它的全貌，上延10 km以浅则是断断续续的，往西延伸出图外可能穿过北部湾到越南沿海一带，往东经涠洲岛、湛江、吴川和电白一带，止于北东向F8.1断裂带（图7-4-1），再未见东延。虽是次一级结构，但各类图上均有一定程度的反映，在与北西向断裂相遇时多为其间断，而间断北东向F9的图形处处可见，如图7-4-12、图7-4-13、图7-4-59、图7-4-62，遇北东向F8时却被间断者现象多，也是处处可见。

该断裂带在湛江南山岛、电白近海也发生过6级地震。

（3）F3.3北部湾—雷州断裂

该断裂是华南F3.3雷州—万山—担杆列岛断裂的西段，其东段就是珠F6.2滨海断裂带（图4-4-1、图7-1-1和附图Ⅴ），F3.3与F3.1间组成一个相对完整的北东东向梯度带。东经112°以东，梯度带整齐一些，东经112°以西（本区）则弯曲度大一些，主要是与北西向断裂带深度切割间断有关（图7–1–2和图7–4–1）。

本断裂带西起北部湾以西，延出图外至越南滨海地带，往东跨过雷州半岛，经雷州和雷州湾，硇洲岛南侧入广阔南海大陆架。各类成果图上都有反映，0°一阶方向导数图、二阶方向导数图、总梯度模图等表现最完整，上延30 km、40 km尤佳，它明显受到北西向F13.3的断裂切割，却间断其他北西向断裂和北东向断裂，该断裂在东山岛发生过6.5级和5.75级地震。

（4）F3.4北部湾—六极岛断裂

该断裂大体与F3.3平行展布，跨过雷州半岛，西段是北部湾海域，延出图外，东段是南海大陆架，以等值线展布形态分析，应是滨海断裂内一条规模较大的断裂，深度亦达40 km。它与北西向、北东向断裂组合、切割关系与F3.3断裂基本一致。

该断裂西段与F3.5之间的北部湾，在1994年和1995年曾先后发生6.1级和6.2级地震，可能是震源区的北界（图7–4–1）。

（5）F3.5北部湾—徐闻断裂

该断裂与F3.4平行展布，各类成果图上有一定程度的反映，但不如前述几条近东西向断裂重力结构好，上延10 km以浅结构带明显，如0°一阶方向导数灰度图（图7–4–16和图7–4–17），东西向浓黑条带甚佳，上延20 km以高则模糊不清了，综合各图判释，徐闻以东段深40 km，以西深度30 km。与前述几条东西向断裂不同的是，它未受北西向F13.3间断，反而间隔后者（图7–4–9至图7–4–13、图7–4–35至图7–4–37），与北东向断裂则互有间隔，如135°一阶方向导数图（图7–4–21至图7–4–25）。

前文已述，它可能是1994年和1995年发生6.1级和6.2级地震震源区的南界断裂。

（6）F3.6琼州海峡断裂

长期以来，琼州海峡断裂是一条有争议的断裂，一部分学者认为琼州海峡不存在大断裂，主要成因是水动力因素，钻探工程也未找到确切的断裂证据。另一部分学者坚持认为琼州海峡是一个地堑海峡，这对建设琼州海峡隧道显然是一个必须解决的问题。从本次重力资料系统处理结果分析，琼州海峡断裂的存在应是勿可置疑的。

原张布格重力异常图上，徐闻与海口之间就存在近东西向梯度带。0°一阶方向导数图中梯度带更是鲜明，上延30 km仍有反映（图7–4–9至图7–4–13），其灰度图也存在近东西向条带影像。在其他各类成果图上大多有较好的反映，连局部重力图也反映很好（图7–4–85）。

本断裂与北西向F13.3存在互切关系，一部分图上它分隔了F13.3等值线带或影带，如图7–4–9至图7–4–12、图7–4–15至图7–4–19、图7–4–82、图7–4–83等，一部分图上F13.3间断了本断裂，如图7–4–33至图7–4–37、图7–4–57至图7–4–73、图7–4–75、图7–4–76、图7–4–85。比较而言，本断裂被北西向F13.3分断的图形图像更多一些。F13.3切过本断裂后就抵达了海南琼山东寨港，那是1605年琼山7.5级地震的震中区（图7–4–1）。

7.4.2 北东向断裂

分布在本区的北东向断裂带（系）有：F7广昌—广州—阳江断裂带（系）、F8吉安—四会—吴川断裂带（系）、F9北流—合浦断裂带、F10湘乡—灵山—钦州断裂带、F11邵阳—桂林—南宁断裂带。

7.4.2.1 F7广昌—广州—阳江断裂带（系）

前文对该断裂带（系）整体已有阐述，它由两条大体平行的F7.1广昌—广州—开平断裂带和F7.2赣州—恩平—阳江断裂带组成，对其中珠江三角洲段解释已很详细，它延伸至本区只是东南角的一小段，处其断裂带（系）末端，被F3滨海（岸）断裂带截断不再向海域继续延伸。本区这两条断裂是：F7.1海陵岛断裂、F2恩平—阳江断裂（图7-4-1）。大多数成果图上有一定程度的反映，呈北东向等值线或同步拐弯带，很少梯度带。135°一阶方向导数灰度图北东向影带明了（图7-4-27至图7-4-32）。F7.2通过阳江6.4级地震的震中区，北西向F14.1和近东西向F3.1也通过6.4级地震的震中区，3组断裂相交，互有切割。

大多数图反映本断裂深>30 km。

7.4.2.2 F8吉安—四会—吴川断裂带（系）

该断裂主要由两条支断裂组成，东侧F8.1北起江西峡江以北出图，与赣江断裂相连，往西南经吉安、遂川和广东韶关，从珠江三角洲研究区西北角通过，自阳春进入区内，经阳西后入海，为近东西向F3.5截断。西支F8.2，北起江西宜春以北出图，往西南经江西莲花、井冈山西侧，湖南资兴、郴州、宜章，广东阳山、怀集和德庆进入区内罗定、信宜东、吴川、广州湾，穿过琼州海峡，可能入海南岛境内。全断裂带（系）北东向重力结构带性清晰，上延40 km的135°一阶方向导数等值线图上，F8与F7构成一条相对紧密的带性完整的北东向重力场结构带。可见，在深部，F8、F7属于同一重力结构带（图7-2-2中Ⅲ带）的东、西两侧界限断裂，除Ⅰ带外，华南再无其他北东向重力结构带可与之比拟了，德庆—肇庆—广州一线以南，北东向结构稍有松弛，且在雷州F3.3滨海断裂带受到间断。

F8在区内占有很大的空间区域，按重力细结构分析，可划分出3条断裂，即F8.1阳西—琼山断裂，F8.2吴川—徐闻断裂，F8.3陆川—北部湾断裂。

（1）F8.1阳西—琼山断裂

该断裂北起阳春，往北与珠江三角洲研究区F7肇庆—四会断裂相接，往南经阳西而直入海域，有可能通过琼山1605年7.5级地震的震中区。在阳西地段，它可能从阳江6.4级地震的震源区西部通过，所以该断裂的活动性值得研究。在各类成果图上都有一定程度的反映，但总体带性和连接性都不是很标准，即使135°一阶方向导数图也是如此（图7-3-21至图7-3-26），其灰度图多呈斜列式（图7-4-27至图7-4-32），小波分析四阶逼近等值图和灰度图（图7-4-79和图7-4-84）反映比较完整。只是在与北西向F13.4相遇时，似被间断，在135°一阶方向导数图上既有被近东西向断裂间断现象，也有间断近东西向断裂现象（图7-4-22，互切；图7-4-23，间断东西向断裂；图7-4-25和图7-4-26，间断），其他各图也有类似现象。从间断近东西向断裂和亮度图斜列特征分析，它具左旋动力学性质（图7-4-23和图7-4-29）。

（2）F8.2吴川—徐闻断裂

该断裂北起罗定以北，与怀集—郴州断裂相连，往南西经茂名、吴川、徐闻，为F3.6琼州海峡断裂截断。各类成果图上都有一定程度的反映。以135°一阶方向导数图、小波分析四阶逼近图、局部重力图（图7-4-22至图7-4-25、图7-4-79、图7-4-84、图7-4-85）反映较完整。多处为近东西向断裂间断，也有间断近东西向断裂现象，如图7-4-24、图7-4-25、图7-4-85。它常被北西向断裂间断，却少见间断北西向断裂，如图7-4-79、图7-4-84、图7-4-85。综合分析，断裂判释为30 km深度较妥。

沿断裂带与近东西向断裂、北西向断裂交汇部位有多次5级和6级地震分布。

（3）F8.3陆川—北部湾断裂

该断裂始于陆川以北，为近东西向F2.1断裂截断，往北再无形迹。往南经廉江西直达北部湾，为近东西向F3.5断裂截断。

从重力结构分析，将它划为F8重力结构系列较合理一些（图7-4-25），从浅部细结构分析，将它纳入F9重力结构带的东侧断裂也无所不可（图7-4-23），它属于过渡性界限断裂。

该断裂在各类成果图上大多有反映，135°一阶方向导数图无论是等值线图还是灰度图其带性都很强（图7-4-21至图7-4-32），小波分析四阶逼近图、局部重力异常图上断裂形迹很明朗，大多数图上反映出受到近东西向断裂和北西向断裂的间断，不过，并未影响良好带性图形，如图7-4-24、图7-4-25、图7-4-27至图7-4-29、图7-4-84、图7-4-85。

该断裂似从北部湾6.1级和6.2级地震的震源区北西侧通过。断裂陆川以南为30 km深度，以北却只有10 km深。

7.4.2.3 F9北流—合浦断裂

该断裂北起容县以北的藤县，为北西向F14.2截断，往西南经北流、玉林、博白、合浦和北海，入北部湾，为近东西向F3.3断裂截断，基本上是区内的一条断裂（图7-4-1）。

该断裂各种方法成果图上都有反映，带性佳，135°一阶方向导数图上延10 km以浅，常表现为梯度带，上延20 km以高多表现为等值线带，北东向长形串珠状，上延40 km即无形迹，深度应为30 km。它多为北西向、东西向断裂间断，如图7-4-9至图7-4-13、图7-4-85，也见有分断F2.2近东西向断裂现象，如图7-4-57至图7-4-62、图7-4-69至7-4-73。

本断裂在与近东西向、北西向断裂交汇处的容县、玉林附近发生过Ms 5级地震。它切断东西向F2.2，又为北西向断裂切断，东西向断裂又切断北西向断裂，这种复杂的断裂组合交切关系，或是强震构造形成重要因素。

7.4.2.4 F10.1灵山—钦州断裂

该断裂是华南F10湘乡—灵山—钦州断裂带的一部分，处其西南段。后者北起湖南湘乡以北出图，往南沿莲水断裂经双峰至佘田桥，再经祁阳和永州，从都庞岭西侧通过广西蒙山、贵港进入区内横县，经灵山、钦州、防城，入北部湾，是一条区界性断裂（图7-2-2中Ⅳ区西界断裂）。全断裂重力结构相对松散，与遭遇东西向、北西向断裂分断有关。区内本断裂有两条分断裂：F10.1灵山—钦州断裂，F10.2横县—沙坪断裂。这两条断裂在各类成果图上均反映较好，原张布格重力图及其上延40 km，在其南西段呈梯度带或等值线带，F10.1、F10.2分居其东、西两侧，但北东段为北东东向F2.2阻断。135°一阶方向导数图反映更完整，带性很强，在上延10 km以浅，见到它的梯度带间断北东东向F2.1、F2.2、F2.3断裂，说明它们两者之间属交汇互切关系，但上延20 km以高，明显被F2.2间断，越深间断越明显（图7-4-21至图7-4-26）。135°一阶方向导数灰度图北东向条带很直观，但在浅部却见到F2.2间断本断裂，说明F2.2北东东向断裂较强势，可能浅部本断裂以破碎带为主，而F2.2以切断面为主。

许多图上几乎都反映北西向F13.3切断本断裂，如图7-4-2至图7-4-14、图7-4-44至图7-4-48、图7-4-57至图7-4-61、图7-4-69至图7-4-73、图7-4-85等，说明北西向F13.3切断F10断裂是勿可置疑的。

本断裂F10.1在灵山附近与北西向F13.3、北东东向F2.2交汇处，在1936年曾发生6.8级强震。

7.4.2.5 F11南宁—宾阳断裂

该断裂是华南F11邵阳—桂林—南宁断裂的西南段（附图Ⅴ、图7-1-1和图7-4-1），在区内西北角过境只有一小段。大多数图上都有一定程度的反映，仍是以135°一阶方向导数图反映最佳，呈梯度带或同步拐弯带图形，深度为30 km。由于该断裂过境路径短，与其他断裂也无明显关系，对本区地震评价基本上无影响，这里我们不予赘述。

7.4.3 北西向断裂

本区北西向断裂可归纳两条断裂带（系）：一是华南F13巴马—灵山—东寨港断裂带（系），二是F14台江—容县—洋边海（漠阳江）断裂带（系）（图7-1-1、图7-2-3、图7-4-1和附图Ⅴ）。一些文献资料将该两条断裂带（系）通归属“红河系”范畴，为其东部边缘地带[77-78]。从重力场结构分析，支持这一观点（图7-2-3）。其主断裂带从云南红河地区往东南进入越南境内及南海海域，抵海南岛西南莺哥海附近海滨地带。

7.4.3.1 F13巴马—灵山—东寨港断裂带（系）

该断裂是一条规模大、延伸长的断裂带，并有许多名称，如巴马—灵山断裂带、巴马—马山断裂带、红水河断裂带等，其北西向可能伸入贵州境内。主断裂自马山西北入境华南区（图7-1-1、图7-2-3），经上林、宾阳进入本研究区内，再经横县、灵山、浦北、湛江和海口东的东寨港，即1605年琼山7.5级大震的震中区（图7-3-1、图7-4-1和附图Ⅴ）。该断裂带（系）在区域重力异常图（图7-4-86）中有突出的反映，尤其是近东西向F3.2以南，抹去了所有近东西向断裂的痕迹，占据一条宽阔的北西向地带，可见它在区域上的重要位置。在莫霍面图呈北西向斜坡带，西厚东薄（图7-4-87）。区内有5条分断裂：

（1）F13.1防城—临高断裂

该断裂是F13西侧断裂，绝大多数成果图有较好的反映，北起防城港以北，南抵琼北临高，大部分展布在北部湾。重力带性好，45°一阶方向导数图（图7-4-33至图7-4-44）、小波分析图（图7-4-75至图7-4-84）反映最佳。

在断裂切割、组合关系方面，大多数图表现出间断北东向断裂（F9），与东西向断裂多出现互有切割和交汇图形图像。

该断裂深度＞30 km，其西侧还存在一至多条深度10 km以浅的次一级断裂，它们可能限制了1994年和1995年北部湾6.1级和6.2级地震震源的东西范围（宽度）。

（2）F13.2 钦州—海口断裂

该断裂北起钦州，往南东经北海市入北部湾，过琼州海峡抵海口西，大多数成果图上有反映，仍以45°一阶方向导数图和小波分析图带性最佳（图7-4-33至图7-4-43、图7-4-75至图7-4-84），其深度在F3.3断裂以北为30 km，以南只有20 km，其最南端通过海口附近5级地震群震源区。

（3）F13.3灵山—铺前港断裂

该断裂是华南F13巴马—灵山—东寨港断裂带（系）的主干断裂，它自河池南入境华南（附图Ⅴ、图7-1-1和图7-4-1），在横县北进入区内，经灵山、浦北、安铺港，穿过广东雷州半岛的雷州、徐闻东和琼州海峡，抵达琼东北东寨港7.5级大震震源区。据文献资料，它可能延伸至文昌的清澜港。它在各种方法的成果图上都有较佳的表现，即使135°一阶方向导数图也有一定程度的反映（图7-4-21至图7-4-26）。45°一阶方向导数图和小波分析图带性表现最好（图7-4-33至图7-4-44、图7-4-75至图7-4-84），图7-4-83反映了强势和带性。

由于该断裂北西—南东方向斜贯区域中部，所以与多条近东西向、北东向断裂存在交切、组合关系。大多数图反映它间断了北东向F10、F9、F8.3、F8.2，在浅部也偶有为北东向断裂间隔现象，如图7-4-1。在浦北南为北东向F9间断，较多图反映它与近东西向断裂互为间断，与F2.2的这种关系尤为突出，如图7-4-2至图7-4-6，即使0°一阶方向导数图也表现此种现象（图7-4-9至图7-4-14）。

该断裂带是一个强震密集带，灵山附近发生过6.8级地震，是华南内陆最强的一次地震，还发生过多次Ms≥5级地震。断裂的南段琼北东寨港发生过7.5级大震，是华南西部最强的一次地震。此外，在断裂的东侧与它的次一级北西向F13.4断裂间发生过多次Ms≥6级和Ms≥5级地震，这些地震基本上处于与东西向和北西向断裂交汇位置。

（4）F13.4博白—广州湾断裂

该断裂北起博白以北、玉林西，止于近东西向F2.2断裂，往南东方向经廉江东、湛江东进入广州湾地区，通过南山岛、东山岛、雷州湾，抵琼北东侧海岸带海域（图7-4-1），为F13的一条分断裂。

该断裂在大多数图上均有反映。45°一阶方向导数图和小波分析图上带性表现最佳，它与东西向断裂多相互交切，而切断北东向断裂现象多于被北东向断裂间断现象。它或是广州湾断陷区的东界断裂（图7-4-86和图7-4-87）。该断裂东、西两侧分布有Ms≥6级和Ms≥5级地震。

断裂深度可分3段，博白—玉林西10 km左右，陆川以南至F3.4为30 km，再南>30 km。

（5）F13.5陆川—吴川断裂

该断裂是华南F13巴马—灵山—东寨港断裂带（系）的东侧分断裂（附图Ⅴ、图7-1-1和图7-4-1）。北起陆川，为东西向F2.3和北东向F8.3间断，往南经化州、茂名西、吴川东、电白一带而入南海。

该断裂在大多数图上有一定程度的反映，带性和连接性较其西侧4条北西向同系断裂要弱一些，但在45°一阶方向导数图和小波分析图还是很明了。如图7-4-83所示，直观和强势，与东西向、北东向断裂交切组合方式，仍保持同组断裂共性，多间断北东向断裂，与近东西向断裂相互交切。

断裂深度分为2段，F3.2以北>30 km，以南30 km。断裂在吴川东和电白近海地区发生过6级和5级地震。

宏观上看，F13.3以东、F13.5以西是一个强震多发区。这一区间很值得关注。图7-4-83将这一断裂带（系）展布表现得淋漓尽致。

7.4.3.2 F14台江—容县—洋边海断裂带（系）

该断裂是与其西邻珠江三角洲北西向断裂系统分界的一条断裂带（图7-1-1和附图Ⅴ），它归属于“红河系”的西缘断裂。主断裂西北起贵州省台江以北出图，往南经从江以及广西融安、鹿寨和平南，进入区内容县、信宜、阳西和洋边海。它的东侧有一条分断裂称藤县—阳江断裂，大体与漠阳江断裂展布地带相符。其北起广西藤县以北，为东西向F1.3阻断，往北可能在蒙山附近并入F15断裂带，但无确定性。该断裂自罗定西侧进入区内。这2条断裂在区内分别为：F14.1容县—阳西断裂，F14.2阳春—阳江（漠阳江）断裂。

（1）F14.1容县—阳西断裂

该断裂在各类成果图上有一定程度的反映，45°、90°一阶方向导数图，小波分析图，局部重力图带性尤佳，如图7-4-42、图7-4-53、图7-4-83和图7-4-85等。它在与近东西向、北东向断裂相遇时，与前面几条北西向断裂有些不同，不仅与近东西向断裂相互有交切现象，与北东向断裂也如是，说明北东向F8.1有一定的活动性，在阳西附近表现更为突出，相当多的图均反映这一特征。1969年洋边海6.4级地震北东向断裂可能也参入孕震活动。

（2）F14.2阳春—阳江（漠阳江）断裂

该断裂从区内东北角通过，其南段展布途径大体与漠阳江主干河道相符，故常称漠阳江断裂。漠阳江三角洲发育许多北西流向的河道，大多与北西向断裂有关，概属本断裂系统。

该断裂在各类成果图上反映良好，带性结构完整，45°一阶方向导数图（图7-4-33至图7-4-44）、小波分析图（图7-4-75至图7-4-83）、局部重力图（图7-4-85）具有代表性，与F14.1一样，它与近东西向、北东向断裂互有间断，说明北东向F8.1在区内（属其断裂南端段）有一定的活动性。

该断裂在各类成果图上延40 km形迹仍清晰，其深度应>30 km。

7.4.3.3 F15罗定—上川岛断裂

该断裂属华南F15三穗—永福—镇海湾断裂带的南段（附图Ⅴ和图7-1-1），北起贵州思南西出图，往南经石阡、三穗、黎平，广西三江、永福、荔浦、昭平、梧州，广东封开、德庆进入区内，从西北角通过只有一小段（图7-4-1），出图与珠江三角洲研究区珠F13恩平—镇海湾断裂相接，全断裂深20 km，后者是珠江三角洲地区规模最大、最深的北西向断裂，在镇海湾曾发生过Ms 5级地震，区外罗定、封开的Ms 5级地震或也与本断裂活动有关。在第一编珠江三角洲研究区已有详细论述，此处不再重复。

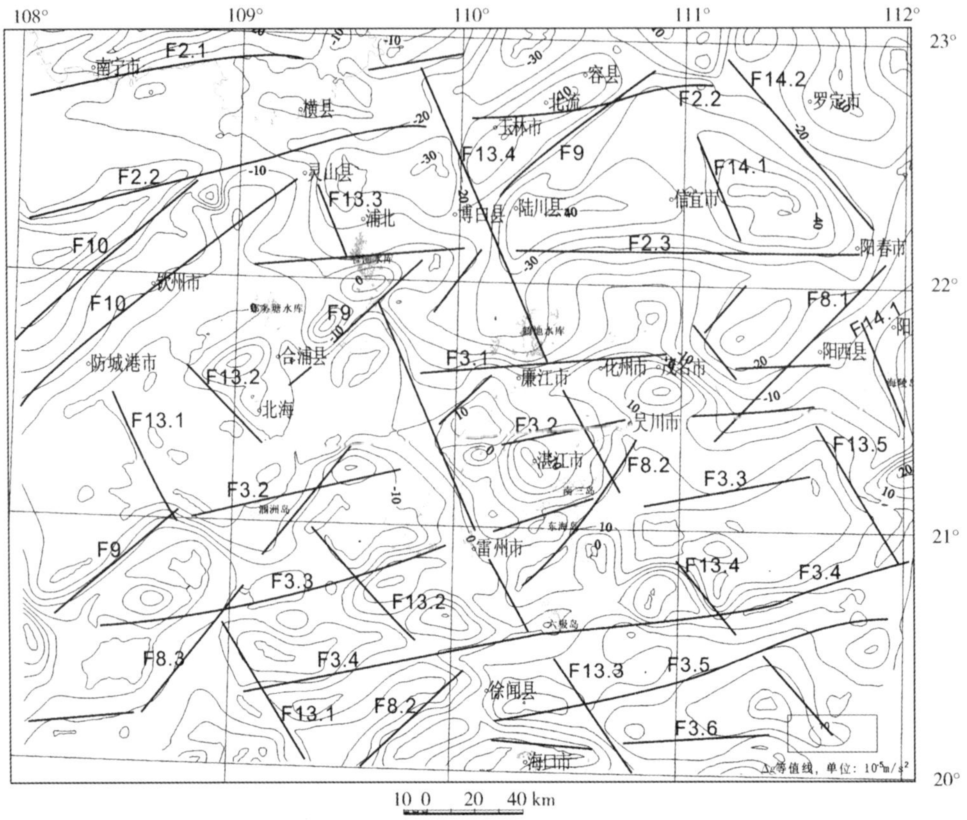

图7-4-2 粤桂琼交界地区布格重力异常等值线图

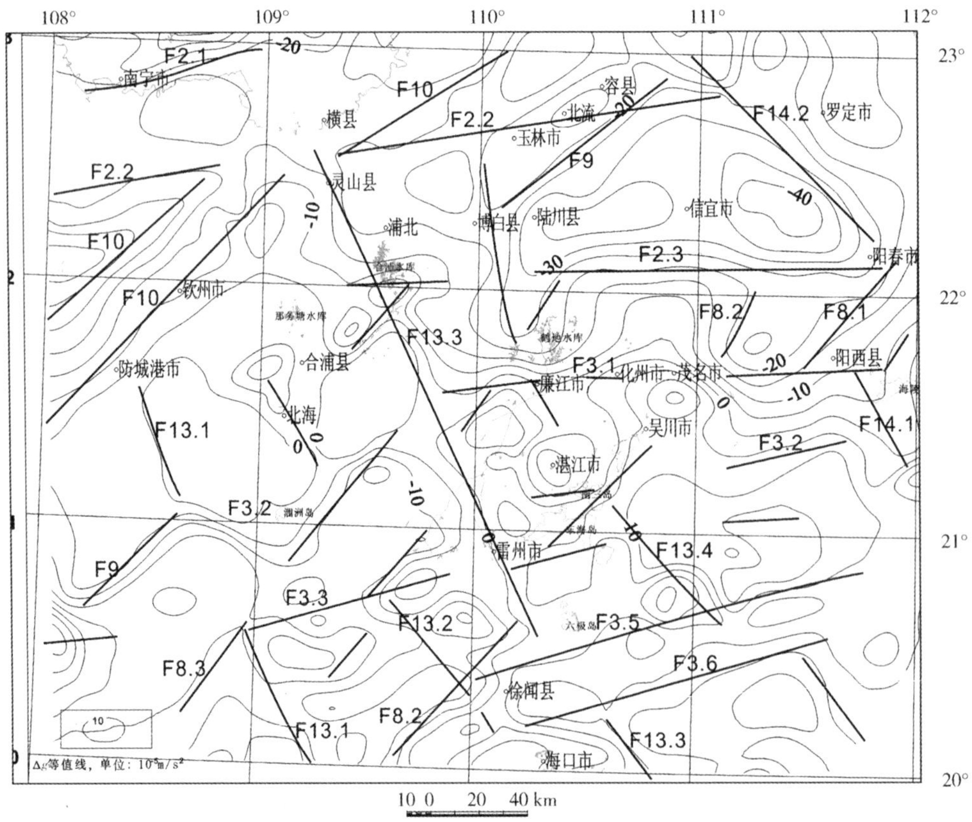

图7-4-3 粤桂琼交界地区布格重力异常上延2 km等值线图

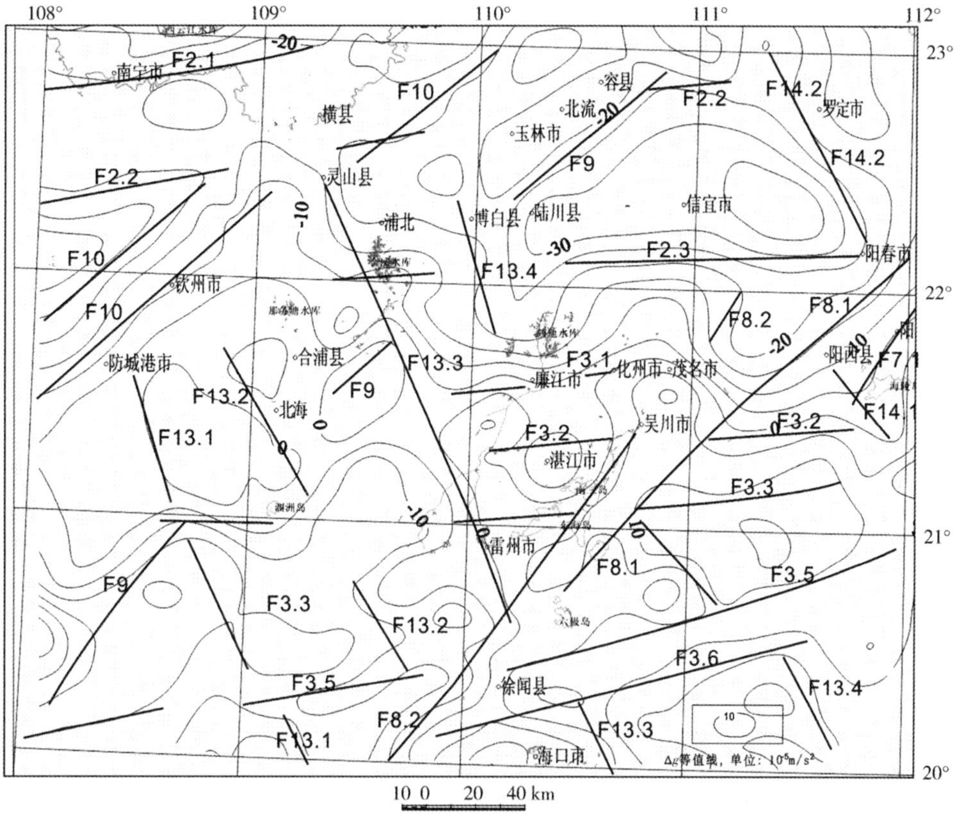

图7-4-4　粤桂琼交界地区布格重力异常上延5 km等值线图

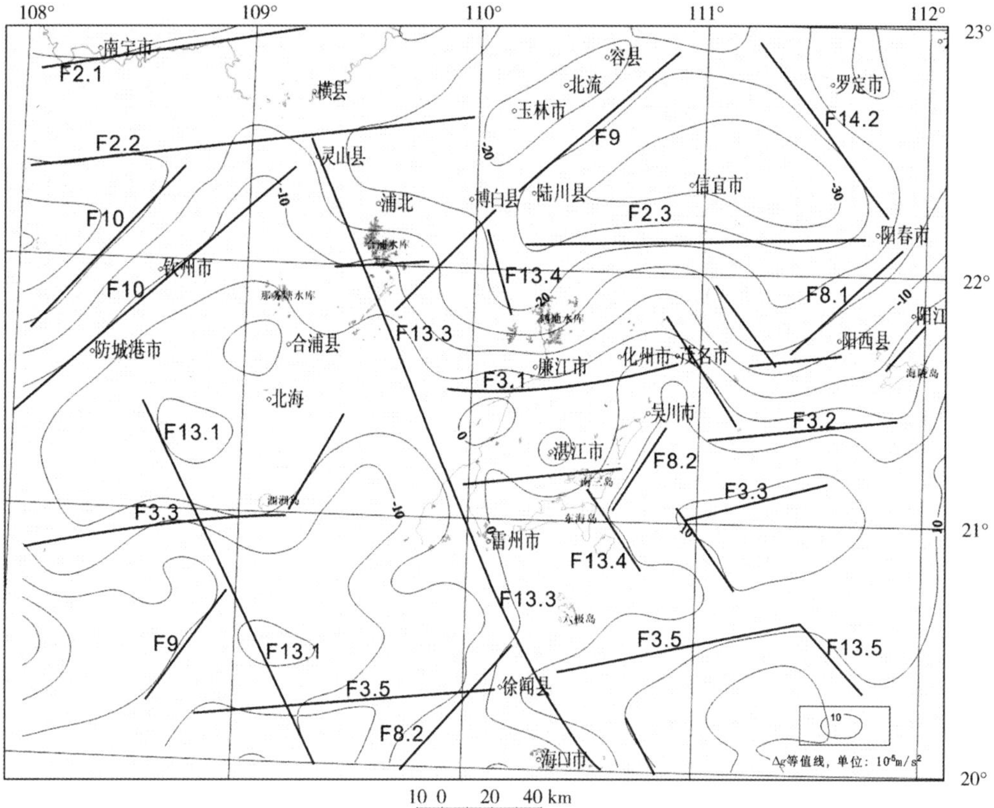

图7-4-5　粤桂琼交界地区布格重力异常上延10 km等值线图

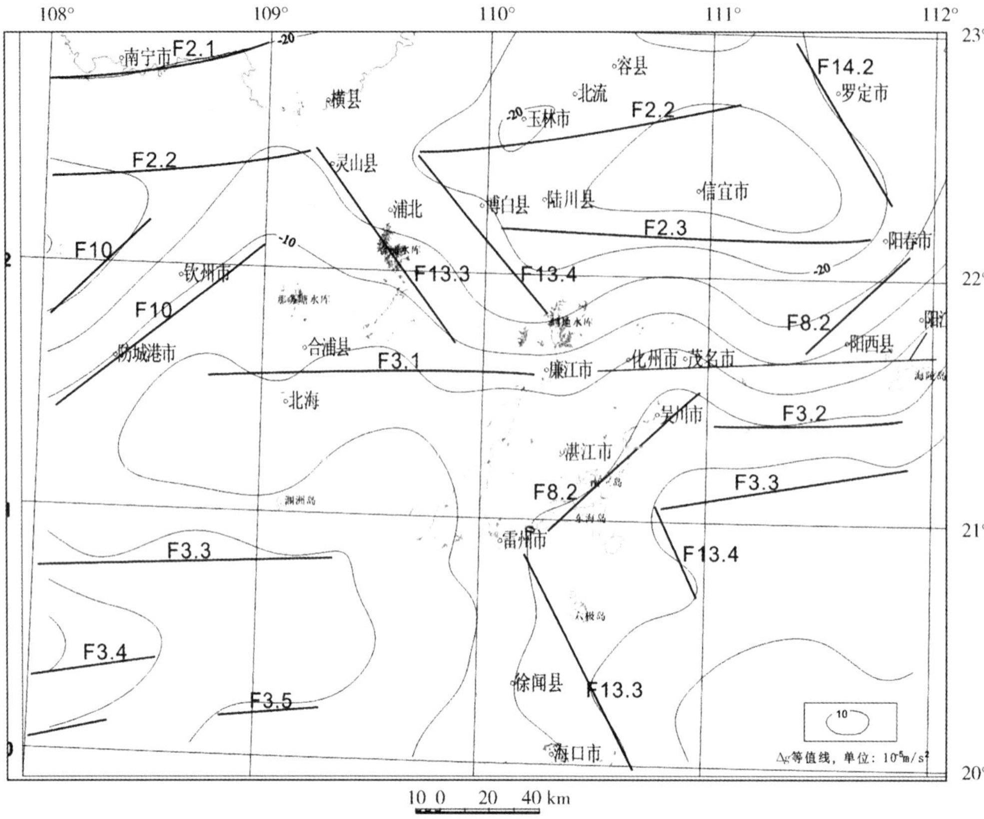

图7-4-6 粤桂琼交界地区布格重力异常上延20 km等值线图

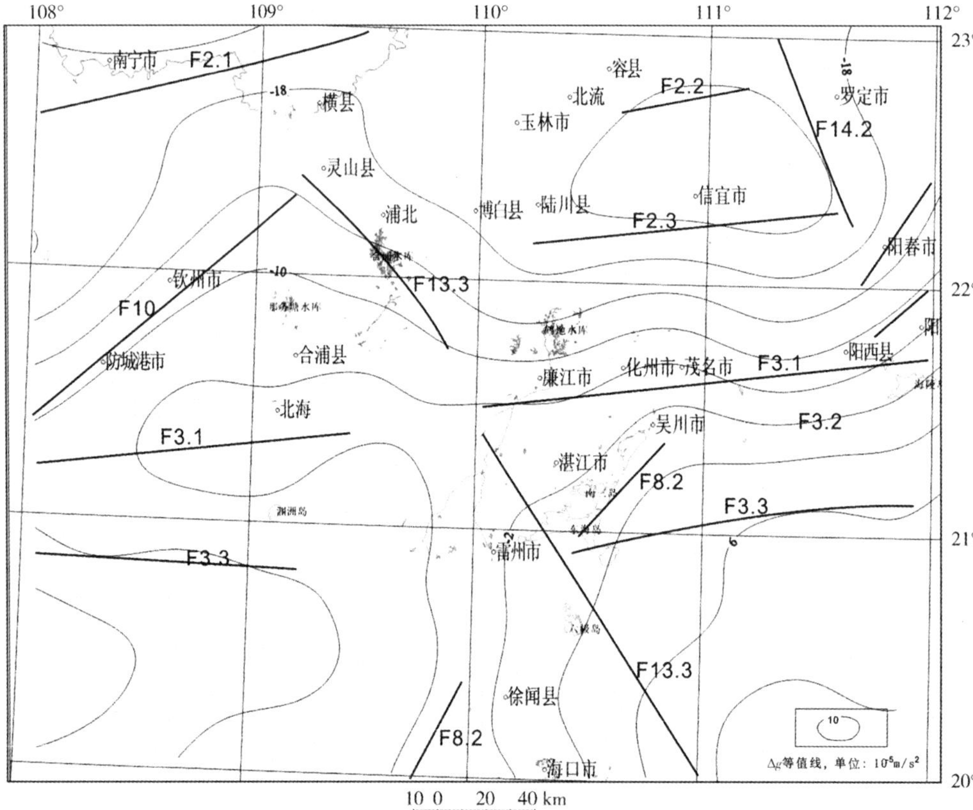

图7-4-7 粤桂琼交界地区布格重力异常上延30 km等值线图

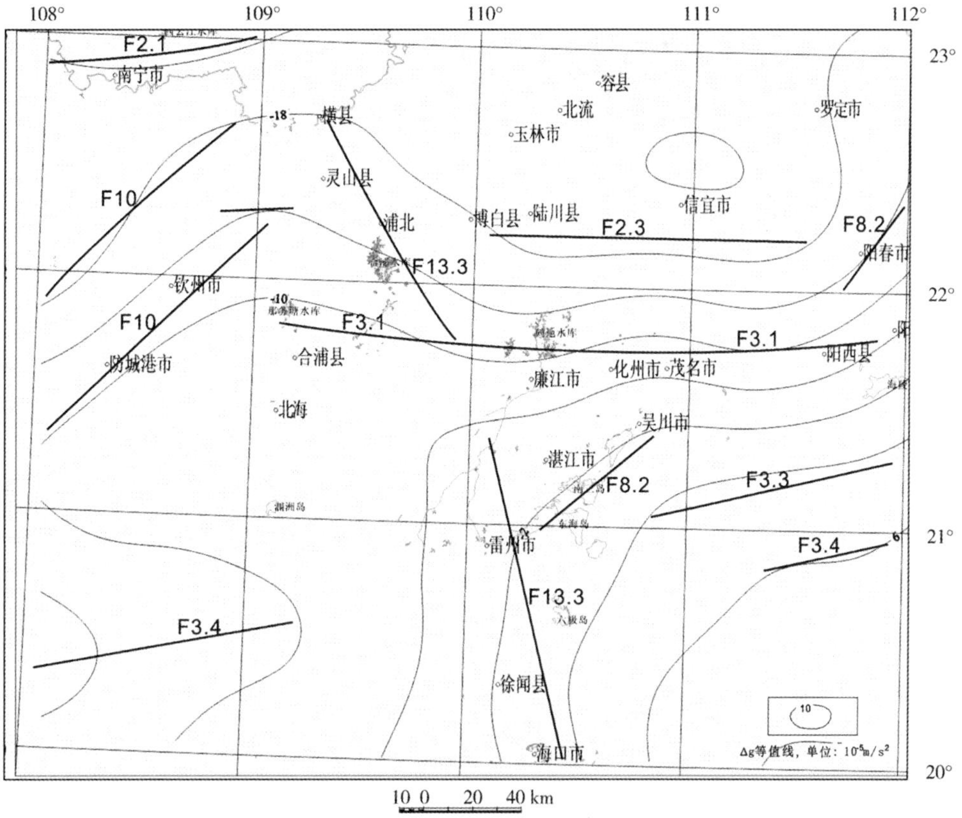

图7-4-8 粤桂琼交界地区布格重力异常上延40 km等值线图

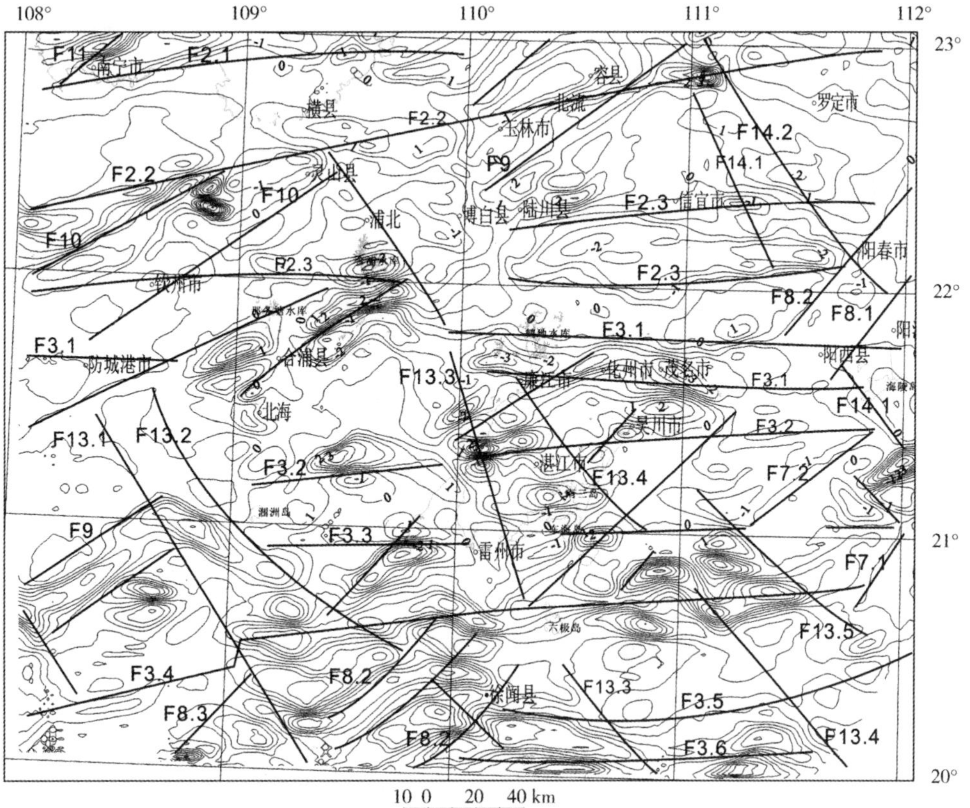

图7-4-9 粤桂琼交界地区布格重力异常0° 一阶方向导数等值线图

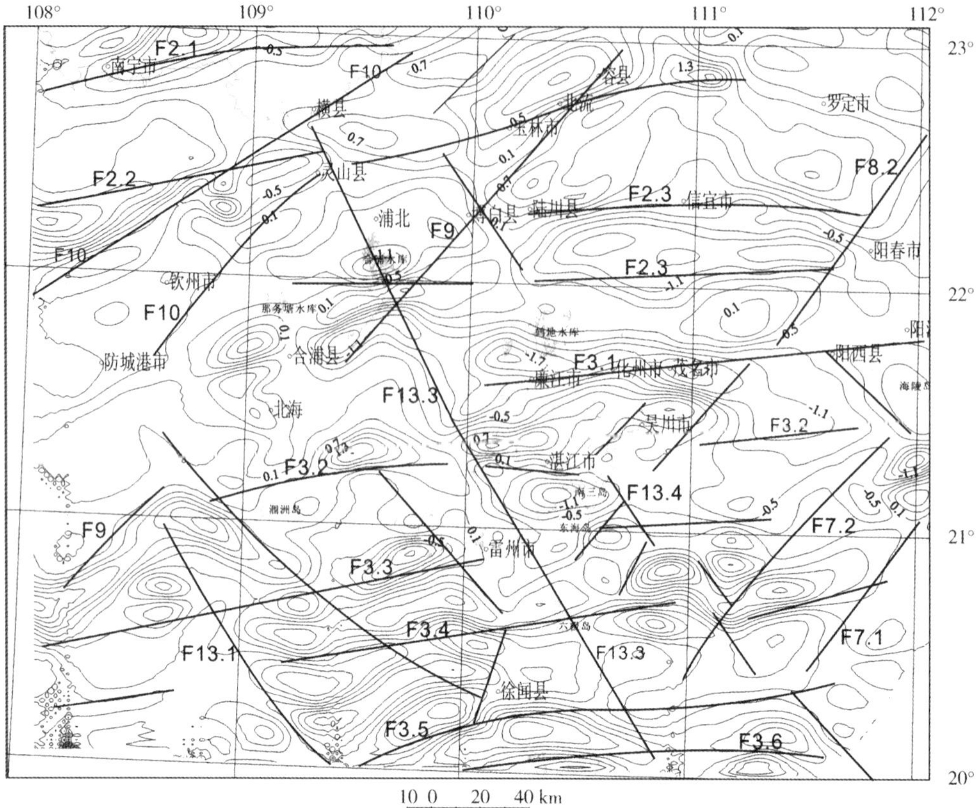

图7-4-10 粤桂琼交界地区布格重力异常上延5 km 0° 一阶方向导数等值线图

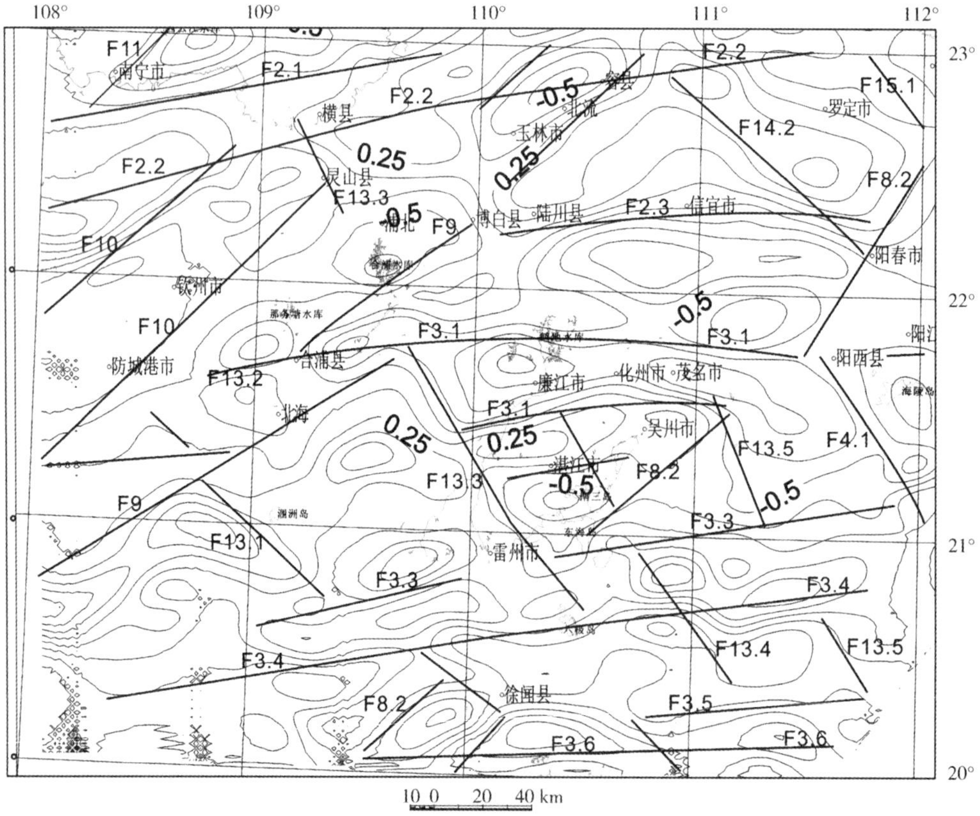

图7-4-11 粤桂琼交界地区布格重力异常上延10 km 0° 一阶方向导数等值线图

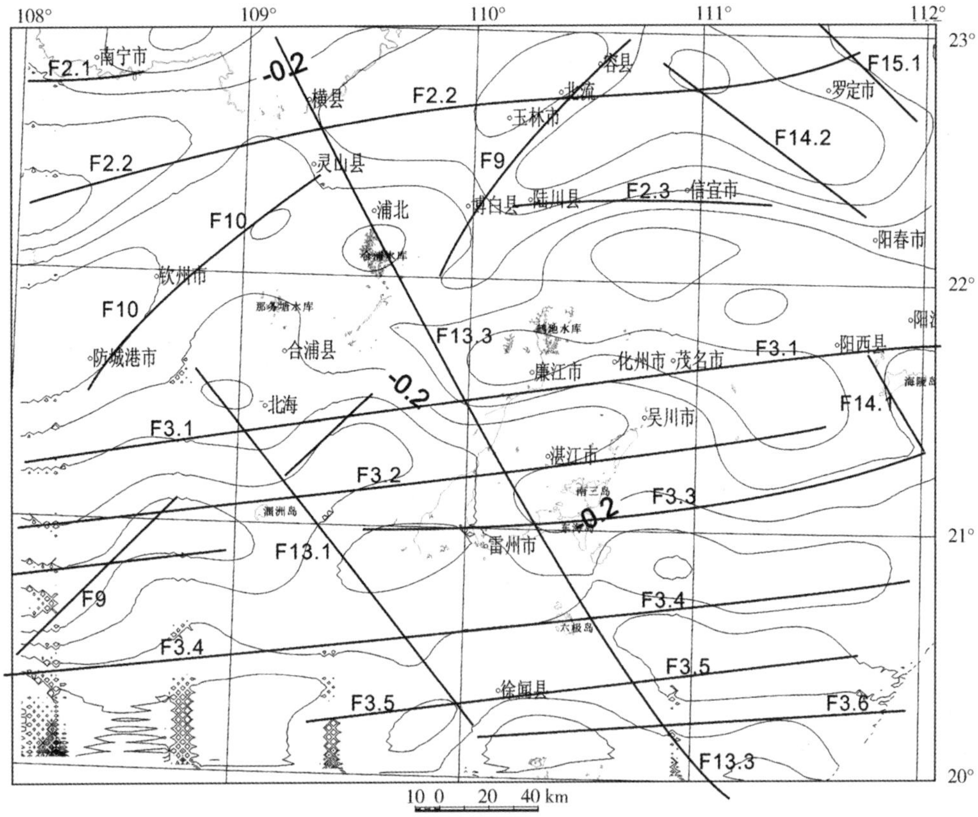

图7-4-12 粤桂琼交界地区布格重力异常上延20 km 0° 一阶方向导数等值线图

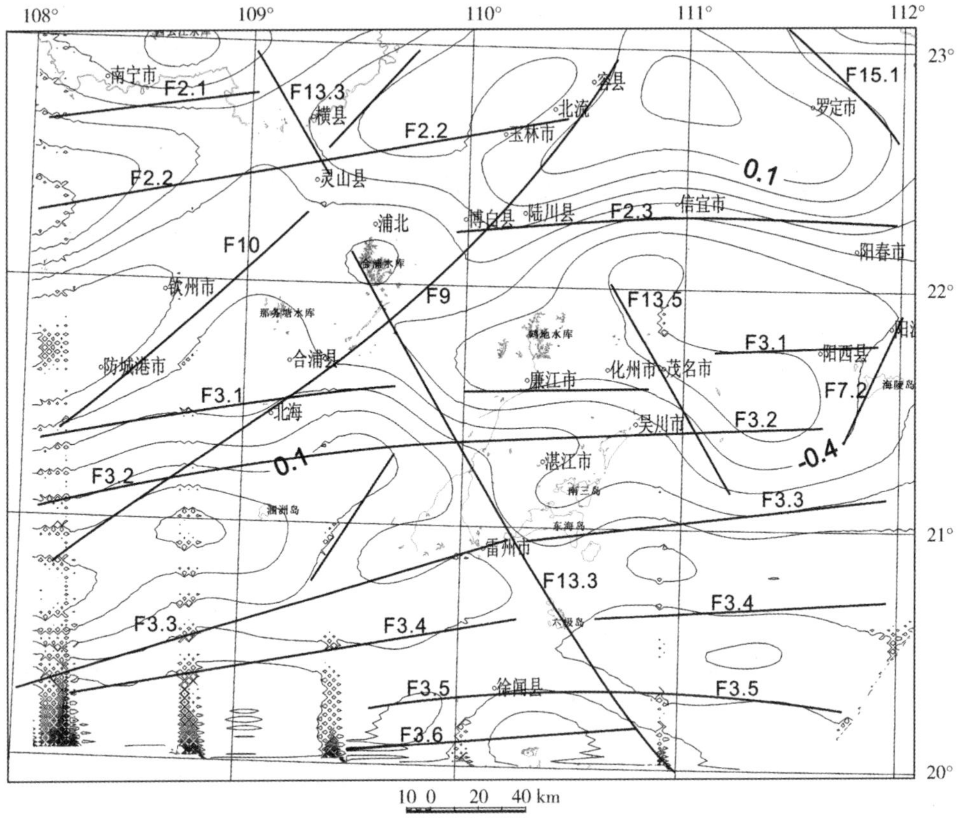

图7-4-13 粤桂琼交界地区布格重力异常上延30 km 0° 一阶方向导数等值线图

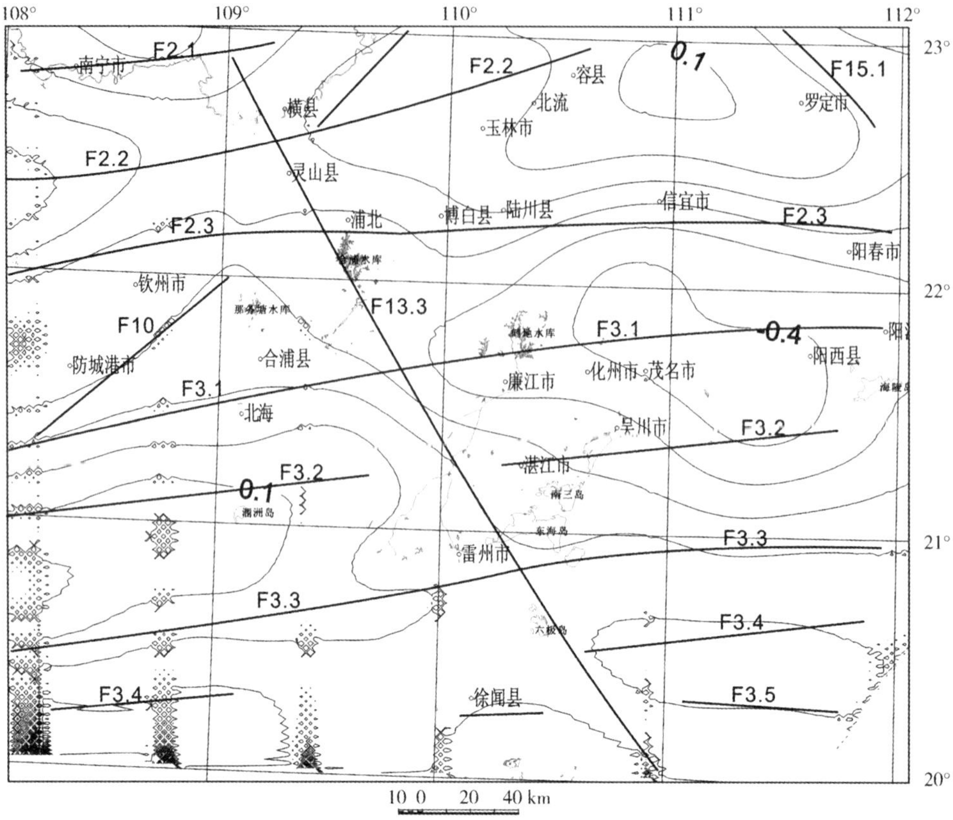

图7-4-14　粤桂琼交界地区布格重力异常上延40 km 0° 一阶方向导数等值线图

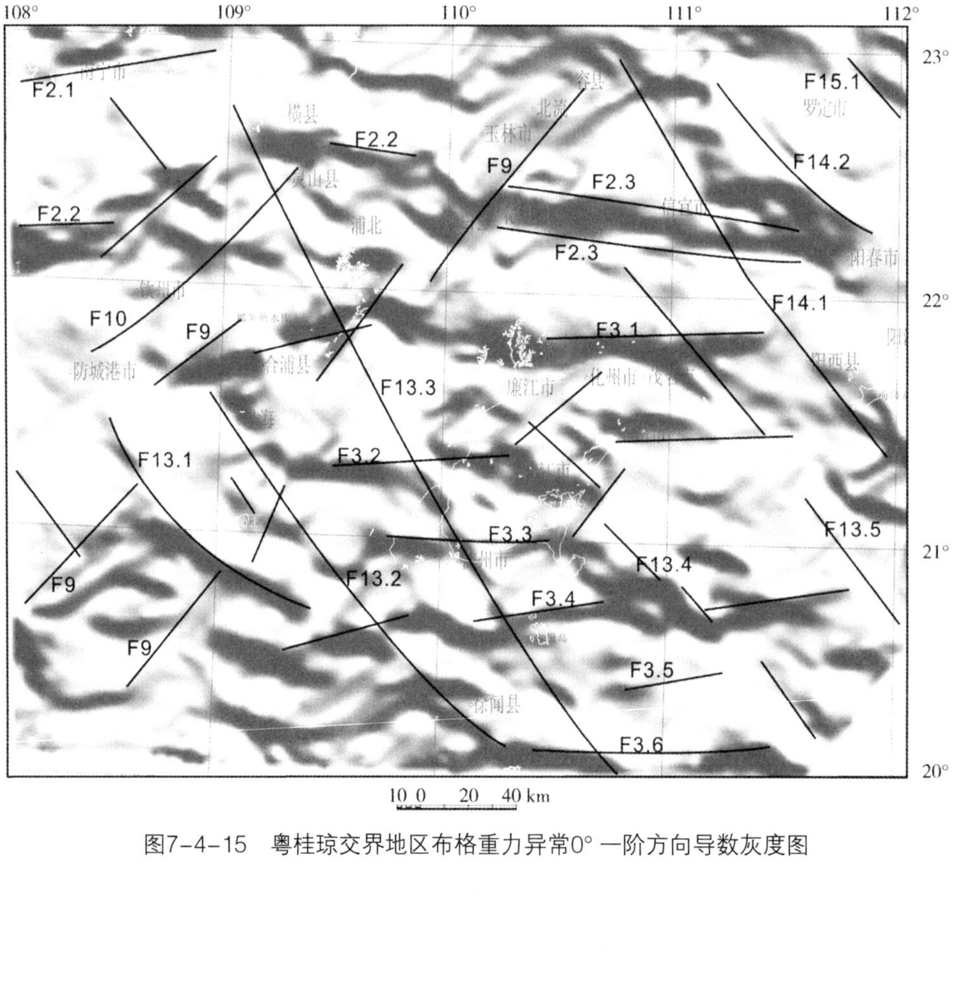

图7-4-15　粤桂琼交界地区布格重力异常0° 一阶方向导数灰度图

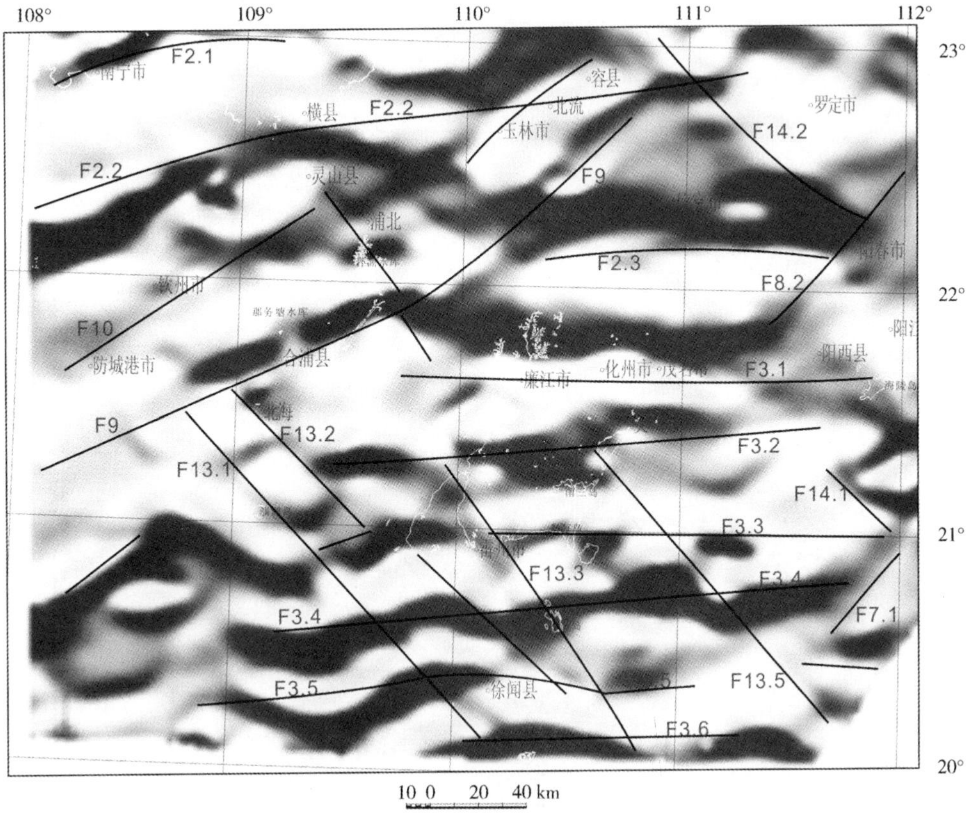

图7-4-16　粤桂琼交界地区布格重力异常上延5 km 0° 一阶方向导数灰度图

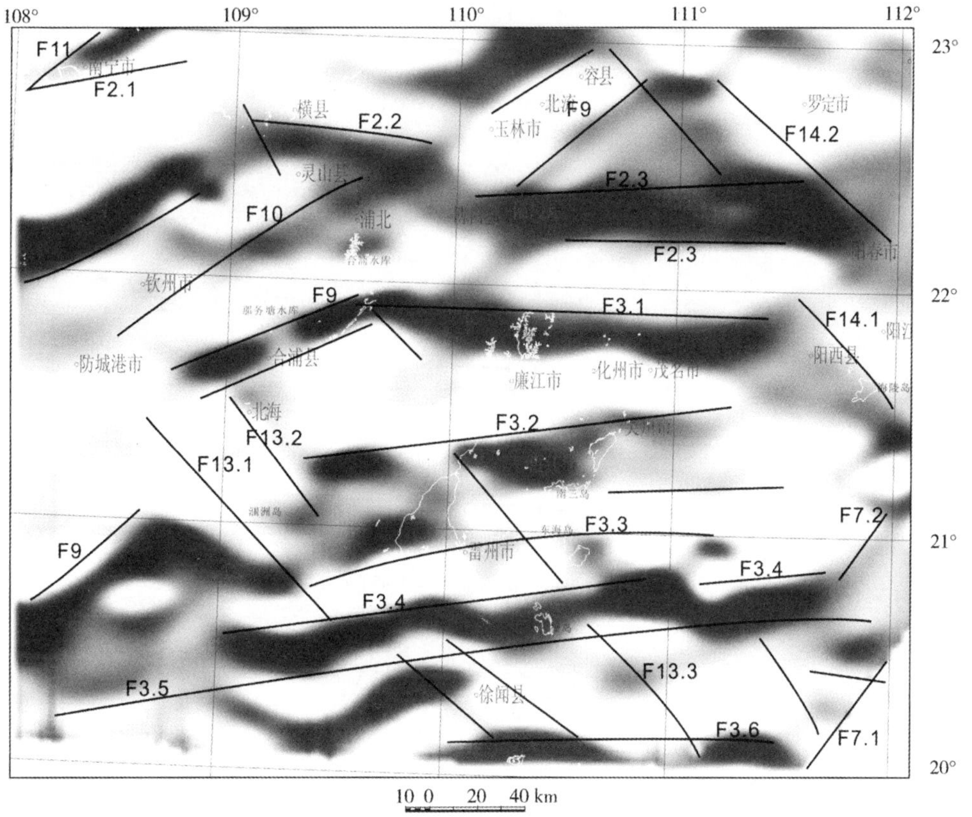

图7-4-17　粤桂琼交界地区布格重力异常上延10 km 0° 一阶方向导数灰度图

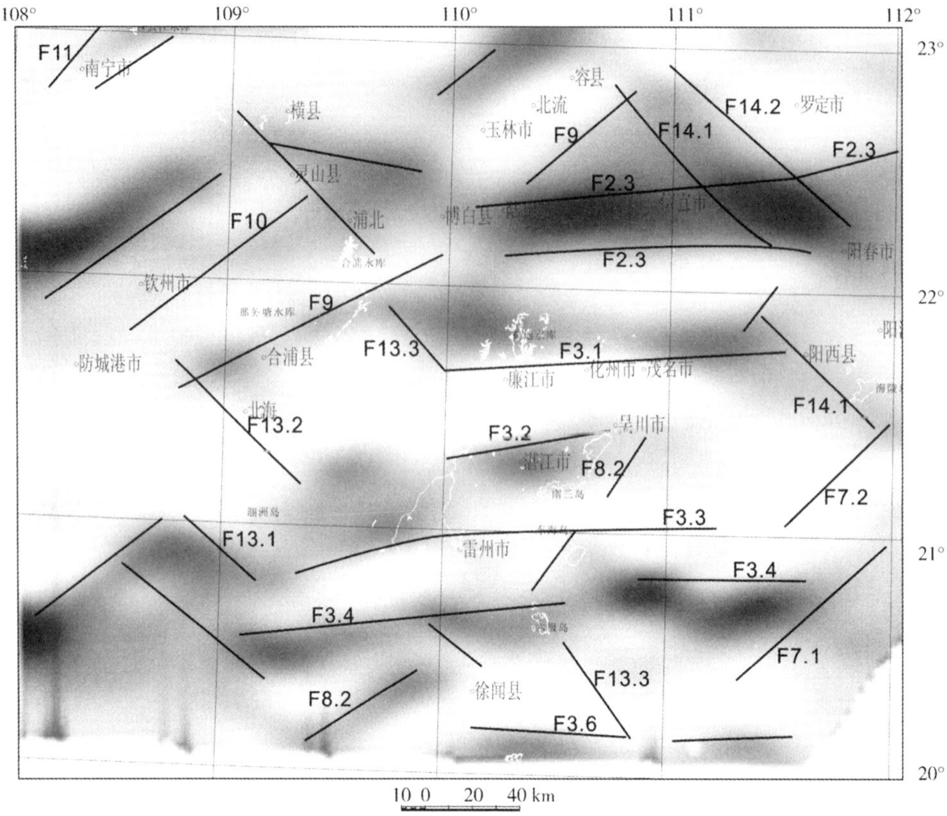

图7-4-18　粤桂琼交界地区布格重力异常上延20 km 0° 一阶方向导数灰度图

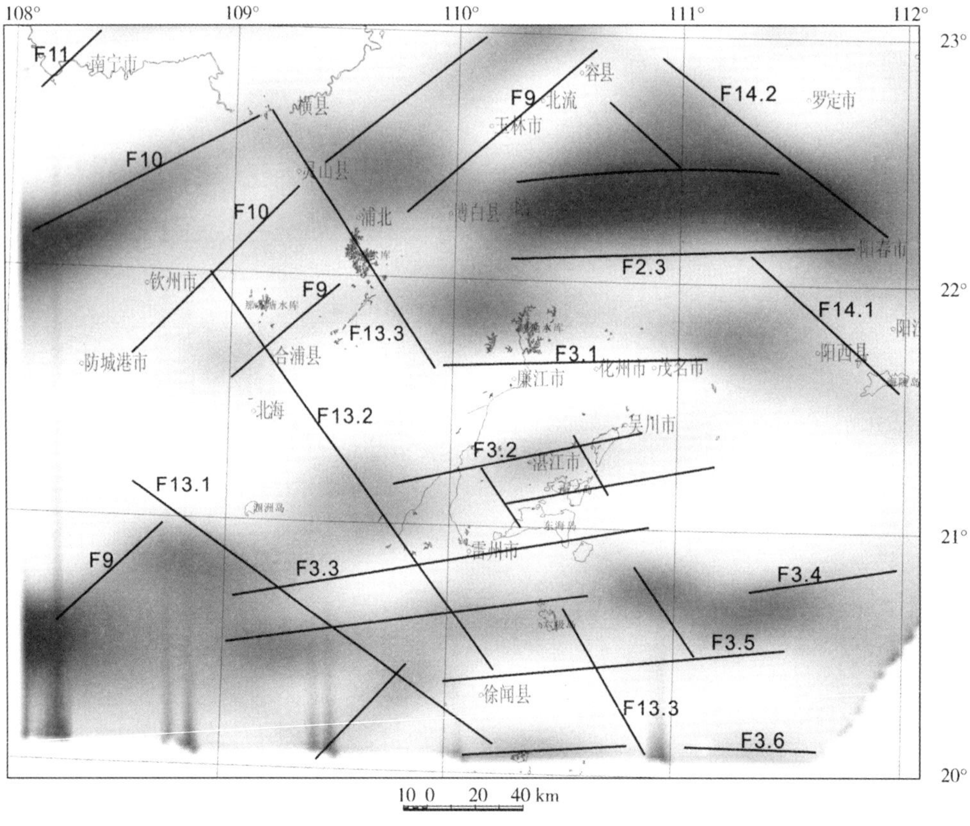

图7-4-19　粤桂琼交界地区布格重力异常上延30 km 0° 一阶方向导数灰度图

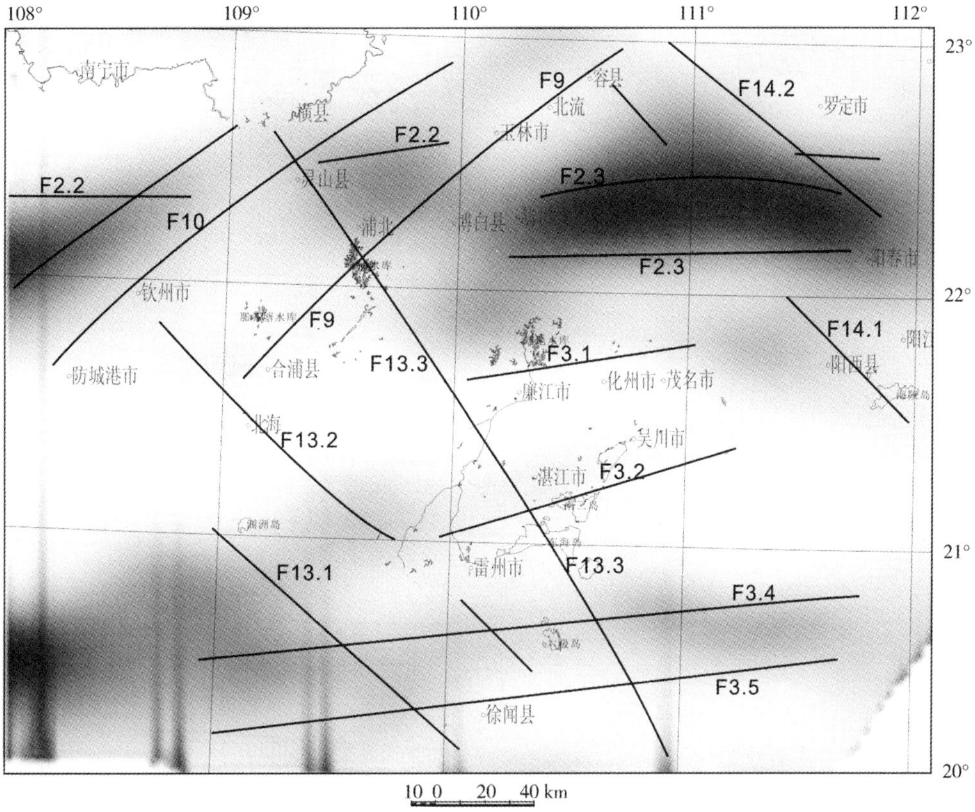

图7-4-20 粤桂琼交界地区布格重力异常上延40 km 0° 一阶方向导数灰度图

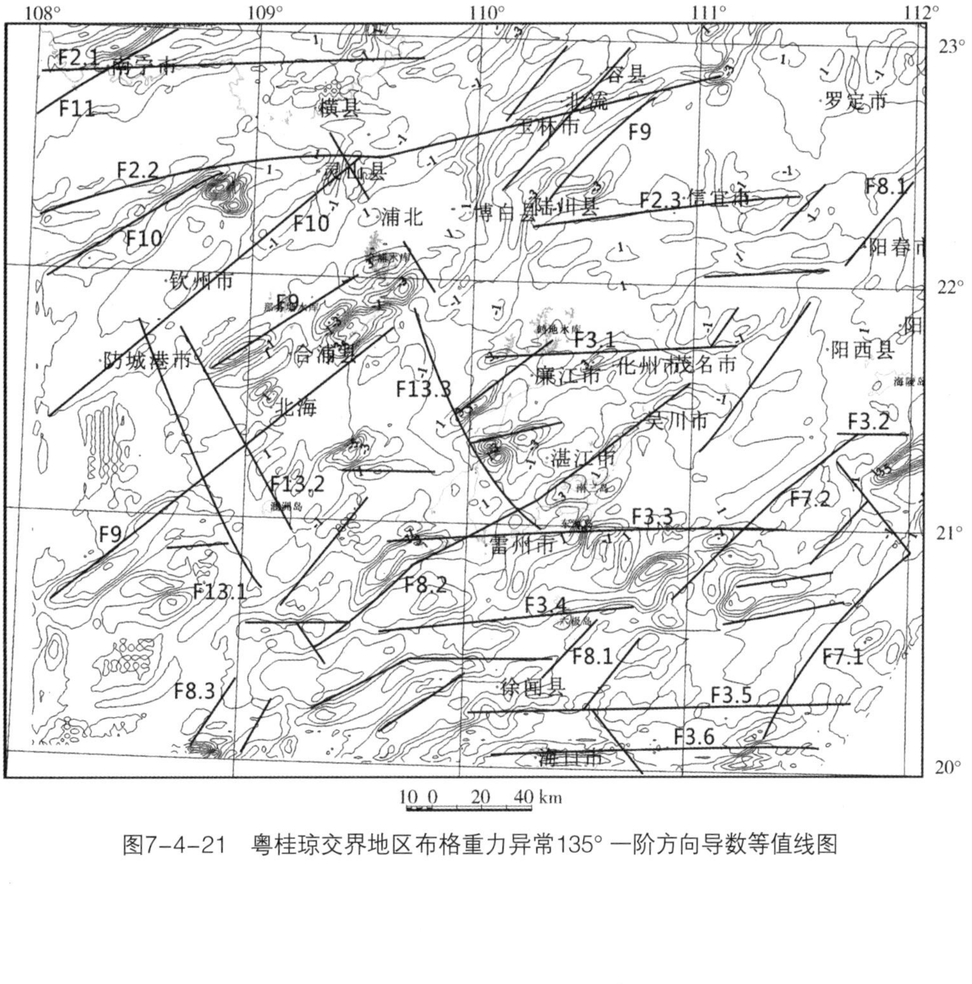

图7-4-21 粤桂琼交界地区布格重力异常135° 一阶方向导数等值线图

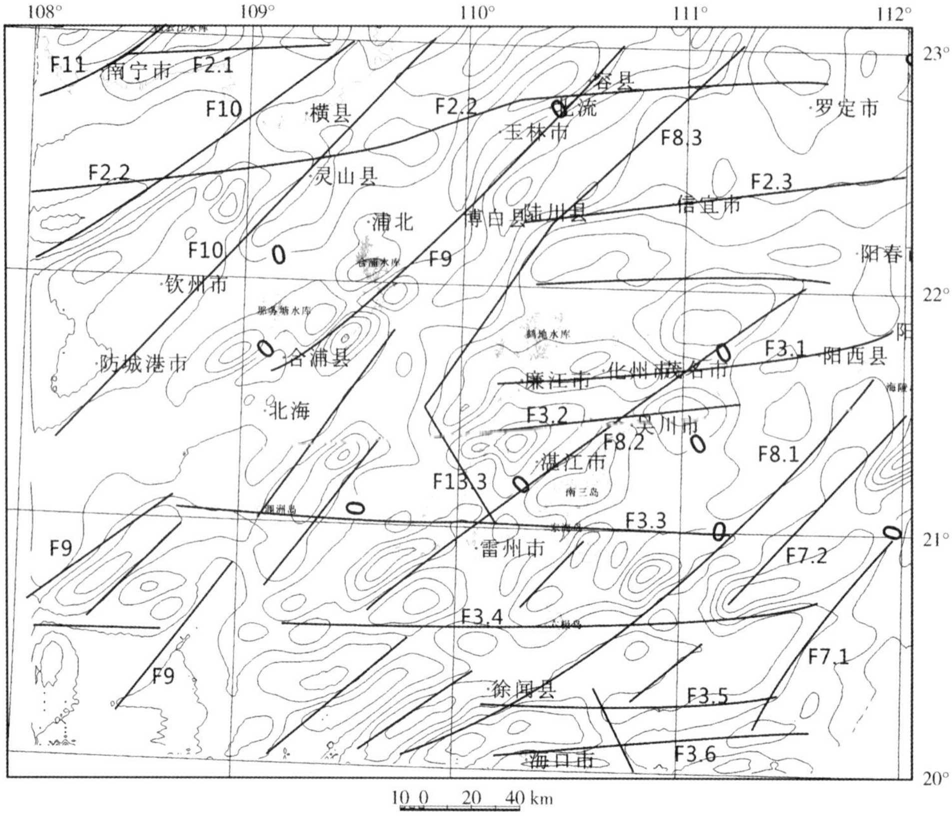

图7-4-22　粤桂琼交界地区布格重力异常上延5 km 135° 一阶方向导数等值线图

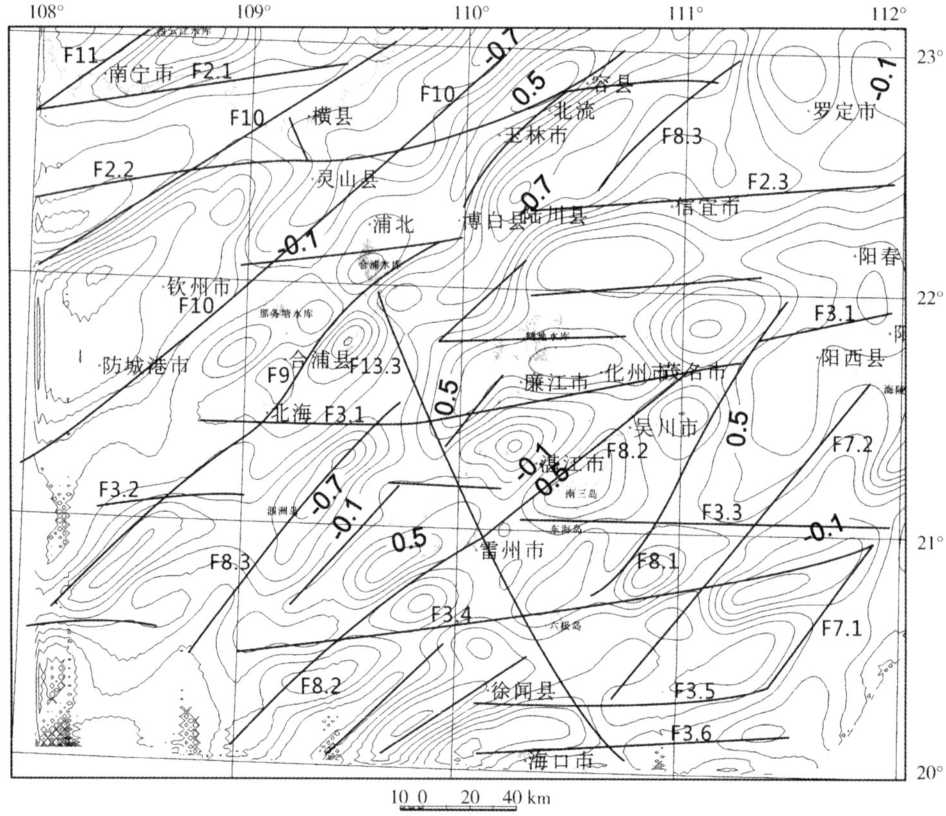

图7-4-23　粤桂琼交界地区布格重力异常上延10 km 135° 一阶方向导数等值线图

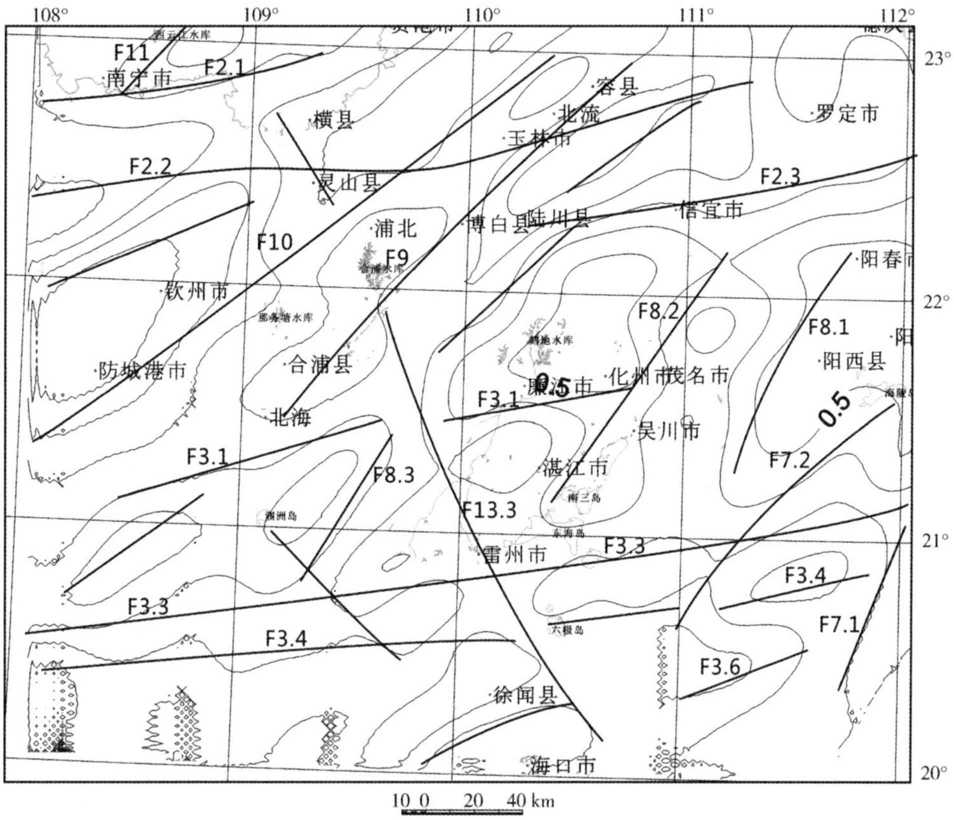

图7-4-24 粤桂琼交界地区布格重力异常上延20 km 135°一阶方向导数等值线图

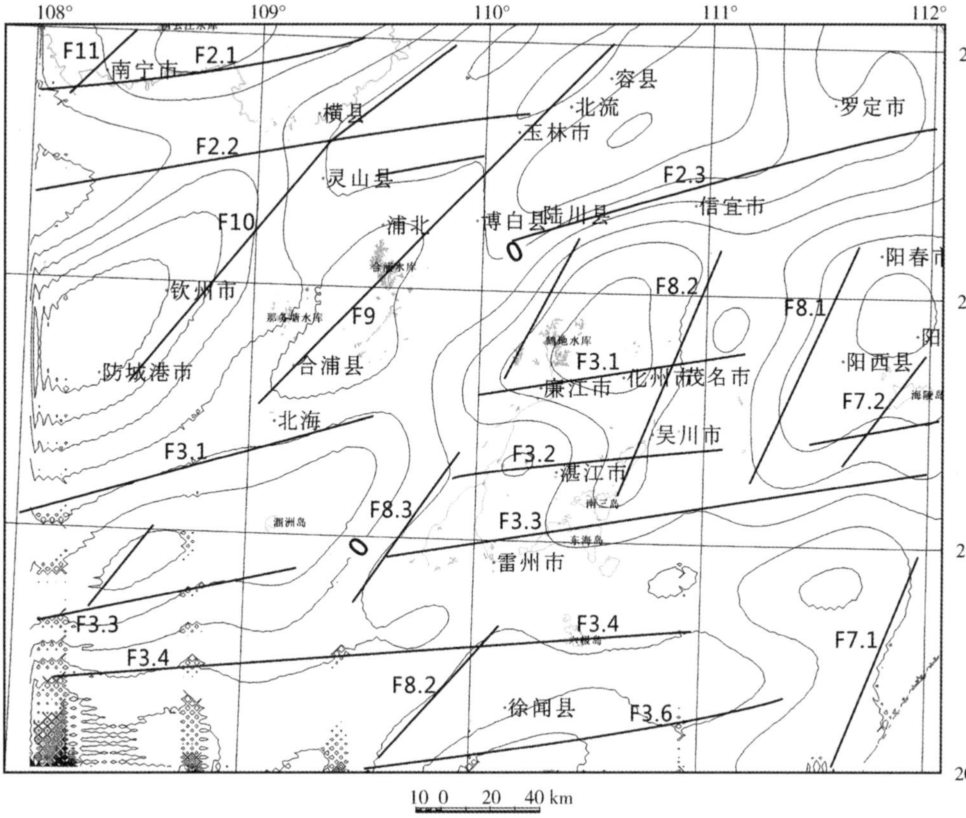

图7-4-25 粤桂琼交界地区布格重力异常上延30 km 135°一阶方向导数等值线图

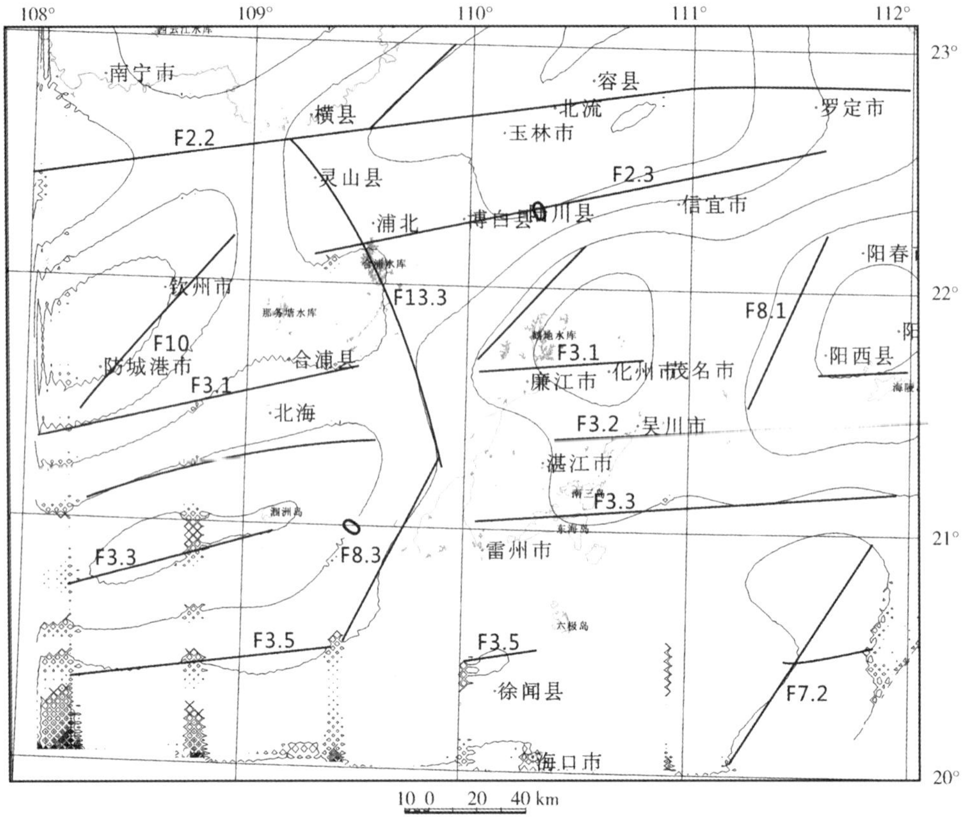

图7-4-26　粤桂琼交界地区布格重力异常上延40 km 135° 一阶方向导数等值线图

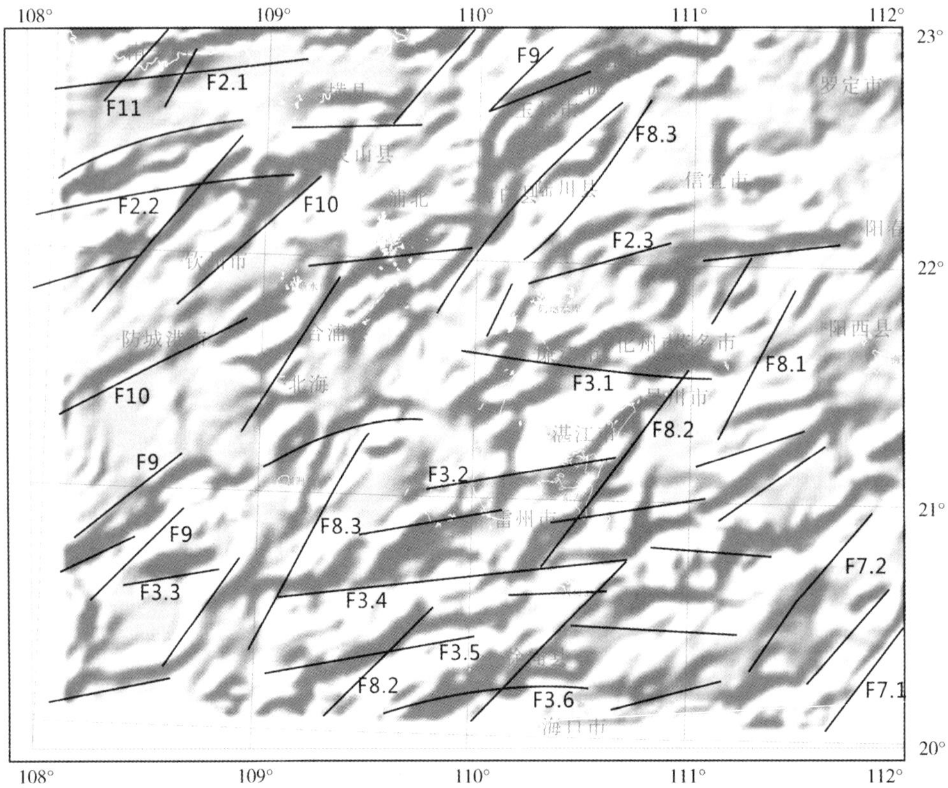

图7-4-27　粤桂琼交界地区布格重力异常135° 一阶方向导数灰度图

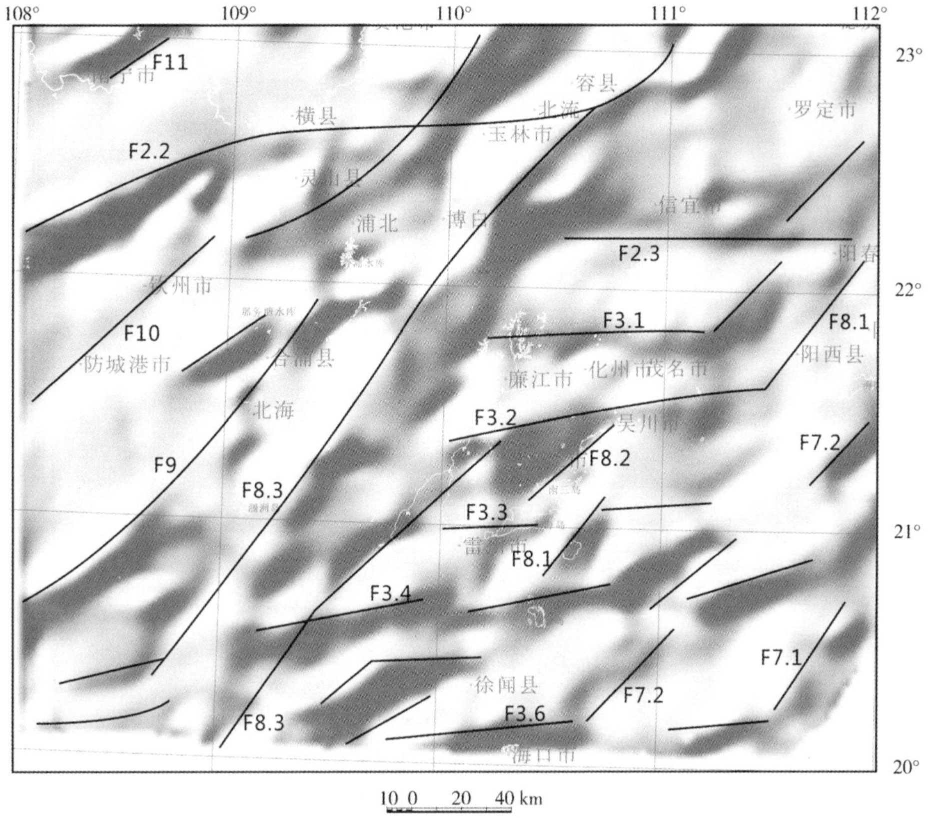

图7-4-28　粤桂琼交界地区布格重力异常上延5 km 135° 一阶方向导数灰度图

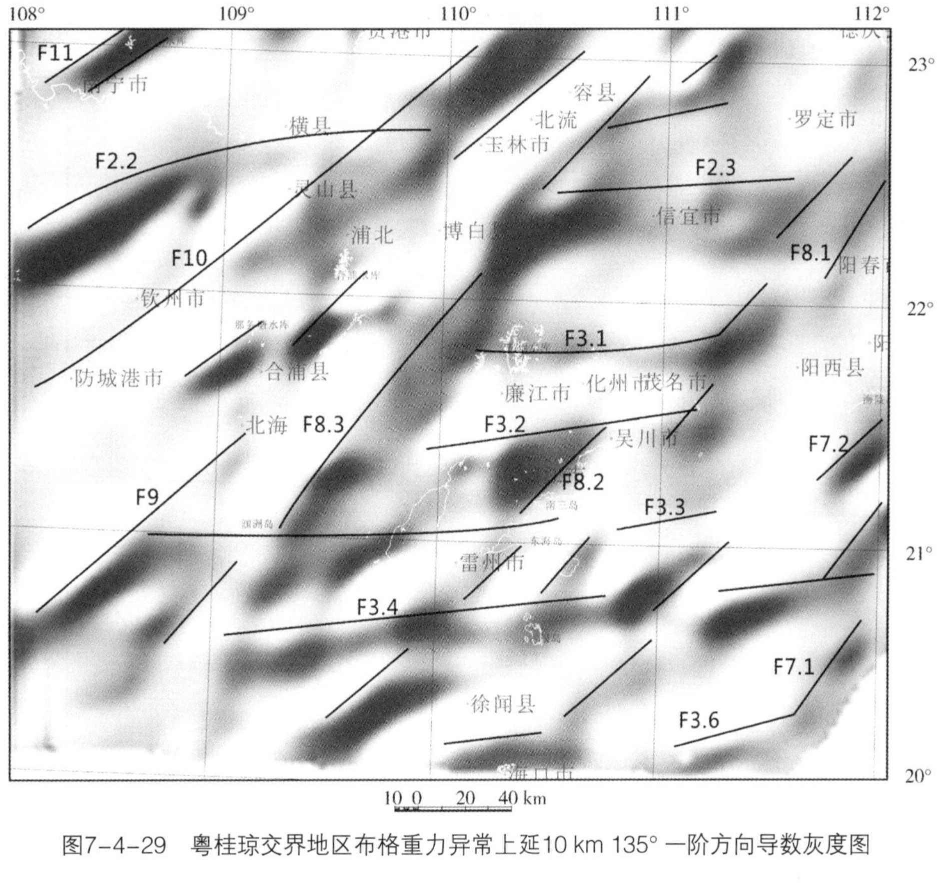

图7-4-29　粤桂琼交界地区布格重力异常上延10 km 135° 一阶方向导数灰度图

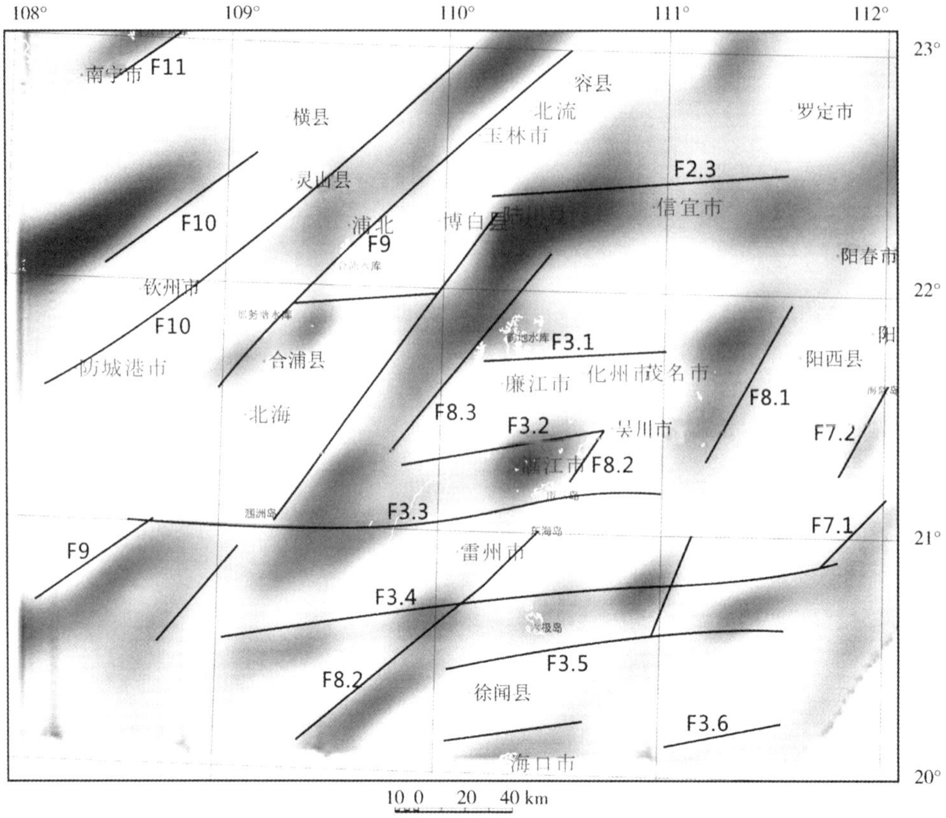

图7-4-30　粤桂琼交界地区布格重力异常上延20 km 135° 一阶方向导数灰度图

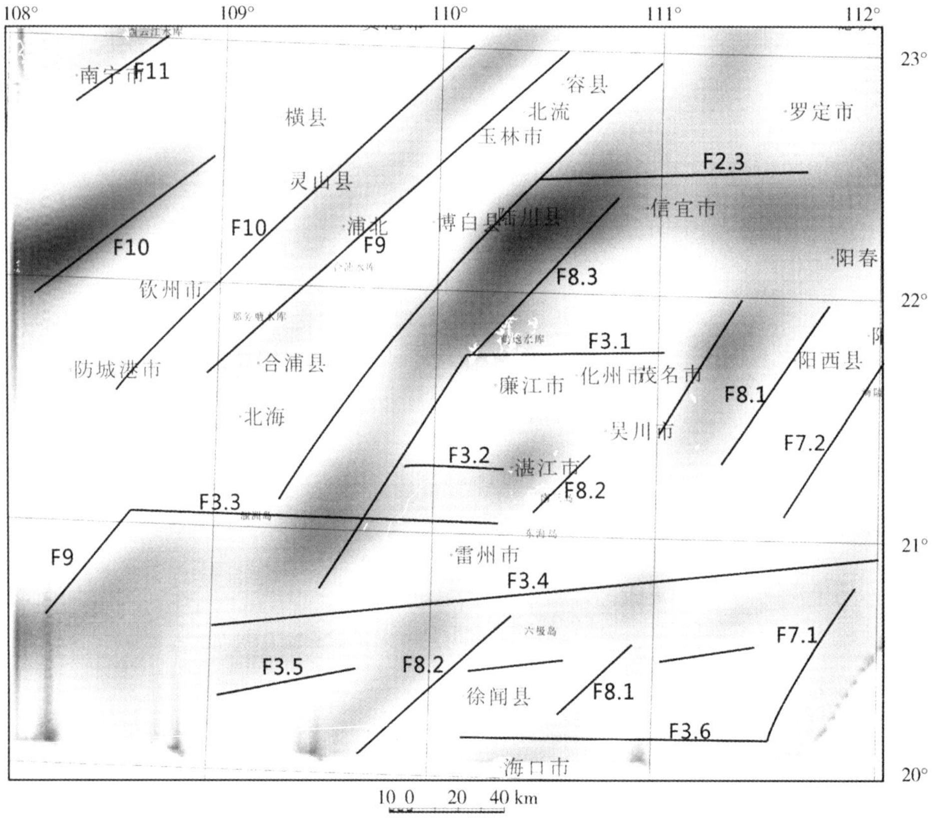

图7-4-31　粤桂琼交界地区布格重力异常上延30 km 135° 一阶方向导数灰度图

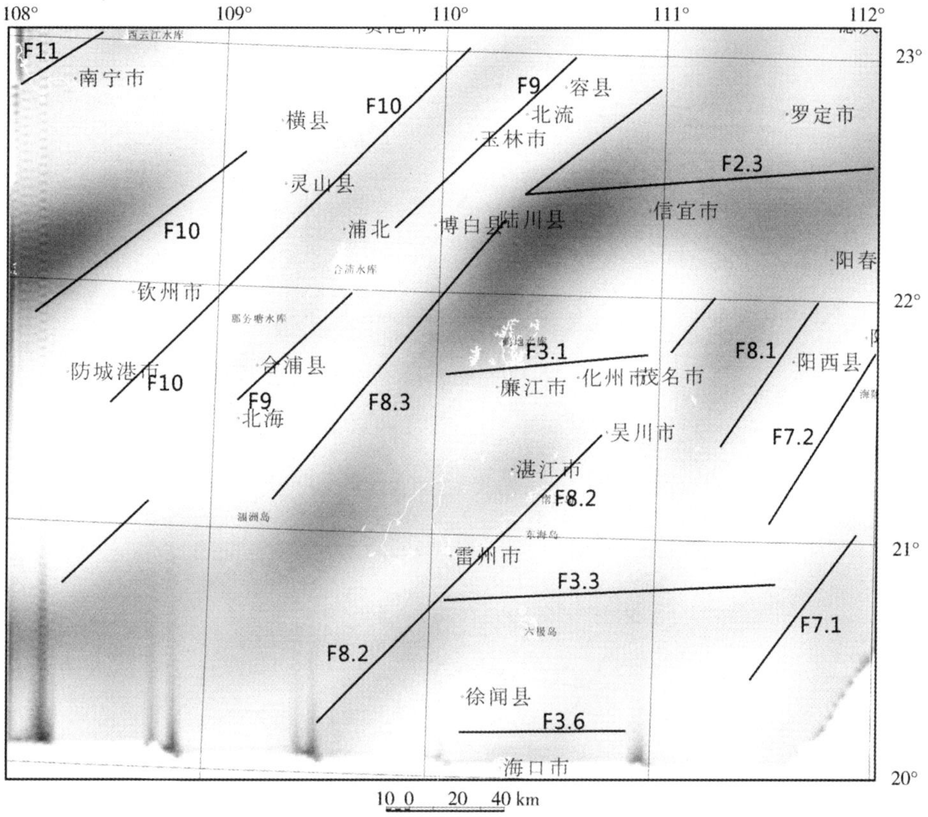

图7-4-32　粤桂琼交界地区布格重力异常上延40 km 135°一阶方向导数灰度图

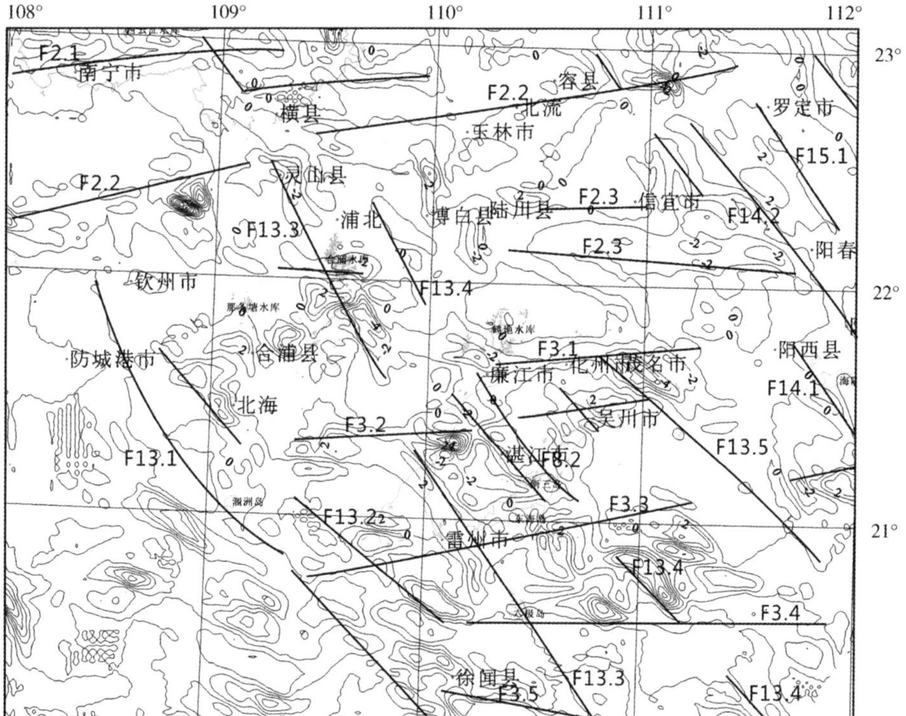

图7-4-33　粤桂琼交界地区布格重力异常45°一阶方向导数等值线图

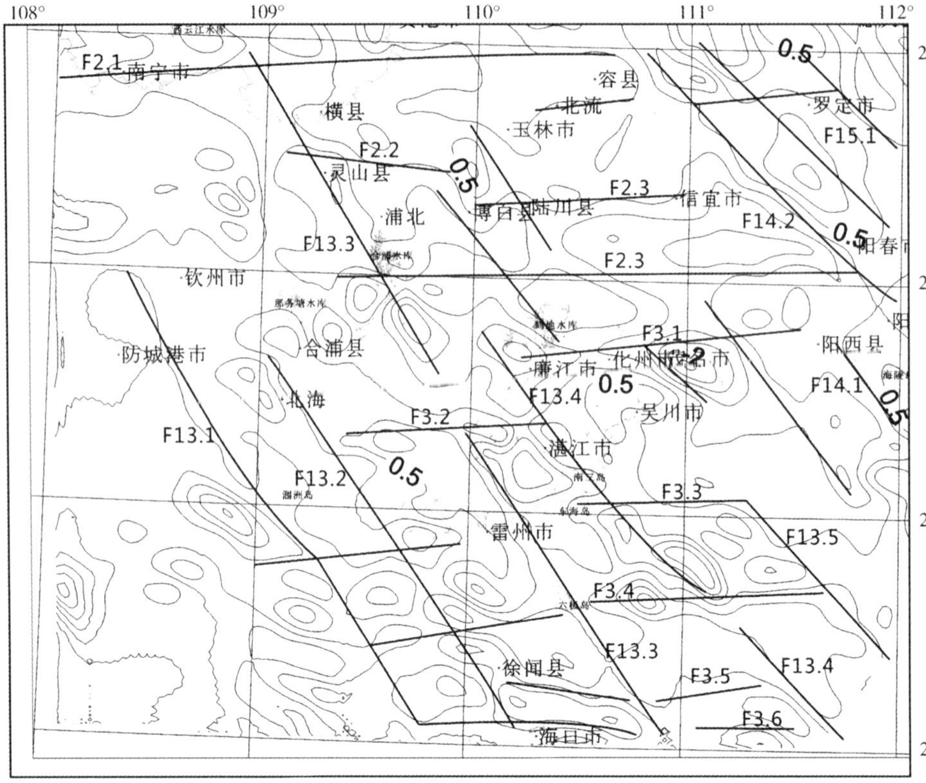

图7-4-34 粤桂琼交界地区布格重力异常上延5 km 45° 一阶方向导数等值线图

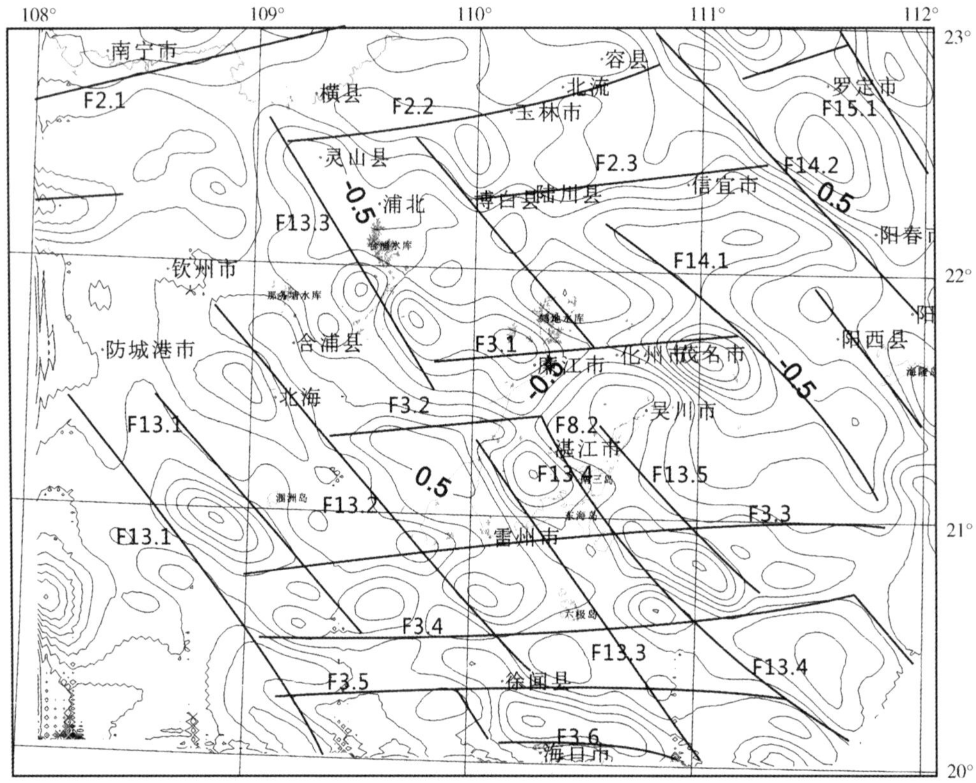

图7-4-35 粤桂琼交界地区布格重力异常上延10 km 45° 一阶方向导数等值线图

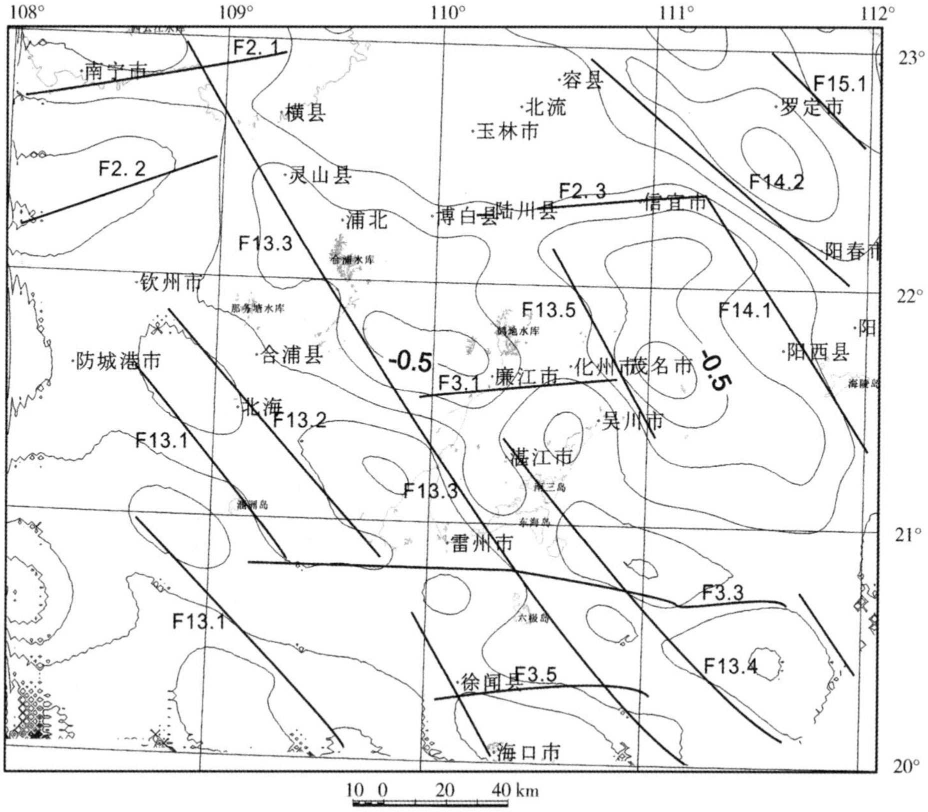

图7-4-36 粤桂琼交界地区布格重力异常上延20 km 45° 一阶方向导数等值线图

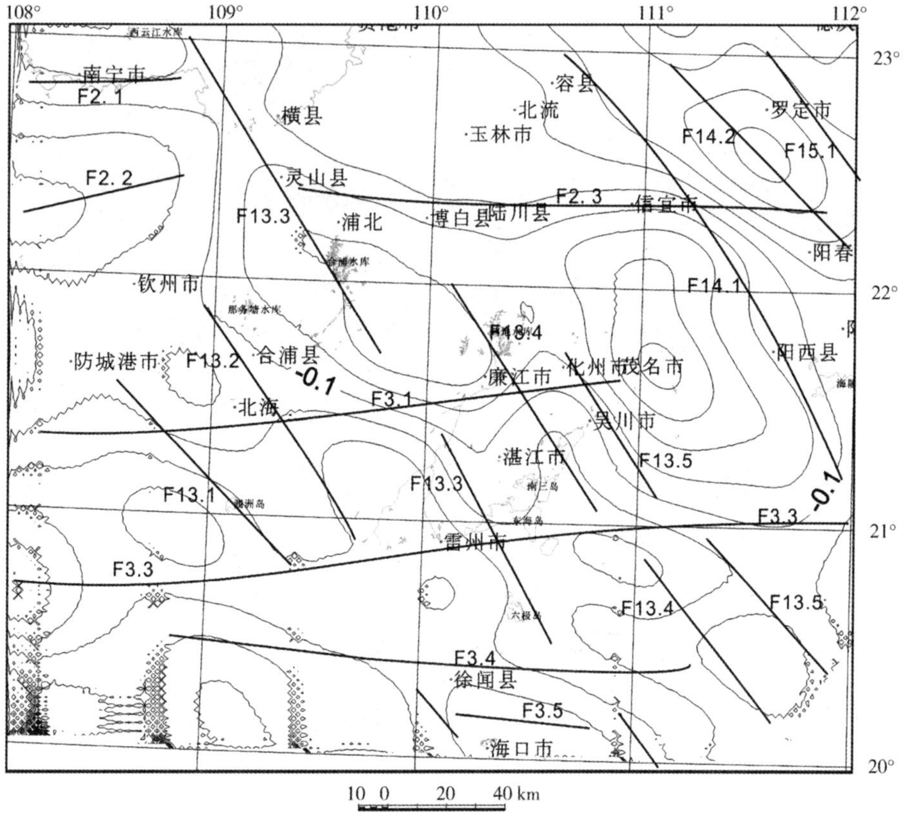

图7-4-37 粤桂琼交界地区布格重力异常上延30 km 45° 一阶方向导数等值线图

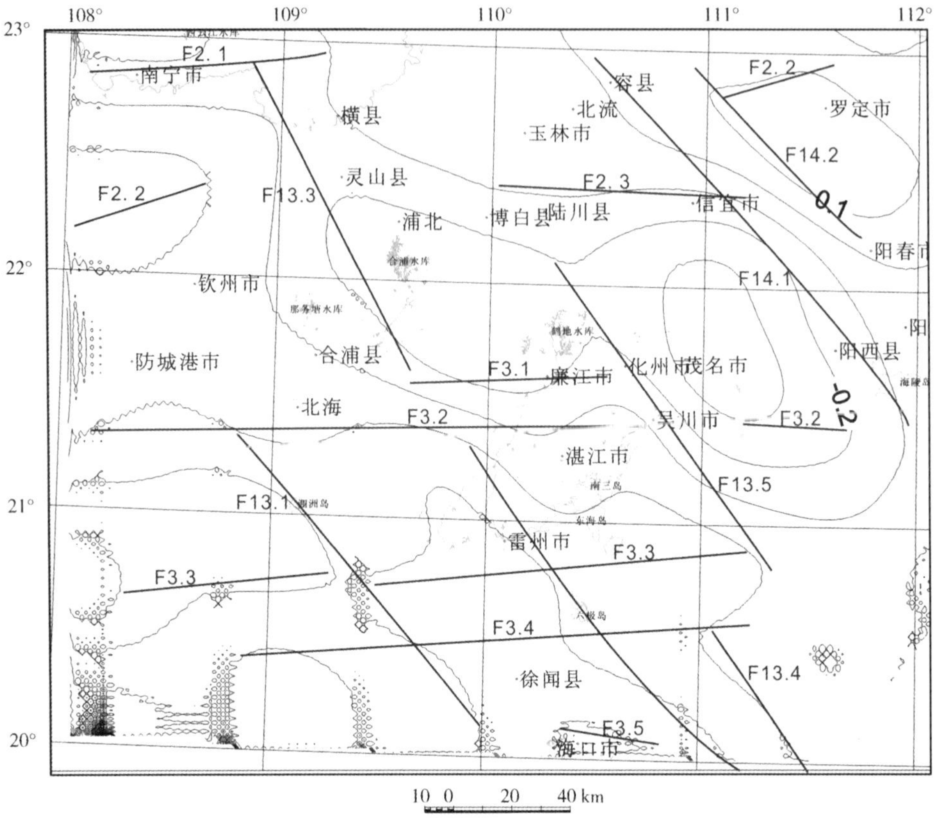

图7-4-38　粤桂琼交界地区布格重力异常上延40 km 45° 一阶方向导数等值线图

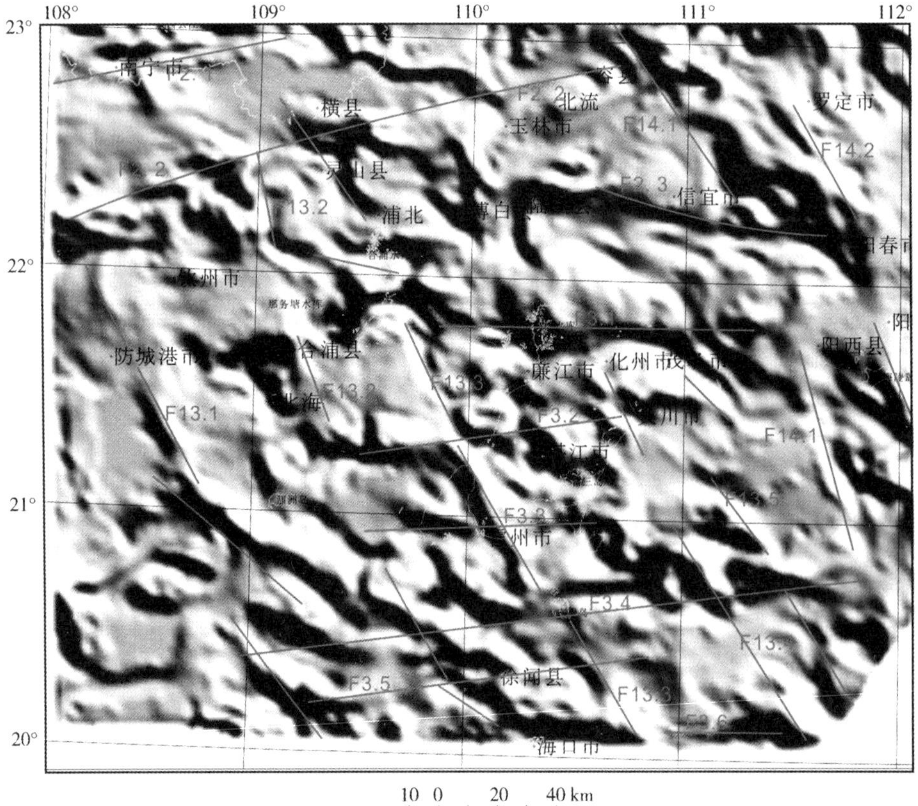

图7-4-39　粤桂琼交界地区布格重力异常45° 一阶方向导数灰度图

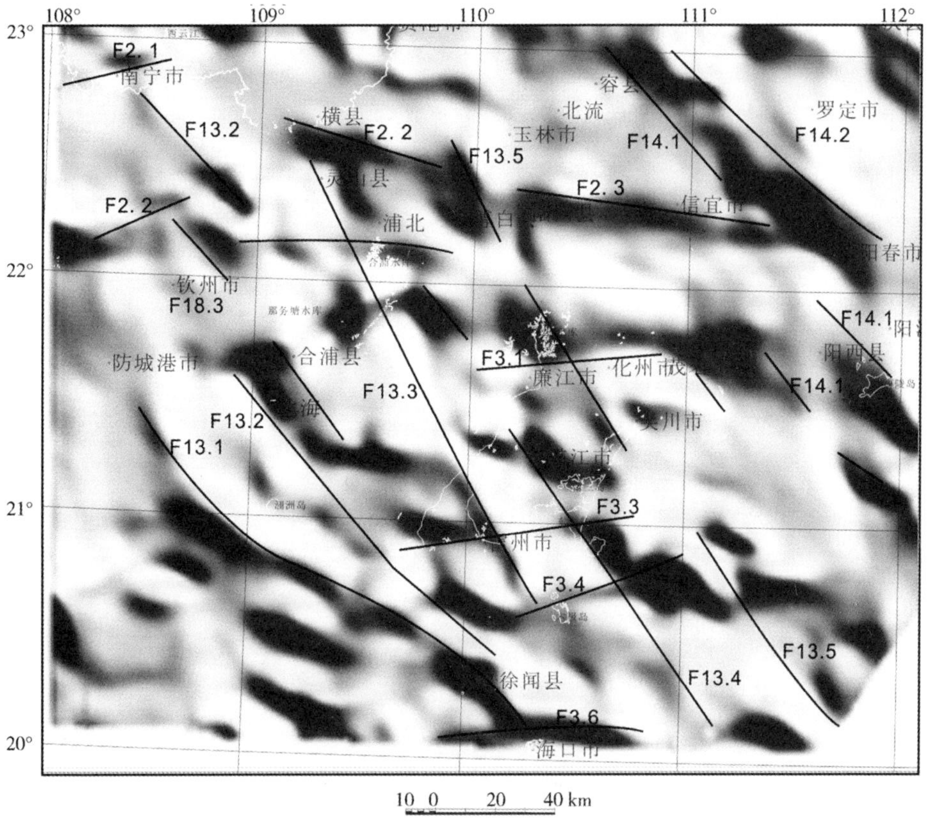

图7-4-40　粤桂琼交界地区布格重力异常上延5 km 45° 一阶方向导数灰度图

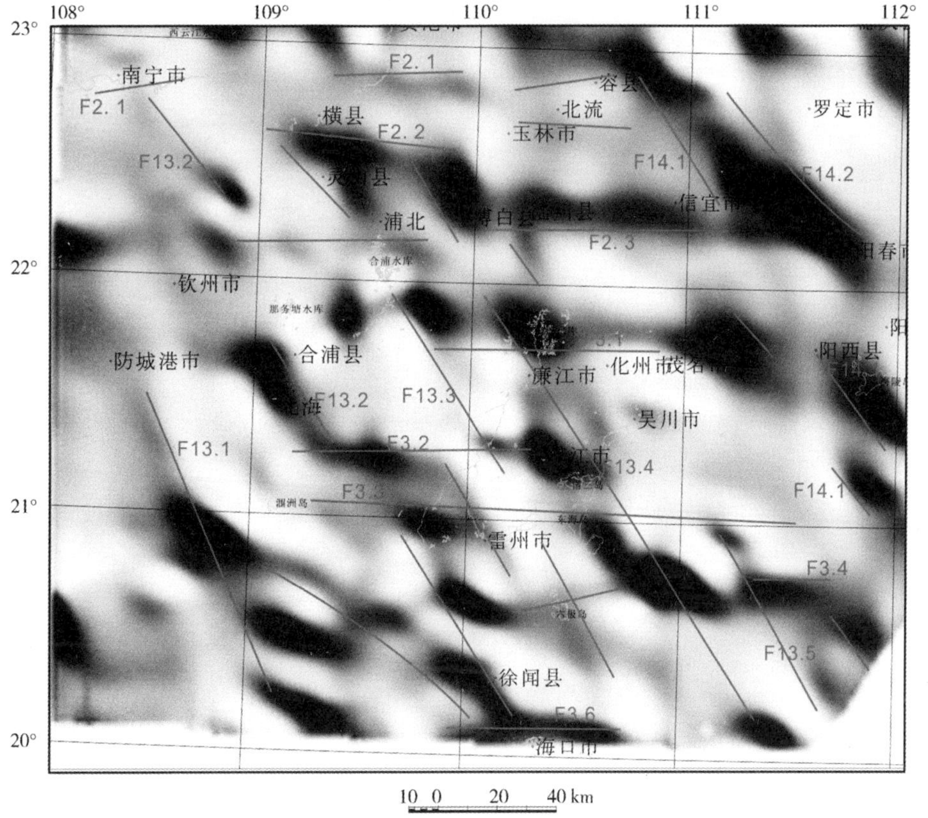

图7-4-41　粤桂琼交界地区布格重力异常上延10 km 45° 一阶方向导数灰度图

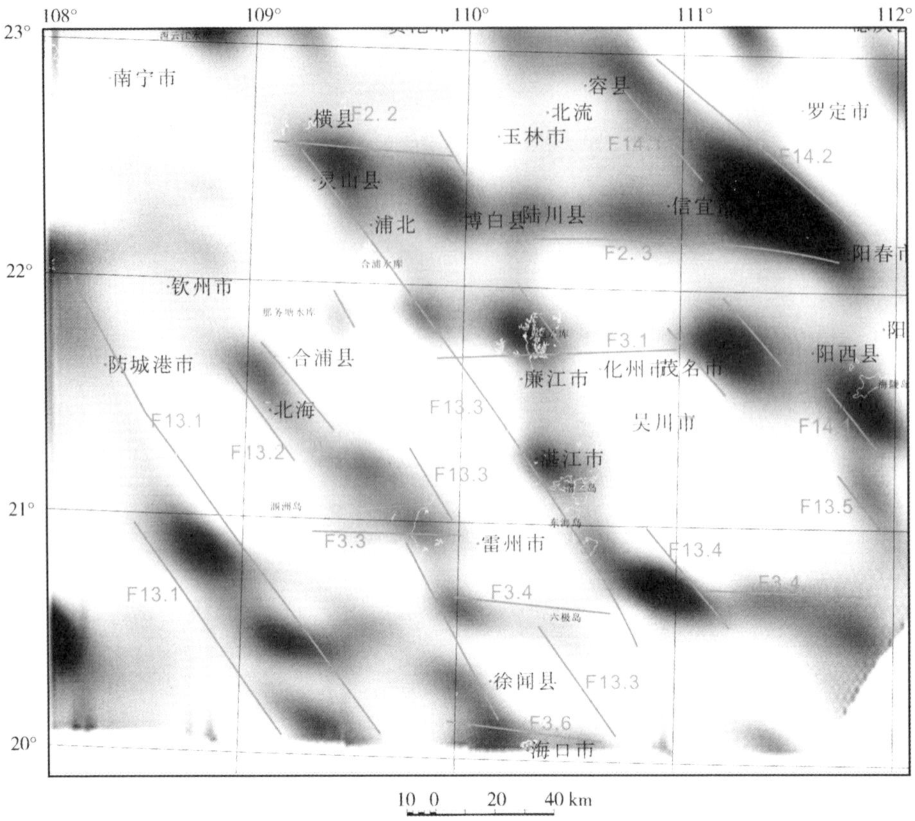

图7-4-42　粤桂琼交界地区布格重力异常上延20 km 45° 一阶方向导数灰度图

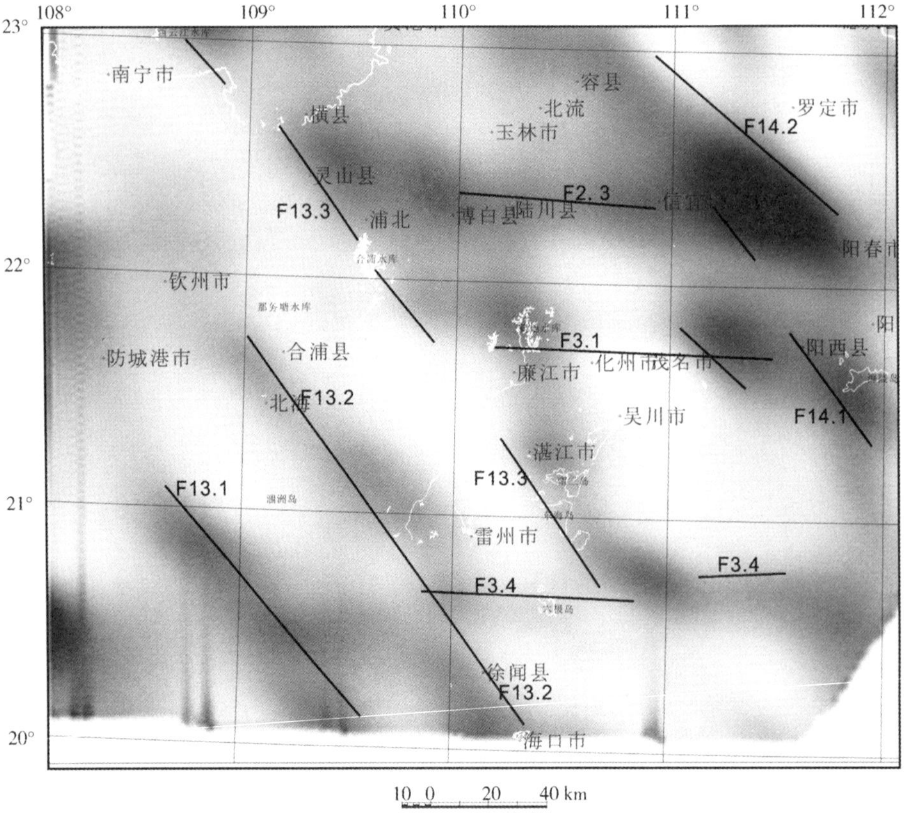

图7-4-43　粤桂琼交界地区布格重力异常上延30 km 45° 一阶方向导数灰度图

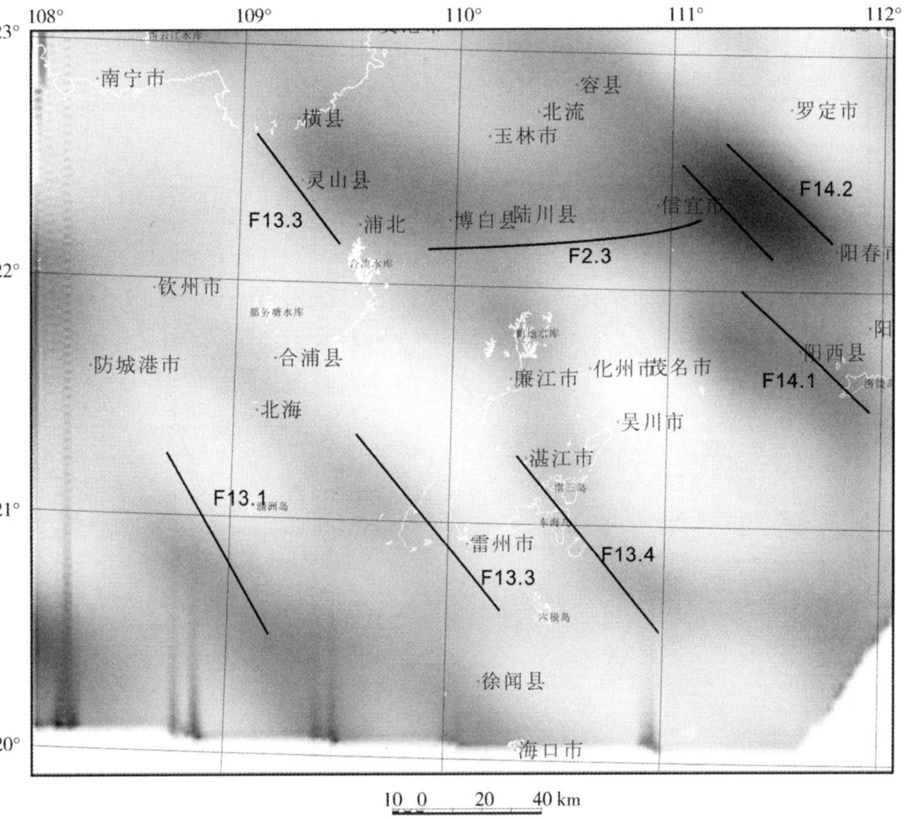

图7-4-44 粤桂琼交界地区布格重力异常上延40 km 45° 一阶方向导数灰度图

图7-4-45 粤桂琼交界地区布格重力异常90° 一阶方向导数等值线图

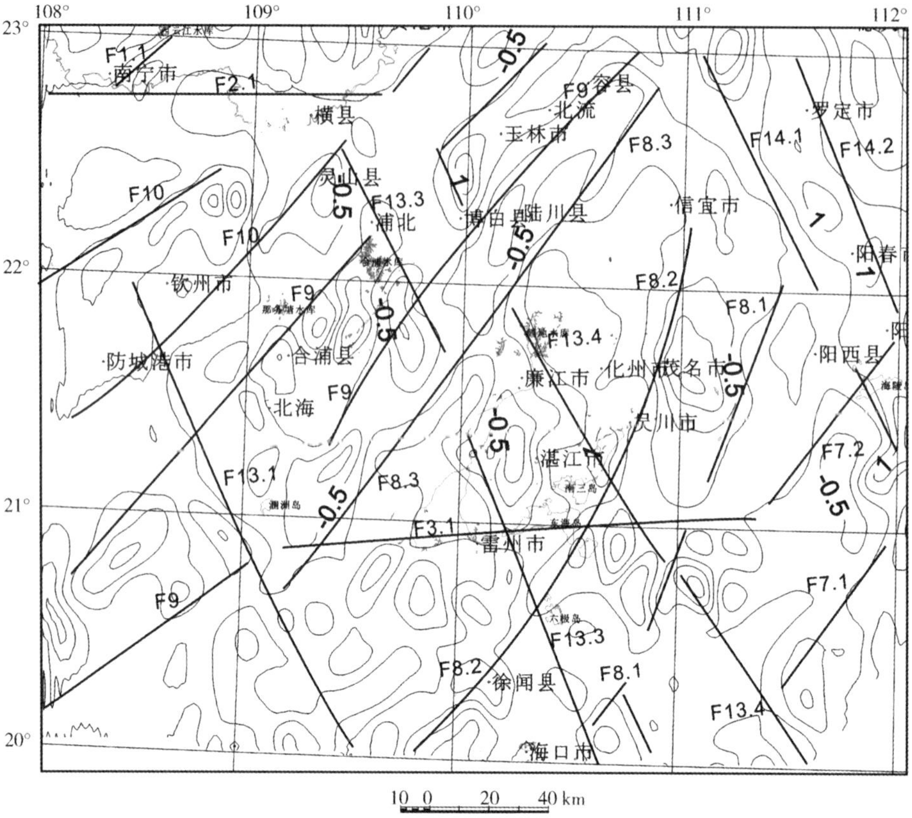

图7-4-46　粤桂琼交界地区布格重力异常上延5 km 90° 一阶方向导数等值线图

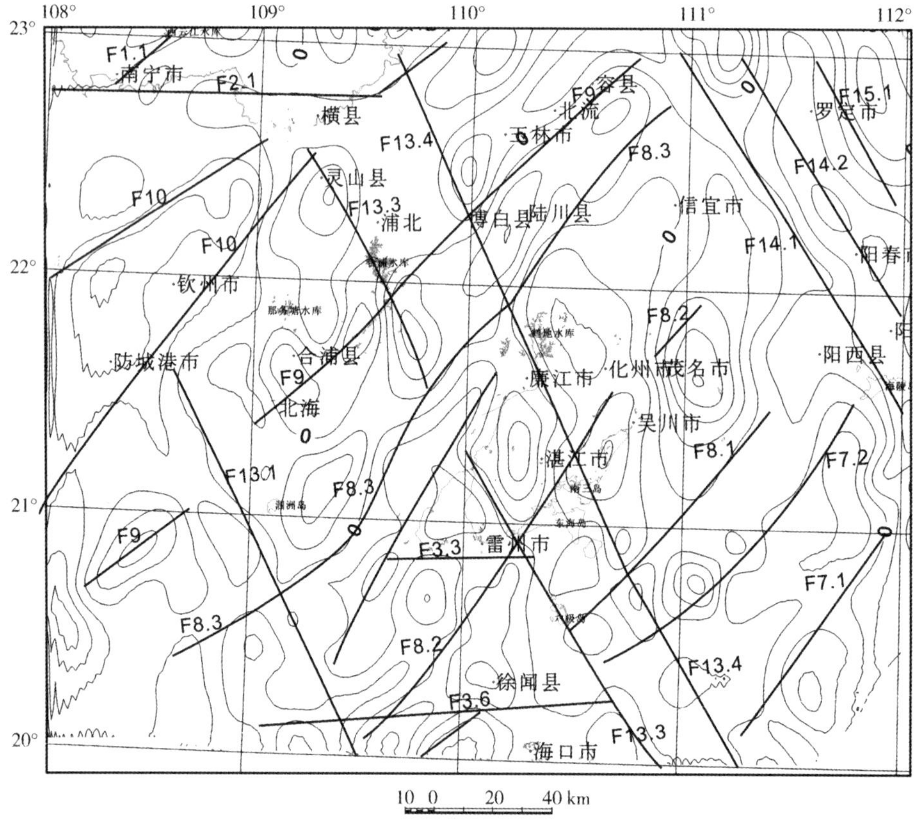

图7-4-47　粤桂琼交界地区布格重力异常上延10 km 90° 一阶方向导数等值线图

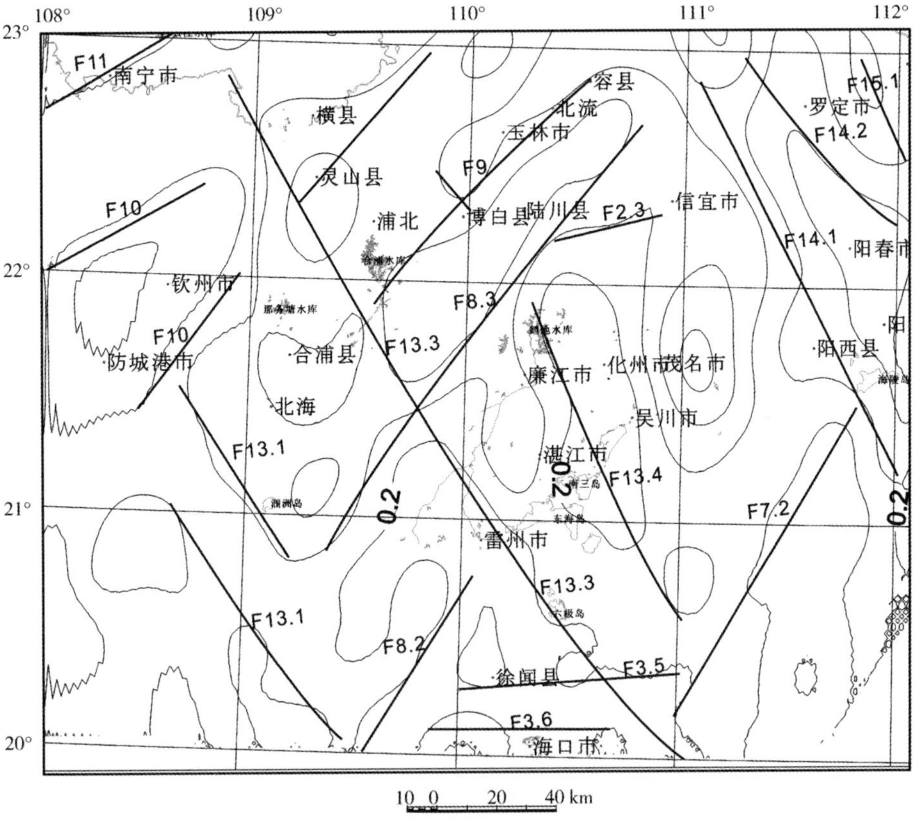

图7-4-48 粤桂琼交界地区布格重力异常上延20 km 90° 一阶方向导数等值线图

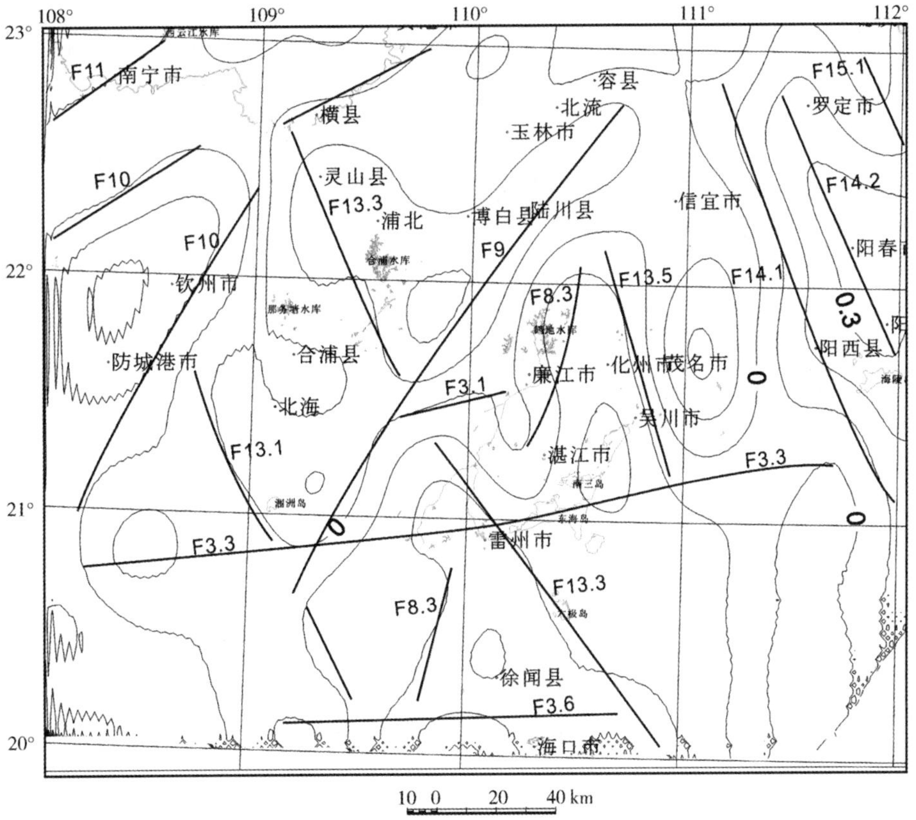

图7-4-49 粤桂琼交界地区布格重力异常上延30 km 90° 一阶方向导数等值线图

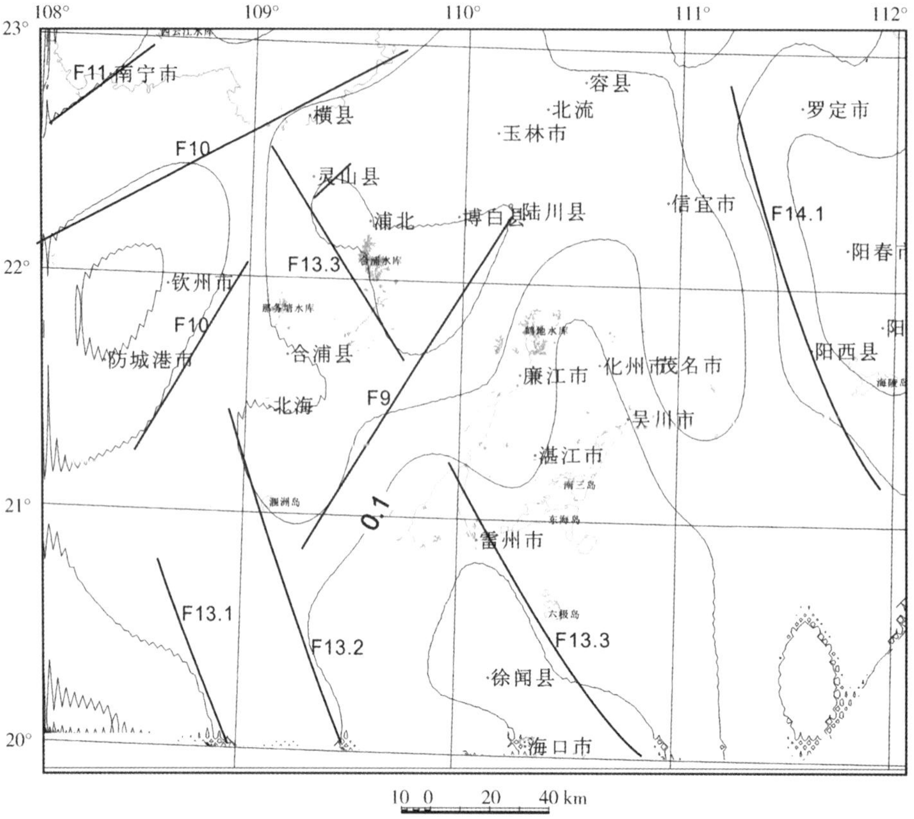

图7-4-50　粤桂琼交界地区布格重力异常上延40 km 90° 一阶方向导数等值线图

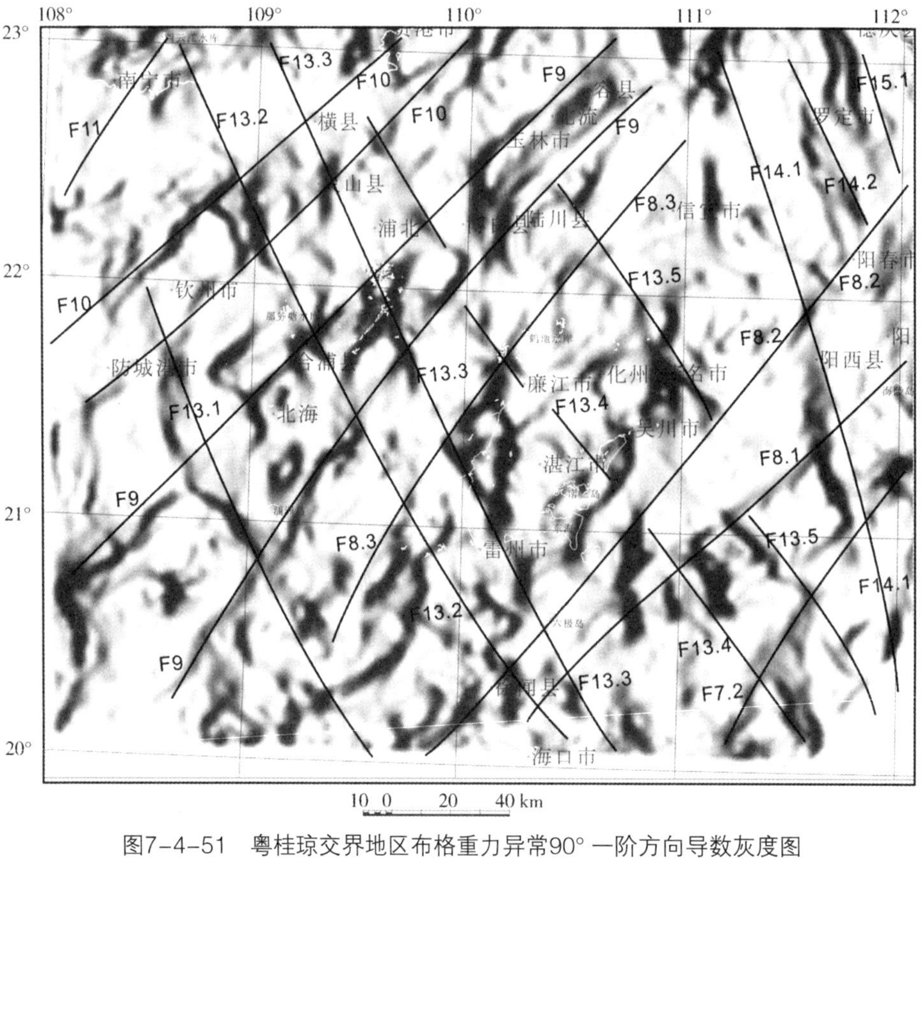

图7-4-51　粤桂琼交界地区布格重力异常90° 一阶方向导数灰度图

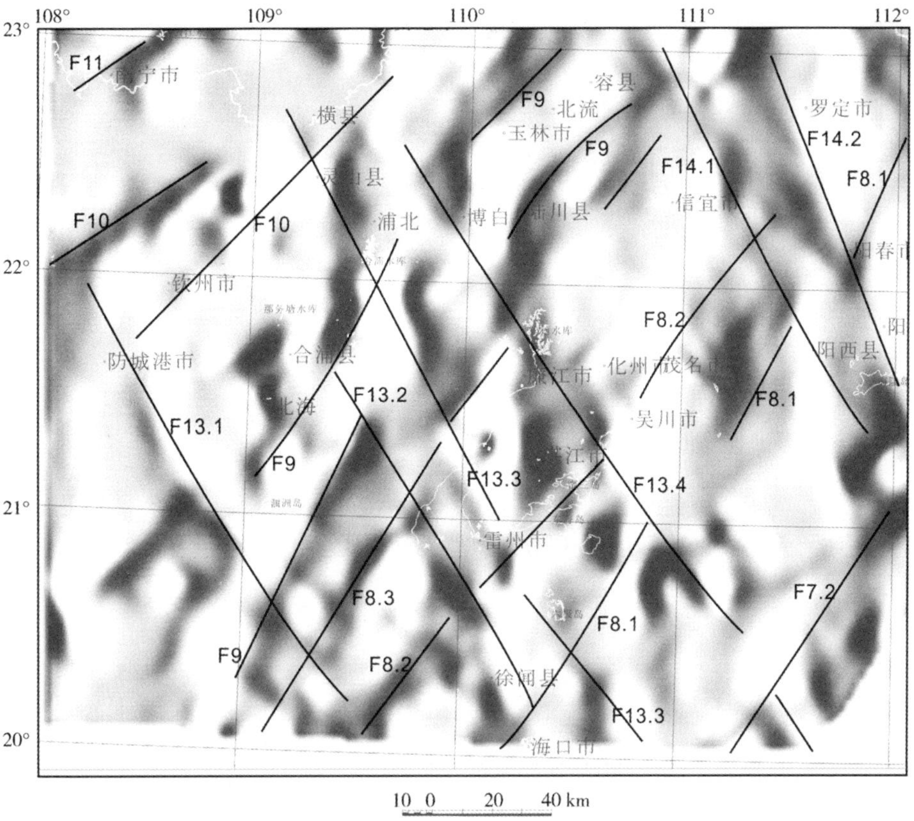

图7-4-52 粤桂琼交界地区布格重力异常上延5 km 90° 一阶方向导数灰度图

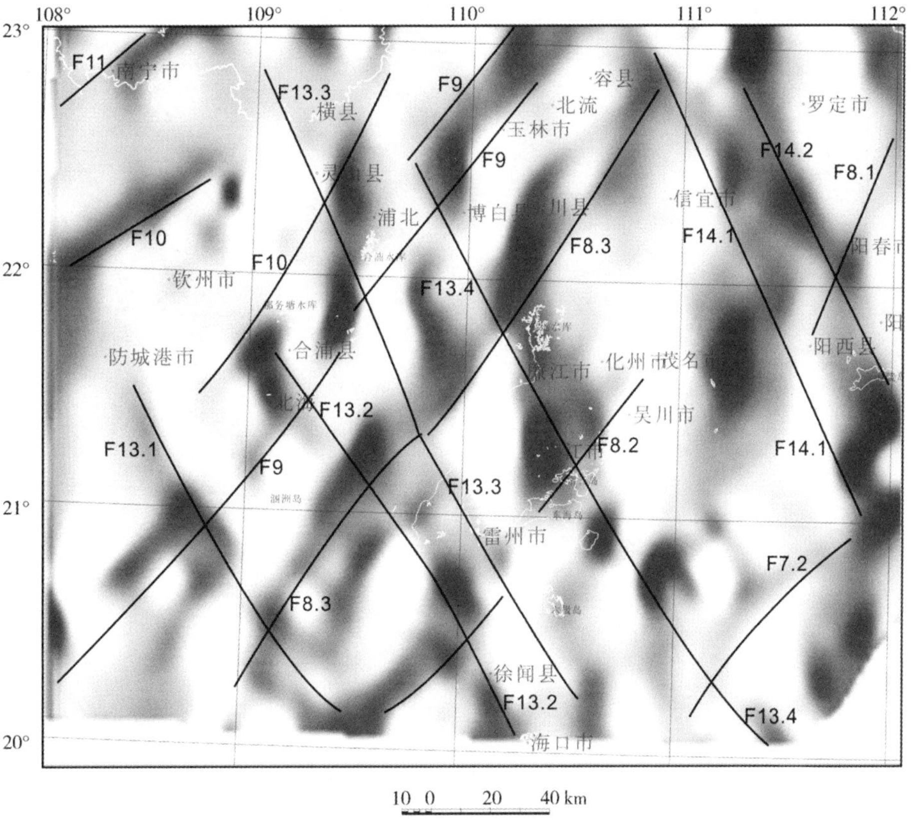

图7-4-53 粤桂琼交界地区布格重力异常上延10 km 90° 一阶方向导数灰度图

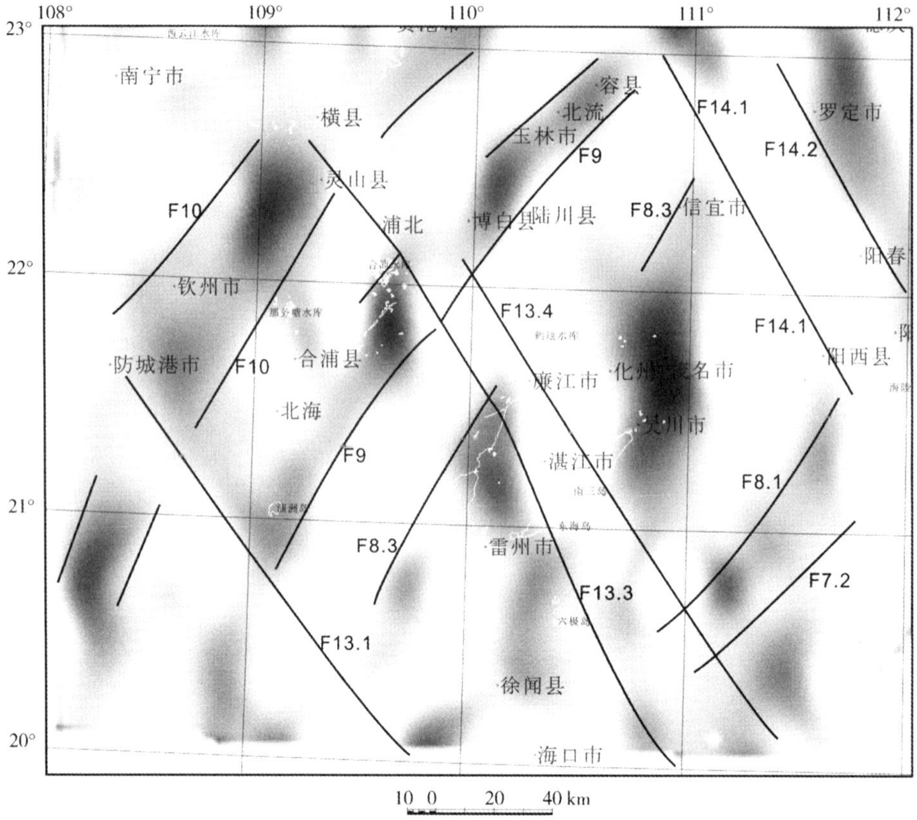

图7-4-54　粤桂琼交界地区布格重力异常上延20 km 90° 一阶方向导数灰度图

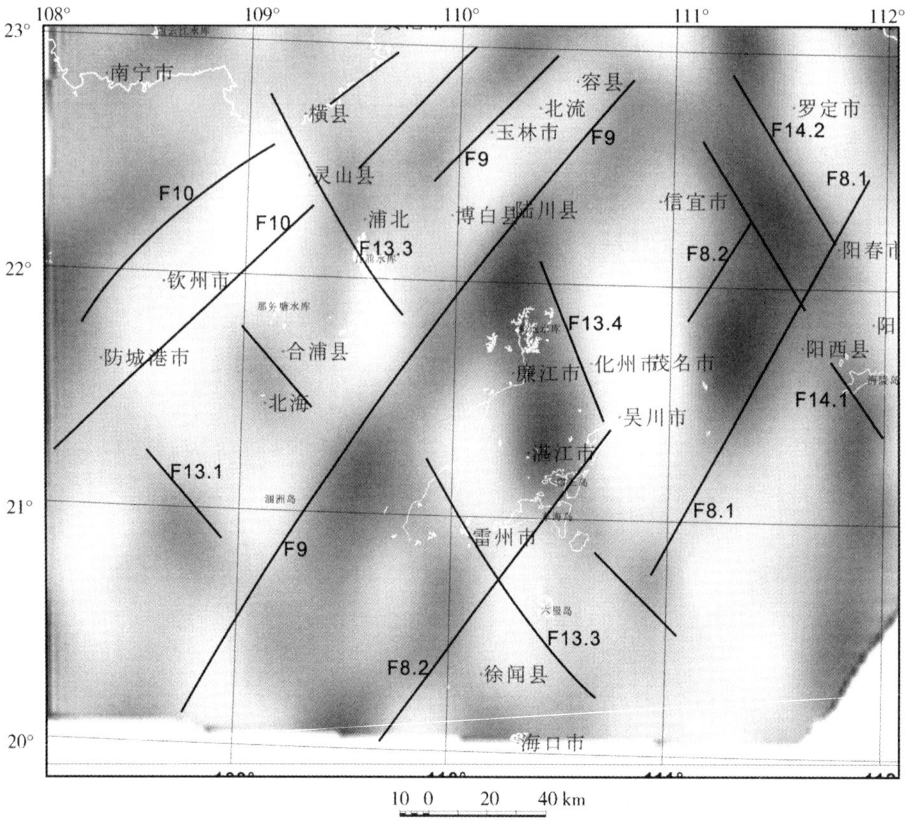

图7-4-55　粤桂琼交界地区布格重力异常上延30 km 90° 一阶方向导数灰度图

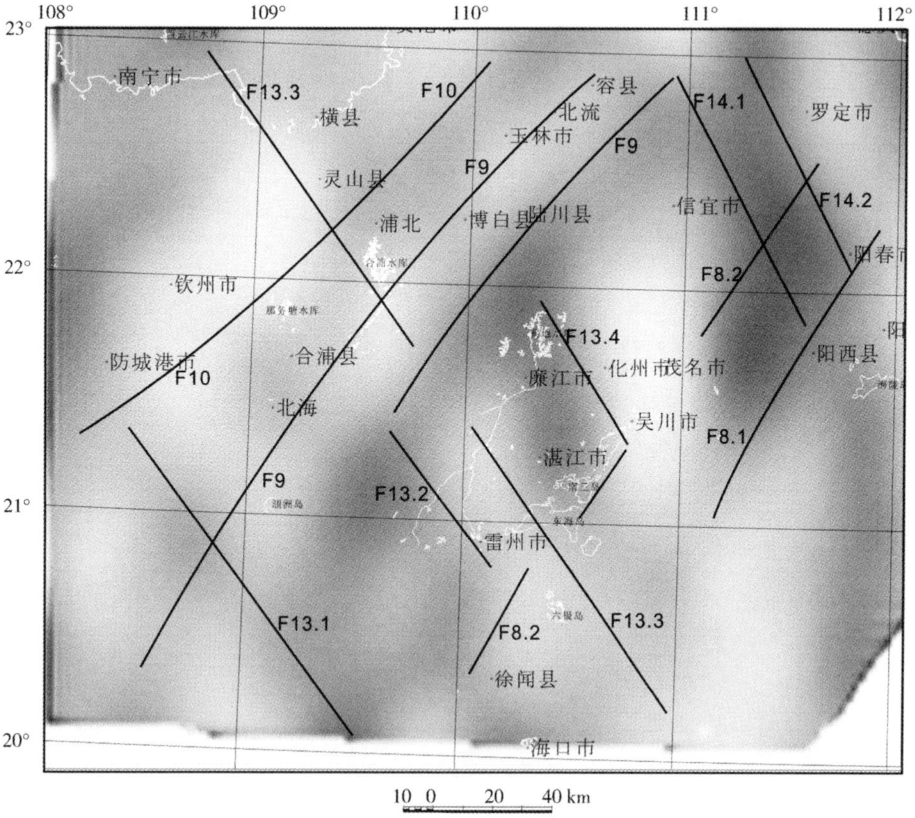

图7-4-56 粤桂琼交界地区布格重力异常上延40 km 90° 一阶方向导数灰度图

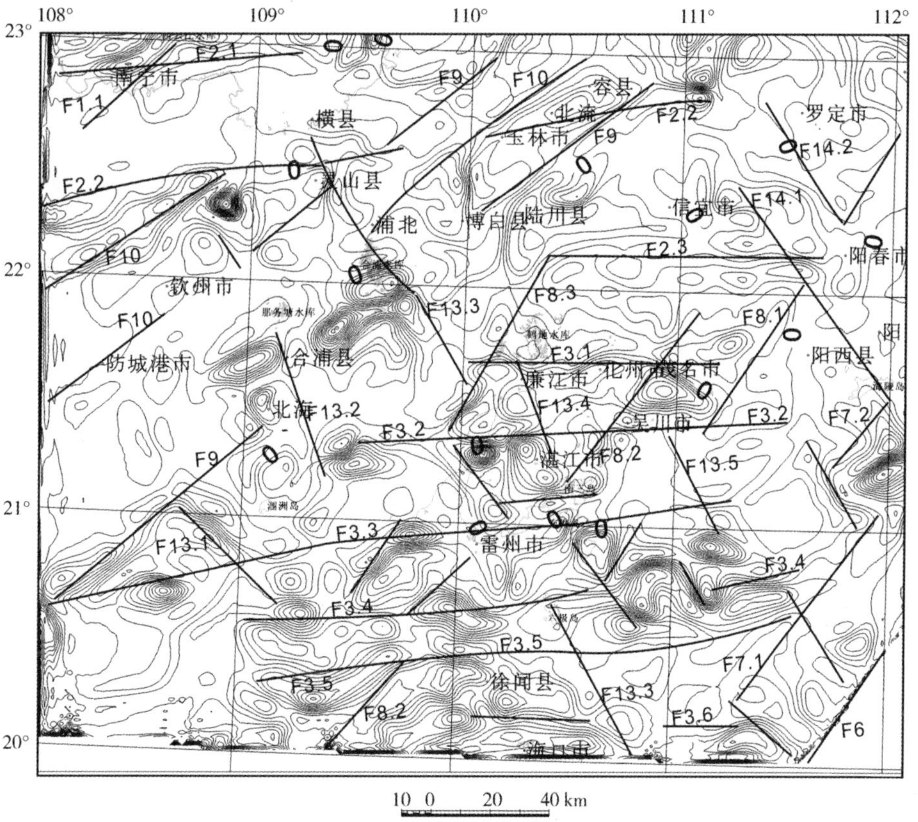

图7-4-57 粤桂琼交界地区布格重力异常垂向二阶导数等值线图

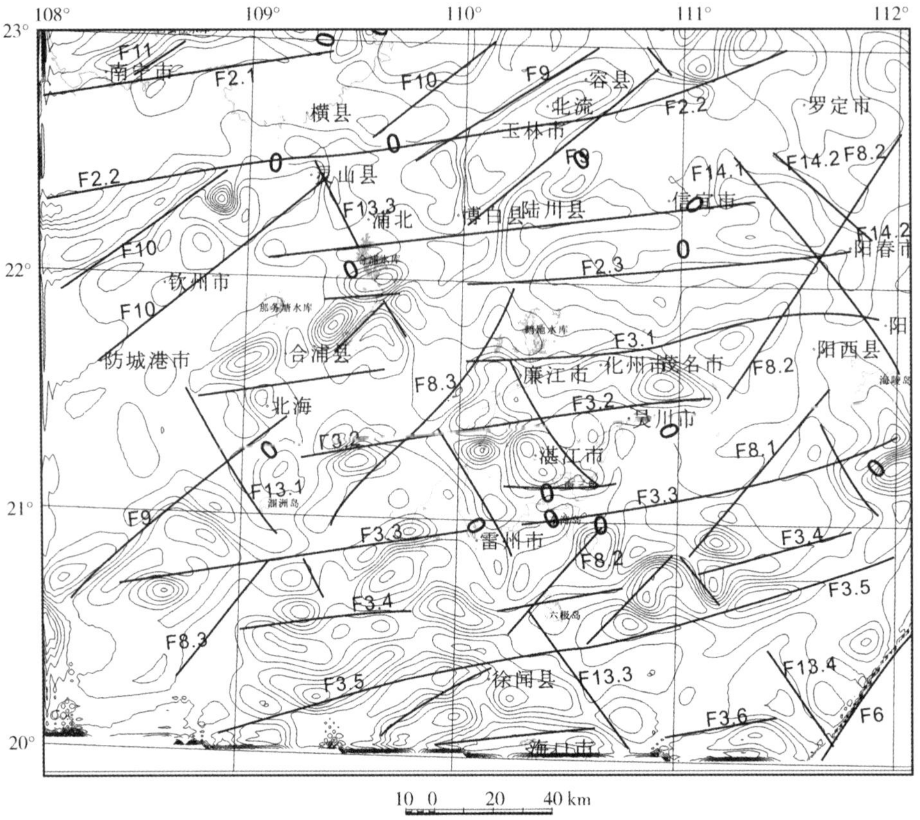

图7-4-58　粤桂琼交界地区布格重力异常向上延5 km垂向二阶导数等值线图

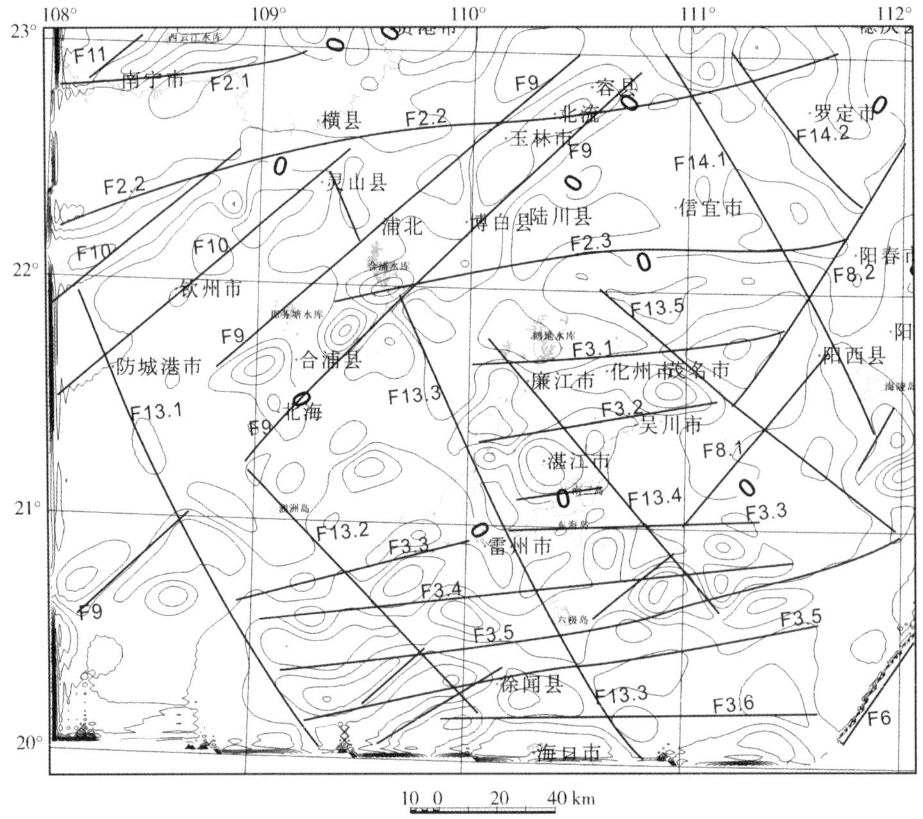

图7-4-59　粤桂琼交界地区布格重力异常向上延10 km垂向二阶导数等值线图

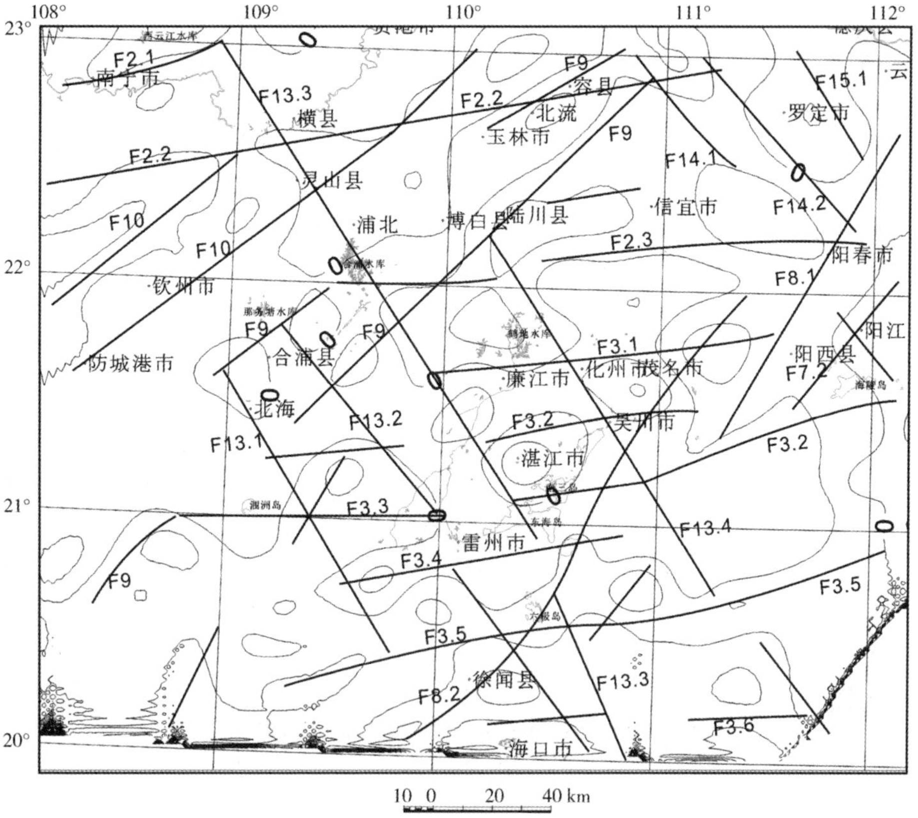

图7-4-60 粤桂琼交界地区布格重力异常向上延20 km垂向二阶导数等值线图

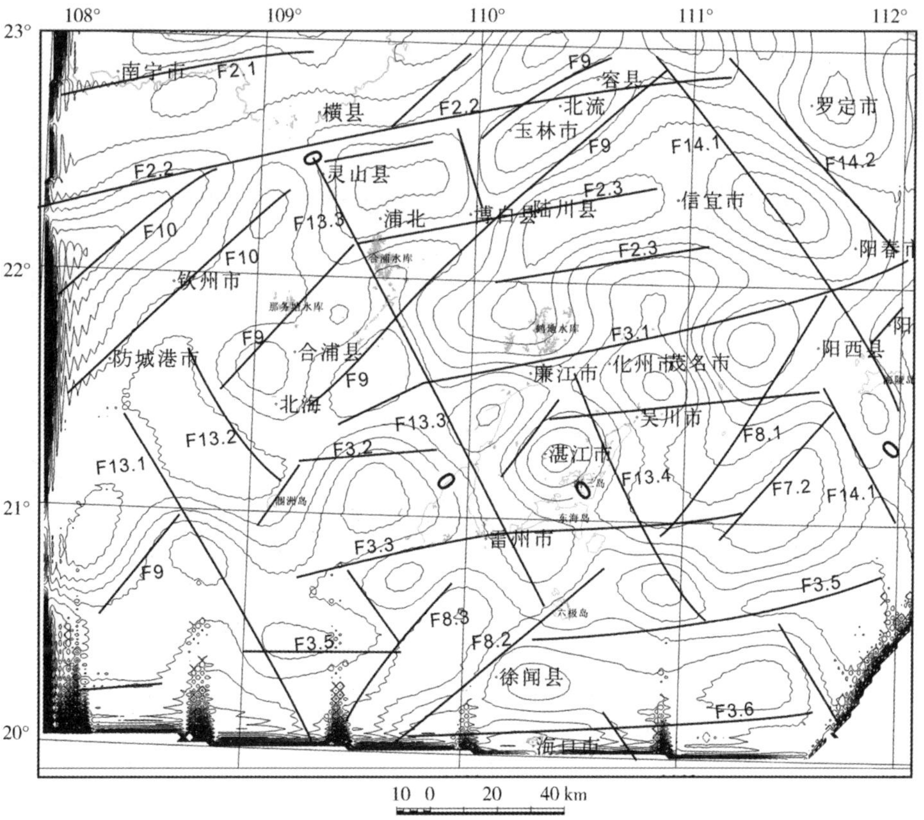

图7-4-61 粤桂琼交界地区布格重力异常向上延30 km垂向二阶导数等值线图

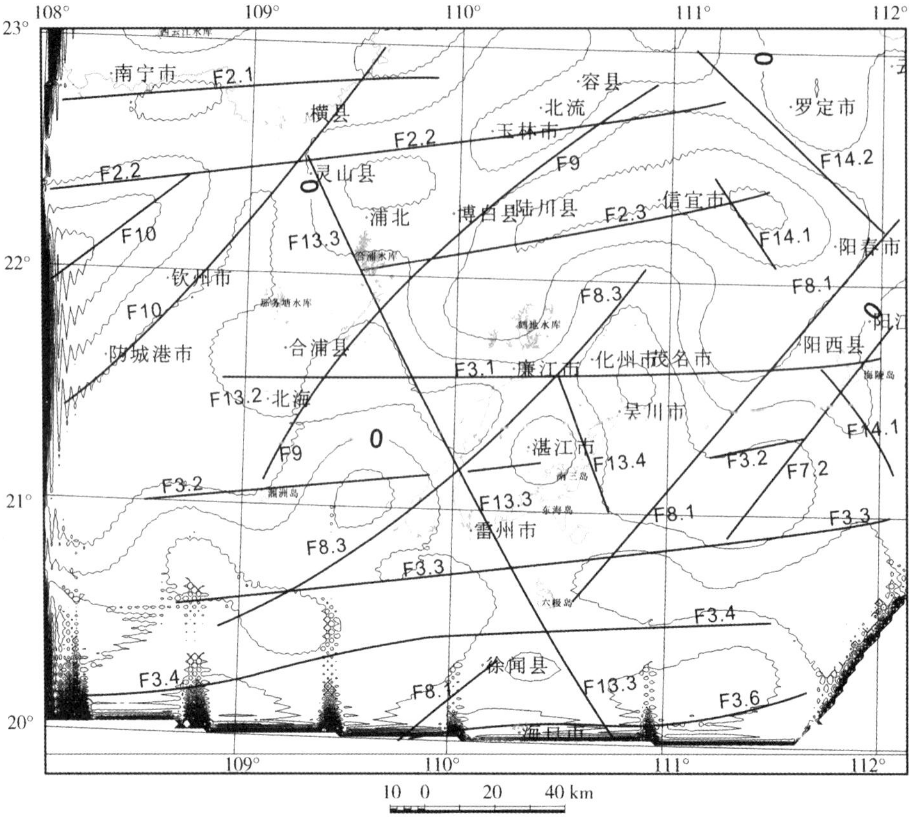

图7-4-62　粤桂琼交界地区布格重力异常向上延40 km垂向二阶导数等值线图

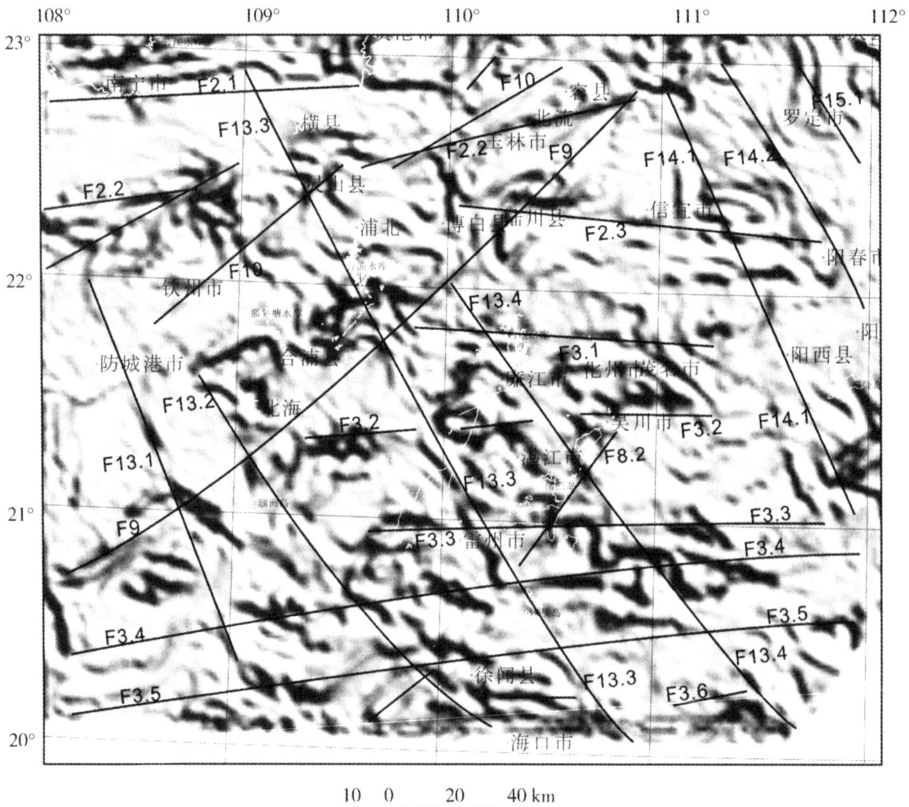

图7-4-63　粤桂琼交界地区布格重力异常垂向二阶导数灰度图

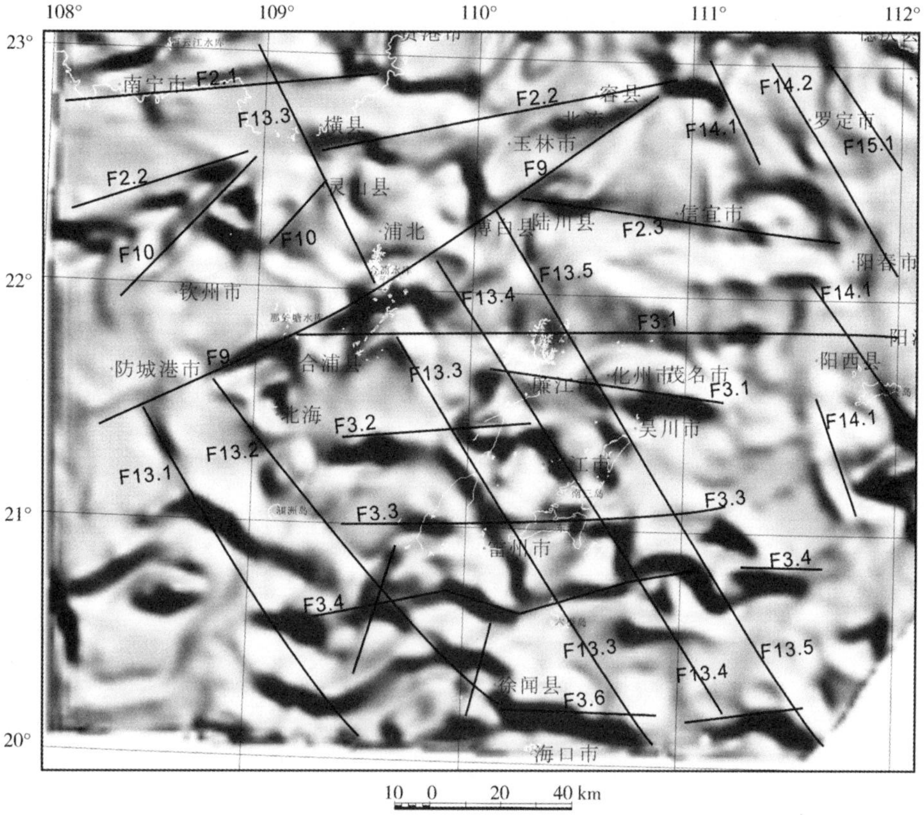

图7-4-64　粤桂琼交界地区布格重力异常上延5 km垂向二阶导数灰度图

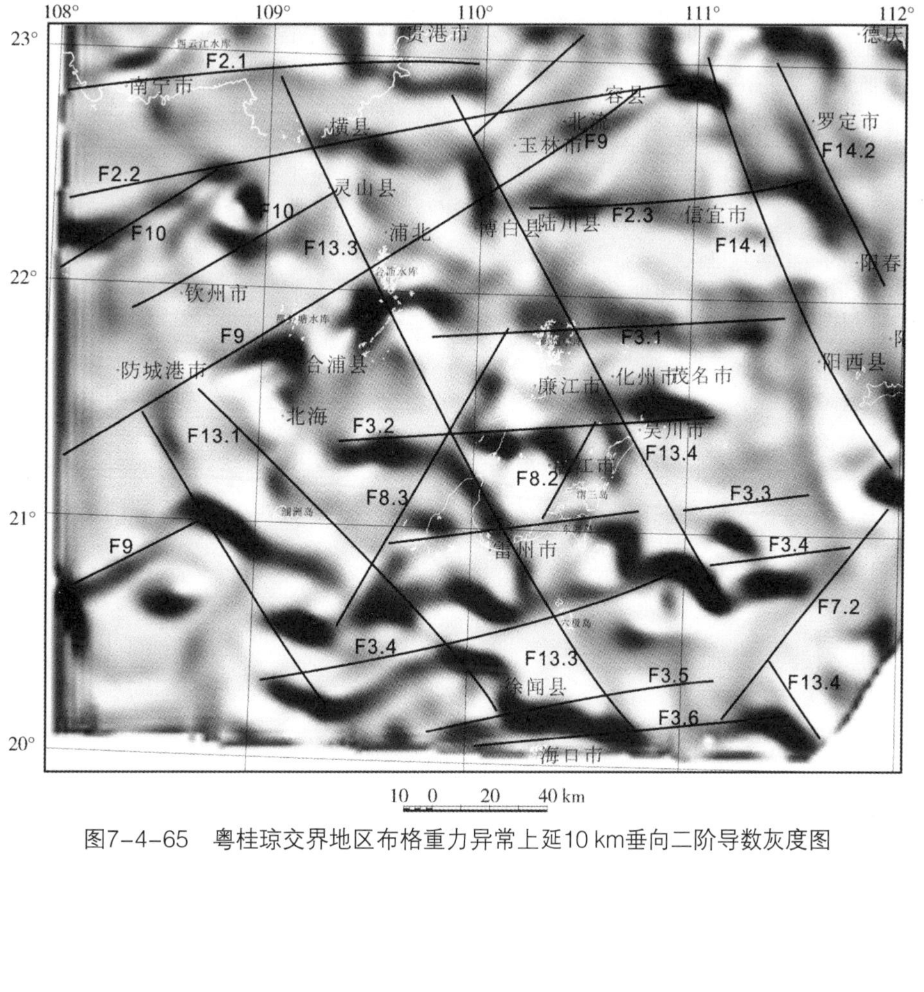

图7-4-65　粤桂琼交界地区布格重力异常上延10 km垂向二阶导数灰度图

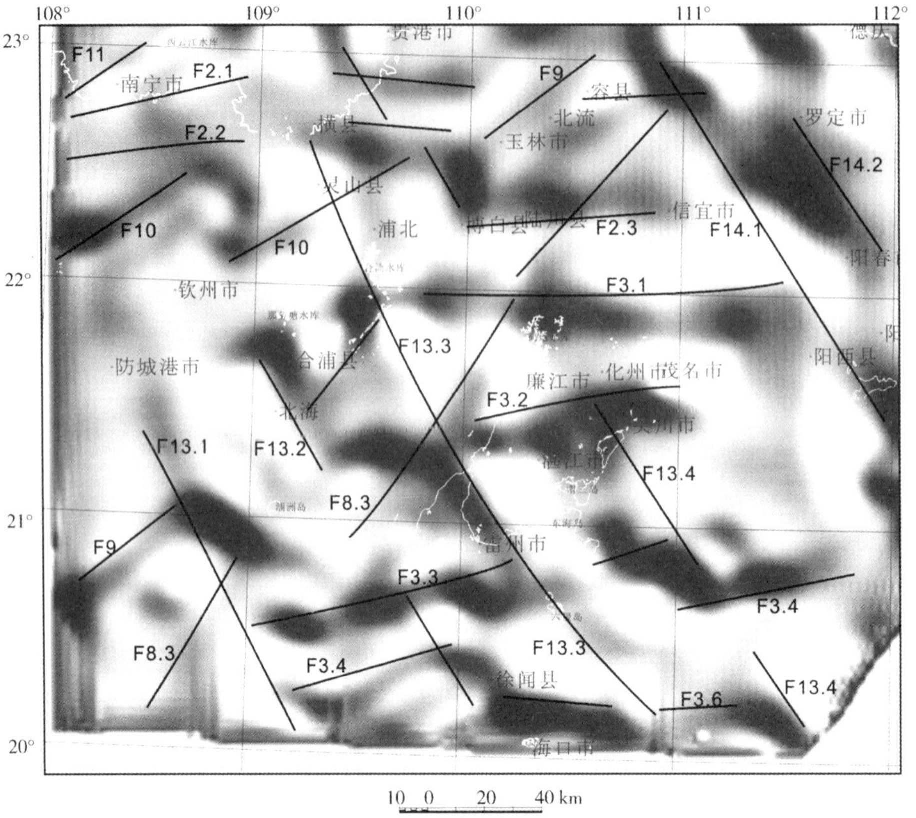

图7-4-66　粤桂琼交界地区布格重力异常上延20 km垂向二阶导数灰度图

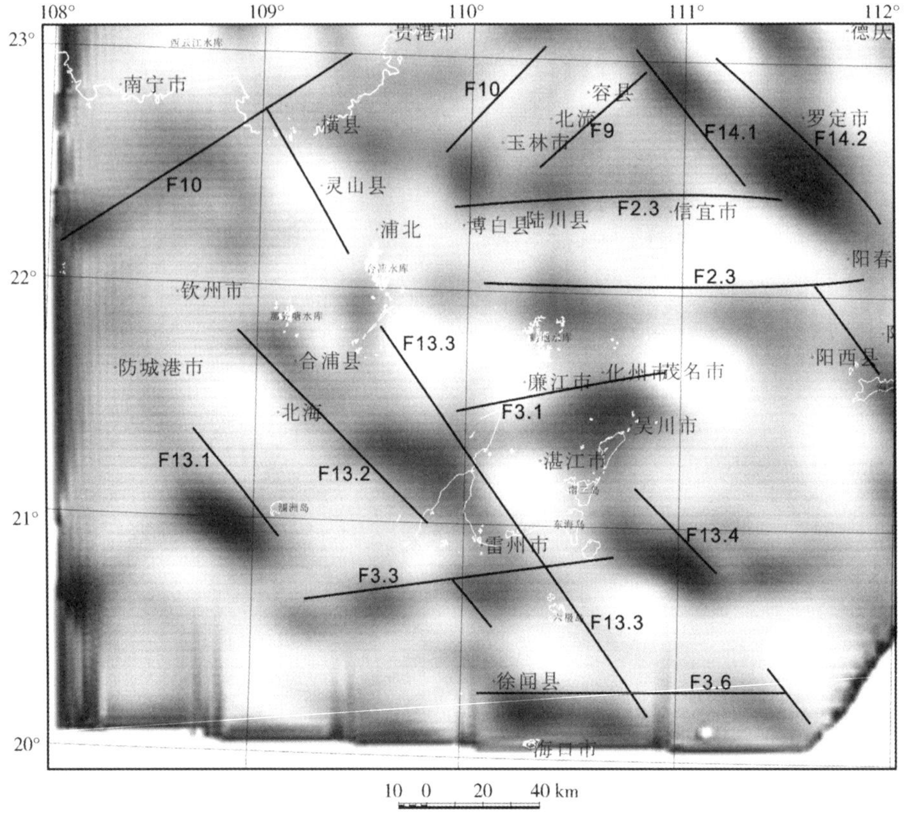

图7-4-67　粤桂琼交界地区布格重力异常上延30 km垂向二阶导数灰度图

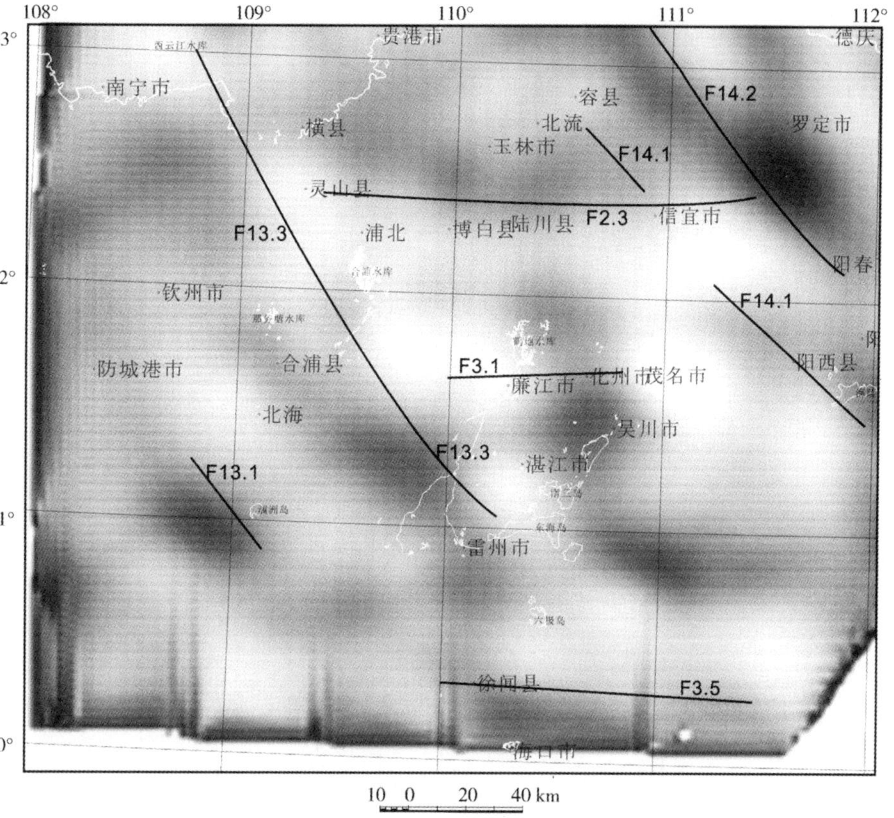

图7-4-68 粤桂琼交界地区布格重力异常上延40 km垂向二阶导数灰度图

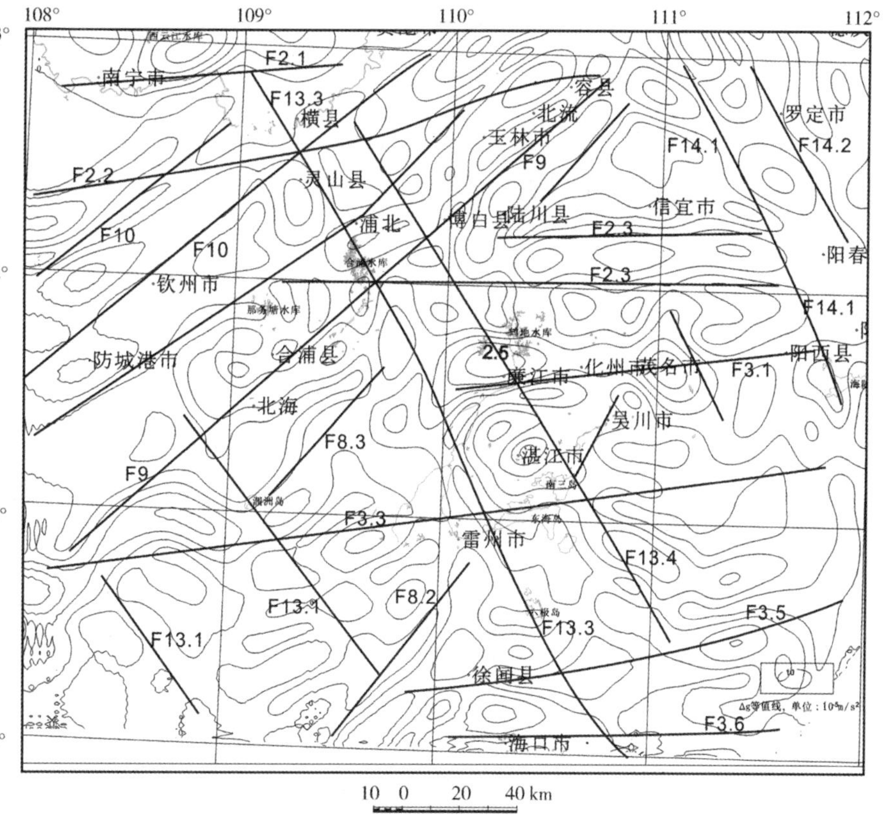

图7-4-69 粤桂琼交界地区布格异常水平总梯度模等值线图

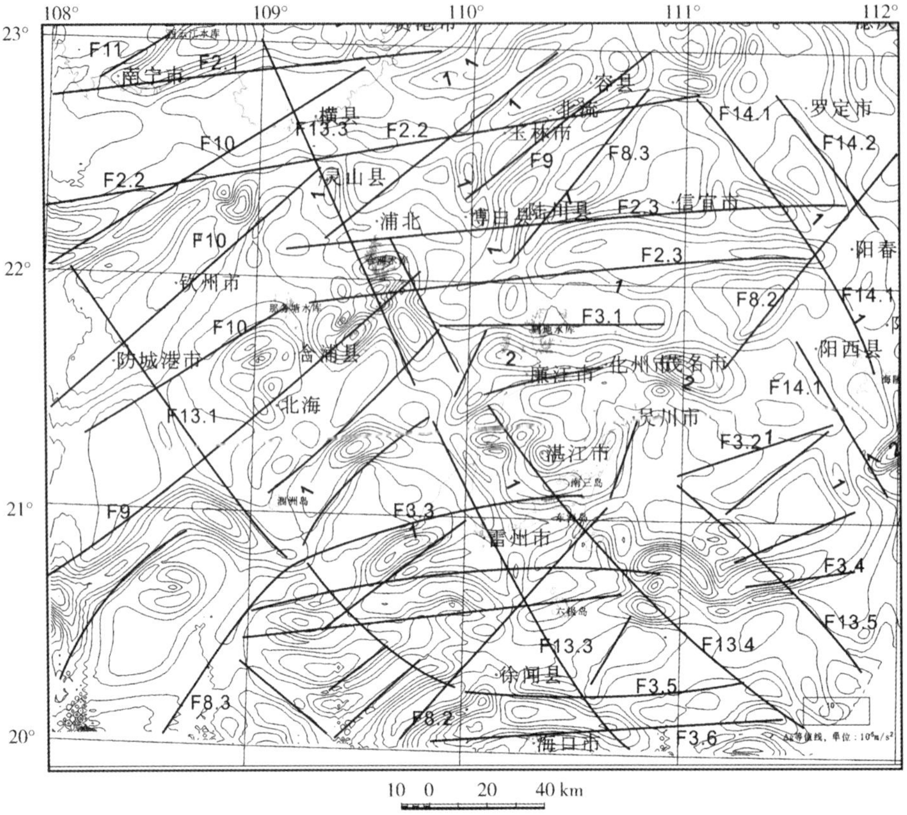

图7-4-70　粤桂琼交界地区布格异常上延5 km水平总梯度模等值线图

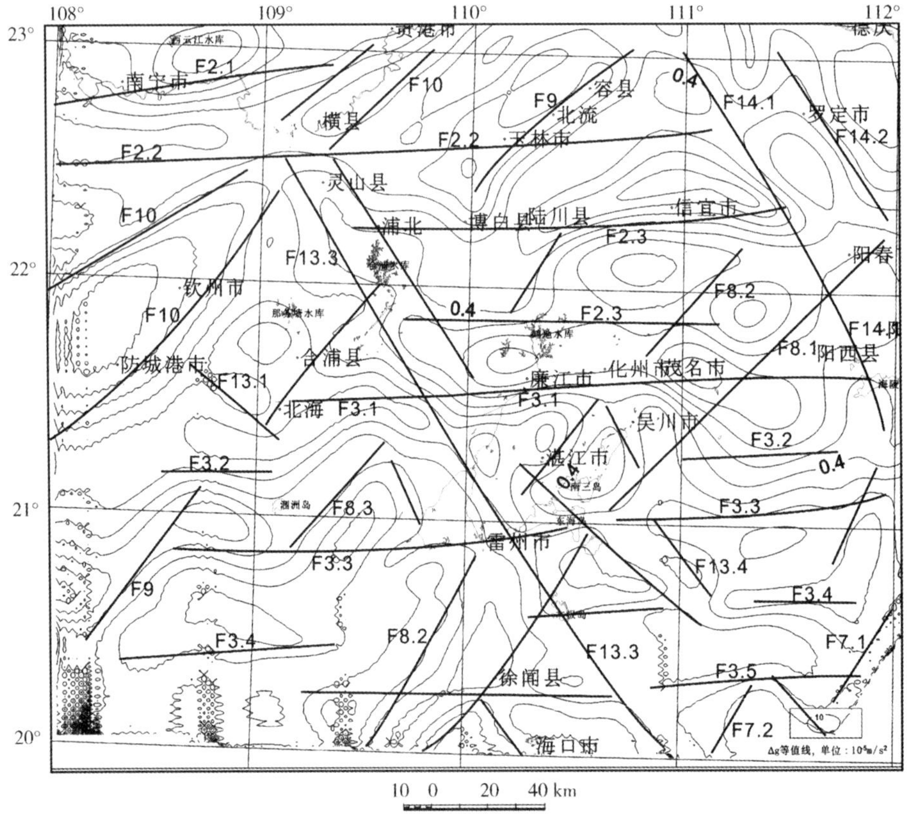

图7-4-71　粤桂琼交界地区布格异常上延10 km水平总梯度模等值线图

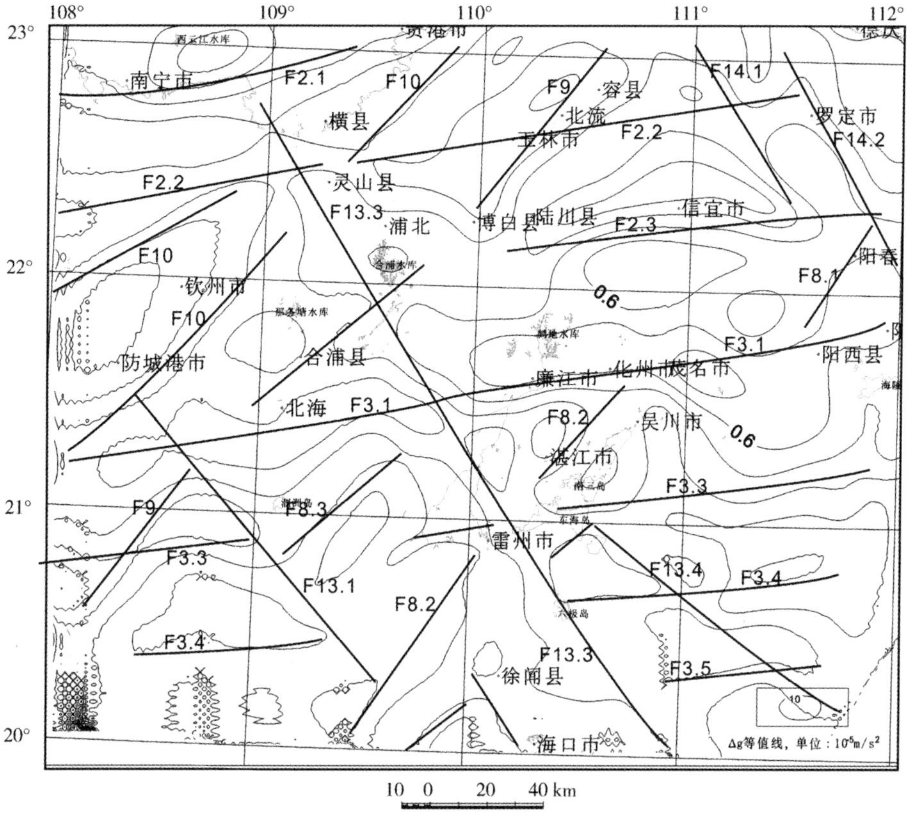

图7-4-72 粤桂琼交界地区布格异常上延20 km水平总梯度模等值线图

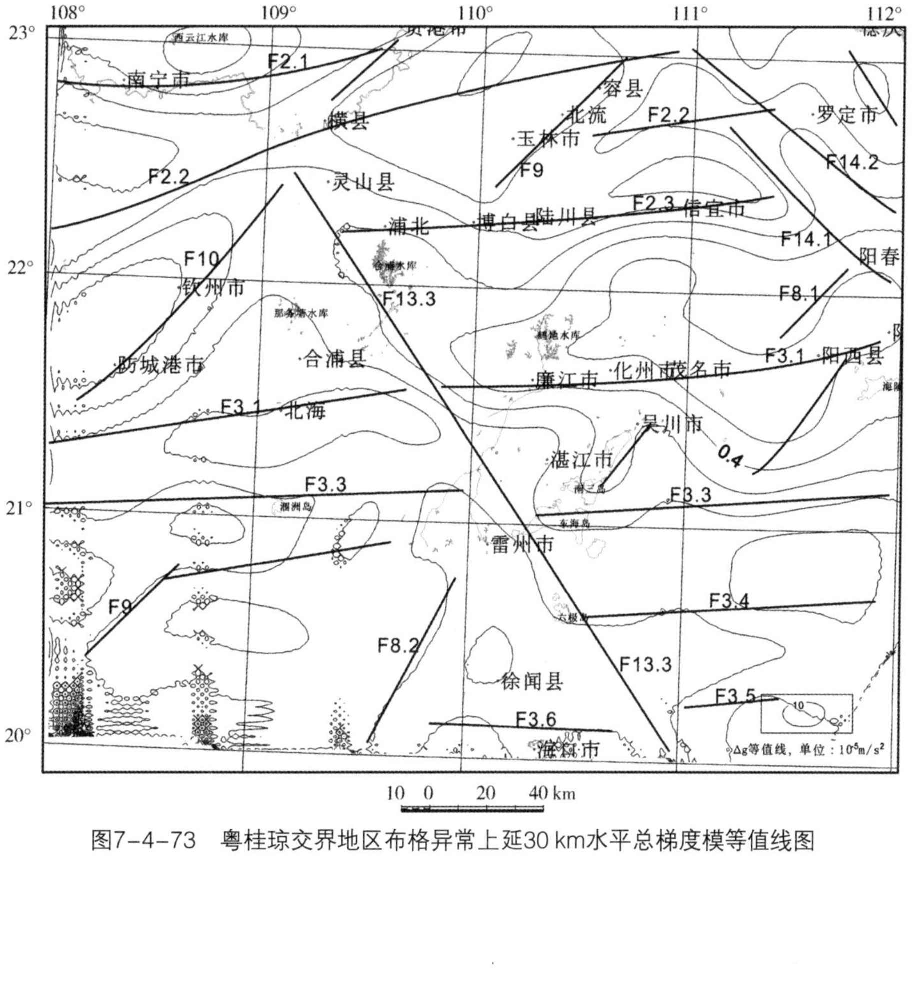

图7-4-73 粤桂琼交界地区布格异常上延30 km水平总梯度模等值线图

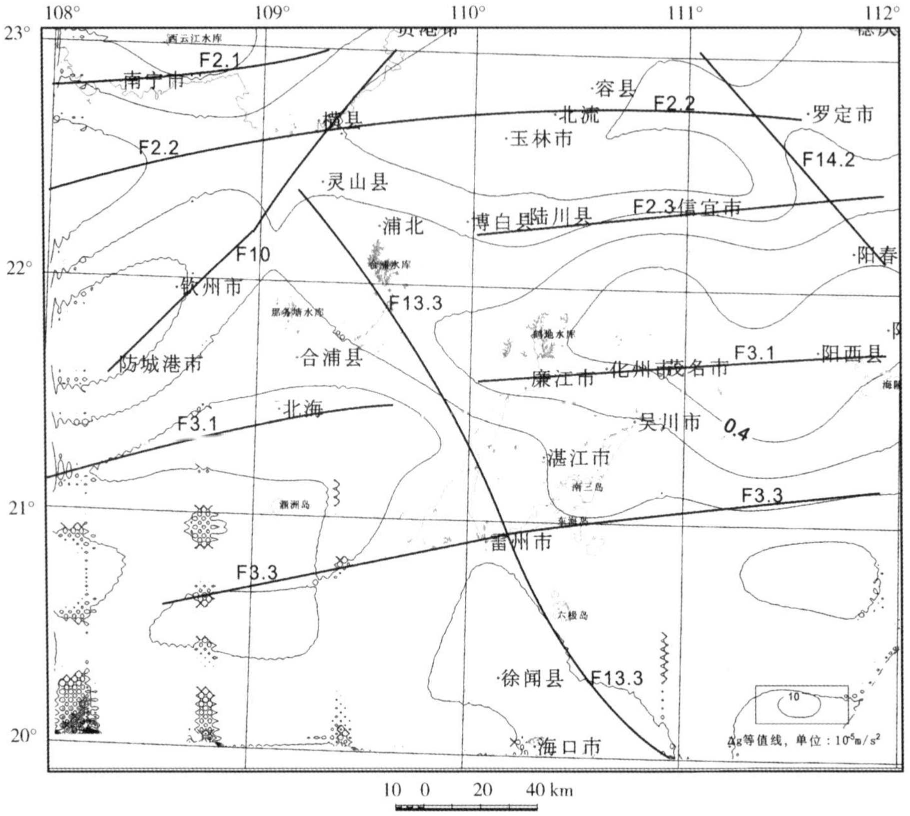

图7-4-74　粤桂琼交界地区布格异常上延40 km水平总梯度模等值线图

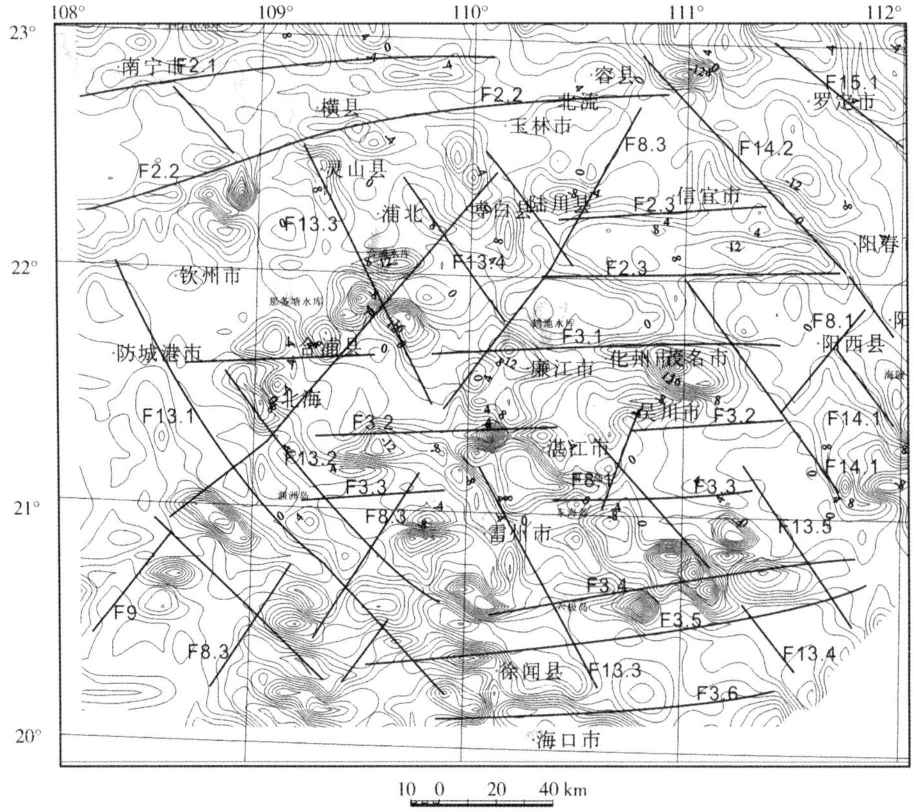

图7-4-75　粤桂琼交界地区布格重力异常小波分析一阶细节等值线图

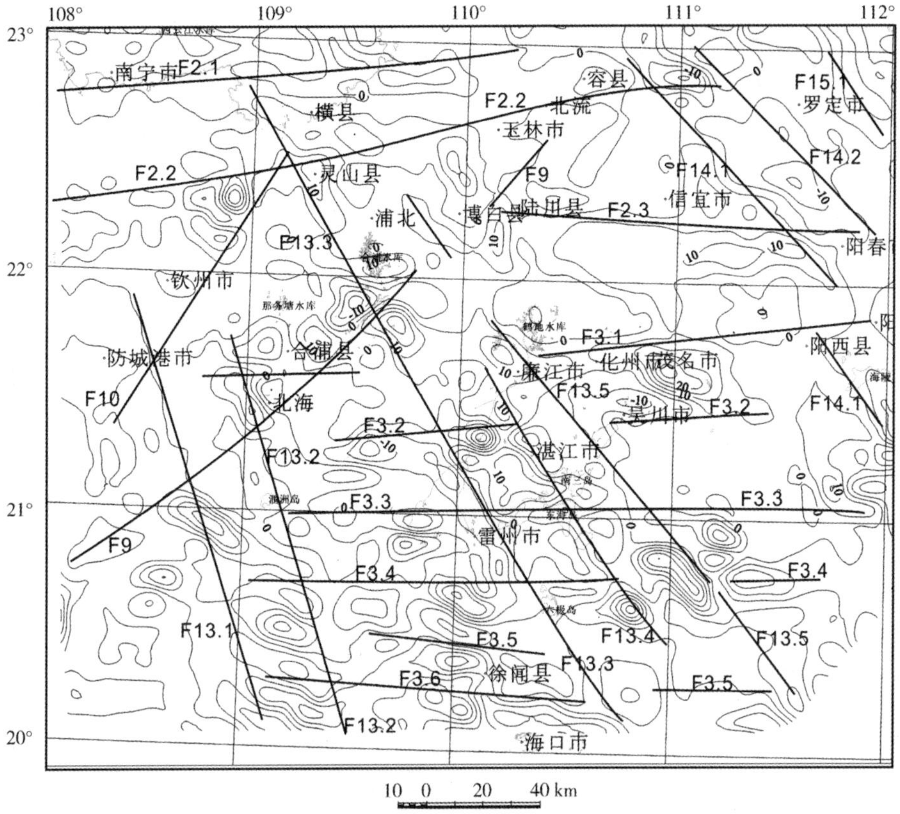

图7-4-76　粤桂琼交界地区布格重力异常小波分析二阶细节等值线图

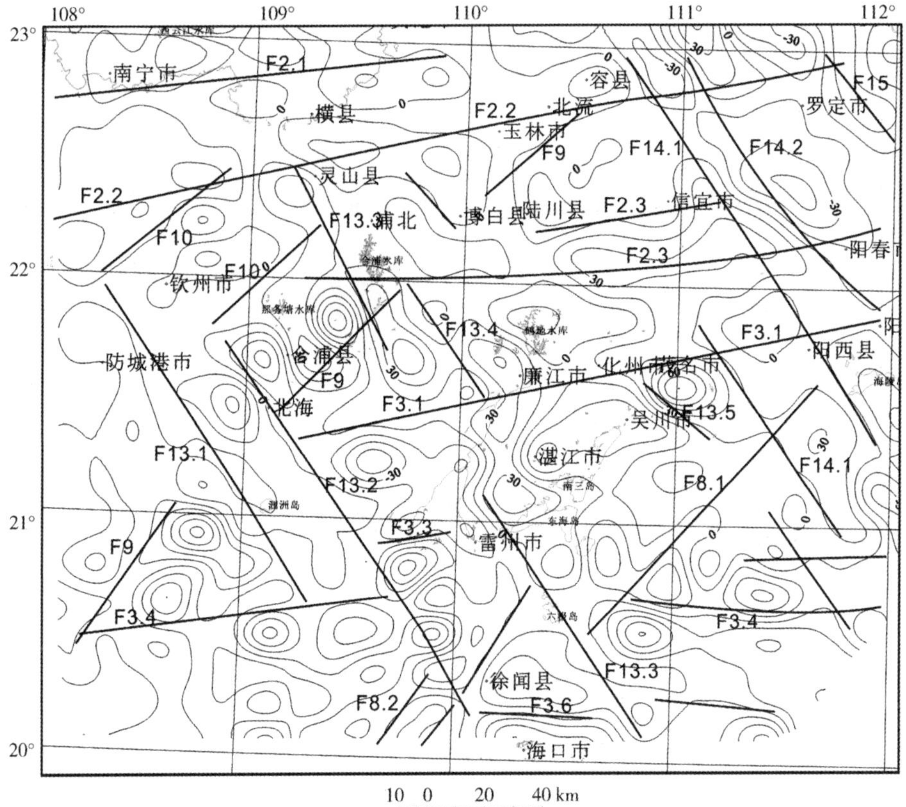

图7-4-77　粤桂琼交界地区布格重力异常小波分析三阶细节等值线图

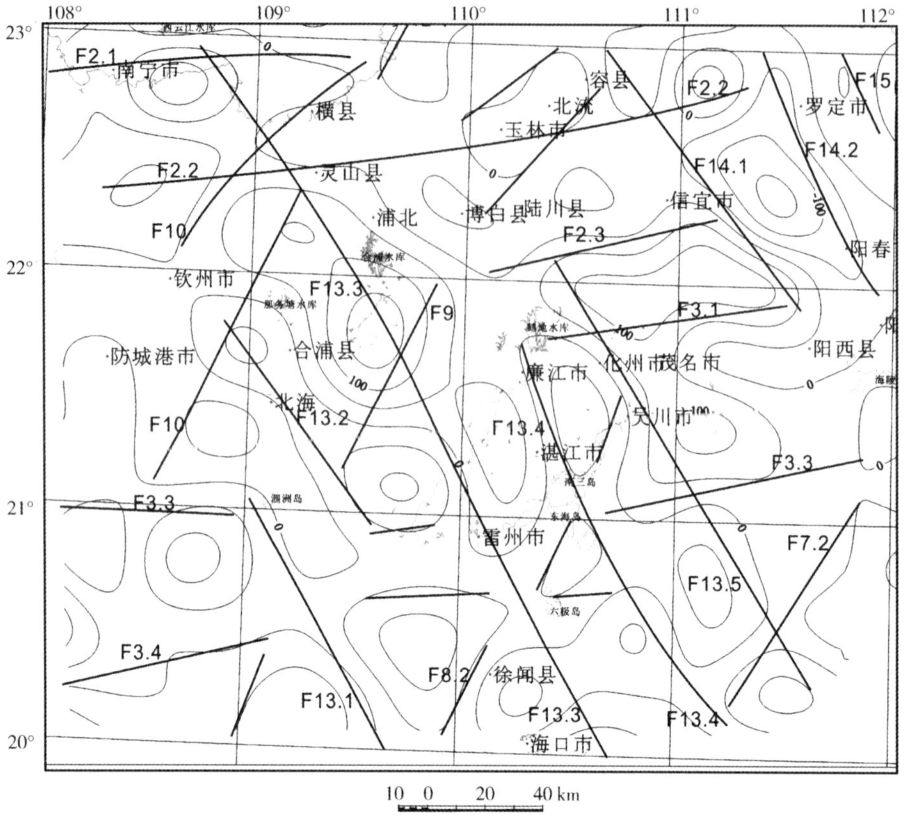

图7-4-78　粤桂琼交界地区布格重力异常小波分析四阶细节等值线图

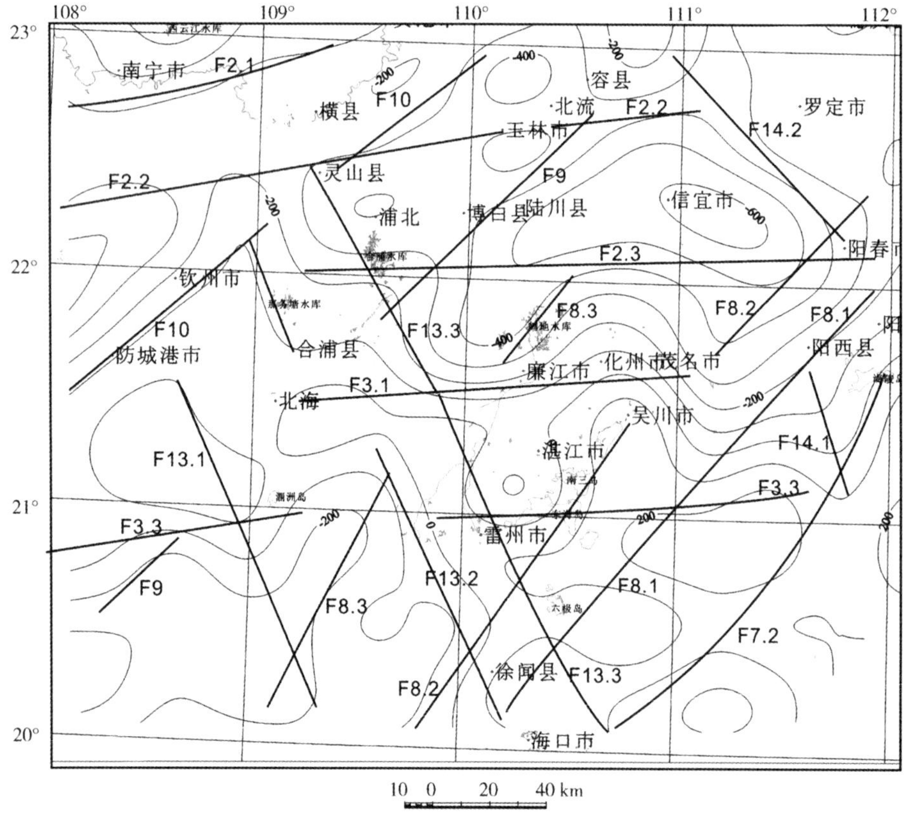

图7-4-79　粤桂琼交界地区布格重力异常小波分析四阶逼近等值线图

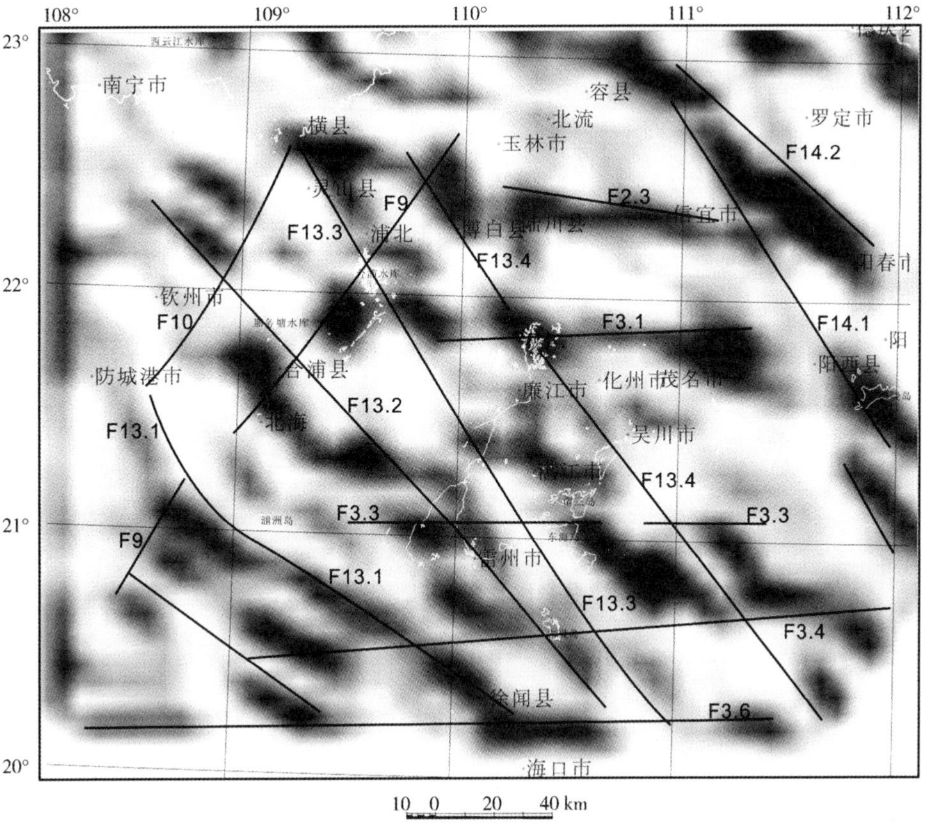

图7-4-80　粤桂琼交界地区布格重力异常小波分析一阶细节灰度图

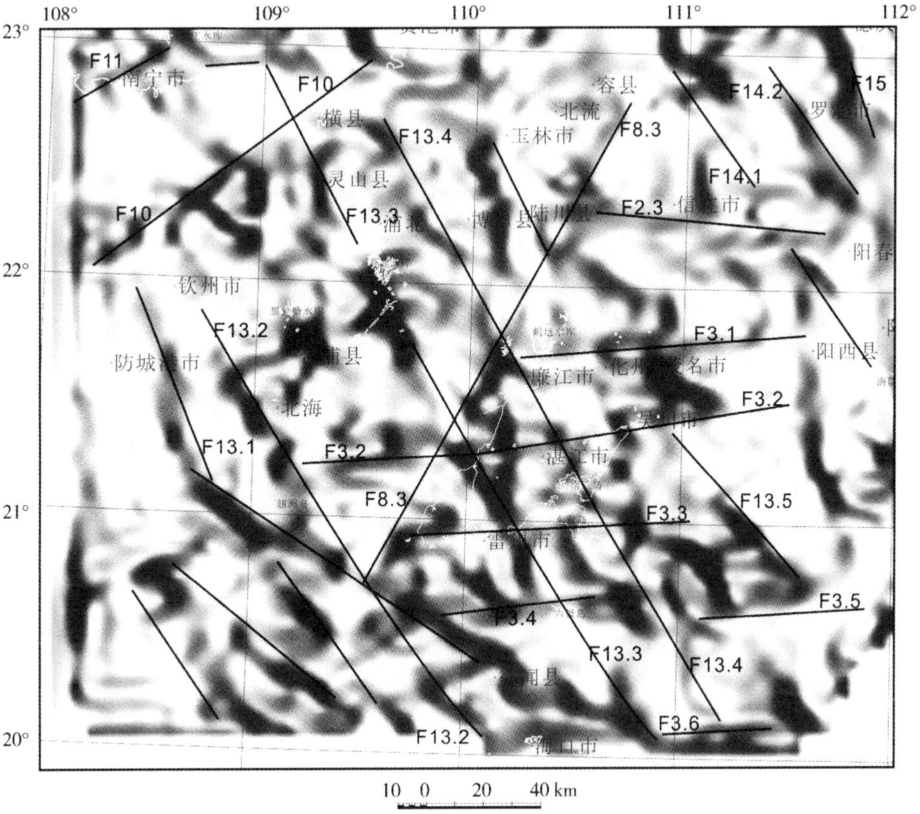

图7-4-81　粤桂琼交界地区布格重力异常小波分析二阶细节灰度图

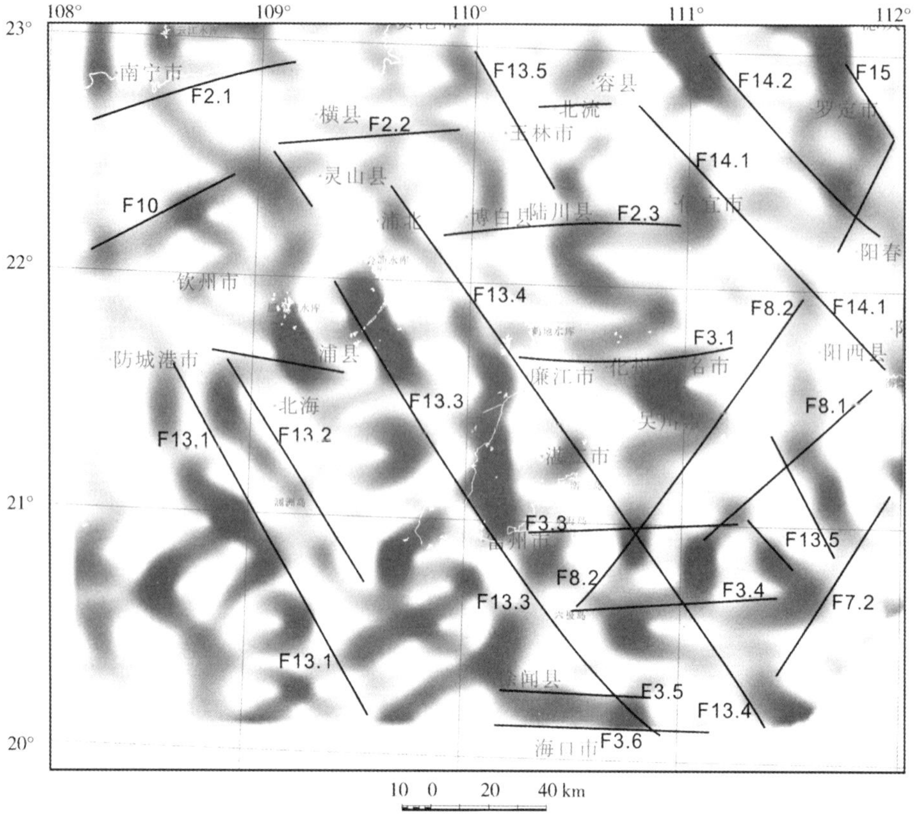

图7-4-82 粤桂琼交界地区布格重力异常小波分析三阶细节灰度图

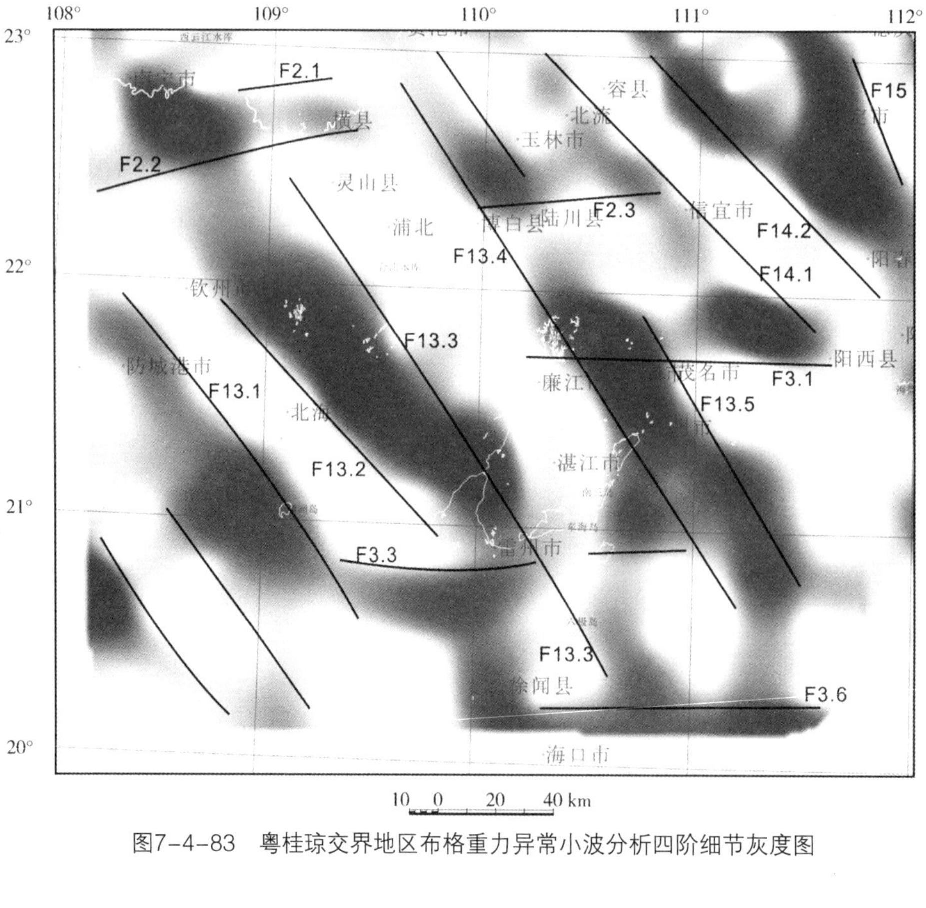

图7-4-83 粤桂琼交界地区布格重力异常小波分析四阶细节灰度图

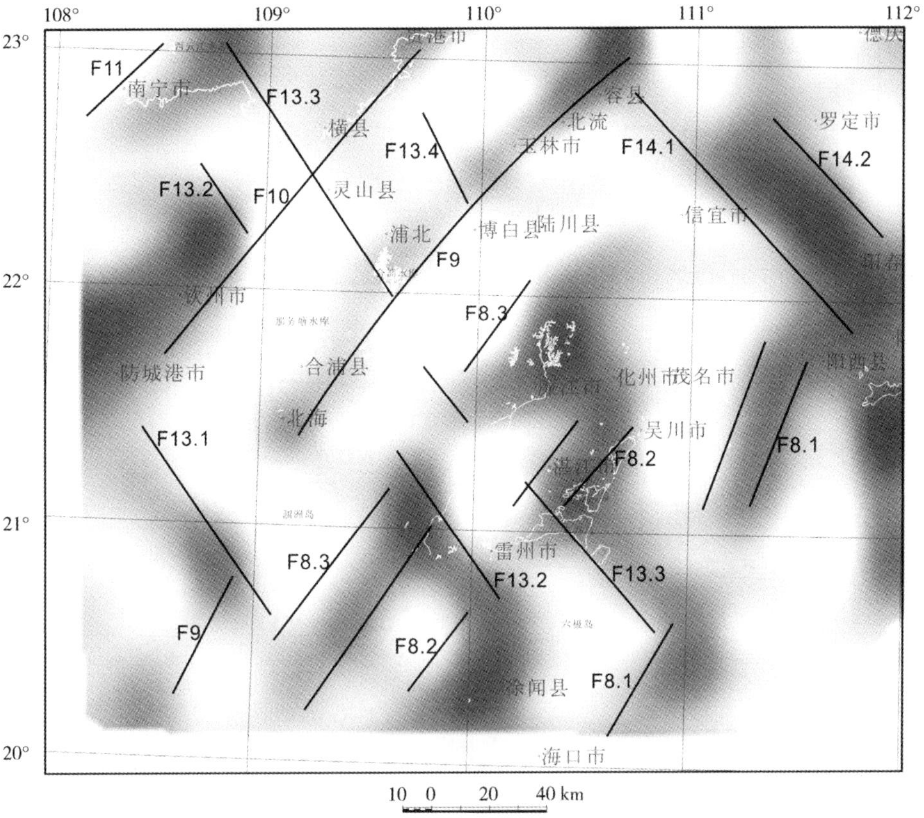

图7-4-84 粤桂琼交界地区布格重力异常小波分析四阶逼近灰度图

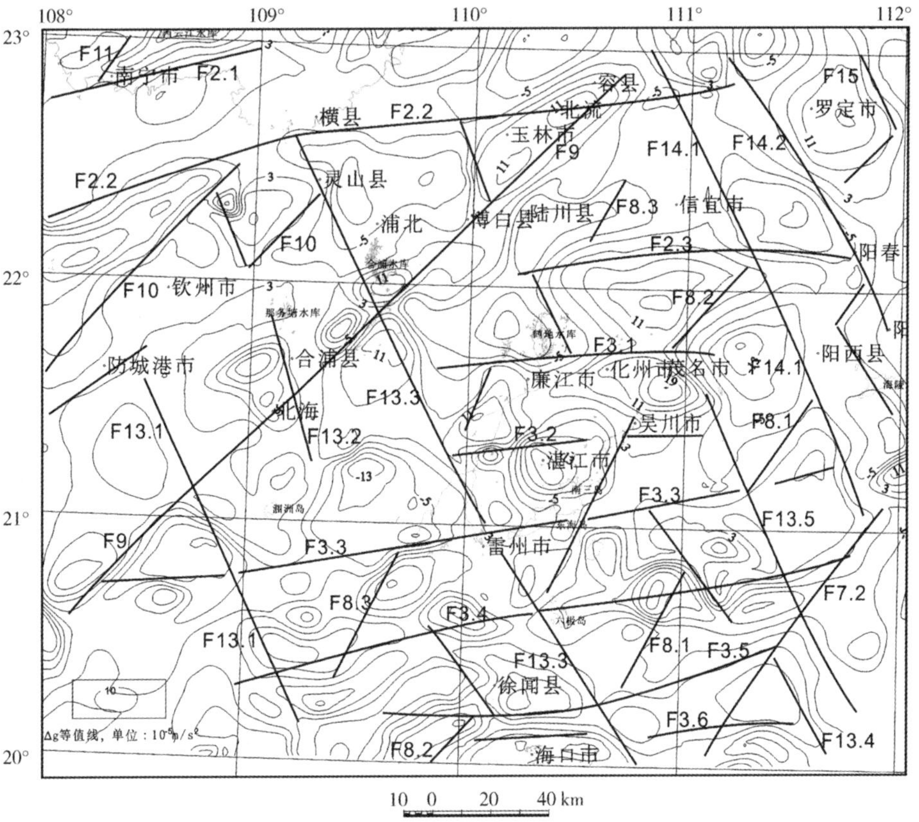

图7-4-85 粤桂琼交界地区局部重力异常等值线图

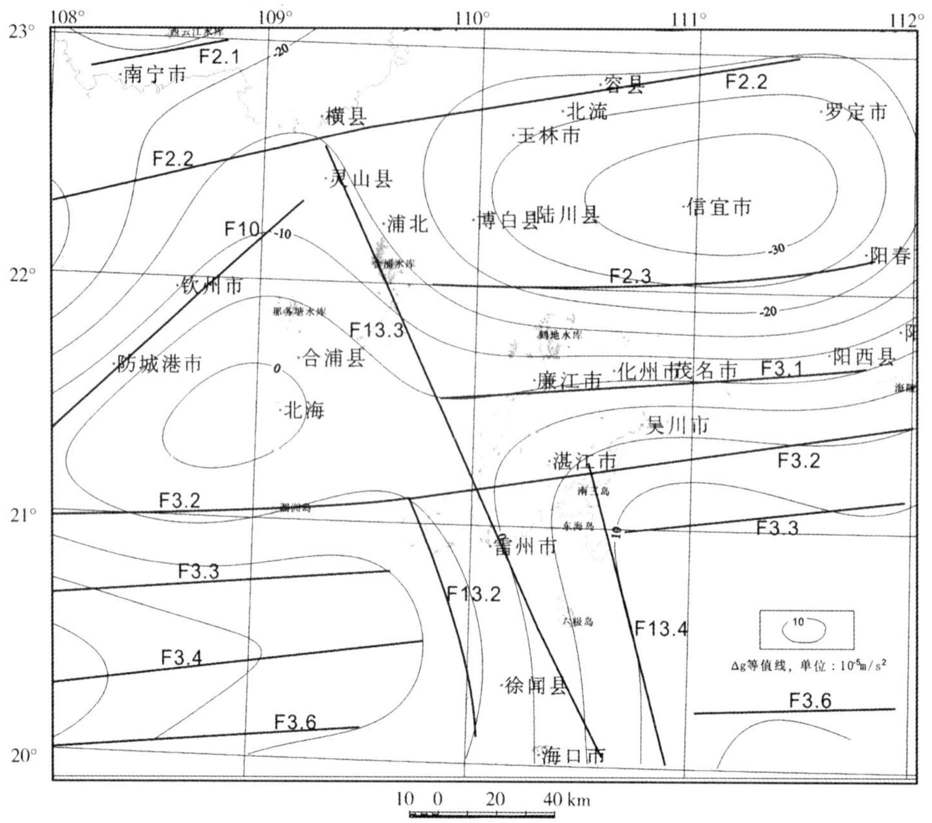

图7-4-86　粤桂琼交界地区区域重力异常等值线图

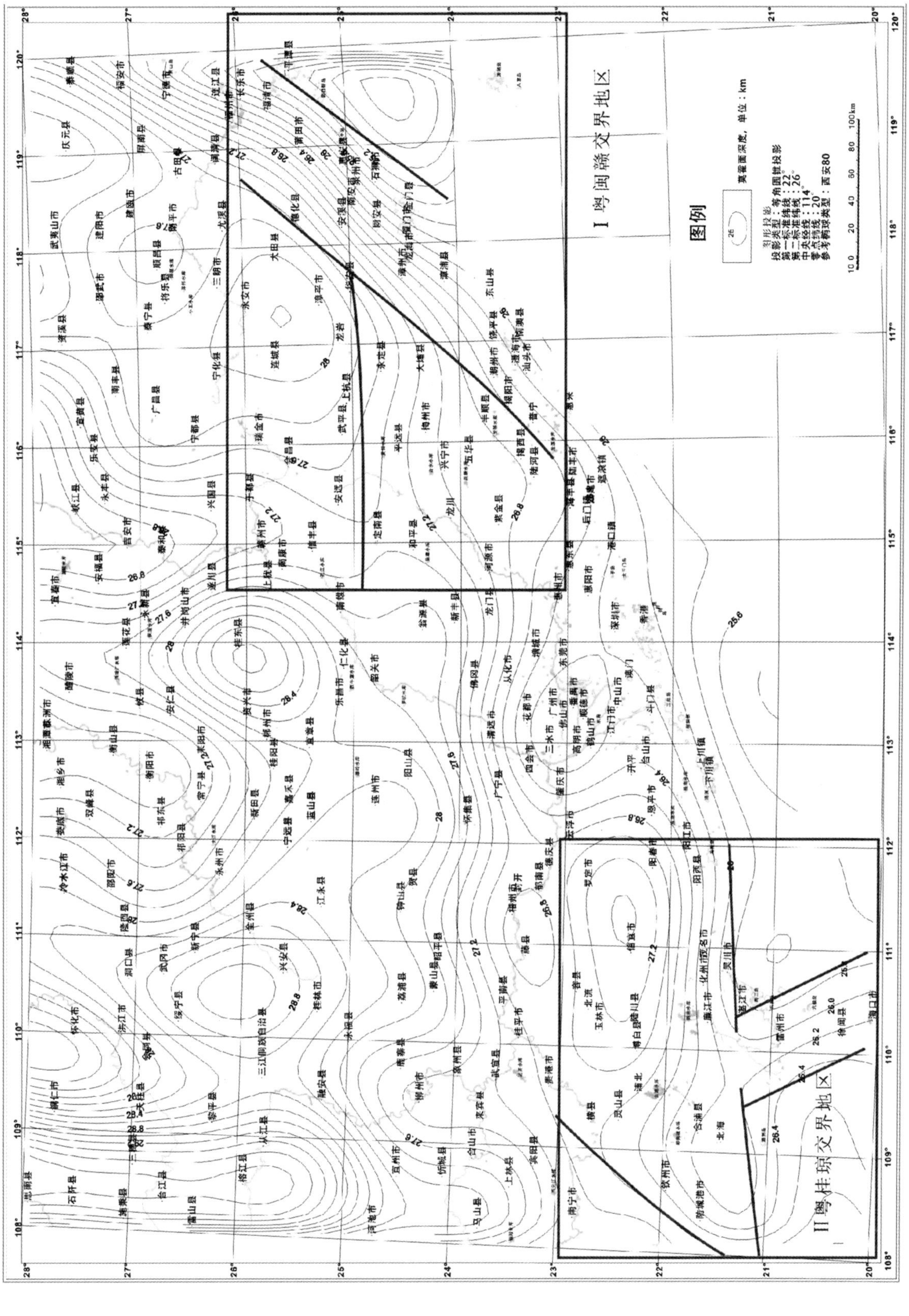

图7-4-87 华南地区帕克法反演莫霍面深度图

第八章　华南重点地区强震构造

8.1　地震活动基本特征

8.1.1　区域分布特征

华南地区强震分布可划分为3个区域：珠江三角洲地区、粤闽赣交界地区和粤桂琼交界地区。与中国地震局划分的国家地震重点监测防御区范围基本一致。为研究需要，我们所划分的3个重点研究区稍有局部扩大（图7–1–1）。这3个区域地震活动强度与频度即活动水平是不同等的、有层次的。本书第一编第五章中的图5–1–1至图5–1–4和本章的图8–1–1至图8–1–3直观地表达了它们的地震活动水平，粤闽赣交界地区最高，不仅活动频次高，且地震强度也最大。历史记载发生过4次Ms≥7级地震，即1600年南澳7级、1604年泉州海外$7\frac{1}{2}$级、1918年南澳7级、1994年台湾浅滩7.3级地震。其次为粤桂琼交界地区，历史记载1605年琼山北东寨港发生$7\frac{1}{2}$级大震和多次6级地震。珠江三角洲地区相对前两个区地震活动水平要低，历史记载未发生过6级地震，最强地震是1874年6月23日担杆列岛的5.75级地震。但珠江三角洲地区震源浅，地震烈度、震害偏高，如1976年11月20日顺德发生M_L3.3级地震，震中烈度竟达Ⅵ度。1977年9月23日和26日三水相继发生M_L3.7、4.4级地震，地震烈度也达Ⅵ度，造成房屋破坏。如果这一地区发生Ms5级地震，破坏性将相当严重。

8.1.2　平面分布特征

有历史记录（1067年）以来，华南地区的6级以上强震主要分布在东南沿海（图8–1–1），无论是频度还是强度，沿海地区均高于内陆地区；从空间分布可见，6级以上强震形成3条北东东向展布带。另外，在粤闽赣交界地区还可见到一条北东向展布带，在粤桂琼交界地区可见一条北西向展布带与北东东向展布带交汇叠加。

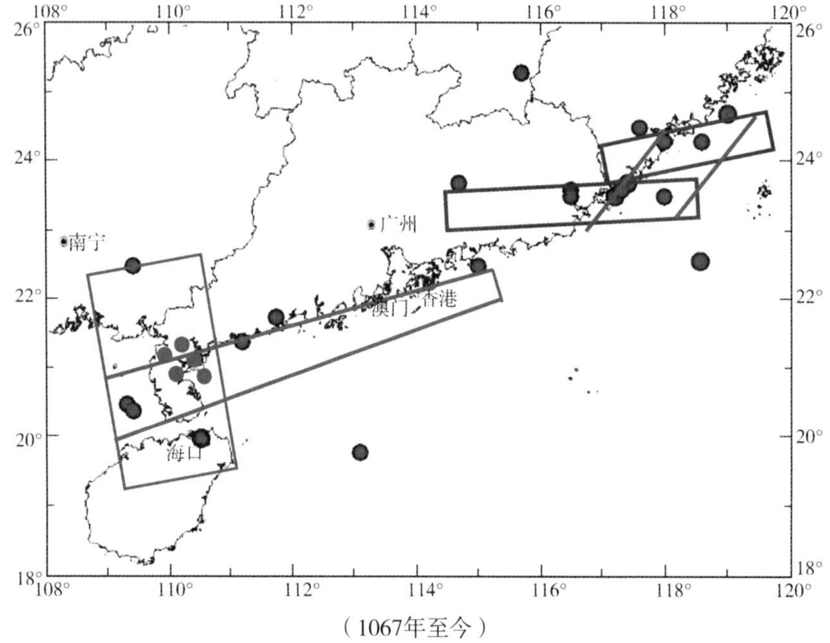

（1067年至今）

图8–1–1　华南地区Ms≥6级强震分布

4.5级或以上地震的空间分布（图8-1-2）相对6级地震的分布往北西方向的内陆有所扩展，但北东东向分布特征依然存在，在闽东南明显地增加了一条北西向展布带，粤桂琼交界地区北西向展布带有所延长。2级以上地震的空间分布（图8-1-3）遍及整个华南地区，福建南部沿海、台湾海峡南部是地震密度最高的区域，南岭以北即北纬26°以北区域地震活动水平显著下降。这种空间分布特征应与活动断裂展布带有关（详后）。

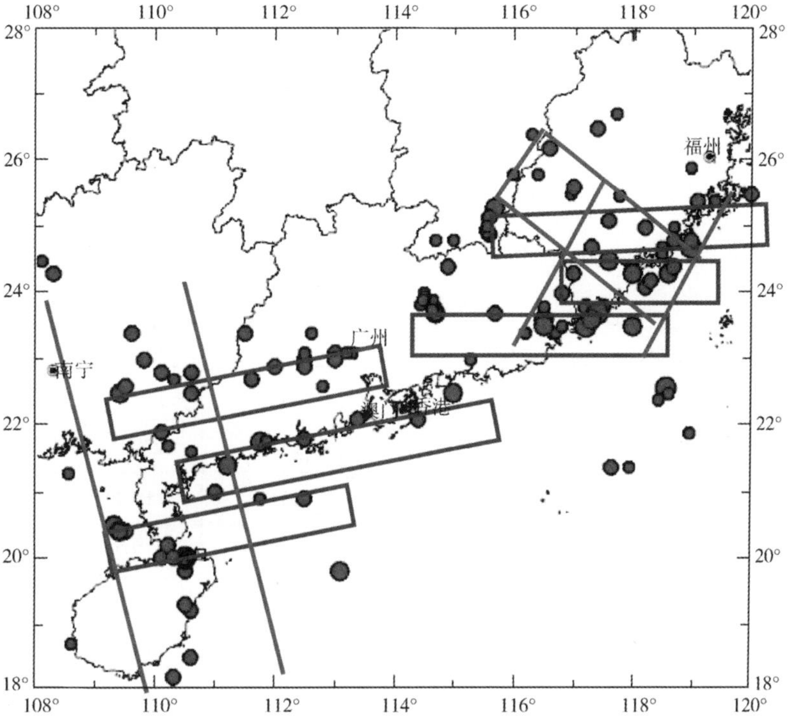

（1067年至今）

图8-1-2　华南地区Ms≥4.5级地震分布

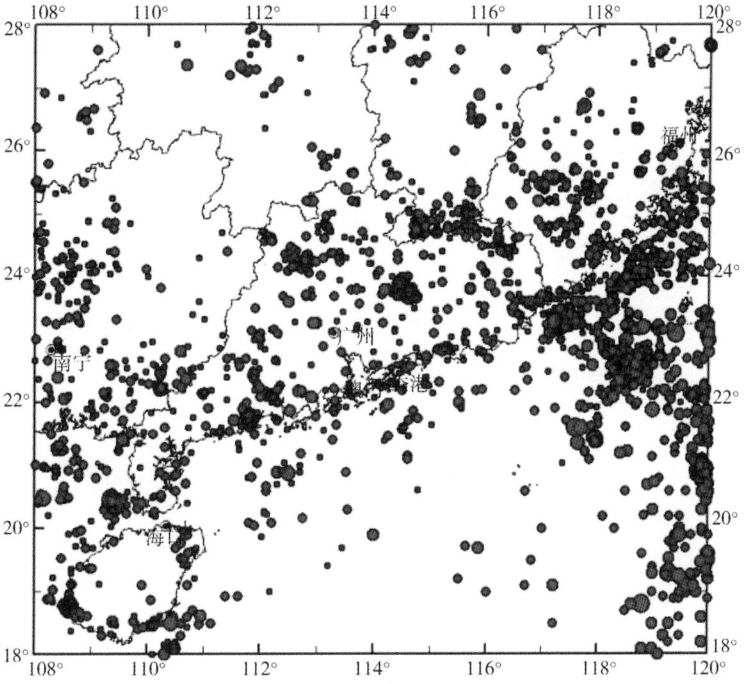

（1965年至今）

图8-1-3　华南地区Ms≥2级地震分布

Ms≥4.5级地震具体参数见表8-1-1地震目录（据《中国地震目录》[65]也参考了各省地震目录）。

表8-1-1　福建省Ms≥4.5级地震（1067—2010年）

序号	时间			位置			震级	震中烈度
	年	月	日	参考地名	北纬	东经		
1	1185	6	15	漳州海外	24.3°	118.0°	$6\frac{1}{2}$	—
2	1445	12	21	漳州	24.5°	117.6°	$6\frac{1}{4}$	Ⅷ
3	1467	7	22	松溪西	27.5°	118.5°	$4\frac{3}{4}$	—
4	1495	10	5	莆田东海域	25.4°	119.4°	$4\frac{3}{4}$	—
5	1535	5	—	长汀	25.8°	116.4°	$4\frac{3}{4}$	Ⅵ
6	1538	10	—	晋江安海	24.7°	118.5°	$4\frac{3}{4}$	Ⅵ
7	1549	11	11	龙岩东南	24.7°	117.3°	5	—
8	1567	3	9	泉州海外	24.7°	119.0°	$5\frac{1}{2}$	—
9	1574	8	29	莆田东海外	25.5°	120.0°	$5\frac{3}{4}$	—
10	1596	10	—	惠安西南	25.0°	118.7°	$4\frac{3}{4}$	Ⅵ
11	1600	3	26	诏安	23.8°	117.2°	$5\frac{1}{2}$	Ⅶ
12	1604	12	29	泉州海外	24.7°	119.0°	$7\frac{1}{2}$	—
13	1607	秋	—	泉州海外	24.8°	119.0°	$5\frac{1}{2}$	Ⅶ
14	1609	6	7	泉州海外	24.8°	119.0°	$5\frac{3}{4}$	—
15	1651	1	17	宁化	26.2°	116.6°	$5\frac{1}{2}$	≥Ⅵ
16	1659	12	25	南平西南	26.5°	117.4°	5	—
17	1691	5	—	晋江安海	24.6°	118.5°	$4\frac{3}{4}$	Ⅵ
18	1731	10	22	漳州海外	24.1°	118.2°	5	—
19	1791	4	8	东山海外	23.8°	117.5°	$\geqslant 5\frac{1}{2}$	≥Ⅶ
20	1825	10	—	永泰	25.9°	119.0°	$4\frac{3}{4}$	Ⅵ
21	1832	1	—	平和西	24.3°	117.0°	5	Ⅵ
22	1878	11	23	东山海外　？	23.5°	118.0°	$6\frac{1}{2}$　？	—
23	1906	3	28	厦门海外	24.3°	118.6°	$6\frac{1}{4}$	—
24	1906	3	29	厦门海外	24.3°	118.6°	$5\frac{1}{2}$	—
25	1906	8	19	厦门近海	24.2°	118.3°	$5\frac{1}{4}$	—
26	1906	10	15	泉州	24.8°	118.7°	5	Ⅵ
27	1917	1	27	明溪	26.4°	117.2°	5	Ⅵ
28	1934	5	21	安溪	25.0°	118.2°	$5\frac{3}{4}$	Ⅵ~Ⅶ
29	1937	6	28	莆田	25.4°	119.1°	$4\frac{3}{4}$	Ⅵ
30	1968	4	1	华安	25.1°	117.6°	5.2	Ⅶ$^{+}$
31	1992	2	18	平潭县以南海中	25.0°	119.8°	5.2	—

续表

序号	时间			位置			震级	震中烈度
	年	月	日	参考地名	北纬	东经		
32	1992	11	26	连城（龙岩）？	25.5°	116.9°	4.7?	Ⅵ
33	1995	2	25	晋江和连城之间	24.5°	118.6°	5.3	—
34	1997	5	31	永安	25.6°	117.0°	5.2	—
35	1999	8	5	惠安海域	24.8°	119.3°	M_L4.8	—
36	2007	3	13	顺昌	26.7°	117.7°	4.7	Ⅵ
37	2007	3	13	顺昌	26.7°	117.7°	4.6	—
38	2007	8	29	永春	25.5°	117.8°	4.5	—
39	2008	3	6	古田	26.4°	118.7°	4.2	—

注：表中“?”是《中国地震目录》中无此地震记录，或不在省辖区内（以下各表同）

表8-1-2　广东省Ms≥4.5级地震（1067—2010年）

序号	时间			位置			震级	震中烈度
	年	月	日	参考地名	北纬	东经		
1	1067	11	12前	潮州	23.6°	116.5°	$6\frac{3}{4}$	Ⅸ
2	1372	9	25	广州	23.1°	113.3°	$4\frac{3}{4}$	Ⅵ
3	1445	—	—	四会	23.4°	112.6°	$4\frac{3}{4}$	Ⅵ
4	1508	11	3	揭阳西北	23.7°	115.7°	5	—
5	1509	10	1	化州	21.6°	110.6°	$4\frac{3}{4}$	—
6	1519	9	—	潮阳东北海中	23.5°	117.2°	5	—
7	1538	3	—	潮州西北	23.8°	116.5°	$4\frac{3}{4}$	—
8	1558	6	—	封开	23.4°	111.5°	$5\frac{1}{2}$	Ⅶ
9	1584	7	8	肇庆附近	23.0°	112.5°	5	—
10	1584	8	6	肇庆附近	22.9°	112.5°	5	—
11	1599	1	25	吴川近海	21.0°	111.0°	$5\frac{1}{2}$	—
12	1600	9	29	南澳	23.5°	117.2°	7	Ⅸ
13	1605	7	19	廉江附近	21.6°	110.3°	$6\frac{1}{2}$	—
14	1605	8	17	廉江附近	21.6°	110.3°	6	—
15	1605	10	7	广西陆川南	21.3°	110.5°	6	—
16	1605	12	15	琼山北	21°	110.5°	$6\frac{1}{2}$	—
17	1606	2	20	海南琼山北	21°	110.5°	$5\frac{1}{2}$	—
18	1611	9	9	电白南海域	21.4°	111.2°	6	—
19	1641	11	26	揭阳东	23.5°	116.5°	$5\frac{3}{4}$	Ⅶ
20	1653	9	11	廉江	21.7°	110.2°	$4\frac{3}{4}$	Ⅵ
21	1656	3	—	鹤城	22.6°	112.8°	$4\frac{3}{4}$	Ⅵ
22	1664	9	30	台山西南	21.8°	112.5°	5	—
23	1665	9	19	罗定	22.7°	111.6°	5	—
24	1683	10	10	南海	23.1°	113.0°	5	Ⅵ

续表

序号	时间			位置			震级	震中烈度
	年	月	日	参考地名	北纬	东经		
25	1693	4	25	海丰	23.0°	115.3°	$4\frac{3}{4}$	Ⅵ
26	1749	2	28	云浮	22.9°	112.0°	5	—
27	1824	8	14	广州西南	23.0°	113.0°	5	—
28	1849	—	—	普宁洪阳	23.4°	116.2°	$4\frac{3}{4}$	Ⅵ
29	1871	6	26	琼州海峡	20.2°	110.2°	$5\frac{1}{2}$	—
30	1874	6	23	担杆列岛外海域	22.1°	114.4°	$5\frac{3}{4}$	—
31	1874	7	-	海丰	23.0°	115.3°	$4\frac{3}{4}$	Ⅵ
32	1886	1	13	汕头	23.4°	116.7°	$4\frac{3}{4}$	Ⅵ
33	1887	4	8	饶平三饶	24.0°	116.8°	5	Ⅵ
34	1890	8	30	广东廉江和广西陆川间	21.9°	110.1°	$5\frac{3}{4}$	—
35	1895	8	30	揭阳	23.5°	116.5°	6	Ⅷ
36	1905	8	12	澳门外海中	22.1°	113.4°	5	—
37	1909	8	11	肇庆	23.1°	112.5°	$4\frac{3}{4}$	Ⅵ
38	1911	5	15	海丰外海域	22.5°	115.1°	6	—
39	1915	—	—	广州	23.1°	113.2°	$4\frac{3}{4}$	Ⅵ
40	1918	2	13	南澳东南南海中	23.3°	117.4°	7.3	Ⅹ
41	1919	11	1 ?	南澳 ?	23.3°	117.4°	6 ?	—
42	1921	3	19	南澳西北	24.0°	116.5°	$6\frac{1}{4}$	—
43	1921	3	19	南澳	23.3°	117.4°	$6\frac{1}{4}$	—
44	1925	1	27	和平	24.4°	114.9°	5	Ⅵ
45	1926	6	13 ?	东沙 ?	20.1°	116.5°	5.5 ?	—
46	1931	9	21	南海西沙北 ?	19.8°	113.1°	$6\frac{3}{4}$?	—
47	1933	—	?	廉江 ?	21.6°	110.3°	$4\frac{3}{4}$?	Ⅵ ?
48	1936	4	23	中山	22.7°	113.2°	5	Ⅵ
49	1953	1	1	河源	23.8°	114.7°	$4\frac{3}{4}$	Ⅵ
50	1962	3	19	河源	23° 43′	114° 40′	6.1	Ⅷ
51	1962	4	5	河源西北	23° 58′	114° 28′	4.9	Ⅵ
52	1962	4	24	澄海附近	23° 30′	116° 48′	$4\frac{3}{4}$	—
53	1962	7	29	河源	23° 47′	114° 39′	5.3	—
54	1962	8	30	河源	23° 43′	114° 42′	4.8	—
55	1962	11	6	河源	23° 56′	114° 39′	4.8	—
56	1964	9	23	河源	23° 44′	114° 41′	5.1	—
57	1969	7	26	阳江	23° 19′	114° 48′	6.4	Ⅷ$^{+}$
58	1986	1	28	阳江	21.90°	111.75°	4.8	Ⅵ
59	1989	11	26	河源南	23.71°	114.56°	4.7	Ⅵ
60	1994	12	31	北部湾	21°	109.4°	6.1	—
61	1995	1	10	北部湾	20° 29′	109° 21′	6.2	—

续表

序号	时间			位置			震级	震中烈度
	年	月	日	参考地名	北纬	东经		
62	1995	3	23	北部湾	20°	109.3°	5.1	—
63	1995	3	26	下川岛南海域	20° 53′	112° 30′	4.7	—
64	1995	5	7	北部湾	20.6°	109.4°	5.1	—
65	1999	8	20	河源	23.7°	114.6°	M_L4.9	—
66	2004	9	19	阳江	21.7°	111.9°	4.9	—
67	2007	9	17	阳西	21.9°	111.6°	4	—

表8-1-3　广西壮族自治区Ms≥4.5级地震（1067—2010年）

序号	时间			位置			震级	震中烈度
	年	月	日	参考地名	北纬	东经		
1	1372	6	1	贺县西	24.2°	111.1°	$4\frac{3}{4}$	—
2	1507	3	14	玉林东北	22.8°	110.6°	5	—
3	1510	11	28	柳州东北	24.9°	109.5°	$4\frac{3}{4}$	—
4	1520	7	21	平乐、梧州间	24.0°	111.0°	$4\frac{3}{4}$	—
5	1599	9	—	灵川	25.5°	110.4°	$4\frac{3}{4}$	Ⅵ
6	1686	I	1	梧州和合浦间	22.8°	110.1°	$5\frac{1}{4}$	—
7	1695	2	15	融安东南	24.9°	110.0°	$5\frac{1}{4}$	—
8	1751	3	—	田阳那坡东	23.7°	106.9°	$4\frac{3}{4}$	Ⅵ
9	1759	10	25	象州东南	23.9°	109.9°	$4\frac{3}{4}$	—
10	1778	10	29	玉林东南	22.5°	110.6°	$5\frac{1}{4}$	—
11	1806	7	18	融水村村口	25.1°	109.6°	$4\frac{3}{4}$	Ⅵ
12	1857	1	29	北流北	22.7°	110.3°	$4\frac{3}{4}$	Ⅵ
13	1860	1	25	灵山东北	22.5°	109.4°	$5\frac{1}{4}$	—
14	1869	7	11	宁明板棱	22.2°	107.3°	$4\frac{3}{4}$	Ⅵ
15	1875	6	8	凌云北	25.0°	106.4°	$6\frac{1}{2}$	—
16	1885	11	24	龙州	22.3°	106.8°	$4\frac{3}{4}$	Ⅵ
17	1893	11	26	扶绥中东	22.8°	107.8°	$4\frac{3}{4}$	Ⅵ
18	1899	11	28	武宣南	23.4°	109.6°	5	Ⅵ
19	1910	—	—	西林东南	24.5°	105.2°	$4\frac{3}{4}$	Ⅵ
20	1911	2	5	灵山东北	23.0°	109.8°	$5\frac{1}{4}$	—
21	1925	5	—	平果龙来	23.4°	107.5°	$4\frac{3}{4}$	Ⅵ
22	1926	11	14	金城江东	24.7°	108.1°	$4\frac{3}{4}$	Ⅵ
23	1930	6	16	平果龙来	23.5°	107.5°	$4\frac{3}{4}$	Ⅵ

续表

序号	时间			位置			震级	震中烈度
	年	月	日	参考地名	北纬	东经		
24	1936	4	1	灵山东北	22.5°	109.4°	$6\frac{3}{4}$	Ⅸ
25	1943	8	—	宜山龙头	24.5°	108.1°	$4\frac{3}{4}$	Ⅵ
26	1958	9	25	灵山东北	22.5°	109.5°	$5\frac{3}{4}$	Ⅶ
27	1960	11	5	都安	24.0°	108.5°	5	Ⅵ
28	1962	4	20	田林西	24.3°	106.5°	5	≥Ⅴ
29	1977	10	19	平果	23.4°	107.6°	5	Ⅵ
30	1988	11	10	北部湾	—	—	5	—
31	1998	4	16	环江	—	—	4.9	—

表8-1-4 海南省Ms≥4.5级地震（1067—2010年）

序号	时间			位置			震级	震中烈度
	年	月	日	参考地名	北纬	东经		
1	1524	3	31	琼海外海域	19.2°	110.6°	5	—
2	1524	4	15	琼海东南	19.3°	110.5°	5	Ⅵ
3	1605	7	13	琼山	20.0°	110.5°	$7\frac{1}{2}$	Ⅹ
4	1618	—	—	海南澄迈	20.0°	110.1°	$5\frac{1}{2}$	Ⅶ
5	1871	6	26	琼州海峡	20.0°	110.2°	$5\frac{1}{2}$	—
6	1892	7	28	海口和文昌间	19.8°	110.5°	5	Ⅵ
7	1931	9	26	海口	20.0°	110.3°	5	Ⅵ
8	1969	12	17	万宁南	18.5°	110.6°	5.1	—
9	1969	12	20	万宁南	18.2°	110.3°	5.2	—
10	1995	6	5	东方近海	—	—	4.8	—
11	1999	5	17	万宁	18° 30′	110° 25′	4.9	—

表8-1-5 赣南Ms≥4.5级地震（1067—2010年）

序号	时间			位置			震级	震中烈度
	年	月	日	参考地名	北纬	东经		
1	1562	—	—	瑞金	25.8°	116.0°	$4\frac{3}{4}$	Ⅵ
2	1577	2	27	定南	24.8°	115.0°	$4\frac{3}{4}$	Ⅵ
3	1792	4	—	安福西	27.4°	114.6°	$4\frac{3}{4}$	Ⅵ
4	1804	冬	—	寻乌	24.9°	115.6°	$5\frac{1}{4}$	Ⅶ
5	1806	1	11	会昌南	25.3°	115.7°	6	Ⅷ
6	1926	2	12	石城	26.4°	116.3°	$4\frac{3}{4}$	Ⅵ
7	1941	9	21	寻乌北	25° 09′	115° 36′	$5\frac{3}{4}$	Ⅶ
8	1982	2	25	龙南	24° 48′	114° 58′	4.9	Ⅳ

续表

序号	时间			位置			震级	震中烈度
	年	月	日	参考地名	北纬	东经		
9	1987	8	2	寻乌西	24° 44′	114° 48′	5.5	Ⅶ
10	1987	8	3	寻乌	25°	115° 39′	4.7	—

8.1.3 深度空间分布特征

我们对华南地区1970年以来有深度资料的642个M_L≥3级地震进行统计，震源深度主要集中在5～15 km（图8-1-4）；在空间分布上（图8-1-5），东西两侧震源深度较中部深，福建南部近海是震源深度最深的区域，珠江三角洲及近海地区震源深度较浅，一般在10 km左右。

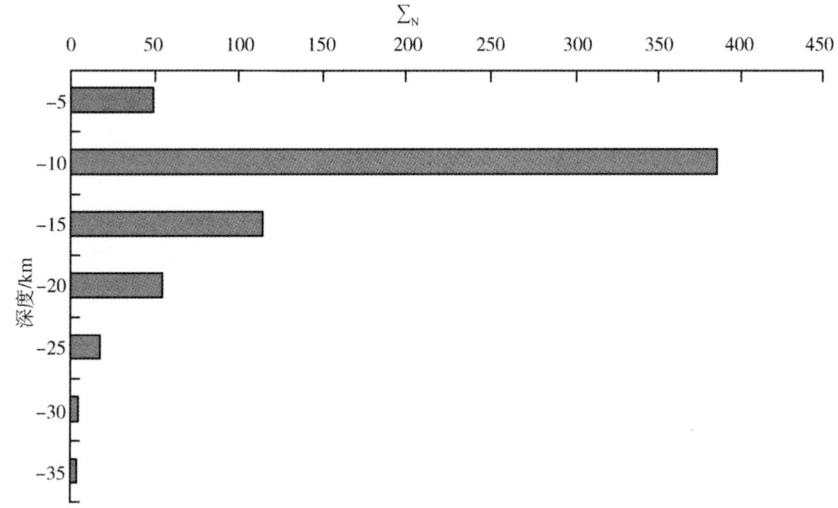

（1970年至今，M_L≥3）

图8-1-4　华南地区震源深度统计

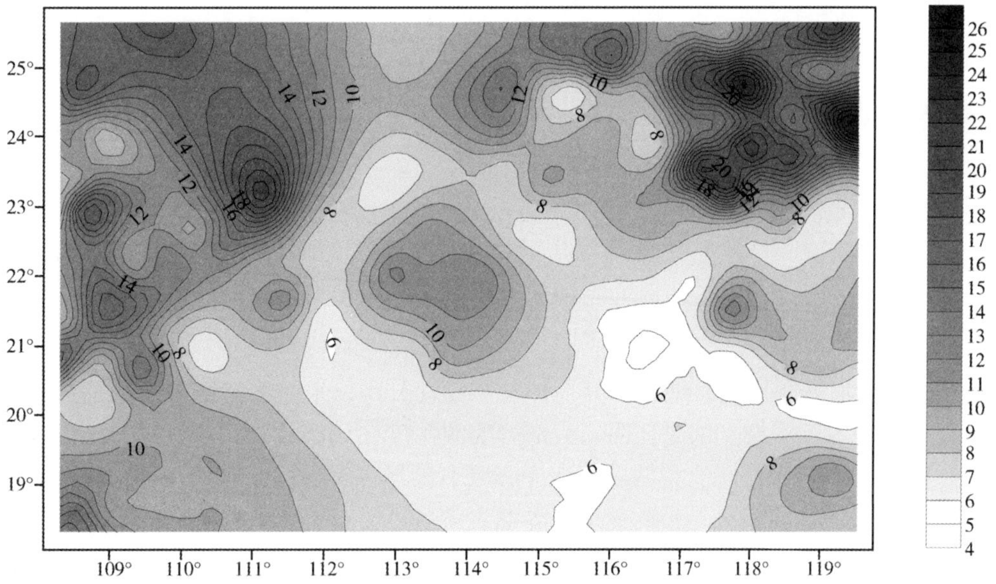

（1970至今，M_L≥3）

图8-1-5　华南地区震源深度空间分布图

将东南沿海从西侧北部湾至广东惠阳，以及从广东惠东至福建泉州分别作震源深度剖面图。由图可见，东南沿海地震带的西段（图8-1-6），地震震源深度基本在20 km以内，值得注意的是从电白以东至台山以西，15~20 km埋深处存在地震空段。阳江地区虽然1969年曾发生6.4级地震，但该区的震源深度并不深，深度基本在15 km以内。粤闽沿海地区除南澳外（图8-1-7），地震震源深度同样不超过20 km，广东一侧即惠东至汕头段震源深度较福建东山至泉州段略深，南澳地区即1600年7级地震以及1918年7.25级地震的震中区震源深度最深，地震震源深度一直延伸到50 km，深度超过20 km后仍出现较多的地震活动。

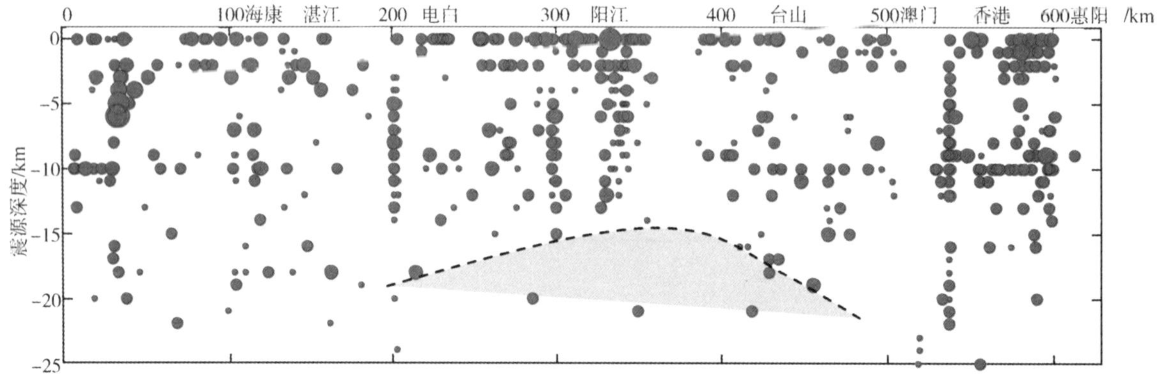

（1970年至今，$M_L \geqslant 2$）

图8-1-6　北部湾至珠江三角洲沿海地震震源深度剖面图

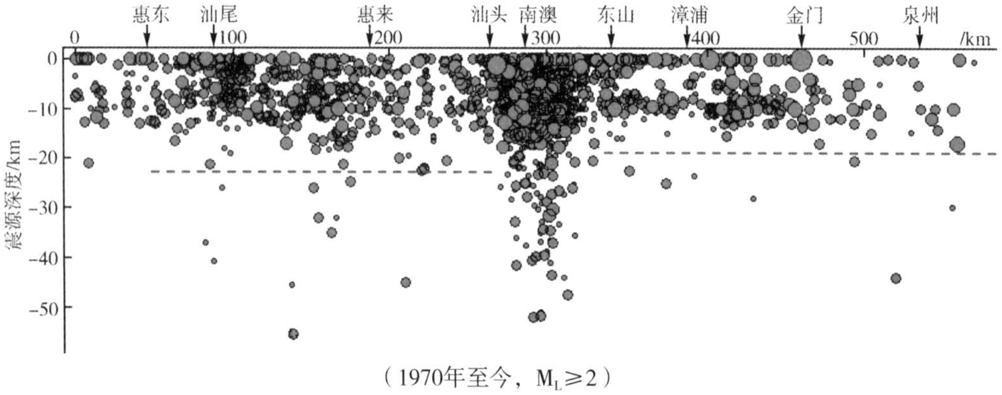

（1970年至今，$M_L \geqslant 2$）

图8-1-7　粤闽沿海地区地震震源深度剖面图

表8-1-6所列地震震源深度，绝大部分是1970年建立分网以来的测定结果，也是对社会影响比较大的Ms≥5级地震或小震群。结果证明，大部分震源深度在10 km以内，超过20 km极少，多在华南东西两端，即粤闽赣、粤桂琼交界两区或南海海域中，与前面图8-1-4至图8-1-7比较一致，与廖其林等所作汕头—福州人工爆破结果的速度层界面大体也可以对比（图8-1-8）[17]。

表8-1-6　华南地区部分地震震源深度

发震日期	震中位置		地理位置	震级	震源深度/km	精度	资料来源
	北纬	东经					
1918年2月13日	23.2°	117.4°	广东南澳	7.3	23	较低	陈恩民
1604年12月29日	24.7°	119.2°	福建泉州海外	7.5	25	较低	福建省地震局
1605年7月13日	20°	110.5°	海南琼山	7.5	15	较低	刘赛君
1611年9月9日	21.4°	111.2°	广东电白海域	6	15+5	较低	姚梅尹、陈定国
1936年4月1日	23.5°	117.2°	广西灵山	6.8	7	较低	广西壮族自治区地震局
1918年2月13日	23.3°	117.4°	广东南澳	7.3	15	较低	陈恩民
1958年9月25日	22° 36′	109° 30′	广西灵山	5.8	6	较低	广西壮族自治区地震局
1962年3月19日	23° 43′	114° 40′	广东河源	6.1	5	较高	中国地震目录
1969年7月26日	22° 19′	111° 48′	广东阳江	6.4	5	较高	中国地震目录
1977年10月19日	23° 23′	107° 28′	广西平果	5	12	较高	广西壮族自治区地震局
1969年12月20日	18.2°	110.3°	琼东海域	5.2	24	较低	广东省地震局
1969年12月17日	18.5°	110.6°	琼东海域	5.1	33	较低	广东省地震局
1976年11月20日	22.9°	113.1°	广东顺德	3.3	3.5	较高	徐启浩
1981年4月9日	22° 53′	115° 16′	广东海丰	4.2	4 ~ 7	较高	广东省地震局
1982年2月25日	24° 44′	114° 48′	江西龙南	5	16	较高	粤闽赣三省地震局
1986年1月28日	23° 44′	114° 37′	广东阳江	5	7.8	较高	魏柏林等
1988年11月10日	21° 17′	108° 25′	北部湾	5	14	较高	广西壮族自治区地震局
1987年8月2日	24° 59′	115° 40′	江西寻乌	5.5	13	较高	福建省地震局
1989年9月18日	22° 08′	112° 13′	广东恩平	4.5	10	较高	广东省地震局
1992年2月18日	25° 01′	119° 40′	福建南日岛	5.2	13	较高	福建省地震局
1992年9月14日	21° 36′	117° 36′	东沙群岛	5.9	15	较高	中国地震目录
1992年11月26日	25° 29′	116° 57′	福建龙岩	4.7	13	较高	中国地震目录
1994年9月16日	29° 52′	118° 30′	台湾浅滩	7.3	23	较高	中国地震目录
1994年12月31日	20° 27′	109° 27′	北部湾	6.1	6.6	较高	粤桂琼三省地震局
1995年1月10日	20° 28′	109° 24′	北部湾	6.2	11.4	较高	粤桂琼三省地震局
1995年5月7日	20° 22′	109° 24′	北部湾	5.3	8.6	较高	粤桂琼三省地震局
1995年2月25日	24° 22′	118° 42′	福建晋江	5.3	10	较高	福建省地震局
1995年3月26日	20° 53′	112° 30′	广东下川岛海域	5.1	16	较高	广东省地震局

续表

发震日期	震中位置		地理位置	震级	震源深度/km	精度	资料来源
	北纬	东经					
1995年11月12日	23° 42′	116° 36′	广东丰顺	4.7	19	较高	广东省地震局
1997年5月31日	25° 35′	117° 11′	福建永安	5.2	6	较高	福建省地震局
1997年12月3日	22° 10′	112° 46′	广东台山	4.2	7 ~ 14	较高	康英等
1997年9月23日	23° 16.2′	112° 58.2′	广东三水	4.4	1	较高	魏柏林等
1999年5月17日	18° 30′	110° 25′	海南万宁近海	4.9	15	较高	胡久常
2008年7月5日	24° 45′	117° 55′	福建长泰	4.7	28	较高	邱毅

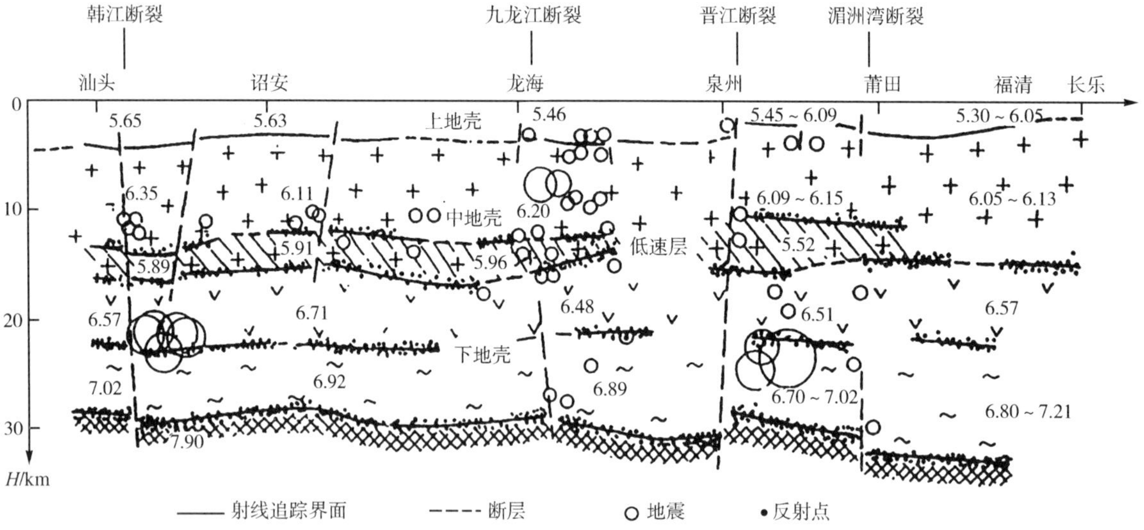

图8-1-8 福州—泉州—汕头地壳构造

中国大陆地震大都属于浅源地震，深度与华南地区相当，集中在5 ~ 15 km内，有学者称为“易震层”[80]。其原因有多种，从本次重、磁资料处理结果分析，10 km左右的断裂分布最密集，断裂组合较复杂，可能利于应力集中，易于发生强震；也有学者认为与上地壳普遍存在高导低速层、铲式断层等有关[17, 29, 80, 88]。这是一个很重要的问题，有待深入研究。

8.1.4 震源机制解

前人对华南地震震源机制解读做了大量工作，方法也越来越多，结果也不尽一致，甚至差异较大，解读方法和认识震源应力场乃至构造应力场也存在许多不同的观点，在测震界比较流行的是“扇形”说，即主压应力（P轴）自华南东部北西西向、中部北西向、西部北北西向，呈扇形展布[36-37, 81]。此外，还有优势北西向说、南北向说以及方向分区说等[38, 81-83, 85-86, 189-191]。近年兴起一种新的认识是“统一北西西向”说[39-42, 75, 78, 87]，本书力主此说。

表8-1-7是华南地区部分地震震源机制解读，待后文讨论动力源、构造应力场时再结合分析研究。

表8-1-7　华南地区部分地震震源机制

序号	地震发生日期			震中位置		震中地名	深度/km	震级Ms	节面Ⅰ			节面Ⅱ			P轴		T轴		N轴		资料来源
	年	月	日	北纬	东经				走向	倾向	滑动角	走向	倾向	滑动角	方位	仰角	方位	仰角	方位	仰角	
（1）福建、赣南地区																					
1	1972	4	6	23.1°	118.9°	台湾海峡		5.2	65	南东	60	143	北东	70	102	36	195	7	295	54	福建省地震局
2	1972	5	25	24.8°	118°	福建华安		3.8	202	80	−29	298	61	−168	158	28	252	13	5	59	福建省地震局
3	1975	4	25	25.6°	118.3°	福建德化		3.2	40	南东	60	120	北东	60	350	6	36	251	53	4	福建省地震局
4	1975	5	6	24.8°	117°	福建龙岩		3.3	97	南西	55	165	北东	60	128	50	221	3	313	41	福建省地震局
5	1975	5	23	24.6°	118°	福建漳州		3.1	55	南东	75	152	南西	65	285	7	192	28	27	61	福建省地震局
6	1975	9	10	24.8°	117.3°	福建龙岩		3.8	49	南西	60	139	北东	65	274	55	233	5	318	38	福建省地震局
7	1975	10	14	23.9°	119°	福建厦门		3.6	66	65	141	175	55	31	122	7	28	45	219	44	广东省地震局
8	1976	1	18	24.8°	118°	福建华安		3.5	78	北西	75	357	北东	60	129	10	34	32	234	55	福建省地震局
9	1976	2	16	24.8°	117.5°	福建华安		3.1	87			354			204		116				福建省地震局
10	1976	4	3	22.6°	118.3°	台湾海峡		3.1	10			141			74		164				福建省地震局
11	1976	4	11	25.6°	117°	福建连城		3.1	103	75	−30	201	61	−163	57	31	156	8	259	57	康英
12	1976	9	6	24.7°	119°	福建泉州		3.1	28			325			270		180				福建省地震局
13	1976	11	16	25.9°	117.2°	福建永安		3.1	73			64			6		96				福建省地震局
14	1977	1	9	24.9°	118°	福建长泰		3.7	359	71	30	258	62	158	129	7	218	35	29	55	康英
15	1997	5	27	23.4°	117.8°	福建东山		3.1	31			322			268		178				福建省地震局
16	1977	9	20	26.7°	117.2°	福建顺昌		3.0	64			21			130		220				福建省地震局
17	1977	9	21	25.6°	117.8°	福建大田		3.1	95			5			140		50				福建省地震局
18	1977	9	26	25.9°	119.2°	福建永泰		3.3	273			344			113		203				福建省地震局
19	1978	5	3	25.2°	117°	福建龙岩		3.2	141	80	29	45	61	168	271	13	5	28	158	59	康英
20	1978	11	23	23.9°	118°	福建厦门		4.1	316	82	−21	49	69	−171	272	21	3	9	115	67	康英
21	1979	2	17	25°	119°	福建莆田		3.6	356	66	−33	101	60	−152	317	40	49	4	144	50	康英

续表

序号	地震发生日期			震中位置		震中地名	深度/km	震级	节面Ⅰ			节面Ⅱ			P轴		T轴		N轴		资料来源
	年	月	日	北纬	东经			Ms	走向	倾向	滑动角	走向	倾向	滑动角	方位	仰角	方位	仰角	方位	仰角	
22	1980	2	4	24.5°	119°	金门东		3.6	363	70	−55	119	40	−147	299	45	74	7	169	33	康英
23	1980	7	9	23.1°	118.1°	台湾海峡		4.2	67	北西	70	167	北东	65	117	4	26	33	214	57	福建省地震局
24	1981	1	25	23.6°	117°	福建东山		4.2	148	71	−31	249	61	−158	106	35	200	7	300	54	康英
25	1981	2	2	25.3°	119°	福建永春		3.0	327	59	−41	82	56	−141	298	50	23	4	116	40	康英
26	1981	8	27	24°	119°	福建厦门		4.3	307	90	−18	37	72	−180	257	12	356	12	127	72	康英
27	1981	12	29	25°	117°	福建永安		3.9	139	69	−138	31	51	−27	0	44	262	12	160	44	康英
28	1982	2	25	24.7°	115°	江西龙南	16	5.0	349	87	−11	80	79	−177	304	10	35	6	156	78	康英
29	1982	8	10	24.7°	119.3°	台湾海峡		3.6	59	南东	60	169	南西	60	294	1	209	46	24	45	福建省地震局
30	1982	9	24	24.2°	118°	福建平和		3.4	47	66	−141	299	55	−30	267	44	171	7	74	45	康英
31	1985	4	20	24°	118.6°	台湾海峡		3.5	55	北西	70	154	北东	65	103	3	15	32	201	57	福建省地震局
32	1987	8	5	22°	118.4°	台湾海峡		5.4	56	南东	55	132	北东	70	92	39	185	11	288	49	福建省地震局
33	1987	8	2	25°	116°	江西寻乌	13	5.5	176	47	85	4	43	96	270	4	180	94	180	4	康英
	1987	8	2	25°	116°	江西寻乌	13	5.5	66	南东	55	132	南东	60	97	50	188	4	285	35	柯龙生
	1987	8	2	25°	116°	江西寻乌	13	5.5	64	154	63	144	54	70	103	35	195	6	292	56	曹伯强
	1987	8	2	25°	116°	江西寻乌	13	5.5	49	直立	90	319	直立	90	90	4	0	94			谢明富
34	1987	8	3	25°	116°	江西寻乌		5.2	177	47	86	3	44	94	270	3	180	93	180	3	康英
	1987	8	3	25°	116°	江西寻乌		5.2	48	直立	90	318	直立	90	90	3	0	93			谢明富
35	1987	8	3	25°	116°	江西寻乌		5.1	47	81	26	313	64	170	178	11	273	25	66	62	康英
	1987	8	3	25°	116°	江西寻乌		5.1	47	南东	80	312	北东	65	358	11	93	25			谢明富
36	1988	10	31	25.7°	119.5°	福建福清		4.0	27	南东	60	104	北东	70	155	7	62	37	257	53	福建省地震局
37	1989	6	30	25.4°	119.3°	福建福清		3.6	16	南东	40	80	北西	20	139	27	48	55	248	33	福建省地震局
38	1992	2	18	25°	120°	福建南日	13	5.2	4	94	65	314	221	35	131	60	225	54	352	24	彭美凤
39	1992	11	26	25.5°	117°	福建连城		4.7	323	南西	55	77	北西	60	198	3	292	50	106	41	丁学仁

续表

序号	地震发生日期			震中位置		震中地名	深度/km	震级	节面Ⅰ			节面Ⅱ			P轴		T轴		N轴		资料来源
	年	月	日	北纬	东经			Ms	走向	倾向	滑动角	走向	倾向	滑动角	方位	仰角	方位	仰角	方位	仰角	
40	1994	9	16	22.42°	118.45°	台湾海峡	23	7.3	132	北东	55	345	南西	41	348	72	234	8	132	18	彭美凤
40	1994	9	16	22.42°	118.45°	台湾海峡	23	7.3	317	南西	76.6	61.1	北西	43.1	266	43	16.5	20.7	125	40	福建省地震局
40	1994	9	16	22.42°	118.45°	台湾海峡	23	7.3	328	南西	88	67	北西	45	274	31	22	29	147	45	胡瑞贺
40	1994	9	16	22.42°	118.45°	台湾海峡	23	7.3	323	82.3	50.6	131	99.3	40.03	276	82	47.3	53	138	6	林邦慧
40	1994	9	16	22.42°	118.45°	台湾海峡	23	7.3	265	−97	38	93	−95	52	83						郑天瑜
40	1994	9	16	22.42°	118.45°	台湾海峡	23	7.3	275	−90	35	95	−90	55	5	80	185	10	0	95	WWSSM
40	1994	9	16	22.42°	118.45°	台湾海峡	23	7.3	296	−125	29	155	−73	68	93	64	232	20	328	16	USGS
40	1994	9	16	22.42°	118.45°	台湾海峡	23	7.3	270	−96	35.5	97.9	−85	54.8	26	80	185	9.4	275	3.7	TOKYO
41	1995	1	24	25°	116°	江西寻乌		4.5	191	51	−56	323	50	−125	167	64	257	1	167	26	康英
42	1995	2	25	24.4°	119°	晋江海外	10	5.3	17	北西	70	88	南东	50	133	18	236	62	28	32	彭美凤
43	1996	4	21	26.37°	118.67°	福建尤溪	7	4.1	152	29	−115	NF	64	−77	116	68	260	18	354	12	林松建等
44	1997	5	31	25.6°	117.2°	福建永安	6	5.2	98	79	162	SS	73	11	145	5	55	20	249	69	林松建等
45	1998	7	3	25.58°	117.18°	福建永安	5	3.4	3	79	−175	SS	85	−11	139	12	48	4	298	78	林松建等
46	1998	8	4	24.33°	117.96°	福建金门西	11	3.0	18	30	−140	NF	72	−65	16	56	145	23	246	24	林松建等
47	1998	8	10	24.73°	117.25°	福建龙岩	7	2.3	127	43	−69	NF	50	−108	306	75	202	4	111	14	林松建等
48	1998	8	26	25.57°	117.18°	福建永安	5	3.2	107	22	−154	NF	81	−70	106	50	247	33	350	20	林松建等
49	1999	8	5	25.17°	119.17°	福建惠安	14	3.5	17	61	−12	SS	80	−151	338	28	242	12	131	59	林松建等
50	1999	8	5	24.82°	119.3°	福建惠安	11	4.8	90	85	−179	SS	89	−5	135	4	225	2	345	85	林松建等
51	1999	8	10	24.98°	118.02°	福建华安	8	2.8	133	29	−147	NF	75	−65	133	54	264	26	6	24	林松建等
52	1999	8	20	24.82°	119.32°	福建惠安	13	3.6	81	90	−171	SS	81	0	126	7	36	6	263	81	林松建等
53	1999	8	27	24.9°	117.64°	福建华安	16	2.3	57	86	−154	SS	64	−4	284	21	188	15	64	63	林松建等
54	1999	9	24	26.12°	119.43°	福建福州	14	3.8	36	74	4	SS	87	164	172	9	80	14	293	74	林松建等
55	1999	10	26	25.85°	119.38°	福建福州	13	2.3	93	47	−90	NF	43	−90	177	88	3	2	273	0	林松建等

续表

序号	地震发生日期			震中位置		震中地名	深度/km	震级Ms	节面Ⅰ			节面Ⅱ			P轴		T轴		N轴		资料来源
	年	月	日	北纬	东经				走向	倾向	滑动角	走向	倾向	滑动角	方位	仰角	方位	仰角	方位	仰角	
56	1999	11	2	26.37°	118.68°	福建尤溪	9	2.5	315	88	171	SS	81	2	360	5	269	7	123	81	林松建等
57	1999	12	2	26.48°	117.22°	福建将乐	12	2.8	159	34	–74	NF	57	–101	18	75	237	12	145	9	林松建等
58	2000	2	28	25.62°	116.9°	福建连城	10	2.5	70	89	176	SS	86	1	115	2	25	4	237	86	林松建等
59	2000	3	22	25.4°	117.93°	福建大田	9	2.8	9	86	173	SS	83	4	144	2	234	8	41	82	林松建等
60	2000	4	15	25.37°	117.03°	福建连城	14	2.1	118	48	–102	NF	43	–77	143	81	37	3	306	9	林松建等
61	2000	4	24	25.58°	117.13°	福建连城	9	3.5	162	44	–60	NF	53	–115	334	69	232	5	140	20	林松建等
62	2000	6	19	26.38°	118.68°	福建古田	8	2.2	90	90	–119	UD	29	–1	334	38	206	38	90	29	林松建等
63	2000	7	6	25.62°	117.53°	福建大田	9	2.8	82	23	–93	NF	67	–89	358	68	174	22	265	1	林松建等
64	2000	7	24	25.37°	118.03°	福建大田	19	2.4	4	88	–170	SS	80	–2	139	8	229	6	352	80	林松建等
65	2000	10	13	24.57°	117.95°	福建漳州	28	3.1	5	84	10	SS	80	174	319	3	49	11	215	79	林松建等
66	2001	1	16	24.75°	117.52°	福建龙岩	15	2.6	83	46	–68	NF	48	–111	251	74	157	1	67	16	林松建等
67	2001	1	29	25.55°	119.57°	福建莆田	17	2.2	34	78	–137	SS	48	–16	165	38	271	19	21	46	林松建等
68	2001	4	1	25.1°	117.8°	福建华安	28	3.1	86	63	–38	NF	57	–147	304	45	211	3	117	45	林松建等
69	2001	5	8	25.9°	117.3°	福建三明	10	2.3	114	31	–37	NF	72	–116	293	55	166	22	65	25	林松建等
70	2001	5	16	25.48°	117.03°	福建连城	10	3.1	70	89	179	SS	89	1	115	0	25	2	218	88	林松建等
71	2001	6	13	25.57°	117.2°	福建连城	7	3.6	137	25	–122	NF	69	–76	105	64	251	22	347	13	林松建等
72	2001	8	4	24.77°	116.95°	福建永定	20	3.0	9	86	158	SS	68	4	141	13	235	18	18	67	林松建等
73	2001	8	6	24°	118.7°	福建金门南	15	4.2	321	87	–18	SS	72	–177	275	14	7	10	132	72	林松建等
74	2001	9	9	25.88°	116.4°	江西瑞金	14	2.5	35	76	0	SS	90	166	171	10	79	10	303	76	林松建等
75	2001	11	16	25.62°	117.05°	福建永安	10	3.0	97	47	–100	NF	44	–79	119	83	14	2	284	7	林松建等
76	2001	11	24	25.88°	118.82°	福建尤溪	10	3.4	12	67	–39	北南	54	–151	331	44	68	8	166	45	林松建等
77	2001	12	12	25.72°	116.47°	江西瑞金	13	3.3	87	85	178	SS	88	5	312	2	42	5	197	85	林松建等
78	2002	3	12	24.52°	118.7°	福建石狮	29	3.8	63	72	–131	北南	44	–26	111	47	2	17	258	38	林松建等

续表

序号	地震发生日期			震中位置		震中地名	深度/km	震级 Ms	节面Ⅰ			节面Ⅱ			P轴		T轴		N轴		资料来源
	年	月	日	北纬	东经				走向	倾向	滑动角	走向	倾向	滑动角	方位	仰角	方位	仰角	方位	仰角	
79	2002	3	20	24.42°	118.22°	福建龙海	19	2.6	84	41	−104	NF	54	−78	69	79	184	4	275	10	林松建等
80	2002	6	27	25.49°	118.93°	福建德化		2.9	97	86	157	SS	67	4	145	13	50	19	267	67	林松建等
81	2002	9	5	27.67°	119.97°	福建泰顺东	7	3.3	261	42	−1	UD	89	−132	228	32	115	31	352	42	林松建等
82	2003	2	27	25.23°	117.58°	福建漳平	8	3.0	0	46	−32	北南	67	−131	338	50	232	13	132	38	林松建等
83	2003	3	18	25.23°	117.58°	福建漳平	7	3.6	5	81	−179	SS	89	−9	140	7	49	6	281	81	林松建等
84	2003	3	19	24.45°	116.3°	福建上杭		3.0	42	61	6	SS	85	150	299	17	201	24	60	60	林松建等
85	2003	4	28	24.07°	116.37°	广东大田		3.1	88	66	−51	NF	45	−144	45	52	151	12	250	35	林松建等
86	2003	5	15	23.3°	117°	广东饶平	11	3.4	155	50	23	TS	73	138	107	14	5	42	212	45	林松建等
87	2003	7	3	25.23°	117.25°	福建大田	21	3.5	164	78	−56	UD	35	−159	288	46	48	25	156	33	林松建等
88	2003	7	4	25.88°	119.12°	福建福清		2.4	110	51	−113	NF	45	−61	317	72	217	3	125	18	林松建等
89	2003	7	18	26.28°	117.18°	福建顺昌	14	2.6	68	89	−33	SS	57	−178	18	24	118	21	245	57	林松建等
90	2003	7	29	23.63°	116.93°	广东潮州北		3.4	272	56	−53	NF	48	−132	240	60	337	4	70	30	林松建等
91	2003	12	4	25.4°	116°	江西会昌		4.3	153	75	13	60	77	164	106	1.7	16.3	19.92	202	70	康英
92	2003	12	4	25.4°	116°	江西会昌		3.8	153	75	13	60	77	164	107	1.7	16.3	19.92	202	70	康英
93	2004	1	16	23.6°	116.78°	广东饶平		4.2	140	70	15	SS	76	159	93	4	1	25	192	65	林松建等
94	2004	3	4	25.23°	117.6°	福建漳平	7	3.7	5	68	9	SS	82	158	140	9	46	22	252	66	林松建等
95	2005	7	17	25.96°	118.85°	福建永泰		2.1	312	59	−128	NF	47	−44	169	57	68	7	334	32	林松建等
96	2005	7	27	25.62°	119.1°	福建莆田	28	3.1	88	87	−173	SS	83	−3	133	7	43	3	290	82	林松建等
97	2007	3	13	26.7°	117.7°	福建顺昌		4.7	351		70	81		88	308	15	214	12	86	70	陈文明
98	2007	8	20	25.48°	117.77°	福建永春	15	4.6	171	88	−29	262	61	177	123	22	220	19			邱毅等
99	2008	2	17	23.81°	117.38°	福建东山	10	2.3	315	40	−6	49	86	−130	285	36	171	30	52	40	康英
100	2008	3	8	26.37°	118.67°	福建古田	4	4.8	324	54	−87	140	36	−94	247	81	52	9			邱毅等
101	2008	7	5	24.6°	117.83°	福建长泰	28	4.7	324	75	32	223	59	163	92	10	188	33			邱毅等

续表

序号	地震发生日期			震中位置		震中地名	深度/km	震级	节面Ⅰ			节面Ⅱ			P轴		T轴		N轴		资料来源
	年	月	日	北纬	东经			Ms	走向	倾向	滑动角	走向	倾向	滑动角	方位	仰角	方位	仰角	方位	仰角	
102	2008	2	17	23.81°	117.38°	福建东山	4.6	3.0	315	40	−6	49	86	−130	285	36	171	30	52	40	康英
103	2009	3	23	25.42°	119.9°	平潭海域	14	4.3	147	49	−94	333	41	−85	22	85	240	4			邱毅等
104	2012	4	15	25.63°	118.75°	福建仙游	9	4.1	37	64	−10	132	81	−154	358	25	262	11			邱毅等
105	2012	4	28	25.12°	115.67°	江西寻乌	4.3	3.6	155	64	−56	278	41	−139	76	26	173	14	319	30	杨选
106	2012	4	28	25.01°	115.66°	江西寻乌	12	3.0	155	64	−56	278	41	−139	76	26	173	14.48	319	30	杨选
107	2012	11	25	25.63°	118.75°	福建仙游	8	3.8	52	88	−5	142	85	−178	7	5	97	2			邱毅等
（2）广东地区																					
108	1918	2	13	23.5°	117°	南澳	23	7.5	216	79	166	309	76	12	263	2	172	18	359	72	吴维灿
109	1962	3	19	23.7°	115°	河源	5	6.1	152	88	−11	242	79	−178	107	9	97	6	321	79	康英
110	1964	9	23	23.7°	115°	河源		5.3	31	80	−144	294	55	−12	258	32	158	17	44	53	康英
111	1966	9	26	22.3°	118°	汕头海外		5.3	306	80	25	211	65	169	76	10	171	25	326	63	康英
112	1969	7	26	21.7°	112°	阳江	5	6.4	254	79	−159	160	69	−11	119	22	26	7	279	67	康英
113	1971	2	25	23.7°	115°	河源		3.5	337	76	−22	72	69	−165	294	25	25	5	126	65	康英
114	1971	8	21	23.1°	117°	南澎		3.7	99	75	−142	358	54	−19	325	37	224	13	118	50	康英
115	1972	2	20	23.5°	117°	汕头海外		4.1	83	69	148	185	60	24	136	6	41	37	234	52	康英
116	1972	12	18	23.7°	115°	河源		4.5	58	90	−169	328	79	0	283	8	193	8	58	79	康英
117	1973	4	6	23.6°	113°	广宁		3.5	67	67	−112	293	31	−48	304	61	173	19	76	20	康英
118	1974	2	22	22°	116°	陆丰海外		4.0	21	90	−139	291	49	0	253	28	148	28	21	49	康英
119	1974	3	4	23.7°	113°	清远		3.4	230	58	−42	345	55	−140	199	51	287	3	19	39	康英
120	1974	7	15	23.3°	117°	南澎		3.6	281	67	−133	169	48	−31	140	49	43	14	301	39	康英
121	1975	2	10	21.7°	112°	阳江		3.3	42	90	87	303	3	172	135	45	308	46	42	3	康英
122	1975	2	11	21.7°	112°	阳江		3.4	201	65	121	325	39	42	268	15	155	58	6	28	康英
123	1975	2	14	21.7°	112°	阳江		3.1	209	90	−157	119	67	0	76	16	342	16	209	67	康英

续表

序号	地震发生日期			震中位置		震中地名	深度/km	震级	节面Ⅰ			节面Ⅱ			P轴		T轴		N轴		资料来源
	年	月	日	北纬	东经			Ms	走向	倾向	滑动角	走向	倾向	滑动角	方位	仰角	方位	仰角	方位	仰角	
124	1975	7	25	23.7°	115°	河源		4.3	3	64	−119	235	38	−45	229	60	114	15	17	26	康英
125	1976	12	21	20.6°	111°	徐闻		3.0	22	72	−50	132	43	−153	330	46	85	15	187	38	康英
126	1976	4	25	22°	112°	恩平		3.0	158	89	−11	249	79	−179	113	8	204	7	335	79	康英
127	1976	5	27	21.7°	112°	阳江		4.3	99	76	159	195	70	15	148	4	56	25	246	65	康英
128	1976	8	4	21.5°	110°	安铺		3.3	37	70	−37	141	55	−155	354	40	92	9	192	49	康英
129	1976	11	20	22.9°	113°	顺德		3.3	267	68	141	14	54	28	323	8	225	43	61	46	康英
130	1977	5	12	23.7°	115°	河源		4.2	265	80	−160	171	70	−10	129	21	37	7	289	68	康英
131	1977	9	15	23.1°	117°	南澎		4.6	297	60	−48	56	50	−139	261	54	358	6	92	35	康英
132	1979	6	7	24.6°	116°	梅州		3.4	332	64	39	222	55	147	97	7	187	46	0	44	康英
133	1981	2	26	22.9°	115°	海丰		2.6	143	70	26	44	65	158	272	3	5	32	177	58	康英
134	1981	3	14	22.9°	115°	海丰		2.8	140	78	17	47	74	168	272	3	5	20	174	70	康英
135	1981	4	9	22.9°	115°	海丰		3.7	141	71	24	43	68	159	271	2	3	30	178	60	康英
136	1983	3	27	23.3°	118°	南澎		3.4	63	62	−154	320	67	−31	271	37	198	1	107	52	康英
137	1984	12	6	23.3°	118°	南澎		2.9	48	66	−152	306	65	−27	267	36	177	1	86	54	康英
138	1985	9	4	21.7°	112°	阳江		4.3	149	76	−137	46	49	−19	22	38	268	14	164	45	康英
139	1986	1	28	21.7°	112°	阳江		5.0	149	67	−145	44	59	−27	10	40	274	5	178	49	康英
140	1987	10	31	22.9°	117°	南澎		3.2	133	66	−33	238	60	−152	94	40	187	4	282	50	康英
141	1987	2	25	21.7°	112°	阳江		4.7	127	76	−162	32	72	−15	349	23	260	3	163	67	康英
142	1987	9	15	23.7°	115°	河源		4.5	144	55	−63	282	43	−123	110	67	215	7	308	22	康英
143	1989	9	18	22.1°	112°	恩平		4.0	111	79	−107	350	20	−33	327	70	228	53	114	17	康英
144	1989	10	31	23.4°	117°	南澎		2.6	168	64	33	62	60	150	295	3	26	41	202	49	福建省地震局
145	1992	9	14	21.6°	118°	东沙群岛		5.9	162	78	100	302	16	51	243	33	85	57	339	10	广东省地震局

续表

序号	地震发生日期			震中位置		震中地名	深度/km	震级	节面Ⅰ			节面Ⅱ			P轴		T轴		N轴		资料来源
	年	月	日	北纬	东经			Ms	走向	倾向	滑动角	走向	倾向	滑动角	方位	仰角	方位	仰角	方位	仰角	
146	1992	9	19	21.6°	118°	东沙群岛		5.1	341	79	114	94	26	25	52	30	278	50	157	24	广东省地震局
147	1995	11	12	23.9°	116°	丰顺		4.2	111	79	−107	350	20	−33	327	70	228	53	114	17	康英
148	1997	9	23	23.3°	113°	三水		3.1	123	50	−117	341	47	−62	324	70	232	2	141	20	魏柏林
149	1997	9	26	23.3°	113°	三水		3.9	324	47	−76	124	45	−104	312	80	44	2	134	10	魏柏林
150	1997	12	3	22.1°	113°	台山		3.6	339	86	27	247	63	175	106	14	210	21	347	62	康英
151	1999	3	25	23.7°	115°	河源		4.2	59	85	−25	151	65	−175	13	21	108	14	229	65	康英
152	1999	8	20	23.7°	115°	新丰江		4.5	313	38	−65	103	56	−108	327	72	206	9.65	113	15	康英
153	1999	8	21	23.8°	115°	新丰江		2.4	4	30	−80	172	60	−96	67	74	266	15.14	175	5	康英
154	1999	9	2	23.8°	115°	新丰江		3.1	78	55	−84	248	35	−99	11	79	164	9.96	255	5	康英
155	1999	11	4	23.7°	115°	新丰江		2.6	223	84	−35	317	56	−173	175	28	275	19.21	35	55	康英
156	1999	11	30	23.8°	115°	新丰江		2.9	46	40	−6	141	86	−130	17	36	262	29.5	144	40	康英
157	1999	12	18	23.7°	115°	新丰江		3.1	212	73	−42	318	50	−157	167	42	270	14	14	45	康英
158	2000	4	5	23.7°	115°	新丰江		2.3	177	18	−56	322	75	−100	218	59	60.2	29.5	325	10	康英
159	2000	4	12	23.7°	115°	新丰江		2.4	333	60	−84	141	30	−100	258	74	58.7	14.95	150	5	康英
160	2000	4	23	22.1°	112°	恩平		2.4	26	88	−20	117	70	−178	340	15	73.3	12.7	202	70	康英
161	2000	5	15	21.8°	112°	阳江		3.3	129	54	−20	231	74	−143	96	37	356	12.7	250	50	康英
162	2000	5	29	23.8°	115°	新丰江		2.3	118	55	−84	288	35	−99	51	79	204	9.96	295	5	康英
163	2000	7	7	23.3°	114°	博罗		2.4	300	60	−35	49	60	−145	265	45	355	0	85	45	康英
164	2000	7	9	21.8°	112°	阳江		3.2	127	25	11	27	85	115	95	36	322	43.97	205	25	康英
165	2000	7	23	21.9°	112°	阳江		2.6	241	50	83	71	40	98	335	5	110	82.93	245	5	康英
166	2000	9	30	22.7°	112°	罗定		2.9	318	68	−35	62	58	−154	277	39	11.9	6.41	110	50	康英
167	2001	4	10	21.8°	112°	阳江		2.8	241	50	83	71	40	98	335	5	110	82.93	245	5	康英

续表

序号	地震发生日期			震中位置		震中地名	深度/km	震级Ms	节面Ⅰ			节面Ⅱ			P轴		T轴		N轴		资料来源
	年	月	日	北纬	东经				走向	倾向	滑动角	走向	倾向	滑动角	方位	仰角	方位	仰角	方位	仰角	
168	2001	4	22	21.83°	111.7°	阳江	10	4.2	72	81	−170	168	81	−18	123	19	215	6	322	70	康英
169	2002	3	11	23.7°	115°	新丰江		3.2	54	62	−22	155	71	−150	17	34	283	5.71	184	55	康英
170	2002	4	5	21.8°	112°	阳江		2.6	140	45	−83	310	45	−97	135	85	225	0	315	5	康英
171	2002	12	13	23.7°	115°	紫金		3.4	2	70	2	271	88	160	318	13	225	15.19	86	70	康英
172	2003	3	19	24.5°	116°	梅县		2.3	342	61	6	249	85	150	299	17	201	24.18	60	60	康英
173	2003	4	5	23.8°	115°	新丰江		2.8	19	62	−49	138	48	−141	340	54	81.2	8.18	177	35	康英
174	2003	4	28	24.1°	116°	丰顺		2.4	88	66	−51	205	45	−144	45	52	151	12.24	250	35	康英
175	2003	5	15	23.3°	117°	南澳		2.8	155	50	23	50	73	138	107	14	4.53	41.64	212	45	康英
176	2003	6	5	22.3°	112°	阳春		2.8	198	79	−44	298	47	−165	148	38	255	20.7	7	45	康英
177	2003	6	7	22.3°	112°	阳春		2.6	210	71	−47	319	46	−153	164	46	270	15.19	13	40	康英
178	2003	7	16	21.8°	112°	阳江		2.5	245	45	−83	55	45	−97	240	85	330	0	60	5	康英
179	2003	7	23	23.9°	115°	新丰江		2.8	298	75	−3	28	87	−165	254	12	162	8.54	38	75	康英
180	2003	7	29	23.6°	117°	饶平		2.8	272	56	−53	39	48	−132	240	60	337	4.33	70	30	康英
181	2003	10	7	21.8°	112°	阳江		2.8	72	90	20	342	70	−180	205	14	299	14	72	70	康英
182	2004	1	16	23.6°	117°	澄海		3.7	140	70	15	44	76	159	93	4.2	0.99	24.59	192	65	康英
183	2004	9	17	21.77°	111.87°	阳江	12	4.9	74	南东	85	346	南西	70	108	14	14	14	239	68	杨选
184	2007	6	29	21.76°	111.8°	阳江	9	2.9	65	55	90	245	35	90	155	10	335	80	65	0	康英
185	2007	8	17	21.75°	111.8°	阳江	6	2.1	246	30	80	78	60	96	164	15	3	74	255	5	康英
186	2007	8	18	22.84°	115.35°	汕尾	8	3.2	304	75	−80	89	18	−124	228	59	26	30	122	10	康英
187	2007	10	23	23.72°	114.15°	龙门	7	2.3	230	40	−90	50	50	−90	320	85	140	5	50	0	康英
188	2007	11	26	21.88°	111.71°	阳江	8	3.1	194	58	48	74	51	137	313	4	48	55	220	35	康英
189	2007	11	27	21.89°	111.71°	阳江	11	2.6	193	45	36	76	66	129	139	12	33	52	238	35	康英

续表

序号	地震发生日期			震中位置		震中地名	深度/km	震级	节面Ⅰ			节面Ⅱ			P轴		T轴		N轴		资料来源
	年	月	日	北纬	东经			Ms	走向	倾向	滑动角	走向	倾向	滑动角	方位	仰角	方位	仰角	方位	仰角	
190	2007	11	28	21.89°	111.71°	阳江	5	2.1	15	58	26	271	68	146	325	6	230	39	63	50	康英
191	2007	12	4	21.9°	111.71°	阳江	9	3.3	162	61	6	69	85	150	119	17	21	24	240	60	康英
192	2007	12	9	21.89°	111.72°	阳江	6	2.5	162	90	45	72	45	180	288	30	37	30	162	45	康英
193	2008	2	4	21.88°	111.71°	阳江	8	2.5	208	54	59	74	46	126	319	5	59	65	227	25	康英
194	2008	2	11	23.57°	113.76°	从化	8	2.3	80	40	90	260	50	90	350	5	170	85	80	0	康英
195	2008	3	30	23.76°	114.63°	河源	7	2.3	170	83	−19	262	71	−173	125	18	218	8	331	70	康英
196	2008	6	27	23.33°	117.51°	南澳	6	2.5	341	45	−5	74	86	−135	308	33	198	27	78	45	康英
197	2008	7	18	23.28°	117.26°	南澳	9	3.2	315	83	7	225	83	173	270	0	180	10	0	80	康英
198	2008	9	7	21.79°	111.78°	阳江	6	2.9	61	67	63	294	35	138	171	18	293	58	72	25	康英
199	2009	3	25	21.76°	111.8°	阳江	8	2.3	4	64	16	267	76	153	317	7	223	29	60	60	康英
200	2009	4	2	21.77°	111.89°	阳江	9	2.3	160	69	−41	267	52	−153	117	43	217	11	318	45	康英
201	2009	8	22	21.76°	111.89°	阳江	8	2.6	224	65	79	69	27	113	322	20	113	68	228	10	康英
202	2010	1	14	23.33°	117.37°	南澳	9	2.3	114	22	−63	265	70	−101	158	63	3	25	269	10	康英
203	2012	2	16	23.91°	114.47°	东源	10	4.8	350	84	−24	82	66	−173	304	21	38.4	12.2	156	65	杨选
204	2012	2	17	23.91°	114.48°	东源	7.7	3.7	346	84	−40	82	51	−172	296	32	40.5	21.63	159	50	杨选
205	2012	8	31	23.75°	114.63°	河源	12	4.0	335	45	−36	92	66	−129	52	209	12.2	3	35	314.9	杨选
206	2012	9	2	23.75°	114.63°	河源	12	3.7	349	45	−45	114	60	−125	333	59	229	8.65	134	30	杨选
207	2013	2	22	23.91°	114.48°	东源	11	5.1	130	48	−48	256	56	−127	109	60	11.2	4.33	279	30	杨选

（3）粤桂琼交界地区

208	1936	4	1	22.5°	109.4°	广西灵山	7	6.8	70	南东	70	325	南西	60	125	18					罗振暖
209	1936	4	1	22.5°	110.4°	广西灵山	7	6.8	290	南西	65	19	南东	86	151	19	247	15	12	64	林纪曾
210	1961	6	12	21.25°	106.25°	越南北江	10	5.0	237	327	85	146	236	82	282	10	191	2	92	81	广西壮族自治区地震局

续表

序号	地震发生日期			震中位置		震中地名	深度/km	震级Ms	节面Ⅰ			节面Ⅱ			P轴		T轴		N轴		资料来源
	年	月	日	北纬	东经				走向	倾向	滑动角	走向	倾向	滑动角	方位	仰角	方位	仰角	方位	仰角	
211	1973	8	8	21.57°	109.63°	合浦南康	5	2.5	114	204	28	329	59	67	227	20	86	65	0	0	广西壮族自治区地震局
212	1976	6	11	21.72°	108.5°	防城茅岭	12	2.9	282	12	78	19	109	58	154	14	55	31	6	0	广西壮族自治区地震局
213	1977	4	9	22.9°	107°	广西大新		3.6	268	87	−31	360	59	−176	220	24	318	19	83	59	康英
214	1977	4	13	23.1°	109°	广西武鸣		3.7	280	84	−174	190	84	−6	145	8	55	0	325	82	康英
215	1977	4	26	23.4°	108°	广西平果		3.4	328	76	17	234	73	165	101	2	191	22	6	68	康英
216	1977	5	2	23.28°	109.58°	贵港东龙	5	2.5	94	184	45	354	84	80	122	39	231	22	184	43	广西壮族自治区地震局
217	1977	7	21	22.87°	109.92°	玉林沙塘	13	2.3	51	141	85	319	49	65	98	21	2	19	241	65	广西壮族自治区地震局
218	1977	10	19	23.3°	108°	广西平果		5.0	41	66	31	298	62	153	169	3	260	38	75	52	广西壮族自治区地震局
219	1978	2	2	22.25°	110.27°	陆川大桥	11	3.3	178	268	35	283	13	80	340	45	219	27	110	33	广西壮族自治区地震局
220	1979	6	30	23.23°	105.85°	那坡下华	21	3.2	284	14	88	15	105	64	324	1	53	38	280	64	广西壮族自治区地震局
221	1980	6	9	23.3°	106.38°	靖西渠洋	5	3.7	180	270	26	38	128	70	294	30	149	60	32	15	广西壮族自治区地震局
222	1981	6	14	20.5°	108.5°	北部湾	5	4.2	6	96	90	97	187	85	142	4	231	4	6	85	广西壮族自治区地震局
223	1981	10	22	23.2°	107.88°	隆安城厢	5	2.4	61	151	18	192	282	78	114	32	265	55	0	0	广西壮族自治区地震局

续表

序号	地震发生日期			震中位置		震中地名	深度/km	震级	节面Ⅰ			节面Ⅱ			P轴		T轴		N轴		资料来源
	年	月	日	北纬	东经			Ms	走向	倾向	滑动角	走向	倾向	滑动角	方位	仰角	方位	仰角	方位	仰角	
224	1983	6	24	24.87°	109.4°	融安大良	5	2.8	56	146	82	146	236	89	101	5	191	6	0	0	广西壮族自治区地震局
225	1983	12	5	24.9°	107°	广西天峨		4.6	332	71	133	81	46	27	32	15	286	46	135	40	广西壮族自治区地震局
226	1983	12	7	24.88°	106.85°	乐业马庄	17	4.3	53	143	61	147	237	83	97	15	194	26	340	60	广西壮族自治区地震局
227	1985	3	20	20.77°	110.12°	琼州海峡	5	2.9	214	304	40	348	78	60	277	11	30	63	182	24	广西壮族自治区地震局
228	1988	11	5	20.6°	108°	北部湾		4.8	158	67	51	42	44	146	276	15	20	52	175	35	广西壮族自治区地震局
229	1988	11	17	21.25°	108.52°	北部湾	5	2.3	25	115	73	172	262	20	286	27	131	61	22	11	广西壮族自治区地震局
230	1989	10	12	23.36°	108.6°	上林大丰	5	2.9	347	77	18	146	236	73	227	62	61	28	328	6	广西壮族自治区地震局
231	1989	11	10	21.6°	109°	北部湾		5.0	70	76	36	70	55	163	296	14	35	35	188	52	广西壮族自治区地震局
232	1990	7	2	22.38°	110.68°	北流平政	5	3.6	196	286	78	100	190	61	149	10	236	28	82	60	广西壮族自治区地震局
233	1992	2	5	23.68°	107.97°	大化贡川	3	2.3	170	260	27	354	84	63	88	72	262	18	253	2	广西壮族自治区地震局
234	1992	7	12	23.67°	107.95°	大化贡川	4	2.5	7	97	70	248	338	36	300	20	59	54	198	29	广西壮族自治区地震局

续表

序号	地震发生日期			震中位置		震中地名	深度/km	震级Ms	节面Ⅰ			节面Ⅱ			P轴		T轴		N轴		资料来源
	年	月	日	北纬	东经				走向	倾向	滑动角	走向	倾向	滑动角	方位	仰角	方位	仰角	方位	仰角	
235	1992	12	26	23.33°	107.91°	大化贡川	6	2.5	227	317	31	332	62	81	266	30	32	46	157	29	广西壮族自治区地震局
236	1993	2	5	23.65°	107.9°	大化贡川	1	3.2	94	187	28	339	69	76	230	27	98	53	333	24	广西壮族自治区地震局
237	1993	2	10	23.63°	107.88°	大化贡川	9	4.5	24	114	35	288	16	86	169	32	49	39	285	35	广西壮族自治区地震局
238	1993	2	10	23.6°	108°	大化贡川		4.5	288	86	125	23	35	7	349	32	229	39	105	35	广西壮族自治区地震局
239	1993	4	15	23.61°	107.9°	马山永州	4	2.5	5	95	83	266	356	41	59	39	305	27	190	40	广西壮族自治区地震局
240	1994	2	2	22.6°	107.95°	扶绥渠黎	6	2.3	62	152	55	160	250	79	106	16	207	33	355	52	广西壮族自治区地震局
241	1994	8	12	23.88°	108.1°	都安安阳	5	2.3	20	110	33	198	288	57	109	12	283	78	18	1	广西壮族自治区地震局
242	1994	12	31	20.43°	109.35°	北部湾	7	6.2	341	71	71	207	297	26	45	60	266	24	168	18	吴时平
243	1994	12	31	20.4°	109°	北部湾		6.1	129	81	163	222	73	10	180	4	80	18	282	71	罗振暖
244	1994	12	31	20.4°	109.4°	北部湾		6.1	276	168	38	16	52	82	135	27	251	40	22	37	地球物理所
245	1995	1	10	20.48°	109.4°	北部湾	11	6.2	343	73	73	248	338	80	117	10	23	25	228	63	吴时平
246	1995	1	10	20.4°	109°	北部湾		6.2	323	76	−155	226	66	−16	182	28	96	8	351	62	罗振暖
247	1995	1	10	20.4°	109°	北部湾		6.2	257	144	23	21	71	77	127	29	268	55	26	18	地球物理所
248	1995	3	23	20.33°	109.43°	北部湾	17	5.1	222	312	65	324	54	65	94	0	4	36	183	54	罗振暖
249	1995	4	16	20.55°	109.37°	北部湾	21	4.7	346	336	74	351	81	50	124	15	20	41	229	45	罗振暖

续表

序号	地震发生日期			震中位置		震中地名	深度/km	震级	节面Ⅰ			节面Ⅱ			P轴		T轴		N轴		资料来源
	年	月	日	北纬	东经			Ms	走向	倾向	滑动角	走向	倾向	滑动角	方位	仰角	方位	仰角	方位	仰角	
250	1995	5	7	20.35°	109.4°	北部湾	9	5.2	347	337	80	345	75	54	122	18	19	33	234	52	罗振暖
251	1995	6	5	18.7°	109°	东方近海		4.8	82	62	44	327	52	143	201	4	302	50	108	39	海南省地震局
252	1995	12	2	23.38°	108.75°	上林白圩	15	3.2	253	343	56	153	243	76	288	34	27	13	135	53	广西壮族自治区地震局
253	1996	11	20	22.85°	108.45°	邕宁玉矿	10	1.9	31	121	79	291	21	48	80	38	334	19	223	46	广西壮族自治区地震局
254	1997	1	10	22.23°	108.38°	邕宁那陈	5	1.7	3	93	71	249	339	39	298	19	54	52	196	32	广西壮族自治区地震局
255	1997	12	31	22.17°	109.2°	灵山武利	8	2.6	100	190	76	217	307	29	220	52	350	27	94	25	广西壮族自治区地震局
256	1998	3	27	21.92°	109.22°	灵山武利	10	2.3	24	114	65	248	338	33	78	63	311	17	214	20	广西壮族自治区地震局
257	1998	4	16	25.12°	107.98°	环江木论	11	4.9	356	86	78	250	340	38	293	24	50	45	185	35	广西壮族自治区地震局
258	1998	9	3	21.52°	109.47°	合浦福成	19	3.0	213	303	25	320	50	82	26	47	250	33	144	23	广西壮族自治区地震局
259	1999	5	17	18.5°	110°	海南万宁		4.9	18	66	129	135	45	35	81	12	335	52	180	35	海南省地震局
260	1999	1	15	22.07°	108.52°	钦州大寺	11	3.4	218	308	37	316	46	84	255	29	13	40	140	36	广西壮族自治区地震局
261	2000	3	19	24.13°	107.59°	巴马凤凰	7	3.0	235	325	15	339	69	86	54	47	263	39	160	15	广西壮族自治区地震局

续表

序号	地震发生日期			震中位置		震中地名	深度/km	震级	节面Ⅰ			节面Ⅱ			P轴		T轴		N轴		资料来源
	年	月	日	北纬	东经			Ms	走向	倾向	滑动角	走向	倾向	滑动角	方位	仰角	方位	仰角	方位	仰角	
262	2001	8	10	21.57°	109.55°	合浦南康	20	2.8	264	354	28	119	209	67	17	20	236	65	113	14	广西壮族自治区地震局
263	2001	7	31	21.03°	104.27°	越南义路	1	2.8	23	113	58	227	317	34	302	12	80	73	210	11	广西壮族自治区地震局
264	2001	9	26	23.84°	108.12°	都安安阳	3	2.0	4	94	28	187	277	62	280	72	96	17	186	1	广西壮族自治区地震局
265	2002	9	7	21.61°	106.88°	越南谅山	1	1.3	359	89	25	213	303	69	113	22	326	64	208	13	广西壮族自治区地震局
266	2003	4	7	20.48°	109.47°	北部湾	1	2.3	357	47	31	176	266	59	87	14	265	76	357	0	广西壮族自治区地震局
267	2003	5	1	21.59°	108.59°	钦州彭	4	3.7	5	95	79	108	198	42	133	42	245	23	355	40	广西壮族自治区地震局
268	2003	12	23	22.35°	109.6°	浦北官垌	14	2.6	84	174	37	329	419	72	97	41	214	20	317	32	广西壮族自治区地震局
269	2004	3	2	20.92°	109.27°	涠洲岛		2.9	262	352	25	138	228	76	32	28	253	55	133	20	广西壮族自治区地震局
270	2004	3	27	20.8°	109.08°	北部湾		2.3	242	332	34	340	430	85	277	32	39	41	163	33	广西壮族自治区地震局
271	2006	9	17	21.42°	109.53°	北部湾	8	4.0	350	440	89.9	260	350	60	121	21	219	20.7	350	30	广西壮族自治区地震局
272	2007	3	17	23.2°	106.88°	天娥	11	3.4	34	124	37	129	219	86	69	31	187	38	312	37	广西壮族自治区地震局
273	2010	4	24	22.24°	110.23°	广西陆川	6	2.3	14	31	71	217	61	102	298	15	154	72	31	10	康英

8.2 深部断裂系统与强震构造关系

在附图Ⅴ和图7–1–1上清楚地看到粤闽赣交界地区和粤桂琼交界地区大部分近东西向、北东向、北西向3组断裂深度都在30 km以上，而珠江三角洲地区除近东西向断裂深度大部分在30 km以上外，北东向、北西向断裂深度大部分都<20 km，特别是北西向断裂深度绝大部分都在10 km左右，这种宏观的断裂区域分布特征解释了前文地震分布上，粤闽赣交界和粤桂琼交界两个强震区地震活动水平高于珠江三角洲地区，后者一次6级地震也没发生过（图8–1–1至图8–1–3，表8–1–1）。

进一步分析，所有Ms≥6级地震都分布在几组深度30 km、>30 km断裂系统交汇区内（图7–3–1、图7–4–1，附图Ⅴ）。<6级地震则不然，<30 km的断裂交汇处也可以发生，如珠江三角洲地区的5级左右地震，在其断裂交汇处既有≥30 km的断裂，也有<30 km乃至10 km的断裂。在粤闽赣交界、粤桂琼交界地区的5级地震也并非都分布在≥30 km深度断裂交汇区，但大多数也处于两组或3组断裂交汇处。由上可知，断裂深度及其组合与地震强度有着密切的关系。

8.3 断裂的活动性

断裂的活动性对强震构造至关重要，不管断裂规模多大、多深，如果不具活动性，不可能发生地震。只有断裂活动，致岩石介质错动破裂，才导致地震。断裂活动性越强，发生地震的强度越大。规模越大、越深的活动断裂，地震强度就越大。这是必要的条件，下面我们从几方面探讨华南近东西（北东东向为主）向、北东向、北西向3组断裂的活动性。

8.3.1 断裂的切割关系

大家知道，断裂间的切割关系、先后次序、频次比较，是反映断裂活动新老次序、活动程度的标志，也是研究断裂活动性的重要方法。

在前文深部断裂的重力资料解释过程中，已陆陆续续解释了近东西向、北东向、北西向3组断裂间的切割关系，读者可能已有较深的印象。总体而言，近东西向断裂、北西向断裂都频繁地切割了北东向断裂，北东向断裂切割前2组断裂频次则比较低，近东西向断裂与北西向断裂则互有切割，只是在不同地区、不同断裂间切割有所差别，不过，近东西向断裂一般规模比北西向断裂大，它越深，切割北西向断裂现象越多，力度越大。近东西向断裂明显的是主导性活动断裂。

华南北东向断裂最有代表性的、规模最大的莫过于F4闽东南长乐—南澳断裂带（系）。其宽阔、超长、紧密和整齐的北东向重力梯度带，特别是沿东侧海岸带分布许多强震，很容易让人认为，它是唯一的控震构造、控震断裂和发震断裂带，所以有“长乐—南澳地震断裂带”之称。近年来，在地面地质和人工爆破地震工作中，逐渐认识到北西向断裂对这组北东向断裂的切割，丁祥焕、朱金芳等人的研究富有成效[22, 68]。本次重力资料系统处理成果不仅进一步证实这一认识，更重要的是较系统地取得了未被人关注的近东西向断裂对这组北东向断裂频繁的大力度的切割，它绝不低于北西向断裂，有过之而无不及。它的加入不仅对控震构造和发震构造添加了新的因素，而且为这一地区的构造应力场提供了更全面的科学依据。

我们不妨稍集中地重温前面解释过的一些典型图件，如原张重力图（图7–3–2），在德化—莆田段、南安—泉州段、漳州—厦门段、五华—漳浦段、潮州—东山段，北东向梯度带明显地同步向东拐弯呈近东西（北东东为主）向，即近东西向断裂切入F4断裂带中达5段之多，并表征它右旋的动力学性质。即使135°一阶方向导数图（图7–3–21至图7–3–26），F4梯度带断裂也被近东西向断裂切割得变形无序，直到上延40 km，才恢复它的完整带性，但在漳浦以南的F4北东向梯度带宽度变得狭窄了。不过，近东西向断裂除F1.5漳浦—台湾海峡段外，其他各处几乎都未能切断F4.1平潭滨海断裂。在0°一阶方向导数图（图7–3–12至图7–3–14）上，F1.4漳州—厦门段虽存在切过F4.1图形，但应属于交汇性质，说明此段近东西向断裂也通往台湾海峡。

至于北西向断裂与北东向F4切割关系，在原张布格重力图上（图7–3–2）切割北东向F4不那么明显，只在德化—莆田段、南安—泉州段、漳州—龙海段、F26漳浦段各有短距离地反映。可见其切割北东向断裂的力度不如近东西向断裂，也说明其活动强度要低于近东西向断裂。0°一阶方向导数图是反映北东向、北西向两组断裂相互关系比较好的图件，F29莆田—南日岛断裂、F28永安—晋江断裂、F27华安—厦门断裂、F26会昌—漳浦断裂明显地切入F4北东向断裂带内，但只限于上延20 km以浅深度（图7–3–9至图7–3–14）。45°一阶方向导数图反映上述几条北西向断裂可穿过F4.1抵达台湾海峡，说明20 km以深，北西向断裂与F4.1是相互切割或者是交汇性质的（图7–3–36至图7–3–38）。90°一阶方向导数图（图7–3–45至图7–3–48、图7–3–51至图7–3–54）、二阶方向导数图（图7–3–58至图7–3–61、图7–3–63至图7–3–67）、总梯度模图（图7–3–69至图7–3–73）、小波分析图（图7–3–75至图7–3–78、图7–3–80至图7–3–83）、局部重力图（图7–3–85）均可见到各条北西向断裂一致的切过F4北东向断裂。足以证明北西向断裂切割北东向F4的现象具有普遍性，并表现出左旋性质。

北东向断裂是否有切割近东西向、北西向断裂的现象？回答是肯定的。突出的是F4.1阻截了许多近东西向、北西向断裂穿越，前文已有阐述。至于F4.2、F4.3则表现比较零散，大多限于10 km以浅。

将F4的研究延伸到华南地区其他北东向断裂，基本上类似。这里我们再一次强调，所有北东向断裂都未能越过F3北东东向滨海断裂带，使其在南海大陆架销声匿迹，再无踪影。

近东西向断裂与北西向断裂的互切关系较普遍。在同图共存的图上，几乎均可找到此类现象。粤闽赣交界地区，如图7–3–2至图7–3–4，北西向F26断裂与近东西向F1.2断裂在武平、上杭间交汇时，就是互为间断的。图7–3–61至图7–3–85，近东西向F1.2在德化—莆田间明显间断北西向F29，在德化以西却为北西向F28间断。又如图7–3–78，近东西向F1.2断裂在莆田以西、上杭以东，几乎间断了所有的北西向断裂（F29、F28、F27、F26）；东西向F1.4，大埔以西间断了北西向F22、F23、F24，大埔以东却为北西向F26间断。如此等等，不为鲜见。珠江三角洲地区、粤桂琼交界地区亦如是，无大差别。只是珠江三角洲地区北西向断裂很浅而已。粤桂琼交界地区北西向断裂，F13、F14归纳为“红河系”，应是华南最大的北西向体系了，分布范围遍及粤桂琼交界地区，尤以F13巴马—灵山—东寨港断裂带（系）在区域中占有很重要的位置，其活动的强度可能也是华南其他北西向断裂不可比拟的。图8–3–1形变速率图也清楚地反映这一事实。不管北西向断裂规模大小，它们与近东西向断裂互有切割，同期活动性并无特殊之处。

华南3条近东西向断裂带（系）规模都很巨大，如若从整体的带性、结构的完整性、力学性质的统一性以及断裂系统的明确归属性，F3滨海（岸）断裂带（系）则最具代表性，它全带都应属南海北缘北东东向“南海系”[89]。我们也不妨将它作为代表重点解释该带内3组断裂的切割关系。

该断裂带（系）是南海大陆架北缘的一条规模巨大的断裂带。它西起北部湾，东延至台湾海峡，可能与义竹断裂相接，伸至台湾岛西岸，是20世纪70年代末至80年代初，由南海开发和石油地质调查而提出来的。但是，在许多文献资料中和对它的展布方向、各段落具体位置，颇不一致，实际资料也不多。

滨海断裂带是一条很重要的活动断裂带，发生过许多6级以上强地震和7级大地震，对南海油田开发建设、沿海城市建设、港口建设和人民生命财产安全都会带来很大影响。

本次重磁资料系统处理，由于海区缺乏完整系统的大比例尺（≥1：100万）原始资料，故只能处理其中一部分（相当于中段）。东起粤闽赣交界地区西南端的汕尾一带，往西经珠江口外滨海

（岸）地带，至粤桂琼交界地区（阳江、吴川、廉江、北海）滨海（岸）地带，以及越南以东的北部湾北部地区。

珠江口外段（图4–1–1中的F6断裂，后文简称东段）已在第一编有较详细阐述，此节只重点解释粤桂琼交界地区的F3滨海断裂带（简称西段）。

从原张布格重力图（附图Ⅳ和附图Ⅴ，图7–1–2）一眼看出，虽F3断裂的北界是整齐的北东东向，然而东、西两段是有区别的。以北西向F14.2阳春—阳江断裂为界，东段北东东向带性较好，梯度带略有起伏，总体北东东向整齐和紧密；而西段，由于北西向断裂和北东向断裂均比较强大，切割深度在30 km以上，相互切割力度较大，尤其是北西向断裂将西段带内分割出一块块，宏观上可分别分出3个北西向、3个北东东向和3个北东向块体。3个北西向块体：①F14.2阳春—阳江断裂与F13.3（雷州—海口东）；②F13.3～F13.1；③F13.1以西的北部湾块体，可见北西向断裂切割力度的强大。但它并未打破北东东向的带性结构，仍容易分辨，可以分出北东东向3个条块：①F3.1廉江—阳江（阳西）以南与以雷州为中心的F3.3以北块体；②F3.3以南与F3.4徐闻以北间块体；③F3.4以南与海口以北琼州海峡间的块体，说明北东东向断裂对北西向断裂的切割分断的力度很大。再仔细分析，3个北东向块体：①F7.2阳江以西与F8.2吴川—湛江东—雷州东一线以东间；②F8.2以西与F9北海—涠洲岛—南北部湾间；③F9以西北部湾地区。相对北西向、北东东向两个块体而言，北东向块体边界曲度较大，北东向形态不够明显，且东界F7.2伸至F3.3就被截断（附图Ⅴ和图7–4–1）。

但是，无论是北西向还是北东向断裂怎样切割，始终未能改变整体F3北东东向带状结构的清晰形态，说明它的规模、活动力度大于北西向断裂，而北东向断裂在这一地区应有活动性，但低于北东东向断裂、北西向断裂，这是宏观上的分析和总体结论。至于它们3组断裂相互切割关系的细节，在粤桂琼交界地区的断裂解释中已有详细阐述。

8.3.2　地形变测量

大地形变对地壳构造活动反应非常敏感。宏观构造地貌分析常能很好地判断新构造的活动格局。现代形变精密测量，更能反映现代构造活动。所以，它是地震预报的主要手段之一。

图8–3–1是根据福建、广东、广西三省（区）地震局大地Ⅰ等精密水准测量资料编制的大地形变图，北东东向形变等值线的总体轮廓跃现图中，它组成南海北缘北东东向形变大块体，显示出北东东向构造活动控制现今地形地貌的总体变化。图中还看到一些北西向形变带穿插北东东向形变体中，反映北西构造的活动，但它并不影响北东东向形变块体的总轮廓，却与北东东向形变带组成更小的形变块体。反映北东东向断裂和北西向断裂带对现代断块活动的控制。

海南岛虽脱离华南大陆自成一体，但仍属南海北缘华南陆壳一部分。它的现代构造活动与华南陆壳整体一致，即受北东东向活动构造控制。大地形变测量资料证实这一论断是符合客观实际的，它的等值线主要呈北东东向形态展布[①]。

根据形变速率等值线推测几条北东东向断裂和北西向断裂，它们互有间断，组成一个显目的网络，可见这两组断裂是华南断裂活动的主体。但整体呈北东东向块体，北东东向断裂强于北西向断裂或可说是主控的活动断裂。图8–3–1中还可看出，在西部桂林—阳江一线以西存在一个规模宏大的北西向构造带，梯度很陡，强烈地阻隔北东东向断裂的向西延伸。而此带以东的北西向断裂的形变等值线则比较和缓，基本上不存在梯度带，多以同步拐弯形式反映出来。

此外，图中还有几条北东向断裂，不是主流，较突出的是清远—韶关一线以东、广州—阳江一线以西的北东向等值线带，其他北东向断裂等值线表现零星散布，不影响格局。令人意外的是，东部强大的闽东南（长乐—南澳断裂带）宏伟的北东向重力梯度带在图中反映不突出，或可说明该断

①广州地震大队测量队．琼北中部地壳形变测量报告．1972年．

裂现代活动性较弱；或者因客观条件，测点布设未通过断裂带。如将图8–3–1与附图Ⅴ、图4–1–1、图7–3–1、图7–4–1比较，会发现许多断裂大体一致，说明此形变图质量很高和很科学。前者断裂图中反映的是新构造地质时期的断裂格局，而后者形变图反映的是现代断裂活动的格局，它的活动脱离不了新构造期整体格局。

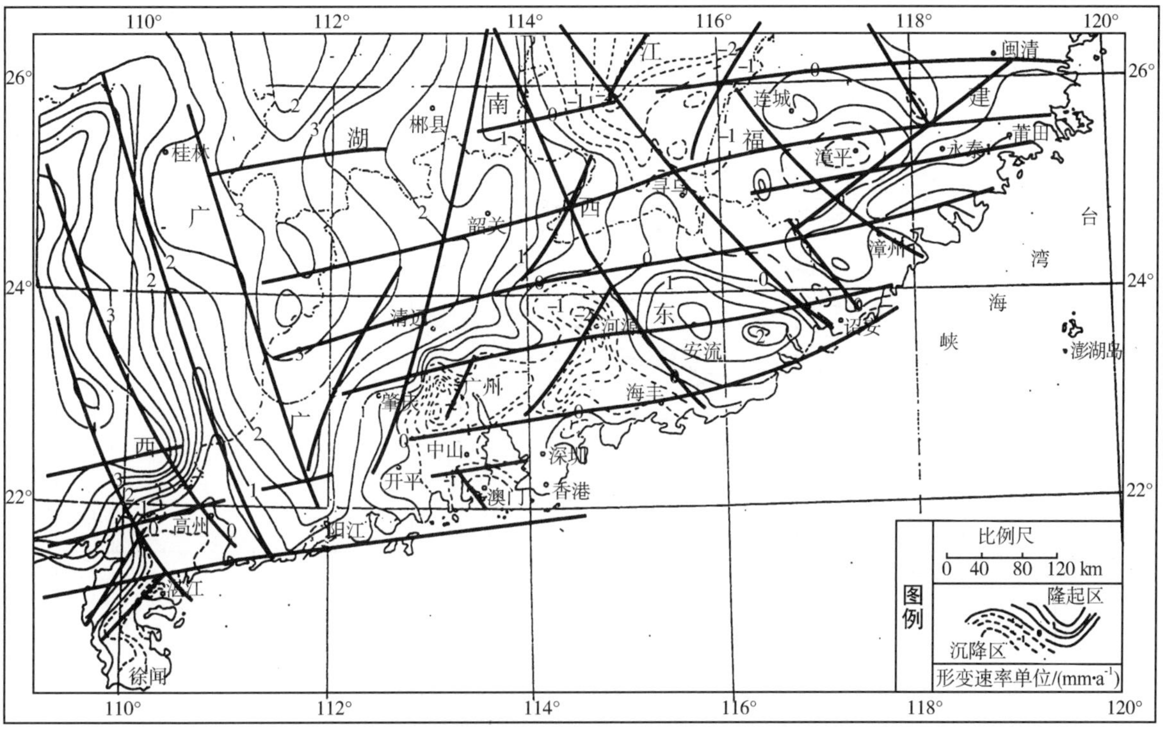

图8–3–1　南海北缘陆地现代地壳垂直形变速率与断裂推测

1969年阳江6.4级地震前（1956年和1966年）曾作过重复水准测量，以震中区为中心，呈现东西长达100 km的北东东向隆起带，隆幅50 mm；震后在1972年复测变为下降带，降幅为–30 mm，北东东向形态依旧，轴心线与平冈断裂大体相符①。

1987年寻乌发生5.5级地震前，震区也曾作过重复大地水准测量，北东东向形变带极为清楚，反映北东东向构造对震区的控震作用②。

8.3.3　流动重力测量

重力场的变化是反映地壳深部物质运动的表征，是新构造运动的物质基础和最基本的表现形式之一。流动重力测量则是反映现代重力场的变化和断裂运动。

地震部门进行的旨在为地震预报服务的高精度流动重磁测量，它的资料非常宝贵，反映现代深部物质运动和构造活动，它与现代大地水准测量一样，可求得物质运动（构造活动）的形态变化及较大范围的动态变化测量资料，因此，有可能获得中短期的地震前兆信息。图8–3–2是福建省流动重力场变化和断裂推测图，图中可看到重力场变化总体形态呈北东东向展布，其中几条等值线密集的北东东向梯度带上，如漳平、龙岩、厦门、南日岛、晋江等地发生多次5级左右地震，它有力地反映了北东东向主控构造作用的实际效果。预测这些北东东向梯度带，特别是与北西向、北东向梯度带交汇区，未来仍是地震活跃之地。

---

①广州地震大队测量队．阳江地区大地形变测量报告．1972．

②福建省地震局．闽台地区1994年度地震趋势研究报告．1993．

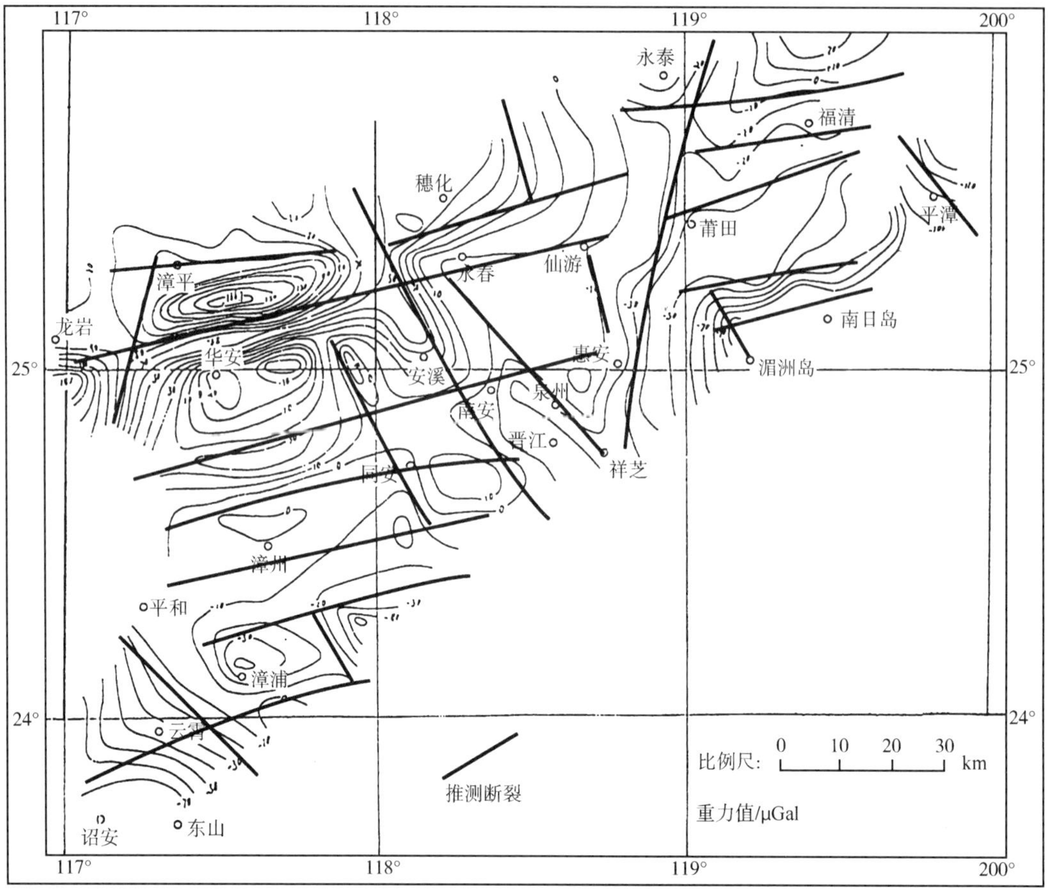

（底图据福建省地震局综合队）

图8-3-2　福建省流动重力场变化与断裂推测

根据重力等值线展布形态推测的活动断裂，同样未脱离附图Ⅴ和图7-3-1断裂格局，与图8-3-1形变图推测断裂也大体相符，北东东向断裂与北西向断裂仍然是互有切割，北东东向断裂右旋，北西向断裂左旋。说明测量成果精确地反映了断裂现代活动的状况。莆田—惠安一线，存在北东向断裂并且间断东西向断裂，呈左旋动力学性质，反映该断裂有一定的活动性。

将许仪西等编制的近几年来流动重力场图（图8-3-3）[90]与图8-3-2对照。自2004年始至2008年5月，重力等值线带逐渐变得有序，在图的东北部有多处相似，或者说，在它的框架范围之内，如近东西向莆田—仙游—永春带、漳州—厦门带，北西向仙游—惠安、永春—泉州、莆田—石城带，说明图的东北部地区北西西向构造应力场逐渐加强、集中，其相应的断裂带活动起来（附图Ⅴ和图7-4-1），并导致莆田、永春、仙游、顺昌等地较频繁发生3、4级有感地震。许仪西等做了很好的分析。自2008年5月以后［图8-3-3（i）］，两条东西向等值线似乎有弱化迹象，而北西向带（断裂）依然如故，说明应力场有某些调整，可能与地震释放能量有关。

据上所述，这些图像的变化是宝贵的震例。流动重力测量对监测、预报地震是一种很重要的方法、手段，只要加强跟踪，定有不少收获。

珠江三角洲地区的流动重力测量成果已在第一编中有详细阐述，现将潮汕地区和阳江—雷州半岛地区的重力测量成果及其分析分别阐述。

8.3.3.1　潮汕地区流动重力测量

下面列出两组图，第1组（图8-3-4）是20世纪第Ⅳ活动幕地震活跃期（1986—1999年）部分流动重力观测变化平面图。各图近东西向梯度带和北西向梯度带形态的变化，无论是多年累积变化图

［图8-3-4（a），1988—1993年）］，还是年度变化图［图8-3-4（b）、图8-3-4（c）、图8-3-4（d）］，均是图中主流。表明这两组断裂在活跃期是主要活动断裂，其中一些图上也有北东向梯度带，说明北东向断裂也时有参入活动，但非主流。北东向长乐—南澳断裂带一直通到潮州、揭阳和汕头一带，在地震活跃期参入活动是正常的，特别是北东向F4.1，应当有活动才是合理的。

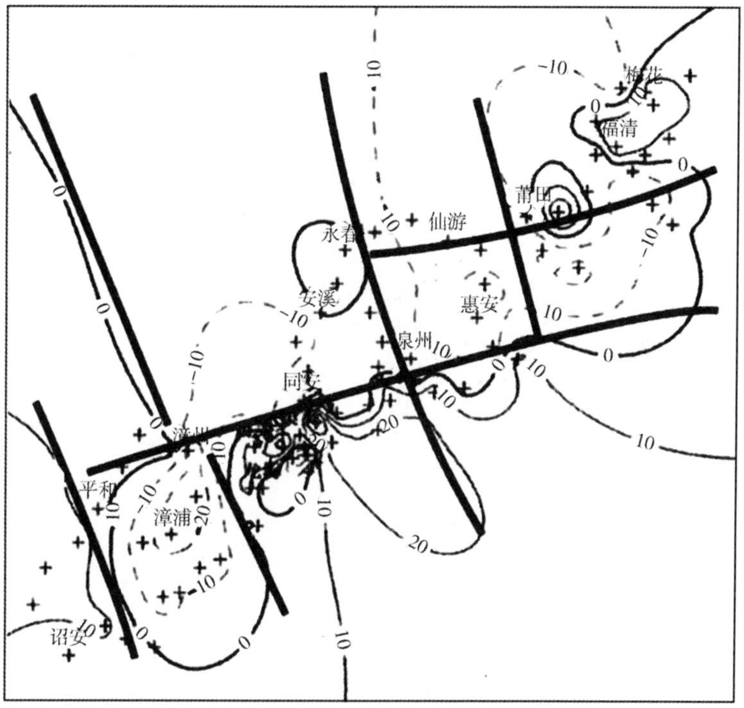

（a）2000年6月至2001年6月

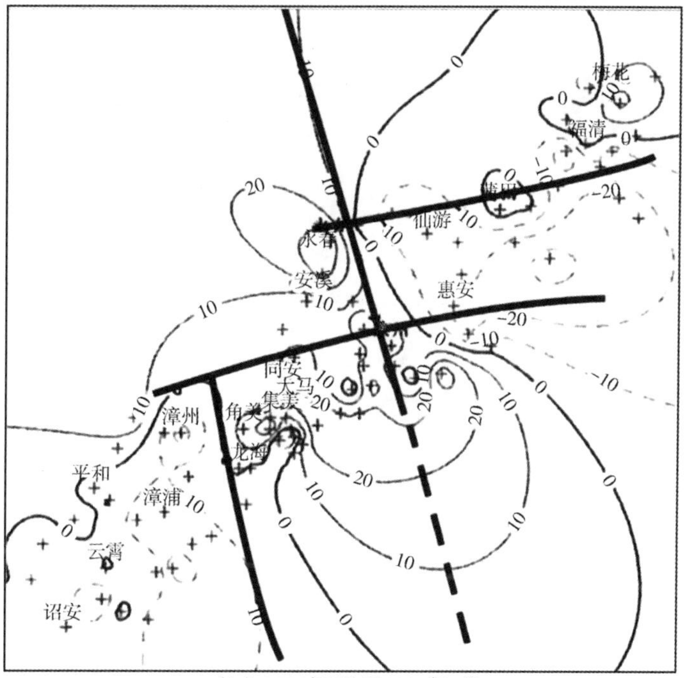

（b）2000年6月至2002年6月

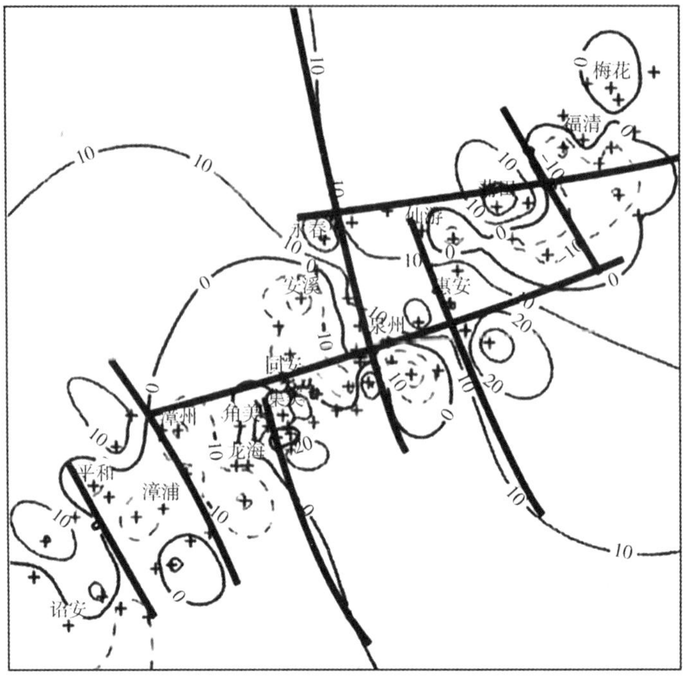

（c）2000年6月至2003年6月

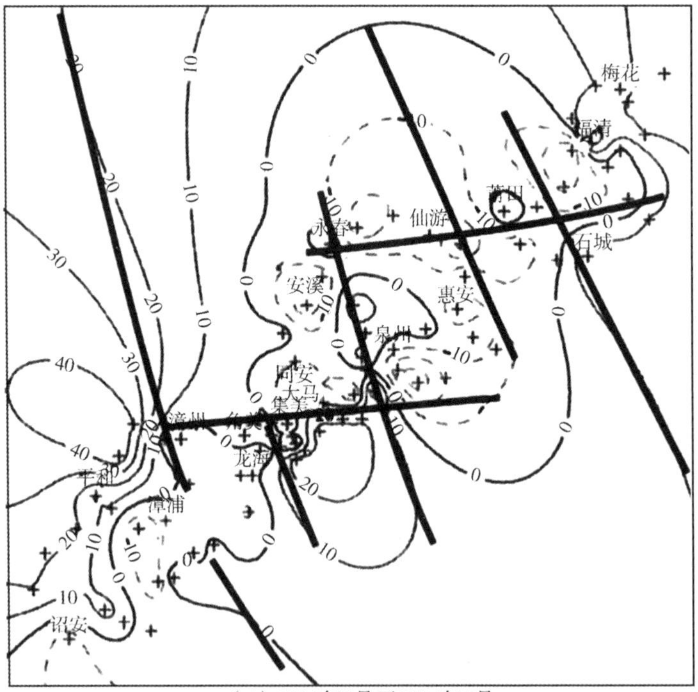

（d）2000年6月至2004年6月

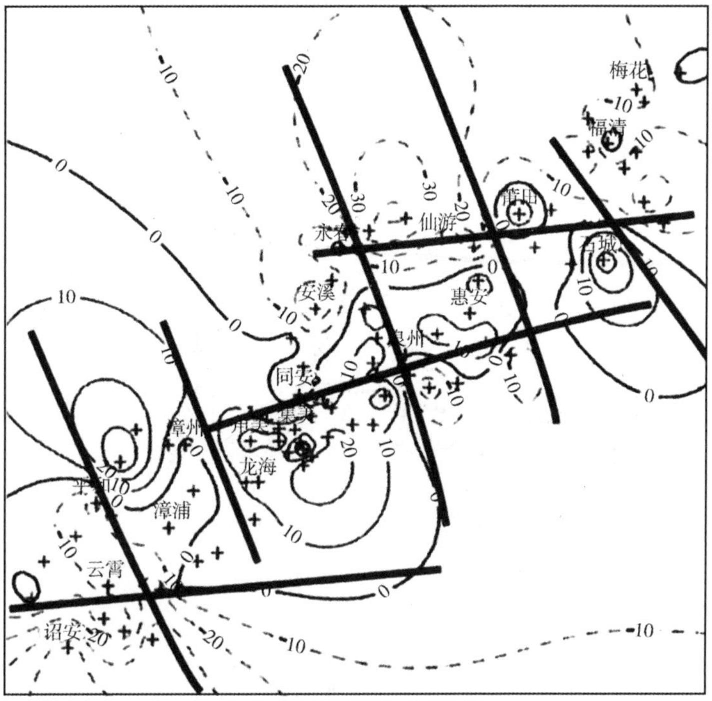

（e）2000年6月至2005年6月

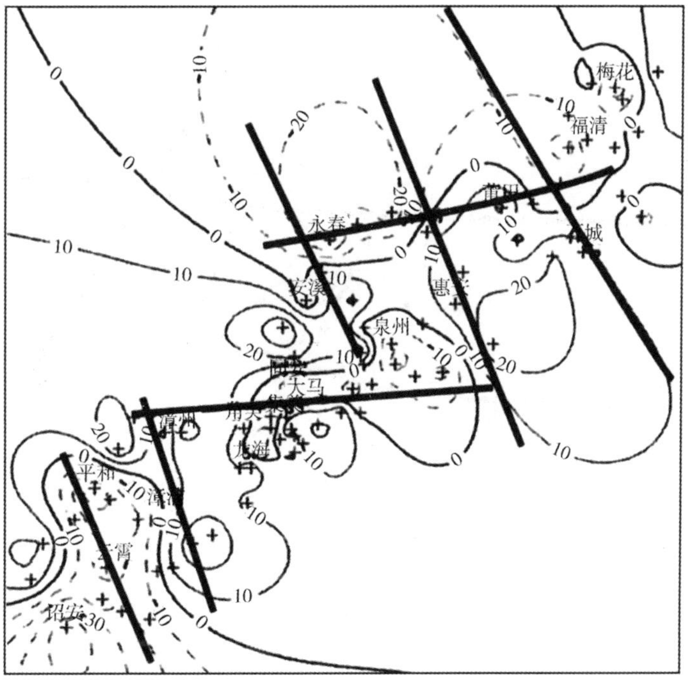

（f）2000年6月至2006年3月

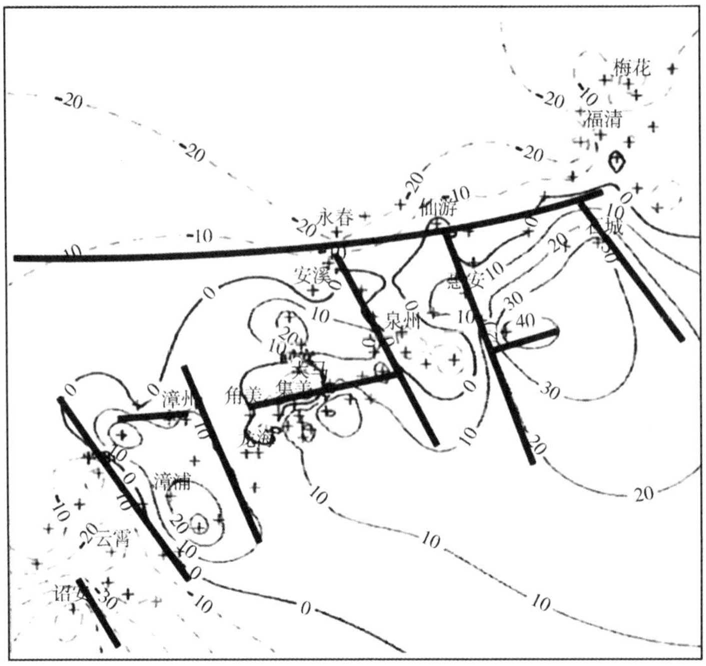

（g）2000年6月至2006年11月

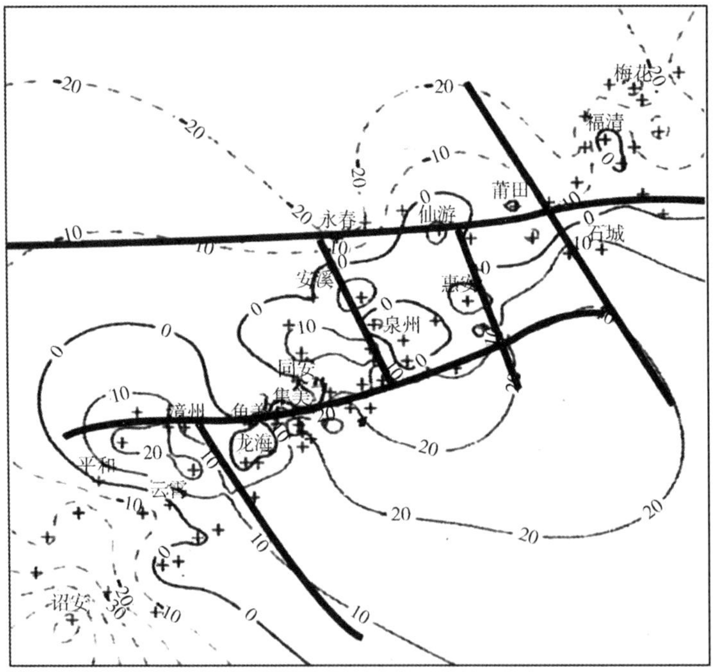

（h）2000年6月至2007年5月

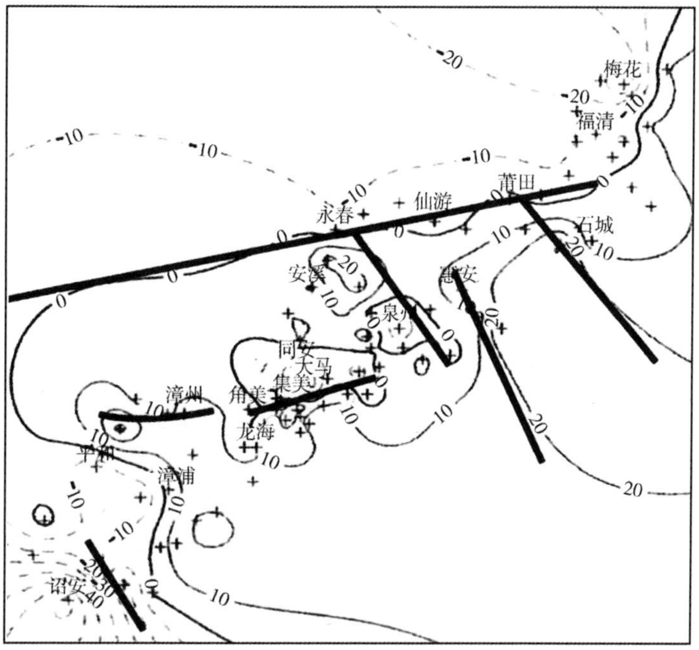

（i）2000年6月至2008年5月

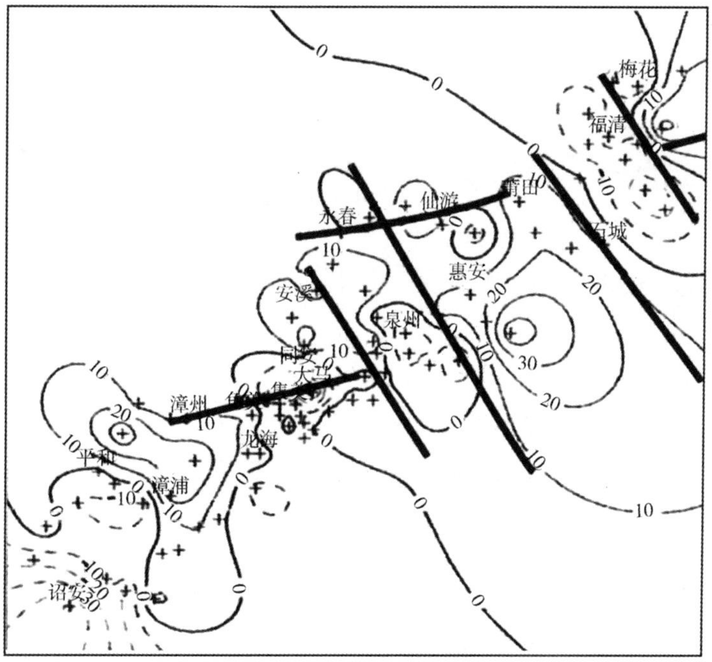

（j）2000年6月至2008年12月

（断裂为本书笔者推断）

图8-3-3 福建东部沿海重力变化等值线

第2组（图8-3-4）是第Ⅳ地震活动幕平静期（2000至今未结束）部分流动重力观测变化平面图，如同第一编珠江三角洲地区重力图变化一样，图面变化无序，说明平静期应力场处于调整期，脉动性的无序变化、无规律性占主导地位。

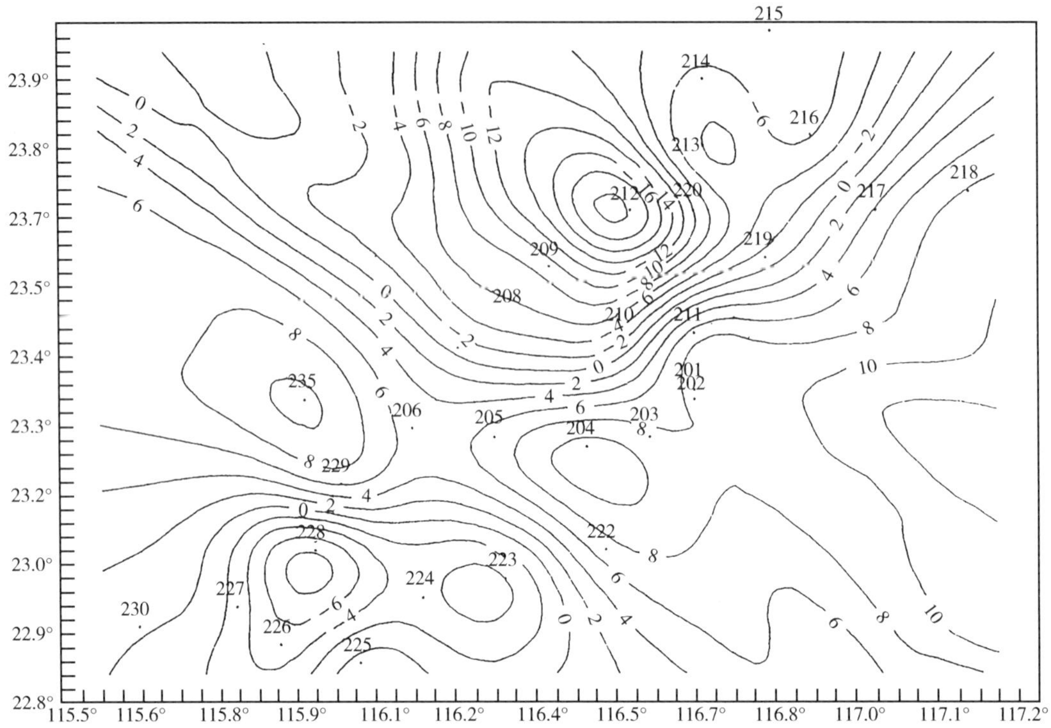

（a）1988—1993年

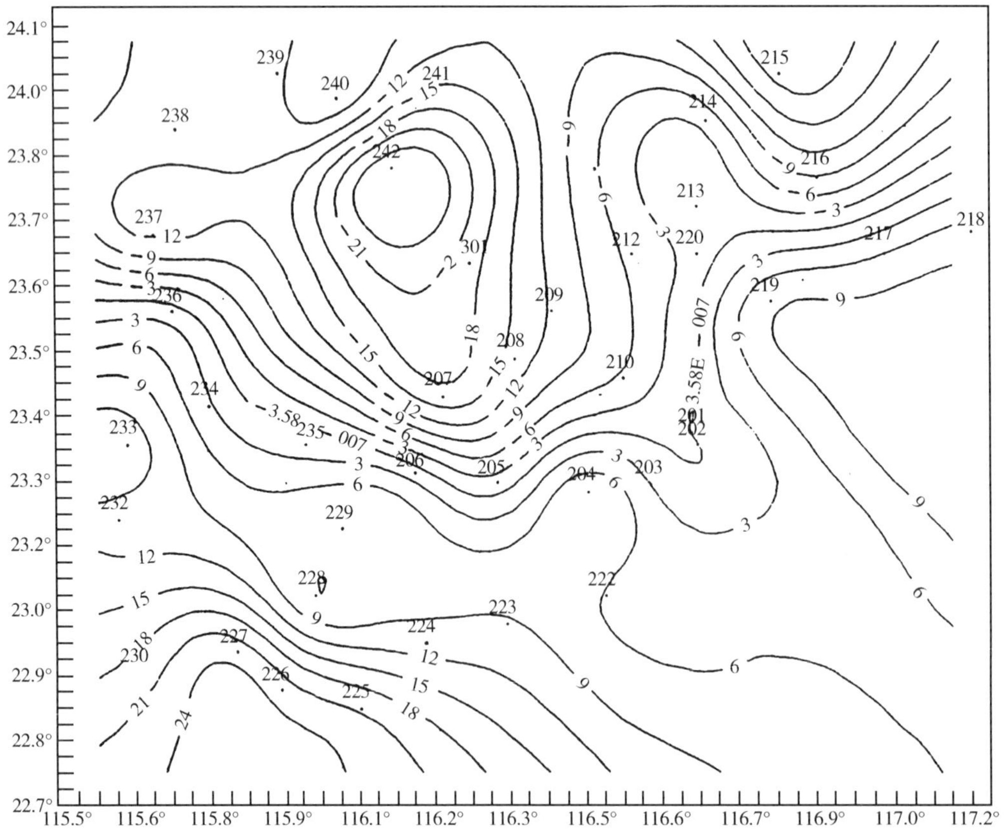

（b）1992—1993年

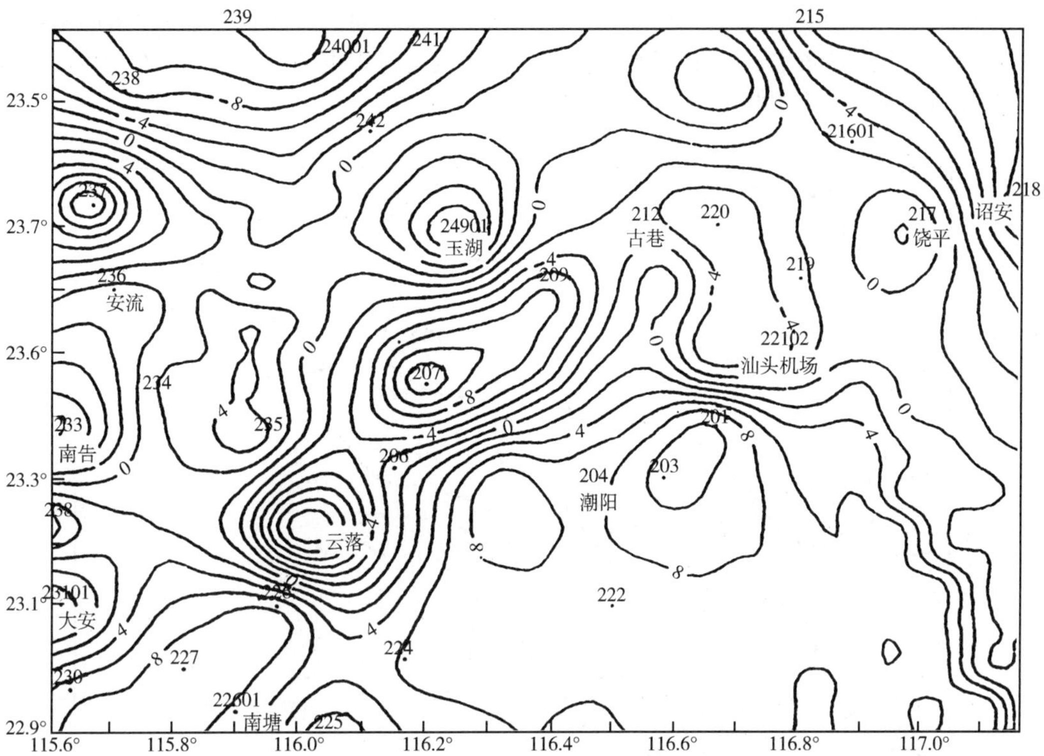

（c）1994—1995年

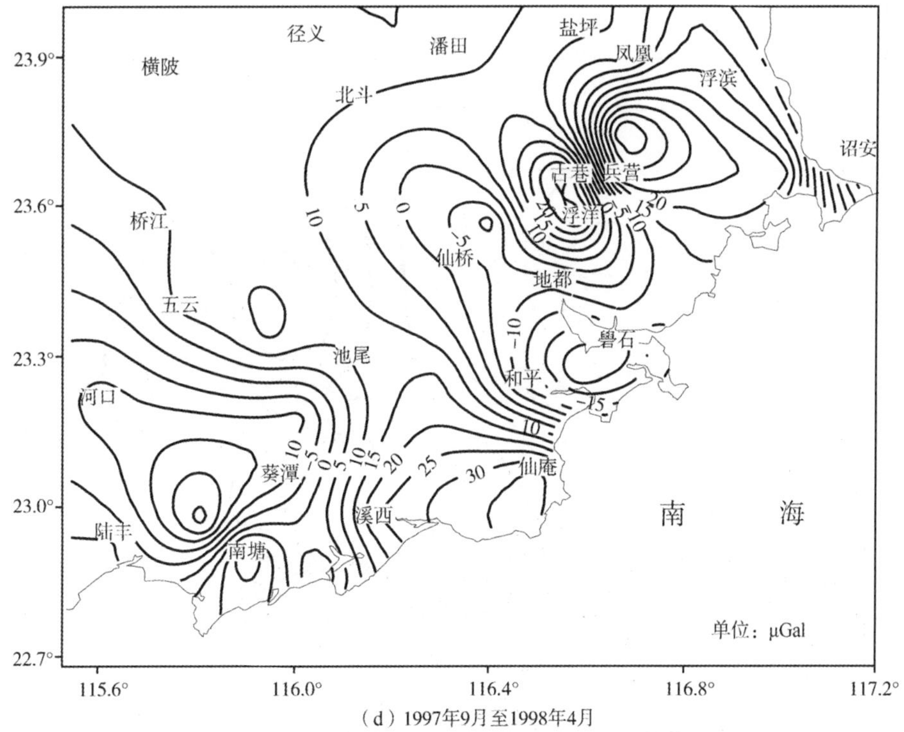

（d）1997年9月至1998年4月

图8-3-4　地震活跃期潮汕地区重力场变化

8.3.3.2　阳江—雷州半岛流动重力测量

第1组是地震活跃期流动重力场变化图（图8-3-6），同样，近东西向、北西向梯度带或同步拐弯带占有图面更多空间。北东向梯度带也时有出现，这是北东向F7、F8活动的反映（图7-4-1）。要特别说明的是，1994年底和1995年初在雷州半岛西侧近海北部湾发生Ms6.1、6.2级地震，震前

（1992—1993年）及震后（1994—1995年）近东西向、北西向、北东向3组断裂图形结构很有序［图8-3-6（b）、图8-3-6（c）］，反映它们在孕震、发震过程中的活动，但近东西向断裂和北西向断裂更为注目。与附图Ⅴ和图7-4-1中深部断裂轮廓大体一致。

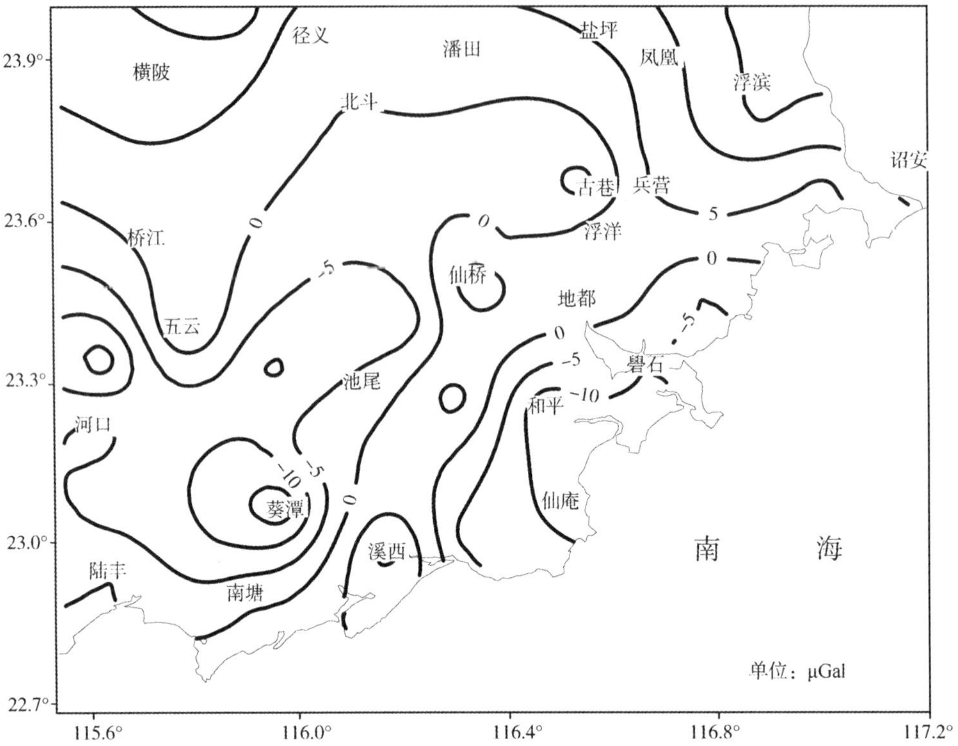

（a）2003年9月

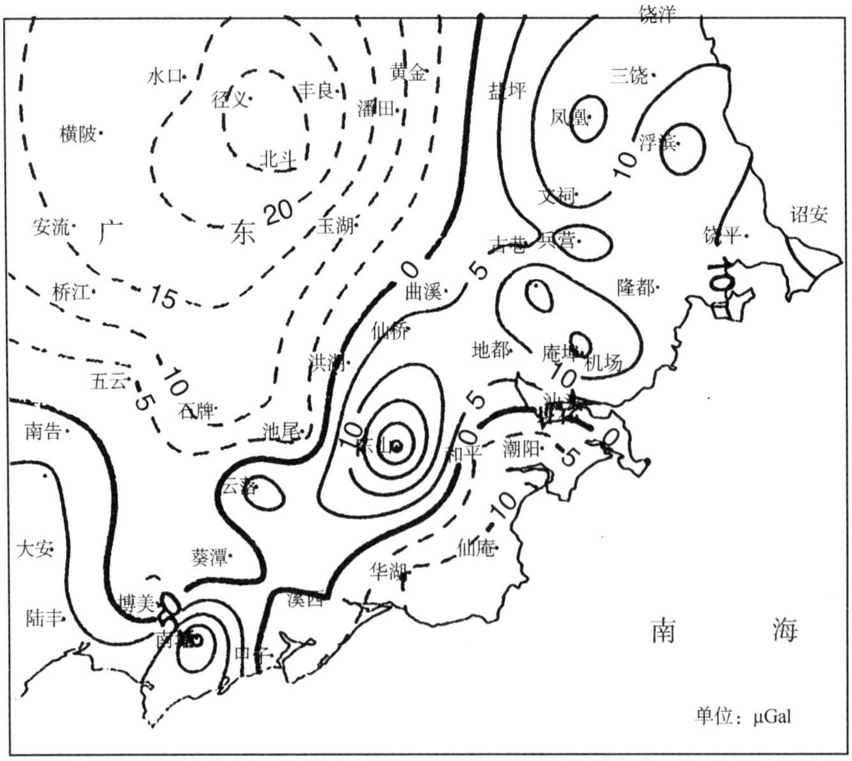

（b）2007年11月至2008年9月

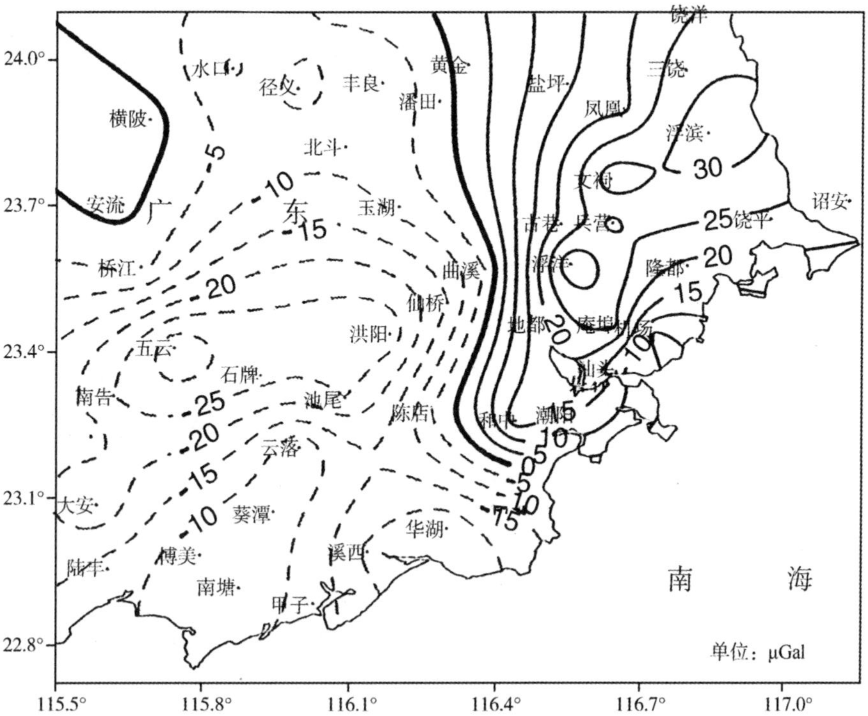

（c）2009年8月至2010年8月

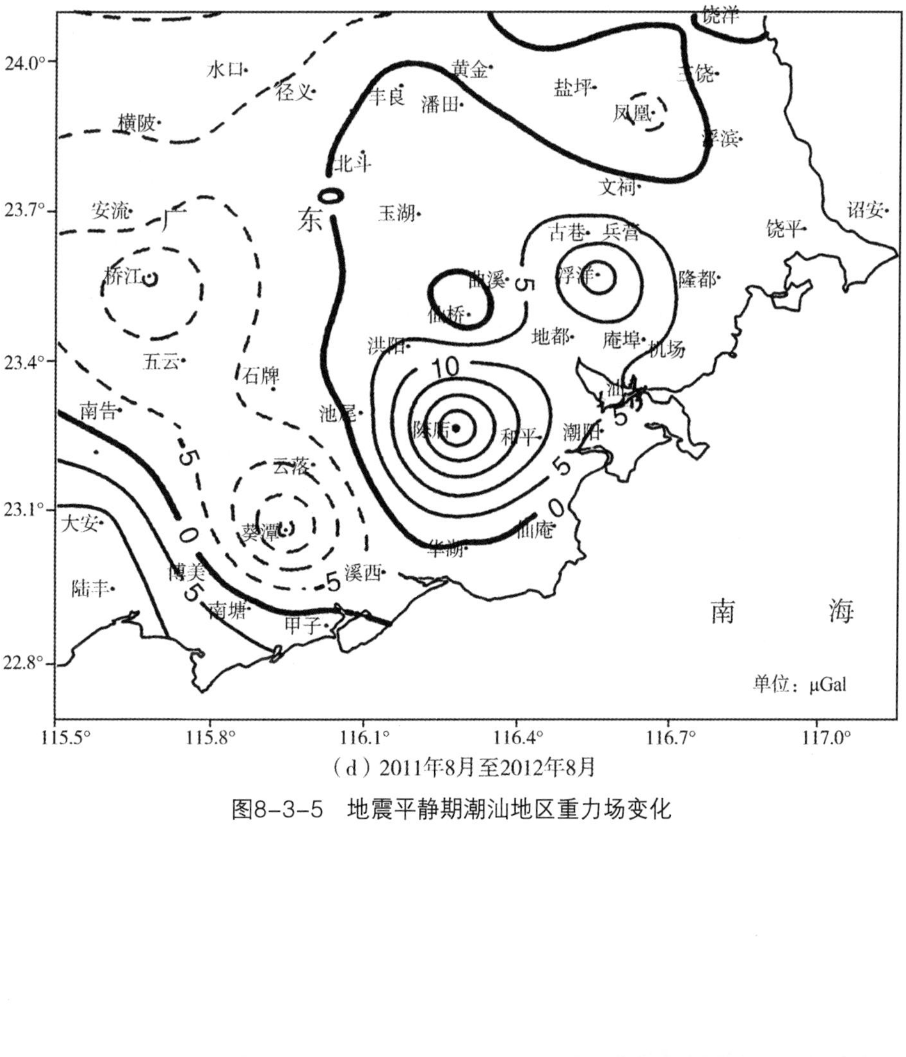

（d）2011年8月至2012年8月

图8-3-5　地震平静期潮汕地区重力场变化

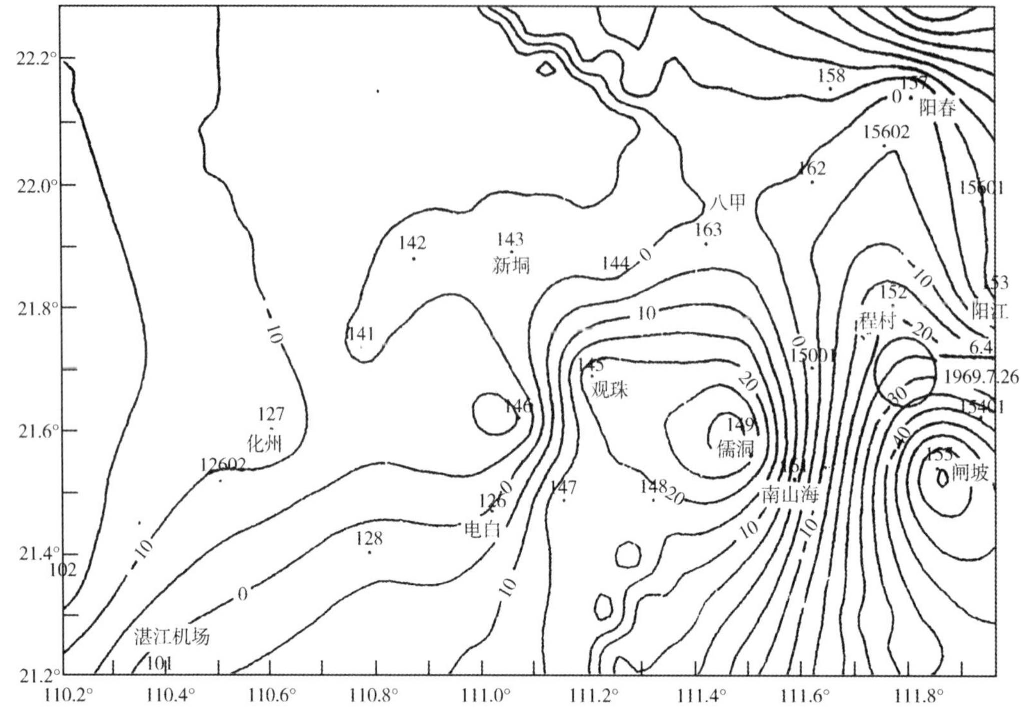

（a）1995—1998年

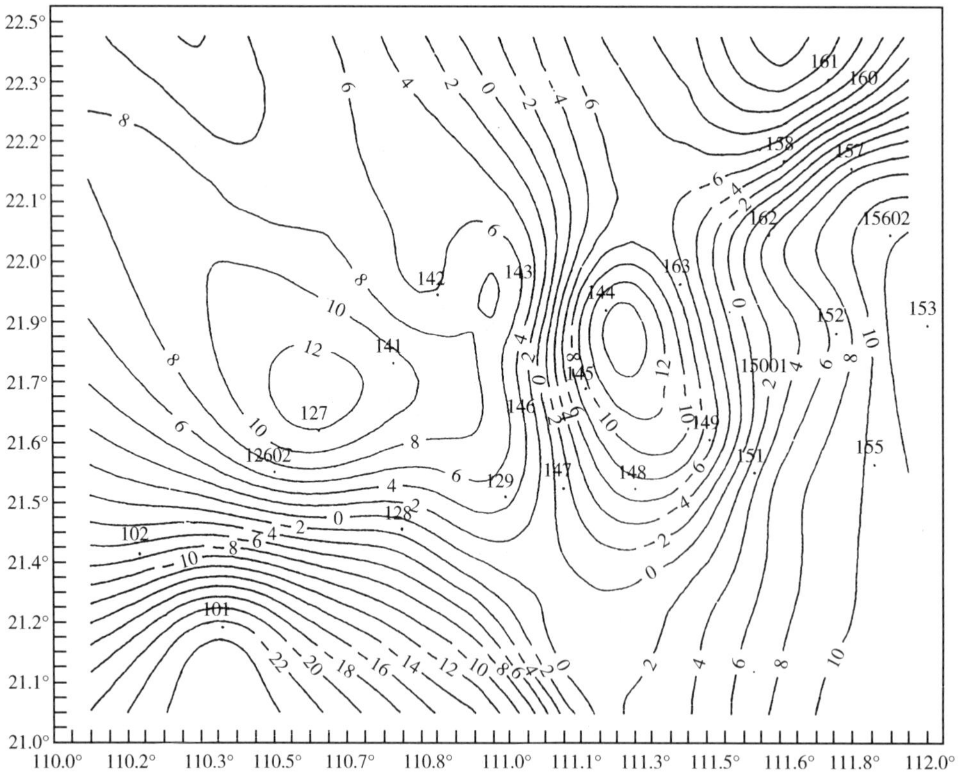

（b）1992—1993年

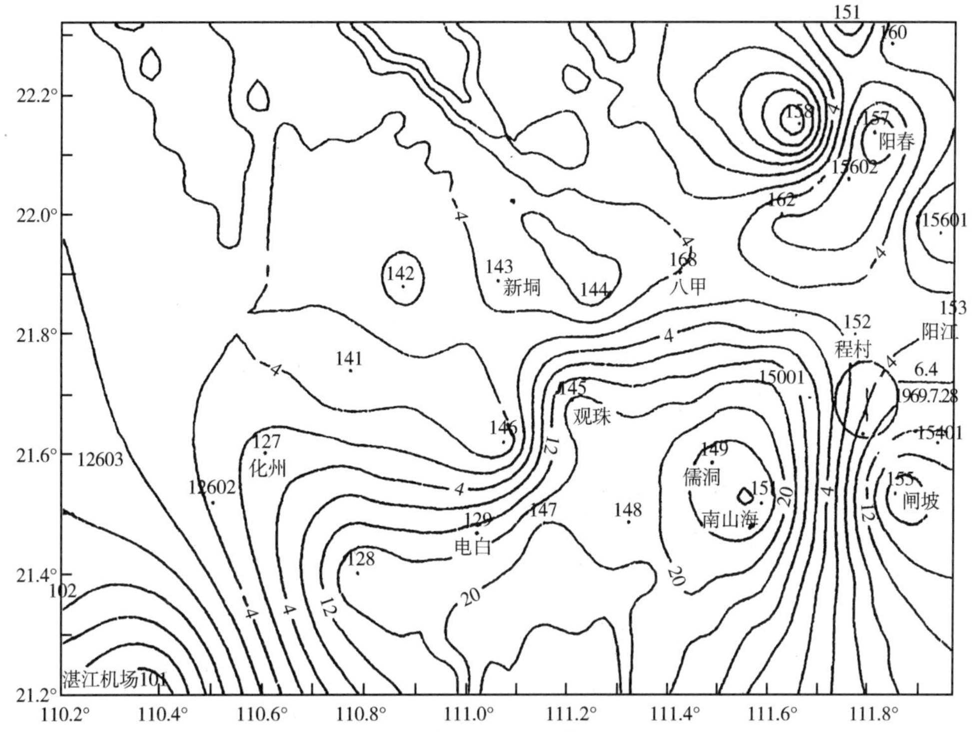

(c) 1994—1995年

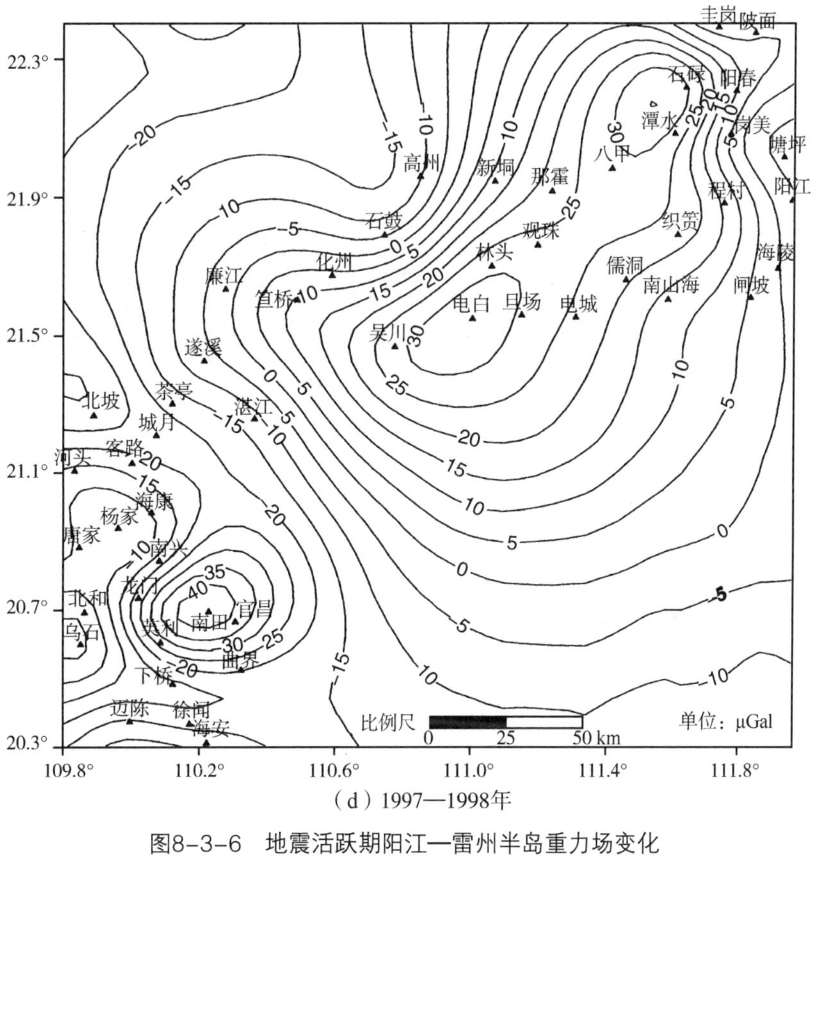

(d) 1997—1998年

图8-3-6 地震活跃期阳江—雷州半岛重力场变化

第2组是平静期流动重力场变化图，如同潮汕地区一样，各期重力场变化已无序（图8-3-7）。从近几年变化［图8-3-7（c）、图8-3-7（d）］分析，变化格局还有较大差异，近1～2年还难以进入第Ⅴ活动幕。

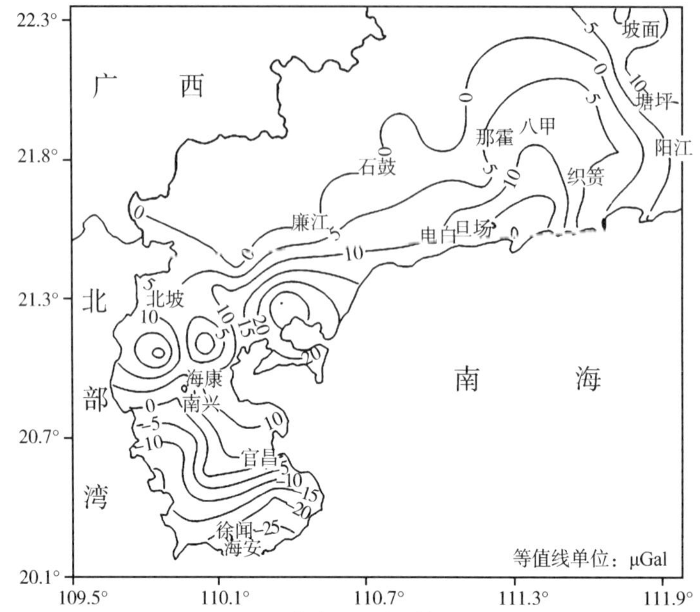

（a）2003年9月

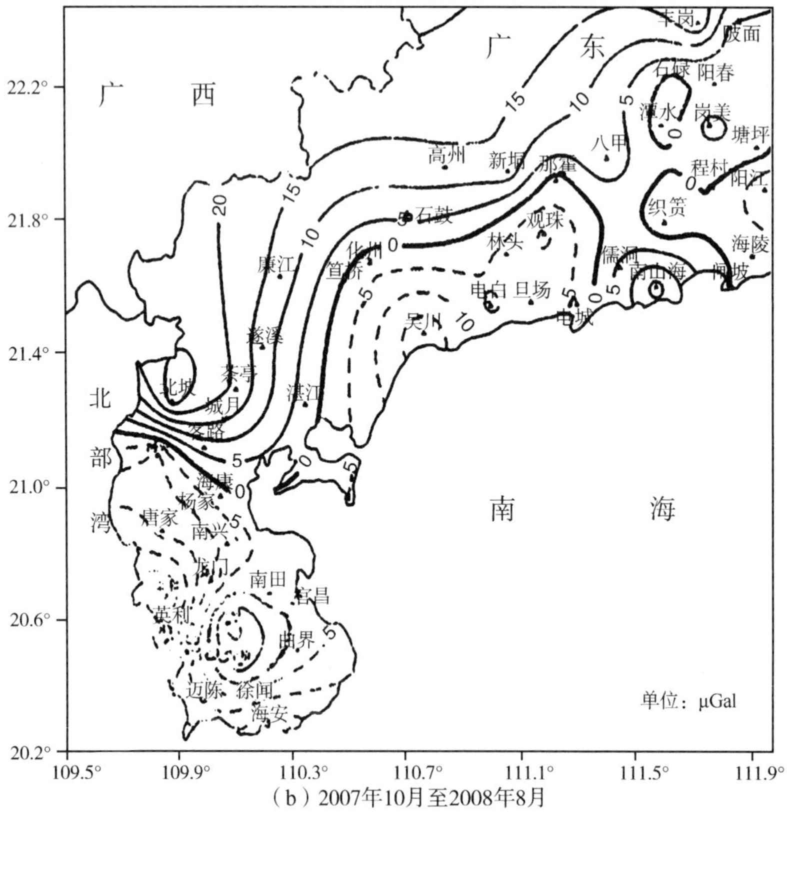

（b）2007年10月至2008年8月

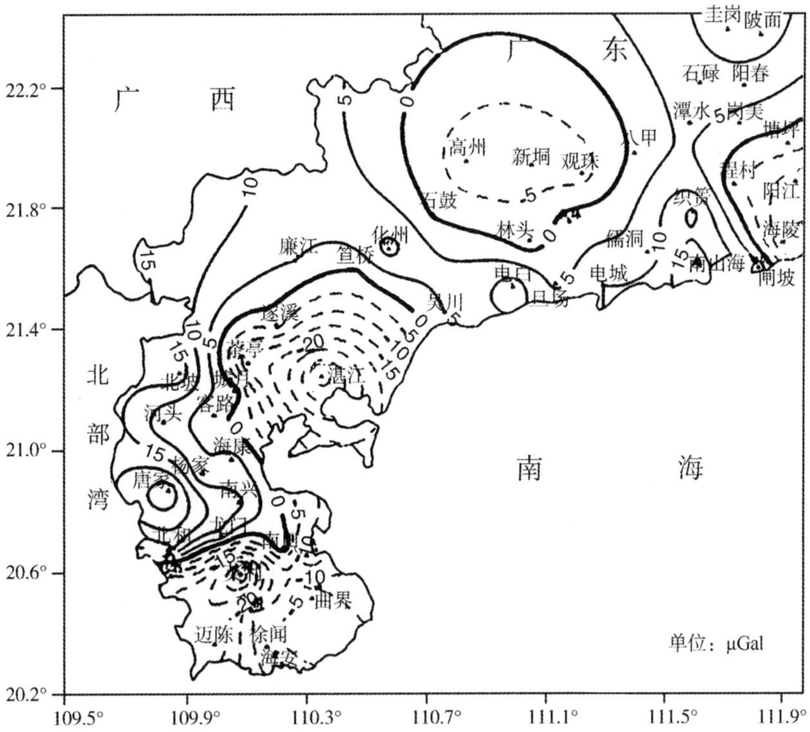

（c）2009年7月至2010年8月

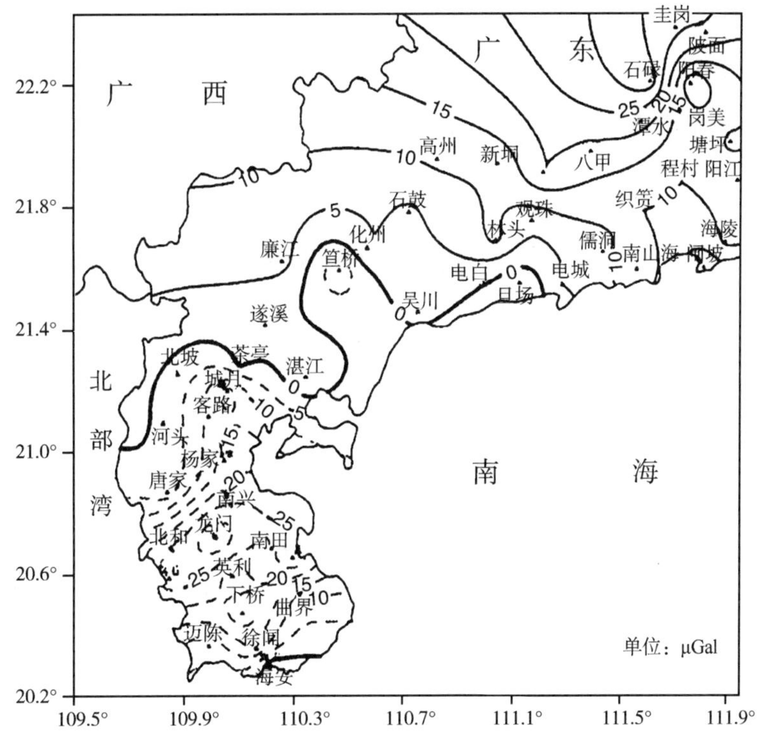

（d）2011年8月至2012年8月

图8-3-7　地震平静期阳江—雷州半岛重力场变化

8.3.4 第四纪沉积的分布

第一编已对珠江三角洲地区和南海北缘大陆架第四纪沉积受控于活动断裂有所阐述（图1-2-3和图1-2-5），粤闽赣交界、粤桂琼交界地区的平原不是很大。闽东南平原主要分布在闽江、晋江、九龙江几条河流入海口区域的冲积平原或冲积—海积平原，其第四纪沉积物（Q_3～Q_4）基本上受控于相关北西向断裂。九龙江下游的龙海平原由冲积—海积物组成，在漳州以北第四纪沉积物受控于北西向断裂，漳州以南、龙海平原第四系等厚线呈东西向[59-60]，应受控于近东西向漳州—厦门断裂（图7-3-1，F1.4金门—梅州断裂中的支断裂），说明这些控制平原第四纪沉积物断裂的活动性。我们没有足够理由认为这些深部断裂在全新世（Q_4）乃至现代不活动，因为与这些断裂有关的地区历史上和现代都发生过Ms≥5级地震。地形变测量、流动重力测量成果都给予了有力的支持。

此外，在闽东沿海一带常发育一些北东向地堑、地垒，那里的沉积物时代也属晚更新世和全新世，肯定受北东向F4的控制，证明这里的北东向断裂有一定活动是有足够理由的[68]。

南澳岛以西的华南沿海发育多个第四纪盆地，如韩江三角洲、珠江三角洲、漠阳江三角洲、合浦三角洲及境外越南的红河三角洲等，呈近东西（北东东）向串珠状排列。它们的顶端，即河流出口开始分叉散开网流处，基本上处在同一纬度上，在F2华南中部断裂带（系）以南，大体受控于F2.1断裂（附图Ⅴ和图7-1-1），盆地里的第四纪沉积物属晚更新世和全新世时期，内部的沉积物等厚线既有北西向，也有东西向，少量北东向。珠江三角洲是典型例子（图1-2-3）。可以说明在晚第四纪以来，发育了近东西向串珠状盆地，近东西向断裂对这些三角洲发育的主控制性，也说明北西向断裂，以及少数北东向断裂的活动性。

8.3.5 火山活动

火山活动是新构造活动重要的一个方面，它是地幔物质沿深部断裂以不同方式喷溢至地壳表层而形成火山。南海北缘大陆架以及陆地都广泛分布。华南陆缘地区主要分布在雷琼地区、北部湾、湛江湾、珠江口盆地地堑区、漳浦—金门及澎湖列岛。珠江三角洲地区、潮汕地区、惠阳地区也有零星分布。这些火山喷发，明显受到北东东向、北西向断裂的控制，多期喷发达9期50次以上，时代自新近纪至第四纪各期都有，琼北和台北还见全新世火山口，主要为基性岩浆喷发。对华南火山活动研究的文献很多[10，93-95]，这里不再赘述。

8.4 强震构造基本特征

关于华南地区强震构造的特征，学者们的认识颇不一致，主要是对控震构造和发震构造存在较大分歧。即华南地区近东西向、北东向、北西向3组主要断裂构造，哪一组是主要活动构造？这自然就涉及每一个强震构造的发震断裂及其发震机制的解释，进一步影响到对强震构造的划分、构造应力场和动力源问题。

长期以来最流行的北东向断裂是控震断裂，也是主要发震断裂。北东向断裂规模最大、地表出露最明显、切割深度最大，是华南主要活动构造和控震构造，华南绝大部分6级以上强震均受北东向断裂控震。由于近年来北东东向断裂的存在被认知，以及它们的强活动性的学术思想影响日趋扩大，受到广泛关注。一些学者把北东东向断裂也列入北东向断裂的范畴，看作是北东向断裂延伸到沿海的自然转向，没有注意到北东东向断裂的成因、性质及与北东向断裂结合（转弯）处的组合细节。也有学者依据李四光“地质力学”的学说，认为北东东向断裂是北东向断裂的配套构造。

近年来一些学者认为北西向构造是主要活动构造和控震构造。北西向断裂的活动性是大多数学者认可的，确有一部分地震是由北西向断裂活动导致。但是否为控震断裂，特别是一些Ms≥7级地震是否为之所致，则持异议者多，如1994年台湾海峡（台湾浅滩）7.3级强震。

此外，有少部分学者认为北西向、北东向、北东东向断裂都是发震构造，在不同地区它们都可能成为主控活动断裂。不过，他们已接受北东东向断裂，但限于滨海断裂带，控制7级以上大地震发生，常把陆地上的北东向和北东东向断裂连成一体，称为北东—北东东向断裂。也有学者认为北东向和北东东向断裂存在复合断裂。

通过本书第一编和本编第七章的解释及本章前面的阐述，相信读者对华南地区特别是珠江三角洲、粤闽赣交界、粤桂琼交界地区强震构造的特征已有一定的认识。

1986年任镇寰和他的同事们在解剖华南6个强震构造的基础上，对强震构造特征提出了意见[41]。2010年在应用重磁资料系统处理方法研究深部断裂系统后，再一次对华南9个强震构造进行了总结①，现综合归纳几点认识。

8.4.1 深部断裂系统深度要素的区域特征决定区域强震构造地震强度

前一节中已阐述，近东西向、北东向、北西向3组断裂都≥30 km深度的区域分布数量、占有空间比例，可以框定区域地震活动总体强度并确定区域地震震级上限。如华南地区按这一特征划分出粤闽赣交界、粤桂琼交界、珠江三角洲3个强震区域，前两个区域震级上限7.5级，后一区域5.5级，最高不会超过6级。不仅在华南地区，在其他地区或许也可以应用（不限于北东向、北西向、东西向3组断裂），这对规划经济建设设防、地震监测预报措施应有重要的意义。

8.4.2 深部断裂系统组合成分的深度决定个体强震构造的震级上限

附图Ⅴ、图7–3–1和图7–4–1显示，所有Ms≥6级地震都发生在近东西向、北西向或北东向断裂系统交汇区域，而这些断裂均属≥30 km深度断裂系统。这里稍加解释的是，可能出现在震中区的某一断裂只有10 km，如泉州海外7.5级地震处于北东向F4.1、北西向F28、近东西向F1.2.0、F1.3交汇区内，其中F1.2.0只有10 km，它属于F1断裂系的一条分断裂（地震位于海中，缺少其东部完整重力资料，据西部震中区资料推测），且是深度＞30 km F1.2、F1.3断裂间的次一级断裂，应将它等同F1.2、F1.3断裂系深度和活动性看待。或者它较主干断裂形成时间更新、活动性更强，这也是我们常见的国内外一些大地震未发生在主断裂上，而是在旁侧的次一级小断裂上的原因，但它归属的主干断裂一定是超壳断裂（≥30 km）。

珠江三角洲地区没有发生过Ms≥6级地震（附图Ⅴ、图4–1–1），尽管近东西向断裂大都在30 km以上，但北西向断裂只有一条20 km深度的F15（珠江三角洲的图4–1–1，F13）恩平—镇海湾断裂，其余都在10 km左右，北东向断裂仅F7广州—恩平断裂（珠江三角洲的F8）深度＞30 km，其他均在20 km深度以浅。例如肇庆地区近东西向断裂F2断裂系，深度＞30 km，活动性是珠江三角洲北部地区最强的，但与之交汇的北西向断裂仅10 km，它在历史上发生过两次5级地震，一次$4\frac{3}{4}$级地震，我们将这一强震构造区定为≤6级，原则上不大于6级。

问题论证及此，是否所有深度30～40 km的断裂交汇就会发生6级以上强震？断裂越深越大，地震就越强越大呢？从附图Ⅴ看到，则未必。南岭南坡断裂带（F1）及其以北广大地区存在许多深大东西向、北东向和北西向断裂分布，强震却很少，即使在南岭南坡断裂带以南地区，也不是都可以发生强震。还有一些必要条件，它们是否活动及活动类型、方式是什么等。就是说，一条活动深大断裂带，即使是东西向、北西向断裂带交汇，也不一定是地震构造、能发生强震，地震构造还需具

①叶秀薇，任镇寰，黄剑涛，等．广东省及邻区强震构造与震例研究．广东省地震局，2010：9．

备其他许多具体条件，应是在一些特殊的构造部位上。

8.4.3 北东东（近东西）向断裂是华南主控活动断裂、控震断裂和发震断裂

从深部断裂系统论证北东东向断裂是华南主要活动断裂、控震断裂和发震断裂，前文已大篇幅的重磁资料解释，应是较清楚了，下文再多方面论证这一重要问题。

华南地震空间分布总体呈北东东向宽带状（图8-1-3），它的北界东部大体在北纬26°以南，向西延至大体在北纬25°以南，地理位置相当于福建福清（莆田）—会昌—乐昌（韶关）—永福—河池一线以南。南界东部大体在北纬23°稍北，延至西部大体在北纬20°以北。地理位置相当于台湾浅滩—琼北海岸带（琼州海峡南）—北部湾一线。在布格重力图上（附图Ⅳ）相当于南岭南坡及其东西向梯度带（等值线带）以南的地区，这一地区称为“南海北缘断块”。它的北界以F1.2断裂为主，南界为F3滨海断裂带南缘断裂（图中东部为海域，缺乏重力资料，推测为珠江口盆地北缘断裂，往东接台湾浅滩—义竹断裂[76, 96]）。它总体控制了华南地区地震的分布。

图8-1-1和图8-1-2分别为Ms≥6级、Ms≥4.5级地震分布图，北东东向分布带明显，均与北东东向断裂控制有关。所以，从地震分布大的范围和角度分析，北东东向断裂的控震性是客观的。

不管何种例证、何种理论，地震活动研究的出发点和终结点都应符合地震活动的客观状况和规律，避免牵强附会的解说。

华南地区强震活动最突出的、很强的规律性，就是地震活动峰期强震有规律性自东向西迁移，受北东东向断裂控制。每次强震活动基本上都是从东部开始，然后向西迁移。众所周知，有史记载的华南地震活动分两个大周期：第一周期为1400—1700年，第二周期为1701—2030年。在第一周期活动峰期1600年、1604年，分别在东部南澳、泉州海外发生7级、$7\frac{1}{2}$级地震后，接着1605年迁移至相距千里之外的西部琼山发生$7\frac{1}{2}$级地震和一系列6级左右地震；在第二周期活动峰期1918年，在南澳发生7.3级地震后，强震依然是往西迁移，1931年海南岛东部海域发生$6\frac{3}{4}$级、1936年广西灵山$6\frac{3}{4}$级地震。1994年出现一个地震活动小峰期，台湾海峡（台湾浅滩）发生7.3级地震后，同年12月31日和1995年1月10日在西部北部湾相继发生6.1级、6.2级地震，1995年2月25日福建晋江发生5.3级地震，1个月之后的3月26日，广东下川岛南发生5级地震。这种东西方向强震远距离有序迁移呼应，正是北东东向（近东西向）断裂活动的传递能量、控制结果。假如北西向断裂或北东向断裂控震的话，为什么强震不首先向北西、北东方向有序迁移呢？正是根据这种东西方向迁移特征，在1994年9月16日台湾浅滩发生7.3级地震后，广东省地震局震情会商会议上，许多学者随即提出粤桂琼交界地区有可能发生6级以上地震的主要依据，北东东向断裂控制地震活动就是预报的指导思想。如果前两次强震迁移是客观经验，这一次迁移预测则带有一定程度的理性了。

强震极震区的烈度等值线长轴方向最能反映导致发震的发震断裂。据20世纪以来，华南地区发生的6级以上强震，经过地震工作者实地考察，大多数极震区等烈度线的长轴方向是北东东向为主轴的（表8-4-1）。如1605年琼山$7\frac{1}{2}$级、1600年南澳7.0级地震（此两地震是20世纪前发生，经陈恩民等多年详细调查研究）[71-73]、1611年电白6级地震[97]、1918年南澳7.3级地震[99]、1936年灵山$6\frac{3}{4}$级地震[41, 99-100]、1962年河源6.1级地震[71, 101-103]、1969年阳江6.4级地震[41, 71, 104]以及

1986年、1987年5级地震[105-106]等，它们的长轴方向都是北东东向的。相应的地震裂缝、地震断层、喷水喷沙地带等宏观现象呈现北东东向。前文已显示，震源机制解大部分也存在北东东向节面。

从现代地壳形变（图8-3-1）、流动重力测量资料（图8-3-2至图8-3-7）也清楚看到，北东东向和北西向构造是主要异变带格局，北东向变化带不甚明显，即使在闽东南巨型北东向断裂构造带，现代变化（运动）也不突出（图4-4-1和图4-4-2、图8-3-2至图8-3-6）。南海北部第四系等厚线图同样呈现北东东向构造活动的主控性（图1-2-5），第四纪断裂大多数为北东东向，少数为北西向，而无北东向断裂[11-13]。目前华南内陆地表发现的第四纪断裂也是如此。

北东东向断裂的活动主控性，其机制是与菲律宾板块和台湾岛弧碰撞带构成向西（北西西）推压的应力场作用有关。北西西向应力与北东东向断裂呈锐角，最易使之发生右旋（剪切）滑动，北西向断裂则易发生左旋滑动，两者常共轭活动，北东东向断裂规模巨大，是能量的主要传递通道，较北西向断裂活动性更强，发挥主控作用。

北东向断裂在北西西向应力作用下，钝角相交，不易产生剪切滑动，所以活动性比较弱。闽东南巨型北东向断裂（F4）的活动性有它的特殊情况，其实其地震活动也未脱离北东东向、北西向断裂参与的因素，这在前面已有阐述。

所有上述各方面的资料，都一致地充分说明，北东东向断裂是华南地区主控的活动断裂、控震断裂和发震断裂，由此确定Ms≥6级地震构造时，应优先考虑是否存在深度≥30 km的北东东（近东西）向断裂系。

8.4.4 北西向断裂是重要发震断裂

北西向断裂在华南沿海地区分布很密集，在附图Ⅴ和图7-1-1中33条主干断裂占19条，还有些次一级平行断裂未画在图上。许多文献资料曾认为它规模较小、延伸距离不长和深度浅。从本次重力资料处理结果看，相当一部分断裂在内陆有“根”，向北西方向山地延伸很远，超出图外（北纬28°）。珠江三角洲和韩江三角洲两个第四纪晚期（Q_3）形成、发展的盆地（平原）中的大部分断裂比较短，也最浅，从没有“根” 的角度分析，它形成于晚更新世的可能性较大，应是最新形成的断裂。在20 km以浅的深度，它频繁地切割北东向、北东东向断裂，更多的是切割北东向断裂及与北东东向断裂互切，说明它是最新活动的断裂。它是一组重要的发震断裂，是强震构造的重要组成成分。在它的许多断裂带附近分布有Ms≥5级的地震，如F13马山—灵山—东寨港断裂带有1605年琼山$7\frac{1}{2}$级地震、1936年灵山$6\frac{3}{4}$级地震、1958年灵山5.8级地震以及廉江、东山岛和电白一系列6级地震；河源—海丰断裂带上（F22）有1962年河源6.2级地震、1911年红海湾6级地震，F25寻乌—汕头断裂带有南澳2次≥7级地震和潮州有多次≥6级地震；漳州—连城断裂（F27）发生过多次6级和5级地震；这里不一一列举。许多地震极震区等烈度线呈北西向（表8-4-1），宏观异常也常见北西向裂缝带、喷水喷沙带，可见北西向断裂至少参与了孕震发震活动，毋庸置疑。

前述现代地形变、流动重力测量资料图中北西向变化（运动）带占有很重要格局、很密集，已控制在北东东向变异带范围之内（图8-3-1和图8-3-2）。强震分布基本上在南岭南坡断裂带（F1）以南，以北地区很少，说明南海北缘断块强震活动与北西向断裂活动密切相关。

震源机制解读绝大多数存在北西向节面。

表8-4-1　华南地区28次震中烈度Ⅶ度以上强烈地震宏观地震参数（据陈恩民）

图号	时间	地震名称	震中位置			震中烈度	震源深度/km	烈度递降系数S	震级Ms	极震区主要长轴方向	备注
			北纬	东经	地点						
1	1067年11月	广东潮州地震	23° 35′	116° 38′	潮州市南侧浮洋镇附近	Ⅸ	18（±）	1.8（±）	$6\frac{3}{4}$	北东东	极震区有北东东和北北西两个方向的长轴
2	1445年12月12日	福建漳州地震	24° 39′	117° 34′	漳州市西北侧	Ⅷ	18（±）	1.8（±）	$6\frac{1}{4}$	北北西	
3	1558年6月	广东封川地震	23° 22′	111° 30′	现封开县西江畔	Ⅵ	5（±）	1.2（±）	$5\frac{1}{2}$	北北西	
4	1574年8月19日	福建福州地震	26° 05′	119° 24′	福州市东侧鼓岭附近	Ⅵ⁺	19（±）	1.8（±）	$5\frac{3}{4}$	北东东	极震区有北东东和北北西两个方向的长轴
5	1600年9月29日	广东南澳地震	23° 30′	117° 11′	南澳岛东北溜牛礁与七星礁之间海中	Ⅸ⁺	17（±）	1.8（±）	$7\frac{1}{2}$	北东东	
6	1604年12月29日	福建泉州地震	24° 41′	118° 48′	泉州湾东南侧衙口附近海中	Ⅹ	17（±）	1.8（±）	$7\frac{1}{2}$	北东东	
7	1605年7月13日	海南琼山地震	20°	110° 28′	海南岛琼山县东侧桂林洋塔市	Ⅺ	22（±）	2.3（±）		北东东	
8	1611年9月9日	广东电白地震	21° 24′	111° 18′	电白博贺龙头山附近	Ⅶ	7（±）	1.5（±）	6	北东东	
9	1641年11月26日	广东揭阳地震	23° 29′	116° 27′	揭阳东南炮台镇与灶浦镇之间	Ⅵ	17（±）	1.8（±）	$5\frac{1}{2}$	北北西	
10	1651年2月15日	福建宁化地震	26° 18′	116° 44′	宁化县城东侧	Ⅵ	17（±）	1.4（±）	$5\frac{1}{2}$	北东东	
11	1806年1月11日	江西会昌地震	25° 14′	115° 37′	会昌县西南湘乡与洁溪之间	Ⅶ⁻	10（±）	1.6（±）	6	北西	
12	1874年6月23日	担杆列岛地震	22° 06′	114° 24′	担杆列岛东侧	Ⅵ⁺	6（±）	1.4（±）	$5\frac{3}{4}$	北东东	
13	1890年8月30日	粤桂边境地震	22°	110° 10′	化州平定镇西南	Ⅶ	10（±）	1.3（±）	6	北东东	
14	1895年8月30日	广东揭阳地震	23° 31′	116° 22′	揭阳县城东南侧	Ⅶ⁺	20（±）	1.8（±）	$6\frac{1}{4}$	北东东	极震区有北东东和北北西两个方向的长轴
15	1905年8月12日	澳门地震	20° 06′	113° 24′	澳门西侧磨刀门	Ⅵ	6（±）	1.4（±）	$5\frac{1}{2}$	北北西	
16	1911年5月15日	红海湾地震	22° 24′	115° 11′	广东红海湾	Ⅶ	10（±）		6	北东东	

续表

图号	时间	地震名称	震中位置			震中烈度	震源深度/km	烈度递降系数S	震级Ms	极震区主要长轴方向	备注
			北纬	东经	地点						
17	1918年2月13日	广东南澳地震	23° 32′	117° 3′	南澳岛东北溜牛礁与七星礁之间海中	X	18（±）	1.8（±）	$7\frac{1}{2}$	北东东	极震区有北东东和北北西两个方向的长轴
18	1936年4月1日	广西灵山地震	22° 35′	109° 7′	灵山县罗阳山西北坡蚊椅麓附近	IX^+	5（±）	1.4（±）	$6\frac{3}{4}$	北东东	
19	1941年9月21日	江西寻乌地震	25° 04′	115° 9′	寻乌县北部凌富村—龙岗墟之间	Ⅻ	16（±）	1.4（±）	$5\frac{3}{4}$	北西	
20	1958年9月25日	广西灵山地震	22° 40′	109° 28′	灵山县东北部兆庄附近	Ⅻ	6（±）	1.2（±）	$6\frac{3}{4}$	北西	
21	1962年3月19日	广东河源地震	23° 40′	114° 40′	河源市新丰江水库大坝东南侧	Ⅷ	5（±）	0.9（±）	6.1（L）	北东东	极震区有北东东和北北西两个方向的长轴
22	1982年2月25日	江西龙南地震	24° 44′	116° 38′		Ⅶ	16		5	北东东	
23	1987年8月2日	江西寻乌地震	24° 58′	115° 39.6′		Ⅶ	13		5.5	北西	
24	1969年7月26日	广东阳江地震	21° 45′	111° 45′	阳江市西南洋边海中	$Ⅷ^+$	6（±）	1.5（±）	6.4（L）	北东东	
25	1986年1月28日	广东阳江地震	21° 42′	118° 48′	阳江平冈附近	Ⅶ	6（±）	1.4（±）	5.4（L）	北东东	
26	1994年12月31日	北部湾地震	20° 26′	109° 21′	北部湾东南		7（±）		6.1（L）	北东东	由地震波求得的震源断裂解，为一对共轭的北东东和北北西走向的X形断裂
27	1995年1月10日	北部湾地震	20° 29′	109° 21′	北部湾东南		11（±）		6.2（L）	北东东	
28	1995年2月25日	福建晋江地震	24° 22′	118° 42′	晋江东面海域20 km	＞V	10		5.3	北东东	

8.4.5 北东东向与北西向断裂交汇是强震构造基本结构形式

从附图Ⅴ、图7-3-1和图7-4-1中看到，Ms≥6级以上地震，大部分是处于北东东向（近东西向）和北西向断裂交汇处附近，即北东东向主控地震断裂和北西向重要发震断裂交汇是强震构造的基本结构形式。其实许多Ms≥5级甚至$4\frac{3}{4}$级破坏性地震也具备这种结构形式，反映地震孕育、发生是两组断裂共轭活动的结果，是在统一构造应力场作用下的发震基本机制。从强震极震区等震线也可得到证明。它们的主轴线基本上是北东东向，同时，顺着北西向断裂向北西方向凸出。如1605年琼山7.5级地震、1918年南澳7.3级地震、1962年河源6.1级地震、1964年阳江6.4级地震。1936年$6\frac{3}{4}$级灵山地震甚至还出现另一个北北西向极震区[99]。强震后的余震，常常也存在北西向的分布带，震源机制解也常常是北东东向和北西向2组节面，反映这种结构形式的内在孕震、发震动力学机制。

北西向断裂呈主破裂面也是存在的，这可能与具体构造条件有关，北西向断裂或更新、活动性或更强、介质具体结构更有利于北西向断裂错动等（表8-4-1）。

8.4.6 北东向断裂在强震区很发育，与北东东向、北西向断裂交汇形成3组断裂交汇，也是一种重要结构形式

北东向断裂是华南地表出露的主要断裂，比北东东向、北西向断裂更显目，规模似乎更大。但在新构造期活动性减弱，北西西向构造应力场不利于它的剪切错动。地震构造区却常见它的成分参与，成为结构成员之一。如泉州、南澳强震构造区存在巨大的泉州—南澳断裂（F4），新丰江地震构造区存在河源—邵武断裂（F6），阳江地震构造区存在广州—恩平断裂（F7），灵山地震构造区存在灵山—钦州断裂（F10），琼山地震构造区存在琼中—海口断裂，等等。除闽东南F4.1地震分布带外，宏观上也似存在北东向强震带。原因其实很简单，因为强震多在3组断裂交汇处，所以横看，强震近东西向分布；往北西方向看，存在北西—南东方向分布带；往北东方向看，存在北东—南西方向分布带。所以，大区域上强调某单一方向地震分布带似不客观。从统计学原理分析，北东向断裂应有助于孕震、发震，但是何种机制，则仍需我们深入探讨和研究。是否这种不太活动、阻挡式断裂有助于地震能量的积累储存，有益于应力集中，或者浅部以不太活动的北东向断裂为主体、深部以活动的北东东向断裂为主体的不协调环境，也能起到这种作用？因此，它如果是强震区必具结构式断裂，就应将其列入强震构造结构。在5级左右地震中，也有极震区等烈度线是北东向的，但为数较少。在现代发生的一些>6级的地震中，很难见到地震断裂、地震裂缝及喷沙、喷水等震害宏观现象呈北东向分布者。

8.4.7 北东东和北西向断裂具有明显的活动标志，尤其是垂直差异运动很突出

在附图Ⅴ和其他一些地质图中，我们都会发现北东东（近东西）向、北西向断裂构造交汇的情况有很多，虽然有北东向断裂交汇，但不是所有的交汇处都有大震发生，关键在于它们交汇地段（区）断裂是否有较强的新构造，特别是晚更世以来的活动性。强震构造区北东东向和北西向断裂交汇地段（区）有显著的宏观地质活动标志可寻，在某种程度上这些标志是确定活动构造乃至地震构造的向导，其活动强度往往是类比震级大小的重要标准。

从华南强震区实地考察的震例资料分析，北东东向和北西向断裂的活动性最显著的标志是垂直差异运动突出。而在表现形式和强度上有所不同，主要是断裂两侧（上、下盘）一升一降或同上升与同下降，但升降幅度和速度有差异，即阶梯式升降或地堑式升降、地垒式升降等，主要的地质地貌标志有：

1）山体与平原接触地带，山体规模一般比较大，山前发育断层崖常呈断层三角面形态排列，延伸长达几千米，甚至20 km以上。延伸长度越长，断层崖就越陡越高，断层规模就越大，活动性一般越强。断层三角面下发育冲洪积扇，连接成倾斜平原，冲洪积扇常常存在数级阶地。现代冲洪积锥很发育，反映断块山体间歇性上升；阶地级数越多、相对高度越高，反映断块山体上升速度越大、活动性越强，地震震级应越大。

山前平原则是下沉单元，可以是冲积平原、冲积槽地、三角洲平原、海积平原或U形槽谷。沉积物等厚线越陡急者，反映断陷速度越快、断裂活动性越强。这类标志，在华南内陆是典型的活动标志，一般均有≥5级地震分布，如灵山、肇庆、新丰江、漳州、福州等地震构造区，都有规模不小的山前洪积扇阶地分布。

2）第四纪特别是晚第四纪以来断陷盆地边缘地带。这种盆地一般都是比较大的第四纪盆地，其接触带的山地一般以大面积缓慢上升、盆地断块沉陷为主，所以山地与平原接触地带断裂地貌标志不明显，接触带线也不整齐，在华南主要有珠江三角洲盆地和潮汕三角洲盆地。大山体的边界地带是地震发生地带，沉积深度越大、等厚线越陡急，反映下陷速度越快、断裂活动性越强。珠江三角洲下沉速度不算快，晚更新世沉积物平均厚度35 m左右，最深处是目前公众确认的珠海灯笼沙，达63.5 m，据郭钦华认为，五桂山北缘的中山民众镇附近厚度达81 m（公众尚未能确认）。潮汕平原最厚处潮州彩塘附近可达168 m，平均厚度在80 m以上，所以潮汕盆地断陷运动远大于珠江三角洲，地震震级也高一档次。

3）方向性强的陡深溺谷、港湾、海峡（包括第四纪沉积物）地貌区（带）。由于断裂活动造成断陷，再经海水、河水冲刷和侵蚀，形成方向性强的陡壁或断层崖壁，海水深入内地很远，形成溺谷或港湾，这种情况在华南沿海很多。海峡多数近东西向（北东东向），港湾、溺谷则多为北西向，如东寨港、洋边海、广州湾（湛江港）、那扶溺谷（镇海湾）、崖门（泥湾门）、浮头湾（漳浦）、泉州港、琼州海峡、南澳海峡（石林湾）等均发生过5级以上地震，甚至7级大地震。

4）第四纪玄武岩等火山岩分布区。第四纪玄武岩等火山岩分布区反映火山岩浆沿断裂喷出，是活动断裂深活动的标志，它大多数有方向性，如琼北地区，整体玄武岩呈北东东向，具体火山口排列又呈北西向，即与两组断裂活动均有关。它们的断裂活动总是具有继承性，且相对比较强烈，如雷琼地区、潮汕地区以及闽东南地区，地震强度大和频度高。

5）温泉分布带。有一种观点认为温泉分布地区强震少，其原因是温泉热度软化了岩层，岩石不易瞬间急速刚性破裂，同时地壳深部能量以温泉形式释放了。但事实上，凡强震发生区附近常常有温泉甚至成带分布，这反映它们有相互成因联系。温泉是深断裂张开、活动的反映，它正是反映断裂活动的明显标志。但它不是必具标志，有些强震区附近确实没有温泉出露；反之，有温泉地区不一定就有强震发生[200–201]。

8.4.8　地震构造区附近有花岗岩分布，震源可能处于花岗体内

如果打开一张相关地质图与附图V对照，就能容易发现，震区或附近都有花岗岩分布，这应不是偶然的，而是存有内在机理。花岗岩是刚性岩体，有利于积累大量应变能，是孕育和发生大地震的重要介质条件，是地震构造的物质特征。南海北缘除了花岗岩外，再没有大面积分布强度可与花岗岩相比拟的岩石。

8.4.9　7级以上大地震发生在海陆分界地区

华南几次7级以上大地震均发生在海陆分界地区靠海的一侧，如南澳两次7级以上地震、泉州和琼山7.5级地震，即使1994年台湾浅滩7.3级地震，它仍是大陆架边缘内侧地震。而内陆没有一次7级以上大地震，这与断块规模和活动强度有关，也与动力源相距远近和能量传递通道有关。显然，海

陆间的断块和接触断裂带级别上高于内部断块和断裂，积聚能量大。据此，圈定7级以上大地震潜在震源（地震构造），应着重考虑滨海地区。内陆活动断裂带发生7级以上大地震的可能性很少。

8.4.10 强震构造与低速高导层

地壳内存在低速高导层的研究已为学者们关注，并认为与地震发生有关联，称为“多震层”“易震层”，是地震构造的一个重要要素[17, 22, 25, 29, 80, 107-109]。不过，大多数是统计学的概念，具体某一个强震构造的低速层研究则不多见。广东省新丰江水库震区肯定存在低速层[25]，关于它在孕震、发震过程中的作用、机理，李炳乾等认为：有利于应力在上覆脆性层内集中，且对深部构造活动具有促进作用，还可能对强震发生具有一定的触发作用[29]。

关于低速层形成的原因有不同意见，大多数认为是通过地幔上部软流体自深部断裂或者以地幔柱的形式涌向地壳内；还有一种意见认为，在高温高压环境下矿物脱水形成[109]。这一问题有待深入研究，特别是对具体强震构造区低速层结构与地震构造的关系，在孕震、发震过程中的机理及所发挥的作用。

8.5 关于华南地区构造应力场与动力源问题

研究内陆以及延伸的大陆架的地震构造应力场与动力源问题主要有3大支柱或3大方法：①新构造期断裂活动特别是现代断裂活动。②震源机制。③GPS。对于华南地区来说，活动断裂研究程度比较低，远不如西北、西南和华北地区。其原因是后者地震活动强而多，断裂活动程度高，加之植被少，易于地面观测，专业研究机构集中，显然国家投入相对也多。震源机制资料相对容易取得，发生一次地震就可以做出震源机制，凡是涉及讨论构造应力场有关问题，一定有较大篇幅，这些是不可或缺的宝贵资料，文献也特别多。但研究、处理震源机制方法越来越多，对于许多地震，不同的学者做出的结果相差甚远，加之震源应力场不完全等同构造应力场。震源机制做出的是地震即时瞬间震波震相的识别与计算结果，而震源区地壳结构却是复杂的，不一定能全面地反映出客观介质破裂机制。所以研究构造应力场应与活动断裂结合起来考虑，特别是强震地区宏观现场现象。GPS是国家近年来开展研究地壳变动的一项大型项目，在华南地区观测点位较少，更没有遭遇强震的实例，得出大区域整体向东南移动的概念[83-84, 110-111]。台湾地区GPS测点密集，加以密集的强震仪观测网的辅助，经历了许多大震的实例，联合分析所得构造应力场会比较准确。

我们对华南地区构造应力场及其动力源未做过系统专题研究。过往与一些合作者、同事研究过华南一些强震构造，主要是从地面浅部断裂活动性，并以此为基础提出华南沿海主要活动构造是北东东（近东西）向断裂，也是控震断裂和发震断裂的学术思想[41]。本次重磁资料处理研究深部断裂系统和强震构造，自然也就牵连到构造应力场及其动力源问题。作者发现通过重磁等值线、图像（灰度图）形态变化、组合特征可研究各组断裂切割关系，从而解释深部断裂的活动性。其得到同样一个结论：北东东向（近东西向）断裂是华南主控活动断裂、控震断裂和发震断裂；北西向断裂也是一组活动断裂，只是规模次于北东东向断裂。而地表出露广泛，表现宏伟的北东向活动性低，至少低于前两组断裂。从而得出结论，华南构造应力场是统一的北西西向。

这一认识前文已陆陆续续从各种角度作了阐述，这里就不再赘述。在本书第一编第四章节中指出，重磁场是新构造期地壳物质结构的反映，从华南地区来说，至少是在南海大幅下沉和台湾中央山脉迅速升起基本定型、沿海玄武岩大规模喷发之后的产物。也就是新近纪末、更新世初的事。北西西向构造应力场基本上是稳定的。地质构造运动的节奏概念不是人类时代节奏的概念，不是短时间就能改变的。有许多学者做了这方面的研究，肖诗兴对长乐—南澳断裂带第三纪末至第四纪玄武岩露头进行了大量共轭节理系统测量，得到的主压应力方向为112°～114°，即北西西向至南东东向，说明新构造期区域构造应力场与现代构造应力场基本上是一致的（图8-5-1），主要是由菲律宾板块向西的推挤造成的[112]。黄玉昆、丁祥焕等在闽东南和粤东地区也做了大量类似工作[68, 113]，所得结论与之一致。在华南西部，黄河生、李伟琦等根据桂东南、雷琼地区第四纪断裂褶皱、拱曲、新生代盆地展布类型及水系分布等多项因素特征分析，确定新构造期区域应力场为北西西—南东东向①，所作区域小震震源机制P轴也是北西—北西西向（参见表8-1-6粤桂琼交界地区），同样认为新构造期与现代构造应力场无大的变化。此外，丁原章、黄日恒等在茂名地区，潘建雄等在广州地区[59]，任镇寰、杨廉法等在广西灵山地区[99]做了类似的工作，都证明新构造期区域应力场为北西西—南东东向。陈恩民从历史强震的角度阐明南海北缘构造应力场是统一的北西西向[71, 75]。邹和平、艾南山分别根据水系格局，计算得出海南岛和东南沿海构造应力场是北西西向[114-115]。游象照、李细光从地质构造活动等多方面论证桂东南及邻区构造应力场为近东西向[198-199]。

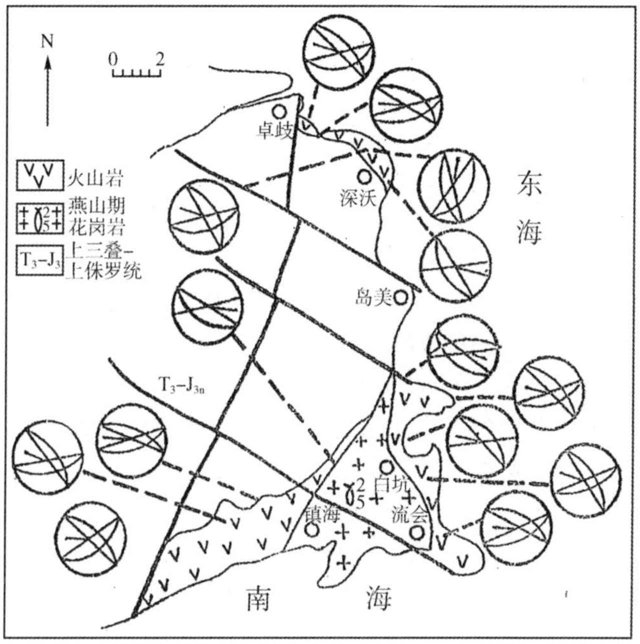

图8-5-1　长乐—南澳断裂带（深澳—镇海）内主要破裂面的分布及采用赤平投影求出的主压应力方位（下半球投影）

表8-1-6所列的是一部分有代表性的地震震源机制解，这一部分地震中还有许多不相同的结果未列出来。总体有一个概念：小震无论是P轴还是A、B两组节面变化较大，一致性较少，无论华南东、中、西部均是如此。这些小震大多数又是地震平静期，如1971—1985年和2000年至今。而1986—1999年，是华南第Ⅳ活动幕地震活跃期，华南东、中、西部P轴近东西向较多，或A、B两组节面中有一组近东西向的也较多。即是说，要么压应力场符合统一北西西向（近东西向）规律，要么有一组节面与主断裂破裂面近东西向（北东东向）相一致。由此得到一个概念：在地震活动期，南海北缘地震带主应力较集中、统一，基本上是北西西向，尤其是台湾海峡地区P轴几乎完全是北西西向（表8-1-6）。而平静期，应力场处于调整阶段，主要为脉动性，触发小，地震随机性较大，岩石小破裂面也会与各地不同构造组合特征、岩石介质不均匀性特征显出多样性，从而导致小破裂方向变化较大。所以，我们不妨尝试将地震活动幕与平静幕的震源机制分时段研究。其实，这也是借鉴地质史的研究，地质史研究的证据基本上是构造运动活动期留下的。这些问题都有待日后深入研究，目前想得到一个统一的认识似乎还较难。

①黄河生，李伟琦．广西北海市铁山港开发区地震小区划综合研究报告．广东省工程防震研究院．广西壮族自治区地震局工程地震研究室．1995：12.

最可信的是大地震现场的宏观现象，如地震断裂、地震裂缝、喷水、喷沙、塌陷带以及极震区等震线长轴方向等。华南地区经过较详细调查的、可信度较高的极震区宏观现象有1600年南澳7级和1918年7.3级、1605年琼山$7\frac{1}{2}$级、1936年灵山$6\frac{3}{4}$级、1962年河源6.1级、1969年阳江6.4级地震，它们的地震宏观现象非常丰富，表现比较全面。极震区地震断裂、裂缝带及喷沙、喷水带等震线长轴几乎一致的反映为北东东向，短轴为北西向，无论是东部的还是西部的地震，都毫无例外。由此得出北东东向是主要发震断裂。北西向断裂参入孕震、发震过程，两组断裂具共轭活动性质，在前文已反复阐述。

1987年江西寻乌5.5级地震，福建省地震局、江西省地震局都做了详细考察，证明发震断裂是北西向，但形变测量却是近东西向的（详后，图8-6-9），近东西向构造应参与了活动。

福建泉州海外$7\frac{1}{2}$级地震，许多学者做了大量考查工作，所得结论不一致，可以理解，因为极震区不在陆地或近岸，得不到极震区的更多资料，待日后震中区获取更多的地质资料或震害宏观资料，再作探讨。

大震现场宏观现象为何常与震源机制解不完全一致（包括节面与P轴不整体相符），也是日后需要进一步研究的问题。这些问题都不必看得太严重，它是前缘科学，有矛盾才会促进科学发展。

在许多制作比较优良的立体地形图、卫星图、航空照片上，也可以直观地观察到许多有意义的断裂活动形迹，附图Ⅶ是在谷歌地图截取的一幅华南地区地形图。图上不仅一目了然地看到燕山运动留下的北东向岭谷地形和台湾N～Q期抬升起来的中央山脉（北北东向）体系，更重要的是，细微地观察到北东东向和北西向断裂的展布，以及对北东向山系的切割裂痕，许多分布带与附图Ⅴ断裂一致，证明北东东向、北西向断裂的新活动性。

在华南统一的北西西向应力场作用下，北东东向断裂右旋、北西向断裂左旋是断裂构造活动、发震的主要模式。众所周知，摩尔圆强度理论和构造力学指出：当作用力与被作用体呈锐角相交时，剪切错动力强度最大，这就是北东东向断裂为华南主要活动断裂的力学机制。不排除某些北东向断裂的活动，若F4.1平潭滨海断裂带，则以左旋为主，某些段落为右旋，与具体构造条件有关。北东东向（近东西向）断裂构造是传递能量主要通道，马宗晋[116]也肯定了这一点。台湾的横向构造，特别是台湾西部很发育，台湾西岸的沉积等厚线（N～Q）整体北东向展布形态，在八掌溪、北港—嘉义地区明显的同步向东拐弯呈北东东向，呈现右旋特征，反映近东西向断裂切割北东向断裂[117]，与华南滨海断裂连接，通过台湾浅滩的义竹断裂直入台湾西部平原内。再有，以通过集集（1999年9月21日7.6级地震）震中区、日月潭的浊水溪为中心的台湾西部平原发育许多近东西向河流，进一步说明近东西向断裂在台西平原发育的普遍性，说明它与华南新构运动有着渊源关系。大量文献以地震、地质、地形变、重力场等丰富资料论证台湾构造应力场为北西西向。更有近年GPS数据说明，菲律宾板块以最大达到70 mm/a的速率向北西—北西西方向推进，并使台湾中央山脉地区的地壳以同一量级速率缩短[118-120]。台湾岛大部分地区的地壳属大陆型，海岸山脉一带地壳属过渡型，向东进入菲律宾海并逐渐过渡为大洋型地壳。

关于动力源问题，大多数学者认为菲律板块向西推挤及与台湾岛的碰撞是形成华南大陆应力场的主要动力源；也有学者认为印度板块和澳洲板块向北推进或造成侧压力，对华南特别是西部有较大影响。但究竟有多大的影响力，资料不是很多。地震活动强弱是应力场作用力度的直观的敏感的表征。从地震活动相关性来考虑的话，我们曾将包括云南在内的西南地区地震活动与粤桂琼交界地区作统计对比，发现西南地区强震活跃时，粤桂琼地区地震很少呼应；但当粤桂琼交界地区发生Ms≥5级地震时，西南地区在1～2年内常有Ms≥7级地震发生，即是说华南应力场对西南地震活动影响似乎还大一些[121]，如1969年12月17日、12月20日海南万宁南发生5.1级和5.2级地震后，1970年1月5日云南通海就发生7.8级大地震。1994年12月31日、1995年1月10日北部湾相继发生6.1级和6.2级地震后，1995年7月12日云南缅甸交界地区发生7.3级大地震，1996年2月3日云南丽江发生7级大地震。

20世纪以来，粤桂琼交界地区发生17次5级以上地震，川、滇地区在一年之内呼应发生6级以上地震114次之多，对应比例高达82%，而川、滇地区发生6级以上地震115次，本区对应5级地震仅3次，对应比例仅2.2%。

地震活动强弱是应力场活动的表征，从这个角度出发，印度板块对华南影响甚少。究其缘由，或是川、滇地区动力源要通过西藏高原隆起东侧的侧压力才传递至华南，故力度小，甚至对相邻的贵州高原影响也少。GPS测量华南块体以平均11.2 mm/a速度向东南运动，却未见对块体内断裂构造运动，地震活动产生影响[83]。这种运动方式如何？确是值得研究。台湾碰撞带、菲律宾板块动力加强时，促进华南断裂活动、地震活动加强，特别是粤桂琼交界地区则可能通过本来活动性强的红河断裂系直接传递至西南地区，激发地震活动。这或是一解，仍需进一步探讨。

印度尼西亚近几年在海沟地区发生很多7级以上大地震，可是华南基本上无呼应，可见来自澳洲板块的动力源场对其影响力很有限。但是，台湾、菲律宾地震活动与华南地震活动却有一定的相关性[128-130, 183-184]。

综上所述，我们认为华南构造应力场动力源主要是菲律宾板块，特别是台湾碰撞带向西的推挤，横向构造（北东东向为主）是能量的主要传递通道。

在讨论华南地区构造应力场与动力源时，一些文献资料提及“台湾动力触角”问题[22, 86]，实际上是指出来自台湾碰撞带动力源对台湾岛本身特别是对华南大陆强震发生的影响范围。它划出了一个以江西寻乌为顶点的影响三角形区，底边是台湾东部的碰撞带，左边（北西方向）是寻乌—南澳—吕宋岛北一线，右边（北东东方向）则是寻乌—福州—台湾北端海域，该三角形涉及大陆的范围大体与本书粤闽赣交界地区相当。这个强震区无疑是最大的受力激发者，因为距离最近，横向构造可能直接相通[76, 96, 116]。现在的问题是，“台湾动力触角”是否只触及粤闽赣交界地区？本书认为，不限于此。它还是南海北缘地震带整带的动力源，所以才会导致全地震带（东、中、西部）地震活动的同步性，即地震活动大周期及地震活动幕、平静幕的统一性，一动皆动，一静皆静。前文多次指出，地震活动峰期强震迁移最明显不过了，如何远距超千公里之遥东西向横向迁移？它就是南海北缘近东西向的横向构造能量的传递，因为它们同是一个主动力源——台湾碰撞带或说“台湾触角”，否则，作何解释？所以才会有全地震带统一的北西西向构造应力场，这就叫作“亲者何其远，近者何其疏”，因为它们同属一个地震带，同属近东西（北东东为主）向活动断裂为主控断裂的体系。粤闽赣交界地区因为近，动力辐射北纬26° 高一些。以西地区，辐射力逐渐降至北纬24° 以南（F1.5），F1.5以北地区。尽管近东西、北西、北东向3组断裂规模也很大，切割深度也≥30 km，但触角力已难以触及，所以地震活动明显减弱，Ms≥5级地震少之又少。新构造运动类型也改变了，以“拱曲运动”类型、大面积间歇性升降为主[122-123]。

回到初始的论述：华南构造应力场是统一的北西西向为主体，动力源主要是台湾碰撞带和菲律宾板块向西的推挤。传递能量的通道主要是横向构造——近东西向（北东东为主）断裂。它能够相对合理地解释华南地震活动的特征。

8.6 华南重点地区强震构造

珠江三角洲地区、粤闽赣交界地区、粤桂琼交界地区是华南3个地震防御重点地区。珠江三角洲地区的强震构造已在第一编详细阐述，现根据前文所述强震构造特征，将粤闽赣交界地区、粤桂琼交界地区强震构造分别划分阐述之。

8.6.1 粤闽赣交界地区强震构造

确定粤闽赣交界地区内陆Ms≥6级强震构造有3个（图8-6-1）：①福建漳州地区（6.5级）；②广东潮汕地区（6.5级）；③赣南会昌—寻乌地区（6级）。

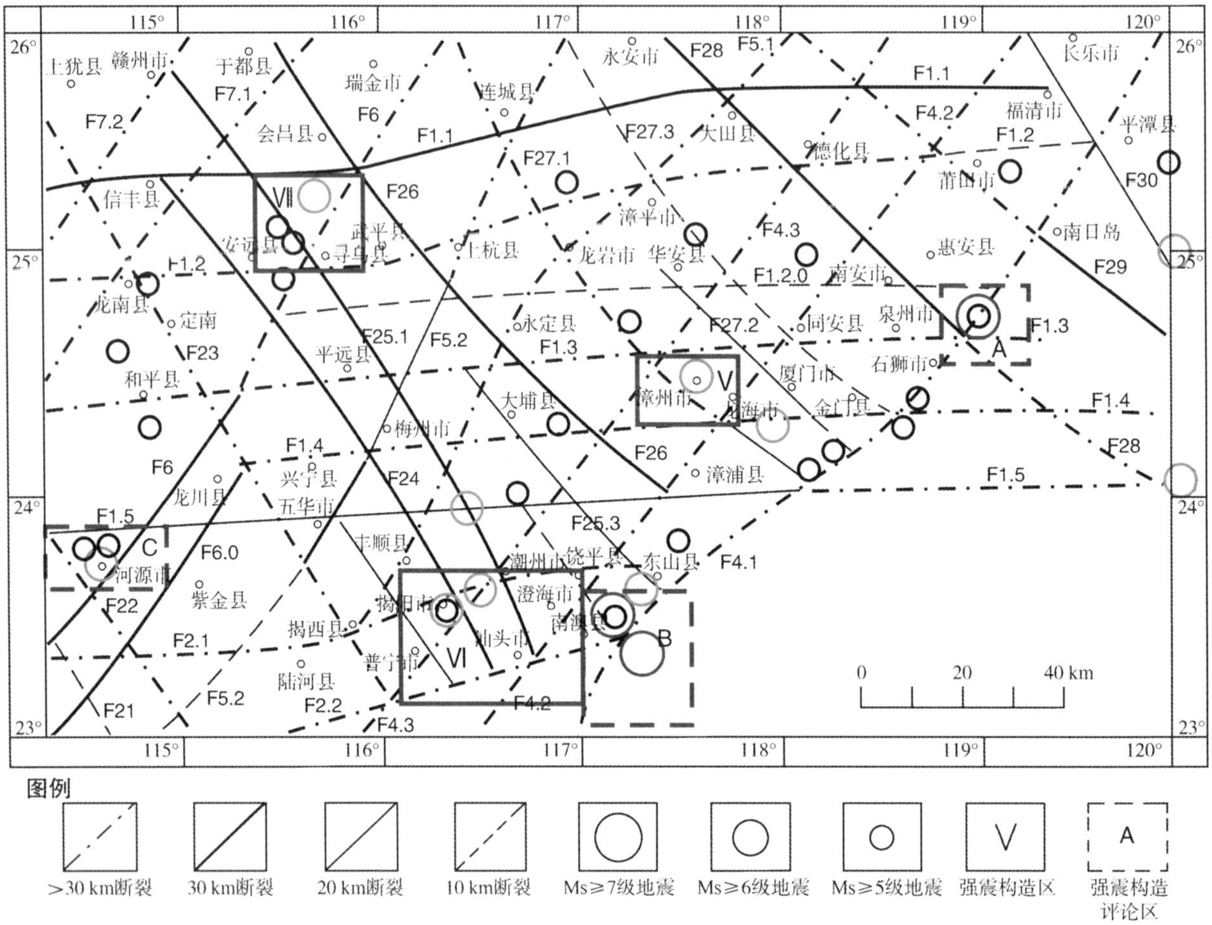

F1.1. 会昌—福清断裂 F1.2. 龙南—莆田断裂 F1.2.0. 南安—华安断裂 F1.3. 泉州—平远断裂 F1.4. 金门—梅州断裂 F1.5. 漳浦—河源断裂 F2.1. 东山—揭阳断裂 F2.2. 南澳—海丰断裂 F4.1. 平潭滨海断裂 F4.2. 长乐—汕头断裂 F4.3. 德化—潮州断裂 F5.1. 大田—大埔断裂 F5.2. 连城—五华断裂 F6. 寻乌—河源断裂 F6.0. 龙川—紫金断裂 F7.1. 信丰—龙南断裂 F7.2. 赣州—南雄断裂 F21. 惠州断裂 F22. 河源—海丰断裂 F23. 龙南—揭西断裂 F24.0. 五华—普宁断裂 F24. 丰顺—揭阳断裂 F25. 寻乌—汕头断裂 F25.2. 饶平—南澳断裂 F25.3. 大埔—东山断裂 F26. 会昌—漳浦断裂 F27.1. 连城—漳州断裂 F27.2. 厦门—华安断裂 F27.3. 金门—漳平断裂 F28. 晋江—永安断裂 F29. 莆田—南日岛断裂 F30. 福州—福清断裂 Ⅴ. 漳州6.5级强震构造区 Ⅵ. 潮汕6.5级强震构造区 Ⅶ. 会昌—寻乌6级强震构造区 A. 泉州海外7.5级强震构造评论区 B. 南澳7级强震构造评论区 C. 河源6级强震构造评论区

图8-6-1 粤闽赣交界地区深部断裂系统与强震构造区划分

闽粤沿海曾发生过Ms≥7级地震的泉州海外和南澳两个强震构造区，由于缺乏重力资料，难以从深部断裂系统分析研究；广东河源新丰江地区曾发生过6.1级地震，它是构造水库诱发型地震，今后相当长时间内发生Ms≥5.5级地震的可能性很少，故未将它们列入强震构造区，而列为“强震构造评论区”简要评论。

8.6.1.1 漳州6.5级强震构造区

根据福建省地震局文献资料[68]，漳州地区发生过3次破坏性地震，即1067年11月10日$5\frac{1}{2}$级、

1185年6月15日$6\frac{1}{2}$级和1445年12月12日$6\frac{1}{4}$级。它是福建内陆地震强度和频度都最大的地区。震中位于第四纪陷断盆地—漳州盆地内（见表8–1–1），1185年$6\frac{1}{2}$级地震在漳州盆地外，无1067年的$5\frac{1}{2}$级地震。

通常认为，漳州是闽东南巨型北东向构造带长乐—南澳（长乐—诏安）断裂带中南段的一个断陷盆地，但从另一个角度分析，也可将它定位于巨型东西向南坡南岭断裂带（系）中的一个断陷盆地（图7–3–1和图8–6–1），范围在东经117° 25′ ~ 117° 50′，北纬24° 25′ ~ 24° 40′，面积850 km^2。

岩石分布，盆地周围丘陵山地以花岗岩为主，还有三叠纪、侏罗纪火山岩系及碎屑岩类，盆地内分布不同厚度的晚更新世、全新世海陆相沉积，基底基本上为花岗岩（图8–6–2）。

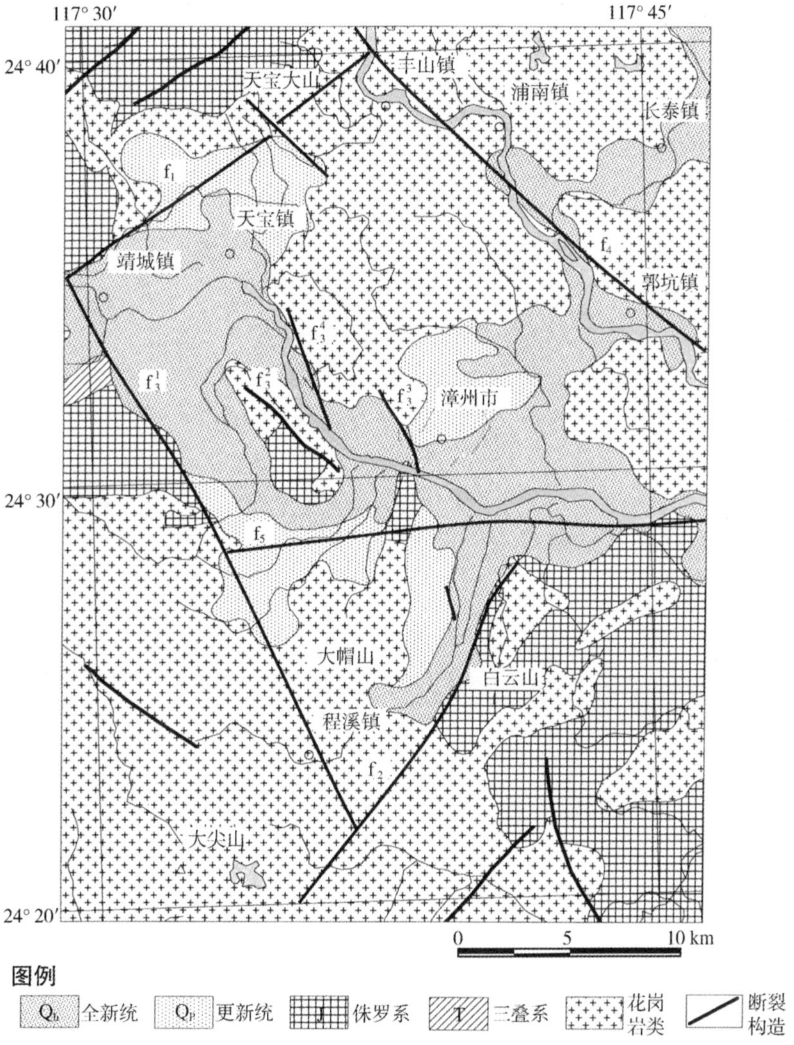

f_1. 天宝大山断裂　f_2. 白云山断裂　f^1_3. 牛崎头—大帽山断裂　f^2_3. 岱山岩—珩坑断裂　f^3_3. 珠坑断裂　f^4_3. 康山—覆船山断裂　f_4. 北溪断裂　f_5. 漳州—厦门断裂

图8–6–2　漳州地区地质图（马浩明编）

盆地内断裂很发育，北西、北东、近东西向3组断裂都有明显的活动。漳州盆地是典型的地堑河谷盆地，南北方向为北东向断裂界限，东西方向为北西向断裂控制，近东西向断裂横贯漳州盆地中部，它应是北西向断裂活动切割北东向断裂带断陷而形成的盆地（图8–6–3）。

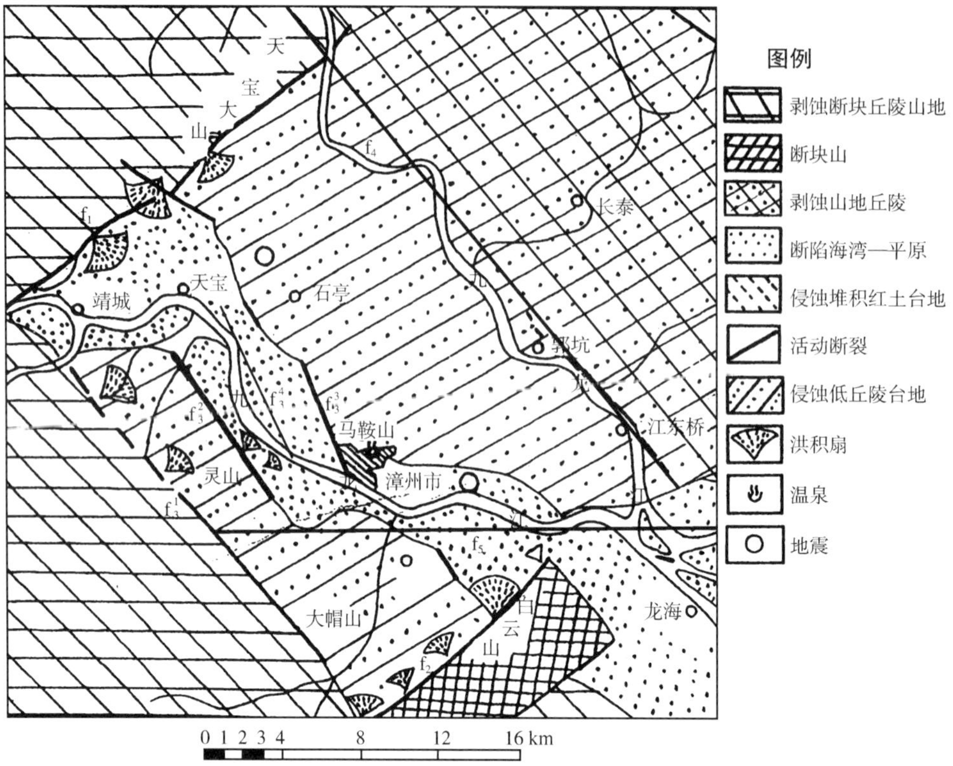

f_1. 天宝大山断裂　f_2. 白云山断裂　f_3^1. 牛崎头—大帽山断裂　f_3^2. 岱山岩—珩坑断裂　f_3^3. 珠坑断裂　f_3^4. 康山—覆船山断裂　f_4. 北溪断裂　f_5. 漳州—厦门断裂

（据丁祥焕，略有补充和修改）

图8-6-3　漳州盆地构造地貌与断裂分布图

（1）北东向断裂

漳州盆地的北东向断裂均是巨型长乐—南澳断裂带（图2-5-1和图8-6-3，F4）中的一部分，重力上延40 km断裂形迹仍清楚。漳州盆地主要有两条北东向断裂：天宝大山断裂、白云山断裂。它们可能都是F4.2长乐—汕头断裂、F4.3德化—潮州断裂在地表浅部的反映。

f_1天宝大山断裂：位于盆地的北西界。走向北东40°～50°，倾向南东，倾角80°，主要沿天宝大山（919 m）南麓（南东）展布，是漳州盆地北西边界断裂。岩石主要由燕山期花岗闪长岩、侏罗纪沉积岩和火山岩系构成。断裂破碎带内构造透镜体发育，带宽达数米，早期属压扭性断裂，并被北西向断裂切割。地形陡峻，谷地深切，多呈V形谷，常见断层三角面陡崖。山前冲、洪积扇非常发育，有向西南偏转现象，说明断裂兼有走滑扭动，西北侧天宝大山山体上升速度较快。

f_2白云山断裂：位于盆地南东界，走向北东40°～50°，倾向北西，倾角60°～80°。展布于燕山期花岗岩和侏罗纪的火山岩系中，断裂规模较大，整条断裂宽约4 km，单条断裂宽10～20 m。断裂沿象山—白云山—马岭山（543 m）西北侧延伸，断裂挤压破碎，硅化甚强烈，片理化与断裂走向一致。晚更新世以来，断裂差异活动较大，东南侧山体（下盘）上升，形成剥蚀、侵蚀丘陵地形和Ⅰ级、Ⅱ级、Ⅲ级河流阶地或红土台地，相对高度2～3 m、5 m、10～20 m、30 m；西北侧（上盘）下降形成冲、海积平原，山前冲、洪积扇十分发育，规模很大，面积>10 km^2，组成山前倾斜平原。据航空照片判读，山前的冲、洪积扇顶点顺时针向右错离沟口约200 m，表明断裂兼具右旋走滑特征。

（2）北西向断裂

漳州盆地基本上是以九龙江为中心，由北西向断裂控制东、西两侧边界的北西向菱形盆地

（南、北由北东向断裂控制），北西向断裂的活动对盆地的形成发挥了重要的作用。据福建省地震局综合队所编的垂直形变图（1970—1978年），以及华安、漳州、龙海一带局部地区形变多期测量（1957—1979年），漳州以北，明显地存在一条北西向形变带，反映北西向断裂的现代活动性[124-125]，但漳州以南却为近东西向形变带间断，与第四纪沉积等厚线形态一致。图8-6-4是其中二期成果图。北东向断裂（形变带）反映不突出，白云山似存在形变带，但同样在漳州南被间断。

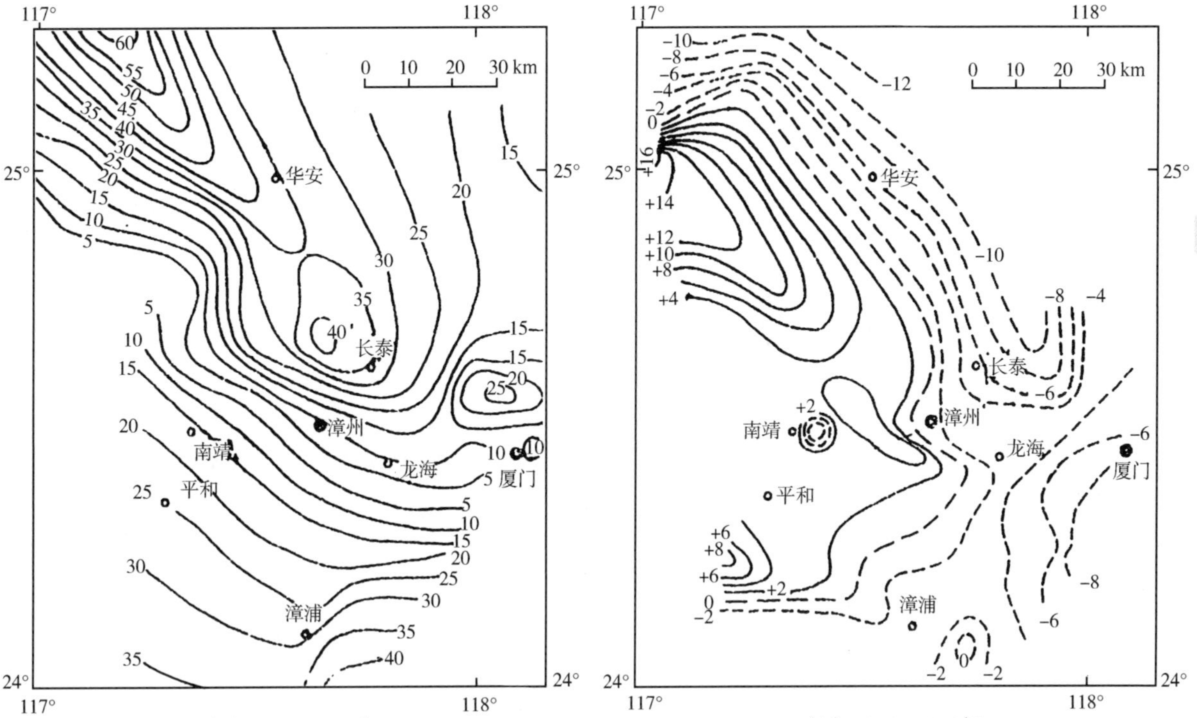

（a）1957—1974年　　（b）1974—1979年

图8-6-4　漳州地区地形变等值线图

新构造期的早期，漳州盆地的范围较大，大致以盆地东部郭坑—紫泥断裂f_4为界，但第四纪以来，较强的北西向断裂迁移至西溪河谷地带，其盆地范围就缩小了。现在所指的漳州盆地是循西溪北西向断裂带发育起来的河谷盆地。但陈友飞等仍认为漳州盆地东侧以陈巷—东孚断裂和十里—马洋断裂为界，范围就更大了[92]。本书认为，盆地仍以郭坑—紫泥断裂为东界较好。

本次重力资料系统处理反映，漳州地区存在一条北西向断裂，称漳州—连城断裂（F27.1），往南东方向至龙海以南，往北西方向延伸至福建华安、连城及江西宁都、乐安以北（附图Ⅴ），其切割深度上延40 km形迹清楚（图8-6-1和图2-5-1，F27.1）。断裂带是由一系列相互平行、斜列的分（支）断裂带组成。它们都是连城—漳州深断裂的地面反映。在漳州盆地分布的北西向断裂主要发育于燕山期花岗岩中，具体如下：

1）f_3西溪西侧断裂：它由几条支断裂组成，其中：

a. f_3^1牛崎头—大帽山断裂：断裂沿大坑山（401 m）、大隙山（582 m）、大帽山（459 m）东北麓展布，主要发育在燕山期花岗岩中，有一部分为侏罗纪火山岩系。断裂西侧地貌主要以丘陵为主，山地不显著，受流水强烈切割，河谷发育，海拔300～500 m，山前也发育冲积扇，主要在北西段，规模不大。

b. f_3^2岱山岩—珩坑断裂：走向北西 320°～330°，倾向北东，倾角70°，断裂破碎带清晰，有多期活动痕迹，晚更新世以来，断裂平均垂直滑动速率0.38～0.55 mm/a，具左旋走滑。西溪沿着它的边缘蜿蜒流动。

上述两断裂位于西溪西侧，构成地堑西侧断裂。

c．f_3^3珠坑断裂：走向北西320°，倾向南西，倾角40°～85°，断裂破碎带宽，现今活动速率0.3 mm/a。

d．f_3^4康山—覆船山断裂：走向北西 330°～340°，倾向南西，倾角＞45°。断层擦痕清晰，晚更新世以来，有明显活动；早全新世以来，断裂活动速率约0.67 mm/a。

上述两断裂位于西溪东侧，构成地堑东侧断裂。

2）f_4北溪断裂：又称郭坑—紫泥断裂，走向北西 310°～320°，倾向南西，倾角85°。它的北东侧是以中低山为主要地貌类型，组成地貌的岩石有下侏罗世沉积岩、上侏罗世火山岩和燕山期花岗岩，区内天柱山海拔933 m，地形与西侧漳州盆地的河流阶地、红土台地、冲积平原和龙海平原形成鲜明对照，反差很大。九龙江的北溪顺断裂西侧（南西）流动。北溪应是断裂谷，但该断裂在第四纪以来活动特征不明显，北东侧山虽高峻，却不见山前冲洪积扇发育；南西侧广泛分布着阶地、红土台地，反映大面积抬升特征。前述晚第四纪以来北西向断裂活动已迁至西溪断裂是合理的。

（3）东西向断裂

f_5漳州—厦门断裂是横贯漳州盆地的一条近东西向断裂，走向270°～275°，倾向南，倾角70°，在员山、马鞍山、颜厝山和江东桥等地可见剖面出露，整体略呈舒缓状。断裂形迹分布于燕山期花岗岩或火山岩中，主要由硅化角砾岩、裂隙密集带、破劈理带以及中酸性岩脉、基性玄武岩等组成。破碎带宽数米至数十米。西起南靖，向东延至漳州市南西溪河谷，隐伏于第四系下，往东经紫泥北、角美至厦门以东。

本次重力资料系统处理结果显示，局部重力异常，总梯度模、二阶导数、小波分析等方法均明显反映兴宁以西，经大埔、梅州、漳州至厦门以东，存在近东西向断裂，深度上延40 km仍形迹清楚（图7–3–1，F1.4），是南岭南坡断裂带（F1）的构造成分。f_5漳州—厦门断裂即该断裂在地面浅部的反映，具右旋性质[126]。

该断裂具有强烈的活动性，对地貌、沉积物起控制作用。断裂北侧角美—厦门海沧一带海蚀阶地、红土台地广泛分布，分别高出河面6～15 m、20～25 m，山麓地带冲洪积扇发育，显示第四纪以来，以上升为主，断裂南侧龙海石码—浮宫一带，地貌景观迥然不同，只有冲海积平原分布，高出河面2～3 m，没有河流阶地或海成阶地分布，平原上河流密如蛛网，地下水位很高，展现出近期地壳下沉特征。

从第四纪沉积物分布分析，断裂北侧，漳州平原平均厚度＜22 m，而南侧龙海平原平均厚度＞40 m，最厚达到81 m。据陈友飞研究[92]，漳州南自南靖、漳州、龙海平原的平林、紫泥一带等厚线转呈近东西向，明显受本断裂控制，沉积物厚度截然差异。漳州以北，第四系等厚线主要呈北西向，与西溪断裂一致。

南靖和漳州一带，河流东西向流动，可能受该断裂控制。在厦门汤岸、龙海角美、角美田里、漳州、金沙和南靖汤坑等多处温泉沿断层展布。在厦门杏林湾内，出露数处温泉沿东西向分布600 m，在南靖汤坑，温泉群沿着北东东向70° 排列，延伸300 m，构成东西向热异常带。大地热流观测也反映本断裂明显的地热异常，热流达80 mW/m²，最高在漳州盆地内为180～230.7 mW/m²。沿断裂带有新生代玄武岩分布。

现代形变观测，漳州、长泰、厦门一带存在近东西向形变带（图8–3–1），图8–3–2流动重力场同样存在一条近东西向异常带，充分说明该断裂带的现代活动性。

沿该断裂带存在一条明显的近东西向小地震密集带，1185年$6\frac{1}{2}$级地震、漳州1445年$6\frac{1}{4}$级地震和南靖1549年5级地震也发生在该断裂带上，金门附近1906年$6\frac{1}{4}$级地震和一系列5级余震也分布在该断裂带东延带上。

综上所述，漳州—厦门断裂是一条很活动的断裂。

8.6.1.2 关于发震构造的讨论

漳州盆地存在北西、北东、近东西向3组活动断裂，3组断裂主断裂均达30 km以上，且活动性较强，完全符合强震构造条件。但是，哪一条断裂是发震主断裂？学者们意见颇不一致。其原因是：①1185年和1445年地震发生时间距今很久远，历史记载资料不详，很难得出极震区烈度线和有关宏观现象（地裂缝、喷沙和喷水等），难以确定发震主断裂。《中国历史强震目录》虽然给出等震线和震中，但是外围等震线不足以说明问题。②3组断裂均有明显的活动标志，哪一组断裂都有理由认为是发震断裂。③漳州盆地位于巨型北东向长乐—诏安（南澳）断裂带中，北东向断裂为主控震断裂和发震断裂似乎是顺理成章之事。

我们阅看了有关资料和对比各家观点，特别是通过深部断裂切割关系分析，近东西向断裂切割了北东向断裂，与北西向断裂互有切割，东西向断裂系规模大于北西向断裂。综合分析，趋向的观点认为近东西向漳州—厦门断裂是漳州地震构造主发震断裂，北东向白云山断裂和西溪断裂都参与了孕震、发震作用，更趋向于东西向断裂和北西向断裂共同作用而发震。北东向白云山断裂可能为东西向活动牵动而动的被动附加作用，主要理由：①近东西向漳州—厦门断裂南、北两侧（两盘）地貌、沉积物分野控制明显。其北侧，除漳州平原段外是红土台地和阶地，以上升为主；南侧是平原。北侧漳州平原沉积厚度平均不超过22 m，而南侧在40 m以上，最厚超过80 m，第四系等厚线也明显呈近东西向，显示断裂活动的控制强度。②几次历史强震基本上沿该断裂分布，现今频繁小震密集在该带上。③现代形变测量和流动重力测量均存在漳州近东西向变化带，代表它们的现代活动性，而北东向断裂带却无明显反映。上述几点，我们认为漳州—厦门断裂带是主发震断裂。④北西向西溪断裂控制西溪河谷和平原的发育，呈北西向展布，但它的沉积厚度有限，平均未超过22 m，最深也未超过30 m，所以它的活动强度不如南靖—厦门断裂。形变测量也存在明显的北西向形变带，流动重力场存在北西向异常带。代表它的现代活动性，它与东西向断裂在漳州附近交汇，因此，在北西西主压力作用下，共轭活动发震完全是有可能的。1445年漳州$6\frac{1}{2}$级地震就在这两组断裂交汇区。⑤北东向白云山断裂虽也有明显的活动标志，也在漳州附近与上述两断裂交汇，但现代形变测量、流动重力测量显示，小震活动并无明显标志。但它在漳州附近与漳州—厦门断裂交汇时，角度相差不多（40°～60°），完全可在近东西向断裂活动时将它牵动，甚至两断裂在此结点上有联合的可能。因此它不是主发震断裂，更不是控震断裂。

闽东南地区是Ms≥5级地震多发区，凡是近东西向、北西向、北东向3组地震交汇地区，特别是丁祥焕所确定的闭锁区[68]，如闽粤交界地段闭锁区、九龙江下游闭锁区、兴化湾—湄洲湾闭锁区、晋江—洛阳江下游闭锁区，以及图8-3-1和图8-3-2中地壳形变重力梯度带（等值线带），特别北东东、北西、北东两组或3组梯度带（也是断裂带）交汇部位都应是地震活跃、易于发生Ms≥5级地震地区，近年来莆田—仙游、永春一带（F1.2）的3、4级地震很活跃，应值得关注。

8.6.1.3 潮汕6.5级强震构造区

潮汕地区是华南沿海一个强震区，与其南邻的南澳地区从构造体系分析，本是同一个强震构造区的南北两个部分。若潮汕—南澳二者合一，则是华南沿海最强的一个强震构造区（图8-6-1）。南澳地区发生过两次Ms≥7级地震和许多Ms≥$4\frac{3}{4}$级强震，而潮汕平原地区发生过两次Ms≥6级地震，若将紧邻本区平原、构造上有紧密联系的1921年3月19日南澳西北（《中国地震目录》定位在北纬24°、东经116.5°，地点在丰顺东北、潮州西北附近）$6\frac{1}{4}$级地震考虑在内，则区内发生过3次Ms≥6

级和许多Ms≥$4\frac{3}{4}$级地震（表8-1-2）。潮汕—南澳强震构造区是位于一个特殊的华南独一无二的构造部位，F4闽东南巨型北东向断裂带（系），在南澳附近被更强大的F3北东东向滨海断裂带（系）乍然截断。海岸地貌相应表现出由北东向突然转为北东东向。重力资料处理系列成果图清晰反映，它不是北东向断裂与北东东向断裂（系）的联合，更不是北东向断裂的拖曳性自然转向，加之F25北西向寻乌—汕头（潮州）断裂带（韩江断裂带）也汇聚于此转折结点上，形成了一个华南最重要的强震构造。

潮汕地区深部断裂系统见图8-6-1和附图Ⅴ。东西向断裂F2.1、F2.2；北东向断裂F4.1、F4.2、F4.3；北西断裂F24（含两条≥30 km，3条10 km左右断裂）、F25.1、F25.2、F25.3，3组深度≥30 km的断裂系统汇聚在区内，形成多个交汇结点，相互都有切割，都有不同程度的活动性。

浅部构造（图8-6-5）：潮汕平原地区是一个更新世晚期（Q_3）形成的新生的非继承性的断陷盆地，基底主要为花岗岩风化残积红土。成盆年代据^{14}C测年，最早沉积物年龄为40 000年左右。它是一个南北为近东西向断裂，东西为北西向断裂的控限的盆地，内部可分出几个地堑和地垒（或称分盆地）：自东往西，依次为韩江地堑、桑浦山地垒、榕江地堑、烟堆山地垒和练江地堑。地堑和地垒东西两侧大都分布有与地貌类型一致的北西向断裂，它们是f_1黄冈河断裂（其河流出口平原与潮汕平原相连，但许多学者将其与潮汕盆地构造分开）、f_2韩江断裂、f_3古巷—澄海断裂、f_4东山湖断裂、f_5桑浦山断裂、f_6榕江断裂和f_7练江断裂。

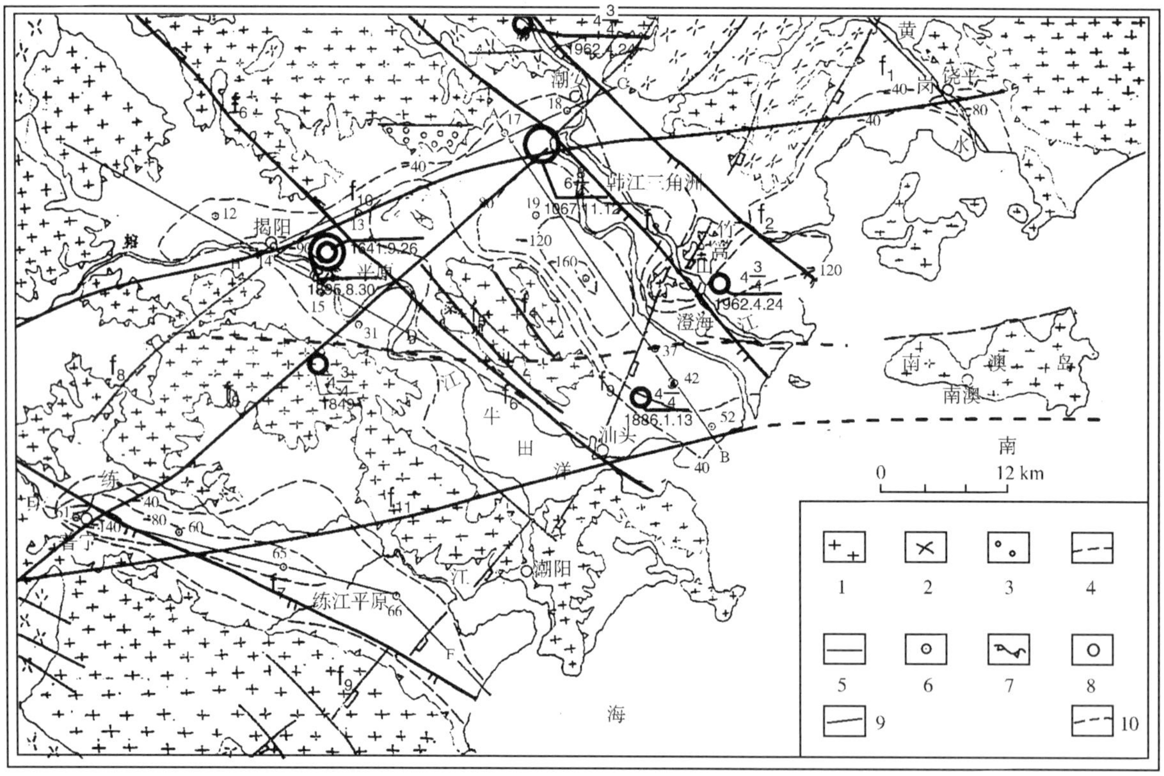

1. 燕山期花岗岩　2. 侏罗纪火山岩　3. 三叠纪变质岩　4. 第四纪盆地基底等深线（以海平面为基面，单位：m）5. 联井剖面线　6. 钻孔（数字为编号）7. 第四纪盆地界线　8. 地震　9. 断裂　10. 推测的断裂　f_1. 黄冈河断裂　f_2. 韩江断裂　f_3. 古巷—澄海断裂　f_4. 东山湖断裂　f_5. 桑浦山断裂　f_6. 榕江断裂　f_7. 练江断裂　f_8. 潮州—普宁断裂　f_9. 饶平—汕头断裂　f_{10}. 潮州—揭阳断裂　f_{11}. 汕头—普宁断裂

图8-6-5　潮汕盆地及邻区地质

（1）北西向断裂

在潮汕地区是最密集的一组断裂，也是活动性最显目的一组断裂。首先是控制3条主河道北西

向流入大海，地堑、地垒北西向排列，第四纪沉积等厚线北西向形态展布，最厚的地方在韩江三角洲平原的潮安彩塘，达168.4 m，是华南内陆平原中晚更新世（Q_3）以来沉积厚度最大的地区。次为练江平原，最大厚度为141.2 m。榕江平原相对浅一些，在其北端与北东东向断裂交汇的揭阳东，厚度也达90 m，以南地区在40～50 m范围内[86, 131]。在汕头桑浦山、普宁铁山更见到喜山期玄武岩和中基性岩脉沿北西向与北东东向交汇处分布[132]，东山湖的温泉区地热等温线也呈北西和北东东两个方向展布，不仅说明北西向断裂的活动性，还说明断裂切割深度超壳，与本次重力资料解释一致。流动重力资料反映断裂的现代活动性，在图8-3-2中，北西向梯度带或等值线带占有图面空间很大位置，与北西向断裂密度较大有关，是一组很重要的现代活动断裂。

此外，1600年和1918年南澳两次Ms≥7级地震和1895年揭阳6级地震极震区都存在北西向突出的短轴以及相应的宏观震害带，1067年潮州地震极震区等烈度线长轴方向就是北西向的，均说明北西向断裂的现代活动性。

上述北西向断裂主要是北西向F24丰顺—揭阳断裂（系）和F25寻乌—汕头断裂带（系）的地面反映。下面依次对浅部北西向断裂简述。

1）f_1黄冈河断裂。它是本次重力资料解释的F25寻乌—汕头断裂的一条分断裂（F25.2），它基本上沿着黄冈河附近发育，往北西方向穿越饶平和大埔以北，可能与汀江断裂连接延入福建；向南东方向沿南澳岛附近潜入南澎岛的坑头和外峡坑，继续向海域延伸。在黄冈、柘林一带，常见断裂带发育密集而平行断裂走向的剪切破裂面，可见构造角砾岩、硅化岩和压碎岩等构造岩。在南澎岛，该断裂具有明显的左旋剪切特征，常常使北东向断裂，岩体和地形发生左旋位错。在汤溪水库及大坑—溪楼之间有喜山期岩体侵入，沿断裂带往往形成深谷、盆地和港湾，并控制了黄冈河水系的发育。在饶平钱东、饶平高堂西、上东红礁山、水吼水库、柘林旗头山和青澳湾东角山等处构造岩热释光测年结果分别为（15.33±1.27）万a、（5.71±0.47）万a、（6.24±0.51）万a、（8.39±0.65）万a、（9.68±0.79）万a和（8.37±0.70）万a，说明黄冈河断裂在中更新世晚期已有活动，在晚更新世期间趋向频繁活动，次数明显增多。另外，构造岩电镜扫描分析显示，该断裂活动方式为蠕滑兼有黏滑。历史上沿断裂在三饶、南澳等地发生过多次5～7.3级地震。

2）f_2韩江断裂。重力资料解释该断裂是F25主干断裂，深逾30 km。它北起丰顺留隍以北，往南沿韩江经潮州和东里等地延入南海，主要由磷溪—石丁断裂和潮州—东港口断裂等组成，长约70 km，宽约4 km，总体产状为北西320°，倾向北东或南西，倾角70°～86°。在卫星影像图上线性影像清晰，航磁图为北西向异常带；地貌上东北侧高程为150～400 m的丘陵；西南侧为韩江三角洲平原，堆积了数十米厚的第四系。在韩江东岸的头塘、赤凤、横居、意溪和鸡笼山等地，岩石强烈挤压破碎，并伴随硅化和糜棱岩化现象。在潮州东南4 km处，地球化学汞、氡气测量显示断裂通过部位存在异常[133–134]①。另外，潮州供水枢纽工程在竹竿山坝址勘探过程中，河道的左侧发现一深槽，宽60～100 m，槽底高程–40 m，推测是韩江断裂造成的构造地貌。在潮州东面侏罗系火山质构造岩中可见密集的北西向破裂面，其热释光测年结果为（10.97±0.91）万a。另外，在澄海塔山寺山顶燕山期花岗岩中发育有北西330° /北东∠80° 挤压破碎带，其中断层泥热释光测年为（15.45±1.17）万a，表明韩江断裂带在中更新世晚期或晚更新世早期曾发生过强烈活动。据潮州华侨中学、古美渡口、澄海南社等地钻孔地层的^{14}C（或TL）测年以及层位高程估算，断裂西南侧晚更新世以来平均下降沉积速率分别为1.85 mm/a、1.1～1.3 mm/a和2.8 mm/a，全新世以来为2.09 mm/a和2.1 mm/a。从中可看出，断裂带东南段下降沉积速率大于西北段，全新世阶段下降沉积速率高于晚更新世阶段。历史上沿韩江断裂带附近曾发生过两次$4\frac{3}{4}$级破坏性地震（1538年潮州西北$4\frac{3}{4}$级和1962年澄海附近$4\frac{3}{4}$级）。

①黄剑涛，陈仁法，李运贵，等. 莲花山断裂带西南段地震危险性研究. 2001：10.

3）f_3古巷—澄海断裂。广义范围而言，古巷—澄海断裂是韩江断裂带的组成部分，它是真正沿韩江干流展布的断裂。北自古巷经东凤、澄海至坝头入海，总体产状为320°/NE∠55°~80°，长约60 km。在卫星影像图上线性构造形迹清晰，断裂北段通过下侏罗统砂页岩和燕山晚期花岗岩，两者为断层接触。古巷—田东一带多处有构造破碎带和石英脉贯入现象。地貌上北段形成平行于田东河上游的陡壁，南段控制东溪顺直的河道及两处峡口，即急水门和程洋冈峡口。断裂两侧第四系厚度有差异，东侧较薄，50~100 m；西侧稍厚，60~168 m，第四系等厚线呈北西向分布。沿断裂在潮州凤塘附近发生过$6\frac{3}{4}$级地震，往北西向与东西向F1.5断裂交汇处发生过$6\frac{1}{4}$级地震（图8-6-1、图7-3-1），在澄海附近发生过$4\frac{3}{4}$级地震。在古巷采集的断层泥热释光测年结果为距今（14.56±1.09）万a。

4）f_4东山湖断裂。位于桑浦山与玉涧峰之间，东山湖为北西向谷地，南段为北西向直线状河流，断裂产状北西320°，倾向北东，倾角80°。断裂上有东山湖温泉出露。

5）f_5桑浦山断裂。从断裂的几何学特征和活动时代等方面分析，可归属到榕江断裂带。位于桑浦山与将军山之间，总体产状北西325°，倾向南西，倾角70°~80°。桑浦山东麓岩石比较破碎，北西向节理密集。金石宗山书院西侧人工渠剖面上北西向断裂破碎带宽约20 m，为硅化和蚀变破碎花岗岩，并充填大量石英脉。在南陇水库可见宽8 m的构造角砾岩。在莲墙钻孔深51~55 m处见糜棱岩化花岗岩，在鸡笼山见喜山期基性岩浆沿断裂喷溢，形成鸡笼山火山锥。莲塘—地都附近采集的构造岩热释光测年结果为（8.50±0.74）万a，表明桑浦山断裂在晚更新世期间曾发生过强烈活动。另外，根据汕头港妈屿岛海域勘探结果，亦反映出桑浦山断裂南段在晚更新世期间有所活动，主要依据是埋深近30 m的断层面上，原古海蚀龛充填堆积物的样品^{14}C测年结果为（35 789±5 304）a。该断裂在地貌上反差强烈，北东侧为三角洲平原，堆积了最大厚度达168 m的第四系；而南西侧桑浦山山地最大高程480 m。历史上，在桑浦山断裂北段北侧揭阳东南附近发生过6级和$5\frac{3}{4}$级地震。另外，在断裂南东段下蓬附近发生过$5\frac{3}{4}$级地震。

6）f_6榕江断裂。它是本次重力解释的一条主干断裂（F24丰顺—揭阳断裂），深逾30 km。自丰顺北斗往南东方向经揭东新亨和揭阳榕城，再沿榕江和濠江潜入南海。总体产状北西310°~320°，倾向南西或北东，倾角70°~80°，长度超过100 km，宽约200 m，由多条断裂组成。断裂北西段构造破碎带发育，宽20~30 m，沿途有10余处温泉分布。断裂带中段榕江大桥附近，经多种物理探测手段证实该断裂的存在，其性质为正断层，上盘下降约10 m。断裂控制波速T_3层的发育，钻探和^{14}C测年资料显示，T_3层为淤泥质粘土，沉积年龄为距今18 750 a。在断裂南段磊口—肚桥一带，构造形迹十分明显，硅质构造岩、糜棱岩均发育。青岐、磊口等地断层泥镜下鉴定显示，榕江断裂至少经历3次以上的断裂作用，第1次为张扭性，样品薄片为断层角砾岩；第2次为压扭性活动，镜下为断层泥结构，未胶结；第3次主要受压力作用，形成压扭性显微角砾岩。该地段棉花村、肚桥和磊口桥三处构造岩热释光测年数据分别为（18.59±1.52）万a、（12.24±0.93）万a和（17.49±1.31）万a，反映该断裂在中更新世末期或晚更新世早期曾有过多次活动，在肚桥以南靠近海的地段多个地点见有糜棱岩化花岗岩和硅化岩带，破碎带宽10 m，产状为北西310°/南西∠80°，虎仔山附近构造岩热释光测年为（7.82±0.62）万a。在牛田洋以南汞气、氡气测量结果显示，汞含量最高达1.183 ng/L，为异常下限值的3倍多；氡含量最高为140.81 Bq/L，为异常下限值的2.9倍，反映出榕江断裂有明显的活动性。垂直形变测量结果显示，榕江断裂属于正断层，倾滑速率为0.63 mm/a，走滑速率为1.5 mm/a，而且具有由北西往南东方向活动性逐渐增强的趋势。例如北西段（玉湖段）垂直形变平均速率为−0.56 mm/a，中段（揭阳段）为−0.63 mm/a，南东段（潮阳段）为−0.86 mm/a。另外，构造岩电镜扫描结果显示，榕江断裂主要以快速运动形成阶步状断口，裂而未破，说明断裂活动方式为黏滑，并有少量蠕滑。在揭阳东南1895年和1641年发生过6级和$5\frac{3}{4}$级地震。

7）f_7练江断裂。位于练江三角洲的南缘。在断裂下盘（南西盘）花岗岩中，见有各类脉岩充填的破裂面；在断裂的西北段，发育一组与主干断裂斜列的断层组，由硅质或铁质胶结的构造角砾岩组成。断裂构成明显的地貌分界，在上升盘（南西盘）的低山丘陵带，发育多级夷平面；下降盘（北东盘）则为平坦的练江三角洲平原，沿断裂温泉分布呈北西向排列。

（2）北东向断裂

1）f_8潮州—普宁断裂。它是重力解释的F4.3德化—潮州断裂的南段主干断裂，深达40 km，区内经潮州、揭阳至普宁，往南出图外延入陆丰和汕尾一带，往北延至福建、漳州、德化等地，总体产状北东45°，倾向南东为主，倾角50°～80°。地表常见构造角砾岩以及挤压片理化和硅化现象。第四纪以来，该断裂活动迹象十分显著，在潮州一带可见断层崖、断层三角面、跌水和洪积扇等地貌。断裂西北侧第四系厚度较小，而东南侧厚度较大，最大可达168.4 m。根据潮州凤岗阶地泥炭土层位及^{14}C年代测定，西北盘晚更新世以来地壳平均上升速率0.8 mm/a；根据钻孔中淤泥层位及^{14}C 年代测定，东南盘全新世下降沉积速率达2.7～3.8 mm/a。广东省地震局进行的垂直形变测量资料还表明，潮州—炮台段近期呈现北东向下降条带，反映断裂形态很清楚，其最大下沉幅度位于渔湖附近，自1972—1976年下降了16.4 mm（图8–6–6）。在揭阳云路梅岗山所采断层物质热释光测年为（11.59 ± 0.90）万a；在普宁沙溪农场断层物质热释光测年为（26.84 ± 2.2）万a。另外在潮州、揭阳、普宁等地先后发生过多次$4\frac{3}{4}$～$6\frac{3}{4}$级地震，它也应参与了孕震活动，其北段漳州地区发生过两次Ms≥6级地震。

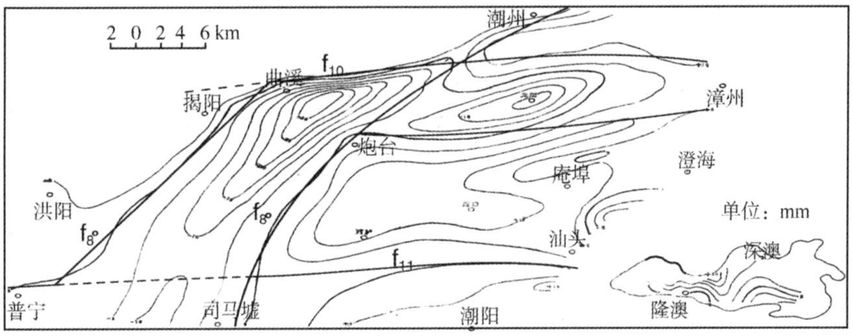

（底图据广东省地震局测量队，断裂编号与图8–6–5同）

图8–6–6　1972—1980年汕头地区地壳（垂直）形变与断裂推测图

2）f_9饶平—汕头断裂。该断裂是重力资料解释的F4.2长乐—汕头断裂的主干断裂，深达40 km，从福建云霄附近延入饶平和水吼一带，经澄海、汕头，总体产状北东 30°～45°，倾向南东，倾角65°～75°。该断裂控制了韩江的二级河道分叉点以及地下水咸淡水的分界线。断层气汞、氡气测量结果反映了断裂带上存在明显的异常。地貌上断裂西北侧为大北山山地和一系列残丘，呈北东向排列直线状，而断裂东南侧为开阔的平原，沿山地和残丘出露的燕山期花岗岩普遍见硅化、压碎、糜棱岩化等现象；据东里、莲下和外砂等地钻孔淤泥层的^{14}C测年及其层位高程估算，自晚更新世以来，断裂西北盘平均沉降速率为0.7～2.2 mm/a，东南盘平均沉降速率为1.6～3.4 mm/a，反映断裂两侧发生差异性运动；自中全新世至晚全新世初期，断裂东南盘出现了抬升运动。据饶平仙洲及澄海樟林、盐灶和内底等地的贝壳堤分布高程和^{14}C测年资料估算，全新世地壳平均上升速率为0.6 mm/a，可见全新世活动速率小于晚更新世。在明朝嘉靖年间（1522—1566年），澄海樟林还处于海滨地带，是通往南洋的商港，而现在已远离海岸约10 km，在短短400年时间，断裂东南侧地块经历了沧海桑田的明显变化。在饶平次一级北东向断裂构造岩测年结果为（8.54 ± 0.70）万a和（11.31 ± 0.93）万a。沿该断裂带的澄海和汕头两地历史上曾发生过$4\frac{3}{4}$级地震。

（3）近东西向断裂

区内存在两条近东西向断裂：f_{10}潮州—揭阳断裂，f_{11}汕头—普宁断裂。它们地面露头不多，根据是重力、航磁、地貌、第四系等厚线以及形变、流动重力以及基岩中的节理面、岩脉等推测。

1）f_{10}潮州—揭阳断裂。它是本次重力解释的一条主干断裂，为F2.1东山—揭阳断裂元浅部反映，深>30 km。断裂位于区域的最北部，也是韩江和榕江平原的北界断裂。其北侧（下盘）是丘陵和山地，南侧（上盘）则是沉降平原，第四系等厚线北东东向沿盆地边界分布，阻挡了韩江和榕江等多条北西向等厚线向北延伸。在揭阳以西榕江由北西向河道转为北东东向河道，在潮州南，韩江支流同步向西拐弯，显示断裂右旋性质；在饶平南黄冈河也同样存在北西流向河道向西短距离的近东西向转弯，盆地边缘两侧近东西向小河道很发育。这些不仅说明本断裂的存在，且有力地证明断裂自晚更新世以来的活动性。重、磁沿断裂带均存在北东东向梯度带或等值线带，流动重力（图8-3-4）、地壳形变（图8-3-1和图8-6-7）存在近东西向等值线带或梯度带。图形很清楚，更证明断裂的现代活动性。

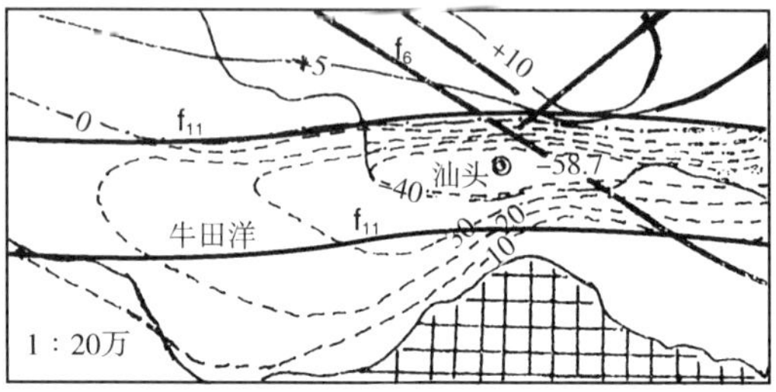

（底图据广东省地震局测量队，断裂编号与图8-6-6同）

图8-6-7　1972—1976年汕头部分地区垂直地壳形变等值线与断裂推测

此外，在断裂带两侧基岩露头虽未见断裂形迹，但北东东向节理分布很普遍。总之，该断裂存在应可肯定，且自第四纪以来，尤其是晚更新世以来直至现代是一条活动性很强的断裂，两次Ms≥6级地震均发生在该断裂带。

2）f_{11}汕头—普宁断裂。该断裂位于区域南界，是本次重力解释的一条断裂——F22南澳—海丰断裂，深>30 km。航磁测量自南澳经汕头至普宁存在一条近东西向梯度带[2]断裂应可肯定。在普宁东北铁山北花岗岩露头见有破碎带和近东西向岩脉以及密集的北东东向节理带，地貌也有一定程度的反映，南澳岛东西向，往西，韩江几条出海水道均有同步向西偏转，汕头南榕江牛田洋更是呈东西向通海港湾，再往西，连接铁山花岗岩破碎带，练江也转呈东西向流。流动重力明显存在一条近东西向的梯度带（图8-3-4），广东省地震局测量队1972—1980年在潮汕地区曾多次进行地形Ⅰ等水准测量，汕头以西明显存在东西向梯度带，向西遇北东向f_8潮州—普宁断裂北段梯度带间断后，至普宁附近再转呈东西向（图8-6-6），图8-6-7中的汕头东西向梯度带更明显表示牛田洋东西转向出海受控于该断裂的活动。由上可见，本断裂不仅存在，且现代仍具有一定的活动性，但地震活动性不如f_{10}强。

此外，在区域中部还可能存在一条近东西向断裂，即南澳北侧断裂（图8-6-5），它可能向西延伸通过桑浦山，有玄武岩北东东向分布，东山湖热泉地下80 m深处等温线呈北东东向分布，小震分布东西向带状，地形变图也有东西向梯度带，但资料不太充分，不能确切认定。

（4）发震构造的讨论

潮汕强震构造区聚集近东西（F2.1、F2.2）、北东（F4.2、F4.3）、北西（F24、F25）3组深断裂（系），深度都≥30 km，其中北西向次一级断裂更是密集。3组断裂晚更新世直至现在均有不同程度的活动，历史上发生过2～3次Ms≥6级地震和许多≥$4\frac{3}{4}$级地震，近代小震较频繁。对照强震活动特征，它完全符合条件。

从深部断裂规模、切割关系分析，北东东、北西向断裂切割了北东向断裂，北东东、北西向断裂互有切割，桑浦山N～Q期玄武岩大多成共轭式溢出，近代流动重力（图8-3-4）、地形变（图8-3-1）也反映了这一特征。从历史强震极震区等震线分析，1067年$6\frac{3}{4}$级地震长轴呈北西向，1895年揭阳6级地震长轴呈北东东向，北西向短轴凸出，实证两组断裂活动性，均是强震发震断裂。但宏观分析，北东东向两条断裂控制了构造区南北界，两次6级以上地震和1次$5\frac{3}{4}$级地震都发生在F2.1（f_{10}潮州—揭阳）断裂带上，而其他地区只发生过$4\frac{3}{4}$～5级地震，可见近东西向F2.1（f_{10}）活动程度最高。我们认为北东东向仍是控震断裂，而北西向断裂亦是强发震断裂，两者为共轭活动性质。地震最危险地段仍是北部北东东向F2.1（f_{10}）与北西向两组断裂交汇部位，因为这里是盆地边缘，差异性活动最大。平原其他地区，只要处于近东西、北西、北东3组断裂交汇部位，均有可能发生$Ms\geq4\frac{3}{4}$级地震，因为这3组断裂在区内均有一定程度的活动性。

8.6.1.4 会昌—寻乌6级强震构造区

地处闽粤赣三省边界的江西省会昌—寻乌地区，历史上曾发生过4次Ms≥5级地震，即1804年寻乌5级（Ⅵ）地震、1806年会昌周田6级（Ⅷ）地震和1941年寻乌水源（龙岗）5.75级（Ⅶ）地震，1987年8月在寻乌县城附近又发生了一次Ms5.5级（Ⅶ）地震群（8月2日M_L5.6级、8月3日M_L5.2级、8月15日M_L5.1级）。因而该区是江西省中强地震的多发区，近年来弱震活动仍较频繁，将之划为6级强震构造区（图8-6-1、图8-6-8）。

会昌—寻乌震区在大地构造上位于粤闽坳陷区西侧与赣中南隆起区交界地带。出露的地层，从老到新主要有：震旦系—寒武系及其区域变质岩、混合岩，属浅海相类复理石建造，岩性为长石石英砂岩、板岩和硅质岩等，经区域变质作用及混合化作用则成为黑云母斜长片麻岩、绢云母片岩、千枚岩及片麻状变质砂岩、粉砂质片岩和混合岩等；其次为侏罗系，岩性为砾岩、砂岩、粉砂岩、页岩及火山熔岩、火山碎屑岩（流纹质凝灰岩、角砾熔灰岩、流纹岩和流纹斑岩等），属陆相及陆相火山碎屑岩建造；白垩系（K）呈现狭长条带状展布于震区中部，属陆地湖泊相夹火山喷出相沉积，岩性为紫红色砂砾岩、粉砂岩、页岩、泥岩夹流纹岩、角砾凝灰岩和凝灰质砂岩等；下第三系（E）仅局部出露于丘坊一带，岩性与白垩系沉积层相似，属陆相山间盆地堆积；第四系（Q）不发育，仅在寻乌县城、会昌周田等现代河谷盆地中有少量冲积层分布，岩性为砾石和砂土层，厚<20 m，组成河流阶地及河谷小平原，此外尚有厚度2～5 m的残—坡积物，岩性为碎石和亚砂土层。

除上述地层外，其余地区都为加里东期交代花岗岩和燕山期花岗岩体所占据，约占构造区面积的一半。岩类多种多样，计有黑云母花岗岩、二云母花岗告、似斑状花岗岩、石英斑岩、花岗斑岩和花岗闪长岩等，多呈大岩基和岩瘤产出。

区内构造以断裂为主，褶皱次之。断裂构造按其展布方向，主要有北北东向、东西向和北西向3组。

（1）北北东向断裂

北东—南西向纵贯全区，属邵武—河源断裂带中段的组成成分，其深度在重力各方法上延30 km仍形迹清楚（图7-3-1、图8-4-2，F6）。地表出露主要有3条断裂：①鹧鸪隆—漳田断裂；②珊贝—丘坊断裂；③三标—莒蒲断裂。

（2）东西向断裂

主要展布于区内的东部，以往资料归属南岭纬向复杂构造带（福建称三南—漳平—仙游东西向断裂带）的组成成分，本次重力资料解释为莆田—韶关—荔浦断裂带（图7-3-1和图8-4-2，

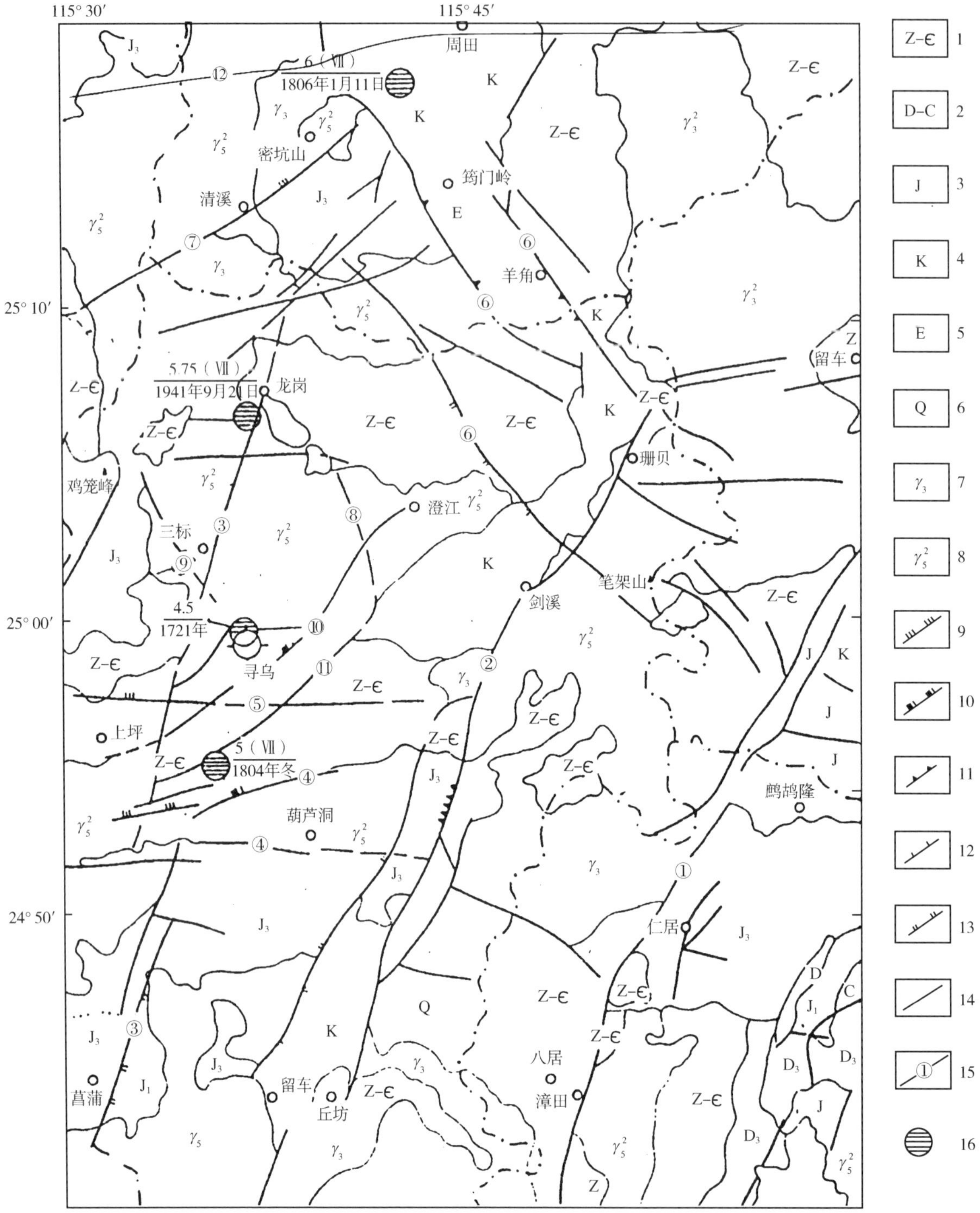

1．震旦系—寒武系　2．泥盆系—石炭系　3．侏罗系　4．白垩系　5．下第三系　6．第四系　7．加里东期花岗岩　8．燕山期花岗岩　9．压性断裂　10．压扭性断裂　11．张性断裂　12．张扭性断裂　13．活动断裂　14．性质不明断裂　15．断裂编号　16．历史强震震中

①鹧鸪隆—漳田断裂　②珊贝—丘坊断裂　③三标—菖蒲断裂　④桂竹帽—葫芦洞断裂　⑤上坪—寻乌—吉潭断裂　⑥周田—珊贝断裂　⑦清溪—安远断裂　⑧龙岗—澄江断裂　⑨三标—寻乌断裂　⑩澄江—上坪（寻乌）断裂　⑪寻乌—鹅子湖断裂　⑫周田断裂

（据何昭星，略有补充、修改）

图8-6-8　寻乌附近地区地质构造及历史地震震中分布

F1.2），各方法上延40 km形迹仍清楚。区内地表出露主要有2条断裂，即图8-6-8中的④桂竹帽—葫芦洞断裂和⑤上坪—寻乌—吉潭断裂。在北部会昌南周田附近还有一条近东西向断裂，为本次重力解释的一条断裂，称会昌—福清断裂（图7-3-1，F1.1），是华南F1.1的东段（附图Ⅴ），上延30 km形迹清楚，只是地表出露不明显，关注不够，1806年会昌6级地震就发生在此断裂与北西、北东向断裂交汇区。

（3）北西向断裂

属寻乌—汕头断裂带一部分（图7-3-1和图8-4-2，F25.1），重力各方法上延30 km形迹清楚，本区内由多条斜列式断裂组成，由北向南有周田—珊贝断裂、水源（龙岗）—澄江断裂、三标—寻乌断裂。现对上述三组地表出露主要活动断裂简述如下：

1）鹧鸪隆—漳田北北东向断裂。断裂产状北东15°～30°，倾向南东，倾角40°～50°，区内长60 km，断裂控制白垩纪红色断陷盆地的发育，亦是控制南武夷断块隆起区的东部边界断裂，断裂早期呈压性活动，晚期则呈张性正断层活动，循环断裂见有5～50 m宽的破碎角砾岩带，表明它是一条曾经历过多期活动至新生代以来仍有一定程度活动的断裂。

2）珊贝—丘坊北北东向断裂。断裂走向北东15°～30°，倾向北西，倾角45°～50°，长60 km以上，与鹧鸪隆—漳田断裂一样，早期呈压性兼扭性活动，沿断裂见有此期活动所形成的挤压构造岩，如糜棱岩、构造透镜体、片理化带及断层擦痕等形迹；后期呈张性正断层活动方式，可见及宽10～100 m的硅化角砾岩破碎带，断面粗糙，在附近的断层破碎带中尚可见到宽20～50 m或50 m以上的基性岩脉循环断裂贯入，岩脉本身又遭受张性破碎，其破碎裂隙又被晚期石英脉所充填，表明该断裂曾有过多次活动。

该断裂控制南武夷掀斜断块隆起区的西侧边界，并严格控制着罗唐—南桥—留车一带白垩纪—早第三纪（K～E）断陷红盆的发育。断裂两侧地貌反差强烈，断层三角面、陡崖多处可见，沿断裂亦见有喜山期基性岩体及多处温泉出露，表明断裂切割地壳较深，显示珊贝—丘坊断裂是一条第四纪以来仍有活动的断裂。

3）三标—菖蒲北北东向断裂。由多条呈斜列式展布、产状北东25°左右的压性断裂组成，单条断裂延伸5～15 km，倾向不一，倾角50°以上。沿断裂普遍可见到片理化、糜棱岩化、挤压构造透镜体、断层擦痕及多种岩脉贯入等压性构造形迹。

该断裂基本控制着周田—寻乌断陷区（带）的西部边界，断裂南段见有温泉及喜山期基性岩体出露，说明断裂为超壳断裂，与重力资料解释的深度一致。沿断裂东侧历史上曾发生过多次强震，1987年8月2日寻乌5.5级强震则发生在该断裂与三标（鸡笼嶂）—寻乌北西向断裂的交汇部位，因而似可判定三标—菖蒲断裂是一条第四纪以来有明显活动的断裂。

4）桂竹帽—葫芦洞。

5）上坪—寻乌—吉潭东西向断裂。断裂展布于北纬24° 54′～24° 58′附近，属南岭纬向构造带的主体三南—漳平—仙游东西向断裂带的构造成分。桂竹帽—萌芦洞东西向断裂长40余千米，倾向不一，倾角50°，该断裂控制岩浆岩和中生代盆地的发育，具有多期活动特征。断裂带还控制着周田—寻乌—留车中新生断陷盆地带内的次级横向隆起（即单观嶂—太白嶂东西向横向隆起）及温泉和地震的分布，河流阶地的分布高度在断裂带两侧发生明显的变位，表明该断裂第四纪以来仍有明显的活动性。1987年8月寻乌5.5级强震群发生在该断裂带的北缘，显示强震的发生可能与东西向断裂的现今活动有关。

6）周田—珊贝北西向断裂带。由数条呈多字形展布并向西南方向突出的北西向弧形断裂组成，断裂倾向南西或北东，倾角60°左右。断裂晚近时期以来呈张性正断层活动方式，羊角一带可见宽度很大的断层角砾岩破碎带。该断裂（带）控制着南武夷环状构造的西南环带的边界及周田—罗塘一带白垩系断陷红盆的发育，断裂两侧的地貌反差明显，沿断裂有温泉出露。1806年周田附近曾发生6级（Ⅷ）强震，显示该断裂带第四纪以来有明显的活动性。设置在该断裂带上的跨断层形变测量场地（瑞金谢坊），多年的复测资料（短水准、小三角）也证实该断裂现今仍有明显的蠕变活动。

7）水源（龙岗）—澄江北西向断裂。断裂沿澄江河谷发育，河谷中为全新世沉积、断裂谷，1941年龙岗5.75级地震应与该断裂活动有关。地震后，陈国达院士对此曾有过较详细的考察，认为极震区等烈度线为北西向[135]。

8）三标—寻乌北西向断裂。断裂沿马蹄河谷（寻乌河支流）展布，产状北西320°，在寻乌附近该断裂切断北东向断裂，同时也是震旦系与寒武系的分界线，断裂控制着马蹄河谷及寻乌第四纪河谷盆地的发育。1987年8月2日寻乌5.5级强震的极震区长轴方向及地震裂缝方向均与该断裂的走向基本一致，显示该断裂现今尚在活动。

（4）关于强震构造的讨论

首先讨论1987年寻乌5.5级地震发震构造。它是第Ⅳ活动幕的一个地震，震前震后记录真实可靠。关于该地震的发震构造，也有不同的认识。有学者认为与北北东向河源—邵武断裂的珊贝—丘坊断裂和东西向三南—漳平—仙游断裂共同活动的结果，也有学者认为是北北东向珊贝—丘坊断裂与北西向三标—寻乌断裂（鸡笼嶂—寻乌—八尺坊断裂）共同活动的结果，具体发震断裂是北西向三标—寻乌断裂。上述都有一定的根据，值得进一步研究。

我们在本书提出一种新的认识，认为本次地震是近东西向三南—漳平—仙游断裂与北西向三标—寻乌断裂共同活动的结果，具体发震断裂是北西向三标—寻乌断裂，主要根据：

1）近东西向断裂活动性。首先从大构造背景考虑，寻乌位处南岭南坡（一般称南岭东西向构造系）断裂带上，是其北缘断裂，这是一条深达40 km的深大断裂带（图7–3–1，F1.2），横跨南岭山地，经桂、粤、赣和闽四省，也是一条控震断裂。西侧的龙南地震，东侧的永定、华安、安溪乃至泉州一带的5级以上地震，都在它的主断裂带或支断裂带上，其北侧的会昌、连城、德化一线，本次重力资料处理结果显示，还存在一条东西向周田断裂，同为一断裂带系（图7–3–1，F1.1），称会昌—福清断裂，深超30 km，从会昌周田1806年6级地震区通过。

从地震活动关联性分析，据谢明富研究[136]，本次地震与1982年龙南5级地震存在活动的关联性，是东西向断裂控制的继续发展，即龙南地震后，小震活动并未止息，而是向东扩散，1983年5月12日在寻乌东北发生一次4.2级地震。小震主要集中在未来主震地点寻乌周围。1985年6月中旬后，原龙南5级地震区小震突然又频繁起来，至年底发生M_L≥2级地震94次，最大震级为3.7级，表明赣南地区构造应力仍在加强。1986年1月8日寻乌西北又发生一次4级地震，明显形成龙南—寻乌地震活跃带，这就是近东西向断裂的控震活动，寻乌5.5级地震后小震活动逐渐减弱止息，没有继续扩散。

从现代形变测量资料分析[124–125]，在会昌—连城（北部）与寻乌—漳平之间存在一条明显近东西向形变带（1954—1987年），往东可延至德化和莆田一带，表明近东西向构造的现代活动性（见图8–3–1），1957—1974年形变图更反映会昌一线以北为负值（下降区），会昌以南为正值（上升区）。

从现代流动重力测量资料分析，结果基本与形变图一致，寻乌—漳平—莆田一带是一条近东西向重力异常带（见图8–3–2）。

2）北西向断裂的活动性也很明显。前文已指出，北西向寻乌—汕头断裂带（图7–3–1和图8–4–2，F25）是一条很大的断裂带，南可延至福建东山，北或伸至湖南株洲一带，深达30 km。震区内的几条斜列平行式北西向断裂，控制着第四纪晚期河谷发育，并不发育阶地，代表它的新生性、全新世活动性。

从地震活动性分析，汕头—寻乌断裂带是一条地震断裂带。会昌、寻乌、潮州、揭阳、汕头和东山一带均发生过5～6级地震，说明该断裂带是一条地震活跃带，反映它的现代活动性；寻乌地区发生几次5～6级地震，均分布在几条斜列平行的北西向断裂带上，它们都是汕头—寻乌断裂组成部分。

在1987年寻乌5.5级地震发生前，就存在一条北西向地震条带[137-138]，主震后，余震也是呈北西向展布。我们在1994年曾对该地震构造区进行地震地质考察，在三标附近断层气测量，三标氡（Rn）含量达3 700脉冲/min、1 600脉冲/min（珊贝附近氡含量达450脉冲/min、会昌达250脉冲/min），高于背景值20倍以上。1995年1月24日在三标附近发生M_L4.3级地震，反映断层气沿断裂喷出，与地震断裂活动密切相关。

形变测量资料反映，寻乌—汕头断裂带存在一条突出的北西向形变带，其范围包括了前述几条北西向断裂。寻乌以北、以东为负值带，以西、以南为正值带，结点在寻乌附近，所以不仅三标—寻乌断裂的现代活动性可以肯定，而且其以北平行斜列的几条北西向断裂的现代活动性也是肯定的（见图8-3-1）。

3）北东向断裂带是区内地表出露最瞩目的断裂带，规模最大和连续性最好，断裂两侧地形反差最大的断裂带，一侧是陡立高耸的山体，另一侧是盆地。所以，前人大都认为它是活动最强的断裂，且断裂带附近有破坏性地震分布，得出河源—邵武断裂带是控震断裂带或称为地震断裂带，也是发震断裂带。寻乌震区常作为震例之一。我们在对华南地区北东向断裂广泛研究的基础上，且在震区现场实地考察，认为震区北东向断裂同其他地区一样，新构造活动性并不强，至少不如前述近东西向和北西向断裂，它两侧的地形反差其实是中生代强烈活动的记录，山内深切V形谷与瀑布，跌水是流水重力活动自然产物，很明显的特征是山前并无冲、洪积锥或扇地貌，真正的新构造期断层三角面也罕见，河流两岸常出现1～3级基座阶地，反映它大面积间歇性上升的特征。现代形变测量和流动重力测量并没有明显的规模较大的与地形高差一致的北东向变异带，断层气测量数据远远低于北西向、近东西向断裂（1992年广东省地震局陈庞龙等在区内曾做过断层气Rn、Hg测量，测量值与本次大体一致）。断裂带分布的强震也都位于与近东西向、北西向交汇的部位，在1987年5.5级地震后期也出现北北东向少量余震带，可能是由于北西向断裂活动牵动顺时扭动、局部应力场调整的结果，也不能完全排除北北东向断裂有一定的活动性。

综上所述，我们认为1987年寻乌5.5级地震是近东西向和北西向断裂共同活动所致，近东西向断裂是控震构造，北西向三标—寻乌断裂是发震断裂，应是没有异议的。首先，极震区等震线是以三标为中心的北西向长轴，余震主要呈北西向条带（北东向条带是后期发生的），地面地裂缝也是北西向的，反映地震破裂面应是北西向断裂。在三标一带断层气测量，其Rn含量达3 700脉冲/min，远远高于其他断裂，几个月后再一次发生4.3级地震，表明断层活动张开，断层气大量逸出。

1987年5.5级地震发震机制基本上可代表震区其他强震，因为前述几个5～6级地震区均存在北西向、近东西向断裂交汇，形变测量同样存在北西向、近东西向变化带（梯度带）。

现在把问题移到该强震构造区最北部的会昌周田1806年6级地震区的发震构造就简单了，图8-6-8和图7-3-1清楚地显示，会昌周田地震区与寻乌地震构造并无多大区别。它位于近东西向会昌—福清断裂（F1.1）与北东向三标—菖蒲断裂（河源—邵武断裂F6之浅部断裂）、北西向周田—珊贝断裂（F25寻乌—汕头断裂带的地面浅部出露部分，与分布在构造区几个地震区的北西向断裂同属一个北西向斜列体系）交汇处。前文阐述流动重力测量及形变测量时均涉及这一地区的近东西向、北西向断裂的现代活动性，会昌周田1806年6级地震极震区等震线北西向，说明它同样是北西向断裂发震与近东西向断裂共轭活动，而后者是控震断裂。据1957—1974年垂直形变测量资料，北东东向形变格局几乎控制了全区，说明近东西向构造在区内的活动是有相当位置的（图8-6-9）。

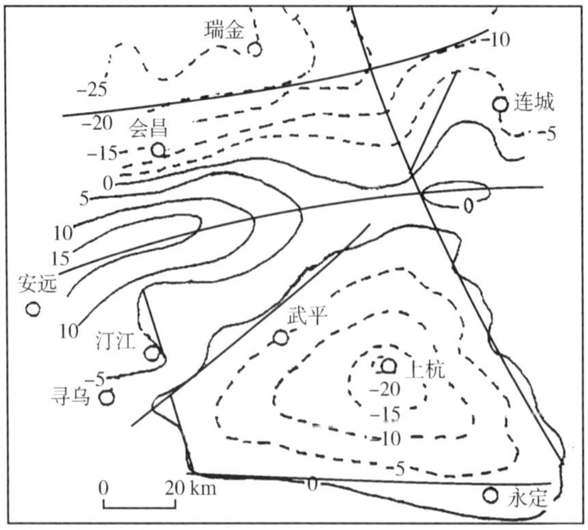

（等值线底图据福建省地震局综合队）
图8-6-9　会昌寻乌地区垂直形变等值线与断裂推测图

据福建省地震局柯龙生、曹伯强所作震源机制与上述认识完全一致（表8-6-1）。P轴为北西西向，两组节面，其中一组节面为北东东向，另一组节面为北西向。判定主破裂面北西向。

表8-6-1　寻乌主震断层面解

节面Ⅰ			节面Ⅱ			P轴		T轴		B轴		结果来源
走向/（°）	倾向	倾角/（°）	走向/（°）	倾向	倾角/（°）	方位/（°）	倾角/（°）	方位/（°）	倾角/（°）	方位/（°）	倾角/（°）	
66	南东	55	132	南东	60	97	49.5	188	4	285	35	柯龙生
64	154°	63	144	54°	70	103	35	194.8	6	292.4	56	曹伯强

江西会昌县城南和周田老虎寺几地在1987年寻乌5.5级地震前就开始出现地裂缝（图8-6-10），直到1994年7月我们去考察还未停止。我们在会昌县地震局测量的基础上进行补充考察，认为这些地裂缝是构造活动引起的，很有研究意义。会昌测量地裂缝共有67条，总长850 m，宽150 m，总体分布方向北西向，北东向只有10条且短，近东西向4条且较长，其余53条均是北西向。许多房屋发生一致的倾斜，均反映是北西向断裂的活动所致，这也旁证北西向断裂活动直接与地震活动有关。在裂缝带旁侧（红军纪念碑西侧）发现一条北西向第四纪断裂，使白垩纪红层与第四纪砂砾层成断层接触（图8-6-11），呈左旋性质。裂缝经历时间很长，至少有7～8年时间，裂缝经过房屋、地板和墙壁多发育裂缝，且不断扩展，找不出气候、土质、地下水位变化等外因影响因素。跨越裂缝和断裂做了一条断层气（氡）测量，在裂缝、断裂区域含氡量显著增高（360～750脉冲/min），因此，会昌县城南的北西向地裂缝应与该区同方向断裂活动有关。

周田老虎寺地面裂缝见图8-6-12，以近东西向、北西向裂缝为主，北东向裂缝相对较少且较短，近东西向裂缝最长，这也旁证1806年周田6级地震构造背景。

此外，瑞金市西南5 km的沙坝镇大布村百花园也发现有地裂缝，穿过果园、稻田和村民房屋，其走向以北西向占优势。1989年还有扩张之势，横跨北西向裂缝做了一条测氡剖面，结果在地裂缝带氡含量出现最高值达330～660脉冲/min，应是北西向断裂的反映。

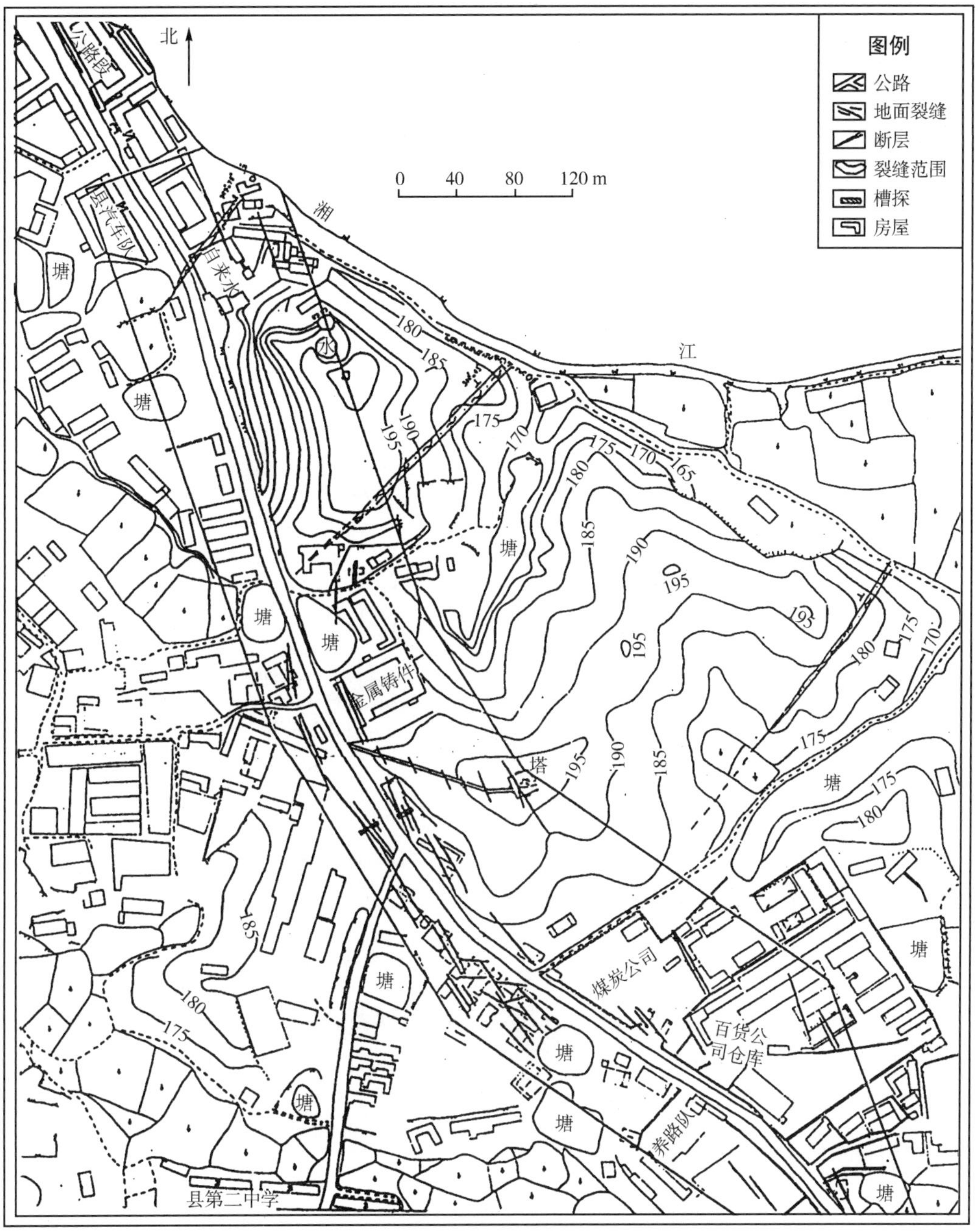

（据江西省会昌地震局缩编）

图8-6-10 会昌县城南外地面裂缝平面图

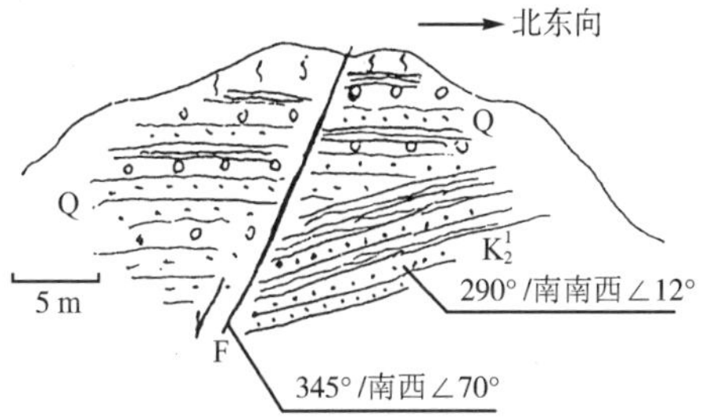

Q. 第四纪砂砾层 K_2^1. 上白垩统钙质粉砂岩夹页岩

图8-6-11 会昌县城南外断层示意

综上所述，我们认为近东西向断裂控制了构造区南北边界：会昌—寻乌强震构造区受近东西向断裂控制，它的北界是F1.1会昌—福清断裂，深达30 km；南界是F1.2龙南—莆田断裂，深>30 km。图8-6-8中的④桂竹帽—葫芦洞断裂、⑤上坪—寻乌—吉潭断裂是它在地面浅部出露的断裂。北西向断裂在区内地表呈斜列式排布。这两组断裂均具有现代活动性，且多次Ms≥5级地震均位于两组断裂交汇区。但多次强震极震区等烈度线均呈北西向，特别是近代发生的1987年寻乌5.5级地震震害，宏观现象更确认发震断裂是北西向。所

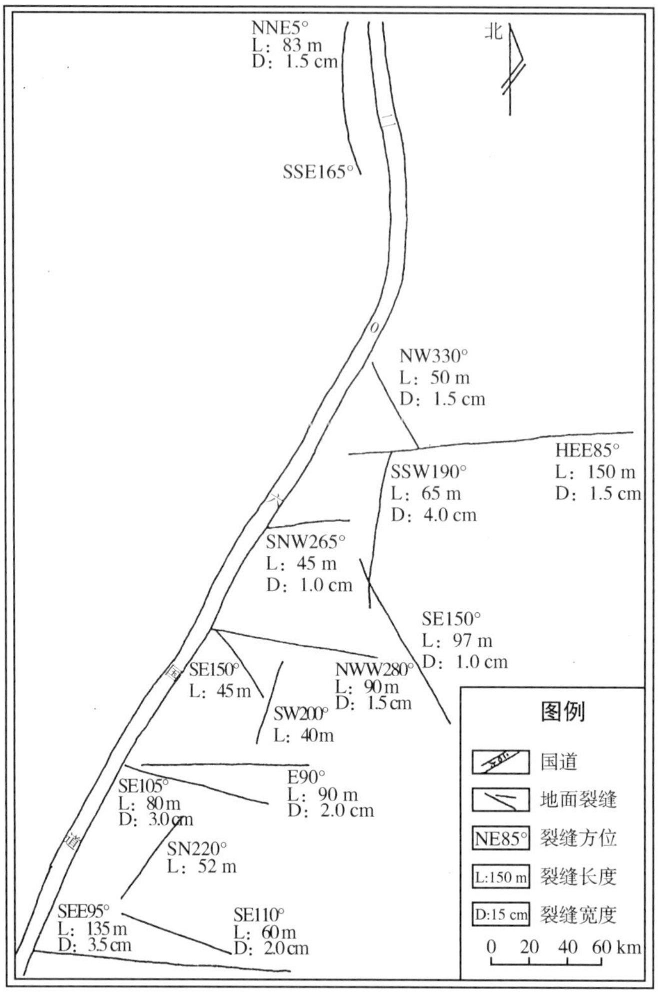

图8-6-12　会昌周田老虎寺地面裂缝平面图

以两组断裂共轭活动是发震的机制。至于北东向河源—邵武断裂（F6）斜贯全区，深度在该区内也＞30 km，尤其地表出露如图8-6-8中的③三标—莒蒲断裂也总是汇聚于各震中区，它虽现代活动性不太明显，但它可能对孕震发挥了一定作用，其功能机制尚不明了，还有待我们研究。

8.6.2　粤闽赣交界地区强震构造评论区

所谓强震构造评论区，是指这些地区因为基础资料不完备或孕震、发震条件改变等，不能准确地划分Ms≥6级强震构造，但这一地区曾经发生过Ms≥6级地震，学者们和社会又广泛关注，故我们特设立之，并作简要评论，以供读者参考。粤闽赣交界地区设立3个强震构造评论区（图8-6-1），分别是泉州海外7.5级强震构造评论区、南澳7级强震构造评论区、河源强震构造评论区。

8.6.2.1　泉州海外7.5级强震构造评论区

泉州海外1604年12月29日曾发生$7\frac{1}{2}$级地震，《中国地震目录》定位为北纬24.7°，东经119°。许多学者对它的发震构造、震害和地震参数等进行了研究。一些学者认为震级应为8级[67, 69, 79]，多数学者倾向7.5级[139]。这个问题并不是很大，焦点在极震区等震线长轴以及涉及发震构造问题。从重力解释图看（图8-6-1和图7-3-1），震中区两条近东西向断裂（F1.3、F1.2.0），一条北东向断裂（F4.1），一条北西向断裂（F28）汇聚，除F1.2.0属次一级断裂深10 km（主断裂深＞30 km）外，其他3条断裂深度均30 km，震中区东部重力原始资料不完整，不能准确地解释断裂深度，相互切割关系。据不完整资料推测，深部断裂格局不会有多少改变。问题是哪一组断裂为主破裂面——发震断裂。一些学者认为北东向平潭滨海断裂（F4.1）是发震断裂，所绘外围烈度等震线都是长轴北东向。所列外围震害分布（喷沙和喷水带）也呈北东向分布。F4.1断裂带上有许多地震分布。另外一些学者在震中区陆地部分也做了不少工作，烈度线给出长轴北东东向，强调北东东向断裂是主要发震断裂。

由于震中区东部缺乏震害资料以及断裂现代活动性资料，我们很难得出准确的评价。从前文重力资料处理的各种图件分析，近东西向断裂F1.3切割了北东向F4.2和F4.3是肯定的，且穿过（应属相交性质）了北东向F4.1达到台湾海峡；而北西向F28与F4.1应是交汇性质，它们也到达台湾海峡。东西向断裂F1.3与北西向断裂F28在地壳垂直形变图（图8-3-1）、流动重力场变化图（图8-3-2）中梯度带很明显，反映其现代活动性；相反，北东向F4.1活动性却表现不足（可能由于许多段落在海中，难以布点测量）。由此推理，泉州海外7.5级大震发震主断裂很可能是北东东向F1.3，而北西向F28、北东向F4.1都参与了孕震和发震过程。这一认识只是一种评论和讨论性意见，待台湾海峡取得更多地质、地震资料后，再做深入研究。

8.6.2.2 南澳7级强震构造评论区

南澳历史记载1600年、1918年发生过两次Ms≥7级地震和多次5~6级余震，它是东南沿海最强的一个强震构造区，学者和社会关注度都很高。

该地震构造在学术上持不同意见较多，首先震中就是第1个大的问题，《中国地震目录》定位：1600年9月29日南澳7级地震北纬23.5°，东经117.2°；1918年2月13日南澳7.3级地震北纬23.2°，东经117.4°，几乎是原地重复。而前人撰文讨论震中位置的不下10余家，各抒己见，其中两震中之间距离最大达100 km以上[22, 68-69, 71, 140-144]。第2个大问题是发震断裂，最早大多认为与北东向长乐—诏安断裂（相当于图7-3-1中F4.2），后来发现F4.1平潭滨海断裂带更靠近震中，活动性也更强，现在北东向断裂发震说者基本上认定是该断裂为主发震断裂。继后，华南沿海北西向断裂活动性得到普遍认可，一些学者提出北东向断裂为主、北西向断裂为辅的南澳地震发震机制。直到今日，仍有持这一观点者。20世纪80年代后，随着南海石油地质普查取得丰硕成果，南海的形成和北东东向构造活动以及有仪器记录的地震资料的积累，一些地震学者受到了启发，开始注意到北东东向断裂的活动性，并且认为北东向断裂不太活动了，至少是活动性减弱，不如北东东向和北西向活动，于是提出了南澳地震以及其他许多强震，北东东向断裂是发震主断裂，具体指出是南澳岛北侧断裂（相当于F2.1，或F2.2），并与北西断裂共轭活动。但不排斥其他某些地震在某些具体构造条件下，北西向断裂可以是主要发震断裂。还有一种观点，认为南澳地震的发震断裂是北西向断裂，具体指出黄冈河断裂（相当于图7-3-1中F25.2）、韩江断裂（F25.1）等。

根据本次重力资料解释以及对华南强震构造的解剖，本书认为《中国地震目录》[65]南澳地震震中位置符合强震发生条件。对于1600年、1918年南澳两次地震，陈恩民等在现场做了相当详细的调查，几乎是逐村逐屋的访问，结果可信度较高。其震中位置与《中国地震目录》相近。这两次7级地震发震主断裂是北东东向南澳北侧断裂，相当于F2.1或F2.2系统的断裂（由于震区东半部重力资料不完整，不能确切确定）。北西向F25寻乌—汕头断裂汇交于震中区，与极震区等震线、北西向突出位置吻合，它应参与了共轭活动，是这次地震发震的机制，符合大多数学者认识比较一致的粤闽交界地区主压应力场为北西西向作用的机理[74, 145]。北东向F4.1应当也通过强震构造区，它在孕震、发震过程中起何作用仍待研究。它的活动性显然比其他北东向断裂要强，可能与它位于台湾海峡断陷西侧构造条件有关。

8.6.2.3 河源强震构造评论区

1962年3月19日，广东河源新丰江水库区大坝附近发生一次6.1级地震，烈度为Ⅷ度，半个世纪以来，余震一直不断，达30多万次，20世纪80年代以来还多次发生M_L≥4.5级地震，社会很关注今后会不会发生更强破坏性地震[146-150, 194]。

关于新丰江水库地震的文献之多不亚于国内任何一次大震，各大家、各种学术观点聚集。开始，主要集中讨论是水库诱发地震还是构造地震，现在大多数学者认为是诱发构造地震，即构造活动是本质、诱发是外因。之后，讨论焦点集中在主要发震断裂上。新丰江强震构造区同样分布北东向、北东东向、北西向3组断裂。最初，不少学者认为北东向断裂是主要控震断裂，甚至是发震断裂，但宏观现象显示北东东向为主破裂面，被解释为新华夏系北东向断裂的配套断裂。至今认为北东向断裂（河源—邵武断裂之各分断裂，图7-3-1中的F6）为发震断裂者已是极少数，无论客观上地质活动性，还是微观上的地壳形变测量。余震分布、震源机制等都不支持北东向断裂是发震断裂这一观点。现在问题集中在北东东向、北西向断裂上，哪一组断裂是发震断裂？无论是宏观上还是微观上，这两组断裂都各有相当充分的科学依据，难分伯仲。过去我们也曾认为北西向断裂浅[41, 151]，那时，只做浅部断裂研究。本次重力资料处理，各种方法上延40 km都有形迹反映（见第七章的各重力资料解释图），大地电磁测深也得出河源—海丰存在一条北西向深壳断裂的意见[21]。而很意外的是，过去认为北东东向南山—河源（坳头）断裂（相当于图7-3-1、F1.5漳浦—河源断裂之一段，附图Ⅴ、F1.5上林—河源—台湾海峡断裂）比北西向断裂深，此次重力资料处理结果、各种方法都显示，在华南大多数近东西向断裂深度均≥30 km，唯独通过河源的F1.5，除漳浦以东的台湾海峡段深达>30 km外（重力资料不完整，尚难完全确认），其他全断裂都只有20 km深度。这不仅对评定河源强震构造区构造因素的震级上限产生影响，且对北东东向、北西向两组断裂，哪组断裂是发震构造、控震构造产生了疑团。不过，我们仍然坚持认为新丰江6.1级主震控震断裂和发震断裂均是北东东向南山—河源断裂。因为6.1级地震极震区等震线为北东东向，这是最直观、科学性强、可信度高的，也是学界普遍认可的依据（标志）。北西向石角—硐楼—白田断裂（峡谷断裂）是辅助发震断裂，主震震源机制也支持这一认识，在主压应力北西西向73°作用下，产生北北西向28°、北东东向62°两组破裂面。至于主震后的强余震极震区多呈北西向，北西向断裂成为发震断裂，则完全可以理解，符合共轭活动断裂能量释放的程序。今后强余震北西向断裂发震仍将居首，甚至偶尔还可能出现北东向断裂活动而产生的余震，随着时间延伸，水库诱发地震因素影响日趋减弱，余震转入构造活动为主的应力调整期，难免各种方向破碎带的应力释放，余震强度也将渐次减低。

日后河源强震构造区震级上限是大家关注的大问题。由于水库诱发地震因素日趋减弱，成为震级上限决定性条件，加之近东西向断裂深度<30 km，已经不符合前文给出的Ms≥6级地震的条件。河源地震属于山前断裂活动性质，与广西灵山地区、福建漳州地区比较，无论是北东东向断裂还是北西向断裂活动性要低一档次，前两者山前发育强大的洪积扇组成的山前倾斜平原，这是中国山前强震普遍特征[16]；而河源桂山山前不存在，只有个别的小的冲、洪积扇而已，即使未发生6级地震的广东肇庆北山、福建福州地区鼓山，山前也有强大的洪积扇发育，类比起来，笔者认为河源强震构造区震级上限应低于Ms5.5级，故未将它列入Ms≥6级强震构造区。河源地区处在一个比较特殊的构造部位，从近东西向断裂（F1.5）而言，它是F1南岭南坡东西向断裂带（系）与华南中部近东西向断裂的分界断裂，从北西向断裂（F22）而言，它位于粤东北西向深断裂系与粤中北西向珠江三角洲浅断裂带（系）交界断裂，正好位于结点上，加之北东东向、北西向断裂均有一定的活动性，所以震级上限也不能低估，定为Ms≤5.5级较妥。鉴于它位于具有分界性、区域性的近东西向断裂带（系）与北西向断裂带（系）结合位置，可能对华南地震活动反应敏感，或可成为敏感区域，有待研究和实践检验。

8.6.3 粤桂琼交界地区强震构造

确定粤桂琼交界地区内陆Ms≥6级强震构造有3个，强震构造评论区1个（图8-6-13）：

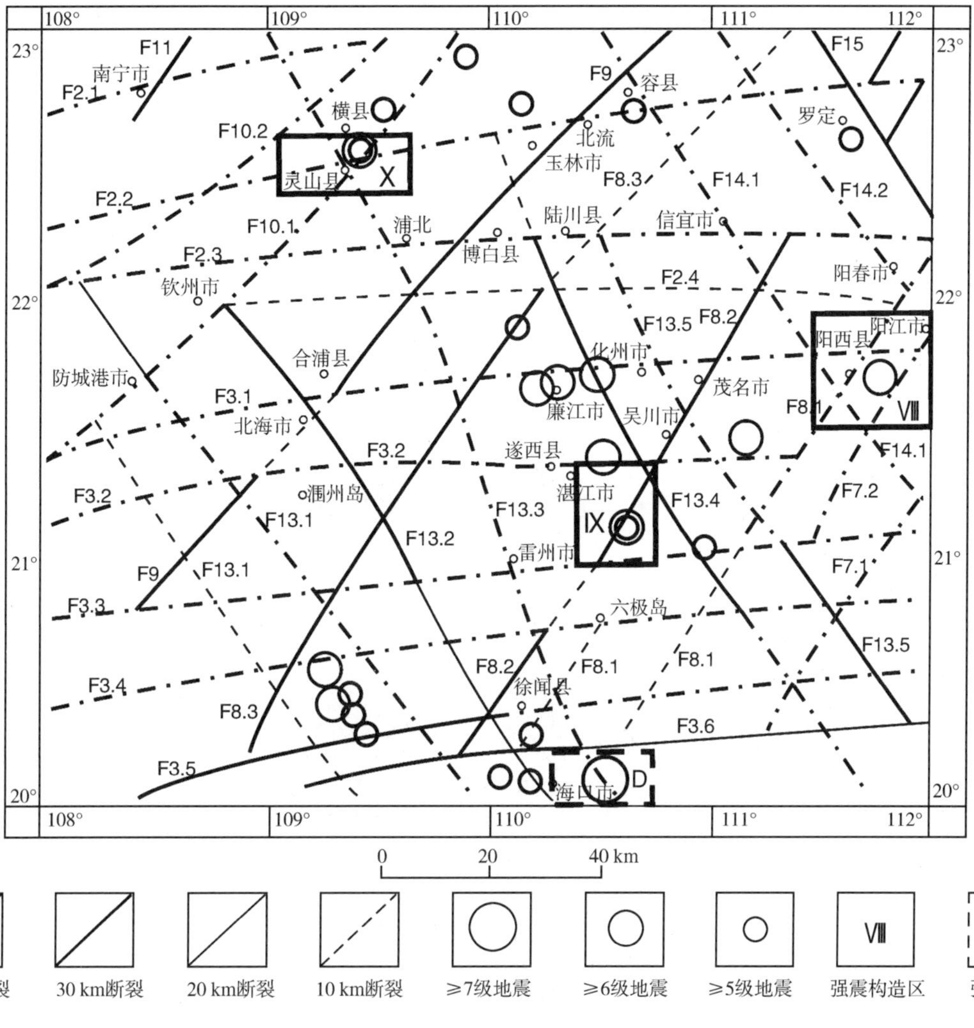

F2.1. 南宁—贵港断裂 F2.2. 灵山—容县断裂 F2.3. 浦北—信宜断裂 F2.4. 钦州—阳春断裂 F3.1. 廉江—阳西断裂 F3.2. 涠洲—湛江断裂 F3.3. 北部湾—雷州断裂 F3.4. 北部湾—六极岛断裂 F3.5. 北部湾—徐闻断裂 F3.6. 琼州海峡断裂 F7.1. 海陵岛断裂 F7.2. 恩平—阳江断裂 F8.1. 阳西—琼山断裂 F8.2. 吴川—徐闻断裂 F8.3. 陆川—北部湾断裂 F9. 北流—合浦断裂 F10.1. 灵山—钦州断裂 F10.2. 横县—沙坪断裂 F11. 南宁—宾阳断裂 F13.1. 防城港—临高断裂 F13.2. 钦州—海口断裂 F13.3. 灵山—铺前港断裂 F13.4. 博白—广州湾断裂 F13.5. 陆川—吴川断裂 F14.1. 容县—阳西断裂 F14.2. 阳春—阳江断裂 F15. 罗定—上川岛断裂 Ⅷ. 阳江6.5级强震构造区 Ⅸ. 湛江湾（湛江港）6.5级强震构造区 Ⅹ. 灵山6.5级强震构造区 D. 琼山7.5级强震构造评论区

图8-6-13 粤桂琼交界地区深部断裂系统与强震构造分布

阳江地区（6.5级），湛江湾（湛江港）地区（6.5级），灵山地区（6.5级），琼山（7.5级）评论区。

这里需要说明一个问题：中国地震局1995年版的《中国历史强震目录》（以下简称1995年版《目录》）[64]将以前的地震目录中1605年琼山$7\frac{1}{2}$级地震的几个Ms≥6级余震，从琼山大震区改定到图7-4-1中的雷州半岛东侧的位置（图8-6-13）。一些学者对此有不同意见[200]，依旧使用老的地震目录，中国地震局科技司地震预报处编著的2010年10月版《中国地震目录》[65]再一次肯定1995年版《目录》的意见，导致对这一地区地震危险性评价有较大差异。一些学者在该区开展工作，按1995年版《目录》研究地震问题，一些学者仍然按旧版《目录》评价地震问题，存在不少矛盾。我们赞成1995年版《目录》的意见[152]，且认为这几个6级地震不是余震，而是琼山7.5级大震后，地震沿着北西向断裂向西北方向迁移，属地震迁移性质。因此，本书按照这一认识讨论区内的地震问题。

本区除了划出3个6.5级强震构造外，另外将琼山7.5级地震老震区设为强震构造评论区。

8.6.3.1　阳江6.5级强震构造区

1969年7月26日广东阳江市阳西县洋边海海湾内发生一次Ms6.4级地震，震中烈度Ⅷ，震后余震不断，一直延至今天。2004年还发生Ms≥4.9级地震，学界一直很关注这一地区地震活动（图8-6-14）。

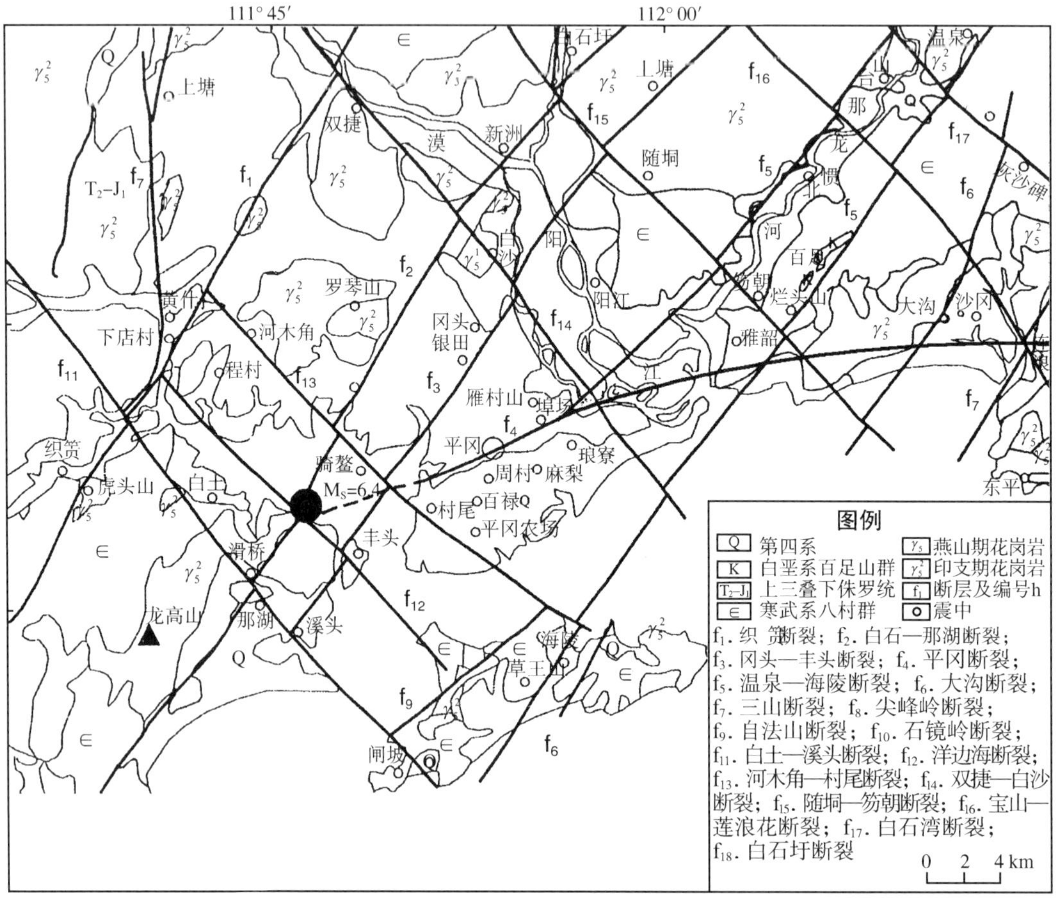

图8-6-14　阳江地区地质构造

震区的构造位置处于南海北部陆缘滨海断隆带与珠江口外坳陷带的交接地带的中段。

震区岩层并不复杂，广泛分布下古生界寒武系八村群，它是一套经过强烈变质的混合岩。第四系沉积主要为三角洲沉积、冲积物和滨海沉积物，其覆盖面积仅次于八村群混合岩。其他时代的地层远在震区30～50 km之外的地带才有出露。北面的阳春有较齐全的上古生界至中生界沉积，东北30 km外的雅韶烂头山以东的少量侏罗系砾岩和含砾砂岩沿断裂带分布。

震区岩浆岩出露面积约占总面积的1/3。全部为花岗岩，可划分出加里东期、印支期和燕山期3个时期的岩石。震中区位于花岗岩与八村群混合岩接触地带。

震区地壳浅层构造以断裂为主，褶皱次之，片理十分普遍。断裂按走向有3组：北东组、北西组、北东东组，其中地面出露的北东组构造规模最大，北西组次之，两组共同组成一个覆盖全区的破裂网格。北东组代表性断裂有f_1织篑大断裂、f_2白石—那湖断裂、f_5温泉—海陵断裂，但是，北东组断裂的活动性并不是太强；北西组代表性断裂有f_{12}洋边海断裂、f_{14}双捷—白沙断裂；北东东组代表性断裂有f_4平冈断裂。

本区深部构造与浅层构造显著的不协调，根据重力和航磁测量资料揭示，深部构造线的优势方向是北东东向，布格重力异常从西北部的-45 mGal，向东南至海湾增至+20 mGal，等值线优势走向为北东东，越向东南，北东东向优势越显著，截断了北东向梯度带（图7-4-1，F7.2、F8.1）。值得注意的是，洋边海至海陵岛一线，异常等值线系统转成北西向。这与区域性优势走向不协调，6.4级主震震中即位于此北西向局部异常与北东东向延展的斜坡带相交的部位[104，153]（图7-4-2）。

航磁异常Δ*T*等值线图总体走向也是北东东向，自西北向东南由正异常带变为负异常带，再变为正异常带。这条负磁异常带大体和新构造期的阳江滨海坳陷带的位置吻合，6.4级地震震中位置与滨海磁负异常带和西北部正异常区的过渡地带相吻合[153]。

根据本次重力资料系统处理，震中区位于滨海巨型北东东向重力高梯度带的北缘中段，解释的断裂是滨海断裂带的北缘断裂—滨岸断裂带的中段（图7-4-1，F3.1），上延40 km形迹仍清楚。

在震中区具体的发震断裂是北东东向f_4平冈断裂，它自埠场向南西经平冈、石鼓而潜伏于第四纪地层下，应一直延入洋边海震中区。总体产状北东东 69°～71°，倾向南东，倾角60°～70°，西南段倾角变陡，甚至直立，断层在燕山期已具雏形，有过多次活动，前期具压性，第四纪转为张性，并入“南海系”。沿断裂有多处泉水出露。

该断裂地表出露的长度＞10 km，往南延至洋边海后被洋边海西南岸的六为岭阻挡，过六为岭沿龙高山南麓继续往西南延伸，组成一条断续延长40 km的断裂带。根据第四纪沉积分布规律，往东北很可能经阮东附近沿海岸至大沟以东。断裂延伸走向与布格重力、航磁异常等值线走向有较好的吻合，第四纪有显著的活动。晚更新世末至中全新世（2万年前至6 000年前），平冈断裂东北段和西南段首先复活，西北盘抬升，东南盘下降，形成阮东断陷（东北段）、溪头断陷（西南段）以及大沟断陷（西南段），沉积了本区下旋回沉积。但在断裂中段（埠场—平冈），没有接受沉积，成为平冈断裂带的“闭锁段”。若把沉积厚度看成断裂两盘垂直分异的半幅值，可粗略算得此期平冈断裂两盘垂直向分异的平均年速为1.5～2 mm/a[153]。

中、晚全新世以来（近6 000年来），平冈断裂带的分异活动进一步加剧，全线活动，平冈以北的断裂西北盘抬升成标高10～25 m的侵蚀台地，而东南盘接受本区的上旋回沉积，平冈农场一带为沉积中心，厚度超过10 m，由于断裂东南盘的整体下沉，形成了东北起自大沟及中间经过平冈、西南至溪头的相互连通的阳江滨海北东东向近代沉降带。如果取沉积厚度10 m作为断层两盘分异半幅值，时间取下旋回底界6 000年（^{14}C测年数据），则算得此期平冈断裂两盘垂直分异平均速度为3.0～3.4 mm/a，可见比下旋回沉积时期活动速度增加了1倍。

据1966年与1972年两期形变测量结果，也证实平冈断裂的活动性，形变轴与平冈断裂带有较好的吻合，震中区以及平冈断裂东南盘强烈下沉，平均年速率为7 mm/a。

有一种观点认为平冈断裂是新华夏系北东向开平—阳江断裂带（图7-4-1和附图Ⅴ、F7）的一部分，但从断裂延伸方向、力学性质、断裂组合、交切关系，活动程度、方式以及地震宏观现象、地震活动（详后）等方面看，平冈断裂是典型的南海系右旋正断层，是滨海断裂带（F3.1）的一部分。从本次重力资料系统的处理图结果看，此两条断裂明显呈30°～40°相交切，20 km以深，F7基本上被F3间断（图7-4-24至图7-4-26），应不可能是同一条断裂。

震中区北西向断裂也是一组活动性断裂，主要断裂有两条：一条为双捷—白沙（漠阳江）断裂（f_{14}），一条为洋边海（丰头河）断裂（f_{12}）。

f_{12}北西向洋边海断裂处于龙高山与罗琴山之间，控制洋边海断陷的形成，走向北西40°，倾向北东，倾角70°以上，是一条张剪性断裂。它的活动性比较强，其西南海岸，基岩谷壁陡峭。而据钻孔资料，洋边海内现代海相淤泥层下为海相砂砾层，厚度达23 m，其下即为陆相风化壳，表明了洋边海近代强烈下降的性质。在洋边海东南出口的溪头散头嘴一带，现代高潮线上涨，已进入到砂堤上的防风林带中，也证实洋边海断陷区正在下沉中。

洋边海是6.4级地震震中区，地震的发生显然与活动着的洋边海断裂有密切关系。

（1）f_{14}北西向双捷—白沙（漠阳江）断裂

位于洋边海断裂东侧，属同一系列断裂。该断裂形成时代较晚，活动性也比较强，它控制漠阳江下游河道，晚更新世末期才断陷成谷。据^{14}C测年资料，它是近2万年以来的事件，约有30 m的沉积物。

震区分布的北东向断裂主要有织箦断裂（f_1）、白石—那湖断裂（f_2）、温泉—海陵断裂（f_5）3条。f_1织箦断裂位于震区的西侧，东北起自阳春，向南经织箦、儒洞而入海，长约50 km。断裂总体走向北东30°，倾向南西，倾角30°～60°，具压性结构面特征。曾有过多次活动，但第四纪以来活动似乎不太突出，在织箦附近晚更新世末期至全新世有很薄的沉积，沿断裂有几处温泉出露。f_5温泉—海陵断裂（f_7）位于震区的东侧，断裂起自鹤山市的苍城东北，向南经恩平、阳江温泉直至海陵岛，长约150 km，总体走向北东30°左右，倾向北西，倾角60°～75°。该断裂活动性较之织箦断裂似乎稍强，它对百足山、烂头山一带白垩纪沉积有控制作用，并且沉积后又经受挤压破碎，在那吉、热水和合水等地有温泉出露，那龙河在烂头山以北沿断裂北东向流，受其控制往南突转东西向，又折转北西向流，显然受到近东西向和北西向断裂的活动制约。在断层露头中常见未被胶结的新鲜滑动面，在海陵岛造成明显的地貌反差，洋边海6.4级地震后，该断裂曾有小震活动。但总的来说，断裂活动性仍不太强。

（2）f_2白石—那湖断裂

产状北东30°～35°，倾向南东，倾角60°，它控制着龙高山花岗岩体及罗琴山花岗岩体的东界，并控制一些河段的流向，断裂中段和南段在地貌上也有一些反映，是山地与丘陵和台地的分界线，该断裂是真正穿过洋边海的断裂，距震中很近，在洋边海6.4级地震时曾被牵动，沿断裂带有少数余震活动，形成一条次要的余震带，规模小，小震密集程度远不如北东东向余震带。

从以上的叙述，可知本区最活动的构造断裂是北东东向断裂和北西向断裂，这两组断裂都是在晚更新世末以来强烈活动的，分别形成北西向断陷带（漠阳江断陷、洋边海断陷）和北东东向断陷带（阳江滨海断陷带）。两组断裂（具体说平冈断裂与洋边海断裂）在洋边海交汇，1969年6.4级地震震中正落在交汇区内。大地震时产生北东东65°和北西330°两组地震裂缝，大震震源机制解的两组节面（表8-6-2）也是北东东向和北北西向，压应力P轴为北西西向，与地质力学分析完全一致。极震区等烈度线长轴呈北东东向，大震之后发生多次5级左右余震，震中烈度线长轴始终保持以洋边海为中心的北东东向不变[104-106, 154-155]。

表8-6-2　1969年阳江6.4级地震震源机制

发震日期	震中位置		节面Ⅰ			节面Ⅱ			P轴		T轴		N轴	
	北纬/（°）	东经/（°）	走向/（°）	倾向	倾角/（°）	走向/（°）	倾向	倾角/（°）	方位/（°）	仰角/（°）	方位/（°）	仰角/（°）	方位/（°）	仰角/（°）
1969年7月20日	21.7	111.8	340	南西	70	74	北西	80	299	20	206	7	100	67

因此，这次洋边海6.4级地震的发生应与北东东和北北西向两组断裂共同活动有关。但是，北

东东向和北北西向这两组断裂比较起来，北东东向断裂所起作用可能更大，为震源主破裂断裂。主要根据：

1）北东东向断裂构造规模大，活动强度也比北北西向断裂大。这一点从重、磁所反映的深部构造，第四纪沉降幅度（沉积物厚度）和广度，海岸带受北东东向构造控制所反映出来的地貌形态，从卫星照片反映出来的北东东向断裂的规模等都可以看出北东东向构造的优势。这些在前面均有叙述，不再重复。

2）主震影响场的特点显示出北东东向断裂是主发震构造。极震区等震线呈椭圆形圈闭，长轴方位北东东向（北东东68°～70°），轴线与平冈断裂有较好的吻合，高烈度异常的总体排列方向也是北东东向，例如洋边海西侧的狮子山、红光和石垄，洋边海东侧的平冈新村、旦祥。埠场和江城镇等高烈度异常点，尽管其所处的位置不同、局部土质条件不同，以致局部破坏的形态各异，但是它们排列的总方向仍和等震线长轴的走向一样呈北东东向，且与平冈断裂带的走向和位置大致吻合。受破坏最严重的村庄——平冈新村（全村被震毁，震后易地重建）和埠场等高烈度异常点就出现在平冈断裂带上。之后，在1986年、1987年、2004年发生5级左右强余震极震区等震线形态基本上与6.4级地震形态一致。国内外强震实例，极震区长轴与发震断层在走向上和空间位置上都是大体吻合的。破坏严重的高烈度异常点的分布主要受发震断裂的制约。综上所述，我们认为北东东向平冈断裂带应是6.4级地震的直接发震断裂。

3）余震活动特点显示出北东东向构造是主发震构造。根据能精确测定震中的70余次早期余震，多数余震聚集在主震震中的周围，部分余震沿北东东方向扩张，形成明显的北东东向余震活动条带。条带的中心线大体在平冈断层北侧，另有少数地震沿北北东方向扩展，形成一条不明显的余震活动条带，大体与北东向白石—那湖断裂一致，但它不是发震主断裂。此两条余震活动条带大体在主震震中附近相交，交角35°～40°，两者并不是真正的共轭关系，可能是北东东向主破裂发生后，震源应力场系统发生顺时针扭动，原来垂直于主破裂的一组北北西向辅助面顺时针转成北北东向，与原有的北东向白石—那湖断裂合并发生微弱错动引起的余震活动。这种早期余震活动的条带格局一直延续了许多年。1974年重设流动台网观测结果，小震分布的基本格局仍和早期余震的分布格局相似，所不同者是1974年小震的震中向南西方向扩展，深入到洋边海西南岸的六为岭，直达滑桥墟东侧，这说明北东东向的余震活动条带在主震后相当长时期内一直是占优势的，且有扩展之势①。1988年再次设流动台网观测，与1974年台网观测结果大同小异，据所观测的余震做出不同深度余震平面分布图（图8–6–15），我们可看到，无论何种深度，北东东向都是主轴线，在西南部有一块4.5 km深的北西向余震块。这条北东东向主轴线应代表发震主破裂，也应是平冈断裂的组成部分②。另一条不大明显的北北东向余震活动带，其地震数量少，也并没有一条在空间展布上与之一致的断裂相对应，勉强与北东向白石—那湖断裂挂钩，其偏离角度也较大。时至今日，北西向余震带也渐渐显示出来[154–155]。

4）震源机制解反映北北东向构造是主发震构造。主震震源机制解前已述及，其中北东东节面的走向与主要余震活动条带的走向一致，也与主震宏观等震线的长轴方向一致。这说明北东东组节面是发震断层面，1974年加密台网后所做的余震机制研究也得到类似结果。此期所研究的34个余震的震源机制按特征分成4个类型，其中以Ⅰ型为主，占总数的79%，两个节面解是北东东向和北北西向，它和主震的节面解很接近，显然此类机制和主震机制相同。该类是群发型地震。在每群中先从西南开始，然后依次向北东东方向迁移，说明它们是沿一组北东东走向的断层发生的，这组断层应既是主震的主要发震破裂面，也是整个地震序列的主要发震构造，其余三型余震节面的方位有些

①吴贤吉．1974年阳江地震台网观测报告．广东省地震局．1974．

②黄剑涛．1988年阳江地震台阵观测报告．广东省地震局．1988．

变化，但它们仅占少数，是震源区应力场调整过程中诱发其他方向破裂的产物，不能反映主要发震构造。

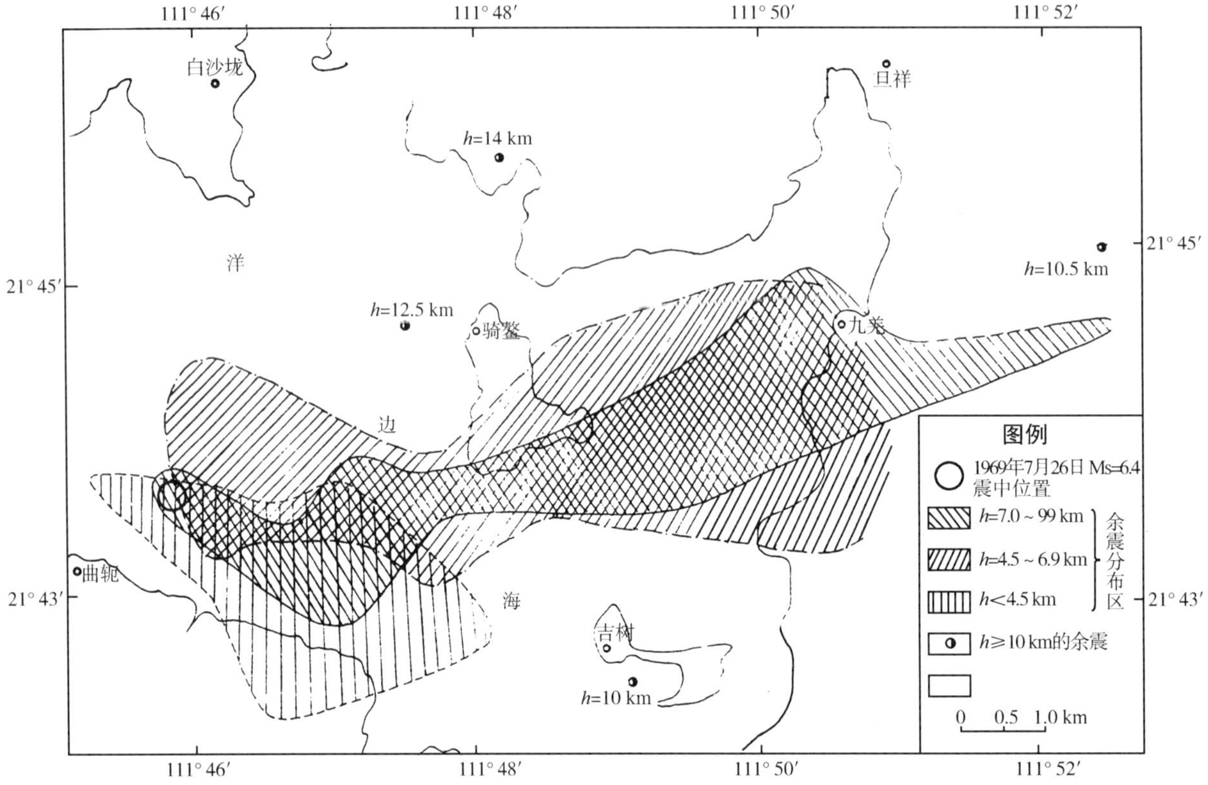

图8-6-15　不同深度层余震平面分布

5）1966年与1972年两期形变测量结果，形变轴与平冈断裂带吻合较好，震中区以及平冈断裂东南盘强烈下沉，年均速度达7 mm/a，与前述新构造研究资料一致。

6）断层气测量结果显示，平冈断裂异常幅度值最大，洋边海断裂次之，北东向断裂异常幅度最小。平冈断裂Rn含量最大值为10.5 Bq/L，是背景值的9倍；Hg含量最大值达1.6 ng/L，是背景值的88倍。洋边海断裂Hg含量值为0.048 ng/L，只是背景值的2倍。说明平冈断裂的现代活动性要比洋边海断裂强烈得多[104]。

综上所述，阳江6.4级地震的孕育、发生与北东东向平冈断裂和北北西向洋边海断裂的交汇及共同强烈活动有关，两组断裂均有所破裂，但北东东向构造是主破裂面，是主要的发震构造断裂。其主压应力应是北西西向。

1969年7月26日阳江Ms6.4级地震可代表本强震构造区的特征，尽管大震后几次5级左右强余震震源机制有些不同[105-106]，但极震区等震线长轴始终保持北东东向，与6.4级地震基本一致。特别要提出是2004年4.9级地震，宏观与微观结果几乎完全与之重复。宝贵的是震前有一期流动重力测量，图形变化有序（图8-6-16），阳江平冈以北东西向的等值线带（相当于北东东向平冈断裂）为正值，向西为北西向负值等值线带（相当北西向洋边海断裂）截断，与2003年9月图形相比［图8-3-5（a）］，明显见到应力作用与断裂活动过程终于在交汇截断区发生4.9级地震。所以，在地震平静期，局部地区的重力场有序变化（不只是量值变化），代表应力场局部集中，也应予以关注，或可预测5级左右地震。

阳江地区强震构造也有特殊之处，它是北东东向和北西向分界性断裂的结合区，北东东向平冈断裂属F3华南滨海断裂带的北界断裂（F3.1廉江—阳西断裂，附图Ⅴ和图7-4-1），北西向洋边海

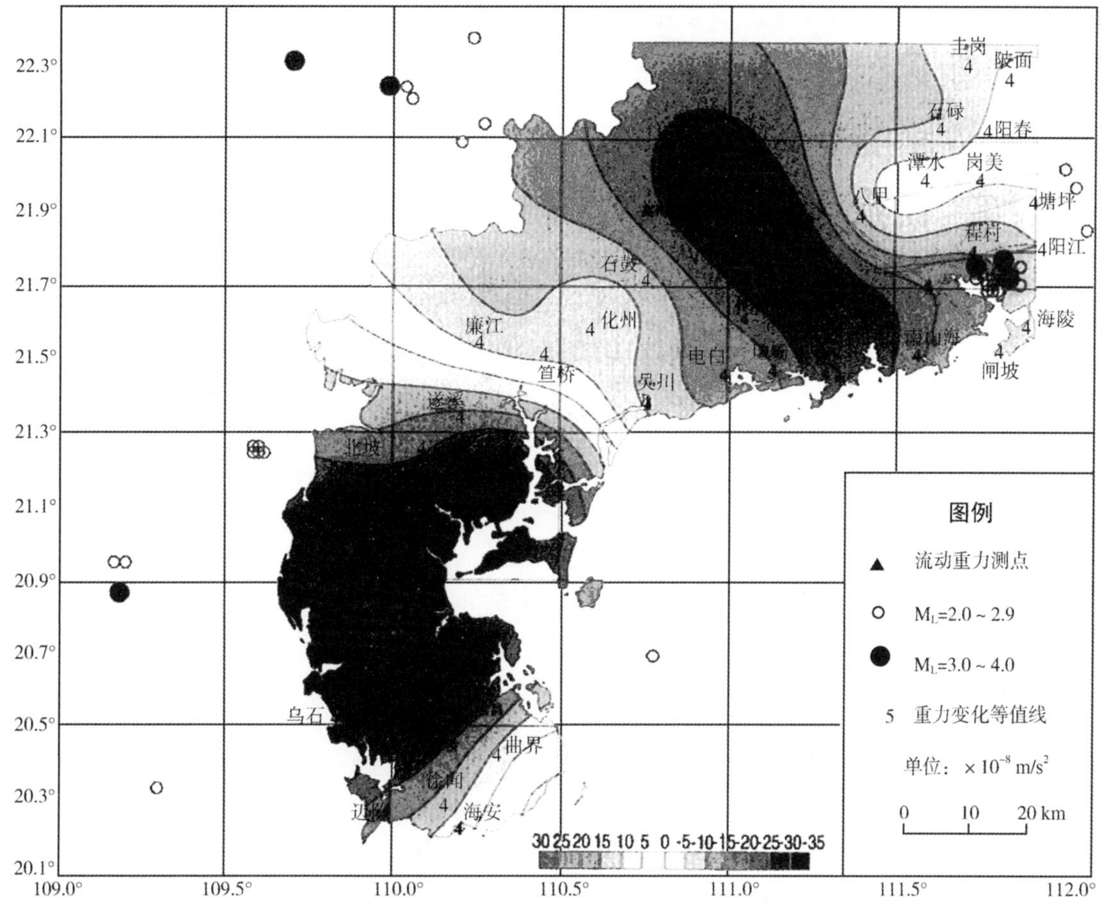

图8-6-16 阳江—雷州半岛测区重力场期变化平面（2003年8月至2004年3月）

断裂属F14红河系断裂的东界断裂（F14.2阳春—阳江断裂南段，附图Ⅴ、图7-4-1和图8-3-1），往东是北西向珠江三角洲浅断裂系，刚好与河源强震构造呈对角形，但是阳江地区断裂规模与活动性均强于河源地区，一些学者认为它是华南地区地震活动窗口[156]，我们更认为，它或可成为第Ⅴ地震活动幕开幕标志性区域（见第九章）。

8.6.3.2 湛江湾6.5级强震构造区

湛江湾（湛江港）位于雷州半岛东北侧，是华南海岸规模最大、建港条件最优越、开发价值很高、对振兴粤东经济具有战略性意义的港湾。但是，对它的地震危险性评价分歧较大。主要原因前文已提及，原来认为1605年琼山$7\frac{1}{2}$级的几个6级余震，1995年版《目录》将它从琼山改到雷州半岛西侧廉江至东海岛一线。此《目录》定位本强震构造区内东海岛有两次强震，1605年12月15日$6\frac{1}{2}$级地震和1606年2月20日$5\frac{1}{2}$级地震（震中均为北纬21°、东经110.5°）。其后果势必将该区潜在震源震级上限从5.5级（相应地震烈度Ⅶ度）提高到6.5级（相应地震烈度Ⅷ度，甚至Ⅸ度），有的学者认为应提至7级。综合权衡，将该区定为6.5级强震构造区较为稳妥（图8-6-13）。

从深部断裂系统分析，F3华南北东东向滨海断裂带（系）的F3.2涠洲—湛江（遂溪）断裂与F3.3北部湾—雷州断裂（东海岛南侧断裂）界限构造区的南北两侧，东西两侧处于北西向红河系F13.3灵山—铺前港断裂与F13.4博白—广州湾断裂间，即位于F3与F13两巨型断裂系内一个范围不大的交汇区间，而规模也相当大的北东向F8吴川—四会主断裂的F8.2吴川—徐闻断裂斜贯构造区中部，三断裂带均深达≥30 km，完全具备Ms≥6.5级地震构造的先决条件。

本区大地构造上位于雷琼新生代断陷的东北部边界带，以北是云开隆起向西南的倾伏部分，其间以F3.2涠洲—湛江断裂，即图8-6-17中的f_{13}遂溪断裂带为界（图8-6-13和图8-6-17）。新生代以来，遂溪断裂以南至海南岛北部近东西向王五—文教断裂以北的雷琼地区，由于深部地幔上涌，在雷琼地区形成地幔隆起，导致雷琼地区地壳裂陷，形成近北东东向的大型陆内裂谷带。其东西范围包括雷琼以西的北部湾，往东则可能抵珠江口万山群岛西南海域，北大致以滨海断裂与大陆为界，南则与珠江口外北缘断陷盆地彼此紧邻。裂谷内形成早第三纪至第四纪的断陷盆地，沉积了巨厚的碎屑岩系，特别是在渐新世、中新世、上新世、早更新世、中更新世和晚更新世多个时段内，广泛形成多期次的玄武岩喷发建造。在晚更新世末至全新世初，在海南岛琼山雷虎岭一带仍有玄武岩的喷发。区内自中新世至晚更新世各时段内，均有玄武岩喷发活动。晚更新世以后，雷琼地区裂谷作用明显减弱，地幔上涌停止，地壳活动强度趋于和缓，以缓慢上升为其主要特征。由于壳幔物质调整，地壳逐渐增厚，并在重力均衡作用下，不同块体之间也存在差异活动。

区内出露岩石很简单。震旦系、寒武系、上白垩统均在f_{13}遂溪断裂带及其以北地区，遂溪断裂带以南的区内全为第四系及新生界玄武岩所覆盖。在第四系覆盖层下，根据钻孔及其他物探资料证实尚有寒武系、上白垩统及第三系。区内第四系时段很全，包括下、中、上更新统及全新统。按成因包括冲洪积、湖沼堆积、海积、河海混积及火山堆积等（图8-6-17），它们组成5～8 m、15～20 m、35～40 m、60～80 m等数级台地。由于第四纪地层对研究区内新构造及识别活动断裂、工程地质等具有重要意义，现稍加详细介绍。

1）下更新统湛江组（Q_{1Z}）：主要出露于湛江赤坎—霞山、平岭—黄西及东山岛坑里、龙安—庵里及海康榜山等地。在切割深度超过地层厚度及地表玄武岩层覆盖厚度的沟堑下部及底部，均可见湛江组，因此湛江组在区内出露范围极为宽广。目前已知湛江组最大厚度（东海岛东南码头—硇洲岛泮前一带）254 m，一般数十米至百多米，与下伏上新统平行不整合接触。区内东北乾塘—林屋—芷寮一带则不整合于燕山花岗岩类或寒武系之上。岩相以河流三角洲相为主，本区以南的雷南地区则以滨海相为主。区内岩性为一套灰色至灰白色、灰黄色至棕红色和紫红色砾石、砂砾、含砾砂与亚砂土、亚粘土及粘土层互层，部分层位内含植物化石碎片，一般在区内东北及西北地段内含粗屑成分多，随着往南东及往南发展，粘土类增多，粗屑物减少，至东南东海岛一带变成以粘土层为主。湛江组内普遍可见流水形交错层和水下间断面，交错层倾角十几度至二十几度，倾角最大可达30多度。在湛江组沉积过程中，伴有6个火山喷发旋回，形成6层每层厚0.20～86.10 m的橄榄玄武岩、粗玄岩等基性火山岩与玄武质火山角砾岩及玄武质凝灰岩等。湛江组顶部普遍存在铁盘层和粘土层，抗冲性较强。

2）中更新统北海组（Q_{2b}）：大片出露于海康—城月，遂溪断裂带往南经赤坎而达调塾—霞山一带，五里山港左岸官塘—岭头一带往南至坡头区，吴川与南三岛西，东山岛东简圩一带往西而达岛西缘地带。岩相属冲—洪积相，层系厚度仅1～20 m，与下伏湛江组平行不整合，不整合面下的湛江组，常显示被流水冲刷的痕迹，导致不整合面显示为一种波浪形起伏界面。岩性显示下部为棕黄色至红褐色砂砾层或砾石层，底部一般含铁质层，这一含铁质砾石层也具有较强抗蚀能力；上部为土黄色至红褐色亚砂土、亚粘土为主，具明显的网纹结构。北海组之上是被晚更新世湖光岩组火山岩所覆盖。

3）中更新统石茆岭组：与北海组同期的火山岩相，不整合于湛江组之上，总厚度108～124 m，出露于螺岗岭及赤坎西北侧的赤泥岭。在螺岗岭—赤泥岭的城里岭、边岭、笔架岭、硇洲岛东侧的林屋至那晏角一带地下亦有分布。在螺岗岭—笔架岭一带岩性显示下部为红褐色、灰黑色至土黄色玄武质火山角砾岩与玄武质凝灰岩为主，上部为灰色至灰黑色橄榄玄武岩夹橄榄粒玄岩为主。在赤泥岭及东邻硇洲岛地区则以玄武质凝灰岩和玄武质火山角砾岩为主。石茆岭火山岩系厚度为20～124 m，在不同地段，厚度变化强烈。

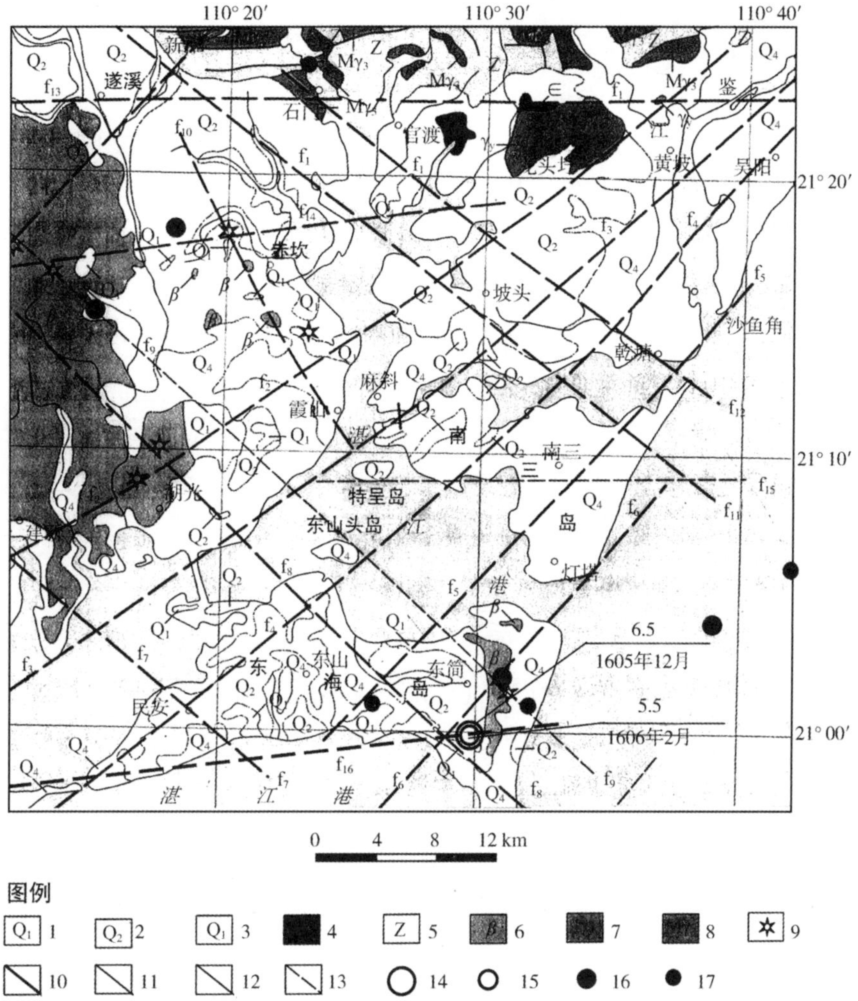

（据吴业彪，略有补充）

1．全新统 2．中更新统 3．下更新统 4．寒武系 5．震旦系 6．第四纪玄武岩 7．燕山期侵入岩 8．加里东期侵入岩 9．第四纪火山口 10．主要断裂 11．一般断裂 12．实测断裂 13．推测断裂 14．Ms 6.5 15．Ms 5.5 16．M_L3.0～3.9级地震 17．M_L2.0～2.9级地震 f_1．城月—新安村断裂 f_2．吴村—吴柏涌断裂 f_3．雷城—黄坡断裂 f_4．民安—芷寮断裂 f_5．脚踏—沙城断裂 f_6．半坡—龙水岭断裂 f_7．民安—乌泥塘断裂 f_8．灯塔—岭北断裂 f_9．龙水岭—洋青镇断裂 f_{10}．霞山—赤泥岭断裂 f_{11}．黄村—冷水坑断裂 f_{12}．书房仔断裂 f_{13}．遂溪断裂带 f_{14}．螺岗岭—调顺断裂 f_{15}．龙盛境断裂 f_{16}．东海岛南侧断裂

图8-6-17 湛江湾地区地质

4）上更新统：近场区包括有石茆岭组上的风化残积土层。海风混积老砂堤，湖沼堆积，及以玄武岩—凝灰岩—凝灰质角砾岩为主的湖光岩组。螺岗岭以东、东南的城里、调丰至湖光岩西北地段及硇洲岛地下亦有分布，厚度由数米至十多米。风化完全者岩性以暗红色至棕红色红土为主，不完全者则有母岩碎块及石蛋含于其中。

5）上更新统湖沼堆积层：一般厚1～5 m，出露于赤坎以南洪屋下至湛江火车北站一带，往西南经郭家、西厅至调塾西南，越雷州青年运河抵聂村与畅侃一带，分布呈北东走向，断续延伸约10 km、宽1～3 km的地带内。畅侃一带往西南地貌上以海拔高程常不足20 m以下的低地水网区，调墊西洋塘一带则发育在不能通行的现代沼泽地下。此外，在合流以北的赤水—田头地区、麻章西南、东海岛中部（东山、田交、鱼弄、调伦）全新统下亦有分布。岩相岩性为湖沼相灰色至灰黑色淤泥质粘土夹炭质粘土和泥炭土，含腐木及腐木屑等。该套层系下部与湛江组平行不整合，上部常被全新统平行不整合覆盖。

6）上更新统湖光岩组：由基性玄武岩及火山碎屑岩等组成，不整合在中更新统的北海组和石茆岭组火山岩或其风化残积土之上，总厚度为2.83～184 m。主要分布于城里岭—湖光岩、东海岛龙水岭及硇洲岛等地。岩性可分上、中、下三部分：其中上部及下部为浅灰黄色至褐灰黑色玄武质火山角砾岩与玄武质凝灰岩为主，上部层位局部还夹橄榄玄武岩和玄武质火山集块岩；中部为灰色至深灰色橄榄玄武岩、橄榄粒玄岩夹玄武质凝灰岩和火山角砾岩。该套岩系与湛江组、北海组和石茆岭组或石茆岭组上的残积土层间呈喷发不整合接触。

7）全新统（Q_4）：成因多样，包括海积、海风混积，河口三角洲相沉积、冲积、洪积及风化残积等多种类型。

a．海积层：出露于海滨地带与港湾地区，一般厚3～7 m，东海岛内村一带最厚达14 m。岩性以淤泥、淤泥质粘土或亚粘土为主，次为粘土至亚粘土，局部含砂及砾石，可见炭化植物碎片与贝壳碎屑，^{14}C年龄显示区间为（1 510±90）～（6 712±130）a。

b．海风混积层：出露于海滨地带及岛屿区，主要以砂堤形式堆积为其特征，按其形成时代包括中砂堤及新砂堤。中砂堤为浅灰黄色至黄褐色中细砂与亚粘土为主，局部含小砾石、贝壳碎屑，热释光年龄间距为（9 900±990）～（10 300±1 030）a。因此，其形成时代应属全新世早期。新砂堤呈垄状或小丘状，标高5～8 m，岩性为灰白色—浅灰色—浅黄色中细砂为主，次为粉砂与粗砂，局部含亚粘土，偶含砾石与贝壳碎屑，它比中砂堤色浅，且常覆盖于中砂堤向海一侧，推测其堆积时代新于中砂堤。估计属全新世中期。

c．河口三角洲相沉积层：主要分布于鉴江河口两侧，岩性以灰色—灰黑色粘土、亚粘土、亚砂土为主，局部含淤泥质粘土夹砂，下部为砂卵砾石层，厚4～34 m；中下部无年龄资料，按地层层序，它平行不整合于下、中更新统之上，估计其相应年代为全新世中期；顶部^{14}C年龄为（1 450±70）a。时代应为全新世晚期。

d．冲积层：见于大小河流两侧，常形成冲积平原与一级阶地，岩性上部以灰白色—浅灰色—灰黄色亚粘土、亚砂土为主，局部为深灰色粘土或淤泥质粘土，含炭化植物碎片；中下部为砂、砂砾和砾石层，组成二元结构。一般厚5～8 m，其内^{14}C年龄间距（5 880±120）～（6 500±130）a。故其时代应属全新世中期。

e．洪积层：主要分布于平岭南北两侧，可划分为早、晚两期。早期厚1～16 m，岩性自锥顶向下由黄色至褐灰色砾砂—粗砂—砂—亚砂土—亚粘土组成，覆盖于上更新统湖沼相沉积层上，其上又为更新的洪积物所叠置。估计其年代为全新世中期。晚期沉积层厚1～3 m，岩性为灰黄色砂层为主，由洪流冲刷堆积而成，被叠置于较老的洪积平原面之上。估计其时代为全新世晚期。

f．风化残积层：由湖光岩组火山岩系风化而成，风化层厚由数米至17 m，岩性以棕红色粘土为主，其上常被中全新统冲积洪层所覆盖。故其最晚地质年代应为全新世早期。

g．火山岩：区内火山喷发始于晚第三纪，早第三纪火山岩仅在雷州乌石凹陷深处找到，喷发时代为渐新世火山岩。区内火山岩包括中新世、上新世，以及第四纪早、中、晚更新世多个时期的火山岩系。中新统火山岩存在于东海岛、湖光岩及硇洲岛地区地下，岩性为玄武岩、橄榄玄武岩与橄榄粒玄武岩为主。湖光岩地区火山岩赋存在中新统岩系下部，最大厚度46 m；东海岛地下火山岩在中新统岩系上部，最大厚度53 m，未见底；硇洲岛地区含于中新统下部，但厚度不大。上新世火山岩存在于区内笔架岭—湖光岩与东海岛地下，岩性亦以橄榄玄武岩、橄榄粒玄岩及玄武岩为主，累积最大厚度不足30 m。下更新统基性火山岩系分布在区内西北部岭北—高阳水库、中部湛江市及周围地区和东南东海岛—硇洲岛地区。岩性以玄武岩、橄榄玄武岩、橄榄粒玄岩、凝灰岩及火山角砾岩为主，累积最大厚度西北部81 m、中部64 m、东南部112 m。中更新统基性火山岩系称石茆岭组，已知其累积最大厚度超过124 m。上更新统火山岩称湖光岩组，区内火山岩累积最大厚度超过184 m。进入全新世时期，区内及整个雷州半岛无火山活动。在晚更新世末至全新世时段内，仅在琼北地区的石山—永兴小块地方有过玄武岩的喷发，即雷虎岭火山岩，岩系最厚30～40 m，K–Ar法测得其年龄值为（1.3 ± 0.93）万a。

（1）区内主要断裂构造

基本上都是推测断裂。由于地表均为第四系松散层覆盖，除了一些规模极小的第四纪褶曲、断层外，地表无任何较大规模的断裂构造显示。地表以下的隐伏构造主要是根据广东省地矿局水文工程地质一大队《湛江综合区域地质调查报告（1：5万）》中通过物探、火山口位置、遥感分析及钻孔资料等获得的，加上对地下岩石分布的厚度变化等进行综合分析，再结合周边构造环境推断。

区内断裂有北东、北西、近东西断裂构造（图8–6–14）。

（2）北东向断裂构造

1）f_1城月—新安村断裂。断裂产状北东40°～45°，为隐伏断裂，自城月镇一带往北东延伸经岭北和龙驾，东北抵新安村新滩一带，沿带据钻孔资料显示寒武系中出现挤压破碎带，存在隐伏的印支侵入岩的侵位活动，并被切割而存在构造角砾岩与断层镜面。断裂中段城里与老村一带是新生代火山喷发通道。断裂东北，即自新安村往北东一带，形成北东向的第四纪槽地。

2）f_2吴村—吴柏涌断裂。断裂产状北东45°～55°，是F8.2吴川—徐闻断裂带西缘的断裂构造，西南起自吴村西南，往东北穿越湖光崖、平岭、上坡塘、林屋村至乌柏涌，再往东北出图而抵吴川一带。断裂在区内均隐伏于第四系之下，确定的主要依据为布格重力异常等值线带顺断裂延伸（图7–4–22至图7–4–23），湖光崖、交椅岭新生代火山喷出带分布在断裂中带，在东北段是燕山晚期的二长花岗岩体侵入通道的组成部分。

3）f_3雷城—黄坡断裂。断裂产状北东45°～55°，是F8.2吴川—徐闻断裂的主干断裂，西南自雷城镇西北侧进入区内，循北东方向经料村、调东、钓矶岭至东北的黄坡镇一带，再往东北沿鉴江河谷中部一带伸展至吴川，然后顺袂花江谷地往东北可至沙琅。区内断裂均隐伏于第四系之下，存在的主要依据：构成晚白垩世沉积盆地的东南边界早第三纪沉积盆地在断裂两侧沉积厚度有较大差异[157]，在断裂东北地段是燕山晚期二期花岗岩的主要侵入通道，沿断裂为串珠状重力梯度带（图7–4–22至图7–4–23）。

4）f_4民安—芷寮断裂。产状北东40°～50°，西南自雷城镇东侧进入区内，循北东方向经龙湾、民安镇、东山镇盐场、地聚至芷寮与吴阳镇，东北图幅外沿滨岸地带伸展，经吴川东南后顺袂花江左岸发育。区内断裂均隐伏于第四系下，存在的主要依据是断裂为东海岛地区下第三系的西北侧的重要控制构造，尽管目前在东海岛地区仍无1 000 m以上的深钻资料显示，但从东山镇与民安地区上第三系等深线呈北东方向，且底板深度超过了 250 m，因此，认为其下的下第三系下沉深度应比较大，且其西北受到该断裂的控制，断裂东北段则是燕山晚期二长花岗岩体与闪长岩体的重要侵入通道，西南段重力梯度带明显，北东段则为串珠状航磁正异常显示带。

5）f_5脚踏—沙城断裂。产状北东40°～50°，西南潜伏于雷州湾内，往东北经东海岛脚踏（东山镇东南 3.5 km）、南三岛南三镇，东北至黄村、乾塘镇鲨鱼角，顺北东向海滨带延伸。断裂存在的主要依据：西南段上第三系等深线呈北东向延伸，并受到该断裂的控制，东北段则是燕山花岗岩与闪长岩的边界控制构造。新构造时期以来，断裂与海叉形影相随。在东海岛，断裂两侧地貌差异明显。东侧地势略高，地形起伏，湛江组已遭剥蚀，大片裸露形成烂头山；西侧则为地形平缓低矮的北海组及全新统所覆盖。

6）f_6半坡—龙水岭断裂。西南在极角与庵里间，向东北至龙水岭一带切过东海岛，东北在南三岛东南海滨地带切过。断裂往东北入南海，往西南入雷州湾，往东北延伸推测在电白南海域与吴川—四会断裂的某些组分的断裂连为一体，往西南过雷州湾后再次登陆，可能沿雷城南侧隐伏燕山花岗岩体南侧，切过雷州半岛至乌石，再往西南潜伏于北部湾。断裂区内均隐伏于第四系之下，存在的主要依据是沿带显示为重力梯级带，它可能是东海岛新生代最大沉降中心部分的东南边界控制构造，在与北西向龙水岭—四边岭断裂交汇区则是晚更新世火山岩的喷发中心。往南西包括自雷城经乌石并向西南深入北部湾的北东向长条地带内，断裂是北东向成串的燕山期多个花岗岩体的重要控制构造。它可能是F8.2的东侧断裂。东海岛6.5级、5.5级地震恰巧就定位在此北东向与北西向、北东东向断裂交汇部位。

（3）北西向断裂构造

1）f_7民安—乌泥塘断裂。产状北西310°，东南潜伏于雷州湾，往西北经民安镇、溪北村、城月镇，抵乌泥塘。断裂带均隐伏于第四系之下，断裂存在的主要依据是控制晚白垩世沉积盆地的西南边界，布格重力异常图上沿带显示为梯级带（图7-4-33至图7-4-37），上第三系与下更新统等深线由于断裂的存在而使其偏转为北西向延伸，在地貌上控制海叉及水系的延伸。

2）f_8灯塔—岭北断裂。产状北西310°，东南自硇洲岛一带往西北，斜切东海岛，经临海、交椅岭（湖光崖东北）、湖光农场和岭北等地，西北在洋青镇西与东西向的遂溪断裂带和北东向的石头岭—洋青镇断裂交汇。断裂全带均隐伏于第四系之下，断裂存在的主要依据是晚第三纪、早更新世相对沉陷与隆起的控制构造，断裂西南上第三系和下更新统比东北侧厚，尤以断裂西北段两侧差异为最。沿断裂带或其附近有城里岭、交椅岭、湖光崖及灯塔（在区外东南角硇洲岛上）等多座新生代火山口，断裂西北段重磁资料均有明显显示。它似乎界限6.5级、5.5级地震震源西界，与北西向f_6、北东东向f_{15}交汇。

3）f_9龙水岭—洋青镇断裂。产状北西310°，东南潜伏南海滨岸地带，往北西经龙水岭、平岭农场和笔架岭，西北抵洋青镇西侧与东西向遂溪断裂带和北东向的石头岭—洋青镇断裂相交切。断裂全带均隐伏于第四系之下，存在的主要依据：断裂控制上第三系及下更新统两侧的沉积厚度，在航磁图上沿断裂带显示呈串珠状式带状异常，沿带及附近有蟹钳岗、老岭、笔架岭、壳岭及龙水岭等多座新生代火山口。布格重力45°一阶方向导数图上呈明显的串珠状梯度带（图7-4-33至图7-4-36），应是F13.4地面反映的主干断裂，它为6.5级、5.5级地震震源东北界。

4）f_{10}霞山—赤泥岭断裂。产状北西320°～330°，西南起自霞山地区，往北西经上坡塘南、楼下村、赤坎水库西至赤泥岭一带。断裂全带均隐伏于第四系之下，存在依据是新生代火山口，赤泥岭、楼下村西北（草苏东南）火山口及上坡塘西南的隐伏火山口连接成带。

5）f_{11}黄村—冷水坑断裂。产状北西300°～310°，东南潜伏于南海，往西北经黄村、坡头和许屋，西北在冷水坑一带与遂溪断裂带交汇后，可能继续往西北延伸。断裂全带均隐伏于第四系之下，存在的主要依据：断裂控制晚白垩世沉积盆地的东北边界，也是基本控制早第三纪沉积盆地东北边界的断裂构造。晚第三纪时，断裂西南是沉积盆地中心区，向东北断裂，盆地沉积急剧变浅并很快消失。早更新世时亦与晚第三纪时类似，断裂西南下沉深而东北浅，且沉积物往东北急剧变薄。在布格重力异常图上，沿带呈现明显的北西向等值线带，且一直往北西，跨越遂溪断裂带后仍有显示，它可能是F14.2之东侧分断裂。此外，沿断裂带也是岩浆岩侵入的重要通道。

6）f_{12}书房仔断裂。地表出露于书房仔东南，断裂产状为北西310°，倾向北东，倾角70°，赋存于震旦系变质岩内，破碎带内发育大量宽为1～5 cm石英脉与石英细脉带，断裂带宽20 m，整个岩石均具强烈硅化，所组成的硅化岩实为近东西向遂溪断裂的反映，而本断裂是通过切割东西向遂溪断裂直接体现出来的。断裂向北西及东南均隐伏于第四系下；而断裂东北侧便是五里山港汊伸展地带。因此认为，沿五里山港之北西向地带内也会是较为破碎的地带。在45°一阶方向导数图上有等值线或梯度带、斜列影带反映，可能是F14.2之西界分断裂。

（4）近东西向断裂构造

1）f_{13}遂溪断裂带。产状近东西，东起黄坡北，往西经叶屋、书房仔、遂溪南和洋青镇，于安铺港南侧隐入北部湾；往东入南海，沿滨海带往东偏北方向延伸。断裂是北部云开隆起与南部雷琼断陷的分界线。断裂以北，在地槽区发展初始阶段便以中央隆起形式上升成陆，震旦纪后，在漫长的地史时期内一直处于隆升受剥蚀为其主要特征；断裂以南，是云开中央隆起东南的加里东地槽沉降带，在寒武纪时沉积了地槽型的复理石沉积建造，后由于加里东运动地槽褶皱回返，而后在经历海西、印支及燕山早中期多幕次地壳运动中，雷琼地区亦以持续隆起剥蚀为主。因此，在整个晚古生代至中生代白垩纪前，断裂北侧的云开隆起与南侧的雷琼地区间不存在强烈的差异运动。但是，自白垩纪开始，特别是晚白垩世以来，断裂以南形成雷琼断陷，与断裂北侧的云开隆起间具有明显的差异运动，断裂以北仍以隆升为主，以南则发生大规模沉降并普遍接受沉积，直至新生代。目前仍以断裂为界，以北为隆起区，以南为相对沉降区。断裂在航磁与布格重力异常图上有明显的线性反映，它是F3.2的主干断裂（图8-6-10）。在主干断裂延伸地带，基本上虽然被第四系覆盖，但局部地段可见强烈的硅化构造岩。主干断裂以北，地表发育成束的断裂构造，自北而南有大崇山断层、泮北断层、新滩断层、官湖断层、鹤田断层及石门断层等，组成宽达5 ~ 7 km的断层束。在这些断层上，常可见数米或数十米宽的硅化岩、角砾岩或压碎岩带，常被铁、锰及硅质物胶结，如与主干断裂毗邻的石门断层。在冷水坑—洋青镇断裂段内，多数应是南侧晚白垩世沉积盆地的北缘边界，而在早第三纪及晚第三纪及早更新世时期，断裂以南沉积厚度大，以北沉积厚度明显变薄。

2）f_{14}螺岗岭—调顺断裂。产状北东 80°，西起螺岗岭以西约8 km的塘沟一带，往北东东方向至螺岗岭南侧，经岭北、边岭、高阳、赤泥岭、调顺而抵鸦翠西侧的大岭一带。断裂全线隐伏于第四系之下，存在的主要依据是螺岗岭以西，于断层南侧钻孔遇寒武系中打到挤压破碎带；根据盆地等深线图显示，断裂南侧的第三系及下更新统厚度往往较北侧为大；自西而东沿断裂带或其南北附近出现了螺岗岭、城里岭、边岭、笔架岭、高阳大岭及赤泥岭等火山口。它属F3.2之次一级断裂。

3）f_{15}龙盛境断裂。产状近东西，西起临海北东东约3 km的滨岸地带，向东经特呈礁和登南山岛，过南三镇南侧之龙盛境，然后往东经南三林场而没入南海。断裂全线隐伏于第四系之下，存在的主要依据是沿带存在重力等值线，断裂两侧新生界厚度存在差异，属F3.2之次一级断裂。

4）f_{16}东海岛南侧断裂。位于东海岛南侧，主要是本次重力资料解释的一条断裂（F3.2，详见第七章），自北部湾向东伸展，横过雷州半岛，至东海岛南侧和硇洲岛北侧入南海（硇洲岛北侧存在一条近东西向深槽），是本强震构造区南界断裂，或是本岛$6\frac{1}{2}$级、$5\frac{1}{2}$级地震震源区的南界断裂。同时，下更新统地层在东山岛厚度最大，达254 m，在东海岛南侧等厚线继承下第三系、上第三系特征，呈北东东向展布[157-158]，往西在雷州一带断裂南侧厚度突变浅，发生较大的右行水平位移。

（5）关于断裂的新构造活动性

首先我们在前文已探讨过一个新的认识，即重力资料反映的不仅仅是单纯的地下物质结构问题，还有一个时代问题。雷琼地区新生代有过多期次的强烈的火山喷发活动，本区直至晚更新世，琼北更有全新世的火山活动，火山大范围的激烈的喷发，代表地壳处于强烈运动时期，地下物质强烈运动。当火山喷发平息以后，地壳运动相应和缓，地下物质运动则基本稳定定型，不会有大的格局变化。本区火山活动止于晚更新世，也就是说本区重力资料反映的深部物质结构，应当是晚更世火山喷发以后，它解释的断裂活动至少也是晚更新世以来的活动特征。

以大区域而言，无论是重力资料解释深部断裂系统还是雷琼地区甚至更大范围地质发展史，近东西向（北东东向为主）断裂都是占有主导地位。北西向断裂也很强，特别是晚期中更世以来。北东向断裂在早第三纪时活动性明显，到晚第三纪就减弱且不甚明显了。本强震构造区未脱离大区域构造活动特征，北界近东西向f_{13}遂溪断裂是雷琼断陷的北界断裂，也是新生代火山喷发的北缘界限，具有区域构造分界的意义。自早第三纪以来，直至现代都未改变过。断裂以北为云开隆起区，以南基本上为下降区，下降幅度越来越小，但内部还可能存在差异运动。本次重力资料解释深达≥30 km［图8–6–13，F3.2涠洲—湛江（遂溪）断裂］，还是地壳厚度突转北西向斜坡带的北界特殊位置上（图7–4–87），因此，它的活动性决不可忽视，在这个带上已发生过两次Ms≥6级地震（图8–6–13和图7–4–1）。

近东西向f_{16}东海岛南侧断裂，也是本次重力资料解释的一条断裂（图8–6–10，F3.3），深达≥30 km。早第三统它就已具雏形，控制东海岛南侧下第三系发育；晚第三系发展成为横跨雷州半岛伸向北部湾的一条断裂，向东延入南海并具右旋特征，使北东向上第三系底板等深线和与之相随的断裂向西拖曳[157]。早更新世继续控制沉积的发育，成为东海岛沉积中心，最厚达254 m，此时，断裂南部发生了沉积分异，出现了北西向沉降带和局部隆起带，所以该断裂地质资料与重力解释不谋而合，是一条很重要的断裂。它应是$6\frac{1}{2}$级、$5\frac{1}{2}$级地震的震源断裂，该断裂东部还发生过5.5级地震，是一条地震断裂带。

区内中部还发育f_{14}、f_{15}东西向断裂，可能分别归属于F3.2和F3.3的次一级断裂。f_{14}螺岗岭—调顺断裂通过的地带正好是湛江湾航道深槽主航道，而f_{15}龙盛境断裂通过地带有一段位于南山岛与东海岛间的深槽航运通道（图8–6–18）。张乔民等认为，这些深槽之所以能维持，与湛江组顶板有一层铁盘粘土层和北海组底盘有一层铁质胶结砾石层的抗蚀能力强有关[159]；罗章仁、应秩甫等认为与港内潮差、潮量大及有利于冲刷有关[160]。我们认为，与上述f_{14}、f_{15}两条断裂的活动、维持固有通道地貌格局应有一定关系。遂溪河下游这一地质和地貌格局在冰后期海平面上升前就已形成，正在活动的内力，在多数情况下是不能与外力长久抵御和可比拟的。

区内北西向断裂分布较密集，有6条之多（f_7 ~ f_{12}），自北西向南东纵贯全区，它们分属于重力资料解释的F13.3和F13.4的次一级断裂。由于图比例尺的关系，很难准确区分，我们大体以湛江市（赤坎—霞山）以西为界，西者归属F13.3灵山—铺前港断裂，东者归属F13.4博白—广州湾断裂（图8–6–13和图8–6–17），它们都位于F3.2（f_{13}）以南的北西向地壳斜坡带内，其中f_{12}可能是斜坡的东界。地壳厚度突然在方向上发生变化的构造部位，是一个特殊的构造部位，这个位置的变化时代从早、中更世沉积等厚线的差异变化分析，推测应在中更新世比较合理。

北西向断裂多与火山喷发溢出有关，火山口常沿断裂带排布，是火山岩熔喷发重要通道，说明晚更新世北西断裂尚有强烈的活动。图8–6–18中有许多北西向潮流深槽和支汊深槽，应与北西向断裂活动控制有一定的关联。

区内北西向断裂属红河系，是一条规模巨大和活动性很强的断裂。特别F13.3，深达>30 km。翻开图8–3–1，一条巨大的北西向形变带占据了阳江以西的空间，它无可争辩地印证了北西向红河系的现代活动性。图8–3–5的流动重力测量图，不同时段反映北西向异常带特别显目，与图8–3–1形变如此默契，不同的是它同时还反映了北东东向异常带。从地震活动分析，区内北部广西灵山1936年发生$6\frac{1}{2}$级地震，广东廉江也发生两次6级地震，区内1605年$6\frac{1}{2}$级地震和1606年$5\frac{1}{2}$级地震，其南部琼山1605年发生$7\frac{1}{2}$级大震（图7–4–1和图8–6–13），这一个地震系列都与F13.3、F13.4北西向断裂活动有关联，也是本区特别值得关注的断裂。把前文提到的琼山$7\frac{1}{2}$级地震后的Ms≥6级地震迁移问题引申至此，我们认为，仅仅以上述对北西向断裂的资料分析，它完全具备琼山$7\frac{1}{2}$级地震后6级地震迁移的构造条件。

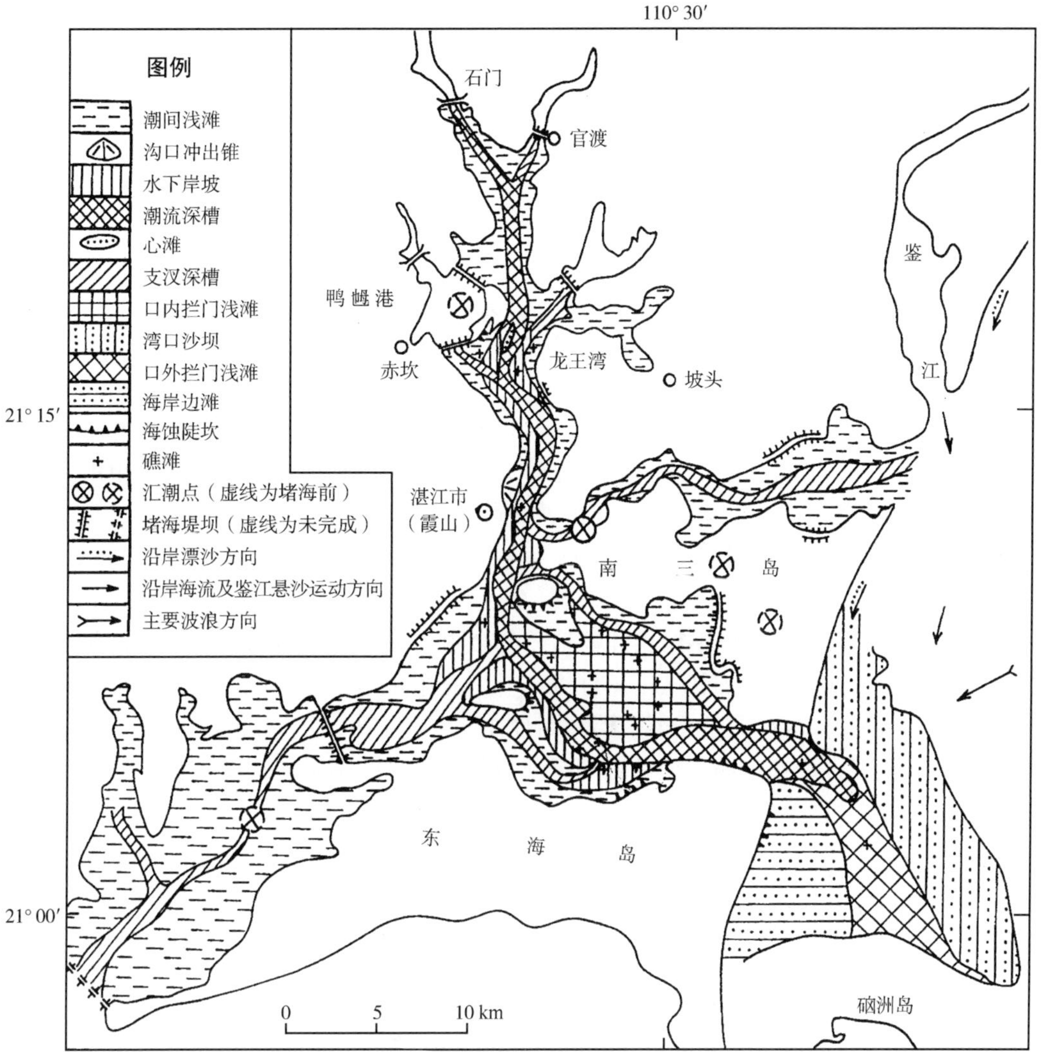

（据张乔民等，1985）

图8-6-18 湛江湾海底地貌类型

区内北东向断裂有6条之多，都归属于F8.2吴川—徐闻断裂（F8吴川—四会断裂南段之主干断裂）在地表浅层的反映。它们的活动性地质表现不太明显，但重力解释它也存在切割北东东向、北西向断裂的局部现象，应有一定程度的局部段落的活动性，图8-6-18中的一些北东向支汊深槽以及鉴江下游北东向河道或与它们的活动有关联。

（6）发震构造的讨论

在讨论重力资料解释区域特征时已阐述，北东东向滨海断裂带（系）是控制性断裂，北西向断裂虽然规模大、活动性强，但仍在北东东向断裂控制范围内，被北东东向异常带截（间）断者居多，频次高，北东向断裂截切北东东向、北西向异常带限于局部段落，而且频次低，大都限于浅部10～20 km内。在论述雷琼地区地质发展史时，也肯定北东东向断裂控制沉积和断陷的发育，直到中更新世才出现比较突出的北西向断裂分异活动。北东向断裂虽然在早第三纪对雷琼断陷发挥作用较大，但晚第三纪时控制性活动为北东东向断裂几乎全区域取代。随着地质时代进展，活动性锐减，越来越不明显。

第四纪断裂的发现为本区断裂活动、构造应力场提供了宝贵资料。前人（驻湛江的省水文地质队）在雷州半岛发现有第四纪断裂和褶曲，有北西向的、近东西向的。广东省地震局吴业彪等近年在区内发现十余处第四纪断裂，基本上发育在下更新统湛江组内。据统计，绝大部分为北西西向，也有北东东向和北西向的，但较少。如东海岛坑里，下更新统中断裂产状为北西290°～295°/北东∠70°～80°，另一条断裂产状为北西310°/北东∠55°。湛江文宝北尖咀岭东侧，下更新世断裂产状为北东东80°/北西∠70°；文宝地税局西200 m处断裂产状为290°/北东∠55°；湛江大道向阳制药厂西南侧断裂产状为北西290°/北东∠80°，另一条产状为北西300°/北东∠60°；湛江赤坎三内塘断裂产状为北西320°/南西∠75°。作者也曾在湛江市地震局张巩宪局长带领下，在遂溪城东南一工程开挖处察看了中更统北海组中的一条断裂，产状为北东东85°/北西∠75°（另外在湛江市沙湾察看到两条断裂，均发育在下更新统内，一条产状为北0°/南∠50°，另一条北西330°/南西∠65°）。由第四纪断裂可知，近东西向断裂是主要活动断裂，其次是北西向断裂，尚未发现北东向断裂。

再回头分析地形变测量和流动重力测量资料（如图8-3-1），在湛江北有一条近东西向形变带似截断了巨大的北西向形变带，这条东西向形变带大体与F3.2涠洲—湛江断裂，也即f_{13}遂溪断裂位置相符。在图8-3-5中，在湛江至阳江一线重力场存在近东西向异常带，在图8-3-5（a）至图8-3-5（d）中，近东西向与北西向异常带虽有少许变化，但这两组异常带形影相随，也肯定了这两方向断裂的现代活动性。

从现实的地震活动分析，以下给出几幅地震分布图（图8-6-19至图8-6-21），北东东向地震条带与北西向条带历历在目地叠加在区内。仔细分析，北东东向条带南北边界都似有间隔北西向条带的现象，这不仅说明，北部湾在1994年12月31日6.1级地震和1995年1月10日6.2级地震前明显出现了地震条带异常，同时也说明这两次地震是两组断裂共同活动的结果，还说明北东东向断裂应是主要发震断裂[161]。

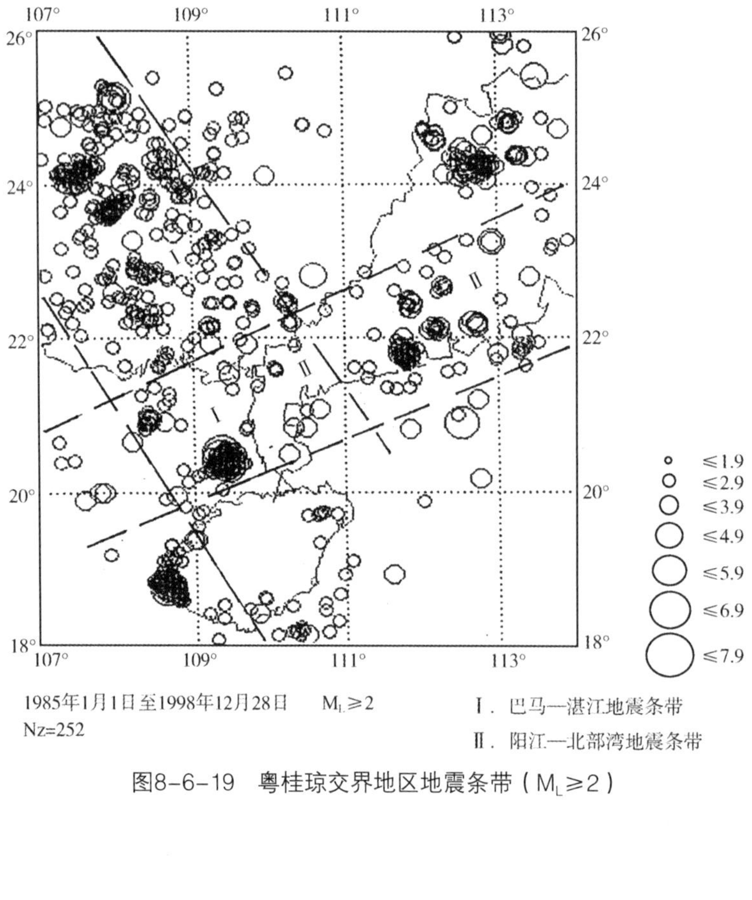

图8-6-19 粤桂琼交界地区地震条带（$M_L \geq 2$）

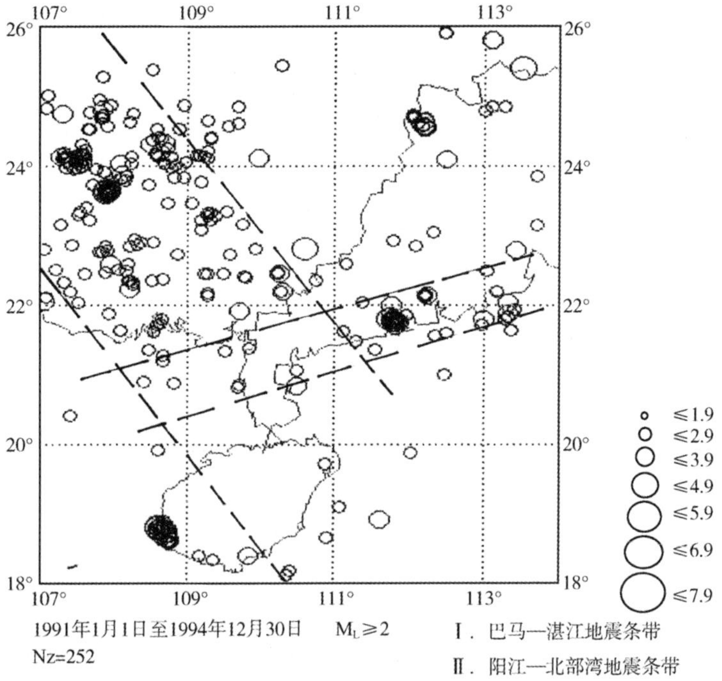

图8-6-20 北部湾6.1级和6.2级地震震前地震分布（$M_L \geqslant 2$）

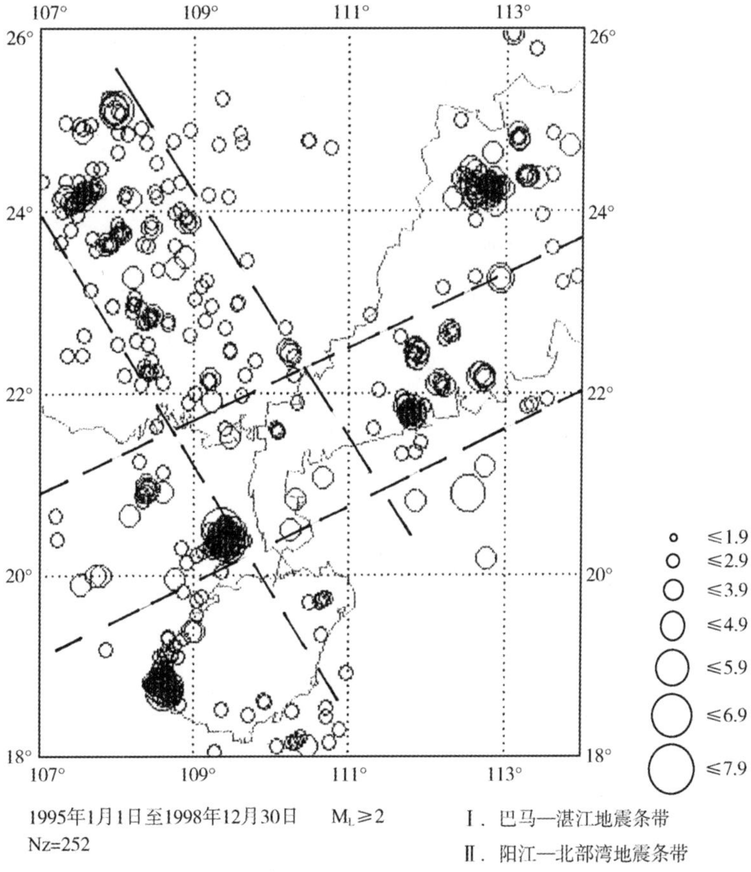

图8-6-21 北部湾6.1级和6.2级地震震后地震分布（$M_L \geqslant 2$）

关于6.1级地震和6.2级地震发震断裂问题存有争议：一是认为北东东向断裂是主发震断裂，二是认为北西向断裂是主发震断裂。但从以上论述，我们认为北东东向断裂为主要发震断裂的可能性最大。推论之，区内未来主要发震断裂仍是以北东东向断裂为主，北西向断裂为辅，共轭活动。在区内近东西向、北西向交汇，特别是加入北东向断裂3组断裂交汇之处，发生Ms≥6.5级地震的可能性完全存在。

8.6.3.3 灵山6.5级强震构造区

1936年4月1日上午9时30分在广西灵山东北平山乡发生一次$6\frac{3}{4}$级地震，震中烈度Ⅸ，是广西有史以来最强的一次地震，也是南海北缘地震带内陆最强的一次地震。早在1860年1月25日在此地曾发生过$5\frac{1}{4}$级地震（表8–1–3），1958年9月25日又在距此地震震中北侧仅几千米的苏村发生了一次$5\frac{3}{4}$级地震。现代小震依旧频繁。可见该地震构造区地震重复率较高。

该强震构造区范围划得比较小，因为它的断裂活动性地段很明显，与周围邻区地质构造上、地貌上有显著差异。

图8–6–13、图8–6–22、图8–6–23都反映一致，1936年$6\frac{3}{4}$级地震为代表的强震构造区位于北东向、北东东向、北西向3组断裂交汇区。重力资料解释3组断裂均达＞30 km[162]（图8–6–13）。

地震构造区的构造位置处于灵山断褶带与浦北大岩体接触地带，它的西邻是十万大山坳陷带，东邻是博白断褶带[163]。

区内岩层分布分3个区：中部是沉积岩区，有奥陶系、志留系、泥盆系、石炭系、二叠系地层，主要为浅海相或海陆交互相沉积的砂岩、砂页岩和灰岩等；在边缘地区（西北和西南）有白垩系、上第三系、下第三系红层（类磨拉石建造）分布；东部和西部分布着大面积的花岗岩，主震震中就落在浦北花岗岩岩体西北部（图8–6–16和图8–6–17）。

区内北东向、北东东向、北西向3组断裂分别：

（1）北东向断裂

它是区内在地表出露规模最大的断裂。在深部构造中也有突出地位，布格重力异常和航磁异常均有清楚地反映。区内展布方向为北东45°左右，代表性断裂为f_1钦州—灵山断裂带，即图8–6–13中的F10.1（以下F、f，均分别图8–6–10和图8–6–16、图8–6–17中断裂代号，不另说明）。在区域上，它是一条走向40°～50°的压扭性大断裂带，多倾向南东，倾角65°～88°，是一条古老的断裂，历经多次地壳运动，对晚古生代沉积岩相和厚度控制极其明显，对串珠状中、新代盆地形成与发展亦有控制作用，在本构造区内主要发育于花岗岩中，破碎带非常明显。

（2）北东东向断裂

它的地表虽然不如北东向断裂那样宏大的规模，但在震区却有很鲜明的地貌反映，岩石构造节理也相当发育，几乎占绝对优势。延至区外时隐时现，有时甚至表现出相当的规模，控制了新生代盆地发育，展布的方向为北东东70°左右，有时为近东西向（N80°E），断面大多数北倾，倾角60°～70°，张剪性为主，右旋。它的主要断裂是f_2罗阳山北麓断裂。

任镇寰等早在20世纪70年代赴震区考察地震影响场和地震地质，发现了罗阳山前这条北东东向断裂和相依的山前洪积扇阶地裙组成的长达20 km的山前倾斜平原。之后曾4次专题考察，进一步肯定了它的存在，而不是北东向钦州—灵山断裂（f_1）的一部分或与之复合，它切断了钦州—灵山断裂，应归属北东东向断裂系[16, 99, 162]。之后茹锦文应用卫星磁带计算处理图像解释方法，同样肯定了北东东向罗阳山北麓断裂（f_2）及其这一组断裂的存在[164]；继之李伟琦[100]、潘建雄、黄日恒等[165]也在震区做了许多工作，论证了该断裂的存在及其活动性。本次重力资料系统处理，从深部断裂系统解释它不仅存在，且深达＞30 km，切割了北东向钦州—灵山断裂[162]。该断裂在震区大部分为洪积扇掩覆，但是仍有许多地面露头可寻（图8-6-22）。如灵家山鸡麓泥盆纪泥质轻变质砂岩内，断裂产状北东东75° /北西∠50°；黄宁桥西花岗岩破碎带，北东东65° /北西∠75°；六俄杀人降，花岗岩与石炭纪砂岩断层接触，产状北东东80° /北西∠80°；福田花岗岩节理破碎带，北东东80° /北西∠45°；夏塘平山砖厂石炭纪砂岩内，断裂产状北东东65° /南东∠75°；水尾洞公路旁花岗岩破碎带，产状北东东70° /北西∠85°；瓦竹山公路旁小河剖面花岗岩破碎带，产状东西/南∠80°。

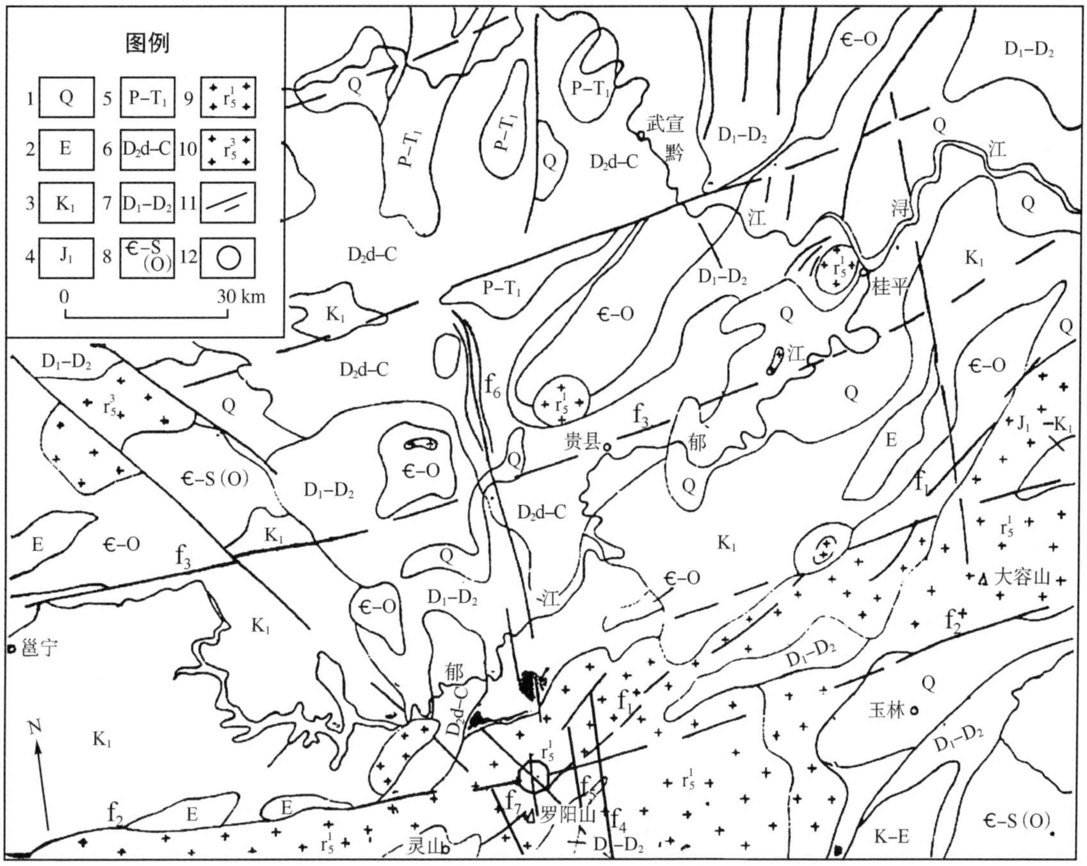

1. 第四系 2. 下第三系 3. 下白垩系 4. 下侏罗系 5. 二叠—下三叠系 6. 中泥盆统东岗岭组—石炭系 7. 下泥盆统—中泥盆统应堂组 8. 寒武系—志留系（奥陶系） 9. 印支期花岗岩 10. 燕山晚期花岗岩 11. 构造线性体 12. $6\frac{3}{4}$级地震震中 f_1. 钦州—灵山断裂 f_2. 罗阳山北麓断裂 f_3. 邕宁—桂平断裂 f_4. 蕉根坪断裂 f_5. 夏塘断裂 f_6. 高塘—泗洲断裂 f_7. 六禾水断裂

（据茹锦文，略有补充）

图8-6-22 广西灵山及邻区卫星影像解译

f_3邕宁—桂平断裂。它是区外北部的一条北东东向断裂，之所以将茹锦文等应用卫星磁带计算处理图像解释的这条断裂从图8-6-22中展示出来，是因为与本次重力资料处理解释的F2.1南宁—贵港断裂完全一致，彼此印证。据茹锦文等研究，该断裂可能生成于印支期，初期是压扭性断裂，切过镇龙山穹窿，后期可能改变性质，控制中新生代陆相红色盆地，下白垩统发育有众多火山凝灰岩，上白垩统发育安山岩流，在桂平蒙圩镇罗容岭附近，在地表不到0.3 km^{2}范围内发育了燕山晚期的辉石闪长岩、二长岩、辉长岩、正长岩、煌斑岩、闪长岩等多种岩类所组成的岩体，说明本断裂切割较深，本次重力解释深40 km。新构造期活动性不太明显，除了控制邕江一段河道和其他一些小河流东西向流外，无其他地质地貌活动标志。

（3）北西向断裂

产状为北西30° ~ 35°，倾向北东，倾角55° ~ 57°。该组断裂在震区规模并不宏大，但分布密集，尤其是构造节理几乎无处不见，从罗阳山下来的许多北西向河谷大多数循着该组断裂流动，其代表性断裂为f_4蕉根坪断裂、f_5夏塘断裂、f_6高塘—泗洲断裂。f_7六禾水断裂（图8-6-23），其力学性质以剪性左旋为主。它们都是F13.3灵山—铺前港（东寨港）断裂地面浅部反映的断裂。

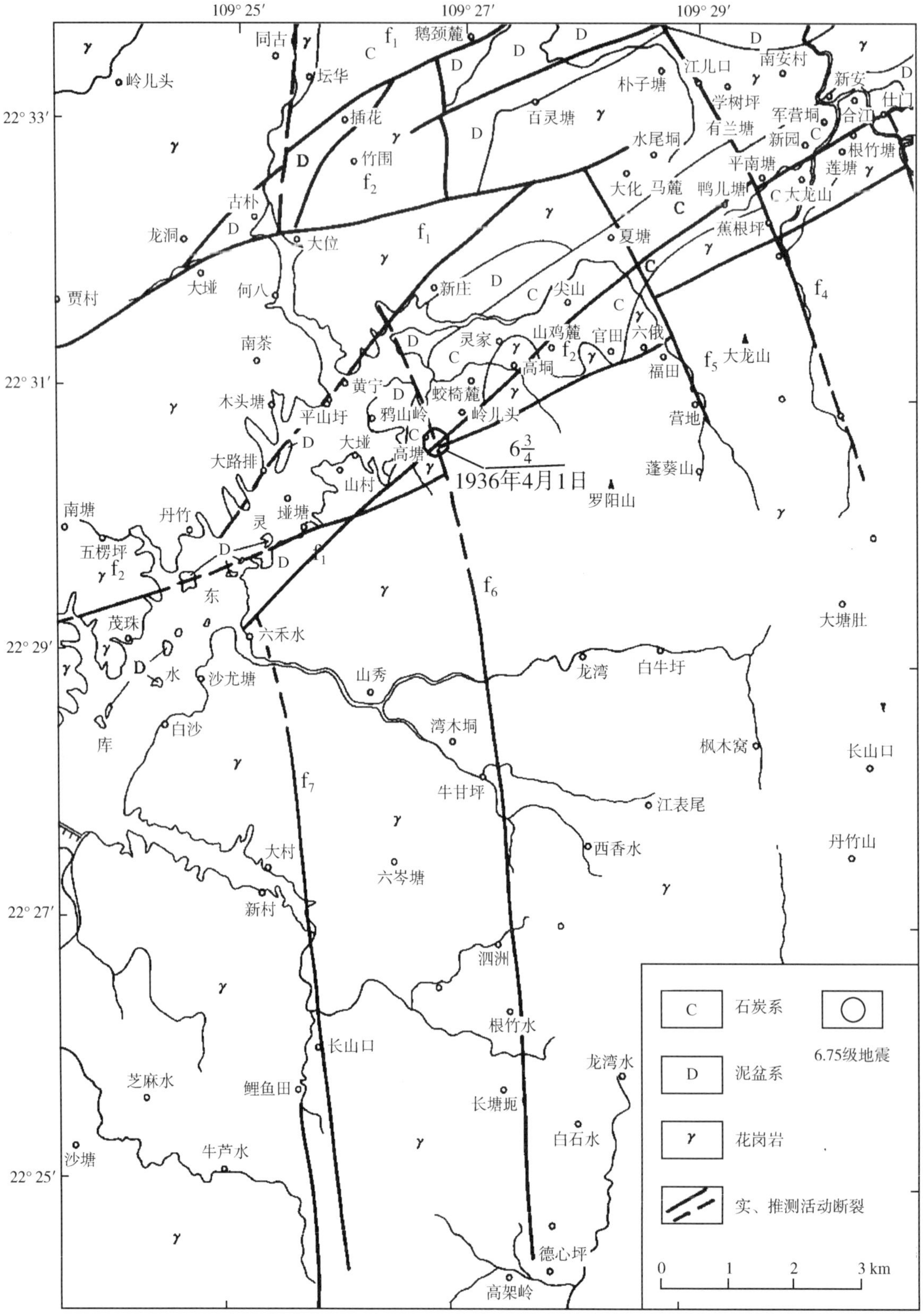

f_1. 钦州—灵山断裂　f_2. 罗阳山北麓断裂　f_4. 蕉根坪断裂　f_5. 夏塘断裂　f_6. 高塘—泗洲断裂　f_7. 六禾水断裂

图8-6-23　1936年4月灵山地震极震区构造略图

本强震构造区主要活动断裂是北东东f_2罗阳山北麓断裂。该断裂走向北东东70°左右，在卫星照片上有清楚的显示，往东经寨墟、城隍可延伸至容县附近，往西可延至南乡盆地南缘，控制南乡盆地新第三纪沉积，后期并切割它。根据本次重力资料处理，罗阳山北麓断裂是灵山—高要—南澳断裂（F2.2）的西端部分，上延40 km形迹仍清楚（附图Ⅴ和图7-4-1）。

该断裂活动最强的是罗阳山北麓一段，约20 km。罗阳山高高耸起，绝对高度869.3 m，水平距离2 km左右，相对高度达800 m以上，坡度很陡且梯度很大，山中河流、沟谷切割很深，多跌水和瀑布，显示出年青地貌的特征；而山前（西北麓）是一排整齐的三角面，长达20 km，势态雄伟，在断层面下则发育数级洪积阶地群，阶地彼此相连，随同断层三角面也延绵20 km，规模之大，在多雨的南方实属罕见（图8-6-18）。洪积扇的物质粗，扇面坡度陡，且各处阶地级数和相对高度不一样，在罗阳山最高峰之下的灵家、高垌一带，发育着六级洪积阶地，最高一级相对高度达160 m，时代可能属于早更新世；在阶地最前缘发育了倾斜度比较大的新洪积扇，从灵家、高垌往北东东和南西西两个方向延伸，洪积阶地级数和相对高度均逐渐减少，相距越远，级数越小，相对高度越低，组成物质也相对细一些（表8-6-3）。上述现象反映罗阳山西北侧这20 km段落急速上升，同时，在不同地段上升速度又有差异：灵家一带断裂活动最剧烈，山地上升最快，运动幅度最大，且现在仍强烈活动，是上升的中心区。1936年灵山大地震震中就在灵家—高塘。

从表8-6-3还可看出，断裂活动从灵家开始，随着时间推移，向两端逐渐扩大活动范围。

表8-6-3　罗阳山西北麓洪积扇阶地表（据任镇寰）

地点		白花 相对高度/m	平村 相对高度/m	蕉根坪 相对高度/m	灵家 相对高度/m	大垭 相对高度/m	樟木塘 相对高度/m
级数	Ⅵ				120 ~ 160		
	Ⅴ				85 ~ 120		
	Ⅳ				60 ~ 85	40 ~ 65	
	Ⅲ		27 ~ 40	30 ~ 40	35 ~ 60	30 ~ 40	25 ~ 30
	Ⅱ	10 ~ 15	16 ~ 27	20 ~ 30	25 ~ 35	15 ~ 30	10 ~ 25
	Ⅰ	3 ~ 5	5 ~ 16	5 ~ 20	5 ~ 25	5 ~ 15	5 ~ 10

根据现场调查，许多房屋和地物呈北东东向错开时，几乎都是右旋的，证明该断裂是右旋性质；还可旁证北东东向断裂强烈活动的是钦江河谷纵剖面变化，大步江以南、钦江河谷是均匀自然发育的，但到了震区附近的大步江却突然坡降剧增，至长田坝、杨家塘更甚。这可解释为大步江以南上游地区抬升运动加速，造成河流比降增大。

1：20万灵山幅区测报告中也明确指出，近东西向断裂是该区形成最晚、活动最新的断裂（广西区测队，1：20万灵山幅区测报告，1971年）。

断层气测量：我们曾派一个断层气汞（Hg）测量组专程到区内开展测量，在上述各断裂布设了11条测线，采集分析了195个样品，测区背景值为0.15 ng/L，异常下限值为0.30 ng/L（高于河源的0.20 ng/L）。得出结果是，汞值变化速率最大的测点都出现在北东东向断裂附近，其中罗阳山北麓断裂上的高塘、高垌、灵家等多条测线峰值＞2.0 ng/L，也正是1936年$6\frac{3}{4}$级地震破坏严重地区[166]。

北西向断裂活动性也很强，震区较大的北北西向断裂是f_4蕉根坪断裂、f_5夏塘断裂和f_6高塘—泗洲断裂。前两者发育在大龙山（559 m）的东西两侧，断裂上都发育着深切的河流，河流两侧（主要是东侧）发育着断层三角面，断层崖下也可见到二级洪积阶地，如蕉根坪西北500 m平南塘西侧沟谷所见，冲沟左偏，显示断裂左旋剪切运动。这两条断裂挟持的大龙山把北东东向罗阳山断裂隔断了一小段，罗阳山前洪积扇裙的连续性也遭隔断。蕉根坪—范姓家大地震时，大门的花岗岩门槛被切断，断面南西倾，倾角70°，往内经天井到大堂16 m，大堂门槛为青砖砌成，被冲击向南东呈弧形。真实说明了大震时该断裂的强烈活动[99]。

该两条断裂向北西方向延7 km左右到苏村（石塘）平原，苏村平原是下降的，断裂西侧插花山地则是上升的。苏村于1958年9月25日发生了一次$5\frac{3}{4}$级地震，极震区等震线长轴方向是北北西向的，应与该断裂的活动有关。

插花山地近期上升的证据：自石塘—苏村平原顺灵山公路进入山地至插花，一路上可见到串珠状三级山间小沣地（小盆地），级级升高，之间有小溪切割，在插花小盆地看得最清楚。盆地口是一深切的沟谷，并有跌水，跌水岩石上有密集的北北西向构造节理，旁边的公路切开的人工剖面的松散褐色阶地砂砾层（Q_4），距沟谷底约9 m，该阶地面与插花盆地内和缓的阶地面是同一个面，可见沟谷从阶地面下切是近期上升的事，证明插花山地的上升。如果插花山地上升不是近期的话，恐怕插花小盆地早就破坏殆尽了。

f_6高塘—泗洲断裂位于罗阳山南坡，往北北西方向可能穿过罗阳山南麓的高塘一带，是F13.3灵山—铺前港的主干断裂。在泗洲、根竹水等地段发育宏大的洪积扇阶地，延绵长3 km，可分3级，最高可达70余米，前端发育现代冲积锥，坡度很陡，反映断裂活动强烈。这一带地震时破坏很严重，达Ⅸ度，与罗阳山北麓破坏程度相当，形成独立的另一个震中区，长轴北北西向，长约3 km，与洪积扇阶地分布范围一致，地震裂缝特别发育，总体排列具左旋特征。

潘建雄等还认为f_4六吉—蕉根坪断裂存在窗棂脊构造，即断裂两侧山脊，沟谷发生了左旋错移[167]。

断层气测量值仅次于北东东向断裂，蕉根坪—六吉断裂北段达1.44 ng/L，而南段蕉根坪测量值却不高，高塘地区很高，也是北西向f_6高塘—泗洲断裂带与f_2罗阳山北麓断裂交汇地区，测值>2.20 ng/L。

（4）关于发震构造的讨论

1936年灵山$6\frac{3}{4}$级地震震中区有两组活动断裂，即北东东向和北西向断裂，并有两个极震区：以北东东向罗阳山北麓断裂为中心的极震区和以北北西向高塘—泗洲断裂为中心的根竹水—泗洲极震区（图8-6-24），究竟哪一组断裂是主发震断裂？我们的意见是，f_2罗阳山北麓断裂是主发震断裂，f_6北西向高塘—泗洲断裂也是发震断裂，是次发震断裂。在北西西向主压应力场作用下，两组断裂共轭活动导致强震发生，主要根据：

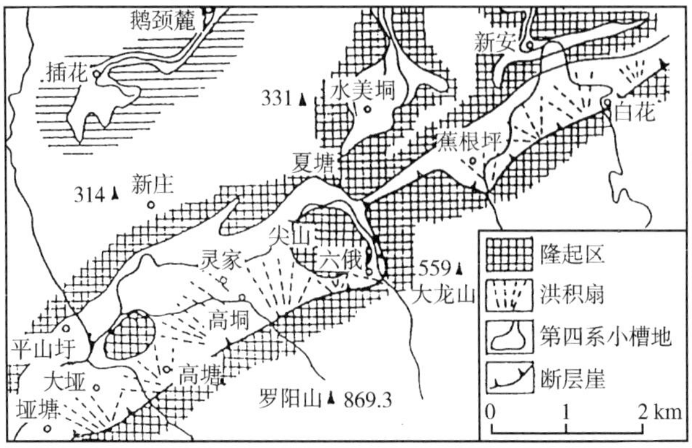

图8-6-24　罗阳山西北麓洪积扇分布

1）断裂切割关系。本震区与华南地区东部深部构造整体特征有所差异，或者说是特殊性。华南地区除东南侧端闽东南狭窄地带区域重力场和深部构造以北东向构造占主体地位外，其他地区都是以近东西向构造为主体，而本震区地处华南地区西侧端，3组断裂构造平分天下，或者说是三足鼎立（图7–4–2、图7–4–57、图7–4–61、图7–4–71、图7–4–76和图7–4–85等）。北部F2.2以北、F2.1以南，是一块重力值比较均匀的近东西向构造地块，相当于重力场坪地；西南部是以北东向构造为主体的区域；南东部是以北西向构造为主体的区域。3块交汇于灵山一个小小的区域[162]。近东西向、北东向、北西向3组断裂间切割关系相对不是频繁和明显，但仔细分析各种图件，3组断裂还是存在相互切割关系。

综合分析，无论是北东向、北西向断裂往北延伸时，都会遇到近东西向F2.2的阻断，它们往北穿越东西向坪地带很困难，扩大区域（研究区北）分析，北东向、北西向断裂往南伸展时，也会受到近东西向F2.1的阻断干扰。

另外，F2.2往东西方向延伸与北东、北西向断裂相聚时，也会较短距离受到北东、北西向断裂的间断（切割）。比较起来，F2.2伸展更强一些，当重力异常上延40 km时，0°一阶方向导数图（图7–4–14）中，北东、北西向断裂（F10、F13.3）基本上无反映，而当135°、45°一阶方向导数上延40 km时（图7–4–26和图7–4–37），近东西向断裂特别是F2.2信息却不能消除，仍有较好地反映，更证明F2.2较之F10、F13.3要强势。至于北东向与北西向断裂，比较明显的是北西向断裂切割或阻截北东向断裂的延伸（许多图中都有反映），而很少见到北东向断裂切割或阻截北西向断裂的图像。那就是说，北西向断裂较北东向断裂更新、更活动一些。推论之，东西、北东、北西向3组断裂间，东西向与北西向断裂活动在次序上可能相当或同时，北东向断裂稍早一些。而东西向断裂活动强度可能更大于北西向断裂，北西向断裂又较北东向断裂活动性强一些。这一点从新构造研究也可得出同样的结论。

2）断裂活动性。以f_2为代表的北东东向断裂和以f_6为代表的北北西向断裂，显然f_2无论从断裂规模、山前断层崖之雄伟、山前洪积扇发育的规模、断层气汞（Hg）测量值都远超f_6，不必重述了。

3）地震影响场。关于这次地震的震害和影响场研究，首推陈国达院士。他在地震发生后不久，即赴穷乡僻壤、当时交通极度困难的震区考察，取得了大量宝贵的第一手资料[168]。此后数十年无人问津，直至1972年，陈恩民为研究华南地震影响场曾赴震区考察，并对极震区烈度线做了修改[78]。1973年始，任镇寰、杨廉法多次赴震区考察，首先注意到罗阳山北麓北东东向断裂和规模宏大的洪积扇阶地以及与地震影响场的关系，同时，在灵山县政府大力支持下，偕同县地震办公室主任邓业权等地方同行开展了广泛的撒网式的收集资料和实地考察，取得了许多新的宝贵资料，如原国民党政府调查统计资料（张军，1936年灵山县地震灾情调查统计，灵山县档案馆），详细地调查了不通公路的泗洲、根竹水、牛甘坪一带深山老林中的震害与地震构造，发现了该活动的北西向断裂和与之相关的又一个Ⅸ烈度极震区。

所以，1936年灵山$6\frac{3}{4}$级地震极震区有两个：一个在罗阳山北麓，长轴北东东向；另一个在罗阳山南麓，长轴北北西向。其分别与北东东向罗阳山北麓断裂和与之相交的北北西向高塘—泗洲断裂相对应（图8–6–25）。广西壮族自治区地震局李伟琦等也对该地震极震区地震影响场做了许多调查，结果与上述意见一致[100]。这次极震区地震影响场调查结果是很可靠的，建议中国地震局修正20世纪30年代的极震区等震线。比较两个极震区，长轴北东东向罗阳山北麓极震区规模大于其南麓北北西向泗洲极震区，反映所依据的断裂，显然前者的规模和活动性均强于后者。

4）地震活动。近年来震区附近记录和调查的几次有感地震和邻区一些较大地震，多数是发生在罗阳山北麓断裂的延伸构造上或相同的构造部位，离散性不大，更确证该断裂和该组断裂在本区的活动性不是偶然的、局部性的事件，而是具有控震断裂性质。如：

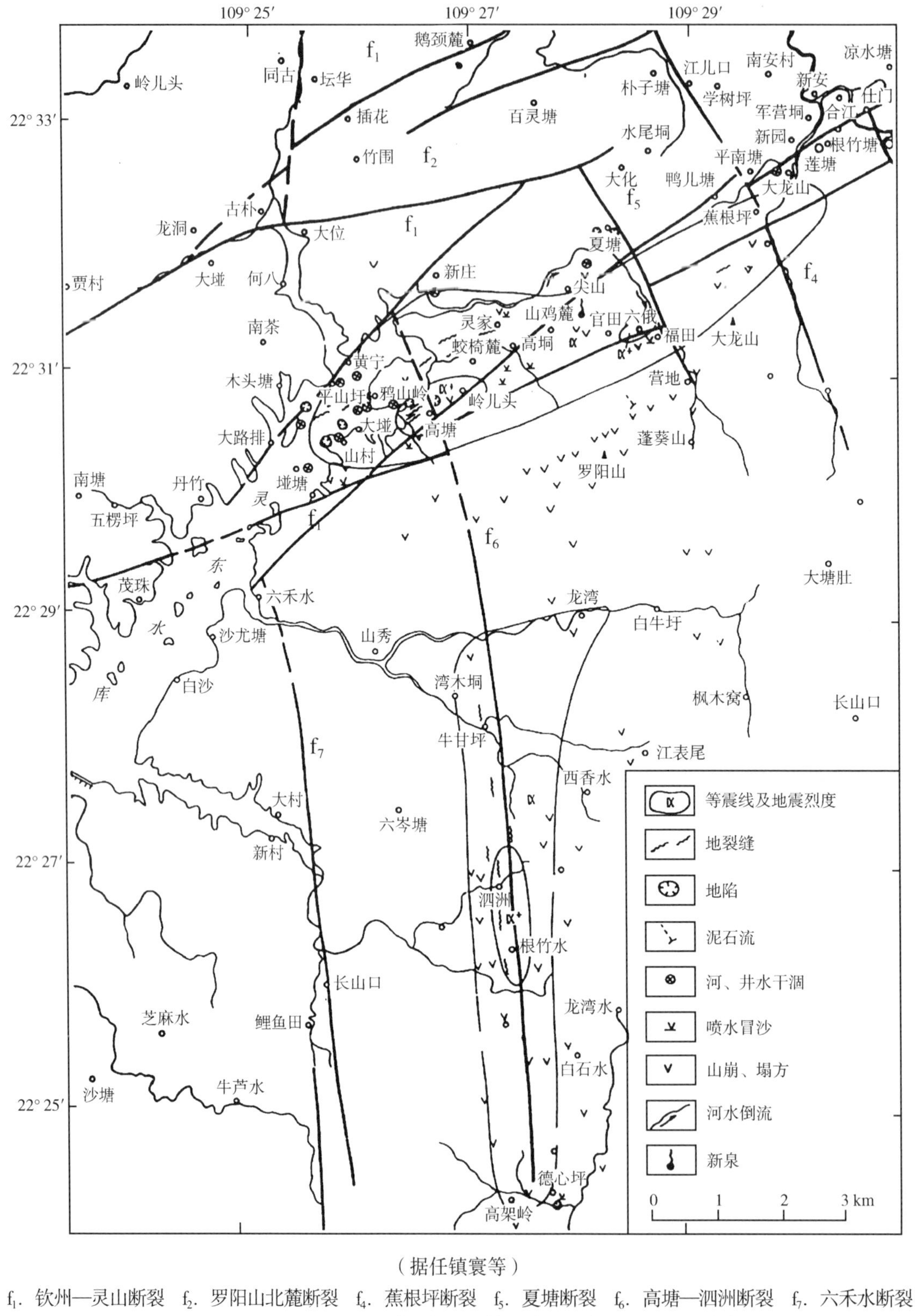

（据任镇寰等）

f_1. 钦州—灵山断裂　f_2. 罗阳山北麓断裂　f_4. 蕉根坪断裂　f_5. 夏塘断裂　f_6. 高塘—泗洲断裂　f_7. 六禾水断裂

图8-6-25　1936年灵山地震极震区等震线、震害和宏观现象分布

1890年8月29日陆川乌石$5\frac{3}{4}$级地震，位于该区东邻相同构造部位上，其等震线长轴北东东向。

1972年5月7日邕宁南晓4.5级地震，位于该区西南相同构造部位上，其等震线长轴也是北东东向。

1974年11月24日丰塘4.1级地震，位于该断裂西延构造部位上，其等震线长轴北东东向。

（5）地震断裂带

灵山地震主震时地裂带、喷水冒沙带基本上都是与罗阳山西北麓断裂平行的。在震中区的高塘，群众反映地震时房子顺着一条“路”倒塌，我们实地测量了这条“路”的方向，正好是北东东向70°，在这条“路”上，房屋倒塌无遗，该“路”可能是地震断裂。

综上所述，1936年灵山$6\frac{3}{4}$级地震发震断裂是北东东向罗阳山北麓断裂，北北西向断裂特别是高塘—泗洲断裂也很有活动性，但不如北东东向断裂，它肯定参与了孕震和发震过程，与北东东向断裂共轭活动而发震。

北东向灵山—钦州断裂也通过震中区，是一组高角度断裂，隐伏在大步江谷地，它不是震区的发震构造，虽然也有一定的活动性，但已不是很强。

该强震构造区范围比较明确，即罗阳山南北麓两侧断层崖、洪积扇组成倾斜平原的地区，东西、南北方向均限制在25 km之内，越过这条界线，地貌有明显的变化。无论是北东东向还是北西向，断裂活动性都大大减弱，可能发生较强有感地震，但不可能发生Ms≥6级地震；而强震构造区内，北东东向与北西向断裂交汇区均可发生Ms≥6级地震。

8.6.3.4　海南琼山$7\frac{1}{2}$级强震构造评论区

1605年7月13日午夜（明万历三十三年五月二十八日亥时），在海南岛北部的原琼州府城（今琼山区）附近发生了一次$7\frac{1}{2}$级大地震（北纬20°，东经110.5°）。这次地震所造成的破坏是华南历史上最大的，地震烈度达Ⅺ，震中区房屋倒塌殆尽，大片陆地沉陷成海，尤其以琼州府城及其附近更为惨重。

1984—1986年，在国家地震局直接领导和组织下，广东省地震局具体负责开展了琼北地震烈度复核工作，组织了全国10多个单位、300余人，采取多种手段和方法（如人工爆破地震，重、磁资料处理，卫星图片解释，地形变测量，地震地质、地震活动性研究，火山研究，模拟实验，构造物理及地震危险分析，等等），取得丰硕成果，出版了《海南岛北部地震研究文集》。该书作者中许多成员也参加了这项工作。

该地震构造区在本研究范围的西南边缘上（图7-4-1和图8-6-13），重力资料不能覆盖全构造区，而1984年海南岛北部地震烈度复核工作为该地震构造震例研究提供了宝贵资料。

琼北地区构造分布一系列北东东向断裂，重磁梯度带反映很清楚，其中通过震中区的光村—铺前断裂，有的称为铺前—马袅断裂或琼山—铺前断裂等，重、磁分别上延40 km，仍然形态清楚[169-172]。它是一条隐伏断裂，走向北东东70°，高角度倾向北北西，具倾滑并右旋走滑特性。根据人工地震勘测资料，其断距在琼山县城、花场一带为数百米，在铺前附近为100余米。该断裂为北部湾—珠江口外断坳带与海南岛—东沙群岛断隆带的转折边界，北盘为北东东轴向的北部湾东南—琼州海峡复式地堑带，南盘为北东东轴向的琼北—七洲列岛复式地垒带，在震中区铺前滨海段基本上控制了海陆分界，在七星岭和铺前间存在几条东西向长岗洼地，在塔市—长流一段，第四系等厚线北东东向，在海口砖瓦厂附近，Q_1、Q_2粘土层被该断裂切断。根据居里面反演结果，该断裂位于北东东轴向的琼北—七洲列岛居里面隆起与北部湾—琼州海峡居里面坳陷的梯级带中，在此梯级带，居里面深度从16 km下降到30 km，反差强烈，反映该地带热动力差异变化急剧，是热能高度积聚的活动地带[19，170-171]。

中更新世至全新世，琼北来自上地幔的橄榄玄武岩浆大规模喷发活动，主要集中在光村—铺前深断裂西、中段两侧，尤以南侧的美台—石山地垒和云龙地垒更加剧烈，这些岩浆喷出活动和火山岩分布，明显受北东东和北北西走向断裂及其追踪断裂（北西西走向）的控制，基本分布在光村—铺前断裂南侧和北西向铺前—清澜断裂西侧。

据野外考察、人工地震勘探和钻探资料，光村—铺前深断裂在深部错断早第三纪及其以前的刚性地层和岩石，而浅部的晚第三纪至第四纪以来的松软地层，在断裂上方则表现为挠曲构造，尤以含玻璃陨石（俗称雷公墨）砾块的中更新统北海组（Q_2^1）在上述地垒和地堑相应强烈拱隆（其底板标高达海拔50 ~ 110 m）和坳陷（其底板标高0 ~ 118.6 m）所显示的挠曲构造最为显著。这些地垒、拱隆的轴部地带，相应地为目前琼北台地北东东向分水岭的中脊地带，而地堑坳陷地带，则为目前海峡、港湾或滨海和河谷、沼泽低洼地带。这些事实，明显地反映了晚更新世以来该断裂西、中、东各段及南、北盘强烈差异升降。

上述表明，光村—铺前深断裂的南盘，在地形与第四纪地质构造、基底以及深部上地幔构造和岩浆物质运动，居里面及其所反映的地热流，乃至重力场特征等方面，基本上都同属正性，为同步上升、隆起的地带；该断裂的北盘，其地形与第四纪地质构造，基底与深部构造以及地球物理特征等与断裂面南盘者相反，基本上都同属负性，为同步下降和坳陷地带。可见。光村—铺前断裂处于重力场尚未达到均衡补偿的地带中。

震中区北北西向断裂称为铺前—清澜断裂，有人称为塔市—演丰断裂、东寨港断裂，这是针对震中区小范围而命名的。最瞩目的地貌特征是北西向的东寨港，无论是重力、航磁、人工地震、钻探、第四系地层和现代形变测量资料，都证明该断裂的存在。断裂走向北北西20° ~ 30°，为张性左旋正断层，根据重磁资料处理结果，它是一条深大断裂[169–170]。往北延伸，可与马山—灵山断裂相连。本次重力资料处理结果表明，上延40 km仍形迹清楚，是华南沿海地区最深的一条北西向断裂（图7–4–1，F13.3）。在铺前大岭、演丰后禄村、大致坡、老山村，以及文昌上载村水库、山贝村水库和文城镇，均有断层剖面出露，据人工地震勘测资料，断距达数百米。

断裂的活动性很明显，首先东寨港东、西两侧断裂控制东寨港地堑式断陷的发展，其中堆积了现代淤泥、砂土和第四纪的砂、粘土及夹于其间的玄武岩层。目前，盆地东侧的全新世海湾堆积已高出海面10 m以上，钻孔资料表明，盆地内第三系厚近220 m，而盆地东侧则没有第三纪的沉积物，西侧云龙附近的第三系也仅厚数十米。说明东寨港是一个第三纪以来的断陷区，在盆地西侧边界的后禄村附近，断层明显断错了湛江组和其上覆的玄武岩地层。断裂还控制了琼北玄武岩的东部边界，此断裂以东再无玄武岩分布，不仅说明它的活动性，而且说明该断裂具有深大断裂规模，否则不可能控制玄武岩喷溢边界[173–174]。

据现代形变测量资料[175]，北北西向形变等值线带覆盖着震中地区，说明该断裂现今仍在活动，并有东升西降特征，即铺前港东侧为上升区，以西是下降区；这一特征与前述地貌特征一致，说明它的运动形式具有持久性；不过速率不大，年均量为10^{-7}量级，说明近年该区活动较弱，地震危险性较低。但是，上述北东东、北西向断裂仍有继续活动特征，长期仍是7.5级地震构造区。

陈恩民对1605年琼州大震震害做了详细的调查研究[72]，得出地震烈度等值线，长轴方向以光村—铺前断裂为中轴，呈近东西向为主，在震中区东寨港出现北西向等值线轴，与铺前—清澜断裂一致。证明该次大震与该两断裂活动有关，并解释为共轭活动所致，前者为主破裂面，并计算出主压应力轴为北西300° 左右。至于北东向断裂在震中区亦有分布，主要是龙塘—定安断裂，北东30°，倾向北西，在龙塘附近有剖面出露，它的活动性则不清楚。

震中区岩层分布，东寨港以西广泛分布玄武岩，以东广泛分布第四纪地层、花岗岩和古生界地层均有出露，许多钻孔都钻见花岗岩，推测震源22 km深处属花岗岩介质分布区。

关于琼山7.5级地震发震构造问题分歧意见不多，都认可北东东向铺前—马袅断裂与北西向铺前—清澜断裂的强活动性，多数学者也认可前者为主发震断裂。但也有以张虎男为代表的少数学者认为北西向铺前—清澜断裂是发震断裂[176]，主要依据：北西向断裂分布密集，有许多第四纪断裂甚至全新世断裂，控制全新世雷虎岭期火山喷溢。从构造应力场转化过程，北西向断裂具压扭性特征等。不过，他也认为北东东向铺前—马岛断裂活动性很强，也存在许多第四纪断裂。

争论比较多的是，东寨港（也称铺前港）大震时下沉了72个村，淹没一大片陆地于海底，是如何下沉的？有的认为是地震时直接下沉的，断裂错动瞬间下沉；也有的认为是地壳长期缓慢下沉的结果，有地震下沉因素；亦有的认为地震时砂土液化是主因。我们认为，既然是大地震，断裂错动同时发生地面变形，导致地壳快速下沉是自然的，国内外不乏震例；也不否认在大震孕震过程中震区就早已存在缓慢升降运动，震后仍继续缓慢下沉，大震震例也不乏其多。至于砂土液化，在大震区，只要地下存在较厚的沙层（沙土层），液化下沉是不可避免的，所以，上述3种地壳下沉成因都存在，都有依据，但大震断裂瞬间激烈错动必然是主因。琼山7.5级地震沉陷范围比较大，在世界大震中也属罕见，我们应珍惜，采取必要措施保护那片下沉村落遗址。

在《海南岛北部地震研究文集》中，学者们都认可琼山7.5级地震震区是一个强震构造区，琼北其他地区不存在类似条件的强震构造区，Ms≥6级强震构造区也尚难圈定。不过，我们从宏观资料分析，北西向铺前—清澜断裂通过的清澜港地区，应稍加关注。我们在1998年琼北地区做断层气氡（Rn）测量时，除北西向断裂测值高以外，横过那一带的北东东向王五—文教断裂测值也很高，超过背景值10倍以上①[177]。建议有关部门和地方开展一些科研工作，适当部署一些地震监测项目。

①任镇寰，罗振暖，丁丽青，等．粤桂琼交界地区近期地震危险性研究．广东省地震局．1999：8.

第九章　第Ⅴ活动幕强震危险性预测

9.1　华南沿海强震活动周期

华南沿海地区有历史记录以来曾发生过5次7～7.5级地震，近年来最为强烈的地震活动是1994年台湾浅滩7.3级地震、1994年和1995年北部湾的两次6级强震。显然，华南沿海地区是我国地震活动的主要地区之一，亦是我国大陆东部地震活动最为强烈的地区之一。

华南沿海地震活动在时间上呈现着320a左右活动起伏规律。自1971年以来许多学者研究指出，1400年以来5级以上地震活动显示，已出现的两组7级地震活动周期有基本类似的释放与衰减规律，周期持续时间在320a左右（图9-1-1）。第1个7级地震活动高潮在1600—1605年前后，发生了1600年广东南澳7级地震、1604年福建泉州海外7$\frac{1}{2}$级地震、1605年海南琼山7$\frac{1}{2}$级地震。此后，经历了约130a缓慢衰减，至1730年前后才出现转折，地震活动出现上升，直至1918年前后的第2个活动高潮的出现，1918年发生了广东南澳7$\frac{1}{2}$级地震。

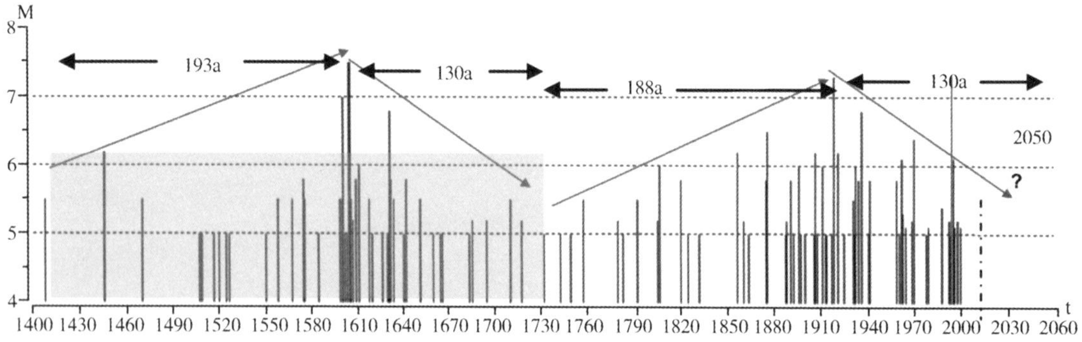

图9-1-1　华南沿海地震带1400年以来5级以上地震时序

我们进一步研究1400年以来两个地震活动周期地震序列随时间的发展过程可见：每一活动周期都可以明显地划分成4个阶段，即平静阶段、加速释放阶段、大释放阶段和剩余释放阶段。各阶段所经历的时间：平静阶段约70a，几乎没有6级以上强震活动，仅发生个别5～6级地震；加速释放阶段约120a，地震活动以中强震为主，震级和频度有逐渐上升的趋势；大释放阶段不超过10a，出现7级以上的大震，经历时间短，但释放了整个活动周期中的绝大部分能量；剩余释放阶段约130a，仍存在中强地震活动，但震级和频度逐步下降。显然，平静阶段和加速释放阶段是应变积累阶段，地壳内应力场不断加强；大释放阶段是应变释放阶段，地壳应力迅速减弱；剩余释放阶段是应变调整阶段，有些地区释放，有些地区积累，通过这一阶段，使得因大释放而形成的大区域地壳应力场的不平衡状态逐步恢复平衡。

认识华南地震区地震活动的大体活动周期对估计该区未来几十年的地震发展趋势，无疑是十分重要的。对于华南地区未来几十年最大地震强度的估计，不同学者有不同的观点。杨马陵等认为①，类比已出现的两组（1600年与1918年）高释放事件后的衰减，目前华南地区应处于剩余释放

①2010年度广东省地震趋势研究报告. 广东省地震局. 2009.

阶段的后期，发生6级以上地震的可能性很小，从目前衰减趋势推算，最大强度应在5.5级左右。以上一周期130a的衰减时间推测，第2周期的活动应在2050年前后达到最低水平。任镇寰等（2003）认为[178]，第2周期大体在2030年结束，尚储存7.4级地震能量等待释放。严尊国等（1996）也有类似的观点。将华南地震区第2周期与第1周期地震能量释放值比较，第2周期尚缺1个7.4级地震的能量，这一缺量几乎全缺在粤桂琼交界地区。而东部粤闽赣交界强震区相反，第2周期已比第1周期超量释放了6.6级地震的能量（未考虑可能遗漏许多历史强震）。因此，第2周期剩余释放期内，粤桂琼地区较之华南东部强震区危险性大得多。

具体计算数值：本区有史记载以来地震能量释放总值为 1.38×10^{16} J，其中第1周期为1.22×10^{16} J，第2周期为0.16×10^{16} J，第2周期比第1周期少释放1.06×10^{16} J，相当于一个7.4级地震能量。第2周期地震能量有分散释放的特点，如果不发生7级以上地震，则可能发生多次6级以上强震。

比较第1、第2周期强震发生的个数，也可以得到上述同样的结论。表9-1-1可以看到本区第2周期足足缺少一个7级以上地震。研究华南及邻区历史地震时发现，第1周期历史地震记载明显遗漏了许多第5、第6级地震，所以第1周期实际发生的5、6级地震的个数可能要比表中所列的多，也就是说，目前第2周期要补缺的强震个数或能量还应更多一些。当然不可能完全重复，但从历史角度分析，本区严重的缺震形势是不可忽视的。就华南地区东、西两端地震活动水平而言，西端粤桂琼交界地区也是不相应的。第1活动周期高峰期在1600年前后，东端粤闽赣地区发生2个7级以上地震，西端粤桂琼地区有一个$7\frac{1}{2}$级地震相呼应；第2活动周期在1918年地震高峰期前后，东端南澳发生7.3级地震，西端只发生一个6.7级地震，在1994年地震高峰期台湾浅滩再次发生7.3级地震，而西端仅发生 6.1级和6.2级地震，显然缺一个7级以上地震（或相当的地震能量）与东端地震活动水平对应。华南地区西端强震会否在下一活动幕发生？我们拭目以待。

表9-1-1　华南地区东西两端强震个数对比

地区	周期	震级			最大震级
		5级/个	6级/个	7级/个	
粤桂琼交界	第1	14	5	1	$7\frac{1}{2}$级琼山
	第2	16	4	0	$6\frac{3}{4}$级灵山
粤闽赣交界	第1	10	2	2	$7\frac{1}{2}$级泉州近海
	第2	28	12	2	$7\frac{1}{4}$级南澳

9.2　活动幕与平静幕

一个地区的地震不仅有几百年的大周期，还有10a尺度的活动幕次（图9-2-1）。一般认为，活动幕一般应有一次6级地震发生，平静幕一般以4～5级地震活动为主，仅发生个别5级以上地震。不同的研究学者对东南沿海地震带自1900年至今的地震活动幕有不同的划分方案[85, 178, 202-203]，但比较一致的是对1986年以来华南地区最后一个活动幕次的划分，基本认为1986—1999年为自1900年以来的第Ⅳ活动幕，期间发生7级地震1次、6级地震2次。2000—2015年为平静幕，截止2015年未发生5级以上地震（图9-2-2），第2周期的平静幕一般持续9～16a时间，即最快2009年，最迟2016年，华南地区地震活动将结束目前的平静状态，进入新一轮的地震活动幕，即第Ⅴ活动幕。平静幕期间最大地震5级左右。

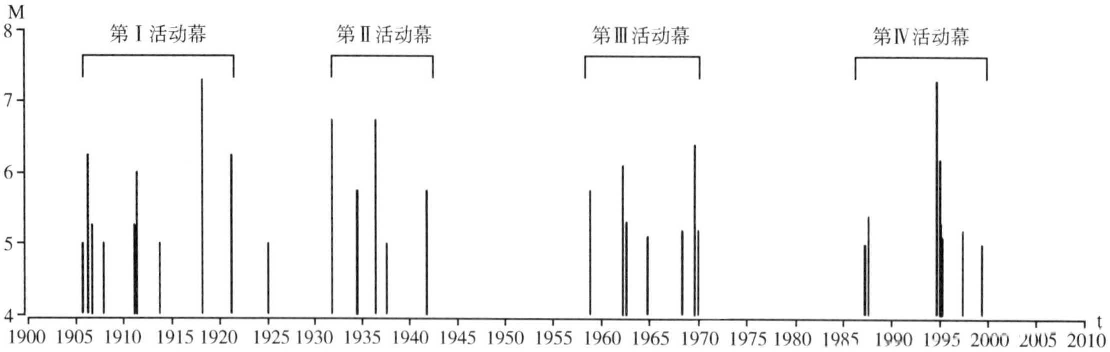

图9-2-1　华南沿海地震带1900—2010年Ms≥5地震M-t图

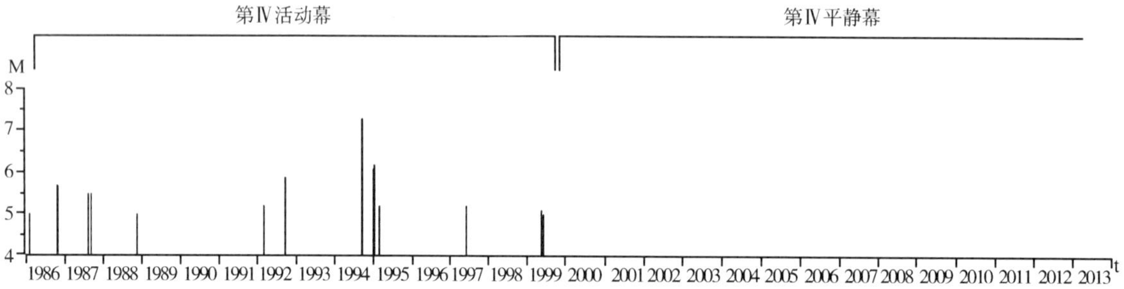

图9-2-2　华南沿海地震带1986—2013年Ms≥5地震（不含余震）M-t图

9.3　华南地区第Ⅳ活动幕震兆特征及其对第Ⅴ活动幕危险性的预测

9.3.1　时间震兆特征

9.3.1.1　地震窗口效应

地震窗是指某些能以弱震活动形式灵敏地反映区域应力场变化的特殊构造部位[204]。在我国华北、新疆、甘肃和云南等地研究较多[204-207]，这些地震窗有一个共同的特点：处于特殊的构造部位，小震活动频度明显高于周围其他地区。

1969年曾发生6.4级地震的阳江洋边海震区（图9-3-1）位处南海北部陆缘滨海断裂带与珠江口外坳陷带的交接地段的中段，断裂按走向分为北东向、北西向和北东东向3组。其地表出露中北东向构造规模最大，北西组次之，深部则以北东东向断裂规模最大（详见第八章）。本区最活动的断裂是北东东向滨海断裂带、平冈断裂和北西向漠阳江断裂和洋边海断裂。它们晚更新世以来强烈活动，两组断裂在洋边海交汇，1969年6.4级地震就发生于此交汇区。随后40余年该区中、小地震不断，有感地震时有发生，小震活动频度明显高于周围其他地区。阳江地区特殊的构造环境及地震活动的频度具备了成为东南沿海地震带地震窗口的条件。因此，我们就此加以研究，以期寻找两者间的呼应规律。

首先统计1980年以来阳江洋边海地区（北纬21.60°～21.88°，东经111.70°～111.90°）M_L≥3地震每3个月的频次，若该月阳江发生M_L≥4.5地震，则随后半年时间内发生的M_L≥3地震作为余震，计算中加以删除。再以一年作为滑动窗口，向前滑动（以下简称“滑动3个月频次”），以0.8作为异常阈值，见图9-3-2。异常时段见表9-3-1。

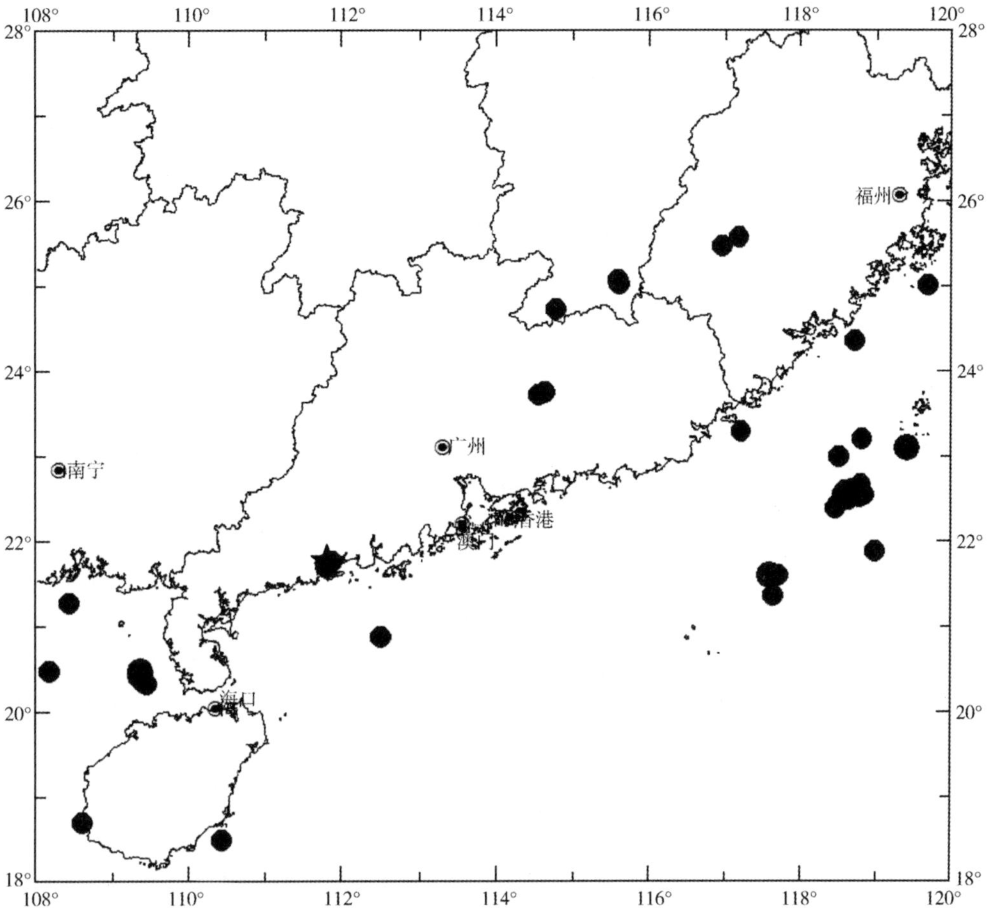

（星号为阳江地震窗所在位置）

图9-3-1　华南沿海地震带1970—2015年M_L≥5地震空间分布

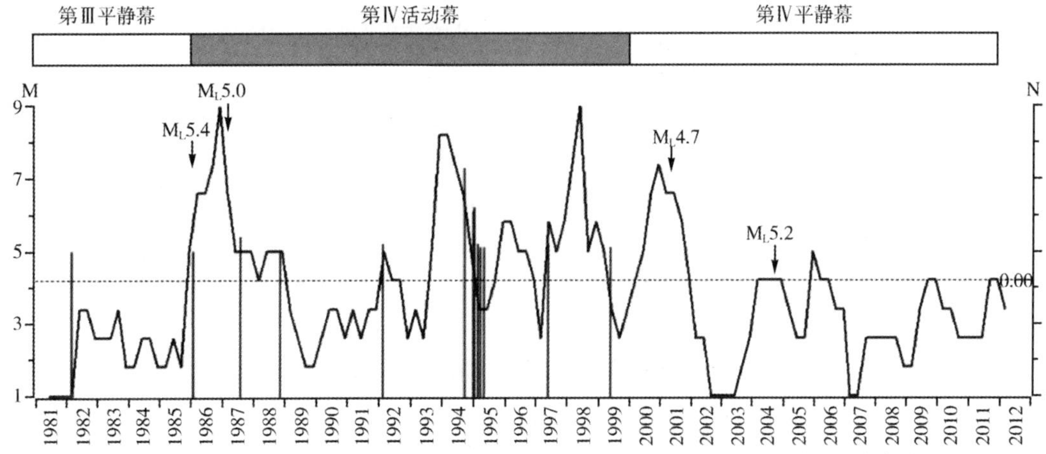

M-t图（东南沿海地震带M_L≥5地震）；频度（阳江M_L≥3地震滑动3个月频次，去余震）

图9-3-2　华南沿海地震带M-t图（M_L≥5）及阳江M_L≥3地震滑动3个月频次（1980年1月至2012年2月）

表9-3-1　阳江地区$M_L \geq 3$地震滑动3个月频次异常统计

序号	异常开始时间	异常结束时间	异常持续时间/月	阳江地区最大地震M_L	对应的东南沿海地震带上的$M_L \geq 5$地震
1	1985年11月	1988年11月	36	1986年1月28日5.4级 1987年2月25日5级	1987年9月6日台湾海峡5.8级
2	1992年2月	1992年8月	6	1991年12月2日3.7级	1992年9月19日东沙群岛5.5级
3	1993年8月	1994年11月	15	1994年9月16日4.1级	1994年9月16日台湾海峡7.3级 1994年12月31日北部湾6.1级 1995年1月10日北部湾6.2级
4	1995年8月	1996年11月	15	1996年2月9日3.1级	1997年5月31日福建永安5.6级
5	1997年5月	1999年2月	21	1997年9月4日3.7级	1999年5月17日海南陵水5.5级 1999年8月20日广东河源5级
6	2000年2月	2001年11月	21	2001年4月22日4.7级	没有>5级地震
7	2005年11月	2006年5月	6	2004年9月17日5.2级	除阳江外没有>5级地震

图9-3-2左侧坐标是东南沿海地震带$M_L \geq 5$地震，右侧坐标是阳江$M_L \geq 3$地震滑动3个月频次，上方标注是阳江$M_L \geq 4.5$地震。在研究时段内，滑动3个月频次自1980年至今30余年时间里共出现7次高于阈值的异常时段，其中前5次出现在东南沿海地震带第Ⅳ活动幕时段内，在异常的下降阶段或结束后的6个月内东南沿海地震带均发生5级以上强震。这5次异常时段中，仅第一次异常（1985—1988年）是处于阳江本区中强震活跃的时段，接连发生了1986年M_L5.4级地震和1987年M_L5级地震，其他4次异常时段（1992年、1993年、1995年和1997年）阳江地区未发生$M_L \geq 4.2$地震，最大地震仅M_L4.1级。因此，阳江地区出现的4次$M_L \geq 3$地震频次的增加并非是阳江本区中强震的前兆或余震，是大区域应力场扰动的反映。

阳江地区的M_L3级地震活跃不仅与本区5级左右地震的活动有关（阳江本区5级地震前后出现滑动3个月频次的高值异常，符合一般的认识规律），而且阳江地区的M_L3级地震活跃与东南沿海地震带活跃有关。在高值异常下降阶段或异常结束后6个月内该带均出现5级以上中强震活动，因此阳江地区是大区域应力场调整的反映窗口。

从以上分析可见，要预测或判断华南地区是否进入活动幕，阳江地区中小地震活动频次是否出现增大是其中可参考的判据之一。

9.3.1.2　华南沿海地震带$M_L \geq 4$级地震异常平静的震兆意义

计算1970年后华南沿海地震带$M_L \geq 4$级地震发震时间间隔ΔT（图9-3-3），结果表明，自1970年至今华南沿海地震带$M_L \geq 4$级地震发震时间间隔ΔT平均是66 d。考虑到研究时段内华南沿海地震带曾发生的多次强震，其余震必然使$M_L \geq 4$级地震频次异常增多，因此取ΔT的2.5倍均方差，即300 d作为异常阈值。自1970年至今，华南沿海地震带共出现8次$\Delta T \geq 300$ d的$M_L \geq 4$级地震长时间平静（表9-3-2和图9-3-3）。

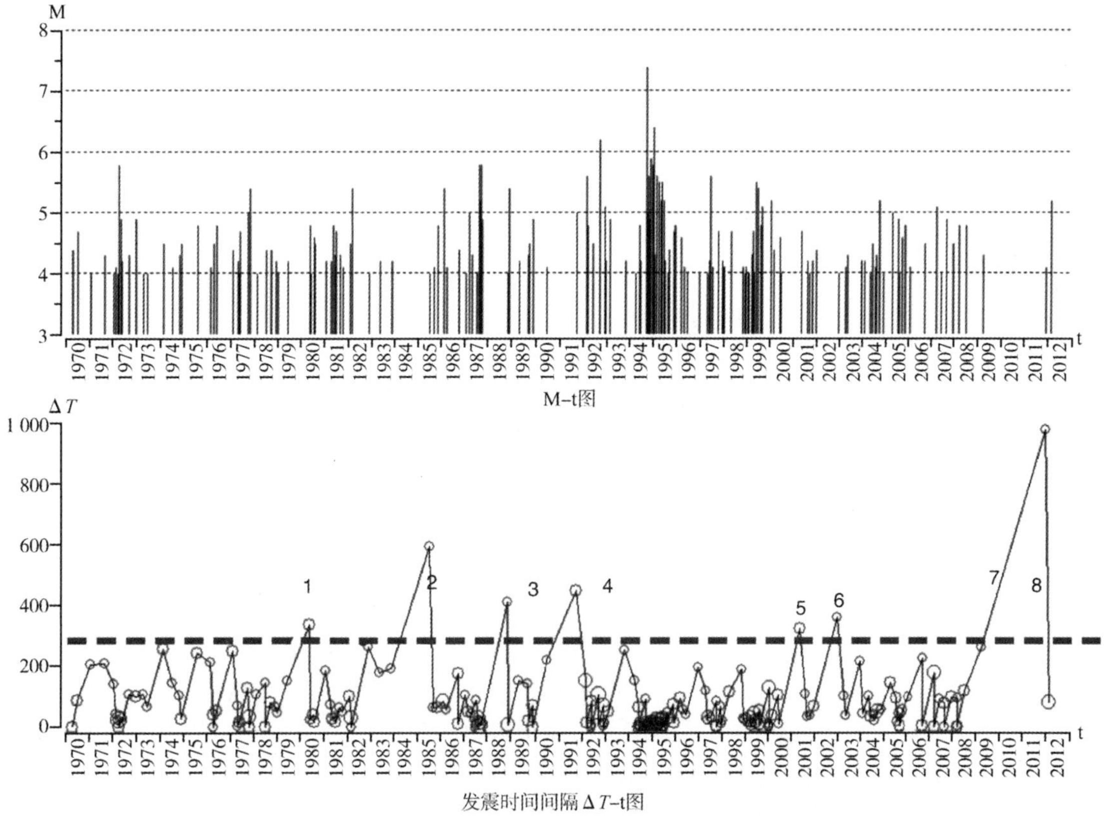

图9-3-3 华南沿海地震带M-t及Δ*T*-t图（1970年1月至2012年2月）

表9-3-2 华南沿海地震带M_L≥4级地震平静超过300 d统计

序号	平静前最后一个地震M_L	打破平静的第一个地震M_L	Δ*T*/d	随后半年或稍长时间内的M_L≥5级地震	Δ*T*/d	东南沿海地震带所处状态
1	1979年6月7日4.2级	1980年6月1日4级	360	无		平静幕
2	1983年11月19日4.2级	1985年7月4日4级	592	1986年1月28日阳江M_L5.4级	208	由平静幕进入活动幕
3	1987年9月15日4.9级	1988年10月31日4级	412	1988年11月10日北部湾M_L5.4级	10	活动幕
4	1990年7月2日4.1级	1991年9月21日5级	447	1992年2月18日南日岛M_L5.6级	150	活动幕
5	2000年6月3日4级	2001年4月22日4.7级	322	无		平静幕
6	2001年12月18日4.4级	2002年12月13日4级	359	无		平静幕
7	2008年3月10日4.1级	2009年3月23日4.3级	378	无		平静幕
8	2009年3月23日4.3级	2011年11月27日4.1级	980	2012年2月16日东源M_L5.2级	81	由平静幕进入活动幕?

由表9-3-2可见，8次异常时段中除最后1次外，其余7次有3次出现在活动幕或由平静幕进入活动幕期间，4次出现在平静幕。出现在活动幕或由平静幕到活动幕过渡时间内的3次M_L4级地震平静被打破后，随后半年或稍长时间内东南沿海地震带都出现了5级以上地震，最短等待10 d，最长等待208 d。而处于平静幕中的4次M_L4级地震平静，打破后1年半时间内都没有发生M_L5级以上地震。

华南沿海地震带2009年开始的最后1次M_L≥4级地震平静持续了980 d，是40多年来的最长平静间隔。2008年汶川8级地震后，整个华南地区地震活动出现异常平静，不仅4级地震长时间平静，连3级多地震的频次都是自1970年以来最低水平，汶川地震对华南地区的地震活动的影响是显著的，研究表明，这种影响在2011年底逐渐结束①。最近一次长时间平静打破后的81 d，发生了2012年广东东源M_L5.2级地震。值得注意的是，在上一活动幕开始前，1983—1985年同样出现了$M_L \geq 4$地震长达592 d的平静，是统计时段内的第2长平静间隔，平静打破后随即发生了1986年阳江M_L5.4级地震，随后华南沿海地震带亦进入了长达14年的活跃时段。华南沿海地震带自2000年开始的平静幕持续了12年多，已超过平均持续时间，这种平静的打破（2011年11月27日北部湾M_L4.1级地震，2012年2月16日和2013年2月22日广东东源分别发生M_L5.2级、M_L5.1级地震）是否可作为华南沿海地震带新一轮活动幕开始的标志，这有待时间的验证[195]。

因此，利用M_L4级地震发震时间间隔判断震情时，应先对区域大背景所处的活动状态做出准确的判断，在活动幕期间M_L4级地震平静超过300 d是具有中短期前兆意义的异常平静，M_L4级地震平静打破后半年时间将存在发生5级以上地震的可能；而在平静幕期间，这种M_L4级地震的长时间平静并不具备前兆意义，只是区域应力场处于松弛状态下的正常表现。

这一现象的可能物理机制与地震窗口具有某些相似性。在外部动力作用下，区域应力场出现增强，在断裂的闭锁段或端部引起应力集中，造成多个应力集中点，当某个应力集中区发生强震后，另外几个应力集中区一般会因构造体系或地球物理场的相互关联而产生增震作用并出现中强以上地震集中活动，形成华南沿海地震带的某个地震活动幕（吕坚，2003）[194]。在活动幕期间，M_L4级地震的异常平静，是区域应力场增强背景下应力集中点出现闭锁表现，随着应力的不断增强，当某些不利于积累更大能量的应力集中点首先导致M_L4级左右地震的发生，而这些M_L4级地震出现于大震之前，成为反映区域应力场变化的前兆指标。而在平静幕，外部动力较弱，不利于能量的积累，即使是M_L4级地震的长时间平静亦不具有指示作用，只是区域应力场处于应变积累阶段的表现。

9.3.1.3　地震活动增强—平静特征

地震活动的异常增强和异常平静是地震学分析预报方法中比较基本的时间进程分析。由于地震活动增强体现了区域应力场的加强，而地震活动平静则反映了应变的积累，因此，分析增强与平静异常具有明确的物理意义。

沈繁銮等[181]分析研究了华南地区自1975年以来19次中强地震前的增强与平静现象，总结提取了中期向短期过渡和短期预报指标：①异常增强过程，增强时段的持续时间为3～5个月，距离中强地震的发生时间约为半年，增强时段区域最大地震震级一般为M_L3.8～4.4级，且这种增强具有整体性、丛集性和加速性特征。②异常平静过程，平静的震级下限为M_L2级，中强地震前粤桂琼地区的平静时空尺度一般为时间≥1个月、半径≥200 km，而粤闽赣地区的平静为时间≥0.5个月、半径≥150 km；且这种平静具有有序性、显著性和稳定性特征。

区域地震活动异常增强—平静具有短期预测价值，预报三要素可归结：

（1）时间

增强—平静后，3个月内发生地震。个别震例不存在打破平静的地震，平静直至主震的发生。

（2）地点

地震发生在异常平静区，震中位置在静前显著增强或临近平静及打破平静的那些地震震中附近。

（3）震级

为中强地震（$Ms \geq 4.7$），震级与平静的时间长短和空间尺度的大小没有明显关系，发生地震的强度可能与华南地区整体地震活动状况、趋势和构造背景等因素有关。

综上所述，总结华南地区第Ⅳ活动幕地震活动时间震兆特征可见，华南地区进入活动幕具有3个重要标志：①阳江地区M_L 3级地震活动频次出现增大；②M_L4级地震的异常平静被打破；③在中期预测背景下，M_L3.8～4.4级地震异常增强的出现是中强地震由中期向短期过渡的标志，而从异常

①2013年广东省地震趋势研究报告．广东省地震局．2012．

增强转向异常平静则是中强地震由短期向短临阶段过渡的信号。此外，任镇寰等研究则直接提出Ms≥4级地震频度迅速增加是强震发生的中期信号。并认为，地震活动幕以Ms≥6级地震作为指标，Ms≥5级地震作为开幕信号[121，134，178]。

9.3.2 空间震兆特征

9.3.2.1 两次强震前华南地区地震空间分布特征

1994年台湾海峡发生7.3级地震前2年，即1992—1993年华南地区的M_L≥3级地震主要集中在粤闽交界及近海地区，台湾海峡南部出现面积较大的围空区［图9-3-4（a）］。进入1994年2月21日空区内发生M_L3.6级地震，空区打破后半年多发生了7.3级地震［图9-3-4（b）］。同时，在1994年1月开始，在广西西北部至广东西部迅速形成了北西向的3级地震密集带，北部湾地区维持3级地震的异常平静［图9-3-4（b）］，直至1994年10月24日空区内部发生M_L3.1级地震（图9-3-5），距离北部湾6.1级强震发生仅68 d。此外，阳江、河源等地震窗口在震前均出现中等地震频次上升现象。

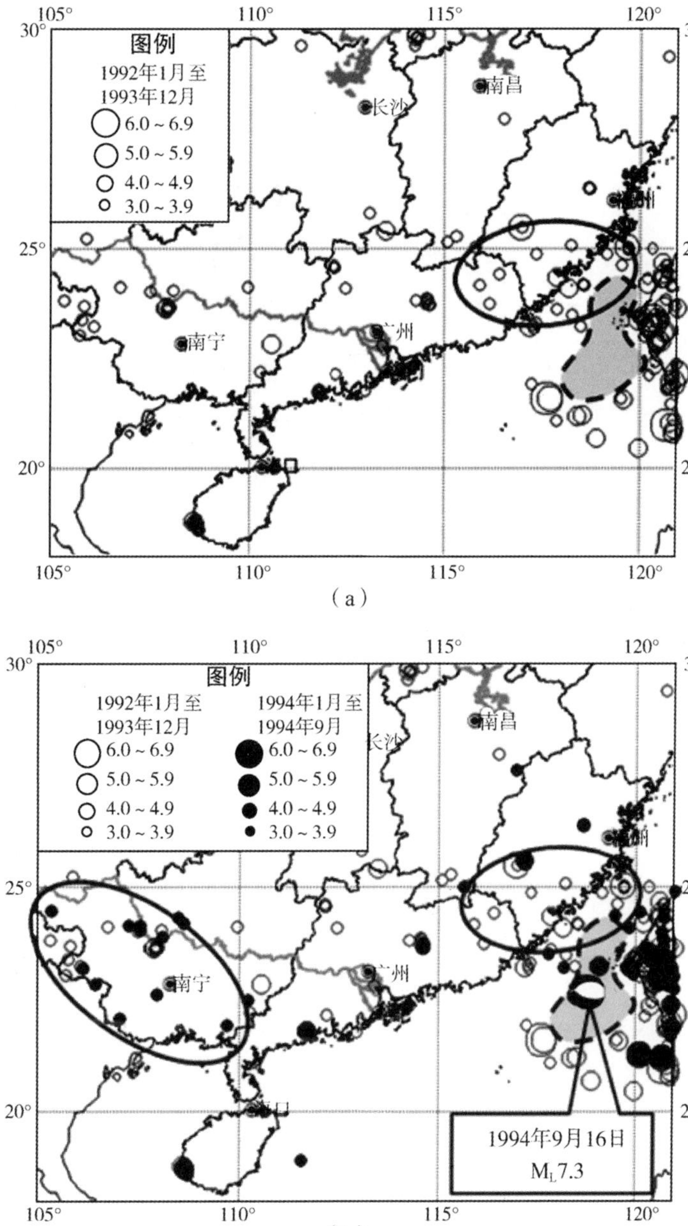

图9-3-4　1994年台湾海峡发生7.3级地震前华南地区地震平面分布

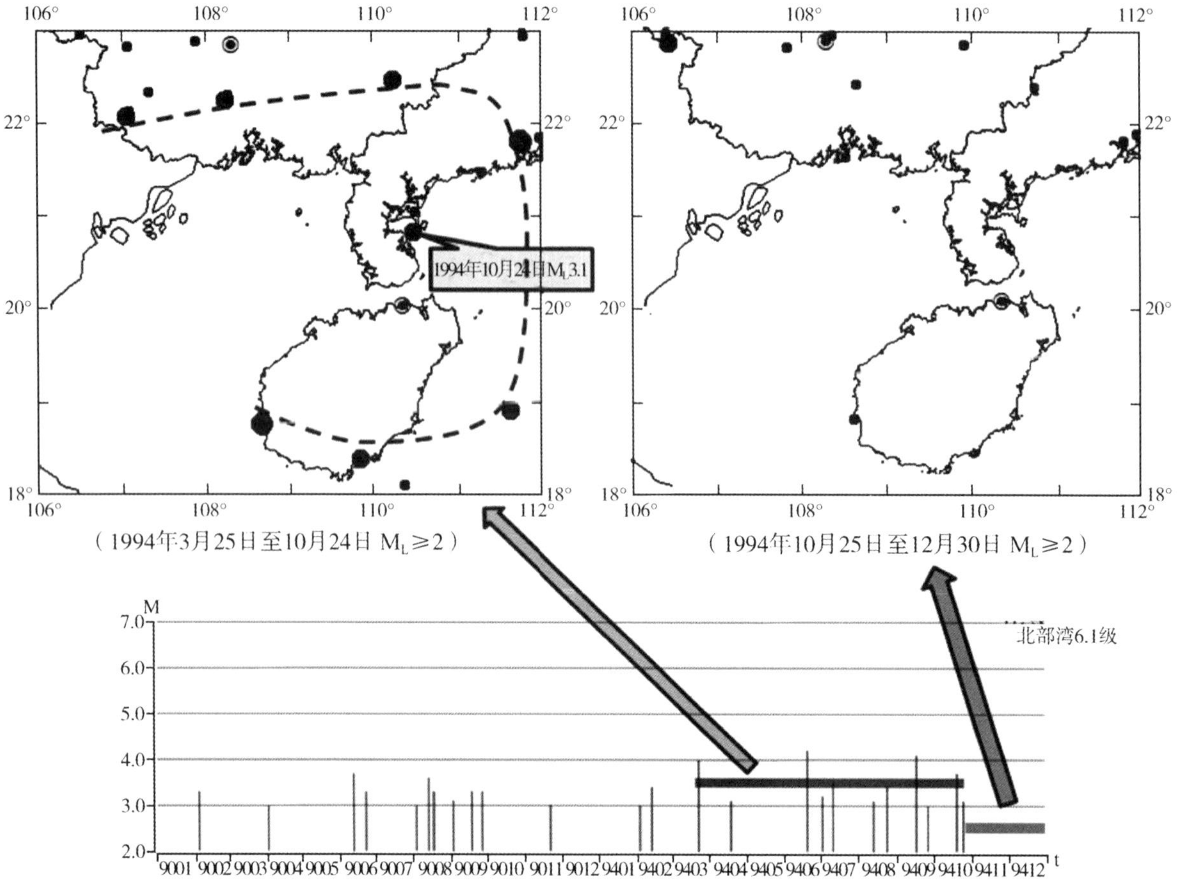

图9-3-5　粤桂琼交界及近海地区地震分布及M-t图

两次强震前，中等地震活动均表现为外围活跃、震中附近平静的特点，空区被打破是从中期向短期的标志。此外，作为应力敏感点的地震窗口，如阳江、河源等出现中等地震频次增加现象亦是两次强震前共有的现象。

9.3.2.2　中等地震空间分布特征

图9-3-6为1981—1986年华南地区M_L≥3级地震空间分布图。上一活动幕始于1986年，对比活动

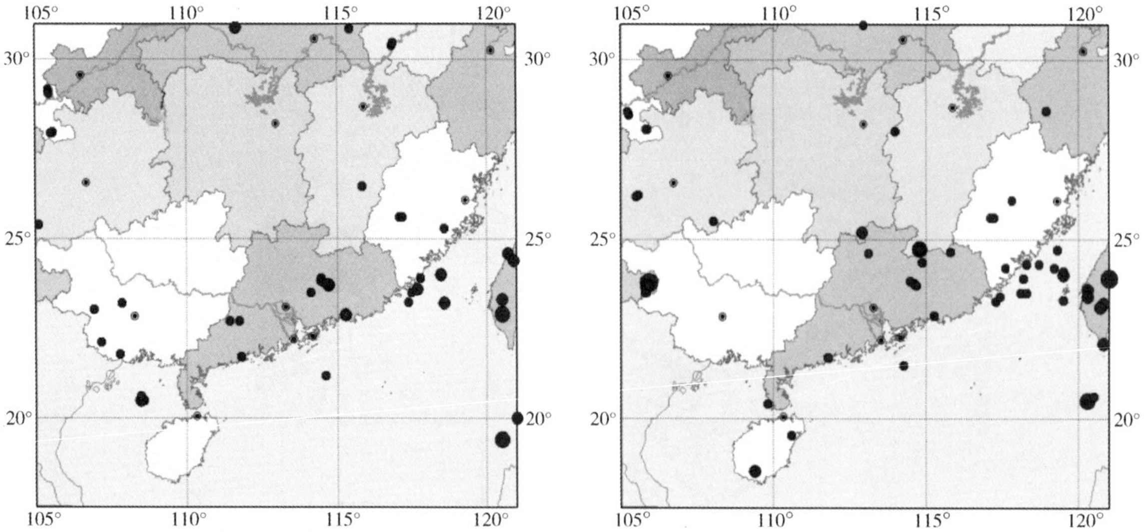

（a）1981年　　（b）1982年

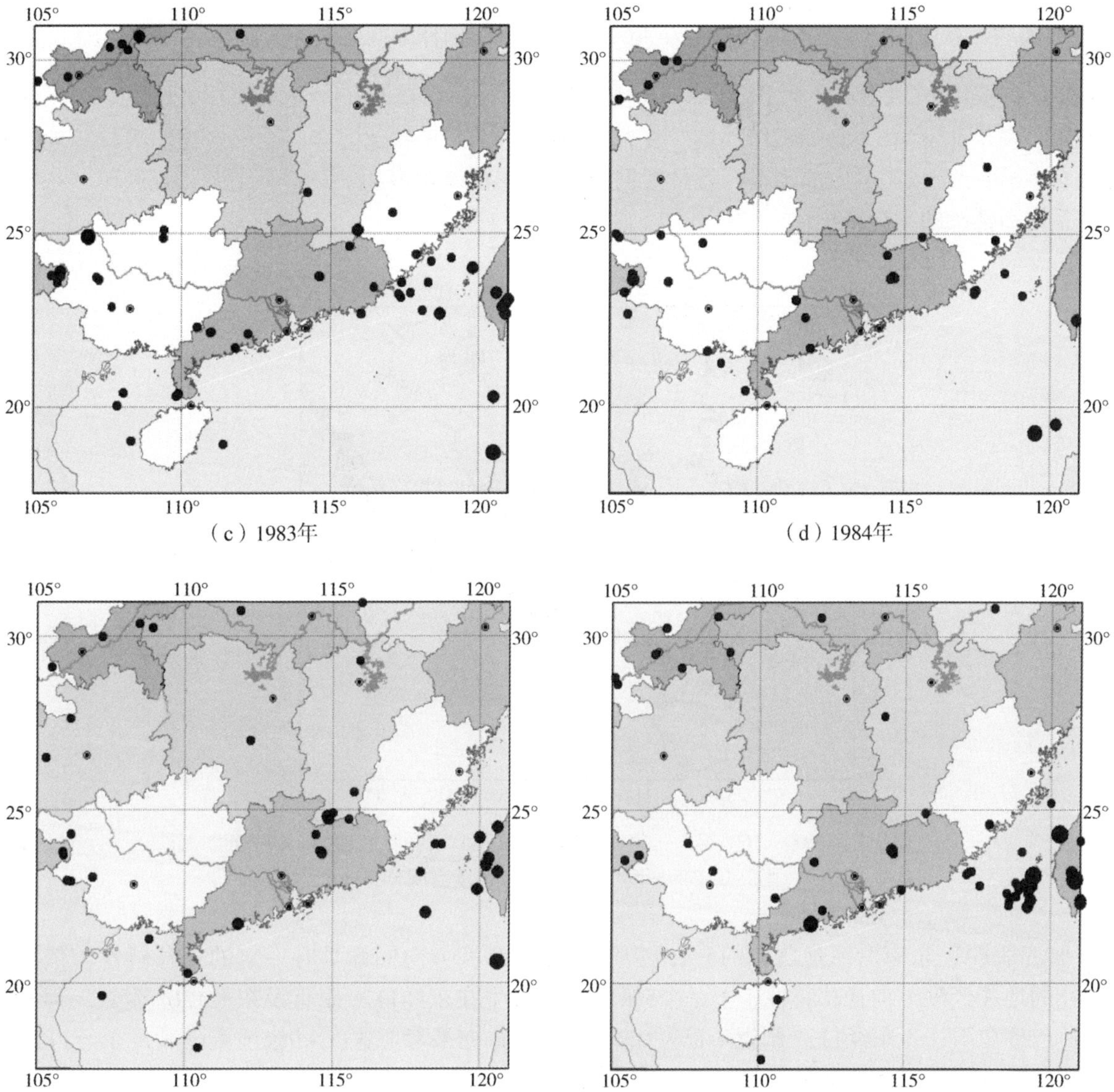

（c）1983年　（d）1984年　（e）1985年　（f）1986年

图9-3-6　华南地区M_L≥3级地震空间分布

幕开始前几年的地震活动空间特征，由图9-3-6可见处于平静幕的1981—1984年M_L≥3级地震除1982年相对集中在粤闽交界沿海外，其余时间分布比较均匀，东南沿海地震带的东段、西段均出现中等地震的活动。1985年和1986年开始出现中等地震活动相对集中现象，1985年地震主要集中在粤赣交界地区，该区一年内发生了13次M_L≥3级地震，远高于东南沿海地震带的其他地区。1986年进入活动幕后，中等地震出现显著的区域集中现象，主要集中于台湾海峡南部海域，同时广东的阳江、新丰江、南澳3个老震区也出现了中等地震活跃现象，其中阳江地区发生M_L5.4级地震，新丰江发生了M_L4.4级地震。

9.3.2.3　地震迁移

许多学者提出，以7级地震为指标的强震活动峰期地震迁移均是由东部开始，然后向西迁移至粤桂琼交界地区（图9-3-7）[41-42, 71, 74-75, 78, 178]。第1次，如1600年南澳7级地震，接着泉州海外$7\frac{1}{2}$级地震，之后西段琼山发生7.5级地震和一系列6级左右地震。第2次强震活动高峰期，南澳1918年

7$\frac{1}{4}$级地震后，在西端琼东北海域1931年发生6$\frac{3}{4}$级地震（魏柏林等撰文认为其震级在7级以上）[182]、1936年广西灵山6$\frac{3}{4}$级地震。第3次高峰期出现在1994年，台湾浅滩7.3级地震之后，西端1994年底和1995年初发生北部湾6.1级和6.2级地震（在7.3级地震后，广东省地震会商会上曾做出粤桂琼地区有可能发生6级以上强震的内部预报，就是根据前3次迁移规律预报的）。这一现象，反映了北东东向南海系构造活动的主导地位。

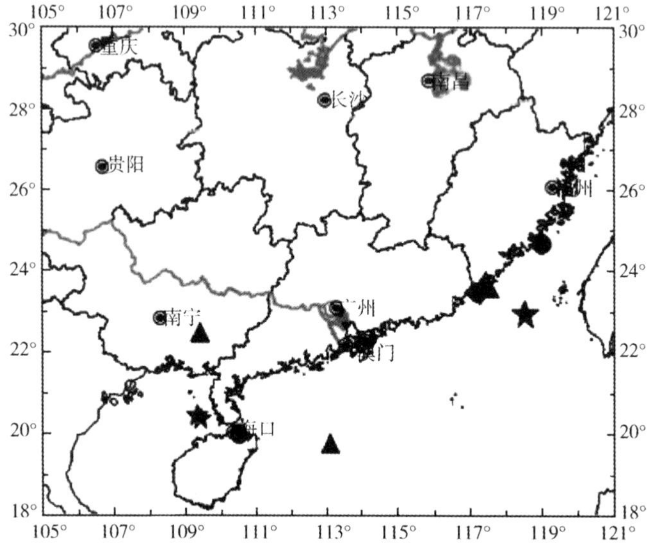

（实心圆：1600—1605年；三角：1918—1936年；五角星：1994—1995年）

图9-3-7　华南地区6级以上地震空间分布

研究表明，东南沿海地震带的5级地震震中在经纬度方向同样具有一定的迁移特性。依据图9-3-8的地震经度方向迁移特性，下一个5级地震应发生在东经112°附近及东经120°附近。但2004年9月17日在阳江（东经112°附近）已发生4.9级地震，如果考虑这次4.9级地震已满足东经112°附近的空位，则下一个5级地震应该向东迁移到东经120°附近。

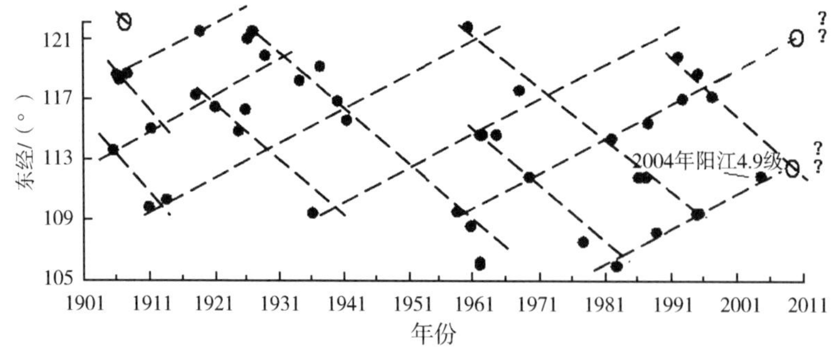

图 9-3-8　东南沿海地震带Ms≥5.0级地震沿经度方向的迁移

按图9-3-9中的地震纬度方向迁移特性，下一个5级地震的位置应该在北纬21°附近或北纬23°附近。如果将阳江4.9级地震作为5级统计，那么下一个5级地震位置在北纬23°以北的可能性较大。

综合经纬度的迁移特性，厦门海外南部的台湾海峡地区是下一个5级地震最有可能迁移的地区。

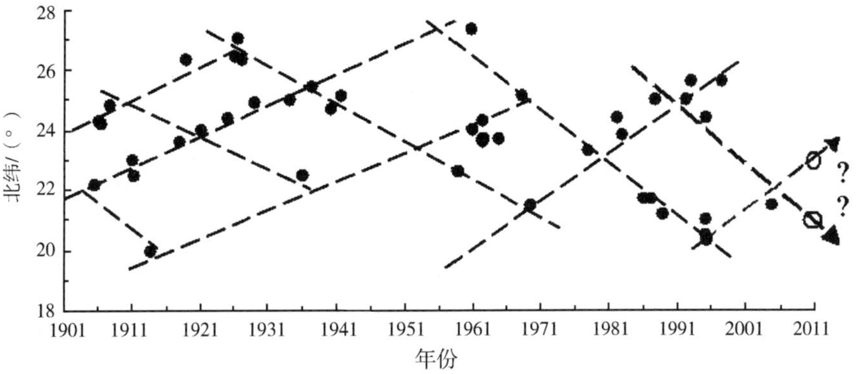

图 9-3-9　东南沿海地震带Ms≥5级地震纬度方向的迁移

9.3.2.4　地震条带及围空区

地震条带是华南地震区可信度较高的强震前兆，1994年和1995年北部湾6.1级和6.2级地震前，1990—1995年粤桂琼地区出现了两条M_L3级地震条带，其中一条为北东东向、一条为北北西向（图8-6-19、图8-6-20、图9-3-10），强震发生在两条带交汇部位的南侧。

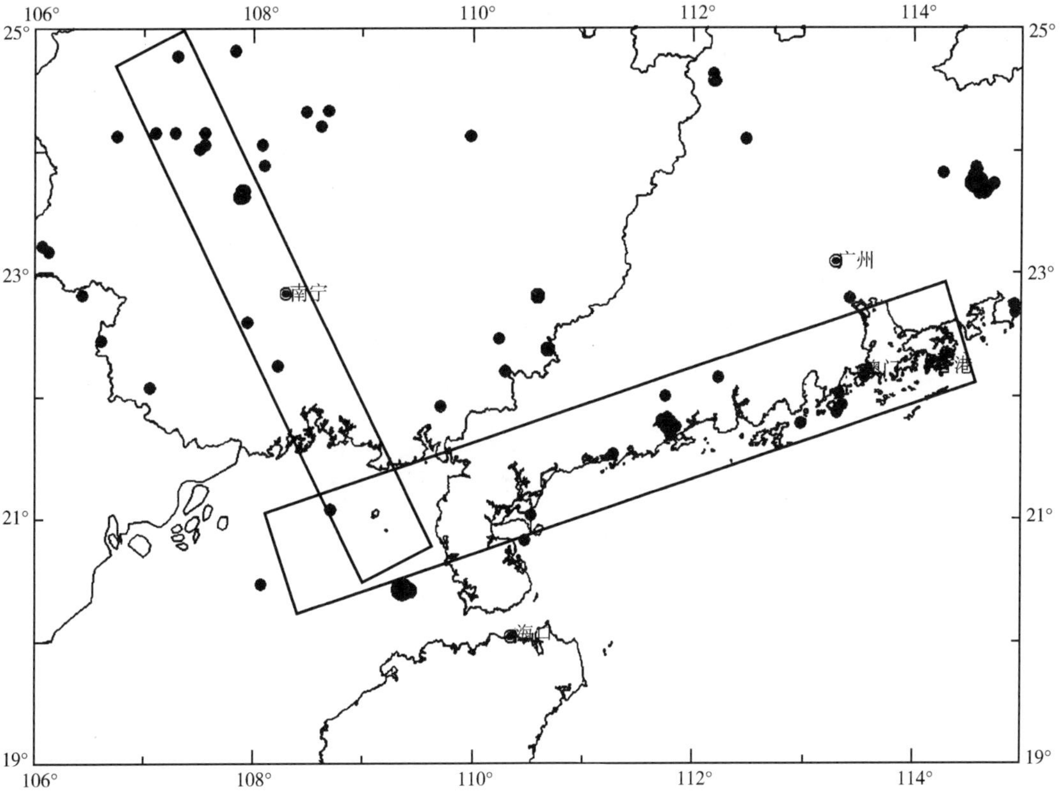

图9-3-10　1990—1995年M_L≥3地震分布

地震条带与活动断裂带有密切的关系，北西向3级条带与巴马—灵山—浦北北北西向断裂带一致，北部湾—阳江北东东向3级地震条带与湛江—阳江北东东向滨海断裂带一致。同时，大地形变场和流动重力场在这两个条带上也明显存在梯度带，说明这两个条带现代活动的客观性，在地壳运动的各个方面反映一致。

还应指出的是一旦地震条带起动发生强震后，在带上可能会有一系列地震发生。强震前出现地震条带现象，是强震孕育的动力学过程，是有着深厚物理意义的强震中长期地震前兆。

同样，对闽、粤交界及其沿海地区进行地震图像时空扫描，发现该区在1994年9月16日台湾浅滩发生7.3级地震前，从1990—1994年9月形成了3条4级地震活动条带（图9-3-11），其中一条北东向，沿福建南部沿海滨海断裂带分布，并与沿福建南部北西向九龙江断裂分布的4级条带交汇；另一条北西向4级条带落在巴士海峡。从3级地震的空间分布则可见震前4年出现大面积的3级地震围空区（图9-3-12），1994年2月21日空区被打破，至8月29日空区内部接连发生了4次$M_L \geq 3$地震。9月16日7.3级强震发生在3条4级条带之间的地震空区内。

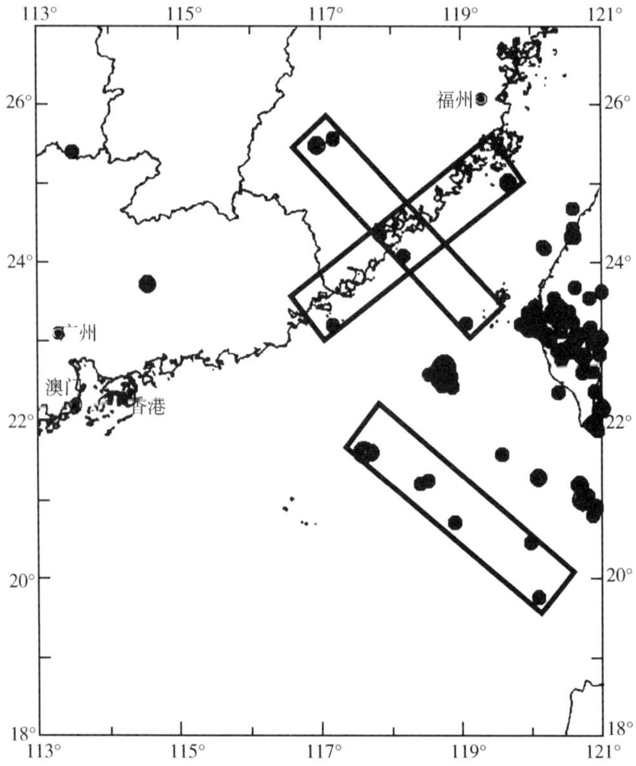

图9-3-11　1990—1994年9月$M_L \geq 4$地震分布

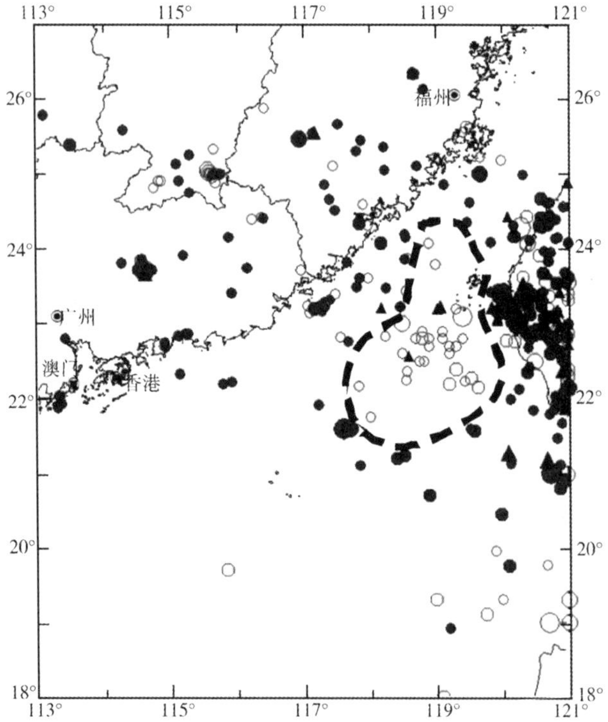

（空心圆：1986年1月1日至1989年12月31日；实心圆：1990年1月1日至1994年2月20日；三角形：1994年2月21日至1994年9月15日）

图9-3-12　$M_L \geq 3$地震分布

从1976—1986年华南地震M_L≥3地震分布图（图9-3-13）可见，1981年起粤闽交界陆区出现了北东走向的3级地震围空区，而在围空区的两侧，分别沿河源—邵武断裂、滨海断裂带出现了3级地震条带。1987年8月2日寻乌5.5级地震就发生在围空区的西侧边缘北东向3级条带中部。

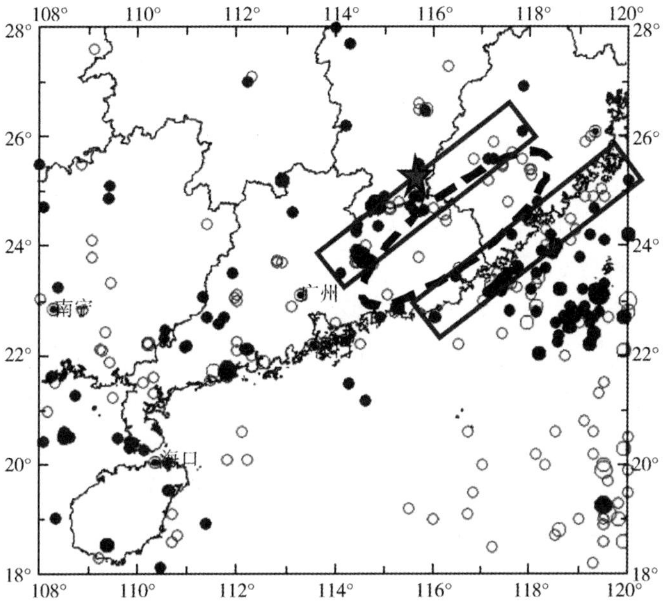

（空心圆：1976—1980年；实心圆：1981—1986年）

图9-3-13　1976—1986年M_L≥3地震分布

显然，区内中强震前出现地震条带、空区是较为普遍的现象，是华南地震区可信度较高的中强震前兆。

综上所述，我们总结华南地区第Ⅳ活动幕地震活动时空特征可见，华南地区带进入活动幕具有5个重要标志：

1）阳江地区M_L3级地震活动频次出现增大，M_L3级地震的滑动3个月频次持续>0.8。

2）M_L4级地震超过400 d的异常平静被打破。

3）在中期预测背景下，M_L3.8～4.4级地震异常增强的出现是中强震由中期向短期过渡的标志，而从异常增强转向异常平静则是中强震由短期向短临阶段过渡的信号。

4）中等地震空间分布由均匀转向显著的区域集中。

5）中等地震条带、空区是华南地震区对未来中强震发生地点有指示作用的可信度较高的前兆。

9.4　结论

对于华南地区未来几十年最大地震强度的估计，不同学者有不同的观点，杨马陵等认为，华南地区自1400年以来可划分为两个大周期，类比两个大周期已出现的两组（1600年与1918年）高释放事件后的衰减，目前华南地区应处于剩余释放阶段的后期，从目前衰减趋势推算，最大强度可能在5.5级左右。以第1周期130年的衰减时间推测，第2周期的活动应在2050年前后达到最低水平。任镇寰、严尊国等认为第2周期尚储存7.4级地震能量等待释放。将华南地震区第2周期与第1周期地震能量释放值比较，第2周期尚缺一个7.4级地震的能量，这一缺量几乎全缺在粤桂琼交界地区。第2周期地震能量有分散释放的特点，如果不发生7级以上大地震，则可能发生多次6级以上强震。但有一个问题，魏柏林撰文[182]，1931年南海西沙群岛北6.8级地震震级应定为

7.1级更合理①。若推断成立，则未来几十年粤桂琼地区再发生7级以上大地震的可能性不大，但最大震级必须≥6级，认为一个活动幕是以6级地震为指标（前4个活动幕均发生6级地震），否则，就不是活动幕了，就无所谓第Ⅴ活动幕了。第Ⅴ地震活动幕最迟将在2020前到来。

受汶川巨大地震的影响，华南地区地震活动从2008年下半年至2011年，地震活动非常平静（图9-4-1），是1970年有仪器记录以来的最低水平，M_L4级地震出现了长达980 d的平静，直到2011年11月北部湾M_L4.1级地震打破平静后，华南地震的地震活动水平才出现回升。从最后一个平静幕，即2000—2013年的3级地震平面分布图（图9-4-2）可见，东南沿海地震带的西段（粤桂琼交界及近海）出现了北东东向从香港沿粤西沿海一直延伸至北部湾的地震活动带，考虑到在第2个活动大周期，西段地震能量释放不完整，因此更需关注西段发生6级左右地震的可能。雷州半岛以东的广州湾，即湛江—电白沿海地区是北东东向阳江—湛江滨海断裂、北西向巴马—电白断裂、北东向吴川—四会断裂交汇区，并均有较强的活动性，具备发生6级左右地震的构造背景。因此，湛江—电白沿海地区是本活动大周期剩余时间可能发生≥6级地震的危险区。东南沿海地震带东段（粤闽赣交界及近海）出现了北东向、北西向以及东西向多条地震活动带相互交汇的现象，而且该区受台湾地区强震影响较大，因此东段的粤闽赣交界及近海地区是本活动大周期剩余时间可能发生5～6级地震的危险。粤闽赣交界地区存在许多Ms≥5级地震的强震构造，具体某几个点比较困难，从近出现的地震条带（图9-4-2）和流动重力测量资料（图8-3-2）分析，北东东向、北西向、北东向3组条带交汇处是首要关注的地区，即厦门（漳州）—莆田沿海一带、东山—潮汕地区。

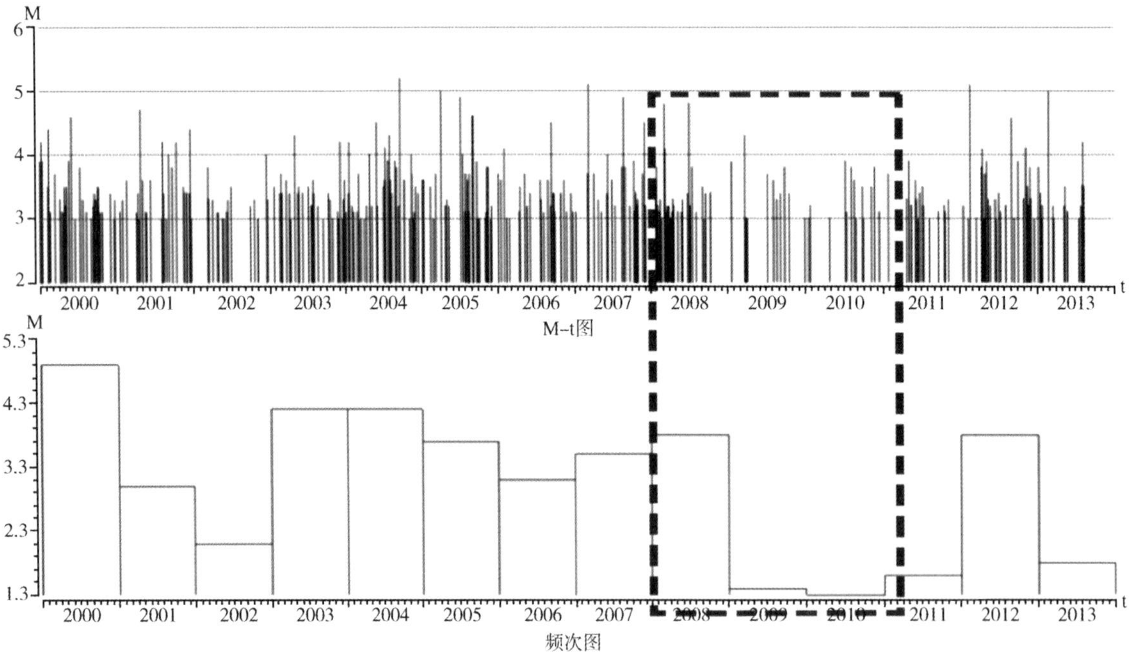

图9-4-1　华南地区M_L≥3地震M-t、频次图

①实际上，此地震南距西沙群岛超500 km，而西距离琼东北海岸不足200 km，应属华南西部的粤桂琼交界地区地震（任镇寰注）.

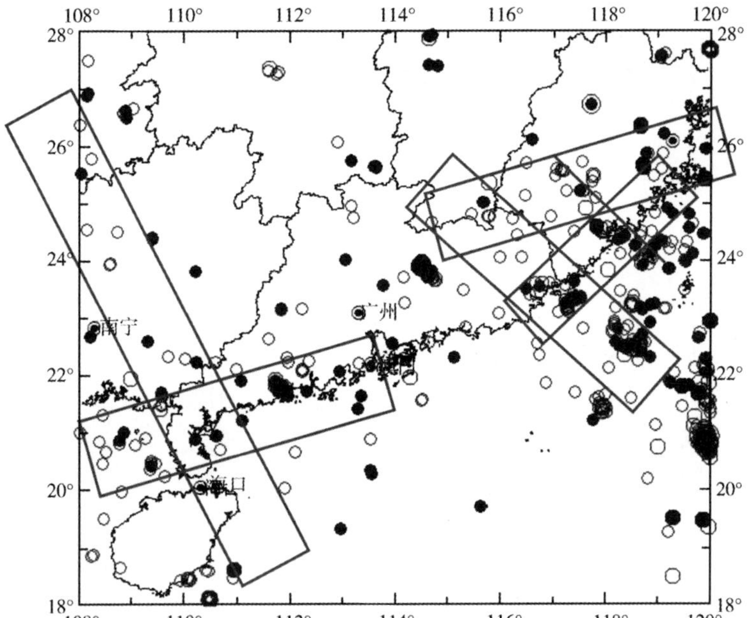

（空心圆：2000年1月1日至2007年12月31日；实心圆：2008年1月1日至2013年8月15日）

图9-4-2　2000年1月1日至2013年8月15日$M_L \geq 3$地震分布

尊重实践、尊重实践者（代结束语）

——回忆李四光同志的一次接见

任镇寰

1969年中央地震办公室向中科院中南大地构造室下达一项“三线”任务：鄂西、豫西、湘西地震区划和丹江、三峡地区断裂活动性研究，要求一年半时间内完成。为了很好地完成任务，当时组建了一支包括三省7个单位的鄂西、豫西、湘西地震工作协作队，队部设在武汉（简称“三西”队）。开展工作后不久，我们到北京汇报工作。时任地质部部长、中央地震工作领导小组组长的李四光同志特地接见了我们。这次接见距今已过去了41年，光阴荏苒，岁月流逝，但李四光同志那闪烁光辉的形象仍栩栩如生地留在我的记忆中。这次接见使我引以为荣，使我收获到精湛而渊博的科学见解和一位伟大科学家尊重实践和实践者的思想精神。

1970年6月9日上午9时许，中央地震办公室主任张魁三和秘书徐明治同志把我们一行五人带到李四光同志在法能寺的家。接待室是一间宽敞、明亮和素洁的房子，进门一侧的墙边立着一排书柜，里面装满了各种中外图书。屋子中央摆着一列会议桌，上面舖着普通的枣红色台布。正面墙上挂着一幅很大的中国彩色地质图，是由我国地质学家传统派领袖黄汲清主编的。图前放着一个塑有立体地形的巨大地球仪。李四光同志神采奕奕走进接待室，满脸笑容地同我们一一握手，他一头的银发和伟岸的身材增添一份令人肃然起敬的形象。他一边招呼我们坐下一边说：“你们从我老家（湖北）来，我们随便聊聊。”李四光同志是世界著名地质学家、部长，而我们全是地震战线上的新兵，见到李四光同志时，不免会自惭学浅和心里非常紧张，因此我在汇报工作时十分拘泥。李四光同志看出了我的心思，他说：“我们还是随便一点吧。”接着说：“你们不要客气，我的希望刚好与你们相反，希望向你们学习，我老了，走不动了，你们有实际经验，把你们请来，就是要向你们学习，让我学习的东西又实际一点，我现在的任务就是把你们的经验集中起来加以总结，再交给大家，到实践中去检验，去提高。”李四光同志同大家说了些家常话后，话题转入了业务方面——从世界两大地震带讲到太平洋地震带，然后具体到我们工作的“三西”地区、三峡、黄陵背斜，又从地震成因理论讲到预报预测问题、仪器问题，地震地质工作任务和方法问题……深入浅出，一边说一边答问，氛围自然、平和、亲切，让我们完全忘却了面对的是一位部长和世界伟大的科学家。他一连讲了两个多小时，不愧为一位学识渊博、壮志不已、精力旺盛和青春不竭的老人。此时此刻谁能相信，我们敬爱的李四光同志的生命只剩下最后一年的时光了呢？

当我们问到李四光同志怎样预报沧州河间地震时，李四光同志说：“是猜的。”我们惊奇地笑了，表示不相信。李四光同志理解我们的意思，重复地说：“真的是猜的。现在说地震预报为时尚早。1966年邢台地震后，我根据构造体系分析推测，这个地方有发生地震的可能。只是说了个地点而已，地震活动期中偶然猜中，是设想，不是有把握，这不是规律，是偶然的。设想一百个有九十九个对，都不要满足，一个不对，都要提出问题：不对，为什么不对，这才是最宝贵的。有些仪器说预报很准，另一个地震什么反应都没有，一定要不断实践、不断总结、不断提高，这才是科学态度。”李四光同志治学严谨、实事求是的态度和精益求精的精神，激起我们思想上和感情上的强烈共鸣，让我们犹如得到一股清泉，洗涤头脑中的浮矜与虚荣。李四光同志对我们所表示的敬意回答说：“实践者是最好的先生，你们是实践者，我应该向你们学习，这不是谦虚。”接着，李四光同志询问我们各属哪一个单位。当我告诉他，我和周克森、高锡铭同志是属中南大地构造室的时候，李四光同志说："地球这个东西很复杂，存在不同的观点、学说是客观的。"我意识到李四光同志是针对大地构造室是由世界著名地质学家陈国达院士领导从事地洼学说研究而说这番话的。于是，我插上去说："陈（国达）老师很敬仰您，敬仰地质力学，我们都在学习地质力学。"王思乔同志（"三西队"副队长，长江流域规划办公室代表）接着说："我们单位也在组织学习地质力学。"李四光同志说："谢谢，实践是检验真理的标准，我们大家都去实践和摸索，从各个角度去实践，也不能地质力学包打天下，大家都要服从真理、服从科学。"这就是李四光同志对待不同学术观点的态度，他并不歧视别的学派，更不把自己的学术思想强加于人，而是强调实践的检验。实践是一切认识的基础，检验一切真理的唯一标准，这在李四光同志毕生事业中占有多么重要的地位！从提出中国冰川、冰期理论，到创立地质力学；指出中国油田的远景，到地震地质、预测预报研究……哪一项成就不是从实践中提出问题，到实践中去反复摸索，经过苦心研究，又回到实践中去检验这一艰难过程而取得的呢？尊重实践、尊重实践者，这是李四光同志最优秀的品质、最基本的思想和工作方法，也是为人类和为祖国做出伟大贡献的基本力量。

我们提出，请李四光同志派点地质力学的力量来加强"三西"的工作，他说："哦……你们想打我的主意，相反，我想打你们的主意呢。我看，还是自力更生，从实践中认识地质力学是最靠得住的……我相信你们会做好工作，我们要恭恭敬敬地向实际工作者学习。我们今后要取得联系，我现在就是希望多与实际工作者接触。你们工作完后一定要再来一次。"李四光同志的讲话再一次说明，他非常诚恳，非常尊重实践、尊重实践者，非常强烈希望团结广大地质、地震工作者，共同为地质、地震事业做贡献。李四光同志很健谈，话题还涉及哲学和"文化大革命"等内容。一位科学家、一位伟人也是普通人，也有喜怒哀乐和七情六欲，也会当着我们的面发牢骚，甚至……这使我们更感亲切，距离更近。显然，李四光同志对"四人帮"横行霸道、倒行逆施的做法强烈不满和气愤。在我们面前的发泄，我们很理解。这里就不一一叙述了。李四光同志意味深长地说："我老了，做不得很多事了，但要尽我的力量多做些工作，要对得起毛主席，对得起党，对得起我们的双手和双脚，对得起太阳、地球和月亮。"这是多么朴素的语言，多么赤诚的为党为人民鞠躬尽瘁的心！这正是李四光同志一生光辉形象的缩影。

时间过了十二点半，李四光同志还兴致勃勃，谈兴未减，张魁三同志担心他过于劳累，便匆匆起身告辞。李四光同志热情地要留我们吃午饭，我们谢过了就走出门外，李四光同志紧随后送我们到房前的台阶，挥手向我们告别，直到我们的车驶出大门……来时怿怿，去时依依，汽车在北京的大街上驰驶，我们的心绪久久不能平静，感受着他老人家站在那台阶挥手告别的深情厚谊……，从那时起我就一直盼望着再次见到李四光同志，但在我们工作还没全部完成的时候，就传来李四光同志与我们永别的不幸消息。

难忘的一次接见，难忘的一次聆听教诲，难忘的一次荣誉和幸福，李四光同志的精神永远激励着我们前进！

---

①本文主要根据《李四光同志接见"三西队"代表的讲话纪录》写成. 该纪录全文附在"三西队"工作任务最终研究报告后面. 中南地震大队，1971年.

②关于业务方面部分内容，可见李四光《论地震》第54页.

③本文作者当时任"三西队"队长兼技术总负责人.

④本文原载《四川防震减灾40年学术会议文集》，四川省地震局、地震学会，2011年.

参 考 文 献

[1] 广东省地质矿产局. 广东省区域地质志 [M]. 北京：地质出版社，1988.
[2] 地质矿产部第二海洋地质调查大队. 南海地质地球物理图集 [M]. 广州：广东省地图出版社，1988.
[3] 徐启浩. 广东中山晚更新世最早海侵层与水动型海平面变化 [J]. 地震地质，1997，19 (1).
[4] 李平日，郑建生，方国祥. 广州地区第四纪地质 [M]. 广州：华南理工大学出版社，1990.
[5] 张珂. 从地质地貌学的角度看珠江三角洲地区中更新世海相层存在的可能性 [M] //中国第四纪研究委员会，中国科学院广州分院. 中国第四纪南北对比与全球变化. 广州：广东高等教育出版社，1993.
[6] 龙云作. 珠江三角洲沉积地质学 [M]. 北京；地质出版社，1997.
[7] 刘尚仁. 广东构造地貌 [J]. 热带地貌，1994，15 (2).
[8] 黄镇国，李平日，张仲英，等. 珠江三角洲形成发育演变 [M]. 广州：科学普及出版社，1982.
[9] 陈国能，张珂，陈富华，等. 珠江三角洲断裂构造活动性研究 [J]. 华南地震，1995，15 (3).
[10] 刘以宣. 南海新构造与地壳稳定性 [M]. 北京：北京科学技术出版社，1994.
[11] 冯志强. 南海北部地质灾害及海底工程地质条件评价 [M]. 南京：河海大学出版社，1996.
[12] 任镇寰，杨廉法. 南海北部第四系厚度分布图的编制与简要说明 [J]. 华南地震，2010，30 (3).
[13] 刘宗惠，任玲玲. 南海珠江口盆地新构造运动特征 [J]. 南海地质研究，1994：6.
[14] 赵焕庭，张乔民，宋朝景，等. 华南海岸和南海诸岛地貌与环境 [M]. 北京：科学出版社，1999.
[15] 中国科学院南沙综合科学考察队. 南沙群岛永署礁第四纪珊瑚礁地质 [M]. 北京：海洋出版社，1992.
[16] 任镇寰. 第四纪地质学 [M]. 北京：地震出版社，1983.
[17] 廖其林，王振明，王屏路，等. 福州—泉州—汕头地区地壳结构的爆炸地震研究 [J]. 地球物理学报，1988，31 (3).
[18] 章林云，王振明. 琼东北地区人工地震测深研究 [G] //丁原章. 海南岛北部地震研究文集. 北京：地震出版社，1988.
[19] 林中洋，胡鸿翔，朱良保，等. 雷琼地区地壳结构研究的初步探讨 [G] //丁原章. 海南岛北部地震研究文集. 北京：地震出版社，1988.
[20] 章惠芳，朱振宇，张四维. 琼西北地区人工地震测深研究 [G] //丁原章. 海南岛北部地震研究文集. 北京：地震出版社，1988.
[21] 李文录. 粤东地区深部电性结构研究与探讨 [J]. 华南地震，1986，16 (4).
[22] 朱金芳，谢志招，曲国胜，等. 闽南地区城市活动构造与地震 [M]. 北京：科学出版社，2008.
[23] 朱振宇. 广东省地震局地震测深：深部构造探测研究的进展与成果 [J]. 华南地震，1989，9 (1).
[24] 尹周勋，赖明惠，熊绍柏，等. 华南连县—博罗—港口地带地壳结构及速度颁布的爆炸地震探测结果 [J]. 地球物理学报，1999，42 (3).
[25] 杨卓欣，刘宝峰，王勤彩，等. 新丰江库区二维P波速度结构：英德—河源—陆河深地震测深剖面探测结果 [J]. 地球物理学进展，2011，26 (6).
[26] 朱金芳，方盛明，张先康，等. 泉州盆地及邻区地壳深部结构的探测与研究 [J]. 中国地震，2006，22 (3).
[27] 朱金芳，方盛明，张先康，等. 漳州盆地及其邻区地壳深部结构的探测与研究 [J]. 中国地震，2006，22 (4).
[28] 熊绍佰，金东敏，孙克忠，等. 福建漳州盆地热田及邻近地区的地壳深部构造特征 [J]. 地球物理学报，1991，34 (1).
[29] 李炳乾，牛志仁，段锋. 地壳内低速高导体强震孕育过程中的作用的初步分析 [J]. 地震学报，

2000，22（2）.
[30] 任镇寰，郭钦华，杨廉法．五桂山北麓断裂及其活动性［J］．华南地震，2005，25（4）.
[31] 任镇寰．五桂山北麓断裂的重磁资料解释［J］．大地测量与地震动力学，2006，26（4）.
[32] 任镇寰，孙崇赤，黄剑涛，等．滨海断裂带珠江口段的重磁资料解释［J］．海洋地质与第四纪地质，2008，28（3）.
[33] 汪成民．断层气测量在地震科学中的应用［M］．北京：地震出版社，1991.
[34] 梁志荣．确定断裂最新活动年代的热释光测年技术研究［J］．中山大学学报论丛，1992（1）.
[35] 梁志荣．广东沿海河流阶地热释光年龄测定研究［J］．中山大学学报：自然科学版，1991（3）.
[36] 蒋维强，林纪曾，赵毅，等．华南地区的小震震源机制与构造应力场［J］．中国地震，1992，8（1）.
[37] 康英，杨选，吕金水，等．广东及邻区地震的震源机制特征［J］．中国地震，2005，21（3）.
[38] 陈益民．华南沿海震源机制与构造应力场分析［J］．南海研究与开发，1994（2）.
[39] 邹和平．广东沿海新构造运动的大陆动力学背景［J］．华南地震，2002，22（3）.
[40] 邹和平．南海北部陆缘地震带的深部结构和孕震机制［J］．华南地震，1998，18（3）.
[41] 任镇寰，陈恩民，潘建雄，等．南海北缘构造带地震构造标志的研究［G］//丁原章．海南岛北部地震研究文集．北京：地震出版社，1988.
[42] 任镇寰，叶秀薇，黄剑涛，等．珠江三角洲地区重磁资料解释的深部断裂系统及其新构造意义［J］．第四纪研究，2009，29（3）.
[43] 李四光．地质力学概论［M］．北京：科学出版社，1973.
[44] 潘立宙．地质力学的力学知识［M］．北京：地质出版社，1977.
[45] 任镇寰，韦明昌，廖桂金，等．珠江三角洲地区重力资料解释的深部断裂系统［J］．四川地震，2011，31（1）.
[46] 魏柏林，何晓灵．1584年肇庆5.0级地震的发震构造讨论［J］．华南地震，2002，22（2）.
[47] 任镇寰，黄剑涛，何晓灵，等．从深部断裂系统讨论肇庆发震构造［J］．华南地震，2009，29（1）.
[48] 黄德明．高要县地质与地貌发育［J］．热带地貌，1982，3（2）.
[49] 刘尚仁．广东肇庆的冲积和洪积地貌及沉积物［J］．热带地貌，1999，20（1）.
[50] 刘尚仁．肇庆七星岩地区的地形规律［J］．中山大学学报，1988，2（2）.
[51] 魏柏林，陈定国．高要断裂特征及其活动性［J］．华南地震，1999，19（3）.
[52] 吴继远．羚羊峡的形成与西江改道［J］．南方国土资源，1993.
[53] 任镇寰，叶秀薇，黄剑涛，等．广州重磁资料解释的深部断裂系统［J］．华南地震，2007，27（4）.
[54] 宋方敏．珠江三角洲部分断裂晚第四纪垂直位移速率［J］．地震地质，2005，25（2）.
[55] 薛佳谋，魏柏林，李富光．虎门地区的断裂构造特征及近期活动性［J］．华南地震，1989，9（2）.
[56] 夏真．珠江口内伶仃洋水下地形地貌特征［J］．海洋地质与第四纪地质，2005，25（1）.
[57] 李春初．珠江河口演变规律及治理利用问题［J］．泥沙研究，2002（3）.
[58] 应秩甫．伶仃洋西滩槽沟发育的动力分析［J］．热带海洋，1984（4）.
[59] 潘建雄．论广州地区的地震构造及其发震危险性［J］．华南地震，2002，22（4）.
[60] 郭良田，李运贵．珠江三角洲地区晚第四纪以来气候变化和海平面升降的耦合效应［J］．华南地震，2008，28（2）.
[61] 中山大学地理学系．吴尚时教授100周年诞辰纪念论文选集［M］．广州：中山大学出版社，1999.
[62] 应秩甫．粤中那扶溺谷与发展［G］//应秩甫．河口海岸研究文集．香港：中国评论学术出版社，2010.
[63] 王业新，李子权，彭承光，等．珠海市鸡啼门大桥桥址区断层的勘查研究［J］．华南地震，1992，12（2）.
[64] 国家地震局震害防御司．中国历史强震目录［M］．北京：地震出版社，1995.
[65] 中国地震局监测预报司．中国地震目录［M］．北京：地震出版社，2010.

[66] 廖小琼．1936年中山小榄5级地震考［J］．华南地震，2001，21（3）．
[67] 陈国田．新构造运动与泉州8级地震［J］．地震，1984（1）．
[68] 丁祥焕，王跃东，叶盛基．福建东南沿海活动断裂与地震［M］．福州：福建科学技术出版社，1999.
[69] 许振栋．1604年泉州海外8级地震研究［J］．大地测量与地球动力学，2006，26（3）．
[70] 李祖武．中国东部北西向构造［M］．北京：地震出版社，1990.
[71] 陈恩民，黄泳茵．华南十九次强震暨南海北部陆缘地震带概述［J］．华南地震，1984，4（1）．
[72] 陈恩民，黄泳茵．1605年海南岛琼州大地震及其发震构造认识［J］．地震地质，1979，1（4）．
[73] 陈恩民，黄泳茵．1605年海南岛琼州大地震震害特征和发震构造研究［J］．地震学报，1989，11（3）．
[74] 任镇寰，钟贻军，罗振暖，等．南海北缘北东东向新构造活动性研究［J］．地壳形变与地震，1996，16（2）．
[75] 陈恩民．广东沿海及邻侧地带的强烈地震与区域断裂构造特征和发震构造．世界重大理论创新成果获奖经典［M］．北京世界文献出版社，2007.

[76] 刘光夏．义竹断裂带：台湾西南沿海一个孕震构造体系［J］．地质论评，1996，41（1）．
[77] 刘以宣．华南沿海区域断裂构造分析［M］．北京：地震出版社，1981.
[78] 任镇寰，罗振暖．华南地震区地震带划分的新研究［J］．华南地震，1998，28（2）．
[79] 张尚识．1604年泉州八级大震［J］．华南地震，1981，1（1）．
[80] 马宗晋．中国大陆地震深度分布与“易震层”初探［J］．地震科学研究，1983（3）．
[81] 林纪曾，梁国昭，赵毅，等．东南沿海地区的震源机制与构造应力场［J］．地震学报，1980，2（3）．
[82] 汪素云．中国东部大陆的地震构造应力场［J］．地震学报，1985，5（1）．
[83] 周硕愚，帅平，郭逢英，等．中国福建及其边缘海域现时地壳运动定量研究：GPS、断层形变和水准等测量与震源机制结果的综合分析［J］．地震学报，2000，22（1）．
[84] 丁学仁，林继华，刘序俨，等．福建沿海、台湾海峡GPS观测分析及地球动力学特征研究［J］．华南地震，2002，22（2）．
[85] 魏柏林，冯绚敏，陈定国，等．东南沿海地震活动特征［M］．北京：地震出版社，2001.
[86] 张虎男，陈伟光，黄坤荣，等．华南沿海新构造运动与地质环境［M］．北京：地震出版社，1990.
[87] 闻则刚，王正尚，杨马陵．广东地区现代构造应力场的模拟计算［J］．华南地震，2001，21（3）．
[88] 黎刚．南海北部地震震源深度特征与岩石圈流变结构的关系研究［J］．华南地震，2006，26（2）．
[89] 梁德华．试论南海系［J］．海洋地质与第四纪地质，1982，2（4）．
[90] 许仪西，杨婕，张永固，等．福建东南沿海重力场演变特征及其与地震的关系［J］．华南地震，2009，29（3）．
[91] 陈国田．福建漳州断裂活动与地震［J］．华南地震，1982，2（2）．
[92] 陈友飞，黄玉昆．福建漳州新构造运动的探讨［J］．华南地震，1987，7（1）．
[93] 孙建中，樊祺诚，陈文寄．琼北地区第四纪火山活动研究［G］//丁原章．海南岛北部地震研究文集．北京：地震出版社，1988.
[94] 冯国荣．华南沿海晚新生代玄武岩基本特征及其与构造环境的关系［J］．中山大学学报论丛：自然科学，1992（77）．
[95] 赵海岭．东南沿海地区新生代火山作用和地幔柱［J］．地质学报，2004，36（6）．
[96] 任镇寰，钟贻军，罗振暖．1994年9月16日台湾浅滩7.3级地震发震构造的讨论［J］．地壳形变与地震，1998，18（4）．
[97] 姚梅尹．被遗漏的广州湾大地震［J］．华南地震，1982，2（2）．
[98] 陈恩民，黄泳茵，苏丹，等．1948年广东南澳大地震及其发震构造背景的初步探讨［J］．华南地震，1985，5（1）．

[99] 任镇寰，杨廉法，邓业权．1936年广西灵山$6\frac{3}{4}$级地震极震区震害和地震影响场的研究［J］．中国地震，1996，16（1）．
[100] 李伟琦．1936年灵山$6\frac{3}{4}$级地震极震区烈度分布及发震构造［J］．华南地震，1992，12（3）．
[101] 沈崇刚，陈厚群，张楚汉，等．新丰江水库地震及其对大坝的影响［J］．中国科学，1974，10（7）．
[102] 王妙月．新丰江水库地震震源机制及其成因初步探讨［J］．中国科学，1976，12（1）．
[103] 丁原章．新丰江水库诱发地震的构造条件［J］．地震地质，1983，3（3）．
[104] 钟贻军，任镇寰．1969年阳江6.4级地震发震构造研究［J］．大地测量与地球动力学，2003，23（4）．
[105] 魏柏林，薛佳谋，秦乃岗，等．1986年1月28日阳江5级地震［J］．华南地震，1986，6（1）．
[106] 任镇寰，秦乃岗，李富光，等．1987年2月25日阳江5.0级地震［J］．华南地震，1988，8（1）．
[107] 刘国栋．华北地区壳内高导层及其与地壳构造活动性的关系［J］．中国科学，1984（4）．
[108] 孙武城．初论华北地区的地壳低速层［J］．地震地质，1987，9（1）．
[109] 颜芷娟，郭才华，李彪，等．壳内低速高导层成因初步探讨［J］．中国科学：B辑，1995，25（1）．
[110] 黄立人，王敏．中国大陆现今地壳水平运动［J］．地震学报，2000，22（3）．
[111] 傅容珊，黄建华，徐耀民，等．印度与欧亚板块碰撞的数值模拟和现代中国大陆形变［J］．地震学报，2000，22（1）．
[112] 肖诗兴．闽—粤东南沿海滨岸区域稳定性分析［J］．华南地震，1988，8（3）．
[113] 黄玉昆，张珂，王明峰，等．闽南粤东沿海北西向断裂构造的近代活动性与应力场的探讨［J］．中山大学学报论丛：自然科学，1992（1）．
[114] 邹和平．根据水系格局探讨海南岛第四纪构造应力场［J］．华南地震，2005，25（1）．
[115] 艾南山．东南沿海水系及新构造应力场［J］．地理学报，1982，37（2）．
[116] 马宗晋，王乾盈，徐杰，等．台湾海峡两岸横向构造的对比研究［J］．中国科学：D辑，2002，30（6）．
[117] 张裕民．我国台湾岛的地震构造特征［J］．地震地质，1979，1（4）．
[118] 李延兴．强震发生的应变场特征［J］．地震研究，2002，25（增刊）．
[119] YU S B，et al．GPS observation of crustal deformation in the Taiwan-Luzon region［J］．Geophysical Research Letters，1999，26（7）．
[120] WANG Q I，et al．Present-day crustal deformation in China constrained global positioning system measurements［J］．Science，2001：294．
[121] 任镇寰，华卫，罗振暖，等．粤桂琼交界地区地震活动若干特征［J］．华南地震，2003，23（3）．
[122] 黄汲清．中国新构造运动几个类型［C］//中国科学院新构造运动座谈会．中国科学院第一次新构造运动座谈会发言记录．北京：科学出版社，1957．
[123] 任镇寰．论拱坳构造及其与地震关系［J］．西北地震学报，1984，6（3）．
[124] 刘与琨．福建省现代地壳垂直运动与新构造活动［J］．地壳形变与地震，1998，18（4）．
[125] 陈镇宗，刘与琨．福建地区近期地壳垂直运动［J］．华南地震，1989，9（1）．
[126] 李国华．漳州—厦门断裂带的右行错动［J］．地震地质，1992，12（2）．
[127] 赵勇．漳州—厦门地区新生代伸展构造兼论台湾海峡成因［J］．中国地震，1988，4（1）．
[128] 李蓉川．华南地震同菲律宾、台湾地震的相关性［J］．中国地震，1990，6（1）．
[129] 崔徐甲，延军平，董治宝，等．菲律宾$M_s \geq 7$级地震活动及未来趋势［J］．华南地震，2013，33（2）．
[130] 臧绍光．菲律宾海板块与欧亚板块的相互作用及其对东亚构造运动的影响［J］．地球物理学报，2002，45（2）．
[131] 陈国能．潮汕平原第四纪断块运动［J］．华南地震，1984，4（4）．
[132] 李运贵．桑浦山断裂构造带活动性的研究［J］．华南地震，1987，7（1）．

[133] 陈庞龙，余演波．南澳强震区北部断裂活动性与断层气异常的关系［J］．华南地震，1996，16（2）．
[134] 任镇寰，罗振暖，华卫．粤闽赣交界地区地震活动若干特征［J］．华南地震，2002，22（3）．
[135] 陈国达．一件地震史料：1941年江西寻乌地区地震纪略［J］．地质论评，1965（7）．
[136] 谢明富．1987年寻乌震群和震前区域地震活动特征［J］．华南地震，1989，9（4）．
[137] 雷土成，王耀东，欧秉松，等．1987年8月2日寻乌5.5级地震的孕育过程［J］．地震，1995，15（2）．
[138] 何昭星．江西寻乌地区地震特征初步研究［J］．华南地震，1989，9（1）．
[139] 刘中良，丁海平．1604年福建泉州海外地震震级和震源参数的探讨［J］．华南地震，2011，31（3）．
[140] 陈定国．1918年南澳地震的震中位置［J］．华南地震，1986，6（3）．
[141] 谢毓寿．闽粤海外的历史地震活动［J］．地震学报，1991，11（4）．
[142] 杨义全．广东省南澎小震与1918年大震［J］．华南地震，1985，5（1）．
[143] 杨义全，林奕山．滨海断裂与泉、汕带历史地震［J］．华南地震，1990，10（1）．
[144] 黄日恒，潘建雄．南澳岛的地质构造特征与1918年南澳7.3级地震的发震构造［J］．华南地震，2002，22（2）．
[145] 颜玉定，陈恩民．1918年南澳7.5级地震构造应力场的光弹模拟［J］．华南地震，1997，17（3）．
[146] 黄河生，魏柏林，曾宪泽，等．新丰江水库区1987年9月15日4.5级地震研究［J］．华南地震，1989，9（3）．
[147] 黄河生．新丰江水库区1989年11月26日4.5级地震的主要特征［J］．华南地震，1991，11（3）．
[148] 徐启浩．1999年3月25日广东河源M_L4.7级地震宏观影响场［J］．华南地震，1999，19（4）．
[149] 徐启浩．1999年8月河源新丰江M_L4.9级地震［J］．华南地震，2000，20（2）．
[150] 钟贻军．2012年2月16日河源4.8级地震［J］．华南地震，2012，32（2）．
[151] 任镇寰．新丰江库区葫芦坳河流袭夺现象的新构造意义［J］．华南地震，1983，3（2）．
[152] 任镇寰．从活动构造角度讨论1605年大震的“余震”地点问题［J］．华南地震，2006，26（1）．
[153] 陈家杰．广东漠阳江三角洲及其邻区新构造期断块运动基本特征［J］．华南地震，1986，6（2）．
[154] 叶秀薇，杨马陵，叶东华．2004年9月17日阳江4.9级地震概述［J］．华南地震，2005，25（3）．
[155] 秦乃岗，刘特培．2004年9月17日阳江4.9级地震序列的一些特征［J］．华南地震，2005，25（4）．
[156] 陈运平，沈繁銮．阳江6.4级地震晚发余震的窗口效应［J］．华南地震，2001，21（3）．
[157] 黄玉昆，邹和平．雷琼地区新生代断陷盆地构造特征及其演化［J］．中山大学学报论丛：自然科学，1992（1）．
[158] 张虎男．雷琼地区新构造运动的特征［J］．地质科学，1984，19（3）．
[159] 张乔民．湛江湾溺谷型潮汐水道的发育［J］．热带海洋，1985，4（4）．
[160] 罗章仁，应秩甫．华南港湾［M］．广州：中山大学出版社，1992.
[161] 任镇寰，钟贻军，罗振暖．北部湾6.1、6.2级地震发震构造探讨［J］．华南地震，1996，16（2）．
[162] 任镇寰，李健梅，乔计花，等．广西灵山地区深部断裂系统的重力资料解释［J］．华南地震，2012，22（2）．
[163] 吴继远．灵山断褶带地质构造基本特征及其大地震构造性质的探讨［J］．地质科学，1980，2（2）．
[164] 茹锦文．灵山地震发震机制及邻区区域稳定性评价［J］．华南地震，1985，5（3）．
[165] 潘建雄，黄日恒．关于罗阳山—灵山近东西向断裂系活动性的初步研究［M］//中国地震学会．中国活动断层研究．北京：地震出版社，1994.
[166] 黄河生，任镇寰，杨廉法．广西灵山地区断裂活动性与土壤中汞气含量变化［J］．华南地震，1990，10（1）．
[167] 潘建雄，黄日恒．广西灵山地区的窗棂脊构造［J］．华南地震，1995，15（3）．
[168] 陈国达．广东灵山地震志［J］．两广地质调查研究所特刊，1939（17）：1-112.

[169] 殷秀华，史志宏，刘占波．雷琼地区重力场特征及其地壳均衡调整状态［G］//丁原章．海南岛北部地震研究文集．北京：地震出版社，1988．
[170] 郝书俭，王春华．雷琼地区断裂构造磁场分析［G］//丁原章．海南岛北部地震研究文集．北京：地震出版社，1988．
[171] 黄泳茵，陈恩民，苏丹．琼北地区及其周围海域重磁特征的研究［G］//丁原章．海南岛北部地震研究文集．北京：地震出版社，1988．
[172] 黄泳茵，陈恩民，苏丹．琼北地区及其周围海域基底构造和深部构造的研究［G］//丁原章．海南岛北部地震研究文集．北京：地震出版社，1988．
[173] 李坪，杨美娥，刘行松．琼北地区活动性断裂研究［G］//丁原章．海南岛北部地震研究文集．北京：地震出版社，1988．
[174] 吴泽龙．东寨港地区构造活动性的探讨［G］//丁原章．海南岛北部地震研究文集．北京：地震出版社，1988．
[175] 朱运海．琼北地区地壳垂直形变场［G］//丁原章．海南岛北部地震研究文集．北京：地震出版社，1988．
[176] 张虎男，陈伟光，李子权，等．琼北地区中、新代地质构造背景［G］//丁原章．海南岛北部地震研究文集．北京：地震出版社，1988．
[177] 任明甫．利用断层气（土气氡）探测琼北地区的断裂活动性［J］．华南地震，2000，20（1）．
[178] 任镇寰，罗振暖，秦乃岗．华南地区地震活动基本特征与地震形势再研究［J］．华南地震，1998，18（1）．
[179] 严尊国，李普丽，狄莉莎．华南沿海地震带（含台湾海峡区域）地震活动期的讨论［J］．华南地震，1999，19（2）．
[180] 叶秀薇，杨马陵，黄元敏．东南沿海地震带20世纪第Ⅳ活动幕两个特征［J］．地震研究，2013，36（1）．
[181] 沈繁銮．华南中强震前区域地震活动增强平静特征［J］．华南地震，2003，23（3）．
[182] 魏柏林，孙崇赤，秦乃岗，等．珠江三角洲地区地震活动及预测研究［M］．北京：地震出版社，2002．
[183] 郭文发．华南及台湾地区地震活动度异常的研究［J］．华南地震，1993，13（2）．
[184] 李赶先．台湾海峡及两侧弧陆碰撞断裂系形成机制及其与地震活动关系［J］．应用海洋学学报，1996，15（1）．
[185] 张郢珍，任镇寰，王力生．粤桂湘三省（区）地震危险区的初步认识［G］//中央地震办公室．中长期地震预报专题汇编．地震战线，1972．
[186] 陈定国．1989年广东恩平4.0级地震调查［J］．华南地震，1991，11（3）．
[187] 徐启浩．顺德县3.3级地震影响场及主要活动特征［J］．人民珠江，1989．
[188] 左开挺，徐启浩．广东三水4.4级地震灾害损失评估［J］．华南地震，1991，11（3）．
[189] 林松建，丁学仁，陈为伟，等．福建地区震源机制解与现代构造应力场研究［J］．大地测量与地球动力学，2009，29（5）．
[190] 邱毅，郑斯华，鲍挺，等．利用地震台网宽频带地震记录计算福建中等强度地震的震源机制解［J］．地震，2013，33（1）．
[191] 陈文明．福建顺昌M_L4.9级地震序列的精确定位、震源机制及其地震构造背景分析［J］．华南地震，2011，31（2）．
[192] 廖桂金．广东地区重力场演化特征及其与地震关系［J］．华南地震，2001，21（1）．
[193] 龙安明．1988年11月10日广西北部湾5.0级地震［J］．华南地震，1991，11（1）．
[194] 吕坚．东南沿海地震带的地震丛集窗及震级结构特征分析［J］．地震，2003，23（1）．
[195] 毛松林，蔡欣欣．仙游震群型地震的特点及地震机理分析［J］．华南地震，2014，34（1）．
[196] 邱毅．2012年4月12日福建仙游4.1级地震震源机制解及震源深度［J］．华南地震，2014，34（1）．
[197] 徐启浩，左开挺，吴名彬，等．1997年9月三水4.4级地震影响场与构造背景［J］．华南地震：1998，8（1）．

[198] 李细光，史水平，黄洋，等. 广西及其邻区现今构造应力场研究 [J]. 地震研究，2007，27 (3).
[199] 游象照. 广西地震活动与地震地质特征 [J]. 广西地质，1988，1 (1).
[200] 谢明富，廖小琼. 1605年琼山大地震余震分布质疑 [J]. 华南地震，2001，21 (4).
[201] 詹文欢，钟建强，丘学林，等. 南海及邻域现代构造应力场的数值模拟 [J]. 华南地震，1992，12 (3).
[202] 彭美凤. 东南沿海地震形势分析 [J]. 地震，1996，16 (2).
[203] 李海华. 沿海地区近3年强震危险性的层次分析 [J]. 灾害学，1996，16 (4).
[204] 敖雪明. 新疆地震窗口网在强震短临跟踪预报中的应用研究 [J]. 地震学报：增刊，1994.
[205] 姜秀雅. 华北强地震余震震群应力场"窗口"效应 [J]. 西北地震学报，1982，4 (4).
[206] 程万正. 前兆地震活动"窗口"或敏感部位的寻觅及有效性估计 [J]. 地震研究，1984，4 (6).
[207] 刘小凤. 青藏高原北部地区地震"窗口"特征及其预报意义 [J]. 西北地震学报，2003，23 (4).

附图

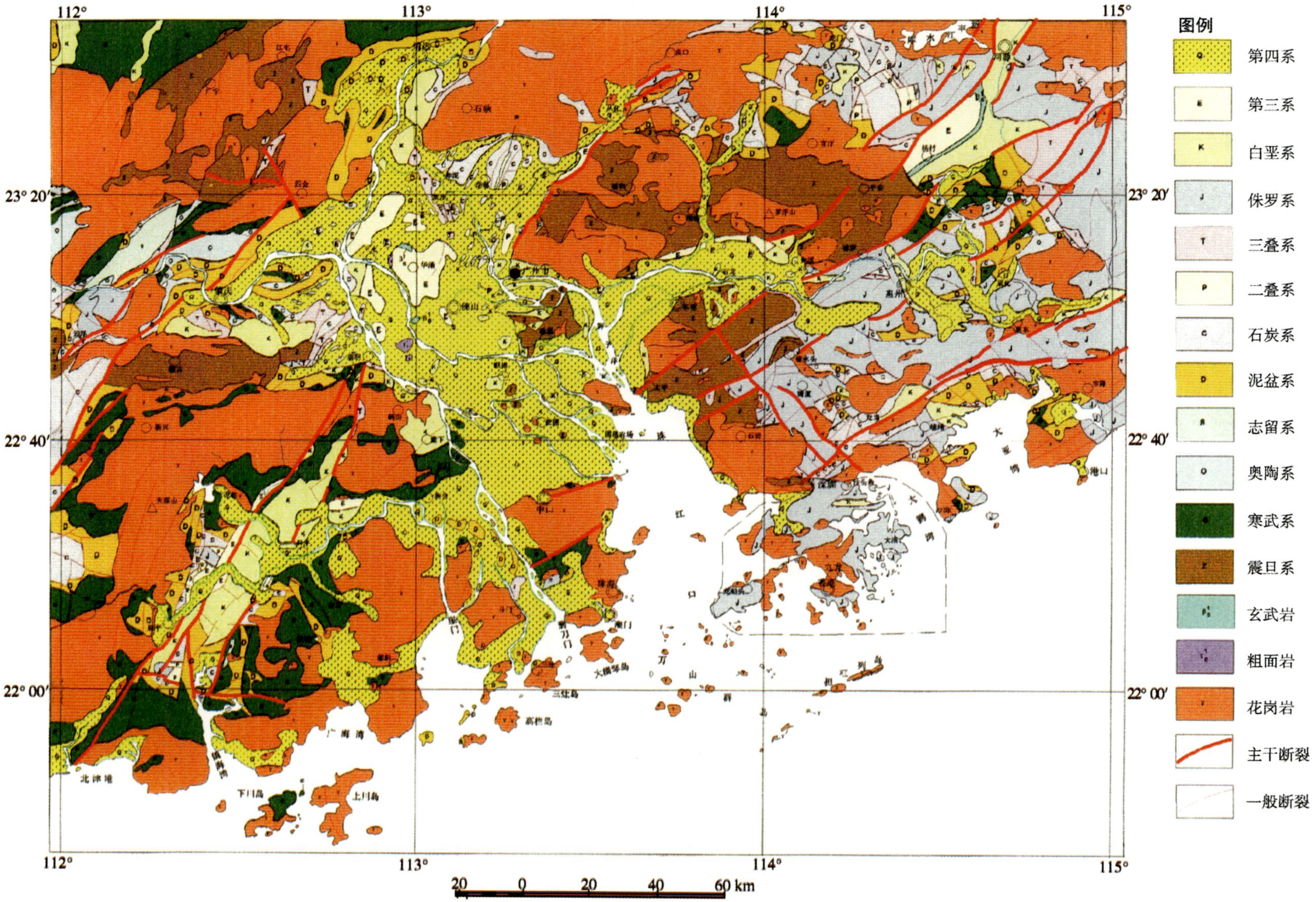

附图 I　珠江三角洲地区地质图

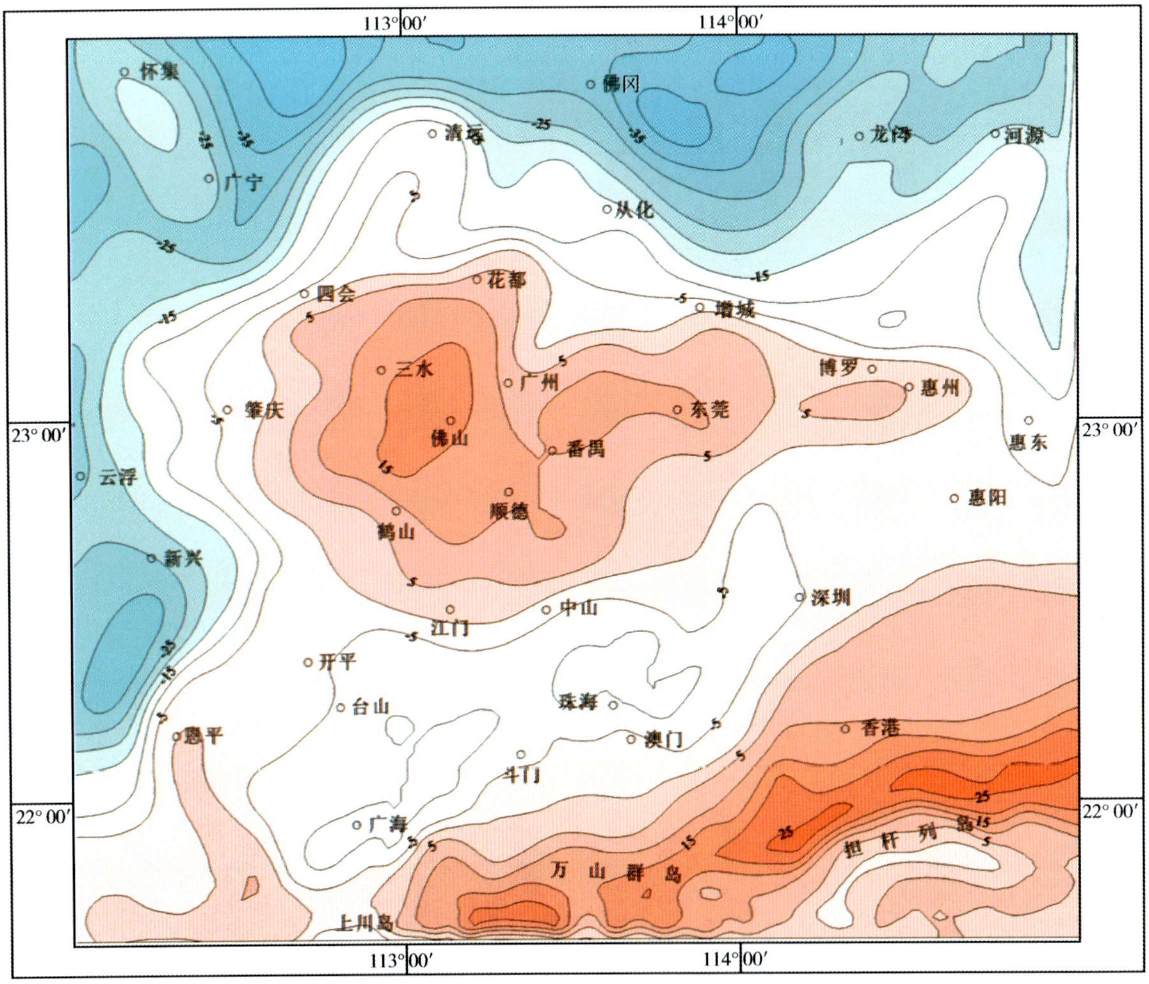

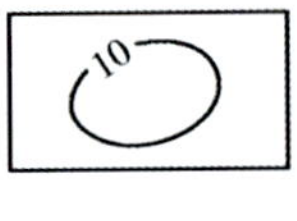

Δg等值线，单位：10^{-5} m/s^2

附图Ⅱ 珠江三角洲地区布格重力异常图

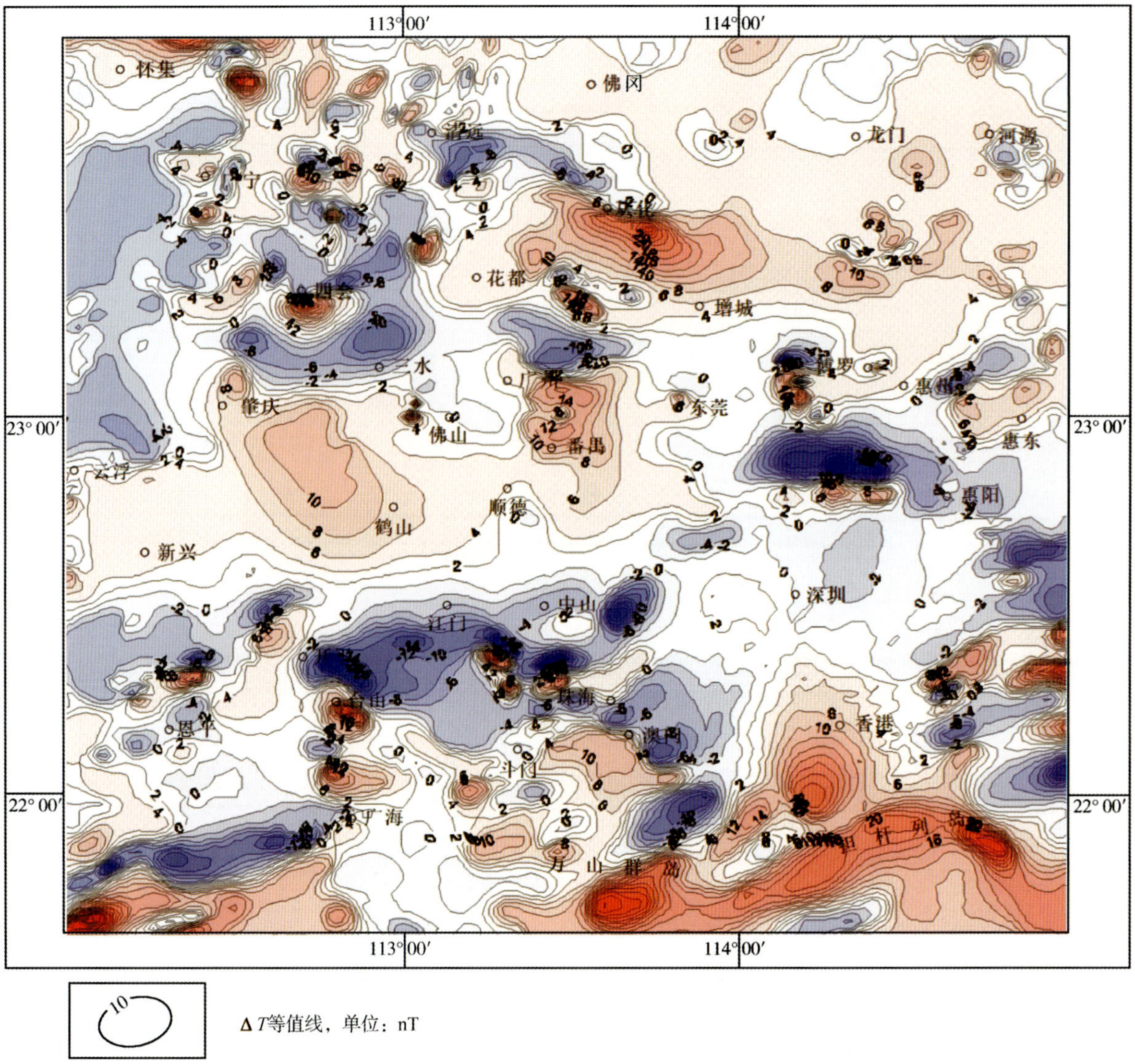

附图Ⅲ　珠江三角洲地区航磁ΔT平面等值线图

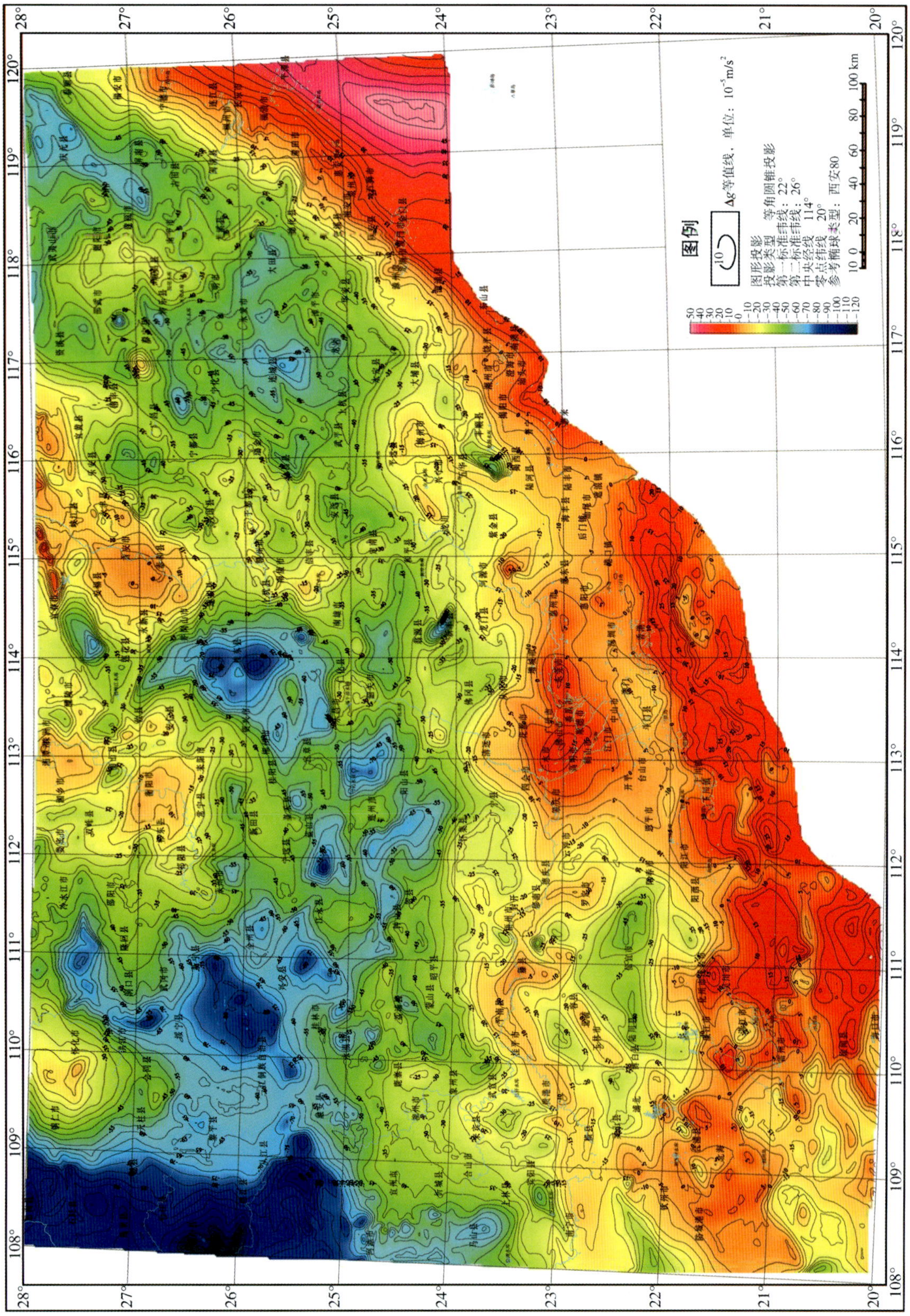

附图Ⅳ 华南地区布格重力异常等值线图

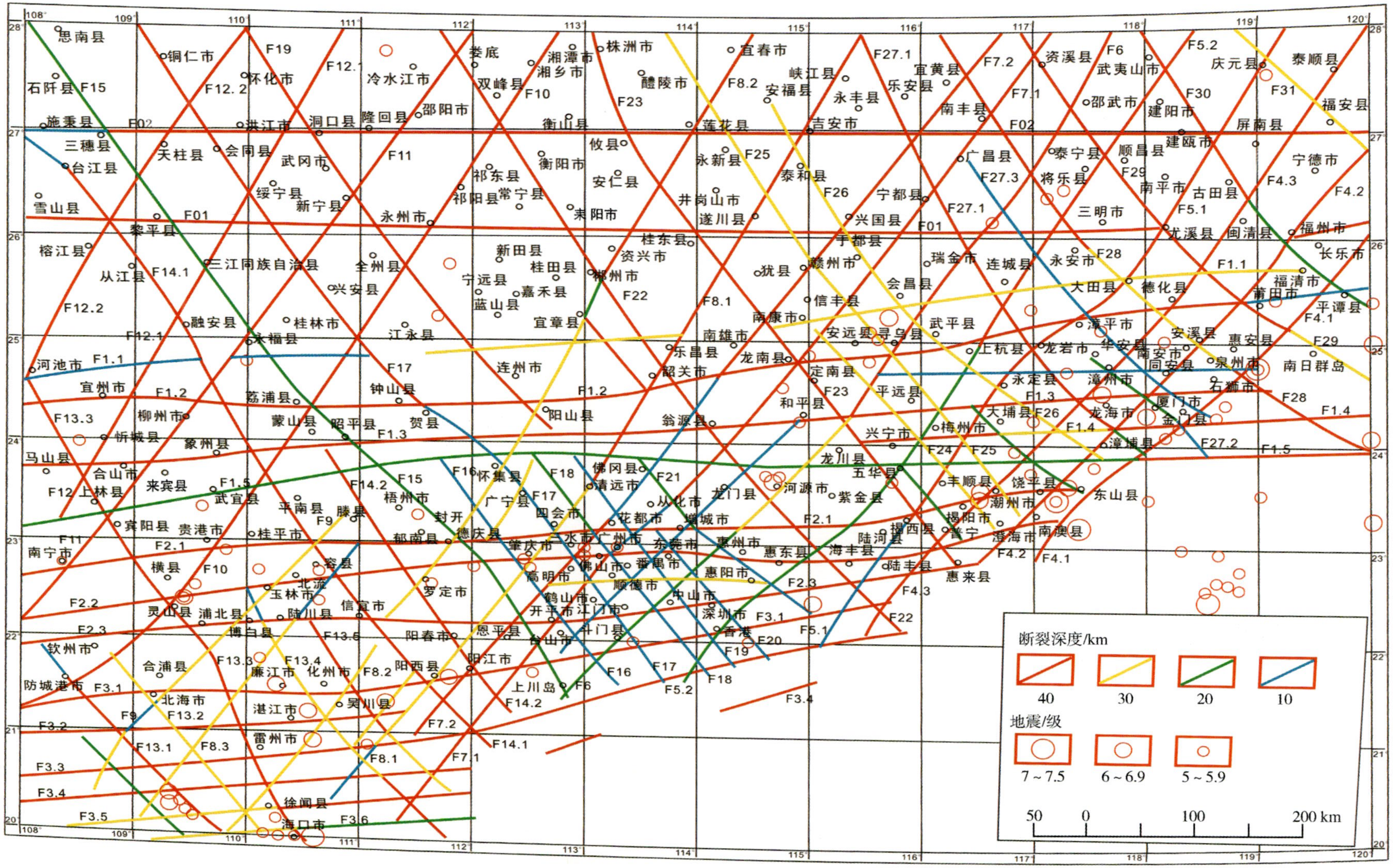

附图Ⅴ 华南地区深部断裂系统与强震分布图

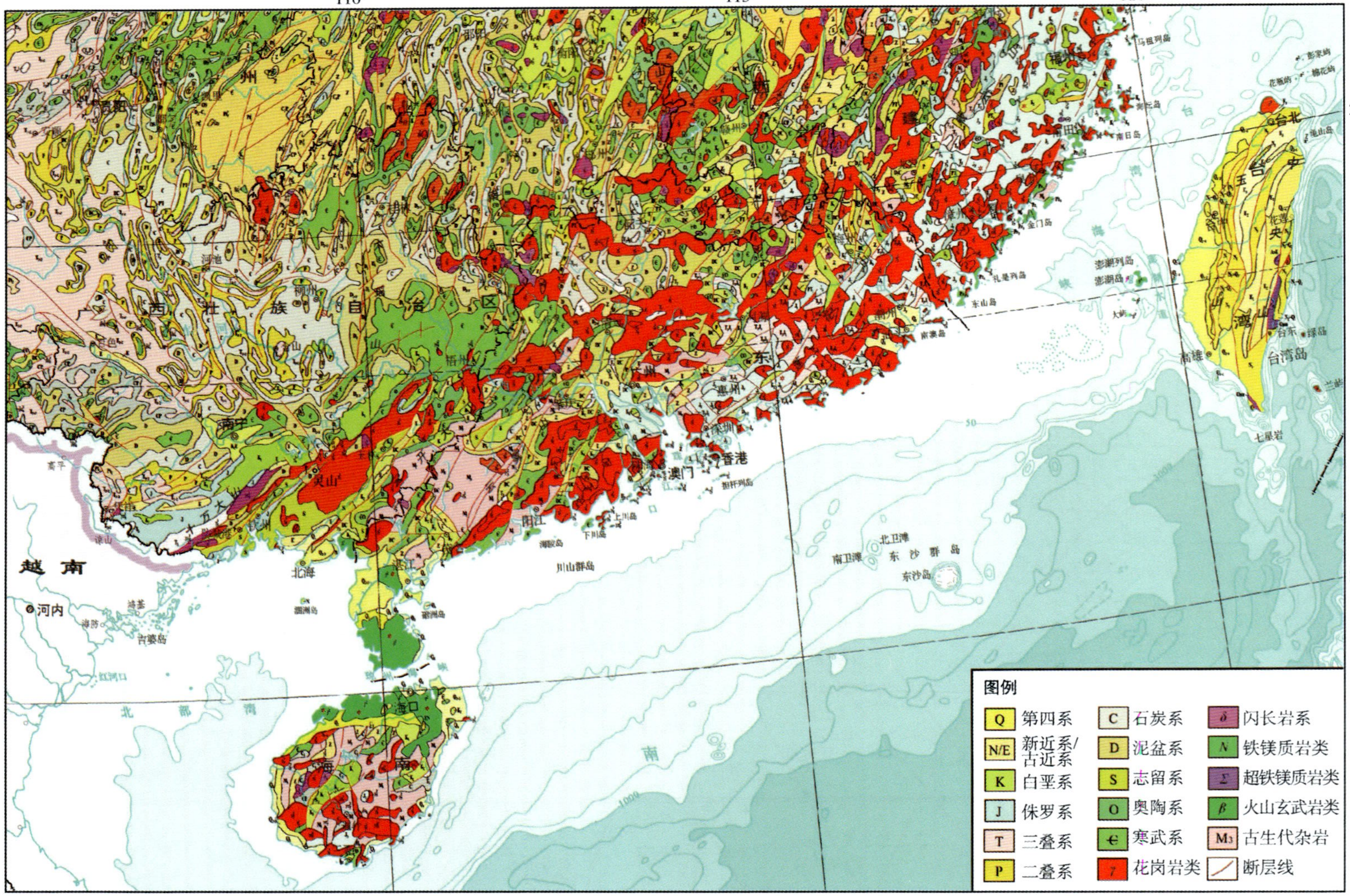

附图Ⅵ 华南地区地质图（马浩明编）

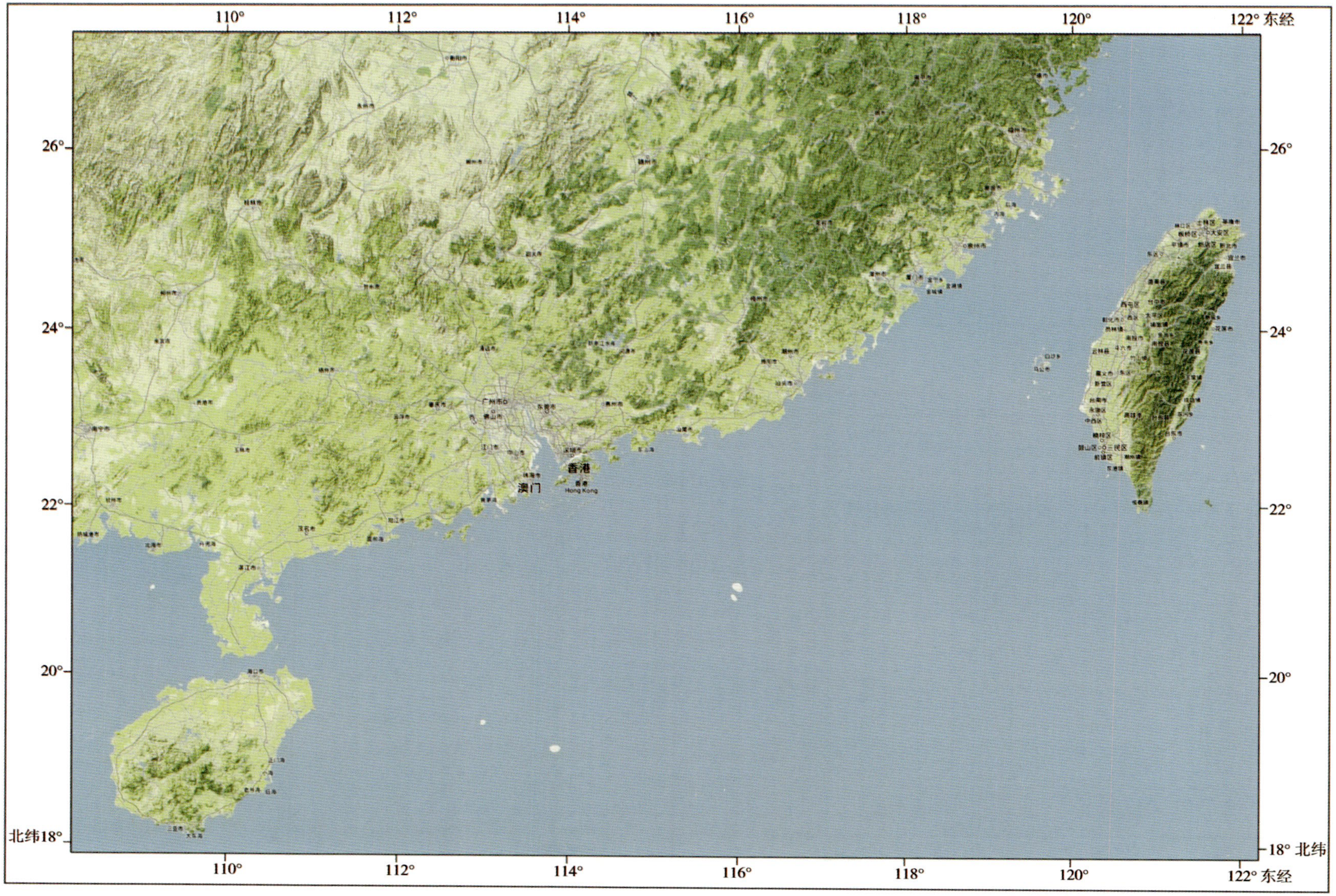

附图Ⅶ　华南地区数字地形渲染图（毕丽思编）

“前沿科技研究”系列已出书目

序号	书名	作者简介	出版时间	备注
1	造纸纤维性能衰变抑制原理与技术	万金泉，华南理工大学环境与能源学院教授，博士生导师。 马邕文，华南理工大学环境与能源学院教授，博士生导师。 王艳，华南理工大学环境与能源学院副教授。	2015年12月	“十二五”国家重点图书出版规划项目 广东省原创精品出版资金扶持项目 广东省优秀科技专著出版基金会资助项目
2	Suizhou Meteorite: Mineralogy and Shock Metamorphism 随州陨石矿物学和冲击变质	谢先德，中国科学院广州分院院长兼广东省科学院院长（1988—1997），研究员，博士生导师，俄罗斯科学院外籍院士，国际欧亚科学院院士。 陈鸣，中国科学院广州地球化学研究所研究员，博士生导师。	2015年12月	广东省原创精品出版资金扶持项目 广东省优秀科技专著出版基金会资助项目 版权输出到Springer-Verlag Berlin Heidelberg
3	胰腺癌基础与临床：前沿与争论	陈汝福，中山大学孙逸仙纪念医院副院长，教授，主任医师，博士生导师。 李志花，中山大学孙逸仙纪念医院副教授，副主任医师，硕士生导师。 刘宜敏，中山大学孙逸仙纪念医院主任医师，硕士生导师。	2016年4月	广东省原创精品出版资金扶持项目 广东省优秀科技专著出版基金会资助项目
4	华南沿海地区深部断裂系统与强震构造	任震寰，广东省地震局副局长（1991—1998），高级工程师，美国宾汉顿大学地质系客座教授。 叶秀薇，广东省地震预报研究中心副主任，高级工程师。	2016年11月	广东省原创精品出版资金扶持项目 中国地震局地震监测与减灾技术重点实验室和广东省地震预警与重大工程安全诊断重点实验室项目 广东省优秀科技专著出版基金会资助项目